... und Er würfelt doch

Von der Erforschung des ganz Großen, des ganz Kleinen und der ganz vielen Dinge

Herausgegeben von
Heiner Müller-Krumbhaar und
Hermann-Friedrich Wagner

WILEY-VCH

Weinheim · New York · Chichester
Brisbane · Singapore · Toronto

Herausgeber:

Prof. Dr. Heiner Müller-Krumbhaar
(Forschungszentrum Jülich) für die Deutsche
Physikalische Gesellschaft e.V., Bad Honnef
e-mail: h.mueller-krumbhaar@fz-juelich.de

Dr. Hermann-Friedrich Wagner
Bundesministerium für Bildung und Forschung
(bmb+f)
e-mail: Hermann-Friedrich.Wagner@bmbf.bund.de

Die Beiträge entstanden in Anlehnung an die Vorträge der fünf Hauptveranstaltungen zu *2000: das Jahr der Physik*, einer Initiative vom Bundesministerium für Bildung und Forschung (bmb+f) und der Deutschen Physikalischen Gesellschft (DPG).

Lektorat: Vera Dederichs

Redaktion:
Walter Greulich, Carsten Heinisch, Dr. Gunnar Radons, Roland Wengenmayr, W.G.V. Verlagsdienstleistungen GmbH, Weinheim

Folgende Beiträge sind bereits an anderer Stelle veröffentlicht worden:
Peter Fromherz: Interfacing von Nervenzellen und Halbleiterchips. © Physikalische Blätter, Wiley-VCH Verlag GmbH, Weinheim
Gregor Morfill: Jenseits der Milchstraße. © physik aktuell, Deutsche Physikalische Gesellschaft e.V., Bad Honnef
Fritz Haake: Das Ohr liebt Chaos. © Essener Unikate. Nachdruck mit freundlicher Genehmigung der Universität GH Essen
Lothar Schäfer: Wenn der Teil dem ganzen ähnelt. © Essener Unikate. Nachdruck mit freundlicher Genehmigung der Universität GH

Die Deutsche Bibliothek - CIP Einheitsaufnahme
Ein Titeldatensatz für diese Publikation ist bei Der Deutschen Bibliothek erhältlich.
   ISBN 3-527-40328-0

© WILEY-VCH Verlag Berlin GmbH, Berlin (Bundesrepublik Deutschland), 2001

Gedruckt auf säurefreiem Papier.

Satz: W.G.V. Verlagsdienstleistungen GmbH, Weinheim
Druck: Druckhaus Darmstadt, Darmstadt
Bindung: J. Schäffer, Grünstadt
Printed in the Federal Republic of Germany

Grußwort

Als ich im Januar 2000 zusammen mit der Deutschen Physikalischen Gesellschaft das Jahr der Physik eröffnet habe, starteten wir ein Experiment, von dem wir nicht wussten, wie es ausgehen wird. Wird sich die Öffentlichkeit von der Physik begeistern, ja vielleicht sogar faszinieren lassen? Wird das Zusammenspiel der vielen verschiedenen Partner funktionieren? Wird man auf Seiten der Wissenschaft eine Sprache finden, um mit Bürgerinnen und Bürgern in ein Gespräch zu kommen? Diese und ähnliche Fragen können nach Abschluss des Physikjahres zu meiner großen Freude eindeutig positiv beantwortet werden.

Die vielen tausend Besucher der fünf zentralen Veranstaltungen und Vorträge sowie die über 200 Satellitenveranstaltungen sind der Grund für diese Aussage.

Mein Anliegen war es, einen Dialog zwischen Wissenschaft und Öffentlichkeit anzuregen, denn Wissenschaft darf für die Bevölkerung kein Buch mit sieben Siegeln sein. Dafür ist ihre Förderung und der Umgang mit ihren Ergebnissen für uns alle viel zu wichtig. Friedrich Dürrenmatt hat das in den Sätzen zusammengefasst: „Der Inhalt der Physik geht die Physiker an, die Auswirkungen alle Menschen. Was alle angeht, können nur alle lösen."

Das hier vorgelegte Buch gibt den Inhalt der Physik in Form eines Querschnitts wieder. Es stellt den Erkenntnisstand dar, den diese Wissenschaft über unsere Welt zum Ende des 20. Jahrhunderts gewonnen hat. Es gibt aber auch Ausblicke auf Herausforderungen und Fragen der Physik, die immer noch ungeklärt sind.

Die Autoren der Beiträge wenden sich an alle interessierten Bürgerinnen und Bürger. Damit soll ein neuer Weg beschritten werden, um im Sinne von Alexander von Humboldt eine „Demokratisierung von Wissen und Wissenschaft" zu erreichen.

Der Deutschen Physikalischen Gesellschaft, dem Rat Deutscher Sternwarten und den vielen Physikerinnen und Physikern, die sich für *2000: das Jahr der Physik* in so großartiger Weise engagiert haben, möchte ich an dieser Stelle recht herzlich danken.

Edelgard Bulmahn
Bundesministerin für Bildung und Forschung

Vorwort der Herausgeber
dieses Sammelbandes zum Jahr der Physik

Die frühesten Hinweise dafür, dass sich Menschen über ihre Rolle im Naturgeschehen Gedanken machten, finden wir in der steinzeitlichen Kunst, in Plastiken wie der „Venus von Willendorf" und in Malereien etwa in den Höhlen an der Ardèche und der Vézère. Dieses Nachdenken über sich und über die Natur ließ die Menschen Zeichen setzen für ihre Götter und zu ihrer eigenen Orientierung im wechselhaften Geschehen der Welt. In Frankreich wurden Menhire mit einem Gewicht bis zu 280 Tonnen aufgerichtet, in England lässt uns Stonehenge heute noch erkennen, welche Faszination die astronomischen Erscheinungen am Firmament schon vor fünftausend Jahren ausgeübt haben müssen.

Hierin liegen letztlich auch die Wurzeln der Physik: Wir versuchen, die Vorgänge in der uns umgebenden Natur zu verstehen und die beobachteten Erscheinungen auf erste gemeinsame Ursachen zurückzuführen. Dieses Streben nach Erkenntnis über Naturvorgänge hat besonders in den letzten drei Jahrhunderten zu einer Neuorientierung der Methoden in allen Wissensgebieten geführt. Auf der technischen Ebene haben physikalische Messmethoden die analytische Chemie erobert und ziehen inzwischen mit Macht in die Biologie ein. Die ganze Informations- und Kommunikationstechnik, die Medizintechnik, die Molekularbiologie, die moderne Pharmazeutik, sie alle wachsen auf einem Grund, der großenteils durch die Ergebnisse der Physik der letzten Dekaden erst gelegt wurde.

Über die naturwissenschaftlich-technischen Fächer hinaus werden Physiker in jüngster Zeit zunehmend auch in anderen zunächst völlig fremd erscheinenden Gebieten eingesetzt, nämlich in Unternehmensberatungen, Banken und Versicherungen. Ein wesentlicher Grund für diese Verbreiterung des Wirkungskreises dürfte darin liegen, dass ein Physikstudium eine hervorragende Schule für rationale Analyse schwieriger Fragestellungen ist: Diese Art des Zugangs zu Urteilsbildung und Entscheidungsfindung trägt offenbar bei komplexen Problemen auch im allgemeinen gesellschaftlichen und wirtschaftlichen Umfeld Früchte.

Als die Quantentheorie vor hundert Jahren entstand, war die Physik noch überschaubar, die Physiker waren eine kleine Gruppe von Wissenschaftlern. Heute hat sich, als Konsequenz der durch die moderne Physik ausgelösten technischen Revolution, die Physik in viele Spezial-Gebiete fortentwickelt. Auch die Anzahl der Physiker weltweit hat industrielle Maßstäbe angenommen. Dennoch herrscht bei den Fachkollegen die Überzeugung vor, dass wir es bei der Physik immer noch mit einer einheitlichen Wissenschaft zu tun haben. Ein Charakteristikum der Physik ist es ja gerade, im Besonderen eines Vorgangs das Allgemeine zu suchen, Ergebnisse zwischen unterschiedlichen Teildisziplinen übertragbar zu machen. Dieser Gedanke der *Universalität*, nämlich das Wesentliche, Gebietsübergreifende an einem Phänomen besonders herauszuarbeiten, ist auch ein Unterscheidungsmerkmal der Physik im Verhältnis zu anderen Naturwissenschaften. Und hier liegt einer der Gründe dafür, warum physikalische Methoden sich in andere Disziplinen immer weiter ausbreiten. Die Physik als Natur-Forschung hat dabei nichts von ihrer ursprünglichen Kraft eingebüßt, sie begeistert, wenn plötzlich neue Zusammenhänge offenbar werden – wie sie etwa durch das Standardmodell der elementaren Wechselwirkungen ausgedrückt werden – und sie fordert uns weiterhin heraus, beispielsweise dieses Konzept um die Gravitation zu erweitern, oder das kollektive Zusammenwirken der A-bermilliarden von Elektronen in einer gewöhnlichen Legierung vorherzusagen.

2000: das Jahr der Physik war eine gemeinsam von der Deutschen Physikalischen Gesellschaft und dem Bundesministerium für Bildung und Forschung getragene Initiative zur Förderung des Dialoges zwischen Wissenschaft und Öffentlichkeit. Der hier vorgelegte Sammelband von Vorträgen, die im Wesentlichen im Verlauf dieser Initiative für eine allgemeine Zuhörerschaft gehalten wurden, stellt eine Momentaufnahme der physikalischen Forschung dar. Der Abschluss der Veranstaltungen zu diesem Jahr der Physik im Dezember 2000 stand unter dem Titel „Entdeckung des Zufalls". Damit sollte die, wie wir heute glauben, untrennbare Verknüpfung des Zufalls mit der Quantenwelt deutlich gemacht werden. Einer der Schöpfer der Quantentheorie, Albert Einstein, war ja diesem Quanten-Zufall gegenüber immer skeptisch geblieben: „Jedenfalls bin ich davon überzeugt, dass der [Alte] nicht würfelt" schreibt er am 4. Dezember 1926 an Max Born.[1] In den letzten Jahren konnte dies jedoch experimentell überzeugend demonstriert werden: „ ... und er würfelt doch!". Die nichtlinearen Vorgänge – *Chaos* – verstärken dann diese atomaren Zufallsprozesse, bis sie für uns alle ohne besondere Hilfsmittel erfahrbar werden.

Die Beiträge zu diesem Band sind entsprechend den fünf Zentralveranstaltungen zum Jahr der Physik in Berlin und Bonn gruppiert. Es beginnt mit dem *unendlich Großen*, der Astrophysik (Jenseits der Milchstrasse), gefolgt vom *unendlich Kleinen*, der Elementarteilchen- und Kernphysik (Reise zum Urknall). Nach einem Kapitel über Quantenoptik, Atom- und Plasmaphysik (Gebändigtes Licht) werden die *unendlich vielen Dinge* angesprochen, die Festkörperphysik (Stein der Weisen). Dieses Kapitel enthält drei Beiträge aus der Kunst – entsprechend der gemeinsamen Ausstellung von Physik und Medienkunst in Bonn im September. Dadurch sollte die Verwandtschaft schöpferischer Tätigkeit bei den Grenzüberschreitungen in Kunst und Wissenschaft deutlich gemacht werden. Den Schluss bildet die Quantentheorie mit der „Entdeckung des Zufalls". Damit wird zugleich an ein hundertjähriges Jubiläum erinnert, denn Max Planck hatte am 14. Dezember 1900 erstmals darüber in der Physikalischen Gesellschaft in Berlin vorgetragen.

In der Zusammenstellung der Vorträge und der unterschiedlichen Ausgestaltung durch die einzelnen Autoren wurde bewusst auf eine stärkere Homogenisierung der Darstellung verzichtet. Die Individualität und Authentizität der Wissenschaftlerinnen und Wissenschaftler und ihrer Forschung sollte hier deutlich erkennbar bleiben. Die beigefügten Photos und Kurzlebensläufe sollen das persönliche Gesicht der Autoren hervortreten lassen. Vollständigkeit oder durchgängige Systematik wurde zugunsten individueller Lesbarkeit ebenfalls nicht angestrebt. Wir versuchen vielmehr, mit diesem Sammelband ein vielschichtiges farbiges Bild von den Fragestellungen, Methoden und Erkenntnissen moderner Physik zu vermitteln und hoffen, dass die Leserin oder der Leser hierdurch angeregt werden könnte, sich mit der Physik oder mit einzelnen ihrer aktuellen Themen näher auseinanderzusetzen. Zu diesem Zweck haben alle Autoren eingewilligt, ihre Kurzadressen[2] beizufügen und sachliche Anfragen nach bestem Vermögen zu beantworten. Als Herausgeber sind wir allen Autoren hierfür sehr dankbar.

---

[1] Max Born, *Physik im Wandel meiner Zeit*, 4. erw. Auflage, Verlag Vieweg u. Sohn, Braunschweig 1966; Kapitel 24: „Aus dem Briefwechsel Albert Einsteins mit Max und Hedwig Born", Seite 294ff.
[2] Alle Institutionen, in denen die Autoren arbeiten, sind auf dem World-Wide-Web mit gut organisierten Homepages vertreten. Dort können die aktuellen E-mail- und Postadressen nachgeschlagen werden.

Der Dank aller an den Aktionen zum Jahr der Physik beteiligten Physikerinnen und Physiker gilt schließlich dem Bundesministerium für Bildung und Forschung und ganz besonders Frau Bundesministerin Edelgard Bulmahn für die vielfältige Unterstützung im Verlauf dieses Jahres *2000: das Jahr der Physik!*

Bonn, im Dezember 2000

Heiner Müller-Krumbhaar   Herrmann-Friedrich Wagner
Institut für Festkörperforschung   Bundesministerium für
Forschungszentrum Jülich   Bildung und Forschung

Inhalt

Gebändigtes Licht

Stein der Weisen

Entdeckung des Zufalls

Jenseits der Milchstraße

Jenseits der Milchstraße

Gregor Morfill

Die für mich faszinierendsten Fragen der Grundlagenforschung sind solche, die sehr anspruchsvoll sind, die also nicht einfach zu lösen sind, aber für deren Beantwortung eine erfolgsversprechende Strategie existiert. Es sind Fragen, bei denen zu erwarten ist, dass bei der Suche nach Antworten neue, ebenso faszinierende Fragen auftauchen – also weitere große Herausforderungen an die menschliche Innovationskraft gestellt werden. Die Astronomie hat eine Fülle solcher „großen Herausforderungen", wobei die für mich interessantesten Fragen sind:

- Wie ist das Universum entstanden?
- Wie sind Galaxien entstanden?
- Was sind „Schwarze Löcher"?
- Wie sind Sterne, Planeten – wie ist unsere Erde entstanden?
- Wie entwickelt sich alles weiter?

Um Antworten auf solche Fragen (und viele weitere) zu bekommen, steht am Anfang – wie bei jeder empirischen Wissenschaft – die Suche nach relevanten Fakten durch Beobachtungen und Messungen, gefolgt (und manchmal geleitet) von der Theorie.

1   Zurück zum Urknall

Die überraschende Entdeckung von Edwin Powell Hubble aus den 1920er-Jahren, dass das Universum expandiert[1], führte ganz natürlich zur Vorstellung, dass das Universum einen Anfang hat – den „Urknall". Die „Geburt" unseres Universums müsste vor etwa zehn Milliarden Jahren stattgefunden haben. Die große Herausforderung an die Wissenschaft ist es seitdem, diesen einzigartigen Prozess der Entstehung des Universums Stückchen für Stückchen zu enträtseln. Die Strategie involviert breite Bereiche der Physik – von den Elementarteilchen bis hin zur Relativitätstheorie, gestützt auf astronomische Messungen, welche die Information aus den frühesten Epochen des Universums enthalten.

Eine dieser Messungen ist die in 1965 von Penzias und Wilson entdeckte „Kosmische Hintergrundstrahlung", die man auch als das „Echo des Urknalls" bezeichnen kann. Für diese wichtige Entdeckung erhielten die beiden Forscher 1978 den Nobelpreis. Es handelt sich hierbei um Mikrowellenstrahlung, die uns Auskunft über das „junge" Universum zu einem Zeitpunkt gibt, als es gerade mal 100 000 Jahre alt war.

Von besonderem Interesse ist bei dieser Strahlung ihre Isotropie, d.h. die Intensitätsverteilung aus verschiedenen Himmelsrichtungen. Diese Intensitätsverteilung gibt uns Hinweise über Fluktuationen im frühen Universum und damit über die Frühphasen der Materieverteilung –

---

[1] Ferne Galaxien bewegen sich alle von uns fort – und zwar je weiter sie entfernt sind, desto schneller.

ganz entscheidende Information für das Verständnis der Galaxienentstehung. Die bis dato besten Messungen und die Himmelskartierung stammen vom Satellitenobservatorium „CO-BE" (Cosmic Background Explorer). Die Himmelskarte in Abb. 1 zeigt in der Tat Fluktuationen – allerdings sehr geringe von nur etwa einem tausendstel Prozent.

Abb. 1: Die Entstehung der kosmischen Hintergrundstrahlung. Die Himmelskarte ist in so genannten „galaktischen Koordinaten" dargestellt, wobei der „Äquator" entlang der Scheibe unserer Milchstraße liegt.

Diese gemessene frühe Struktur im Universum kann man nun mit der Verteilung der sichtbaren Masse vergleichen, nämlich der Anordnung der Galaxien im Raum. Um diese zu vermessen sind langwierige, Jahre bis Jahrzehnte dauernde Beobachtungsprogramme erforderlich, welche dann Datenbanken mit einer Vielzahl von Informationen über Millionen von Galaxien füllen.

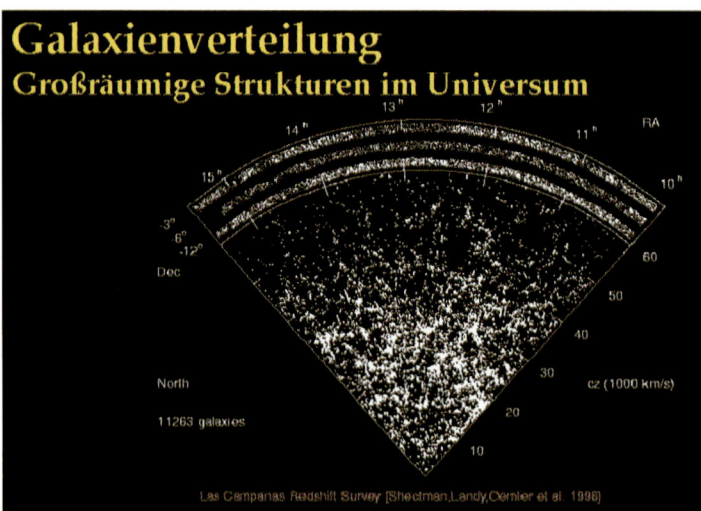

Abb. 2: Galaxienverteilung in einem Ausschnitt des Universums, der in einem Beobachtungsprogramm untersucht wurde.

In Abb. 2 ist ein Ausschnitt von solch einem Beobachtungsprogramm gezeigt. Er enthält etwas mehr als 10 000 Galaxien und umfasst etwa ein tausendstel Prozent des sichtbaren Universums. Man sieht selbst aus solch einer vergleichsweise noch „kleinen" Studie, dass sich die Galaxien im Universum sehr ungleich verteilen. Es gibt Konzentrationen (Galaxienhaufen) mit Hunderten bis Tausenden von Galaxien in engerer Nachbarschaft, und es gibt große Gebiete in denen fast gar keine Galaxien gefunden werden. Zur Erinnerung sei erwähnt, dass jede Galaxie etwa 100 Milliarden Sterne enthält.

Unsere Milchstraße ist eine Spiralgalaxie und sollte der in Abb. 3 gezeigten Galaxie sehr ähneln. Wäre das unsere Galaxie, so läge unsere Sonne in einem der großen Spiralarme. Nimmt man die Strecke zwischen Zentrum und Rand der Galaxie, so würde der Abstand der Sonne vom Zentrum etwa zwei Drittel dieser Strecke betragen.

Abb. 3: Eine Spiralgalaxie.

Die zwei Beobachtungen aus der Frühzeit des Universums – die sehr gleichförmige kosmische Hintergrundstrahlung und die extrem ungleichförmige Verteilung der Galaxien – sind mit der herkömmlichen Physik ohne weitere Annahmen nicht in Einklang zu bringen. Die Anfangsfluktuationen von einem tausendstel Prozent sind zu gering und selbst zehn Milliarden Jahre zu kurz für die Bildung der beobachteten Masseverteilung. Um diese zwei Messungen in Einklang zu bringen, wurde etwas ganz Neues, die so genannte „dunkle Materie", postuliert. Im Gegensatz zu den bekannten Bausteinen der Materie, also Protonen, Neutronen, Elektronen usw., darf" die dunkle Materie nur über die Schwerkraft wechselwirken. Sie nicht leuchten, daher rührt der Name. Man kann anhand der gemessenen Struktur des Universums über dynamische Simulationsrechnungen einige Eigenschaften dieser dunklen Materie bestimmen, was dann wiederum gezielte Laborexperimente in der Elementarteilchenphysik ermöglicht, um diese unbekannten Bausteine unseres Universums zu identifizieren. Dieses ganze Thema zählt sicherlich zu den aufregendsten Forschungsschwerpunkten der Naturwissenschaft überhaupt!

In den Simulationsrechnungen wird die Bewegung von „Massenpunkten" ausgehend von einer mit den Fluktuationen übereinstimmenden Anfangsverteilung berechnet. Jeder dieser Massepunkte entspricht einer Galaxie. Berücksichtigt wird die Expansion des Universums, die wechselseitige Beeinflussung der Massenpunkte über ihre Gravitation – und Modellannahmen für die „Dunkle Materie".

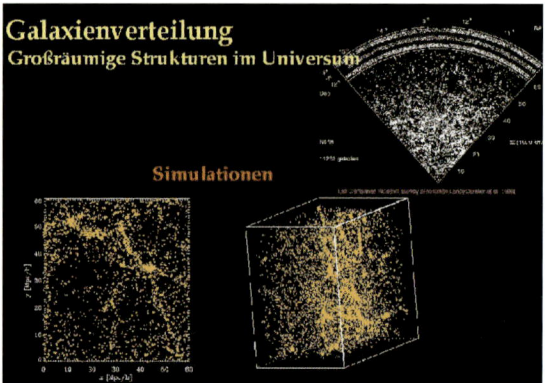

Abb. 4: Ergebnis einer Simulationsrechnung zur Verteilung von Galaxien im Universum. Jeder Punkt entspricht einer Galaxie.

Natürlich sucht man auch in anderen Bereichen der Astronomie nach weiterer Evidenz für diese enigmatische dunkle Materie. Überraschenderweise kam eine der wichtigsten quantitativen Messungen hierzu aus der Röntgenastronomie, und zwar vom deutschen Röntgenobservatorium ROSAT. Der Raum zwischen den Galaxien ist nämlich nicht leer, sondern angefüllt mit einem „Plasma". Ein Plasma ist ein heißes Gas mit Temperaturen von mehreren Millionen Grad. Dieses Plasma ist im Röntgenlicht „sichtbar".

Abb. 5: Messung der Röntgenstrahlung eines Himmelsabschnitts durch den deutschen Satelliten ROSAT.

Es konzentriert sich überall dort, wo es Galaxienansammlungen gibt, also in den Galaxienhaufen. Der Grund dafür ist die Schwerkraft. Eine einfache Rechnung[2] liefert die gesamte Masse, die in einem Galaxienhaufen wirkt. Zusammen mit Galaxienzählungen ergibt das folgende Ergebnis für die Verteilung der Masse (siehe auch Abb. 5):

---

[2]Diese Rechnung ähnelt derjenigen, mit der man die Bedingungen für die gravitative Bindung, also das „Festhalten" unserer Atmosphäre durch die Schwerkraft der Erde bestimmen kann.

- Summe der Galaxienmassen: 5 %
- Zwischengalaktisches Gas: 20 %
- Dunkle Materie: 75 %

Die Galaxien allein wären also nicht in der Lage, durch ihre Schwerkraft ein so heißes Gas einzufangen und zu konzentrieren. Die dunkle Materie ist ausschlaggebend und wird durch diese Messungen direkt bestimmbar – und sie ist klarerweise der dominierende Teil der im Universum vorhandenen Masse.

Wie geht es weiter? Die Zukunft verspricht sehr spannend zu werden. Neue Weltraumobservatorien und die neuen erdgebundenen Großteleskope werden immer tiefer in das Weltall schauen können und damit in immer größere Entfernungen. So können sie immer frühere Epochen der Entwicklung untersuchen, vielleicht sogar bis hin zur „Grenze" des Beobachtbaren, das bei einem Weltalter von etwa 100 000 Jahren liegt.[3] Dabei sind neue technologische Entwicklungen in der Röntgendetektion und der Infrarotspektroskopie[4] genauso wichtig wie im optischen, Radio- und Mikrowellenbereich. In der modernen Astronomie kann – und darf – man sich nicht mehr auf ein Wellenlängenfenster konzentrieren. Das wäre Wissenschaft mit Scheuklappen!

Ein weiterer riesiger Sprung in der Informationsgewinnung über die Entstehung des Universums, vielleicht sogar zurück bis zu den ganz frühen Zeiten bei weit weniger als eine Sekunde (!) nach dem Urknall, bietet ein neuer Zweig der Astronomie, die Gravitationswellenastronomie. Diese technologisch sehr anspruchsvolle Richtung ist gerade im Aufbau. Dabei ist es nicht übertrieben, wenn man konstatiert, dass deutsche Wissenschaftler in diesem Zukunftsbereich genauso wie in den früher erwähnten Bereichen der „klassischen", also optischen, und der „neueren" Astronomien weltweit führende Rollen einnehmen. Dazu gehören die Gamma-, die Röntgen-, die Infrarot-, die Submillimeter- und die Radioastronomie.

2 Der Blick ins Innere der Galaxien

Es ist aus der Radioastronomie schon seit vielen Jahren bekannt, dass der zentrale Bereich vieler Galaxien sehr „aktiv" ist. Es gibt gewaltige Energieumsetzungen, die mit vielen Milliarden Sonnen vergleichbar sind, Explosionen gigantischen Ausmaßes und Materiestrahlen (Jets), die Millionen von Lichtjahren weit ins All hinausgeschleudert werden. Was sind die Prozesse, die in einem relativ kleinen Bereich so viel Energie erzeugen können? Die Kernfusion, das kann man sich leicht ausrechnen, reicht jedenfalls nicht aus.

Man vermutet, gestützt auf einer Reihe von Beobachtungen wie etwa den extrem hochauflösenden Messungen der Radio VLB I[5], dass es sich hier um so genannte „Schwarze Löcher" handelt. Schwarze Löcher können aufgrund theoretischer Überlegungen dann entstehen, wenn Materie durch ihre eigene Schwerkraft in sich zusammenfällt und im Prinzip zu einem Punkt im Raum wird. So entsteht eine „Singularität".

---

[3] Je weiter entfernt eine Galaxie ist, umso länger hat ihr Licht gebraucht, uns zu erreichen – deshalb ist die Beobachtung immer entfernterer Objekte gleichbedeutend mit einer „kosmischen Archäologie".
[4] Die entferntesten Galaxien sieht man durch ihre hohe Fluchtgeschwindigkeit rotverschoben, und nicht mehr hauptsächlich im optischen Spektralbereich.
[5] VLB I: Very Long Baseline Interferometrie, in der viele Radioteleskope weltweit zusammengeschaltet und wie ein einziges großes Radioteleskop betrieben werden.

Dieses passiert bei der Sonne z.B. deshalb nicht, weil es Gegenkräfte gibt, die solch einen Kollaps verhindern. Es ist der thermische Druck aufgrund der hohen Temperaturen, die durch die Kernfusionsenergie im Sonneninnern entstehen. Wenn die Masse allerdings zu groß und die Kernfusionsenergie aufgebraucht ist, kann nach unserem jetzigen Wissensstand der Kollaps zu einem Schwarzen Loch nicht mehr aufgehalten werden. Das Schwarze Loch kann dann weitere Masse „aufsaugen" (akkretieren) und immer massiver werden.

Abb. 6: Zwei Jets die in entgegengesetzter Richtung von einer Radiogalaxie ausgeschleudert werden, in deren Zentrum sich ein Schwarzes Loch befinden kann.

Die Schwarzen Löcher in aktiven Galaxien sollten aufgrund der gemessenen Energetik Massen von bis zu einer Milliarde Sonnenmassen haben. Allgemein stellt man sich vor, dass ein Teil der Einfallsenergie von dem akkretierten Material, Gas oder sogar ganze Sterne, freigesetzt wird und zu Massenausströmungen, den „Jets", führt.

Das Naheliegendste ist natürlich zu untersuchen, was im Zentrum unserer eigenen Galaxis passiert. Gibt es dort auch ein Schwarzes Loch? Wenn ja, warum ist es nicht so energetisch wie in den entfernten aktiven Galaxien? Und kann die „Schwarze-Loch-Hypothese" – die ja nur eine Modellvorstellung ist – untermauert, oder gar bewiesen werden? Die Strategie dazu ist die exakte Messung der Sternpositionen in der nahen Umgebung des galaktischen Zentrums, gefolgt von Langzeitbeobachtungen und Bestimmung der Bahnbewegung um das galaktische Zentrum herum. Ähnlich wie die Planetenbahnen in unserem Sonnensystem zur Bestimmung der Sonnenmasse benutzt wurden, kann auf diesem Weg die Masse des Schwarzen Lochs abgeleitet werden. Es gibt aber Probleme, denn das galaktische Zentrum ist hinter einem Schleier von Staub und Gas verborgen. Es ist nur im Infrarotbereich beziehungsweise bei Submillimeter- und Radiowellenlängen sichtbar. Also muss hochauflösende Infrarotastronomie betrieben werden, um solche Stern-Beobachtungen durchführen zu können. Die technologische Entwicklung dazu ist in der letzten Dekade stark vorangetrieben worden, so dass die ersten Ergebnisse vorliegen.

Dabei wurde die Eigenbewegung der Sterne in einem Volumen von etwa einem Lichtjahr Durchmesser um das galaktische Zentrum herum gemessen. Das Ergebnis dieser Messungen ist Folgendes:

- Es gibt eine zentrale Massenkonzentration von 2,9 Millionen Sonnenmassen.
- Diese Masse ist in einem Raum von weniger als einem dreißigstel Lichtjahr untergebracht.

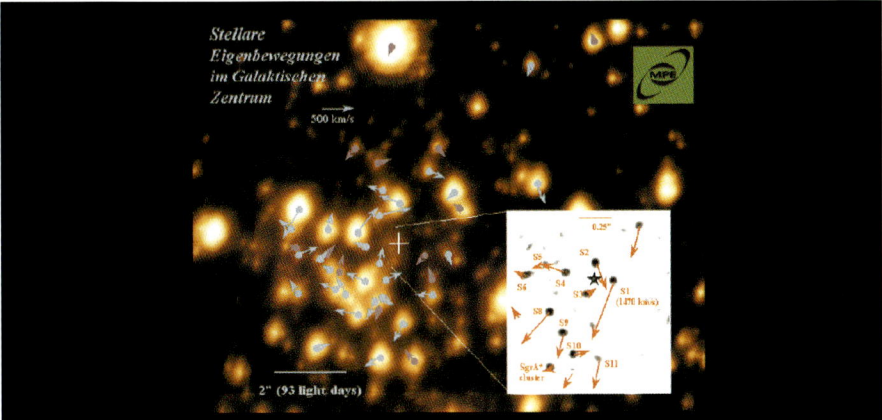

Abb. 7: Schwarzes Loch im Zentrum der Milchstraße.

Dieses Ergebnis liefert „massive Evidenz" dafür, dass es im galaktischen Zentrum ein Schwarzes Loch gibt. Allerdings ist es mit den gemessenen 2,9 Millionen Sonnenmassen im Vergleich zu den aktiven Galaxien relativ schmächtig.

Im näheren Raum um das galaktische Schwarze Loch, also in einem Volumen mit etwa 30 Lichtjahren Ausdehnung, gibt es etwa eine Millionen Sterne. Eine grobe Abschätzung ergibt, dass etwa alle 100 000 Jahre einer dieser Sterne in das Schwarze Loch hineinfällt. Dabei wird er durch die Gezeitenkräfte zerrissen und setzt so viel Energie in kürzester Zeit frei wie bei etwa 100 Supernovae.[6] Unser galaktisches Schwarzes Loch ist wie ein schlafender Tiger, wie ein Vulkan, der jederzeit wieder ausbrechen kann. Es ist gut, dass wir etwa 20 000 Lichtjahre weit weg leben!

Auch hier stellt sich die Frage: Was bringt die Zukunft? Schon die jetzt laufende technische Entwicklung wird eine Verbesserung der räumlichen Auflösung mit einer um den Faktor 100 erhöhten Genauigkeit bringen. Damit wird es möglich sein, die Naturvorgänge ganz in der Nähe des „Randes" solch eines Schwarzen Lochs zu untersuchen. Wir werden relativistische Prozesse im gekrümmten Raum – wie aus der Einstein'schen „Allgemeinen Relativitätstheorie" vorhergesagt – testen und „Neue Physik", sofern sie existiert, „sehen" können. Die Vision ist, hier wirklich fundamentale Beiträge zur Physik zu leisten und in ganz neue Gebiete vorzustoßen, natürlich aus sicherer Entfernung.

3   Sonne, Mond und Sterne

Die Sterne haben den Astronomen[7] von jeher die meiste Information über den Kosmos geliefert. Die Vielfalt der Sterne – angefangen vom meistuntersuchten Objekt, unsere Sonne, bis hin zu den Exoten, den Roten Riesen, Weißen Zwergen und den Neutronensternen – liefert ein schier unendliches Material zum Studium von Naturvorgängen in einem weiten, auf der

---

[6] Supernovae sind gewaltige Explosionen, die das Ende bestimmter Sterntypen signalisieren.
[7] Von gr. astron, zu deutsch Stern.

Erde nicht erreichbaren Parameterbereich von Temperatur, Dichte, Zusammensetzung, Magnetfeldstärken usw.

Der ganze Lebensweg der Sterne von der Entstehung – und damit verbunden auch die Entstehung der Planeten – bis hin zu den verschiedenen Endstadien ist ein faszinierendes Forschungsthema, nicht zuletzt weil viele Fragen der Physik angesprochen werden. Eine besonders spektakuläre Version der Endstadien sind die Supernovaexplosionen, die einen Teil des prozessierten Sternmaterials wieder an das galaktische Gas zurückgeben. Eine der überraschendsten Erkenntnisse des letzten Jahrhunderts war die Elementsynthese in Sternen und das „Recycling" der in den Sternen „gekochten", schweren Elemente. Die Konsequenz ist unser heutiges Wissen, dass jeder Mensch auf der Erde zum Teil aus Elementen besteht, die vor einigen Milliarden Jahren in Sternen erzeugt wurden. Wir sind im wahrsten Sinne des Wortes „Sternkinder".

Das Forschungsgebiet der Sternentstehung" hat in den letzten 20 Jahren große Fortschritte gemacht. Es waren dies zum Teil theoretische Erkenntnisse, aber vor allem die detaillierten Beobachtungen von Sternentstehungsgebieten. Die Sterne, mit ihren ca. 10 bis 100 Millionen Grad die fast heißesten Objekte im Universum, entstehen in den mit ca. –260 Grad Celsius kältesten Regionen, den so genannten Interstellaren Wolken.

Abb. 8: Solche interstellare Wolken sind Geburtsstätten der Sterne.

Interstellare Wolken bestehen aus Gas, hauptsächlich Wasserstoff und Helium, und winzig kleinen Staubteilchen (Abb. 8). Solche Wolken können mit bis zu 100 Lichtjahren Ausdehnung sehr groß sein, aber auch kleiner. Sie verdecken die Hintergrundsterne und werden deshalb oft „Dunkelwolken" genannt.

Sterne können in solchen Dunkelwolken entstehen, wenn irgendein Fragment dieser Wolke „gravitativ instabil" wird, d.h. wenn es aufgrund der Schwerkraft seiner eigenen Masse in sich zusammenfällt. Dieser Kollaps führt nicht zu einem Schwarzen Loch – sondern das Wolkenfragment heizt sich beim Kollaps auf und wird schließlich durch den eigenen thermischen Druck gebremst. Der Stern entsteht dann durch ein langsameres Aufsammeln weiterer Wolkenmaterials auf diesen „protostellaren Kern". Irgendwann reichen die Temperatur und der Druck im Innern aus, dass die Kernfusion möglich wird – der Stern ist geboren und leuchtet aus eigener Kraft.

Wir haben bei dieser einfachen Betrachtung einen wichtigen Effekt außer Acht gelassen. Die Wolke dreht sich nämlich im Allgemeinen um die eigene Rotationsachse und damit der

Stern ebenfalls. Diese Rotation ist sehr wichtig, denn ohne sie würde es uns nicht geben! Es ist genau diese Rotation, die dazu führt, dass die Wolke abgeplattet und die Form eines Diskus oder Scheibe annimmt. In diesen zirkumstellaren Scheiben entstehen die Planeten, geboren aus dem interstellaren Staub und Gas. Solche Objekte, junge Sterne umgeben von abgeplatteten Staub- und Gasscheiben (in Seitenansicht) bzw. von ausgedehnten ellipsenförmigen (in Schrägansicht) oder kreisförmigen Hüllen (in Aufsicht) sind mit dem Hubble-Space-Teleskop gesehen worden und bestätigen das oben kurz beschriebene Szenario der Stern- und Planetenentstehung.

Abb. 9: Sternentstehung in einer interstellaren Gaswolke.

Ich habe bis hier die Planetenentstehung noch nicht im Detail beschrieben. Das liegt daran, dass die Prozesskette sehr kompliziert ist und eine Beschreibung des heutigen Erkenntnisstandes den Rahmen sprengen würde. Außerdem gibt es unterschiedliche Planetentypen. Zu ihm gehören die „Gasplaneten" wie Jupiter und Saturn und „feste Planeten" wie beispielsweise Erde und Mars, die wiederum eigene Entstehungs- und Entwicklungswege gehen. Erwähnenswert ist allerdings, dass das Alter des Sonnensystems durch radiochemische Methoden recht genau auf 4,5 Milliarden Jahre bestimmt werden konnte. Unsere Sonne mit ihrem Planetensystem zählt also nicht zur allerersten Generation der Sterne. Deshalb trifft die Aussage zu, dass wir Sternenmaterial in uns haben, welches aus einer früheren Generation stammt.

Leben, wie wir es verstehen, ist nur unter bestimmten physikalischen Bedingungen möglich, wie sie auf Planeten herrschen können. Aber gibt es um andere sonnenähnliche Sterne ebenfalls Planeten? Gibt es dort vielleicht auch Lebensbedingungen wie auf der Erde mit vergleichbarer Atmosphäre und Temperaturen? Ist dort möglicherweise auch Leben entstanden? Diese Fragen haben die Menschheit schon seit Jahrhunderten beschäftigt. Technische Fortschritte in der hochauflösenden Spektroskopie haben es im letzten Jahrzehnt ermöglicht, die Erste dieser Fragen eindeutig mit „ja" zu beantworten. Eine ganze Reihe von Planeten sind, allerdings indirekt, entdeckt worden. „Indirekt" bedeutet, dass diese Planeten nicht abgebildet, also direkt gesichtet worden sind. Es konnte vielmehr ihr geringer Einfluss auf ihr Zentralgestirn – das „Wackeln" dieses Sterns, während der Planet ihn umkreist – spektroskopisch identifiziert werden.

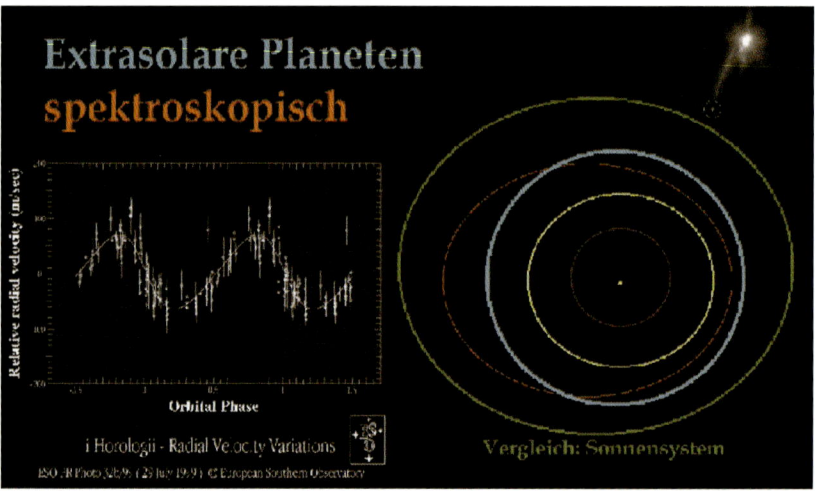

Abb. 10: Spektroskopischer Nachweis extrasolarer Planeten.

Aus diesen Messungen lassen sich Bahnparameter des Planeten und eine untere Grenze der Planetenmasse berechnen. Bisher sind nur massereiche, also Jupiter-ähnliche Planeten in recht engen Umlaufbahnen entdeckt worden. Das liegt an der momentan technisch erreichbaren Grenze der Genauigkeit. Es ist jedoch absehbar, dass diese Grenze in den nächsten 10 bis 20 Jahren deutlich verschoben wird.

Die Zukunftsvision in diesem Bereich der Astronomie ist atemberaubend. Der technische Fortschritt wird Verbesserungen in der räumlichen Auflösung (vermutlich über Interfero- metrie), der Sensitivität (durch größere Sammelflächen der Teleskope), der computergestütz- ten Beseitigung störender atmosphärischer Einflüsse (über adaptive Optik) und der Welt- raumastronomie bringen. Damit, so das Ziel, sollen in der Zukunft nicht nur Planeten abgebil- det werden können. Es sollen sogar die Lichtspektren ihrer Atmosphären gemessen werden, um damit Aussagen zu ermöglichen, die sogar bis zur Erkenntnis biologischer Prozesse rei- chen könnten!

4   Kosten und Nutzen

Natürlich sind für solch „große Herausforderungen" große Anstrengungen der Staatengemein- schaft notwendig. Ein Land allein wird diese Zukunftsvisionen nicht umsetzen können. Das ist auch nicht nötig. Das Wissen kommt als intellektuelles Erbe, als Kulturerbe, der gesamten Menschheit zugute. Ich glaube, es wäre deshalb auch ein wegweisendes politisches Beispiel, wenn sich die großen Nationen zu solch einem visionären Zukunftsprogramm für die gesamte Menschheit bekennen würden, als Bestätigung unseres ungebrochenen Pioniergeistes.

Aber es ist beileibe nicht so als wären die Astronomie und Astrophysik als herausragendes Gebiet der Grundlagenforschung ohne jegliche Wirkung in der Anwendung. Im Gegenteil. Historisch war die Astronomie für die Navigation auf der Seefahrt, für die Entwicklung opti- scher Instrumente und anderer Techniken eine treibende Kraft. Heutzutage liegt die Triebfe- der mehr in den neuen Bereichen, der Detektorenentwicklung in den Röntgen-, Gamma- und

Infrarotwellenlängen, in der Satellitentechnologie und in der intelligenten Datenverarbeitung bzw. Datenanalyse.

Zu letzterem möchte ich ein Beispiel bringen, bei dem der Wissenstransfer in einigen Bereichen schon stattgefunden hat, aber in vielen anderen Bereichen noch vollzogen werden kann. Es handelt sich um eine informationstheoretische Analysestrategie. Sie wurde ursprünglich entwickelt, um die komplexen Muster der Galaxienverteilung im Universum quantitativ analysieren zu können und um den Vergleich zwischen Simulationsrechnungen und Messungen exakter zu machen. Diese Analysemethoden sind erfolgreich in die Biosignalanalyse, also in die medizinische Diagnostik, übertragen worden. Ich bitte um Entschuldigung, wenn ich jetzt einen Teil meiner eigenen Forschung vorstelle – der Vorteil ist, dass ich mich hier natürlich am besten auskenne.

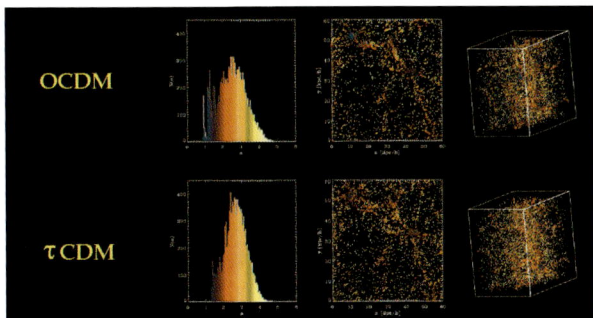

Abb. 11: Ergebnisse zweier Simulationsrechnungen zur Galaxienverteilung im Universum.

In Abb. 11 sind die Ergebnisse zweier Simulationsrechnungen zur Galaxienverteilung im Universum gezeigt. Die Ausgangssituation für beide Rechnungen war die gleiche, nämlich eine ziemlich homogene Verteilung mit kleinen Fluktuationen. Der Unterschied liegt in der Annahme über die dunkle Materie (siehe auch Abb. 4). Ich will hier gar nicht auf die Feinheiten der Modellannahmen eingehen. Vielmehr möchte ich das Augenmerk darauf legen, dass die Verteilung der „Punkte", von denen jeder Punkt eine Galaxie darstellt, nach zehn Milliarden Jahren „Evolution" stark strukturiert ist. Es haben sich komplexe Muster gebildet, die mit dem Auge nicht unterscheidbar sind. Nun ist es aber klar, dass solche „Muster" für uns relevante Information enthalten können.[8] Wir erleben das im täglichen Leben andauernd. Beispielsweise überträgt Sprache Information in akustischen Mustern, ein Presslufthammer oder ein konstanter Pfeifton hingegen praktisch nicht, oder wir erkennen Menschen an charakteristischen Merkmalen wie ihrem Gesicht, natürlich auch ihrem Gang oder ihrer Aussprache. Ein weiteres klassisches Beispiel der Informationstransmission ist die Schrift, die aus geometrischen Mustern besteht.

Numerische Analyseverfahren sind heute in der Lage, aus solchen Mustern quantitativ messbar den Informationsgehalt zu bestimmen, egal ob es Muster in einem Bild, im Raum – wie die Galaxienverteilung – oder in der zeitlichen Abfolge von Signalen sind. Sie sind natürlich außerordentlich bedeutend, beispielsweise wenn es darum geht, Modelle zu unterscheiden (wie in Abb. 11), wenn es darum geht, die medizinische Diagnostik oder die Medikamentenwirkung (bzw. Nebenwirkung) zu präzisieren, wenn es um die Früherkennung von

---

[8] Eine gleichförmige Verteilung von Punkten würde uns in diesem Sinne keine „Information" geben.

Funktions- oder Materialstörungen bei komplexen Maschinen oder Prozessen geht, ebenso wie um ökonomischen, finanziellen und Marktanalysen, oder die Suche nach Lagerstätten usw.

Den Ergebnissen in Abb. 11 liegen solche Analysen zugrunde, sie sind in den zwei farbkodierten Histogrammen zusammengefasst. Man erkennt, dass verschiedene Regionen in der Verteilung der Galaxien unterschiedliche Informationsinhalte in Form lokaler Strukturen haben, und dass die zwei Modelle dadurch quantitativ bestimmbar – und unterscheidbar – sind. Das geschieht präziser, als es mit einfachen Korrelationsanalysen machbar wäre.

Im Folgenden möchte ich zwei Beispiele für den erfolgreichen Wissenstransfer von der Grundlagenforschung zur Anwendung geben.

5   Hautkrebsfrüherkennung

Eine Anwendung, die bereits in diesem Frühjahr auf den Markt kommt, ist die „Hautkrebsfrüherkennung. Die Inzidenz von Hautkrebs hat sich im vergangenen Jahrzehnt verdoppelt, das Gesundheitsproblem wächst. Wenn das Auftreten von Hautkrebs früh genug erkannt wird, kann die Gefahr im Prinzip durch eine einfache Operation beseitigt werden. Wenn die Diagnose zu spät erfolgt und sich bereits Metastasen gebildet haben, ist fast keine Rettung mehr möglich. Damit ist, wie in praktisch allen Bereichen der Medizin, eine möglichst frühe Diagnose entscheidend. Die gängige Form der Diagnose ist die Auflichtmikroskopie, bei der pigmentierte Hautveränderungen vom Arzt mit etwa 10facher Vergrößerung aufgenommen und bewertet werden. Dabei haben die Dermatologen einige Merkmale identifiziert, die benutzt werden, um bösartige von gutartigen Malen zu unterscheiden. Diese sind in der so genannten „dermatoskopischen ABCD-Regel" festgehalten. Der Buchstabe A steht für Asymmetrie, B für Berandung, C (nach engl. Colour) für Farbdifferenzierung und D für Differenzialstruktur. In anderen Worten, es handelt sich bei dieser „Regel" um Merkmale von Mustern bzw. Strukturen. Dann ist es nahe liegend, quantitative Informationseigenschaften heranzuziehen, um diese ABCD-Regel zu objektivieren und – bei gleich bleibender Aufnahmetechnik – zu standardisieren. Das ist genau der Ansatz für das neue Analysegerät.

In Abb. 12 wird gezeigt, wie ein Bild als Punktwolke im Raum dargestellt wird. Jedes Bildelement (Pixel) ist solch ein Punkt. Das Bild zeigt seine räumliche Position in x- und y-Koordinaten, die dritte Achse ist der „Farbe" zugeordnet.[9] Die so entstandene Punktwolke wird, genau wie die Galaxienverteilung in Abb. 11, nach Mustern durchsucht. Die gefundenen Strukturen werden entsprechend ihrem Informationsgehalt farbkodiert und auf dem Bild überlagert. Abbildung 13 zeigt das Ergebnis für ein malignes Melanom.

Auf diese Weise ist es dann einfach, die verschiedenen dermatologischen Merkmale ABCD zu quantifizieren und eine Diagnoseunterstützung für den Dermatologen zu erstellen. Die erreichbare Trennschärfe ist anhand von einer großen Serie von Messungen zusammen mit der Universität Regensburg[10] optimiert und getestet worden. Das Ergebnis ist in Abb. 14 dargestellt. Die erzielte Trennschärfe von weit über 90 % ermöglicht zusammen mit der Standardisierung in der Aufnahmetechnik für die Zukunft einen ganz neuen Zugang zur Frühdiagnose von Hautkrebs.

---

[9] Eigentlich braucht man nicht eine, sondern drei Achsen für die Farbdarstellung, und so wird es auch in der Praxis gemacht.
[10] Prof. Stolz.

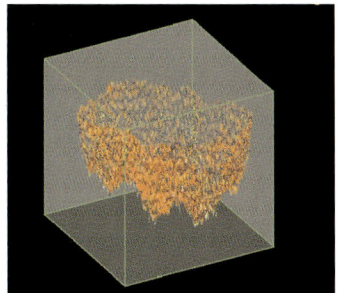

Abb. 12: Ein optimiertes Verfahren zur Hautkrebsfrüherkennung als Beispiel für eine erfolgreichen Wissentransfer von der naturwissenschaftlichen Grundlagenforschung zur Anwendung.

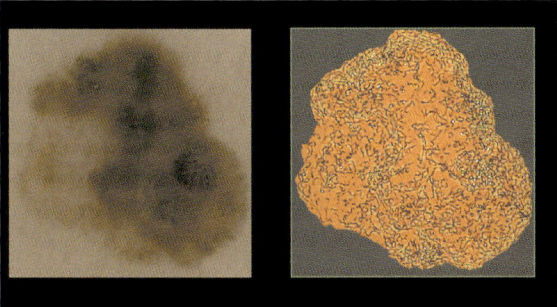

Abb. 13: Ein malignes Melanom, das mit dem numerischen Mustererkennungsverfahren analysiert wurde. Links ist das vergrößerte Originalbild der pigmentierten Hautveränderung dargestellt, rechts die farbkodierten Strukturen.

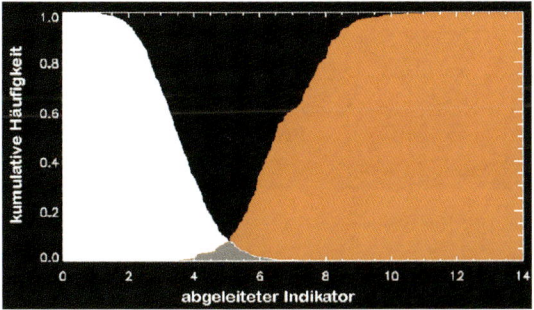

Abb. 14: Hautkrebsfrüherkennung durch das neue Mustererkennungsverfahren. Rot: bösartig, weiß: gutartig; beide Bereiche wurden durch Gewebeanalysen verifiziert.

6   Tumordiagnostik

Insgesamt sind die Tumore die häufigste Krankheitsform mit tödlichem Ausgang. Die Behandlung, entweder durch Chemotherapie, Strahlungstherapie oder operativen Eingriff, erfordert in jedem Fall eine möglichst genaue Diagnostik des Tumorvolumens, der Struktur (zum Beispiel die Unterscheidung von nekrotischem malignen und gesundem Gewebe) und des

Tumorrandes. Diese Informationen sind sowohl wichtig für die genaue Therapieüberwachung und Dosierung als auch für die Planung operativer Eingriffe.

Durch die Fortschritte in der Tomografie ist es mittlerweile möglich, recht genaue dreidimensionale Bilder zu erstellen. Die Herausforderung, solche Bilder zu analysieren, Strukturen zu identifizieren und damit z. B. die routinemäßige Tumorvolumetrie zu ermöglichen und später dann möglicherweise sogar die Gewebedifferenzierung vorzunehmen, war für uns Astrophysiker einfach zu wichtig. Wenn man im Zuge seiner Forschung einen „Schlüssel" gefunden hat, der von solcher potenzieller Bedeutung für die Medizin und für die Menschen generell sein kann, dann muss man sich die Zeit nehmen, um herauszufinden, ob der „Schlüssel" wirklich „passt"! Natürlich war und ist uns klar, dass jede Transferarbeit dieser Art nur zusammen mit Experten aus dem „anderen" Arbeitsgebiet durchgeführt werden kann, und dass solch ein Forschungsvorhaben (am Rande des Machbaren) mit viel Arbeit und Innovation verbunden ist. Aber dieser Einsatz ist nötig, um zum Erfolg zu kommen.

In der Tumordiagnostik sieht die Forschung bisher recht erfolgversprechend aus. In Abb. 15 ist eine computertomografische Aufnahme einer Leber gezeigt, in der zwei Tumore gefunden und deren Volumina bestimmt wurden.[11]
Umfangreiche Tests mit künstlichen Implantaten und weiterführende Messungen haben gezeigt, dass eine reelle Chance besteht, quantitative routinemäßige Tumorvolumetrie mit einer Genauigkeit von einigen Prozent in Zukunft anbieten zu können. Diese Arbeiten sind aber noch nicht abgeschlossen und somit noch etwas von der „Transferreife" in die Industrie entfernt.

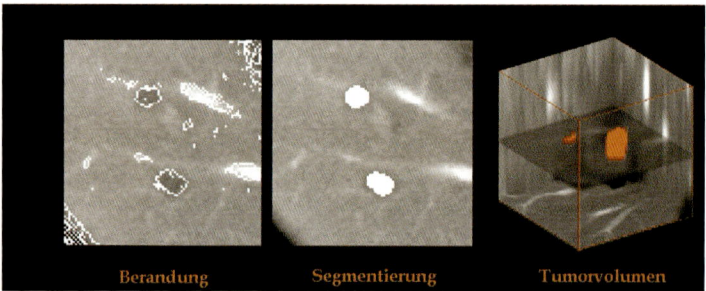

Abb. 15: Computertomografische Aufnahme zweier Lebertumore, deren Volumina mit dem numerischen Mustererkennungsverfahren aus der Astronomie bestimmt wurden.

7   Ausblick

Kommen wir wieder zurück zur Astronomie. Ich hoffe, dass ich in diesem kurzen Kapitel vermitteln konnte, wie dynamisch dieser wohl älteste Bereich der Naturwissenschaften ist, welch aufregende Entwicklung, welch faszinierende Visionen existieren und welche grundlegenden Erkenntnisse wir uns aus der Zukunft erhoffen. Ich hoffe auch, dass die Verbundenheit dieses Fachs mit den anderen Bereichen der Physik deutlich wurde, dass die Disziplinen zusammenwachsen – trotz aller Diversifizierung, die bei dem Wachstum der Erkenntnisse zwangsläufig eintreten muss. Und, last but not least, hoffe ich, dass ich ebenfalls zeigen

---

[11] In Zusammenarbeit mit Prof. Gerhard, TU München.

konnte, wie die Verwertung von neuen, innovativen Entwicklungen bereits in völlig anderen Bereichen, wie zum Beispiel der Medizin, ihren Niederschlag findet. Damit wird auch eine alte Weisheit demonstriert: Man kann nicht vorher wissen, aus welchen Bereichen der Grundlagenforschung wichtige neue Erkenntnisse und Fortschritte für die vielen Anwendungsprobleme kommen werden – letztendlich haben diese Fortschritte jedoch ihren Ursprung in der Grundlagenforschung.

Danksagung

Ich möchte allen Mitarbeitern und allen Kooperationspartnern herzlich danken, sowohl für die Unterstützung dieses Vortrags als auch für die langjährige, für mich sehr schöne und aufregende Zusammenarbeit. Insbesondere bedanke ich mich bei W. Bunk, R. Pompl, C. Räth, H. Böhringer, K. Dennerl, R. Genzel, J. Retzlaff und W. Voges, alle vom Max-Planck-Institut für extraterrestrische Physik.

Damit auch in diesem Kapitel ein gebührender „astrophysikalischer" Abschluss gefunden wird, haben wir die Namen der Mitarbeiter im galaktischen Schwarzen Loch verschwinden lassen. Der bei der Akkretion entstehende „Gamma-Blitz" – intensive Gammastrahlung – wurde optisch simuliert, wobei die dicksten Mitarbeiter auch den hellsten Blitz bekamen – siehe Abb. 16.

Abb. 16: Die Mitarbeiter des Projekts.

Der Autor

Gregor Morfill
Max-Planck-Institut für extraterrestrische Physik
Vorsitzender des Rats Deutscher Sternwarten

Gregor Morfill, geb. 23. Juli 1945 in Oberhausen, studierte Physik in London. Seit 1977 ist er Direktor am Max-Planck-Institut für extraterrestrische Physik. Ihm wurde eine Ehrenprofessur an der University of Leeds und an der University of Arizona (Tucson) verliehen und er ist Ausländisches Mitglied der Russischen Aklademie der Wissenschaften. In seinen Hauptarbeitsgebieten zur Plasmaphysik, Astrophysik, Komplexen Systemen, und zur Medizinischen Diagnostik veröffentlichte er ca. 300 Artikel und Beiträge in wissenschaftlichen Zeitschriften und Sammelbänden. Anfang 2001 wird das von ihm geleitete „Plasmakristall-Experiment" als erstes naturwissenschaftliches Experiment auf der Internationalen Weltraumstation (ISS) durchgeführt. Daneben ist er ein versierter Sachbuchautor und hat in zahlreichen Vorträgen, Veröffentlichungen und Fernsehfilmen zur Popularisierung der Physik beigetragen. 1991 erschien sein populäres Sachbuch, das er zusammen mit Herbert Scheingraber schrieb: „Chaos ist überall… und es funktioniert".

Astronomie im Zeitraffer: Vom Urknall bis heute

Erwin Sedlmayr

1 Astronomie und Weltbild

Wie keine andere Wissenschaft hat Astronomie das Denken der Menschen und ihr Bild von der Welt – ihr *Weltbild* – beeinflusst und geprägt. Durch alle Zeitalter war es ein Bedürfnis der Menschen, den Sternenhimmel zu betrachten und seine Gesetzmäßigkeiten zu erforschen, um die Welt zu verstehen und in ihr einen Standpunkt zu finden. In diesem Jahrtausende während renden Bemühen, Beobachten und Erforschen hat sich das heutige astronomische Weltbild herausgebildet, das im echten Sinne universell ist, d.h. Gemeingut aller modernen Kulturen, unabhängig von Nationalität, Rasse, politischer Einstellung und Religionszugehörigkeit. Um an Friedrich Schiller zu denken, ist so Astronomie in ihrer Perspektive, ihrem Werdegang und in ihrem Anspruch konkrete Universalgeschichte, eine Sichtweise, auf die meines Wissens nach zuerst Hans Elsässer aufmerksam gemacht hat.

Das heute landläufige Weltbild der Astronomie basiert auf allgemein vertrauten Tatsachen: Jeder einigermaßen Gebildete weiß, dass die Erde Kugelgestalt besitzt; dass sie nicht, wie früher als selbstverständlich angenommen, im Zentrum des Universums ruht, sondern auf einer Ellipsenbahn um die Sonne wandert; dass aber auch die Sonne keine Zentralstellung einnimmt und gleicherweise um die Mitte der Milchstraße kreist, welche ihrerseits wiederum nur eine von Myriaden von Galaxien darstellt, die das Weltall erfüllen; und das konsequenterweise ungeheuer groß sein muss. Allein diese Größe, die alles menschliche Maß überschreitende räumliche und zeitliche Dimension der Welt, entmutigt die Einen, sich tiefer darauf einzulassen, stellt aber für die Anderen gerade eine besondere Faszination und Herausforderung für ihr Denken dar.

Zum heutigen populären Weltbild gehört aber auch so etwas wie der *Urknall,* die Metapher von einem abrupten Ins-Sein-Treten der Welt durch ein mysteriöses Urereignis, gestützt durch das Bild einer allseitigen kosmischen Expansion, fälschlicherweise häufig als Explosion aufgefasst, von deren Mittelpunkt aus die materiellen Objekte in alle Richtungen auseinander fliegen und so dem irdischen Beobachter eine Zentralstellung zuzuweisen scheint (Abb. 1).

Der hierin liegende Trugschluss wird erst durch die Theorien der modernen Kosmologie aufgelöst, welche die beobachtete allseitige Fluchtbewegung der fernen Objekte unmittelbar durch ein dem kosmischen Raum selbst inhärentes Expansionsverhalten erklärt, ähnlich z.B. der sich vergrößernden Oberfläche beim Aufblasen eines Luftballons, auf der sich auch beliebig markierte Punkte voneinander entfernen, um eine in diesem Zusammenhang oft benutzte zweidimensionale Veranschaulichung zu gebrauchen.

Als aufregend oder beunruhigend empfunden wird auch die Spekulation oder das Wissen um Schwarze Löcher, oft aufgefasst als Grenzvorstellungen aus Science-Fiction-Geschichten, als Raum-Zeit-Tore und Anderswelten; Sujets, welche viele Menschen in ihren Bann ziehen und gerade ob ihrer anhaftenden geheimnisvollen mythischen, psychologischen oder fantastischen Aspekte Allgemeingut des populären Interesses darstellen. So gesehen stellt Astronomie nicht nur eine wichtige Säule unseres heute verbindlichen naturwissenschaftlich-technischen Weltbilds dar, sondern ist seit jeher auch Urgrund und Ausstrahlungsquelle mannigfacher künstlerischer oder religiöser Inspirationen.

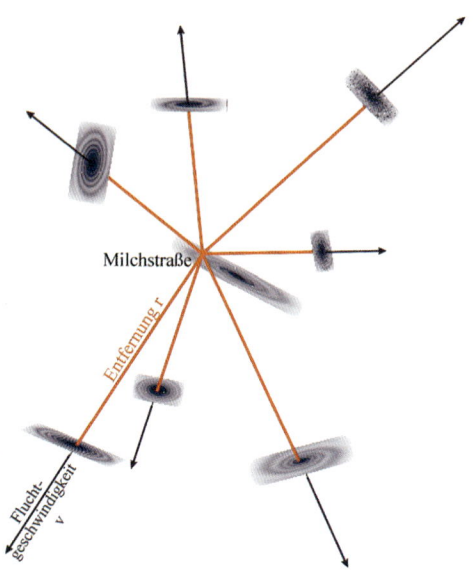

Abb. 1: Hubble-Flucht der Galaxien: Aus der Rotverschiebung der Spektrallinien, als Doppler-Effekt gedeutet, stellt man fest, dass alle weit entfernten Galaxien und Quasare eine positive Radialgeschwindigkeit besitzen, deren Betrag proportional zu ihrem räumlichen Abstand ist. Dieser sogenannte Hubble-Fluss ist völlig isotrop und stellt ein direktes Indiz für die kosmische Expansion des Weltalls dar.

Die Sicht und Begeisterung der Wissenschaftler, der Astronomen und Astrophysiker ist nüchterner, aber nicht weniger faszinierend: ihr Weltbild wurde geschaffen durch *Beobachtung* und *Theorie,* d.h. durch das Studium der Erscheinungsformen und Verhaltensweisen der kosmischen Objekte sowie deren quantitative naturgesetzhafte Beschreibung mittels geeigneter physikalischer Theorien. Moderne Astronomie ist also in ihrem Wesen, wie heute jede Naturforschung, eine beobachtende, d.h. seit Beginn der Neuzeit eine messende Wissenschaft, deren Erkenntnisse nicht mehr, wie z.B. in der antiken Astronomie, durch deduktive Schlüsse im Kontext einer allgemein akzeptierten Weltvorstellung gewonnen werden, sondern ausschließlich durch gezielte Beobachtung der Himmelsobjekte oder -phänomene und deren möglichst widerspruchsfreie Interpretation im Rahmen einer theoretischen Beschreibung. Dies weist den Beobachtungsmöglichkeiten, und damit den verfügbaren Teleskopen, Auswerte- und Analysetechniken eine zentrale Rolle für das zeitgemäße wissenschaftliche Arbeiten und Forschen zu, und indirekt auch für die daraus gewonnenen Erkenntnisse und Einsichten, wie sie zu allen Zeitaltern die menschliche Vorstellung vom Kosmos und seiner Objekte geprägt haben. Betrachtet man diesen hieraus nahe gelegten Zusammenhang zwischen dem jeweiligen Stand der Astronomie und dem ihrer verfügbaren Technik genauer, kann man mit einem gewissen Recht feststellen, dass Sprünge in der Technik fast immer auch Sprünge in der grundlegenden Erkenntnis, d.h. im Hinblick auf die Astronomie, neue Weltvorstellungen – neue *Weltbilder* – nach sich gezogen haben. Dieser enge Zusammenhang zwischen der praktischen Fähigkeit und den theoretischen Möglichkeiten erfolgreicher Forschung einerseits und ihrem technischen Stand andererseits war seit jeher für jede Gesellschaft zentraler Bestandteil ihres wissenschaftlichen Fortschritts und ihrer kulturellen Entwicklung. Darum hat Astronomie zu allen Zeiten eine besondere Bedeutung für das Selbstverständnis und die Entwicklung der Menschheit gehabt. Alle Hochkulturen widmeten ihr ein hohes Maß an geistigen und wirtschaftlichen Kräften und betrachteten sie als Spiegel ihres Entwicklungsstandes. Als besonders eindrucksvolle Beispiele seien hier nur die gewaltige urzeitliche Steinanlage von Stonehenge in Südengland erwähnt, aber auch die Pyramiden Ägyptens oder der Mayas, in deren Konstruktions- und Positionsmerkmalen deutliche astronomische Bezüge zu erkennen sind.

Wie eine neue Beobachtungsmöglichkeit, hier ein neues Instrument, ein ganzes Weltbild verändern kann, ist besonders eindrucksvoll beim ersten Einsatz des Fernrohrs in der Astronomie durch Galileo Galilei zu erkennen, mit dem es ihm gelang, vier unerwartete bahnbrechende Beobachtungen zu machen, von denen jede für sich jeweils einen Eckstein für das heraufziehende astronomische Weltbild der Neuzeit bildete: die Entdeckung der Jupitermonde, der Venusphasen, der Mondkrater und die Auflösung des hellen Bandes der Milchstraße in Myriaden von Einzelsternen.

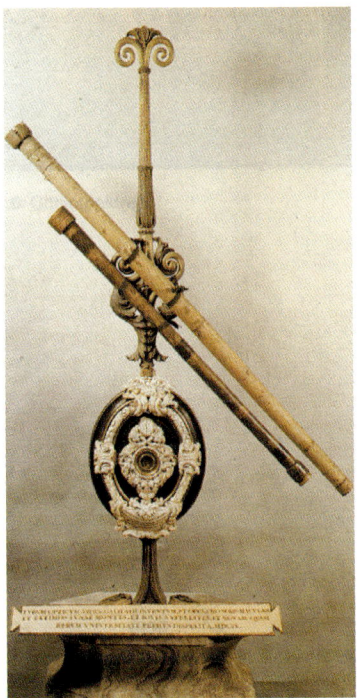

Abb. 2: Das Fernrohr Galileo Galileis.

2   Organisation der Materie im Universum

Gerade die Aufklärung der tatsächlichen Struktur der Milchstraße und damit einhergehend der wahren Natur der sogenannte Spiralnebel vor etwa einhundert Jahren, welche auch den Schritt zur extragalaktischen Astronomie bedeutete, war nur mit einer neuen Klasse von Teleskopen möglich, für die länger als ein halbes Jahrhundert zuvorderst die amerikanischen Sternwarten Mount Wilson und Mount Palomar standen. Auf der hier gelegten Grundlage wurde durch die rasanten Weiterentwicklungen der letzten Dekaden, mit dem Betrieb der Großsternwarten (Abb. 3) und Satellitenteleskope, das heute landläufige astronomische Weltbild eines expandierenden Kosmos geschaffen, das es uns erlaubt, sowohl die raum-zeitliche Dynamik des Universums als auch die damit einhergehende Entwicklung der materiellen Strukturen und Organisationsformen als evolutionären Prozess im Sinne einer hierarchischen Ordnung

Sterne ∈ Sternhaufen ∈ Galaxien ∈ Galaxienhaufen ∈ Superhaufen

zu verstehen, wo die jeweils unterschiedlichen Stufen der Materieorganisation als mehr oder weniger langlebige Zustände in Erscheinung treten. Abb. 4 zeigt eine systematische Auswahl unterschiedlicher Objekte, wie sie uns die besten heute verfügbaren Fernrohre liefern. Der große Detailreichtum, und deshalb hohe Informationsgehalt dieser Aufnahmen, erfordert höchsten technischen Aufwand und dokumentiert somit eindrucksvoll die direkte Abhängigkeit der astronomischen Forschung von der verfügbaren Technik.

Abb. 3: Die Paranal-Teleskope der europäischen Südsternwarte (ESO) auf dem Mount Paranal in Chile. Jedes der Teleskope – das erste ging 1999 in Betrieb – besitzt einen 8-Meter-Spiegel und verfügt über modernste Detektions- und Analyseinstrumente. Die Gesamtanordnung kann auch als hochgenaues Interferometer genutzt werden.

Die Bauprinzipien

Die unterschiedlichen Organisationsformen der Materie im Universum sind grundsätzlich als mehr oder weniger langlebige (metastabile) Gleichgewichtszustände hinsichtlich der sie strukturierenden Kräfte realisiert. Wir machen uns dieses grundlegende Bauprinzip aller kosmischen Objekte am Aufbau eines stabilen Einzelsterns – etwa der Sonne – klar, wo an jeder Stelle im Stern Kräftegleichgewicht zwischen der stets anziehenden, d.h. zum Mittelpunkt hin gerichteten Gravitationskraft, und der nach außen gerichteten thermischen Druckkraft, verursacht durch die steil nach außen abfallende Dichte und Temperatur, herrschen muss. Zusätzlich zu diesem *mechanischen* Gleichgewicht besteht für einen Stern auch ein *energetisches* Gleichgewicht, d.h. die Temperatur an jeder Stelle im Stern stellt sich gerade so ein, dass die pro Zeiteinheit lokal erzeugte oder aus der Umgebung aufgenommene Energie gerade die pro Zeiteinheit dort abgegebene Energie ausgleicht.

Abb. 4: Galerie astronomischer Objekte. a) Galaxienhaufen (Ausschnitt aus dem Virgo-Haufen, der etwa 50 Millionen Lichtjahre entfernt ist und der zum selben Superhaufen gehört wie unsere Milchstraße; b) Spiralgalaxie M83, die etwa 20 Millionen Lichtjahre entfernt ist. M83 entspricht in Größe und Aussehen etwa unserer Milchstraße; c) Kugelhaufen 47 Tucanae: Kugelhaufen sind kompakte Sternhaufen. Sie sind die ältesten Objekte in der Milchstraße. 47 Tucanae ist etwa 15000 Lichtjahre entfernt und besteht aus einigen Millionen Sternen; d) Ausschnitt des Bandes der Milchstraße am Südhimmel mit hell leuchtenden Emissions-Nebeln (rot) und dunklen kalten Staub-Gaswolken; e) Sternhaufen Plejaden: Die am Winterhimmel auffällige Sternansammlung ist etwa 400 Lichtjahre entfernt und besteht aus einigen hundert Sternen, von denen mit freien Auge die sechs hellsten Sterne als auffälliges Sternbild gut sichtbar sind. Der blaue Eindruck des Bildes entsteht durch Reflexion des Sternlichtes in den die Sterne umgebenden Staubhüllen; f) Orionnebel: Durch das Licht heißer Sterne angeregt, sieht man das Rekombinationsleuchten der Materie, insbesondere des Wasserstoffs. Solche Emissionsnebel sind i.a. Orte sehr junger Sterne und somit Indiz für aktive Sternentstehung. (Bild: Anglo-Australien Observatory)

Auf diese Weise erklärt sich, dass die Abstrahlung eines Sterns über sehr lange Zeiträume praktisch konstant ist. Da ein Stern laufend Energie (vorherrschend in Form von Licht) abstrahlt, kann dieses Gleichgewicht nur so lange aufrecht erhalten werden, so lange diese Energieverluste durch eine entsprechende Energiefreisetzung im Inneren kompensiert werden. Dies geschieht durch Kernenergie, indem im heißen Zentrum des Sterns jeweils leichtere Elemente zu schwereren Produkten in einem exothermen Prozess fusioniert werden. Wir verzichten hier auf eine weitere Darstellung der nuklearen stellaren Brennprozesse und der damit einhergehenden, stark von der jeweiligen Sternmasse abhängigen Entwicklung der unterschiedlichen Sterntypen, da diese in den Beiträgen von K.S. de Boer bzw. von C. Rolfs ausführlich dargestellt werden.

Analyse des Lichts

Die im Licht der Himmelsobjekte enthaltene Informationsfülle kommt nicht nur in der unglaublichen Feinstruktur und dem Detailreichtum solcher Bilder (s. Abb. 4) zum Ausdruck, sondern erst und im eigentlichen in den *Spektren* der kosmischen Objekte (Abb. 5). In diesen (Absorptions- oder Emissions-) Liniensystemen sind, wie in einem Strichcode, eindeutige quantitative Informationen über den physikalischen und chemischen Zustand (z.B. Dichte, Temperatur, Druck, Ionisationsverhältnisse, chemische Zusammensetzung, Bewegungszustand, ...) enthalten; die Spektren können von den Astrophysikern durch Anwendung der physikalischen Theorien (Strahlungstheorie, Atomphysik, Thermodynamik, Hydrodynamik, Plasmaphysik, ...) umfassend analysiert, interpretiert und modellhaft dargestellt werden.

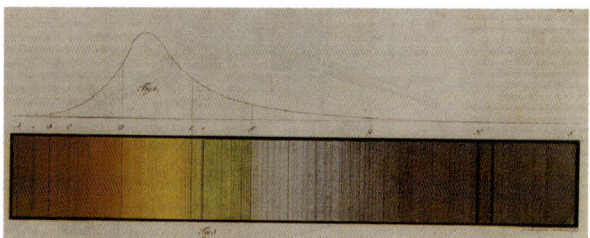

Abb. 5: Sonnenspektrum von Josef von Fraunhofer (1814). Fraunhofer entdeckte bei der spektralen Zerlegung des Sonnenlichts die Absorptionslinien der Sonne, deren Deutung im Rahmen der Quantentheorie schließlich das Werkzeug für die Entschlüsselung der chemischen Natur und den physikalischen Zustand der kosmischen Objekte, lieferten. Über dem Spektrum ist die von Fraunhofer gemessene Strahlungsintensität eingetragen, welche für die Sonne ein Maximum im „gelben" Spektralbereich besitzt.

Für eine konkrete Behandlung ist bei realen Problemen die Information aus der *gesamten* Breite des Energiebereichs der elektromagnetischen Strahlung notwendig, d.h. aus den unterschiedlichsten Wellenlängenbereichen von Radiowellen bis zur Gamma-Astronomie. Weil die Erdatmosphäre aber für viele Wellenlängenbereiche undurchlässig oder zumindest stark abschwächend wirkt, sind heute zahlreiche Satellitenteleskope im Einsatz, die gezielt als Infrarot-, UV-, Röntgen- oder Gamma-Teleskope die für erdgebundene Teleskope unzugänglichen Spektralbereiche abdecken (Abb. 6).

Als Fazit aller dieser Erkenntnisse – Bauprinzipien, spektrale Beobachtungen, theoretische Beschreibungen – folgt, dass in dem unseren Beobachtungen zugänglichen Ausschnitt des Universums – die Metagalaxis –

1. ohne Ausnahme einheitliche Naturgesetze gelten und
2. die Materie, wenn auch in variierender Zusammensetzung, aus den gleichen chemischen Elementen aufgebaut ist, wie wir sie hier auf der Erde bzw. der Sonne vorfinden.

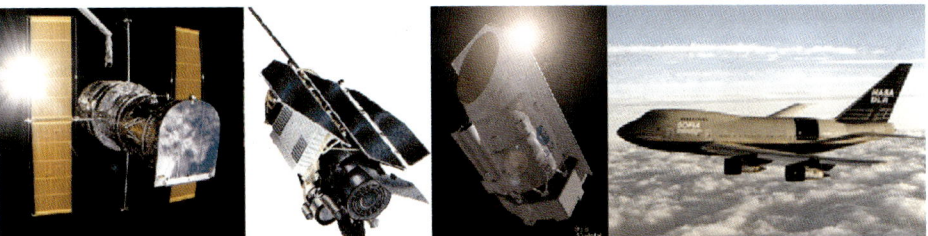

Abb. 6: Satellitenteleskope. Von links nach rechts: Hubble-Weltraumteleskop, Röntgen-Satellit ROSAT, Infra-
rot-Satellit ISO, geplantes Infrarot-Flugzeug-Observatorium SOFIA.

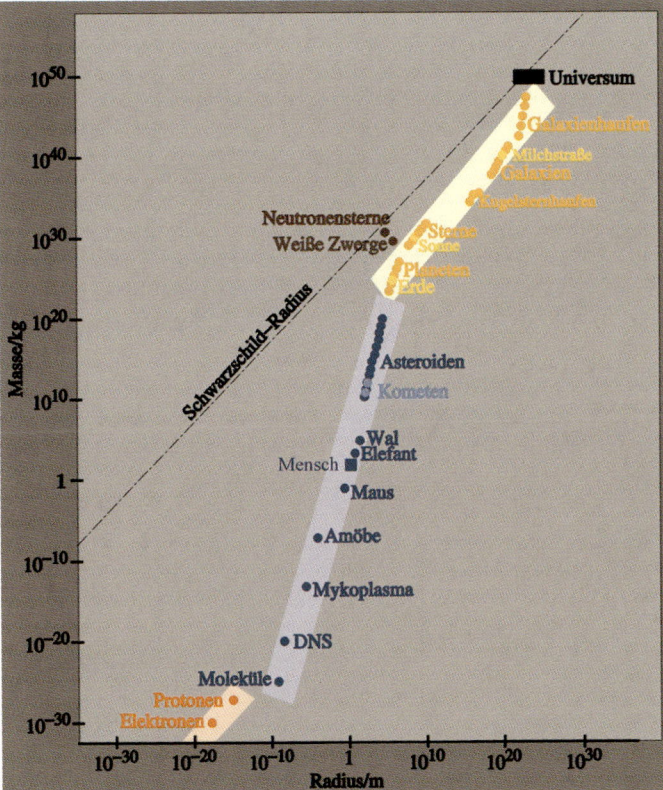

Abb. 7: Masse und Größe unterschiedlicher materieller Objekte, welche die im Universum vorkommenden
Skalen vom Mikro- zum Makrokosmos überdecken. Für das Elektron wurde der klassische Elektronenradius
eingetragen. Der angegebene Bereich für das Universum ist nur symbolisch zu verstehen. Er ergibt sich für die
Metagalaxis, wenn man die beobachtete Materiedichte zu Grunde legt. Die Gerade „Schwarzschild-Radius"
markiert die Grenze des Bereichs, wo (meta-)stabile Konfigurationen existieren können. Oberhalb dieser Linie
überwiegt stets die Gravitation, sodass alle Objekte zu Schwarzen Löchern zusammenstürzen müssen.

Die Metagalaxis bildet somit hinsichtlich ihres grundlegenden Charakters sowohl eine *gesetzliche* als auch eine *stoffliche* Einheit. Erst diese Voraussetzung erlaubt, uns Astrophysik zu treiben, d.h. die Natur der kosmischen Objekte und ihrer gegenseitigen Beziehungen mit physikalischen Methoden zu beschreiben und verstehen zu können. Um diese Universalität besser zu verstehen, betrachten wir Abb. 7, wo über alle relevanten Skalen die existierenden materiellen Erscheinungsformen in ihrer jeweiligen Masse und Größe eingetragen sind. Kontrastieren wir diese Anordnung durch „Balken" unterschiedlicher Farbe, lassen sich deutlich hinsichtlich deren Steigung drei Fälle unterscheiden, welche jeweils den spezifischen, sie strukturierenden fundamentalen Wechselwirkungen zugeordnet werden können. Diese sind im nuklearen Bereich die starke und schwache Wechselwirkung, im mittleren Bereich die elektromagnetischen Kräfte und im Bereich der großen Objekte – d.h. Planeten und größer – die Gravitationskraft, die wegen ihrer prinzipiell unendlichen Reichweite die maßgebliche strukturierende Kraft aller größeren astronomischen Objekte und insbesondere auch des Universums selbst darstellt. Daraus wird deutlich, dass jede physikalische Theorie über das Universum, das heißt, jede wissenschaftliche Kosmologie, wesentlich auf einer Gravitationstheorie beruhen muss.

3   Kosmologie

Die heute allen kosmologischen Betrachtungen zu Grunde liegende Gravitationstheorie ist die 1916 von Albert Einstein geschaffene *allgemeine Relativitätstheorie,* in der die Gravitation als geometrische Eigenschaft (Krümmung!) der vierdimensionalen Raum-Zeit verstanden wird, welche einerseits durch die Materieerfüllung des Raumes (Gravitation!) bestimmt ist, andererseits aber gerade dadurch eben auch die räumliche Organisation der Materie und ihre Dynamik festlegt.

In dieser gegenseitigen Bedingtheit von Raum-Zeit-Struktur und Materieorganisation liegt der Schlüssel, der uns erlaubt, nicht nur das materielle Verhalten der kosmischen Objekte, sondern auch seine damit einhergehende Raum-Zeit-Dynamik geschlossen zu beschreiben. Da die hier maßgeblichen Einstein'schen Gravitationsgleichungen nur lokal gelten, erfordert deren Anwendung auf das „Universum als Ganzes" eine zusätzliche Generalisierungsannahme, welche man als *kosmologisches Prinzip* bezeichnet. Das kosmologische Prinzip ist ein durch die Beobachtungen motiviertes (Isotropie der Hubble-Expansion, Homogenität und Isotropie der Mikrowellen-Hintergrundstrahlung, Homogenität der großräumigen Materieverteilung), aber letztlich physikalisch nicht weiter begründbares Postulat. Es besagt, dass der unseren Beobachtungen zugängliche Ausschnitt des Universums für das Ganze repräsentativ ist, genauer: dass das Universum über entsprechend große Volumina gemittelt, sowohl hinsichtlich der mikroskopischen Bewegungsgesetze als auch dem beobachteten Zustand der fernen Umgebung gleich aussieht; das Universum soll also „im Großen" homogen und isotrop sein.

Weiter zeigt die Ableitung der Einstein'schen Gravitationsgleichungen, dass in ihnen grundsätzlich eine durch die Theorie nicht weiter festlegbare Konstante Λ (Lambda) auftritt – die sogenannte kosmologische Konstante –, die einerseits mathematisch als Grundzustand einer ab initio vorhandenen Krümmung der Weltgeometrie, andererseits physikalisch als Folge der Existenz eines dem Universum unterliegenden quantenmechanischen Vakuums interpretiert werden kann. Die heutigen Beobachtungen scheinen einen Wert $\Lambda > 0$ und damit ein in Zukunft möglicherweise sogar beschleunigt expandierendes Universum, nahezulegen.[1]

Die Frucht dieser Bemühungen sind sogenannte *Weltmodelle*, in welchen die zeitliche E-volution der Raumstruktur des Kosmos simultan mit den in ihm enthaltenen Energiefeldern (Materie, Strahlung, etc.) beschrieben werden. Mit dem kosmologischen Prinzip sind grundsätzlich drei Lösungstypen unterschiedlicher Geometrie der Raum-Zeit-Struktur verträglich, die jeweils einem hyperbolisch offenen, euklidisch offenen bzw. sphärisch geschlossenen Kosmos entsprechen. Welche dieser Möglichkeiten für unser Universum tatsächlich realisiert ist, kann nur durch Beobachtungen entschieden werden; nach dem heutigen Stand muss der Beobachtungen deutlich ein ewig expandierendes Modell favorisiert werden.

Frühe kosmische Zeitalter

Die mit der kosmischen Expansion einhergehende zeitliche Abnahme der lokalen Energiedichte bestimmt zu jeder Epoche und an jeder Stelle die physikalischen Bedingungen, die für die Existenz und die Häufigkeit der jeweils vorkommenden unterschiedlichen Materie- und Feldkomponenten verantwortlich sind. Im frühen Universum überwiegt die Energiedichte der Strahlung bei weitem die Energiedichte der materiellen Teilchen. Man bezeichnet es deshalb als *strahlungsdominiert*. In diesem Fall ändert sich seine Energiedichte ρc^2 – hier ausgedrückt durch die Massendichte ρ – wie $1/t^2$, seine Temperatur T mit dem Weltalter t wie $1/t^{1/2}$; dies gilt nicht für die sogenannte *Inflationsphase* zwischen $t = 10^{-38}$–10^{-34} s, wo eine gewaltige exponentielle Expansion um etwa den Faktor 10^{50} stattfand – d.h. beide Größen wachsen bei hinreichender Annäherung an den hypothetischen mathematischen Anfangspunkt, der dem Limes $t \rightarrow 0$ entspricht, über alle Grenzen. Da es in der Physik aber keinen Sinn macht, von unendlichen Werten der physikalischen Größen zu sprechen, drückt sich in diesem Verhalten die Frage aus, bis wie tief in die Vergangenheit uns die bekannten Modelle verlässlich führen, wo zeitliche Grenzen liegen, jenseits derer Erweiterungen und Modifikationen unserer physikalischen Beschreibungen unumgänglich sind, ja ob es nicht eine letzte Grenze, d.h. einen frühesten Zeitpunkt gibt, jenseits dessen keine wissenschaftliche Erfassung mehr denkbar und damit jedes konkrete Sprechen über solche Zustände sinnlos ist. In dieser Phase des Anbeginns verfließen die Konturen einer rationalen Kosmologie, wodurch allen diesbezüglichen, gegenwärtigen physikalischen Extrapolations- und Beschreibungsversuchen dieser frühesten kosmischen Zustände unvermeidbar ein vorläufiger und hochgradig spekulativer Charakter anhaftet. Manche Autoren bezeichnen deshalb diese früheste Epoche des Universums nicht ganz unzutreffend als *Mythenära* der Kosmologie. Sie endet nach der sogenannte Planck-Zeit t_p, die dem unvorstellbar kurzen Zeitraum von 10^{-43} s entspricht.

Darauf folgend lassen sich in der Entwicklung des Universums drei aufeinander aufbauende Zeitalter erkennen, welche sich hinsichtlich der jeweils herrschenden Bedingungen und Zustände, der maßgeblichen physikalischen Prozesse, sowie der hierfür erforderlichen konzeptionellen Beschreibungen unterscheiden:
- die Ära der Elementarteilchen ($t_p < t < 10^{-10}$ s),[2]
- die Ära der Nukleonenbildung, der primodialen Kernsynthese und des Wasserstoff- Helium-Plasmas (10^{-10} s $< t < 300\,000$ Jahre),
- die Materie-Ära, d.h. der Zeitraum der Galaxien, Galaxienhaufen und Sterne ($300\,00$ Jahre $< t <$ heute)-

---

[1] Für eine detaillierte Darstellung der Kosmologien mit Λ-Glied s. z.B. die Beiträge von W. Priester in [6].

[2] Zeitangaben nach Standardmodell, d.h. für $\Lambda = 0$.

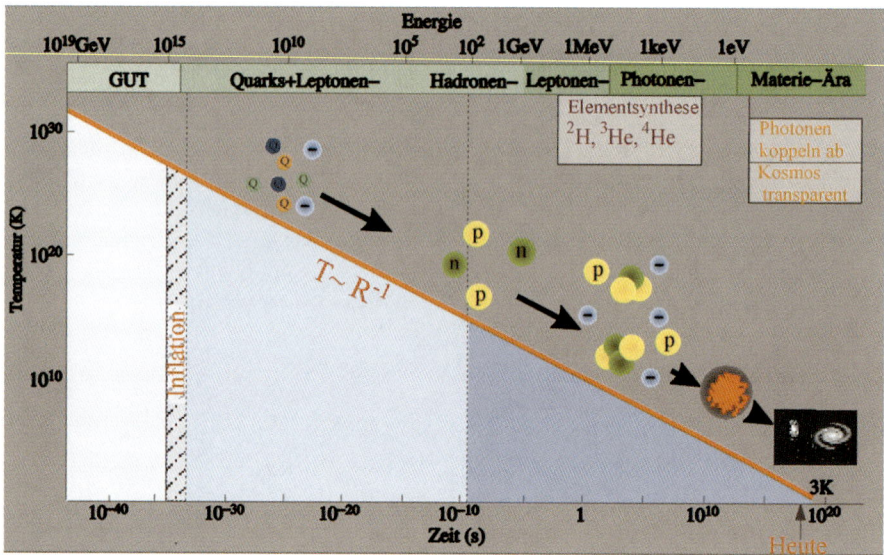

Bild 8: Evolutionszenario der kosmischen Materie nach der Planck-Zeit. Infolge der kosmischen Expansion fällt die Temperatur proportional zum Kehrwert des Skalenfaktors R (der Ausdehnung des Kosmos).

Ab der Planck-Zeit t_p liefern die klassischen Modelle den grundsätzlichen Raum-Zeit-Rahmen und die thermodynamischen Bedingungen für die globale kosmische Entwicklung. Da in den frühen Phasen wegen der starken Strahlungs-Materie-Kopplung thermodynamisches Gleichgewicht herrscht, werden diese ausschließlich durch die jeweilige Energiedichte bestimmt. Die mit der kosmischen Expansion einhergehende zeitliche Abnahme der Energiedichte legt somit zu jeder Epoche die thermischen Bedingungen fest, welche für die Existenz und die Häufigkeit der unterschiedlichen Materie- und Feldkomponenten verantwortlich sind. Das bedeutet, dass die physikalischen Zustände der im frühen Kosmos realisierten Materie- und Feldformen, allein durch die aktuelle kosmische Temperatur $T(t)$ gegeben sind. Die kosmische Evolution der Materie (und auch aller anderen Energieformen) kann somit in diesen Epochen als eine Abfolge von thermodynamischen Gleichgewichtszuständen beschrieben werden.

Anders als im heutigen kalten Universum, wo die lokale Energiedichte der Strahlung klein ist im Vergleich zur Energiedichte der Materie, sind dessen Frühphasen ausschließlich durch die Strahlungsenergie bestimmt, d.h. insbesondere von Prozessen der Paarerzeugung durch Photonen (und entsprechende Annihilation der betreffenden Teilchensorten), wie etwa von Quark-Antiquark-, Proton-Antiproton-, Neutron-Antineutron-, sowie Elektron-Positron-Paaren. Ohne auf die verwickelten Details der hier herrschenden Physik, bei der noch viele theoretische und konzeptionelle Fragen offen sind, im weiteren näher einzugehen, scheint dennoch folgende Skizze der Frühgeschichte des Kosmos plausibel.

Unmittelbar nach der Quantenepoche ist das ganze Universum erfüllt von hochrelativistischen Quarks, Leptonen und Photonen und den entsprechenden Antiteilchen. Der Kosmos ist strahlungsdominiert und expandiert räumlich gemäß $R(t) \sim t^{1/2}$, sodass seine Temperatur wie $T \sim 1/t^{1/2}$ fällt. Die Paarerzeugung ist physikalisch nur möglich, wenn die beteiligten Teilchen, z.B. Photonen, in der Lage sind, die Ruheenergie $E = 2mc^2$ des entsprechenden Materie-Antimaterie-Paares mit Ruhemasse $2m$ aufzubringen. Drücken wir diese Energieforderung durch eine äquivalente Temperatur gemäß $kT = h\nu = 2mc^2$ aus, so folgt, dass für die Erzeugung von Proton-Antiproton- bzw. Neutron-Antineutron-Paaren eine Minimalenergie von ca. 1 GeV[3], das entspricht einer Minimaltemperatur von etwa 10^{13} K, erforderlich ist. Da das Massenspektrum der freien Quarks und Antiquarks in dem Energiebereich zwischen 1 MeV und 40 GeV liegt, gilt für deren Erzeugung eine benötigte Minimaltemperatur von etwa 10^{10} K für die leichtesten Quarkpaare, bis etwa 10^{14} K für die schwersten Quarkpaar.

Ein wichtiger, in den Einzelheiten bisher noch nicht geklärter Vorgang ist die Bildung der Hadronen, welche im Energiebereich um etwa 1 GeV stattfindet; hier schließen sich z.B. jeweils drei Quarks zu Protonen p = (u, u, d), Neutronen n = (u, d, d), etc. und entsprechend drei Antiquarks zu Antiprotonen $\overline{p}$ = ($\overline{u}$, $\overline{u}$, $\overline{d}$), Antineutronen $\overline{n}$ = ($\overline{u}$, $\overline{d}$, $\overline{d}$) usw. zusammen. Unterhalb der Energie von 1 GeV sind also infolge dieses Quark-Hadronen-Phasenübergangs alle freien Quarks in den Hadronen gebunden.

Wir haben oben bemerkt, dass in der betrachteten Epoche der Elementarteilchen das Vorkommen und die Häufigkeit der auftretenden Spezies vornehmlich durch das Massenwirkungsgesetz bestimmt wird, welches die Teilchendichten der verschiedenen Arten aus dem aktuellen Gleichgewicht

$$\text{Photonen} \; \underset{\text{Vernichtung}}{\overset{\text{Bildung}}{\rightleftharpoons}} \; \text{Teilchen + Antiteilchen}$$

zwischen ihren jeweiligen Bildungsreaktionen und den entsprechenden Vernichtungsprozessen erklärt. Da die Materie-Antimaterie-Paare zwar stets durch Rekombination (Teilchen + Antiteilchen $\Rightarrow$ Photonen) in entsprechend hochenergetische Photonen „zerstrahlen", aber nur bei hinreichend hoher Photonenenergie (über $2\,mc^2$ wieder neu gebildet werden können (Photonen $\Rightarrow$ Teilchen + Antiteilchen), verschiebt sich beim Unterschreiten dieser Schwellenenergie das Gleichgewicht zwischen den betreffen materiellen Spezies und den Photonen durch Annihilation rasch auf die Photonenseite. Dies hat zur Konsequenz, dass die ursprünglich zwischen den vorhandenen Komponenten etwa gleich verteilte Energie zunehmend als Strahlungsenergie in Erscheinung tritt, welche nicht mehr in Materie zurückverwandelt werden kann, und die somit nur noch ein überall vorfindliches „Wärmebad" darstellt, in dem sich die weitere materielle Entwicklung des Kosmos bis zur Phase des Aufklarens bei $t \cong 300\,000$ Jahre vollzieht.

Die Materie-Antimaterie-Asymmetrie

Bei einer völligen Symmetrie zwischen Materie und Antimaterie müsste die kosmische Abkühlung alle materiellen Komponenten vollständig annihiliert werden. Dieser Zerstrahlungsvorgang kann allerdings nur stattfinden, wenn Teilchen- und ihre Antiteilchen sich treffen, d.h., wenn ihre Stoßraten, die proportional zum Produkt ihrer jeweiligen Teilchendichten sind, nicht vernachlässigbar klein werden. Da die kosmische Expansion zu einer raschen Abnahme der Teilchendichten durch Verdünnung führt, käme infolge dessen die Materie-Antimaterie-Annihilation theoretisch bei einer Dichte, welche bezogen auf die Photonendichte den winzigen Bruchteil von 10^{-19} beträgt, zum Erliegen. In einem Kosmos, der ab initio Materie und Antimaterie zu gleichen Teilen enthalten hätte, müsste der heutige Materieanteil demnach 1

---

[3] 1 eV = 1 Elektronenvolt = $1{,}6022 \cdot 10^{-19}$ Joule, 1 MeV = 10^6 eV, 1 GeV = 10^9 eV.

Baryon pro 10^{19} Photonen sein. Dies widerspricht offensichtlich den Beobachtungen, nach denen der Materieanteil des Universums heute etwa 1 Baryon auf 10^9 Photonen enthält, also um 10 Größenordnungen mehr! Daraus muss man schließen, dass ab irgendeinem sehr frühen Zeitpunkt der kosmischen Entwicklung die Materie die Antimaterie um den Bruchteil von 10^{-9}, der die heutige im Weltall befindliche Materie darstellt, überwogen haben muss und dadurch die Zerstrahlung entgangen ist. Die wichtige Frage, welcher Mechanismus für diese geringe Asymmetrie zwischen Materie und Antimaterie genau verantwortlich ist, konnte bisher noch nicht überzeugend erklärt werden.

Was auch immer die letztliche Ursache für die schließliche Existenz dieses Materierestes ist, unterhalb einer Temperatur von etwa 10^{10} K ist nahezu alle Antimaterie, bis auf den völlig unbedeutenden Bruchteil von 1 Antimaterieteilchen auf 10^{19} Photonen – erstere sind auch heute noch in der kosmischen Strahlung nachweisbar! – vernichtet und es verbleibt im Wesentlichen ein in den „Photonensee" eingebettetes Gas aus Protonen, Neutronen und Elektronen, mit einem abgekoppelten Hintergrund an Neutrinos, welche aus den elektroschwachen Zerfällen und der Elektron-Positron-Vernichtung, die etwa im Bereich um 1 MeV stattfindet, stammen und die, falls masselos, für die weitere Entwicklung des Kosmos keine Rolle mehr spielen.

Die primordiale Heliumsynthese

Die Ruheenergie der Neutronen $m_n c^2 = 939{,}5731$ MeV ist geringfügig größer als die der Protonen $m_p c^2 = 938{,}2592$ MeV. Diese Energiedifferenz $(m_n - m_p)c^2 = 1{,}3199$ MeV wird wichtig, wenn die Temperatur auf Werte unter 10^{10} K, d.h. auf Energien unter $kT \cong 1$ MeV abfällt, weil dann diese Energiedifferenz nicht mehr durch hinreichend heiße Leptonen kompensiert werden kann. Daher beginnen bei einer Energie unterhalb von 1 MeV die Neutronen gemäß n $\Rightarrow$ p + e$^+$ + ν in Protonen zu zerfallen. Energien um 1 MeV definieren aber gerade auch den Energiebereich, wo Kernreaktionen effektiv einsetzen, durch welche über die Reaktionsschritte

$$p + n \longrightarrow {}^2H \begin{cases} \xrightarrow{+n} {}^3H \xrightarrow{+p} {}^4He \\ \xrightarrow{+p} {}^3He \xrightarrow{+n} {}^4He \end{cases}$$

vornehmlich ^{4}He aufgebaut wird. In dieser Reaktionsfolge ist der erste Schritt, die Bildung von Deuterium ^{2}H die langsamste, d.h. ratenbestimmende Reaktion, während die weiteren Reaktionen $\Rightarrow {}^3$He $\Rightarrow {}^4$He zum Aufbau von Helium vergleichsweise schnell ablaufen. Wegen der kosmischen Expansion brechen aber auch diese Fusionsreaktionen bei hinreichender Verdünnung nach etwa 10^3 s ab, sodass sich durch diesen Prozess der primordialen Elementsynthese ein Gemisch von etwa H:^{4}He:^{2}H $\cong 1{:}0{,}25{:}10^5$ (in Massenanteilen) einstellt.

Die Ära des Aufklarens

Nach diesem Zeitraum der primordialen Kernsynthese besteht die kosmische Materie im Wesentlichen aus Protonen, Heliumkernen und Elektronen, deren Konzentration im weiteren nur noch der kosmischen Verdünnung und der Abkühlung unterliegen. Da der Kosmos nach wie vor strahlungsdominiert ist, wird in dieser Epoche das lokale Verhalten der Materie hauptsächlich durch den Energie- und Impulsaustausch zwischen den Photonen und den Atomkernen und Elektronen (Compton- und Thomsonstreuung) bestimmt. Diese starke Kopplung zwischen der Materie und dem Strahlungsfeld führt zu einer ständigen „Homogenisierung" des Materie-Photon-Systems und verhindert dadurch in dieser Plasma-Ära die Ausbildung gravitativ induzierter lokaler Strukturen. Diese Situation ändert sich grundlegend, wenn nach etwa 300 000 Jahren die kosmische Temperatur unter die Ionisationstemperatur des Wasserstoffs ($T \cong 3600$ K) fällt und Elektronen und Atomkerne zu Atomen rekombinieren, mit der Folge, dass die Photonen dadurch praktisch nicht mehr auf die nun elektrisch neutrale Materie einwirken können. Infolge dieser Abkopplung der Photonenkomponente, wird das Universum ab dieser „Epoche der letzten Streuung" durchsichtig. Das Photonenfeld spielt von da ab nur noch die Rolle eines das ganze Weltall homogen erfüllenden, thermischen Strahlungshintergrunds, dessen Energiedichte und Temperatur infolge der kosmischen Expansion monoton abnehmen. Seine Intensität entspricht mit großer Genauigkeit der eines schwarzen Strahlers, mit einer Temperatur von derzeitigen 2,726 K. Da die Wellenlängenverteilung dieser Strahlung vom fernen Infrarot bis zu den Radiowellen reicht, bezeichnet man sie häufig auch als Mikrowellen-Hintergrundstrahlung oder als kosmischen Mikrowellen-Hintergrund.

Sehr anders verläuft, verglichen damit, die weitere Entwicklung der Materie. Da diese infolge der Abkopplung nicht mehr von der Photonenkomponente dominiert wird, spürt sie nun verstärkt die Gravitationskraft, die von diesem Zeitpunkt an für deren zukünftige Dynamik und Organisation bestimmend wird. Der Kosmos tritt hiermit endgültig in das sogenannte *Materie-Zeitalter* ein, also in die Ära der Bildung und der Existenz langlebiger Strukturen, wie wir sie schließlich heute als Sterne, Galaxien oder Galaxienhaufen in den unterschiedlichen Erscheinungsformen beobachten.

Dunkle Materie

In diesem Zusammenhang mit der Herausbildung großräumiger kosmischer Strukturen spielt die sogenannte Dunkle Materie eine wichtige Rolle. Darunter versteht man eine das ganze Universum erfüllende Materiekomponente, welche sich im Wesentlichen nur gravitativ bemerkbar macht, deren tatsächliche Natur aber noch nicht letztlich geklärt ist. Da dieser Komplex, der in diesem Buch ausführlich in Beiträgen des Abschnitts „Reise zum Urknall" behandelt wird, keine grundsätzlichen Änderungen des hier im Blickfeld stehenden Grundszenarios der kosmischen Materieevolution erfordert, verzichten wir auf dessen nähere Diskussion.

4   Die evolutionäre Entfaltung der kosmischen Hierarchien

Aus der bisher dargestellten Sicht der Kosmologie ist die Entwicklung des Universums weitgehend von der *linearen* Zeit geprägt, die gleichmäßig voranschreitet und sich – abgesehen von der kurzen Phase der Inflation – in einer monotonen Änderung der physikalischen Bedingungen äußert, verursacht vor allem durch die allgemeine Expansionsbewegung. Im anderen Extrem, der Welt der Biologie dagegen, mit ihrem komplexen Zusammenspiel von Reaktionsschleifen und Kreisläufen manifestiert sich vorrangig die *zyklische* Natur der Zeit, deren Wesen die unaufhörliche Wiederholung ist: Werden und Vergehen, Zeugung und Tod. Dazwischen beschreiben Astrophysik und irdische Physik das Wechselspiel von zyklischer und linearer Zeit, welches Grundlage für sämtliche, im Wesentlichen spiralförmig ablaufende Evolutionsprozesse ist.

Herausbildung des Objekthaften

Erst mit der Bildung der Galaxien, die sich aus den Inhomogenitäten der Materieverteilung des frühen Kosmos herauskondensiert und durch das Gleichgewicht zwischen Fliehkraft (bzw. Drehimpuls) und Eigengravitation stabilisiert haben, ist im Universum eine Bühne geschaffen, auf welcher sich großräumige zyklische Prozesse etablieren können. Während der Kosmos in seiner Frühphase mehr oder weniger gleichmäßig mit Materie ausgefüllt war, welche außer ihrer mikroskopischen Zusammensetzung aus Elementarteilchen lediglich eine sehr schwache, skaleninvariante statistische Strukturierung zeigte, erlaubte erst die Entkopplung von Strahlungsfeld und Materie die Entstehung von materiellen „Objekten" in eigentlichen Sinn. Solche Objekte sind im wesentlichen Gleichgewichtszustände von Materie zwischen anziehenden Kräften, welche die Materie des Objektes aneinander binden, und abstoßenden Kräften, welche die „individuelle" räumliche Erscheinungsform der Materieansammlung aufrecht erhalten. Im Materiekosmos stellt die Gravitation die einzige anziehende Kraft dar, welche den verschiedenen Druckkräften über große Abstände das Gleichgewicht halten oder sie überwinden kann. Mit zunehmender Abkühlung und Verdünnung stehen nun der kosmischen Materie immer mehr Varianten von Druckkräften zur Verfügung, welche mit der Eigengravitation von Materieansammlungen ein Gleichgewicht eingehen können, das über viele typische Eigenheiten hinweg metastabil bleibt und somit einen „Objekttypus" spezifiziert.

Mit dieser zunehmenden Differenzierung der Gleichgewichtszustände verschiedener Erscheinungsformen der Materie geht ein Prozess der immer feineren räumlichen Strukturierung einher, der schließlich für die hierarchische Struktur des Kosmos verantwortlich ist. Dabei überlagern sich zwei unabhängige Vorgänge: das Auftauchen der primordialen Fluktuationen innerhalb des anwachsenden Horizontes[4] sowie das allmähliche Zurücktreten der mittleren Druckkräfte gegenüber der Gravitation im Verlauf der Expansion und Abkühlung des Universums. Durch letzteren Prozess sind zunehmend kleinere Massenansammlungen in der Lage, ein Gleichgewicht mit lokalen Druckmaxima einzustellen, was zur Fragmentation kontrahierender Massenansammlungen führt, während ersterer eine mit der Zeit anwachsende obere Grenze für instabile Materieansammlungen setzt. Als Schnittpunkt dieser gegenläufigen Tendenzen werden heute die Galaxien angesehen, denen somit als primäre Strukturebene eine Schlüsselrolle zukommt. So gibt es drei Skalenbereiche kosmischer Strukturbildung: Oberhalb der primären Ebene folgt die baryonische Materie dem vorgeprägten Muster des vermuteten nichtbaryonischen dunklen Hintergrundes, wobei Galaxien miteinander zu Riesengalaxien verschmelzen können. Unterhalb bilden sich auf kosmischen Skalenlängen die kleineren Objekte praktisch generell aus den größeren: Galaxien fragmentieren zu Gas- und Staubwolken, die wiederum zunächst Kugelhaufen, dann zunehmend kleinere Sternhaufen hervorbringen. Heute (und vielleicht auch prinzipiell) endet diese Fragmentierungsskala mit den einzelnen Sternen. Im mikroskopischen Bereich bauen grundsätzlich kleine Teilchen größere auf, von Elementarteilchen über Nukleonen und Atomen zu Molekülen und Festkörpern.

Konkurrenz der Materiezustände

Dieser Strukturierungsprozess des Kosmos als Ganzes, der nur durch das subtile Wechselspiel der gravitativen mit der elektromagnetischen und den beiden lokalen Wechselwirkungen

---

[4] Der Begriff *Horizont* bezeichnet in der Kosmologie die äußerste Grenze, jenseits der prinzipiell keine physikalischen Signale zu uns gelangen können. Mit zunehmendem Weltalter wächst auch der Horizontabstand wegen der erforderlichen größeren Lichtlaufzeit.

(starke und schwache Wechselwirkung) möglich wurde, und zu einer möglicherweise sehr
spezifischen Situation geführt hat, spiegelt im Wesentlichen die mit abnehmender Energiedichte fortschreitende Symmetriebrechung wider. Folgerichtig zeigen die weniger massiven
Objekte des Kosmos eine immer deutlichere Polarisierung in gegensätzliche Zustände:

Während Galaxienhaufen und Galaxien wesensmäßig noch recht ähnlich sind, sind Sterne
und interstellare Wolken deutlich sehr verschieden gebaut. Andererseits verkürzt sich die
mittlere absolute „Lebenserwartung" der Objekte in Richtung der hierarchischen Entwick-
lungssequenz (von Galaxien zu Sternen bzw. von Elementarteilchen zu Festkörpern bis einschließlich der „Objekte" der irdischen Biosphäre), weshalb sich die Materie auf der untersten
kosmischen Stufe – zwischen Sternen und den Gaswolken des interstellaren Mediums – in
einem beständigen Austausch befindet.

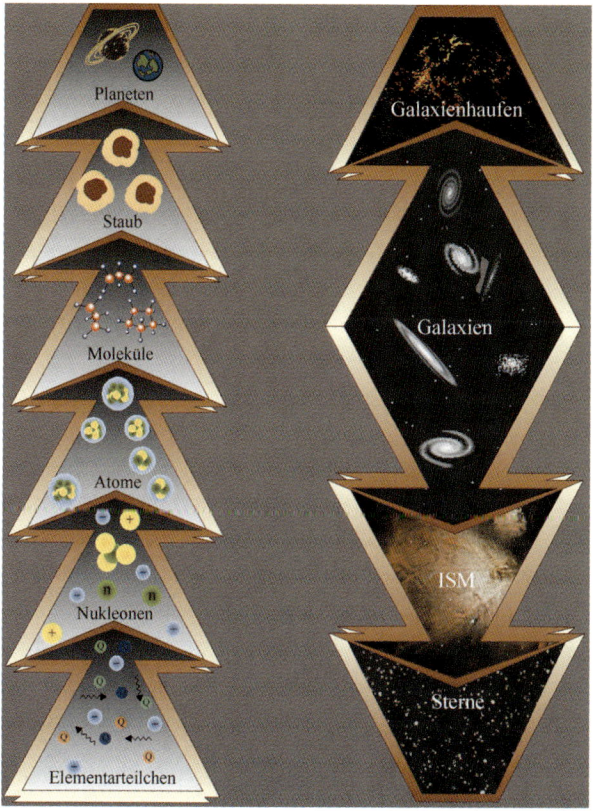

Abb. 9: Schema der gegenläufigen Herausbildung von Komplexität im mikroskopischen bzw. im makroskopischen Bereich.

Gerade die Polarisierung der Materiezustände gemeinsam mit diesen Übergangsprozessen
zwischen den Zuständen bildet die Basis für jenes Phänomen, welches wir als *Evolution* im
weitesten Sinne auffassen können. Diese findet allerdings streng genommen *nicht* auf der E-
bene der kosmischen Objekte, sondern zunächst nur im mikrophysikalischen Bereich statt.
Bemerkenswerterweise verlaufen dabei der Hintergrundprozess (als Fragmentation und Pola-

risierung der Zustände von oben nach unten, zumindest unterhalb der Galaxienebene) und die sich darauf entfaltende Evolution gegenläufig.

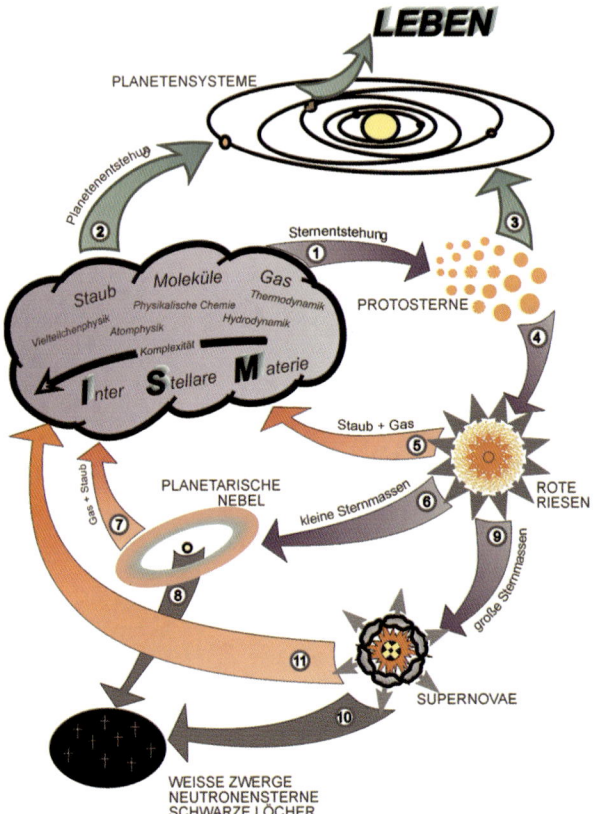

Abb. 10: Materiekreislauf. 1. Sterne entstehen in dichten Gas- und Staubwolken. Protosterne kollabieren, bis die Fusion des Wasserstoffs zu Helium zündet. 2. Sterne entstehen als Einzel- und Mehrfachsysteme. Um Einzelsterne können sich stabile Planetensysteme bilden. 3. Planeten sind die Voraussetzung für die Entstehung von Leben. 4. Ist nach vielen Milliarden Jahren der Wasserstoffvorrat im Kern des Sterns verbraucht, expandiert der Stern und verwandelt sich in einen roten Riesen. 5. Durch die Ausdehnung kühlt die Hülle des Sterns aus. Es bilden sich Moleküle und Staub. Als Sternwind werden Staub und Gas wieder an das interstellare Medium abgegeben. 6. Die äußere Hülle der Roten Riesen wird abgestoßen und umgibt den Stern als planetarischer Nebel. 7. Der planetarische Nebel löst sich langsam auf und gibt seine Masse an die interstellare Materie zurück. 8. Zurück bleibt ein langsam auskühlender Weißer Zwerg, der für den Materiekreislauf verloren ist. 9. In Sternen schwerer als acht Sonnenmasse werden durch Kernfusion Elemente bis zum Eisen gebildet. Endet die Kernfusion, implodiert der Stern und stößt seine Hülle in einem Supernovaausbruch ab. 10. Von der Supernova bleibt je nach Masse ein Neutronenstern bzw. ein Schwarzes Loch zurück. Auch diese Objekte scheiden aus dem Materiekreislauf aus. 11. Während einer Supernovaexplosion werden durch Neutroneneinfangreaktionen schwerere Elemente als Eisen (z.B. Gold) gebildet. Staub und Gas der Supernova-Überreste reichern die interstelllare Materie mit den neugebildeten schweren Elementen an.

Während großskalige Einheiten mehr und mehr zerfallen, bauen sich Elementarteilchen zu Atomen und diese zu Molekülen und Festkörpern bis hin zu Planeten auf, und während die Zustände von Sternen und Gaswolken vollkommen disjunkt sind, zeigt die kondensierte Materie mit fortschreitender Entwicklung ein immer differenzierteres Spektrum vergleichbarer Eigenschaften. Evolution der Materie im eigentlichen Sinne setzt nun dort ein, wo die Materie scheinbar gegen den Zwang, in den energetisch günstigen Gleichgewichtszustand zu fallen, von selbst einen Zustand weitab vom Gleichgewicht einnimmt und dabei mikroskopische Strukturen erzeugt, die trotz der Entfernung zum Gleichgewicht über lange Zeit metastabil sind sowie ihren eigenen Bildungsprozess beeinflussen können. Die höchste Stufe der kosmischen Hierarchie, auf der wir heute solche evolutionären Prozesse beobachten können, bilden die am kosmischen Materiekreislauf beteiligten Objekte: Sterne und interstellares Medium (Abb. 10). Insbesondere die Kondensation primärer Festkörper in den Staubhüllen der entwickelten Riesensterne und die Vorgänge innerhalb der Molekülwolken spiegeln bereits die primitivsten Mechanismen wider, die wir von Evolutionsprozessen kennen. Vom kosmologischen Standpunkt aus hat unser Universum mit dem Materiekreislauf aus sich selbst heraus eine gigantische *zyklische* Maschinerie entfaltet, die einerseits durch der linearen Zeit unterworfene kosmische Reservoirs getrieben wird, andererseits die spiralförmige Entwicklung der kosmischen Evolution ermöglicht und – bisher – in der Kreation der zyklischen Welt der uns bekannten Biosphäre gipfelt.

Unter diesem Aspekt gesehen, entspricht der kosmische Materiekreislauf, wie wir ihn heute beobachten können, einem sich selbst aufrecht erhaltenden dynamischen System, welches nur durch die sukzessive Umwandlung von interstellarer Materie in stellare Endstadien (Weiße Zwerge, Neutronensterne und Schwarze Löcher) in ferner Zukunft zum Stillstand kommen wird. Somit wird die Lebensdauer des Materiekreislaufs zum einen von der dynamischen Entwicklung des Galaxienhaufens der jeweiligen Muttergalaxie bestimmt, andererseits von der Zeitskala der Umwandlung der galaktischen Materie – insbesondere der schweren Elemente – in stellare Endstadien. Im ersteren Fall wird (bei dynamisch alten Haufen oder elliptischen Riesengalaxien) die Sternentstehung vermutlich nur verlangsamt, während im letzten Fall die gesamte sichtbare Materie zu ausgebrannten stellaren Endstadien verglüht, die nicht in den Kreislauf zurückgeführt werden können. Nach heutigem Wissensstand liegt dieser „gravitative Tod" der kosmischen Evolution jedoch um viele Weltalter in dunkler Zukunft.

5   Von der kosmischen zur biologischen Evolution

Fassen wir die gesamte Entwicklung von der Planckzeit bis zur Entstehung der Urerde zusammen, so überschauen wir einen siebenstufigen mikrophysikalischen Evolutionsprozess, der zunehmend komplexere Einheiten generierte. Die ersten drei Stufen wurden in den äußerst homogenen Frühphasen des Kosmos durchlaufen, die letzten vier sind in den Materiekreislauf innerhalb der Galaxien als primäre Hierarchiestufe des Kosmos eingebettet. Als achte Stufe schließt sich der Übergang von der Astrophysik zur irdischen Biochemie an:

1. Die supersymmetrische Kraft zerfällt durch sukzessive Symmetriebrechung in die vier uns bekannten Wechselwirkungen. Im gleichen Zuge entfaltet sich das Spektrum der untersten Anregungsstufe der Elementarteilchen: u- und d-Quarks, Elektron, Neutrino, deren Antiteilchen und die Austauschteilchen (Photonen etc.).
2. Die Elementarteilchen bilden die Nukleonen (Protonen und Neutronen), welche zu den primordialen Atomkernen fusionieren (Deuterium und Helium).
3. Die Atomkerne fangen die freien Elektronen ein und bilden Atome, wodurch Materie und Strahlung voneinander abkoppeln.

4. Im Zentrum der Sterne fusionieren leichte Atome zu schweren Atomen. r- und s-Prozess – in Riesensternen oder Supernovae – generieren das gesamte Spektrum schwerer Kerne über das Eisen hinaus bis zum Uran.

5. In den Winden Roter Riesen sowie den expandierenden Hüllen der Supernovae bilden sich Moleküle, Cluster und Staubkörner unterschiedlicher Struktur und Zusammensetzung.

6. Auf oder über den Oberflächen der Staubkörner – im Sternwind, in interstellaren Stoßfronten oder in den Wolken der interstellaren Materie – synthetisieren vielfältige chemische Prozesse unter Einwirkung verschiedener Energiequellen hochkomplexe organische Materialien, möglicherweise bis einschließlich aller bekannter Aminosäuren.

7. In der Umgebung neugeborener Sterne koagulieren interstellare und neugebildete Staubkörner zu Planetesimalen und schließlich zu Planeten. Zusammen mit der in der interstellaren Materie vorprozessierten präbiotischen Chemie entstehen Uratmosphären und die für den Übergang zur Biologie notwendigen Ur-Ozeane.

8. In mit präbiotischem Material angereicherter Umgebung auf der Ur-Erde (Ursuppe) synthetisieren präbiotische Moleküle das erste selbstproduzierte Makromolekül (Ribonukleinsäuren (RNS) oder Vorläufer).

Können wir einige dieser Strukturierungsprozesse heute bereits mit einiger Sicherheit nachzeichnen – so die Stufen 2 bis 5 – gibt es an anderen Stellen noch weitgehend weiße Flecken auf der Karte der Evolutionsgeschichte. Neben den eingangs diskutierten Problemen mit der kosmischen Frühphase betreffen die entscheidenden Fragezeichen das Einsetzen des Materiekreislaufes als entscheidenden Evolutionsmotor, den Grad der chemischen Prozessierung der Materie zwischen den Sternwinden und Planetenoberflächen sowie den Schritt zur RNS als Schlüsselmolekül der irdischen Biosphäre. Das erste Problem betrifft die Schwierigkeiten in frühen galaktischen Phasen, ohne präexistenten Staub die ersten Sterne zu bilden, die praktisch nur aus Wasserstoff, Deuterium und Helium bestehen können; denn erst wenn es Sterne gibt, können sie dann ihrerseits durch erstmalige Produktion von schweren Elementen und von Staub den Kreislauf starten. Vermutlich lässt sich dieses Henne-Ei-Problem durch die Existenz von supermassiven Sternen lösen, die ohne metastabile Lebensphase aus der Gravitationsinstabilität direkt in die Supernova stürzten, wodurch schwere Elemente und Staub gewissermaßen in einem Zuge entstanden. Das zweite Problem umfasst die Frage der Bilanz von komplexitätsschaffenden chemischen Prozessen in Sternhüllen, interstellare Materie und Sternentstehungsgebieten mit der Zerstörung von Staub und Molekülen in harten Strahlungsfeldern und Stoßfronten. In welchem Maße das Ergebnis der vielen Entwicklungszyklen interstellaren Staubes auf den Planetenoberflächen für den Start der biologischen Evolution unbeschadet deponiert wird, ist Gegenstand der Kontroverse, ob Leben überall im Kosmos entsteht und die Planetenoberflächen „infiziert" oder lediglich kleinste Trümmer der interstellaren Chemie überleben und jeder Planet für sich wieder die präbiotische Synthese starten muss. Mit der Frage nach der Entstehung des Lebens und seiner Grundbausteine jedoch verlassen wir nach heutigem Wissensstand die Zuständigkeit der Astrophysik.

Danksagung

Andrea Fiedler und Karin Sedlmayr danke ich für Ihre Hilfe bei der Erstellung des Manuskripts.

Der Autor

Erwin Sedlmayr
Institut für Astronomie und Astrophysik, Technische Universität Berlin

Erwin Sedlmayr wurd 1942 in Gantenham (Bayern) geboren; Studium: Universität Erlangen-Nürnberg; Promotion: Universität Heidelberg; Habilitation: Universität Heidelberg; seit 1980 Professor für Astronomie und Astrophysik, TU Berlin; 1986–2000 geschäftsführender Direktor des Instituts; Arbeitsgebiete: Kosmischer Materiekreislauf, insbesonders Strukturbildung und Phasenübergänge, kosmische Staubbildung, Modellierung staubbildender Systeme, Astrochemie; zahlreiche Forschungsaufenthalte und mehrere Gastprofessuren an ausländischen Universitäten; seit 1999 Vorsitzender der Astronomischen Gesellschaft.

Literatur

[1] E. Sedlmayr, A. Goeres, K. Sedlmayr: Weltall und Sonnensystem, In: Vom Urknall zum Menschen, hg. von G. Gruber und J. Weiß, F A Brockhaus, Leipzig und Mannheim (1999)
[2] J. Krautter, E. Sedlmayr: Meyers Handbuch Weltall. BI Verlag, Mannheim (1994)
[3] Unsöld, B. Baschek: Der neue Kosmos. Springer Verlag, Berlin und Heidelberg (1999)
[4] Bergmann-Schaefer: Lehrbuch der Experimentalphysik, Band 8: Sterne und Weltraum, hg. von Wilhelm Reith. Walter de Gruyter, Berlin (1997)
[5] J. Silk: Die Geschichte des Kosmos: Vom Urknall bis zum Universum der Zukunft. Spektrum Akademischer Verlag, Heidelberg (1996)
[6] Harenberg Schlüsseldaten Astronomie: Harenberg Lexikon Verlag, Dortmund (1996)

Interessante Links

http://www.AAO.GOV.AU/images.html

Die Geschichte des Universums

Günther Hasinger

1   Galaxien

Wenn wir einmal das Glück haben, in einer sternklaren Nacht in den Himmel zu schauen, sehen wir das helle Band der Milchstraße über uns. Abbildung 1 zeigt das Panorama der ge-samten Milchstraße. In der Mitte der Abb., die den gesamten Himmel umfasst, ist das galakti-sche Zentrum, für das unbewerte Auge unsichtbar. Bei genauerem Hinsehen stellen wir fest, dass das schwache Leuchten aus Tausenden von Sternen besteht. Wir scheinen uns mitten in einer Scheibe aus Sternen zu befinden. Fast alle Objekte, die wir mit bloßem Auge am Nacht-himmel sehen, sind Sterne unserer Milchstraße – der Galaxis. Nur in der rechten unteren Hälfte des Bildes sind zwei kleine Nebelflecken zu finden, von denen der Seefahrer Maggel-lan 1521 berichtete. Die Magellan'schen Wolken sind zwei kleine, der Milchstraße nahe gele-gene Galaxien.

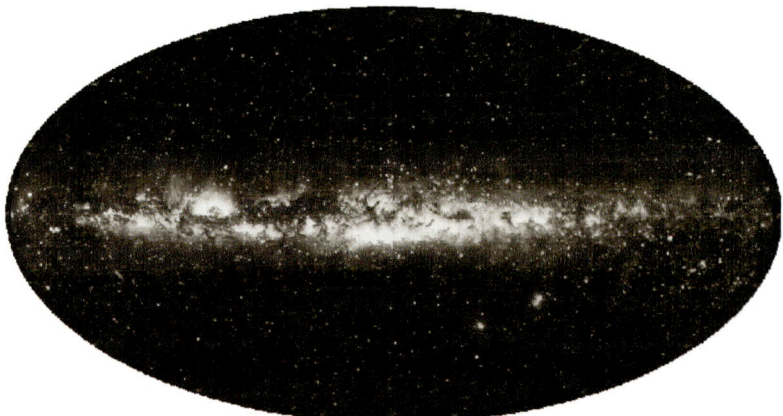

Abb. 1: Panorama der Milchstraße im sichtbaren Licht (Lund Observatorium, Schweden).

Hätten wir Infrarot-Augen, so könnten wir die Milchstraße so sehen wie in Abb. 2, die mit dem Infrarot-Instrument DIRBE des amerikanischen Satelliten COBE aufgenommen wurde. Sie würde als ein schmales, helles Band erscheinen, von Sternen durchsetzt mit Staub und mit einer zentralen Verdickung: dem Galaktischen „Bauch". Ein bisschen sähe sie so aus, wie man sich eine fliegende Untertasse vorstellt. Das sichtbare Licht der weit entfernten Sterne wird durch dazwischen liegende Gas- und Staubwolken verschluckt, so dass wir mit dem blo-ßen Auge nur die am nächsten liegenden Sterne sehen können, während die langwellige Infra-rotstrahlung ungehindert durchdringt. Unser Sonnensystem liegt also weit ab vom Zentrum der Milchstraße, so weit, dass wir sie aus einer Perspektive beobachten wie vergleichbare, genau von der Kante gesehene Galaxien. Wenn wir uns über die Ebene der Milchstraße hinaus erheben könnten, würden wir feststellen, dass unsere Galaxie ein gigantisches Spiralrad aus Sternen und Gasnebeln ist. Es wäre der wunderschönen Spiralgalaxie NGC 1232 in der Abb. 3 ähnlich, die mit dem Very Large Telescope der ESO in der chilenischen Atacama-Wüste aufgenommen wurde. Diese relativ nahe Galaxie sehen wir fast genau von oben. Wie an Perlenschnüren aufgereiht sieht man die jungen, blauen Sterne in den Spiralarmen der Galaxie, während im Zentrum die älteren, roten Sterne vorherrschen. Insgesamt gibt es in der Milchstraße oder anderen typischen Spiralgalaxien etwa 100 Milliarden Sterne. Das Sonnensystem liegt in unserer Galaxie am Rand eines der äußeren Spiralarme und was wir als „Milchstraße" sehen, sind die Sterne, Gas- und Staubwolken der uns umgebenden Spiralarme.

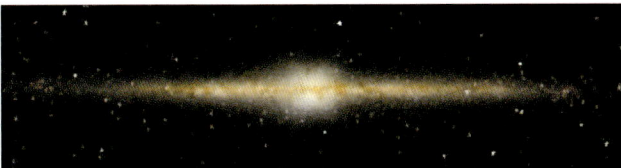

Abb. 2: Mit dem Infrarot-Experiment DIRBE auf dem amerikanischen COBE-Satellit aufgenommenes Panorama der Milchstraße (Goddard Space Flight Center, USA).

Abb. 3: Aufnahme der Spiralgalaxie NGC 1312 mit dem Very Large Telescope der Europäischen Südsternwarte in der chilenischen Atacama-Wüste (ESO Garching).

Das 1990 gestartete Weltraumteleskop „Hubble", benannt nach dem amerikanischen Astronom Edwin Powell Hubble, ist immer noch das schärfste Auge, das die Astronomen besitzen. Mit Hilfe dieses Hubble Space Telescopes (HST) hat eine internationale Gruppe von Astronomen 1996 ein eigentlich leeres Himmelsfeld im Sternbild des Großen Wagens etwa eine Woche lang durchgehend belichtet und dabei mit die schwächsten und am weitesten entfernten Objekte entdeckt, die je ein Mensch gesehen hat. Das „Hubble Deep Field" in Abb. 4 zeigt auf einer Himmelsfläche, die etwa 100mal kleiner ist als der Vollmond, eine bizarre

Vielfalt von Objekten in allen Formen und Farben. Während man mit bloßem Auge am Nachthimmel praktisch nur Sterne aus unserer eigenen Milchstraße erkennt, ist es in diesem Bild umgekehrt: bis auf zwei Sterne sieht man nur weit entfernte Galaxien. Hochgerechnet auf den ganzen Himmel ergäbe die Dichte der Objekt dieses Ausschnitts hier etwa 100 Milliarden Galaxien. Die am schwächsten leuchtenden Objekte müssen sehr weit von uns entfernt sein. Ihr Licht war deshalb sehr lange zu uns unterwegs, zum Teil mehr als die Hälfte des Alters des Universums. Wir beobachten deshalb diese Galaxien nicht so, wie sie heute aussehen würden. Dieses Bild zeigt sie uns so, wie sie ausgesehen haben, als sie noch wesentlich jünger waren, quasi in ihrer Kinderstube. Tatsächlich sieht man in diesem Bild nur wenige große, ausgeprägte Spiralen. Hauptsächlich sind es Objekte, die viel kleiner und unregelmäßiger sind als die heutigen Galaxien. Häufig scheinen mehrere Galaxien in einem Tanz umeinander verwoben, sich zum Teil sogar gegenseitig zu durchdringen. Wir werden noch sehen, dass dies wahrscheinlich ganz normale Entwicklungsstufen von Galaxien darstellt. Die Farben der Galaxien lassen zum Teil auf das Alter ihrer Sterne schließen. Blaue Galaxien haben viele junge, rote mehr alte Sterne. Durch den im nächsten Kapitel behandelten Effekt der kosmologischen Rotverschiebung erscheinen jedoch die weiter entfernt liegenden Objekte röter.

Abb. 4: Das Hubble Deep Field, eine der tiefsten Aufnahmen mit dem Hubble Space Telescope. Auf einer Fläche etwa 100 mal kleiner als der Vollmond wurden mehrere Tausend entfernte Galaxien beobachtet. (Space Telescope Science Institute, USA.)

2 Kosmologische Rotverschiebung

In den Farben des Regenbogens sehen wir das Spektrum der Sonne. Josef Fraunhofer hat im Jahre 1818 im Sonnenspektrum dunkle Linien entdeckt, die von den verschiedenen chemischen Elementen auf der Sonnenoberfläche herrühren, wie wir heute wissen. Jeder Stern zeigt ein charakteristisches Muster dieser Spektrallinien, aus dem sich seine chemische Zusammensetzung oder die Temperatur an seiner Oberfläche ableiten lassen. Ende des 19. Jahrhunderts wurde von Hermann Carl Vogel in Potsdam die Technik entwickelt, mit der man aus der Verschiebung der Spektrallinien auf die Geschwindigkeit von Sternen schließen kann. Dabei wird der von dem Wiener Physiker Christian Doppler im 19. Jahrhundert entdeckte Doppler-Effekt ausgenutzt, den wir alle aus eigener Anschauung kennen. Wenn sich eine Schallquelle mit großer Geschwindigkeit auf den Beobachter zu bewegt, erscheint ihr Ton höher, als wenn sie sich weg bewegt. An vorbei rasenden Polizeiautos oder Rennwagen kann man diesen Effekt deutlich hören. Im Falle einer Lichtquelle, die sich auf uns zu bewegt, erscheint das Spektrum zum Blauen hin verschoben, falls sie sich entfernt, zum Roten.

Galaxien bestehen zu einem großen Teil aus Sternen, deshalb finden sich auch in ihren Spektren ähnliche Spektrallinien. Anfang des 20. Jahrhunderts konnten Edwin Hubble und eine Reihe anderer Astronomen zeigen, dass die Spektrallinien bei den meisten Galaxien zum roten Teil des Spektrums hin verschoben sind. Sie scheinen sich also überwiegend von uns weg zu bewegen, zum Teil mit sehr großen Geschwindigkeiten. Nur die Galaxien in unserer unmittelbaren Nachbarschaft bewegen sich auf uns zu. Noch überraschender war, dass sich die Galaxien umso schneller fort bewegen, je weiter sie von uns entfernt sind – das ganze Weltall scheint auseinander zu fliegen. Dabei entfernen sich die Galaxien nicht etwa nur von uns, sondern jede Galaxie entfernt sich von jeder anderen. Sie verhalten sich ungefähr wie die Rosinen in einem Hefeteig, der während des Backens aufgeht.

3 Der Urknall

Die schematische Darstellung in Abb. 5 zeigt, dass zu einem späteren Zeitpunkt alle Galaxien weiter auseinander stehen werden, zu einem früheren Zeitpunkt aber alle viel näher beisammen gewesen sein müssen. Die einfache Extrapolation ergibt damit einen Anfangszeitpunkt, zu dem das gesamte Universum auf extrem kleinem Raum mit extrem hoher Dichte zusammen gepresst gewesen sein muss. Ein derartiges, expandierendes Universum hatte sich bereits 1917 aus Einsteins Feldgleichungen der allgemeinen Relativitätstheorie ergeben und wurde von dem holländischen Astronom Willem de Sitter theoretisch vorhergesagt. Der russische Physiker Gamow hat als Erster den Schluss gezogen, dass das Universum in seiner Frühzeit extrem heiss gewesen sein muss. Ähnlich einer Luftpumpe, bei der die zusammengepresste Luft heiß wird, gilt dies auch für die auf extrem kleinem Raum zusammengequetschte Ur-Materie. Fred Hoyle, ein Kritiker dieser Theorie, wollte sich über diese Interpretation lustig machen und erfand den Namen „Big Bang", der sich bis heute durchgesetzt hat. Den Folgen dieses „Urknalls" sind die Astrophysiker und Kosmologen heute mehr denn je auf der Spur.

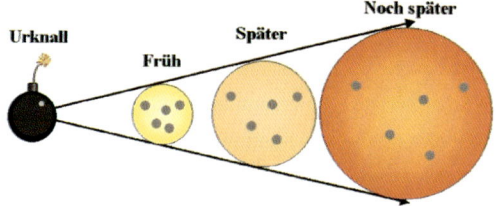

Abb. 5: Schematische Darstellung der Galaxienfluchtbewegung und des „Urknalls".

Ich möchte hier nicht auf die bisher noch weitgehend unklare Physik des inflationären „Ur-Ereignisses" eingehen, die etwas später in diesem Buch diskutiert wird. Jedoch schon etwa 10^{-32} Sekunden[1] nach dem Urknall kann das junge Universum mit der heutigen Standard-Physik beschrieben werden. Seit diesem Zeitpunkt kühlt der ursprünglich 10^{28} Grad[2] heiße Feuerball kontinuierlich ab, wobei nach und immer mehr der uns bekannten Teilchen und Strukturen „ausfrieren". Abb. 6 zeigt die verschiedenen Phasen der kosmischen Evolution. Etwa eine Sekunde nach dem Urknall ist die zunächst aus Quarks, Gluonen und höchstener-getischen Photonen bestehende „Quark-Suppe" so weit abgekühlt, dass sich jeweils drei Quarks zu Protonen und Neutronen zusammenschließen und von der nun immer niedriger werdenden Energie der Photonen nicht mehr auseinander gebrochen werden können. Inzwi-schen herrscht in dem Feuerball nur noch eine ähnliche Temperatur wie im Inneren unserer Sonne. Wie im Kernfusions-Ofen der Sonne schließt sich ein Teil der Protonen und Neutro-nen zu Heliumkernen und einigen anderen leichten Atomkernen zusammen. Mit der Kern-synthese in den ersten Minuten beginnt der Aufbau des Periodensystems der Elemente. Alle schwereren Kerne, zum Beispiel die für die Entwicklung von Sternen und Planeten notwendi-gen Elemente Kohlenstoff, Stickstoff und Sauerstoff, werden erst später durch die Fusion im Bauch von Sternen „gebacken".

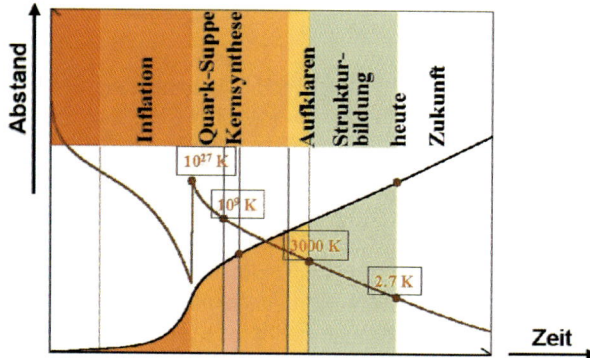

Abb. 6: Ausdehnung und Abkühlung des Universums und Kosmologische Epochen. Die horizontale Achse gibt die Zeit in einer sehr gestauchten Darstellung an, die vertikale Achse die Ausdehnung (schwarze Kurve) und die Temperatur des Universums. Auf die einzelnen Epochen wird im Text eingegangen. (Liebscher, Potsdam)

---

[1] Das sind 0,00000000000000000000000000000001 Sekunden.
[2] Das sind 1000000000 0000000000 00000000 Grad Celsius.

4   Das Aufklaren und der Mikrowellen-Hintergrund

Nach einem Zeitraum von etwa 100 000 Jahren, als das junge Universum etwa 1000-mal kleiner war als heute, hatte es sich auf 3000 Grad Kelvin abgekühlt. Diese Temperatur ist vergleichbar mit der Oberfläche der Sonne (5000 Grad) oder dem Inneren einer Kerzenflamme (ca. 2000 Grad). Zu diesem Zeitpunkt durchläuft das Universum einen Phasenübergang, der sein Aussehen dramatisch verändert (siehe Abb. 7). Materie und Wärmebad entwickeln sich seither ohne wesentliche Wechselwirkung. Vor der Entkopplung ist die Energie der Lichtquanten höher als die Bindungsenergie des Wasserstoffs. Die Elektronen und die Atomkerne sind deshalb getrennt: dieser Zustand wird als Plasma bezeichnet. Die Lichtquanten wiederum werden ständig durch die Elektronen von ihrer geraden Bahn abgelenkt, das Universum ist damit undurchsichtig wie ein dichter Nebel. Sobald die Temperatur unter 3000 Grad abfällt, können sich Protonen und Elektronen zu Wasserstoffatomen zusammenschließen. Damit ist die Bahn frei für die Photonen, die sich seither ungehindert durch den Raum bewegen – der Nebel klart auf. Wir können diesen Phasenübergang relativ einfach im täglichen Leben beobachten. Abbildung 8 (links) zeigt den Schattenwurf einer Kerzenflamme. Man erkennt deutlich, dass das Feuer der Kerze nicht nur aus der leuchtenden Flamme besteht, sondern dass darüberhinaus das heiße, verbrannte Gas nach oben hin abströmt. Dies ist der Grund, warum man sich auch noch weit oberhalb einer Kerzenflamme die Finger verbrennen oder ein Streichholz entzünden kann. Das rechte Bild zeigt die Nahaufnahme einer Kerzenflamme sowie wiederum deren Schatten. Erstaunlicherweise ist der Schatten der Flamme dunkel, diese ist also undurchsichtig. Die scharfe Grenze der Kerzenflamme ist durch den Übergang zwischen dem undurchsichtigen Plasma- und dem durchsichtigen Gas-Zustand gegeben.

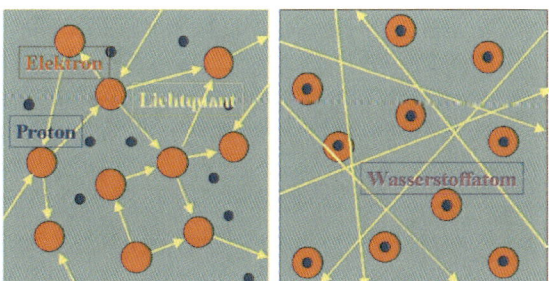

Abb. 7: Entkopplung von Strahlung und Materie etwa 300.000 Jahre nach dem Urknall. Vor der Entkopplung (links) sind Elektronen (rot) und Protonen (blau) getrennt, danach (rechts) zu Wasserstoffatomen zusammengeschlossen. Die Lichquanten (gelb) können sich nach der Entkopplung frei durch den Raum bewegen.

Das Aufklaren im frühen Universum ist damit ein relativ alltäglicher Vorgang. Es war wiederum Gamow, der 1948 als Erster auf die Idee kam, dass die Lichtquanten, die damals von dem aufklarenden, heißen Plasmaball ausgesandt wurden, noch heute frei durch den Raum fliegen müssen. Inzwischen hat sich jedoch ihre Energie durch die von der stetigen Ausdehnung des Universums verursachte Verdünnung etwa 1000-mal verringert, die Temperatur muss auf wenige Grad über dem absoluten Nullpunkt abgesunken sein (siehe Abb. 6). Eine andere Betrachtungsweise des selben Tatbestandes sagt Folgendes aus. Wenn

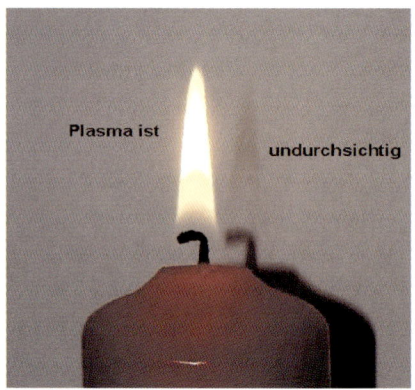

Abb. 8: Schatten von Kerzenflammen. Der scharfe Übergang vom leuchtenden Plasma der Flamme zum durchsichtigen Gas der Umgebung kann mit dem Aufklaren im frühen Universum verglichen werden.

wir in die Tiefen des Kosmos und damit zurück in die Anfänge der Zeit blicken, können wir
den Zustand des Universums zum Zeitpunkt der Entkopplung, den so genannten Feuerball,
direkt beobachten. Wir sehen eine heiße Plasma-Wand (wie die scharfe Grenze der Kerzenflamme), die sich aber fast mit Lichtgeschwindigkeit von uns entfernt. Das von ihr ausgesandte Licht ist dementsprechend sehr stark rotverschoben, die ursprüngliche Temperatur von
etwa 3000 Grad sehen wir deshalb auf etwa 3 Grad Kelvin abgekühlt. Das von Gamow vorhergesagte „Echo" des Urknalls wurde im Jahr 1964 zufällig von den amerikanischen Radioastronomen Arno Penzias und Robert Wilson entdeckt, als sie versuchten, eine erhöhte Hin-
tergrund-Temperatur ihrer Radio-Antenne zu verstehen, die aus allen Himmelsrichtungen und
zu allen Tages- und Nachtzeiten gleich erschien. Die kosmische Mikrowellen-Hintergrunds-
Strahlung, für deren Entdeckung Penzias und Wilson später den Nobel-Preis erhielten, wurde
in den Jahren 1989–1994 von dem Cosmic Background Explorer (COBE) Satelliten der NA-
SA in wunderschönem Detail vermessen. COBE konnte dabei nicht nur die Temperatur der
Strahlung auf exakt 2,725 Grad Kelvin festlegen, sondern fand darüber hinaus am Himmel
verteilt noch minimale Schwankungen der Temperatur in der Größenordnung von einigen
hundertausendstel Grad (siehe Abb. 9), welche die ersten, primordialen Strukturen im Universum darstellen.

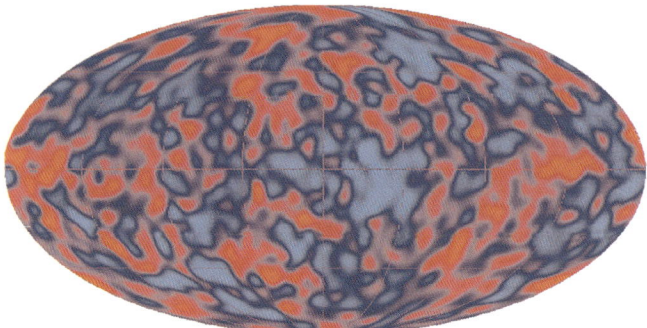

Abb. 9: Vom Cosmic Background Explorer (COBE) der NASA gemessene Himmelskarte des Mikrowellenhin-
tergrundes. (Goddard Space Flight Center, USA)

5   Dunkle Materie und Strukturbildung

Nach unserem heutigen Verständnis bilden die minimalen Fluktuationen der Mikrowellen-Hintergrund-Strahlung winzige Dichteunterschiede im Universum zum Zeitpunkt der Entkopplung zwischen Strahlung und Materie ab. Sie stellen damit die ersten großräumigen Strukturen im Kosmos dar. Es ist nach wie vor ein großes Rätsel, wie aus dieser homogenen Frühphase die äußerst komplizierten Strukturen des heutigen Universums, Galaxien, Sterne, Planeten, letztlich auch Menschen entstehen konnten. Letztendlich genügen sehr kleine Dichteunterschiede der normalen Materie nach der Entkopplung, um sich von der allgemeinen Ausdehnung des Kosmos abzulösen und unter ihrer eigenen Schwerkraft zusammenzustürzen. Das würde jedoch längere Zeit dauern, als der Materie im jungen Universum zur Verfügung steht. In den letzten Jahren ist immer deutlicher geworden, dass der größte Teil der Materie im Kosmos nicht aus dem Stoff besteht, aus dem Sterne und Planeten gemacht sind, den wir „Baryonen" nennen. Der größte Teil der Materie im Kosmos besteht aus einer geheimnisvollen Art von Teilchen, die bisher noch nicht nachgewiesen werden konnte – der Dunklen Materie, die sich bisher nur durch ihre Schwerkraft verrät. Die dunkle Materie kann wesentlich früher kollabieren als die baryonische Materie und formt im Lauf der Zeit einen Schaum von Filamenten und leeren Zwischenräumen.

Abbildung 10 zeigt eine der auf modernsten Supercomputern nachgebildeten Simulationen der Entwicklung der Dunklen Materie, an der auch Wissenschaftler meines Institutes beteiligt waren. In den fünf linken Abbildungen ist jeweils ein würfelförmiger Ausschnitt des Universums mit einer Kantenlänge von 140 Millionen Lichtjahren im heutigen Stadium dargestellt, in der zwei Millionen Materieteilchen dem freien Lauf ihrer Gravitationskräfte überlassen werden. Eine typische Galaxie besteht aus etwa 700 Teilchen, von denen der Übersichtlichkeit halber hier nur 10% dargestellt sind. Die Zahlen an der linken oberen Ecke jedes Bildes stellen die zugehörige Rotverschiebung und damit in etwa das Alter des Universums dar: $z = 28,62$ entspricht ca. 100 Millionen Jahre, $z = 8$ ca. 900 Millionen Jahre, usw. bis $z = 0$, was dem Alter des heutigen Universums mit etwa 13,5 Milliarden Jahren nach dem Urknall entspricht. Auf der rechten Seite ist zu den gleichen Zeiten ein wesentlich kleinerer Ausschnitt der Simulation, dafür aber mit allen Teilchen gezeigt.

Auf der rechten Seite von Abb. 10 ist zu den gleichen Zeiten ein wesentlich kleinerer Ausschnitt des Universums gezeigt. Hier stellen einige hundert Teilchen eine Galaxie dar. Wie von Geisterhand entstehen aus der zunächst fast gleichmäßig verteilten Materie innerhalb relativ kurzer Zeit die ersten Kondensationskeime größerer Strukturen, fast wie die Schaumkronen sich brechender Wellen. Danach bilden sich Filamente aus, an denen die Galaxien wie an Perlenschnüren aufgereiht sind, sowie große Leerräume fast ohne Galaxien. Am Kreuzungspunkt von Filamenten entstehen dichte Gebiete mit Tausenden von Galaxien – den Galaxienhaufen und Superhaufen. Besonders in diesen dichten Gebieten kommt es sehr häufig zur Wechselwirkung und Verschmelzung mehrerer Galaxien zu immer größer werdenden Gebilden. Gleichzeitig heizt sich die Materie in den dichten Gebieten immer weiter auf, sodass sie beginnt, im Röntgenlicht zu strahlen.

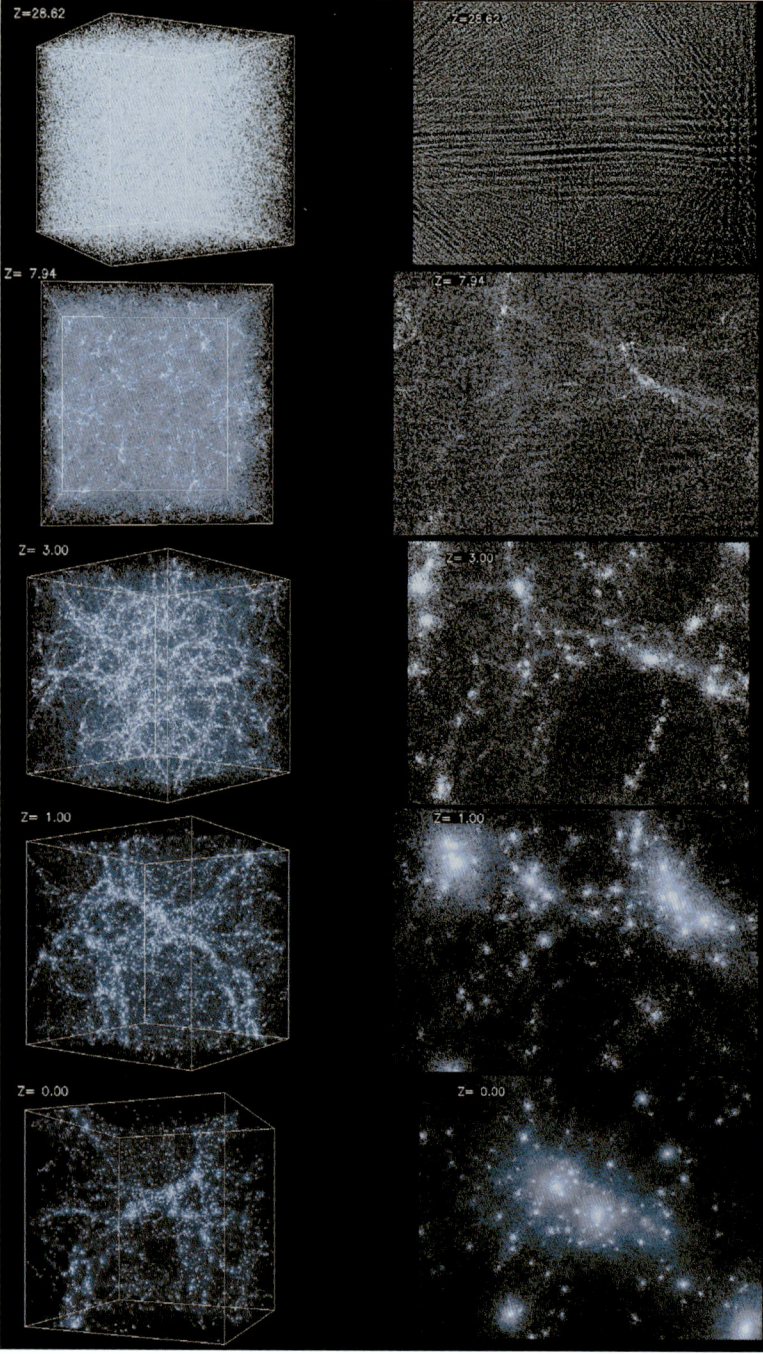

Abb. 10: Simulation der großräumigen Strukturbildung durch die Eigengravitation der Dunklen Materie aus ihrer homogenen Frühphase. Eine Galaxie entspricht einem der kompakten Klumpen im Bild rechts unten. Die Zahl links oben gibt die Rotverschiebung an (siehe Text). (A. Kravtsov, A. Klypin, S. Gottlöber, AIP)

Im heutigen Universum soll bereits mehr als die Hälfte der Baryonen heißer als 100 000 Grad sein. In besonders dichten Gebieten können sich die Baryonen-Wolken effizient abkühlen, zum Beispiel dadurch, dass sie Strahlung aussenden. Sie können dann unter ihrer eigenen Schwerkraft zusammenstürzen und entkoppeln sich von der dunklen Materie. Die kühlen, dichten Phasen der Baryonischen Materie beginnen, erste Sterne oder protostellare Systeme zu bilden. Das „Erste Licht" im Universum entsteht möglicherweise schon bei einer Rotverschiebung von etwa 30.

Derartige Simulationen werden durch neueste astronomische Beobachtungen gestützt. Die Galaxien sind am Himmel tatsächlich nicht gleichmäßig, sondern in einer Schaum-Struktur verteilt, ganz so wie sie sich aus den kosmologischen Simulationen ergibt. Viele Galaxien gehören zu riesigen Galaxienhaufen, auch unsere Milchstraße fällt zusammen mit der lokalen Gruppe von Galaxien in einen gigantischen Haufen, der in der Konstellation Virgo steht. Außerdem bewegt sich die Milchstraße auf unsere große Nachbar-Galaxie, den Andromeda-Nebel zu, den sie in etwa 4 Milliarden Jahren erreichen wird. Den spektakulärsten Beweis für die Existenz dunkler Materie liefern die großen leuchtenden Bögen, die mithilfe des Hubble Space Telescope seit einigen Jahren in den meisten großen Galaxienhaufen beobachtet werden (Abb. 11).

Abb. 11: Aufnahme des Galaxienhaufens Abell 2218 mit dem Hubble Space Telescope. Hinter mehreren Hundert Galaxien des Haufens, die alle ähnliche Farben haben, sieht man leuchtende blaue und rote Bögen. Dies sind Bilder von weiter entfernt liegenden Galaxien, die durch die Gravitationslinsenwirkung (Einsteins Lichtablenkung) der Dunklen Materie des Galaxienhaufens verformt werden. (Space Telescope Science Institut, Baltimore, USA)

Hier werden nach Einsteins Theorie der Lichtablenkung durch große Massen die Lichtstrahlen von Galaxien, die hinter dem Galaxienhaufen liegen, so stark abgelenkt, dass die Bilder der Galaxien in Bögen oder sogar Ringe verzerrt werden. Aus der Verzerrungswirkung der Gravitationslinse kann man unmittelbar schließen, dass die dafür notwendige Masse etwa hundert mal größer ist, als die Masse sämtlicher Galaxien in dem Haufen. Mit Röntgensatelliten, wie zum Beispiel ROSAT, Chandra und XMM-Newton ist es gelungen, die heiße baryonische Materie in den Galaxienhaufen aufzuspüren, die etwa zehn mal schwerer ist als die

Galaxien. Die Verschmelzung und den „Kannibalismus" von Galaxien kann man an vielen Beispielen im lokalen Universum studieren, eines der schönsten ist in Abb. 12 gezeigt.

Abb. 12: Wechselwirkende Galaxien NGC 2207 und IC 2163, aufgenommen mit dem Hubble Space Telescope. Ein ähnliches Schicksal könnte der Milchstraße und dem Andromeda-Nebel in ca. 4 Mrd. Jahren bevorstehen. (Space Telescope Science Institut, Baltimore, USA)

6   Kalender des Universums

Zum Abschluss möchte ich, einer Idee des Garchinger Kollegen Peter Kafka folgend, die ereignisreiche Geschichte des Universums noch einmal im Zeitraffer Revue passieren lassen. Ich tue das so, dass die Zeit zwischen Urknall und jetzt (ca. 15 Milliarden Jahre) in ein Jahr gepresst wird, also zwischen 1. Januar und 31. Dezember (Abb. 13). Eine Sekunde dieses Jahres entspricht dann etwa 500 Jahren Echtzeit. Gleichzeitig möchte ich noch einige Monate in die Zukunft blicken. Auf dieser Zeitskala geschieht die Entkopplung zwischen Strahlung und Materie bereits, wenn das Jahr erst 11 Minuten alt ist. Bereits am 19. Januar entstehen die ersten Galaxien, möglicherweise auch die Schwarzen Löcher in ihren Zentren. Die Sterne beginnen, in ihren Fusionsmägen die Elemente zusammenzubauen. Am 28. Januar hat die älteste, heute bekannte Galaxie ihr Licht ausgesandt. Das Maximum der Sternentstehung und des Galaxienkannibalismus ist gegen Ende März.

Dann passiert lange Monate nichts weiter, als dass immer neue Generationen von Sternen immer mehr schwere Elemente zusammenbrauen, angeheizt durch Galaxienzusammenstöße und Verschmelzungen. Irgendwann Anfang September entsteht auf diese Weise auch die Sonne und mit ihr unser Planetensystem. Erstaunlicherweise wird bereits gegen Ende September das erste Leben – Blaualgen – auf der Erde gefunden, möglicherweise befruchtet durch organische Moleküle aus interstellaren Wolken. Was in den Monaten danach auf der Erde passiert, ist weitgehend unklar, es gibt Spekulationen, dass das junge Leben auf der Erde mehrfach neue Anläufe unternehmen musste, weil es möglicherweise durch Kometeneinschläge oder das völlige Einfrieren der Erde wieder ausgelöscht wurde.

Die ersten Wirbeltiere und Pflanzen entstehen jedenfalls erst in der zweiten Dezember-hälfte. Rechtzeitig zu Weihnachten sind auch der Wald, die Fische und Reptilien entstanden. Am 25. Dezember treten die ersten Säugetiere auf den Plan. Am 28. Dezember sterben die Saurier aus und machen damit Raum zur rapiden Entwicklung größerer Säugetiere, die am 30. Dezember um 20:00 Uhr ihre schwerste Prüfung in der Entstehung des Menschen hat. Der Neanderthaler, eine Seitenlinie, lebt 5 Minuten vor Mitternacht, Jesus Christus 15 Sekunden und wir selbst – ein menschliches Leben von 100 Jahren dauert 0,2 Sekunden in diesem Maß-stab – sind ein Wimpernschlag der Geschichte.

Monat	Zeitpunkt	Ereignis
Jan	1. Jan 0h00	Urknall, Entstehung der Elemente H, He, ...
Feb	1. Jan 0h11	Entkopplung von Strahlung und Materie
Mär	19. Jan	Erste Galaxien entstehen, Schwarze Löcher?
		Sterne erzeugen die Elemente C, N, O ...
Apr	28. Jan	Älteste bekannte Galaxie
Mai	27. Mär	Maximum der Sternentstehung, das Grosse Fressen
Jun		
Jul	9. Sep	Entstehung der Sonne und der Erde
Aug	28. Sep	Entstehung des Lebens auf der Erde, Blaualgen
Sep	16.-19. Dez	Wirbeltierfossilien und Pflanzen
Okt	20.-24. Dez	Wald, Fische, Reptilien
Nov	25. Dez	Säugetiere
Dez	28. Dez	Aussterben der Saurier
Jan	30. Dez 20h	Entstehung des Menschen
Feb	-5 min	Neanderthaler
Mär	-15 sek	Jesus Christus
	-0.2 sek	**Unser Leben**
	12. Jan	Erde wird zu heiß zum Leben
	25. Mär	Milchstraße wird vom Andromeda-Nebel verschluckt
Apr	6. Apr	Sonne bläht sich zum roten Riesen auf

Kalender des Universums

Abb. 13: Kalender des Universums.

Wenn wir unseren Erdball nicht innerhalb der ersten 15 Sekunden des nächsten Jahres selbst zerstören, so dauert es doch nur bis etwa 12. Januar, bis es auf der Erde zu heiß zum Leben wird, die Sonne dehnt sich im Laufe der Zeit langsam aus und das Wasser auf der Erde fängt an zu kochen. Spätestens bis dahin müssen wir also einen anderen Planeten zum Leben gefunden haben. Am 25. März wird die Milchstraße vom Andromeda-Nebel verschluckt (falls dieser nicht doch knapp vorbeischrammt) – welch wunderbarer Anblick für die Astronomen der Zukunft. Etwa am 6. April wird die Sonne ihren Wasserstoff verbraucht haben, sich zum Roten Riesen ausdehnen und die inneren Planeten Merkur und Venus verschlucken. Von der Erdoberfläche aus gesehen wird sie von Horizont zu Horizont reichen, aber es werden dort etwa 3000 Grad herrschen – ungefähr so heiß wie das Universum zum Zeitpunkt der Ent-kopplung von Strahlung und Materie war. Ob das Zufall ist?

Der Autor

Günther Hasinger
Astrophysikalisches Institut Potsdam

Günther Hasinger wurde 1954 in Oberammergau geboren, studierte an der Ludwigs-Maximilians-Universität München (LMU) und am Max-Planck-Institut für extraterrestrische Physik Garching (MPE) Physik und Astronomie, promovierte dort 1983. 1984 bis 1994 Mitarbeiter des MPE, 1993 Spring Lecturer an der Princeton University. Seit 1994 Direktor am Astrophysikalischen Institut Potsdam und Professor an der Universität Potsdam, habilitierte dort 1995. Seit 1998 Wissenschaftlicher Vorstand am Astrophysikalischen Institut Potsdam.

Galaxien, Quasare und Schwarze Löcher

Reinhard Genzel

1   Quasare und aktive Galaxienkerne

Seit der Entdeckung der Quasare („quasi-stellar radio sources") durch Marten Schmidt vor etwa fünfunddreißig Jahren haben Astrophysiker versucht, eine schlüssige Erklärung für die Energieproduktion dieser spektakulären Objekte zu finden. In den überwiegend weit entfernten Quasaren wird in einem Bereich von nur wenigen Lichtjahren tausend bis einige hunderttausend mal mehr elektromagnetische Strahlung erzeugt als sonst in ganzen Galaxien (Milchstraßensystemen). Durch immer schärfere Bilder (zum Beispiel mit dem Weltraumteleskop Hubble (HST)) weiß man inzwischen, dass Quasare in den Kernbereichen von großen Galaxien liegen. Auch viele andere Galaxien, wie zum Beispiel die so genannten „Seyfert"-Galaxien, fallen in ihren Kernbereichen durch ungewöhnliche Aktivität auf. Quasare scheinen demnach nur die spektakulärsten Fälle von solchen aktiven Galaxienkernen zu sein (Abb. 1). Hochgebündelte Jets von relativistischen Elektronen, die aus dem Kern ausströmen, und zeitlich schnell variierende Röntgen- und Gamma-Strahlung sind weitere charakteristische Merkmale von aktiven Galaxienkernen (Abb.1). All diese Phänomene sind nicht durch die sonst in Galaxien dominierenden Kernverschmelzungsprozesse in Sternen zu erklären. Eine recht plausible Erklärung ist dagegen die Umwandlung von Gravitationsenergie in Strahlungsenergie in den so genannten „Akkretionsströmen", die in der unmittelbaren Umgebung von massiven Schwarzen Löchern auftreten. Man weiß seit den theoretischen Arbeiten von Albert Einstein und Karl Schwarzschild, dass jede konzentrierte Massenverteilung einen charakteristischen Radius besitzt (den so genannten „Schwarzschildradius"[1]), innerhalb dessen selbst Lichtquanten nicht mehr aus dem Gravitationsfeld entweichen können. Der äußere Beobachter kann deshalb nicht mit dem inneren Bereich innerhalb dieses Ereignishorizonts kommunizieren, deshalb der Begriff „Schwarzes Loch". Paradoxerweise kann ein Schwarzes Loch dennoch Materie in Strahlung umwandeln. Wenn Materie von außen in das Gravitationsfeld eines Schwarzen Lochs einfällt, kann außerhalb des Schwarzschildradius Gravitationsenergie in Strahlung umgewandelt werden, und zwar mit größerer Effizienz als in jedem anderen uns bekannten physikalischen Prozess. Donald Lynden-Bell und Martin Rees hatten deshalb wenige Jahre nach der Entdeckung der Quasare vorgeschlagen, dass diese leuchtkräftigen Objekte durch den Einfall von Gas und Sternen in massereiche Schwarze Löcher erklärt werden können. Inzwischen hat sich dieses Modell von akkretierenden massiven Schwarzen Löchern unter Astrophysikern generell durchgesetzt. Dennoch ersetzt dieser „Indizienbeweis"

---

[1] Der Schwarzschildradius wächst linear mit der Masse. Er erreicht den Wert von etwa 10 Sonnenradien bei einer zentrale Masse, die drei Millionen Sonnenmassen entspricht.

natürlich keinesfalls den direkten Nachweis, der nur über die charakteristische Schwerkraft und die Existenz eines Ereignishorizonts führen kann. Gibt es also solche massiven Schwarzen Löcher wirklich?

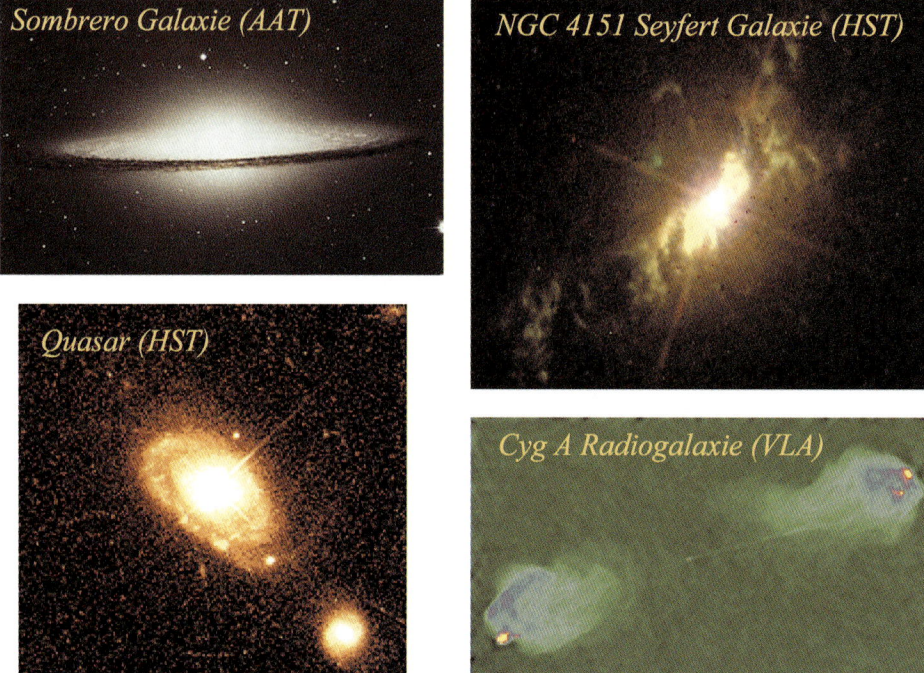

Abb. 1: Aktivität in Galaxienkernen. Die Sombrerogalaxie (links oben) ist ein Beispiel für ein großes, aber normales Milchstraßensystem. Das sichtbare Licht kommt von eingen hundert Milliarden Sternen, die über mehrere zehntausend Lichtjahre verteilt sind und in diesem Objekt eine fast kugelförmige Verteilung haben. Deutlich sichtbar ist auch eine dünne Scheibe von interstellarem Staub und Gas, aus der sich wiederum neue Sterne bilden können. In der Seyfertgalaxie NGC4151 (rechts oben) und dem Quasar (links unten) dagegen überstrahlt die Kernregion bei weitem den Rest der Galaxie, wobei nicht nur sichtbares Licht abgestrahlt wird (die in diesen Bildern des Hubble Space Telescope der NASA/ESA dargestellt ist), sondern auch extrem harte und zeitlich variable Röntgen- und Gammastrahlung. In einer Reihe von Quasaren und aktiven Galaxien, wie bei Cyg A (rechts unten), findet man intensive gebündelte Jets von ionisiertem Plasma, die vom aktiven Kern mit nahezu Lichtgeschwindigkeit herausgeschleudert werden. Weit außen, wo die Jets auf dünnes intergalaktisches Gas treffen, erzeugen sie intensive Radiosynchrotronstrahlung in riesigen Blasen. Diese Radiostrahlung ist im Bild unten rechts von dem Very Large Array (VLA) des US National Radio Observatory aufgenommen worden.

2   Anzeichen für massive Schwarze Löcher in Galaxienkernen

Ein direkter Nachweis der Existenz einer räumlich konzentrierten Masse kann aus der Bestimmung der Geschwindigkeiten von Gas und Sternen in deren Umgebung erfolgen. Die Technik ist eine einfache Umkehrung dessen, was Johannes Kepler bereits vor mehr als dreihundert Jahren im Sonnensystem gezeigt hat. Wenn man die Bahnen von Testteilchen (im Falle von Galaxienkernen sind dies Sterne oder individuelle interstellare Gaswolken) als

Funktion des Abstands vom dynamischen Zentrum misst, lässt sich unter gewissen grundsätzlichen Annahmen das Gravitationsfeld bestimmen. Damit diese Methode jedoch Erkenntnisse über die Eigenschaften der Zentralmasse bringt, muss das Gravitationsfeld in ihrer Nähe untersucht werden. Nur so können die unterschiedlichen Massenkonzentrationen in der Zentralmasse selbst unterschieden werden. Wenn man zum Beispiel das Gravitationsfeld nahe an der Sonne untersucht, kann man nachweisen, dass die Sonne ausgedehnt ist, also keine Punktmasse darstellt. Wegen der großen Entfernung von Quasaren lassen sich solche direkten Messungen nicht an ihnen durchführen. Für eine Reihe von nahen Galaxienkernen, einschließlich des Zentrums unserer eigenen Milchstraße, sind dagegen in den letzten zehn Jahren große Fortschritte in der Suche nach zentralen Massekonzentrationen gelungen. Gewonnen wurden die Daten teils mit bodengebundenen Teleskopen und teils mit dem Hubble-Space-Telescope. Diese Daten lassen es jetzt als wahrscheinlich erscheinen, dass viele Galaxienkerne dunkle zentrale Massenkonzentrationen besitzen, mit Massen zwischen einigen Millionen und einigen Milliarden Sonnenmassen. Dennoch ist wegen der großen Entfernung der meisten dieser Objekte die räumliche Auflösung der Messungen noch nicht ausreichend, um sicher zu sein, dass es sich notwendigerweise um Schwarze Löcher handeln muss.

3   Ein massives Schwarzes Loch im Zentrum unserer Milchstraße

Dem Zentrum unserer Milchstraße kommt bei der Frage eines überzeugenden Beweises für die Existenz von massiven Schwarzen Löchern eine besonder Rolle zu. Das Zentrum unserer Milchstraße ist „nur" 26000 Lichtjahre entfernt. Es liegt also etwa hundert mal näher als die uns nächsten externen Galaxien, tausend mal näher als die nächsten aktiven Galaxienkerne, und hunderttausend mal näher als der nächste Quasar. Damit kann man mit den besten Messungen im optischen und Infrarotbereich Bereiche von wenigen Lichttagen auflösen, mit den Methoden der interkontinentalen Radiointerferometrie (VLBI) sogar Bereiche von etwa 10 Lichtminuten. Auch im Zentrum unserer Milchstraße gibt es seit fast zwanzig Jahren Anzeichen für eine zentrale Massenkonzentration. Interstellarer Staub und Gas absorbieren in der Ebene unserer Milchstraße die sichtbare, ultraviolette und weiche Röntgenstrahlung jeweils fast vollständig. Deshalb kann man das Galaktische Zentrum nur bei langen Wellenlängen, also im Infrarot- und Radiobereich, und bei ganz kurzen Wellenlängen, also im harten Röntgen- und im Gammabereich, untersuchen. Der wesentliche Fortschritt im Verständnis des Galaktischen Zentrums folgt direkt aus der starken Entwicklung der Messtechnik, die in diesen „neuen" Astronomiebereichen eingesetzt wird. In den letzten zwanzig Jahren wurden die Empfindlichkeit, die Winkelauflösung und die abbildenden Detektoren erheblich verbessert.

Im Zentrum unserer Milchstraße findet man einen dichten Sternhaufen, in dessen Mittelpunkt vor zwanzig Jahren eine sehr kompakte, helle Radioquelle (SgrA*) entdeckt wurde, deren Durchmesser kleiner als der Erdbahndurchmesser ist. Deshalb lag es nahe, im Milchstraßenzentrum – wie bei den Quasaren – ein zentrales massives Schwarzes Loch zu vermuten. In den letzten Jahren gelang es dem Autor und Andreas Eckart, die Geschwindigkeiten von mehreren hundert Sternen bis auf einen Abstand von unter einer Lichtwoche von SgrA* zu vermessen[2]. Der entscheidende Schritt dabei war es, die durch die Erdatmosphäre verursachte Bildverschmierung, das so genannte „Seeing", auszuschalten. Durch die Techniken der

---

[2] Wenig später gelang dies auch einer amerikanischen Gruppe unter Leitung von Andrea Ghez.

„Speckleabbildung" und der „adaptiven Optik" kann man so Infrarotbilder erhalten, die nur noch durch die fundamentale Begrenzung der Lichtbeugung des Teleskops limitiert sind. Mit großen Teleskopen wie dem Keck-Teleskop auf Hawaii, sowie dem New Technology Telescope (NTT) und dem Very Large Teleskop (VLT) der europäischen Südsternwarte ESO kann man damit die Bildschärfe um mehr als eine Größenordnung verbessern (Abb. 2).

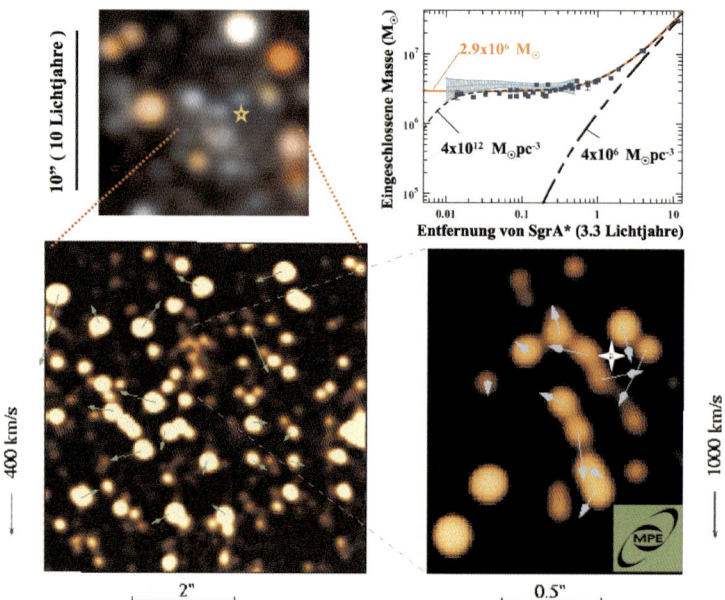

Abb. 2: Evidenz für eine dunkle Zentralmasse von etwa drei Millionen Sonnenmassen im Zentrum unserer Milchstraße, aus den Arbeiten des Autors mit Andreas Eckart. Das linke obere Bild zeigt eine Infrarotaufnahme (1–2,5 µm Wellenlänge) der zentralen 10" (etwa 10 Lichtjahre), die unter guten Bedingungen der Atmosphäre (ca. 1" Seeing) mit modernen Infrarotdetektoren aufgenommen wurde. Die verschieden farbigen Flecke sind Sterne verschiedener Temperatur im dichten zentralen Sternhaufen, der gelbe Stern markiert die Position der kompakten Radioquelle SgrA*. Das linke untere Bild zeigt einen Ausschnitt des oberen Bildes. Dabei konnte jedoch die Winkelauflösung durch die Technik der „Speckleabbildung" um etwa einen Faktor 10 bis zur beugungslimitierten Auflösung des hier benutzten 3,5-Meter-„New-Technology-Telescope" (NTT) der europäischen Südsternwarte (ESO) gesteigert werden. Zwischen 1992 und 2000 konnten mit vielen solchen Aufnahmen die Eigenbewegungen von mehr als hundert Sternen bis zu einem Abstand von wenigen Lichttagen von SgrA* nachgewiesen werden. Diese Eigenbewegungen sind als Pfeile dargestellt, wobei der innerste Bereich direkt um SgrA* im rechten unteren Bild nochmals separat dargestellt ist. Sterne bewegen sich hier mit Geschwindigkeiten von bis zu 1500 km/s, etwa 50-mal schneller als die Erde um die Sonne. Dies deutet auf eine konzentrierte Masse von etwa drei Millionen Sonnenmassen hin, die mit SgrA* assoziiert zu sein scheint (oberer rechter Ausschnitt). Die aus den Messdaten (blaue Punkte und hellblauer Bereich) abgeleitete „dunkle" Masse ist auf weniger als einige Lichttage konzentriert und deutlich größer, als durch die Massenverteilung des sichtbaren Sternhaufens (dicke gestrichelte, Schwarze Kurve) erklärbar. Die Kombination einer Punktmasse von 2,9 Millionen Sonnenmassen sowie des ausgedehnten sichtbaren Sternhaufens gibt die Datenpunkte perfekt wieder (dicke rote Kurve).

Aus dem Vergleich von solchen Infrarotaufnahmen über eine Reihe von Jahren kann man dann die Geschwindigkeiten von Sternen am Himmel, die so genannten „Eigenbewegungen" bestimmen (Abb. 2). Weiterhin kann man durch Analyse von Linien in den stellaren Infrarotspektren auch noch Dopplerbewegungen (also Geschwindigkeiten entlang der Sichtlinie) ableiten. Schließlich lässt sich dann das Gravitationsfeld, bzw. die Massenverteilung, quantitativ aus einer statistischen Analyse der Daten bestimmen. Das Ergebnis (oben rechts in Abb. 2) zeigt deutlich, dass es eine konstante zentrale Masse von etwa drei Millionen Sonnenmassen gibt, die in einem Bereich von weniger als einigen Lichttagen um SgrA* konzentriert ist, und die „dunkel" ist, also nicht durch die Verteilung normaler Sterne (dicke gestrichelte Kurve) erklärt werden kann.

Im Prinzip könnte die zentrale Massenkonzentration im Milchstraßenzentrum (und in den oben angesprochenen externen Galaxien) auch ein dunkler, extrem kompakter Haufen von kleinsten, also schwach strahlenden Sternen, Neutronensternen oder substellaren Objekten wie beispielsweise Felsbrocken sein. Ein solcher dunkler Haufen hätte aber nur eine sehr begrenzte Lebensdauer. Er würde schließlich einerseits teilweise kollabieren, zum Beispiel zu einem Schwarzen Loch, und andererseits „verdampfen". Diese Lebensdauer kann aus der Masse und Dichte recht genau abgeschätzt werden und würde im Galaktischen Zentrum weniger als zehn Millionen Jahre betragen. Dieser Wert ist aber wesentlich kleiner als das Alter der meisten in Abb. 2 sichtbaren Sterne. Es ist also extrem unwahrscheinlich, dass man ein solch kurzlebiges Objekt beobachten könnte.

Weiterhin zeigen Präzisionsmessungen mit interkontinentaler Radiointerferometrie, dass die Radioquelle SgrA* sich selbst mit weniger als 20 km/s relativ zu den Sternen im Zentrum bewegt. Sie ist also um einen Faktor 50 bis 100 langsamer als die Sterne in ihrer unmittelbaren Umgebung. Dies ist ein klarer Hinweis darauf, dass die Radioquelle selbst eine große Masse besitzen muss. Der geringe Durchmesser der Radioquelle entspricht etwa 15 Schwarzschildradien von drei Millionen Sonnenmassen. Damit ist es sehr wahrscheinlich, dass SgrA* ein massives Schwarzes Loch sein muss.

Unerwartet in diesem Zusammenhang ist nur die sehr geringe Leuchtkraft von SgrA* in allen Spektralbereichen außerhalb des Radiobereichs. SgrA* ist im Infraroten nicht oder nur als ganz schwache, variable Quelle identifizierbar. Auch ihre Röntgenstrahlung, die von den Satellitenteleskopen ROSAT und CHANDRA nachgewiesen wurde, ist nicht stärker als die von stellaren Röntgenquellen in der Milchstraße, die mit Neutronensternen und kleinen (stellaren) Schwarzen Löchern assoziiert sind. Entweder ist also die Akkretion von Material auf das Loch im Galaktischen Zentrum gegenwärtig überraschend gering, oder es wird dort sowie in den nahen Galaxien die Gravitationsenergie sehr viel weniger effizient in Strahlung umgewandelt als in Quasaren.

4   Von Masern und Akkretionsscheiben

Es gibt einen zweiten Kern, bei dem die Evidenz vergleichbar stark wie beim Galaktischen Zentrum ist, dass es eine zentrale Masse in Form eines Schwarzen Lochs geben muss. Er gehört zu der externen Galaxie NGC 4258, die 21 Millionen Lichtjahre entfernt ist. Vor fünf Jahren hat eine Gruppe von Radioastronomen unter Leitung von James Moran für diese Galaxie nachweisen können, dass dort eine dünne Scheibe molekularen Gases in einer Entfernung von nur 0,4 Lichtjahren um das Massenzentrum der Galaxie rotiert. Die Bewegung dieser Scheibe kann durch interkontinentale Radiointerferometrie von Wasserdampfmaserlinien auf die Genauigkeit einer Mikro-Bogensekunde vermessen werden. So konnte nachgewiesen werden, dass die dort vorhandene dunkle Zentralmasse von 36 Millionen Sonnenmassen auf ein Volumen von weniger als einem Lichtjahr konzentriert sein muss. Wie im Galaktischen Zent-

rum kann die entsprechende hohe Massedichte mit großer Wahrscheinlichkeit nur durch ein
massives Schwarzes Loch erklärt werden.

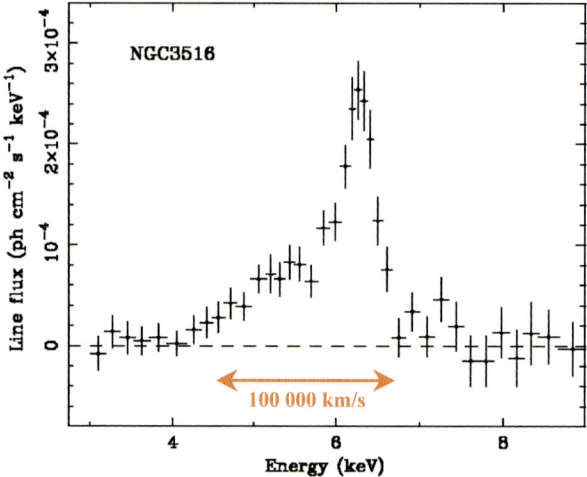

Abb. 3: ASCA-Spektrum der 6,7-Kiloelektronenvolt-Röntgenlinie von hochionisiertem Eisen in der Seyfertgalaxie NGC 3615.

   In einer Reihe von nahen aktiven Galaxienkernen haben Messungen mit dem japanischen
Röntgensatelliten ASCA unter Leitung von Yasuo Tanaka gezeigt, dass eine charakteristische
Röntgenemissionslinie von hochionisiertem Eisen extrem verbreitert ist. Im Falle der Seyfertgalaxie NGC 3516 (Abb. 3) übersteigt die Linienbreite 100 000 km/s, also etwa ein Drittel der
Lichtgeschwindigkeit. Die spektrale Form dieser Röntgenlinie mit ihrer scharfen Spitze auf
der hochenergetischen Seite sowie einem langen Flügel auf der niederenergetischen Seite
lässt sich quantitativ verstehen, wenn man folgendes Modell zugrunde legt.[3] Eine Scheibe aus
heißem Plasma rotiert relativistisch im Abstand von wenigen bis einigen hundert Schwarzschildradien, also in der unmittelbaren Umgebung eines Schwarzen Lochs. Die Daten zeigen
gut erkennbar sowohl Effekte der speziellen Relativitätstheorie, zu denen der transversale
Dopplereffekt und das so genannte „Doppler-Boosting" gehören, als auch Effekte der allgemeinen Relativitätstheorie wie die Gravitationsrotverschiebung. Damit sind die Röntgenli-
nienspektren ein deutlicher, wenn auch indirekter Beweis für die Existenz einer Akkretions-
scheibe von wenigen Schwarzschildradien Durchmesser um ein tiefes, relativistisches Gravitationspotential. Es entspricht voll dem Gravitationspotential, das die allgemeine Relativitätstheorie für ein Schwarzes Loch vorhersagt.
   Insgesamt darf man deshalb die astrophysikalische Evidenz für die Existenz von massiven
Schwarzen Löchern in Galaxienkernen als überzeugend bewerten. Wie sind diese Löcher jedoch entstanden?

---

[3] Aus den Arbeiten von Nandra, Fabian und Mitarbeitern.

5 Entstehung von Schwarzen Löchern und Galaxien

In den letzten zehn Jahren haben optische, Infrarot-, Radio- und Röntgenbeobachtungen Beweise für eine eine immer größer werdende Anzahl von dunklen Zentralmassen in benachbarten Galaxien erbracht. Es ist eher die Norm als die Ausnahme, in relativ massereichen Galaxien ein massives Schwarzes Loch zu finden. Dabei ist die Masse des Schwarzen Lochs in unserer Milchstraße näher an der unteren Grenze der in anderen Galaxien gefundenen Zentralmassen (Abb. 4). In einigen Galaxien, wie einer großen elliptischen Galaxie im Virgo-Galaxienhaufen (M87), hat das zentrale Schwarze Loch eine Masse von mehreren Milliarden Sonnenmassen. Interessanterweise zeigt sich, dass es eine gewisse Korrelation der Masse des Schwarzen Lochs mit der Leuchtkraft (L_B) und Geschwindigkeitsdispersion (σ_e) der Sterne der umgebenden Galaxie gibt (Abb. 4). Dies bedeutet, dass ein Schwarzes Loch „weiß", in welcher Galaxie es lebt. Umgekehrt können jedoch die Sterne der Galaxie nicht wissen, wie groß das zentrale Schwarze Loch ist, da seine Gravitationskraft im typischen Abstand von tausend Lichtjahren vernachlässigbar ist.

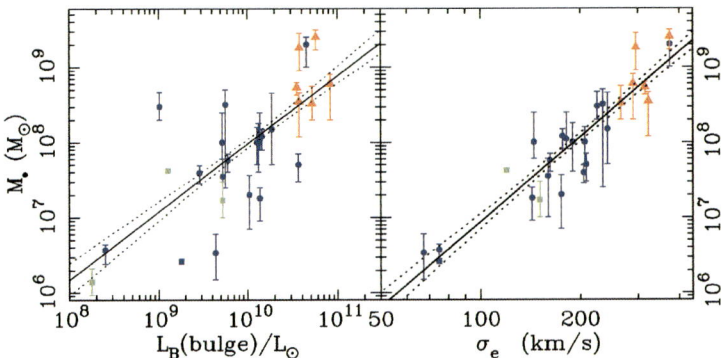

Abb. 4: Abhängigkeit der Masse des zentralen Schwarzen Lochs (senkrechte Achse, in Sonnenmassen) von der optischen Leuchtkraft der umgebenden Galaxie (waagerechte Achse im linken Bild), sowie von der mittleren Geschwindigkeit, oder Geschwindigkeitsdispersion, der Sterne in der Galaxie (waagerechte Achse im rechten Bild). Die waagerechte Achse ist deshalb ein Maß für die Masse der Galaxie, in dem das Schwarze Loch sitzt. Die Farben der verschiedenen Symbole spiegeln verschiedenen Methoden dar, die zur Bestimmung der Datenpunkte benutzt wurden. Für diese etwa 30 benachbarten Galaxien scheint es eine grobe Korrelation zwischen der Galaxienmasse und der Masse ihres zentralen Schwarzen Lochs zu geben (aus der Arbeit von Karl Gebhardt und Mitarbeitern).

Die Lösung dieses Rätsels liegt wahrscheinlich in der Entstehungsgeschichte der Galaxien und der Schwarzen Löcher, die zur Frühzeit der Entwicklung unseres Universums gehört.

In den letzten zehn Jahren ist es möglich geworden, sowohl die Entwicklung der Quasare, also der Schwarzen Löcher, wie auch der Galaxien selbst bis mehr als zehn Milliarden Jahre vor unsere Zeit zurückzuverfolgen. Dabei ist klar geworden, dass Galaxien und Quasare zwischen einem und sechs Milliarden Jahre nach dem Urknall durch eine extreme aktive Phase gegangen sind. Die kosmische Sternentstehungsaktivität wie auch die Quasaraktivität war damals 20 bis 100-mal höher als in der Gegenwart (Abb. 5). Die überraschende Ähnlichkeit des Verlaufs der beiden Kurven in Abb. 5 unterstützt die Interpretation, dass Schwarze Löcher

und Galaxien etwa zur gleichen Zeit, und damit sehr früh in der Entwicklungsgeschichte des
Universums entstanden sind.

Wie im Beitrag von Günther Hasinger an anderer Stelle dieses Buchs beschrieben, wird die
Entstehung von Galaxien im Wesentlichen durch das Wachsen und Verschmelzen von Dich-
tefluktuationen der Materie im expandierenden Weltall bestimmt. Dabei kommt der dunklen
Materie die dominierende Rolle zu. In Bereichen hoher Dichte dunkler Materie, die schon
kurz nach dem Urknall entstanden waren, kam es zur lokalen Umkehr der Expansion und zur
Bildung von dichten Gasklumpen.

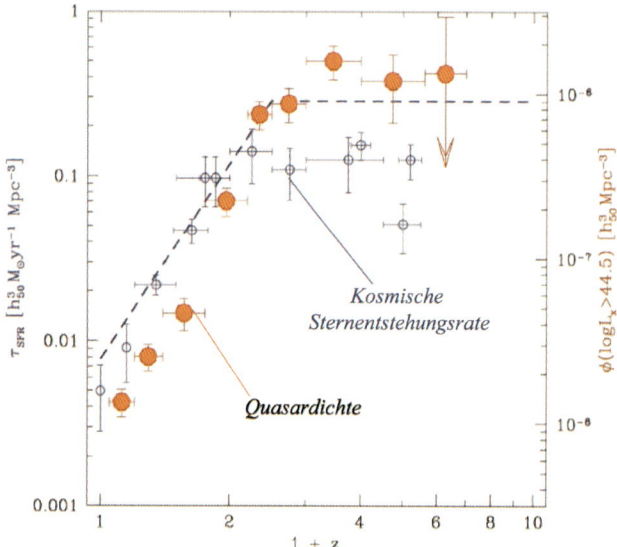

Abb. 5: Entwicklung der aus den Daten des Röntgensatelliten ROSAT abgeleiteten Quasaraktivität (rote Punkte),
sowie der aus optischen Beobachtungen mit dem Keck-Teleskop bestimmten kosmischen Sternentstehungsrate in
Galaxien (blaue Punkte), in Abhängigkeit von der kosmologischen Rotverschiebung z. Je größer z ist, desto entfernter, und damit desto weiter weg in der Zeit sind die Objekte. $z = 0$ $(1 + z = 1)$ entspricht der Gegenwart. Einer Rotverschiebung von 1 entspricht etwa die Hälfte des Weltalters, einer Rotverschiebung von 5 entsprechen
etwa 90 % des Weltalters. Die Daten zeigen eine Phase immenser Quasar- und Sternentstehungsaktivität etwa
einem bis sechs Milliarden Jahre nach dem Urknall. Diese Phase kann man als die Zeit der Bildung von Galaxien und Schwarzen Löcher interpretieren (aus den Arbeiten von Guenther Hasinger und Charles Steidel).

Diese Klumpen kühlten und fielen einerseits durch den Einfluss der Gravitation in sich zusammen, zum anderen kam es in der Folge zu Verschmelzungsprozessen mit andern Klumpen
in der Nachbarschaft. In diesem Prozess könnte es zur Bildung von zentralen Gaskonzentrati-
onen gekommen sein, die dann zu massiven Schwarzen Löchern kollabierten. Je größer dabei
die zentrale Masse war, umso größer auch die sich darum bildende „Ur"-Galaxie, wobei die
dabei eine Rolle spielenden physikalischen Prozesse zurzeit im Einzelnen noch nicht verstanden sind. Auch in der späteren Entwicklung kam es weiterhin gelegentlich zum Zusammenstoß und zum Verschmelzen von Galaxien. So könnten große elliptische Galaxien aus kleineren Spiralgalaxien entstanden sein. Im Prozess des Verschmelzens könnten sich auch sehr
große Schwarze Löcher durch schnellen und starken Gaseinfall gebildet haben und dabei für
einige zehn Millionen Jahre einen Quasar geformt haben.

Unsere Milchstraße hat in diesem Sinne „Glück" gehabt. Sie ist bisher von einem solchen kosmischen Verkehrsunfall verschont geblieben. Deshalb hat sie auch nur ein recht kleines zentrales Schwarzes Loch. Dieses Schwarze Loch könnte ursprünglich durch den Kernkollaps eines dichten zentralen Sternhaufens entstanden sein. In der Folge könnte es dann sehr langsam, aber stetig durch den Zustrom von lokalen Gaswolken, gelegentlich auch von Sternen, auf seine heutige Größe gewachsen sein.

Der Autor

Reinhard Genzel
Max-Planck-Institut für extraterrestrische Physik, Garching

Reinhard Genzel, geboren am 24. März 1952 in Bad Homburg, studierte Physik und und Astronomie an der Universität Bonn, wo er 1978 promovierte. 1978 bis 1986 wissenschaftliche Laufbahn in den USA: Postdoctoral Fellow am Harvard-Smithsonian Center for Astrophysics, Cambridge MA; Miller Fellow, später Associate Professor of Physics, Associate Research Astronomer und Full Professor of Physics an der University of California, Berkeley. 1986 Rückkehr nach Deutschland. Seitdem Direktor am Max-Planck-Institut für extraterrestrische Physik. Wissenschaftliches Mitglied der Max-Planck-Gesellschaft; Visiting Research Professor of Physics, University of California, Berkeley; Honorarprofessor an der Fakultät für Physik, Ludwig-Maximilians-Universität München. Schwerpunkte der wissenschaftlichen Arbeit sind die Radioastronomie, Submillimeter- und Ferninfrarotastronomie, experimentelle Spektroskopie und Interferometrie. Viele Ehrungen und Preise in Deutschland und den USA.

Die Geschichte der Sternentstehung – Ein Blick ins kalte Universum

Thomas Henning

1   Einleitung

Die Entwicklung der Galaxien seit dem frühen Universum steht in unmittelbarer Verbindung mit der Geschichte der Sternentstehung. Die Bildung von Sternen ist keinesfalls ein auf eine bestimmte Zeit beschränktes einmaliges Ereignis gewesen. Sie lässt sich auf der einen Seite bereits in Galaxien mit hoher Rotverschiebung nachweisen und findet auf der anderen Seite auch heute noch in unserem Milchstraßensystem und anderen Galaxien statt.

Die Struktur von Galaxien wird maßgeblich durch den kosmischen Materiekreislauf bestimmt. Am „Anfang" dieses Kreislaufs steht die Bildung von Sternen aus interstellarer Materie und an seinem „Ende" der stellare Massenverlust von Material, das im Sterninneren durch Kernfusion prozessiert wurde. Besonders die massereichen Sterne sorgen am Ende ihrer Entwicklung durch ihre Explosion als Supernova für die Anreicherung des interstellaren Mediums mit schweren Elementen und bestimmen damit die chemische Entwicklung von Galaxien. Auch ihre dynamische und energetische Entwicklung wird maßgeblich von der Rate bestimmt, mit der massereiche Sterne entstehen. Dagegen legt die Anzahl der entstehenden massearmen Sterne fest, wie viel Material für lange Zeiten dem Materiekreislauf entzogen wird. Dies liegt daran, dass die Entwicklung von massearmen Sternen viel langsamer verläuft als bei massereichen Sternen – sie gehen mit ihrem nuklearen Brennstoff weniger verschwenderisch um. So ist die Lebensdauer unserer Sonne – ihr Alter beträgt gegenwärtig 4,6 Milliarden Jahre – um einen Faktor von mehreren Tausend größer als die eines Sterns mit 100 Sonnenmassen. Die vorangegangene Diskussion zeigt deutlich, dass die Sternentstehungsrate und die zahlenmäßige Verteilung der Massen der entstehenden Sterne die Entwicklung von Galaxien ganz wesentlich bestimmen kann. Auf der anderen Seite können wir uns leicht vorstellen, dass in jungen Galaxien die Bildung der ersten Sterngeneration anders aussah als dies für die gegenwärtige Sternentstehung im Milchstraßensystem der Fall ist. Junge Galaxien enthielten nämlich im Gegensatz zu den heutigen Galaxien nur Wasserstoff und Helium als Elemente des Gases und noch keine Sterne. So stand mehr Gas zur Sternentstehung zur Verfügung. Außerdem führte die durch das Fehlen von schweren Elementen bedingte schlechtere Kühlung des Gases sehr wahrscheinlich zu einer bevorzugten Bildung von massereichen Sternen.

2   Molekülwolken – Orte der Sternentstehung und chemische Fabriken

Die Orte der Sternentstehung in unserem Milchstraßensystem befinden sich in kalten und für das interstellare Medium relativ dichten Wolken molekularen Wasserstoffs, den so genannten Molekülwolken. Ihre Gastemperaturen liegen im Mittel 10 Grad über dem absoluten Nullpunkt (–263 Grad Celsius) und in ihren dichten Kernen liegen die mittleren Dichten im Bereich bis zu einer Million Wasserstoffmolekülen pro cm³. Mit diesen Eckdaten ist ihr thermischer Gasdruck klein gegenüber dem Gravitationsdruck, der mit der Masse der Wolkenkerne verbunden ist. Die mit ihrer Eigengravitation verbundenen Kräfte können die Molekülwolkenkerne kollabieren lassen und so Sterne bilden. Hierbei haben wir noch nicht berücksichtigt, dass Magnetfelder möglicherweise die kollabierenden Wolken zusätzlich stabilisieren. Sie müssen zunächst „abtransportiert" werden, bevor der Kollaps beginnen kann.

Erst die Entwicklung der Mikrowellentechnik ermöglichte es, die Verteilung der Molekülwolken im Milchstraßensystem und ihre Gesamtmasse zu bestimmen. Nachdem im Jahr 1970 erstmals ein Rotationsübergang des Kohlenmonoxid (CO)-Moleküls bei der von der Erde aus leicht zugänglichen Wellenlänge von 2,6 mm entdeckt wurde, führten Kartierungen des Milchstraßensystems zur Entdeckung von mehreren Tausend Riesenmolekülwolken. Diese Objekte haben Massen bis zu einigen Millionen Sonnenmassen; sie sind damit die massereichsten und kühlsten Objekte in unserer Galaxis. Insgesamt ist die Hälfte der Masse des interstellaren Gases unserer Galaxis in Molekülwolken enthalten.

Das CO-Molekül eignet sich wegen seiner großen Stabilität und der Tatsache, dass es durch Stöße mit den H_2-Molekülen angeregt wird, hervorragend als Tracer für die Verteilung des molekularen Wasserstoffs. Dem weitaus häufigeren Wasserstoff-Molekül fehlt dagegen das reine Rotationsspektrum, da es als symmetrisches Molekül kein permanentes Dipolmoment besitzt. Es entzieht sich daher der radioastronomischen Beobachtung.

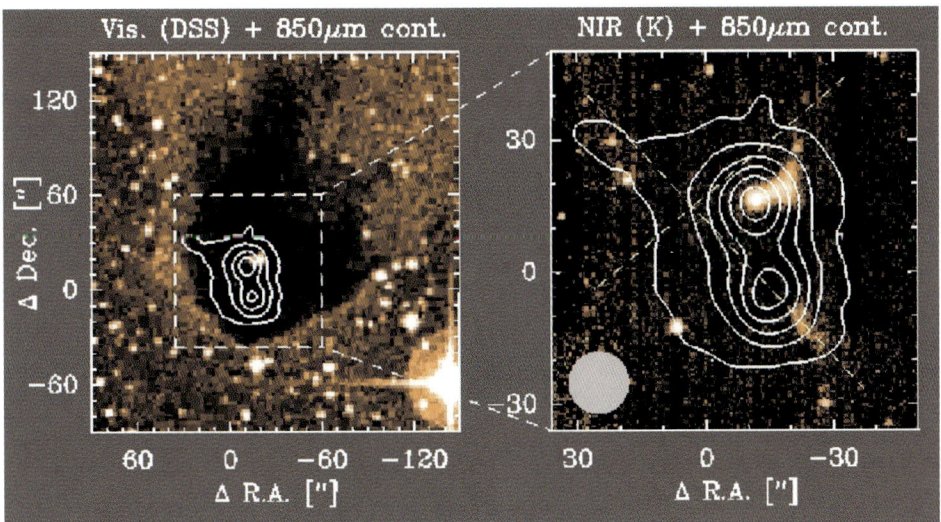

Abb. 1: Globule mit Doppelkern. Das linke Bild zeigt eine optische Aufnahme, der die Konturen einer Kontinuumskarte bei 850 Mikrometer überlagert sind. Das rechte Bild ist dagegen die Überlagerung einer Aufnahme im nahen Infrarot (NIR) mit der 850-Mikrometer-Kontinuumskarte. Die NIR-Emission weist auf zwei stellare Jets hin, deren Richtung durch die gestrichelten Linien angegeben ist. Nach Messungen von Th. Henning (Jena), R. Launhardt (Pasadena) und S. Wolf (Tautenburg).

Neben den Riesenmolekülwolken gibt es eine Vielzahl kleinerer und einfacher strukturierter Molekülwolken. Eine interessante Klasse dieser Objekte wird als Globulen bezeichnet. Schaut man an den Nachthimmel, so fallen kompakte dunkle Gebiete im hellen Band der

Milchstraße auf. Bei diesen „Löchern im Himmel" handelt es sich aber nicht – wie man zunächst vermutete – um sternleere Gebiete, vielmehr versperren Staubteilchen, die sich in nahen Molekülwolken befinden, den Blick auf die entfernter liegenden Hintergrundsterne. Die Strahlung dieser kalten Staubteilchen kann man nur im Infrarot- und Submillimetergebiet beobachten, wo die Molekülwolken deshalb gleißend hell sind (siehe Abb. 1).

Nach den ersten radioastronomischen Beobachtungen einfacher zweiatomiger Moleküle wie OH und CO konnten in rascher Folge weitere Moleküle im interstellaren Raum aufgespürt werden. Die Radikale CH, CH+ und CN waren bereits früher durch optische Spektroskopie entdeckt worden. Heute sind über 100 verschiedene interstellare Moleküle bekannt, die zum überwiegenden Teil Kohlenstoff enthalten und bereits sehr komplexe organische Verbindungen darstellen können. Als Beispiel sei hier das Molekül $HCOOCH_3$ (Ameisensäuremethylester) genannt. Diese Moleküle entstehen durch eine auch bei sehr niedrigen Temperaturen mögliche Ionen-Molekül-Chemie oder an den Oberflächen von Staubteilchen.

Das reiche Molekül-Linienspektrum und die Staubstrahlung ermöglichen die detaillierte Untersuchung der physikalischen Bedingungen in den Molekülwolken, insbesondere die Bestimmung der für die Sternentstehung relevanten Größen Temperatur und Dichte. Das ferne Infrarot und das Submillimetergebiet sind aufgrund der in der Erdatmosphäre enthaltenen Moleküle (insbesondere des Wassers) bis auf wenige schmale Fenster von der Erde aus nur schwer oder nicht zugänglich. Messungen von kosmischen Objekten bei diesen Wellenlängen erfordern deshalb entweder Observatorien in hochgelegenen Trockengebieten der Erde wie der Atacama-Wüste in Chile. Sie können auch mit Teleskopen auf Stratosphärenflugzeugen (Abb. 2) beobachtet werden oder mithilfe von Satellitenobservatorien wie dem sehr erfolgreichen europäischen *Infrared Space Observatory* ISO und den im Bau befindlichen Raumteleskopen SIRTF und FIRST.

Abb. 2: Das amerikanisch-deutsche Stratosphären-Observatorium SOFIA an Bord einer Boeing 747P wird ab dem Jahr 2003 eine neue Ära der Ferninfrarot-Astronomie einleiten.

Ein deutlicher Beobachtungshinweis auf die Bildung massereicher Sterne in Molekülwolken war die Entdeckung von kompakten Infrarotquellen hoher Leuchtkraft. Es handelt sich bei diesen Objekten um leuchtkräftige und sehr junge massereiche Sterne, die von Staubhüllen umgeben sind. Diese Staubkokons setzen die ultraviolette Strahlung der Zentralsterne in thermische Infrarotstrahlung um. Die den Astronomen heute zur Verfügung stehenden großformatigen und sehr empfindlichen Infrarotarrays an Teleskopen der 10-m-Klasse erlauben es unterdessen, tief in die Molekülwolken „hineinzusehen", um auch massearme Sterne bei ihrer Geburt zu beobachten und ihre Massenverteilung zu bestimmen. Die Orion-Molekülwolke im Abstand von 1500 Lichtjahren von der Erde ist eine solche Sternentstehungsregion, in der eine Vielzahl von Infrarotquellen entdeckt werden konnten.

Mithilfe von Beobachtungen mit hoher räumlicher Auflösung, so z.B. mit Millimeter-Interferometern und dem *Hubble Space Telescope*, ist es gelungen, Gas- und Staubscheiben um sehr junge sonnenähnliche Sterne zu entdecken, aus denen sich mit großer Wahrscheinlichkeit Planetensysteme bilden. Diese Scheiben entstehen aufgrund der Drehimpulserhaltung – ähnlich wie die Arme einer Eiskunstläuferin beim Pirouettentanz nach außen fliegen. Allerdings kann die Masse eines Sterns im Zentrum einer protostellaren Scheibe nur dann anwachsen, wenn Masse nach innen und Drehimpuls nach außen transportiert wird. Möglicherweise für den Drehimpulstransport wichtige Vorgänge sind gravitative und magnetische Scheibeninstabilitäten und die bei Protosternen und jungen Sternen überraschend entdeckten Jets, die sich mit Überschallgeschwindigkeit in das umgebende interstellare Gas bohren (siehe Abb. 3).

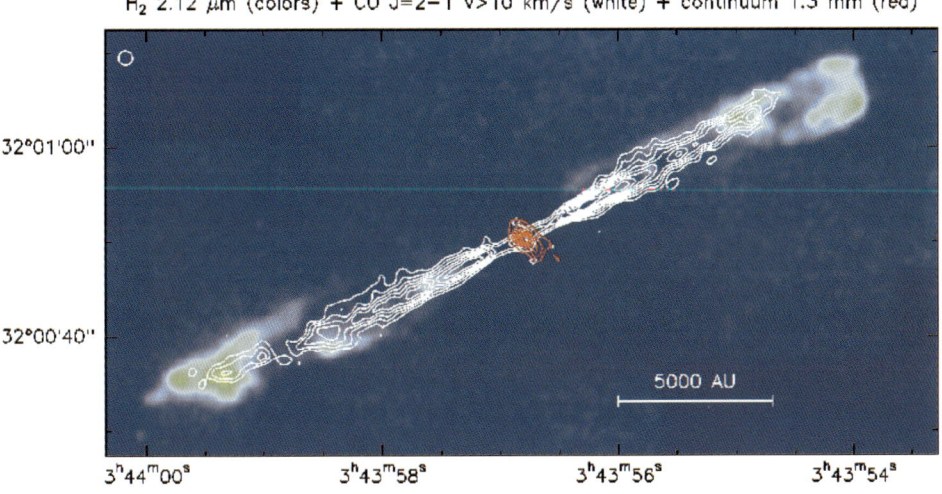

Abb. 3: Abbildung des Jetsystems HH 211 in einer Rotationslinie des CO-Moleküls (weiß) zusammen mit der Kontinuums-Emission des Staubes bei einer Wellenlänge von 1,3 mm (rot), die auf die Existenz einer Staubscheibe um das Zentralobjekt hinweist. Die Messungen erfolgten durch F. Gueth (Grenoble) am Millimeter-Interferometer des deutsch-französisch-spanischen Instituts für Millimeterastronomie IRAM auf dem Plateau de Bure in den französischen Alpen. Gleichzeitig ist die von M. McCaughrean (Potsdam) beobachtete stoßangeregte H_2-Emission bei einer Wellenlänge von 2,12 Mikrometer gezeigt.

3   Der Prozess der Sternentstehung

Der Prozess der Sternentstehung in einer Molekülwolke ist ein komplexer Vorgang, zu dessen Beschreibung neben der Eigengravitation die Untersuchung von Turbulenz, Magnetfeldern, Strahlungstransport (Heizung und Kühlung der Wolke) und Gas-Staub-Wechselwirkungen gehört. Hinzu kommen externe Faktoren: Dazu zählen die Entstehung früherer Generationen von Sternen in der Umgebung, die galaktische Rotation, der Einfluss von Spiraldichtewellen sowie die Wechselwirkung mit anderen Galaxien. Die verschiedenen Phasen der Sternentstehung bis zur Herausbildung von scheibenartigen Gebilden und Planetensystemen ist in Abb. 4 schematisch dargestellt. Aus dieser Abbildung erkennt man sofort, dass die Entstehung von Planetensystemen ursächlich mit der Sternentstehung zusammenhängt.

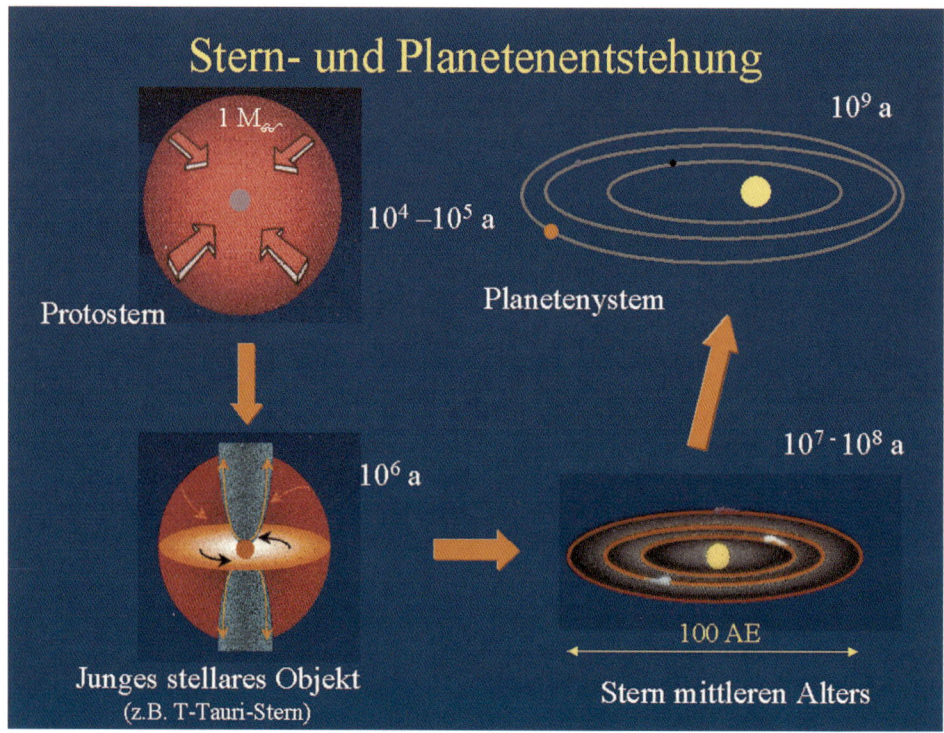

Abb. 4: Schematische Darstellung der verschiedenen Phasen der Stern- und Planetenentstehung mit Zeitskalen in Jahren.

Vergleicht man die Dichte der Molekülwolken mit der von Sternen, wird sehr bald deutlich, was die Natur bei der Geburt der Sterne leisten muss. Die mittlere Dichte einer interstellaren Molekülwolke liegt bei etwa 10^{-20} bis 10^{-21} g/cm³, die mittlere Dichte der Sonne beträgt dagegen 1,4 g/cm³ (Abb. 5). Ein solcher Dichteanstieg über viele Größenordnungen hinweg lässt sich nur durch die komprimierende Wirkung der Eigengravitation bewerkstelligen. Gleichzeitig muss die Wolke die beim Kollaps frei werdende Kompressionswärme in ihren Außengebieten abführen, weil sonst der ansteigende thermische Druck verhindern würde, dass weiter Materie zum Zentrum fallen kann. Bei der Kontraktion der Wolke nimmt der Abstand der

Massenelemente zum Zentrum ab, während wegen der Drehimpulserhaltung die Winkelge-schwindigkeit und damit die Zentrifugalkräfte zunehmen. Fände keine Umverteilung oder Abführung des Drehimpulses statt – wir hatten bereits die Scheibenbildung und die Jets er-wähnt – würde die Kontraktion nach kurzer Zeit zum Stillstand kommen. Die physikalische Lösung dieses Drehimpulsproblems ist trotz intensiver Bemühungen bisher nur in Ansätzen gelungen.

Wollen wir aus einer Riesenmolekülwolke mit ihrer hohen Masse einen Sternhaufen bilden, muss sie offensichtlich vorher fragmentieren. Dabei kann die Rotation eine wichtige Rolle spielen. Unvermeidlich vorhandene Dichteinhomogenitäten in den Wolkenstrukturen können zur Fragmentation führen. Auch hierbei findet eine Umverteilung von Drehimpuls statt, ein Teil des Eigendrehimpulses wird in den Bahndrehimpuls der Fragmente verwandelt. Wenn beim Kollaps dieser Fragmente die Dichte im Zentrum so weit angestiegen ist, dass schließ-lich keine Strahlung mehr entweichen kann, steigt die Temperatur drastisch an. Sie steigt so weit, bis schließlich die Kernfusion zündet – ein Stern ist geboren. Die Fragmentation der Wolken muss schließlich auch erklären, warum sich die meisten Sterne als Teil eines Doppel-sternsystems bilden bzw. Mitglieder von Mehrfachsystemen und Sternhaufen sind.

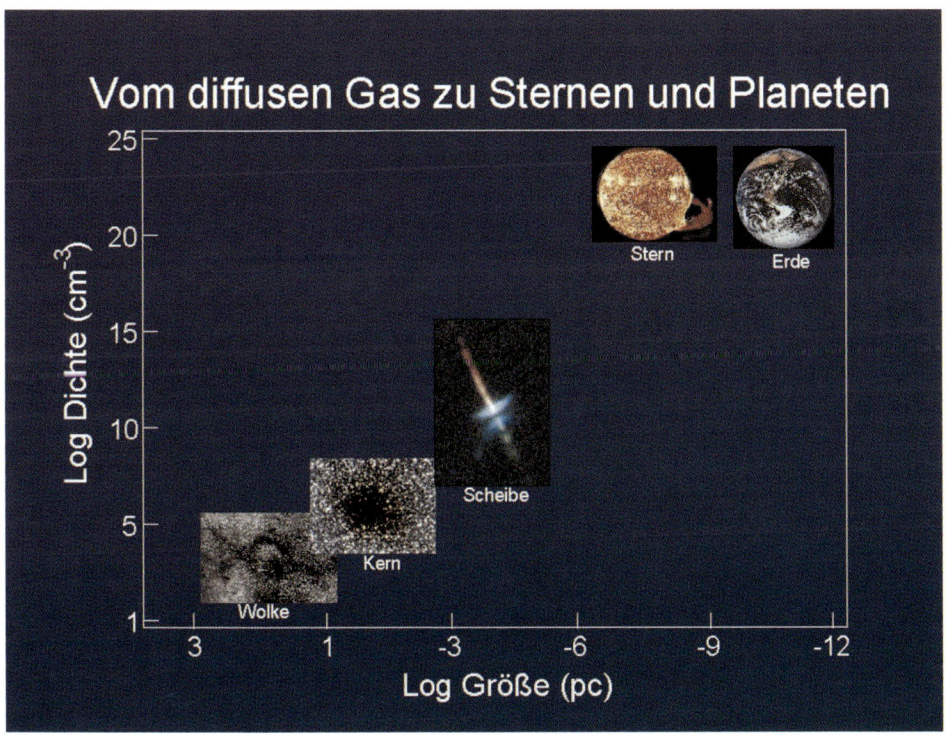

Abb. 5: Dichte und Abmessungen von Strukturen auf dem Weg zur Bildung eines Sterns. Der astronomischen Maßeinheit Parsec (pc) entsprechen 3,1 mal 10^{16} m oder 3,3 Lichtjahre.[1] Nach einer Idee von J. Alves.

---

[1] 10^{16} m sind 10 000 000 000 000 000 Meter.

4   Von Staubscheiben zu Planetensystemen

Mit der direkten Abbildung von protoplanetaren Scheiben und der Entdeckung der ersten extrasolaren Riesenplaneten entwickelten sich aus spekulativen Forschungsarbeiten über die Entstehung von Planetensystemen und die Suche nach extrasolaren Planeten ein zentraler Forschungsschwerpunkt der modernen Astrophysik. Es waren die Schweizer Astronomen Michel
Mayor und Didier Queloz vom Observatorium Genf, die im Jahr 1995 um den sonnennahen
Stern erstmals einen extrasolaren Planeten um eine fremde Sonne fanden. 51 Pegasi ist übrigens 45 Lichtjahre von der Erde entfernt. Das vielfach angewendete Suchverfahren beruht
darauf, dass die Planetenbegleiter den Zentralstern zum „Wackeln" bringen. Dieses Wackeln
lässt sich über den Dopplereffekt durch eine periodische Verschiebung von Spektrallinien
gegenüber deren Ruhewellenlänge nachweisen. Unterdessen sind etwa 50 extrasolare Planeten bekannt, die mit der Doppler-Technik gefunden wurden. Diese Technik begünstigt die
Entdeckung massereicher Planeten nahe zum Zentralstern. Bereits das Objekt um 51 Pegasi
hatte bemerkenswerte Eigenschaften: Die Masse dieses Planeten beträgt 0,44 Jupitermassen,
aber seine Umlaufzeit beläuft sich auf nur 4,2 Tage. Er befindet sich damit in einem Abstand
von 1/20 des Abstandes, den die Erde von der Sonne aufweist. Wegen der unbekannten Neigung i der Bahn zur Beobachtungsrichtung beinhaltet die Masse noch den Faktor $1/\sin i$. Die
auf der Basis der Radialgeschwindigkeitsmethode bestimmten Werte der Planetenmassen geben also immer die Minimalmassen eines Planeten an. Die Bahnneigung kann man bestimmen, wenn der Planet eine Verringerung der Intensität des Sterns beim Vorbeigang vor dem
Stern hervorruft. Ein solcher „Transit" ist nämlich nur dann möglich, wenn wir nahezu von
der Kante auf die Planetenbahn sehen. Erstmals gelang eine solche Beobachtung bei dem
Stern HD 209458 im Jahr 2000. Damit ließ sich die Masse des Planeten HD 209458b unzwei-
felhaft zu 0,70 Jupitermassen und sein Radius zu 1,6 Jupiterradien bestimmen. Seine mittlere
Dichte ist damit etwas geringer als die von Wasser. Seine Oberflächentemperatur dürfte aufgrund der Nähe zum Zentralstern bei tausend Grad Celsius liegen. Neben den Transitbeo-
bachtungen werden die hochgenaue Positionsbestimmung durch bodengebundene und raum-
gestützte Interferometrie künftig die Bahn- und Massenbestimmung der anderen Systeme er-
leichtern und auch die Suche nach erdähnlichen Planeten ermöglichen.

Ein Ziel der astronomischen Beobachtung wird es sein, Planeten direkt abzubilden (siehe
Abb. 6) und ihre Atmosphären spektroskopisch zu untersuchen, was schließlich auch zur Klärung der Frage führen wird, ob sich auf diesen Planeten biologisch aktive Systeme befinden.
Wie schwierig dies sein wird, zeigt ein Vergleich mit unserem Sonnensystem. Die Strahlung
der Sonne überwiegt z.B. die von Jupiter im sichtbaren Spektralbereich um neun und im infraroten immerhin noch um sechs Größenordnungen. Dieses „Kontrastproblem" lässt sich im
Prinzip mit der Nullungs-Interferometrie überwinden, welche die Ausschaltung des Lichtes
der Zentralquelle ermöglicht und an deren Verwirklichung gegenwärtig an mehreren astronomischen Zentren in der Welt intensiv gearbeitet wird.

Die Entstehung von Planetensystemen aus zirkumstellaren Gas-Staub-Scheiben umfasst
vermutlich vier Phasen:

- Koagulation der mikrometergroßen[2] Staubteilchen und Bildung von makroskopischen
  Teilchen;

---

[2] Ein Mikrometer entspricht 0,000001 Meter.

- Akkumulation dieser Teilchen in kilometergroße Körper (so genannte Planetesimale), die vom Gas der Scheibe entkoppeln;
- Gravitative Akkumulation der Planetesimale und Bildung von Planetenkernen;
- Wachstum durch gegenseitige Stöße und Verschmelzen bzw. das weitere Aufnehmen von Gas bei den Riesenplaneten.

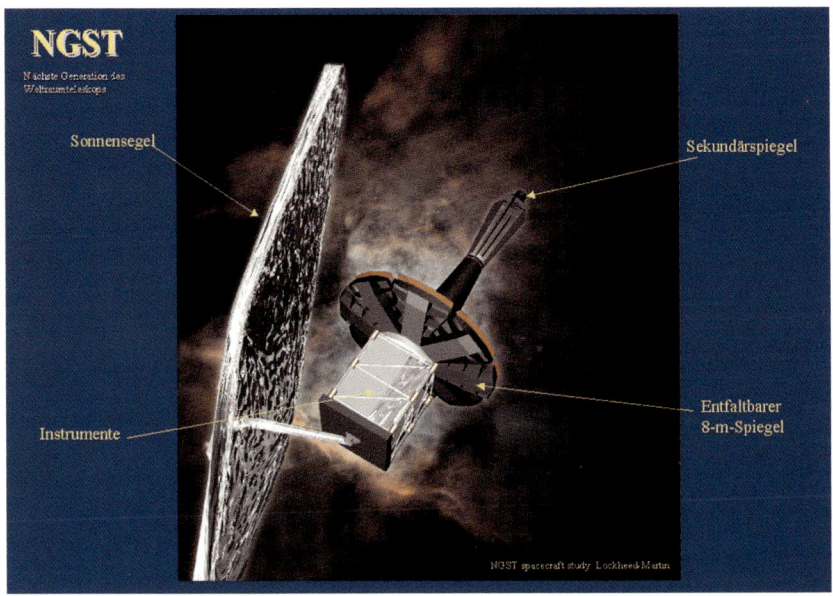

Abb. 6: NGST – *New Generation Space Telescope.* Das für einen Start im Jahr 2009 vorgesehene neue Arbeitspferd für die Infrarotastronomie für Wellenlängen im nahen und mittleren Infrarot wird eine beträchtliche Steigerung der Messempfindlichkeit ermöglichen. Es wird als amerikanisches Projekt unter kanadischer und europäischer Beteiligung gebaut werden.

Vergleicht man die bisher gefundenen extrasolaren Planeten mit Jupiter, so fällt sofort auf, dass es massereichere Objekte geben kann, die zudem noch näher zum Zentralstern liegen. Bisher wurde von einer oberen Masse für Planeten von einer Jupitermasse ausgegangen, weil ein Planet größerer Masse aufgrund von Gezeitenwechselwirkung eine Lücke bilden sollte, die ein weiteres Wachstum verhindern würde. Ab etwa 12 Jupitermassen spricht man übrigens von Braunen Zwergen, die einen Teil ihrer Energie aus der Fusion von Deuterium beziehen. Neuere hydrodynamische Berechnungen zeigen jedoch, dass der Planet trotz der Lückenbildung in der Lage ist, Materie aus seiner Umgebung aufzunehmen (siehe Abb. 7). Bei typischen Werten für die Gasdichte innerhalb der Scheibe findet man, dass innerhalb von 10000 Jahren ein Anwachsen des Planeten um eine weitere Jupitermasse möglich ist. Das Wachstum wird erst bei etwa 10 Jupitermassen begrenzt, was gut mit den Beobachtungen übereinstimmt.

Die Störungen, die in der Scheibe induziert werden, üben gravitative Kräfte auf den Planeten aus und verursachen die Änderung seiner Bahnparameter. Gleiches gilt für den Impulsübertrag durch die aufgenommene Materie. Dies führt schließlich zu einer Wanderungsbewegung des Planeten nach innen auf den Stern hin, was zu einer zwanglosen Erklärung der beobachteten kleinen Umlaufbahnen führt.

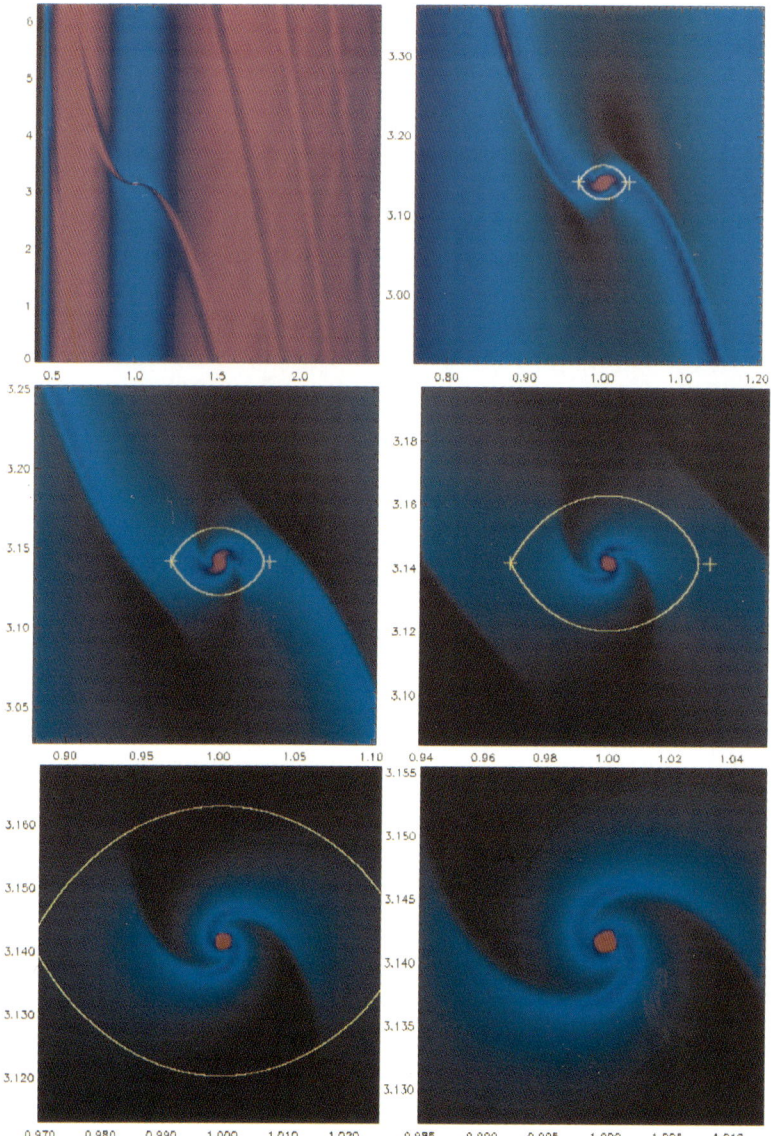

Abb. 7: Numerische Simulation des Strömungsmusters in der Nähe eines in die Gasscheibe um den Zentralstern eingebetteten Planeten. Gezeigt ist die Gasdichte nach 50 Umläufen des Planeten. Die Abszisse gibt den radialen Abstand vom Zentralstern, die Ordinate den Winkelabstand in der Scheibe an. Der Zentralstern besitzt die Masse der Sonne, der Planet hat eine Masse von 33 Erdmassen. Die Simulation wurde mit der Technik der „Geschachtelten Gitter" durchgeführt, die die Auflösung hydrodynamischer Strömungen auf verschiedenen Skalen erlaubt. In der Abbildung oben links ist die gesamte Scheibe gezeigt; der Planet befindet sich bei einem radialen Abstand von 1 und einem Winkelabstand von 3,14. Die anderen Bilder zeigen das Strömungsmuster mit zunehmenden Details nahe zum Planeten. Die Simulationen wurden von G. D'Angelo (Jena) durchgeführt.

5 Ausblick

Ein tieferes physikalisches Verständnis des Prozesses der Sternentstehung und der Bildung von Planetensystemen, die damit verbunden ist, kann nur durch das enge Zusammenwirken verschiedener Disziplinen erreicht werden. Hierzu gehören die beobachtende Astronomie und die theoretische und numerische Astrophysik genauso wie die Laborastrophysik und die astrophysikalische Chemie. Mit empfindlicherer Beobachtungstechnik bei Infrarot- und Submillimeter-Wellenlängen werden wir die frühesten Phasen der Sternentstehung beobachten, die Entwicklung zirkumstellarer Scheiben verstehen und substellare Objekte wie die Braunen Zwerge sowie Riesenplaneten abbilden können. Eine solche Beobachtungstechnik werden das *Very Large Telescope* der Europäischen Südsternwarte, das Flugzeugobservatorium SOFIA und die raumgestützten Observatorien FIRST, SIRTF und NGST liefern. Gleichzeitig vollzieht sich mit dem Vordringen zu höherer räumlicher Auflösung durch adaptive Optik und Interferometrie und zu genaueren Ortsbestimmungen durch präzise Astrometrie eine neue Revolution in der beobachtenden Astronomie. Über einen Zeithorizont von 15 bis 20 Jahren werden die von der ESA und NASA geplanten Interferometrie-Missionen *Darwin* bzw. *Terrestrial Planet Finder* (TPF) zur Abbildung von erdähnlichen Planeten führen und die Untersuchung ihrer Atmosphären ermöglichen.

Der Autor

Thomas Henning
Friedrich-Schiller-Universität in Jena, Astrophysikalisches Institut und Universitäts-Sternwarte

Thomas Henning, Jahrgang 1956, studierte Physik, Mathematik und Astronomie in Greifswald, Jena und Prag. Seit 1992 ist er Professor für Astrophysik an der Friedrich-Schiller-Universität in Jena, wo er als Direktor des Astrophysikalischen Instituts und der Universitäts-Sternwarte tätig ist. Auf seinen Hauptarbeitsgebieten, der Physik und Chemie des interstellaren Mediums und der Sternentstehung, veröffentlichte er mehr als 200 Artikel und Beiträge in wissenschaftlichen Zeitschriften und Sammelbänden.

Literatur

[1] S.V.W. Beckwith, A.I. Sargent: Circumstellar Disks and the Search for Neighbouring Planetary Systems, Nature **383**, 139 (1996)

[2] Th. Henning: Formation and Evolution of Massive Stars, Fund. of Cosmic Physics **14**, 322 (1990)

[3] Th. Henning, W. Kley: Planetenentstehung in Akkretionsscheiben, Phys. Blätter **72**, 345 (1999)

[4] M. Mayor, D. Queloz: A Jupiter-Mass Companion to a Solar-type Star, Nature **378**, 355 (1995)

[5] M.A.C. Perryman: Extra-solar Planets, Rep. Prog. Phys., im Druck (2000)

[6] F.H. Shu, F.C. Adams, S. Lizano: Star Formation in Molecular Clouds: Observation and Theory, Ann. Rev. Astron. Astrophys. **25**, 23 (1987)

[7] G.W. Wetherill: The Formation and Habitability of Extra-Solar Planets, Icarus **119**, 219 (1996)

Interessante Links

Web-Seiten zu extrasolaren Planeten gibt es unter:
http://exoplanets.org/
http://www.obspm.fr/planets

Sterne vom Anfang bis zum Ende

Klaas S. de Boer

1 Die Verwunderung

Abends oder nachts, wenn man den Himmel betrachtet und die Dunkelheit auf sich einwirken lässt, kann man versuchen, die Tiefe des Universums zu spüren. Da gibt es das Band am Himmel, das wir nach der griechischen Mythologie Milchstraße nennen. Und viele, viele Sterne, helle und schwache, hier und da etwas unterschiedlich in der Farbe. Mal dicht beisammen, aber meistens weit verstreut. Man ist verführt, Verbindungen zu sehen oder Strukturen zu erkennen. Bewegt sich etwas? Oder steht alles still?

Wie weit sind die Sterne von uns entfernt? Sind sie kalt oder warm? Wie viel Licht wird abgestrahlt, und wo kommt die Energie dazu her? Wie lange leben Sterne? Und wie fängt ein Stern sein Leben an, wie sieht sein Lebensende aus? Gibt es auch Milchstraßen jenseits der unsrigen? Unzählige Fragen, die nach Jahrhunderten von Beobachtungen, Messungen und theoretischen Erkundungen im Zusammenspiel mit den Entdeckungen der Physik und anverwandten Wissenschaften beantwortet werden können.

Abb. 1: Sternenhimmel. Der Ausschnitt des Sternenhimmels zeigt die Milchstraße, das Band am Himmel, das dokumentiert, dass die Sonne einer der vielen Sterne unserer Scheibengalaxie ist. (Quelle: Bild erarbeitet am Space Telescope Science Institute (NASA/ESA).

Sterne sind sehr vielfältig, sie sind sehr unterschiedlich, und sie haben ebenfalls sehr verschiedene Lebensläufe. Dies hängt entscheidend mit der ursprünglichen Beschaffenheit des jeweiligen Sterns zusammen. Diese Vielfalt in der Kürze komplett darzustellen, ist unmöglich. Am besten schaut man sich typische Vertreter größer Untergruppen und Lebensläufe an. Eines unserer Beispiele wird die Sonne sein, da die Sonne eben für uns so bedeutsam ist und immer wieder als Referenzobjekt im Vergleich mit anderen Sternen dient. Das andere Beispiel ist ein Stern mit großer Masse, etwa 20-mal so schwer wie die Sonne, da ein solcher Stern eben einen typisch anderen Lebenslauf hat.

Aber vorab muss geklärt werden, wie wir die Sterne charakterisieren können. Was wird gemessen und welche wichtigen Einblicke liefert dies?

2   Sternparameter

Sterne sind, von uns aus gesehen, unterschiedlich hell. Dies kann auf Unterschiede in der Menge der abgestrahlten Energie oder aber auf Unterschiede in der Entfernung zurückgehen. Um dies zu klären, müssen wir die Entfernungen der Sterne messen!

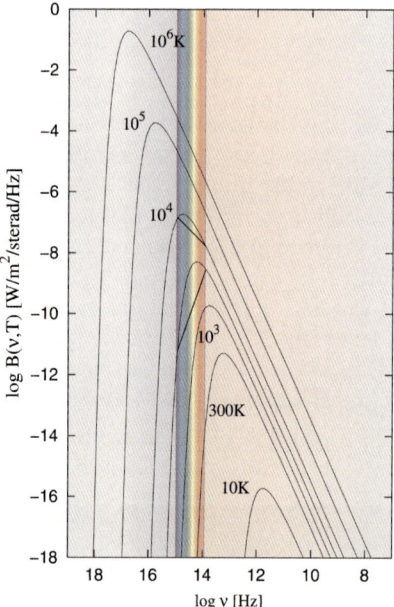

Abb. 2: Planck-Funktion. Die Planck-Funktion beschreibt, wie viel Energie eine Einheitsfläche einer gewissen Temperatur T in den unterschiedlichen Frequenzbereichen (oder Wellenlängenbereichen) ausstrahlt. Die Kurven sind mit der jeweiligen Temperatur markiert; die Kurve ohne Zahl ist die für 3000 K, die Kurve von 300 K entspricht etwa die Temperatur der Erde. Zu höheren Temperaturen steigt die abgestrahlte Gesamtmenge der Energie rasant, und zwar mit T^4. Da dieser große Anstieg schwer in einer „normalen" Grafik darstellbar ist, wird meistens eine „logarithmische" Darstellung gewählt. In einer derartigen Darstellung bleibt die Form der Kurven der Planck-Funktion bei unterschiedlichen Temperaturen gleich, die Maxima der Kurven verschieben sich proportional zur Temperatur zu höheren Frequenzen (niedrigen Wellenlängen). Der vertikale Streifen deutet den sichtbaren Bereich des Spektrums an.
Sterne strahlen nahezu gemäß der Planck-Funktion. Sterne existieren in einem sehr großen Temperaturbereich, der von kühl (etwa 3000 Grad Kelvin), über mittelmäßig heiß wie die Sonne (etwa 6000 Grad) bis sehr heiß (bis über 100000 Grad) reicht. Heißere Sterne strahlen mehr blaues als rotes Licht ab. Dadurch erscheint uns ein kühler Stern rötlich, ein heißer Stern bläulich. Die Steigung so wie sie im Spektrum gemessen werden kann (angedeutet von Querlinien bei den Kurven von 3000 K und 10^4 K) korreliert mit der Temperatur. Insbesondere die Steigung zwischen den Farbfilter-Bereichen B und V liefert den Farbindex (B-V), der in Abb. 3 verwendet wird. (Quelle: T. Kaempf & M. Altmann, Stw. Uni Bonn.)

Die Entfernungen der nahen Sterne werden mit Hilfe der Trigonometrie bestimmt. Wegen des Umlaufs der Erde um die Sonne können wir nahe Sterne aus unterschiedlicher Richtung sehen. Ein naher Stern scheint sich im Jahresrhythmus vor dem Hintergrund der weit entfernten Objekte zu bewegen (die so genannte parallaktische Bewegung). Mit dem bekannten Abstand Erde-Sonne kann jetzt mit Hilfe des so definierten Dreiecks die Entfernung zum Stern berechnet werden. Die Entfernung wird von Astronomen mit dem Wort Parsec (von Parallax-

Sekunde) angegeben. Ein Parsec (pc) entspricht $3 \cdot 10^{13}$ km (oder drei Lichtjahren). Astronomen haben dann verabredet dass, zum besseren Vergleich der Sterne untereinander, die Helligkeiten auf eine Entfernung von 10 pc umgerechnet wird. Die Helligkeit des Sterns in einer solchen Entfernung nennt man die „absolute Helligkeit".

Die Temperatur der Sterne kann auf verschiedene Arten bestimmt werden. Grundlegend ist die Methode, die auf dem Planck'schen Strahlungs-Gesetz basiert. Alle Objekte strahlen so genannte Wärmestrahlung (oder Planck'sche Strahlung oder Schwarzkörperstrahlung) ab. Zum Beispiel leuchten Menschen, Häuser und Kochplatte im für uns unsichtbaren Infrarotbereich des elektromagnetischen Spektrums. Eine Glühbirne, das heiße Hufeisen beim Schmieden und Sterne sind dagegen auch im sichtbaren Teil des Spektrums zu sehen. Die abgestrahlte Energie hat eine sehr gut definierte Verteilung über die Frequenzen (oder Wellenlängen) des Lichts. Sie wird am besten in einer Grafik mit doppelt-logarithmischen Skalen dargestellt, da sonst die Grafik viel zu klein wäre, um große Unterschiede in der Temperatur darstellen zu können (Abb. 2).

Eine andere Möglichkeit, die Temperatur zu bestimmen, basiert auf der Struktur der Atome in der Sternatmosphäre. Um den Atomkern befindet sich eine an das Atom gebundene Gruppe von Elektronen, so wie Bohr es in seinem Modell beschrieben hat. Jedes Elektron befindet sich auf einem quantisierten Energieniveau. Ein Atom kann Lichtquanten (Photonen) absorbieren, und die Energie des absorbierten Photons bringt ein Elektron auf einen höheren Energiezustand. Das Licht fehlt dann in unserer Messung und man sieht eine Absorptionsstruktur im Spektrum des Sternlichts. Das Atom kann diese Zusatzenergie auch wieder abstrahlen. Bei erhöhter Temperatur befinden sich die Elektronen durchweg auf höheren Energiestufen. Dies führt zu anderen Absorptionsstrukturen im Sternlicht, so dass aus diesen Strukturen die Temperatur abgeleitet werden kann.

Atome können bei höheren Temperaturen auch ionisiert sein. Die Elektronen der Ionen haben jeweils eigene Energiestufen, die ebenfalls eigene Absorptionsstrukturen haben. Wiederum wird daraus die Temperatur des Gases erkennbar.

Die Strukturen in den Spektren der Sterne sind also unterschiedlich, je nach Temperatur der Sterne. Die Sterne können mit Hilfe der Spektren nach Spektraltyp oder eben nach dem Farbindex sortiert werden (beide hängen mit der Temperatur zusammen). Wenn darüber hinaus die Entfernung bekannt ist, kann man die Sterne auch nach absoluter Helligkeit sortieren. Das Diagramm, das auf diese Weise entsteht, wird nach den Entdeckern das Hertzsprung-Russell-Diagramm (HRD) genannt (Abb. 3). Die Gesamtmenge der über alle Frequenzen abgestrahlten Energie (Intergration der Planck-Funktion) ist proportional zur vierten Potenz der Temperatur, also T^4. Das heißt, dass ein Stern, der an der Oberfläche zweimal so heiß ist wie sein gleich großer Nachbar, insgesamt $2^4 = 16$-mal so viel Energie abstrahlt! Die beste Methode, die Gesamtenergie zu bestimmen, ist natürlich, die abgestrahlte Energie bei allen Frequenzen (oder Wellenlängen) zu bestimmen. Man braucht Satelliten, um den Ultraviolett- und den Infrarotteil der spektralen Energieverteilung zu messen, da die Erdatmosphäre für diese Wellenlängenbereiche nicht durchlässig ist. Für viele Sterne ist dies seit Beginn der Raumfahrt gelungen.

Die wirklich relevanten Parameter der Sternoberfläche sind Temperatur, Sternradius und die Leuchtkraft. Die Leuchtkraft eines Sterns ist gleich dem Produkt von Oberfläche ($4\pi R^2$) und integrierter Planck-Funktion der jeweiligen Temperatur (σT^4). So kann man aus gemessener Entfernung und spektraler Energieverteilung den sonst schwer messbaren Radius R ableiten.

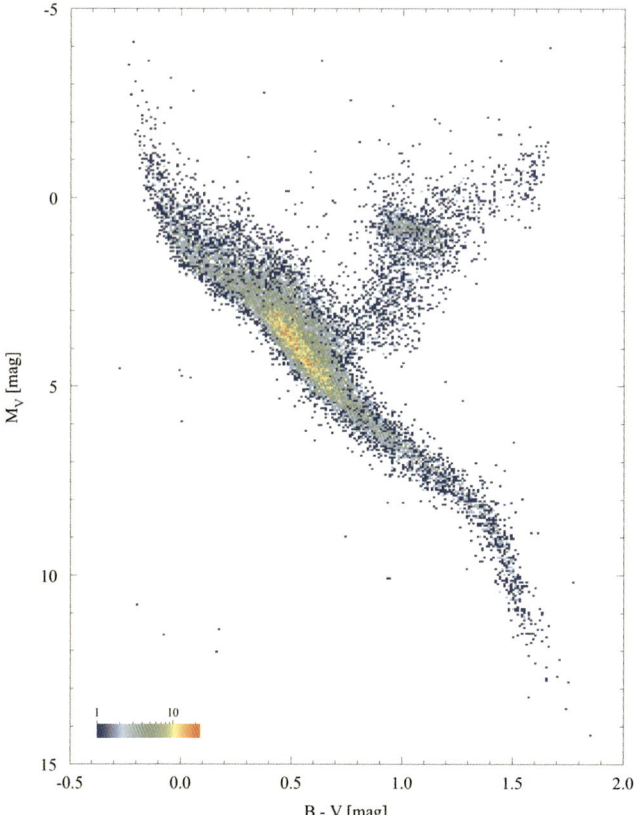

Abb. 3: Hertzsprung-Russell-Diagramm (HR-Diagramm). Die beobachtbare Farbe eines Sterns (oder Farbindex B-V) sowie die für die Entfernung korrigierte Helligkeit im Visuellen („absolute" Helligkeit M_V) werden benutzt, um die Unterschiede in den Eigenschaften der Sterne darzustellen. Derartige Diagramme entstanden zum ersten Male am Anfang des 20. Jahrhunderts. Sie werden nach den damaligen Forschern *Hertzsprung-Russell-Diagramm* genannt.

Die Farbe der Sterne ist unmittelbar mit der Steigung der Planck-Funktion im sichtbaren Bereich des Spektrums (siehe Abb. 2) verknüpft, die Helligkeit ist mit der Gesamtleuchtkraft des Sterns verbunden. Sterne mit gleicher Farbe aber unterschiedlicher Helligkeit müssen daher unterschiedlich groß sein.

Die Eintragungen in diesem HRD, so wie sie aus den Messungen mit dem Hipparcos-Satelliten abgeleitet wurden, zeigen die Vielfalt der möglichen stellaren Eigenschaften, aber auch, dass einige Sternarten nicht oder nur selten vorkommen. Die Farbigkeit im obigen Diagramm ist ein Maß für die Dichte der Datenpunkte im jeweiligen Bereich.

Die Sterne auf dem Streifen von rechts unten bis links oben sind die Sterne der „Hauptreihe", Sterne im Streifen von der Mitte nach rechts oben sind die „Roten Riesen". Der Klumpen mit Sternen halbwegs auf dem Riesenast sind die roten „Horizontalaststerne". Die verwendeten Namen der Sterntypen charakterisieren zum Teil die äußere Erscheinungsform, aber oft nur die Lage im HRD. Dabei bildet das Hauptreihenstadium, in der im Zentrum der Sterne Fusion von H-Atomen zu He-Kernen (siehe Abb. 4) stattfindet, die Hauptlebensphase (etwa 90 % eines Sternlebens). (Quelle: ESA, öffentliches Datenarchiv des Hipparcos-Projekts.)

3   Sterntypen

Das HR-Diagramm ist nicht gleichmäßig mit Sternen (Datenpunkten) gefüllt. Viele Sterne haben Eigenschaften an der Oberfläche, die zu einer Anordnung der Datenpunkte in einem Streifen im HRD führt. Dies ist die so genannte Hauptreihe der Sterne. Dann findet man viele Sterne im roten Teil in einem auf große Helligkeit zugehenden Streifen. Da diese Sterne nahezu gleicher Temperatur sind, können sie nur deswegen so unterschiedliche Lichtmengen abstrahlen, weil sie sehr unterschiedliche Radien haben. Die großen, roten Sterne sind die so genannten „Roten Riesen". Entsprechend findet man links unten im Diagramm die „Weißen Zwerge". Bei weiterer Unterteilung können Überriesen, Unterzwerge, und viele weitere Typen benannt werden. Es gibt auch Gebiete im HRD, wo die äußeren Schichten der Sterne nicht stabil sind. Sie strahlen sich ändernde Lichtmengen ab, es sind „Veränderliche Sterne".

Die große Vielfalt an beobachteten Typen macht die große Bandbreite des möglichen Aufbaus der Sterne deutlich. Viele dieser Typen treten im Laufe der Entwicklung eines Sterns auf. Die vielen Typen stehen in Zusammenhängen, die mit Hilfe der Modelle zur Sternentwicklung erforscht werden. Aber ein Stern muss zuerst einmal entstehen.

4   Sternentstehung

Sterne entstehen in kalten, dichten, dunklen, interstellaren Gaswolken. Am Himmel sind solche Gebiete erkennbar, wenn man sie in Richtung der Milchstraße sucht. Dunkle Gebiete in der Milchstraße sind solche interstellaren Gaswolken, die mit ihrem Gehalt an staubigem Material das Licht von dahinter liegenden Sternen abschatten. In solchen Wolken findet man auch Moleküle verschiedener Art, vielleicht sogar gröbere Strukturen, die Schneebälle genannt werden, vermutlich auch Kerne von Kometen.

Wenn die Wolken kalt und dicht genug sind, können sich Sterne bilden. Bei nahezu allen Sternen werden auch Planeten erwartet. Sie nachzuweisen ist sehr schwer, da sie eben selber kein Licht abstrahlen. Und die Menge des vom anleuchtenden Stern reflektierten Lichts ist so klein, dass ein Planet neben dem Stern selber nahezu unsichtbar ist.

5   Energie und Stabilität

Sterne strahlen große Mengen an Energie ab. Woher kommt diese Energie und wie kann ein Stern dennoch stabil sein?

Es gelang erst Mitte des 20. Jahrhunderts, eine schlüssige Theorie für die Energieproduktion in Sternen zu entwickeln. Bei Temperaturen um 10 bis 100 Millionen Grad im Sterninneren sind die Elektronen der Atome völlig frei beweglich. Die daher nackten Atomkerne können einander begegnen. Wenn der Zusammenstoß kräftig ist, können Atomkerne zu einem neuen Atomkern verschmelzen. Dieser Prozess heißt Kernfusion.

Sterne enthalten zu etwa 90 % Wasserstoff, etwa 9 % Helium (zahlenmäßige Anteile), alle anderen Elemente, die von den Astronomen „schwere Elemente" oder sogar „Metalle" genannt werden, machen weniger als 1 % aus. Es gelang Bethe und von Weizsäcker 1937, mit Hilfe kernphysikalischer Erkenntnisse den genauen Fusionsprozess, der die Energie der Sonne liefert, zu finden. Zwei H-Atome (Protonen, p) verbinden sich zu Deuterium (D), ein H und ein D verbinden sich zum Isotop Helium-3 (^{3}He), und zwei ^{3}He-Kerne verbinden sich zu Helium-4 (^{4}He) unter Abgabe von zwei Protonen. Insgesamt verschmelzen so vier Protonen zu einem ^{4}He unter Freisetzung von Energie. Dieser Fusionsprozess heißt die p-p-Kette.

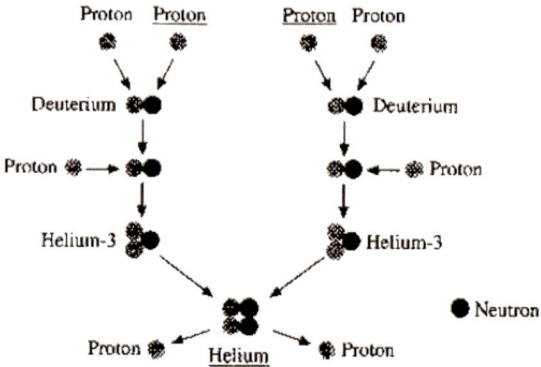

Abb. 4: Kernfusion p-p-Kette. Der bei weitem wichtigste Prozess der Kernfusion im Inneren der Sterne ist die Fusion von Wasserstoff zu Helium über die so genannte p-p-Kette. Darin kommen zwei Wasserstoffkerne, Protonen (p), zur Fusion und werden zu Deuterium (D), Deuterium verschmilzt mit einem Proton und wird zu leichtem ^{3}He, zwei ^{3}He-Kerne fusionieren zu einem normalen ^{4}He-Kern unter Freigabe von zwei Protonen. Die Wasserstoff-Fusion liefert die Hauptmenge der Energie, die Sterne in ihren Leben abstrahlen. Diese Fusion findet vorwiegend in denjenigen Sternen statt, die im so genannten Hauptreihenstadium (siehe Abb. 3) der Entwicklung sind. (Quelle: Diagramm aus Staguhn G., 2000, Die Jagd nach dem kleinsten Baustein der Welt, Hanser Verlag.)

Wenn die Sonne ihren ganzen Wasserstoffvorrat über die p-p-Kette umsetzen könnte, so würde dies etwa 100 Milliarden Jahre dauern! Aber die Gase der Sonne sind nur im Zentrum heiß genug für Fusion. Darum beträgt die Gesamtlebenszeit der Sonne nur etwa 1/10 davon, knapp zehn Milliarden Jahre. Auf alle Fälle wurde klar, dass Sterne im Hauptreihenstadium sehr alt werden können.

Bei Temperaturen über 100 Millionen Grad im Sterninneren werden weitere Fusionsprozesse ermöglicht. So kann aus drei ^{4}He-Kernen das Isotop Kohlenstoff-12 (^{12}C) gebildet werden, oder aus He und C bildet sich Sauerstoff (O). Bei noch höheren Temperaturen ist erst die Bildung schwerer Kerne wie Na, Mg, Si oder sogar Fe möglich. Aus diesen Erkenntnissen der Kernphysik und Astrophysik ging hervor, dass in Sternen schwere Elemente gebildet werden. Im Urknall kamen solche schweren Elemente nicht zustande. Daraus ergab sich, dass unser menschlicher Körper mit seinem C, O, Kalzium (Ca), usw. aus in Sternen gebildetem Material zusammengesetzt ist. Wie die schweren Elemente vom Stern preisgegeben werden? Das wird unten bei Supernovae beschrieben.

Die Stabilität eines Sterns ist wegen der hohen inneren Temperaturen eigentlich erstaunlich. Sterne sind dennoch stabil, wie wir täglich und nächtlich sehen. Sie sind auf Grund des dauerhaften Gleichgewichts von Schwerkraft und innerem Gasdruck stabil.

Die Schwerkraft bewirkt, dass alles Material des Sterns (die gesamte Masse *M*) zum Zentrum hin gezogen wird. Die Temperatur der Gase im Inneren bewirkt aber ein Drängen nach außen. Dabei kann es auch zu Strömungen im Stern kommen. Dieses Wechselspiel ähnelt dem in der Erdatmosphäre: die Schwerkraft hält die Luft bei der Erde, bei Sonnenwärme quillt die Luft auf und bildet Quellwolken, aber alles bleibt zusammen. Allerdings werden die genauen Zusammenhänge in Sternen durch die Eigenschaften des Sterngases bestimmt.

6 Lebenserwartung der Sterne und Sternentwicklung

Wie lange lebt nun ein Stern? Eine Eigenschaft der Fusionsprozesse ist bei der Beantwortung dieser Frage wichtig: Je höher die Temperatur, umso schneller verlaufen die Fusionsprozesse, sogar sehr viel schneller. Dies hat Konsequenzen für die Lebenserwartung eines Sterns.

Stellen wir uns jetzt einen Stern wie die Sonne vor. Wie würde sich dieses Objekt ändern, wenn wir eine Menge an Material gleich der Masse der Sonne ($1 \, M_\odot$) hinzupacken würden? Bei doppelt so viel Masse gibt es schlichtweg doppelt so viel Gravitationskraft. Dies erfordert vielleicht einen zweimal so hohen inneren Gasdruck, um den Stern im Gleichgewicht zu halten. Gemäß dem allgemeinen Gasgesetz wäre dies mit einem Temperaturanstieg um einen Faktor zwei erreichbar. Und genau so funktioniert es. Die Kernfusion nimmt durch erhöhte Temperatur zu, und dadurch steigt die produzierte Energiemenge kräftig. Die Eigenschaft des Sterngases ist eben so, dass immer genau die richtige Bilanz erreicht wird.

Die erhöhte Temperatur selber hat aber auch Konsequenzen. Bei erhöhter Temperatur wird die Kernfusion viel ergiebiger, und zwar derart viel ergiebiger, dass trotz des Faktors zwei der Stern sehr viel schneller sein H zu He verwandelt.

Genauere Modellierung zeigt, dass die Leuchtkraft eines Hauptreihensterns etwa proportional zu M^3 ist. Daraus ergibt sich dann als Lebenserwartung der Sterne:

Lebenserwartung ~ Masse / Leuchtkraft ~ 1 / Masse^2,

so dass ein massereicher Stern eine kürzere Lebenserwartung hat als einer der mit wenig Masse anfängt! Die Sonne (mit $1 \, M_\odot$) wird etwa neun Milliarden Jahre als Hauptreihenstern leben, ein Stern mit $20 \, M_\odot$ nur etwa 25 Millionen Jahre.

Wenn sich im Sterninneren H zu He verwandelt, nimmt der Anteil an He gegenüber H zu. Im Laufe der Zeit wird es im Zentrum nur noch He geben (und die 1 % an anfänglichen schweren Elementen). Die Struktur des Sterns passt sich nun so an, dass die Fusion von H zu He in einer Schale um den dann (was die Kernfusion anbelangt) inaktiven Kernbereich weiterläuft. Dabei, so wurde modelliert, bläht sich die Sternhülle stark auf: Der Stern wird zum Roten Riesen! Diese theoretische Berechnung erklärt somit unmittelbar die Art und die Eigenschaften der roten Riesensterne: Es sind Sterne in einer Entwicklungsphase nach dem Hauptreihenstadium. Das Riesenstadium dauert allerdings verhältnismäßig kurz, es beträgt nur etwa 10 % der Dauer des Hauptreihenstadiums.

Durch die H-Fusion der umgebenden Schale wird dem Kernbereich ständig He hinzugefügt. Der He-Zentralteil nimmt an Masse zu, ist kompakter als vorher (als es noch vorwiegend Wasserstoff war), und das Helium ist somit heißer. Irgendwann ist die Temperatur im Zentrum hoch genug, dass auch He zur Fusion kommt und Kohlenstoff entsteht. Damit hat der Stern wieder eine innere Energiequelle und die Gesamtstruktur wird angepasst. Der Stern wird kompakter und erscheint uns wieder bläulicher.

An dieser Stelle muss die Besprechung der Sternentwicklung abgebrochen werden, da es eben eine Verzweigung bei der weiteren Beschreibung gibt. Sterne wie die Sonne gehen einen bestimmten Entwicklungsweg, ein Stern mit $20 \, M_\odot$ einen deutlich anderen.

7   Entwicklung der Sonne

Die Sonne entstand durch gravitatives Zusammenziehen des Gases einer Dunkelwolke. Um
sie herum befand sich noch kalte Materie, aus der allmählich auch die Planeten und Kometen
entstanden. Die Sonne ist im Hauptreihenstadium. Sie befindet sich heute etwa auf der Hälfte
der Hauptreihenlebenszeit von neun Milliarden Jahren.

In 4,5 Milliarden Jahren wird die Sonne sich allmählich zu einem Roten Riesen entwickeln
(Abb. 5). Der Ablauf kann folgendermaßen skizziert werden: Die Menge an Material, das an
der Fusion teilnimmt wächst stetig, da durch den langsamen Anstieg der Bereich, der eine für
die Fusion ausreichend hohe Temperatur hat, immer größer wird. Die brennende Schale frisst
sich gewissermaßen nach außen und die produzierte Menge an Energie wächst dementsprechend. Dadurch wird sich die Oberfläche ausdehnen und sogar etwa bis zur Marsbahn reichen. Die Hülle wird dann allerdings derart dünn sein, dass die Erde ihre Umläufe um die
(oder jetzt eher *in* der) Sonne ungestört fortsetzen kann. Die Erdatmosphäre wird bis dahin
aber längst im Sonnengas aufgenommen sein. Und der irdische Himmel wird mit einer Temperatur von 3000 Grad hellrot strahlen. In diesem Riesenstadium verliert die Sonne selber
über den so genannten Sonnenwind eine erhebliche Menge an dem gravitativ nur schwach
gebundenen äußeren Material.

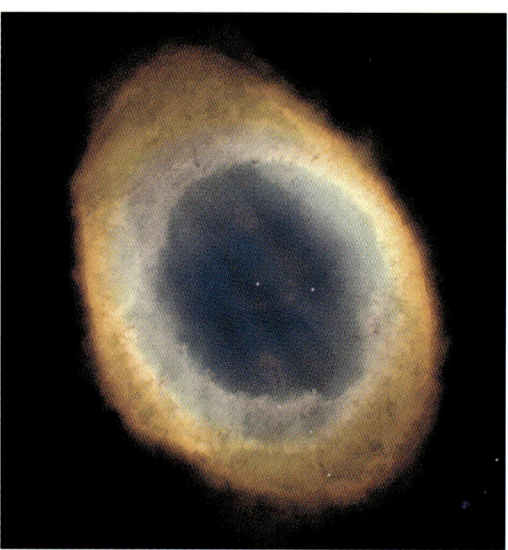

Abb. 5: Planetarischer Nebel. Sterne wie die Sonne werden am Ende des Hauptreihenstadiums allmählich größer
und entwickeln sich zum Roten Riesen. Die äußeren Schichten eines roten Riesensterns sind gravitativ nur
schwach an den Stern gebunden und gehen zum Teil in Form eines Sternwinds verloren. Wenn der Reststern in
einer späteren Phase schrumpft und seine Oberfläche dabei heiß wird, können die abgeblasenen Gase ange-
leuchtet und zum Strahlen angeregt werden. Die dünnen Gase um einen Reststern bilden oft wunderschöne
Strukturen, die (hier liegt eine Fehldeutung der frühen Astronomie vor) Planetarische Nebel genannt werden.
Der hier abgebildete PN ist Objekt M 57, der Ring-Nebel im Sternbild Leier. (Quelle: Aufnahme des Hubble
Space Telescope (NASA/ESA).)

Am Ende des Riesenstadiums – der Stern hat dann fast die Hälfte der Anfangsmasse über den Wind abgegeben – zündet im Sonneninneren das Helium. Der Stern schrumpft und wird an der Oberfläche etwa 8000 Grad heiß werden. Die Leuchtkraft kehrt zurück zu einem viel niedrigeren Niveau als sie es im vorherigen Riesenstadium hatte, ist aber etwa 100-mal größer als die der Sonne heute. Dieses Stadium nennt man Horizontalaststadium, nach der Anordnung solcher Sterne im HRD. Es dauert etwa 100 Millionen Jahre. In dieser Zeit wird im Zentrum durch Kernfusion aus He das C gebildet. Dabei wird die Fusion im Zentrum erneut zur Fusion in einer Schale. Der Stern bläht sich allmählich erneut auf, verliert wieder Oberflächenmaterie, bis auch die Fusion des He endet. Der Stern bleibt nun ohne innere Energiequelle zurück, es fehlt die nach außen gerichtete Kraft des Strahlungsdrucks, und der Stern schrumpft. Dabei wird die Oberfläche so heiß, dass eine erhebliche Menge UV-Strahlung freigesetzt wird. Diese nun ionisiert und erhitzt das vorher abgeblasene Gas, das dadurch zu leuchten anfängt. Die leuchtenden Gase nennt man einen Planetarischen Nebel.

Schließlich wird der Stern langsam abkühlen und über das Stadium eines Weißen Zwergs bis zu einem kalten unsichtbaren Objekt werden, ein stellarer Überrest, mit einem Zentrum aus C, darum herum eine Hülle aus He, und vielleicht an der Oberfläche noch etwas H.

8 Entwicklung massereicher Sterne

Alle Sterne entstehen in Dunkelwolken. Massereiche Sterne brennen H zu He, werden dann zu Sternen, die in einer Schale um das Zentrum H zu He fusionieren, wobei sie sich, wie vorhin bei der Sonne beschrieben, zu roten Riesen ausdehnen. Das Schalenbrennen – Wasserstoff zu Helium – reichert den Kern mit Helium an, der immer dichter und heißer wird, bis im Zentrum die Fusion von He zu C beginnt. Seine äußeren Merkmale haben sich bei all diesen Entwicklungen auch geändert, Änderungen die man als „Entwicklungswege" in einem HR-Diagramm eintragen kann. Im Laufe der Zeit ist das Gas im Zentralgebiet derart mit C angereichert, dass die He-Fusion nur in einer Schale fortgesetzt werden kann. Erneut wird der Stern zu einem Roten Riesen und wieder verliert er über Sternwinde Material der Oberfläche.

Je größer die Anfangsmasse, umso besser bleibt das Hüllenmaterial gebunden und umso mehr können weitere Fusionsprozesse anlaufen (je mehr Masse, um so höher die innere Temperatur). Und umso mehr können weitere schwere Elemente erzeugt werden. Reicht die Masse aus um auch das C zu entzünden, dann wird der Stern eine schnelle Abfolge von Strukturänderungen antreten, die erneut zu einer stabilen Struktur führen. Auf Dauer wird die Struktur des Sterns etwa wie die einer Zwiebel mit vielen Schalen, die Schale um Schale Fusion haben oder ruhig sind. Die Entwicklung endet aber mit der ultimen Änderung, mit der Supernovaexplosion.

9 Supernova

In massereichen Sternen wird das Material im Zentrum durch die ständig fortschreitende Kernfusion immer weiter mit schweren Elementen angereichert und die Zentraltemperatur steigt immer mehr. Die Atome dort sind völlig ionisiert, die postiv geladenen Atomkerne haben keine negativ geladenen Elektronen mehr in fester Bindung. Die Atomkerne selbst sind aus positiv geladenen Protonen und neutralen Neutronen zusammengesetzt. Dennoch ist der Gasdruck sehr hoch, und die Atomkerne sowie Elektronen stoßen bei hoher Energie sehr oft aneinander.

Im kritischen Moment (sehr hoher Druck, sehr hohe Temperatur) fangen Protonen die freien Elektronen ein und werden zu Neutronen. Bei jedem dieser Kombinationsvorgänge wird die Teilchenzahl von zwei auf eins reduziert. Da viele Protonen Elektronen einfangen, wird die Teilchenzahl im Zentrum schnell kleiner, oder besser ausgedrückt: durch die Reduktion der Teilchenzahl dringen Atome der Außenbereiche in den Zentralbereich des Sterns. Der Stern fängt an zu implodieren.

Im Inneren bilden sich aus den Protonen der Atomkerne durch Elektroneneinfang Neutronen. Das Sterninnere „neutronisiert". Da Neutronen keine Ladung haben, können sie ganz dicht beieinander existieren, viel dichter als Atomkerne. Dieser Zentralbereich voller Neutronen erreicht insgesamt eine Masse von etwa zwei Sonnenmassen, die dann aber in einem kugelförmigen Volumen mit einem Radius von nur etwa zehn Kilometern enthalten sind.

Die auf diese harte neutronisierte Kugel herunterfallenden äußeren Schichten türmen sich in kürzester Zeit gigantisch auf. Dabei entstehen auch solche Atomkerne, deren Bildung Energie braucht, also endotherme Bildung der schweren Kerne wie Uran usw. Diese aufprallenden Schichten erfahren aber auch einen Rückstoß, so dass sie wieder nach außen katapultiert werden. Damit wird die ganze restliche Hülle weggeschleudert. Die alte heiße Sternoberfläche dehnt sich aus, gewinnt an Fläche und kann daher innerhalb weniger Tage sehr viel stärker strahlen. Der Stern strahlt dann die tausendfache Energiemenge wie vorher ab. Ein Stern, dem dieses widerfährt, wird wegen des extremen Anstiegs der Helligkeit, wodurch ein vorhin sehr schwaches Sternchen plötzlich gut sichtbar wird, eine Supernova (sehr heller neuer Stern) genannt.

Die weggeschleuderte Materie verstrahlt nun allmählich ihre Energie und der Rest-Stern wird immer schwächer. Bis er wieder so schwach wie vor der Explosion ist, vergeht mehr als ein Jahr. Der im Zentrum gebildete neutronisierte Überrest bildet einen Neutronenstern. Da Sterne meistens rotieren, muss bei der Implosion wegen Erhalt des Drehimpulses die Rotation des Kernbereichs stark beschleunigt werden, ähnlich zu einer sich drehenden Ballerina, die ihre Arme einzieht. Der Neutronenstern dreht sich mit einer Rotationsfrequenz von fast Tausend Umdrehungen pro Sekunde.

Derartige Supernovaereignisse werden (gemäß der historischen Einteilung der Supernovae) Supernovae des Typs II genannt.

Alle diese fantastischen Phänomene hat man beobachten können. Zwar nicht an einer Supernova alleine, sondern an einigen, die vor kurzer oder längerer Zeit explodierten. Insbesondere die rotierenden Neutronensterne sind gut bekannt. Sie produzieren aus begrenzten Gebieten an ihrer Oberfläche Strahlung, die wegen der schnellen Rotation bei uns als stark gepulste Strahlung beobachtet wird. Solche Objekte wurden 1967 entdeckt und heißen Pulsare. Die bekanntesten Supernovae sind die Supernova SN 1987A in der Großen Magellanschen Wolke, und die Supernova vom Jahr 1054, deren Überrest als Krebsnebel bekannt ist (Abb. 6).

Supernovaexplosionen können aber auch auf Prozesse bei der Entwicklung der Sterne mit weniger Masse zurückgehen. Dafür ist dann aber ein Doppelstern notwendig.

Viele Sterne befinden sich in Doppelsystemen, wobei in diesem Falle die beiden Sterne meistens eine ähnliche Masse haben. Der schwerere entwickelt sich aber doch schneller und wird als Erster zum roten Riesen. Das von ihm über den Sternwind freigesetzte Material wird vom anderen gravitativ aufgesammelt. Seine Entwicklung beschleunigt sich nun durch die zugenommene Masse. Im ersten Stern ist die Entwicklung dann allerdings bereits zum Stadium des Weißen Zwergs vorangeschritten.

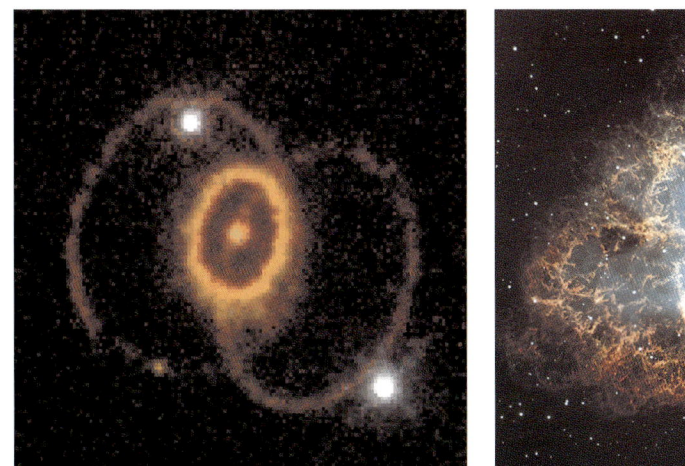

Abb. 6: Supernovae. Supernovae sind massereiche Sterne, die am Ende ihres Lebens explodieren und sich wegen der sehr schnell größer werdenden Oberfläche sehr aufhellen. Bei der Explosion wird heißes Material der äußeren Sternhülle weggeschleudert. Dieses Material verglüht allmählich und vermischt sich mit Gas der Umgebung. Die Bilder zeigen einige bekannte Supernova-Überreste. Links: Supernova 1987A mit den durch die Explosion aufgehellten Gasringen des Vorsterns. Rechts: der Krebsnebel, der Überrest einer Explosion aus dem Jahre 1054, in dessen Zentrum ein Pulsar steckt. (Quelle: links: Aufnahme des Hubble Space Telescope (NASA/ESA), rechts: Aufnahme European Southern Observatory.)

Wenn der Zweite nun auch das Rote-Riesen-Stadium antritt, wird er Materie über seinen Sternwind abgeben. Jetzt sammelt der ursprünglich schwerere Stern einen Teil dieses Materials wieder auf und seine Masse steigt. Das Innere ist darauf aber nicht vorbereitet. Die Temperatur im Zentrum voller C-Kerne steigt wegen des zunehmenden Drucks so schnell, dass die Kernfusion explosiv einsetzt und der Stern dadurch komplett auseinander fliegt. Supernova!

Dies ist ein Supernova-Ereignis des Typs Ia. Die Bedeutung dieses Typs liegt auch darin, dass Supernovae dieser Art alle die gleiche maximale absolute Helligkeit erreichen. Man kann daher aus der beobachteten maximalen Helligkeit ganz einfach die Entfernung des Objekts berechnen. So weiß man dann ganz genau, wie weit die Supernova von uns entfernt war und daher wie weit deren Heimatgalaxie entfernt ist. Solche Entfernungsbestimmungen sind von großer Bedeutung für die Kosmologie, da man mit Hilfe solcher Entfernungen Genaueres über die Expansion des Universums erfahren kann.

10   Kreislauf

Sterne bilden sich in den dichten Gaswolken der Galaxis. Dabei wird eine Menge des gasförmigen Materials in den Sternen aufgesogen. Aber über kurz oder lang – je nach Entwicklungsweg des Sterns schon nach einer Million oder erst nach zehn Milliarden Jahren – wird ein erheblicher Bruchteil des Sternmaterials an den interstellaren Raum zurückgegeben. Dieses Material ist mit Produkten der Kernfusion angereichert. Auf diesem Weg wird das interstellare Gas der Galaxis immer reicher an schweren Elementen.

In kühlendem Gas finden schwere Elemente sich zu Molekülen zusammen. Dadurch ist das interstellare Gas auch in der Lage, sich weiter zu verdichten und zu kühlen. Damit wird auch die Bildung weiterer Sterne einfacher. Auf diesem Wege entstehen neue Sterngenerationen. Gleichzeitig liefern die Moleküle (meistens sind es Oxide und Silikate, aber auch aus H, C und O zusammengesetzte Moleküle) das Material für die Bildung von den erwähnten Schneebällen, Kometen oder auch Planeten.

Im Grunde befindet sich die Materie der Galaxis in einem Kreislauf: Sie wird in Sternen aufgenommen, verweilt dort während des Lebens des Sterns, wird allerdings in Kernfusionsprozessen transformiert, kehrt aber am Ende des Lebens des Sterns zu einem erheblichen Teil in das Gas im interstellaren Raum zurück. Damit steht angereichertes Material für die nächste Generation der Stern- und Planetenbildung zur Verfügung.

Nach allem, was wir wissen, ist die Kernfusion (über Umwege) eine notwendige Vorbedingung für das Entstehen von Planeten. Sie ist auch Vorbedingung für viele chemische Prozesse auf Planeten, wegen der dafür notwendigen Energieaufnahme. Es verwundert daher überhaupt nicht, dass die Vorgänge bei Bildung und Entwicklung von Sternen studiert und verstanden werden sollten, um alle Prozesse im Universum begreifen zu können.

Der Autor

Klaas S. de Boer
Sternwarte, Universität Bonn

Klaas S. de Boer, geb. 1941 in Groningen (NL), studierte Astronomie in Groningen und Utrecht.
1978–1981 war er an der Washburn Observatory, Univ. of Wisconsin, Madison WI (USA), 1981–1984 an der Universität Tübingen (D) und 1985 am Royal Greenwich Observatory, Hertmonceux (UK). Seit 1986 ist er Professor für Astronomie in Bonn. Auf seinen Arbeitsgebieten Sterne und stellare Populationen sowie das interstellare Medium veröffentlichte er über 200 Artikel und Beiträge in wissenschaftlichen Zeitschriften und Sammelbänden. Er ist aktiv beteiligt an der Popularisierung der Astronomie durch Vorträge für Schulen und Vereine, Beiträge in Rundfunk und Fernsehen, sowie im Jahr der Physik im Web-Projekt „Physik des Monats" (siehe Abschnitt „Interessante Links").

Interessante Links

Web-Projekt „Physik des Monats": http://www.astro.uni-bonn.de/~deboer/pdm.

Reise zum Urknall

Teilchenphysik – Reise zum Anfang des Universums

Gregor Herten

1   Einführung

Die Teilchenphysiker versuchen, die kleinsten Bausteine der Materie zu identifizieren und die Kräfte zwischen ihnen zu untersuchen. Sie werden dabei von der Motivation geleitet, komplexe Naturerscheinungen auf elementare Grundprozesse zurückzuführen. Bisher war dieser Weg der Physik sehr erfolgreich. Chemische Verbindungen können als Ansammlung von Molekülen und Atomen verstanden und beschrieben werden. Diese setzen sich wiederum aus noch kleineren Bestandteilen, den Elektronen und Kernen zusammen. Kerne bestehen aus Protonen und Neutronen, die selbst Bindungszustände von Quarks und Gluonen sind. Quarks betrachten wir heute zusammen mit Elektronen als die elementaren Bausteine der Materie. In den vergangenen Jahren ist es gelungen, eine physikalische Theorie der elementaren Teilchen und Kräfte zu formulieren, das Standardmodell der Teilchenphysik. In allen Experimenten hat sich dieses Modell als gute Beschreibung der Elementarprozesse bewährt.

Als beste Methode zum Studium der Elementarteilchen haben sich hochenergetische Teilchenstöße erwiesen. Nach grundlegenden Gesetzen der Quantenphysik erfordert die experimentelle Untersuchung dieser kleinsten Teilchen allerdings sehr große Stoßenergien, da die räumliche Auflösung umgekehrt proportional zum Impulstransfer zwischen den Teilchen ist. Dies hat zur Konsequenz, dass große Beschleunigeranlagen erforderlich sind, um kleine Objekte zu erforschen. In den Teilchenstößen kann man heutzutage Energiedichten erzeugen, wie sie im Universum Bruchteile von Sekunden nach dem Urknall vorlagen. Dies bedeutet, dass sich mit den Erkenntnissen der Teilchenphysik konkrete Möglichkeiten eröffnen, das Universum wenige millionstel Sekunden nach dem Urknall zu beschreiben. Wir beginnen zu verstehen, weshalb die Welt so beschaffen ist, wie wir sie heute vorfinden. Wir befinden uns in einem sehr spannenden Prozess der Forschung. Zurzeit können wir nur erahnen, welche Erkenntnisse sich in diesem Zusammenspiel zwischen Teilchenphysik und Kosmologie eröffnen werden. Eines jedoch scheint sicher, in den kommenden Jahren wird eine Fülle neuer Messungen vorliegen, die die Theorien der Teilchenphysik und der Kosmologie auf den Prüfstand stellen werden.

2   Urknalltheorie

Zunächst wollen wir zusammenstellen, welche Fakten uns über das frühe Stadium des Universums bekannt sind.

Isotropie des Universums

Wenn wir den Sternenhimmel betrachten, sehen wir Bereiche mit hoher Sterndichte, die hell erscheinen und dunkle Bereiche mit geringer Sternhäufung. Dies sind in der Hauptsache lokale Dichteschwankungen innerhalb unserer Milchstraße. Würden wir aber Raumbereiche untersuchen, die so groß sind, dass sie Tausende von Galaxien beinhalten, so könnten wir feststellen, dass Galaxien sehr regelmäßig verteilt sind und alle Raumbereiche gleich aussehen. Man sagt daher, dass das Universum gemittelt über große Distanzen homogen und isotrop ist. Dabei bedeutet homogen, dass die Massendichte überall gleich ist. Unter isotrop versteht man, dass das Universum in allen Richtungen gleich aussieht. Experimentell lässt sich diese Vermutung testen, indem man Phänomene untersucht, die in sehr großer Entfernung auftreten, z.B. Hunderte von Millionen Lichtjahren entfernt. Als geeignet hat sich z.B. die Untersuchung von Radioquellen erwiesen. Eine Winkelverteilung von vielen tausend Quellen zeigt in der Tat eine deutliche Isotropie.

Ausdehnung des Universums

1929 entdeckte Edwin Hubble, dass sich das Universum ausdehnt. Er untersuchte das Licht, das von weit entfernten Galaxien und Sternen zu uns kommt, und stellte fest, dass es eine Rotverschiebung aufweist. Damit ist gemeint, dass atomare Spektrallinien im Sternenlicht im Vergleich zu Spektrallinien im irdischen Labor zum roten Bereich des Spektrums verschoben sind. Diesen Effekt beobachtete er in allen Raumrichtungen. Mit dem Dopplereffekt lässt sich dies so deuten, dass sich die beobachteten Sterne von uns fort bewegen. Daraus sollte allerdings nicht gefolgert werden, dass wir uns im Zentrum des Universums befinden, und sich alle anderen Galaxien von diesem Zentrum entfernen. Vielmehr ähnelt die Ausdehnung des Universums einem Luftballon, der aufgeblasen wird. Von jedem Punkt auf der Oberfläche erscheint es so, dass sich alle anderen Oberflächenpunkte mit einer Geschwindigkeit entfernen, die proportional zum Abstand ist. Dies ist genau das, was Hubble im Universum feststellte. Die Geschwindigkeit der Galaxien wächst proportional zu ihrem Abstand zu uns an. Dies ist die Hubble-Beziehung und die Proportionalitätskonstante der linearen Beziehung zwischen Geschwindigkeit und Entfernung nennt man die Hubble-Konstante. Bei der Messung der Hubble Beziehung ergibt sich nun die Schwierigkeit, dass man zwar die Geschwindigkeit über die Dopplerbeziehung sehr genau bestimmen kann, aber die Entfernungsmessung mit großen Fehlern behaftet ist. Diese lässt sich nämlich nur anhand der Abschwächung der Lichtintensität mit dem Abstand bestimmen. Dazu muss aber die Leuchtkraft des Sterns oder der Galaxie bekannt sein. Die Verfeinerung der Hubbleschen Messung hat die Astronomen viele Jahrzehnte lang beschäftigt. Neuere Werte für die Hubble-Konstante ergaben $H_0 = (65 \pm 8)$ km / (s MPc). Dabei ist ein Megaparsec (MPc) gleich 3,3 Millionen Lichtjahre.

In den vergangenen Jahren gab es bei diesen Messungen eine Sensation. Das Ziel war, die Linearität der Hubble-Beziehung bis zu sehr großen Entfernungen zu testen. Dazu eignet sich in besonderer Weise die Beobachtung von Supernova-Explosionen vom Typ Ia. Diese Objekte senden riesige Energiemengen in Form von Licht aus, die für alle Supernovae etwa gleich groß sind, da sie alle von Explosionen weißer Zwerge herrühren. Die freigesetzte Energie lässt sich mit den Theorien der Astrophysik verlässlich berechnen. Es zeigte sich nun in den Messungen, dass die Geschwindigkeit nicht linear mit dem Abstand wächst, sondern dass die Ausdehnung des Universums bei großen Distanzen sogar beschleunigt wird. Eine Erklärung für diese erstaunliche Tatsache könnte das Vorhandensein von Vakuumenergie im Universum sein. Diese wurde seinerzeit von Einstein als kosmologische Konstante in die Gleichungen der Allgemeinen Relativitätstheorie eingeführt, um ein statisches Universum beschreiben zu können. Als Hubble experimentelle Hinweise für die Ausdehnung des Universums vorweisen konnte, zog Einstein die kosmologische Konstante zurück und bezeichnete sie anschließend als größten Fehler seines Lebens (diese Aussage ist allerdings schriftlich nicht belegt). Es scheint, dass die kosmologische Konstante fast 50 Jahre nach Einsteins Tod wieder aufersteht. Allerdings sind sehr viel genauere Messungen erforderlich, um den Effekt zu bestätigen und die Eigenschaften dieser Vakuumenergie zu bestimmen.

Hintergrundstrahlung

Penzias und Wilson versuchten 1964, eine Antenne für den Satellitenempfang in Betrieb zu nehmen. Dabei bemerkten sie ein ständiges elektronisches Rauschen in ihrer Apparatur, das sich auch durch technische Verbesserungen der Antenne nicht verringern ließ. Auch wenn die Antenne in verschiedene Richtungen orientiert wurde, ergab sich immer derselbe Rauschanteil. Aus ihren Messungen mussten Penzias und Wilson schließen, dass sie ein Hintergrundrauschen beobachtet hatten, das im gesamten Universum vorliegt. Seitdem wurde die Vermessungen dieser Strahlung verfeinert. Insbesondere gelangen sehr präzise Messungen mit dem COBE-Satelliten und kürzlich mit Hilfe von Ballonexperimenten. Es zeigt sich, dass das Frequenzspektrum der Hintergrundstrahlung dem eines schwarzen Strahlers entspricht mit einer Temperatur von 2,7 Kelvin (K). Im Rahmen der Urknalltheorie wird die Hintergrundstrahlung nun folgendermaßen gedeutet: Das Universum befand sich bei einem Alter von ca. 300 000 Jahren in einem thermischen Gleichgewicht bei einer Temperatur von etwa 4500 Kelvin. Aufgrund der großen thermischen Bewegung der Elektronen und Atomkerne gab es noch keine gebunden Atome. Das Licht konnte sich in diesem Plasma von negativ geladenen Elektronen und positiv geladenen Kernen (hauptsächlich Protonen) nicht ungehindert ausbreiten. Es wurde ständig an den geladenen Teilchen gestreut. Etwa zu diesem Zeitpunkt kühlte nun das Universum soweit ab, dass sich Atome bilden konnten. Das Licht streute nun selten an diesen neutralen Objekten und konnte sich seitdem ungehindert im Universum ausbreiten, bis wir es heute als Hintergrundstrahlung wahrnehmen. In der Zwischenzeit hat sich das Universum aber um einen Faktor 1500 ausgedehnt. Um den gleichen Faktor wurde daher auch die Wellenlänge des Lichtes gedehnt, d.h. die Temperatur der Hintergrundstrahlung entspricht heute 4500 K/ 1500 = 3 K. Somit ist die Beobachtung der Hintergrundstrahlung eine wichtige Bestätigung der Urknalltheorie.

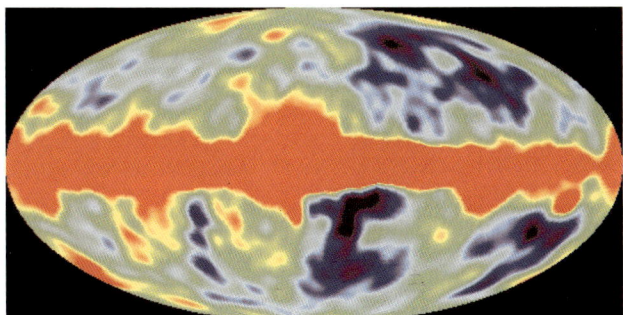

Abb. 1: Messung der 3-Kelvin-Hintergrundstrahlung bei 53 GHz mit dem COBE-Satelliten [3] in allen Raumrichtungen. Mit diesem Experiment konnten zum ersten Mal geringe Temperaturfluktuationen beobachtet werden, die im Bereich von 20 Mikrokelvin (μK)[1] liegen (der Unterschied zwischen roten und blauen Bereichen). Diese deuten auf Dichteschwankungen im Universum kurz nach dem Urknall hin. Das rote Band in der Mitte wird durch Wärmestrahlung aus unserer Milchstraße verursacht.

---

[1] Ein Mikrokelvin ist ein Millionstel Kelvin.

Mit den genauen Messungen des COBE-Satelliten und der Ballonexperimente in verschiedenen Raumrichtungen konnten in den vergangenen Jahren winzige Temperaturunterschiede von einem fünfzigtausendstel Grad festgestellt werden (Abb. 1). Diese Messungen geben Aufschluss über die Beschaffenheit des frühen Universums. Wärmere und kältere Regionen entsprechen Dichteschwankungen des frühen Universums. Im Rahmen der Urknalltheorie hängt die Häufigkeits- und Größenverteilung dieser Dichteschwankungen mit fundamentalen kosmologischen Parametern zusammen. So lässt sich z.B. die Gesamtenergiedichte des Universum im Vergleich zur kritischen Dichte $\Omega = \rho / \rho_{krit}$ bestimmen. $\Omega = 1$ entspricht einem Universum mit flacher Geometrie, d.h. die Winkelsumme im Dreieck beträgt 180 Grad. Aus den neuesten Messungen findet man $\Omega = 1{,}0 \pm 0{,}2$, womit die flache Struktur des Universums bestätigt wird (Abb. 2).

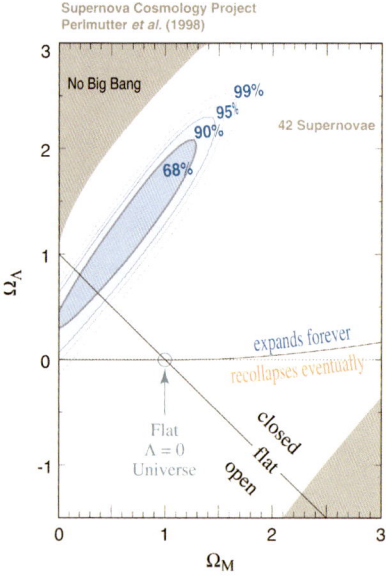

Abb. 2: Aus der Beobachtung der Supernovae erhält man die blau markierten Konfidenzbereiche in der $\Omega_M - \Omega_L$ Ebene. Aus der Messung der Hintergrundstrahlung ergibt sich, dass unser Universum in guter Näherung eine flache Geometrie besitzt. Beide Messungen überschneiden sich für Werte von $\Omega_M \approx 0{,}4$ und $\Omega_L \approx 0{,}6$. Das Diagramm ist der Homepage des SCP entnommen [2]. No Big Bang: kein Urknall; expands forever: dehnt sich für immer aus; recollapses eventually: kollabiert schließlich; Flat Universe: flaches Universum; closed, flat, open: geschlossen, flach, offen.

Zusammenfassung der Messungen

Mit den bisherigen Messungen kann man innerhalb großer Unsicherheiten folgende Eigenschaften des Universums zusammenstellen. Das Universum hat eine flache Geometrie mit einer Energiedichte von $\Omega = 1{,}0 \pm 0{,}2$. Zusammen mit den Messungen der Supernova-Explosionen folgt, dass etwa 60 % der Energie als Vakuumenergie und 40 % als Materie vorliegt. Die Letztere spaltet sich weiter auf in kalte dunkle Materie (30 ± 10) %, Neutrinos (zwischen 0,3 % und 15 %) und Baryonen (Protonen, Neutronen) von $(5 \pm 0{,}5)$ %. Sterne bestehen aus Baryonen und enthalten nur 0,5 % der Energie des Universums. Bisher ist nicht bekannt, woraus die kalte dunkle Materie besteht. Kandidaten sind hypothetische Teilchen, z.B. Axionen oder supersymmetrische Teilchen, die in Theorien der Teilchenphysik gefordert werden. Der Massenbeitrag der Neutrinos ist sehr unsicher, da es zwar Anzeichen dafür gibt, dass Neutrinos eine Masse besitzen, aber nur eine obere Grenze für diese Masse bekannt ist.

Mit Hilfe der Astronomie lassen sich somit wichtige Eigenschaften des Universums bestimmen. Allerdings gelingt es nicht, Prozesse im Universum vor einem Alter von 300 000 Jahren zu bestimmen. Frühere Zeiten, bei denen hohe Temperaturen vorlagen, lassen sich aber im Rahmen der Kern- und Teilchenphysik untersuchen. Insbesondere erlauben die Erkenntnisse der Teilchenphysik, die Entwicklung des Universums kurze Zeit nach dem Urknall zu verstehen. Auf unserer Reise zum Anfang des Universums werden wir daher einen Abstecher zur Teilchenphysik vornehmen. Zunächst sollen die wichtigsten Erkenntnisse der Teilchenphysik kurz zusammengestellt werden.

3 Teilchenphysik

Experimentelle Methoden

Die Teilchenphysik versucht, die elementaren, unteilbaren Bausteine der Natur zu identifizieren, sowie die Kräfte zwischen ihnen zu beschreiben. Das endgültige Ziel der Teilchenphysik ist, alle Erscheinungen in der Natur auf eine Urkraft und auf einen oder wenige Urbausteine zurückzuführen. In den vergangenen Jahrzehnten wurden bedeutende experimentelle Anstrengungen unternommen, um zu immer kleineren Dimensionen vorzustoßen. Nach den Regeln der Quantentheorie erfordert das Abtasten kleiner Strukturen mit Teilchen, z.B. im Elektronenmikroskop, hohe Teilchenimpulse. Zu Beginn der Teilchenphysikforschung hat man die natürlich vorkommenden hochenergetischen Teilchen der kosmischen Strahlung für Experimente verwendet. Es zeigte sich aber bald, dass die Intensität unzureichend ist, um präzise Experimente durchzuführen. Ein experimenteller Durchbruch gelang schließlich mit der Entwicklung von Teilchenbeschleunigern. Diese enthalten Komponenten, wie wir sie aus jedem Fernseher kennen. Die Teilchen durchlaufen Beschleunigungsstrecken mit hohen elektrischen Feldstärken und werden mit Hilfe von Magneten fokussiert und abgelenkt. Schließlich lässt man sie mit anderen Materialien und Teilchen reagieren. Die Reaktionsprodukte werden dann in einem Detektor nachgewiesen. Im Fernseher ist der Detektor recht einfach aufgebaut. Er besteht nur aus einer Mattscheibe, die den Auftreffpunkt der Elektronen registriert. Die Detektoren der Teilchenexperimente sollen aber mehr leisten: die Teilchenart identifizieren, Energie und Impuls messen, die Flugrichtung bestimmen sowie Teilchenzerfälle registrieren. All dies soll für elektrisch geladene und ungeladene Teilchen möglich sein. Typischerweise benötigt man eine relative Genauigkeit in der Impulsmessung von wenigen Prozent. Bei den neueren Beschleunigern werden Elektronen und Protonen auf Energien von 100 Gigaelektronenvolt (GeV) und mehr beschleunigt (ein Elektron, das eine Spannung von eine Milliarde Volt durchläuft, hat eine kinetische Energie von 1 GeV). Damit sind haushohe Detektoren erforderlich, die aus verschiedenen Komponenten zusammengesetzt sind.

Die Suche nach den kleinsten Bausteinen der Natur wird zurzeit an verschiedenen Laboratorien durchgeführt. Die bedeutendsten Beschleunigeranlagen sind im CERN (Genf), DESY (Hamburg) und FNAL (bei Chicago) in Betrieb. Es handelt sich bei allen Anlagen um kreisförmige Teilchenspeicherringe, in denen Teilchen entgegengesetzt mit nahezu Lichtgeschwindigkeit umlaufen und im Inneren von Detektoren zur Kollision gebracht werden.

Obwohl so große Beschleunigungsanlagen benötigt werden, sind die freigesetzten Energien in den Teilchenstößen sehr gering im Vergleich zu Energiemengen des täglichen Lebens. 14 000 GeV, die am neuen LHC-Speicherring erreicht werden sollen, entspricht einer Energie von $6 \cdot 10^{-14}$ kWh, die ausreicht, um eine Glühlampe eine milliardstel Sekunde zu betreiben.[2] Der entscheidende Unterschied ist allerdings, dass diese Energiemenge am LHC in einem einzigen Teilchenstoß freigesetzt wird. Sie kann z.B. dazu verwendet werden, um nach der Einstein'schen Formel $E = m c^2$, neue Materie zu schaffen. Normalerweise entstehen viele neue Teilchen in diesen Prozessen, die im Detektor einen Teil ihrer Energie abgeben und daher registriert werden können. Anhand des Vergleichs mit der Glühlampe erkennt man, dass die Teilchendetektoren sehr empfindlich sein müssen, um diese winzigen Energien zweifelsfrei nachweisen zu können. Der Fortschritt in der Teilchenphysik hängt entscheidend von kontinuierlichen technischen Neuerungen in der Detektor- und Beschleunigerentwicklung ab.

Ergebnisse der Forschung

In den vergangenen Jahrzehnten gelang es, eine Theorie der Elementarteilchen und ihrer Kräfte zu formulieren. Danach besteht die Materie aus Atomen mit typischen Abmaßen von 10^{-10} m.[3] Diese bestehen aus einer Elektronenhülle und einem Kern, der sich wiederum aus Protonen und Neutronen zusammensetzt. Der Kern ist etwa 10 000-mal kleiner als das Atom, aber er enthält mehr als 99,9 % der Atommasse. Elektronen tragen eine negative und Protonen eine positive Elementarladung. Die Neutronen sind ungeladen. In Teilchenreaktionen, bei denen Teilchen, z.B. Elektronen, an Kernen gestreut werden, lässt sich die Ausdehnung und die Struktur der Protonen und Neutronen messen. Man findet, dass sie etwa 10^{-15}m groß sind und eine weitere Unterstruktur besitzen. Sie bestehen aus Quarks, die eine drittelzahlige Elementarladung tragen ($-1/3$ e und $2/3$ e). Mit den heute verfügbaren Beschleunigerenergien konnte bisher keine weitere Unterstruktur der Quarks und Elektronen gefunden werden. Von den Experimenten am Speicherring HERA (Hamburg) wissen wir, dass Elektronen und Quarks kleiner als 10^{-18} m sein müssen. Wenn wir uns ein Atom so groß wie die Erde vorstellen, dann wissen wir aus den Experimenten, dass Quarks und Elektronen kleiner als ein Tennisball sein müssen. Dies ist ein erstaunliches Resultat. Es zeigt, welche kleinen Dimensionen im Experiment messbar sind. Insgesamt findet man sechs verschiedene Quarks (u, d, s, c, b, t), die sich in drei Familien einteilen lassen. Ebenfalls drei Familien beobachtet man bei den Leptonen. Diese bestehen aus den Elektronen, Myonen, Taus und den dazugehörigen neutralen Neutrinos. Alle diese Teilchen tragen den Spin 1/2. Die zweite und dritte Familie bilden eine Kopie der ersten Familie, die sich nur durch ihre Massenwerte unterscheiden.

Ein weiteres Ziel der Teilchenphysik ist, die Kräfte zwischen den Elementarteilchen zu identifizieren und in Theorien zu beschreiben. Bisher konnten vier verschiedene Kräfte in der Natur entdeckt werden. Kräfte werden in der Teilchenphysik als Austausch von Feldquanten, den Eichbosonen, beschrieben. Die Quarks spüren eine starke Wechselwirkung, die so genannte Farbkraft, die durch den Austausch der masselosen Gluonen vermittelt wird. Sie hält die Quarks zu Protonen und Neutronen zusammen. Sie ist die stärkste in der Natur vorkommende Kraft. Sie wirkt nur auf Quarks und Gluonen. Die elektromagnetische Kraft ist schwächer und bindet z.B. die Elektronen an den Atomkern. Sie wird durch das Photon vermittelt, das mit allen Teilchen reagiert, die elektrisch geladen sind. Alle elektrischen und magnetischen Phänomene in der Natur lassen sich mit dieser Kraft verstehen. Die schwache Kraft tritt

---

[2] 10^{-14} kWh sind 0,00000000000001 Kilowattstunden.
[3] 10^{-10} m sind 0,0000000001 Meter.

in bestimmten radioaktiven Zerfällen auf und spielt eine wichtige Rolle beim Brennen der Sonne. Ein wichtiges Ergebnis der Teilchenphysik der vergangenen Jahre war, dass die elektromagnetische und die schwache Kraft als ein- und dieselbe Kraft verstanden werden kann, die durch die W^+-, W^--, Z-Bosonen und das Photon vermittelt wird. Verschiedene Experimente und Theorien der Teilchenphysik deuten auf die Existenz eines weiteren Teilchens, des Higgs-Bosons, hin, auf das wir später noch eingehen werden. Die Kräfte werden mathematisch als relativistische Quantenfeldtheorie beschrieben, welche die Quantenmechanik mit der speziellen Relativitätstheorie vereinigt. Bisher ist es nicht gelungen, auch die Gravitationskraft in diesem mathematischen Rahmen zu beschreiben, d.h. eine Verbindung von Quantentheorie und der Allgemeinen Relativitätstheorie zu finden. Dies ist ein wichtiges Ziel der Physik.

4 Rätsel

Trotz der großen Erfolge im Verständnis der Mikrowelt durch die Teilchenphysik und der Makrowelt durch die Astronomie und Astrophysik verbleiben viele Rätsel, die wir noch nicht auflösen können.

Rätsel der Teilchenphysik

Obwohl die Masse in der Physik eine so große Rolle spielt, ist immer noch unverstanden, wie Teilchen eine Masse erhalten, und weshalb sie in den drei Familien so unterschiedliche Werte annimmt. Aus der Relativitätstheorie ist bekannt, dass Masse eine Energieform ist. Ein viel versprechender Mechanismus zur Erklärung der Masse ist im Standardmodell der Teilchenphysik enthalten. Man stellt sich vor, dass das gesamte Universum von einem Hintergrundfeld, dem Higgsfeld, ausgefüllt ist. Durch ihre ständige Wechselwirkung mit dem Higgsfeld erhalten die Teilchen in dieser Theorie ihre Masse. Die Frage stellt sich nun, wie sich diese Vorstellung experimentell testen lässt. Glücklicherweise sagt das Standardmodell voraus, dass die Higgsfelder mit sich selbst wechselwirken müssen und dabei ein neues Teilchen produzieren, das Higgs-Boson. Es ist gewissermaßen ein Bindungszustand des Higgsfeldes. Das Standardmodell der Teilchenphysik sagt nicht voraus, welche Masse diese Teilchen haben soll. Allerdings lassen sich die Produktionsraten und Zerfallsraten als Funktion der Massen genau berechnen. In den vergangenen Jahren wurden daher erhebliche Anstrengungen unternommen, um dieses hypothetische Teilchen zu finden, bisher allerdings ohne Erfolg (Abb. 3). Aus den Messungen am LEP-Speicherring (CERN) kann man ableiten, dass das Higgs-Boson eine größere Masse als 113 GeV/c^2 haben muss. Es gibt sogar gemessene Anhäufungen von Teilchenereignissen bei einer Higgs-Masse von 115 GeV/c^2. Ob dies lediglich eine statistische Fluktuation oder ein Hinweis auf das Higgs-Boson ist, wird erst in den kommenden Jahren entschieden werden. Unabhängig davon zeigen Präzisionsmessungen bei LEP, dass die Daten am besten mit einer Higgs-Masse unterhalb von etwa 200 GeV übereinstimmen. Das Massenrätsel wird somit noch einige Jahre lang erhalten bleiben. Die Teilchenphysiker setzen ihre Hoffnung auf die neuen Beschleuniger LHC (CERN) und TESLA (DESY).

Eine weitere erstaunliche Tatsache ist, dass Atome elektrisch neutral sind. So besteht das Wasserstoffatom aus einem negativ geladenen Elektron und einem positiv geladenen Proton, das wiederum aus geladenen Quarks aufgebaut ist. Elektron- und Protonladung sind exakt gleich und haben nur ein unterschiedliches Vorzeichen. Sonst wäre unser Leben nicht möglich. Ein winziger Ladungsunterschied würde den Atomen eine effektive elektrische Ladung geben. Damit würden sich die gleichartig geladenen Atome gegenseitig abstoßen und könnten auch von der schwachen Gravitationskraft nicht zusammengehalten werden. Ein Stern oder ein Planet könnte nicht existieren. Bisher verstehen wir nicht, weshalb Quarks und Elektronen in einem festen Ladungsverhältnis von 1/3 bzw. 2/3 stehen. Das Standardmodell gibt darüber keine Auskunft. Elektronen und Quarks erscheinen als völlig getrennte Objekte. Eine Verbindung zwischen ihnen ist unbekannt. Allerdings lässt sich vermuten, dass beide möglicherweise aus anderen Urteilchen bestehen und somit ähnliche Eigenschaften aufweisen. Ein ähnlicher Ansatz wird in Stringtheorien verfolgt, in denen ein elementares, fadenförmiges Gebilde postuliert wird, das Schwingungen und Rotationen ausführen kann. Die Anregungen dieses Fadens (Strings) entsprechen den beobachtbaren Teilchenzuständen.

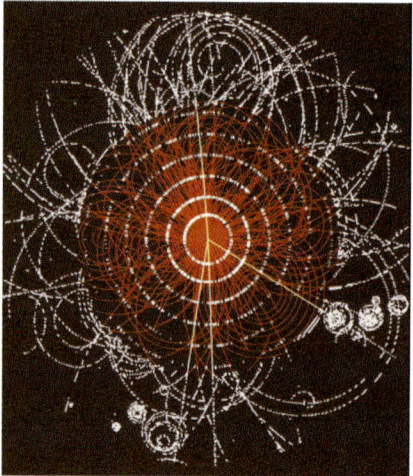

Abb. 3: Ein simuliertes Ereignis für den Atlas-Detektor zeigt den Zerfall eines Higgs-Bosons in vier Myonen, die als gerade, hochenergetische Spuren erkennbar sind. Zusätzlich zum Higgs-Boson werden viele Teilchen mit niedriger Energie erzeugt, die als gekrümmte Spuren sichtbar sind.

Ein weiteres, unverstandenes Rätsel betrifft die Unterschiedlichkeit der Naturkräfte. Die starke Kraft und die Gravitationskraft unterscheiden sich in ihrer Stärke um einen Faktor 10^{40}.[4] Die einzelnen Kräfte wirken auf unterschiedliche Teilchenarten. Auf den ersten Blick erscheint es somit unwahrscheinlich, das sich das Ziel der Teilchenphysiker erreichen lässt, alle Kräfte auf eine Urkraft zurückzuführen. Theorie der Teilchenphysik zeigen aber, dass bei hohen Energien durchaus alle Kräfte vereinigt werden könnten und sich eine solche Urkraft herauskristallisieren könnte. Zum Verständnis dieses Phänomens kann man sich das H_2O Molekül als Beispiel nehmen. Bei hohen Energien (Temperaturen) kommt es nur im gasförmigen Zustand als Wasserdampf vor. Bei Abkühlung unter 100 °C findet man Wasser und Wasserdampf. Eine weitere Abkühlung auf 0 °C liefert ein Gemisch aus Dampf, Wasser und Eis. Somit entstanden aus dem einheitlichen Wasserdampf durch Phasenübergänge bei niedrigen Temperaturen unterschiedliche Substanzen mit verschiedenen Eigenschaften. In ähnlicher Weise kann man sich das Auftreten verschiedenster Kräfte aus einer Urkraft vorstellen. Ab-

---

[4] 10^{40} ist 10000000000000000000000000000000000000000!

schätzungen in Superstringtheorien ergeben, dass diese vereinigte Urkraft bei einer Energie von etwa 10^{16} GeV einsetzen sollte. Dies ist keine gute Nachricht für die Experimentalphysiker. Denn mit heutiger Technologie müsste ein Beschleuniger den Umfang unserer Milchstraße haben, um solche Teilchenenergien zu erreichen. Das Ziel ist daher, Effekte der Superstringtheorie zu finden, die auch bei geringen Energien messbar sind. Glücklicherweise sagt diese Theorie aber auch voraus, dass es zu den bekannten elementaren Teilchen so genannte supersymmetrische Partnerteilchen geben sollte, die ähnliche Eigenschaften, aber größere Massen haben sollten. Diese sollten an zukünftigen Beschleunigern, z.B. am LHC, beobachtbar sein.

Rätsel der Astronomie und Astrophysik

Die einfachsten Fragen führen in der Physik häufig zu den schwierigsten Rätsel wie z.B. die Frage: Weshalb gibt es überhaupt Materie im Universum? Wenn wir uns vorstellen, dass beim Urknall Materie und Antimaterie in gleichen Mengen erzeugt wurde, so sollten sie sich anschließend bei Zusammenstößen vollständig vernichtet haben, so dass zum Schluss nur noch Licht und Neutrinos übrig blieb. In unserer Welt beobachten wir aber einen Überschuss an Materie, aus dem wir und unser Sonnensystem besteht. Die zurzeit bevorzugte Erklärung ist, dass kurz nach dem Urknall die Symmetrie zwischen Materie und Antimaterie verletzt war, so dass ein geringer Überschuss (10^{-9}) an Materie übrig blieb. Ähnliche Effekte, die die Materie-Antimaterie-Symmetrie verletzen, konnten in Teilchenexperimenten beobachtet werden. Allerdings ist noch unbekannt, welcher Mechanismus bei hohen Energien kurz nach dem Urknall wirksam war.

Wie erwähnt lässt sich aus den Bewegungen der Galaxien in großen Entfernungen schließen, dass es zusätzlich zu der beobachtbaren Sternmaterie noch unsichtbare dunkle Materie geben muss, die nur über die Gravitation nachweisbar ist. Bisher ist unklar, woraus diese Materiekomponente bestehen könnte. Massive Neutrinos könnten einen Anteil stellen. Allerdings reicht ihr Beitrag nicht aus. Es wird eine weitere Komponente von langsamen Teilchen mit geringer kinetischer Energie benötigt. Hier ergibt sich nun eine weitere interessante Verbindung zur Teilchenphysik. Die genannten supersymmetrischen Teilchen könnten die Erklärung sein. Das leichteste, neutrale supersymmetrische Teilchen sollte stabil sein und sollte kurz nach dem Urknall in großen Mengen erzeugt worden sein. Da sie nicht zerfallen, würden sie noch heute in so großen Mengen existieren, dass ihre Massendichte größer als die Dichte der bekannten Materie sein könnte. Große Anstrengungen werden zurzeit unternommen, um diese dunkle Materie direkt nachzuweisen. Eine weitere Hoffnung besteht darin, die postulierten supersymmetrischen Teilchen an den neuen Beschleunigern zu erzeugen und mit den Detektoren nachzuweisen. Falls sie existieren, sollte die Entdeckung am LHC gelingen. Dies wäre ein wichtiger Schritt für die Teilchenphysik, aber auch für das Verständnis des Universums.

Ein großes Rätsel bleibt die Vakuumenergie. Sollten sich die ersten Messungen bestätigen, so ist vollkommen unklar, welche Eigenschaften diese Energieform haben sollte und weshalb sie genau die Energiedichte hat, die wir beobachten. Verfeinerte Experimente werden sicher die makroskopischen Eigenschaften (über große Distanzen) der Vakuumenergie bestimmen können. Ein wirkliches Verständnis wird allerdings erst möglich sein, wenn eine vereinigte Theorie aller Kräfte formuliert wird, die auch die Gravitation beinhaltet. Möglicherweise ist die Vakuumenergie mit den Higgsfeldern verknüpft. Dies ist aber noch reine Spekulation.

Insgesamt lässt sich festhalten, dass es sowohl in der Teilchenphysik als auch in der Astrophysik und Kosmologie grundlegende Rätsel gibt. Vermutlich werden beide Teilgebiete der

Physik in gleicher Weise zur Klärung dieser Fragen beitragen. Es besteht die Hoffnung, dass neue Experimente der Teilchenphysik in den kommenden Jahren diese Fragen beantworten können.

5   Der Urknall

Die wichtigsten experimentellen Erkenntnisse der Teilchenphysik und Astronomie wurden bisher zusammengestellt. Nun soll mit diesem Wissen versucht werden, ein Bild des Universums zu zeichnen, angefangen vom Urknall bis heute.

Die Ursache des Urknalls ist unbekannt. Auch die Frage, was vor dem Urknall war, lässt sich mit physikalischen Methoden nicht beantworten. Vielmehr begannen Raum und Zeit, die Grundlagen für die Formulierung der physikalischen Gesetze, erst mit dem Urknall. Wir wissen auch nichts über das Geschehen bis zur Planckzeit (10^{-43} s) bis zur der vermutlich alle Kräfte gleich stark waren und die oben erwähnte Urkraft vorlag. Es fehlt eine Quantentheorie der Gravitation zur Beschreibung dieser ersten Phase nach dem Urknall. Möglicherweise ist eine Unterscheidung von Raum und Zeit in dieser Periode nicht sinnvoll. Anschließend, zwischen etwa 10^{-43} s und 10^{-34} s, ist das Universum zunächst 10^{19} GeV heiß und kühlt sich weiter ab. Dabei separiert die Gravitationskraft als eigenständige Kraft von den anderen Kräften, die noch vereinigt sind.

Im Zeitraum zwischen 10^{-34} s und 10^{-32} s passiert nun etwas Erstaunliches.[5] Zunächst sind die drei Kräfte (starke, schwache und elektromagnetische Kraft) noch vereint. Nun separiert die starke Kraft als eigenständige Kraft. Dabei nimmt das Higgsfeld in einer kleinen Region einen anderen Energiezustand ein. Dies führt zu einer großen Vakuumenergiedichte, vergleichbar mit einer großen kosmologischen Konstante, die dann nach den Einstein'schen Gleichungen eine starke Anti-Gravitation hervorruft. Diese bewirkt eine Abstoßung des Raumes von sich selbst. Die winzige Raumregion bläht sich innerhalb von 10^{-32} Sekunden um eine Faktor 10^{50} auf und erreicht die Größe eines Tennisballs. Diesen Prozess der Raumaufblähung nennt man Inflation.

Der Inflationsprozess erscheint zunächst sehr unplausible und jenseits unserer Vorstellungskraft. Allerdings werden durch ihn viele Eigenschaften des Universums verständlich, für die es sonst keine schlüssige Erklärung gibt. Zum einen führt die Inflation zu einem homogenen und isotropen Universum, so wie man es heute beobachtet. Der Grund liegt darin, dass jegliche Inhomogenität vor der Inflation durch die riesige Aufblähung geglättet wird und das Universum isotrop und homogen wird. Aus dem gleichen Grund wird auch die Geometrie des Universums durch die Glättung so verändert, dass anfängliche Krümmungen des Raumes verschwinden und der Raum auf große Distanzen eine flache Geometrie mit $\Omega = 1$ annimmt.

Zu einem Zeitpunkt von 10^{-32} s ist die Inflation beendet und die normale Expansion des Universums wird fortgesetzt. Die Materie besteht nun aus Quarks und Leptonen. Auf sie wirken die Gravitationskraft, die starke Kraft und die noch vereinigte elektroschwache Kraft. Zu diesem Zeitpunkt existierte vermutlich ein winziger Überschuss (von 10^{-9}) an Materie gegenüber der Antimaterie. Daraus entstanden später Sterne und Galaxien.

Bei einem Alter von 10^{-11} Sekunden fällt die Temperatur unter 10^{15} Grad. Nun teilt sich die elektroschwache Kraft in die elektromagnetische und die schwache Kraft auf, so wie wir die

---

[5] 10^{-34} s sind 0,0000000000000000000000000000000001 Sekunden.

Kräfte heute in den Laborexperimenten beobachten. Zu einem späteren Zeitpunkt (etwa 10^{-6} s) vernichten sich Quarks und Antiquarks. Dabei entstehen viele Photonen, die wir heute noch als Hintergrundstrahlung beobachten können. Der winzige Überschuss an Materie führt dazu, dass alle Antiquarks vernichtet werden, aber Quarks übrig bleiben. Nach diesem Vernichtungsprozess bildet sich ein Plasma aus Quarks und Gluonen, d.h. Quarks und Gluonen bewegen sich als freie Teilchen. Dieses Plasma verwandelt sich zu einem späteren Zeitpunkt (10^{-4} s) , indem sich aus den Quarks und Gluonen Bindungszustände, wie z.B. Protonen und Neutronen, bilden. Nun gibt es keine freien Quarks mehr. Die Massendichte und die kinetische Energie der Protonen und Neutronen ist so groß, das Neutrinos ständig mit ihnen reagieren. Mit fallender Temperatur des Universums nimmt diese Reaktionsrate ab. Etwa bei einem Alter von eine Sekunde wird die Reaktionsrate für Neutrinos sehr gering, d.h. das Universum wird transparent für Neutrinos. Sie können sich ungehindert ausbreiten und durchdringen noch heute unser Universum. Somit sollte es analog zur Photon-Hintergrundstrahlung auch eine Neutrino-Hintergrundstrahlung geben. Bisher gelang es allerdings noch nicht, Nachweisgeräte zu entwickeln, die diese Strahlung entdecken können. Die Reaktionsraten sowie die Reaktionsenergien sind für bestehende Detektoren zu gering.

Bei einem Alter von etwa 100 Sekunden verbinden sich Protonen und Neutronen zu leichten Atomkernen, wie Deuteron, Helium, Lithium. Interessant für die Urknalltheorie ist nun, dass sich die Häufigkeit dieser leichten Elemente im Universum berechnen lässt. Ein wichtiger Parameter bei diesen Messungen ist die Anzahl der leichten Neutrinotypen. Im Standardmodell werden drei Neutrinoarten (Elektron-, Myon- und Tau-Neutrino) verwendet. Eine direkte Messung der Z-Boson Produktionsrate am LEP-e^+e^--Speicherring bestätigt auf eindruckvolle Weise, dass es nur diese drei Arten von leichten Neutrinos gibt. Eingesetzt in die Gleichungen für die Elementhäufigkeit findet man nun eine hervorragende Übereinstimmung der berechneten und gemessenen Häufigkeiten. Dies ist beeindruckend, insbesondere da sich die Helium-4 und Lithium Häufigkeiten um einen Faktor 10^{-9} unterscheiden. Die beste Übereinstimmung wird für eine Baryonendichte im Universum von etwa 5 % erreicht, in Übereinstimmung mit den Beobachtungen. Diese Resultate sind wichtige Bestätigungen der Urknalltheorie und zeigen die enge Verbindung zwischen der Teilchenphysik und der Kosmologie.

Nach einem großen Zeitsprung erreicht man nach 300 000 Jahren den Zeitpunkt, bei dem die ersten Atome entstehen. Vorher war das Universum noch so heiß, dass Elektronen und Protonen nur als freie Teilchen existierten. Die Photonen reagierten ständig mit diesen freien, geladenen Teilchen. Nun sank die Temperatur so weit, dass sich Elektronen und Protonen zu Atomen verbanden. Diese sind elektrisch neutral und reagieren daher nur sehr selten mit den Photonen. Somit wird das Universum auch für Photonen transparent. Das Licht breitet sich ungehindert aus und wird heute als drei Kelvin Hintergrundstrahlung registriert.

Bereits kurz nach dem Urknall gab es lokale Dichteschwankungen, die auch heute noch in der Hintergrundstrahlung sichtbar sind. Im Laufe der Zeit verdichteten sie sich aufgrund der Gravitationskraft. Es bildeten sich Materiewolken, aus denen etwa bei einem Alter von einer Milliarde Jahren die ersten Galaxien entstanden. Eine genauere Berechnung der Galaxiebildung zeigt, dass wiederum ein großer Anteil an dunkler Materie nötig ist, um die Bildung von Galaxien in diesem relativ kurzen Zeitraum erklären zu können. Die dunkle Materie verstärkt durch ihre Massendichte die Gravitationsanziehung der Materiewolke. Die beste Übereinstimmung dieser Modelle mit der beobachteten Galaxieverteilung im Universum erreicht man für kalte, dunkle Materie, wie z.B. die genannten supersymmetrischen Teilchen.

6   Weitere Forschung

Teilchenphysik

Die nächste Generation der Teilchenexperimente wird wichtige Ergebnisse für das Verständnis des Mikrokosmos und für die Entwicklung des Universums liefern. Wichtige Fragen, die es zu beantworten gilt, sind: Gibt es das Higgs-Boson? Lässt sich die Teilchenmasse mit dem Higgs-Mechanismus verstehen? Existiert eine Unterstruktur in Elektronen und Quarks? Gibt es experimentelle Hinweise für supersymmetrische Teilchen? Haben Neutrinos eine Masse? Wie groß ist sie? Zerfallen Protonen und Neutronen? Aus welchen Teilchen besteht die dunkle Materie? Nach dem erfolgreichen Messprogramm bei LEP werden diese Fragen in den kommenden Jahren bei Hera (DESY), dem Tevatron (FNAL), LHC (CERN) und später bei TESLA (DESY) untersucht. Das nächste Jahrzehnt wird somit spannend sowohl für die beteiligten Wissenschaftler als auch für interessierte Laien. Insbesondere sollte der LHC in der Lagen sein, das Higgs-Boson zu finden oder es definitiv auszuschließen. Alle hoffen, dass damit eine weiterer Meilenstein auf dem Weg zu einer vereinheitlichten Theorie aller Kräfte gesetzt wird.

Kosmologie

In der Astronomie und Astrophysik zeichnet sich in den kommenden Jahren ebenfalls eine stürmische Entwicklung ab. Die neuen Satelliten MAP (ab 2000) und Planck (ab 2005) werden das Spektrum der Drei-Kelvin-Hintergrundstrahlung mit deutlich besserer Auflösung vermessen. Gleichzeitig sind verbesserte Messungen der Hubble-Beziehung durch Beobachtung entfernter Supernovae geplant. Somit lassen sich die fundamentalen kosmologischen Parameter mit deutlich verbesserter Genauigkeit bestimmen.

Zusammenfassend lässt sich festhalten, dass in den vergangenen Jahren erhebliche Fortschritte im Verständnis der Teilchenphysik und der Kosmologie erzielt werden konnten. Dabei zeigt sich, dass die Experimente an Teilchenbeschleunigern Aufschluss über die Entwicklung des Universums kurz nach dem Urknall geben können. In den kommenden Jahren sind mehrere, entscheidende Experimente geplant, die weitere Erkenntnisse auf diesem Weg liefern werden. Die Teilchenphysik und die Kosmologie werden sich weiterhin gegenseitig ergänzen. Auf interessante, spannende und unerwartete Forschungsergebnisse können wir uns heute schon freuen.

Der Autor

Gregor Herten
Fakultät für Physik, Universität Freiburg

Gregor Herten, 1955 in Korschenbroich geboren, studierte Physik an der RWTH in Aachen. Von 1986 bis 1992 war er Professor am M.I.T. in Cambridge, Massachusetts, und seit 1992 ist er Professor für Experimentalphysik an der Universität Freiburg. Auf seinem Arbeitsgebiet, der experimentellen Elementarteilchenphysik, hat er an Experimenten im DESY, Hamburg, und im CERN, Genf, mitgewirkt und mehr als 200 Artikel veröffentlicht. Von 1995 bis 1999 war er Prorektor für Forschung der Universität Freiburg.

Interessante Links

Das Internet bietet dem interessierten Leser viele Informationen zur Kosmologie und zur Teilchenphysik. Eine kurze Übersicht:

Kosmologie:

[1] N. Wright, Cosmology Tutorial, http://www.astro.ucla.edu/~wright/cosmolog.htm
[2] Supernova Cosmology Project, http://www-supernova.lbl.gov
[3] COBE Home Page, http://space.gsfc.nasa.gov/astro/cobe/cobe_home.html
[4] D. Giulini, N. Straumann, „Das Rätsel der kosmischen Vakuumenergiedichte und die beschleunigte Expansion des Universums", http://xxx.lanl.gov/abs/astro-ph/0009368

Teilchenphysik:

[5] CERN, http://www.cern.ch
[6] DESY, http://www.desy.de
[7] Teilchenphysik in Europa, http://outreach.web.cern.ch
[8] The Particle Adventure, http://wwwpdg.cern.ch/pdg/particleadventure/index.html
[9] Lehr- und Lernsystem zur Teilchenphysik,
       http://iphlehramt.physik.uni-mainz.de/ lehrsystem
[10] Teilchenphysik für alle!, http://www.desy.de/pr-info/Kworkquark

Die himmlische Energiequelle: Wie funktioniert die Sonne?

Die Geschichte der chemischen Elemente

Claus Rolfs

1 Prolog

Untersuchungen in den vergangenen sechs Jahrzehnten haben gezeigt, dass der Mensch mit dem fernen Raum und der fernen Zeit nicht nur durch seine Phantasie verbunden ist, sondern auch durch eine gemeinsame kosmische Erbschaft: die chemischen Elemente, aus denen unsere Umgebung und unser Körper bestehen. Diese Elemente wurden über nukleare Brennprozesse im heißen Zentrum von entfernten und längst erloschenen Sternen innerhalb vieler Milliarden Jahre erzeugt. Als ihr Brennmaterial schließlich verbraucht war, starben diese gigantischen Sterne in kataklysmischen Explosionen, den Supernovae, wobei sie die Atome der schweren Elemente weit im Raum verstreuten. Dieses verstreute Material – wie auch Material, das von kleineren Sternen während ihrer Lebensphase als Rote Riesen verloren ging –, sammelte sich mit der Zeit in Form von Gaswolken im interstellaren Raum, die sich langsam zusammenzogen und schließlich zur Geburt neuer Sterngenerationen führten. Das ist ein Zyklus in der Evolution von Sternen, der auch heute noch stattfindet.

In diesem Szenario wurden die Sonne und ihre Planeten vor nahezu fünf Milliarden Jahren geboren. Durch das Aufsammeln der Asche seiner stellaren Ahnen lieferte der Planet Erde schließlich die Bedingungen, die Leben möglich machten. Jedes Objekt des Sonnensystems einschließlich jeder lebenden Kreatur auf der Erde enthält also Atome aus fernen Ecken unserer Galaxie und aus Zeiten, die tausendfach weiter zurückliegen als der Anfang der menschlichen Evolution. In gewisser Weise war daher jeder von uns innerhalb eines Sterns und besteht buchstäblich aus Sternenstaub. Jeder von uns war auch in gewisser Weise im weiten Raum zwischen den Sternen. Jedes Molekül in unserem Körper enthält Materie, die einmal den enormen Temperaturen und Drücken im Zentrum eines Sterns ausgesetzt war. Das ist der Ursprung des Eisens in unseren Blutzellen, des Stickstoffs und Sauerstoffs in der Luft, des Kohlenstoffs in unserem Gewebe und des Kalziums in unseren Knochen. Alle diese Elemente wurden über nukleare Fusionsreaktionen – ausgehend vom kleinsten Atom, dem Wasserstoff, ein Hauptprodukt des *Urknalls* – im Innern von Sternen hergestellt.

Zur Abrundung dieser „Schöpfungsgeschichte" muss erwähnt werden, dass wir das Licht weit entfernter Galaxien zu längeren Wellenlängen verschoben sehen – die so genannte Rotverschiebung –, ähnlich wie wir die Hupe eines sich entfernenden Autos bei einer niedrigeren Frequenz (größeren Wellenlänge) hören. Diese Beobachtung ist ein Beweis für die fortlaufende Expansion des Universums. Die Beobachtung bedeutet jedoch auch, dass das Universum in seiner frühen Phase äußerst komprimiert und heiß gewesen sein muss, eine Folgerung, die durch die Beobachtung einer kosmischen Hintergrundstrahlung im Radiowellenlängenbereich auf eine solide Grundlage gestellt wurde. Diese Strahlung ist das heutige restliche Flämmchen – bei einer Temperatur nahe dem absoluten Nullpunkt, d.h. bei 2,7 K – der ursprünglichen Riesenexplosion des Universums; bei diesem Urknall herrschten Temperaturen weit oberhalb 10^9 K. Nach dieser Explosion führten kleine Fluktuationen der Massendichte schließlich zur

Bildung von Galaxien (analog der Bildung von Lawinen aus Schneebällchen), in denen wiederum Dichtefluktuationen zur Klumpung und Kontraktion von Gaswolken zu Sternen führten und immer noch führen (siehe oben). Einige astrophysikalische Szenarien des Universums und seiner Objekte wie auch ihre Informationsträger sind schematisch in Abb. 1 dargestellt.

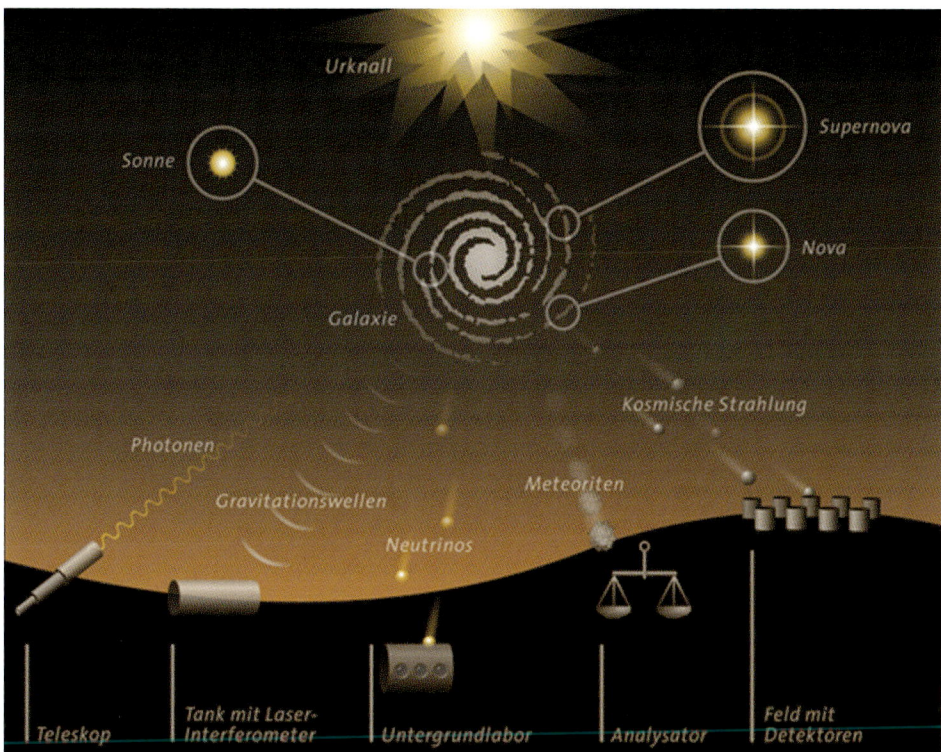

Abb. 1: Schema des beobachtbaren Universums, das mit dem Urknall begann und sich in eine reiche Vielfalt von Strukturen entwickelte, von denen hier nur eine Galaxie (unsere Milchstraße) einschließlich unserer Sonne, einer Nova und einer Supernova dargestellt sind. Die zur Erde gelangenden Informationsträger dieser Strukturen sind Photonen (von Radiowellen über sichtbares Licht bis zu energetischen γ-Quanten), Neutrinos, kosmische Strahlung, Meteore, und – in der Zukunft – Gravitationswellen. Die Neutrinos werden mit Teleskopen beobachtet, die in unterirdischen Labors installiert werden müssen, weil nur so diese Informationsträger gegen den kosmischen Untergrund sichtbar werden. Die Informationsträger Photonen und kosmische Strahlung werden dagegen besser studierbar, je höher in der Atmosphäre das Beobachtungsgerät steht. Optische Teleskope werden daher auf hohen Bergen (mit reiner Luft) oder gar außerhalb der Erdatmosphäre (wie das Hubble-Weltraumteleskop) installiert. Analog werden großflächige Detektoranordnungen auf hohen Bergen zur Beobachtung der kosmischen Strahlung aufgebaut. Schließlich werden spezielle Einschlüsse (Mikrokristalle) in Meteoren im Labor auf ihre chemische und isotopische Zusammensetzung hin untersucht.

Gemäß heutiger Vorstellungen wurde der Löwenanteil der Elemente – d.h. die Elemente Kohlenstoff bis Uran – vollständig innerhalb der Sterne erzeugt, im Laufe ihres feurigen Lebens und explosiven Todes. Die leichten Elemente – Wasserstoff, Helium und Lithium – wurden gebildet, bevor die Sterne überhaupt existierten, und zwar während der Geburt des Universums. Schließlich wurden die reaktiven leichten Elemente Beryllium und Bor im interstellaren Raum durch kosmische Strahlen synthetisiert. Die quantitative Erklärung der Her-

kunft der chemischen Elemente – die *Nukleosynthese* – ist Gegenstand der *nuklearen Astrophysik*. Dieses interdisziplinäre Forschungsgebiet verbindet Astrophysik und Kernphysik miteinander [1–4].

2   Grundlagen der Nukleosynthese

Die meisten Sterne – wie unsere Sonne – lassen sich als ein nahezu ideales Gas darstellen,
wobei die Dichte ρ und die Temperatur T von der Oberfläche bis zum Zentrum enorm anstei-
gen. Für die Sonne berechnet man im Zentrum $\rho = 150$ g/cm^3 und $T = 1{,}5 \cdot 10^7$ K, typische
Werte für alle sonnenähnlichen Sterne. Im Labor lässt sich ein Gas dieser hohen Dichte nicht
mehr durch ein ideales Gasgesetz beschreiben. Im heißen Zentrum eines Sterns ist jedoch die
Gasmaterie nahezu vollständig ionisiert, wobei die nackten Kerne und die freien Elektronen
nur einen kleinen Bruchteil des verfügbaren Raums ausfüllen. Diesen Materiezustand nennt
man ein Plasma. Die Situation ist analog einem Kartenhaus, das ein viel größeres Volumen
ausfüllt als die Karten selbst. Bei der gegebenen zentralen Temperatur besitzen die Kerne eine
kinetische Energieverteilung um den wahrscheinlichsten Wert $E = kT$ (k ist die Boltzmann-
Konstante) und bewegen sich im stellaren Gas beliebig in alle Richtungen. Bei dieser Bewegung stoßen die Kerne (z.B. Element 1) gelegentlich mit anderen Kernen (z.B. Element 2)
zusammen, wobei zwei verschiedene Kerne (Elemente 3 und 4) aus dem Stoß resultieren
können: Solche Reaktionen schreibt man als $1 + 2 \rightarrow 3 + 4$, allgemeiner als $x + A \rightarrow y + B$
oder A(x,y)B. Diese Elementumwandlung nennt man eine Kernreaktion; sie ist der Schlüssel
zum Verständnis der Nukleosynthese, d.h. einer kontinuierlichen Umwandlung des leichtesten
und häufigsten Elements Wasserstoff in immer schwerere Elemente. Dabei wird gemäß der
Einstein-Gleichung $E = mc^2$ immer Masse in Energie verwandelt. Wenn der Energie-Wert der
Reaktion $Q = (m_1 + m_2 - m_3 - m_4)c^2$ (m_i sind die Kernmassen, c ist die Lichtgeschwindigkeit)
positiv ist, so ist – gleichzeitig mit der Elementumwandlung – mit jedem Ereignis eine Ener-
giefreigabe Q verbunden. Kernreaktionen mit positivem Q-Wert sind natürlich wichtig für die
Energieproduktion in Sternen. Von gleicher Bedeutung ist die Wahrscheinlichkeit dafür, dass
eine solche Kernreaktion überhaupt stattfindet. Diese Wahrscheinlichkeit wird als ein ener-
gieabhängiger Wirkungsquerschnitt $\sigma(E)$ angegeben, analog der Querschnittsfläche einer
Zielscheibe beim Bogenschießen, wobei für Kernreaktionen die Querschnittsfläche eines A-
tomkerns von etwa 10^{-24} cm^2 = 1 barn als Einheit gewählt wird. Der Wirkungsquerschnitt
bestimmt, wie viele Kernrektionen pro Zeiteinheit und Volumeneinheit auftreten, und die
Größen Q und $\sigma(E)$ liefern dann letztendlich die Gesamtrate der stellaren Energieproduktion.
Der Wirkungsquerschnitt einer Kernreaktion ist bestimmt durch die Gesetze der Quantenmechanik, wobei in den meisten Fällen eine abstoßende Coulomb-Barriere (infolge der positiven
Kernladungen von x und A) und eine abstoßende Zentrifugalbarriere (infolge von Bahndrehimpulsen zwischen x und A) das Verschmelzen (die Fusion) eines Kerns mit einem anderen Kern stark behindert. Das Durchdringen dieser Barrieren nennt man Tunneln. Es führt zu
einer Energieabhängigkeit für $\sigma(E)$, die nahezu exponentiell mit fallender Energie E ab-
nimmt. Andere energieabhängige Effekte führen oft zu einer komplexen Struktur des Verlaufs
$\sigma(E)$. Es ist Aufgabe des Experimentators, genaue $\sigma(E)$-Daten über einen weiten Energiebereich zu gewinnen, da unsere nur bruchstückhafte Kenntnis der Kernphysik uns daran hindert,
genaue $\sigma(E)$-Berechnungen durchzuführen.

Nach der Geburt eines Sterns verbrennt in seinem Zentrum zunächst das häufigste Element, Wasserstoff (^{1}H; der hoch gestellte Index identifiziert ein ganz bestimmtes Isotop eines Elements und damit seine Masse). Als Asche dieses Wasserstoffbrennens entsteht das Element Helium (^{4}He), und es wird eine enorme Menge an Energie freigesetzt (4 ^{1}H $\to$ ^{4}He + 2ν + 2e$^+$; Q = 27 MeV; ν ist das Neutrino, e$^+$ das Positron), die den Stern zum Leuchten bringt. Unsere Sonne tut dies seit etwa fünf Milliarden Jahren, wobei sie in jeder Sekunde eine Wasserstoffmenge von etwa 700 Millionen Tonnen verbrennt; diese Menge entspricht einem Volumen von einer ein Meter dicken Schicht über die Fläche des gesamten Ruhrgebiets. Die Sonne hat noch Brennvorrat für weitere fünf Milliarden Jahre. Wenn der Wasserstoff im Zentrum schließlich verbraucht ist, verbrennt der Stern die neue Asche. Bei diesem so genannten Heliumbrennen entstehen als weitere Asche die Elemente Kohlenstoff (^{12}C: 3^{4}He$\to$^{12}C; Q = 7,3 MeV) und Sauerstoff (^{16}O: ^{12}C(^{4}He,γ)^{16}O; Q = 7,1 MeV; γ ist ein energetisches Photon, auch γ-Quant genannt). Die zentrale Temperatur ist jetzt etwa $1,5 \cdot 10^8$ K. In dieser Phase hat sich der Stern zu einem Roten Riesen entwickelt, ein wahrhaft gigantischer Stern: Unsere Sonne wird sich in dieser Entwicklungsphase – in etwa fünf Milliarden Jahren – so weit aufblähen, dass die Erdumlaufbahn sich in ihrem Innern befindet. Wir Menschen bestehen hauptsächlich (90 %) aus Kohlenstoff und Sauerstoff und sind somit in gewisser Weise das Produkt der Roten Riesen.

In anschließenden weiteren Brennphasen werden aus der Asche des Heliumbrennens, nämlich Kohlenstoff und Sauerstoff, schließlich alle schwereren Elemente bis zum Eisen hergestellt. Die Elemente zwischen Eisen und Uran werden in diesen Brennphasen durch eine Reihe von Neutroneneinfang-Reaktionen A(n,γ)B mit Eisen als Brutmaterial hergestellt. Man unterscheidet den s-Prozess (s für slow, d.h. langsamer Einfang) und den r-Prozess (r für rapid, d.h. schneller Einfang). In explosiven Szenarien – wie dem frühen Universum, den Novae und den Supernovae – mit Temperaturen im Bereich von einigen 10^9 K sind die nuklearen Verbrennungszeiten bis zu Sekunden verkürzt, verglichen mit Millionen Jahren für das Wasserstoffbrennen in der Sonne. Wenn die Halbwertszeit $T_{1/2}$ eines radioaktiven Kerns länger als diese Verbrennungszeit ist, so ist dieser radioaktive Kern selbst im nuklearen Brennen involviert und trägt somit zur beobachteten Element-Komposition dieser Szenarien bei: Man spricht dann vom rp-Prozess (rp für rapid proton, d.h. schneller Protoneneinfang).

3   Laborstudium von astrophysikalisch relevanten Kernreaktionen

Ziel des Laborstudiums einer astrophysikalisch relevanten Kernreaktion A(x,y)B ist die Messung des Wirkungsquerschnitts $\sigma(E)$ über einen weiten Energiebereich E, d.h. von einigen keV (statisches Brennen wie in der Sonne) bis zu einigen MeV (explosives Brennen wie in Supernovae). Für dieses Studium werden die Projektile x (d.h. geladene Ionen) in einem Beschleuniger auf die notwendige Energie E gebracht (Abb. 2) und dann auf ein Target mit den Kernen A geschossen; die Kerne x und A bilden den so genannten Eingangskanal. In der Targetzone findet dann die Kernreaktion statt. Die Endprodukte der Kernreaktion, die Ejektile y und B (der Ausgangskanal) werden mit Detektoren nachgewiesen. Die beobachtete Zählrate in den Detektoren hängt ab von der Anzahl an Projektilen N_P, der Anzahl an Targetkernen N_T, der Nachweiswahrscheinlichkeit ε_D der Detektoren für ein gewähltes Ejektil und schließlich vom Wirkungsquerschnitt $\sigma(E)$. Durch Optimierung der Parameter N_P, N_T und ε_D ist es möglich, sehr kleine Wirkungsquerschnitte zu messen.

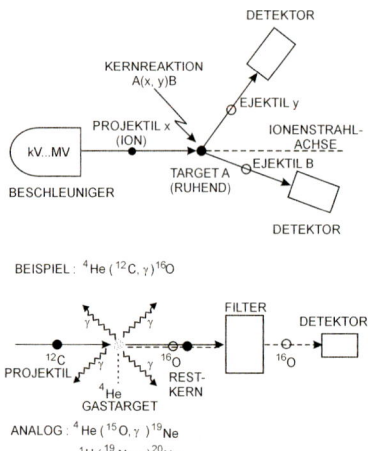

BEISPIEL : ^{4}He $(^{12}$C, γ)^{16}O

ANALOG : ^{4}He $(^{15}$O, γ)^{19}Ne
        ^{1}H (^{19}Ne, γ)^{20}Na

Abb. 2: Laborstudium von astrophysikalisch relevanten Kernreaktionen. Gezeigt ist auch der Fall der ^{12}C(^{4}He,γ)^{16}O-Reaktion in inverser Kinematik, d.h. ^{4}He(^{12}C,γ)^{16}O. Dabei werden die ^{16}O-Rückstoßkerne in einem Filter von den intensiven ^{12}C Projektilen getrennt und anschließend in einem Detektor identifiziert. Eine solche Anlage ist auch für das zukünftige Studium von Einfangreaktionen mit radioktiven Ionenstrahlen von hohem Nutzen, z.B. ^{4}He(^{15}O,γ)^{19}Ne mit einer Halbwertszeit $T_{1/2}$ (^{15}O) = 122 Sekunden und ^{1}H(^{19}Ne,γ)^{20}Na mit $T_{1/2}$(^{19}Ne) = 17 Sekunden.

Prinzipiell unterscheidet man zwei Klassen von Kernreaktionen: Die eine Klasse ist wichtig für das Verständnis der Nukleosynthese, die andere Klasse ist wichtig für das Verständnis sowohl der Nukleosynthese wie auch der Energieproduktion, Neutrinoluminosität und Evolution eines Sterns. Kernreaktionen der letzteren Klasse nennt man daher *Schlüsselreaktionen*. Zu ihnen gehören die Fusionsreaktionen des Wasserstoffbrennens (Reaktionen der Proton-Proton-Kette und des CNO-Zyklus mit dem Ergebnis 4^{1}H → ^{4}He +2ν + 2e$^+$), des Helium-brennens (3^{4}He → ^{12}C und ^{12}C(^{4}He,γ)^{16}O) und des Kohlenstoffbrennens (^{12}C(^{12}C,^{1}H)^{23}Na und ^{12}C(^{12}C,^{4}He)^{20}Ne). Während ein Stern für die Schlüsselreaktionen des Wasserstoffbrennens Millionen Jahre Zeit hat, stehen dem Experimentator nur seine Lebensjahre für das Laborstudium zur Verfügung. Um diesen enormen Zeitunterschied zu kompensieren, ist eine hohe Experimentierkunst gefordert. Trotz enormer Anstrengungen während den vergangenen 50 Jahren ist es bisher nicht gelungen, die Schlüsselreaktionen direkt bei den relevanten stellaren Energien zu studieren, da die Zählrate zu niedrig ist. Man erwartet bei Optimierung aller Parameter Werte von etwa einem Ereignis pro Monat. Da die Detektoren in einem Labor an der Erdoberfläche der kosmischen Strahlung (Abb. 1) ausgesetzt sind, die einen Untergrund von etwa einem Ereignis pro Minute in den Detektoren erzeugen, „ertrinkt" die erwartete Zählrate somit vollständig in diesem Untergrund. Man musste daher die bei höheren Energien gewonnenen Daten zu den stellaren Energien extrapolieren. Solch eine „Extrapolation ins Unbekannte" kann natürlich zu einer erheblichen Unsicherheit führen.

Um den kosmischen Untergrund zu minimieren, wurde in einem Pilotprojekt ein 50 kV-Beschleuniger im unterirdischen Labor des Gran Sasso (Italien) installiert, in dem dieser Untergrund millionenfach unterdrückt ist. Das deutsch-italienische Pionierprojekt wurde LUNA (Laboratory Underground for Nuclear Astrophysics) genannt [5, 6]. Es gelang LUNA erstmals, eine wichtige Fusionsreaktion der Proton-Proton-Kette, ^{3}He(^{3}He,2p)^{4}He, im thermischen Bereich der Sonne zu vermessen (Abb. 3), d.h. es ist keine Extrapolation mehr notwendig. Bei der tiefsten Energie $E = 16$ keV findet man $\sigma(E) = 20$ femtobarn $= 2 \cdot 10^{-38}$ cm^2, das einer Zählrate von etwa einem Ereignis pro Monat entspricht. Da die beobachteten Neutrinoflüsse der Sonne etwa einen Faktor drei kleiner als erwartet sind – man spricht vom solaren Neutrinoproblem [7] –, wurde vermutet, dass eine enge Resonanz im solaren Energiebereich der ^{3}He(^{3}He,2p)^{4}He-Reaktion vorliegt, welche den Wirkungsquerschnitt dieser Reaktion drastisch erhöhen würde und daher das Problem der fehlenden solaren Neutrinos zumindest teilweise beseitigen könnte. Die neuen Daten geben jedoch keinen Hinweis auf eine solche hypothetische Resonanz, sodass eine Lösung des solaren Neutrinoproblems – auf der Basis einer solchen Resonanz – nun endgültig ausgeschlossen ist. Um das innovative Forschungspotential von LUNA auch auf andere Schlüsselreaktionen anzuwenden, wird zurzeit ein 400-kV-Beschleuniger im Gran-Sasso-Labor installiert.

Die in den so genannten astrophysikalischen $S(E)$-Faktor transformierten $\sigma(E)$-Daten der ^{3}He(^{3}He,2p)^{4}He-Reaktion (Abb. 3) zeigen eine nahezu konstante Energieabhängigkeit, wobei der Anstieg bei tiefen Energien durch Effekte der Elektronenabschirmung verursacht wird.

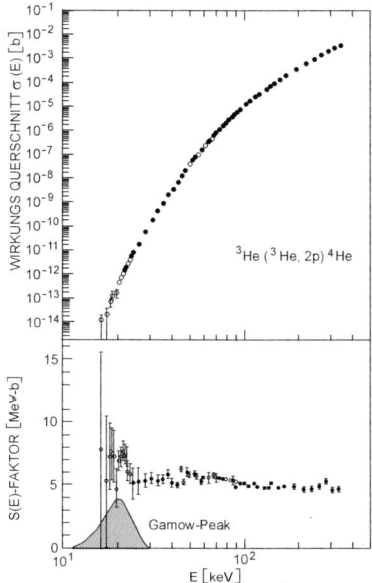

Abb. 3: Der Wirkungsquerschnitt $\sigma(E)$ der ^{3}He(^{3}He,2p)^{4}He-Fusionsreaktion zeigt einen nahezu exponentiellen Abfall mit abnehmender Schwerpunktsenergie E. Die in den astrophysikalischen $S(E)$-Faktor transformierten Daten zeigen eine nahezu konstante Energieabhängigkeit. Der Anstieg bei tiefen Energien wird durch Effekte der Elektronenabschirmung verursacht. Angedeutet ist auch der thermische Energiebereich der Sonne, der Gamow-Peak.

Diese Effekte rühren daher, dass man im Laborstudium keine nackten Kerne vorliegen hat, sondern Atome und Moleküle, also Kerne, umgeben von ihren jeweiligen Elektronenhüllen. Die Elektronenhüllen schirmen dabei die abstoßende Coulomb-Barriere zwischen den Kernen im Eingangskanal ab. Niederenergetische Ionen können daher leichter den Coulomb-Berg durchtunneln, was sich in einer Erhöhung des Wirkungsquerschnitts ausdrückt. Diese Erhöhung konnte für mehrere Fusionsreaktionen erstmals im Labor beobachtet werden (Abb. 3

und [5, 8]), wobei die $\sigma(E)$-Erhöhung jedoch wesentlich größer (etwa Faktor 2) als erwartet war. Es sei betont, dass Elektronenabschirmungseffekte auch in Sternplasmen eine wichtige Rolle spielen, wobei die Effekte für die vorliegenden Plasmabedingungen berechnet werden. Wenn man jedoch die Effekte unter Laborbedingungen nicht versteht, ist es sehr wahrscheinlich, dass man sie unter Sternbedingungen auch nicht versteht und dass daher die Berechnungen möglicherweise falsch sind. Eine Lösung des Labor-Puzzles der Elektronenabschirmung kann in folgenden Bereichen liegen:

- tabellierte Energieverluste niederenergetischer Ionen, die auf Extrapolationen beruhen;
- Kernphysikmodell bei Energien weit unterhalb der Coulomb-Barriere, und
- Atomphysikmodell.

Ein anderes Beispiel ist die Schlüsselreaktion $^{12}C(^4He,\gamma)^{16}O$: Sie bestimmt nicht nur die Häufigkeit der Elemente Kohlenstoff und Sauerstoff in den Roten Riesen (und damit letztendlich auch auf der Erde), sie beeinflusst auch empfindlich die nachfolgende Herstellung der Elemente Neon bis Eisen, die Details der späteren Brennphasen, die nachfolgende Evolution eines Sterns gegebener Masse, und die Art des Reststerns einer Supernova-Explosion, ob also der Reststern ein Neutronenstern oder ein Schwarzes Loch ist. Aus diesem Grunde muss der Wirkungsquerschnitt $\sigma(E)$ dieser Fusionsreaktion bei der relevanten stellaren Energie von 0,3 MeV mindestens mit einer Genauigkeit von 10 % bekannt sein. Trotz enormer experimenteller Anstrengungen der letzten zwanzig Jahre ist man von diesem Ziel noch weit entfernt. Nahezu alle bisherigen Experimente versuchten die γ-Quanten nachzuweisen, die bei der Fusion vom neuentstandenen Sauerstoff emittiert werden.

Allerdings können die hierzu notwendigen Detektoren nur jedes zehntausendste γ-Quant registrieren, wobei jedes einzelne Quant auch noch in einem Sumpf an kosmischer Strahlung erkannt werden muss. Die Lösung dieses Problems gestaltet sich wesentlich schwieriger als der Versuch, das Singen eines Vogels in einem Fußballstadion genau zum Zeitpunkt eines Tores für die Heimmannschaft zu erkennen. Im Experiment kann man diese Fusionsreaktion auslösen, indem man ein Kohlenstoff-Festkörpertarget (C) mit einem Helium-Ionenstrahl (He) bombardiert oder alternativ einen C-Ionenstrahl in ein He-Gastarget schickt (Abb. 2). In beiden Fällen bewegen sich die fusionierten Sauerstoff-Kerne (O) in gleicher Richtung wie der einfallende Ionenstrahl. Dies ist analog zu einem Billardspiel: Wenn eine bewegte Kugel auf eine ruhende Kugel trifft, dann wird sich – bei Verklebung/Fusion beider Kugeln – die verschmolzene Kugel (analog dem aus C und He fusionierten O-Restkern) in die gleiche Richtung wie die ursprüngliche Kugel bewegen. Ein fensterloses He-Gastarget kann durch Wahl des He-Gasdrucks so dünn gemacht werden, dass die O-Restkerne ohne bemerkenswerten Energieverlust den Targetbereich verlassen können. Außerdem ist die Energie der O-Restkerne bei Verwendung eines C-Ionenstrahls wesentlich höher als im alternativen Fall – bei gleicher so genannter Schwerpunktsenergie – und somit leichter nachweisbar. Wenn man daher einen entsprechenden Detektor hinter dem He-Gastarget auf der Ionenstrahlachse installiert (Abb. 2), so könnte man im Prinzip jeden erzeugten O-Restkern registrieren ($\varepsilon_D = 100$ %) und somit den Nachweis der Fusion um einen Faktor 10^4 gegenüber dem Nachweis der γ-Quanten verbessern. Das „Haar in der Suppe" liegt darin, dass sich in Strahlrichtung auch der einfallende C-Ionenstrahl befindet, der um mindestens einen Faktor 10^{15} intensiver ist als die O-Restkerne. Man benötigt daher einen äußerst empfindlichen Filter zur Trennung der C-Ionen von den O-Restkernen, die man in diesem Zusammenhang Rückstoßkerne nennt. Ein solcher empfindlicher und effizienter Ionenseparator wird zurzeit am 4-MV-Tandembeschleuniger in Bochum im Rahmen einer deutsch-italienischen Kollaboration aufgebaut [9]. Die Anlage mit dem Namen ERNA (European Recoil separator for Nuclear

Astrophysics; unterstützt von DFG und INFN) enthält vier Geschwindigkeitsfilter, zwei Impulsfilter, ein fensterloses Ultraschall-Jet-Gastarget und einen Element-Identifikations-Detektor. Der Beschleuniger in Bochum kann weltweit den intensivsten C-Ionenstrahl zur Verfügung stellen, was vielleicht mit der Tradition des Kohlebergbaus im Ruhrgebiet im Zusammenhang steht. Die Hochstrom-Eigenschaft zusammen mit ERNA lassen Hoffnungen keimen, dass diese Schlüsselreaktion in ein paar Jahren mit der geforderten Genauigkeit bekannt sein wird und wir endlich wissen, wie der Kohlenstoff und Sauerstoff unseres Körpers in den Roten Riesen hergestellt wurden.

Wie in Abschnitt 2 bereits angedeutet wurde, sind in explosiven Szenarien die Verbrennungszeiten so kurz, dass auch kurzlebige radioaktive Kerne im nuklearen Brennen involviert sind. Da die Kerne von Wasserstoff (^{1}H oder p) und Helium (^{4}He oder α) die häufigsten Protagonisten in diesen Szenarien sind, besteht das explosive Brennen hauptsächlich aus (p,γ)- und (α,γ)-Einfangreaktionen, in denen diese radioaktiven Kerne involviert sind. Da es für die meisten dieser Reaktionen keine experimentellen Daten gibt, stellen sie ein Pioniergebiet mit großen experimentellen Herausforderungen dar. Eine mögliche $\sigma(E)$-Messmethode dieser Reaktionen besteht in folgenden Schritten: Erzeugung der radioaktiven Kerne in einem Beschleuniger gefolgt von einer Separierung, einer Extraktion und einer Beschleunigung in einem anderen Beschleuniger, und schließlich die Bombardierung eines ^{1}H- oder ^{4}He-Gastargets mit dem Radioaktiven Ionenstrahl (RIS) gewählter Energie. Alle diese Schritte müssen in einer Zeit erfolgen, die kürzer ist als die Zerfallszeit der radioaktiven Kerne. Eine wachsende Zahl an Labors hat bereits RIS produziert oder befindet sich in der technischen Entwicklung solcher RIS. Um obige Einfangreaktionen in inverser Kinematik studieren zu können, wird ein effizienter Rückstoß-Massen-Separator wie ERNA für solche zukünftigen Arbeiten von hohem Nutzen sein.

Es sollte darauf hingewiesen werden, dass die Einfangreaktionen ^{7}Be(p,γ)^{8}B (Halbwertszeit $T_{1/2}(^7$Be$)$ = 53 Tage) und ^{13}N(p,γ)^{14}O ($T_{1/2}(^{13}$N$)$ = 10 Minuten) auch mittels einer neuen Methode experimentell studiert wurden, nämlich dem Coulomb-Aufbruch [10] von ^{8}B und ^{14}O, d.h. der Umkehrung obiger Reaktionen: ^{8}B(γ,p)^{7}Be und ^{14}O(γ,p)^{13}N. Es gibt jedoch zurzeit noch Unsicherheiten über die Interpretation und erreichbare Präzision dieser Methode. Es ist zu hoffen, dass diese Unsicherheiten in der Zukunft gelöst werden können. Einzigartige Anwendungen wären das Studium von Einfangreaktionen mit *drei* Teilchen im Eingangskanal (z.B. ^{4}He(αn,γ)^{9}Be; Urknall-Relevanz) oder mit zwei radioaktiven Kernen im Eingangskanal (z.B. ^{8}Li(n,γ)^{9}Li mit $T_{1/2}(^8$Li$)$ = 1 Minute und $T_{1/2}(n)$ = 10 Minuten; Urknall-Relevanz). Ähnliche Argumente gelten für die neue Methode Trojanisches Pferd [11], auf die hier nicht eingegangen werden kann.

Neutroneninduzierte Reaktionen, hauptsächlich (n,γ), spielen eine wichtige Rolle im frühen Universum wie auch in Sternen. Wegen dem Fehlen einer Coulomb-Barriere im Eingangskanal kann $\sigma(E)$ direkt bei den thermischen Energien (etwa 30 keV) gemessen werden. Dank der Entwicklung verschiedener Techniken, z.B. 4π-Gamma-Detektoren, sind inzwischen hochpräzise Daten für die meisten Reaktionen des s-Prozesses (Neutroneneinfang an stabilen Targetkernen) verfügbar. Da der r-Prozess radioaktive Kerne nahe der Neutronen-Instabilitätslinie involviert, werden die relevanten $\sigma(E)$-Messungen wahrscheinlich die neue Methode des Coulomb-Aufbruchs benötigen.

4 Epilog

Die nukleare Astrophysik verbindet den Mikrokosmos mit dem Makrokosmos, also die Bausteine der Natur mit dem Universum und seinen Strukturen. Durch diese Verbindung war es möglich, Einsichten in die Geheimnisse des Ursprungs und der Geschichte des Universums zu gewinnen. Hier muss jedoch immer noch vieles gelernt, vieles verworfen und vieles korrigiert werden. So gibt es eine Reihe fundamentaler Fragen und Phänomene, die eine Herausforderung für die nukleare Astrophysik darstellen.

- Das solare Neutrinoproblem zeigt, dass wir auch heute nicht genau wissen, wie unser eigener Stern wirklich funktioniert.
- Wir haben keine genaue Antwort auf die Fragen, wie und warum unser Sonnensystem entstanden ist.
- Wir wissen nicht, ob Neutrinos eine Masse haben und somit Oszillationen zwischen verschiedenen Neutrinoarten aufweisen können, und wenn ja, welchen Einfluss diese Eigenschaften auf die solaren Neutrinos und Supernova-Explosionen haben.
- Wir verstehen weder die Zusammensetzung noch den Ursprungsort und die Beschleunigungsart kosmischer Strahlen ultrahoher Energien (mehr als $5 \cdot 10^{19}$ eV [12]).
- Wir kennen nicht die Eigenschaften der Kerne nahe den Instabilitätsgrenzen und können daher keine genauen Aussagen zu den r- und rp-Prozessen machen (Nukleosynthese vieler Trans-Eisen-Elemente).
- Wir kennen nicht genau die Zustandsgleichung von Kernmaterie hoher Dichte, die für das Verständnis der Dynamik von Supernovae und der Masse von Neutronensternen wichtig ist.
- Wir wissen nicht, aus was die dunkle Materie (z.B. fehlende Masse für eine stabile Rotation von Galaxien) besteht und welchen Einfluss sie auf die Kosmologie hat.
- Wir kennen nicht genau das Alter der Elemente – ein Zweig der nuklearen Astrophysik: die *nukleare Kosmochronologie* – und kennen somit auch das Alter des Universums.

Es gibt ausgezeichnete astrophysikalische und kosmologische Theorien, aber sie sind – wie in allen Wissenschaften – nur Leitlinien für das Verständnis, sie stellen die Wahrheit nur näherungsweise dar. Die Theorien müssen daher laufend mit experimentellen und beobachteten Daten konfrontiert werden, um abzusichern, dass sie sich nicht in eine bedeutungslose Richtung entwickeln. Das heutige Bild des Universums ist unvollständig und wird zweifellos immer unvollständig bleiben, aber im Lichte neuer Entdeckungen wird sich das Bild stets verbessern. In der Zukunft wird der Mensch eventuell einen noch größeren Glanz und eine noch erstaunlichere Einfachheit im Bild des Universums erkennen können. Die *nukleare Astrophysik* wird dabei – wie in der Vergangenheit – einen bedeutenden Beitrag leisten.

Der Autor

Claus Rolfs
Institut für Physik mit Ionenstrahlen, Ruhr-Universität Bochum

Claus Rolfs, geb. 1941 in Bad Peterstal, studierte Physik in Freiburg im Breisgau. Nach Professuren in Münster (Westfalen) und Columbus, Ohio, und verschiedenen Gastprofessuren ist er seit 1990 Professor für experimentelle Physik in Bochum. Zu seinen beiden Arbeitsgebieten, der nuklearen Astrophysik und der Materialwissenschaft, hat er etwa 300 Artikel und Beiträge in wissenschaftlichen Zeitschriften und Sammelbänden veröffentlicht. Er ist ein versierter Sachbuchautor (Cauldrons in the Cosmos, Hexenkessel im Kosmos) und hat in zahlreichen Veröffentlichungen, darunter auch Fernsehreportagen, zur Popularisierung der Physik beigetragen. Daneben ist er ein begeisterter Musiker, der etliche Instrumente beherrscht.

Literatur

[1] E. M. Burbidge, G. R. Burbidge, W. A. Fowler, F. Hoyle: Rev. Mod. Phys. **29**, 547 (1957)
[2] W. A. Fowler: Rev. Mod. Phys. **56**, 149 (1984)
[3] C. Rolfs, W. S. Rodney: *Cauldrons in the Cosmos*. University of Chicago Press (1988)
[4] F. Käppeler, F. K. Thielemann, M. Wiescher: Ann. Rev. Nucl. Part. Sci. **48**, 175 (1998)
[5] G. Fiorentini, R. W. Kavanagh, C. Rolfs: Z. Phys. **A350**, 289 (1995)
[6] R. Bonetti et al.: Phys. Rev. Lett. **82**, 5205 (1999)
[7] J. N. Bahcall, M. H. Pinsonneault: Rev. Mod. Phys. **64**, 885 (1992)
[8] H. Costantini et al.: Phys. Lett. **B482**, 43 (2000)
[9] D. Rogalla et al.: Eur. Phys. J. **A6**, 471 (1999)
[10] G. Baur, C. A. Bertulani, H. Rebel: Nucl. Phys. **A458**, 188 (1986)
[11] C. Spitaleri et al.: Phys. Rev. **C60**, 55802 (1999)
[12] A. Watson: Nucl. Phys. **22B**, 116 (1991)

Elementarteilchen – Bausteine der Welt

Dorothea Samtleben

In unserer Welt finden wir eine große Vielfalt von Strukturen vor. Doch je weiter es möglich wird, in das Innere der Materie vorzudringen und diese auf winzigem Maßstab zu betrachten, desto klarer enthüllt sich eine einfache Systematik voll verblüffender Ordnung und Symmetrie.

Trotz der gewaltigen Fortschritte der Forschung in den letzten Jahrzehnten sind aber noch viele fundamentale Fragen unbeantwortet. Mit häusergroßen Messapparaten an kilometerlangen Teilchenbeschleunigern erforschen Elementarteilchenphysiker den Aufbau der Materie mit immer größerer Präzision auf der Suche nach den tiefsten Naturgesetzen und einer allumfassenden Theorie der Welt.

1   Beitrag der Vergangenheit

Erst mit der Entwicklung von komplexen, technischen Hilfsmitteln konnte der Mensch Strukturen der Materie untersuchen, die vom Auge nicht mehr wahrnehmbar und damit der direkten Beobachtung entzogen sind. Doch auch ohne derartige Möglichkeiten begaben sich die Menschen bereits gedanklich in das Innere der Materie und suchten dieses zu ergründen.

Die Vorstellung einer einzigen Substanz, die sich hinter allen verschiedenen sichtbaren Formen verbergen könnte, faszinierte und beschäftigte die Menschen schon vor mehreren tausend Jahren. Im europäischen Raum stammen die ersten bekannten Überlieferungen einer solchen Idee von griechischen Philosophen aus der Zeit um 600 vor Christus. Sie stellten sich als Basis der Materie zunächst eine einzige strukturlose Substanz vor, die beliebig oft teilbar ist. Nacheinander wurden Wasser, Feuer und Luft mit diesem elementaren Stoff identifiziert. Schließlich trat der Gedanke von mehreren dieser elementaren Stoffe auf, wobei Wasser, Feuer, Luft und Erde als solche betrachtet wurden. Auffällig ähnliche Vorstellungen entwickelten sich auch in außereuropäischen Gebieten, wie z.B. in China, wo aber zusätzlich auch Metall und Holz als derartige elementare Stoffe beschrieben wurden.

Zum ersten Mal postulierte der griechische Philosoph Leukipp um 450 vor Christus die endliche Teilbarkeit jeder Substanz, d.h. die Existenz einer kleinsten, unteilbaren Einheit in der Materie. Sein Schüler Demokrit übernahm diese Idee und prägte für diese kleinsten Einheiten den Begriff „Atom" (griech. ατομος: unteilbar). Von der alltäglichen Erfahrung her liegt dieser Gedanke in keiner Weise nahe. So ist z.B. ist ohne Zuhilfenahme von Instrumenten weder mit den Augen noch mit den Händen eine Struktur in Wasser oder in Luft auszumachen. Die fehlende Erfahrbarkeit beeinträchtigte damals die allgemeine Akzeptanz dieser Idee. Durch die griechische Darstellung von ewigen, unveränderbaren und unbeeinflussbaren Atomen wurde die Atomtheorie oft mit Atheismus in Verbindung gebracht. Daher konnte sich die Idee in der religiös geprägten Gesellschaft nicht verbreiten und geriet für beinahe 2000 Jahre in Vergessenheit.

Erst im 17. Jahrhundert wurde der Gedanke einer kleinsten Einheit wieder vereinzelt aufgegriffen. Durch die fortschreitende Entwicklung einer mathematischen Beschreibung physikalischer Vorgänge sowie durch die systematische Erforschung chemischer Reaktionen konnte die Theorie im 18. Jahrhundert zum ersten Mal mit Experimenten in Verbindung gebracht werden. So ließ sich z.B. das thermodynamische Verhalten von Gasen durch die Bewegung der Atome beschreiben. Bei der quantitativen Untersuchung chemischer Reaktionen wurde festgestellt, dass zwei Stoffe jeweils in einem festen Verhältnis miteinander reagieren, welches einem Verhältnis ganzer Zahlen entspricht. Das passte gut zur Annahme von Atomen als Basis der verschiedenen Stoffe. In einer Reaktion zweier Stoffe würde sich dann jeweils eine feste Anzahl der Atome des einen Stoffs mit einer ebenfalls festen Anzahl der Atome des anderen Stoffs verbinden. In diesem Zusammenhang wurde der Begriff des Moleküls als Verbindung verschiedener Atome eingeführt.

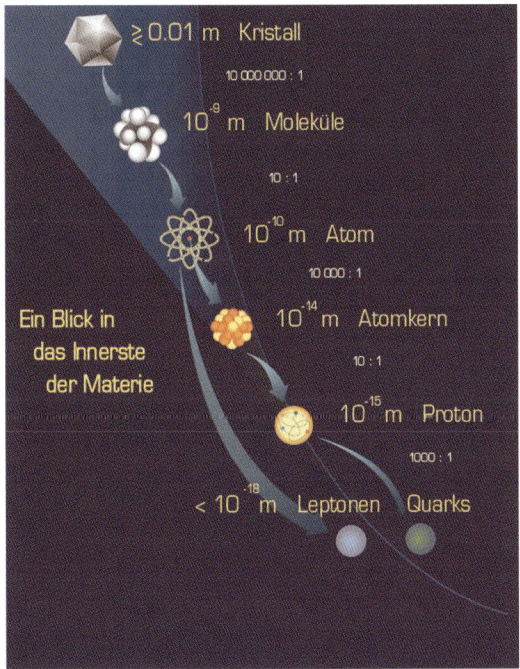

Abb. 1: Der Aufbau der Materie ist in mehreren Vergrößerungsstufen dargestellt.

Es ist kaum 150 Jahre her, dass zum ersten Mal die Atomgröße bestimmt sowie die Anzahl der Atome in einem bestimmten Volumen gezählt werden konnte. Um diese Leistung zu würdigen, muss man sich die Winzigkeit von Atomen vor Augen führen. Bereits ein Glas mit Wasser enthält rund 10^{25} Wassermoleküle. Zur besseren Vorstellung dieser Zahl markieren wir in einem Gedankenexperiment jedes dieser Moleküle. Dann schütten wir das Glas irgendwo in einen Ozean aus und lassen das Wasser sich über alle Weltmeere verteilen. An einer beliebigen Stelle schöpfen wir anschließend wieder einen Liter Wasser heraus. Bemerkenswerterweise werden wir in diesem Liter Wasser mehrere tausend der ursprünglich aus-

geschütteten Moleküle wieder finden. Stellen wir uns einen Menschen in der Größe des Erd-
durchmessers vor, wäre ein entsprechend vergrößertes Atom noch so klein wie ein Steckna-
delkopf. Dies verdeutlicht, um wie viele Größenordnungen der Mensch von den Strukturen
entfernt ist, die er zu erforschen sucht (Abb. 1).

Im 19. Jahrhundert waren mehr als 80 verschiedene Stoffe bekannt, die als elementar galten. Diesen so genannten Elementen wurden unterschiedliche Atome als Basis zugeschrieben.
In der Mitte des Jahrhunderts gab es die ersten Versuche, Elemente, die ähnliche Eigenschaften aufweisen, in einen Zusammenhang zu bringen. 1869 fassten unabhängig voneinander
Mendelejew und Meyer die bekannten Elemente in einer Tabelle zusammen, die uns heute als
das Periodensystem der Elemente bekannt ist. Alle in einer Spalte oder Zeile dieser Tabelle
eingeordneten Elemente haben jeweils bestimmte gemeinsame Eigenschaften. Da einige Elemente zum damaligen Zeitpunkt noch nicht bekannt waren, wies die Tabelle einige Lücken
auf. Aus dem Platz in der Tabelle konnten die Eigenschaften der fehlenden Elemente sehr
genau vorhergesagt werden. Dies ermöglichte die Entdeckung z.B. des bis dahin unbekannten
Germaniums.

Die Ähnlichkeit verschiedener Elemente legte den Verdacht nahe, dass es einen Zusammenhang zwischen den unterschiedlichen Atomen gebe. Man vermutete, dass das beobachtete
Schema des Periodensystems die Folge einer in den Atomen verborgenen grundlegenden
Struktur sei. Tatsächlich konnte Ende des 19. Jahrhunderts zunächst das Elektron als Bestandteil des Atoms isoliert werden. Zu weiteren Erkenntnissen über den Atomaufbau ge-
langte man durch das berühmte Experiment des Physikers Rutherford von 1911. Mit diesem
Experiment begann die erfolgreiche Tradition von so genannten Streuexperimenten, die bis
heute eine große Rolle in der Elementarteilchenphysik spielen.

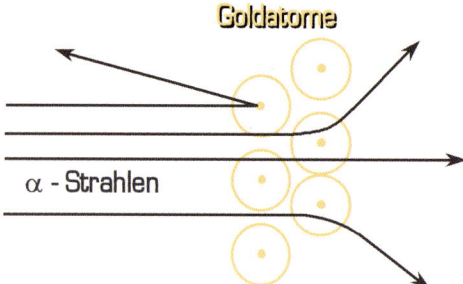

Abb. 2: Die Streuung von α-Teilchen an Goldatomen ist schematisch skizziert.

Rutherford verwendete eine natürlich radioaktive Substanz, einen α-Strahler[1], und beschoss
damit eine sehr dünne Goldfolie, um aus der Ablenkung der α-Teilchen hinter der Folie Aufschluss über die Struktur der Goldatome zu bekommen. Aufgrund der damaligen Vorstellung
vom Atom als einem strukturlosen, homogenen Materieball wurde erwartet, hinter der Goldfolie eine gleichmäßige Verschmierung der Strahlung zu messen. Tatsächlich folgte der
Großteil der α-Teilchen dieser Erwartung, und nur durch einen Zufall wurde eine entscheidende Abweichung bemerkt: Einige wenige der α-Teilchen wurden in die Richtung, aus der
sie kamen, zurückgestreut – ein absolut unerwartetes Phänomen. Diese Beobachtung erklärte
Rutherford mit der Atomstruktur, die uns heute vertraut erscheint. In Abb. 2 ist seine Inter-

---

[1]Damals war noch nicht bekannt, dass es sich bei α-Strahlung um Kerne des Elements Helium handelt.

pretation des Streuergebnisses dargestellt. Ein geladener, massiver Kern im Inneren des Atoms würde zum Zurückwerfen der α-Teilchen führen. Da dieses nur in ganz seltenen Fällen beobachtet wurde, musste dieser massive Kern äußerst klein sein. Aus seiner Messung ergab sich somit ein Atommodell mit einem winzigen, positiv geladenen, massiven Kern und einer großen Hülle, welche die negativ geladenen Elektronen enthielt. Die Anzahl von positiven Teilchen in einem Atomkern sowie die dazugehörige Elektronkonfiguration in der Hülle bestimmten die beobachtbaren Eigenschaften eines Stoffs und führten zu der im Periodensystem erkennbaren Struktur. Es sah so aus, als seien nun das Innerste der Materie und sämtliche Grundbausteine bekannt. Aber nicht alle experimentellen Ergebnisse mochten sich in dieses Bild fügen.

Eine Unstimmigkeit des Modells ergab sich in der Masse der Kerne. Eigentlich sollten die Massen der verschiedenen Kerne ein Vielfaches der Masse des leichtesten bekannten Kerns, des Wasserstoffkerns, betragen. Diese Bedingung war jedoch nicht gut erfüllt, was zu der Vermutung führte, dass im Kern neben positiv geladenen Teilchen weitere Teilchen enthalten seien. 1932 gelang es, den experimentellen Nachweis für einen neutralen Kernbaustein zu erbringen. Die Atomkerne setzen sich demnach aus positiv geladenen Teilchen, den so genannten Protonen, sowie ähnlich schweren neutralen Teilchen, den so genannten Neutronen zusammen.

Ein weiteres Rätsel stellten die verschiedenartigen radioaktiven Zerfälle dar, die bei einigen Elementen zu beobachten waren. Sie waren mit der bisherigen Vorstellung eines Atoms nicht zu erklären. Darüber hinaus tauchte in bestimmten radioaktiven Prozessen, so genannten β-Zerfällen, ein unverstandenes Ungleichgewicht in der Energiebilanz auf. Ein Atomkern zerfällt dabei unter Aussendung eines Elektrons in einen leichteren Atomkern. Verglich man die Energie des ursprünglichen Kerns mit der Summe der Energie der Zerfallsprodukte, fehlte nach dem Zerfall immer ein Teil der Energie. Erst die Annahme eines weiteren Teilchens, welches unentdeckt bei dem Zerfall entkam, konnte diesen Effekt angemessen erklären[2].

Die Entdeckung immer neuer Teilchen verlangte so eine Erweiterung des Modells. In den 30er-Jahren des 20. Jahrhunderts begann die systematische Untersuchung der Materiestrukturen in zahlreichen Streuexperimenten. Als äußerst hilfreiche Instrumente für diese Experimente erwiesen sich die damals entwickelten Nebelkammern und Blasenkammern. In derartigen Kammern werden die Spuren von geladenen Teilchen durch Kondensationstropfen bzw. Gasblasen entlang der Bahn der Teilchen beobachtbar. Diese neuen Methoden erlaubten eine detaillierte Untersuchung von Streuexperimenten und ebenso von der kosmischen Strahlung, die ständig auf die Erde trifft. Dabei traten weitere Überraschungen auf. 1931 wurde von Anderson in der kosmischen Strahlung ein Teilchen mit interessanten Eigenschaften gefunden. Es verhielt sich exakt wie ein Elektron, trug aber die entgegengesetzte Ladung. Ungefähr zur gleichen Zeit erkannte Dirac in der mathematischen Beschreibung der bekannten Teilchen einen sehr merkwürdigen Effekt. Die Gleichungen, mit denen die Teilchen und ihr Verhalten beschrieben wurden, besaßen keine eindeutige Lösung. Es gab jeweils genau zwei zusammengehörige Lösungen, von denen nur eine in der Natur verwirklicht schien. Beide Beobachtungen ergänzten sich zu einem einzigen Bild. Es existierte demnach tatsächlich zu jedem der bekannten Teilchen ein „Partner" mit exakt den gleichen Eigenschaften, aber der entgegengesetzten Ladung. Diese Partnerteilchen wurden als Antiteilchen bezeichnet.

---

[2] Dieses äußerst schwer nachzuweisende Teilchen, das so genannte Elektronneutrino, konnte erst 1955 experimentell direkt bestätigt werden.

Mit diesen Ergebnissen war aber noch immer kein Ende der Entdeckungen in Sicht. Im Laufe der Jahre wurden in den Streuexperimenten immer mehr unbekannte Teilchen mit unterschiedlichen Eigenschaften beobachtet. Bis zur Mitte des 20. Jahrhunderts war ein Teilchenzoo mit hunderten von Teilchen bekannt, was die Vorstellung von einigen wenigen elementaren Teilchen zu widerlegen schien. Aber ebenso wie die chemischen Elemente im 19. Jahrhundert ließen sich auch die Teilchen entsprechend ihrer verschiedenen Eigenschaften ordnen.

1960 gelang es Gell-Mann, die bekannten Teilchen in verschiedenen zusammengehörigen Gruppen zusammenzufassen. Genau wie im Periodensystem der Elemente waren auch in einigen dieser Gruppen bestimmte Positionen leer, aber die Eigenschaften der dort zu erwartenden Teilchen bekannt. Auch in diesem Fall führte die Vorhersage ihrer Eigenschaften zu der Entdeckung jener Teilchen. Das von Gell-Mann erkannte Ordnungsschema schien wieder auf eine tiefere Struktur der Materie zu deuten, welche die Ähnlichkeit bestimmter Teilchen bewirkte.

1964 postulierte Gell-Mann als fundamentale Bausteine der Materie Teilchen, die er als „Quarks" bezeichnete. Er beschrieb die bisher beobachteten Teilchen jeweils als Kombination von drei Quarks oder als Kombination von einem Quark mit einem Antiquark. Um das beobachtete Spektrum von Teilchen zu erhalten, benötigte er genau drei verschiedene Sorten von Quarks. Die von ihm eingeführten Quarks hatten eine sehr auffällige Eigenschaft: Sie besaßen Ladungen, die kleiner als die bekannte Elektronladung waren. Dies schien bisherigen Messungen zu widersprechen, nach denen die kleinste bisher beobachtete Ladung der eines Elektrons entsprach. Sofort begann die gezielte Suche nach Teilchen mit der vorhergesagten Ladung, in allen Fällen ohne Erfolg. Hingegen erzielten Streuexperimente Ergebnisse, die das Quarkmodell deutlich unterstützten. Genau in der Art, wie Rutherford durch die Streuung von α-Strahlung an Atomen die Atomstruktur entdeckte, wurde jetzt durch die Streuung von Elektronen an Protonen eine Struktur im Proton beobachtbar. Es wurde eine Verteilung der gestreuten Elektronen gemessen, die zeigte, dass die Protonen keineswegs strukturlose Objekte sind, sondern kleinere, massive Bestandteile enthalten müssen. Bis dahin unverstandene Effekte in verschiedenen Streureaktionen waren in natürlicher Weise durch die Annahme einer vierten Sorte Quarks erklärbar. Ein 1974 entdecktes Teilchen konnte als Verbindung dieses vierten Quarks mit seinem Antiquark beschrieben werden. Sofern diese Erklärung stimmte, mussten auch andere Zustände dieser Quark-Antiquark-Kombination existieren. Die exakte Übereinstimmung der Vorhersage mit der Messung dieser Zustände bestärkte den Glauben an die Existenz der Quarks.

Die zur Beschreibung der Quarks und ihrer Wechselwirkungen entwickelte Theorie bot jetzt auch eine Erklärung für die nicht beobachteten freien Quarks. Demnach ist die Wechselwirkung zwischen den einzelnen Quarks so groß, dass diese als einzelne Teilchen nicht existieren können. Als sichtbare Teilchen sind daher stets nur Verbindungen von Quarks zu finden.

Die Beschreibung der Struktur der Materie auf einer fundamentalen Ebene festigte sich in den nächsten Jahrzehnten zum Standardmodell der Elementarteilchenphysik. In diesem Modell werden die Struktur der Materie und elementare Prozesse in einer gemeinsamen mathematischen Formulierung dargestellt.

2 Das Standardmodell der Elementarteilchenphysik

Das Standardmodell beschreibt die Bausteine der Materie sowie die Wechselwirkungen, die ihr Verhalten bestimmen.

Die uns bekannten Bausteine lassen sich in zwei Gruppen teilen, die sich in den Wechselwirkungen unterscheiden, denen sie unterliegen. Zum einen gibt es die Gruppe der Quarks und zum anderen die Gruppe der Leptonen. Beide Gruppen enthalten jeweils drei zusammengehörige Paare von Teilchen, welche als „Generationen" bezeichnet werden. Es sind also zwölf Bausteine als Fundament der Materie bekannt, die in Abb. 3 dargestellt sind. Zu jedem der zwölf Teilchen gibt es ein entsprechendes Antiteilchen.

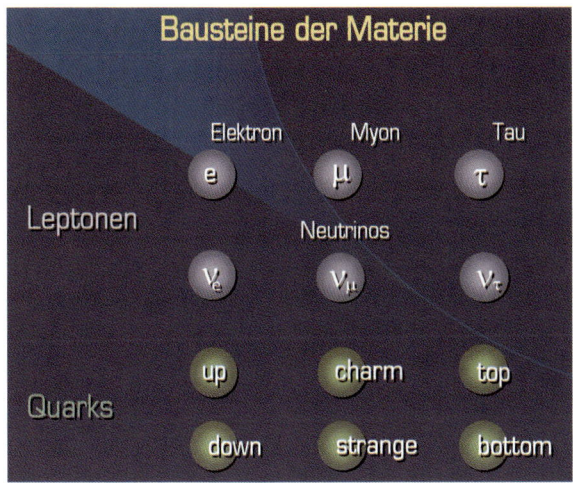

Abb. 3: Ein Überblick über die fundamentalen Bausteine der Materie.

Die Quarks sind die Teilchen, aus denen z.B. die Kerne der Atome bestehen. Ein Proton lässt sich durch die Verbindung von zwei Up-Quarks sowie einem Down-Quark beschreiben, ein Neutron durch die Verbindung von zwei Down-Quarks sowie einem Up-Quark. Die anderen beiden Generationen können als schwere Geschwisterpaare der ersten Generation betrachtet werden. Sie sind in fast allen ihren Eigenschaften bis auf die Masse mit dem ersten Paar identisch.

Das Elektron und das in den radioaktiven β-Zerfällen entdeckte Elektronneutrino bilden die erste Generation in der Gruppe der Leptonen. Auch hier spiegeln die Teilchen der anderen beiden Generationen bis auf die Masse fast alle Eigenschaften der ersten Generation wider. Im Experiment konnte bisher direkt noch keine Masse der Neutrinos beobachtet werden, sodass zunächst angenommen wurde, dass sie masselos seien. Die Forschung hat in den letzten Jahren erste Hinweise ergeben, dass sie möglicherweise doch eine sehr kleine Masse besitzen.

Am Aufbau der uns umgebenden Materie ist nur die erste Generation der Bausteine direkt beteiligt. Ein Atomkern wird aus Up- und Down-Quarks zusammengesetzt und die Hülle eines Atoms mit Elektronen gefüllt. Teilchen, welche aus Bausteinen der anderen Generation bestehen, sind nicht stabil und zerfallen.

Die elementaren Bausteine sind nicht isoliert, sondern treten über Kräfte miteinander in Kontakt, von denen wir vier verschiedene Arten kennen.

Die bekannteste dieser Kräfte ist die Gravitation, d.h. die alltäglich vertraute Schwerkraft, die auf die Masse wirkt. Ebenfalls im Alltagsleben sichtbar ist die elektromagnetische Kraft, welche alle elektrischen und magnetischen Phänomene in sich vereinigt. Daneben existieren noch zwei Krafttypen, die zunächst im Alltag nicht auffallen und für deren Wahrnehmung der Mensch auch keine Sinne besitzt, nämlich die schwache und die starke Kraft. Beide haben eine so geringe Reichweite, dass ihre Wirkung erst erkennbar wird, wenn man sich in die mikroskopische Welt der Quarks und Leptonen begibt und deren Verhalten beobachtet. Die schwache Kraftwirkung kann verschiedene Teilchen ineinander umwandeln und ist z.B. für die radioaktiven β-Zerfälle verantwortlich. Die starke Kraft sorgt für den Zusammenhalt der Quarks in einem Proton oder einem Neutron und ebenso für den Zusammenhalt eines Atomkerns.

Verblüffenderweise beobachtet man eine Ähnlichkeit von Kräften mit Teilchen. Die Kraftwirkungen lassen sich in kleinste Einheiten zerlegen, welche die Charakterzüge von Teilchen tragen. Dadurch können die verschiedenen Kräfte jeweils durch spezifische Teilchen dargestellt werden. Eine Kraft zwischen zwei Objekten wird dann durch den Austausch von diesen Teilchen beschrieben. In Abb. 4 sind die zu den verschiedenen Kräften gehörigen Austauschteilchen angegeben.

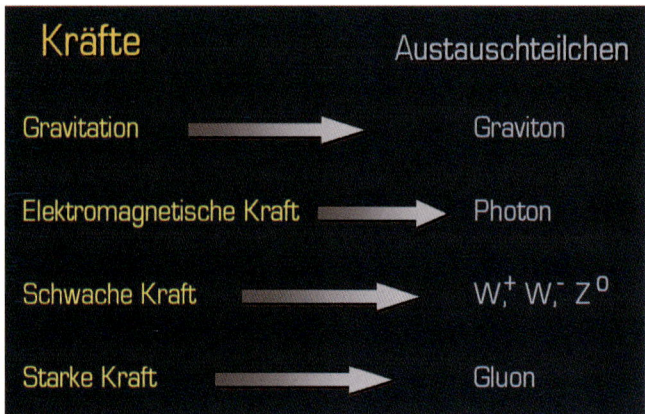

Abb. 4: Ein Überblick über die fundamentalen Kräfte und ihre Austauschteilchen.

Obwohl die Kräfte in unserer Welt mit äußerst verschiedenen Charakterzügen auftreten, gelang es, die elektromagnetische und die schwache Kraft auf eine einzige Kraft zurückzuführen. Bei sehr hohen Energien sind keine Unterschiede dieser Kräfte sichtbar, erst bei den Energien, bei denen wir sie im Alltag beobachten können, sind unterschiedliche Eigenschaften ausgeprägt. Diese Erkenntnis legt den Verdacht nahe, dass alle beobachtbaren Kräfte aus ein und derselben Wurzel stammen. Eine konsistente Zusammenführung aller Kräfte ist trotzdem noch nicht gelungen. Das Standardmodell der Elementarteilchenphysik umfasst bisher nur die letzten drei der genannten Kräfte. Jeder Versuch, auch die Gravitation in das Modell einzubinden, scheiterte. In der mathematischen Formulierung verweigern die Gleichungen ein vernünftiges Verhalten; es tauchen immer wieder Unendlichkeiten auf, die keine sinnvolle Aussage zulassen. Betrachtet man Vorgänge, die sich in der Größenordnung der Quarks und Leptonen abspielen, kann die Gravitation auch vernachlässigt werden, da sie den anderen Kräften um viele Größenordnungen unterlegen ist.

Das bisher vorgestellte Modell weist noch eine weitere Schwäche auf. Es kann in dieser Form lediglich masselose Teilchen darstellen, was nicht der beobachtbaren Realität entspricht. Die Beschreibung von massebehafteten Teilchen erfordert eine Erweiterung, welche die Existenz eines weiteren Teilchens vorhersagt, des so genannten Higgs-Bosons. Dieses kann durch seine Kraftwirkung auf andere Teilchen diesen eine Masse geben. Das Higgs-Boson selbst konnte jedoch bislang noch nicht direkt beobachtet werden.

3   Den Teilchen auf der Spur

Die obige Beschreibung der Erforschung der Materie verdeutlicht den langwierigen und mühsamen Weg des Menschen, Strukturen auf diesem mikroskopischen Maßstab zu beobachten und zu verstehen. Bis heute werden vor allem Streuexperimente eingesetzt, um das Innere der Materie zu beleuchten und das Verhalten der Bausteine zu untersuchen.

Die Information, die mit einem Streuversuch gewonnen werden kann, hängt von der Art der verwendeten Teilchen sowie deren Energien ab. Je mehr Energie zur Verfügung steht, desto tiefer kann man in das Innere der Materie vordringen und umso mehr Information über deren Aufbau erhalten.

Oft werden Elektronen verwendet und an feststehenden Objektes gestreut. Dabei wirkt das Elektron als Sonde, die das Innere der Protonen und Neutronen, aus denen das Zielobjekt besteht, durchleuchtet. Damit können die Eigenschaften der Bausteine und der Kräfte zwischen ihnen genau untersucht werden.

In anderen Experimenten werden z.B. Elektronen und ihre Antiteilchen, die Positronen, zur Kollision gebracht. Dabei können diese Teilchen vollständig zerstrahlen. Aus der frei werdenden Energie werden neue Teilchen erzeugt, deren Verhalten dann untersucht werden kann.

Um die Teilchen auf die gewünschten hohen Energien zu bringen, sind aufwändige Beschleunigungstechniken erforderlich. In der Welt gibt es nur einige wenige Zentren, in denen Forschung in diesem Maßstab betrieben wird. An diesen Laboratorien sind kilometerlange Beschleunigungsanlagen in Betrieb. Erst auf solchen langen Strecken können die Teilchen auf Energien gebracht werden, die auch Strukturen in der Größenordnung von Quarks erkennbar machen.

Um die Länge der Beschleuniger zu begrenzen, werden solche Anlagen oft in Kreisform gebaut. Die Teilchen können dann während zahlreicher Umkreisungen schrittweise auf die gewünschte Energie beschleunigt und zur Kollision gebracht werden. Um die Wahrscheinlichkeit einer Kollision zu erhöhen, werden nicht einzelne Teilchen, sondern ganze Bündel mit vielen Milliarden von Teilchen durch die Beschleunigeranlagen geschickt. Nur einzelne Teilchen aus den Bündeln nehmen an den Kollisionen teil, sodass die umlaufenden Teilchenbündel über mehrere Stunden für Experimente genutzt werden können. Die größte Ringanlage der Welt befindet sich am Europäischen Zentrum für Hochenergiephysik (CERN) in Genf. Sie befindet sich in einem Tunnel 100 Meter unter der Erde und besitzt einen Umfang von 27 Kilometern (vgl. auch die Abbildung im Beitrag von Thomas Hebbeker).

Die Größe einer solchen Anlage wird durch die Energie bestimmt, welche die Teilchen erhalten sollen. Je größer ihre Energie ist, desto größer sind die Fliehkräfte, welche die Teilchen aus einer Kreisbahn herausdrängen. Diese Fliehkräfte werden in den Anlagen durch Magnetfelder kompensiert, welche die Teilchen somit in die Kreisbahn zwingen. Technisch ist es aber nicht möglich, beliebig hohe Magnetfelder zu erzeugen, sodass Beschleuniger mit größerem Umfang gebaut werden müssen, um höhere Energien erreichen zu können. Ein weiterer Grund für die riesigen Ausmaße der Beschleuniger hängt mit dem Energieverlust der Teilchen zusammen. Jedes geladene Teilchen, das in eine Kurve gezwungen wird, gibt dabei Energie in Form von elektromagnetischer Strahlung ab, und zwar umso mehr, je enger die Kurve ist. Dieser Energieverlust, der in Kreisbeschleunigern ständig kompensiert werden muss, nimmt mit der Energie rasch zu, sodass er nur durch eine entsprechend großzügige Auslegung des Radius in angemessenen Grenzen gehalten werden kann.

Die Experimente, in denen die Teilchenkollisionen beobachtet werden, können die Größe von Zweifamilienhäusern annehmen. Abb. 5 zeigt ein Experiment, das in Hamburg, am DE-SY[3] an der Ringanlage HERA betrieben wird. Als Größenvergleich ist ein Mensch neben diesem Messgerät dargestellt. Erst mit derart riesigen und komplexen Gebilden sind wir in der Lage, das Verhalten der winzigen Teilchen im Detail sichtbar zu machen. Entsprechend werden für das Auslesen und die Auswertung dieser Experimente sehr leistungsfähige Rechenanlagen benötigt; oftmals sind dafür ganze „PC-Farmen" mit Hunderten von Computern in Betrieb.

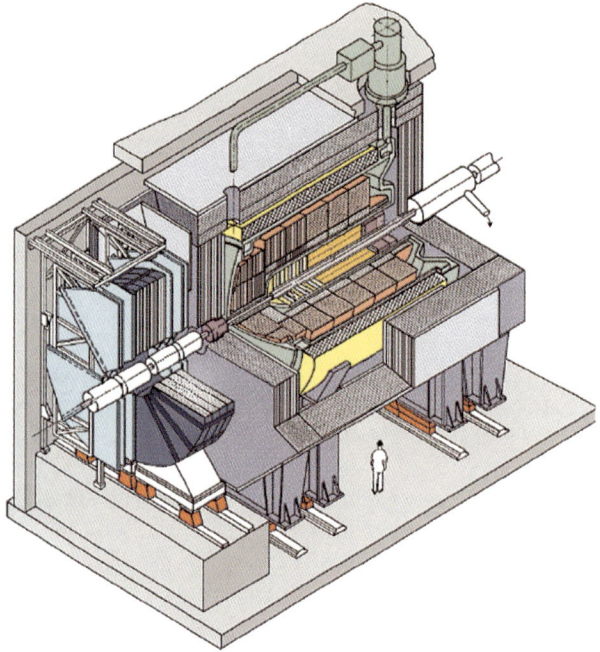

Abb. 5: Die Skizze zeigt das Experiment H1 am DESY in Hamburg. Zum Größenvergleich ist ein Mensch daneben dargestellt.

---

[3] **D**eutsches **E**lektronen-**S**ynchrotron

4 Offene Fragen

Unser Bild vom Innersten der Materie hat mit den bekannten Bausteinen und Kräften eine sehr konkrete und scheinbar vollständige Form gewonnen, die durch die Experimente in höchster Präzision bestätigt wird. Aber ist damit wirklich schon das Grundverständnis der Materie erreicht?

Die Elementarteilchenphysiker sind sich ziemlich sicher, dass dieses keineswegs der Fall sein kann. Dabei spielen sowohl theoretisch mathematische Argumente als auch rein ästhetische Gesichtspunkte eine Rolle. Das hier dargestellte Modell benötigt beispielsweise in seiner Beschreibung viele von der Natur scheinbar willkürlich gesetzte Parameter, die allein aus dem Experiment erschlossen werden können. Von einer fundamentalen Beschreibung erwartet man hingegen, dass für sie nur einige wenige Grundannahmen gemacht werden müssen und dass alles andere daraus vorhersagbar ist.

Die Ähnlichkeit der verschiedenen Teilchengenerationen des Standardmodells ist bis heute völlig unverstanden und drängt die Vermutung auf, dass sich noch eine tiefere Struktur in ihnen verbirgt, die dieses Schema erklären kann. Ebenso sind die Ladungen der Teilchen in verblüffender Weise sehr exakt ausgeglichen: Die Ladung des Elektrons, einem Lepton, entspricht bis auf das Vorzeichen exakt der Ladung des Protons, also einem Gebilde aus Quarks. Diese Tatsache scheint auf einen bisher nicht bekannten Zusammenhang zwischen den Quarks und den Leptonen hinzuweisen.

Es ist nicht mit Sicherheit auszuschließen, dass neben den hier vorgestellten Teilchen noch weitere bisher unbeobachtete Teilchen existieren. Eine spezielle Theorie, die so genannte „Supersymmetrie", erweitert das Modell in einer solchen Form, dass vorher willkürliche Parameter der Theorie berechenbar werden. Gleichzeitig sagt diese Theorie aber auch die Existenz von weiteren Teilchen voraus. Zu jedem der bekannten Teilchen würde ein „Superpartner" existieren. Diese zusätzlichen Teilchen konnten noch nicht im Experiment festgestellt werden. Auch das Higgs-Boson, das im Standardmodell zur Erklärung der Masse benötigt wird, wurde bis heute noch nicht beobachtet.

Aus den bisherigen experimentellen Ergebnissen lässt sich aber schließen, dass derartige Teilchen spätestens bei Energien erkennbar sein sollten, die mit der nächsten Generation von Teilchenbeschleunigern erreicht werden können, sodass zukünftige Experimente hier eine sehr wichtige Rolle spielen.

Eine Erklärung fehlt bisher auch für das Ungleichgewicht zwischen Materie und Antimaterie in unserem Universum. Das Standardmodell beschreibt zunächst Materie und Antimaterie in einer Weise, die keine von beiden bevorzugt. Unsere Welt hingegen besteht vollständig aus Materie und im ganzen sichtbaren Universum wurde noch kein Hinweis auf größere Anhäufungen von Antimaterie gefunden. Bestimmte Parameter des Standardmodells können im Prinzip ein Ungleichgewicht zwischen Materie und Antimaterie erzeugen, aber erst jetzt ist es einigen Experimenten möglich, diese Parameter auch im Experiment zu messen. Die Erklärung der beobachteten Materie-Dominanz im Weltall erfordert zusätzlich auch die Existenz von Prozessen, die im Standardmodell nicht enthalten sind.

Weiterhin stellt man bei einem Blick ins Weltall fest, dass sich ein Teil der Materie in rätselhafter Weise unserer Beobachtung zu entziehen scheint. Aus den Bewegungen der Sterne einer Galaxie lässt sich berechnen, welche Masse für stabile Bewegungen dieser Art erforderlich ist. Summiert man nun die Masse aller sichtbaren Materie auf, wird nur ein Bruchteil dieser benötigten Masse erreicht. Der fehlende Anteil wird als „dunkle Materie" bezeichnet. Es ist bis heute noch nicht bekannt, was sich hinter dieser mysteriösen nicht sichtbaren Materie verbirgt.

Einer der größten Mängel des Standardmodells ist die Tatsache, dass die Gravitation darin nicht beschrieben werden kann. Gerade die Kraft, die sich in unserem Alltag am deutlichsten bemerkbar macht, findet in diesem Modell, das die Welt beschreiben soll, keinen Platz. Inzwischen gibt es hierbei einen viel versprechenden Ansatz mit der so genannten „Stringtheorie", die in „natürlicher" Weise auch die Gravitation hervorbringt (siehe den Beitrag von Hermann Nicolai). Sie hat bisher aber noch keine endgültige Formulierung erreicht, die das Standardmodell ersetzen und umfassend unsere Welt beschreiben könnte. In ihr werden als elementare Bausteine der Materie keine punktförmigen Gebilde angenommen, sondern winzige, aber ausgedehnte Fäden, die in verschiedenen Schwingungszuständen die sichtbaren Teilchen bilden. Diese Theorie erfordert eine ganz entscheidende Erweiterung unserer Betrachtungen, da ihre Objekte nicht in den bekannten drei Raumdimensionen und einer Zeitdimension zu beschreiben sind. Es müssen mindestens weitere sieben bislang nicht beobachtete Dimensionen existieren, damit eine mathematisch sinnvolle Formulierung möglich ist. Heutzutage ist es noch nicht möglich, die Vorhersagen dieser Theorie im Experiment zu prüfen, aber man erhofft sich von zukünftigen Experimenten, dass der Einfluss von zusätzlichen Dimensionen dort aufgespürt werden kann, sofern sie existieren.

Unsere gesammelten Beobachtungen zeigen sehr deutlich, dass wir mit dem Standardmodell erst einen Teil der existierenden Zusammenhänge erfassen. Wir müssen also in Experimenten weitere Fragen an die Natur richten, um unser Verständnis zu erweitern. Sowohl neue theoretische Ideen als auch experimentelle Fortschritte können die Wegweiser sein, die uns helfen, die wahren Zusammenhänge zu finden. Die spannende Reise in das Innerste der Materie ist somit auch heute noch nicht beendet. Noch immer warten viele Rätsel auf ihre Lösungen, durch die wir uns den tiefsten Naturgesetzen nähern können.

Die Autorin

Dorothea Samtleben
Universität Hamburg und Deutsches Elektronen-Synchrotron, Hamburg

Dorothea Samtleben, geb. 1971 in Hamburg, nahm neben dem Besuch des Gymnasiums an einer Ausbildung zur Chemisch-Technischen Assistentin (CTA) teil. Nach dem Abitur und dem Abschluss der Ausbildung studierte sie Physik in Hamburg, wobei ein mehrwöchiges

Praktikum am CERN in Genf ihr Interesse für die Elementarteilchenphysik weckte. Ihre Diplomarbeit fertigte sie auf dem Gebiet der experimentellen Elementarteilchenphysik am Experiment H1 am DESY in Hamburg an. Seit 1997 arbeitet sie als wissenschaftliche Mitarbeiterin der Universität Hamburg am Experiment HERA-B am DESY an ihrer Promotion. Neben der wissenschaftlichen Arbeit führt sie seit 1996 auch Führungen und Vorträge für die Öffentlichkeitsarbeit des DESY durch. In der Freizeit spielt sie Geige mit verschiedenen Orchestern und Kammermusikensembles in Hamburg.

Literatur

[1] K. Simonyi: *Kulturgeschichte der Physik*. Verlag Harri Deutsch, 2. Auflage (1995)

[2] B. Greene: *The Elegant Universe*. W.W Norton & Company (1999)

[3] L. M. Lederman, D. Schramm: *Vom Quark zum Kosmos: Teilchenphysik als Schlüssel zum Universum*. Spektrum der Wissenschaft (1990)

Masse macht's, aber was macht Masse?

Martin Erdmann

1   Der Begriff der Masse

Der Begriff Masse ist vielfältig belegt: Kinder formen Knetmasse, Fußballspiele mobilisieren Menschenmassen. In der Physik beschreibt *Masse* eine Körpereigenschaft, die auf der Erde auch *Gewicht* genannt wird. In diesem Beitrag geht es um den physikalischen Begriff der Masse.

Wir wissen, wie man sie misst; aber wir haben nicht mehr als eine Vermutung, woher Masse eigentlich kommt.

2   Die Messung von Massen

Eine Waage zum Bestimmen von Massen gibt es praktisch in jedem Haushalt. Diese Waage funktioniert nicht allein, sie braucht die Schwerkraft, die aus der Anziehungskraft zwischen der Erdmasse und der jeweiligen Körpermasse resultiert. Die Anziehungskraft hängt von der Masse des Körpers ab und und wird z.B. durch das Zusammendrücken einer Feder sichtbar. Auf einer Skala lesen wir das Gewicht in Einheiten von Kilogramm ab (Abb. 1). Unsere Körpereigenschaft Masse ist äußerst wertvoll, denn durch sie bleiben wir auf der Erde!

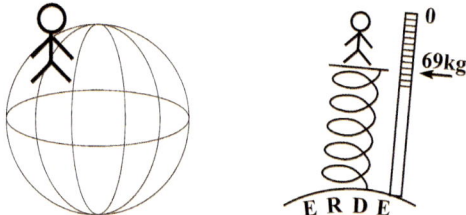

Abb. 1: So bleiben wir auf der Erde: Anziehung zwischen der Erdmasse und der Masse einer Person. Ihre Masse wird mit Hilfe einer Federwaage gemessen.

Wie kann man aber die Masse des Astronauten in Abb. 2 bestimmen, der im Weltraum schwebt? Er bringt kein Gewicht auf die Waage, hat aber natürlich seine Körpermasse beim Eintritt ins All nicht verloren. Alternativ zur Anziehungskraft der Erde können wir die Fliehkraft verwenden.

Die Fliehkraft steigt mit der Masse des geschleuderten Körpers, was zu unserer Alltagserfahrung gehört: Eltern setzen sich auf Karussells nach außen und lassen Ihre Kinder innen Platz nehmen. Die Eltern können die Fliehkraft Ihrer Kinder durch deren geringere Masse gut aushalten.

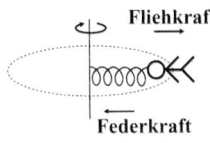

Abb. 2: Messung der Masse eines Astronauten mit Hilfe einer Schleuder.

Eine mögliche alternative Massenmessung besteht also darin, den Astronauten in einem Karussell im Kreis herum zu schleudern. Misst man die Fliehkraft mit einer Feder, die man an der Drehachse befestigt, lässt sich die Masse des Astronauten aus der Dehnung der Feder bestimmen.

3 Woher kommt die Masse?

Woher aber kommt unsere Masse? In der makroskopischen Welt ensteht sie durch die Summe von Knochen, Muskeln, Gewebe etc. In der mikroskopischen Welt bestehen diese aus Molekülen, die Moleküle aus Atomen, die Atome aus Protonen, Neutronen und Elektronen. Protonen und Neutronen bestehen wiederum aus Quarks, wie wir seit 30 Jahren wissen. Woher bekommen die kleinsten Teilchen, Elektronen und Quarks, ihre Masse? Die einzig ehrliche Antwort der Physiker heute ist: *Wir wissen es noch nicht.*

Es gibt allerdings eine hervorragende Idee, wie Masse entstehen könnte. Eine Idee alleine genügt nicht. Nur die Übereinstimmung zwischen Theorie und einem Experiment, das die Idee bestätigt, bringt Gewissheit. Im Folgenden werden wir uns der Teilchenwelt nähern, die Idee beschreiben und die Anstrengungen für ihren experimentellen Nachweis schildern.

4 Die Messung der Masse von Teilchen

Wie arbeitet man mit Teilchen, wie bestimmt man z.B. eine Teilchenmasse? Ein gängiges Messinstrument zur Bestimmung von Teilchenmassen ist das Massenspektrometer. Das Messverfahren beruht genau wie bei dem Karussell auf der Fliehkraft. Ein wesentlicher Unterschied ist, dass die oben beschriebene Feder zur Messung der Fliehkraft durch ein Magnetfeld ersetzt wird (Abb. 3). Das Magnetfeld zwingt elektrisch geladene Teilchen durch die so genannte „Lorentzkraft" auf eine Kreisbahn. In der Abbildung fliegen positiv geladene Teilchen eine Rechtskurve, negativ geladene eine Linkskurve. Je größer die Masse des Teilchens ist, desto größer ist die Kreisbahn, auf der sich das Teilchen bewegt. Die Bahn des Teilchens lässt sich durch Nachweisgeräte verfolgen.

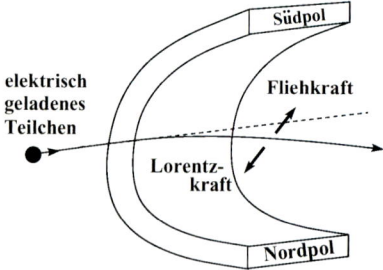

Abb. 3: Ablenkung eines elektrisch geladenen Teilchens im Magnetfeld.

Um die Teilchen gezielt in Bewegung zu versetzen, braucht man einen Beschleuniger. Jeder Fernseher mit einer Fernsehröhre ist ein Elektronenbeschleuniger (Abb. 4). Wenn man einen elektrischen Strom durch einen dünnen Draht fließen lässt, erhitzt sich der Draht und die Elektronen, die den Strom verursachen, können den Draht verlassen. Um diese Elektronen zu beschleunigen, stellt man in die Nähe des Drahtes eine Metallplatte, die positiv geladen ist und die Elektronen anzieht. Auf dem Weg vom Draht zur Platte gewinnen die Elektronen Energie, die praktischerweise in Elektronenvolt angegeben wird: Schließt man zwischen dem Draht und der Metallplatten eine Batterie mit 1 Volt (V) Spannung an, gewinnt ein Elektron auf dem Weg vom Draht zur Platte ein Elektronenvolt (eV) Energie. Bohrt man ein Loch in die Metallplatte, fliegt ein Teil der beschleunigten Elektronen geradeaus weiter und kann z.B. durch das Magnetfeld in der Abb. 3 abgelenkt werden.

Die Energie von 1 eV genügt, um Molekülverbindungen zu trennen. Mit etwas mehr als 10 eV kann man das Elektron und das Proton des Wasserstoff-Atoms auseinander bringen. Im Fernseher liegt die Beschleunigerspannung bei circa 1000 V, sodass die Elektronen mit 1000 eV Energie auf den Bildschirm prallen und dort durch Auslösen von Lichtsignalen nachgewiesen werden. Durch geschickte Ablenkung der Elektronen entstehen auf dem Schirm die Fernsehbilder.

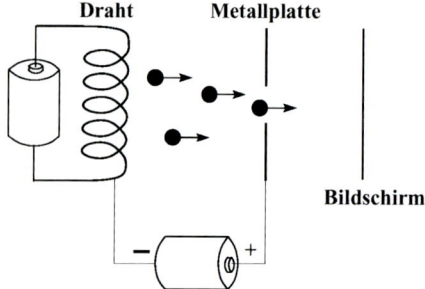

Abb. 4: Der Fernseher als Elektronenbeschleuniger.

Für die Experimente der Physiker werden Teilchenenergien in der Größenordnung von 100 Milliarden eV benötigt. Ein solcher Beschleuniger steht am CERN-Labor in Genf. Hier werden Elektronen in einer kreisförmige Tunnelröhre von 27 km Umfang beschleunigt und durch Magnete auf der Kreisbahn gespeichert (Abb. 5). In der Gegenrichtung fliegen die Antimaterie-Teilchen der Elektronen, die so genannten Positronen. Teilchen und ihre Antiteilchen können sich gegenseitig vernichten. Auch Elektronen und Positronen „zerstrahlen" bei einer Kollision.

Einsteins Formel $E = mc^2$ ist den meisten schon einmal begegnet. Sie beschreibt die Gleichheit von Energie E und Masse m bis auf den Umrechnungsfaktor der Lichtgeschwindigkeit zum Quadrat. Dieses „Äquivalenzprinzip" ermöglicht noch einen alternativen Weg zur Massenbestimmung von Teilchen: Entspricht die Gesamtenergie E von Elektron und Positron in einer Kollision gerade der Masse m eines neuen Teilchens, das aus dem Zerstrahlungsprozess von Elektron und Positron gebildet werden kann, dann kann die Beschleuniger-Energie E in die Masse m dieses neuen Teilchens umgewandelt werden.

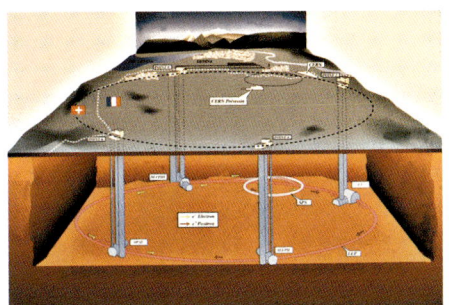 

Abb. 5: Skizze des CERN Labors bei Genf. Der 27 km lange Tunnel enthält den Elektron-Positron Beschleuniger „LEP", der im rechten Bild von Schülern aus Brandenburg besucht wird.

Berühmtes Beispiel für Einsteins Äquivalenzprinzip ist die Erzeugung des Z-Teilchens am Elektron-Positron-Beschleuniger „LEP" (Abb. 5, 6). Das neu gebildete Z-Teilchen hat eine sehr kurze Lebensdauer und zerfällt sofort wieder in ein Teilchen und das dazu gehörende Antiteilchen. Das kann z.B. ein Elektron-Positron-Paar sein, oder auch ein Myon-Antimyon-Paar, die Geschwisterteilchen der Elektronen sind. Myonen werden besonders eindrucksvoll in Experimenten nachgewiesen und sollen hier als Beispiel gezeigt werden.

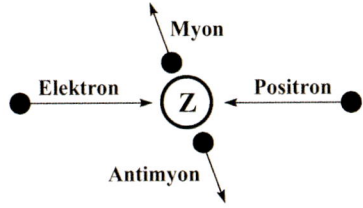

Abb. 6: Einsteins Äquivalenzprinzip $E = mc^2$ erlaubt die Erzeugung des Z-Teilchens mit Masse m aus der Energie E einer Elektron-Positron-Kollision. Das Z-Teilchen zerfällt sofort wieder, z.B. in ein Myon-Antimyon-Paar.

In der Abb. 7 ist ein Detektor am CERN gezeigt. Das ist eine Tonne voller hoch empfindlicher Nachweisgeräte, die groß wie ein Einfamilienhaus ist. In ihrer Mitte stoßen Elektronen und Positronen zusammen. Daneben ist das Computerbild eines Ereignisses zu sehen. In diesem Ereignis flogen ein Elektron und ein Positron senkrecht zur Bildebene aufeinander zu. Nach ihrer Kollision waren zwei Myonen nachweisbar, die voneinander wegflogen.

 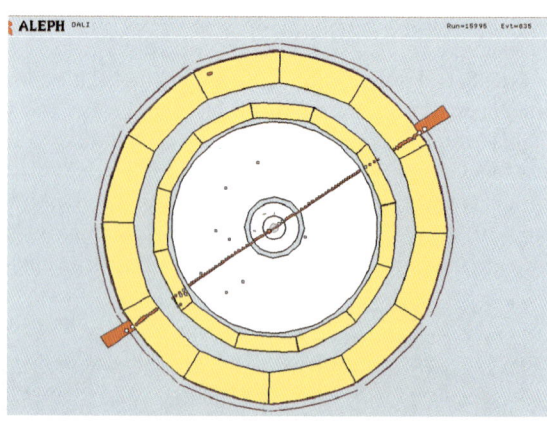

Abb. 7: Aufsicht auf einen Teilchen-Detektor am CERN in Genf (links) und Computerbild einer Kollision zwischen einem Elektron und einem Positron (rechts). Zu sehen ist der Nachweis eines Myons und eines Antimyons, die in entgegengesetzte Richtungen auseinander fliegen.

Auf den ersten Blick sehen die beiden Spuren gerade aus. Bei genauerem Hinschauen – legen Sie z.B. ein Blatt Papier entlang der Spuren auf – kann man die Wirkung des starken Magnetfeldes im Detektor auf die beiden Myonen sehen. Es bewirkt leicht gekrümmte Bahnen in entgegengesetzte Richtungen und beweist, dass die Myonen entgegengesetzte elektrische Ladungen tragen und deswegen Teilchen und Antiteilchen sind.

Ein einziges solches Ereignis beweist noch nicht die Bildung eines neuen Teilchens. Deswegen ist in Abb. 8 eine Messkurve dargestellt, die aus vielen Myon-Ereignissen gebildet wurde. Sie zeigt das Phänomen der Resonanz, wie sie z.B. aus der Musik bekannt ist. Die Messkurve wurde folgendermaßen erzeugt: Man stellt eine niedrige Beschleuniger-Energie ein (untere Skala links), zählt die Myon-Ereignisse und trägt sie in dem Diagramm auf der linken Skala ein (dreieckiger Messpunkt ganz links). Dann erhöht man die Beschleuniger-Energie (untere Skala nach rechts hin) und zählt wieder die Ereignisse und stellt fest, dass die Zahl zurückgegangen ist. Alle diese Ereignisse sind unspektakuläre Vernichtungen zwischen Elektronen und Positronen.

Bei höheren Energien passiert etwas neues: Eine weitere Erhöhung der Beschleuniger-Energie führt zu einem steilen Anstieg der Zahl der Myon-Ereignisse, bevor eine weitere Erhöhung wieder zu deren Rückgang führt. Alle Messungen zusammen zeigen eine Resonanzkurve, welche die Bildung des Z-Teilchens beweist. Bei einer Elektron-Positron-Energie von 90 Milliarden eV ist die Zahl der Myon-Ereignisse am größten: Hier stimmen die Beschleuniger-Energie und die Masse des Z-Teilchens überein.

Es gibt also verschiedene Methoden zur Massenmessung: Verfahren, die eine Kraft auf die Masse ausüben (Schwerkraft, Fliehkraft), oder alternativ Einsteins Äquivalenzprinzip von Energie und Masse. An dem Beispiel des Z-Teilchens wird deutlich, dass man für die Erzeugung hoher Teilchenmassen Beschleuniger mit hoher Energie benötigt.

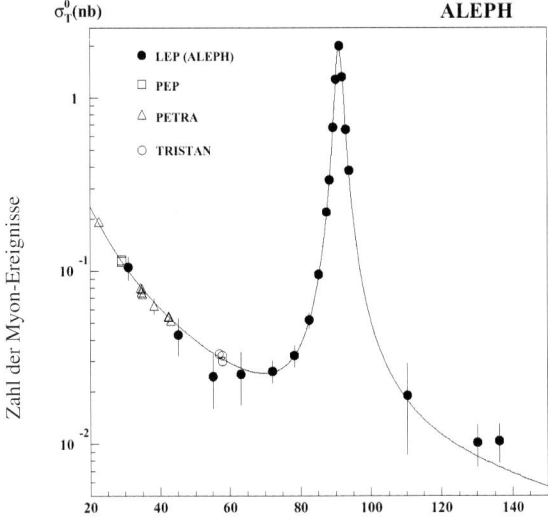

Elektron-Positron-Energie

Abb. 8: Die Zahl der gemessenen Myon-Ereignisse zeigt Einsteins Äquivalenzprinzip $E = mc^2$ am Beispiel des Z-Teilchens. Bei 90 Milliarden Elektronenvolt (GeV) stimmen die Energie der beschleunigten Elektronen und Positronen mit der Masse m des Z-Teilchens überein. Die Resonanzkurve beweist die Bildung des Teilchens.

5   Eine Idee für die Ursache von Masse: Das Standard-Modell der Teilchenwelt

Unsere Kenntnisse über die Welt der kleinsten Teilchen sind in dem so genannten „Standard-Modell" der Teilchenphysik zusammengefasst. Seine zentrale Idee ist eine Aufgabenteilung zwischen den Teilchen. Es gibt Teilchen, die für den Aufbau der Materie verantwortlich sind, und Teilchen, die Wechselwirkungen zwischen den Materie-Teilchen ermöglichen.

Heute bekannt sind uns 12 Materie-Teilchen (plus ihre 12 Antimaterie-Teilchen, siehe Tab. 1). Sechs von ihnen gehören zur Familie der „Leptonen", z.B. das Elektron, das Myon, und das erst in diesem Jahr am Fermilab bei Chicago direkt nachgewiesene Tau-Neutrino. Weitere sechs bilden die Familie der „Quarks". Dazu gehören z.B. die Up- und Down-Quarks, aus denen die Protonen und Neutronen der Atome gebildet werden, sowie das Top-Quark, das erst 1994 ebenfalls am Fermilab entdeckt wurde.

Wie kommunizieren zwei Materie-Teilchen miteinander? Stellen Sie sich zwei Elektronen vor, die aufeinander zu fliegen, wie es in Abb. 9 gezeigt ist. Beide haben dieselbe elektrische Ladung und werden sich deswegen gegenseitig abstoßen. Es muss also einen Mechanismus in der Natur geben, der die Information „gleich geladen, fliege fort" zwischen den beiden Elektronen austauscht. Diese Information wird durch den Austausch eines Lichtteilchens übertragen, das so genannte „Photon".

Tab. 1: Die heute bekannten Materie-Teilchen.

6 Leptonen	6 Quarks
(+ 6 Antileptonen)	(+ 6 Anitquarks)
Elektron-Neutrino	*Up*
Elektron	*Down*
Myon-Neutrino	*Charm*
Myon	*Strange*
Tau-Neutrion	*Top*
Tau	*Bottom*

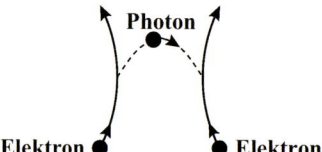

Abb. 9: Elektromagnetische Abstoßung zwischen zwei Elektronen wird durch ein Photon übertragen.

Außer dieser elektromagnetischen Wechselwirkung zwischen geladenen Teilchen gibt es weitere Kommunikationsarten zwischen den Materie-Teilchen (Tab. 2). Die schwache Wechselwirkung ist z.B. verantwortlich für bestimmte radioaktive Zerfälle. Eines ihrer Kommunikationsteilchen ist das bereits erwähnte Z-Teilchen. Die starke Wechselwirkung bildet den schnellsten und stärksten Sekundenkleber der Welt. Sie hält die Quarks im Proton durch den Austausch von Klebeteilchen, so genannter „Gluonen", zusammen. Die Anziehung zwischen zwei Massen entsteht durch die Gravitations-Wechselwirkung. Ein Austauschteilchen konnte dafür bislang nicht nachgewiesen werden.

Tab. 2: Die heute bekannten Wechselwirkungen und ihre Austausch-Teilchen.

Wechselwirkung (WW)	Teilchen
Elektromagnetische WW und Schwache WW	Photon, Z, W^-, W^+
Starke WW	Gluonen
Gravitation	?

Im historischen Rückblick ist die Beschreibung der elektromagnetischen Wechselwirkung zwischen zwei geladenen Teilchen durch den Austausch eines Photons Vorbild für das Materie-und Kommunikationsbild des Standard-Modells der Teilchenwelt. Die Übertragung des Bildes auf die schwache Wechselwirkung gestaltete sich zunächst als besonders schwierig. Im Unterschied zum Photon, das keine Masse hat, trägt das Z-Teilchen die riesige Masse von 90 Milliarden eV (Abb. 8). Das Z-Teilchen wirkt daher bei der Kommunikation zwischen zwei Materie-Teilchen wie ein Medizinball: Zum Beispiel können zwei Elektronen nur über winzige Distanzen von einem Tausendstel des Proton-Durchmessers mit Hilfe eines Z-Teilchens miteinander kommunizieren (Abb. 10).

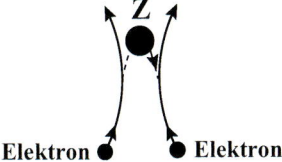

Abb. 10: Die schwache Wechselwirkung wird z.B. durch das Z-Teilchen übertragen, allerdings wegen der großen Masse des Z-Teilchens nur über sehr kurze Entfernungen.

Der Engländer Peter Higgs (Foto in Abb. 11) hatte schließlich eine Idee, deren Weiterentwicklung unser Verständnis von der Teilchenwelt revolutioniert hat. Seine Hypothese war, dass das Z-Teilchen ohne Masse geboren wird und seine Masse erst durch den Kontakt mit seiner Umwelt erhält.

Abb. 11: Peter Higgs hatte eine entscheidende Idee zur Herkunft der Masse.

Ein Beispiel für eine solche Massenerzeugung ist in der Abb. 12 als Cartoon frei interpretiert. Michael Schumacher hat die Weltmeisterschaft gewonnen und betritt schwungvoll den Raum seiner Siegesfeier, in dem die Fans bereits warten. „Schumi!!!" brüllen sie, jeder will ihm zuerst gratulieren, alle stürzen sich auf ihn, schütteln ihm die Hände, kletten sich an ihn. Schumis ursprünglich schwungvolle Bewegung schwindet durch seine immer größer werdende Masse...

Abb. 12: Masse gewinnt man durch Wechselwirkung... (Cartoon nach einer Idee von D. Miller).

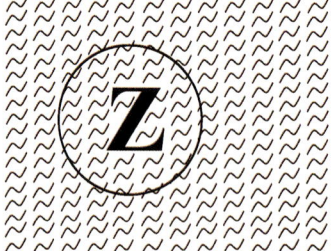

Abb. 13: Das unsichtbare Higgs-Feld (hier durch Wellen symbolisiert) soll den Teilchen, z.B. dem Z-Teilchen, ihre Masse geben.

Das Z- und andere Teilchen sollen also ihre Masse dadurch bekommen, dass sich etwas an sie heftet. Stellen Sie sich vor, das gesamte Universum wäre mit einer unsichtbaren Art von Wasser angefüllt. Dieses Wasser hätte jedoch eine Wirkung, die derjenigen des herkömmlichen Wassers entgegengesetzt wäre: Beim Einstieg in die Badewanne würde man sich schwer statt leichter fühlen! Dieses besondere Wasser wird das „Higgs-Feld" genannt. Wir können es nicht sehen, genau so, wie wir ein Magnetfeld oder ein elektrisches Feld ohne technische Hilfsmittel nicht bemerken.

Es gibt einen guten Grund, warum die Physiker dieser merkwürdig klingenden Idee eine Chance geben. Mit diesem Bild zur Herkunft der Masse gelang ein historischer Fortschritt im Verständnis der Kommunikation zwischen den Materie-Teilchen: Die elektromagnetische und die schwache Wechselwirkung lassen sich aus einer Ursprungstheorie, der „elektroschwachen Wechselwirkung" beschreiben.

Abb. 14: Blick auf das Fermilab-Gelände bei Chicago. Hier wurde 1994 das Top-Quarks entdeckt und vor kurzem das Tau-Neutrino nachgewiesen. In einem Tunnel, der unter dem hinteren großen Kreis verläuft, befindet sich der 6 km lange Proton-Antiproton-Beschleuniger „Tevatron".

Die Theorie der elektroschwachen Wechselwirkung wurde im letzten Jahrzehnt durch Experimente an Elektron-Positron-Beschleunigern sehr genau überprüft und in jeder Hinsicht glänzend bestätigt. Ihr größter gefeierter Erfolg war 1994 die Vorhersage, bei welcher Masse das Top-Quark zu finden sein müsste. Im selben Jahr wurde das Top-Quark am Fermilab Proton-Antiproton-Beschleuniger „Tevatron" (Abb. 14) mit einer Masse von 175 Milliarden eV nachgewiesen!

6 Die Suche nach dem Beweis: Das Higgs-Teilchen

Die zweite wichtige Konsequenz der Higgs-Idee zur Erzeugung der Massen ist, dass es ein neues Teilchen geben muss, das so genannte Higgs-Teilchen. Dieses Teilchen wurde bislang noch nicht beobachtet und gilt als Schlüssel zur Herkunft der Masse. Gelingt sein Nachweis, haben wir den Ursprung der Masse verstanden.

Das Higgs-Teilchen hat selbst eine Masse, deren Wert vorhergesagt worden ist. Die vielen Messungen der Elektron-Positron-Experimente werden nur dann im Rahmen des Standard-Modells erklärt, wenn die Higgs-Teilchenmasse ungefähr bei 100 Milliarden eV liegt. Diese Vorhersage ist in der Abb. 15 illustriert. Auf der unteren Skala sind verschiedene Annahmen für die Masse des Higgs-Teilchens eingetragen. Jede dieser Hypothesen wurde mit Daten der Elektron-Positron-Experimente verglichen und eine Wahrscheinlichkeit dafür angegeben, dass die Hypothese richtig ist (vertikale Skala). Die Wahrscheinlichkeit ist umso größer, je niedriger die Kurve liegt. Weitere Information kommt von den Experimenten selbst. Man konnte das Higgs-Teilchen bei Massen bis ca. 100 Milliarden eV noch nicht beobachten (dunkler Bereich), sodass seine Masse etwas darüber liegen muss.

An der Oberkante der Abb. 15 sind die Massen des Z-Teilchens und des Top-Quarks eingezeichnet. Eigentlich reichen die Energien der heutigen Beschleuniger aus, um Teilchenmassen von 100 bis 200 Milliarden eV zu erzeugen. Das Higgs-Teilchen hat aber eine Eigenschaft, die seine Entdeckung erschwert: Seine Entstehung ist um so wahrscheinlicher, je größer die Massen der an seiner Erzeugung beteiligten Teilchen sind.

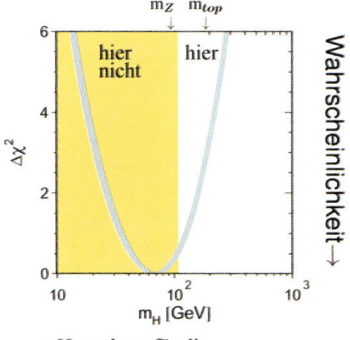

Abb. 15: Vorhersage für die Masse des Higgs-Teilchens durch Berechnungen im Rahmen der „Elektroschwachen Wechselwirkung".

Am besten würde man also z.B. Z-Teilchen oder Top-Quarks beschleunigen, und in deren Kollisionen das Higgs-Teilchen produzieren. Da diese Teilchen sich wegen ihrer extrem kurzen Lebensdauer nicht beschleunigen lassen, versucht man das Higgs-Teilchen in einem Zwei-Stufen-Prozess zu erzeugen. Zunächst werden langlebige Teilchen, Elektronen oder Protonen, beschleunigt und zur Kollision gebracht. In der ersten Stufe werden dabei Teilchen mit großer Masse erzeugt, die in einer zweiten Stufe das Higgs-Teilchen produzieren sollen (Abb. 16).

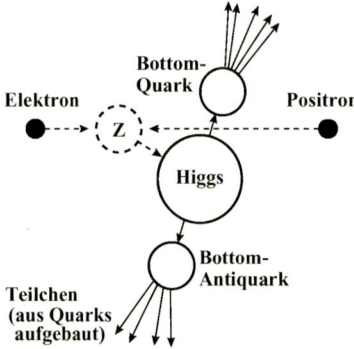

Abb. 16: Mögliche Produktion und Zerfall des Higgs-Teilchens durch einen Stufen-Prozess in Elektron-Positron-Kollisionen.

Das Higgs-Teilchen hat eine sehr kurze Lebensdauer und zerfällt sofort wieder. Es würde z.B. in ein Bottom-Quark und ein Bottom-Antiquark zerfallen. Aus den Quarks entstehen wieder andere Teilchen, die aus Quarks aufgebaut sind und die direkt in den Detektoren nachgewiesen werden können.

In Elektron-Positron-Beschleunigern könnte man das Higgs-Teilchen erzeugen, in dem zunächst ein Z-Teilchen produziert wird, das dann das Higgs-Teilchen abstrahlt (Abb. 16). Dieses Konzept wird bei der Suche nach dem Higgs-Teilchen mit dem „LEP"-Beschleuniger am CERN verwendet (Abb. 5, Tab. 3). Der Beschleuniger wurde im Laufe der letzten Jahre immer weiter verbessert und seine Gesamtenergie vergrößert, um sowohl das Z als auch das Higgs-Teilchen produzieren zu können. Bei der größten möglichen Energie des Beschleunigers wurden einige interessante Ereignisse gefunden, die möglicherweise auf das Higgs-Teilchen hinweisen könnten (September 2000). Um einen Zusammenhang zwischen diesen Ereignissen und der Bildung von Higgs-Teilchen beweisen zu können, müsste man ausreichend viele solche Ereignisse finden, die gemeinsam eine Resonanz zeigen, ähnlich wie im Fall des Z-Teilchens in Abb. 8.

Auch in einem Proton-Proton-Beschleuniger oder Proton-Antiproton-Beschleuniger könnte man das Higgs-Teilchen auf ähnliche Weise produzieren. Im Jahr 2001 soll der Fermilab-Beschleuniger „Tevatron" in einer verbesserten Version erneut angeschaltet werden (Abb. 14, Tab. 3). Die Fachwelt ist allerdings nicht überzeugt, dass die Leistung des dortigen Beschleunigers ausreichen wird, um das Higgs-Teilchen dort sicher nachzuweisen.

Tab. 3: Beschleuniger auf der Suche nach dem Higgs-Teilchen.

Name	LEP	TEVATRON II	LHC	TESLA
Labor	CERN	FNAL	CERN	DESY
Ort	Genf	Chicago	Genf	Hamburg
Typ	Elektron	Proton	Proton	Elektron
Stand	nimmt Daten	fast fertig	im Bau	Planung
Start		2001	2005	2010?
Potenzial	Higgs?	Higgs?	Higgs?	Higgs!!

Der neue Proton-Proton-Beschleuniger „LHC" am CERN, der 2005 in Betrieb gehen soll, wird genügend Energie haben, um das Higgs-Teilchen zu erzeugen – falls es die Natur vorgesehen hat (Tab. 3). Für den Bau dieses Beschleunigers wird der Tunnel wieder verwendet, in dem jetzt der Elektron-Positron-Beschleuniger steht (Abb. 5). Vier große Experimente werden gebaut, von denen zwei optimale Eigenschaften für die Suche nach dem Higgs-Teilchen mitbringen.

Das Konzept der Elektron-Positron-Beschleuniger soll am „TESLA"-Beschleuniger in Hamburg weiter verfolgt werden (Abb. 17, Tab. 3). Diese Anlage könnte 2010 in Betrieb gehen. Sie wird ausreichende Energiereserven haben und wird alle Eigenschaften dieses bemerkenswerten Teilchens nachweisen können. Erst wenn alle diese Eigenschaften des Higgs-Teilchens ausgemessen sind, können wir sagen, dass wir die Herkunft der Masse verstanden haben.

7 Aussicht

Mehrere Tausend Physiker und Techniker aus vielen Ländern der Welt arbeiten gemeinsam an den Beschleunigern und ihren Experimenten. Ihr Enthusiasmus und sehr erfolgreiches Engagement lässt es realistisch erscheinen, daß wir „demnächst" – d.h. in der Größenordnung von 10 Jahren – die Herkunft der Masse verstehen.

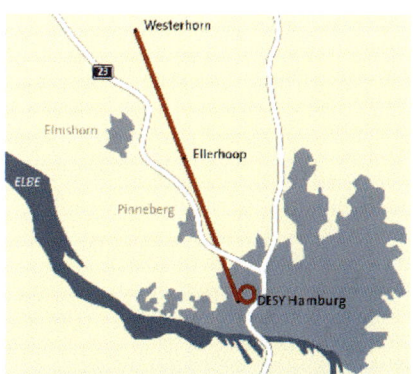

Abb. 17: Lageplan des 33 km langen TESLA-Beschleunigers bei Hamburg.

Heute, am Anfang des dritten Jahrtausends, erscheint uns dieses Verständnis noch als Kultur-Erwerb. Die Geschichte zeigt, dass nachfolgende Generationen neue, nie geahnte Fragen stellen. Möglicherweise eröffnet das Verständnis der Herkunft der Masse revolutionäre Ideen zum Nutzen für unsere Welt.

Danksagung

Herzlich bedanken möchte ich mich bei T. Behnke, V. Drollinger, G. Jähnichen, Th. Müller, C. Niebuhr, I. Salomon, P. Schleper, H.-C. Schultz-Coulon, H.-G. Siebig, M. Stanitzki, P. Vialis und P. Zerwas für die konstruktive Unterstützung bei der Vor- und Nachbereitung dieses Beitrags. Der Deutschen Forschungsgemeinschaft danke ich für die Förderung im Rahmen des Heisenberg-Programms.

Der Autor

Martin Erdmann
Institut für Experimentelle Kernphysik, Universität Karlsruhe

Martin Erdmann, geb. 1960 in Braunschweig, studierte Physik in Köln und Freiburg. 1990 promovierte er dort. 1984–90 arbeitete er zeitweilig am Fermilab in Chicago, USA. 1991–93 war er Post-Doktorand am DESY in Hamburg, bis heute ist er dort in weiteren Funktionen tätig. 1993–97 war er außerdem Post-Doktorand an der Ruprecht-Karls-Universität in Heidelberg. 1995–96 Arbeiten am HERA. 1996 Habilitation an der Universität Heidelberg. 1997 Heisenberg-Stipendiat der Deutschen Forschungsgemeinschaft. Seit 1999 nimmt er auch an einem Experiment am CERN in Genf teil. Er ist Associate Scientist an der Universität Fridericiana zu Karlsruhe. Seit 2000 ist er an einem weiteren Experiment am Fermilab in Chicago beteiligt.

Atomkerne: Bausteine der Materie und Brennstoff für Sterne

Amand Faessler

1   Einleitung

Die Bundesrepublik gehört international zu den zwei oder drei führenden Ländern auf dem Gebiet der Physik der Hadronen und Kerne. Dieser Artikel versucht, einige der herausragenden Resultate der letzten Jahre dieser Forschung in Deutschland populär darzustellen. Labors, die sich mit dieser Fragestellung beschäftigen, findet man in Deutschland in Berlin, Bochum, Bonn, Braunschweig, Darmstadt, Dresden, Erlangen, Frankfurt, Freiburg, Gießen, Göttingen, Hamburg, Hannover, Heidelberg, Jülich, Karlsruhe, Kassel, Köln, Mainz, München, Münster, Regensburg, Rossendorf, Stuttgart und Tübingen. Die Forschung auf diesem Gebiet an den Universitäten wird durch die einzelnen Länder unterstützt, die im Wesentlichen das Personal bezahlen, daneben durch das Bundesministerium für Bildung und Forschung (BMBF) und durch die Deutsche Forschungsgemeinschaft (DFG). Die beiden letzteren Institutionen finanzieren den größten Teil der Investitionsmittel und einen Teil der Doktoranden und Postdoktoranden. Neben den Universitäten leisten die Forschungszentren in Darmstadt, Jülich, Karlsruhe und Rossendorf wichtige Beiträge zu diesem Gebiet. Ferner ist auch das Max-Planck-Institut für Kernphysik in Heidelberg beteiligt. Ein Teil der Untersuchungen wird am Deutschen Elektronen-Synchrotron (DESY) in Hamburg, am Europäischen Kernforschungszentrum (CERN) in Genf und am Institut Laue-Langevin in Grenoble durchgeführt.

2   Entstehung der Elemente

Vor 10 bis 20 Milliarden Jahren muss unser heutiges Universum im so genannten „Urknall" entstanden sein. Über die Ursache dieses Ereignisses gibt es nur Spekulationen. Man stellt sich vor, dass die Natur des Vakuums sich spontan durch eine Fluktuation so verändert hat, dass eine riesige Menge Energie frei wurde, die sich in Materie und Antimaterie umwandelte. Durch Ausdehnung des Gebiets der hohen Energiedichte, die wir auch als Ausdehnung des Raumes verstehen, kühlte die Strahlung und die Materie ab. Schon für die Zeit nach einer zehntausendstel Sekunde nach dem Urknall berechnet man eine Temperatur von 1 Billion Grad, wobei es bei diesen Zahlen keinen Unterschied macht, ob man die Temperatur in Grad Celsius oder in Kelvin misst. Diese Temperatur entspricht einer mittleren Bewegungsenergie der einzelnen Teilchen, die kleiner ist als die Energie, die die Ruhemassen der Protonen und Neutronen darstellt. Hierbei wird die Bewegungsenergie der Teilchen über die Einstein'sche Beziehung „Energie = Masse mal Lichtgeschwindigkeit im Quadrat ($E = mc^2$)" mit der Masse in Beziehung gesetzt. Vernichtet sich nun ein Proton mit einem Antiproton in Strahlung, dann reicht die mittlere Energie eines Photons nicht mehr aus, wieder ein Proton und ein Antiproton aus der Strahlung zu erzeugen. Wir glauben, dass eine winzige Asymmetrie der Naturgesetze zwischen Materie und Antimaterie, die man im Labor messen kann, dazu führte, dass ein sehr geringer Bruchteil, etwa der einmilliardste Teil, als Materie übrig blieb und die Antimaterie praktisch vollständig aus dem Universum verschwand.

Drei Minuten nach dem Urknall waren die Strahlung und die Materie so weit abgekühlt, dass sich Protonen und Neutronen zum ersten Mal stabil zum leichtesten Kern, dem Deuteron, verbinden konnten. Da das Neutron etwas schwerer als das Proton ist und die Tendenz hat, sich im Betazerfall in ein Proton zu verwandeln, gab es zu diesem Zeitpunkt schon mehr Protonen als Neutronen, obwohl ursprünglich beide in gleicher Menge aus der Energie des Urknalls entstanden waren. Die Deuteronen fusionieren sehr schnell zu Helium-Kernen, die aus zwei Protonen und zwei Neutronen bestehen. Drei Minuten nach dem Urknall bestand die Materie im Wesentlichen zu 75 Gewichtsprozent aus Protonen, den Kernen des Wasserstoffs, sowie 25 % Helium, oft auch Alphateilchen genannt, die mit zwei Protonen und zwei Neutronen den Atomkern des Edelgases Helium bilden. Daneben entstanden in sehr kleinen Mengen auch Deuterium und der Kern des Lithium-Atoms. Diese spielen zwar in der Materiebilanz des Universums keine Rolle, doch sie dienen den Wissenschaftlern als Spurenstoffe, die noch heute uns Information über die Vorgänge bei der Bildung der leichten Kerne in den ersten drei Minuten unseres Universums geben.

„Was, das soll der *Big Bang* sein?"

Neben Kernen des Wasserstoffs und des Heliums gab es etwa eine Milliarde mal so viele Photonen wie Protonen und Neutronen. Hinzu kamen so viele Elektronen, dass sie gerade die positive Ladung der Protonen in den Wasserstoff-Kernen und im Helium kompensieren konnten; das Universum ist also ladungsneutral. Die theoretischen Überlegungen verlangen auch eine große Zahl von Neutrinos, die auch heute noch im Universum existieren sollten. Diese konnten jedoch bis heute noch nicht nachgewiesen werden.

Etwa 300 000 bis 700 000 Jahre nach dem Urknall war das Universum so weit abgekühlt, dass sich die ersten Elektronen stabil an die Wasserstoff- und Helium-Kerne anlagern konnten. Die Bewegungsenergie dieser Teilchen war so klein geworden, dass ein Stoß zweier Wasserstoff-Atome die Elektronen vom Wasserstoff-Kern nicht mehr ablösen konnte. Zu diesem Zeitpunkt wurde das Universum durchsichtig für das Licht, da im Wesentlichen nur noch elektrisch neutrale Teilchen vorhanden waren. Die Wellenlänge des Lichtes oder der elektromagnetischen Strahlung zu diesem Zeitpunkt entsprach einer Energie, die kleiner war als die Ionisierungsenergie[1]. Mit der Ausdehnung unseres Raumes vergrößerte sich die Wellenlänge dieses Lichts entsprechend, und die Energie und die zugehörige Temperatur der Strahlung nahm entsprechend ab. Heute entspricht die mittlere Energie dieser Photonen einer

---

[1] Als Ionisierungsenergie bezeichnet man die Ablösungsenergie der Elektronen von den Wasserstoff- und Helium-Kernen, also die Energie, um ein oder mehrere Elektronen aus dem neutralen Atom zu entfernen.

Temperatur von 3 Kelvin (–270 °Celsius). Das heißt, dass die mittlere Wellenlänge dieser Strahlung heute 0,7 cm beträgt. Diese Strahlung ist die so genannte kosmische Hintergrundstrahlung, die 1964 zum ersten Mal nachgewiesen wurde.

Die Elemente, die schwerer als Helium sind, entstanden im Wesentlichen nicht im Urknall, sondern in den einzelnen Sternen. Unsere Sonne verbrennt in einer sehr komplizierten Abfolge von Reaktionen vier Wasserstoff-Kerne zu Helium-Kernen, die aus zwei Protonen und zwei Neutronen bestehen. Daneben entstehen zwei Positronen, die Antiteilchen der Elektronen, und auch Neutrinos. Damit diese Reaktionen ablaufen können, braucht man im Zentrum der Sonne sehr hohe Temperaturen von etwa 15 Millionen Celsius. Trotz der hohen Temperatur und damit einer sehr großen mittleren Geschwindigkeit der Teilchen, ist die Wahrscheinlichkeit für die Fusion etwa von zwei Protonen in ein Deuteron extrem klein. Die Coulomb-Abstoßung zwischen zwei Wasserstoff-Kernen (zwei Protonen) ist so stark, dass trotz der hohen Temperatur von 15 Millionen Grad die Protonen nur fusionieren können, weil sie durch Quanteneffekte durch den abstoßenden „Coulomb-Berg" in den Bereich der stark anziehenden Kernkräfte durchtunneln können. Abbildung 1 zeigt einen Teil der Kette von Kernreaktionen, mit denen die Sonne Wasserstoff in Helium verbrennt. Über die in Abb. 1 angegebene Reaktionskette laufen 86 % der Fusionen in der Sonne.

$$p + p \rightarrow d + e^+ + \nu_e$$
$$\downarrow 99{,}7\%$$
$$d + p \rightarrow {}^3He + \gamma$$
$$\downarrow 86\%$$
$${}^3He + {}^3He \rightarrow {}^4He + 2p$$

Abb. 1: 86 % der Fusionen von Wasserstoff-Kernen (Protonen) in Helium-Kerne (He) mit zwei Protonen und zwei Neutronen läuft über die oben angegebene Proton-Proton-Kette ab. Über den ersten Teil dieser Reaktionskette, in der die Elektron-Neutrinos produziert werden, laufen so gar 99,7 % aller Fusionen in der Sonne. Die Fusionsreaktion zweier Protonen (p + p) in ein Deuteron (d) geschieht in einem Prozess, der drei Teilchen im Endzustand hat (Deuteron d, Positron e^+ und ein Elektron-Neutrino ν_e). Die dieser Reaktion zur Verfügung stehende Energie kann sich auf verschiedene Weise auf diese drei Teilchen verteilen. Die Elektron-Neutrinos haben eine kontinuierliche Energieverteilung mit einem oberen Maximalwert bei 420 keV. Die in der Fusionsreaktion in der Sonne produzierten Neutrinos fliegen selbst durch die große Masse der Sonne nach außen. Sie können schon nach acht bis zehn Minuten die Erde durchqueren und ein mögliches messbares Signal über die Vorgänge abgeben, die gerade in der Sonne ablaufen. Die in den Kernreaktionen produzierte Wärme braucht etwa eine Million Jahre, um vom Sonneninneren an die Oberfläche zu gelangen. Die Wärmeabstrahlung der Sonne kann also keine Information über die aktuellen Vorgänge im Innern der Sonne vermitteln.

Die Fusion von Wasserstoff-Kernen zu Helium, die zu 86 % über die in Abb. 1 dargestellte Reaktionskette läuft, produziert Energie, die die Sonne abstrahlt. Die Energie benötigt jedoch etwa eine Million Jahre, um aus dem Sonneninnern bis zur Oberfläche zu gelangen. Eine direkte „Online"-Information über die Ereignisse im Sonneninnern liefern die Neutrinos, die uns hier auf der Erde nach etwa acht bis zehn Minuten erreichen.

Die Messung dieser Sonnenneutrinos erlaubt es daher, Aussagen über die momentanen Geschehnisse im Zentrum der Sonne zu machen. Der erste Sonnenneutrinodetektor wurde in den USA gebaut. Er ist jedoch nicht in der Lage, die Neutrinos der Proton-Proton-Kette, über die 99,7 % der Fusion verläuft, zu messen. Dieser Chlor-Detektor[2] kann nur Neutrinos vermessen, deren Energie größer ist als 814 keV. Er misst daher im Wesentlichen einen relativ klei-

---

[2] Aktives Element dieses Detektors ist Chlor, der sich durch den Einfang eines Neutrinos in Argon umwandelt. Der Detektor besteht aus einem Tank mit 380 000 Litern eines chlorhaltigen Lösungsmittels, aus dem man die einzelnen Argonatome ausfiltert. Alle genannten Detektoren müssen sehr gut gegen die kosmische Höhenstrahlung abgeschirmt werden und sind daher in mehreren hundert Metern tiefen Bergwerken installiert.

nen Zweig der möglichen Fusionskette, über den nur 14 % der Fusion verläuft. Es sind die Neutrinos der Reaktion:

$$^7\text{Be} + \text{e} \rightarrow {}^7\text{Li}_3 + \nu_\text{e} \ (860 \text{ keV})$$

Der japanische Kamioka-Sonnenneutrinodetektor[3] hat eine untere Schwelle von etwa 6 MeV[4] und kann daher nur die sehr energiereichen Elektron-Neutrinos messen, die durch den Positronzerfall von ^{8}B (Bor-8) entstehen. Über diesen Zweig laufen nur 0,015 % der Fusionen in der Sonne. Um die Neutrinos aus der Proton-Proton-Kette zu vermessen, über die 99,7 % der Fusionen in der Sonne verlaufen, hat das Max-Planck-Institut für Kernphysik in Heidelberg in Zusammenarbeit mit der Technischen Universität München und dem Forschungszentrum in Karlsruhe und mit Beteiligung italienischer und französischer Gruppen den GALLEX-Detektor[5] im italienischen Untergrundlabor Gran Sasso gebaut. Das Gran-Sasso-Massiv liegt etwa 120 km nordöstlich von Rom an der Autobahn von Rom zur adriatischen See. Mit einer Höhe von 2989 m über dem Meer schirmt es die Höhenstrahlung ab und reduziert daher den Untergrund. So werden Messungen wie die der Sonnenneutrinos möglich.

Der über dem Labor liegende Gran Sasso absorbiert die kosmische Höhenstrahlung wie eine Wassersäule von 3 600 m Höhe. Die einzigen Teilchen der Höhenstrahlung, die eine solche große Abschirmung durchdringen können, sind die Myonen. Im Labor misst man immer noch ein Myon pro Quadratmeter pro Stunde.

Die Reaktion, die man zum Nachweis der Sonnenneutrinos benutzt, ist

$$\nu_\text{e} + {}^{71}\text{Ga} \rightarrow {}^{71}\text{Ge} + \text{e}^-$$

Diese Reaktion kann nur Elektron-Neutrinos nachweisen, deren Energie größer ist als 233 keV. Diese untere Schwelle liegt aber noch weit unterhalb der Maximalenergie der Elektron-Neutrinos von 420 keV aus der Proton-Proton-Kette.

Amerikanische und russische Wissenschaftler haben zur gleichen Zeit im Kaukasus einen ähnlichen Detektor „SAGE" aufgebaut, der inzwischen das gleiche Resultat liefert wie GALLEX.

Obwohl eine extrem große Zahl von Sonnenneutrinos pro Quadratmeter und pro Sekunde durch den GALLEX-Detektor fliegen, ist die Reaktionswahrscheinlichkeit von Elektron-Neutrinos mit ^{71}Ga (Gallium-71) so klein, dass nur alle ein bis zwei Tage eine Reaktion passiert, die einen Ga-Kern in einen Germanium-Kern (Ge) verwandelt. Der Detektor enthält 30 Tonnen Ga in einer flüssigen chemischen Verbindung. Die Kernchemiker des Forschungszentrum Karlsruhe haben Methoden entwickelt, aus diesen 30 Tonnen Ga jeden einzelnen erzeugten Ge-Kern zu extrahieren. Die Kernphysiker aus dem Max-Planck-Institut in Heidelberg haben ein Verfahren gefunden, um den Rückzerfall von ^{71}Ge in ^{71}Ga durch den Elektroneneinfang aus der am stärksten gebundenen atomaren Schale (K-Einfang) nachzuweisen. Man misst nur 53 % der Elektron-Neutrinos aus der Sonne, die man erwartet. Obwohl der

---

[3] Kamiokande (Kamioka-Neutrino-Detektor) bzw. dessen Nachfolger Superkamiokande enthält 50 000 Tonnen hoch reines Wasser. Treffen Neutrinos auf, entsteht so genannte Tscherenkow-Strahlung, die sich nachweisen lässt.
[4] Die Energieeinheit Elektronenvolt oder eV ist die kinetische Energie, die ein einfach geladenes Teilchen gewinnt, wenn es mit einer Spannung von einem Volt beschleunigt wird, genauer: wenn es eine Potentialdifferenz von 1 V durchquert. Ein MeV ist ein Mega-Elektronenvolt, das sind eine Million Elektronenvolt.
[5] Die Messapparatur von GALLEX (Gallium-Experiment) enthält 30 Tonnen reines Gallium (Ga), das sich durch die Wechselwirkung mit Elektron-Neutrinos in Germanium (Ge) umwandelt.

Chlor- und der Kamioka-Detektor nicht die Neutrinos der Proton-Proton-Kette vermessen, sondern nur kleinere Zweige des Kernreaktionsnetzwerkes, das in der Sonne abläuft, sehen sie ähnliche Resultate: Der Chlor-Detektor misst nur 32 % der erwarteten ^{7}Be-Elektron-Neutrinos und der Kamioka-Detektor nur 50 % der erwarteten Bor-Neutrinos.

Zur Erklärung dieses Neutrinodefizits gibt es im Prinzip mehrere Möglichkeiten. Wir könnten zum Beispiel nicht richtig verstehen, welche Prozesse in der Sonne ablaufen. Unsere Sonnenmodelle wären quantitativ nicht richtig. Diese Möglichkeit wurde jedoch durch viele Tests ausgeschlossen. Alle Änderungen der Sonnenmodelle, die die fehlenden Sonnenneutrinos erklären können, führen zu Widersprüchen mit beobachtbaren Größen.

Lange Zeit glaubte man auch, dass man die Wahrscheinlichkeiten für die einzelnen Kernreaktionen im Labor vielleicht nicht richtig vermessen hat. Diese Vermutung hatte man vor allem deswegen, weil man im Labor nicht in der Lage war, die Reaktionswahrscheinlichkeiten bei solch kleinen Energien zu vermessen, wie man sie in der Sonne benötigt. 15 Millionen Grad im Zentrum der Sonne sind zwar eine hohe Temperatur, sie entspricht aber nur einer Bewegungsenergie von 1,5 keV. Dies ist weit unterhalb des Potentialbergs, der durch die Coulomb-Abstoßung zwischen den einzelnen Kernen aufgebaut wird. Die Reaktionen können also nur durch quantenmechanisches Tunneln ablaufen und sind daher oft mehr als zehn Größenordnungen unterdrückt. Die Ereignisraten im Labor für solche Reaktionen sind so klein, dass man oft nur ein Ereignis pro Woche oder gar pro Monat messen kann, und das bei einem Untergrund in einem normalen Labor von mehreren Ereignissen pro Sekunde. Solche Messungen werden daher inzwischen auch in unterirdischen Labors wie dem Gran Sasso durchgeführt.

Die Gruppe von Prof. Claus Rolfs aus Bochum ist auf diesem Gebiet international führend. Sie hat zusammen mit einer Gruppe aus Neapel einen kleinen Beschleuniger im Untergrundlabor Gran Sasso aufgebaut. Hiermit ist sie zum ersten Mal in der Lage, Kernreaktionen bei den Energien zu vermessen, bei denen sie wirklich in der Sonne ablaufen. Vorher mussten die Wahrscheinlichkeiten für solche Reaktionen stets zu den kleinen Energien und den extrem kleinen Wahrscheinlichkeiten extrapoliert werden. Inzwischen glaubt man, dass man die Kernreaktionsseite der Fusion in der Sonne richtig im Griff hat. Man ist nun ziemlich sicher, dass die fehlenden Sonnenneutrinos eine Erweiterung des Standardmodells der elektromagnetischen, der schwachen und der starken (Kernkräfte) Wechselwirkung erfordern: Das Standardmodell der Teilchenphysik besteht aus der „Flavor-Dynamik", die die elektromagnetische und die schwache Wechselwirkung des Betazerfalls beschreibt und der „Quantenfarbdynamik" (Quantenchromodynamik), mit der man die Kräfte verstehen kann, welche die Protonen und Neutronen im Kern zusammenhalten. In diesem Standardmodell gibt es drei verschiedene Typen von masselosen Neutrinos: die Elektron-Neutrinos, die Myon-Neutrinos und die Tau-Neutrinos. Experimentell liegen die oberen Grenzen für die Neutrinomassen etwa bei 2,5 eV, bei 150 keV und bei 23 MeV für die drei verschiedenen Neutrinotypen.

Die obere Grenze für die Elektron-Neutrinomassen (oder genauer für die Antineutrinomassen) werden modellunabhängig im Betazerfall des Tritiums (^{3}H) gemessen:

$$^3H \rightarrow {}^3He + e^-$$

Ist das Elektron-Neutrino masselos, dann kann das in diesem Betazerfall emittierte Elektron die volle zur Verfügung stehende Energie erhalten. Hat das Neutrino eine Ruhemasse, dann erniedrigt sich die maximale Energie des Elektrons entsprechend. Man muss daher die Energie des emittierten Elektrons in der Nähe der maximalen Energie sehr sorgfältig vermessen.

Da jedoch die Intensität an diesem Punkt gegen Null geht, ist die Messung sehr schwierig. Die besten oberen Grenzen haben eine deutsche Gruppe von Prof. Otten in Mainz und eine russische Gruppe von Prof. Lobashev in Troitsk bei Moskau (Russland) gemessen. Die von den beiden Gruppen angegebenen oberen Grenzen für die Elektron-Neutrinomasse liegen bei 2,8 bzw. 2,5 eV.

Eine noch striktere Grenze für die maximale Masse des Elektron-Neutrinos erhält man aus dem so genannten neutrinolosen doppelten Betazerfall. Großvereinheitlichte Theorien[6] fordern in der Regel, dass das Neutrino identisch ist mit seinem Antiteilchen. Wir sagen, das Neutrino ist ein „Majorana-Teilchen" (der Name geht auf Ettore Majorana zurück, der als Erster eine Theorie entwickelt hat, die Neutrinos beschreiben kann, die identisch sind mit ihren Antiteilchen). In diesen Großvereinheitlichten Theorien können in einem Kern zwei Protonen in zwei Neutronen umgewandelt werden, wobei der Kern zwei Elektronen (zwei Betateilchen) emittiert. Das im ersten Betazerfall emittierte Antineutrino wird im zweiten Betazerfall als Neutrino wieder absorbiert. Man hat daher einen neutrinolosen doppelten Betazerfall.

Dieser neutrinolose doppelte Betazerfall wurde experimentell noch nicht nachgewiesen. Eine größere Zahl von experimentellen Gruppen in Europa, in den USA und in Japan sucht nach diesem neutrinolosen doppelten Betazerfall. Wird er gefunden, ist das Standardmodell der Elementarteilchenphysik falsifiziert, und die Großvereinheitlichten Theorien würden dadurch sehr stark unterstützt. Die besten Messungen für den neutrinolosen doppelten Betazerfall wurden von einer deutsch-russischen Gruppe im Gran-Sasso-Untergrundlabor durchgeführt. Die Gruppe wird von Prof. Klapdor vom Max-Planck-Institut für Kernphysik in Heidelberg geleitet. Die Messungen besagen, dass die Halbwertszeit für den neutrinolosen doppelten Betazerfall von ^{76}Ge länger sein muss als etwa 10^{25} Jahre. Um einen richtigen Eindruck von dieser extrem langen Halbwertszeit zu erhalten, muss man bedenken, dass das Alter unseres Universums nur etwa 10^{10} Jahre beträgt. Aus dieser unteren Grenze für die Halbwertszeit für den neutrinolosen doppelten Betazerfall von ^{76}Ge (Germanium-76) kann man mit Hilfe von theoretischen Berechnungen, die wir in Tübingen durchgeführt haben, eine obere Grenze von etwa 0,6 eV für die Masse des Elektron-Neutrinos extrahieren. Diese obere Grenze setzt natürlich voraus, dass die Neutrinos mit ihren Antiteilchen identisch sind, wie das von Großvereinheitlichten Theorien und auch der so genannten Supersymmetrie vorhergesagt wird.

Großvereinheitlichte Theorien beschreiben die elektroschwachen und die starken Kräfte als ein und dieselbe Kraft. Die Supersymmetrie versucht nun, auch die letzte noch nicht „vereinheitlichte" Kraft – die Gravitation oder Schwerkraft – mit einzubeziehen. Hierfür haben wir bisher noch keine konsistente Theorie, sondern nur erste Ansätze, wie die Supersymmetrie. In diesen Theorien sind die Neutrinos präferenziell identisch mit ihren Antiteilchen und haben eine Masse.

Wenn jedoch die Neutrinos eine Masse haben, dann brauchen die Zustände, in denen sie produziert werden, nicht identisch zu sein mit den Zuständen, in denen sie eine definite Masse haben. Zustände mit definiter Masse sind ohne zusätzliche Wechselwirkung zeitlich stabil, während die Produktionszustände (Elektron-Neutrino, Myon-Neutrino und Tau-Neutrino) Überlagerung der drei Massenzustände sind. Im Laufe der Zeit verwandelt sich ein Elektron-Neutrino in ein Myon- und Tau-Neutrino und wieder zurück. Dies ist ähnlich wie bei zwei Pendeln, die mit einer Feder miteinander gekoppelt sind: Regt man ein Pendel zu Schwingungen an, dann beginnt das andere langsam zu schwingen, während das zuerst angeregte Pendel

---

[6] Im Rahmen solcher Theorien versucht man, die elektromagnetische Kraft, die schwache Kraft des Betazerfalls und die starke Kraft der Kernwechselwirkung als eine einzige Kraft zu verstehen.

zum Stillstand kommt. Nach einiger Zeit kommt das zweite Pendel wieder zum Stillstand, und das erste fängt an zu schwingen. Bei Neutrinos, deren Produktionszustände nicht identisch sind mit den Massenzuständen, heißt dieser Übergang von einem zu einem anderen Produktionszustand, etwa vom Elektron-Neutrino zum Myon-Neutrino, „Neutrino-Oszillationen". Nimmt man etwa an, dass die Elektron-Neutrinos, die in der Sonne produziert werden, etwa die Hälfte der Zeit in Myon-Neutrinos oszillieren, dann kann man verstehen, wieso man mit dem GALLEX-Detektor im Gran Sasso nur 53 % der erwarteten Elektron-Neutrinos misst.

Der erste Hinweis auf solche Neutrino-Oszillationen kam vom amerikanischen Chlor-Experiment für Sonnenneutrinos, bei dem nur 32 % der erwarteten Neutrinos gemessen wurden. Da jedoch der Chlor-Detektor nur die ^{7}Be-Neutrinos in der 860-keV-Linie messen kann, über den weniger als 14 % der gesamten Fusion in der Sonne verläuft, war man nicht sicher, ob das gleiche Phänomen auch in der Hauptfusionskette der Sonne in der Proton-Proton-Kette auftritt. Noch weniger überzeugend waren die Kamioka-Daten, die nur Neutrinos testen aus einem Zweig der Reaktionskette, über den 0,015 % der Fusion in der Sonne verläuft. Das GALLEX-Experiment hat daher alle Zweifler überzeugt, dass Sonneneutrinos fehlen und dass dieses Defizit mit sehr großer Wahrscheinlichkeit durch Neutrino-Oszillationen zu erklären ist.

Man fragt sich natürlich, ob diese Neutrino-Oszillationen auch in unseren Labors an Beschleunigern auftreten: eine amerikanische Gruppe behauptet, dass sie in Los Alamos solche Oszillationen gefunden hat, obwohl dort die Oszillationsstrecke etwa 20 m beträgt. Eine deutsche Gruppe aus Karlsruhe hat in einem sehr ähnlichen Experiment mit einer Oszillationsstrecke von 20–25 m am Beschleuniger ISIS am Rutherford-Labor in England in ihrem Experiment keine Oszillationen gefunden. Abbildung 2 zeigt den Karlsruher KARMEN-Detektor, wie er im Rutherford-Labor bei Oxford steht.

Abb. 2: KARMEN-Detektor zur Suche nach Neutrino-Oszillationen, der im Wesentlichen von einer Gruppe von der Universität und dem Forschungszentrum Karlsruhe aufgebaut wurde. Er steht beim ISIS-Beschleuniger im Rutherford-Labor bei Oxford (England). Das ISIS-Synchrotron beschleunigt Protonen auf etwa 800 MeV. Diese Protonen erzeugen bei Kollision mit Materie eine größere Zahl von Pionen. Die negativ geladenenen Pionen werden zu pionischen Atomen eingefangen, während die positiv geladenen Pionen weiter fliegen. Im Flug zerfallen sie in Myonen und Myon-Neutrinos; die positiv geladenen Myonen wiederum zerfallen in Myon-Antineutrinos, in Positronen und in Elektron-Neutrinos. In dem Experiment sucht man nach Oszillationen der Myon-Antineutrinos in Elektron-Antineutrinos. Der Detektor kann nur Reaktionen messen, die durch Elektron-Antineutrinos induziert werden. Da sonst keine Elektron-Antineutrinos auftreten, müssen sie durch Oszillationen aus den Myon-Antineutrinos erzeugt worden sein.

Im Gegensatz zur amerikanischen Gruppe, die die Experimente in Los Alamos durchführt, hat die Karlsruher Gruppe am Rutherford-Labor keine Oszillationen gefunden. Am Fermi-

Labor bei Chicago in den USA wird daher ein weiteres Experiment vorbereitet, um die Diskrepanz zwischen diesen beiden Experimenten zu klären.

Ein sehr deutliches Indiz für Neutrino-Oszillationen hat jedoch ein Experiment in Japan erbracht, das Neutrinos untersucht, die durch die kosmische Strahlung in unserer Atmosphäre erzeugt werden. Dieses Experiment am Detektor Superkamiokande fand eine überzeugende Evidenz, dass Myon-Neutrinos, die über dem Südatlantik durch die kosmische Strahlung in der Atmosphäre erzeugt werden, auf ihrem Weg durch die Erde in andere Neutrinos, wahrscheinlich Tau-Neutrinos, oszillieren.

Neutrinomassen lassen sich unter gewissen Annahmen durch Anpassen an experimentelle Daten berechnen: Großvereinheitlichte Theorien verlangen in ihrer großen Mehrheit, dass die Neutrinos massebehaftet sind und dass sie identisch sind mit ihrem Antiteilchen (Majorana-Neutrinos). Versucht man auch die Schwerkraft als letzte Kraft mit den übrigen zu „vereinheitlichen", so scheint der erste Schritt die „Supersymmetrie" zu sein. In dieser Theorie wird jedem Teilchen des Standardmodells ein weiteres supersymmetrisches Teilchen zugeordnet. Ist das Teilchen im Standardmodell ein Teilchen mit dem Eigendrehimpuls (Spin) ½ (in Einheiten des Planck'schen Wirkungsquantums dividiert durch 2π), so ist das zugeordnete supersymmetrische Teilchen eines mit Spin 0. Handelt es sich bei den Teilchen im Standardmodell um ein Spin-1-Teilchen[7], dann hat das supersymmetrische Teilchen den Spin ½. Die Schönheit dieser Theorie eröffnet sich im Wesentlichen nur dem theoretischen Physiker: Integrale, die quadratisch gegen unendlich gehen, streben in diesen Theorien nur mit dem Logarithmus gegen unendlich und sind daher leichter beherrschbar. Im Rahmen der Supersymmetrie erhalten die drei Neutrinotypen eine Masse durch Wechselwirkung mit den leichtesten neutralen supersymmetrischen Teilchen, die die schönen Namen Photino, Zino und Higgsino 1 und 2 haben. Legt man die unbekannten Massen der supersymmetrischen Teilchen und die unbekannten Stärken der Wechselwirkungskräfte zwischen Teilchen und supersymmetrischen Teilchen durch die Neutrino-Oszillationen fest, dann kann man Aussagen über die Neutrinomassen machen, die jedoch sehr stark modellabhängig sind (vgl. Tab. 1).

Tab. 1: Neutrinomassen, wie sie sich im Rahmen des supersymmetrischen Modells aus der Mischung mit den supersymmetrischen Partnern des Photons (Photino), des neutralen Vektorbosons Z^0 (Zino) und der beiden supersymmetrischen Partner des neutralen Higgs-Teilchens (Higgsino) ergeben. Die unbekannten Parameter des supersymmetrischen Modells wurden an den gemessenen Neutrino-Oszillationsdaten festgelegt. Die Unsicherheiten in den Neutrinomassen rühren vor allem von zwei Faktoren her, die die Werte +1 oder –1 annehmen können (es handelt sich um die beiden ladungs- und paritätsverletzenden CP-Phasen, die selbst bei der Erhaltung der CP-Parität noch die beiden Werte +1 oder –1 annehmen können). Die Rechnungen im Rahmen des supersymmetrischen Modells wurden von unserer Gruppe in Tübingen durchgeführt.

Neutrinomasse 1 =	0 bis 0,02 eV
Neutrinomasse 2 =	0,002 bis 0,04 eV
Neutrinomasse 3 =	0,03 bis 1,05 eV

Bisher haben wir gesehen, dass im Urknall im Wesentlichen die Elemente Wasserstoff und Helium entstanden sind, während in der Sonne noch zusätzlich Wasserstoff in Helium verbrennt. Woher rühren die schwereren Elemente?

Der entscheidende Flaschenhals bei der Bildung schwererer Elemente ist, dass bei Fusion zweier Helium-Kerne der Atomkern ^{8}Be (Beryllium-8) entsteht, der sofort wieder zerfällt. Es müssen daher drei Helium-Kerne gleichzeitig fusionieren, um den Kern ^{12}C (Kohlenstoff-12)

---

[7] Solche Spin-1-Teilchen sind etwa das Photon, das Wechselwirkungsteilchen der elektromagnetischen Kraft, oder die Vektorbosonen, die Wechselwirkungsteilchen der schwachen Kraft.

zu produzieren. Um einen solchen Dreifach-Fusionsprozess in einem Stern zu erhalten, muss erstens der Stern größer sein als die Sonne, da man höhere Temperaturen als 15 Millionen Grad benötigt, und zweitens fand man, dass dieser dreifach He-Fusionsprozess nur möglich ist, wenn bei einer bestimmten Anregungsenergie in ^{12}C ein angeregter Zustand existiert. Dieser so vorhergesagte Zustand wurde auch experimentell später gefunden. In Sternen, die größer sind als die Sonne, geht der Fusionsprozess weiter. Man produziert Kohlenstoff (^{12}C) und ausgehend vom Kohlenstoff, wieder über weit verzweigte Reaktionsketten, schwerere Elemente wie ^{16}O, ^{22}Ne, ^{28}Si (Sauerstoff-16, Neon-22, Silizium-28) bis hin zu Eisen und Nickel. Das sind die Elemente mit der Protonenzahl $Z = 26$ und $Z = 28$. In der Natur finden wir aber auch Elemente wie Uran mit $Z = 92$. Diese Elemente, die noch schwerer sind als Eisen und Nickel, entstehen hauptsächlich in Nova- und Supernova-Explosionen.

Eisen und Nickel sind die pro Nukleon am stabilsten gebundenen Kerne. Man kann daher durch weitere Anlagerung von Protonen und Neutronen keine Energie mehr gewinnen. Eisen und Nickel sind die Asche des Sternenbrennens. In großen Sternen wird sich daher nach einiger Zeit im Zentrum ein Eisen- und Nickel-Kern bilden. Da diese Elemente nicht weiter reagieren können, wird keine Energie mehr erzeugt, und das Eisen und Nickel im Zentrum eines sehr schweren Sternes beginnt sich abzukühlen. Die Abkühlung geht so weit, bis dieser innere Teil des großen Sterns das darüber liegende Gewicht nicht mehr tragen kann. Es wird nun energetisch günstiger, wenn die Elektronen im inversen Betazerfall mit den Protonen reagieren und sich in ein Neutron und ein Neutrino verwandeln:

$$e + p \rightarrow n + \nu_e$$

In weniger als einer Sekunde kollabiert dann der riesige Stern und presst die entstandenen Neutronen auf Kernmateriedichte zusammen. Zum Vergleich: Würde man das Baumaterial aller Häuser in Berlin auf Kernmateriedichte zusammenpressen, dann könnte man dieses Baumaterial in einem gehäuften Esslöffel unterbringen, wobei natürlich das Gewicht genauso groß wäre wie vorher. Durch diese Implosion entsteht eine Explosion; eine Schockwelle läuft nach außen und zerreißt den großen Stern. Übrig bleibt ein kleiner Neutronenstern mit dem typischen Durchmesser von 10 bis 30 km. Solche Supernova-Explosionen lassen sich in anderen Galaxien regelmäßig beobachten. In unserer Galaxie stellen sie Ereignisse dar, die unseren Vorfahren Unheil angekündigt haben. Im Jahre 1054 haben die Chinesen die Supernova-Explosion im Krebsnebel beobachtet. Eine Aufnahme der auseinander fliegenden Trümmer dieser Supernova-Explosion vom 7. November 1999 findet man in Abb. 3.

Abb. 3: Krebsnebel. Es handelt sich um die Explosionswolke einer im Jahre 1054 beobachteten Supernova, die von den Chinesen dokumentiert wurde. Die Position des Neutronensterns in dieser Wolke ist bekannt.

Im Jahre 1987 ist eine Supernova in der Kleinen Magellan'schen Wolke in der Nähe unserer Galaxie explodiert. Eine Aufnahme der Explosionsschale, die vom Neutronenstern wegfliegt, wie sie mit dem Hubble-Teleskop gemacht wurde, findet man in Abb. 4.

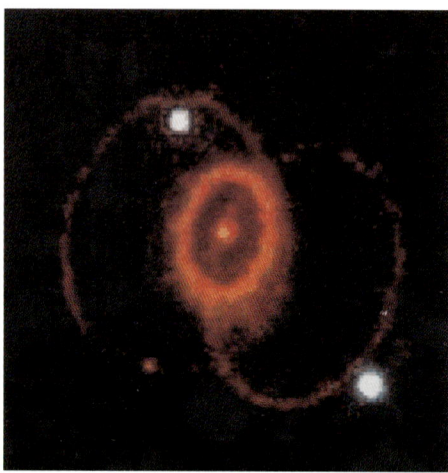

Abb. 4: Supernova 1987 A. Diese Supernova wurde 1987 in der Kleinen Magellan'schen Wolke sichtbar. Im Zentrum sieht man eine Wolke um den Neutronenstern, die wegfliegende Explosionswolke muss man sich kugelförmig vorstellen. Der Ring ist die Projektion auf eine Ebene. Man vermutet, dass die beiden schwachen rötlichen Ringe durch ein sehr starkes Magnetfeld des Neutronensterns und auch des Vorgängersterns erzeugt werden. Die beiden hellen Sterne stehen im Vordergrund.

Während der Supernova-Explosion, deren Hauptteil innerhalb einer Sekunde abläuft, werden durch Kernreaktionen extrem hohe Flüsse von Neutronen produziert. Diese Neutronen lagern sich an schon vorhandene Kerne wie die Eisen- und Nickel-Kerne an. In diesen extrem neutronenreichen Isotopen (z.B. von Eisen und Nickel) findet Betazerfall statt, wobei sich ein Neutron in ein Proton verwandelt und hierdurch stufenweise schwerere Elemente entstehen. Hierbei kann es notwendig sein, dass die gleiche Materie nach der Explosion wieder einen anderen Stern bildet und auch dieser als Supernova explodiert; dabei werden die allerschwersten Elemente produziert.

Neben der Produktion der schwersten Elemente in Supernova-Explosionen gibt es auch einen zweiten Prozess, der Elemente produziert, die schwerer sind als Eisen und Nickel: In einem Doppelsternsystem fließt Materie von einem Stern auf den anderen, bis dort die Temperatur erreicht wird, bei denen solche Kernreaktionen einsetzen, die freie Neutronen, aber eventuell auch freie Protonen produzieren. Die dabei auftretenden Neutronen- und Protonenflüsse sind mehrere (etwa zwölf) Größenordnungen kleiner als die Neutronenflüsse in Supernova-Explosionen. Die Bildung der Elemente verläuft daher in diesem Prozess sehr viel näher bei den stabilen Kernen. Es wird in der Regel nur ein oder es werden höchsten zwei Neutronen angelagert. Dann zerfällt der Kern im Betazerfall und verwandelt ein Neutron in ein Proton, und ein schwereres Element ist geboren. Dieser Prozess kann sich dann öfters wiederholen. Man erklimmt sozusagen eine Treppe zu den schweren Elementen, die aber ganz in der Nähe der stabilen Kerne verläuft. Erzeugen die Kernreaktionen Protonen, dann können sich diese Protonen auch an Kerne anlagern. Entfernt sich der Kern dadurch zu weit von der Stabilität, zerfällt das Proton in ein Neutron und ein Positron (positiver Betazerfall), und der Kern erhöht seine Neutronenzahl.

Mit diesen beiden „r (rapid)"- und „s (slow)"-Prozessen in Supernova-Explosionen und in Nova-Explosionen, kann man die Entstehung der Elemente mit einer Protonenzahl von mehr als $Z = 28$ quantitativ verstehen. Der r-Prozess in Supernova-Explosionen wird vor allem im

Max-Planck-Institut für extraterrestrische Astrophysik, der s-Prozess vor allem im Institut für Kernphysik des Forschungszentrums Karlsruhe untersucht.

3 Struktur des Protons und des Neutrons

Protonen und Neutronen sind aus Quarks[8] aufgebaut. Das Gleiche gilt auch für die Mesonen, die aus einem Quark und einem Antiquark bestehen. Die Teilchen, die aus Quarks bestehen, werden unter dem Namen Hadronen zusammengefasst.

Tab. 2: Quarks und Leptonen. Die eigentlichen Elementarteilchen der modernen Physik sind die Quarks und die Leptonen, die sich beide in drei Familien einordnen lassen. Die erste Familie enthält die u- und d-Quarks (Up- und Down-Quarks) und als Leptonen das Elektron-Neutrino ν_e und das Elektron e^-. Insgesamt ergeben sich zwölf Elementarteilchen. Alle haben eine „schwache Ladung", d.h. die schwache Wechselwirkung, die für den Betazerfall verantwortlich ist, wirkt auf alle diese Teilchen. Die Wechselwirkungsteilchen für die schwache Wechselwirkung sind die drei Vektorbosonen W^+, W^- und Z^0. Wegen der großen Masse dieser Wechsel- wirkungsteilchen von 80 bzw. 91 Milliarden Elektronenvolt (Energie und Masse sind über die Einstein'sche Bezie- hung $E = mc^2$ miteinander verbunden.) ist diese Wechselwirkung effektiv schwach, obwohl die drei Vektorboso- nen etwa mit der gleichen Stärke mit den Quarks und Leptonen wechselwirken wie das Photon mit den gelade- nen Teilchen. Die elektromagnetische Wechselwirkung wird durch Austausch von Photonen vermittelt und wirkt nur zwischen den Teilchen mit elektrischer Ladung. Neutrinos spüren daher die elektromagnetischen Kräfte nicht. Die starken Kernkräfte werden durch Gluonen vermittelt, die masselos sind. Diese greifen an den Farbla- dungen „rot, blau und grün" der Quarks an. Die Leptonen sind farblos und zeigen daher keine „starke" Wech- selwirkung. Nach der Quantenfarbdynamik (Quantenchromodynamik, QCD), welche die starke Wechselwirkung beschreibt, benötigen freie Teilchen mit einer Farbladung eine unendlich hohe Energie. Aus diesem Grund gibt es in der Natur nur „farblose" Teilchen. Die einfachsten farblosen Teilchen kann man aus drei Quarks mit den Farben rot, blau und grün bilden, die sich wie im Fernseher zur Farbe weiß (farblos) aufaddieren. Teilchen, die aus drei Quarks bestehen und farblos sind, heißen Baryonen. Hierzu gehören die Protonen und Neutronen. Eine weitere farblose Kombination ist ein Teilchen aus einem Quark mit einer bestimmten Farbe und einem Anti- quark mit der negativen oder Anti-Farbe. Solche farblosen Teilchen, die aus einem Quark und einem Antiquark bestehen, heißen Mesonen. Die Gluonen tragen auch eine Farbe und eine Antifarbe, zum Beispiel rot und anti- blau. Sie sind daher nicht farblos. Deshalb gibt es im Gegensatz zu den Photonen keine freien Gluonen. Zwei Gluonen, eines zum Beispiel mit der Farbe rot-antiblau und das andere mit der Farbe blau-antirot, kann man zu einem farblosen „Glueball" zusammen- setzen. In Ab- schnitt 4 werden wir die erfolgreiche Suche deutscher Gruppen nach sol- chen Gluebällen beschreiben.

1. Familie	2. Familie	3. Familie	Ladung
up (u)	charm (c)	top (t)	2/3
down (d)	strange (s)	bottom (b)	−1/3
ν_e	ν_μ	ν_τ	0
e^-	μ^-	τ^-	−1

Mesonen sind aus einem Quark und einem Antiquark aufgebaut, Baryonen aus drei Va- lenzquarks (siehe Abb. 5). So sieht man diese Teilchen, wenn man zum Beispiel Elektronen von einigen Milliarden Elektronenvolt an ihnen streut. Bei höheren Energien und damit kürze- ren Wellenlängen der Elektronen löst man zusätzliche Quark-Antiquark-Paare auf und be-

---

[8] Die Benennung der verschiedenen Bausteine war ursprünglich völlig willkürlich und hat keinen tieferen Sinn (der Name „Quark" leitet sich aus einer Passage des Buchs „Finnegan's Wake" von James Joyce her). Man schreibt den Quarks verschiedene Eigenschaften zu, die in der Erklärung zu Tab. 2 erläutert werden. (vgl. auch den Beitrag von Hans Ströher).

merkt auch indirekt, dass ein Teil der Energie und des Impulses dieser Teilchen nicht von den Quarks, sondern von den Wechselwirkungsteilchen der starken Wechselwirkung, den Gluonen, getragen wird.

Die starke Wechselwirkung der Kernkräfte wird durch den Austausch von Gluonen zwischen den Quarks vermittelt. Die Gluonen wechselwirken mit der Farbladung der Quarks: rot, blau oder grün. Frei kommen nur Teilchen vor, die insgesamt farblos sind. Die einfachsten Kombinationen sind drei Quarks mit den Farben rot, blau und grün, die sich zu weiß (farblos) aufaddieren. Dies sind die so genannten Baryonen. Dazu gehören die Protonen und Neutronen. Eine andere farblose Kombination (Mesonen) besteht aus einem Quark und einem Antiquark mit einer Farbe und der zugehörigen Antifarbe, die sich ebenfalls zu farblos aufaddieren. Die Quantenfarbdynamik (Quantenchromodynamik, QCD) liefert das Resultat, dass die Energie eines freien Teilchens mit Farbe unendlich groß wird und daher frei nur farblose Teilchen vorkommen. Gluonen haben ebenfalls eine Farbladung, etwa rot-antigrün, im Gegensatz zu den Photonen, die keine elektrische Ladung tragen. Eine Frage, die wir im Abschnitt 4 untersuchen werden, ist, ob zwei Gluonen etwa mit der Farbe rot-antiblau und ein Gluon mit der Farbe blau-antirot einen farblosen gebundenen Zustand bilden können, den wir Glueball nennen.

Die Atomkerne sind aus Protonen und Neutronen aufgebaut. Schießt man Teilchen, zum Beispiel ein Elektron, auf Atomkerne, dann reagieren die Atomkerne bis zu Energien von einigen 10 Millionen Elektronenvolt der Elektronen als Ganzes. Um einzelne Protonen oder Neutronen im Kern zu sehen, muss man die Energien am besten auf weit über 100 Millionen Elektronenvolt erhöhen. Bei Elektroneneinschussenergien von einigen Milliarden Elektronenvolt und den entsprechend kleinen Wellenlängen, die diesen hohen Energien äquivalent sind, beginnen sich die Quarkbausteine des Nukleons zu zeigen (siehe Abb. 5). Bei noch höheren Energien sieht man neben den drei Valenzquarks auch Quark-Antiquarkpaare, und man kann auch indirekt Rückschlüsse ziehen auf die Gluonen, die zwischen den Quarks ausgetauscht werden (siehe Abb. 6).

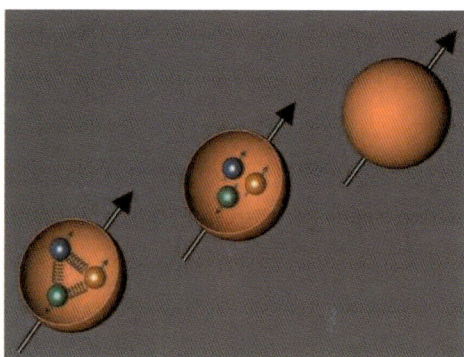

Abb. 5: Das Proton hat einen Eigendrehimpuls (Spin) von ½ in Einheiten des Planck'schen Wirkungsquantums, dividiert durch 2π. Dieser Spin ist durch den schwarzen großen Pfeil hier angedeutet. Bei kleinen Energien bis einige 100 Millionen Elektronenvolt, etwa in der Elektron-Nukleon-Streuung, sieht man das Proton ohne Struktur als „Elementarteilchen" (rechts). Bei Einschussenergien der Elektronen von einigen Milliarden Elektronenvolt (einige GeV) beginnt man die drei Valenzquarks zu sehen, aus denen die Protonen aufgebaut sind (Mitte). Bei noch höheren Energien erhält man indirekt Hinweise, dass auch die zwischen den Valenzquarks ausgetauschten Gluonen Energie, Impuls und auch Spin tragen (links). Diese Abbildung wurde von Prof. A. Schäfer (Regensburg) und Prof. K. Rith (Erlangen) zur Verfügung gestellt.

Betrachtet man die mittlere Darstellung des Protons in Abb. 5, dann erscheint es einem trivial, dass der Eigendrehimpuls (Spin) ½ des Protons aus den drei Eigendrehimpulsen der Quarks (½ + ½ − ½ = ½) zusammengesetzt ist. In Abb. 6 ist es aber nicht mehr so selbstverständlich. Dort haben alle Quarks und Antiquarks – und davon gibt es sehr viele im Proton! –

einen Spin ½, und jedes der ausgetauschten Gluonen hat einen Spin 1. Hinzu kommen noch die Bahndrehimpulse[9].

Ursprünglich ging man ganz naiv davon aus, dass die drei Valenzquarks, die man bei einigen Milliarden Elektronenvolt Einschussenergie der Elektronen im Proton sieht, den Spin des Protons tragen. Wenn man jedoch Abb. 6 betrachtet, mit all den vielen Quarks und Antiquarks und den Gluonen, die alle einen Spin haben und noch einen Bahndrehimpuls besitzen können, dann fragt man sich, wie sich der Spin ½ des Protons aus seinen Teilen zusammensetzt.

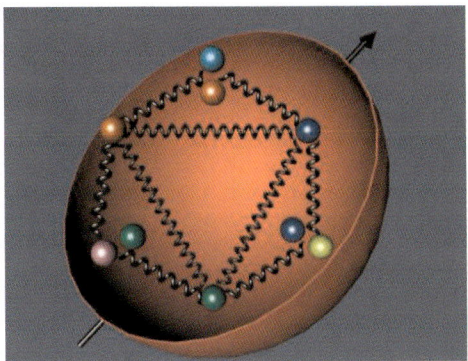

Abb. 6: Qualitativ bildliche Darstellung der Struktur des Protons, wie man das Proton in der Elektron-Proton-Streuung sieht, wenn die Elektroneneinschussenergien einige 10 Milliarden Elektronenvolt betragen. Hierbei entspricht die Wellenlänge der Elektronenwelle etwa 10^{-15} cm, das heißt einem hundertstel Femtometer. Neben den drei Valenzquarks sieht man eine größere Zahl von Quark-Antiquark-Paaren. Alle Quarks tragen eine Farbladung (rot, blau oder grün) und einen Spin. Zwischen den farbigen Quarks werden Gluonen ausgetauscht, die hier als Federn angedeutet sind. Diese Gluonen haben selbst einen Spin und Farbe. Daher können auch Gluonen zwischen Gluonen ausgetauscht werden. Diese Abbildung wurde von Prof. A. Schäfer (Regensburg) und Prof. K. Rith (Erlangen) zur Verfügung gestellt.

Die erste Information, dass die drei Valenzquark den Spin des Protons und auch den Spin des Neutrons nicht allein tragen, kam von einem Experiment, das am Europäischen Kernforschungszentrum in Genf in den 1980er-Jahren mit Myonen (μ) durchgeführt wurde. Der positiv geladene Myonenstrahl wird in Genf durch den Zerfall von positiv geladenen Pionen erzeugt, die wiederum in der Kollision zwischen Protonen und Materie produziert werden. Da die Myonen im π^+-Zerfall mit der schwachen Wechselwirkung produziert werden, ist der Spin des positiven Myons gegen die Flugrichtung ausgerichtet. Die Protonen, mit denen die polarisierten μ^+-Mesonen zusammenstoßen, werden mit ihrem Eigendrehimpuls (Spin) so ausgerichtet, dass der Spin des Myons entweder parallel oder antiparallel zum Spin des Protons ist. Um die Argumente etwas zu vereinfachen, betrachten wir die Ablenkung des μ^+ um beinahe 180 Grad, das heißt wir nehmen zur Vereinfachung der Argumente an, das Myon fliegt wieder nach der Kollision mit dem Proton rückwärts weg. Bei den hohen Energien der positiv geladenen Myonen (einige 10 Milliarden Elektronenvolt) bleibt der Spin des Myons immer gegen die Flugrichtung ausgerichtet. Da der Drehimpuls erhalten bleibt, muss das Photon, das vom μ^+ emittiert wird, den Spin 1 gegen seine Flugrichtung haben. Das Photon kann nur an geladenen Objekten absorbiert werden. Im Proton wird daher das Photon nur an Quarks absorbiert. Betrachtet man für den Augenblick nur die drei Valenzquarks im Proton und nimmt man an, dass der Spin des Protons antiparallel zum Spin des Photons ausgerichtet ist (unterer Teil der Abb. 7), dann kann ein Photon nur an den beiden Quarks absorbiert werden, die in Richtung des Gesamtspins des Protons und daher entgegengesetzt zum Spin des Photons ausgerichtet sind. Tragen nur die Quarks den Spin des Protons, dann müssen alle Quark-

[9] Den Unterschied zwischen Bahndrehimpuls und Eigendrehimpuls (Spin) sieht man am besten bei einem Vergleich mit der Erde: Der Bewegung der Erde um die Sonne in einem Jahr entspricht ein Bahndrehimpuls, während die Rotation der Erde um ihre eigene Achse in 24 Stunden dem Eigendrehimpuls (Spin) entspricht.

Antiquark-Paare, die zusätzlich zu den Valenzquarks erzeugt werden, ihre Spins so ausgerichtet haben, dass eine Quark mehr seinen Spin in Richtung des Protonenspins ausgerichtet
hat als umgekehrt. Hiermit wird garantiert, dass der Gesamtspin des Protons ½ entgegen dem
Spin des Photons (untere Hälfte der Abbildung) ausgerichtet ist. Da der Spin auch einen
Drehimpuls darstellt, muss er insgesamt erhalten werden. Dies heißt, dass ein Photon mit dem
Spin 1 in Flugrichtung nur von Quarks absorbiert werden kann, deren Spin entgegen der Flugrichtung des Photons ausgerichtet sind. Das Photon bewirkt dann, dass das Spin dieses Quarks
umklappt.

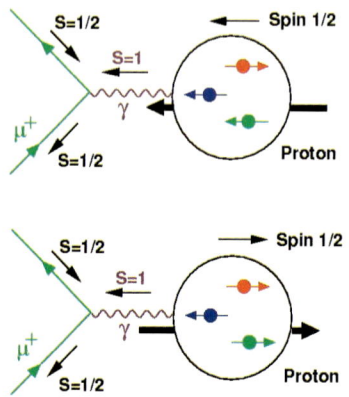

Abb. 7: Bestimmung der Spinstruktur des Protons durch Streuung von spinpolarisierten Myonen oder Elektronen an spinpolarisierten Protonen (Spinpolarisation bedeutet, dass alle Spins der
Protonen oder Myonen (Elektronen) in die gleiche Richtung
weisen). Da die Spinpolarisation des Myons oder Elektrons in der
Streuung erhalten bleibt, ist das ausgetauschte Photon (Gammaquant) ebenfalls spinpolarisiert. Da das Photon nur elektromagnetisch wechselwirkt, kann es nur an einem geladenen Quark
absorbiert werden. Zur Erhaltung des Drehimpulses (Spins) kann
das Photon nur an einem Quark absorbiert werden, das so spinpolarisiert ist, dass die Spinrichtung in umgekehrter Richtung wie
der Spin des Photons ausgerichtet ist.

Ist nun, wie in der oberen Hälfte der Abb. 7, der Protonspin parallel zum Photonspin ausgerichtet, dann kann das Photon an einem Quark weniger absorbiert werden als bei der Ausrichtung des Protonspins entgegen dem Photonspin, wie das in der unteren Hälfte von Abb. 7
der Fall ist. Nehmen wir einmal zur Vereinfachung an, dass alle Quarks die gleiche Ladung
haben (was nicht der Fall ist), dann ergäbe die Differenz der Wahrscheinlichkeiten der Streuung von μ^+ mit dem Spin antiparallel zum Protonenspin und der Wahrscheinlichkeit für die
Streuung von μ^+ mit dem Spin parallel zum Protonenspin die gleiche Wahrscheinlichkeit, wie
wenn man das Photon an einem einzigen antiparallel zum Photonenspin ausgerichteten Quark
absorbieren würde. Da die Quarks Ladungen von 2/3 und –1/3 der Protonenladung haben,
ergibt sich noch eine kleine Schwierigkeit, die man aber umgehen kann. Man kann durch Benutzung zweier anderer Messwerte die Daten so zurückrechnen, als ob alle Quarks die gleiche
Ladung hätten. Würde nun der gesamte Spin des Protons von den Quarks getragen, dann
müsste man in der Differenz der Wahrscheinlichkeit für den unteren Prozess in Abb. 7
weniger den der Wahrscheinlichkeit für den oberen Prozess in Abb. 7 dividiert durch die
Summe dieser Wahrscheinlichkeiten den gleichen Wert erhalten, wie bei der Streuung an
einem einzigen Quark, dessen Spin entgegen dem Spin des Photons ausgerichtet ist. Man
findet jedoch, dass diese Wahrscheinlichkeit nur 0,3 der erwarteten Wahrscheinlichkeit bei
einem Quark ist. Der Spin des Protons wird also nur zu etwa 30 % von den Spins der Quarks
getragen! Die restlichen 70 % des Spins des Protons müssen sich aus den Spins der Gluonen
und den Bahndrehimpulsen der Quarks und Gluonen zusammensetzen.

Abb. 8: HERMES-Experiment bei DESY in der Ostexperimentierhalle in der Nähe des Volksparkstadions in Hamburg. Der spinpolarisierte Elektronenstrahl von 30 Milliarden Elektronenvolt kommt von rechts und trifft auf das spinpolarisierte Protontarget vor der Nachweisapparatur auf der Plattform mit den beiden Technikern. Die durch die Kollision des polarisierten Elektrons mit dem polarisierten Proton produzierten Teilchen werden in der Detektorapparatur nachgewiesen, von der man vor allem den großen Magneten mit dem blauen Eisenjoch erkennt.

MAMI Spectrometers

Spectrometer	A	B	C
Type	QSDD	Clam-Shell	QSDD
Solid angle	28 msr	5.6 msr	28 msr
Momentum acceptance	20%	15%	25%

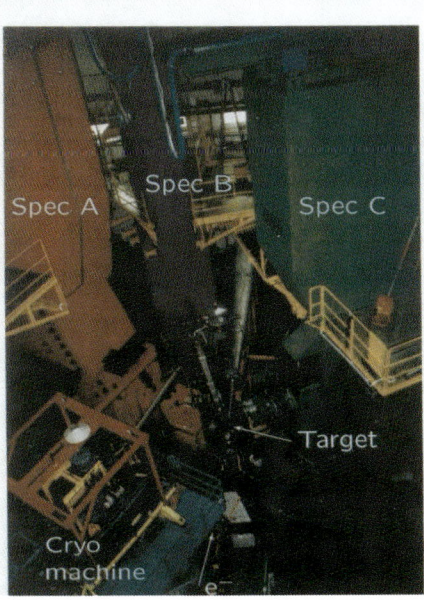

Abb. 9: Spektrometerhalle am Elektronenbeschleuniger MAMI in Mainz. Der Elektronenstrahl kommt unten aus dem Rücken des Betrachters auf das Target, auf das alle drei Spektrometer Spec A, Spec B und Spec C schauen. Sie erlauben, hier gleichzeitig bis zu drei Teilchen bezüglich ihrer Energie und Richtung zu messen. Der Mainzer Elektronenbeschleuniger hat eine Maximalenergie von etwa 850 Millionen Elektronenvolt. Er zeichnet sich vor allem dadurch aus, dass er einen Gleichstrom von Elektronen liefert und nicht, wie etwa der große Bruder DESY, nur jeweils einen Teilchenimpuls nach einer relativ langen Pause. Gleichstrombeschleuniger ermöglichen es, aufsummiert eine große Anzahl von interessanten Reaktionen zu beobachten, obwohl die Zahl der Ereignisse pro Zeiteinheit relativ klein ist und daher leichter in der Elektronik verarbeitet werden kann. Vor allem für die Messung mehrerer Teilchen gleichzeitig (Koinzidenzmessungen) ist dies ein Vorteil. Diese Abbildung wurde von Prof. Th. Walcher (Mainz) zur Verfügung gestellt.

Das Experiment am CERN wurde inzwischen erheblich besser am Deutschen Elektronen-Synchrotron in Hamburg, zum Teil durch die gleichen Wissenschaftler, durchgeführt. Das Experiment heißt HERMES und steht in der Osthalle des HERA-Rings in der Nähe des Volksparkstadions beim DESY in Hamburg.

Das HERMES-Experiment ist in der Lage, auch Aussagen zu machen, welche Teilchen im Proton wie viel des Spins ½ tragen. Die Auswertung der Experimente scheint anzudeuten, dass die fehlenden 70 % des Spin auch von den Spins der Gluonen getragen werden. Die Gluonen sind die Wechselwirkungsteilchen der starken Wechselwirkung, die an der Farbladung der Quarks angreift, wie die Photonen die Wechselwirkungsteilchen der elektromagnetischen Wechselwirkung sind, die an der elektromagnetischen Ladung angreifen.

An den beiden Elektronenbeschleunigern MAMI in Mainz und ELSA in Bonn wird die Struktur der Hadronen, das heißt Mesonen und Baryonen, in einem Gebiet untersucht, in dem man die einzelnen Quarks in diesen Teilchen noch nicht auflösen kann. In Mainz hat man sich zum Beispiel die Frage gestellt: Wie ist die Ladung des Protons im Nukleon verteilt? Oder noch interessanter: Gibt es im neutralen Neutron eine Ladungsverteilung? Eine weitere in Mainz untersuchte Frage ist die nach der elektromagnetischen Stromverteilung in Protonen und Neutronen.

Zur Untersuchung dieser Frage streut man Elektronen an Protonen und Neutronen. Da es kein reines Neutronentarget gibt, muss man leichte Atomkerne verwenden, die sowohl Protonen, als auch Neutronen enthalten (Deuteronen oder ^{3}He). Zur Trennung des Protonen- und Neutronenbeitrags ist es dann hilfreich, polarisierte Elektronen, d.h. Elektronen, deren Spin ausgerichtet ist, zu benutzen. Die separate Messung der Ladungs- und der Stromverteilung erreicht man durch die Tatsache, dass die elektrischen Kräfte einer Ladungsverteilung nach außen wie eins durch das Quadrat des Abstands abfallen, während die magnetischen Kräfte einer Stromverteilung nach außen wie eins durch die dritte Potenz des Abstandes abfallen. Abbildung 9 zeigt einen Blick in die Spektrometerhalle des Beschleunigers MAMI in Mainz. Spektrometer können die Energie und Richtung von Teilchen vermessen, die aus einer Reaktion emittiert werden. Mit den drei Spektrometern Spec A, Spec B und Spec C ist es möglich, gleichzeitig (in Koinzidenz) bis zu drei Teilchen zu messen.

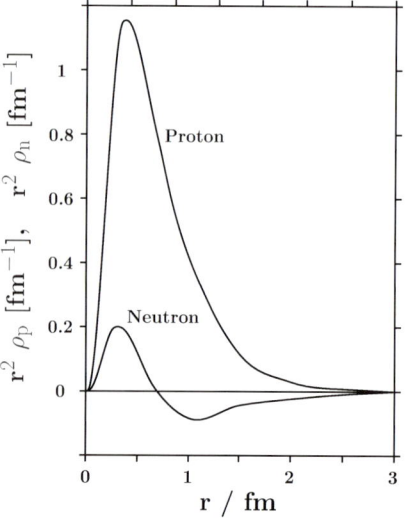

Abb. 10: Ladungsverteilung des Protons und des Neutrons als Funktion des Abstandes vom Zentrum des Nukleons gemessen in Femtometer (fm, 10^{-13} cm). Das Neutron ist im Zentrum positiv geladen, während es von einer negativ geladenen Wolke umgeben ist, sodass die Gesamtladung sich zu 0 aufaddiert. Die Mainzer Kollegen haben in einer Kollaboration mit verschiedenen Universitäten zum ersten Mal sehr zuverlässig die Ladungsverteilung des Neutrons vermessen. Diese Abbildung wurde von Prof. Th. Walcher (Mainz) zur Verfügung gestellt.

Abb. 10 zeigt die in Mainz gemessene Ladungsverteilung des Protons und des Neutrons. Die Ladungsverteilung des Neutrons wurde in dieser Genauigkeit bisher noch nicht vermessen. Man sieht, dass die Ladung des Neutrons sich zu 0 aufsummiert. Im Innern hat man jedoch eine positive Ladung, während das Neutron in seiner Außenhaut negativ geladen ist. Die Einheit des Abstandes vom Zentrum ist Femtometer (fm, das sind 10^{-13} cm). Es gibt nun zwei verschiedene Bilder, dieses experimentelle Resultat anschaulich zu verstehen: Ein Neutron kann kurzzeitig in einem Zwischenzustand in ein Proton und ein negativ geladenes Pion zerfallen. Da das Proton etwa sieben Mal schwerer ist als das negativ geladene Pion, wird es sich mehr in der Nähe des Schwerpunktes des Neutrons aufhalten, während das Pion die äußere negativ geladene Wolke bildet. Die andere Erklärung basiert auf dem Quarkaufbau des Neutrons: Quarkmodelle, die die wesentliche Eigenschaft der Quantenfarbdynamik für die niederen Energien inkorporiert haben, zeigen, dass ein u-d-Quarkpaar stärker gebunden ist als das dritte Quark, das bei einem Neutron ein mit −1/3 negativ geladenes d Quark ist.

4   Struktur der Mesonen – Gibt es Gluebälle?

Die starke Wechselwirkung, die Protonen und Neutronen im Kern zusammenhält, wird durch den Austausch von Gluonen zwischen den Quarks vermittelt. Dies ist ganz analog etwa zur Coulomb-Abstoßung zwischen zwei Elektronen oder zur Coulomb-Anziehung zwischen einem Proton und einem Elektron im Wasserstoff-Atom, die durch den Austausch von Photonen bewirkt wird. Wie die Photonen an der elektromagnetischen Ladung angreifen, so wechselwirken die Gluonen mit den Farbladungen der Quarks. Im Gegensatz zur elektrischen Ladung gibt es drei verschiedene Farbladungen: rot, blau und grün und natürlich die negativen Farbladungen antirot, antiblau und antigrün. Die Gluonen tragen stets eine Farb-Antifarb-Kombination, wie etwa rot-antiblau. Wie schon oben erwähnt, erlaubt die Quantenfarbdynamik als freie Teilchen nur farblose Kombinationen der Quarks, wie die Kombination Quark und Antiquark mit einer Farbe und einer Antifarbe, die sich zu weiß (farblos) aufaddieren. Dies sind die Mesonen. Eine andere mögliche Kombination sind drei Quarks mit den Farben rot, blau und grün, die sich zu farblos (weiß) aufaddieren (siehe Abb. 5).

Sendet ein Quark ein Gluon aus, dann ändert das Quark seine Farbladung. Das Gluon nimmt die Farbladung des ursprünglichen Quarks mit und gleichzeitig die Antifarbe zur Farbladung des neuen Quarks. Ein Gluon kann also zum Beispiel die Farbe grün-antirot haben. Es gibt aber auch Gluonen mit der Farbe rot-antigrün. Da Gluonen Farbe tragen, können sie im Gegensatz zu den Photonen nicht frei vorkommen. Hat man jedoch die Kombination zweier Gluonen mit den Farben grün-antirot und rot-antigrün, so hat man wiederum eine farblose Kombination, die nach der Quantenfarbdynamik als freies Teilchen erlaubt wäre. Eine solche mögliche Kombination nennt man Glueball. Deutsche Gruppen aus Bochum, Bonn, Karlsruhe und München in Zusammenarbeit mit Gruppen aus Straßburg, Pittsburgh, London und Zürich haben dieses Problem am Europäischen Kernforschungszentrum in Genf (CERN) untersucht.

Farblose Gluebälle aus zwei oder mehreren Gluonen können nur gebildet werden bei Reaktionen, in denen Teilchen mit der elektromagnetischen Ladung 0 erzeugt werden. Ferner muss man darauf achten, dass man auch andere Erhaltungssätze nicht verletzt. Es muss zum Beispiel die Zahl der Quarks weniger der Zahl der Antiquarks sich zu 0 subtrahieren. Eine ideale Reaktion hierfür ist die Vernichtung von Protonen mit Antiprotonen: Dabei steht nur so viel

Energie zur Verfügung, dass man Mesonen aus den drei leichtesten Quarks bilden kann. Da diese Mesonen aus jeweils einem Quark (down d, up u und strange s) und einem Antiquark ($\bar{u}$, $\bar{d}$ und $\bar{s}$) gebildet werden, gibt es neun verschiedene Mesonen, in die sich ein Proton und ein Antiproton vernichten können. Es entstehen in der Regel mehrere Mesonen, wobei fünf Pionen der bevorzugte Endzustand der Mesonen ist. Die elektrische Ladung dieser Mesonen aus einer Proton-Antiproton-Vernichtung müssen sich natürlich zu 0 aufaddieren. In Zusammenhang mit Gluebällen interessieren uns die neutralen Mesonen, die man in Abb. 11 in der Diagonale findet. Für Mesonen mit dem Spin 1, dem Bahndrehimpuls 1 und dem Gesamtdrehimpuls 0 sind dies, wie man leicht in Abb. 11 abzählt, fünf verschiedene Mesonen. Doch die beiden Mesonen mit dem Quarkaufbau down-antistrange (d, $\bar{s}$) und strange-antidown (s, $\bar{d}$) sind Teilchen und Antiteilchen und haben daher die gleiche Masse. Man sollte daher nur vier verschiedene Massen von neutralen Mesonen mit den oben erwähnten Eigenschaften erhalten. Findet man ein fünftes neutrales „Meson", dann liegt der Verdacht nahe, dass es sich um einen Glueball handelt. Da Gluebälle nur Gluonen und keine Quarks mit elektrischer Ladung enthalten, sollten sie nicht in Photonen zerfallen. Photonen können nur durch elektrische Ladungen erzeugt werden.

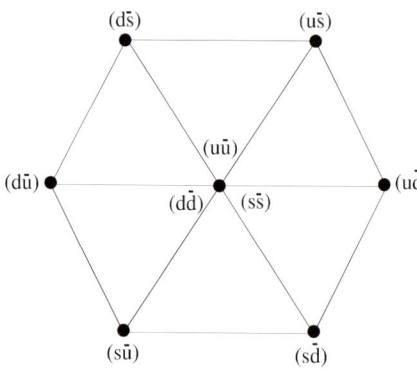

Abb. 11: Mesonen-Nonett der skalaren 0^+-Mesonen, gebildet aus den drei leichten Quarks u, d und s und den Antiquarks $\bar{u}$, $\bar{d}$ und $\bar{s}$. Die neutralen Mesonen mit einer verschwindenden elektrischen Ladung findet man in der Diagonalen von links oben nach rechts unten. Man erwartet daher fünf neutrale, skalare (0^+) Mesonen. Berücksichtigt man noch, dass die Mesonen mit dem Quarkinhalt (d $\bar{s}$) und (s $\bar{d}$) als Antiteilchen eine identische Masse haben, dann erwartet man vier verschiedene Massen für die skalaren neutralen Mesonen. Ein fünftes skalares neutrales Meson wäre dann wahrscheinlich kein Meson sondern ein Glueball.

Das Experiment wurde am Europäischen Kernforschungszentrum in Genf (CERN) durchgeführt.[10] Bei der Suche nach Gluebällen werden Protonen von 20 Milliarden Elektronenvolt (20 GeV) auf Materie geschossen. Bei dieser Kollision entstehen unter anderem Antiprotonen, die durch elektrische und magnetische Felder über ein Strahlführungssystem wieder in das Protonensynchrotron zurückgeleitet werden. Da werden die Antiprotonen auf eine Energie unterhalb von 1000 Millionen Volt abgebremst. Von dort werden sie in einen Speicherring LEAR („Low Energy Anti Proton-Ring") geführt. In diesem Speicherring wird durch „Kühlen" die Strahlqualität weiter verbessert, das heißt, alle Protonen erhalten möglichst genau die gleiche Energie und die gleiche Richtung. Man erhält einen so genannten „Bleistiftstrahl". Die Antiprotonen werden dann aus dem Speicherring LEAR nach Bedarf extrahiert und zur Vernichtung mit Protonen in den Detektor in der Südexperimentierhalle geleitet. Der Detektor besteht aus einem großen Magneten und 720 Cäsiumjodid-Kristallen. Der Detektor hat den Namen „Crystal Barrel" (Kristallfass).

---

[10] Eine Luftaufnahme des CERN-Areals ist in Abb. 3 des Beitrags von Frau Prof. Johanna Stachel zu sehen.

Die erzeugten Antiprotonen werden mit Protonen im Detektor „Crystal Barrel" zur Vernichtung gebracht. Der Detektor misst neutrale Mesonen durch ihre endgültigen Zerfälle in Photonen. Die Crystal-Barrel-Kollaboration hat fünf verschiedene neutrale Mesonen gefunden (siehe Tab. 3), von denen schon vorher einige bekannt waren. Wie die Überlegungen zum Mesonen-Nonett in Abb. 11 gezeigt haben, sollten nur vier neutrale Mesonen mit verschiedenen Massen in Quantenzahlen Spin = 1, Bahndrehimpuls = 1 und Gesamtdrehimpuls 0 mit Parität positiv existieren. Fünf solche neutralen „Mesonen" wurden von der Crystal-Barrel-Kollaboration gefunden, von denen schon einige vorher bekannt waren. Da nur vier dieser Teilchen Mesonen sein können, liegt es nahe, dass eines davon ein Glueball ist. Das Teilchen f_0 in Tab. 3 mit einer Masse von 1500 MeV (Millionen Elektronenvolt) ist der bevorzugte Kandidat für einen Glueball, da dieses Teilchen nur mit sehr geringer Wahrscheinlichkeit in zwei Photonen zerfällt; ein reiner Glueball sollte keinen Zerfall in zwei Gammaquanten zeigen. Theoretische Berechnungen, die wir für die Wechselwirkung neutraler Mesonen und Gluebälle in Tübingen durchgeführt haben, zeigen, dass man keine ganz reinen Gluebälle erwarten kann. Stets sind wenn auch in sehr geringem Maße, Quarks und Antiquarks beigemischt.

Tab. 3: Neutrale Mesonen mit Spin = 1, Bahndrehimpuls = 1 und Gesamtdrehimpuls = 0 und der Parität = +. Man findet fünf neutrale „Mesonen" zu den obigen Quantenzahlen, obwohl nur vier Mesonen mit verschiedenen Massen existieren sollten. Teilchen fünf zerfällt nur mit sehr geringer Wahrscheinlichkeit in zwei Photonen und ist daher ein Kandidat für einen Glueball. Die wahrscheinliche Quark-Antiquark-Zusammensetzung der vier ersten Teilchen ist in der letzten Spalte angegeben. Teilchen 1 und 3 sind zwar aus den gleichen Quark-Antiquarkpaaren zusammengesetzt, doch in so genannten „orthogonalen" Kombinationen. Dies garantiert, dass es sich um verschiedene Teilchen handelt. Die Massen der Teilchen sind mit ihrem Namen (in der mittleren Spalte) in MeV angegeben.

	Namen	Quarkinhalt
1.	a_0 (1450 MeV)	$u\bar{u}$; $d\bar{d}$
2.	K^{0*} (1430 MeV)	$d\bar{s}$; $s\bar{d}$
3.	f_0 (1370 MeV)	$u\bar{u}$; $d\bar{d}$
4.	f_0 (1710 MeV)	$s\bar{s}$
5.	f_0 (1500 MeV)	gg

5   Das Vielkörperproblem der Kerne

Das Vielkörperproblem für den Aufbau der einzelnen Kerne aus Protonen und Neutronen hat einen anderen Charakter als das Vielkörperproblem der Elektronen in der Atomphysik. Elektronen stoßen sich durch die Coulomb-Wechselwirkung ab und versuchen, sich daher im gemeinsamen, anziehenden Coulomb-Potential des Kerns mit einem möglichst großen Abstand zwischen den einzelnen Elektronen um den Atomkern zu bewegen.

Die Nukleonen im Kern spüren keine von ihrer eigenen Bewegung unabhängige Kraft, wie sie die Coulomb-Anziehung des Atomkerns für die Elektronen darstellt. Hinzu kommt, dass die Wechselwirkung zwischen den einzelnen Nukleonen anziehend ist. Nukleonen bevorzugen daher, sich im Kollektiv zu bewegen. Ein Kern verhält sich oft wie ein Tröpfchen: Der Kern vibriert und rotiert. Solche Rotationen und Vibrationen der Kerne kann man im Stoß oder der Fusion zweier Kerne anregen. Die Energien dieser Zustände und auch die Übergangswahrscheinlichkeiten zwischen den Zuständen misst man, indem man die Gammaquanten gemäß ihrer Energie und ihrer Intensität bestimmt. Hier wurden in den letzten Jahren entscheidende Fortschritte erzielt: Gamma-Detektoren aus Germanium, die die Reaktion in allen Richtungen umgeben (4π-Detektoren) wurden in Europa und den USA gebaut. Die besten dieser Detektoren sind der Euroball (siehe Abb. 12) und die „Gamma-Sphere" in den USA.

Abb. 12: Der Detektor Euroball (geöffnet, man sieht nur eine Hälfte). Der Euroball ist ein gemeinsames Projekt vor allem der Länder Deutschland, Frankreich, England, Dänemark und Italien. Der Euroball-Detektor stand zuerst hinter dem Schwerionenbeschleuniger in Legnaro in Italien und danach am Tandem-Beschleuniger in Straßburg. Rechts die Cluster-Detektoren, die in Köln entwickelt wurden, in der Mitte die französischen Clover-Detektoren und die Standarddetektoren auf der linken Seite. Der Strahl kommt von rechts, und in der Mitte sitzt das Target, mit dem die einlaufenden Projektile wechselwirken. Bei den Detektoren handelt es sich um Germaniumzähler, die mit flüssigem Stickstoff gekühlt werden müssen. Innerhalb der Gammazähler aus Germanium sitzt noch um das Target ein so genannter Wismut-Germanatball (BGO-Ball), der auch emittierte Teilchen in allen Raumrichtungen vermessen kann. Bei der Messung wird die andere (hier nicht sichtbare) Hälfte auf Schienen mit der hier sichtbaren Hälfte zusammengeschoben. – Der entscheidende Fortschritt in der Messung von Gammaquanten besteht in der Entwicklung neuer, ortsempfindlicher Detektoren aus Germanium, die zu einem die gesamte Kugel (4π) abdeckenden Detektor um das Target aufgebaut werden. In Köln hat eine Gruppe um Dr. Eberth und Prof. von Brentano die sehr erfolgreichen Cluster-Detektoren entwickelt. Diese wurden nicht nur in der Rückwärtsrichtung im Euroball eingesetzt, sondern fliegen auch auf europäischen, japanischen und amerikanischen Satelliten, um im All die Gammastrahlung zu vermessen. Aus den Lizenzgebühren hierfür finanzieren die Kölner Kollegen einen Teil ihrer Forschung. Die neue Detektortechnologie, die auch im Euroball eingesetzt wird, führte zum Beispiel schon vor einiger Zeit zur Entdeckung superdeformierter Kerne, die doppelt so lang sind wie breit.

Die Gruppe von Prof. A. Richter an der Universität Darmstadt hat mit Doktoranden und einigen Postdocs mit der neuen Technologie von supraleitenden Resonatoren einen rezirkulierten Elektronenbeschleuniger gebaut, den S-DALINAC. Er ist der erste supraleitende rezirkulierte Elektronenbeschleuniger in Europa. Am Jefferson-Labor in den USA steht davon ein großer Bruder. Neben Kernstrukturuntersuchungen wird der Elektronenstrahl von etwa 100 MeV auch für einen freien Elektronlaser benutzt, um hochenergetisches „LASER"-Licht für atomare und festkörperphysikalische Untersuchungen zu erzeugen.

Mit den Elektronen des Beschleunigers an der Universität Darmstadt wurde in den 1980er-Jahren ein ganz neuer, kollektiver Zustand des Kerns entdeckt (siehe Abb. 14). Die Elektronen wechselwirken mit dem Kern durch Austausch von Photonen. Diese werden bevorzugt an den Protonen absorbiert und können damit den deformierten Kern zu Scherenschwingungen anregen, wobei die deformierten Protonen gegenüber den deformierten Neutronen wie eine Schere schwingen. Diese Zustände wurden in Darmstadt in leichten und schweren deformierten Kernen etwa bei einer Anregungsenergie von 3 MeV (3 Millionen Elektronenvolt) gefunden und in unserer Tübinger Gruppe theoretisch interpretiert.

Abb. 13: Elektronenbeschleuniger S-DALINAC an der Universität Darmstadt, der in der Gruppe von Prof. A. Richter mit Doktoranden und Postdoktoranden gebaut wurde. Es handelt sich um den ersten rezirkulierten Elektronenbeschleuniger mit supraleitenden Resonatoren in Europa. Inzwischen benutzen auch die großen Beschleuniger für Elektronen wie DESY und CERN ähnliche supraleitenden Technologien zur Beschleunigung. In der Mitte des Bildes sieht man den freien Elektronen-LASER, der energiereiches Licht erzeugen kann.

In Analogie zu diesen Scherenschwingungen der deformierten Protonen gegen die deformierten Neutronen wurden vor kurzem auch Scherenschwingungen eines deformierten Bose-Kondensats[11] in einer magnetischen Falle vorhergesagt. Dort sollte ein Bose-Kondensat mit deformierter Gestalt gegen die magnetische Falle mit einem deformierten Feld in Form einer Schere schwingen. 1999 wurde in Oxford diese Anregung eines Bose-Kondensats gefunden.

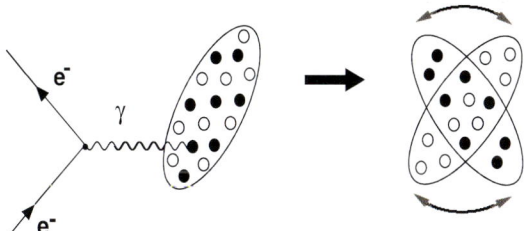

Abb. 14: Entdeckung der Scherenschwingung deformierter Atomkerne am Elektronenbeschleuniger DALINAC in Darmstadt. Durch Streuung von Elektronen an einem deformierten Kern mit dem Austausch eines energiereichen Photons (Gammaquant). Das Gammaquant wechselwirkt bevorzugt mit den Protonen und regt die deformierte Protonenverteilung zu Scherenschwingung relativ zur deformierten Neutronenverteilung an. Die Rückstellkraft der „Schere" wird durch die starke Anziehung zwischen den Protonen und den Neutronen bewirkt. Die Anregungsenergie dieser Scherenschwingungen liegt in etwa unabhängig von der Masse der deformierten Kerne bei 3 MeV.

---

[11] Ein Bose-Kondensat ist ein von dem indischen Physiker S. N. Bose 1925 theoretisch vorhergesagter Materiezustand, bei dem alle Teilchen (z.B. Atome) die gleiche, niedrigst mögliche Energie haben. Erforderlich sind extrem tiefe Temperaturen. Die erste Realisierung gelang erst 70 Jahre nach der theoretischen Vorhersage.

6   Schwerionenphysik

Mit der Gesellschaft für Schwerionenforschung (GSI) haben wir zurzeit in Deutschland das führende Labor auf dem Gebiet der Schwerionenphysik und speziell der Reaktionen zwischen zwei schweren Atomkernen.

Abbildung 15 zeigt eine Luftaufnahme der GSI bei Darmstadt im Hessischen Staatswald und Abb. 16 ein Prinzipbild der Beschleunigeranlage mit den Experimenten.

Abb. 15: Luftaufnahme der Gesellschaft für Schwerionenforschung (GSI) in Darmstadt-Wixhausen im Hessischen Staatswald. Links sieht man den Parkplatz mit dem Eingang, im Vordergrund die Arbeitsplätze der Wissenschaftler, dahinter der Linearbeschleuniger, der in die Experimentierhalle mit dem dunklen, flachen Dach führt. Oberhalb dieser Experimentierhalle sieht man angedeutet unter der Erde das Schwerionensynchrotron, einen Ringbeschleuniger. Auf der rechten Seite sieht man die Hallen für die Experimente und den Experimentsspeicherring hinter dem Schwerionensynchrotron. Vor dieser Experimentierhalle in dem 90°-Winkel steht das angebaute einstöckige Gebäude für die Schwerionentumortherapie.

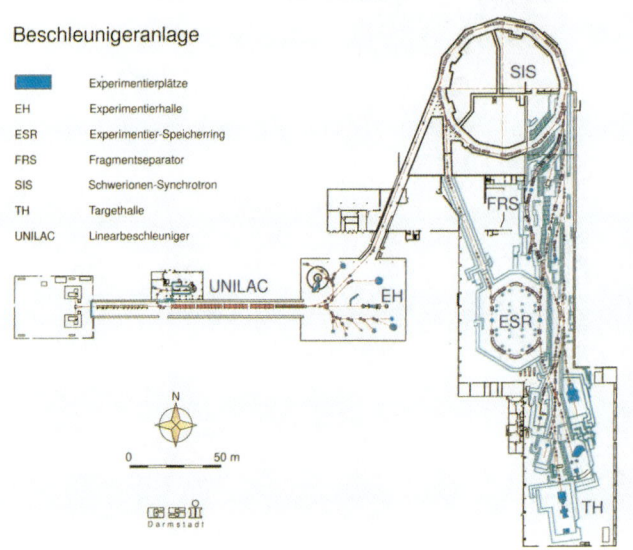

Abb. 16: Beschleunigeranlage der Gesellschaft für Schwerionenforschung (GSI Darmstadt). Links sieht man zwei Ionenquellen, die den Strahl für den Beschleuniger UNILAC erzeugen. In der Experimentierhalle (EH) befindet sich der „SHIP"-Detektor, der die superschweren Elemente entdeckt hat. Das Schwerionensynchrotron (SIS) kann Kerne bis Uran auf eine Milliarde bis zwei Milliarden Elektronenvolt (1 GeV bis 2 GeV) pro Nukleon beschleunigen. Bei einer Energie von 1 GeV pro Nukleon hat Blei (Pb) eine Energie von 208 GeV. Am Fragmentseparator (FRS) wird der Strahl auf ein Be-Target geschossen und fragmentiert in verschiedene radioaktive Fragmente, die im Experimentsspeicherring (ESR) durch Elektronenkühlung und auch durch stochastische Kühlung „gekühlt" werden können. In der Targethalle (TH) befinden sich die verschiedenen Experimente, wie FOPI, KAOS, ALADIN und der im Aufbau befindliche HADES-Detektor für Dileptonen.

Die GSI Darmstadt hat ein breites Programm auf dem Gebiet der Kern-, der Atom- und der Plasmaphysik. Daneben werden technische und medizinische Anwendungen von Schwerionenstrahlen untersucht. In den letzten Jahren wurde zum Beispiel die Tumortherapie mit Kohlenstoff-Ionen entwickelt, die den entscheidenden Vorteil hat, das gesunde Gewebe sehr wenig zu schädigen und praktisch die gesamte Dosisleistung im Tumor zu deponieren. (Diese Tumortherapie wird in dem Vortrag von J. Debus behandelt.)

Eines der Ziele der Schwerionenforschung ist es, ähnliche Bedingungen herzustellen wie im Urknall oder bei einer Supernova-Explosion. Zur Beschreibung gewisser Phasen des Urknalls benötigen wir die Zustandsgleichung der Kernmaterie, die eine Relation herstellt zwischen der Energie, der Dichte und der Temperatur der Kernmaterie. Die gleiche Zustandsgleichung wird auch bei Supernova-Explosionen benötigt, die im Abschnitt 2 diskutiert wurden. Atomkerne haben in ihrem Grundzustand stets die Temperatur $T = 0$ und die so genannte Sättigungsdichte, die für alle Atomkerne im Zentrum etwa gleich ist. Möchte man die Zustandsgleichung der Kernmaterie untersuchen, dann muss man die Kernmaterie durch den Stoß zweier Atomkerne zusammendrücken und aufheizen. In einer solchen dichten Kernmaterie ändern auch Protonen und Neutronen und die verschiedenen Mesonen ihre Eigenschaften. Zum Studium der Zustandsgleichung der Kernmaterie und zur Untersuchung, wie sich Eigenschaften der Protonen, Neutronen und Mesonen ändern, dienen die Detektoren FOPI (siehe Abb. 17), ALADIN und KAOS. Im Bau befindet sich der HADES-Detektor, der speziell die Abänderung der Eigenschaften neutraler Mesonen in dichter und heißer Kernmaterie durch die Dileptonproduktion untersucht. Ein wesentlicher Teil dieses Detektors ist ein RICH (Ring Imaging CHerenkov-Detektor).

Abb. 17: FOPI-Detektor bei der GSI in Darmstadt. Der Schwerionenstrahl kommt von links. Das Target befindet sich vor dem großen roten Magneten, der mit Detektoren bestückt ist. Hinter dem Magneten befindet sich eine Wand aus Plastikdetektoren, die man rechts sieht und die während der Messung mit dem Kran in den Strahl gefahren wird. Der Name „FOPI" kommt von „FOur-Pi" (4π) und deutet an, dass die Zähler die gesamte Raumkugel überdecken.

Das bekannteste Experiment der GSI ist sicherlich die Entdeckung superschwerer Elemente durch die Arbeitsgruppe von Prof. Hofmann und Prof. Münzenberg. In Darmstadt wurden die Elemente mit $Z = 107$ (Bohrium, Bh), $Z = 108$ (Hassium, Hs) und $Z = 109$ (Meitnerium, Mt) erzeugt, ferner auch die Elemente 110, 111 und 112, die bislang noch keinen Namen haben. Diese neuen Elemente wurden durch Fusionsreaktionen hinter dem UNILAC produziert. Hierbei muss man den Projektilkern, der mit dem Target verschmelzen soll, gerade so beschleunigen, dass er noch über die Coulomb-Barriere in den Kern eindringen kann und dass danach etwas Energie, etwa durch Verdampfung eines Neutrons abgegeben wird. Dann kann die Fusion stattfinden. Das Element 112 etwa wurde mit folgender Reaktion gefunden:

$$^{70}Zn + ^{208}Pb \rightarrow ^{277}_{112}A + n$$

Die Einschussenergie von ^{70}Zn betrug 5 MeV (5 Millionen Elektronenvolt) pro Nukleon.

Im Jahre 1999 gab das Lawrence Nationallabor in Berkeley (Kalifornien) bekannt, es habe das Element 118 gefunden, und das Joint Institute of Nuclear Research in Dubna (Russland) meldete die Entdeckung von Element 114. Die Messungen konnten zum Teil bisher noch nicht bestätigt werden.

Bei der GSI in Darmstadt kann man auch Atomphysik für Atome mit Elementzahlen bis 184 betreiben, obwohl man diese Elemente nicht stabil sind. Dies wurde von der Gruppe von Herrn Prof. Mockler und Prof. Armbruster wie folgt durchgeführt: Ein Atomkern, teilweise ionisiert, wird mit seinen Elektronen auf einen anderen Atomkern geschossen. Die Energie ist so bemessen, dass die beiden Atomkerne sich möglichst nahe kommen, aber dennoch nicht fusionieren. Die Einschussenergie muss gerade unterhalb der Coulomb-Abstoßung liegen. Der eingeschossene Atomkern läuft den Coulomb-Berg des Targetkerns hinauf und bleibt oben beinahe stehen. Die leichten Elektronen bewegen sich um ein Vielfaches schneller als die schweren Atomkerne und bilden atomare Schalen um das vereinigte System. Wenn man so Uran auf Uran schießt, dann hat man eine effektive Kernladung im vereinigten System von $Z = 184$ und kann nun über die emittierten Gammaquanten die Elektronenhülle eines solchen extrem schweren Atoms studieren. Die theoretische Beschreibung dieser Vorgänge wurde von der Gruppe um Prof. Walter Greiner in Frankfurt entwickelt. Sie konnte theoretisch zeigen und auch dies aus den Experimenten extrahieren, dass das unterste Elektronenniveau bei diesen extrem hoch geladenen vereinigten Atomkernen in den unteren Dirac-See eintaucht. In dieser etwas vereinfachten, aber anschaulichen Darstellung sind Löcher im unteren Dirac-See die Antiteilchen (Positronen). Ist nun ein solcher extrem stark gebundener Elektronenzustand, der in den unteren Dirac-See eintaucht, durch die Kräfte im Schwerionenstoß unbesetzt, dann kann ein Elektron aus diesem Dirac-See, ohne dass Energie benötigt wird, in den freien Zustand übergehen. Hierdurch wird spontan ein Positron erzeugt. Das Coulomb-Feld eines solchen vereinigten Kernsystems ist so stark, dass in ihm spontan Antimaterie (Positronen) erzeugt wird.

Der KAOS-Detektor (Sprecher Dr. Peter Senger) wurde speziell so gebaut, dass die kurzen Wege es erlauben, Kaonen vor ihrem Zerfall nachzuweisen. Das Ziel ist es, die Abänderung der Eigenschaften von Kaonen, die in Schwerionenreaktionen produziert werden, in dichter und heißer Kernmaterie zu vermessen und den Unterschied zum Vakuum zu bestimmen.

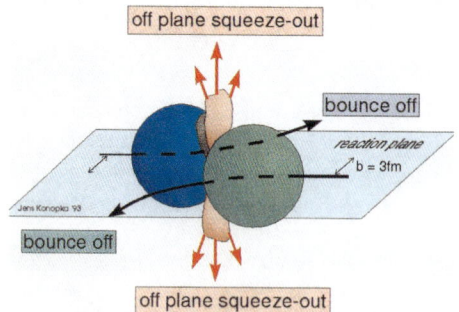

Abb. 18: Die Abbildung zeigt schematisch den Stoß zweier schwerer Ionen, wobei der grüne Atomkern von rechts und der blaue Atomkern von links kommt. Die Reaktionsebene, in der sich die Atomkerne bewegen, ist durch die hellblaue Farbe angedeutet. Wegen der Abschattung durch Projektil und Target in der Reaktionsebene werden die Reaktionsprodukte bevorzugt nach oben und unten emittiert. Die Abbildung stammt von der Frankfurter Gruppe um Prof. Walter Greiner.

Abbildung 18 zeigt einen Stoß zwischen zwei Atomkernen, wobei in dieser Abbildung der grüne Atomkern von rechts und der blaue von links kommt. Die so genannte Reaktionsebene ist hellblau angedeutet. Wegen der Abschattung in der Reaktionsebene erwartet man, dass die produzierten Teilchen hauptsächlich nach oben und unten emittiert werden („Squeeze-out").

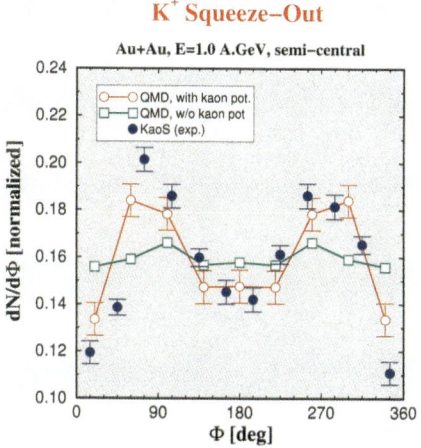

Abb. 19: Winkelverteilung der produzierten positiven K-Mesonen senkrecht zur Strahlrichtung. Die Winkel $\Phi = 0$ und $\Phi = 180°$ charakterisieren die Reaktionsebene. Bei den Winkeln $\Phi = 90°$ und $270°$ werden die Kaonen senkrecht zur Reaktionsebene nach oben und unten emittiert. Die blauen Punkte sind die Daten der KAOS-Kollaboration. Die rote und die grüne Kurve sind Berechnungen unserer Gruppe in Tübingen. Die grüne Kurve nimmt an, dass sich die Eigenschafter der Kaonen in heißer und dichter Kernmaterie nicht ändern. Die rote Kurve berücksichtigt solche Änderungen in heißer und dichter Kernmaterie. Man sieht, dass die Kaonen in heißer und dichter Kernmaterie andere Eigenschaften haben als im Vakuum.

7 Quarkmaterie

Wenn man Kernmaterie noch mehr komprimiert und aufheizt, als dies mit dem GSI-Beschleuniger der Fall ist, erwartet man, dass sich die Protonen, Neutronen und die π-Mesonen im Kern anfangen zu überlappen und der Farbeinschluss der Quarks in den Nukleonen und Mesonen aufgehoben wird. Dies heißt, dass sich die Quarks ohne Farbeinschluss frei im gesamten Volumen des Kerns bewegen können. Anschaulich ausgedrückt, muss man das Vakuum zwischen den Nukleonen herauspressen, sodass die Quarks in den Nukleonen sich anfangen zu überlappen. Hierfür darf man zur Abschätzung nicht den Radius der Nukleonen mit der π-Mesonenwolke berücksichtigen, sondern nur den Radius des eigentlichen Quarkinhalts der Nukleonen. Dieser liegt bei etwa 0,6 Femtometer ($0{,}6 \cdot 10^{-13}$ cm). Dies bedeutet, dass man etwa das Fünffache der Sättigungsdichte benötigt. Hierbei ist die Sättigungsdichte die Dichte der Kernmaterie im Zentrum schwerer Kerne. Heizt man andererseits die Kerne auf eine Temperatur, die einer mittleren kinetischen Energie von 180 Millionen Elektronenvolt entspricht, dann produziert man eine sehr große Anzahl von π-Mesonen, die ebenfalls die freien Räume zwischen den Nukleonen ausfüllen, und der Quarkinhalt der Mesonen und Nukleonen beginnt sich zu überlappen und man hat wiederum Quarkmaterie, bei der die Quarks nicht in Nukleonen und Mesonen eingeschlossen sind. Die Quarkmaterie bezeichnet man oft auch als Quark-Gluon-Plasma, weil sich nicht nur Quarks, sondern auch Gluonen in dieser Materie frei bewegen können. Abbildung 20 zeigt in der Ebene von Temperatur und Dichte der Kernmaterie den Übergang von Kernmaterie zur Quarkmaterie. Diese hohen Temperaturen und Dichten erreicht man etwa im Stoß von Blei auf Blei beim Europäischen Kernforschungszentrum CERN. In der Tat hat CERN am 10. Februar 2000 in einer Pressekonferenz die Entdeckung eines neuen Zustandes der Materie, des Quark-Gluon-Plasmas, angekündigt.

Abbildung 21 zeigt eine „Streamer"-Kammeraufnahme der Teilchenspuren im Stoß Blei auf Blei bei einer Einschussenergie des Bleistrahls von 33 Billionen Elektronenvolt (33 TeV).

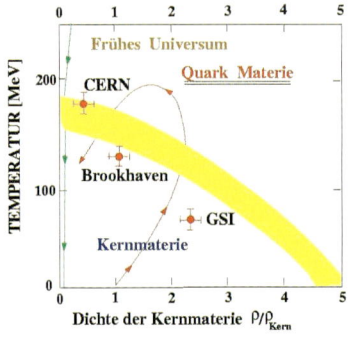

Abb. 20: Temperatur- und Dichte-Ebene für den Übergang von Kernmaterie (links unten) zur Quarkmaterie (rechts oben). Die drei Messpunkte „CERN", „Brookhaven" und „GSI" wurden aus den relativen Wahrscheinlichkeiten für die Produktion verschiedener Teilchen unter der Annahme extrahiert, dass sich die Materie im thermischen wie im „chemischen" Gleichgewicht befindet. Thermisches Gleichgewicht besagt, dass die Temperatur überall gleich ist, „chemisches" Gleichgewicht bedeutet, dass die ablaufenden Reaktionen und Teilchenbildungsprozesse genügend Zeit haben, um im Gleichgewicht zu erfolgen. Bei der GSI erzeugt man zwar eine große Kernmateriedichte durch Komprimierung im Schwerionenstoß, aber eine nicht genügend hohe Temperatur, um die Phasengrenze zwischen Kernmaterie und Quarkmaterie zu überschreiten. Ähnliches gilt für die höheren Energien beim Beschleuniger in Brookhaven. Am Europäischen Kernforschungszentrum CERN erzeugt man Temperaturen in der Gegend von 180 MeV (1 eV entspricht 10 000 Kelvin). Bei diesen hohen Temperaturen werden genügend Pionen produziert, um den Phasenübergang zum Quark-Gluon-Plasma zu ermöglichen. Der Ausgangspunkt ist stets die Sättigungsdichte normaler Kerne. Diese ist in den hier benutzten Einheiten 1. Im Kernstoß läuft man längs der eingezeichneten Linie zu höheren Dichten und höheren Temperaturen und erreicht eventuell den Übergang zum Quark-Gluon-Plasma. Durch die Expansion kühlt sich die Quarkmaterie ab, und es bilden sich wieder Hadronen (Kondensation), d.h. Teilchen mit Farbeinschluss, wie Mesonen und Baryonen.

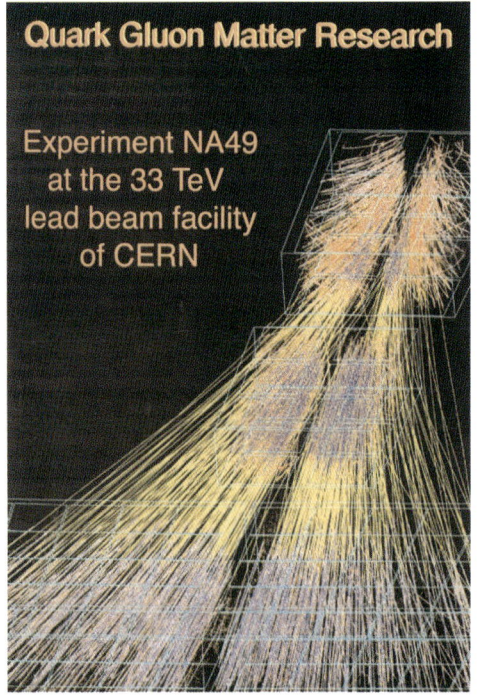

Abb. 21: Die Abbildung zeigt im Stoß von Blei auf Blei bei einer Einschussenergie von 33 Billionen Elektronenvolt (33 TeV) am CERN eine „Streamer"-Kammeraufnahme der einzelnen Teilchenspuren. Aus diesen gemessenen Teilchenspuren muss man nun extrahieren, ob die Materie in einer sehr kurzen Zeit in einer Größenordnung von 10^{-23} Sekunden den Phasenübergang zur Quarkmaterie geschafft hat. Die Abbildung wurde von Prof. Reinhard Stock (Frankfurt) zur Verfügung gestellt.

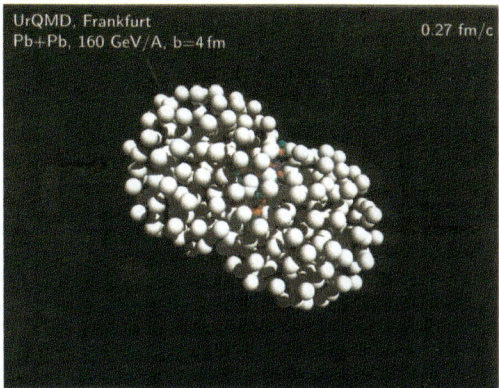

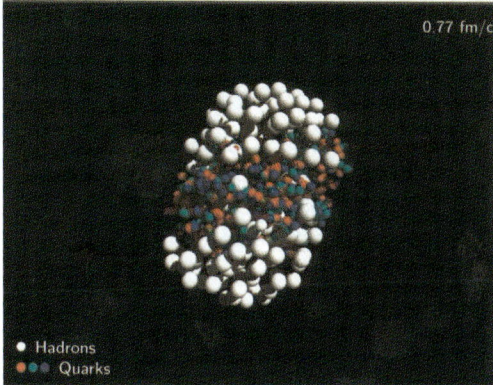

Abb. 22: Computer-Simulation des Blei-Blei-Stoßes im so genannten „Schwerpunktssystem", in dem der gemeinsame Schwerpunkt der beiden Blei-Kerne ruht. Die Energie im Labor beträgt 160 GeV pro Nukleon. Das sind als Gesamtenergie genau 33 TeV, wie in Abb. 21. In der oberen Abbildung fliegt ein Blei-Kern von links herein und ein Blei-Kern von rechts, mit einer parallelen Versetzung der Flugrichtung (Stoßparameter) von $4 \cdot 10^{-13}$ cm. Das untere Bild zeigt die Situation etwa $1{,}5 \cdot 10^{-24}$ Sekunden später. Im Überlappbereich hat sich ein Quark-Gluon-Plasma gebildet. Dies wird hier durch die farbigen roten, blauen und grünen Quarks angedeutet. Die großen weißen Teilchen sind farbneutrale Nukleonen und die kleineren weißen Teilchen sind farbneutrale Mesonen. Diese Simulation des Stoßes Blei auf Blei wurde von der Frankfurter Gruppe von Prof. Walter Greiner und Prof. Horst Stöcker im Rahmen einer ultrarelativistischen Quantenmolekulardynamik durchgerechnet.

Die Entdeckung der Quarkmaterie durch das Europäische Kernforschungszentrum CERN, die im Beitrag von Frau Prof. Johanna Stachel aus Heidelberg näher erklärt wird, beruht im Wesentlichen auf drei Beobachtungen: Die Gruppe von Prof. Reinhardt Stock aus Frankfurt hat gefunden, dass im Kern-Kern-Stoß relativ mehr seltsame Teilchen produziert werden als im Protonenstoß (siehe Abb. 23). Dass dies einen Übergang zum Quark-Gluon-Plasma andeutet, beruht auf folgender Überlegung: Im Proton-Proton-Stoß sind nur ganz wenige Up- und Down-Quarks vorhanden. Diese blockieren nur wenig über das Pauli-Prinzip die Produktion von weiteren Up- und Down-Quarks und Antiquarks, sodass bevorzugte Teilchen mit Up- und Down-Quarks und deren Antiquarks erzeugt werden. Im Blei-Blei-Stoß hat man eine große Anzahl von Up- und Down-Quarks, die zahlreiche Zustände blockieren, sodass die Produktion von $u\bar{u}$- und $d\bar{d}$-Paaren behindert ist. Trotz der größeren Ruhemasse der seltsamen Quarks, ist es daher in einem Quark-Gluon-Plasma leichter, $s\bar{s}$-Paare zu erzeugen. Nach der Kondensation der Quarkmaterie in hadronische (Kern)-Materie erhält man daher im Blei-Blei-Stoß eine große Anzahl von seltsamen Teilchen, das heißt Teilchen mit seltsamen (strange) Quarks.

Abbildung 23 zeigt die experimentelle Beobachtung am Superprotonsynchrotron in Genf bei einem Beschuss von Blei mit einem Blei-Kern von 158 Milliarden Elektronenvolt (158 GeV) pro Nukleon in den Experimenten NA 44, NA 49 und Wa 97 am Europäischen Kernforschungszentrum (CERN).

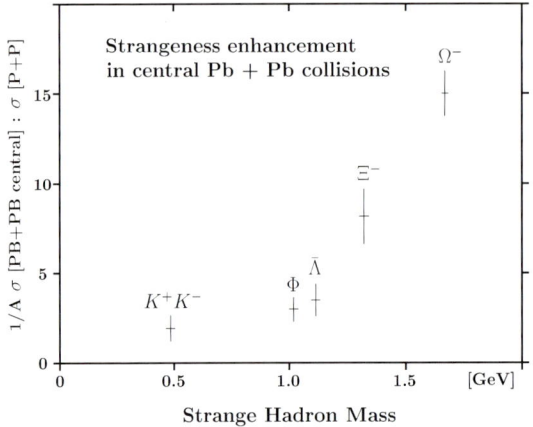

Abb. 23: Relative Teilchenproduktionsraten im Blei-Blei-Stoß bei 158 Milliarden Elektronenvolt (158 GeV) pro Nukleon, verglichen mit der Produktion der gleichen Teilchen im Proton-Proton-Stoß bei der gleichen Energie. Unten ist die Masse der seltsamen Teilchen in Milliarden Elektronenvolt [GeV] aufgelistet. Die Φ-Mesonen bestehen aus $s\bar{s}$-Quarks, während das Antilambda $\overline{(uds)}$ ein Antistrangequark enthält. Das Kaskadenteilchen (ssd) enthält zwei seltsame Quarks und das Ω (sss) so gar drei. Mit der Zahl der seltsamen Quarks nimmt die Erhöhung der Produktion dieser Teilchen im Schwerionenstoß relativ zum Proton-Proton-Stoß zu.

Die Produktion dieser Teilchen mit Seltsamkeit, die in Abb. 23 gezeigt werden, läuft wie folgt ab. Man bildet das Quark-Gluon-Plasma. Bei Abkühlung kondensieren die Teilchen aus dem Quark-Gluon-Plasma im Gleichgewicht. Das heißt, das „chemische" Gleichgewicht stellt sich nicht auf der hadronischen, sondern auf der Quarkebene ein.

Ein zweiter Hinweis, dass in Blei-Blei-Stößen beim CERN das Quark-Gluon-Plasma gebildet wird, findet man in Experimenten, die hauptsächlich von französischen Gruppen durchgeführt werden. Sie messen die relative Häufigkeit der Produktion von so genannten J/Ψ-Teilchen (J-Psi-Teilchen) mit einer Ruheenergie von 3,1 GeV (Milliarden Elektronenvolt). Dieses Teilchen besteht aus einem Charm- und einem Anticharm-Quark ($c\bar{c}$). In einem dichten Quark-Gluon-Plasma werden diese beiden Teilchen getrennt und haben danach wegen der geringen Häufigkeit von c- und $\bar{c}$-Quarks keine Chance, einen entsprechenden Partner zu finden, sodass bei der Bildung eines Quark-Gluon-Plasmas die Produktion von J/Ψ-($c\bar{c}$)-Teilchen unterdrückt sein sollte. Eine gewisse Unterdrückung erwartet man auch in dichter hadronischer Materie, doch man findet eine anomal große Unterdrückung, die man auf die Bildung des Quark-Gluon-Plasmas zurückführt.

Ein drittes Argument kann man aus den Untersuchungen der Heidelberger Gruppe extrahieren: Die Bestimmung der Temperatur und der Dichte für Kern-Kern-Stöße am CERN liefert nach Abb. 20 Werte, die in der Nähe des Phasenübergangs von der Kernmaterie zum Quark-Gluon-Plasma liegen. Die Heidelberger Gruppe hat gezeigt, dass praktisch alle Teilchen im ultrarelativistischen Schwerionenstoß am CERN in thermischen und chemischem Gleichgewicht erzeugt werden. Rechnungen zeigen, dass dies sehr schwierig ist in einer reinen hadronischen Phase mit Nukleonen und Mesonen. Das chemische Gleichgewicht, das heißt die relative Häufigkeit der verschiedenen Teilchen, wie sie von der statistischen Mechanik gefordert wird, ist jedoch sehr leicht zu erreichen, wenn müssen die einzelnen hadronischen Teilchen, wie Baryonen und Mesonen, durch den Phasenübergang vom Quark-Gluon-Plasma zur Kernmaterie im chemischen Gleichgewicht geboren werden.

Diese drei Argumente machen es sehr wahrscheinlich, dass man im ultrarelativistischen Schwerionenstoß von Blei an Blei mit einer Einschussenergie von 160 Milliarden Elektronenvolt (160 GeV) pro Nukleon das Quark-Gluon-Plasma erzeugt. Es handelt sich jedoch bisher um einen Indizienbeweis. Man hat den Dieb noch nicht auf frischer Tat ertappt.

8   Neue Entwicklung in der Kernspintomographie

1895 konnte Röntgen zum ersten Mal den Knochenbau eines lebenden Menschen betrachten, ohne die Haut aufschneiden zu müssen. In den 1970er- und 1980er-Jahren wurden aus den Röntgenstrahluntersuchungen die Röntgen- oder Computertomographie entwickelt. Man betrachtet einfach den zu untersuchenden Knochenbau von verschiedenen Seiten und lässt aus den verschiedenen Absorptionsprojektionen das dreidimensionale Bild durch den Computer rekonstruieren. Röntgenaufnahmen und damit auch die Röntgentomographie ist nur sensitiv auf schwere Elemente. Über das Gewebe kann man nur Aussagen machen, wenn man wie bei Aufnahmen des Magens oder des Darms ein Kontrastmittel mit schwereren Elementen verwendet. Die Kernspintomographie oder, wie sie auch oft genannt wird, die magnetische Resonanz-Tomographie ergänzt die Röntgentomographie optimal: Sie ist vor allem sensitiv auf das leichteste Element, nämlich die Kerne des Wasserstoff-Atoms, die Protonen, die im Gewebe und Gewebewasser zahlreich vorhanden sind.

Der Ausgangspunkt der Kernspintomographie war die Entdeckung der Kernspinresonanz 1946 durch F. Bloch und E. M. Purcell, für die die beiden Physiker Anfang der 1950er-Jahre den Nobelpreis erhielten.

Die Kernspintomographie beruht darauf, dass das Proton, das heißt der Kern des Wasserstoff-Atoms, ein sehr großes magnetisches Moment hat, das sich wie eine Magnetnadel im Magnetfeld eines Kernspintomographen ausrichtet. Diese Ausrichtung des magnetischen Moments ist analog der Ausrichtung einer Magnetnadel im magnetischen Feld der Erde. Gegen die Ausrichtung dieser kernmagnetischen Momente längs des Magnetfelds im Magnet des Kernspintomographen arbeitet die Wärmebewegung im Gewebe. Im Mittel ist bei einem Magnetfeld, das in Kernspintomographen etwa 1 bis 3 Tesla[12] beträgt, nur jeder Hunderttausendste bis Millionste Atomkern mit seinem magnetischen Moment längs des Magnetfeldes ausgerichtet. Die Kernspintomographie beruht nun darauf, dass uns die Quantenmechanik sagt, dass diese magnetischen Momente sich nicht ganz parallel zum Magnetfeld ausrichten lassen, dass sie aber wie Kreisel um die Magnetfeldrichtung präzessieren. Diese Präzessionsfrequenz ist proportional zum magnetischen Moment des Atomkernes und proportional zum Magnetfeld. Strahlt man nun eine elektromagnetische Welle mit der gleichen Frequenz für eine kurze Zeit ein, dann kann man die „Magnetnadeln", die den magnetischen Momenten der Wasserstoff-Kerne entsprechen um 90° kippen. Diese kleinen Magnete rotieren nun senkrecht zu ihrer früheren Achse und erzeugen eine elektromagnetische Strahlung der gleichen Frequenz. Diese Frequenz kann man in einem Empfänger messen, sie ist proportional zur Zahl der Wasserstoff-Atome in einem Magnetfeld bestimmter Größe, während ihr magnetisches Moment mit dieser Frequenz rotiert. Da sich diese Frequenz mit dem Magnetfeld ändert, kann man mit einem linear veränderlichen Magnetfeld, das auch noch häufig gewechselt wird, sich über einen Computer ein Bild von der Verteilung der Wasserstoff-Atome im untersuchten Patienten berechnen lassen. Hinzu kommt noch, dass die Rotation des magnetischen Moments senkrecht zur Magnetfeldebene, die durch den 90°-Impuls erzeugt wird, innerhalb von Millisekunden wieder zerfällt. Dies geschieht einerseits dadurch, dass die einzelnen magnetischen Momente der Wasserstoff-Kerne nicht mehr im Takt rotieren und dadurch das Signal ausgewischt wird. Andererseits richten sich die magnetischen Momente wieder durch die

---

[12] Tesla ist die abgeleitete SI-Einheit (also international als Standard definierte Einheit) für die Stärke des Magnetfeldes (1 Tesla = 1 Vs/m^2 = 10 000 Gauss). Zum Vergleich: Das Erdmagnetfed liegt zwischen 30 und 60 Miilonstel Tesla

Wechselwirkung mit der Umgebung sich in Richtung des Magnetfeldes aus und strahlen dann kein Signal mehr ab. Dieser Zerfall des Signals (Relaxationszeit) hängt davon ab, ob das Gewebe gesund oder karzinogen ist. Abbildung 24 zeigt eine Kernspinaufnahme als Schnitt durch den Kopf in Höhe der Augen einer Patientin. Rechts erkennt man einen Gehirntumor, der sich hell von der übrigen Gehirnmasse abhebt. Die Kernspintomographie hat heute sogar schon die Privatpraxen erobert.

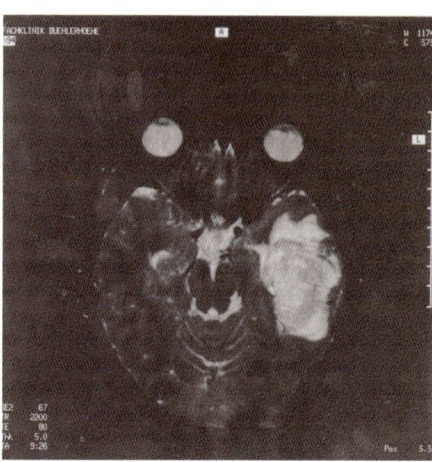

Abb. 24: Kernspintomographieaufnahme in einem horizontalen Schnitt durch das Gehirn einer Patientin mit einem Tumor auf der rechten Seite. Die Aufnahme stellte Privatdozent Dr. Jung von der Fachklinik Bühlerhöhe zur Verfügung.

Beide Verfahren, die Röntgentomographie und die Kernspintomographie, können jedoch die Durchlüftung der Lunge nicht untersuchen. Die Dichte der Luft in der Lunge ist etwa nur der 2500ste Teil der üblichen Gewebedichte. Dazu kommt, dass Stickstoff und Sauerstoff nicht gerade sehr schwere Elemente sind. Dies heißt, dass man über Röntgentomographie keine Information über die Ventilation (Durchlüftung) der Lunge erhält. Doch auch die Kernspintomographie liefert keine Information: Erstens ist die Dichte nur ein 2500stel der Gewebedichte und daher auch das Signal entsprechend kleiner und zweitens hat Sauerstoff kein magnetisches Moment und kann daher nicht für die Kernspintomographie benutzt werden. Das kleine magnetische Moment von Stickstoff reicht bei der geringen Dichte nicht aus um ein messbares Signal zu erhalten.

Einen Ausweg aus dieser Situation haben die Mainzer Physiker Prof. E. Otten und Prof. W. Heil gewiesen. Sie benutzen ^{3}He, das aus zwei Protonen und einem Neutron besteht. Das ^{3}He wird im Labor über die Wechselwirkung zwischen den Elektronen und dem Kern polarisiert, indem Laser zur Ausrichtung des magnetischen Moments der Elektronen benutzt werden. Auf diese Weise lässt sich das magnetische Moment des ^{3}He-Atomkerns praktisch vollständig längs eines Magnetfelds ausrichten. Nach der Polarisation des Atomkerns und dem Ausschalten der Laser gehen die Elektronen wieder zurück in die Edelgaskonfiguration, in der das magnetische Moment der Elektronen verschwindet. Das Dipolmoment des Kerns kann dann mit einem sehr kleinen Haltefeld in der Polarisationsrichtung stabilisiert werden. Die Mainzer Kollegen sind in der Lage, die Halbwertszeit für die Polarisation des magnetischen Moments von ^{3}He auf eine Woche auszudehnen.[13] Der Patient atmet nun das Edelgas mit dem polari-

---

[13] Die Halbwertszeit ist die Zeit, nach der noch die Hälfte der Atomkerne von ^{3}He längs des Magnetfelds ausgerichtet sind.

sierten Atomkern ^{3}He im Kernspintomographen ein. Obwohl die Dichte in der Lunge geringer ist als ein 2500stel der üblichen Gewebedichte, erhält man dennoch ein Signal, weil praktisch alle Helium-Kerne ausgerichtet sind, während dies für die Wasserstoff-Kerne im Gewebe nur für jeden Hunderttausendsten bis Millionsten Atomkern gilt (siehe Abb. 25).

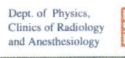

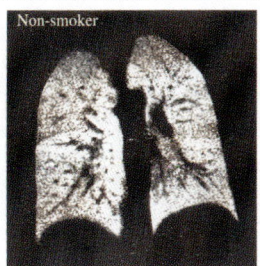
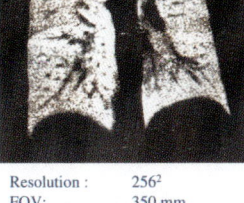
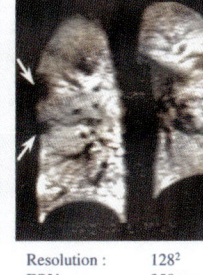

Abb. 25: Links die Kernspintomographie-aufnahme einer gesunden, gut durchlüfteten Lunge mit polarisierten ^{3}He-Kernen. Rechts die Lunge eines starken Rauchers, die nicht durchlüfteten Teile der Lunge sind durch Pfeile gekennzeichnet. Die Aufnahme wurde in einem Kernspintomographen der Klinik für Radiologie und Anästhesiologie der Universität Mainz gemacht. Das polarisierte ^{3}He wurde von der Gruppe von Prof. E. Otten und Prof. Werner Heil von der Fakultät für Physik der Universität Mainz erzeugt.

Mit dem polarisierten ^{3}He ist auch die Lunge nicht mehr eine „Terra Incognita". Die Schwierigkeit besteht im Augenblick in der Beschaffung des sehr teuren ^{3}He, das zurzeit entweder in den USA oder in Russland als Abfallprodukt der Wasserstoffbombenherstellung eingekauft werden muss. Ein erster Schritt, an dem die Mainzer Gruppe schon arbeitet, ist die Rückgewinnung und Reinigung des benutzten ^{3}He-Gases. Es besteht aber auch die Möglichkeit, andere inerte Gase mit einem großen magnetischen Moment des Kerns zu verwenden, die billiger sind.

9 Zukunftspläne

Zurzeit hat Deutschland mit der Gesellschaft für Schwerionenforschung (GSI) in Darmstadt-Wixhausen das weltweit führende Labor auf dem Gebiet der Schwerionenphysik. Doch vor allem in Japan und USA werden große Anstrengungen unternommen, um eine nächste Generation von Schwerionenbeschleunigern zu bauen, deren Intensität zwei bis drei Größenordnungen höher ist. Diese nächste Generation von Schwerionenbeschleunigern befindet sich im Forschungslabor RIKEN bei Tokio in Japan schon im Bau. In den USA wird zurzeit intensiv diskutiert, wie und wo ein Schwerionenbeschleuniger mit radioaktiven Strahlen der nächsten Generation gebaut werden soll. Diese neuen Schwerionenbeschleuniger haben einen Teilchenstrom, der um den Faktor 100 bis 1000 größer ist, als dies bei der GSI zurzeit der Fall ist. Ein Experiment, das bei der GSI etwa ein Jahr dauert, bräuchte bei RIKEN also nur noch einen Tag. Die Beschleunigeranlage der GSI wird daher in einigen Jahren wissenschaftlich uninteressant werden, wenn nichts getan wird. Im jetzigen Beschleunigerring „Schwerionensynchrotron (SIS)" kann die Intensität der Strahlen nicht mehr entscheidend erhöht werden, da man die Raumladungsgrenze, welche die Intensität begrenzt, schon praktisch erreicht hat. Man benötigt daher einen größeren Ring. Hierfür gibt es noch Platz im Hessischen Staatswald neben der GSI, wobei der Ring umweltschonend unterirdisch verlegt werden kann. Ein solcher größerer Ring könnte zum Beispiel bis etwa 10^{12} Uran-Atome pro Sekunde bei einer Milliarde Elektronenvolt (1 GeV) pro Nukleon liefern. Man könnte mit diesem Ring aber auch bei geringerer Intensität Uran bis auf etwa 30 GeV pro Nukleon beschleunigen. Das entspräche einer Gesamtenergie von 7,1 TeV, das sind 7,1 Billionen Elektronenvolt. Dies würde es erlauben, nach dem Quark-Gluon-Plasma bei hohen Kerndichten zu suchen. Beim Europäischen Kernforschungszentrum CERN erreicht man das Quark-Gluon-Plasma bei der Baryonendichte (Kernmateriedichte) in der Nähe von 0. Die Untersuchung des Quark-Gluon-Plasmas bei großer Baryonendichte ist eine neue physikalische Fragestellung, die man auch mit dem „Large Hadron Collider" beim CERN, der 2005 oder 2006 laufen soll, nicht angehen kann. Dort würde man das Quark-Gluon-Plasma noch bei erheblich kleinerer Kernmateriedichte erhalten, als dies heute schon in Genf der Fall ist.

Eine andere Möglichkeit, ist in einem solchen größeren Ring intensive Protonenstrahlen von etwa 30 Milliarden Volt (30 GeV) zu erzeugen und sie zu benutzen, um Antiprotonen zu produzieren. Diese hätten etwa eine Energie von 12 GeV und müssten in einem zusätzlichen Ring „gekühlt" werden. Das würde es erlauben, die Niederenergie-Antiprotonenphysik, wie etwa die Suche nach den Gluebällen[14] oder den Test fundamentaler Symmetrien, bei der GSI weiterzuführen.

Ein viertes Gebiet, das sich mit hochintensiven Schwerionenstrahlen von etwa 0,5 bis 1 GeV pro Nukleon eröffnet, ist die Plasmaphysik mit Plasmen höchster Energiedichte und Temperatur.

Die intensiven Strahlen von etwa ^{238}U oder ^{208}Pb von 1 GeV pro Nukleon mit 10^{12} Teilchen pro Sekunde, würde es auch erlauben, eine große Zahl radioaktiver Kerne zu erzeugen, die man in einem Experimentspeicherring kühlen könnte. So könnte man Kernreaktionen untersuchen, die in Supernova-Explosionen und auch im normalen Sternenbrennen ablaufen.

Dieser Beschleunigerring müsste eine Kombination von Radius mal Magnetfeld haben, die etwa bei einem Wert 200 Teslametern läge. Das entspräche einem Kreis mit einem Radius von 50 m, falls Dipolmagneten eingesetzt werden, die Magnetfelder im Bereich von 4 Tesla erzeugen können. Soll der Kreis kleiner sein, braucht man entsprechend höhere Magnetfelder. Abbildung 26 zeigt nochmals die Hauptpunkte der Zukunftspläne der GSI:

1. Intensive Schwerionenstrahlen, die auch bis zu 10^{12} der schwersten Nukleonen pro Sekunde enthalten und dabei Energien von 1 GeV pro Nukleon erreichen. Das erlaubt die Produktion von radioaktiven Strahlen, wie sie zum Verständnis der Reaktionen in Sternen und in Supernova-Explosionen notwendig sind.

2. Ein solcher Ring kann hochenergetische Schwerionenstrahlen bis 30 GeV pro Nukleon ^{238}U erzeugen. Dies erlaubt vielleicht sogar, nach der Quarkmaterie auch bei hohen Kernmateriedichten zu suchen. Die ultrarelativistischen Beschleuniger wie am CERN, oder der dort im Bau befindliche „Large Hadron Collider" produzieren das Quark-Gluon-Plasma bei praktisch verschwindender Kernmateriedichte.

3. Ein 200-Teslameter-Ring erlaubt auch die Produktion intensiver Protonenstrahlen von 30 GeV. Mit diesen hochintensiven Protonenstrahlen kann man Antiprotonen erzeugen und gekühlte intensive Antiprotonenstrahlen von etwa 12 GeV herstellen. Hiermit lassen sich fundamentale Untersuchungen zur Symmetrie zwischen Materie und Antimaterie durchführen. Antiprotonenstrahlen erlauben aber auch die Fortführung der Suche nach den Gluebällen, wie dies in Abschnitt 4 beschrieben wurde.

---

[14] Siehe Abschnitt 4 dieses Beitrags.

4. Last but not least ist es möglich, niederenergetische Schwerionenimpulse allerhöchster Energiedichte herzustellen. Durch Beschuss von Materie mit diesen Schwerionenstrahlen erhält man Plasmen von Elektronen und Kernen höchster Energiedichte und Temperatur. Dies würde ein ganz neues Gebiet in der Plasmaforschung eröffnen. Bisher wurden Plasmen höchster Energiedichte mit Hilfe von Lasern hergestellt. Die Kombination von energiereichen Schwerionenimpulsen und Lasern würde hier neue Möglichkeiten eröffnen.

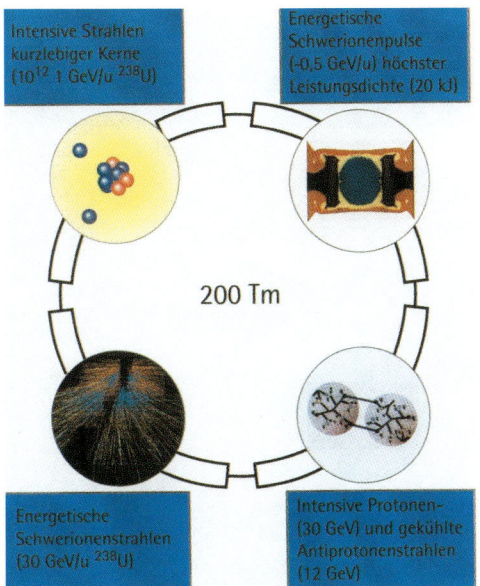

Abb. 26: Zurzeit sind die Beschleunigeranlagen der Gesellschaft für Schwerionenforschung (GSI) in Darmstadt noch international führend. Doch Japan baut im Forschungszentrum RIKEN schon an der nächsten Generation von Schwerionenbeschleunigern, welche die Darmstädter Beschleuniger in der Intensität um einen Faktor 100 bis 1000 übertreffen werden. Ähnliche Pläne werden intensiv in den USA diskutiert. Ein zusätzlicher Ring bei der GSI in Darmstadt mit 200 Teslametern (Produkt des Radius mal der Stärke der Magnetfelder der Ablenkmagnete in Tesla) würde der GSI erneut die internationale Führungsrolle auf diesem Gebiet für mindestens 10 Jahre sichern. Eine solche Anlage wäre in der Lage, 1. intensive radioaktive Strahlen zu produzieren, mit denen man die Kernreaktionen untersuchen kann, die in Sternen und Supernova-Explosionen ablaufen. 2. Man wäre auch wahrscheinlich in der Lage, Quarkmaterie bei hohen Kernmateriendichten zu produzieren. Im Europäischen Kernforschungszentrum in Genf wird das Quark-Gluon-Plasma bei praktisch verschwindender Kernmateriedichte gebildet. 3. Ein solcher Ring könnte auch intensive Protonstrahlen auf eine Energie von 30 GeV beschleunigen, um damit Antiprotonen zu erzeugen. Dies würde erlauben, fundamentale Experimente der Symmetrie zwischen Materie und Antimaterie durchzuführen, aber auch nach Gluebällen zu suchen, wie dies in Abschnitt 4 beschrieben wurde. 4. In einem solchen Ring ließe sich auch eine sehr große Zahl von Schwerionen auf sehr kleine Energien von etwa 500 MeV (500 Millionen Elektronenvolt) bis 1 GeV (eine Milliarde Elektronenvolt) pro Nukleon beschleunigen. Mit solchen Strahlen könnte man ein sehr energiereiches und heißes Plasma erzeugen. Dies würde in der Plasmaphysik neue Möglichkeiten der Forschung eröffnen.

Der Autor

Amand Faessler
Institut für Theoretische Physik, Universität Tübingen

Amand Faessler, geboren 1938 in Gengenbach (Baden), studierte 1957–1963 an den Universitäten Freiburg und Münster Physik. 1963 Promotion an der Naturwissenschaftlichen Fakultät in Münster. 1965–1966 Assistant Professor an der Universität von Kalifornien in Los Angeles. 1967–1971 Ordentlicher Professor und Direktor des Instituts für Theoretische Physik an der Universität Münster. 1971–1979 Direktor am Institut für Kernphysik der Kernforschungsanlage Jülich und Ordentlicher Professor an der Universität Bonn. 1977–1979 und 1986–1988 Vorsitzender des Gutachterausschusses des Bundesministeriums für Forschung und Technologie für Kernphysik und Schwerionenforschung. Seit 1979 Ordentlicher Professor an der Universität Tübingen, 1982–1983 sowie 1994–1995 dort Dekan. 1982–1989 sowie seit 1996 erneut stellvertretender Vorsitzender des Fachausschusses Physik der Deutschen Forschungsgemeinschaft (DFG), seit 1995 Mitglied des Senats der DFG. 1989–1995 Direktor des Instituts für Theoretische Physik der Universität Tübingen. 1989–1994 Herausgeber des „Journal of Physics G (Nuclear and Particle Physics)“. Ehrendoktorwürden der Universität Jyväskylä in Finnland und der Universität Bukarest in Rumänien.

Der Urknall im Labor

Johanna Stachel

Die Frage nach dem Ursprung unserer Welt beschäftigt die Menschen seit Langem. Heute glauben zumindest Naturwissenschaftler, dass der Anfang des Universums, wie wir es kennen, der Anfang unseres Raums und unserer Zeit mit einem Urknall begann. Zum Zeitpunkt des Urknalls begann das Universum, dessen gesamte Energie damals in einem Punkt konzentriert war, explosionsartig zu expandieren und abzukühlen. Alle astronomischen und astrophysikalischen Beobachtungen sind mit diesem Szenario in Einklang. Zum heutigen Verständnis des Universums und seiner Entwicklung seit dem Urknall gibt es zahlreiche Beiträge der Kern- und Teilchenphysik. Über das Warum oder die Zeit davor kann man mit den Mitteln der Physik keine Aussagen machen.

Die Entwicklung des Universums nach dem Urknall ist in Abb. 1 skizziert. Sie indiziert einige Prozesse, die die zeitliche Entwicklung durch experimentelle Beobachtung fixieren. Das erste Indiz ist die räumliche Expansion des Universums, die Hubble-Expansion, benannt nach ihrem Entdecker E. Hubble (1924). Sie kann inzwischen anhand von Sternen in weit entfernten Galaxien immer genauer vermessen werden und ihr gegenwärtiger Wert das Alter des Universums auf etwa 15 Milliarden Jahre festgelegt werden. Die kosmische Hintergrundstrahlung, 1965 von Penzias und Wilson entdeckt, misst die heutige Temperatur des Universums auf 2,725 Grad über dem absoluten Nullpunkt. Diese Temperatur entspricht einer thermischen Energie von etwa einem viertausendstel Elektronenvolt[1] und legt die Dichte von Lichtquanten oder Photonen im Weltall auf 400 pro Kubikzentimeter fest. Damit lässt sich die Geschichte der Abkühlung und Expansion zurückverfolgen bis zu einem Alter des Universums von etwa 400 000 bis 700 000 Jahren und einer Temperatur von circa 2500 Grad entsprechend einer Energie von der Größenordnung 1/5 eV. Das ist möglich, weil zu diesem Zeitpunkt die Photonen entkoppelten, das heißt, dass sie sich seitdem ohne weitere Wechselwirkung und sind in ihrer Anzahl konstant bewegen.

Das Universum verwandelte sich einige Zeit früher von einem Strahlungsdominierten zu einem Materiedominierten. Die Messung der Häufigkeiten der leichten Elemente Wasserstoff, Helium-4, Deuterium, Helium-3 und Lithium-7 sind konsistent mit der so genannten primordialen Nukleosynthese. Diese geschah im frühen Universum bei einer Temperatur von etwa einer Milliarde Grad[2] und einem Alter von etwa drei Minuten. Theoretische Überlegungen bringen uns noch erheblich näher an den Urknall, bis wir bei 10^{-43} Sekunden[3] an die Barriere der Planckskala stoßen – einer so unvorstellbar großen Energiedichte, dass alle bekannten Gesetze der Physik ihre Gültigkeit verlieren.

---

[1] Die Energieeinheit Elektronenvolt oder eV ist die kinetische Energie, die ein einfach geladenes Teilchen gewinnt, wenn es eine Potentialdifferenz von einem Volt durchquert. Ein MeV ist ein Mega-Elektronenvolt, das sind eine Millionen Elektronenvolt.

[2] Entsprechend etwa 100 000 eV.

[3] Das sind 0,0000000000000000000000000000000000000000001 Sekunden!

1   Was geschah wenige Millionstel Sekunden nach dem Urknall?

Dieser Artikel beschäftigt sich mit der ersten experimentellen Evidenz für einen Prozess, der wenige Millionstel Sekunden nach dem Urknall bei einer Temperatur von etwa $2 \cdot 10^{12}$ Grad beziehungsweise einer thermischen Energie von 170 Millionen Elektronenvolt (170 MeV) – also nochmal um einen Faktor 2000 heißer als bei der primordialen Elementsynthese – stattfand, dem so genannten Quark-Hadron-Phasenübergang (siehe Abb. 1).[4]

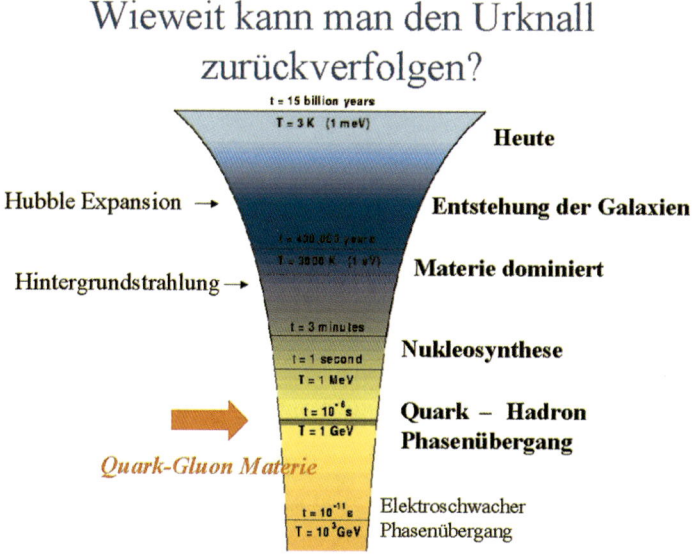

Abb. 1: Ein Ausschnitt aus der Entwicklung des Universums seit dem Urknall.

Zu diesem Zeitpunkt kristallisierte das Universum in die uns heute wohl bekannten Materiebausteine Protonen und Neutronen sowie deren Antiteilchen aus. Außerdem anwesend waren natürlich Elektronen, Neutrinos und Lichtquanten. Wie wir heute wissen, bestehen Protonen und Neutronen aus Quarks und Antiquarks und diese werden von Gluonen zusammengehalten. Diese „wirklichen" Elementarteilchen, die Quarks und Gluonen, sind in der „normalen Welt" in so genannten „Hadronen" gebunden[5]. Dabei unterscheiden wir zwischen gebundenen Zuständen aus drei so genannten Valenzquarks plus Quark-Antiquark-Paaren und Gluonen, den Baryonen wie zum Beispiel den Protonen and Neutronen, und Zuständen aus Quark-Antiquark Paaren und Gluonen, den so genannten Mesonen. Vor dem Quark-Hadron-Phasenübergang waren Quarks und Gluonen nicht gebunden sondern konnten sich über größere Distanzen (relativ) frei bewegen. Diesen Zustand nennen wir ein „Quark-Gluon-Plasma" ähnlich dem wohl bekannten Plasma aus Elektronen und Ionen, das sich beim Erhitzen von Atomen und Molekülen bildet. Abbildung 2 skizziert den Übergang des Universums von ei-

---

[4] $2 \cdot 10^{12}$ Grad sind 1 000 000 000 000 Grad.
[5] Englisch: confinement für Farbeinschluss. Damit bezeichnet man einen Zustand, in dem Quarks und Gluonen permanent in einer Art Blase (Bag) des Vakuums eingesperrt sind.

nem anfänglichen Quark-Gluon Plasma zu Hadronen[6]. Man kann ihn sich wie das Schmelzen von Eis vorstellen, beziehungsweise in umgekehrte Richtung das Auskristallisieren von Wassermolekülen in Eiskristalle. Es gibt eine physikalische Theorie, die die Wechselwirkung von Quarks und Gluonen, die so genannte starke Wechselwirkung, beschreibt. Sie erlaubt es, die Temperatur für diesen Phasenübergang auf etwa 170 MeV thermische Energie festzulegen.

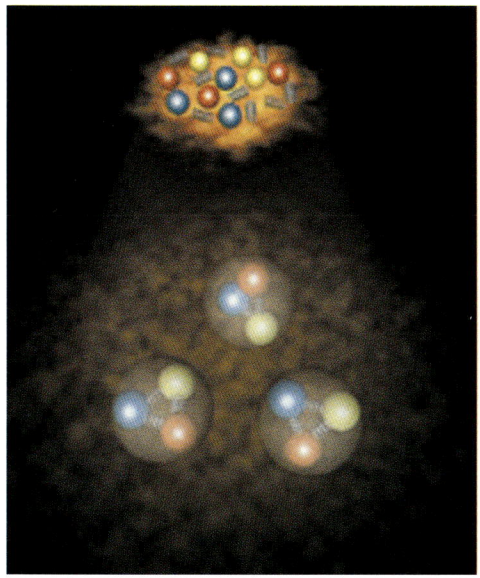

Abb. 2: Der Übergang vom Quark-Gluon-Plasma (oben) zu Protonen und Neutronen (unten).

2   Wie man den Urknall im Labor erzeugt

Um diesen Phasenübergang experimentell zu etablieren, seine kritische Temperatur zu messen und den neuen Materiezustand, das Quark-Gluon-Plasma zu finden und seine Eigenschaften zu charakterisieren, möchte man den Prozess, der wenige Millionstel Sekunden nach dem Urknall zumindest schon einmal stattfand, im Labor wiederholen. Das kann entweder durch Erzeugen sehr hoher Temperaturen – wie im frühen Universum – oder extrem hoher Dichten – wie etwa im Inneren von Neutronensternen – induziert werden. Mit zunehmender Dichte (von Baryonen[7]) nimmt die nötige kritische Mindesttemperatur ab. Um die erforderlichen extrem hohen Temperaturen zu erzeugen, lässt man Atomkerne bei möglichst hohen Energien miteinander kollidieren. Atomkerne werden auch deshalb gewählt, weil sie eine Umgebung schaffen, in der die Charakterisierung des erzeugten Zustands durch eine Temperatur überhaupt sinnvoll ist. Das heißt, dass es in dieser Umgebung genügend viele Teilchen gibt.[8] Da-

---

[6] Zu den Hadronen zählen die Baryonen (s. nächste Fußnote) und die Mesonen.
[7] Baryonen sind Teilchen, auf welche die so genannte „starke Kraft" wirkt. Zu ihnen gehören unter anderem die Nukleonen, also Protonen und Neutronen.
[8] Die Temperatur ist eine thermodynamische Größe, die eine statistische Basis hat. Um eine definierte Temperatur zu haben, muss ein System aus einem ausreichend großen Ensemble von Teilchen bestehen.

durch wird zudem ein sehr dichtes Medium geschaffen. Das ist schematisch in Abb. 3 dargestellt.

Man sieht zunächst, wie die Atomkerne beginnen, sich zu durchdringen und so abzubrem-
sen. Dabei wird die anfängliche große kinetische Energie in Anregungsenergie oder Temperatur umgewandelt. Die starke Abbremsung der Kerne führt zu Dichten, die bis zu einer Größenordnung über der Dichte eines normalen Atomkerns liegen. Im Inneren der kollidierenden
Kerne entsteht ein enorm heißer Feuerball, in dem sich unter geeigneten Umständen das
Quark-Gluon-Plasma bilden kann. Ähnlich wie das Universum nach dem Urknall expandiert
auch dieser Feuerball und kühlt dabei ab (siehe Abb. 3, Mitte). Allerdings ist der Energieinhalt des im Labor erzeugten Feuerballs sehr viel kleiner als der des frühen Universums, so
dass er auch schon nach sehr viel kürzerer Zeit wieder in den normalen, hadronischen Materiezustand zurückfällt. Das passiert in einer extrem kurzen Zeitspanne, in der Licht nur wenige Femtometer zurücklegen kann[9]. Dabei wird die hohe Energie in Form vieler tausend
Hadronen freigesetzt (rechte Seite Abb. 3).

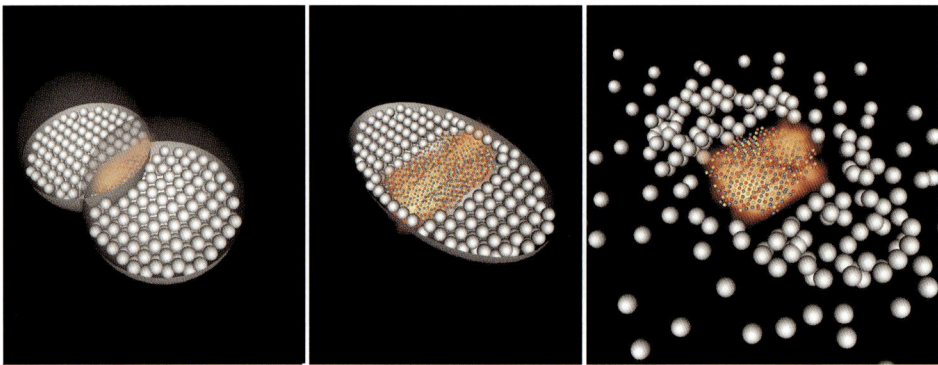

Abb. 3: Zeitlicher Ablauf einer Kollision zwischen zwei Atomkernen bei hohen Energien. Im linken Bild fangen
die Kerne an, sich zu durchdringen und abzustoppen. Im mittleren Bild ist skizziert, dass sich im Inneren eine
sehr heiße Zone wie etwa ein Quark-Gluon-Plasma gebildet hat. Reste der ursprünglichen, kollidierenden Kerne
laufen weiter, da sie sich nicht komplett abgebremst haben. Im rechten Bild ist gezeigt, wie der heiße Feuerball
kurze Zeit später unter Emission vieler Teilchen wieder zerfällt.

3   Die Experimente am Brookhaven National Laboratory und am CERN

Die Experimente zur Erzeugung des Quark-Gluon-Plasmas in Kollisionen schwerer Atomkerne finden seit Ende der 1980-er Jahre an zwei Beschleunigerlabors statt, dem Brookhaven
National Laboratory in den USA und dem europäischen Beschleunigerzentrum CERN in
Genf. Dabei hatte CERN bis zum Sommer 2000 die höchsten Energien zur Verfügung und
damit besten Chancen, das Quark-Gluon-Plasma künstlich zu erzeugen. Abbildung 4 zeigt
eine Luftaufnahme des CERN und Umgebung, in der die Beschleunigerringe eingezeichnet
sind. Innerhalb des großen LEP-Rings ist ein kleinerer Ring, das Superprotonsynchrotron
(SPS) zu sehen. Dort werden Bleikerne auf Energien beschleunigt, die so groß sind, dass beim

---

[9] Wenige Femtometer (0,000000000001 Meter) entsprechen etwa dem Durchmesser eines großen Atomkerns.
Licht ist rund 300 000 km/s schnell!

Beschuss einer stationären[10] Bleifolie in einer einzigen Kollision von zwei Bleikernen Energien freigesetzt werden, die etwa dem Dreieinhalbtausendfachen der Protonenmasse entsprechen. Während diese Energie auf einer mikroskopischen Skala gigantisch ist, ist der Urknall im Labor doch sehr bescheiden im Vergleich zum kosmischen Urknall: Er würde einen Esslöffel Wasser gerade mal um ein Millionstel Grad erwärmen. Diese Energien scheinen aber in der Tat auszureichen, um die für den Phasenübergang kritische Schmelztemperatur von Hadronen zu erreichen, wenn auch in einem winzig kleinen Feuerball.

Abb. 4: Luftaufnahme des CERN bei Genf und seiner Umgebung. Auch eingezeichnet sind die verschiedenen Beschleunigerringe und die Experimente, die am SPS Kollisionen von Bleikernen studiert haben (in blau die Experimente mit signifikanter Beteiligung deutscher Forschungsgruppen).

Abbildung 4 zeigt auch die Namen der Experimente, die am SPS an der Suche nach dem Quark-Gluon-Plasma beteiligt waren. Darunter sind drei Experimente (blau gedruckt) mit einer signifikanten Beteiligung deutscher Forschungsgruppen aus den Universitäten Frankfurt, Heidelberg, Marburg, Münster, dem Forschungszentrum GSI in Darmstadt und den Max-Planck-Instituten für Kern- beziehungsweise Teilchenphysik in Heidelberg und München.

In einem zentralen Blei-Blei-Stoß, das heißt, wenn die Kerne sich genau treffen, werden am CERN-SPS am Ende der Kollision etwa 2500 Hadronen von dem inzwischen abgekühlten Feuerball emittiert, wie das schematisch im rechten Teil von Abb. 3 gezeigt ist. Zwischen der Hälfte und zwei Dritteln dieser Teilchen sind elektrisch geladen und ihre Spuren können in speziell dafür gebauten Detektoren „sichtbar" gemacht werden. Das Bild der Endphase einer Kollision zwischen zwei Bleikernen ist in Abb. 5 gezeigt. Sichtbar bedeutet heute nicht mehr, dass direkt Bilder aufgenommen, sondern elektronische Signale erzeugt werden. Diese Daten können dann zum Beispiel visuell dargestellt werden (wie in Abb. 5), ihre Verarbeitung und Analyse erfolgt aber viel leichter und schneller auf elektronischer beziehungsweise digitaler Ebene. Trotzdem ist die große Menge an Daten, die in möglichst kurzer Zeit übertragen und gespeichert werden muss, eine Herausforderung. Die Experimente stoßen dabei an die Grenzen der gegenwärtigen Informationstechnologie und machen neue Entwicklungen nötig.

---

[10] Stationär heißt ruhend.

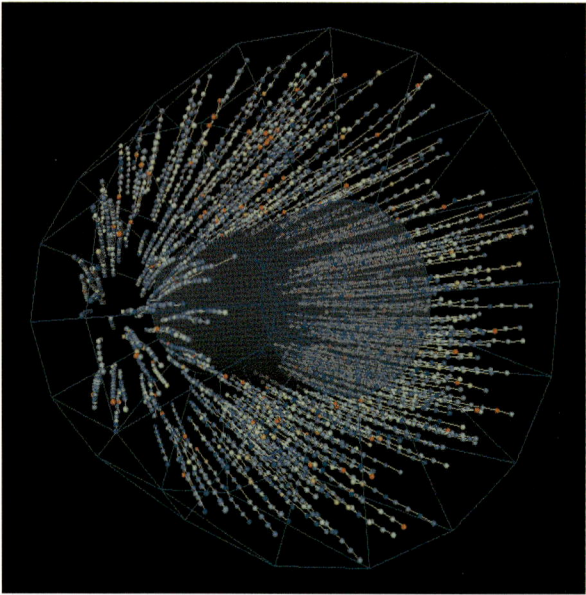

Abb. 5: Resultat einer Blei-Blei-Kollision am CERN-SPS. Mit einem großen Gasdetektor, einer „Time Projection Chamber" von 10 Kubikmeter Volumen, werden die Spuren einiger hundert geladener Teilchen nachgewiesen.

4   Wie bestimmt man die Temperatur des Feuerballs?

Außer den am Ende der Kollision emittierten 2500 Hadronen strahlt der Feuerball während seiner gesamten Lebensdauer Photonen (Lichtquanten) und Paare von Elektronen und Myonen ab. Die Identität der emittierten Teilchen, ihre Impulsverteilungen und Korrelationen dienen als Sonden für den Nachweis von Quark-Gluon-Materie.

Die Temperatur des Feuerballs könnte man aus der Spektralverteilung der abgestrahlten Teilchen bestimmen, was im Grunde das gleiche Verfahren wie die Bestimmung der Temperatur des Universums aus der kosmischen Hintergrundstrahlung wäre. Da der Feuerball sich zwar analog zur Hubble-Expansion des Universums verhält, jedoch viel schneller expandiert, ist eine andere Methode geeigneter. Die mit der Temperatur verknüpfte thermische Energie kann auch zur Besetzung von angeregten Zuständen beziehungsweise zur Produktion neuer Teilchen führen, nämlich genau der tatsächlich erzeugten 2500 Hadronen. Welche Teilchen mit welcher Häufigkeit produziert werden, wird durch die Temperatur und (baryonische) Dichte des Feuerballs zum Zeitpunkt der Produktion dieser Teilchen bestimmt. Voraussetzung dafür ist, dass sich das System in einem so genannten thermischen Gleichgewichtszustand befindet. In der Tat lässt sich die große Vielzahl der produzierten Teilchenspezies[11] durch eine Temperatur und Dichte beschreiben. Dabei ist bemerkenswert, dass auch die Produktion von Hadronen mit – bis zu drei – seltsamen Quarks (englisch Strange Quarks) dieser

---

[11] Kombiniert man die Daten aller Experimente am SPS, so sind es 16 verschiedene Teilchensorten mit Massen, die sich um etwa eine Größenordnung unterscheiden.

einfachen Gesetzmäßigkeit folgt, während in Kollisionen von Protonen oder Elektronen bei hohen Energien die Produktion von Hadronen mit Strange Quarks unterdrückt ist. Auch am Brookhaven-AGS macht man diese Beobachtung. Man kann jetzt die so bestimmte Temperatur mit der für den Phasenübergang berechneten Temperatur vergleichen. Das ist in einem so genannten Phasendiagramm in Abb. 6 zu sehen. In blau ist die „normale" Welt der Hadronen eingezeichnet, in rot die Gegend, in der diese in das Quark-Gluon-Plasma schmelzen. Die Grenze zwischen beiden ist die violette Region, deren Breite die Unsicherheit der berechneten Phasengrenze reflektiert. Die Bedingungen, unter denen die im Experiment beobachteten Hadronen produziert werden, sind als gelbe Punkte eingezeichnet. Dabei fällt auf, dass dies beim CERN-SPS und beim Brookhaven-AGS direkt an der Phasengrenze zu passieren scheint. Und das ist auch plausibel. Hat sich vorher ein Quark-Gluon-Plasma gebildet, so ist es an diesem Punkt genügend abgekühlt, dass es wieder in Hadronen auskristallisiert oder hadronisiert. Offensichtlich befindet sich das System im thermischen Gleichgewicht, wenn die Hadronen produziert werden. Das ist ein anderes starkes Indiz dafür, dass tatsächlich Quark-Gluon-Materie gebildet wird. Für ein nur aus Hadronen bestehendes System reicht die zur Verfügung stehende Zeit nicht aus, um zu äquilibrieren (ins Gleichgewicht zu geraten).

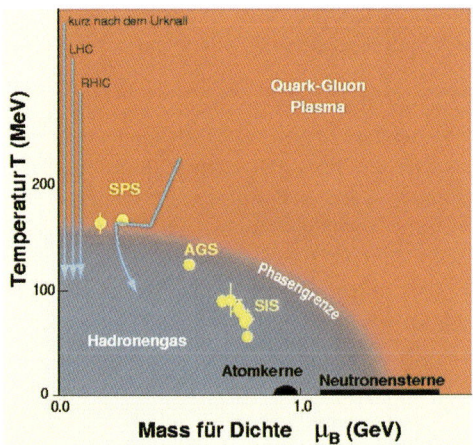

Abb. 6: Phasendiagramm von Kernmaterie. In blau die Region, in der hadronische Materie existiert, in rot die Region der Quark-Gluon-Materie, violett die Phasengrenze zwischen beiden. In gelb eingezeichnet sind experimentelle Punkte, an denen sich an den verschiedenen Beschleunigern die beobachteten Hadronen bilden. Am CERN-SPS und Brookhaven-AGS scheint das an der Phasengrenze zu passieren. Die blauen Pfeile zeigen die erwartete zeitliche Entwicklung verschiedener Systeme.

5   Bestand der Feuerball zu Beginn aus einem Quark-Gluon-Plasma?

Auf die anfängliche Temperatur und Dichte des Feuerballs kann man, mit gewissen Unsicherheiten, aufgrund von Energie- und Entropieerhaltung aus der am Ende freigesetzten Energie und Teilchenzahl schließen. Die gegenwärtig beste Abschätzung ist durch den Beginn des blauen Pfeils, der dann durch den gelben SPS-Punkt geht, gezeigt: Der Feuerball hat eine maximale Temperatur von etwa 220 MeV, die damit jenseits der Unsicherheiten in der genauen Lokalisierung der Phasengrenze liegt. Das heißt, das System sollte ein Quark-Gluon-

Plasma gewesen sein, wenn die kurze zur Verfügung stehende Zeit ausreicht, um alle hadronischen Strukturen auszulösen oder zu schmelzen (siehe unten). Die maximale Dichte der Baryonen ist ebenfalls enorm. Sie entspricht derjenigen, die man erhielte, wenn man die Erde in ein Volumen mit 150 m Durchmesser komprimieren könnte.

Die hohe Anfangstemperatur und -dichte sind mit einem unvorstellbar großen Druck verknüpft, der etwa dreißig Größenordnungen[12] über dem normalen Atmosphärendruck liegt. Dieser hohe Anfangsdruck führt zu einer sehr starken Expansion des Feuerballs, zunächst in der Quark-Gluon-Plasma-Phase, aber auch noch später in der hadronischen Phase. Erst am Ende des blauen Pfeils in Abb. 6 sind die Teilchen im Mittel weit genug voneinander entfernt, dass sie entkoppeln. Sie wechselwirken also nicht mehr miteinander und fliegen von da an mit konstanter Geschwindigkeit auf die Detektoren zu. Die Vermessung der Spektren der verschiedenen Teilchenspezies und der Korrelationen zwischen identischen Teilchen wie Pionen erlaubt die Bestimmung der Hubble-Geschwindigkeit des nuklearen Feuerballs. Sie beträgt an der Oberfläche, wo die Teilchen entkoppeln, nahezu 50 % der Lichtgeschwindigkeit.

Weitere wichtige Information über das Quark-Gluon-Plasma kommt von Teilchen wie Lichtquanten oder Elektronen, die nicht der starken Wechselwirkung unterliegen. Sie werden daher während der ganzen Lebenszeit des Feuerballs abgestrahlt und verlassen die Reaktionszone ungehindert. Sie transportieren Signale aus der heißen, dichten und unter Umständen noch nicht hadronische Phase nach außen. Da sie viel seltener sind, sind sie allerdings auch viel schwieriger zu beobachten. Ein wichtiges Indiz für die Temperaturentwicklung des Systems ist die so genannte thermische Strahlung. Inzwischen ist es gelungen, auch die direkt vom Feuerball abgestrahlten Lichtquanten zu beobachten. Soweit erste Rechnungen zeigen, ist ihre Häufigkeit im Einklang mit der oben skizzierten Temperaturentwicklung unter Berücksichtigung harter direkter Streuprozesse, wie sie auch aus Proton-Proton-ollisionen bekannt sind. Auch der Kontinuumsanteil des Spektrums von Elektronen- oder Myonenpaaren ist damit konsistent. Man sollte allerdings ergänzen, dass die Wärmestrahlung eines hadronischen Feuerballs und eines Quark-Gluon-Plasmas relativ ähnlich ist, so dass damit die Temperatur-Evolution des Feuerballs getestet wird und nicht so sehr der „Aggregatzustand" des Systems.

Man erwartet, dass nicht alle Hadronen direkt an der Phasengrenze abrupt schmelzen. Einige sollten schon vorher starke Veränderungen ihrer Eigenschaften zeigen, andere brauchen Temperaturen oberhalb der kritischen Temperatur, um zu schmelzen. In die erste Kategorie fällt zum Beispiel das so genannte Rho-Meson. Die Veränderung seiner Eigenschaften mit zunehmender Temperatur und Dichte ist theoretisch schon genau studiert. Dieses Meson zerfällt mit einer kleinen, aber beobachtbaren Wahrscheinlichkeit in Elektronenpaare, die dann das System ungehindert verlassen. Sie tragen die Information über das veränderte Rho-Meson nach außen, welche so messbar wird. In der Tat zeigen solche Messungen starke Temperatur- und Dichteeffekte, die auch wieder die dynamische Entwicklung des Systems, wie oben skizziert, unterstützen.

Ein Meson, das erst etwas – 20 bis 30 % – oberhalb der kritischen Temperatur aufgelöst werden sollte, ist der wasserstoffähnlich gebundene Zustand (1s-Zustand) aus einem Charm- und einem Anticharm-Quark. Die Rolle des Elektrons und Protons wird dabei von Quark und Antiquark übernommen und es bildet sich eine scharfe Resonanz, das J/Psi-Meson. Der Vorteil dieser Sonde ist, dass die massiven Charm-Quarks mit einer Masse entsprechend je etwa 1,6 GeV, durch relativ gut bekannte Prozesse ganz früh in der Kollision gebildet werden. Sie

---

[12] Also ein etwa 100 000 000 000 000 000 000 000 000 000-mal höherer Druck als derjenige der Atmosphäre!

werden in Quark-Antiquark-Paaren gebildet. Normalerweise formt sich nach einiger Zeit mit einer gewissen Wahrscheinlichkeit, etwa Eins zu Hundert, ein J/Psi-Meson. Befinden sich allerdings zahlreiche andere Quarks sowie Gluonen zwischen dem Charm- und Anticharm-Quark, so wird die attraktive Wechselwirkung zwischen diesen abgeschirmt und der 1s-Zustand bildet sich nicht, zumindest zu diesem Zeitpunkt. Man würde dann erwarten, dass Hadronen mit Charmquarks erst entstehen, wenn das gesamte Plasma wieder in Hadronen auskristallisiert. In der Tat wird in einem der Experimente am CERN-SPS beobachtet, dass sich J/Psi-Mesonen mit deutlich kleinerer Wahrscheinlichkeit bilden, konsistent mit der Existenz von Quark-Gluon Materie.

Wie man sieht, gibt es aus den Experimenten der letzten Dekade zahlreiche Indizien, dass der heiße und dichte Feuerball im Labor eine neue Form von Materie enthält, mit aller Wahrscheinlichkeit Quark-Gluon-Materie. Es ist in der Tat ein Indizienbeweis, in dem sich viele unabhängige Beobachtungen und theoretische Berechnungen zu einem konsistenten Bild zusammenfügen. Es gibt allerdings auch kein alternatives und ebenfalls in sich konsistentes Bild.

6 Mit einer neuen Generation von Beschleunigern in neue Energiebereiche

Die Experimente an den gegenwärtigen Beschleunigern sind kaum mehr zu verbessern und weitere Erforschung von Quark-Gluon-Materie erfordert daher einen großen Schritt zu einer neuen Generation von Schwerionenbeschleunigern, den so genannten „Collidern".

Der Erste davon ist gerade im Sommer 2000 in Brookhaven in den USA in Betrieb gegangen. Es ist der so genannte „Relativistic Heavy Ion Collider" (RHIC). Der RHIC ist ein für diese Physik dediziert gebauter Beschleuniger, in dem die bis dahin höchsten Energien um etwa eine Größenordnung übertroffen werden. In jeder Kollision von zwei Goldkernen wird dort eine Energie, die zweihundert Mal der Masse eines der Goldkerne entspricht, freigesetzt. Das Ziel ist, Anfangstemperaturen zu erreichen, die einen Faktor zwei oder mehr oberhalb der kritischen Temperatur liegen.

Der nächste und noch größere Schritt kommt dann wieder in Europa mit dem Bau des „Large Hadron Collider" oder LHC im CERN. Dieser Beschleuniger, dessen Bau gerade begonnen hat, wird 2006 in Betrieb gehen. Er kann dann auch Bleikerne beschleunigen. Gegenüber RHIC ist das ein Sprung in der freigesetzten Energie um einen weiteren Faktor von 30. Das ist vermutlich nötig, um das Quark-Gluon-Plasma, dessen Entdeckung nach unseren Erwartungen bei RHIC definitiv etabliert werden wird, wirklich zu studieren.

Die Autorin

Johanna Stachel
Physikalisches Institut der Universität Heidelberg

Johanna Stachel, geboren 1954 in München, studierte 1972–1977 an der Johannes-Gutenberg Universität in Mainz und an der Eidgenössischen Technischen Hochschule (ETH) in Zürich. 1978 Diplom in Chemie an der Universität Mainz. 1982 Promotion am Institut für Kernchemie der Johannes-Gutenberg Universität Mainz und bei der Gesellschaft für Schwerionenforschung (GSI) in Darmstadt. 1979–1983 wissenschaftliche Mitarbeiterin am Institut für Kernchemie der Universität Mainz. Seit 1983 Wissenschaftlerin, später Professor of Physics am Nuclear Structure Laboratory (SUNY) at Stony Brook, USA. Seit 1996 Professorin für Physik an der Ruprecht-Karls-Universität Heidelberg. Mitglied zahlreicher internationaler wissenschaftlicher Kommitees. Viele deutsche und internationale Preise und Stipendien, darunter 1999 das Bundesverdienstkreuz. Über 120 Veröffentlichungen und 150 Vorträge.

Beschleuniger: Mikroskope der Quantenwelt

Thomas Hebbeker

1   Was ist ein Teilchenbeschleuniger?

Fernsehbildröhren und die ähnlich funktionierenden Computermonitore sind uns allen durch den täglichen Umgang mit ihnen vertraut. Allerdings wissen wir über ihre Funktionsweise möglicherweise nicht sehr viel, und insbesondere überrascht wahrscheinlich meine Feststellung, dass es sich um nichts anderes als kleine Teilchenbeschleuniger handelt. Diese beschleunigen Elektronen und lenken sie auf einen Schirm, wo sie dann Lichtblitze auslösen, zu unserem mehr oder weniger großen Vergnügen (Abb. 1).

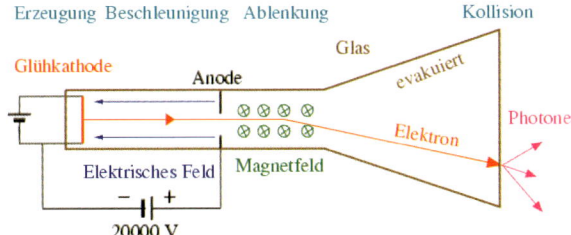

Abb. 1: Schematischer Aufbau einer Bildröhre als Beispiel für das Prinzip des Teilchenbeschleunigers. Auch die mehrere Kilometer großen Beschleuniger, mit denen die Physiker experimentieren, funktionieren – im Prinzip – genau so wie die Bildröhre. Ihre wichtigsten Elemente sind im Folgenden erklärt.

Die Teilchenquelle

In der Bildröhre ist die Teilchenquelle eine Glühkathode. Sie besteht aus einem Metall, das stark erhitzt wird, bis Elektronen aus ihm „abdampfen". In Großbeschleunigern verwendet man neben den negativen Elektronen auch positive Protonen sowie deren Antiteilchen, Positronen und Antiprotonen, die die jeweils entgegengesetzte elektrische Ladung besitzen. Auch schwere Kerne wie Gold oder Schwefel kann man einsetzen, aber nicht deren Antiteilchen, da deren Erzeugung praktisch unmöglich ist. Es gibt weitere Elementarteilchen, die aber nicht in Frage kommen, weil sie entweder elektrisch neutral sind wie z. B. die Neutronen oder instabil wie etwa Tau-Leptonen. Manche Teilchen vereinen auch diese beiden Eigenschaften. Quarks sind fest in den Kernteilchen Neutronen und Protonen „zusammengeschweißt", auch sie sind also ungeeignet.

Der Beschleunigungsmechanismus

Für die Beschleunigung der Teilchen sorgen elektrische Kräfte. In der Bildröhre wird zwischen den metallischen Leitern „Kathode" und „Anode" durch Anlegen einer Spannung von etwa 20 kV ein entsprechendes elektrisches Feld aufgebaut. Man beachte den „Trick", durch ein kleines Loch in der Anode die schnellen Elektronen aus dem elektrischen Feld herausfliegen zu lassen.

Die Beschleunigungsstrecke

Entlang ihrer Bahn dürfen die Teilchen nicht auf „Hindernisse" treffen. Insbesondere sind auch Gasmoleküle hier höchst unerwünscht, denn wir wollen keine Leuchtstofflampe herstellen! Das „Strahlrohr" muss also evakuiert werden. Aus diesem Grund ist es übrigens ist es nicht ungefährlich, eine Bildröhre mechanisch zu beschädigen. Sie kann dabei implodieren.

Der Ablenkmechanismus

Schließlich muss man auch die Richtung der Teilchen ändern können. Im Fall der Bildröhre ist das klar, aber auch bei den großen Teilchenbeschleunigern ist das wichtig zum Hinein- und Auslenken der Strahlen und natürlich in Kreisbeschleunigern, in denen die Teilchen viele Runden zurücklegen müssen. Dazu kann man entweder elektrische oder magnetische Kräfte ausnutzen. Letztere können nicht die Energie erhöhen, denn sie wirken immer senkrecht zur Flugrichtung. Daher sind sie für die Ablenkung besser als die elektrischen Kräfte geeignet. Man benötigt nämlich sehr hohe elektrische Feldstärken, um die gleiche Richtungsänderung zu erzielen, die man mit einem relativ bescheidenen Magnetfeld leicht erreicht. Um solche Magnetfelder zu erzeugen, sind auf der Bildröhre Spulen angebracht.

Was macht also ein Teilchenbeschleuniger?

Die wenig überraschende Antwort lautet: Er beschleunigt Teilchen, und zwar bestimmte Elementarteilchen, die Bausteine unserer Welt. Wir haben jetzt auch erste Vorstellungen gewonnen, wie das funktionieren kann. Natürlich ist das Beschleunigen nicht Selbstzweck, es muss etwas Interessantes „passieren". Bei geschieht das durch in Kollisionen mit dem Material des Schirms. Dabei werden Lichtteilchen erzeugt, die uns optische Information übermitteln. Der Frage, was in Teilchenbeschleunigern geschieht, geht das folgende Kapitel nach.

2   Wozu benutzt man Teilchenbeschleuniger?

Uns interessieren hier die „großen" Teilchenbeschleuniger, die heute an mehreren Forschungszentren in der Welt betrieben werden, insbesondere am CERN in Genf und am DESY in Hamburg. Allerdings sind nicht die geometrischen Abmessungen wichtig. Die „magische" Zahl ist die Energie E der Teilchen, und nicht etwa die Geschwindigkeit, wie wir später sehen werden.

Bevor wir diesen Punkt genauer diskutieren, möchte ich das Einheitensystem der Teilchenphysik vorstellen. Wir werden es im Folgenden benutzen. Die kleinste Ladung, die in der Natur vorkommt, ist die Elementarladung „e". Das ist zwar nicht ganz korrekt, denn die Quarks tragen drittelzahlige Ladungen, $1/3\ e$ und $2/3\ e$, aber Quarks sind nicht als freie Teilchen zu beobachten. Energien messen wir in Elektronenvolt („eV"). Das ist die Energie, die ein einfach geladenes Teilchen (d. h. es trägt die Elementarladung $-e$ wie das Elektron oder $+e$ wie das Positron) beim Durchlaufen einer elektrischen Spannung von einem Volt (V) erhält. Wir können uns vorstellen, dass wir einen Plattenkondensator an eine (altersschwache) Batterie anschließen, die gerade noch eine Spannung von 1 V liefert. Dann lassen wir ein Elektron von der negativen zur gegenüberliegende positive Platte fliegen. Beim Auftreffen besitz es eine (kinetische) Energie von 1 eV. Das ist eine winzig kleine Energie. 1 eV entspricht etwa 10^{-19} Joule oder 10^{-22} Kilokalorien[1].

Die Elementarteilchen haben eine Masse m, die nach Einsteins so genanntem Äquivalenzprinzip einer Energie von $E = m\,c^2$ entspricht. Dabei ist c die Lichtgeschwindigkeit, sie beträgt $3 \cdot 10^8$ Meter pro Sekunde.[2] Unter bestimmten Bedingungen kann man die Masse in nutzbare Energie (wie Strahlung) umwandeln und umgekehrt. Da c sehr groß ist, bekommt man bei vollständiger Umwandlung der Teilchenmasse eine relativ hohe Energie. Beim Elektron sind das grob ein Millionen eV, also ein Mega-Elektronenvolt (MeV), beim Proton sogar etwa eine Milliarde eV, das ist ein Giga-Elektronenvolt (GeV). Meist geben die Physiker die Massen der Teilchen nicht in kg an, sondern benutzen zur Charakterisierung die entsprechende Energie, also die Einheiten eV bzw. MeV oder GeV.

Warum wollen wir nun sehr hohe Energien in Teilchenbeschleunigern erreichen? Dafür gibt es drei Gründe.

Erster Grund für hohe Energien in Teilchenbeschleunigern

Durch den Zusammenstoß zweier Elementarteilchen, von denen mindestens eines eine sehr hohe Energie besitzt, kann man neue Teilchen erzeugen. Das funktioniert beispielsweise in Elektron-Positron-Kollisionen. Ein Positron (e^+) stößt mit einem Elektron (e^-) zusammen, dabei entstehen aus ihnen ein neues positiv geladenes Teilchen X^+ und ein neues negativ geladenes Teilchen X^-.[3] Die Teilchen X können eine sehr hohe Masse m haben, maximal bis zur Elektronenergie E. Auf diese Weise kann man neue schwere Teilchen erzeugen, die in unserer Umwelt normalerweise gar nicht vorkommen. Man kann so systematisch untersuchen, welche Bausteine es gibt und schließlich versuchen, diese in ein übergeordnetes Schema einzuordnen, um so die Natur zu „verstehen". Dies ist bisher erst in Ansätzen gelungen. Das schwerste bisher gefundene Elementarteilchen ist das 1995 entdeckte Top-Quark mit einer Masse von 175 GeV. Wenn man herausfinden will, ob es weitere Teilchen mit noch größeren Massen gibt, hat man nur eine einzige Möglichkeit. Man muss Beschleuniger mit höherer Energie bauen!

Zweiter Grund für hohe Energien in Teilchenbeschleunigern

Außer den Bausteinen der Welt sind natürlich die Kräfte entscheidend, die zwischen ihnen wirken. Physiker sprechen allgemeiner von „Wechselwirkungen". Die elektromagnetischen Kräfte halten die Elektronen und Atomkerne zusammen, und die starke Wechselwirkung hält die Quarks in den Kernen zusammen. Ferner gibt es die schwache Wechselwirkung, die sich z. B. in Kernzerfällen bemerkbar macht, und die Gravitation. Das Verhalten dieser Kräfte hängt von der Energie ab! So trägt die bei einigen radioaktiven Zerfällen wirkende schwache Kraft ihren Namen zu Recht, denn beim β-Zerfall der Atomkerne beobachtet man sehr große Lebensdauern. Beim bei solchen Zerfällen wird auch nur wenig Energie freigesetzt (etwa 1 MeV). Die Kräfte, die den Kern zerstören, sind also schwach. Elektromagnetische Kernzerfälle (γ-Zerfall) laufen dagegen viel schneller ab. Diese Wechselwirkung ist also entsprechend stärker.

Bei Energien von etwa 100 GeV, wie man sie in modernen Beschleunigern erreicht hat, werden aber die schwachen Kräfte etwa so groß wie die elektromagnetischen Kräfte. Sie werden sogar ein wenig größer! Es ist durchaus denkbar, dass man bei hochenergetischen Teil-

---

[1] Das sind 0,000000000000000001 Kalorien.

[2] Das sind 300 Millionen Meter pro Sekunde.

[3] $e^+ + e^- \rightarrow X^+ + X^-$.

chenkollisionen neue Arten von Kräften entdeckt, die bei kleinen Energien (praktisch) unbeobachtbar sind.

Dritter Grund für hohe Energien in Teilchenbeschleunigern

Die beiden wichtigsten neuen physikalischen Theorien des 20. Jahrhunderts sind die Relativitätstheorie und die Quantentheorie. Ohne die Quantentheorie kann man die Phänomene des Mikrokosmos nicht verstehen. Quanten-Effekte äußern sich unter anderem durch die Rolle des Zufalls. Bei einer bestimmten Anfangsbedingung in einem Kollisionsexperiment produziert man keineswegs immer die gleichen Teilchen, und auch deren Richtungen und Energien sind immer andere. Sie werden durch Wahrscheinlichkeitsverteilungen beschrieben. Sie zu messen erfordert viele Millionen von Kollisionsereignissen, so dass die Experimente der Teilchenphysiker meist einige Jahre dauern.

Ferner spielt die Heisenberg'sche Unschärferelation eine zentrale Rolle. Sie besagt, dass die räumliche Auflösung, die man mit Teilchenexperimenten erzielt, umgekehrt proportional zur Energie anwächst. Die Auflösung ist durch die Wellenlänge der Teilchen gegeben. Mit den Lichtteilchen, den Photonen, wie sie unser Auge wahrnimmt, kann man Strukturen in der Größenordnung der Lichtwellenlänge auflösen. Das sind knapp ein Millionstel Meter oder ein Mikrometer (µm). Will man kleinere Objekte untersuchen, muss man die Wellenlänge verkleinern. Und das bedeutet, dass die Energie erhöht werden muss. Man ist dabei nicht auf Photonen, also Lichtquanten, angewiesen. Man kann z. B. Elektronen einsetzen, denn auch diese besitzen Welleneigenschaften. Bei Elektronenergien von 1 MeV ist die Wellenlänge deutlich kleiner als bei sichtbarem Licht. Das wird in den Elektronenmikroskopen ausgenutzt, wie sie in Biologie und Technik vielfach angewandt werden. Allen diesen „Messungen", einschließlich des menschlichen Sehvorgangs, liegt folgendes Prinzip zugrunde. Teilchen werden auf das zu untersuchende Objekt gelenkt und die abgelenkten Teilchen mit einem Detektor aufgezeichnet. Daraus kann man dann auf die Struktur des Objektes schließen. Ein Beispiel: Photonen von der Sonne treffen auf einen Apfelbaum, und ein Teil von ihnen wird vom Baum zu unserem Auge hin reflektiert. Das Auge registriert viele „grüne" Photonen, aus bestimmten Winkeln aber kommt rotes Licht an. Dieses Licht wurde von reifen Äpfeln reflektiert. Es übermittelt uns also eine besondere Information. Nach dem gleichen Prinzip untersucht man auch die Struktur eines Atoms oder Kerns. Man schießt z.B. Elektronen auf diese Objekte und untersucht, wie häufig sie in welche Richtungen abgelenkt werden und welche Energien auftreten. Aus diesen Messungen kann man dann mit etwas Mathematik ableiten, wie das Atom bzw. der Kern aus kleineren Bausteinen aufgebaut ist – so wie das Auge die Eigenschaften des Apfelbaums erkennt.

Auch in der Elementarteilchenphysik ist es von fundamentaler Bedeutung, Strukturen aufzulösen. Ein ganz wichtiges Ergebnis war in den 60er-Jahren die Entdeckung, dass Protonen und Neutronen nicht punktförmige Elementarbausteine sind, sondern eine innere Struktur aufweisen. Sie bestehen nämlich aus Quarks. Diese Entdeckung wurde möglich, da damals in Kalifornien ein neuer Beschleuniger mit bisher nicht erreichten Energien gebaut worden war! Aus diesem und vielen anderen Messungen haben wir unser heutiges Bild über den Aufbau der Materie entwickeln können, wie es in Abb. 2 dargestellt ist.

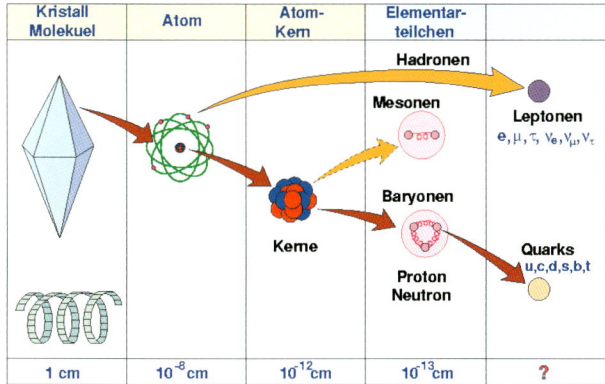

Abb. 2: Unser heutiges Bild über den Aufbau der Materie.

Das ist zweifellos ein großer Erfolg! Das größte Elektronmikroskop stellt heute der „HE-RA"-Beschleuniger am DESY dar (siehe unten). Bei ihm erreicht man bei einer effektiven Energie von ca. 100 GeV eine Auflösung von 10^{-18} Metern[4], dieser Wert ist damit um 12 Zehnerpotenzen besser als beim Lichtmikroskop!

Ziel der Teilchenphysik ist also das Verständnis dessen, „was die Welt im Innersten zusammenhält". Dabei geht es nicht nur um den „Status Quo" des Universums, sondern ganz besonders um kosmologische Fragen. Die Eigenschaften der Teilchen und Kräfte bei hohen Energien sind entscheidend für das Verstehen der Prozesse, die kurz nach dem „Big Bang" im Kosmos abliefen. Es herrschten damals sehr hohe Temperaturen, das heißt die Teilchen hatten hohe kinetische Energien. Die Temperaturen nahmen dann mit der Expansion des Universums rapide ab. Mit den heutigen Beschleunigern haben wir den Energiebereich bis 100 GeV gut erforscht, das entspricht Temperaturen von etwa 10^{15} Grad Celsius, wie sie etwa 10^{-10} s nach dem Urknall herrschten! Mit anderen Worten: Wir können mit unserem Wissen von heute aus „rückwärts" die Vorgänge im Universum rekonstruieren und sind schon bis auf eine zehnmilliardstel Sekunde an den Big Bang herangerückt!

3   Wie funktionieren die großen Teilchenbeschleuniger?

Im Prinzip so wie ein Fernsehapparat. Nur die Energie ist höher. Sie liegt heute typischerweise bei 100 GeV. Das ist 10 Millionen mal mehr als bei einer Fernsehbildröhre mit nur bei 10 keV (Kilo-Elektronenvolt). Man muss also nur die Spannung der Bildröhre um diesen Faktor erhöhen... Das gelingt leider nicht! Bei Spannungen oberhalb von ein paar Millionen Volt (also Elektronenergien von 1 MeV) sind aufgrund der hohen elektrischen Feldstärken Korona-Entladungen und Funkenüberschläge unvermeidlich. Es gibt aber einen Ausweg. Man muss das Teilchen eine solche Spannungsdifferenz der Größenordnung Megavolt sehr häufig durchfliegen lassen. Bei jedem Durchgang kann es jedes Mal einen Energiezuwachs von 1 MeV verbuchen, bis es die gewünschte Endenergie erreicht hat.

---

[4] Das sind 0,000000000000000001 Meter.

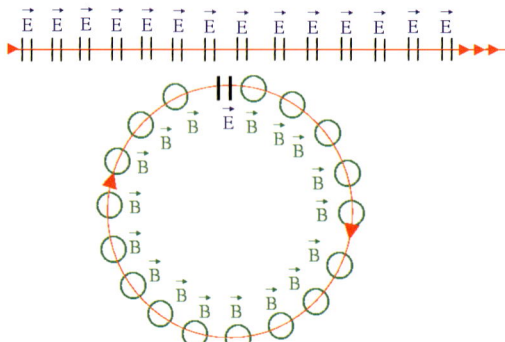

Abb. 3: Prinzip des Linearbeschleunigers (oben) und des Kreisbeschleunigers.

Um das zu erreichen, gibt es heute zwei technische Prinzipien, die in Abb. 3 dargestellt sind. Im Linearbeschleuniger durchfliegt das Teilchen nacheinander eine große Zahl von e-lektrischen Beschleunigungsstrecken $\vec{E}$, im einfachsten Fall sind das Kondensatorplatten mit einem Loch in der Mitte. Man kann nun eine Wechselspannung so anlegen, dass die Platten von links an alternierend mit dem einen und anderen Pol der Spannungsquelle verbunden sind. Bei richtigem „Timing" passiert dann Folgendes. Erreicht das Teilchen den Raum zwischen den ersten beiden Platten, ist die Spannung gerade so gepolt, dass es beschleunigt wird. Zu diesem Zeitpunkt hat in der darauf folgenden Beschleunigungsstrecke zwischen der zweiten und der dritten Kondensatorplatte die Spannung das „falsche" Vorzeichen. Wenn das Teilchen dann diesen Abschnitt erreicht, hat sich die Spannung umgekehrt. So wird es wieder beschleunigt usw. Je höher die gewünschte Teilchenenergie, desto länger der muss der Beschleuniger werden. Eine Faustregel besagt, dass für eine Energie von 100 GeV Länge von 5 km nötig ist.

Beim Kreisbeschleuniger dagegen benötigt man nur eine einzige Beschleunigungsstrecke (in der Praxis setzt man mehrere ein), weil man die Teilchen immer wieder hindurchschickt. Dazu zwingt man es mit Magnetfeldern $\vec{B}$ auf eine Kreisbahn. Je höher die Energie ist, desto größer muss bei gegebener Magnetfeldstärke der Radius des Ringes sein. Ein Teilchen verhält sich wie ein Auto, das bei hoher Geschwindigkeit auch keine engen Kurven fahren kann. Deshalb sind auch Kreisbeschleuniger groß. Hier gilt die Faustregel, dass für 100 GeV ein Radius von 5 km nötig ist. Teilchen strahlen beim Durchfliegen der Kreisbahnen Licht ab, die „Synchrotronstrahlung". Dieser Effekt ist besonders stark bei Elektronen, welche dadurch sehr viel Energie verlieren. Diese verlorene Energie muss in den Beschleunigungsstrecken nachgeliefert werden. Die Synchrotronstrahlung hat aber auch viele gute Eigenschaften, deshalb baut man heute Teilchenbeschleuniger, die nur diese Strahlung erzeugen sollen. Ein Beispiel ist der BESSY in Berlin.

Beide Beschleunigerprinzipien haben ihre Vor- und Nachteile, deshalb finden beide Anwendung.

In den Beschleunigern werden die Teilchen nicht „einzeln" beschleunigt, sondern in kleinen Paketen. Man kann sich diese Pakete etwa nadelförmig und auch entsprechend groß vorstellen. Jedes Paket enthält typischerweise 10^{11} Teilchen.

Um nun Kollisionen mit anderen Teilchen herbeizuführen, gibt es zwei Möglichkeiten:

1. Man lenkt die beschleunigten Teilchen auf ein „festes Target", z. B. Ein Stück Metall. Dort treffen die Strahlen auf Elektronen und Kerne.
2. Man benutzt zwei Beschleuniger und schießt die beiden Teilchenpakete aufeinander. Dann spricht man von einem „Kollider".

Der Vorteil der ersten Methode besteht darin, dass die Trefferwahrscheinlichkeit groß ist, denn in dem Target gibt es sehr viele dicht gepackte Atome. Nachteil ist, dass ein großer Teil der hineingesteckten Energie nach der Kollision wieder als Bewegungsenergie herauskommt, d. h. die erzeugten Teilchen fliegen alle in etwa in Richtung des einfallenden Strahles weiter. Damit steht nur ein kleiner Teil der Energie für die Teilchenerzeugung zur Verfügung.

Der Kollider verhält sich gerade entgegengesetzt. Die zur Teilchenproduktion verfügbare Energie ist die zweifache Strahlenergie (falls beide Beschleuniger die gleiche Energie liefern) und damit sehr hoch. Aber hier muss man genau „zielen", damit sich die beiden „Nadeln" auch treffen. Selbst wenn dies gelingt, treten hier interessante Kollisionsereignisse relativ selten auf.

Ein weiterer Nachteil ist offensichtlich. Man muss hier zwei Beschleuniger bauen! Von besonderem Vorteil ist in diesem Zusammenhang der Kreisbeschleuniger. Mit folgendem Trick kann man in ihm zwei Teilchenarten gleichzeitig in entgegengesetzter Richtung beschleunigen. Man nehme Teilchen und Antiteilchen und lenke die Pakete in entgegengesetzten Richtungen in den Ring. Da die elektrischen Ladungen genau entgegengesetzte Vorzeichen haben (und andere Eigenschaften wie die Masse identisch sind), beschleunigen die elektrischen Felder in beiden Fällen. Auch die Magnetfelder spielen mit und lenken in die richtige Richtung ab, nämlich in Richtung Ringmitte. In einem e^+e^--Kollider läuft also (mindestens) ein Elektronpaket und ein Positronpaket um. In zwei gegenüberliegenden Regionen treffen sie aufeinander. Allerdings passiert in den meisten Fällen nichts, das heißt die Teilchenwolken durchdringen einander und fliegen weiter. Manchmal aber trifft ein Positron „frontal" auf ein Elektron. Diese „vernichten" sich und zwei oder mehrere Teilchen werden erzeugt, die in alle Richtungen wegfliegen. An den Stellen des Beschleunigers, an denen die „Nadeln" aufeinander treffen, befinden sich Nachweisgeräte. Diese so genannten „Detektoren" registrieren die sekundären Teilchen.

4   Wo findet man Teilchenbeschleuniger?

Kleinere Beschleuniger, die Energien im MeV-Bereich erreichen sind heute weit verbreitet. Sie werden z. B. in Krankenhäusern für Therapie- und Diagnosezwecke eingesetzt. Das sind gute Beispiele für praktische Anwendungen, die aus der Grundlagenforschung erwachsen sind. Übrigens gehört dazu auch das Word-Wide-Web, welches am CERN erfunden wurde!

Von den wirklich großen Maschinen gibt es dagegen weltweit nur wenige. Sie sind teuer und benötigen zum Betrieb Hunderte von Physikern und Technikern. In Westeuropa gibt es zwei große Zentren, CERN („European Laboratory for Particle Physics") bei Genf an der französisch-schweizerischen Grenze und DESY („Deutsches Elektronen-Synchrotron") in Hamburg. An beiden Forschungsanstalten arbeiten internationale Kollaborationen mit insgesamt mehreren tausend Physikern. Die Luftaufnahme in Abb. 4 zeigt die Umgebung des CERN-Geländes.

Abb. 4: Das CERN-Gelände. Im Vordergrund sieht man den Genfer Flughafen (Schweiz), im Hintergrund (Westen) befindet sich unter den Wolken die Jura-Gebirgskette. (Copyright CERN.)

Die Landesgrenze zwischen Frankreich und der Schweiz wird durch die kleinen Kreuze markiert. Die weißen Kreise deuten die Lage der Beschleuniger-Ringe an. Sie verlaufen unterirdisch und sind oberirdisch nicht einmal zu erahnen. Fauna und Flora werden nicht beeinträchtigt. Der größte Beschleuniger ist LEP, der „Large Electron Positron Collider" mit einem Umfang von 27 km. Die vier kleinen dicken Kreise entlang des LEP-Ringes markieren die Orte, an denen, ebenfalls unterirdisch, große Teilchendetektoren aufgebaut sind. Links erkennt man das SPS („Super-Protonensynchrotron"), mit dem in den 80er-Jahren zwei wichtige Teilchen nachgewiesen werden konnten, die Austauschteilchen W und Z der schwachen Kraft, die dem Photon in der elektromagnetischen Wechselwirkung entsprechen. Ihre Massen betragen 80 und 91 GeV. Links außerhalb des LEP-Ringes liegt das CERN-Gelände. Hier werden die Teilchen vorbeschleunigt und an die großen Maschinen weitergeleitet.

Zurzeit bildet LEP den Schwerpunkt der Teilchenphysik am CERN. Man erreicht Strahlenergien von 104 GeV. Eine wichtige Aufgabe ist die in diesen Tagen[5] sehr spannende Suche nach dem von der heutigen Theorie vorhergesagten „Higgs"-Teilchen. Es gibt auch erste Anzeichen für dieses Teilchen in den Messdaten. Falls sie bestätigt werden, hat das Higgs-Teilchen eine Masse von 115 GeV.

Der LEP-Tunnel wurde vor ca. 15 Jahren in einer Tiefe von 50 bis 140 Metern durch den Fels gebohrt. Er hat einen Durchmesser von etwa vier Metern. Auch nach Installation des eigentlichen Beschleunigers mit seinen Geräten kann man noch bequem hindurchspazieren. Transporte von größeren Bauteilen werden mit einer kleinen Schwebebahn bewerkstelligt. Die Elektronen und Positronen fliegen durch ein evakuiertes Strahlrohr, welches in etwa den Durchmesser eines Abflussrohrs einer Regenrinne hat. Allerdings ist das Beschleunigerrohr nur an wenigen Stellen sichtbar, denn fast der gesamt Ring ist mit Dipolmagneten bestückt, welche das Rohr umschließen. Ihre Aufgabe ist es, die Teilchen auf einer Kreisbahn zu halten. Insgesamt sind es 3000 solcher Magnete von je sechs Metern Länge. Dazu kommen weitere Magnete in anderer Bauweise, deren Aufgabe die Fokussierung der Strahlen ist. Weitere

---

[5] Herbst 2000.

Bauteile sind fast 300 supraleitende Hohlräume. In ihnen herrschen hohe elektrische Feldstärken, die die Teilchen im Ring beschleunigen. Ihre Hauptaufgabe ist der Ausgleich der Energieverluste durch Sychrotronstrahlung.

An vier Stellen des LEP-Ringes treffen sich die Positron- und Elektronstrahlbündel. Dort sind in unterirdischen Hallen große Teilchendetektoren aufgebaut. Sie sind etwa 10 Meter hoch, 10 Meter breit und 10 Meter tief und enthalten mehrere „Zwiebelschalen" aus Detektorkomponenten. Diese Komponenten werden von den bei einer Kollision entstandenen Teilchen nacheinander durchflogen. Ein wichtiger Typ ist die „Spurkammer", ein gasgefüllter Raum. In ihm ionisieren die geladenen Teilchen die Gasmoleküle entlang ihrer Flugbahn. In der Kammer sind viele Drähte angeordnet, an denen eine elektrische Spannung anliegt. Dort, wo das Teilchen vorbeifliegt, werden auf den Drähten elektrische Signale ausgelöst, aus denen man die Teilchenbahn rekonstruieren kann. Der Detektor befindet sich in einem starken Magnetfeld, so dass die Bahnen gekrümmt sind. Dies ermöglicht die Bestimmung von Ladung und Energie. Anhand dieses Beispiels kann man verstehen, warum auch die Detektoren so riesig Abmessungen haben müssen. Je höher die Teilchenenergie ist, desto schwächer ist ihre Ablenkung im Magnetfeld. Will man trotzdem eine deutliche Krümmung messen, dann muss der Detektor ein entsprechend langes Bahnstück aufzeichnen.

In den kommenden Jahren wird der LEP-Tunnel innen völlig umgebaut werden. Der Elektron-Positron-Beschleuniger wird entfernt, die Detektoren erleiden das gleiche Schicksal. Stattdessen wird der Proton-Proton-Beschleuniger LHC („Large Hadron Collider") aufgebaut und mit neuen Großdetektoren versehen. Im Jahr 2005 soll der LHC in Betrieb gehen. Die Strahlenergie von 7000 GeV wird fast 70 mal größer sein als bei LEP. Teilchen wie das Higgs-Teilchen wird man dann auf jeden Fall finden – falls sie existieren!

Auch bei DESY gibt es mehrere Beschleuniger und große Pläne für die Zukunft. Das im Moment wichtigste Instrument ist HERA („Hadron-Elektron-Ringanlage"). Das ist das schon erwähnte Supermikroskop, mit dem Elektronen (oder Positronen) von 30 GeV auf Protonen von fast 1000 GeV geschossen werden. HERA unterquert unter anderem das Hamburger Volksparkstadium. Um die Protonen bei dieser hohen Energie auf einer Kreisbahn zu halten, sind besonders starke Magnetfelder nötig. Im HERA erzeugt man sie mit supraleitenden Spulen, die von flüssigem Helium gekühlt werden. Deshalb steht am DESY die größte Heliumverflüssigungsanlage von Europa!

In einigen Jahren soll bei Hamburg ein ca. 30 km langer Linearbeschleuniger mit Namen TESLA gebaut werden. In ihm werden wie jetzt in LEP Elektronen und Positronen aufeinander geschossen, aber mit sehr viel höherer Energie. Damit könnte man die Eigenschaften des Higgs-Teilchens und anderer neuer Elementarteilchen sehr genau analysieren.

5   Beschleunigen Teilchenbeschleuniger?

Eine rhetorische Frage? Keineswegs! Betrachten wir als Beispiel noch einmal den LEP-Beschleuniger. Elektronen werden mit einer Strahlenergie von 20 GeV aus Vorbeschleunigern in den Ring hineingeschossen und dann auf etwa 100 GeV „beschleunigt". Die Teilchen sind hochrelativistisch. Das heißt, dass sie nahezu mit Lichtgeschwindigkeit fliegen, die sie aber nie erreichen können, wie uns Einstein gelehrt hat. Deshalb ist ihr Geschwindigkeitszuwachs entsprechend klein. Bei 20 GeV beträgt ihre Geschwindigkeit 299792457,902 Meter pro Sekunde, bei 100 GeV 299792457,996 Meter pro Sekunde! Da das Hochfahren von LEP auf die Endenergie etwa eine Viertelstunde braucht, beträgt die Beschleunigung nur sehr bescheidene 0,0001 Meter pro Quadratsekunde! Ein Auto beschleunigt zum Vergleich mit etwa drei Metern pro Quadratsekunde! Da Teilchenbeschleuniger – im Gegensatz zu Autos – im relativistischen Bereich nahe der Lichtgeschwindigkeit arbeiten, erhöhen sie die Energie der Teilchen, ohne noch stark beschleunigen zu können. Die Physiker wollen genau diesen Effekt, weil es ihnen auf die Energie ankommt und nicht auf die Geschwindigkeit oder Beschleunigung.

Der Autor

Thomas Hebbeker
Humboldt-Universität zu Berlin

Thomas Hebbeker wurde 1958 in Lennestadt geboren. 1977–83 Physikstudium an der RWTH Aachen, Diplomarbeit am DESY, Hamburg. 1983–86 Promotion Universität Hamburg, Doktorarbeit am CERN in Genf. 1986–94 Forschungsaufenthalte am CERN. 1994–2001 Professor an der Humboldt-Universität Berlin. Ab 2001 Professor an der RWTH Aachen.

Interessante Links

http://www.cern.ch, insbesondere http://outreach.cern.ch/public
http://www.desy.de
http://particleAdventure.org/

Kernfusion – grenzenlose Energie aus Wasser

Dieter H. H. Hoffmann

1   Natürliche Fusionsreaktoren im Universum

Die Sonne, die uns seit einigen Milliarden Jahren gleichmäßig und problemlos mit Energie versorgt, macht das Leben auf unserem Planeten erst möglich. Sie ist für uns geradezu ein Symbol einer sicheren und im Einklang mit der Natur stehenden Energiequelle. Die grundlegenden Prozesse, aus der unsere Sonne und alle Sterne, die wir am nächtlichen Himmel sehen, ihre Energie beziehen, sind Reaktionen, bei denen Wasserstoff zu Helium „verbrannt" wird. Dabei werden die Bindungskräfte zwischen den Bausteinen der Atomkerne freigesetzt. Seit langem ist es Ziel intensiver Grundlagenforschung die Details der Wechselwirkungskräfte zu entschlüsseln, die darin enthaltenen Energien zu kontrollieren und für die Energieerzeugung in Kraftwerken nutzbar zu machen. Dies ist ein weiter Weg, aber die physikalische Grundlagenforschung hat bereits die ersten Schritte auf diesem Weg getan. Das Hauptproblem ist, den Brennstoff auf extrem hohe Temperaturen aufzuheizen und lange genug zusammenzuhalten. Die Sonne löst diese Aufgabe durch die gewaltigen Gravitationskräfte ihrer riesigen Masse. Der erste Ansatz, dieses Problem auf der Erde zu lösen bestand darin, den Fusionsbrennstoff durch starke Magnetfelder, von den Gefäßwänden isoliert, zusammenzuhalten. Ein alternativer Ansatz nutzt die den Gravitationskräften verwandten Trägheitskräfte, während der Fusionsbrennstoff etwa 1000fach verdichtet, aufgeheizt und schließlich gezündet wird. Mit Hilfe intensiver Laserstrahlen und Schwerionenstrahlen erscheint es heute aussichtsreich, dieses Konzept zunächst im Laborbereich und später in einem Kraftwerkskonzept umzusetzen.

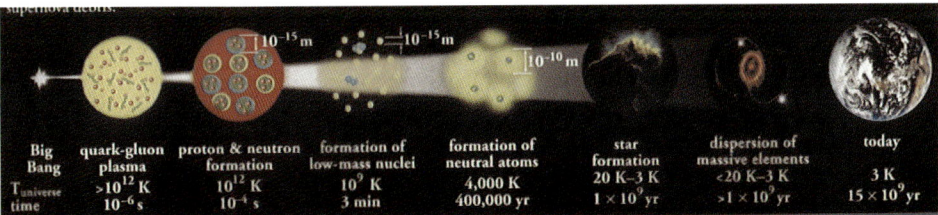

Abb. 1: Entwicklung des Universums über etwa 15 Milliarden Jahre vom Urknall bis zum heutigen Zeitpunkt (T/K: Temperatur in Kelvin, a: Jahr). Von links nach rechts: Big Bang: Urknall, $T_{universe}$: Temperatur des Universums, time: Zeit seit dem Urknall (der zum Zeitpunkt „Null Sekunden" beginnt); quark-gluon plasma: Erklärung des Quark-Gluon-Plasmas s. Beitrag „Der Urknall im Labor", 10^{12} K: 1 000 000 000 000 oder tausend Milliarden Kelvin, 10^{-6} s: 0,000 001 oder eine Millionstel Sekunde; proton & neutron formation: Bildung der Atomkern-Bausteine Protonen und Neutronen; formation of low-mass nuclei: Bildung von Atomkernen geringer Masse, 3 min: 3 Minuten; formation of neutral atoms: Bildung neutraler Atome, 400,000 yr: 400 000 Jahre; star formation: Entstehung der Sterne, 20 K–3 K: 0,02 Kelvin oder zwanzig tausendstel Kelvin, 1×10^9 yr: 1 000 000 000 Jahre bzw. eine Milliarde Jahre; dispersion of massive elements: Verbreitung schwerer Elemente, < 20 K–3 K: weniger als 0,02 Kelvin, $> 1 \times 10^9$ yr: mehr als eine Milliarde Jahre ; today: Heute, 15×10^9 yr: 15 Milliarden Jahre. (Quelle: Contemporary Physics Education Project (CPEP) MS 50-308 LBNL Berkeley.)

Fusionsreaktionen in verschiedenen Ausprägungen, begleiten die Geschichte und die Entwicklung des Universums praktisch von Anfang an. Diesen Anfang, und mit ihm den Beginn von Raum und Zeit, markiert der Urknall mit einem Zustand unvorstellbar hoher Dichte und Temperatur. Mit fortschreitender Zeit expandiert der Raum und gleichzeitig damit beginnt die Temperatur zu sinken. Jedem Zeitabschnitt entspricht eine charakteristische Dichte und Temperatur, die in Abb. 1 schematisch angedeutet ist.

Etwa drei Minuten nach dem Urknall ist die Temperatur auf eine Milliarde Kelvin gesunken. Protonen und Neutronen, die Bausteine der Atomkerne, sowie energiereiche Photonen und Elektronen beherrschen die Szene. Zu diesem Zeitpunkt ist die Dichte und die Temperatur noch hoch genug, sodass die Kernbausteine häufig einander nahe genug kommen können, um in die geringe Reichweite der Kernkräfte zu gelangen. Nur dann können die Teilchen aneinander gebunden werden. Dabei werden leichte Atomkerne des Deuteriums (D), Heliums (He) und Lithiums (Li) gebildet. Die Häufigkeitsverteilung der Elemente, so wie wir sie heute kennen, ist im Wesentlichen auf die Prozesse im frühen Stadium des Universums zurückzuführen. Nach diesem Zeitpunkt machten die Kernfusionsprozesse allerdings eine Pause. „Fusionsprozesse" anderer Art bestimmen die Entwicklung. Zunächst werden neutrale Atome aus Atomkernen und Elektronen unter dem Einfluss der Coulomb-Wechselwirkung gebildet und später Sterne und frühe Galaxien unter der Wirkung der Gravitationskraft mit ihrer großen Reichweite. Im Innern der Sterne springt dann eine Milliarde Jahre nach dem Urknall auch wieder der Motor der Kernfusionsreaktionen an. Durch diesen Prozess werden die Elemente mit immer höheren Massenzahlen gebildet. Dieser Fusionsprozess geht so lange, bis das Maximum der Kernbindungsenergie bei dem Element Eisen erreicht wird. Die noch schwereren Elemente, bis hin zum Uran verdanken ihre Entstehung Prozessen, die am Ende der Lebensdauer von Sternen in Supernova-Explosionen ablaufen. Wenn wir heute mit dem bloßen Auge, oder auch mit einem guten Teleskop in den Himmel schauen so entdecken wir eine Vielzahl von Sternen und Galaxien. Die sichtbare Strahlung und die damit verbundene gewaltige Energiemenge die wir wahrnehmen, und von der uns Gott sei Dank nur ein kleiner Bruchteil erreicht, hat ihren Ursprung in den nuklearen Fusionsreaktionen im Innern der Sterne.

2 Der Fusionsreaktor Sonne: Energiequelle für irdisches Leben

Unsere Sonne, die seit fast fünf Milliarden Jahren den Energiehaushalt unserer Erde sicherstellt, ist ein Beispiel, für die stetige Energieerzeugung durch Kernfusion. Im Innern der Sonne, die im Wesentlichen aus Wasserstoff besteht, herrschen extreme Bedingungen. Die Temperatur im Zentrum ist über 15 Millionen Kelvin, der Druck beträgt 233 Milliarden Atmosphären (233 Gigabar) und die Dichte des Wasserstoffgases ist bei diesen Bedingungen 153 g/cm^3. Diese zuletzt genannte Zahl mag auf den ersten Blick nicht mit den vorangehenden Rekordzahlen mithalten. Sie entspricht aber einer über 2000fachen Verdichtung von festem Wasserstoff, wie wir ihn heute im Labor bei tiefen Temperaturen herstellen können. Es ist daher nicht verwunderlich, dass Wissenschaftler sehr daran interessiert sind Materie mit solch extremen Eigenschaften unter reproduzierbaren Bedingungen im Labor zu untersuchen. Intensive Strahlen schwerer Ionen und Laserstrahlen sind Werkzeuge, die zu diesem Zweck viel versprechend eingesetzt werden können.

Natürlich stellt sich auch die Frage, ob die Prozesse im Inneren der Sonne nicht auch auf der Erde zur Energieerzeugung eingesetzt werden können. Die Sonne verbrennt vier Wasserstoffatomkerne, also Protonen (p) zu einem Heliumatomkern (Helium-4 oder ^{4}He) in der Reaktion:

$$4p \rightarrow {}^4He + 2e^+ + 2\nu_e + 26,7\,MeV \tag{1}$$

Dabei wird eine Energie von 26,7 MeV frei. Außer Helium entstehen noch zwei Positronen (e^+) und zwei Neutrinos (ν_e), die gebraucht werden, um zwei der Protonen in Neutronen umzuwandeln, da der Heliumkern aus je zwei Protonen und zwei Neutronen besteht. Der Umwandlung von Protonen in Neutronen liegt die folgende Reaktion zugrunde, bei der in einer Proton-Proton-Kollision zunächst ein schweres Isotop des Wasserstoffs, nämlich ein Deuteriumkern entsteht, der aus einem Proton und einem Neutron besteht:

$$p + p \rightarrow d + e^+ + \nu_e + 1,7\,MeV \tag{2}$$

Für die Umwandlung von Protonen in Neutronen ist von den vier fundamentalen Wechselwirkungen die schwache Wechselwirkung zuständig. Die Wahrscheinlichkeit für eine solche Reaktion ist gering. Wie wir jedoch sehen ist die Zahl der „Versuche", die in der Sonne pro Zeiteinheit ablaufen, sehr groß und das Resultat, die Energieproduktion der Sonne, ist uns geläufig. Allerdings steht der Sonne sehr viel Zeit zur Verfügung. Die von der Sonne in Form von elektromagnetischer Strahlung abgestrahlte Leistung L_S beträgt $3,85 \cdot 10^{26}$ Watt.[1] Dies bedeutet, dass pro Sekunde mindestens $3,6 \cdot 10^{38}$ Protonen zu Helium fusioniert werden.[2] Damit ist leicht auszurechnen, dass der Brennstoffvorrat der Sonne und damit die Lebensdauer τ_{Sonne} ungefähr 100 Milliarden Jahre betragen sollte:

$$\tau_{Sonne} = \frac{1,2 \cdot 10^{57}}{3,6 \cdot 10^{38}}\,s = 3,3 \cdot 10^{18}\,s \approx 10^{11}\,\text{Jahre} \tag{3}$$

Dabei wurde angenommen, dass die Gesamtmasse des Wasserstoffs der Sonne, nämlich $1,2 \cdot 10^{57}$ Protonen in Helium umgewandelt wird.

Allerdings ist diese Annahme etwas zu optimistisch, da es zu einer dramatischen Entwicklung kommen wird, sobald der Wasserstoff in Sonnenzentrum knapp wird. Wenn dies berücksichtigt wird, ergibt sich eine Gesamtlebensdauer der Sonne von rund 10 Milliarden Jahren. Die Sonne befindet sich demnach in einem mittleren Lebensalter.

3 Der Weg zur künstlichen Kernfusion auf der Erde

Für Energieerzeugungsprozesse auf der Erde scheiden Fusionsreaktionen in denen die schwache Wechselwirkung eine Rolle spielt aus, da uns die astronomischen Zeitskalen nicht zur Verfügung stehen. Es müssen deshalb solche Prozesse ins Auge gefasst werden, in der die Gesamtzahl der Protonen und Neutronen unverändert bleibt. Eine Auswahl solcher Reaktionen ist in Abb. 2 dargestellt.

Von allen hier aufgeführten Reaktionen ist die Deuterium-Tritium-Reaktion (DT-Reaktion), bei der aus zwei schweren Isotopen des Wasserstoffs das Element Helium erzeugt wird, diejenige mit der geringsten Zündtemperatur. Dies ist zurzeit ein Maß dafür, wie

---

[1] 10^{26} Watt sind 100000000000000000000000000 Watt (Einheitenzeichen W).

[2] 10^{38} Protonen sind 100000000000000000000000000000000000000 Protonen!

schwierig die Reaktion zu erreichen ist. Die Zweite hier gezeigte Reaktion hat nicht nur den Vorteil, dass sie den höchsten Energieausstoß erreicht, sondern dass sowohl im Eingangskanal, als auch in den Reaktionsprodukten nur stabile, dass heißt nicht radioaktive Isotope vorkommen. Diese Vorteile werden aber durch zwei gravierende Nachteile überdeckt. Zum einen ist Helium-3 (^{3}He) als Fusionsbrennstoff nur in ganz geringen Mengen auf der Erde vorhanden zum anderen ist die Zündtemperatur mit 350 Millionen Kelvin so hoch, dass selbst die optimistischsten Wissenschaftler in absehbarer Zukunft keinen gangbaren Weg sehen, diese Bedingungen in einem Reaktor zu erreichen.

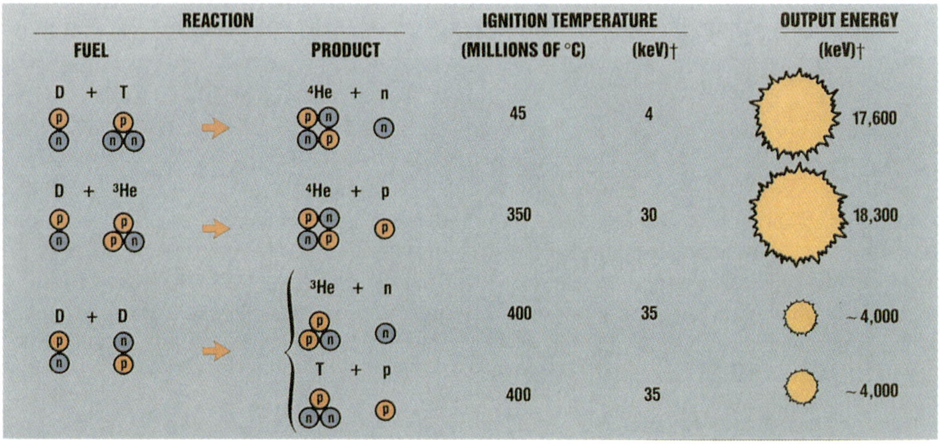

Abb. 2: Beispiele für Fusionsreaktionen (D: Deuterium, T: Tritium, He: Helium; Quelle: Fusion in our Future, General Atomics P.O. Box 85608, San Diego, California 92138-5608).

Vom Prinzip her ebenfalls sehr attraktiv ist eine weitere Reaktion, die Fusion von Protonen mit Bor-Atomkernen. In der Reaktion

$$p + {}^{11}B \rightarrow {}^{12}C \rightarrow 3\,{}^{4}He + 8,6\ \text{MeV}$$
$$p + {}^{11}B \rightarrow {}^{12}C + \gamma + 15,9\ \text{MeV} \tag{4}$$

entsteht aus den Elementen Bor und Wasserstoff zunächst Kohlenstoff in einem angeregten Zustand, der dann in drei Helium-Atomkerne, also Alphateilchen zerfällt oder aber der angeregte Kohlenstoffkern geht nach dem Aussenden eines hochenergetischen Photons (γ-Quant) in den Grundzustand zurück. Auch in dieser Reaktion sind alle beteiligten Reaktionspartner stabil. Wasserstoff und Kohlenstoff stehen in genügenden Mengen zur Verfügung, sodass diese Reaktion alle Voraussetzungen erfüllt, um sie als attraktiven Weg zur Energieerzeugung durch thermonukleare Reaktionen anzusehen. Allerdings liegen auch hier die Zündbedingungen so hoch, dass zurzeit kein gangbarer Weg offen steht, diese Reaktion für die Energieerzeugung zu nutzen. Allein die Methode der Trägheitsfusion, die im Folgenden detailliert behandelt wird hält die Option für diesen Weg offen. Am Ende ihrer Lebensdauer wird auch die Sonne Kohlenstoff durch Fusionsprozesse erzeugen. Die Bedingungen auf der Erde erfordern es aber schon heute, dass neue Methoden zur Energieerzeugung, erforscht werden. Die Fusionsprozesse eröffnen hier eine Option, die Energieversorgung langfristig und nachhaltig zu sichern. Ob eine neue Methode der Energieerzeugung sich durchsetzt, hängt vor allem von ihrer Wirtschaftlichkeit und von der Akzeptanz in der Bevölkerung ab. Die Vorteile der DT-

Fusion liegen offen auf der Hand. Der Brennstoff, Deuterium steht weltweit in praktisch unbegrenzten Mengen zur Verfügung. Auf je 6500 Moleküle Wasser (H_2O) kommt ein Molekül schweres Wasser (HDO, D_2O). Dies ergibt einen gesamten Vorrat von 10^{13} Tonnen (t), der überall angezapft werden kann, wo Wasser, in welcher Form auch immer, vorhanden ist. Der zweite Reaktionspartner Tritium ist ein instabiles schweres Isotop des Wasserstoffs mit einer Halbwertszeit von etwa zwölf Jahren. Er kommt auf der Erde natürlicherweise nur in sehr geringen Mengen vor und muss daher in einer Kernreaktion mit Neutronen aus Lithium, hier in den Isotopen Lithium-6 (^6Li) und Lithium-7 (^7Li), erbrütet werden:

$$^6Li + n \rightarrow T + {}^4He + 4,8\,MeV$$
$$^7Li + n \rightarrow T + {}^4He + n + 4,8\,MeV$$

$$(5)$$

Auch Li kommt mit weltweit 10^{11} t in sehr großen Mengen vor. Politischer und ökonomischer Streit um die Grundstoffe der Fusionsprozesse ist daher nicht zu erwarten. Bei der Energieerzeugung entsteht kein Treibhausgas, sodass der CO_2-Haushalt der Erdatmosphäre entlastet wird. An dieser Stelle muss jedoch noch einmal darauf hingewiesen werden, dass die hier diskutierte Methode nicht frei von Problemen mit radioaktiven Stoffen ist. Zum einen ist wie schon erwähnt Tritium ein instabiles Isotop des Wasserstoffs, das durch ß-Zerfall in ^3He zerfällt. Die Energie der emittierten ß-Strahlung ist zwar minimal, das Gefahrenpotential liegt jedoch in der Freisetzung großer Mengen an Tritium im Falle eines Unfalls. Bei direkter Inhalation oder auf dem Umweg über Wasser oder Nahrungsmittel kann es zu einer Inkorporation kommen. Die biologische Halbwertszeit ist jedoch sehr kurz, denn schon innerhalb weniger Tage wird der Wasserstoff im Körper, hauptsächlich in der Form von Wasser, vollständig ausgetauscht. Dennoch müssen diese Prozesse sorgfältig untersucht und in eine Bewertung einbezogen werden. Die in den Fusionsreaktionen entstehenden Neutronen können das Strukturmaterial eines Reaktors aktivieren. Nach dem endgültigen Abschalten eines Fusionsreaktors ist die Zeitdauer, bis eine den internationalen Grenzwerten entsprechende Restaktivität erreicht ist, jedoch überschaubar. Bei geeigneter Wahl der Strukturmaterialien kann dieser Zeitraum sogar nur wenige Jahrzehnte betragen. Aus physikalischen Gründen ist es nicht möglich, dass ein Fusionsreaktor überkritisch wird und nicht mehr zu steuern ist. Der Vorgang der Fusionsreaktion ist so kompliziert, dass die Fusionsbedingungen nicht mehr erreicht werden können, wenn wichtige Komponenten ausfallen. Selbst wenn sich die optimistischsten Erwartungen der an der Fusion arbeitenden Wissenschaftler erfüllen, und schon bald die Zündung eines Fusionspellets oder das langdauernde Brennen eines Fusionsplasmas demonstriert werden kann, so wird es noch Jahrzehnte brauchen, bis die Energiewirtschaft diese wissenschaftlichen Konzepte in einen kommerziellen Reaktortyp umsetzt. Diese Zeit kann und soll unbedingt genutzt werden, um Materialien mit niedrigem Aktivierungspotential auszusuchen und zu entwickeln und Erfahrungen im großtechnischen Umgang mit Tritium in ein akzeptiertes Sicherheitskonzept umzusetzen.

4   Einschlussprinzip und Trägheitsfusion: zwei Konzepte im Wettbewerb

Um eine Fusionsreaktion in Gang zu setzen, muss der DT-Brennstoff auf etwa 100 Millionen Kelvin aufgeheizt werden. Dies ist notwendig, damit die kinetische Energie der Teilchen groß genug ist, um die elektrostatischen Abstoßungskräfte zwischen den Atomkernen zu überwin-

den. Nur bei geringen Teilchenabständen gelingt es, den Kernkräften den Fusionsprozess ein-
zuleiten. Es ist daher ein großer Energieaufwand notwendig, um diese hohe Temperatur zu
erreichen. Der Fusionsprozess macht nur dann Sinn, wenn durch die Fusionsreaktionen im
aufgeheizten Brennstoff mindestens so viel Energie wieder freigesetzt wird, wie zum Aufheizen des Brennstoffes notwendig war. Diese Bedingung hat der englische Physiker John Law-
son zum ersten Mal formuliert und angegeben, welche Anforderungen an die Teilchendichte n
und die Einschlusszeit τ für den Brennstoff gelten müssen, wenn die Zündtemperatur erreicht
ist. Wir nennen diese Bedingung daher das *Lawson-Kriterium*:

$$n \cdot \tau \geq 10^{14} \text{ s/cm}^3 \tag{6}$$

Dieses Kriterium stellt nur eine Bedingung an das Produkt aus Teilchenzahldichte und Einschlusszeit. Es kann deshalb bedeuten, dass im Falle wenn die Teilchenzahldichte n sehr klein
gewählt wird, die Einschlusszeit τ groß sein muss. Es ist aber auch die umgekehrte Situation
denkbar, bei der eine sehr große Dichte und eine entsprechend kleine Einschlusszeit gewählt
werden. Beide Methoden werden zurzeit verfolgt. Das Prinzip des magnetischen Einschlusses
arbeitet mit kleinen Teilchenzahldichten in der Größenordnung von 10^{14} cm^{-3}. Dies bedeutet,
dass die Einschlusszeit in der Größenordnung von Sekunden liegen muss, um das Lawson-
Kriterium zu erfüllen. Teilchenzahlen von 10^{14} cm^{-3} sind sehr gering. Bei normalem Luft-
druck finden sich mehr als 10^{19} Teilchen in einem Volumen von einem cm^3. Wir haben es bei
dieser Methode also mit einer Teilchenzahl zu tun, die Vakuumbedingungen entspricht. Das
Prinzip der Trägheitsfusion geht dagegen von Teilchenzahldichten von über 10^{24} cm^{-3}, und
Einschlusszeiten in der Größenordnung von Nanosekunden (10^{-9} s) aus. Historisch ist die
Methode des magnetischen Einschlusses die ältere. Tokamak- und Stellaratoranlagen sind die
erfolgreichen Maschinen auf diesem Gebiet. In Abb. 3 sind die Prinzipien der Plasmaerzeu-
gung in einem Tokamakreaktor und in einem Fusionstarget der Trägheitsfusion nebeneinander dargestellt.

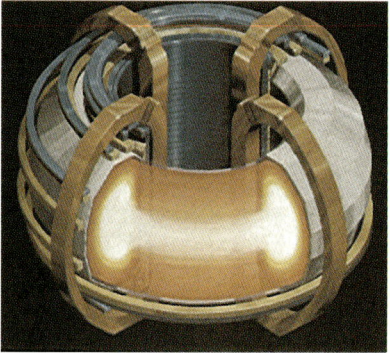 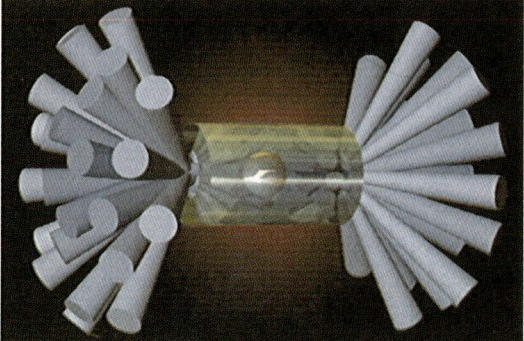

Abb. 3: Das linke Bild zeigt eine schematische Darstellung des magnetischen Einschlussprinzips eines Toka-
maks. Der heiße Brennstoff liegt in Form eines Plasmas vor, das mit Hilfe starker magnetischer Felder von den
Gefäßwänden ferngehalten wird. Die Magnetfeldkonfiguration ist so gewählt, daß ein Torus entsteht. Rechts ist
das Schema eines Trägheitsfusionstargets dargestellt, das von einer Anzahl von intensiven Strahlen bestrahlt
wird. (Quelle: Fusion in our Future, General Atomics P.O. Box 85608, San Diego, California 92138-5608.)

Wie nahe beide Methoden dem Ziel der Fusion kommen, kann beurteilt werden, wenn das
Fusionsprodukt aus Teilchenzahldichte n, Einschlusszeit τ und Temperatur T für beide Methoden verglichen wird (Abb. 4).

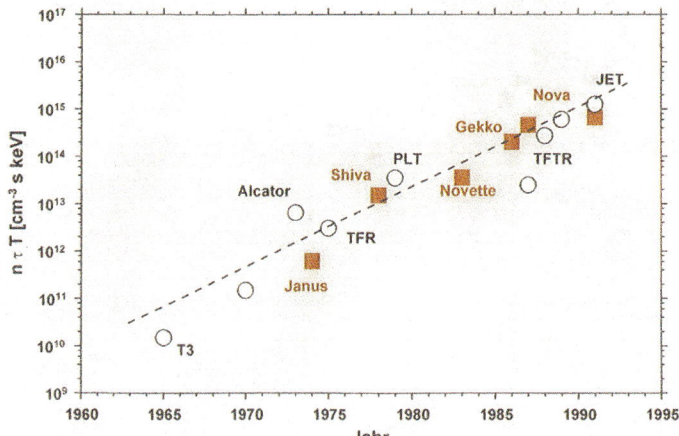

Abb. 4: Fortschritte der verschiedenen Fusionsexperimente von T3 bis JET, gemessen an der zeitlichen Entwicklung des Produktes $n \cdot \tau \cdot T$ (keV: Kilo-Elektronenvolt bzw. tausend Elektronenvolt [3]). Die offenen Kreise stellen magnetische Einschlussexperimente dar, während die gefüllten Quadrate Trägheitsfusionsexperimente mit intensiven Laserstrahlen darstellen. (Quelle: Energy & Technology Review, The National Ignition Facility, University of California, Lawrence Livermore National Laboratory, UCRL-52000-94-12, December 1994.)

Aus dieser Zusammenstellung wird deutlich, dass sich beide Methoden parallel entwickeln. Eine Extrapolation in die nahe Zukunft lässt erwarten, dass mit beiden Methoden die Zündung im Fall der Trägheitsfusion, bzw. ein andauerndes Brennen des Plasmas im Fall des magnetischen Einschlusses demonstriert werden kann. In Europa wird fast ausschließlich das Konzept des magnetischen Einschlusses verfolgt. Beispiele sind die Tokamak-Experimente, vor allem JET (Joint European Torus) in England und das große Stellaratorexperiment, das vom Max-Planck-Institut für Plasmaphysik in Greifswald aufgebaut wird. Der geplante nächste Schritt ist ein Reaktor-Demonstrationsexperiment ITER, bei dem die Probleme eines lang brennenden Plasmas im Detail untersucht werden sollen.

5   Internationale Forschung auf dem Gebiet der Trägheitsfusion

Vor allem in den USA wird mit großem Nachdruck das Konzept der Trägheitsfusion verfolgt. Die dortigen großen nationalen Forschungslaboratorien untersuchen verschiedene Teilaspekte. Am Lawrence-Livermore-National-Laboratory in Kalifornien wird zurzeit ein großes Lasersystem aufgebaut, das es in der Endausbauphase ermöglicht, etwa zwei Megajoule an Laserlichtenergie innerhalb weniger Nanosekunden auf ein Fusionstarget zu fokussieren und es zu zünden.

In Europa gibt es dagegen kein von den großen Forschungsorganisationen koordiniertes Konzept, um sich an diesem Forschungsgebiet zu beteiligen. Allerdings werden einige Gruppen im Rahmen einer so genannten „Keep-in-touch"-Aktivität gefördert, um die Entwicklung zu verfolgen. Dafür wird etwa 1 % des gesamten Fusionsetats verwendet. Dies mag wenig

---

[3] Ein Elektronenvolt oder 1 eV ist die kinetische Energie, die ein einfach geladenes Teilchen gewinnt, wenn es eine Potenzialdifferenz von einem Volt durchquert.

erscheinen. Die europäischen Gruppen befassen sich jedoch mit Themen, die ganz allgemein der Erforschung der Eigenschaften von Materie unter den Bedingungen extremer Energiedichte zuzurechnen sind. Deshalb erhalten sie eine Förderung im Rahmen der nationalen Forschungsförderung für Grundlagenforschung. Dies ist zurzeit gerade ausreichend, um einige wenige, aber dennoch wichtige Beiträge auf Schlüsselgebieten zu leisten. Es ist aber nicht genug um ein zielgerichtetes Forschungsprogramm zur Trägheitsfusion aufzubauen.

6   Funktionsprinzip der Trägheitsfusion

Das Prinzip der Funktionsweise der Trägheitsfusion ist am Beispiel eines Fusionspellets in Abb. 5 schematisch dargestellt.

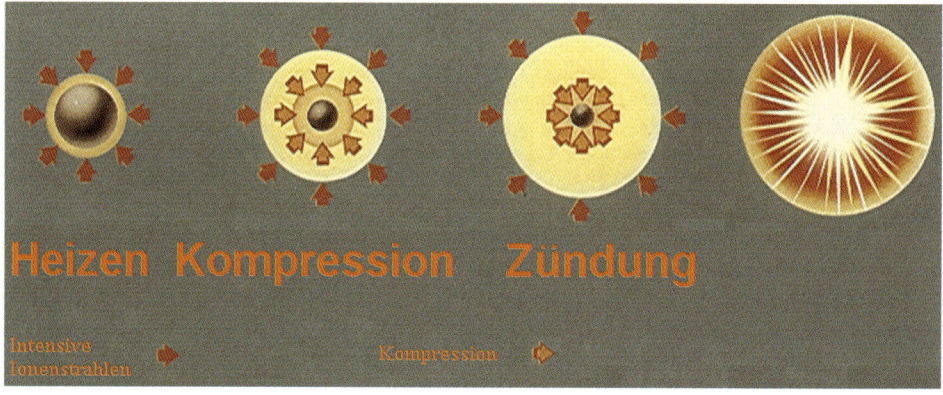

Abb. 5: Schematischer Ablauf der Zündung eines Fusionspellets mit den vier Stufen der Aufheizung, Kompression, Zündung und Brennphase. (Quelle: Fusion in our Future, General Atomics P.O. Box 85608, San Diego, California 92138-5608.)

Im einfachsten Fall besteht ein Fusionstarget aus einem hohlen Plastikkügelchen mit einem Durchmesser von wenigen Millimetern. An der Innenwand der Hohlkugel befindet sich eine Schicht von festem, gefrorenem Wasserstoff, bestehend aus den schweren Isotopen Deuterium und Tritium. Die Gesamtmasse beträgt etwa ein Milligramm (mg). Das Innere ist nicht vollständig evakuiert, sondern mit einem gasförmigen DT-Gemisch gefüllt. Der Druck entspricht dem Dampfdruck von $2 \cdot 10^{-4}$ Pascal (Pa) bei der herrschenden Kryotemperatur von etwa sechs Kelvin. Ein solches Fusionstarget wird nun einer intensiven Strahlung ausgesetzt. Dies kann, wie im Folgenden noch erläutert wird, ein intensiver Strahl schwerer Ionen oder auch Laserstrahlung sein.

Zurzeit wird zu diesem Zweck eher Laserstrahlung benutzt, weil die Technologie hoher räumlicher und zeitlicher Energiekonzentration bei Lasern noch am weitesten fortgeschritten ist. Die Oberfläche des Fusionstargets heizt sich durch diese Bestrahlung schlagartig auf und verwandelt sich bei Temperaturen von bis zu drei Millionen Grad in ein heißes Plasma. Dieses Plasma expandiert von der Oberfläche weg. Der Rückstoß des expandierenden Plasmas komprimiert den zurückbleibenden Teil des Fusionstargets. Dabei wird eine 1000fache Kompression des festen DT-Brennstoffes erreicht, der dabei aber nur auf eine Temperatur von

1 000 000 K (≈100 Elektronenvolt, eV) aufgeheizt wird. Der gasförmige Anteil wird ebenfalls kugelsymmetrisch komprimiert. Eine einlaufende Stoßwelle heizt schließlich den zentralen Teil des Brennstoffes auf. Dabei wird eine wesentlich höhere Temperatur von 40 bis 100 Millionen Grad erreicht. Diese Temperatur ist genügend hoch, um in dem kleinen zentralen und hochkomprimierten Teil des DT-Gemisches die Fusionszündbedingungen zu erreichen. Die jetzt in großer Zahl frei werdenden Alphateilchen und auch die Neutronen erreichen den ebenfalls hochkomprimierten aber noch wesentlich kälteren Teil des DT-Brennstoffes außerhalb des zentralen Zündbereiches, deponieren dort ihre kinetische Energie und zünden ihn damit ebenfalls. Danach breitet sich eine Brennfront im Target aus, die zur Fusion eines großen Teils des Brennstoffes führt. Dieses Prinzip der zentralen Zündung ist theoretisch gut verstanden und kann in aufwendigen Simulationsrechnungen gut nachvollzogen werden. Ein Problem ist jedoch die Erhaltung der Kugelsymmetrie während des gesamten Prozesses. Schon geringe Abweichungen von der idealen sphärischen Symmetrie im Bereich von etwas mehr als einem Prozent führen im Verlauf der Kompressionsphase zu einer so starken Deformation, dass die Zündbedingungen nicht mehr erreicht werden können. Eine derart symmetrische Bestrahlung mit vielen Ionen- oder Laserstrahlen zu erreichen ist aber technisch sehr schwierig. Einen Ausweg aus dieser Situation bietet sich an, wenn dem gesamten Ablauf eine Strahlungssymmetrisierungsphase vorgeschaltet wird. Dies hört sich kompliziert und schwierig an. Es ist aber nur ein anderer Ausdruck dafür, dass das Fusionstarget in eine Art Ofen gesetzt werden muss, der es erlaubt, das Target von allen Seiten gleichmäßig zu „rösten". Nun ist es nicht ganz einfach, einen Ofen zu finden, der diese Bedingungen bei drei Millionen Kelvin gut erfüllt. Dennoch ist es gelungen. Wiederum schematisch ist der neue Ablauf der Aufheizung, Komprimierung und schließlich der Zündung in Abb. 6 gezeigt.

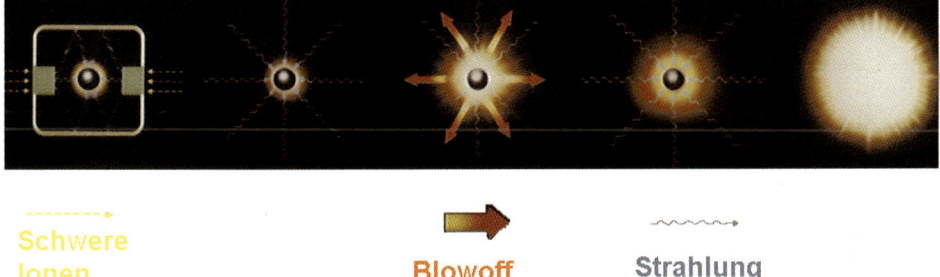

Abb. 6: Indirekt getriebenes Target. Das Fusionstarget befindet sich innerhalb eines Hohlraums, der zunächst geheizt wird. Danach laufen wie in Abb. 5 die Phasen der Pelletaufheizung, Kompression, Zündung und schließlich das Abbrennen (Blowoff) des Brennstoffs ab. (Quelle: Accelerator and Fusion Laboratory, Lawrence Berkeley National Laboratory.)

Das Fusionstarget ist jetzt in einem Hohlraum, der aus einem gut reflektierenden Material gebildet wird. Dieser Hohlraum wird aufgeheizt durch intensive Schwerionenstrahlen, die auf das seitlich angebrachte Konvertermaterial treffen. Aufgrund ihrer hohen kinetischen Energie dringen die Ionenstrahlen tief in das Konvertermaterial ein, geben dort ihre gesamte Energie an das Konvertermaterial ab und heizen es auf. Ziel ist es, eine Temperatur von etwa drei Millionen Kelvin zu erreichen. Das Konvertermaterial beginnt dann seiner hohen Temperatur entsprechend, kurzwellige Strahlung in den Hohlraum abzustrahlen. Die guten Reflektionseigenschaften der Hohlraumwand sorgen dafür, dass er sich gleichmäßig mit Strahlungsenergie

(Planck'sche Hohlraumstrahlung) füllt. Damit werden die geforderten Symmetriebedingungen erreicht. Das Pellet beginnt die Strahlung zu absorbieren und der gesamte Prozess läuft wie schon oben beschrieben ab. Der Preis, der für die nun erreichte hohe Symmetrie gezahlt werden muss, ist eine höhere Gesamtenergie, um zusätzlich das Konvertermaterial und den Hohlraum aufzuheizen. Die notwendige Energie hierzu ist jedoch umso geringer, je besser die Hohlraumwände reflektieren und je kleiner der Hohlraum im Verhältnis zum Fusionstarget gemacht werden kann. Die Reflektions- und Strahlungstransporteigenschaften von Materie bei derart hohen Temperaturen sind Gegenstand aktueller Forschung und werden unter anderem auch gebraucht um Sternatmosphären zu modellieren.

7   Geeignete Strahlungsquellen zur Zündung der Trägheitsfusion: Laser kontra Schwerionenbeschleuniger

Um das Prinzip der Trägheitsfusion in die Praxis umzusetzen oder im Experiment zu demonstrieren, ist eine Strahlungsquelle mit besonderen Eigenschaften notwendig. Sie muss in der Lage sein, die notwendige Energie innerhalb eines sehr kurzen Zeitraums auf ein Fusionstarget zu konzentrieren. Experimente, die in den 1980er-Jahren des vergangenen Jahrhunderts unter der Tarnbezeichnung Centurion Halite auf dem Nevada-Testgelände im Zusammenhang mit unterirdischen Kernwaffenexplosionen durchgeführt wurden, haben erstmals die Zündung kleiner Fusiontargets nach dem Prinzip der Trägheitsfusion demonstriert. Um das Prinzip eingehend zu testen, die zugrunde liegenden physikalischen Prinzipien zu erforschen, und das gesamte Konzept zur Anwendungsreife in der Energieforschung zu führen, bedarf es jedoch eines „Treibers" im Labor- oder Reaktormaßstab. Hochleistungslaser sind zunächst das Mittel der Wahl, weil sie die geforderten hohen Strahlungsleistungen mit heutiger Technologie aufbringen können. Für ein Reaktorkonzept sind sie jedoch wenig geeignet. Laser haben bekanntermaßen eine geringe Effizienz in der Umwandlung von gespeicherter Energie in Laserlicht, sie liegt in der Größenordnung von nur wenigen Prozent. Dies und die ebenfalls sehr kleine Wiederholrate an Laserschüssen mit nur zwei Hochenergie-Laserpulsen pro Tag setzen der Verwendung von Lasern in einem Reaktorkonzept zur Energieerzeugung enge Grenzen. Schwere Ionen, wie sie von leistungsfähigen Beschleunigeranlagen der physikalischen Grundlagenforschung mit hoher Zuverlässigkeit seit vielen Jahrzehnten erzeugt werden, bieten hier eine Alternative. Schwerionenbeschleuniger haben eine hohe Effizienz in der Umsetzung von Hochfrequenzenergie in kinetische Energie der Teilchen ($\approx 25\,\%$), und sie liefern Ionenpulse mit einer hohen Repetitionsfrequenz. So ist zum Beispiel das Schwerionen-Synchrotron SIS 18 der Gesellschaft für Schwerionenforschung in Darmstadt darauf ausgelegt, intensive Ionenpulse mit einer Wiederholfrequenz von drei Hertz (Hz) für Experimente zu erzeugen. Anlagen mit höherer Frequenz sind technisch ohne weiteres möglich. Ein späterer Reaktor, der von einem Schwerionenbeschleuniger versorgt wird, sollte mit einer Frequenz zwischen 1 Hz und 10 Hz betrieben werden. Es ist daher durchaus denkbar, dass ein Beschleuniger mehrere Reaktorkammern versorgt. Die Vorteile eines Schwerionenbeschleunigers als Treiber für eine Trägheitsfusionsanlage liegen also auf der Hand. Deshalb wird sowohl in Europa, in Japan und in den USA an diesem Konzept gearbeitet. In Deutschland steht mit den Beschleunigeranlagen der GSI der derzeit leistungsfähigste Schwerionenbeschleuniger weltweit zur Verfügung. Grundlagenforschung auf dem Gebiet der Physik und Technik von Beschleunigern, die in enger Zusammenarbeit mit den umliegenden Universitäten betrieben wird, ist einer der Forschungsschwerpunkte dieses Forschungsinstitutes. Die Ergebnisse dieser Grundlagenforschung und die Entwicklung neuer Konzepte haben einen deutlichen Einfluss auf die Beschleunigerkonzepte für die Trägheitsfusion.

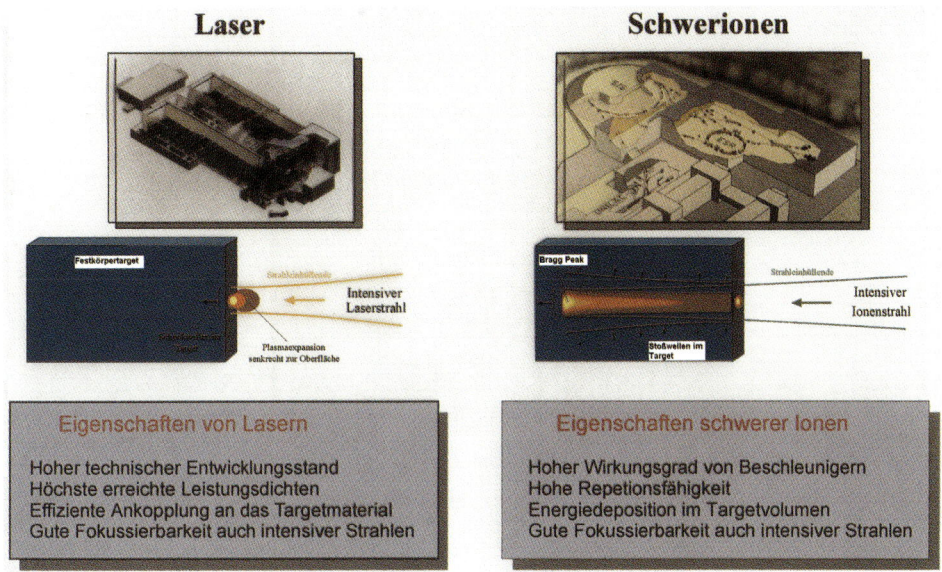

Abb. 7: Schwere Ionen und Laserstrahlung als Treiber für das Trägheitsfusionskonzept.

8   Wie könnte ein Trägheitsfusionsreaktor aufgebaut sein?

Anfang der 1980er-Jahre wurde die erste systematische Studie für ein Trägheitsfusionsreaktorkonzept durchgeführt, bei der alle Systemkomponenten analysiert wurden. Diese Studie kam zu dem Ergebnis, dass keine physikalischen Prinzipien der Realisierung eines solchen Konzeptes entgegenstehen. Es wurden allerdings eine Reihe von Schlüsselproblemen definiert, die noch weiterer Erforschung bedürfen.

Zu diesen Problemen gehören die grundlegenden Wechselwirkungsmechanismen zwischen schweren Ionen und dichter und heißer, ionisierter Materie. Genaue Detailkenntnisse sind hier notwendig, um die Umwandlung der kinetischen Energie der Ionen in Strahlung möglichst effizient zu gestalten. Die hydrodynamische Reaktion von Materie auf intensive Bestrahlung ist ein Gebiet, das experimentell noch wenig untersucht ist. Um zu entscheiden wie gut unsere theoretischen Modellvorstellungen sind, ist es unerlässlich über zuverlässige experimentelle Daten zu verfügen. Ein weiteres Problem ist die Fokussierung und der Transport intensiver Ionenstrahlen in der Reaktorkammer. In Abb. 8 ist das Prinzip eines Fusionskraftwerkes nach dem Trägheitsfusionsprinzip gezeigt, bei dem ein Schwerionenbeschleuniger die notwendigen intensiven Strahlen zum Aufheizen des Brennstoffes liefert. Die Hauptkomponenten sind Ionenquellen für Schwerionenstrahlen. Die bekannten Methoden für Ionenquellen liefern zurzeit nicht ausreichend hohe Ströme. In den bisherigen Konzepten müssen daher die Intensitäten mehrerer Ionenquellen gebündelt werden, bevor sie in einem Linearbeschleuniger auf die

notwendige Energie von 50 MeV/u (50 MeV pro Nukleon) beschleunigt werden. Ein Speicherring sammelt den vom Linearbeschleuniger gelieferten Ionenstrom für einen gewissen
Zeitraum auf, und zwar so lange, bis der Speicherring bis zur Raumladungsgrenze mit schweren Ionen gefüllt ist. Bei noch höherer Intensität wird der Strahl im Speicherring instabil und
geht verloren. Anschließend wird der gesamte Ioneninhalt des Speicherrings in einer schnellen Extraktion entleert und den Kompressionsringen zugeführt. Diese sorgen dafür, dass ein
zeitlich kurzer Ionenpuls erzeugt wird, der dann in die Reaktorkammer mit dem Fusionstarget
geführt wird. Nach der zeitlichen Kompression ist nun eine räumliche Konzentration, das bedeutet eine Fokussierung notwendig. Der Transport und die Fokussierung solch intensiver
Ionenpulse ist keineswegs Stand der Technik. Am aussichtsreichsten erscheint der raumladungskompensierte Transport in einem Plasmakanal und die Fokussierung durch Plasmalinsen. An diesen Problemen wird zurzeit ebenfalls bei der Gesellschaft für Schwerionenforschung intensiv gearbeitet.

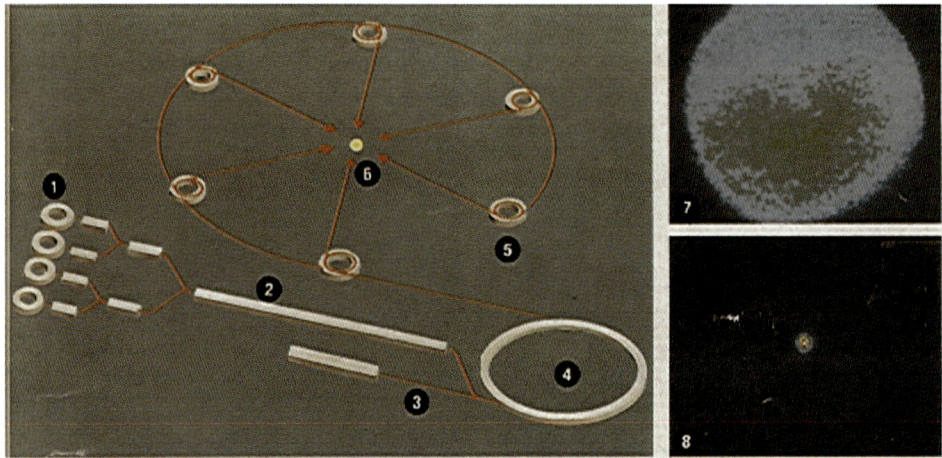

Abb. 8: Schema eines Trägheitsfusionsreaktors mit einem Schwerionenbeschleuniger. (1) Ionenquellen für
schwere Ionen z.B. Bismuth, (2) Linearbeschleuniger, (3) Laser, (4) Speicherring, (5) Kompressorringe, (6)
Reaktorkammer mit Pellet, (7) und (8) Strahltransport in einem Plasmakanal und Strahlfokussierung mit einer
Plasmalinse. (Quelle: Science & Vie, 891, December1991, das in diesem Bild ebenfalls verwendete Beispiel der
Fokussierung mit einer Plasmalinse entstammt einer Arbeit des Verfassers: Fokussierung von Teilchenstrahlen
mit Plasmalinsen, E. Boggasch, D.H.H. Hoffmann und H. Riege, Physik in unserer Zeit **23**,272 1992.)

In Abb. 8 ist auch ein Lasersystem eingezeichnet (Punkt 3). In diesem Szenario ist der Laser vorgesehen den Ladungszustand des Ionenstrahls gezielt zu verändern. Die schnelle Entwicklung die derzeit auf dem Gebiet der Hochleistungslaser stattfindet, macht den Einsatz
von Lasern jedoch auch noch an anderen Stellen des Reaktorsystems wahrscheinlich. Kürzlich durchgeführte Experimente haben gezeigt, dass intensive Laserstrahlung, die auf eine
Festkörperoberfläche fokussiert wird auch intensive und hochenergetische Ionenstrahlen erzeugt [1]. Die Eigenschaften dieser Strahlen werden zurzeit eingehend untersucht. Wenn sich
die bisherigen Ergebnisse umsetzen lassen, dann besteht zum Beispiel die Möglichkeit, den
Ionenquellenteil des Reaktorsystems stark zu vereinfachen und statt vieler Ionenquellen eine
einzige Laserplasma-Ionenquelle einzusetzen. Lasererzeugte Teilchenstrahlen können auch
bei der Zündung des Fusionstargets eine Rolle spielen [2].

Es ist interessant, einmal das Schema der Beschleunigeranlagen der Gesellschaft für Schwerionenforschung (GSI) in Darmstadt mit dem obigen Reaktorszenario zu vergleichen. Aus Abb. 9 wird deutlich, dass große Ähnlichkeiten zu verzeichnen sind. Auch hier gibt es mehrere Ionenquellen, Linearbeschleuniger und Kreisbeschleuniger. Die Zukunftspläne der GSI, die in der Abbildung rot dargestellt sind, sehen eine Erweiterung der Beschleunigeranlagen vor. Im Zentrum der Erweiterungspläne steht ein Synchrotron mit einer magnetischen Steifigkeit von 200 Tm. Der direkte Vergleich mit einem Reaktorszenario macht deutlich, dass einige der Schlüsselprobleme, die sich für einen Beschleuniger für die Trägheitsfusion ergeben, an den Anlagen der GSI untersucht werden können.

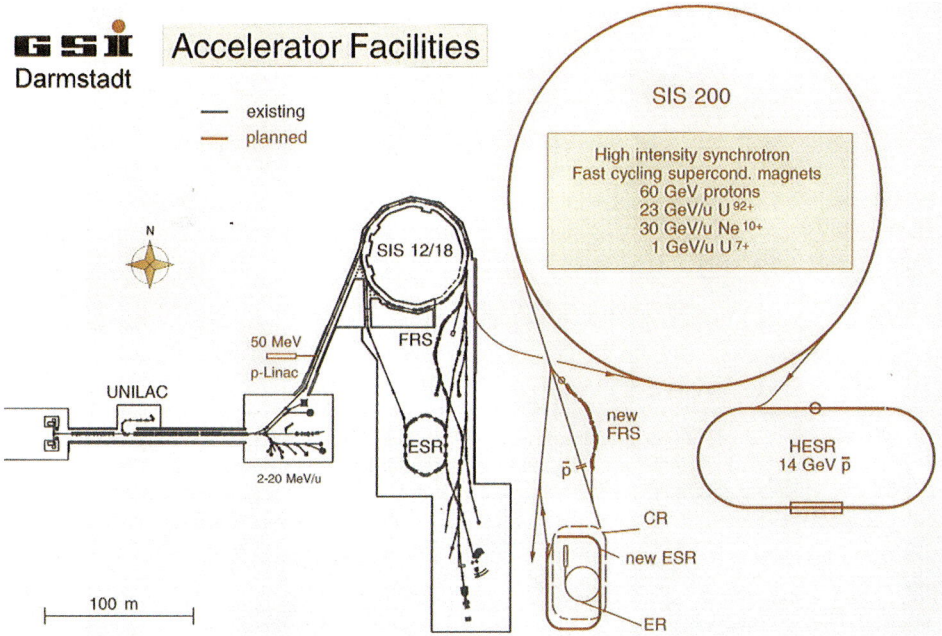

Abb. 9: GSI-Beschleunigeranlagen. Der gegenwärtige Stand ist in blau, die Zukunftspläne sind in rot dargestellt.

9   Beiträge der Gesellschaft für Schwerionenforschung (GSI) zur Forschung an der Trägheitsfusion

Die GSI ist ein Forschungsinstitut an dem Grundlagenforschung auf den Gebieten Kernphysik, Atomphysik, Biophysik, Materialforschung, Beschleunigerphysik und Plasmaphysik betrieben wird. Es handelt sich dabei um ein breit gefächertes Forschungsspektrum, bei der sehr eng mit Universitätsgruppen zusammengearbeitet wird.

Beiträge zum hier diskutierten Gebiet der Trägheitsfusion kommen dabei aus den Bereichen Beschleunigerphysik und Plasmaphysik. Die Wissenschaftler aus dem Bereich der Beschleunigerphysik waren an den Systemstudien HIBALL (Heavy Ion Beam and Lithium Lead [3] und HIDIF (Heavy Ion Driven Inertial Fusion) [4] maßgeblich beteiligt. In der Abteilung

Plasmaphysik interessieren sich die Wissenschaftler für die Eigenschaften von Materie unter extremen Bedingungen, wie sie zum Beispiel im Innern von Sternen, Sternatmosphären und in dem Targetmaterial von Fusionstargets während des Aufheiz- und Implosionsvorganges vorkommen. Intensive Strahlen schwerer Ionen und intensive Laserstrahlen sind die Werkzeuge mit denen diese Zustände erzeugt und auch untersucht werden.

Intensive Ionenstrahlen, die von Beschleunigern auf eine hohe kinetische Energie beschleunigt wurden, sind sehr effiziente Energieträger. Ihre Wechselwirkungseigenschaften mit Materie machen sie in idealer Weise dazu geeignet, einen Zustand hoher Energiedichte in Materie zu erzeugen, denn die hohen Kernladungszahlen bewirken eine sehr effektive Energieposition durch die Abbremsung der Ionen im Volumen des Targetmaterials.

Abbildung 10 zeigt diesen Sachverhalt sowohl schematisch als auch in einem Experiment. Im Experiment dringt ein Neon-Ionenstrahl mit einer Energie von 300 MeV/u tief in das Volumen eines Krypton-Edelgaskristalls ein und deponiert seine Energie innerhalb der Wechselwirkungszone. Am Ende der Reichweite ist die Energiedeposition im Bragg-Maximum besonders hoch. Die Energiedeposition führt zur Aufheizung des Materials. Wenn es sich um einen zeitlich kurzen Strahlpuls handelt, wird die Energie so schnell deponiert, dass der Kristall keine Zeit hat hydrodynamisch zu reagieren. Der Aufheizvorgang läuft dann bei praktisch konstantem Volumen ab und es werden extrem hohe Drücke erreicht, die sich bis in den Multi-Megabar-Bereich[4] erstrecken, wenn der Ionenpuls intensiv genug ist. Es bilden sich dann Stoßwellen aus, die durch die Materie laufen und letzten Endes den Kristall zerstören. Die Reichweite der Ionen in Materie lässt sich über die Energie der Teilchen präzise einstellen. Damit ermöglichen sie einen neuen Zugang zur Erzeugung dichter Plasmen und erlauben es, Materie bei extremen Bedingungen von Dichte und Temperatur im Labor unter reproduzierbaren Bedingungen zu erforschen.

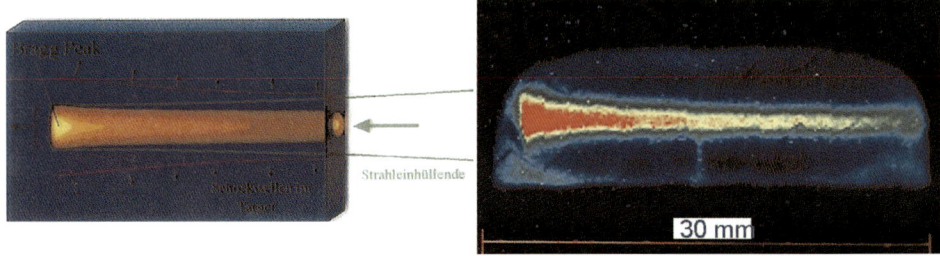

Abb. 10: Strahl-Target-Kopplung. Links schematisch, rechts experimentell.

Die hier dargestellte Situation entspricht dem Fall im Trägheitsfusionsszenario, wenn der Ionenstrahl auf das Konvertermaterial des Hohlraums trifft und es zu hohen Temperaturen aufheizt. Dabei verwandelt sich das Konvertermaterial in ein heißes Plasma. Wie in diesem Fall die Energiedeposition der Ionen im Detail verläuft ist experimentell noch nicht geklärt. Experimente mit vollständig ionisierten Wasserstoffplasmen haben gezeigt, dass der Energieverlust und die Ladungsverteilung der Ionen, die das Plasma durchqueren in starkem Maße vom Ionisationsgrad, der Temperatur und der Dichte des Plasmas abhängen. Aus bisherigen Messungen folgt, dass der Energieverlust im Plasma stets höher ist, als in normaler Materie [5]. Dieser Effekt ist bei kleinen Ionenenergien besonders ausgeprägt. Hier wird im Plasma

---

[4] Ein Megabar sind eine Millionen Bar, das ist ungefähr der millionenfache Druck der irdischen Atmosphäre auf Meereshöhe.

ein fast 40fach höherer Energieverlust als für das entsprechende kalte Wasserstoffgas beobachtet [6]. Zurzeit wird an den Beschleunigeranlagen der GSI auch ein Hochleistungslaser der Petawattklasse mit dem Projektnamen PHELIX [7] aufgebaut, der auch lange Pulse im Nanosekundenbereich mit einem Energieinhalt von einigen Kilojoule (kJ) erzeugen kann. Aufgabe dieses Lasers ist es, dichte heiße Plasmen zu erzeugen, um Energieverlustprozesse von Ionen in Plasmen bei Temperaturen bis zu drei Millionen Kelvin untersuchen zu können.

Ein anderes intensives Forschungsgebiet untersucht den Transport und die Fokussierung intensiver Ionenstrahlen. Dies erscheint auf den ersten Blick eher als ein technisches Problem, das aber durch die Physik raumladungsdominierter Strahlen theoretisch und experimentell sehr schwer zu behandeln ist. Um derart intensive Strahlen zu fokussieren und sie über längere Strecken zu transportieren ist eine praktisch vollkommene Ladungs- und Stromneutralisation notwendig, da sonst der Ionenstrahl durch die starken Coulombkräfte auseinander platzen würde. Der Transport solcher Strahlen kann deshalb innerhalb eines Plasmakanals erfolgen, der für eine solche Neutralisation sorgt. Die Fokussierung mit Hilfe einer Plasmalinse wurde bei der GSI entwickelt [8] und mit niedrigen Strahlintensitäten erfolgreich getestet. Mit einer Plasmalinse wird eine hohe Fokussierstärke erreicht. Weiterhin ist die Impulsakzeptanz größer als bei vergleichbaren konventionellen Fokussiermethoden mit magnetischen Quadrupoldubletts. Mit einer solchen Anlage ist es nicht nur möglich kleine Strahlflecken im Bereich von 100 µm zu erreichen. Besondere Stromdichteverteilungen im Entladungsplasma der Linse führen auch zu einem Ringfokus. Dies konnte kürzlich in einem Experiment demonstriert werden. Damit ergibt sich die Möglichkeit Targetmaterie in Form eines Hohlzylinders aufzuheizen und zylindrische Implosionsgeometrien zu studieren [9].

10   Ausblick

An den hier aufgeführten Beispielen wird deutlich, dass Beschleunigeranlagen wie die der Gesellschaft für Schwerionenforschung besonders gut geeignet sind, Probleme der Trägheitsfusion mit schweren Ionen zu untersuchen. Dabei ist es möglich wichtige Experimente zu Schlüsselfragen des Trägheitseinschlusses durchzuführen. Eine Reihe von Fragestellungen, vor allem in den Bereichen der Strahlungsphysik bedürfen höherer Strahlintensitäten, als sie derzeit verfügbar sind. Das Programm der GSI zur Erhöhung der Strahlintensität und die geplanten neuen Beschleunigeranlagen werden hier in den kommenden Jahren neue Fortschritte ermöglichen. Die Beschleunigerphysik steht damit vor einer großen Herausforderung, der sie sich im Rahmen eines breit angelegten Programms der physikalischen Grundlagenforschung sowohl bei der GSI als auch an anderen führenden Beschleunigerlaboratorien stellt, um die Möglichkeiten und Perspektiven der mit Ionenstrahlen betriebenen Trägheitsfusion zu untersuchen.

Der Autor

Dieter H. H. Hoffmann
Technische Universität Darmstadt, Institut für Kernphysik

Dieter H. H. Hoffmann wurde 1950 in Hildburghausen, Thüringen geboren. Er studierte an der Ruhruniversität Bochum (1969 –1975) Physik und Mathematik und schloss das Studium mit einer Diplomarbeit in experimenteller Kernphysik ab. Im Jahr 1979 promovierte er an der Technischen Hochschule Darmstadt mit einer atomphysikalischen Arbeit. Daran schloss sich ein zweijähriger Auslandsaufenthalt an der kalifornischen Stanford University an, der durch ein Feodor-Lynen-Stipendium der Alexander-von-Humboldt-Stiftung gefördert wurde. Er war wissenschaftlicher Mitarbeiter bei der Gesellschaft für Schwerionenforschung in Darmstadt und am Max-Planck-Institut für Quantenoptik in Garching. Nach der Habilitation erhielt er 1994 einen Ruf auf den Lehrstuhl für Experimentalphysik an der Universität Erlangen. Im Jahr 1998 nahm er einen Ruf als Professor an die Technische Universität Darmstadt an und ist seitdem auch Leiter der Abteilung Plasmaphysik an der Gesellschaft für Schwerionenforschung in Darmstadt. Im Jahr 1999 wurde er mit einer Ehrendoktorwürde der Russischen Akademie der Wissenschaften ausgezeichnet.

Literatur

[1] R. Snavely et al.: *Intense high energy proton beams from petawatt laser irradiation of solid targets*, Physical Review Letters **85**, 2945 (2000)

[2] M. Roth (GSI) et al.: *Fast Ignition by intense laser accelerated proton beams*, Physical Review Letters (2000) in press

[3] B. Badger et al., *HIBALL Study (Heavy Ion Beam and Lithium Lead); An Improved Conceptual Heavy Ion Beam Driven Fusion Reactor Study*, Kernforschungszentrum Karlsruhe, **KFK 3840** (1985)

[4] I. Hofmann (GSI) and G. Plass (CERN) (Eds.): *HIDIF –Study; Report on the European Study Group on Heavy Ion Driven Inertial Fusion for the period 1995 – 1998*, GSI-Report **GSI-98-06** (1998)

[5] D.H.H. Hoffmann et al.: *Energy loss of heavy ions in a plasma target*, Physical Review **A42**, 2313 (1990)

[6] J. Jacoby et al.: *Stopping of heavy ions in a hydrogen plasma*, Physical Review Letters **74**, 1550 (1995)

[7] *PHELIX – Petawatt High Energy Laser for Heavy Ion Experiments*, GSI Report **GSI-98**, December (1998)

[8] E. Boggasch et al.: *Plasma lens focusing of heavy ion beams*, Journal of Applied Physics **60**, 2475 (1992) und *Verfahren zum Fokussieren eines Strahles geladener Teilchen und Plasmalinse für das Verfahren*, Patentschrift DE 4214417 CI, Bundesdruckerei 07.93.308 135/303 (1993)

[9] U. Neuner et al.: *Shaping of intense ion beams into hollow cylindrical form*, Physical Review Letters **85**, 4518 (2000)

Neutrinos – unsichtbare Himmelsboten

Christian Spiering

1   Was sind eigentlich Neutrinos?

Neutrinos sind elektrisch neutrale Elementarteilchen – die erstaunlichsten und befremdlichsten Vertreter des Teilchenzoos. Ihre bemerkenswerteste Eigenschaft besteht in der geringen Neigung, mit ihrer Umgebung in irgendeine Wechselwirkung zu treten. Aufgrund dieser Eigenschaft können sie riesige Materieschichten ohne einen Zusammenstoß durchdringen. Von den 60 Milliarden Sonnenneutrinos pro Quadratzentimeter und Sekunde etwa, die von der Sonne kommend auf die Erdoberfläche treffen und dann die Erde durchqueren, stoßen im Mittel kaum ein Dutzend mit einem Atom des Erdinnern zusammen.

Neutrinos wurden 1930 von Wolfgang Pauli zur Erklärung der „fehlenden" Energie im radioaktiven Beta-Zerfall ($n \rightarrow p + e^- + \bar{\nu}_e$) postuliert. Dabei steht n für Neutron, p für Proton, e^- für Elektron und $\bar{\nu}_e$ für „Anti-Elektronneutrino". Bald gelang es, die Eigenschaften der hypothetischen Teilchen zu berechnen. Es stellte sich heraus, dass das Neutrino eher einem Geisterteilchen als einer realen Existenz gleicht, und Pauli bekannte in einem Brief: „Ich habe etwas Schreckliches getan: Ich habe ein Teilchen vorausgesagt, das nicht nachgewiesen werden kann."

Zum Glück irrte er. In den vierziger Jahren entstanden die ersten Kernreaktoren, und sie erzeugten einen so großen Neutrinofluss, dass ein Nachweis in den Bereich der Möglichkeit rückte. 1956 gelang es Frederick Reines und Clyde Cowan, am Savannah-River-Reaktor in den USA Neutrinos nachzuweisen. Aus dem Fluss von Milliarden und Abermilliarden Neutrinos löste ein knappes Dutzend dieser Teilchen, über die Reaktion $\bar{\nu}_e + p \rightarrow n + e^+$, in ihrem Nachweisgerät ein Signal aus.

Frederick Reines erhielt dafür den Nobelpreis für Physik. „Mit dieser Großtat, die ans Unmögliche zu grenzen schien", heißt es in der Nobelpreis-Begründung, sei es Reines und seinem inzwischen verstorbenen Mitforscher Cowan gelungen, das Neutrino „aus einem Zustand als Phantasie-Gebilde zu befreien und seine Existenz als real existierendes Teilchen zu beweisen".

Inzwischen wissen wir, dass es drei Neutrinosorten gibt: Elektron-Neutrino (ν_e), Myon-Neutrino (ν_μ) und Tau-Neutrino (ν_τ), die den geladenen Schwesterteilchen Elektron, Myon bzw. Tau zugeordnet sind. Neutrinos sind „Fermionen", d.h. Teilchen mit ungeradzahligem Eigendrehimpuls (Spin). Ihr Spin beträgt ½. Neutrinos spüren weder die starke Kraft, die Protonen und Neutronen in Atomkernen zusammenschweißt, noch die elektromagnetische Kraft. Wenn man einmal von der Schwerkraft absieht, unterliegen sie nur der sog. schwachen Kraft, die u.a. für den radioaktiven Beta-Zerfall zuständig ist, und genau deshalb reagieren sie auch so selten. In direkten Messungen der Neutrinomassen zeigte sich bisher kein Hinweis auf eine Ruhemasse. Die entsprechenden experimentellen oberen Grenzen sind $M(\nu_e) < 3$ eV,

$M(\nu_\mu) < 170$ keV und $M(\nu_\tau) < 24$ MeV. [1] Allerdings verdichten sich in den letzten Jahren die Hinweise darauf, dass die verschiedenen Neutrinotypen sich ineinander umwandeln können. Solche „Neutrinooszillationen" aber sind nur für massive (massebehaftete) Neutrinos möglich, deren Massen sich zudem voneinander unterscheiden. Die Experimente legen Massendifferenzen von weit unter einem Zehntel Elektronenvolt nahe.

Was macht das Neutrino so interessant für die Astronomie? Was soll uns ein Teilchen nützen, das nur sporadisch mit irgendetwas in Wechselwirkung tritt? Paradoxerweise ist es gerade die zuletzt erwähnte Eigenschaft, mit der sich das Neutrino als kosmischer Bote empfiehlt. Teilchen, die kaum aufspürbar sind, können nämlich fast ungehindert auch die dicksten Materieschichten durchdringen. Sie erreichen uns von Regionen des Kosmos, aus denen nie ein Lichtstrahl zu uns dringen kann. Sie können uns Kunde vom Innern der Sonne geben, von dort, wo die Kernreaktionen ablaufen, aus denen unser Zentralgestirn seine Energie bezieht. Sie fliegen tausende Lichtjahre durch das kompakte Zentrum unserer Galaxis hindurch. Und sie entweichen sogar aus dem Innern von so genannten aktiven Galaxien, denjenigen Orten im Universum, an denen es zu den gewaltigsten Energieausbrüchen kommt, die es überhaupt geben mag. Neutrinos sind also ideale kosmische Boten aus Regionen, die uns mittels Licht nicht zugänglich sind.

2   SN-1987A: Neutrinos von einer Supernova

Vor etwa 180 000 Jahren explodierte ein Stern in der großen Magellan'schen Wolke, einer Begleitgalaxis unseres eigenen Milchstraßensystems. Der nukleare Brennstoff in seinem Inneren hatte sich erschöpft, und das erkaltende Sterninnere konnte der Eigengravitation des Sterns keinen Widerstand mehr entgegensetzen. Der Stern begann schnell zu kontrahieren, bis schließlich sein Kern schlagartig in sich zusammenstürzte. Bei diesem Kollaps wurden gewaltige Energiemengen freigesetzt und die Schalenregionen des Sterns in einer gigantischen Explosion in den interstellaren Raum geschleudert.

Das Licht dieser Explosion breitete sich in den Raum aus. Als es seinen Weg begann, sollten noch einige zehntausend Jahre bis zum Erscheinen der Neandertaler auf unserer Erde vergehen. Rund 180 000 Jahre benötigte die Lichtwelle, um den intergalaktischen Raum zwischen der großen Magellan'schen Wolke und unserer Milchstraße zu durchmessen. Die Ägypter bauten an ihren Pyramiden, als der auf uns gerichtete Teil der Lichtfront in die Milchstraße eindrang. Am 23. Februar 1987, vermutlich gegen 9:30 Greenwichzeit, erreichte sie schließlich die Erde. Einen Tag später bemerkte ein Astronom das immer noch ansteigende Leuchten aus der Magellan'schen Wolke: Er hatte eine *Supernova* entdeckt (Abb. 1)!

Supernova-Ausbrüche sind extrem seltene Ereignisse. Nur fünfmal im Verlauf des letzten Jahrtausends konnte ein solcher Vorgang in unserer eigenen Galaxis beobachtet werden – in den Jahren 1006, 1054, 1181, 1572 und 1604. Fast alle anderen Supernova-Explosionen ereigneten sich in Galaxien, von denen uns Dutzende Millionen von Lichtjahren trennen. Erstmals interessierten sich darum nicht nur Astronomen für dieses Naturereignis. Aufgrund der geringen Entfernung der Explosion und mit Hilfe neuartiger Nachweisgeräte ergab sich näm-

---

[1] Energien von Elementarteilchen (und, wegen Einsteins Formel $E = mc^2$, auch deren Massen) werden meist in Elektronenvolt, abgekürzt eV, oder in Vielfachen davon – keV, MeV, GeV – angegeben. Zum Vergleich: die Masse des Elektrons beträgt 511 keV.

lich erstmals die Chance, *Neutrinos* als Boten aus dem eigentlichen Kern des kollabierten Sterns zu registrieren.

Kaum dass die Nachricht von der Explosion bekannt geworden war, begannen mehrere Forschergruppen ein intensives Suchprogramm. Diese Gruppen betrieben in tiefen Erzminen oder in Seitenstollen von Autobahntunneln Nachweisgeräte für Neutrinos. Will man nämlich kosmische Neutrinos nachweisen, dann muss sich das Gerät (der Detektor) tief unter der Erde befinden, damit die „gewöhnliche" kosmische Strahlung weitgehend abgeschirmt wird. An der Erdoberfläche, unter dem permanenten Bombardement durch die normale kosmische Strahlung, würde der Nachweis der seltenen Neutrinoreaktionen der Suche nach der Nadel im Heuhaufen gleichen.

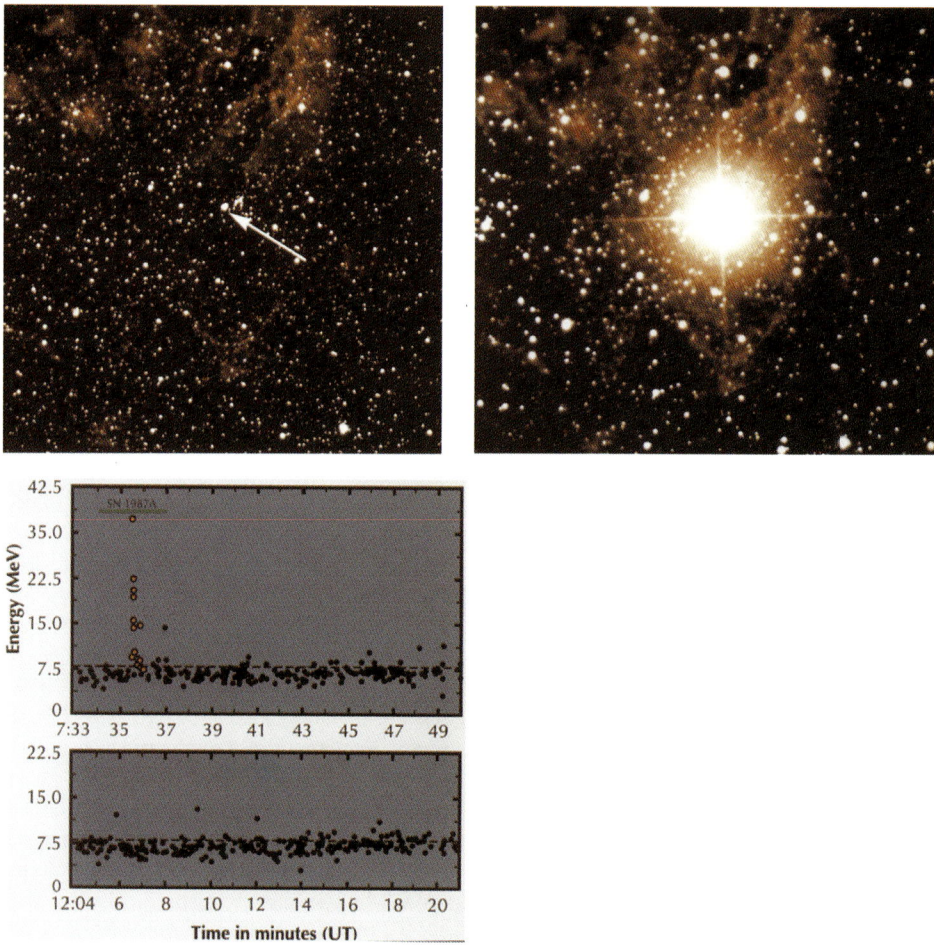

Abb. 1: Die Supernova 1987A. Oben links: Das Gebiet um die Supernova in der großen Magellan'schen Wolke 1984 (oben) und oben rechts, dasselbe Gebiet einen Monat nach der Entdeckung im März 1987 (Foto: David Marlin/Ray Sharples). Das Schaubild darunter zeigt die Reaktionen im KAMIOKANDE-Detektor. Jeder Punkt entspricht einer einzelnen Reaktion. Die Hochachse gibt die Energie an, die Querachse die Zeit. Kurz nach 7:35 Uhr sieht man eine hochsignifikante Anhäufung von Reaktionen.

Die Physiker durchforsteten ihre Magnetbänder mit den von Computer erfassten Messdaten des 23. Februar nach irgendetwas Ungewöhnlichem. Tatsächlich meldeten zwei Gruppen eindeutige Signale: In einem unterirdischen Wassertank in Japan, dem KAMIOKANDE-Detektor, waren zwölf winzige Lichtblitze registriert worden, die mit fast hundertprozentiger Wahrscheinlichkeit auf zwölf Reaktionen von Neutrinos aus der Supernova zurückzuführen waren. Das Resultat wurde durch die Beobachtung von acht Reaktionen in einem ähnlichen Wassertank nahe Cleveland, USA, erhärtet. Beide Signale waren am 23. Februar um 7:35 Uhr registriert worden, also etwa zwei Stunden vor Eintreffen des Lichtsignals. Aus Anzahl und Energie der Neutrinos konnte man auf die Temperatur des kollabierten Sternkerns sowie auf die durch Neutrinos freigesetzte Energie schließen. Erstmalig konnte man auf diese Weise die Vorstellungen über den Gravitationskollaps bestätigen, die man aus dem Studium von Supernovahüllen und Modellrechnungen gewonnen hatte. Demnach herrschten in SN1987A Temperaturen von 35–45 Milliarden Grad (knapp dreitausendmal soviel wie im Zentrum der Sonne), und die gesamte durch Neutrinos freigesetzte Energie belief sich auf das Billionenfache dessen, was unsere Sonne in einem Jahr ausstrahlt.

1987 darf mit Fug und Recht als das Geburtsjahr der Neutrinoastronomie bezeichnet werden.

3   Sonnen-Neutrinos

In Innern der Sonne verschmelzen – über eine komplizierte Reaktionskette – Protonen zu Heliumkernen. Bei einigen der Reaktionsschritte werden Elektron-Neutrinos emittiert. Zwischen der bekannten Lichtintensität der Sonne und dem zu erwartenden Fluss solarer Neutrinos besteht ein fester Zusammenhang.

Die solaren Neutrinos lassen sich vereinfacht in drei Gruppen einteilen: Mit etwa 90 % dominieren Neutrinos mit Energien unterhalb 422 keV, die so genannten pp-Neutrinos, die bei der Fusion zweier Protonen entstehen. Der mittlere Energiebereich wird durch den im Vergleich zu pp-Neutrinos etwa zehnmal schwächeren Fluss der ^{7}Be-Neutrinos beherrscht. Sie werden bei der Umwandlung von Beryllium in Lithium freigesetzt. Mit nur einem Zehntausendstel des Gesamtflusses tragen schließlich die beim Zerfall von Bor entstehenden ^{8}B-Neutrinos bei, deren maximale Energie bei 14 MeV liegt.

Das erste Experiment, dem Ende der Sechzigerjahre in den USA der Nachweis solarer Neutrinos gelang, war nur auf die hochenergetischen ^{8}B-Neutrinos empfindlich. Überraschenderweise ergab sich ein etwa dreimal geringerer Neutrinofluss als erwartet. Da jedoch der Fluss der ^{8}B-Neutrinos sehr empfindlich von der Temperatur im Sonneninnern abhängt, lag es nahe, das beobachtete Neutrinodefizit auf eine geringere Temperatur im Sonneninnern zu schieben. Auch das im Zusammenhang mit den Supernova-Neutrinos erwähnte KAMIOKANDE-Experiment ist nur auf ^{8}B-Neutrinos empfindlich und maß knapp die Hälfte des erwarteten Flusses.

Es blieb Experimenten mit einer weit niedrigeren Energieschwelle vorbehalten zu zeigen, dass einfaches „Drehen" an der Sonnentemperatur nicht die Lösung des Rätsels sein kann. Bei diesen Experimenten wird die verschwindend geringe Rate gemessen, mit der solare Neutrinos Galliumatome (die in riesigen unterirdischen Tanks aufbewahrt werden) in Germaniumatome umwandeln. Die Energieschwelle für diesen Prozess liegt bei 233 keV, sodass also auch die oben erwähnten dominanten pp-Neutrinos erfasst werden. Deren Fluss hängt weit schwächer von der Kerntemperatur der Sonne ab als jener der ^{8}B-Neutrinos. Das deutsch-italienische GALLEX-Experiment und das russisch-amerikanische SAGE Experiment – das eine tief unter dem italienischen Gran-Sasso-Massiv, das andere in einem Bergstollen im Kaukasus – maßen jeweils etwa zwei Drittel des vorhergesagten Flusses. Damit war klar: Das Neutrinodefizit war nicht allein auf eine inkorrekte Beschreibung der Temperatur im Sonneninnern zurückzuführen. Aller Wahrscheinlichkeit liegt des Rätsels Lösung nicht beim Sonnenmodell, sondern bei den Neutrinos selbst. Man nimmt an, dass sich die ursprünglich als Elektron-Neutrino erzeugten Teilchen auf ihrem Weg zur Erde in eine andere Neutrinosorte umwandeln, auf welche die erwähnten Experimente nicht ansprechen. Solche „Neutrinooszillationen" sind nur für massebehaftete Neutrinos möglich. Darüber hinaus müssen die Neutrinos verschiedener Sorte unterschiedlich schwer sein. Aus den Messresultaten kann man zwar nicht die Massen selbst, wohl aber die Massen*differenzen* und die Stärke der „Verwandtschaft" zwischen den Sorten bestimmen.

Abb. 2: Neutrinobild der Sonne, rekonstruiert aus mehreren tausend Sonnenneutrinos, die der japanische Super-KAMIKOANDE-Detektor registriert hat. Dieses Bild der Sonne (deren wahre Ausdehnung von der Erde aus gesehen etwa ein halbes Grad beträgt) ist wegen der begrenzten Winkelauflösung des Detektors über 40–50 Grad verschmiert. Wichtiger als die genaue Richtung sind jedoch Anzahl und Energie der Neutrinos, aus denen sich weitreichende Schlussfolgerungen über Sonne und Neutrinos selbst ziehen lassen.

Unversehens haben sich die Sonnenneutrino-Experimente, die ursprünglich ein vermeintlich bekanntes Teilchen, das Neutrino, zur Untersuchung der Sonne benutzen wollten, zu Experimenten gewandelt, deren Ziel das bessere Verständnis der Neutrinos selbst ist. Um die Details der Oszillations-Hypothese festzulegen, sind allerdings noch weitere Experimente vonnöten. Eines davon, das nicht nur auf Elektron-Neutrinos, sondern auch auf Myon- und Tau-Neutrinos empfindlich ist, hat 1999 in einer kanadischen Nickelmine zu messen begonnen. Das andere, BOREXINO genannt, spricht im Wesentlichen auf die Neutrinos mittlerer Energie an, die ^{7}Be-Neutrinos. Es wird, unter deutscher Beteiligung, im Gran-Sasso-Tunnel aufgebaut.

4   Neutrinos aus kosmischen Beschleunigern

Zu den spannendsten Fragen der Astrophysik gehört der Ursprung der kosmischen Strahlung. Seit der Entdeckung, dass die Erde einem ständigen Regen geladener Teilchen ausgesetzt ist, sind 88 Jahre vergangen. Wir wissen inzwischen, dass die kosmische Strahlung vorwiegend aus Protonen, leichten und schweren Kernen besteht. Bemerkenswert ist die schier unglaubliche Energie von einigen dieser Geschosse. Sie liegt etwa zehn millionenmal höher als die höchste Energie, die Menschen in ihren ringförmigen Teilchenbeschleunigern, wie etwa dem in DESY, erreicht haben! Irgendwo im Kosmos laufen offenbar Prozesse ab, bei denen phantastische Energiemengen freigesetzt werden, und diese natürlichen Beschleuniger, die das Universum in seiner Milliarden Jahre währenden Geschichte hervorgebracht hat, stellen ihre irdischen Verwandten auf Schwindel erregende Weise in den Schatten.

Die Frage ist: *Wo* laufen diese Prozesse ab? Und *wie* laufen sie ab, d.h., wie sind die Objekte beschaffen, in denen die Teilchen auf derart hohe Energien gejagt werden? Die Antwort auf diese Frage steht noch aus. Die geladenen kosmischen Teilchen werden nämlich beim Durchfliegen kosmischer Magnetfelder abgelenkt und verlieren damit die Information über ihre ursprüngliche Richtung. Darum wissen zwar, dass es sie gibt, aber wir wissen nicht, woher sie kommen. Eine Ortung der kosmischen Beschleuniger ist nur mit elektrisch neutralen Informationsträgern wie Photonen (Lichtteilchen) oder Neutrinos möglich, die sich geradlinig ausbreiten.

Natürlich gibt es wohl begründete Vermutungen über die gesuchten Objekte. Wahrscheinlich zählt das Innere so genannter aktiver Galaxien dazu, deren Zentralbereiche irgendwann einmal zu Schwarzen Löchern kollabiert sind. Man geht inzwischen davon aus, dass im Kernbereich jeder Galaxie ein Schwarzes Loch sitzt, also auch im Zentrum unserer Milchstraße. Der Unterschied zu den *aktiven* Galaxien, die zumeist aus einer früheren Phase des Universums stammen, liegt in der Masse des Schwarzen Lochs. Die Kerne der aktiven Galaxien sind hundert- oder tausendmal schwerer als der Kern unserer eigenen, vergleichsweise ruhigen Galaxis. Wie ein Mahlstrom saugen sie in einem riesigen Strudel Sterne und kosmischen Staub auf. Unvorstellbare Materiemengen „fallen" auf einer Spiralbahn auf das Schwarze Loch zu, um schließlich auf immer darin zu verschwinden. Dabei heizt sich die Materie auf. Die Überhitzung treibt gewaltige Stoßwellen an, die sich durch das heiße Inferno nach außen fortpflanzen. An den Fronten dieser Wellen werden Teilchen in unzähligen Stößen auf immer höhere Energien beschleunigt, bis sie schließlich irgendwann einmal in die Leere des intergalaktischen Raums entweichen.

Wir wissen nicht hundertprozentig, ob aktive Galaxien tatsächlich die dominante Quelle der höchstenergetischen kosmischen Strahlung sind. Falls sie es aber sein sollten, dann sind die Neutrinoflüsse von dort wegen der gewaltigen Entfernung sehr gering. Wenn man die Jagd bei den höchsten Energien mit Aussicht auf Erfolg führen will, muss man darum die Neutrino-Teleskope hundert- oder tausendmal größer bauen als die Detektoren in Schächten oder Tunnels. Man geht dazu in offenes Wasser oder antarktisches Eis.

5   Wie fängt man Hochenergie-Neutrinos?

Die gesuchten Neutrinos haben hunderttausendmal höhere Energien als jene von Sonne und Supernovae. Wenn ein energetisches Neutrino mit einem Atomkern zusammenprallt, verwandelt es sich häufig in ein Myon. Dieses Myon übernimmt den größten Teil der Energie des Neutrinos und rast in die annähernd gleiche Richtung weiter. Wenn man das Myon registriert und seine Richtung bestimmt, dann kennt man also auch die Richtung, aus der das Neutrino gekommen ist. Damit hat man ein Teleskop gebaut – in diesem Falle nicht für Licht, sondern für Neutrinos.

Unterirdische Neutrino-Teleskope, die nach diesem Prinzip funktionieren, sind schon seit vielen Jahren in Betrieb. Sie haben nach Myonen gesucht, die den Detektor *von unten* kommend durchlaufen. Solche Myonen können nur aus Neutrinoreaktionen stammen, denn kein anderes Teilchen außer dem Neutrino könnte den ganzen Erdball durchqueren. Tatsächlich hat man auch viele hundert Myonen aus Neutrinoreaktionen aufgezeichnet. Leider kommen sie nicht bevorzugt aus bestimmten Richtungen, wie man es erwarten würde, wenn sie von extraterrestrischen Quellen stammen, deren Bild am Himmel nur Bruchteile eines Grads überstreicht. Die bis jetzt nachgewiesenen Neutrinos kommen fast gleichmäßig verteilt aus allen Richtungen. Es sind zum größten Teil keine extraterrestrischen Neutrinos, sondern solche, die durch die normale kosmische Strahlung beim Auftreffen auf die Erdatmosphäre erzeugt worden sind; in diesem Fall treffen sie auf die Atmosphäre auf der anderen Seite der Erdkugel (denn man schaut ja nur auf Myonen, die von unten kommen). Man nennt diese Neutrinos *atmosphärische Neutrinos*.

Den Grund dafür, dass man „nichts" sieht, sind, wie gesagt, die gewaltigen Abstände der Quellen. Viel zu selten verfängt sich in einem unterirdischen Detektor von einigen hundert Kubikmetern Volumen eines der seltenen hochenergetischen Neutrinos, als dass man in akzeptablen Zeiten einige Reaktionen sammeln könnte. Deshalb also muss man größere Detektoren bauen, Instrumente, die in keinen Tunnel passen würden. Man geht dazu tief ins Wasser oder ins Eis, dorthin, wo es keine begrenzenden Wände gibt. Wieder versucht man, die Myonen aus den Neutrinoreaktionen nachzuweisen. Wenn ein Myon durch Wasser oder Eis fliegt, zieht es einen Lichtkegel hinter sich her, vergleichbar mit dem Überschallkegel eines Düsenflugzeugs. Dieses schwache bläuliche Leuchten, nach seinem Entdecker Tscherenkow-Licht[2] genannt, muss man aufzeichnen.

Unterwasser-Neutrino-Teleskope bestehen aus einer Vielzahl von Lichtsensoren, die auch noch winzigste Lichtblitze in elektrische Signale umwandeln können. Man nennt solche Sensoren *Photomultiplier*, zu Deutsch Fotovervielfacher. Die Photomultiplier sitzen in druckfesten Glaskugeln, die gitterförmig ein großes Volumen überspannen. Sie registrieren Stärke und Ankunftszeit des Lichtblitzs. Besonders die Zeitdaten, die auf wenige Milliardstel Sekunden genau gemessen werden, sind für die Richtungsbestimmung wichtig. Ein Computer vergleicht die Ankunftszeiten der Lichtblitze an den verschiedenen Photomultipliern und berechnet daraus die Lage des Lichtkegels im Raum. Aus der Lage des Lichtkegels erhält man die Bahn des Myons, und aus dieser die Richtung des Neutrinos (Abb. 3).

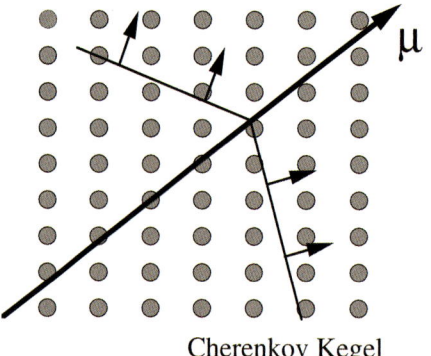

Cherenkov Kegel

Abb.3: Funktionsweise eines Unterwasser-Neutrino-Teleskops. Gitterförmig aufgehängte Photomultiplier registrieren den Lichtkegel, den geladene Teilchen (hier ein Myon) in Eis oder Wasser hinter sich herziehen.

---

[2] Der sowjetische Physiker Pawel Aleksejewitsch Tscherenkow (1904–1990) wird in der Literatur nach der englischen Transskription oft auch „Cherenkov" genannt.

Nachdem ein vor über zwanzig Jahren begonnenes Projekt in der Südsee vor Hawaii ge-
scheitert war, gelang 1996 einem russisch-deutschen Experiment im sibirischen Baikalsee der
Nachweis einer Handvoll Neutrinos und damit der erstmalige Funktionsbeweis für Unterwas-
serteleskope. Eine große Zahl von Wissenschaftlern arbeitet gegenwärtig daran, ein zehnmal
größeres Neutrino-Teleskop im Mittelmeer zu installieren. Der bisher größte Detektor dieser
Art ist jedoch ein Teleskop, das nicht Wasser, sondern Eis als Nachweismedium benutzt.

AMANDA

AMANDA ist das Akronym für „Antarctic Myon And Neutrino Detection Array". Hier werden die Photomultiplier nicht in Wasser herabgelassen, sondern in den drei Kilometer dicken
Eisschild, mit dem die Antarktis bedeckt ist. Die dazu notwendigen Löcher werden mit einem
80 °C heißen Wasserstrahl in das Eis geschmolzen (Abb. 4). AMANDA profitiert von der
Amundsen-Scott-Station der USA am geographischen Südpol, die eine für antarktische Verhältnisse exzellente Infrastruktur bietet. Montagearbeiten können im antarktischen Sommer
(November bis Februar) durchgeführt werden. Aber auch im Winter ist die Station besetzt,
sodass das Teleskop ganzjährig betrieben werden kann. Die geographische Position ist kom-
plementär zu allen anderen Projekten: AMANDA beobachtet durch die Erde hindurch den
Nordhimmel, die Projekte auf der Nordhalbkugel haben bevorzugt den Südhimmel im Blickfeld.

Abb. 4: Mitglieder der AMANDA-Kollaboration vor einem Bohrturm, mit dem zwei Kilometer tiefe Löcher in
das ewige Eis am Südpol geschmolzen werden. In der Mitte eine der Glaskugeln mit einem Photomultiplier. Die
Fahne zum „Jahr der Physik" wird von vier deutschen Teilnehmern gehalten. Die AMANDA-Kollaboration
umfasst US-amerikanische, deutsche, schwedische und belgische Institute. Aus Deutschland sind gegenwärtig
DESY Zeuthen sowie die Universitäten in Mainz und Wuppertal beteiligt.

Die gegenwärtige Konfiguration des Detektors umfasst 675 Photomultiplier, die an 19 Trossen befestigt und auf immer ins Eis gefroren sind. Diese Anordnung ist etwa 30-mal so empfindlich wie die beiden größten unterirdischen Neutrinodetektoren. Allerdings gibt es die Empfindlichkeit bei hohen Energien nicht umsonst: Sie wird erkauft mit „Blindheit" bei niedrigen Energien. Sonnenneutrinos etwa könnte AMANDA niemals nachweisen.

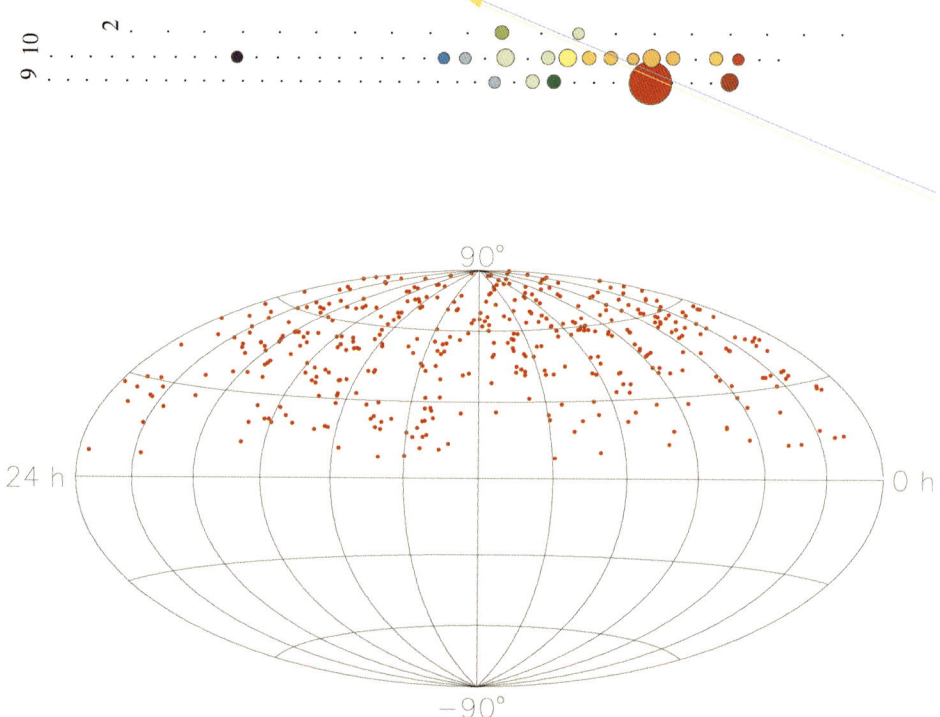

Abb. 5: Neutrinos in AMANDA. Links: Ein durch ein Neutrino erzeugtes Myon in AMANDA. Die Punkte deuten die Photomultiplier an. Die diagonale Linie stellt die rekonstruierte Bahn des Myons dar. Die Farbkodierung der getroffenen Photomultiplier indiziert die Ansprechzeit, von rot (früh) über grün, gelb und blau zu violett (spät). Die gemessene Amplitude wird durch Größe der Kreise symbolisiert. Unten: Himmelskarte der bisher gefundenen 263 Neutrinokandidaten. Da AMANDA nur von unten kommende Neutrinos identifizieren kann, liegen alle Ereignisse in der nördlichen Hemisphäre.

Aus etwa einer Milliarde von Spuren, die mit der kaum halb so großen Ausbaustufe des Teleskops im Jahre 1997 registriert wurden, sind inzwischen etwa 263 Neutrinokandidaten herausgefiltert worden. Abb. 5 zeigt eine Darstellung einer dieser Spuren sowie die Himmelskarte aller Neutrinos.

In Bezug auf extraterrestrische Neutrinos aus punktförmigen Einzelquellen sind atmosphärische Neutrinos (und um solche dürfte es sich bei den 263 bisher identifizierten handeln) der Untergrund, über dem man nach örtlichen Anhäufungen sucht. Eine Suche nach punktförmigen Neutrinoquellen lieferte jedoch keinerlei signifikante Überschüsse. Dass keine Quellen gefunden wurden, verwundert nicht: Selbst optimistischen Modellen zufolge ist der Detektor für den Nachweis dieser Quellen noch zu klein, und eine Entdeckung wäre ein ausgesprochener Glückstreffer! Darum ist sowohl für die Mittelmeer-Experimente wie auch für AMANDA ein Ausbau auf etwa einen Kubikkilometer Volumen geplant. Damit würde AMANDA das Tausendfache der Fläche von Super-KAMIOKANDE abdecken, des größten unterirdischen Teleskops.

6   Dunkle Materie und magnetische Monopole

Wir glauben heute aufgrund vielfältiger Befunde, dass der größte Teil des kosmischen Inventars nicht aus jener Materie besteht, aus der auch wir selbst bestehen – also nicht aus Protonen, Neutronen und Elektronen. Es scheint so, als wenn die leuchtenden Sterne und Galaxien in einem unsichtbaren See „dunkler" Materie schwimmen. Die dunkle Materie tritt nur schwach mit der normalen Materie in Wechselwirkung. Genaugenommen ist sie darin den Neutrinos ähnlich. Der größte Teil dieses geheimnisvollen Stoffs scheint aber im Vergleich zu Neutrinos sehr schwer zu sein. Darum nennt man die dazugehörigen Teilchen auch WIMPs (Weak Interacting Massive Particles, schwach wechselwirkende schwere Teilchen). WIMPs können aufgrund ihrer Masse von der Schwerkraft großer Himmelskörper eingefangen werden und bis in deren Mitte trudeln, dorthin wo die Netto-Schwerkraft praktisch gleich Null ist. Auf diese Weise könnte sich auch im Zentrum der Erde ein dichter Schwarm von WIMPs angesammelt haben, der dort nahezu unbeeinflusst durch die normale Materie als unsichtbare Wolke schwebt. Gelegentlich stoßen zwei WIMPs zusammen und tun das, was ihnen bei den seltenen Reaktionen mit normaler Materie verwehrt ist: Sie zerfallen in zwei Bündel normaler Elementarteilchen, darunter auch Neutrinos. Wenn es WIMPs mit den vermuteten Eigenschaften gibt, dann müsste man darum gelegentlich eines der Zerfalls-Neutrinos aus der Richtung des Erdzentrums beobachten.

Bisher hat man trotz sorgfältiger Suche noch keinen Neutrinoüberschuss aus dem Erdzentrum beobachtet. Empfindlicheren Neutrino-Teleskopen als den bisherigen, die in Tunneln und Höhlen installiert waren, könnte der Nachweis vielleicht dennoch gelingen. Auch in der Antarktis suchen wir danach – allerdings bislang ebenso vergeblich wie die unterirdischen Experimente.

Ein anderes exotisches Teilchen, auf das Neutrino-Teleskope reagieren würden, erblickte 1931, ein Jahr nach dem Postulat des Neutrinos, als reine Kopfgeburt das Licht der Welt. Paul Dirac, ein englischer Physiker, hatte sich gefragt, warum die Natur magnetische Ladungen nur als Dipole vorkommen lässt und nicht, wie elektrische Ladungen, auch als Einzelladungen, als „Mono-Pole"[3]. Er fand keinen überzeugenden physikalischen Grund, der das Vorhandensein von magnetischen Monopolen verboten hätte. Dirac berechnete, wie sich diese Exoten bemerkbar machen müssten. Er stellte fest, dass ein magnetischer Monopol die Materie, die er durchfliegt, fast fünftausendmal stärker ionisieren würde als normale Teilchen. Der Tscherenkow-Lichtkegel, den er hinter sich herzieht, wäre sogar achttausendmal stärker als der von Myonen. Das ist der Schlüssel zum Nachweis von Monopolen. Falls ein magnetischer Monopol mit annähernd Lichtgeschwindigkeit ein Neutrino-Teleskop durchfliegen sollte, dann wäre es, als wenn man eine kleine Glühbirne durch den Detektor katapultiert. Alle Pho-

---

[3] Ein elektrischer Dipol besteht aus einer positiven und einer negativen Ladung in einem gewissen Abstand zueinander. Wenn man die beiden Ladungen trennt, hat man zwei elektrische „Mono-Pole". Bei einem Magneten treten aber immer Nord- und Südpol zusammen auf, sie lassen sich nicht trennen.

tomultiplier würden ansprechen und eine Signalkaskade auslösen, die jede Verwechslung mit einem weniger exotischen Teilchen ausschlösse.

In den siebziger Jahren stellte sich heraus, dass Monopole in großer Zahl während des Urknalls entstanden sein müssen, und dass sie sich nicht nur durch ihre magnetische Einzeladung, sondern auch durch eine gigantische Masse auszeichnen. Ein Monopol dürfte demnach zwischen einer Milliarde und hundert Millionen Milliarden Mal so schwer wie ein Proton sein. Die Existenz dieser „Dinosaurier" der Teilchenwelt hätte die tiefgreifendsten Rückwirkungen auf unser Bild vom Urknall und von den Grundkräften der Natur. Unnötig zu erwähnen, dass wir bisher noch keine Monopole gefunden haben. Immerhin ergeben aber die Messdaten von AMANDA, dass selbst eine Fläche so groß wie ein Fußballfeld von weniger als einem Monopol pro Jahr getroffen wird. Diese Ausschlussgrenze ist etwa fünfmal schärfer als die aller vorherigen Suchprogramme (Abb. 6).

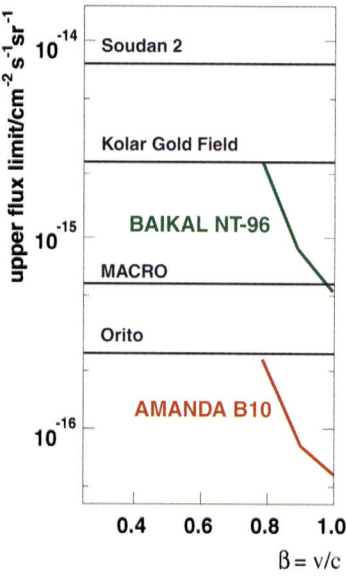

Abb. 6: Die Grenzen für den Fluss magnetischer Monopole, aufgetragen gegen deren Geschwindigkeit (relativ zur Lichtgeschwindigkeit). Die flachen Grenzen stammen von unterirdischen Experimenten. BAIKAL und AMANDA sprechen nur auf Monopole an, die sich schneller als ¾ der Lichtgeschwindigkeit bewegen.

7   Das Echo des Urknalls

Neutrinos aus Kernfusionen im Sterneninnern, Neutrinos aus Supernova-Explosionen, Neutrinos aus kosmische Beschleunigern – sie alle können es an Zahl und Alter nicht aufnehmen mit jenen Neutrinos, die im Urknall erzeugt wurden. Diese Neutrinos waren Ingredienzien des heißen Feuerballs, aus dem sich das Universum entwickelte. Etwa eine Sekunde nach dem hypothetischen Zeitpunkt Null hatte sich das Urplasma auf knapp 10 Milliarden Grad abgekühlt hatte und war dabei durch die stetige Expansion soweit ausgedünnt, dass die schwach reagierenden Neutrinos kaum noch mit anderen Teilchen auf Tuchfühlung kamen. Sie hörten daher auf, mit dem Rest der Materie in merklicher Wechselwirkung zu stehen. Man nennt einen solchen Vorgang „Entkopplung". Jedes einzelne dieser Neutrinos führt von nun an ein Eigenleben und durcheilt, wie das gesamte Universum allmählich immer kälter werdend, den Kosmos. Ganz gleich, was der Rest der Materie vollführt – ob er sich örtlich zu Galaxien oder Sternen verdichtet, ob er Planeten formt oder gar Lebewesen hervorruft –, die Urknall-Neutrinos gehen ungestört durch all das hindurch und tragen nur eine Information mit sich: die Information über den Zustand der Welt bei $t \approx 1$ s. Mehrere hundert davon bevölkern jeden Kubikzentimeter des Weltalls. Mit knapp 2 Kelvin liegt ihre Temperatur noch unter den 2,7 Kelvin der kosmischen Mikrowellenstrahlung, die sich etwa 300 000 Jahren nach dem Urknall vom Rest der Materie entkoppelt hat. Leider sinkt die an und für sich schon geringe Reaktionsfreudigkeit der Neutrinos proportional zu ihrer Energie. Für 2-Kelvin-Neutrinos ist sie entmutigend gering. Niemand weiß darum zur Zeit, wie man diese frühesten Zeugen des Kosmos nachweisen kann. Wird das neue Jahrhundert eine Lösung bringen?

Wie immer die Antwort lauten mag: Die Neutrinophysik wird mit großer Wahrscheinlichkeit auch weiterhin eines der spannendsten Kapitel der Wissenschaft bleiben und die nächste Generation von Physikern vor neue Herausforderungen stellen.

Der Autor

Christian Spiering
DESY Zeuthen

Christian Spiering, geboren 1948 in Perleberg, studierte Physik an der Humboldt-Universität in Berlin. Von 1974 bis 1978 arbeitete er am Vereinigten Institut für Kernforschung in Dubna (UdSSR), danach am Institut für Hochenergiephysik in Zeuthen bei Berlin (jetzt DESY Zeuthen). Seine Forschungsgebiete sind die Teilchenphysik an Beschleunigern, von 1988 an Neutrino-Astrophysik. Er leitet die Zeuthener AMANDA/BAIKAL-Gruppe und ist gegenwärtig europäischer Sprecher der AMANDA-Kollaboration. Seit 1990 ist er stellvertretender Leiter für Forschung von DESY Zeuthen. Er ist Autor zahlreicher wissenschaftlicher Veröffentlichungen und des populärwissenschaftlichen Buches „Auf der Suche nach der Urkraft".

Literatur

[1] Physikalische Blätter **3**, 37: Mehrere Schwerpunktartikel zum Thema Astroteilchenphysik (2000)
[2] Ch. Spiering: *Das Neutrino-Teleskop im ewigen Eis*. In: Physik in unserer Zeit **2**, 56 (2000)
[3] Ch. Spiering: *Neutrinojagd im tiefsten See der Erde*. In: Humboldts Erben, G. Graichen (Hrsg.). Lübbe, Bergisch Gladbach, S. 130 (2000).
[4] Ch. Sutton: Raumschiff Neutrino – Die Geschichte eines Elementarteilchens. Birkhäuser, Basel (1994).

Interessante Links

Homepage der DESY-Neutrinogruppe: www.ifh.de/nuastro/

Das Rätsel unserer Existenz – Physik der Hadronen

Hans Ströher

1   Einleitung

Die sichtbare Umwelt, uns selbst eingeschlossen, besteht – was die Masse anbelangt – zum überwältigenden Teil, mehr als 99,9%, aus *Hadronen*. Der Beitrag anderer Teilchen, beispielsweise von Elektronen der Atomhülle ist vernachlässigbar klein. Hadronen sind demnach die Masseteilchen unserer Welt. Die Tatsache, dass ein Großteil der Masse im Universum unsichtbare „Dunkle Materie" bislang unbekannter Natur darstellt – dafür gibt es eine Reihe astrophysikalischer Evidenzen – soll an dieser Stelle nur erwähnt, aber nicht weiter diskutiert werden. Hadronen sind nicht elementar; man versteht darunter Bindungszustände (Teilchen) aus Quarks und Gluonen, die nach unserer heutigen Kenntnis die fundamentale Ebene im Aufbau der Materie darstellen[1]. Seit etwa einem viertel Jahrhundert ist unumstritten, dass im Rahmen der heute allgemein akzeptierten Theorie, der so genannten Quantenchromodynamik (QCD), die Hadronen farbneutrale Objekte sein müssen. „Farbe" ist die Ladung der starken Kraft, die Quarks und Gluonen zugeschrieben wird, damit sie ähnlich wie die elektromagnetischen Ladungen miteinander in Wechselwirkung treten können. Im Unterschied zu elektrischen Ladungen sind die Farbladungen aber nicht separierbar – man beobachtet nur „weiße", (farb-) ungeladene Teilchen! Als Folge der Farbneutralität der Hadronen sind nur bestimmte Quark-Gluon-Bindungszustände möglich, sie sind in Abb. 1 klassifiziert.

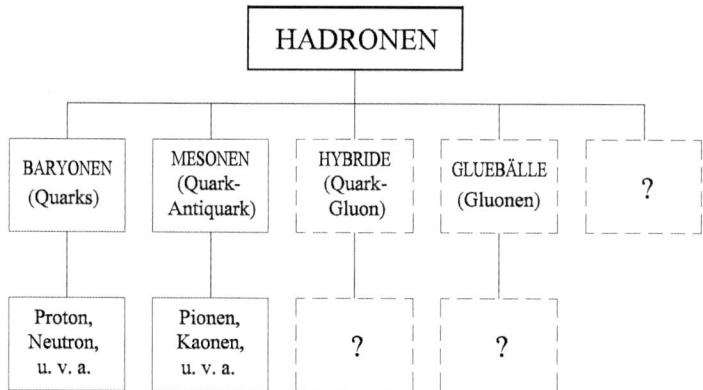

Abb. 1: Hadronen, Quark-Gluon-Bindungszustände. Neben den experimentell beobachteten Baryonen und Mesonen lässt die Theorie andere Teilchen zu, beispielsweise Gluebälle und Hybride, für deren Existenz es erste experimentelle Hinweise gibt.

Experimentell findet man Hadronen, die aus drei Quarks bestehen und zwischen denen Gluonen als Wechselwirkungsteilchen ausgetauscht werden, um sie stabil zusammen zu hal-

---

[1] Siehe dazu u.a. den Beitrag von A. Faessler in diesem Buch.

ten. Man bezeichnet diese Teilchensorte als Baryonen. Beispiele sind das Proton und das Neutron, zusammengefasst unter dem Namen „Nukleon"[2]. Aus ihnen bestehen die Atomkerne. Eine weitere Klasse von Hadronen sind die Mesonen. Das sind Bindungszustände aus einem Quark und einem Antiquark, mit Pionen, Kaonen und vielen weiteren Beispielen. Die etwa ab Mitte des vergangenen Jahrhunderts gefundene Vielzahl von Baryonen und Mesonen war ein früher Hinweis auf die oben genannte Quark-Substruktur.

Weitere Hadronenarten sind möglich, beispielsweise Gluonenbälle (auch *Gluebälle* genannt). Das sind farbneutrale Teilchen aus Gluonen, eine Quark-freie, völlig neuartige Form hadronischer Materie, oder Hybridzustände (*Hybride*), Quark-Gluon-Bindungen. In Quark-Gluon-Bindungen ist ein Quark „auf Dauer" durch ein Gluon ersetzt. Für beide sind in jüngster Zeit mögliche experimentelle Hinweise gefunden worden. Darüber hinaus wäre eine Vielzahl von Mehrfach-Quarkverbindungen theoretisch erlaubt – beispielsweise „Mesonenmoleküle", die aus zwei Quarks und zwei Antiquarks aufgebaut sind, *Pentaquarks*, welche aus vier Quarks und einem Antiquark betehen, oder schließlich *Dibaryonen* aus 6 Quarks, nach denen man seit langem sucht. Man hat aber bislang keine überzeugende experimentelle Evidenz für derartige Zustände gefunden. Daraus ergeben sich neue fundamentale Fragen von tiefgründiger Bedeutung für unser Verständnis der Natur und der Struktur der Materie. Insbesondere, ob die Natur aus der Fülle möglicher Zustände nur bestimmte realisiert, während andere ignoriert werden – und wenn ja, weshalb. Zur Beantwortung ist es vor allem notwendig, die Gesamtmenge der existierenden Teilchen experimentell zu finden und zu klassifizieren. Das ist eine der wichtigen heutigen und zukünftigen Aufgaben der Hadronenphysik.

Die Beschreibung von Baryonen als 3-Quarkzustände und von Mesonen als Quark-Antiquark-Objekte, die jeweils durch Gluonenaustausch zusammengehalten werden, ist aber nur ein stark vereinfachtes Bild der realen Teilchen. Tatsächlich existieren in Hadronen neben den so genannten Konstituentenquarks (drei im Fall der Baryonen, zwei in den Mesonen) eine Vielzahl von Quark-Antiquark-Paaren, die jeweils nur für kurze Zeit als sogenannte Vakuumfluktuationen auftreten. Sie werden Seequarks genannt, weil sie aufgrund ihrer große Zahl wie eine brodelnde Flüssigkeit erscheinen, auf dem die Konstituentenquarks „schwimmen". Hadronen sind demnach keine statischen Quark-Strukturen. Sie sind vielmehr hoch komplexe, sich intern ständig verändernde Objekte aus einer großen Menge von Konstituenten. Das macht ein wirkliches Verständnis, wie die QCD „arbeitet", zu einem der großen Rätsel der Vielkörperphysik. Gleichzeitig macht es die Untersuchung von Hadronen so interessant – aber auch schwierig, zumindest in dem Bereich niedriger Energien, Temperaturen und Drücke, in dem wir Hadronen in der uns umgebenden Natur praktisch immer vorfinden. Die Existenz der Seequarks hat beobachtbare Konsequenzen, beispielsweise in der Hochenergiephysik, auf die hier nicht näher eingegangen werden kann. Aber auch die Hadronenphysik wird davon beeinflusst. Wenn man Hadronen Energie zuführt, dann gehen diese in angeregte Zustände über, die ihrerseits nach sehr kurzer Zeit im Wesentlichen durch die Abstrahlung von Mesonen wieder in den Grundzustand zurück zerfallen. Ist die Energiezufuhr hinreichend groß, dann können Mesonen erzeugt werden, die solche Quarksorten enthalten wie sie in dem ursprünglichen Objekt als Konstituentenquarks nicht vorhanden waren. Es ist offensichtlich, dass die genaue Untersuchung solcher Prozesse sehr wichtig für ein detailliertes Verständnis der Quark-Gluon-Struktur der Hadronen sein wird und daher im Zentrum des Interesses experimenteller Untersuchungen und theoretischer Beschreibungen steht.

---

[2] Von Nukleus (lat.): Fruchtkern. Nukleon steht für Kernbaustein.

Das wohl größte Rätsel der QCD hängt mit der Tatsache zusammen, dass es bei den in unserer Umwelt üblicherweise vorherrschenden Bedingungen nicht gelingt, diese zusammengesetzten Teilchen in ihre Bestandteile zu zerlegen. Der Nobelpreisträger T. D. Lee hat dies einmal das „puzzle of unseen quarks" genannt. Nur bei extremen Temperaturen, wie sie zum Beispiel im frühen Universum unmittelbar nach dem Big Bang existierten, findet ein Zerschmelzen der Hadronen zu einem Quark-Gluon-Plasma (QGP) statt. Im QGP verlieren die Hadronen ihre Identität und es liegt ein heißes Gas von freien Quarks, Antiquarks und Gluonen vor. Bei niedrigeren Temperaturen (und/oder Drücken) finden sich die elementaren Bausteine zu den genannten Bindungszuständen (Hadronen) zusammen. Das ist unser Glück, denn ohne diesen Zusammenschluss würde unser Universum anders aussehen und wir selbst würden nicht existieren! Man bezeichnet diesen Zustand, in dem Quarks und Gluonen permanent in einer Art Blase (Bag) des Vakuums eingesperrt sind, als Farbeinschluss (Confinement). Zur genauen Untersuchung dieses Vorgangs, der Nukleonen, Atomkerne, Atome und die chemischen Verbindungen in all ihrer Vielfalt letztlich erst möglich macht, werden zwei Wege beschritten. Zum einen versucht man, in ultrarelativistischen Schwerionenstößen kurzzeitig die Bedingungen nachzumodellieren, unter denen der Übergang zum QGP, das so genannte De-Confinement stattfindet, zum anderen werden die existierenden Bindungszustände möglichst detailliert untersucht.[3] Die dazu verwendeten Geräte werden im nachfolgenden Abschnitt 2 beschrieben. Einige ausgewählte Beispiele folgen dazu in den Abschnitten 3 bis 5.

Ziel all dieser Anstrengungen ist es, zu einem intellektuell befriedigenden Verständnis der Quark-Gluon-Struktur der Hadronen und insbesondere des Ursprungs und der Dynamik des Farbeinschlusses zu gelangen.

2   Geräte der Hadronenphysik

Hadronenphysik ist geprägt durch Experimente mit verschiedenen Proben, die unterschiedliche Aspekte der Hadronen beleuchten. Neben der elektromagnetischen Wechselwirkung von Elektronen (Myonen) und Photonen mit Hadronen wird die so genannte starke Wechselwirkung in Form von Reaktionen zwischen Protonen (Neutronen) sowie Sekundärstrahlen (wie Pionen und Kaonen, die in einem Zwischenschritt zunächst hergestellt werden müssen) mit Hadronen für Untersuchungen benutzt. Die Projektile werden mit Beschleunigern auf die notwendigen Energien gebracht. Für die meisten der oben genannten Möglichkeiten von Experimenten zur Hadronenphysik gibt es in Deutschland derzeit ausgezeichnete apparative Voraussetzungen:

- Elektronenbeschleuniger:
    MAMI (Mainzer Mikrotron, Universität Mainz)
    ELSA (Elektronenspeicherringanlage, Universität Bonn)
- Hadronenbeschleuniger:
    COSY (Cooler Synchrotron, Forschungszentrum Jülich)
    SIS (Schwerionensynchrotron, GSI Darmstadt)
- Sekundärstrahlen:
    SIS (Schwerionensynchrotron, GSI Darmstadt)

---

[3] Experimente dazu werden am CERN (Genf, Schweiz) und BNL (Brookhaven, USA) durchgeführt.

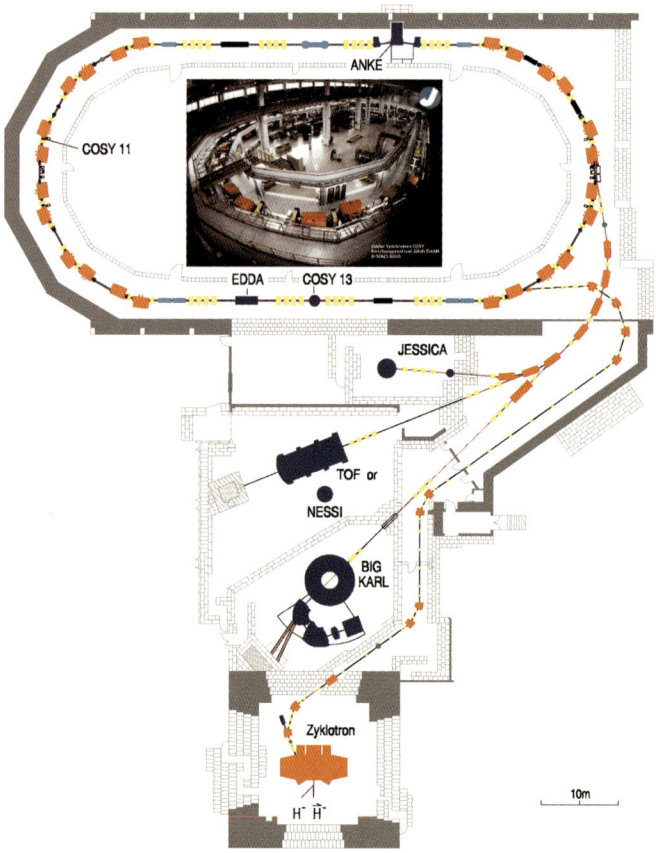

COOler - SYnchrotron COSY

Abb. 2: Die COSY-Anlage im Forschungszentrum Jülich. Sie besteht aus einem Vorbeschleuniger (dem Zyklotron JULIC), dem eigentlichen Kühlersynchrotron COSY und einer Reihe interner und externer Experimentaufbauten. Das Foto zeigt COSY ohne die Decken-Betonabschirmung.

MAMI und ELSA liefern Elektronen- und – über Sekundärprozesse – auch Photonenstrahlen. MAMI wird derzeit durch eine zusätzliche Beschleunigungsstufe für höhere Energien ausgerüstet. Nach dem Ausbau wird es möglich sein, auch Mesonen mit der nächst massiveren Quarksorte zu erzeugen, den so genannten *Strange* Quarks. SIS wird überwiegend für Schwerionenexperimente benutzt, kann aber auch (unpolarisierte, d.h. nicht ausgerichtete) Protonen- und Deuteronenstrahlen bereitstellen. Darüber hinaus ist es für die Produktion von Pionenstrahlen ausgebaut worden. Auch die GSI hat Ausbaupläne, unter anderem für ein Hadronenphysik-Programm auf der Basis von Antiprotonen-Strahlen. Schließlich gibt es mit COSY einen derzeit weltweit einzigartigen Beschleuniger für Protonen- und Deuteronenstrahlen. Erstens liefert COSY polarisierte, also ausgerichtete Protonenstrahlen für interne Experimente, die innerhalb des COSY-Rings aufgebaut sind, und für externe Experimente am extrahierten Strahl. Zum Zweiten sind die Strahlen mit Hilfe der Phasenraumkühlung, der so genannten Elektronenkühlung, bei niedrigen Protonenenergien und stochastischer Kühlung bei hohen Energien, von höchster Qualität hinsichtlich der Energieschärfe und geometrischen Ausdehnung. Drittens gestattet die Auslegung des Beschleunigers eine hohe Flexibilität. Zum Beispiel kann man die Energie des Strahls von Puls zu Puls variieren, was als Superzyklus bezeichnet wird. Man kann den Stahl entweder extrem schnell oder auch im Gegenteil über einen längeren Zeitraum bei gleich bleibender Intensität aus dem Speicherring extrahieren. Diese Betriebsmodi bezeichnet man als schnelle beziehungsweise stochastische Extraktion. Abbildung 2 zeigt eine schematische Darstellung der COSY-Anlage und eine Photographie des COSY-Rings. Auf die verschiedenen Experimentaufbauten (ANKE, BIG KARL, COSY-11, COSY-13, EDDA, JESSICA, NESSI und TOF) kann an dieser Stelle nicht näher eingegangen werden.

Die Experimente an den genannten Beschleunigern werden von großen, oftmals internationalen Kollaborationen aufgebaut, durchgeführt und ausgewertet. Die neuen Ergebnisse sind Präzisionsdaten bislang unerreichter Qualität zu Elektron-, Photon- und Hadron-induzierten Reaktionen. Sie tragen dazu bei, wesentliche Antworten auf die schwierigen konzeptionellen Fragen der Hadronenphysik, die uns seit Jahrzehnten beschäftigen, zu finden.

3   Struktur der Hadronen

Die Substruktur der Hadronen zeigt sich unmittelbar in dem Anregungsspektrum der Baryonen und Mesonen, ähnlich wie bei der Anregung von Atomen. Teilchen ohne innere Struktur wie beispielsweise Elektronen können nicht angeregt werden. Umgekehrt stellt die Existenz eines angeregten Zustands einen eindeutigen Hinweis auf die Zusammensetzung aus fundamentaleren Bausteinen dar. Seit langem bekannt sind die tief liegenden, angeregten Zustände von Nukleonen, die sich als Überhöhungen in den Anregungsspektren, den Reaktionswahrscheinlichkeiten als Funktion der Anregungsenergie bemerkbar machen. Man bezeichnet diese als Nukleonenresonanzen, sofern es Proton und Neutron betrifft, allgemeiner auch Baryonen-Resonanzen; das bekannteste Beispiel ist die Delta-Resonanz (Δ). Aber erst in jüngster Zeit ist es gelungen, in der Photo- und Elektroanregung und dem anschließenden Pionen-Zerfall den Nukleon-Delta-Nukleon-Übergang so genau zu vermessen, dass man damit Quark-Modelle des Nukleons detailliert testet. Anschaulich geht es dabei darum herauszufinden, ob das Nukleon und/oder die Delta-Resonanz sphärisch oder deformiert sind und wenn ja, in welcher Weise: entweder prolat (d.h. zigarrenförmig) oder oblat (diskusförmig). Die Beantwortung dieser Frage ist von grundsätzlicher Bedeutung, weil sie eng mit der genauen Form der Wechselwirkung der Quarks untereinander über den Austausch von Gluonen und dem Vorhandensein der Seequarks im Nukleon zusammenhängt.

Neben der Delta-Resonanz kennt man viele weitere Anregungszustände, die mehr oder weniger eindeutig nachgewiesen worden sind. Man hat jedoch bisher nicht alle identifizieren können, die von theoretischen Modellen vorhergesagt werden. Ursache dafür könnten zum einen die experimentellen Schwierigkeiten sein. Dazu zählen beispielsweise die große Energiebreite der Resonanzstrukturen, welche zu Überlappungen führt, oder der Zerfall in bisher nicht beobachtete Endkanäle. Zum anderen könnte dies aber auch auf ein grundsätzliches Defizit der Modelle hinweisen. Es ist daher von großem Interesse, die Baryonen-Resonanzen möglichst vollständig zu identifizieren und zu vermessen. Dazu existieren an vielen Hadronenbeschleunigern umfangreiche Programme, unter anderem an ELSA mit dem Detektorsystem Crystal Barrel. Andere Gruppen haben Pläne zum Aufbau derartiger Experimente (MA-MI mit Crystal Ball, COSY mit TETHYS).

Der Aufbau der Hadronen aus elektrisch geladenen Bausteinen (Quarks) führt dazu, dass diese ähnlich Atomen und Molekülen in äußeren elektrischen und magnetischen Feldern polarisierbar sind. In diesem Zusammenhang stellt sich die Frage, wie leicht beziehungsweise schwer sich die Konstituenten durch elektromagnetische Kräfte gegeneinander verschieben lassen. Das wiederum hängt unmittelbar mit der Art zusammen, wie Quarks und Gluonen die Bindung zu einem Hadron bewerkstelligen. In jüngster Zeit ist es gelungen, die elektrische und magnetische Polarisierbarkeit des Protons in Photonen-Streuexperimenten (unter anderem an MAMI) genau zu vermessen. Es zeigt sich, dass das Proton ein extrem rigides Objekt darstellt. Seine elektrische Polarisierbarkeit ist im Vergleich zum Wasserstoff-Atom um etwa 18 Größenordnungen, also um eine Milliarde Milliarden mal kleiner. Die Polarisierbarkeit des Neutrons ist bislang weniger genau bekannt. Das liegt unter anderem daran, dass Neutronen als ungebundene Teilchen instabil und so kurzlebig sind, dass keine Experimente mit freien Neutronen möglich sind. Man muss sich stattdessen mit Messungen am Neutron in einfachen Atomkernen, beispielsweise dem Deuteron, behelfen. Jedes Modell des Nukleons, das ernst genommen werden will, muss in der Lage sein, die gemessenen Daten zu reproduzieren. Das ist derzeit erst in begrenztem Maße der Fall. Es stellt sich heraus, dass zum einen kurzzeitig mögliche Übergänge in angeregte Zustände[4], zum anderen pionische Effekte berücksichtigt werden müssen. Pionen sind jedoch selbst zusammengesetzte Objekte und daher polarisierbar! Zurzeit wird an MAMI ein Experiment durchgeführt mit dem Ziel, die elektrische Polarisierbarkeit des Pions, die wegen des Quark-Antiquark-Aufbaus einfacher zu verstehen sein sollte, zu bestimmen. Dem gegenüber stehen experimentelle Schwierigkeiten, denn es gibt keine direkte Möglichkeit, Photonenstreuung an Pionen durchzuführen. Für die weitere Zukunft ist geplant, die Nukleon-Polarisierbarkeiten abhängig von der Spin-Ausrichtung zu bestimmen, um damit mehr über die so genannte Spin-Struktur des Nukleons zu lernen. „Spin" ist eine elementare quantenmechanische Eigenschaft der Teilchen mit einer gewissen Analogie zum Drehimpuls makroskopischer Körper. Nukleonen haben einen definierten Spin (Zahlenwert ½), der sich in komplizierter Weise aus den Spins der Quarks (½), Gluonen (1) sowie deren Bahndrehimpulsen zusammensetzt.

4   Hadronische Wechselwirkungen

Atomkerne, Kernmaterie bei hoher Dichte und Neutronensterne sind Beispiele für Systeme aus vielen miteinander wechselwirkenden Hadronen. Um derartige Objekte zu beschreiben und zu verstehen, muss man die Kräfte zwischen den Grundbausteinen kennen. Die effektive Wechselwirkung zwischen Nukleonenpaaren, auch Nukleon-Nukleon-Wechselwirkung oder Kernkraft, ist verantwortlich für die Existenz von Atomkernen und daher von grundlegender Bedeutung. Basierend auf einem umfangreichen Datensatz gibt es eine Reihe so genannter phänomenologischer Modelle, welche diese Wechselwirkung durch den Austausch von unterschiedlichen Mesonen beschreiben und damit die existierenden Daten gut reproduzieren können. Es sollte aber das anzustrebende Ziel sein, die Kernkraft im Rahmen der fundamentalen Theorie der starken Wechselwirkung (QCD), d.h. als Quark-Quark-Kraft zu beschreiben, die

---

[4] Δ-Resonanz, siehe oben.

durch Gluonen vermittelt wird. Als erster Schritt wäre es wertvoll, die qualitativen Eigenschaften dieser Modelle, beispielsweise den repulsiven Charakter der Kraft zwischen Nukleonen bei kleinen Abständen, direkt aus der QCD ableiten zu können.

Auf experimenteller Seite sind dazu in jüngster Zeit durch neue Daten zur elastischen Proton-Proton-Streuung wichtige Voraussetzungen geschaffen worden. Unter anderem zählen dazu die Resultate der EDDA-Kollaboration an COSY. Zunächst wurden Anregungsfunktionen im COSY-Energiebereich in Reaktionen zwischen unpolarisierten Projektil- und Targetprotonen[5] vermessen. Anschließend wurden Einfach-Polarisationsexperimente mit polarisierten Targetprotonen aus einer Atomstrahlquelle durchgeführt, und schließlich sind in einem weiteren Schritt Doppelpolarisations-Messungen erfolgt, also mit einem polarisierten Strahl und einem polarisierten Target. Insbesondere die Ergebnisse der Polarisationsexperimente sind auch dafür verwendet worden, nach so genannten Dibaryonen[6] zu suchen. In den Daten findet sich aber keine Evidenz für derartige Teilchen.

Als nächste Schritte müssen auch für die Proton-Neutron- und die Neutron-Neutron Wechselwirkung möglichst gute experimentelle Datensätze erstellt werden, um die genaue Form der Kernkraft wie ihre Spin- und Isospinabhängigkeit[7] zu bestimmen. Insbesondere stellt sich die Frage, ob es neben der dominierenden Kraft zwischen jeweils zwei Nukleonen experimentelle Evidenzen für so genannte Mehrkörper-Kräfte gibt, die gleichzeitig zwischen drei oder mehr Nukleonen wirken. Dies wird außer den genannten Streuexperimenten in Deuteron-Aufbruchexperimenten untersucht. In solchen Experimenten wird der Deuteron-Atomkern wird in seine Bestandteile Proton und Neutron zerlegt. Erklärtes Ziel ist es, die grundlegenden Aspekte der Kernphysik aus den Grundsätzen der elementaren Wechselwirkung („First Principles") zu verstehen.

Neben der Wechselwirkung zwischen Nukleonen ist dazu auch die Kenntnis der Kraft zwischen anderen Hadronen wichtig, beispielsweise jene zwischen Nukleonen und *Hyperonen* [8]. Dadurch erhält man Einblick in die unterschiedlichen Wechselwirkungsbeiträge der verschiedenen Quarksorten. Dies wird experimentell zum einen mit sekundären Hyperonenstrahlen untersucht, zum anderen in Form der so genannten Endzustands-Wechselwirkung in Produktionsexperimenten mit diesen Teilchen. Während einer kurzen Zeitspanne unmittelbar nach der Erzeugung wechselwirken Hyperon und Nukleon miteinander und modifizieren dadurch physikalische Observable, beispielsweise die Winkelverteilung. Bei dem letzteren Ansatz handelt es sich eigentlich um eine für das genaue Verständnis unangenehme Komplikation. Man hat aber gelernt, sie zum Vorteil auszunutzen, zum Beispiel in dem COSY-11-Experiment an COSY.

Die Meson-Nukleon-Wechselwirkung ist ebenso von Bedeutung, denn sie bildet die Grundlage für die phänomenologische Beschreibung der Kernkraft. Darüber hinaus hat man einen Bindungszustand zwischen einem Pion und einem Proton gefunden. In diesem „pionischen Wasserstoff" ist das Hüllenelektron durch ein negativ geladenes Pion ersetzt. Das ermöglicht die Untersuchung der Wechselwirkung in kinematischen Bereichen, die auf andere Weise, zum Beispiel mit Pionenstrahlen, nicht zugänglich sind. Daneben ist die Wechselwirkung zwischen Mesonen und Nukleonen die Basis aller Produktionsreaktionen. Sie kommt

---

[5] Als Target bezeichnet man das Zielobjekt.
[6] Das sind theoretisch erlaubte 6-Quark-Zustände, siehe weiter oben.
[7] „Isospin" ist eine Eigenschaft, die Proton und Neutron unterscheidet.
[8] Dies ist die Bezeichnung von Baryonen, die ein *Strange*-Quark enthalten. Derartige Teilchen kommen unter normalen Umständen in der Natur nicht vor und müssen an Beschleunigern in Projektil-Targetstößen zunächst erzeugt werden.

immer dann, wenn große Energien umgesetzt werden, zum Tragen – zum Beispiel in Schwer-
ionenkollisionen oder in astrophysikalischen Ereignissen. Daher ist die genaue Vermessung
aller Reaktionswahrscheinlichkeiten, den so genannte Produktions-Wirkungsquerschnitten,
wichtig. Abbildung 3 zeigt die Qualität der in jüngster Zeit erhaltenen Daten am Beispiel der
Proton-Proton-Reaktionen im Bereich der jeweiligen Energieschwellen, d.h. dem Übergang
von „nicht möglich" (für zu kleine Energien) zu „gerade energetisch erlaubt". Es ist offensichtlich, dass dieser Übergang eine Fülle von Detailinformationen über die Wechselwirkung
enthält. Ein wesentlicher Anteil der Ergebnisse stammt aus COSY-Experimenten (BIG
KARL, COSY-11 und TOF). Es ist für die Zukunft geplant, solche Experimente auch mit
polarisierten Strahlen und Targetkernen durchzuführen. Daneben stehen entsprechende Messungen am Neutron, das im Deuteron gebunden ist, auf dem Programm.

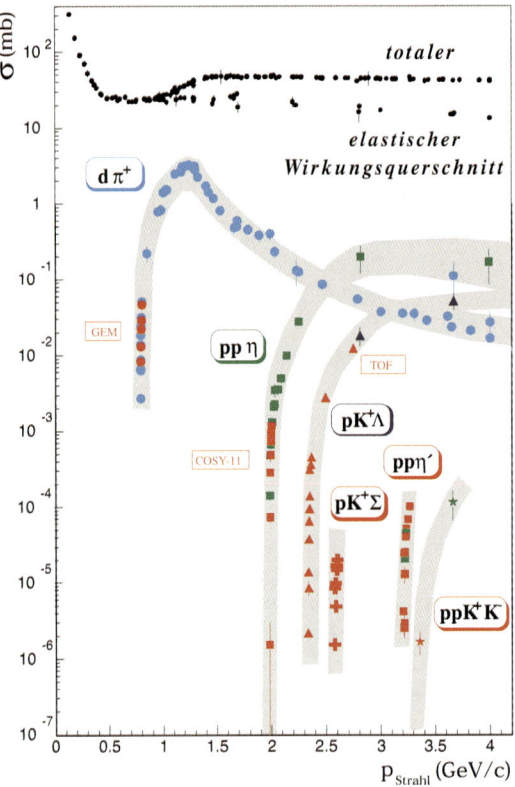

Abb. 3: Reaktionswahrscheinlichkeiten (Produktions-Wirkungsquerschnitte) für unterschiedliche Endkanäle in
Proton-Proton-Reaktionen als Funktion des Strahlimpulses; die Teilchenenergie nimmt nach rechts hin zu. Die
kleinsten gemessenen Wirkungsquerschnitte stellen ungefähr den hundertmillionsten Bruchteil der Gesamtwahr-
scheinlichkeit dar.

Schließlich muss auch die Wechselwirkung zwischen Mesonen untersucht werden, beispielsweise zwischen zwei Pionen bei niedrigen Energien. Es gibt experimentelle Versuche,
„Atome" aus einem positiv und einem negativ geladenen Pion (sog. *Pionium*) beziehungsweise aus einem Pion und dem entsprechend geladenen Kaon herzustellen, um an weiteren fun-

damentalen hadronischen Systemen präzise Informationen über die starke Wechselwirkung zu erhalten.

5   Hadronen in Kernen

Es gibt eine Fülle grundlegender Fragen, die sich im Zusammenhang mit Atomkernen aus der Sicht der Hadronenphysik stellen. Das gilt selbst dann, wenn man die vielfältigen Aspekte der Kernstruktur, die letztlich natürlich auch aus der Quark-Quark-Wechselwirkung abzuleiten sein sollten, außer Acht lässt. Notwendig ist die Untersuchung, ob und in welcher Weise sich die Struktur der Hadronen und ihre Wechselwirkungen beim Einbau in Atomkerne ändern. Messungen bei hohen Energien haben eindeutig gezeigt, dass die Quarkstruktur in Atomkernen gebundener Nukleonen verschieden von der in freien Nukleonen ist. Es gibt eine Reihe von Fragen, deren Untersuchung zum Teil erst am Anfang steht: Lassen sich derartige Veränderungen auch bei niedrigen Energien feststellen? Wie ändern sich beispielsweise die Nukleonenresonanzen in Kernen? Unterscheiden sich die Polarisierbarkeiten gebundener und ungebundener Protonen? Haben die Mesonen in Kernmaterie eine veränderte Masse usw.? Zur Beantwortung dieser Fragen werden an vielen Beschleunigern große Messprogramme konzipiert, zum Beispiel im Rahmen des Teilprojekts „Hadronen im Medium" des Sonderforschungsbereichs an MAMI oder dem ANKE-Physikprogramm an COSY. Die gewonnenen Erkenntnisse zu den Basisreaktionen werden von erheblichem Einfluss für die Interpretation von Daten aus Kern-Kern-Kollisionen sein, wie sie zum Beispiel bei GSI gewonnen werden.

Neben dem elementaren Bindungszustand von Pion[9] und Nukleon hat man auch pionische Atome gefunden, bei denen ein negativ geladenes Pion in die Atomhülle eingebaut ist, – unter anderem bei der GSI. Ein Ziel zukünftiger Forschung ist es zu untersuchen, ob es derartige Verbindungen auch für andere schwere und insbesondere ungeladene Mesonen gibt. Dazu gehören zum Beispiel die η-Mesonen, die etwa viermal so schwer sind wie Pionen. Im Unterschied zur elektromagnetischen Bindung pionischer Atome wären solche Zustände durch die starke Wechselwirkung verursacht.

Bekannt sind auch Bindungszustände von Hyperonen und Nukleonen, die als Hyperkerne bezeichnet werden. Bei diesen sind ein (oder mehrere) Nukleonen durch Hyperonen ersetzt. Sie sind deshalb von großem Interesse, weil in ihnen ein neues unterscheidbares Teilchen in den Atomkern implantiert wird und die Einschränkungen nicht gelten, die für Nukleonen hinsichtlich der Besetzung der erlaubten Energiezustände wegen des Pauli-Verbots zutreffen. Zum einen ist die Hyperkern-Lebensdauer für schwere Kerne (Gold, Wismut, Uran) in dem COSY-13 Experiment an COSY untersucht worden. Man stellt eine Verringerung der Lebensdauer von Λ-Hyperonen im Kernmedium im Vergleich zu freien Λs fest, die im Wesentlichen auf neue Zerfallsmöglichkeiten zurückzuführen ist. Zum anderen ist die präzise Vermessung der möglichen Anregungszustände in elektromagnetischen Experimenten geplant[10], um die Wechselwirkung Hyperon-Kern im Vergleich zur Nukleon-Kern im Detail zu studieren.

---

[9] Pion: pionischer Wasserstoff, siehe weiter oben.
[10] Teilbereich „Seltsame Hadronen" des Sonderforschungsbereichs an MAMI.

6   Zusammenfassung und Ausblick

Seit der Entdeckung der ersten Hadronen, des Protons durch E. Rutherford (1919) und des Neutrons durch J. Chadwick (1932) hat die Hadronenphysik eine enorme Entwicklung erlebt. Das gilt für die Experimentiertechnik und die experimentellen Resultate genauso wie für das theoretische Verständnis. Die Entdeckung des Farbeinschlusses (Confinement), der völlig neuartigen und spektakulären Vorhersage der QCD, darf mit Recht als eine der wichtigen Erkenntnisse des 20. Jahrhunderts bezeichnet werden. Trotz großer Fortschritte und Erfolge ist vieles noch unverstanden, und zwar teilweise auf fundamentaler Ebene. Zum Beispiel gibt es für die Unsichtbarkeit der Quarks bisher keine zufrieden stellende mathematische Rechtfertigung. Es ist unklar, ob in Baryonen nicht vielleicht Quark-Diquark-Strukturen relevant sind, ob der Mesonenaustausch auf Quarkebene eine Rolle spielt, usw. So steht die Hadronenphysik zu Beginn des 21. Jahrhunderts vor der intellektuellen Herausforderung, ein wirkliches Verständnis der fundamentalen Mechanismen der QCD zu erreichen.

Es bleibt zu hoffen, dass in den kommenden Jahren viele junge Menschen, die sich für grundlegende Fragen an die Natur begeistern, diese Herausforderung in der einen oder anderen Form aufgreifen werden.

Der Autor

Hans Ströher
Forschungszentrum Jülich

Hans Ströher, geb. 1952 in Niederweidbach (Hessen), studierte Physik an der Justus-Liebig-Universität in Gießen. Er war von 1987–1990 Mitarbeiter der GSI (Darmstadt) und daran anschließend an der Universität Gießen. Von 1995–1998 war er Professor an der Johannes-Gutenberg-Universität Mainz. Seitdem ist er Direktor am Institut für Kernphysik (IKP-II) des Forschungszentrums Jülich und Professor an der Universität zu Köln. Sein Hauptarbeitsgebiet ist die Hadronenphysik mit elektromagnetischen und hadronische Proben. Er ist Mitautor von etwa 80 wissenschaftlichen Publikationen und hat eine Vielzahl von Vorträgen auf internationalen Konferenzen gehalten.

Alles Fäden oder was? – Hoffnungsträger Stringtheorie?

Hermann Nicolai

1   Die Vereinheitlichung der fundamentalen Wechselwirkungen

Dem wissenschaftlich gebildeten Laien bietet sich die Physik als eine Wissenschaft dar, die in viele Teilgebiete zerfällt. So erinnert er (oder sie) sich aus dem Schulunterricht z.B. an Mechanik, Wärmelehre, Optik, Elektrizität und Magnetismus, vielleicht sogar auch noch an einige Grundtatsachen aus der Atomphysik und Kernphysik. Wenn er dann aus regelmäßig in den Medien wiederkehrenden Berichten erfährt, die Weltformel sei nun endlich gefunden, drängt sich ihm unweigerlich die Frage auf, warum Physiker immer wieder über die Vereinheitlichung der Naturkräfte spekulieren und was sie damit überhaupt meinen.

Die Sonderstellung der Physik unter diesem Blickwinkel wird z.B. durch den Umstand deutlich, dass wohl kaum ein Mediziner oder Biologe auf die Idee käme, seine Wissenschaft zu „vereinheitlichen". Und angesichts der zahlreichen fehlgeschlagenen Versuche, die Natur einheitlich zu verstehen, halten auch viele Physiker Skepsis für angebracht. Anderseits befindet sich die Physik schon seit Maxwell[1] auf dem Wege der Vereinheitlichung (z.B. sehen wir heute die Optik als ein Teilgebiet der Elektrodynamik an), und mit dem so genannten Standardmodell der Elementarteilchenphysik und Einsteins allgemeiner Relativitätstheorie besitzen wir bereits physikalische Theorien, welche die Naturvorgänge über einen riesigen Bereich von Abständen (vom Durchmesser des Protons bis zum Durchmesser des sichtbaren Universums) korrekt beschreiben – und dies mittels mathematischer Formeln, welche auf ein Blatt Papier passen!

2   Die bekannten Naturkräfte

Eine grundlegende Rolle in der Physik spielen die Begriffe „Materie" und „Kraft", auch wenn diese Unterscheidung im Lichte neuer Erkenntnisse etwas fragwürdig geworden ist. Alle Materie setzt sich zusammen aus gewissen Urbausteinen (Leptonen und Quarks), zwischen denen, soweit wir heute wissen, vier fundamentale Kräfte wirken (in der modernen Physik ist es üblich geworden, von „Wechselwirkungen" und nicht mehr von „Kräften" zu sprechen; wir werden im Folgenden jedoch beide Bezeichnungen gebrauchen):

- Schwerkraft (Gravitation)
- Elektromagnetismus
- schwache Kraft
- starke Kraft (Kernkraft).

---

[1] Dem schottischen Physiker James Clerk Maxwell gelang es 1864, mit den nach ihm benannten Maxwell'schen Gleichungen die bis dahin unabhängig nebeneinander stehenden Erscheinungen des Magnetismus und der Elektrizität zusammenzufassen. Seit diesem Akt der Vereinheitlichung spricht man vom „Elektromagnetismus".

Von diesen sind uns nur die ersten beiden aus dem Alltag vertraut. Die Gravitation hält uns auf dem Boden unseres Heimatplaneten und ist für die großräumige Struktur des Universums und die Verteilung der darin befindlichen Materie (Sterne, Gas, Galaxien,…) verantwortlich. Dagegen spielen die elektromagnetischen Wechselwirkungen „im Kleinen", d.h. bei atomaren und molekularen Abständen, die entscheidende Rolle (abgesehen von ihrer überragenden Bedeutung für die technische Bewältigung des Alltagslebens!). So lassen sich unter Zuhilfenahme der Quantentheorie nahezu sämtliche Phänomene der Atomphysik, der Molekülphysik und der Chemie auf sie zurückführen. Trotz ihres sehr unterschiedlichen Wirkungsbereichs handelt es sich sowohl bei der Gravitation als auch den elektromagnetischen Wechselwirkungen um Kräfte mit langer Reichweite, die mit dem inversen Quadrat des Abstands abfallen (so genanntes Coulomb'sches Gesetz). Der Hauptunterschied besteht darin, dass elektrische Ladungen mit beiden Vorzeichen auftreten können und sich positive und negative Ladungen bei makroskopischen Abständen mit sehr großer Genauigkeit kompensieren, während die „Gravitationsladungen", d.h. Massen, stets positiv sind und die durch sie erzeugten Anziehungskräfte der Physik daher bei großen Abständen dominieren.

Im Gegensatz dazu sind die schwachen und starken Wechselwirkungen nur bei äußerst kleinen Abständen (von der Größenordnung des Atomkerndurchmessers) wirksam und makroskopisch nur indirekt erfahrbar; deshalb wurden sie erst in unserem Jahrhundert entdeckt. Die schwache Kraft verursacht die radioaktiven Zerfälle und ist von großer Wichtigkeit für die Prozesse, die sich im Inneren der Sonne und der Sterne abspielen. Von entscheidender Bedeutung für unsere Existenz ist die starke Kraft, obwohl sie nicht über nukleare Abstände hinausreicht: Sie überwindet die gewaltigen elektrischen Abstoßungskräfte, welche aufgrund der gleichnamigen Ladungen zwischen den Protonen im Atomkern wirken, und hält so die Kernbausteine (und damit uns) zusammen.

Natürlich ist es durchaus möglich, dass weitere noch unentdeckte Wechselwirkungen existieren. Tatsächlich hat man in den vergangenen zehn Jahren intensiv nach einer „fünften Kraft" gefahndet, doch bisher ohne Erfolg. Die negativen experimentellen Resultate schließen die Existenz neuer Wechselwirkungen aber keineswegs aus. Vielmehr sind sie nur ein Hinweis darauf, dass solche Wechselwirkungen, wenn es sie gibt, extrem schwach sein müssen. Diese Schlussfolgerung wird auch durch die Beobachtung nahe gelegt, dass der überwiegende Teil der Materie im Weltall „dunkel" ist und möglicherweise aus exotischen Elementarteilchen (wie z.B. Axionen, Dilatonen oder „supersymmetrischen" Teilchen) besteht, die nur über die Gravitation oder neuartige Kräfte mit der uns bekannten Materie wechselwirken können.

Allen bekannten Wechselwirkungen gemeinsam ist das Prinzip der Eichinvarianz, das die mathematische Form der Kraftgesetze nahezu eindeutig festlegt. Dieses Prinzip fordert, dass sich die Theorie bezüglich gewisser Symmetrieoperationen, welche an jedem Punkt der Raum-Zeit unabhängig ausgeführt werden können, nicht verändert („invariant ist"). Die so konstruierten Eichtheorien besitzen also „mehr Symmetrie", genauso wie eine Kugel mehr Symmetrie (nämlich unter beliebigen Drehungen im Raum) besitzt als ein Würfel, welcher nur ganz bestimmte („diskrete") Symmetrien (wie z.B. Drehungen um 90°) zulässt. Eine zentrale und experimentell nachprüfbare Vorhersage der Eichtheorien ist die Existenz von so genannten Bosonen (genauer: Vektorbosonen), welche die zugehörigen Wechselwirkungen vermitteln. Da jeder fundamentalen Kraft auf diese Weise als Träger ein Elementarteilchen zugeordnet wird, verliert die eingangs erwähnte Unterscheidung zwischen „Kraft" und „Materie" im Rahmen der Eichtheorien ihre Bedeutung. So wird die elektromagnetische Wechselwirkung durch den Austausch von Photonen verursacht, während die starken Wechselwirkungen durch „W-Bosonen" und „Z-Bosonen" vermittelt werden. Während die Photonen z.B. in der Form von γ-Strahlen den Physikern schon seit langem bekannt sind, konnten die Träger der starken und der schwachen Wechselwirkungen erst vor wenigen Jahren beim DESY (Hamburg) und CERN (Genf) experimentell nachgewiesen werden. Diese Experimente bestätigten die Richtigkeit des Eichprinzips in überzeugender Weise. Aus diesem Grund hat sich für die Eichtheorie der starken, schwachen und elektromagnetischen Wechselwirkungen die Bezeichnung „Standardmodell" eingebürgert.

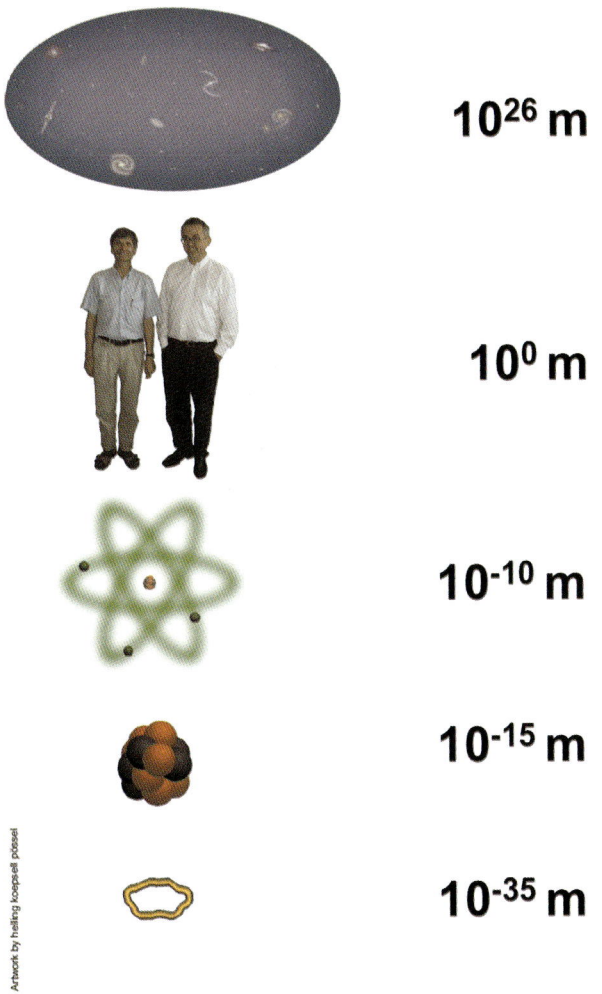

Abb. 1: Größenordnungen im Kosmos.

   Auch die Gravitation lässt sich als Eichtheorie verstehen. Bereits im Jahre 1915 formulierte Einstein die allgemeine Relativitätstheorie, welche die Effekte der Gravitation mit der Geometrie der Raum-Zeit in Verbindung bringt. Das Eichprinzip verlangt hier die Unabhängigkeit der physikalischen Gesetze von der Wahl der Raum-Zeit-Koordinaten. Von den anderen

Wechselwirkungen unterscheidet sich die Gravitation vor allem durch ihre Universalität: Ihrer Wirkung ist *alle* Materie unterworfen (wohingegen z.B. Neutrinos weder die elektromagnetische noch die starke Kraft spüren und deshalb fast unbehindert durch den Erdball fliegen). Wegen der Kleinheit der gravitativen Kopplung konnten die zugehörigen Bosonen ("Gravitonen") noch nicht nachgewiesen werden. Im folgenden Abschnitt werden wir die Sonderstellung der Gravitation unter den Wechselwirkungen noch etwas genauer erläutern.

Ein unabdingbarer Bestandteil des Standardmodells ist die "spontane Symmetriebrechung". Sie erklärt, warum unsere Welt trotz der zugrunde liegenden hochsymmetrischen Grundgesetze bei niedrigen Energien "unsymmetrisch aussieht". Man kann sich dieses Phänomen an folgendem Beispiel veranschaulichen, das sich der Nobelpreisträger Abdus Salam ausgedacht hat. Dazu stelle man sich eine runde gedeckte Tafel vor, auf der die Teller und zwischen den Tellern die Servietten völlig symmetrisch angeordnet sind. Die Invarianz unter Spiegelungen wird spontan gebrochen, wenn der erste Gast sich entscheidet, ob er die rechts oder die links von ihm befindliche Serviette nimmt und damit alle anderen Gäste zwingt, es ihm gleich zu tun. In Theorien mit spontan gebrochener Symmetrie zeigt sich die volle Symmetrie erst bei hinreichend hohen, unter Umständen nur mit Hochenergiebeschleunigern erreichbaren Energien. In einer völlig symmetrischen Welt hätten alle Elementarteilchen verschwindende Massen. Die spontane Symmetriebrechung sorgt nun dafür, dass die Elektronen und Quarks eine endliche Masse bekommen. Dafür benötigt das Standardmodell mit dem "Higgs-Boson" ein weiteres fundamentales Teilchen, welches allerdings bisher trotz großer Anstrengungen noch nicht nachgewiesen werden konnte. Auch die W- und Z-Bosonen erhalten durch die Symmetriebrechung eine Masse. Da die durch sie vermittelten Kräfte dann nicht mehr nach dem Coulomb'schen Gesetz, sondern *exponentiell* abfallen (Yukawa-Kraft), versteht man so auch die Kurzreichweitigkeit der schwachen Wechselwirkung.

3   Offene Fragen

Das Standardmodell stellt somit unter allen bekannten Theorien die umfassendste Beschreibung physikalischer Phänomene dar. In zahlreichen Experimenten konnten seine Vorhersagen immer wieder hervorragend bestätigt werden. Woher rührt also die weit verbreitete Ansicht, bei diesem Modell könne es sich keinesfalls um eine endgültige Theorie handeln? Um dies zu verstehen, müssen wir uns klarmachen, dass das Standardmodell trotz all seiner Erfolge zentrale Fragen unbeantwortet lässt. So wissen wir nicht,

*   warum Quarks und Leptonen sich in drei "Generationen" gruppieren, von denen die erste zur Erklärung aller Elementarteilchen (Protonen, Neutronen und Elektronen) ausreicht, aus denen wir und unsere nähere Umgebung einschließlich des Sonnensystems aufgebaut sind;
*   warum die Parameter des Standardmodells gerade die beobachteten Werte haben (der Physiker Freeman Dyson hat als Erster darauf hingewiesen, dass schon sehr geringfügige Abweichungen von diesen Werten das Universum so verändern würden, dass darin kein menschliches Leben mehr möglich wäre!), und warum die Massen der Elementarteilchen so unterschiedlich sind: Beispielsweise ist die Masse des Top-Quarks mehr als 200.000mal so groß wie die Masse des Elektrons;
*   was die dem Standardmodell zugrunde liegende Eichsymmetrie vor anderen möglichen Symmetrien auszeichnet;

- warum die Gravitation um einen Faktor 10^{-40} schwächer ist als die restlichen Wechsel-wirkungen und ob es für solche „unnatürlich" großen Zahlenverhältnisse eine mathematische Vorschrift gibt, welche sie auf natürliche Weise erklärt (so genanntes Hierarchie-Problem).

An dieser Stelle müssen wir kurz auf die Schwierigkeiten eingehen, die bei der mathematischen Behandlung des Standardmodells im Rahmen der Quantentheorie auftreten. Bei der Berechnung von elementaren Prozessen stößt man auf Unendlichkeiten (so genannte Divergenzen) in den mathematischen Ausdrücken; z.B. findet man, dass die Masse („Selbstenergie") des Elektrons bei naiver Rechnung unendlich groß wird. In den vergangenen vierzig Jahren wurde deshalb ein aufwendiges mathematisches Verfahren entwickelt, welches die konsistente Beseitigung dieser Divergenzen im Rahmen der Störungstheorie und damit eindeutige Vorhersagen für physikalische Größen gestattet (so genannte Renormierungsverfahren). Die Anwendung auf die Quantenelektrodynamik (d.h. die quantentheoretisch behandelte Elektrodynamik) liefert Vorhersagen, welche in ihrer Genauigkeit in der gesamten Naturwissenschaft wohl immer noch unübertroffen sind (z.B. lässt sich das magnetische Moment des Elektrons damit bis auf zwölf Stellen genau berechnen). Das Renormierungsverfahren funktioniert aber auch bei Anwendung auf die schwache und starke Wechselwirkung und ist unentbehrlich für den genauen Vergleich der theoretischen Vorhersagen mit Präzisionsdaten.

Das Entscheidende ist nun, dass das quantentheoretisch bewährte Renormierungsverfahren bei Anwendung auf die Gravitation völlig versagt. Dort treten neue (nicht renormierbare) Divergenzen auf, deren Beseitigung mit den hergebrachten Verfahren nicht mehr möglich ist. Damit verliert die quantentheoretisch behandelte Gravitation jegliche Vorhersagekraft, denn die Berechnung beliebiger physikalischer Größen würde die Spezifikation von unendlich vielen Parametern erfordern (der Vollständigkeit halber sei erwähnt, dass bereits die *klassische* Einstein'sche Theorie den Keim ihrer Zerstörung in Form so genannter Singularitätentheoreme in sich trägt!). Daraus müssen wir schließen, dass Quantentheorie und Gravitation „sich nicht vertragen". Nun ist aber nicht unmittelbar offensichtlich, ob für eine Quantentheorie der Gravitation überhaupt Bedarf besteht, wenn die dadurch hervorgerufenen Quanteneffekte weit jenseits der gegenwärtig erreichbaren Messgenauigkeit liegen. Könnten wir nicht mit einer mathematisch inkonsistenten Theorie leben, solange deren innere Widersprüche auf unbeobachtbar kleine Größenbereiche beschränkt bleiben? Andererseits fällt es schwer, der Vorstellung auszuweichen, dass die Quantennatur der Materie prinzipiell auf die Raum-Zeit zurückwirkt, denn nach der allgemeinen Relativitätstheorie wird die Struktur der Raum-Zeit wesentlich durch die Materieverteilung bestimmt. Für die Unumgänglichkeit einer quantentheoretischen Behandlung der Gravitation spricht ferner das (wahrscheinlich häufige) Vorkommen von „schwarzen Löchern" im Weltall, in deren Zentrum die klassische Raum-Zeit in einer Singularität endet.

So bleibt als Ausweg nur die Suche nach einer neuen Theorie, welche das Standardmodell und die allgemeine Relativitätstheorie als Grenzfälle enthält, deren mathematische Widersprüche aber überwindet.

4   Stringtheorie und Quantengravitation

Nach Einschätzung vieler Theoretiker bildet die Superstringtheorie den meistversprechenden Ansatz, Quantentheorie und Gravitation „unter einen Hut zu bringen". Sie interpretiert Elementarteilchen als verschiedene Anregungszustände eines einzigen fadenförmigen Gebildes, einer winzigen schwingenden Saite (daher die englische Bezeichnung „String"), deren Durchmesser etwa 10^{-33} cm beträgt. Damit unterscheidet sie sich also grundsätzlich von der herkömmlichen Quantenfeldtheorie, welche die Elementarteilchen als (mathematisch) punktförmige Objekte behandelt.

Natürlich ist nicht sofort einzusehen, worin der Vorteil der Annahme liegt, dass Elementarteilchen fadenförmig und nicht punktförmig sein sollen. Eine wirkliche Antwort auf diese Frage kann nur die Mathematik liefern. Es zeigt sich nämlich, dass die Superstringtheorie anders als alle „Punktfeldtheorien" die oben beschriebenen Widersprüche vermeidet und in beliebigen Ordnungen stets endliche Resultate liefert. Dabei tragen die unendlich vielen massebehafteten Anregungen, welche der Superstring neben endlich vielen „masselosen" Zuständen enthält, in der Rechnung gerade so bei, dass sich alle Divergenzen aufheben! Da die Massen der höheren Anregungen jedoch mindestens das 10^{19}-fache der Protonenmasse betragen, bleiben diese für uns völlig unsichtbar (und können auch nicht in Beschleunigern künstlich erzeugt werden). Erstaunlich ist nun, dass die übrig bleibenden masselosen Zustände, welche den „Niederenergiesektor" bevölkern, in einigen Versionen der Superstringtheorie dem beobachteten Spektrum der Elementarteilchen recht nahe kommen und auch deren Chiralität[2] aufweisen. Diese Erfolge haben Hoffnungen keimen lassen, dass die Theorie nicht nur den Widerspruch zwischen Quantentheorie und Gravitation aufzulösen vermag, sondern vielleicht auch den Ursprung der Materie erklären kann.

Trotz ihrer Unvollständigkeit stellen die bisher erzielten Ergebnisse bewährte Grundprinzipien der Quantenfeldtheorie in Frage und erzwingen wahrscheinlich eine radikale Modifikation der herkömmlichen Raum-Zeit-Konzepte bei extrem kleinen Abständen. Diese Schlussfolgerung steht auch im Einklang mit unseren Erwartungen: In einer Theorie der Quantengravitation sollte der Begriff des Raum-Zeit-Punktes (und damit der Begriff des „Raum-Zeit-Kontinuums") durch ein übergeordnetes Konzept ersetzt werden, genauso wie der Begriff der Bahn eines Elektrons im Rahmen der Quantentheorie seinen Sinn verliert. Vermutlich wird in einer solchen Theorie auch die vertraute Unterscheidung zwischen Raum-Zeit und Materie hinfällig. Leider haben bis jetzt die enormen mathematischen und begrifflichen Schwierigkeiten alle Versuche vereitelt, zu verstehen, was „wirklich passiert", wo Raum und Zeit ihre Gültigkeit verlieren. Ein zentrales Problem ist dabei wiederum die Frage nach der fundamentalen Symmetrie. Darüber hinaus zeigen jüngste Untersuchungen, dass in der Quantentheorie weit allgemeinere Arten von Symmetrien möglich sind als man bisher angenommen hatte.

Die Suche der Physiker nach der vereinheitlichten Theorie rührt auch an die Metaphysik. Die Faszination, die dieser „heilige Gral der Physik" nicht nur auf die Forscher ausübt, ist ungebrochen. Mit den enormen Größenbereichen, welche die Physik überspannt, stößt sie an die Grenzen dessen, was menschlicher Geist überhaupt noch erfassen kann.

---

[2] Die Chiralität (oder „Händigkeit") ist ein Ausdruck dafür, dass ein Gegenstand und sein Spiegelbild nicht zur Deckung gebracht werden können, so wie die rechte und die linke Hand zwar gleich aufgebaut sind, aber einen unterschiedlichen „Drehsinn" haben.

Der Autor

Hermann Nicolai
Max-Planck-Institut für Gravitationsphysik (Albert-Einstein-Institut), Potsdam

Hermann Nicolai, geb. 1952; promivierte 1978 an der Universität Karlsruhe; danach wissen-schaftlicher Mitarbeiter am Institut für Theoretische Physik der Universität Heidelberg; 1979–1986 Fellow and Staff Member am CERN (Genf); bis 1988 C3-Professor an der Universität Karlsruhe; 1988–1997 Inhaber eines Lehrstuhls für theoretische Physik an der Universität Hamburg; seit März 1997 Direktor am Max-Planck-Institut für Gravitationsphysik, Potsdam.

Antimaterie – die Materie aus Antiteilchen

oder: Die gespiegelte Materie als Antrieb zur Grundlagenforschung

Walter Oelert

1 Einleitung

Nach Heisenberg (1901–1976) war die Entdeckung der Antimaterie (in den 30er-Jahren) *„vielleicht der größte all der vielen großen Schritte in der Physik dieses Jahrhunderts“*. Heisenbergs Jahrhundert ist vorbei. Trotzdem wird über einige dieser faszinierenden Schritte im Laufe dieses Beitrags zu reden sein, denn es bleibt die spannende Frage, ob und wie sich Antimaterie von Materie unterscheidet.

Dreiviertel der Materie des Universums besteht aus Wasserstoff, das aus einem Proton umgeben von einem Elektron aufgebaut ist, wie der linke Teil der Abb. 1 anschaulich macht.

Wasserstoff   **Antiwasserstoff**

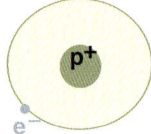 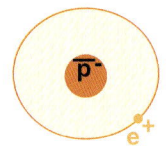

Abb. 1: Das gespiegelte Paar Wasserstoff und Antiwasserstoff, aufgebaut aus Proton plus Elektron beziehungsweise aus Antiproton plus Antielektron (Positron).

Untersuchungen an diesem einfachsten System der Elemente führten zu grundlegenden naturwissenschaftlichen Erkenntnissen, wie beispielsweise der Entwicklung des Bohr'schen Atommodells.

Das zum Wasserstoff spiegelsymmetrische System Antiwasserstoff entsteht, indem sowohl Proton zum Antiproton als auch Elektron zum Antielektron (Positron) ausgetauscht werden. Wenn nun bestimmte Eigenschaften des Wasserstoffs auch nur im geringsten Detail vom Antiwasserstoff abweichen, folgt, dass Materie und Antimaterie nicht genau den gleichen Gesetzen der Physik unterliegen. Das könnte eventuell auch erklären, warum das Universum nur aus Materie und nicht – wie nach heutigen Erkenntnisstand anzunehmen – aus Antimaterie besteht.

Damit formulieren wir die fundamentale Frage:

Wenn in einem Urknall der Entstehung gleichermaßen Materie wie Antimaterie erzeugt wurden: Warum ist unser Universum ganz aus Materie geformt? Wo ist die Antimaterie geblieben?

2 Antimaterie – ein Energiespeicher?

In der Ausgabe 3/1996 (Abb. 2) hat „Der Spiegel" unsere Beobachtung der Erzeugung einiger Antiwasserstoffatome zum Anlass genommen, gleich die Existenz einer ganzen Antierde und den Vorstoß der Wissenschaft in die Gegenwelt zu proklamieren.

Abb. 2: Titelseite des Magazins „Der Spiegel" Nr.3/ 15.01.1996.

Eine Überbewertung, wie sie der auf Verkauf angewiesenen Presse wohl erlaubt sein mag. Auch konnte das Magazin nicht umhin – wie fast alle Presseberichte um die Antimaterie – auf den Warp-Antrieb des Raumschiffes Enterprise und seine Besatzung hinzuweisen.

Die Vorstellung einer unerschöpflich verfügbaren Energiemenge wurde aus der richtigen Einsicht erträumt, dass Materie und Antimaterie zusammen zweifelsohne die höchste Energiedichte darstellt, die prinzipiell noch im Rahmen unserer Welt vorstellbar ist. Zweifelsfrei ist aber die Aussage: „Materie und Antimaterie vernichten sich zu einem Energieblitz" zu relativieren. Genauere Überlegungen führen zu sehr ernüchternden Zahlen. Das Zusammentreffen von je einem Wasserstoff- und einem Antiwasserstoffatom liefert die verhältnismäßig geringe Energiemenge von ca. 2 GeV/c^2.[1] Das entspricht auch etwa der mittleren Energie eines Teilchens der Höhenstrahlung, von der jeder von uns ständig pro Sekunde einige zigmal getroffen wird. Wir merken aber nichts davon.

---

[1] Ein GeV ist ein Gigaelektronenvolt, das sind eine Millarde Elektronenvolt. Ein Elektronenvolt ist die Energie, die ein Elektron in einem elektrischen Feld gewinnt, welches mit einer elektrischer Spannung von 1 Volt erzeugt wird. c ist die Lichtgeschwindigkeit.

Wenn folglich die Vernichtung je eines Atoms von Materie und Antimaterie in der Energiebilanz relativ bedeutungslos ist, so erzeugt hingegen die gegenseitige Vernichtung von beispielsweise 200 Gramm (g) Wasserstoff mit 200 g Antiwasserstoff eine Leistung von 1,14 Gigawatt (GW) für die Dauer eines Jahres. Das entspricht also der Leistung eines Kraftwerkes moderner Bauart. 200 g Antiwasserstoff würde eine Menge ergeben, die ungefähr ein Weinglas füllt. Die Vorstellung ist sehr spektakulär, ein solches Kraftwerk für ein Jahr mit der Menge von zwei gefüllten Weingläsern betreiben zu können, anstatt täglich mehrere tausend Tonnen von Kohle dorthin befördern zu müssen. Diese geballte Energie aus Materie und Antimaterie beflügelte die Autoren des Raumschiffes Enterprise in ihren Träumen und ließ die Figuren Dr. Spock & Co. entstehen. Wenn aber die Tageszeitung „Blick" auf ihrer Titelseite der Ausgabe vom 6. Januar 1996 verkündet: „E.T., wir kommen, in Genf wurde Wunderenergie entdeckt", so handelt es sich hier um eine nicht seriöse, unrealistische, verantwortungslose Übertreibung. Wir haben bei dem Experiment zur Beobachtung von Antiwasserstoff am CERN bei Genf keine wunderbare Energie entdeckt, auch hier gilt das Zitat von Einstein: *„Der Wunder größtes ist, dass es keine Wunder gibt"*.

Allen Versuchen, diesem mit einer unbegründeten Behauptung wie „was der Mensch erdacht hat, hat er auch immer erstellt" zu widersprechen, lässt sich schon mit Aristoteles (Physik I–IV) entgegnen:

> *„Dem bloßen Denken zu vertrauen ist unsinnig*
> *nicht auf Seiten des Dinges liegen Übermaß und Ausfall,*
> *sondern nur beim Denker. "*

3   Fragen an die Antimaterie

Die Grenze zwischen Science-Fiction und Wissenschaft wurde durch die Beobachtung von Atomen des Antiwasserstoffs im Experiment nicht verwischt. Lassen wir die Science-Fiction da, wohin sie gehört als Unterhaltung und Vergnügen und wenden wir uns dem Vergnügen der wissenschaftlichen Beschäftigung zu. Hierbei hoffe ich, den Leser davon überzeugen zu können, dass diese Wissenschaft wissenswert ist. Sie ist nicht lediglich ein Hobby weniger weltfremder Wissenschaftler, sie ist ein Kulturgut, wie die Kunst in allen ihren Erscheinungsformen. So wie Kunst an sich und für sich besteht, ist auch das primäre Ziel der Grundlagenforschung allein der Erkenntnisgewinn für sich selbst, das Wissen, was den Menschen von der Kaulquappe unterscheidet. Aus der Grundlagenforschung folgt dann überraschend häufig der so genannte Spin-Off auf natürliche Weise, so lehrt die Erfahrung:

- Zu Beginn der Formulierung der Quantenmechanik hatte wohl keiner der Beteiligten beispielsweise an den Einsatz in der umfangreichen Lasertechnologie gedacht.
- Zu Beginn der Studien zu dem Festkörper Halbleiter träumte wohl niemand von dem Gigachip heutiger Technologie.
- Zu Beginn der Beobachtung des Phänomens „Elektrischer Strom" konnte keiner den überwältigenden Einsatz dieser Technologie vorhersehen, und wusste kein Finanzminister um die großen Steuereinnahmen, die ihm daraus entstehen werden.
- Die Entwicklung des World-Wide-Web auf dem Internet hat ihren Ursprung in der Grundlagenforschung und dient heute weiten kommerziellen Anwendungen.

So hat sich die Naturwissenschaft, nach der Beschäftigung mit dem Menschen und seiner direkten Umgebung (Abb. 3) sowohl über die makroskopische Skala als auch durch den Mikrokosmos, in die Lage versetzt, dass sie heute Erscheinungsformen und Gesetze des einen durch das andere interpretieren kann.

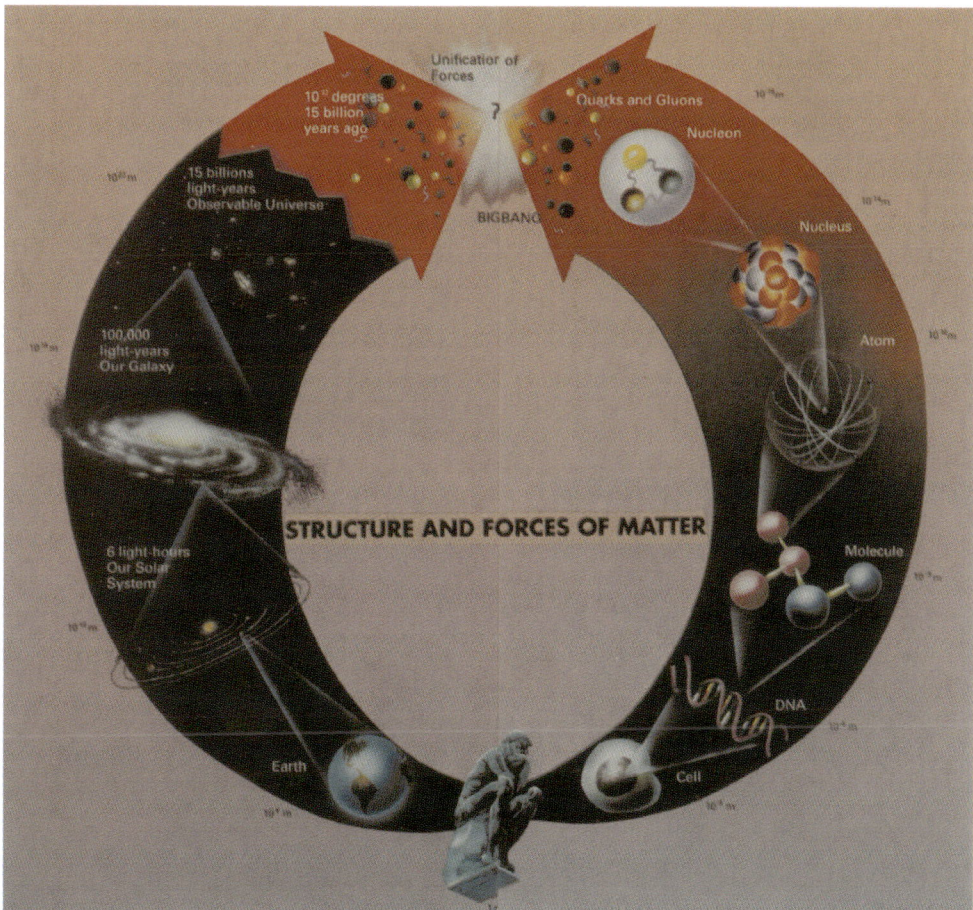

Abb. 3: Mensch und Welt der Wissenschaft (Structure and Forces of Matter: Struktur und Kräfte der Materie; Unificator of Forces: „Vereinheitlicher" der Kräfte; Big Bang: Urknall).

Die Antwort auf die Frage, warum das Universum aus Materie und nicht aus Antimaterie besteht, muss in der Naturwissenschaft und aller Wahrscheinlichkeit nach in den Gesetzen der Physik der Elementarteilchen zu finden sein. Eine Brechung der Symmetrie der Wirkung fundamentaler Wechselwirkungen zwischen Materie und Antimaterie scheint dafür verantwortlich zu sein, dass das Universum nicht leer ist, sondern aus Galaxien, Sternen, Planeten und letztendlich auch uns besteht. Wäre das Universum leer, gäbe es keine Fragen. Wir können diese Fragen stellen und sollten diese Chance nutzen. Die Kaulquappe tut es nicht.

4   Der Symmetriepartner Antimaterie

Ein Spiegelbild ist das exakte Gegenüber des Originals, der Spiegel ist eine Symmetrieebene. Das „Anti" als das Gegenüber, den Gegenpunkt oder das Ergänzende haben wir fest in unserem täglichen Sprachgebrauch und Erlebensraum. Positiven Zahlen stehen negative gegenüber, plus und minus annihilieren sich gegenseitig zu neutralem Null, soweit das jeweilige Plus mengengleich mit dem Minus ist. Dies gilt im Bereich der Temperatur gleichermaßen wie beim Geld, wo wir Negatives oder Schulden mit Positivem oder Guthaben ausgleichen können. Als Gegenüber kennen wir die Begriffe Christ und Antichrist, Arktis und Ant(i)arktis gleichermaßen wie Materie und Antimaterie.

Machen wir an dieser Stelle einen kleinen Ausflug zur Symmetrie, die von Architekten beispielsweise gern als sehr wirkungsvolles Stilelement benutzt wird. Aber auch die Unterbrechung der strengen Symmetrie hat ihren Reiz, wie wir beispielsweise dem handgewebten Teppich ein höherer Wert zuschreiben als dem symmetrisch perfekten Industrieteppich. Die Brechung der Symmetrie macht den Teppich lebendiger und interessanter.

Abbildung 4 zeigt uns aber, dass Andy Warhol das Spiegelbid von Marilyn Monroe nicht so sieht wie wir uns morgens im Spiegel aus Glas und Silber. Er sieht Marylin Monroe gerade nicht im Raum gespiegelt, sondern in den Farben zu den jeweiligen Komplementärfarben vertauscht. Mit dieser Präsentation soll lediglich gezeigt werden, dass es auch andere Arten der „Spiegelung" gibt, als wir sie im täglichen Leben erfahren.

Abb. 4: Marilyn Monroe, von Andy Warhol gespiegelt. © 2001 Andy Warhol Foundation for the Visual Arts / ARS, New York.

Einen anderen „Spiegel" hat die Physik entwickelt, insbesondere, wenn es um Fragen der Materie und Antimaterie geht. Wobei hier dieses „Anti" für alle Elementarteilchen als Bausteine der Materie sowie für alle Elemente des Periodischen Systems der Elemente gelten muss. Ein Dreifach-Spiegel, den die Physik durch die Operationen C-P-T beschreibt:

C- für Umkehr der Ladungen, allgemeiner: für den Wechsel von Teilchen zu Antiteilchen,
P- für Vertauschen von rechts mit links in allen drei Raumdimensionen und
T- für die Umkehr der Zeit.

Der C-P-T-Spiegel stellt Wasserstoff dem Antiwasserstoff gegenüber genauso wie beispielsweise (Abb. 5) Kohlenstoff-Antikohlenstoff, Eisen-Antieisen oder Blei-Antiblei.

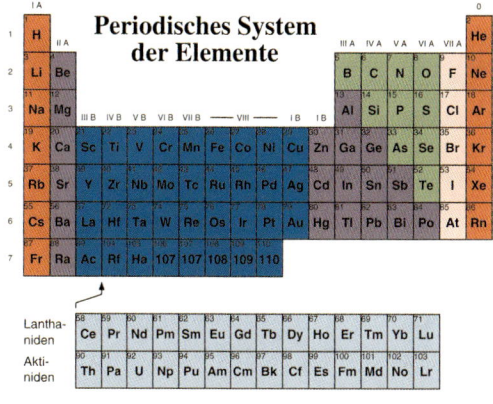

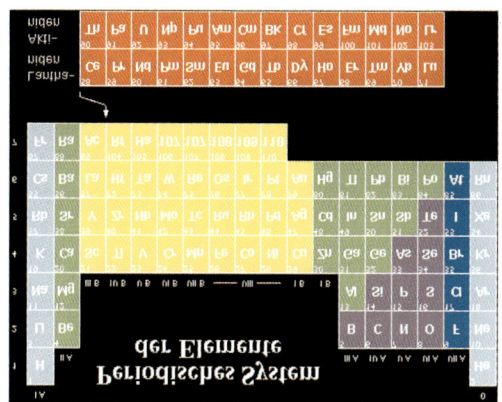

Abb. 5: Das Periodische System der Elemente und sein Spiegelbild.

Antiwasserstoff ist der leichteste Vertreter des Periodischen Systems der Antielemente. Aus dem Periodischen System der Elemente baut sich unsere Welt auf, in der wir Materie in sehr unterschiedlicher Form erleben, Formen der unbelebten und belebten Natur.

Der Teilchenphysiker zerlegt die Materie über die einzelnen Atome zu den Atomkernen, in denen er wiederum die Unterbausteine Neutronen und Protonen findet, die ihrerseits aus den kleinsten Einheiten, den Quarks, aufgebaut sind, siehe Abb. 6.

Auf der Ebene der Atomkernbausteine, den Baryonen, wie Protonen und Neutronen, gilt die Vorstellung, dass das Meson als Austauschteilchen diese Baryonen zusammen hält, wohingegen die Austauschteilchen zwischen den Quarks, Bosonen mit dem Namen: Gluon sind. Diese Gluonen halten die Quarks – innerhalb der alleine als isolierte Elementarteilchen beobachtbaren Gebilde Baryon oder Meson – zusammen. Quarks als freie Teilchen gibt es nicht, sie sind in den hadronischen Gebilden – Baryon und Meson – eingeschlossen. Der Unterschied in der Quarkstruktur zwischen Baryonen und Mesonen besteht darin, dass Baryonen aus drei Quarks – als den kleinsten Bausteinen der Materie – aufgebaut sind, wohingegen die Mesonen aus Quark-Antiquark Kombinationen gebildet werden. Folglich haben wir es bei den Mesonen mit Typen von Elementarteilchen zu tun, die den kleinsten Baustein der Materie und den kleinsten Baustein der Antimaterie in sich beinhalten.

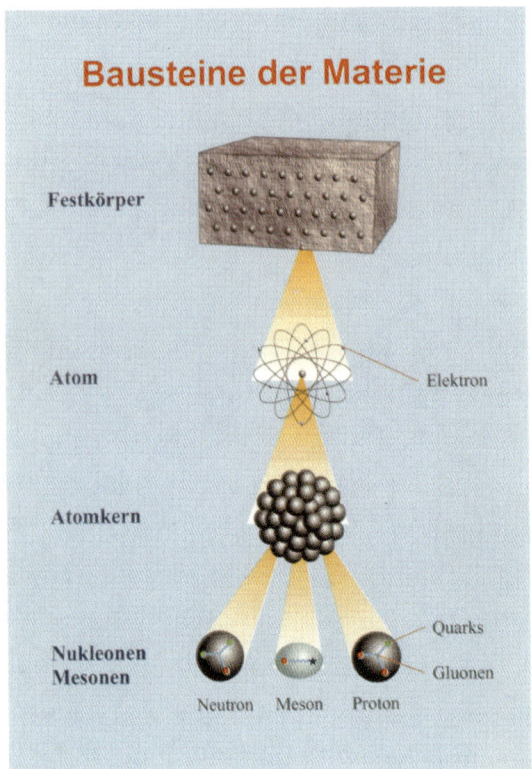

Abb. 6: Vom Festkörper zum Quark.

Vor etwa 100 Jahren – als man noch keine Vorstellung über eine nukleare oder gar subnukleare Struktur hatte – stellte Sir Arthur Schuster in einem Brief an den Herausgeber der Zeitschrift „Nature" die Frage: wenn es negative Elektrizität gibt – wie von Maxwell gerade festgestellt – warum nicht auch negatives Gold. Negatives Gold, das so gelb aussieht und so wertvoll ist, wie das unsrige, mit gleichem Siedepunkt und identischen spektroskopischen Linien. Negatives Gold, das sich insofern von dem unsrigen unterscheidet, als es – wenn überhaupt einmal hier auf der Erde existent gewesen – mit der Beschleunigung von 9,81 m/s^2 von der Erde in den Weltraum abgestoßen worden ist.[2]

Diesen Ferienträumen von Herrn Schuster können wir heute natürlich nicht mehr folgen, sie waren ein Versuch, die auf der Erde herrschende, scheinbare Nichtexistenz des Dualismus Materie-Antimaterie zu erklären.

Wenn Antimaterie hier in unserer Welt auftaucht, sei es durch kosmische Höhenstrahlung oder produziert durch Beschleuniger in nuklearen Streuprozessen, so vernichtet sie sich bei hinreichender Wechselwirkung mit unserer Materie und zerstrahlt über verschiedene Stufen letztendlich zu Energie, der berühmten Formel Einsteins in Abb. 7 gehorchend.

---

[2] 9,81 m/s^2 ist die sogenannte Erdbeschleunigung. Diese Beschleunigung erfährt ein Körper, während er der Erde entgegenfällt (solange die Luftreibung vernachlässigbar ist).

Pol und Antipol der Materie, die sich beide durch träge und schwere Masse auszeichnen, dematerialisieren sich gegenseitig, verschwinden aus der Welt der Materie. Aus dieser durch die Vernichtung entstandenen Energiekonzentration kann wiederum Materie plus Antimaterie produziert werden: $E = M\,c^2$.

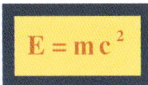

Abb. 7: Die berühmteste Formel der Physik und des Lebens.

Hieraus lässt sich nun eine Antwort auf die Fragen „Was ist Materie?" und „Was ist Antimaterie?" herleiten:

„Materie und Antimaterie sind zwei verschiedene, aber gleichberechtigte Erscheinungsformen von Energie."

Nach dem Gesetz der C-P-T-Symmetrie und nach allen uns bekannten experimentellen Ergebnissen kann die Produktion von Materie und Antimaterie immer nur in gleichen Mengen erfolgen, so dass wir erneut die Frage stellen müssen: wenn eine Energiekonzentration als Ursprung gedacht und mit dem Urknall der Entstehung des Universums gleichgesetzt wird, warum haben wir es hier und heute nur mit einer Sorte der beiden Erscheinungsformen der Energie – der Materie – zu tun.

5   Das Vakuum

Schon bei Aristoteles (Physik I–IV) findet sich die Aufforderung:

„Aufgabe des Naturforschers ist es,
über die Bestimmung des Leeren Betrachtungen anzustellen.
Wenn es Leeres gibt, so wird das Dasein von Ort anerkannt;
denn Leer ist ein Ort, aus dem Körper herausgenommen wurden,
der Ort geht nicht unter, wenn die in ihm befindlichen Gegenstände vergehen."

„Auch wenn man es rein für sich nimmt,
dürfte sich das so genannte Leere als eine wahrhaft leere Vorstellung herausstellen;
selbstständig für sich bestehendes Leeres gibt es nicht."

Diese altgriechischen Beobachtungen sind uns auch aus dem täglichen Leben allzu bekannt. Bei leerem Konto können wir zwar immer noch – so wir kreditwürdig sind – Geld von unserer Bank abholen, schaffen dabei aber gleichermaßen Geld wie Schulden. Durch Rückgabe des Geldes können wir gerade wieder den Zustand der Leere herstellen, falls das Darlehen ohne Zinsforderung gewährt wurde. Der Energieaufwand ist proportional zu der Geldmasse, die wir leihen wollen, wobei die Proportionalitätskonstante, die im Geldgeschäft von verschiedenen Faktoren abhängen mag, im Naturgesetz gleich dem Quadrat der Lichtgeschwindigkeit ist: $E = M\,c^2$.

Wir können in diesem Kontobeispiel ein leeres Konto als gefüllt mit Geld virtueller Erscheinungsform betrachten, also Geld, das nicht real in unserer Tasche vorhanden, aber doch unter gewissen Umständen erreichbar ist. So in etwa hat sich Herr Dirac Ende der 1920er-Jahre den physikalischen Vakuumzustand vorgestellt. Er versuchte in jener Zeit, die beiden grundlegenden, fundamentalen Theorien des Makro- und des Mikrokosmos, die Relativitätstheorie und die Quantenmechanik in Einklang zu bringen und entwickelte dabei die berühmte *„Dirac-Gleichung"*.

Die Relativitätstheorie ist auf den Makrokosmos bezogen und hat die Gravitation zum Inhalt. Die Quantenmechanik beschreibt atomare und subatomare Phänomene. Die Ergebnisse und deren Schlussfolgerungen dieser Arbeit waren für den „Normal-Physiker" jener Zeit unvorstellbar und sehr zweifelhaft, jedoch bestand Dirac darauf, dass...

„... Gott ein höchst genialer Mathematiker sei,
der das Universum nach tiefgründigen und feinsinnigen
mathematischen Gesetzmäßigkeiten aufgebaut hat"
„... Ein physikalisches Gesetz mathematisch schön sein muss."

Ohne hier auf Details eingehen zu wollen, sei ein wichtiger Punkt erwähnt. In Abb. 8 ist eine Seite des Manuskripts von Dirac gezeigt, das er für die Solvay-Konferenz 1933 geschrieben hat. Diese Seite zeigt, dass er der Energie eines Teilchens die Wurzel aus der Quadratsumme von Ruhemasse plus Impuls zuordnet. Die Wurzel aus einer reellen Zahl hat immer zwei Lösungen, Plus und Minus mit dem gleichen Zahlenwert. Folglich bestand Dirac darauf, dass jedem Teilchen zwei Energiezustände zuzuordnen sind. Er empfand seine Mathematik als zu schön und zu vollkommen, als nicht der physikalischen Wirklichkeit zu entsprechen; eine nur mathematisch korrekte, physikalisch aber unsinnige Lösung, gäbe es nicht. Dirac entwickelte die Vorstellung über das Vakuum, wie sie heute zwar erweitert, aber in ihren Grundzügen nach wie vor gültig ist. In vereinfachter Vorstellung ist danach das Vakuum eine Art gleichförmiger See von Zuständen mit negativer Energie, wobei alle Zustände mit Elektronen besetzt sind.

Nach dem Pauli-Prinzip (1925 formuliert) kann jeder Quantenzustand von nur einem einzigen Elektron besetzt werden. Da alle Zustände mit negativer Energie besetzt sind, folgt, dass Elektronen positiver Energie sich immer oberhalb dieses Sees befinden. Übergehen wir einmal den Unterschied zwischen Fermionen[3] und Bosonen[4] und verallgemeinern wir die Vorstellung von Elektronen negativer Energie, die den Vakuumsee füllen, auf alle Elementarteilchen. Dann schwebt die Materie, die uns und unsere Welt ausmacht, über dem Vakuumsee. Die Materie ist durch positive Energie gekennzeichnet, der Wert dieser positiven Energie wird durch die Höhe über dem See angegeben.

---

[3] Fermionen (nach dem italienischen Physiker Enrico Fermi benannt) ist die Sammelbezeichnung für Teilchen, die einen halbzahligen Spin haben (z.B. Elektronen mit Spin 1/2). Sie gehorchen der sogenannten Fermi-Dirac-Statistik und ihr Verhalten entspricht dem Bild des „Teilchensees".

[4] Bosonen (nach dem indischen Physiker Satyendra Nath Bose benannt) ist die Sammelbezeichnung für Teilchen, die entweder Spin 0 oder einen ganzzahligen Spin haben (z.B. Photonen, also Lichtquanten, mit Spin 1). Sie gehorchen der sogenannten Bose-Einstein-Statistik. Ihr Verhalten unterscheidet sich fundamental von dem der Fermionen. Mit sinkender Temperatur neigen Bosonen dazu, gemeinsam in den niedrigstmöglichen Energiezustand zu „kondensieren".

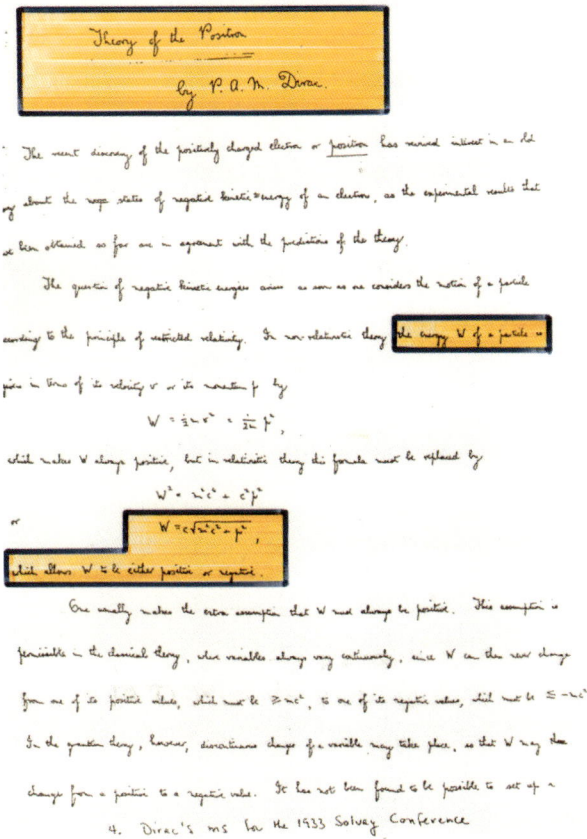

Abb. 8: Auszug aus dem Manuskript zu Diracs Vortrag auf der Solvay-Konferenz 1933.

Der Traum Diracs, das bei der Erzeugung eines Elektrons entstandene Loch im Vakuumsee als Proton (mit seiner positiven Ladung) zu interpretieren, hätte zur damaligen Zeit die Zahl der Elementarteilchen auf *Eins* reduziert und erschien eine verlockende Idee zu sein, konnte aber – insbesondere wegen der um einen Faktor von etwa 2000 unterschiedlichen Masse zwischen Elektron und Proton – nicht aufrecht erhalten werden. So wurde die Geburtsstunde der Antiteilchen als Löcher im Vakuumsee eingeläutet. Auf der Energieskala betrachtet, befindet sich nun das Antiteilchen tief oder weniger tief im Vakuumsee, und das Teilchen befindet sich entsprechend hoch oder weniger hoch über dem See. Das entspricht der Wahrnehmung, dass unser Spiegelbild genau so tief im Raum erscheint, wie wir von diesem Spiegel entfernt stehen. Diese Vorstellungen Diracs wurden zur Zeit ihrer Entwicklung stark angezweifelt, erhielten aber wenig später durch die experimentelle Entdeckung des Antielektrons eine überzeugende Bestätigung.

6   C-P-T-Symmetrie

Materie und Antimaterie trennt ein Spiegel, der nichts mit Magie zu tun hat, sondern durch die Operation „C-P-T" in der Physik beschrieben wird. Dieses C-P-T-Theorem besagt, dass sich unter allen physikalischen Gesetzen der verschiedenen Wechselwirkungen ein Teilchen genauso verhält wie ein Antiteilchen, Wasserstoff genau so verhalten soll wie Antiwasserstoff.

Ein gleiches Verhalten unterschiedlicher Systeme – hier Materie und Antimaterie – gegenüber physikalischen Gesetzmäßigkeiten wird Invarianz genannt. Diese Invarianz gegenüber der C-P-T-Transformation ist grundlegender Bestandteil der heute gültigen Theorie. Beispielsweise sollen danach die Spektrallinien von beiden Atomen – Wasserstoff und Antiwasserstoff – exakt identisch sein, die schweren Massen beider sollen – bei gleicher Gravitationseinwirkung – genau die gleichen sein. Die Frage, die sich stellt, ist aber, ob dieses C-P-T-Theorem auch einer experimentellen Überprüfung bis ins Kleinste standhält.

Wenn dem aber so wäre – wovon der heutige Kenntnisstand der Physik begründeter Weise ausgeht, da die Antielementarteilchen der Elementarteilchen bekannt sind – so wäre es wiederum keine Überraschung, dass unter den gleichen Gesetzmäßigkeiten, unter denen Wasserstoff aus Protonen und Elektronen elektromagnetisch gebunden wird, auch Antiwasserstoff aus den entsprechenden Antiteilchen Antiproton und Positron entsteht. Wasserstoff wie Antiwasserstoff sollen danach die gleichen spektroskopischen Eigenschaften mit identischem Termschema haben.

Jeder einzelnen der Operationen C, P und T wurde früher die Eigenschaft der Invarianz zugeschrieben, annehmend, dass unter jeder dieser Transformationen alle Wechselwirkungen und ihre Gesetzmäßigkeiten erhalten bleiben.

Wir wissen heute, dass das nicht der Fall ist und speziell die Nichterhaltung der C-P-Operation scheint grundsätzlich dazu beizutragen, dass Materie im Universum ist, die Sterne, Planeten und Menschen bildet.

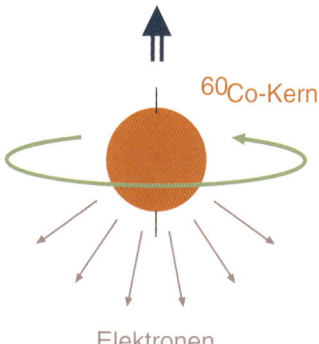

Abb. 9: Darstellung der Paritätsverletzung im β-Zerfall, gekennzeichnet durch asymmetrische Emission der Elektronen.

Dennoch, bis zum Jahre 1956 war die Physik noch der Meinung, dass die Paritätsoperation (P) allein zu den gleichen Gesetzmäßigkeiten im rechts-links-vertauschten Spiegelbild führte, wie im Original beobachtet. Es gab Merkwürdigkeiten, die nahe legten, dies experimentell zu überprüfen. In der Tat wissen wir seither, dass die Natur rechts und links nicht als gleichwertig ansieht, wie zum Beispiel beim Zerfall eines Kobalt-60-Atoms eine Vorzugsrichtung der ausgestrahlten Elektronen beobachtet wird, wie in Abb. 9 dargestellt.

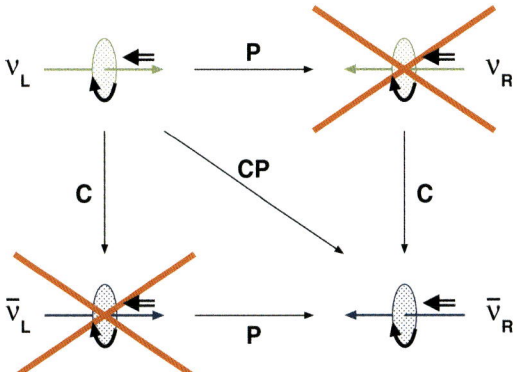

Abb. 10: Durch die Paritätsoperation wird aus einem linkshändigen Neutrino ein rechtshändiges, das in der Natur nicht existiert. Durch die Operation des Ladungsaustausches wird aus einem linkshändigen Neutrino ein linkshändiges Antineutrino, das in der Natur nicht existiert. Durch die Kombination von Paritätsoperation und Ladungsaustausch wird aus einem linkshändigen Neutrino ein rechtshändiges Antineutrino, das in der Natur existiert.

Ein weiteres Beispiel wäre und ist in Abb. 10 gezeigt, dass nur linkshändige Neutrinos existieren, bei denen Impulsrichtung und Spinorientierung entgegengesetzt gerichtet sind. Rechtshändige Neutrinos mit paralleler Impuls- und Spinrichtung werden aber nicht beobachtet.

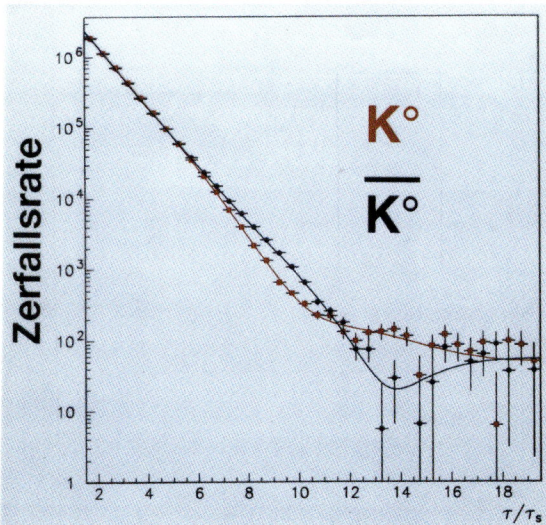

Abb. 11: Asymmetrie, beobachtet beim Zerfall von neutralen Kaonen und Antikaonen.

Nachdem eine generelle Invarianz der Parität (P) nicht mehr aufrechterhalten werden konnte, galt bis 1964 die Invarianz der C-P-Operation. Aber dann verriet der Zerfall neutraler Kaonen, dass hier doch ein Fall einer C-P-Verletzung beobachtbar war, wie in Abb. 11 gezeigt; denn eine Interferenz zwischen den Zerfällen von Kaon und Antikaon zeigt eine Nicht-Symmetrie und damit ein nicht gleiches Verhalten von Kaon und Antikaon, Teilchen der Vertreter von Materie und Antimaterie. Dies ist bislang der einzige bekannte Fall einer C-P-Verletzung.

7   Bildung von Antiwasserstoff

Das Kochrezept für die Herstellung von Antiwasserstoff ist im Grundsatz sehr einfach. Man nehme Antiprotonen und Positronen, lasse beide miteinander reagieren und erzeuge auf diese Weise Antiwasserstoff. Dabei wird die überschüssige Bindungsenergie als Lichtquanten ausgestrahlt, wie im linken oberen Teil von Abb. 12 dargestellt ist. Da aber Energie- und Impulserhaltung gleichzeitig erfüllt sein müssen, läuft dieser Prozess nicht so einfach ab. Er hat nur eine sehr geringe Wahrscheinlichkeit, Antiwasserstoff zu bilden, obgleich beide Produktionspartner beisammen sind. Deshalb wird ein dritter Reaktionspartner zugefügt, der quasi als Katalysator fungieren kann. Abbildung 12 zeigt im weiteren Teil, dass der Reaktionspartner beispielsweise ein zusätzliches Elektron oder Positron sein kann.

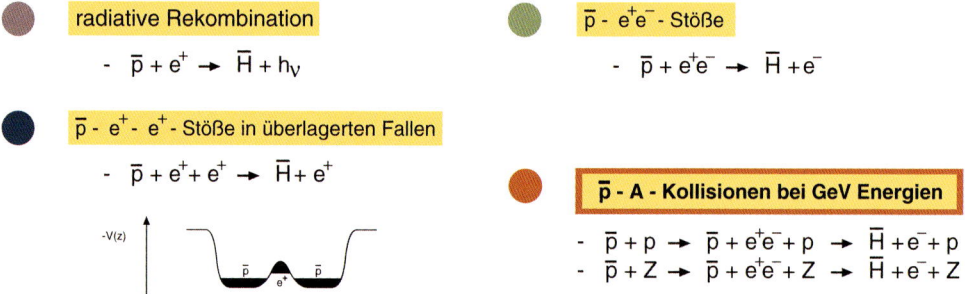

Abb. 12: Mögliche Produktionsprozesse zur Erzeugung von Antiwasserstoff.

In jedem Falle gehen die idealen Vorstellungen davon aus, Antiwasserstoff möglichst ohne Eigenbewegung zu produzieren, und das macht dann das physikalische Messobjekt für Präzisionsmessungen der Überprüfung der C-P-T-Invarianz interessant und wertvoll, siehe hierzu Abb. 13.

Explizit ist zu betonen, dass das „System Wasserstoff" das Bestbekannteste ist und mit extrem hoher Präzision ausgemessen wurde. Schwerere Elemente des periodischen Systems sind a) in ihrer Spektroskopie nicht so gut vermessen und b) als Antiteilchen noch wesentlich schwerer herzustellen, als der einfachste Vertreter, der Antiwasserstoff.

In einer international besetzten Zusammenarbeit, in der die einzelnen Teilnehmer ihre spezifischen Kenntnisse einbrachten, sind wir in dem Experiment PS210 einen anderen Weg gegangen. Er ist in der Abb. 12 unten rechts skizziert und wurde in seinen theoretischen Grundlagen von den Herren Munger, Brodsky und Schmidt vorgeschlagen und von Herrn Baur bestätigt. Hierbei kamen die Grundideen aus der relativistischen Schwerionenphysik und gehen entscheidend auf Arbeiten von Landau-Lifschitz zurück.

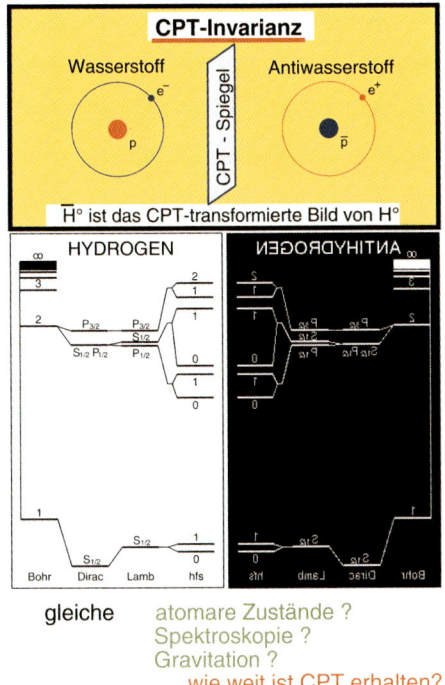

Abb. 13: Spektrallinien von Wasserstoff und Antiwasserstoff als gegenseitige Spiegelbilder

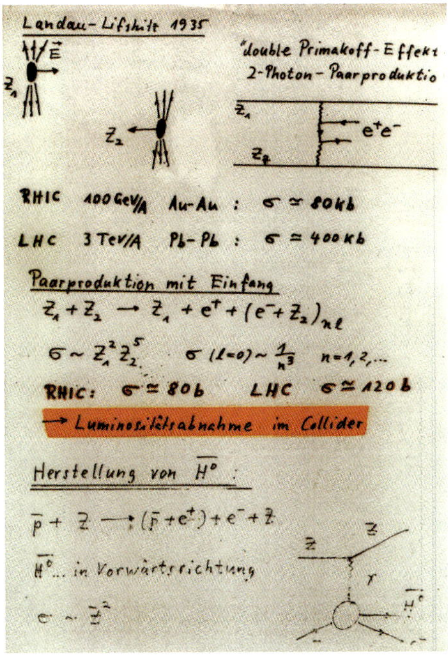

Abb. 14: Seite aus G. Baurs Manuskript mit Überlegungen zur Elektron-Positron-Erzeugung durch Zusammenstoß schwerer Ionen.

Wenn zwei geladene Atomkerne mit hoher Geschwindigkeit dicht aneinander vorbeifliegen, so entspricht das zwei elektrischen Strömen, die sich begegnen und eine elektromagnetische Wechselwirkung austauschen. Unter anderem – und für unseren Fall besondere interessant – findet ein zweifacher Photonenaustausch statt, wie er in einer Folienkopie von G. Baur (Abb. 14) dargestellt ist. Dabei können die beiden Photonen in ein Elektron-Positron-Paar konvertieren. Damit haben wir im Stoßprozess den einen Bestandteil des Antiwasserstoffatoms, das Positron erzeugt. Verwendet man nun statt zwei schwerer Ionen nur eins und ersetzt das andere durch ein Antiproton, ist auch der zweite Baustein vorhanden. Das am schweren Kern streuende Antiproton erzeugt sich in der elektromagnetischen Wechselwirkung quasi selbst sein Positron. Mit einer kleinen, aber endlichen Wahrscheinlichkeit sind nun Antiproton und Positron im Impuls- und Ortsraum so dicht beieinander, dass ihre relative Energie kleiner als die Rydberg-Konstante ist und sie somit eine Bindung eingehen können.

Da die Bindungswahrscheinlichkeit proportional zum Quadrat der Ladung des Stoßpartners ist, wurde in unserem Falle Xenon (Xe) mit der Ladungszahl $Z = 54$ gewählt.

Abbildung 15 zeigt eine schematische Darstellung nebst Photos vom „Low Energy Antiproton Ring" (LEAR) am CERN, ein Gerät zur Erzeugung und zum Nachweis von Antiwasserstoffatomen. Den im Speicherring LEAR kreisenden Antiprotonen werden die Xe-Atome in den Weg gestellt; findet keine Reaktion zwischen Antiproton und Xe statt, so setzt das Antiproton seine Bahn im Ring fort und kreist etwa eine Millionen mal pro Sekunde. Findet eine andere, hier nicht interessierende Reaktion statt, welchen Typs auch immer, ist das Antiproton verloren. Wird aber das neutrale Antiwasserstoffatom gebildet, so fliegt es in der nachfolgenden Kurve geradeaus, tangential aus dem Ring. An dieser Stelle waren Detektoren für den Nachweis aufgestellt.

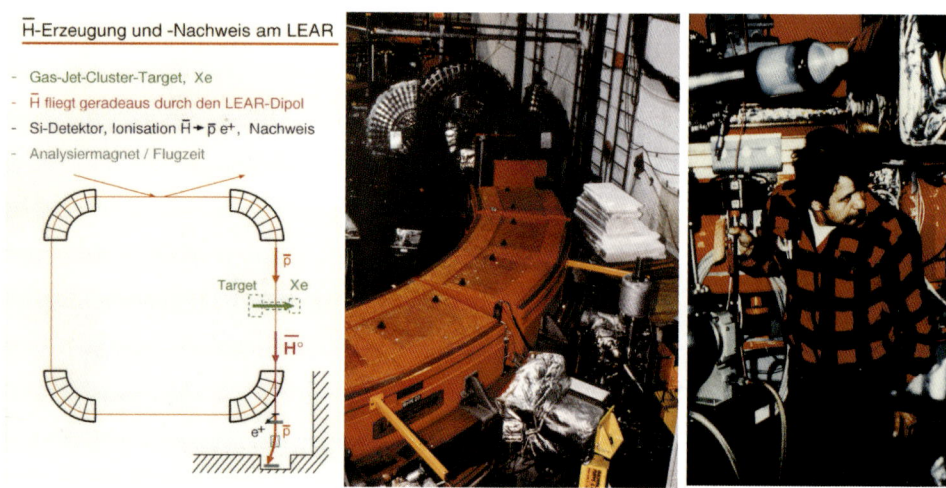

Abb. 15: Foto und Skizze vom „Low Energy Antiproton Ring" (LEAR).

8   Prinzip des Nachweises von Antiwasserstoff

Außerhalb der Kreisbahn des Antiprotonspeicherringes, in der geradeaus gerichteten Sektion, die auf den Produktionsort des Antiwasserstoffs folgt – aber noch im gleichen Vakuumsystem wie das des Ringes ist –, befindet sich eine Anordnung von Siliziumzählern. Diese Siliziumzähler haben folgende Aufgaben, sie sollen

1. das elektrisch neutrale Antiwasserstoffatom $\overline{H}^0$ in seine beiden geladenen Bestandteile Antiproton und Positron zerlegen,
2. das Positron abbremsen und seine kinetische Energie bestimmen,
3. den Energieverlust des durchlaufenden Antiprotons messen.

Der Atomkern des Antiwasserstoffs, das Antiproton, verlässt das Vakuumsystem und wird über ortsempfindliche Drahtzähler, ein ablenkendes Magnetfeld und zeitbestimmende Szintillationszähler eindeutig als solches nachgewiesen und identifiziert. Das im Siliziumhalbleiterzähler abgebremste Positron vernichtet sich als Antielektron mit einem Elektron des Detektormaterials und zerstrahlt in typischer Weise zu zwei Photonen von jeweils 511 Kiloelektronenvolt (keV) Energie, die in einem NaJ-Detektor nachgewiesen werden. Es wurden

23 300 Ereignisse registriert und auf Magnetbandträger gespeichert. Von diesen Ereignissen gehören viele zu Vorkommnissen, die nicht der Antiwasserstoffproduktion zuzuordnen sind. Durch die Auswahl von Ereignissen mit korrektem Energieverlust blieben nur noch 94 Kandidaten übrig, siehe die oberen beiden Darstellungen in Abb. 16 . Diese müssen nun eine zusätzliche Koinzidenz von zwei Photonen mit einer Energie von je 511 keV aufweisen, wie sie aus der Elektron-Positron-Vernichtung folgt.

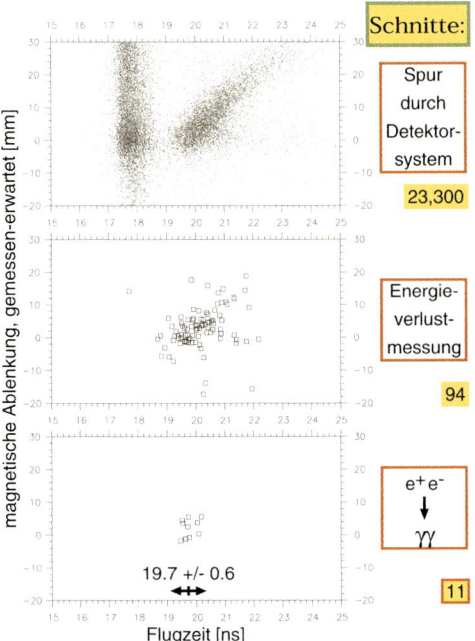

Abb. 16: Identifizierung der Antiwasserstoffatome aus den Rohdaten.

8.1 Die Anwendung von Antimaterie in Medizin und Biologie

Hier haben wir uns im Experiment einer Methode bedient, die aus der Medizin und Biologie gut bekannt und unter dem Namen Positron-Elektron-Tomographie (PET) geläufig ist. Der mit einem Präparat, das Positronen ausstrahlt, versorgte Patient wird in einen unterteilten, das zu untersuchende Organ voll umgebenden Detektor gestellt (Abb. 17).

Die Positronen vernichten sich mit Elektronen und senden zwei 511-keV-Photonen aus, die entgegengesetzt zueinander aus dem Objekt fliegen. Beide Photonen werden gleichzeitig nachgewiesen und ein Bild ihres Entstehungsortes wird rekonstruiert. Der Vergleich sehr deutlicher Abbilder beispielsweise vom Hirn des Patienten und eines entsprechenden Normals, kann dem Fachmann Auskunft über Veränderungen normaler Funktionsabläufe geben (Abb. 18). Diese Methode findet eine vielfältige Anwendung in der Untersuchung einzelner Organe, beziehungsweise in der Erstellung optischer Schnittbilder von Organen.

Auch in botanischen sowie radioagronomischen Untersuchungen (Abb. 19) wird von dieser sehr effektiven, nicht-zerstörenden Methode Gebrauch gemacht, um Versorgungsströme zu untersuchen. Hiermit wurde die wesentliche Nutzung von Antimaterie, in der Erscheinungsform des Antiteilchens Positron vorgestellt. Weitere Anwendungsmöglichkeiten sind eher im

Bereich der Forschung und Entwicklung anzusiedeln und nicht als routinemäßiger Einsatz zu
bezeichnen.

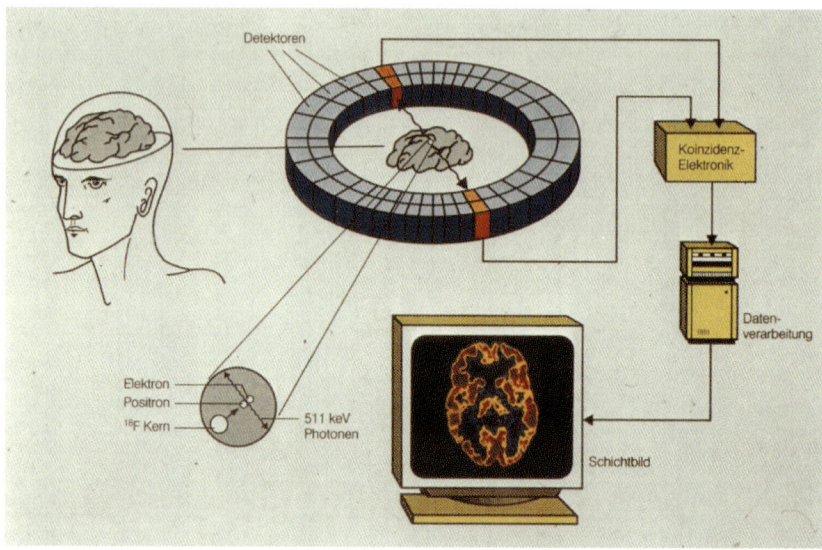

Abb. 17: Prinzip der Methode der Positron-Elektron-Tomographie (PET).

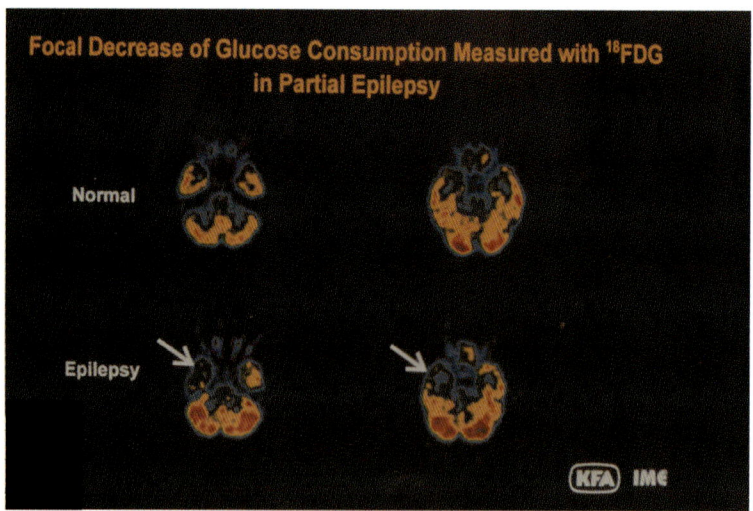

Abb. 18: Beispiel für gesundes Hirn und Hirn mit krankhaften Veränderungen.

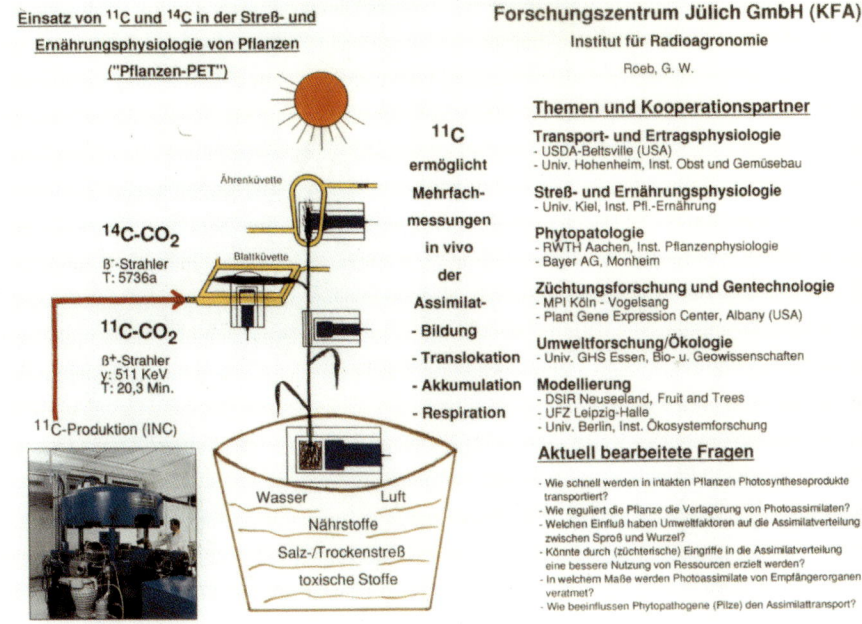

Abb. 19: Die PET-Methode zur Untersuchung von Pflanzen.

8.2   Nachweis von Antiwasserstoff

In unserem Fall der Suche und des Nachweises von Antiwasserstoff reduzierte eine wichtige Forderung die Ereignisrate auf elf gefundene Atome des Antiwasserstoffs (Abb. 16 unten), und zwar die Koinzidenz von zwei gleichzeitigen Photonen der Energie 511 keV. Diese Ereignisse zeichneten sich durch eine eindeutige Signatur aus und lagen überdies auch in vernünftiger Relation zur Produktionswahrscheinlichkeit aus theoretischen Vorhersagen.

Die Richtigkeit unserer Analyse wurde im November 1996 durch ein ähnliches, eigenständiges und unabhängiges Experiment am FERMILAB bei Chicago (USA) qualitativ und quantitativ bestätigt. Wegen der längeren Durchführungszeit wurde dieses Experiment mit der Beobachtung von deutlich mehr Antiwasserstoffatomen abgeschlossen, als wir in wenigen Tagen beobachten konnten.

9   Symmetrie oder Asymmetrie von Materie und Antimaterie

Das gegenwärtige Verständnis der Physik beinhaltet die Existenz der Antimaterie. Alle Eigenschaften der Antimaterie sind danach aus Kenntnis der Eigenschaften der Materie vorhersagbar. Lediglich das neutrale Kaonen-System bildet eine bislang nicht ganz verstandene aber sehr deutliche Ausnahme, wenn auch der Effekt, im Bereich von Bruchteilen von % liegend, extrem klein ist. Wir haben gesehen, dass sich Materie und Antimaterie gegenseitig vernichten und auch wieder erzeugen kann. Wenn aber diese Symmetrie in der Entstehung gilt, dann sollte sie doch wohl auch zum Zeitpunkt der Entstehung des Universums, zum Zeitpunkt des Urknalls gegolten haben. Oder haben sich die Gesetze der Physik auf dem Weg bis heute geändert und galten zu Beginn allen Werdens andere als heute? Wo ist die Antimaterie geblieben, die im Urknall entstanden sein muss?

Wir wissen, dass Antimaterie in natürlicher Form nicht auf der Erde vorhanden ist. Kosmologen sagen uns, dass Antimaterie mit hoher Wahrscheinlichkeit nicht innerhalb eines Radius von 30 Millionen Lichtjahren um uns herum existiert. Darüber hinaus bleibt die Spekulation, dass weit entfernte Galaxien aus Antimaterie bestehen können. Traumtänzer (oder Nicht Traumtänzer?) reden dann sogar von Antisonnensystemen, Antierden und Antipersonen in diesen Antiwelten.

Die Grundlagen dieser Überlegungen sind gar nicht so neu, denn Aristoteles führt in seinem Werk „Über den Himmel – Vom Werden und Vergehen" schon aus:

„Die Pythagoräer behaupten:
Gegenüber von dieser Erde sei noch eine Zweite,
die so genannte unsichtbare ‚Gegenerde',
unsichtbar, weil diametral entgegengesetzt der Erde,
jenseits des Feuers, aber sonst bis in das Kleinste gleich."

Abb. 20: Simulationsbild der Anordnung einer Weltraumstation mit dem Alpha-Magnetischen Spektrometer zur Suche nach schweren Antielementen.

Auch heute sind wir nicht sicher, ob eine Antiwelt – wie sie auch immer gestaltet sein mag – ganz in den Bereich der Phantasie gerückt werden sollte. Mit dem Urknall entstandene Antimaterie könnte bis heute irgendwo übrig geblieben sein. Dies zu untersuchen, soll ein „Alpha Magnetic Spectrometer (AMS)", das in einer Rechnerdarstellung in Abb. 20 gezeigt ist, für extraterrestische Forschungen von Antimaterie, Materie und fehlender Materie auf der internationalen Raumstation Alpha installiert werden. Hiermit wird es möglich sein, eventuell Kerne von übrig gebliebenen Antiatomen in der kosmischen Strahlung ausfindig zu machen. Schon der Nachweis von Antiheliumkernen wäre von besonderem Interesse, insbesondere aber Kerne wie Antisauerstoff oder Antikohlenstoff. Derartig schwere Kerne können nämlich nur durch Prozesse der Kernfusion innerhalb von Gebilden aus Antimaterie gebildet worden sein. Mit einer solchen Beobachtung würde die Existenz von Gestirnen aus Antimaterie erbracht werden.

Es wäre denkbar, dass das gesamte Universum aus Materie und Antimaterie aufgebaut ist, jedoch uns die Bereiche dieser beiden Vertreter der Materie in ihrer Größe unbekannt sind. Zwei Gedankenfolgen lassen sich darstellen. Die Erste geht davon aus, dass das Universum (zumindest lokal) asymmetrisch ist, es besteht nur aus Materie. Daraus folgt, dass kosmologisch die Zahl der Baryonen nicht erhalten wird, was im Widerspruch zum heutigen Stand der Experimente steht, die einen Protonenzerfall nicht beobachten konnten. Die zweite Gedankenfolge setzt ein global symmetrisches Universum voraus, bei dem in kosmologischer Skala die Zahl der Baryonen erhalten ist. Dies steht im Einklang zur experimentellen Beobachtung des Nicht-Zerfalls von Protonen, ein Pluspunkt für die Existenz von Antiwelten irgendeiner Form.

10 Die drei Bedingungen von Andrei Sacharow

Im Jahre 1967 formulierte Andrei Sacharow drei Bedingungen. Sie bildeten die Grundlage aller weiterer Versuche, den bei uns beobachteten Überschuss von Baryonen zu erklären:

- Es müssen Prozesse vorhanden sein, die die Zahl der Baryonen verändert. Das wurde experimentell nicht beobachtet, ist aber theoretisch durchaus möglich.
- Die uns bekannten Naturgesetze müssen derart beeinflusst sein, dass ein Materieüberfluss gegenüber Antimaterie entsteht. Das ist ein Unterschied von Gesetzmäßigkeiten zwischen Materie und Antimaterie, wie er in einem Falle in der C-P-Verletzung auch beobachtet wird.
- Prozesse der Verletzung der Konstanz der Baryonen-Zahl müssen im thermischen Ungleichgewicht stattfinden oder stattgefunden haben. *Im thermischen Gleichgewicht wäre die Baryonen-Zahl gleich der Antibaryonen-Zahl, so dass sich beide zur Baryonen-Zahl „Null" aufheben würden.*

Alle drei Bedingungen, Baryonen-Zahl-Veränderung, Materieüberschuss und Ungleichgewichtszustand der Temperatur, zeigen, dass die Physik der Elementarteilchen in der Relation Symmetrie zu gebrochener Symmetrie begründet ist. Sie zeigen, dass der Grad der Symmetrie von der Temperatur – beziehungsweise dem Energieinhalt –abhängig ist.

Ohne Zweifel existiert eine C-P-Verletzung. Sie mag für die Bildung des Überschusses an Materie über die Antimaterie in frühen Zeiten der Entwicklung des Universums mitverantwortlich gewesen sein, auch wenn der Teil ihrer Stärke, der heute bekannt ist, nicht ausreichend erscheint. Unter den explosiven Bedingungen des Urknalls konnte eine eventuelle C-P-T-Symmetrie diese Asymmetrie zwischen Materie und Antimaterie nicht ungeschehen machen. Die Aufgabe besteht darin, ergänzende Prozesse oder neue Quellen einer C-P-Verletzung auszumachen und/oder festzustellen, ob die C-P-T-Operation wirklich invariant unter allen Wechselwirkungen ist. Hierfür werden neue Experimente an Beschleunigern vorbereitet und durchgeführt. Auch wird eine vergleichende Spektroskopie von Wasserstoff und Antiwasserstoff eine Antwort bereithalten; in jedem Falle müssen wir die Frage an die Natur stellen. Eine Antwort werden wir auch bekommen. Sie wird umso präziser sein, je genauer wir unsere Frage formulieren, und sie wird uns im Verständnis tiefer in die Geheimnisse der Natur vorstoßen lassen.

11   Wie geht es weiter?

Die Situation heute scheint ähnlich derjenigen zu Beginn des zwanzigsten Jahrhunderts zu sein, als – nach dem Aufstellen der Maxwell-Formeln – ein einheitliches Bild der Physik und der Phänomene der Natur fast vorzuliegen schien, und nur ein paar kleine Effekte noch nicht ganz erklärbar waren. So wie damals ein genaueres Hinsehen zu grundlegend neuen Beschreibungen und Erkenntnissen führte, so wartet die Frage nach der Asymmetrie der Materie gegenüber der Antimaterie noch auf eine eindeutige Antwort.

Um dieser Antwort näher zu kommen, werden derzeit am CERN Experimente zur vergleichenden Präzisionsspektroskopie von Antiwasserstoff und Wasserstoff vorbereitet. Für eine genaue, ausführliche Darstellung der Physik und der Messmethoden wird auf das Proposal (SPSC 97-8/P306, 25. März 1997) verwiesen, hier soll lediglich ein kurzer Abriss des Experimentablaufs wiedergegeben werden. Zum Einfang von Positronen werden hochenergetische Positronen aus einer Quelle (z.B. Natrium-22) den magnetischen Feldlinien folgend durch eine Falle laufen, und dann auf einen Einkristall aus Tantal treffen. Die meisten Positronen werden im Kristall thermalisieren. Einige driften zur Kristalloberfläche zurück, wo sie als niederenergetische Teilchen austreten und – wiederum den Magnetfeldlinien folgend – harmonische Schwingungen ausführen. Ihre schnellen Oszillationen induzieren einen Strom in einem abgestimmten Schwingkreis, wodurch die Positronen kinetische Energie verlieren. Mit diesem Verfahren wurden Teilchendichten von 10^8 Positronen pro Kubikzentimeter[5] von der Gruppe in Harvard erreicht. Die für die Positronen verwendete Penningfalle befindet sich oberhalb der Falle für Antiprotonen und kann kontinuierlich gefüllt werden. Der Einfang von Antiprotonen mit Impulsen von 100 MeV/c aus dem AD-Beschleuniger und die anschließende Synthese zu Antiwasserstoff ist in der folgenden Abb. 21 gezeigt.

Da die neuen Experimente derzeit gerade anlaufen, ist eine aktuelle Beschreibung des Forschungsstandes schwer möglich. Der interessierte Leser sei auf die Internet-Adressen hingewiesen, die im Abschnitt „Interessante Links" am Ende dieses Kapitels aufgelistet sind. Dort finden sich aktuelle Meldungen.

---

[5] Das sind 100 Millionen Positronen pro Kubikzentimeter.

Cold electrons

Antiprotons

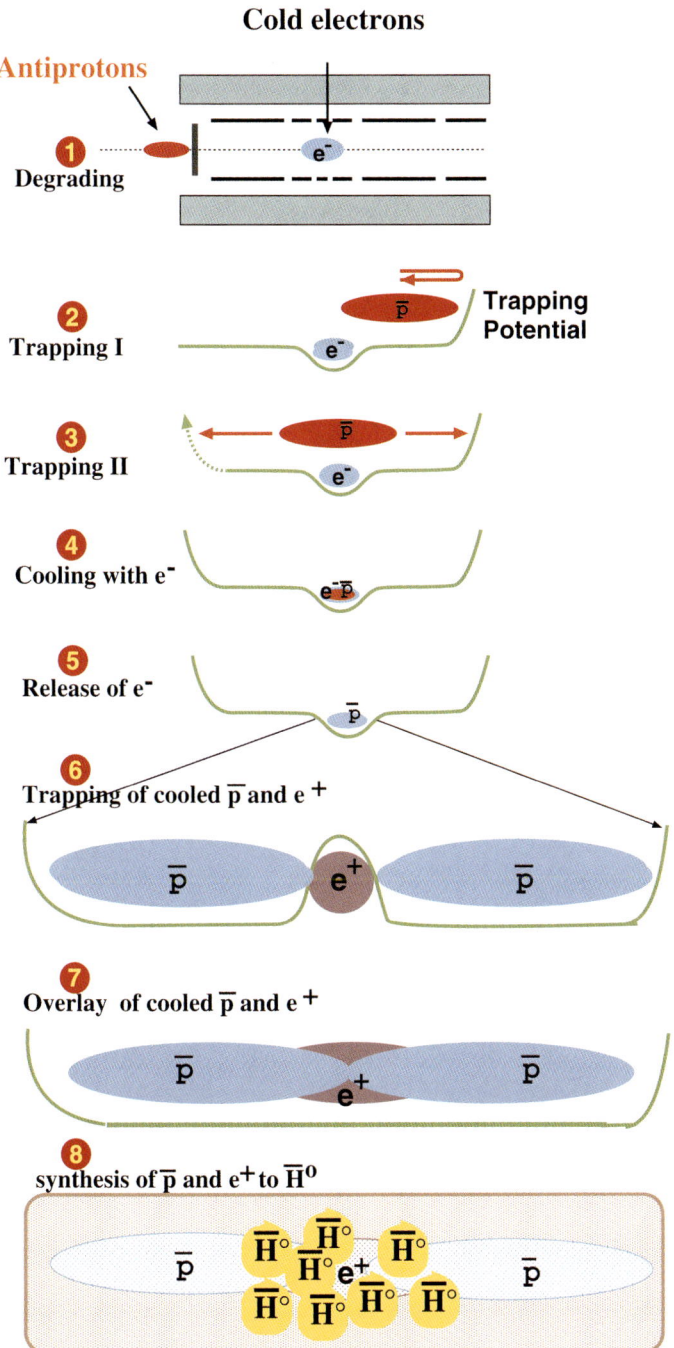

1 Degrading

2 Trapping I

3 Trapping II

4 Cooling with e⁻

5 Release of e⁻

6 Trapping of cooled $\bar{p}$ and e⁺

7 Overlay of cooled $\bar{p}$ and e⁺

8 synthesis of $\bar{p}$ and e⁺ to $\bar{H}^0$

Abb. 21: Prinzip des geplanten Experimentes zur Erzeugung von Antiwasserstoff in Ruhe.

12 Ausblick

Das Weltbild der Physik, wie es im Standard-Modell zusammengefasst wird, kann eine C-P-Verletzung beschreiben, aber nicht quantitativ erklären.

Fragen der mikroskopischen Skala dienen dazu, den Makrokosmos zu erklären (siehe Abb. 3), Phänomene beider ergänzen sich gegenseitig. Auf die Frage, ob wir überhaupt eine signifikante Antwort erwarten können, sei zum einen auf die erheblichen Erfolge verwiesen, welche die Physik schon erreicht hat. Zum anderen möge zum Schluss Stephen Hawking zitiert sein:

„The human race has always wanted to look beyond the horizon ... On either side of us, the Universe has structure on scales up to about a thousand billion billion billion times bigger or smaller than our own. Because this range is not quite infinite, there is hope that we may one day completely understand the structure of the Universe. The search for the almost infinite."

Diesem Zitat schließt sich noch ein anderes Zitat aus der Literatur hervorragend an. Es stammt von Friedrich Hölderlin und steht in „Menons Klagen um Diotima":

„Großes zu finden, ist viel, ist viel noch übrig" .

Danksagung

Keine Entwicklung in der Wissenschaft ist möglich, ohne auf Arbeiten vieler einzelner Personen zurückzugreifen. Vielen Persönlichkeiten habe ich zu danken. Insbesondere sei hier die Arbeit der PS210-Kollaboration anerkannt, die das erste Experiment zur Produktion von Antiwasserstoffatomen durchführte. Das wäre wiederum nicht ohne die aktive und engagierte Unterstützung von Mitgliedern der verschiedenen Teams am Forschungszentrum CERN möglich gewesen. Wichtig war auch die Unterstützung des Forschungszentrums Jülich, der Gesellschaft für Schwerionenforschung in Darmstadt und der Universität und des INFN in Genua.

Mein Dank gilt auch dem Direktorium des Instituts für Kernphysik und dem Vorstand des Forschungszentrums Jülich für ihr stetiges, unterstützendes Interesse unserer Aktivitäten. Nicht zuletzt machte die großzügige Förderung durch das Forschungsministeriums (BMBF) unsere Arbeiten und Erfolge erst möglich.

Der Autor

Walter Oelert

Institut für Kernphysik I am Forschungszentrum Jülich, Ruhr-Universität Bochum und zurzeit: CERN-EP Division, Genf, Schweiz

Walter Oelert, geb. 1942 in Dortmund, studierte Physik an den Universitäten in Hamburg und Heidelberg. Nach gut zweijährigem Aufenthalt in Pittsburgh (USA) wurde er 1976 wissenschaftlicher Mitarbeiter am Institut für Kernphysik des Forschungszentrum Jülich und später auch APL-Professor an der Ruhr-Universität Bochum. Bis 1985 arbeitete er auf dem Gebiet der Kernphysik, wechselte dann seinen Forschungsschwerpunkt zur Hadronenphysik bei mittleren Energien, wo er am Jülicher Beschleuniger COSY mit einem Team deutscher und polnischer Wissenschaftler die Strangeness-Produktion im Proton-Proton-Stoß untersuchte. In beiden Arbeitsgebieten zusammen veröffentlichte er ca. 130 Artikel und Beiträge in wissenschaftlichen Zeitschriften. Unter seiner Leitung wurden 1995 erstmals Atome des Antiwasserstoffs experimentell nachgewiesen. Diese Forschungsarbeiten errangen ein hohes Maß an Popularität und führten u.a. dazu, dass am Forschungszentrum CERN ein spezieller Beschleuniger zum Studium der Physik des Antiwasserstoffs gebaut wurde, an dem seit Mitte 2000 der Experimentierbetrieb aufgenommen wurde.

Interessante Links

http://athena.web.cern.ch/athena/
http://cern.web.cern.ch/CERN/Announcements/2000/AD/
http://hussle.harvard.edu/~atrap/

Spieglein, Spieglein an der Wand… Symmetrien in der Natur

Achim Stahl

1 Einführung des Symmetriebegriffs

Langenscheidts Fremdwörterbuch übersetzt den Begriff aus dem Griechischen mit *Ebenmaß, ausgeglichener, harmonischer Aufbau, Gleichmäßigkeit*. Doch statt die linguistische Bedeutung des Wortes tiefer zu erforschen, möchte ich Sie auffordern, Ihr Verständnis des Begriffes an einigen Beispielen selbst zu testen. Betrachten Sie die Reproduktionen in Abb. 1 und entscheiden Sie erst einmal selbst, welche Sie für symmetrisch halten.

Sicherlich werden Sie die Schneeflocke als symmetrisch eingestuft haben. Doch welches Kriterium haben Sie verwendet? Nun, Sie können das Bild der Schneeflocke in Gedanken drehen. Nach einer Drehung um 60° wird sich das gedrehte Bild mit dem ursprünglichen wieder decken. Die beiden sind ununterscheidbar und dies macht die Vorstellung von Symmetrie aus. Sie können das Bild nehmen, einer Transformation unterwerfen und Sie erhalten ein Bild, das vom Urbild ununterscheidbar ist. Die Transformation ist hier eine Drehung und wir sprechen folglich von Rotationssymmetrie.

2 Der Symmetriebegriff in der Physik

Im ersten Abschnitt war von der Symmetrie von Gegenständen, zum Beispiel der Schneeflocke, die Rede. In der Physik haben wir den Begriff übertragen von den Gegenständen auf Prozesse. Ein solcher Prozess könnte der Ablauf eines physikalischen Experimentes sein, oder das Arbeiten einer Maschine oder auch einfach ein Prozess in der Natur, den zu beobachten man sich ausgesucht hat. Die Symmetrie bezieht sich nun nicht auf die Gegenstände, die am Prozess beteiligt sind, sondern auf den Prozess selbst. Wir betrachten beispielsweise den Lauf einer Maschine durch einen Spiegel und stellen uns die Frage, ob es möglich ist, eine Maschine zu bauen, wie wir sie im Spiegel sehen, und ob sie auch funktionieren würde.

In Abb. 2 finden sie ein einfaches Beispiel: eine Pendeluhr. Nun müssten wir also in die Werkstatt gehen und das Spiegelbild dieser Uhr aufbauen, sie neben das Original stellen und vergleichen, ob sie die selbe Zeit angeben. Nun, ohne das Experiment wirklich gemacht zu haben, werden Sie mir glauben, dass beide Uhren in der Tat identisch gehen. Wir sagen, die Pendeluhr verhält sich symmetrisch unter Raumspiegelung. Man kann dann weitergehen und andere Beispiele mechanischer Prozesse untersuchen und kommt zum immer selben Ergebnis. Sie verhalten sich symmetrisch unter Raumspiegelungen, woraus man schließlich die Aussage gewinnt, dass die Gesetze der Mechanik symmetrisch unter Raumspiegelungen sind.

Die Raumspiegelung ist nicht die einzige Symmetrietransformation der Pendeluhr. Sie ist ebenso symmetrisch unter Verschiebungen im Raum, d.h. Translationen. Es spielt keine Rolle, wo sie die Uhr aufstellen. Sie können die Uhr auf einem Tisch hin- und herschieben oder auf einen Schrank stellen, sie wird an jedem Ort funktionieren. Sie zeigt Translationssymmetrie.

Abb. 1: Die Abbildungen zeigen die Kristallstruktur eines Proteins (E-cadherin), aufgelöst mit Röntgenstrukturanalyse, einen Ausschnitt aus einem Gemälde von M.C. Escher, eine Aufnahme der großen Magellan'schen Wolke nach der Explosion der Supernova 1987a und eine Photographie einer Schneeflocke. Welche ist welche? Entscheiden Sie selbst!

Doch Symmetrietransformationen sind nicht notwendigerweise an den Raum gebunden. So kann man zum Beispiel neben der Translation im Raum auch Translationen in der Zeit definieren. Das soll heißen, dass Sie den Gang der Uhr zu verschiedenen Zeiten vergleichen. Wenn Sie sich vergewissert haben, dass die Uhr heute genauso läuft, wie sie es gestern tat und morgen wieder tun wird, so werden Sie sie symmetrisch unter Zeittranslationen nennen.
 Betrachten wir nun das Verhalten der Pendeluhr unter Rotationen, so stoßen wir auf eine gebrochene Symmetrie. Zwar können Sie die Uhr um eine vertikale Achse drehen, ohne ihren Gang zu beeinflussen, nicht aber um horizontale Achsen. Wenn Sie die Uhr kippen, wird ihr

Gang langsamer und sie wird bei größeren Winkeln gar stehen bleiben. Es ist die Erdanzie-
hungskraft, die hier die Symmetrie bricht. Wenn Sie Sich vorstellen, dass Sie mit der Uhr
auch die Erde um eine beliebige Achse drehen, ist die Symmetrie wiederhergestellt.

Das oben Gesagte lässt sich in einer Definition zusammenfassen, die Sie in Abb. 3 finden.

Abb. 2: Pendeluhr.

Abb. 3: Symmetrie physikalischer Prozesse.

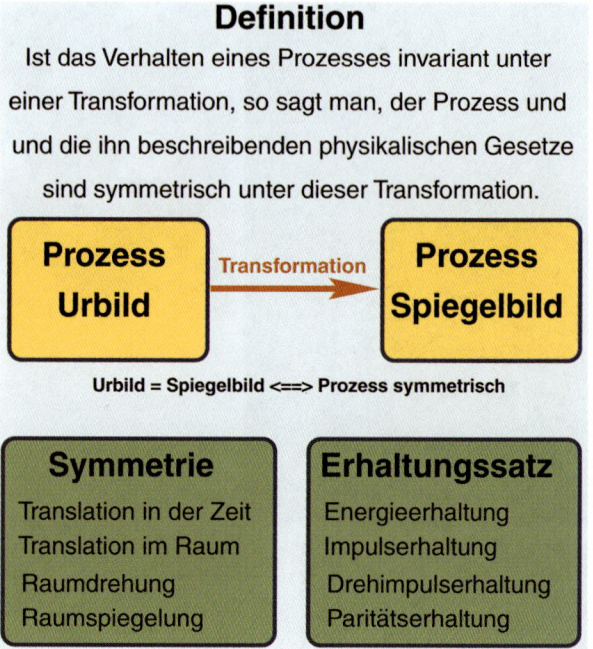

3   Erhaltungssätze und Symmetrien

Nun, da die Begriffe geklärt sind, werden Sie sich die Frage stellen, was man nun gewonnen
hat, da man weiß, dass bestimmte physikalische Gesetze symmetrisch unter bestimmten
Transformationen sind. Welch tief gehende Bedeutung in diesen Symmetrien liegt, hat zuerst
Emmy Noether erkannt (siehe Abb. 4). Ihr ist es gelungen mathematisch zu beweisen, das
jede Symmetrie notwendigerweise einen Erhaltungssatz zur Konsequenz hat. So folgt beispielsweise aus der Invarianz der Mechanik (und aller anderen physikalischen Theorien) unter
Zeittranslationen der Erhaltungssatz der Energie, d.h. die Tatsache, dass man zwar Energie
von einer Erscheinungsform in eine andere umwandeln kann, dass man sie aber weder erzeugen noch vernichten kann. Die Gesamtmenge verändert sich nicht.

Ich möchte nicht versuchen, den mathematischen Beweis zu erklären, stattdessen will ich
den Zusammenhang am Beispiel unserer Pendeluhr plausibel machen: Stellen Sie Sich doch
bitte einmal vor, Sie würden das Pendel der Uhr um eine bestimmte Strecke auslenken und
dann loslassen und damit die Uhr in Gang setzen. Nun stellen Sie Sich weiter vor, Sie würden
vor dem Loslassen eine gewisse Zeit verharren. Was würde passieren, wenn sich während

dieser Zeit der Energieinhalt des Pendels veränderte, sagen wir anstiege? Nun, dann müsste die Uhr, wenn Sie das Pendel dann schließlich loslassen, schneller laufen. Mehr Energie bedeutet eine schnellere Bewegung des Pendels und damit ein rascherer Gang der Uhr. Dies aber steht im Widerspruch zur Symmetrie unter Zeittranslation, die ja besagt, dass die Uhr zu beliebigen Zeiten gleich schnell läuft. Drehen wir das Argument um, so folgt also aus der Invarianz der Pendeluhr unter Zeittranslation, dass die in ihr gespeicherte Energie erhalten sein muss.[1]

Weitere Beispiele für Symmetrien und den daraus resultierenden Erhaltungssätze finden Sie im unteren Teil von Abb. 3.

Abb. 4: Emmy Noether. Albert Einstein schrieb 1935 in einem Brief an die New York Times: „In the judgement of the most competent living mathematicians Fräulein Noether was the most significant creative mathematical genius thus far produced since the higher education of women began." („Im Urteil der kompetentesten lebenden Mathematiker war Fräulein Noether der bis dahin herausragendste kreative mathematische Geist seit die Hochschulausbildung von Frauen begonnen hatte.")

4   Elementare Teilchen

Bevor wir uns nun den Symmetrien im Mikrokosmos zuwenden, möchte ich ein paar Worte über Elementarteilchen verlieren, jene Teilchen, von denen wir heutzutage glauben, dass aus ihnen alle Materie aufgebaut ist.

Ich stelle mir ein Elementarteilchen wie eine winzige Billardkugel vor. In Abb. 5 habe ich versucht, ein solches Teilchen zu skizzieren. Eigentlich haben Elementarteilchen keine Ausdehnung und der Radius der Billardkugel müsste somit verschwindend klein sein. Doch das kann ich mir nicht vorstellen und für die Überlegungen, die wir hier anstellen wollen, ist es auch nicht wichtig.

Abb. 5: Ein Elementarteilchen nach der Vorstellung des Autors.

---

[1] Auf lange Sicht wird die Energie langsam durch Reibung in Wärme umgewandelt und an die Umgebung abgegeben. Aber auch da ist sie nicht verloren.

Einen anderen Aspekt elementarer Teilchen müssen wir allerdings noch besprechen. Teilchen verharren nicht, sie drehen sich permanent um eine Achse, wie ein winziger Kreisel.[2] Im Fachjargon benutzt man den Begriff „Spin". Ich habe die Drehachse in Abb. 5 eingezeichnet. Es gibt für ein Teilchen immer zwei mögliche Drehrichtungen: rechts- und linksherum, angegeben durch die Richtung des Pfeils. Die Konvention ist die Folgende: Sie nehmen den Daumen der rechten Hand und zeigen in Pfeilrichtung. Dann zeigen Ihnen die restlichen Finger, wenn Sie die Hand schließen, die Drehrichtung an.

Es gibt eine ganze Reihen verschiedener elementarer Teilchen. Für uns von Bedeutung sind jene, aus denen die Atome aufgebaut sind. Da gibt es das Proton und das Neutron, die die Grundbausteine des Atomkerns bilden und die Elektronen, die ihn umkreisen. Das Neutrino, der neutrale Partner des Elektrons, ist ein schwieriges Teilchen, denn es lässt sich nur unter großem Aufwand experimentell nachweisen. Ein bisschen gemogelt habe ich mit den Protonen und Neutronen, denn sie sind nicht wirklich elementare Teilchen. Wir wissen heute, dass sie aus noch elementareren Teilchen aufgebaut sind, den so genannten Quarks. Doch um die Sache nicht unnötig zu verkomplizieren, werde ich die Protonen und Neutronen als elementar betrachten.

Abb. 6: Ein Elementarteilchen der Antimaterie in der Darstellung von Abb. 5.

Bisher habe ich ausschließlich von Materieteilchen geredet. Neben diesen gibt es auch noch die Antimaterie. Antimaterie unterscheidet sich von Materie gar nicht allzu sehr. In Abb. 6 ist ein Antiteilchen dargestellt. In vielen Eigenschaften stimmt es mit seinem Materiepartner überein. So hat zum Beispiel ein Antielektron die selbe Masse und die selbe Drehgeschwindigkeit (den selben Spin) wie ein Materieelektron. Andere Eigenschaften wiederum sind entgegengesetzt. Das Elektron ist elektrisch negativ geladen, das Antielektron hingegen trägt eine positive Ladung von exakt der selben Größe. Haben Sie bemerkt, dass die umgekehrte Pfeilrichtung einen entgegengesetzten Drehsinn andeutet?

Eine wichtige Eigenschaft betrifft die Erzeugung und Vernichtung von Materie und Antimaterie. Wenn Sie nur genügend Energie zur Verfügung stellen, kann sich diese in Materie verwandeln. Hierbei entstehen Paare von Teilchen und Antiteilchen. Umgekehrt, treffen Antiteilchen auf Ihre Materiepartner, so können sich diese wieder in Energie zurückverwandeln. Sie vernichten sich in einem Lichtblitz.

So wäre es im Prinzip denkbar, dass irgendwo im Universum Planeten aus Antimaterie und auf ihnen Lebewesen aus Antimaterie existieren. Diese Welt würde sich in nichts von unserer Welt unterscheiden. Träfe ein irdisches Raumschiff auf diese Antimenschen, so wäre es keineswegs offensichtlich, dass es sich um Antimenschen handelt. Erst der direkte Kontakt, so-

---

[2] Auch dieses Bild einer rotierenden Kugel ist ein Versuch, die mathematisch korrekte Beschreibung elementarer Teilchen zu veranschaulichen. Es ignoriert die Tatsache, dass elementare Teilchen keine Ausdehnung haben.

zusagen die Begrüßung per Handschlag, würde den Unterschied auf fatale Art und Weise zum Vorschein bringen.[3]

Dass es solche Antiwelten gibt, kann durch astronomische Beobachtungen nahezu ausgeschlossen werden. Denn, gäbe es solche Welten, müsste es Grenzflächen zwischen Materie und Antimaterie geben, an denen sich Materie und Antimaterie vernichten und dabei große Mengen Licht erzeugen. Dieses Licht müsste man auf der Erde beobachten können, selbst wenn die Grenzflächen im intergalaktischen Bereich lägen.

5 Der Fall der Parität

Zu Beginn der Entwicklung der Teilchenphysik ging man wie selbstverständlich davon aus, dass die Symmetrien, denen die klassische Physik folgt, auch in der Teilchenphysik erhalten sein würden. Die beiden Theoretiker Lee und Yang untersuchten 1956 die experimentelle Situation bezüglich der Spiegel- bzw. Paritätssymmetrie und kamen zu dem Schluss, dass dies ein Vorurteil sei, für das es noch keine experimentelle Bestätigung gab. Sie schlugen ein Experiment vor, das endgültige Klarheit schaffen sollte. Als dieses Experiment schon kurze Zeit später von Frau Wu durchgeführt wurde, brach eine Revolution an. Die Daten zeigten eine klare Verletzung der Paritätssymmetrie.

In Abb. 7 finden Sie eine Skizze und eine Photographie des Versuchsaufbaus, sowie eine schematische Darstellung der untersuchten Reaktion. Es handelt sich um den radioaktiven Zerfall eines Kobaltkerns (Kobalt-60). Der Kern wandelt sich unter Emission eines Elektrons und eines Antineutrinos in einen Nickelkern (Nickel-60) um. Genauer gesagt ist nicht der gesamte Kern an der Umwandlung beteiligt, sondern nur eines der Neutronen. Es zerfällt nach der Reaktionsgleichung $n \rightarrow p + e^- + \overline{v}$.[4]

Die Drehachsen der Eigenrotationen (Spins) der Neutronen und Protonen in solchen Kernen sind nicht zufällig orientiert, so dass als Folge dieser Rotationen der gesamte Kern um eine Achse rotiert. Im Experiment werden die Rotationsachsen der Kobaldkerne in einem Magnetfeld einheitlich ausgerichtet. Diese ist die eigentliche experimentelle Schwierigkeit. Die Probe muss auf extrem tiefe Temperaturen abgekühlt werden (adiabatische Entmagnetisierung), um die Wärmebewegung der Kerne nahezu auszuschalten, da sie der Ausrichtung ständig entgegenwirkt.

Das Experiment besteht nun darin (siehe Abb. 8), dass man die Emission der Elektronen beim Zerfall entlang der Drehachse der Kerne beobachtet.[5] Dann dreht man die Drehachse der Kerne um und vergleicht. Bei der Umkehrung des Drehsinns geht das Experiment in sein Spiegelbild über. Sind die Naturgesetze symmetrisch unter Paritätstransformation darf sich die Zählrate nicht verändern. Beobachtet hat Frau Wu jedoch das genaue Gegenteil. In einer Ausrichtung konnte sie den Zerfall mit voller Stärke nachweisen, im Spiegelbild war das Signal verschwunden. Dies ist der krasseste Fall einer Symmetriebrechung. Im Bild findet die

---

[3] Dass es solche Antiwelten gibt, kann durch astronomische Beobachtungen nahezu ausgeschlossen werden. Gäbe es solche Welten, müsste es Grenzflächen zwischen Materie und Antimaterie geben, an denen sich Materie und Antimaterie vernichten und dabei große Mengen Licht erzeugen. Dieses Licht müsste man auf der Erde beobachten können, selbst wenn die Grenzflächen im intergalaktischen Bereich lägen.

[4] Der Querstrich über einem Teilchen – hier dem Neutrino – zeigt an, dass es sich um ein Antiteilchen handelt.

[5] Die Neutrinos verschwinden unbeobachtet.

Reaktion statt, im Spiegelbild ist nicht nur die Rate geringer, nein, die Reaktion findet überhaupt nicht statt. Man spricht auch von maximaler Verletzung der Paritätssymmetrie.

Das Experiment besteht nun darin (siehe Abb. 8), dass man die Emission der Elektronen beim Zerfall entlang der Drehachse der Kerne beobachtet.[6] Dann dreht man die Drehachse der Kerne um und vergleicht. Bei der Umkehrung des Drehsinns geht das Experiment in sein Spiegelbild über. Sind die Naturgesetze symmetrisch unter Paritätstransformation darf sich die Zählrate nicht verändern. Beobachtet hat Frau Wu jedoch das genaue Gegenteil. In einer Ausrichtung konnte sie den Zerfall mit voller Stärke nachweisen, im Spiegelbild war das Signal verschwunden. Dies ist der krasseste Fall einer Symmetriebrechung. Im Bild findet die Reaktion statt, im Spiegelbild ist nicht nur die Rate geringer, nein, die Reaktion findet überhaupt nicht statt. Man spricht auch von maximaler Verletzung der Paritätssymmetrie.

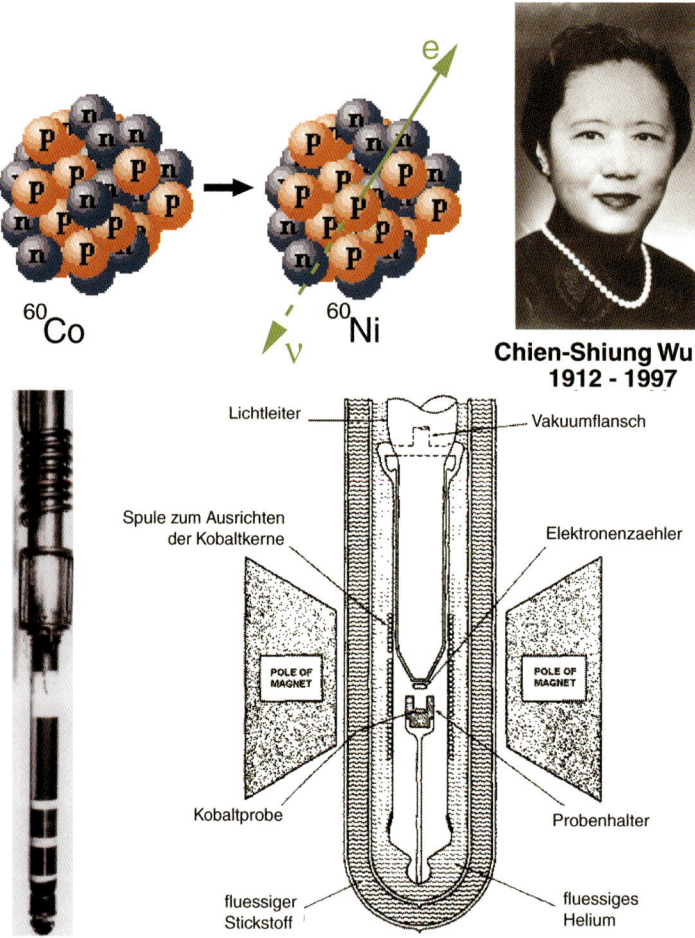

Abb. 7: Das Experiment von Chien-Shiung Wu.

---

[6] Die Neutrinos verschwinden unbeobachtet.

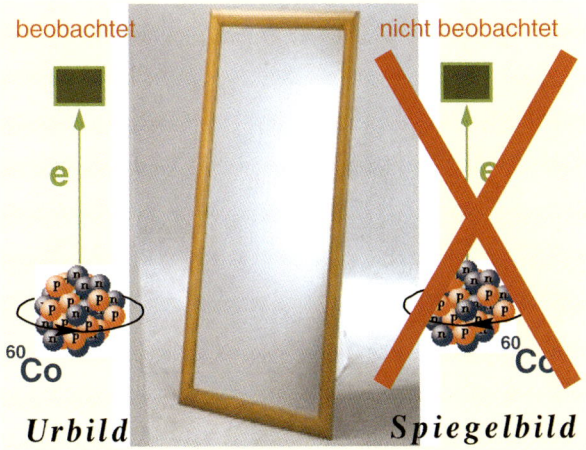

Abb. 8: Schematische Darstellung des Wu-Prinzips.

6 Die CP-Symmetrie

Das Wu-Experiment wurde in dieser Form und an anderen Reaktionen vielfach wiederholt und es besteht kein Zweifel an der Richtigkeit der Beobachtung: In allen Reaktionen, die von einer bestimmte Kraft – wir nennen sie die schwache Wechselwirkung – vermittelt werden, tritt maximale Paritätsverletzung auf.

Da Symmetrien die theoretische Beschreibung der Naturgesetze so ungemein vereinfachen, suchte man nach einem Ersatz für die verlorene Paritätssymmetrie und fand ihn in einer erweiterten Transformation. Die neue Transformationsregel lautet Folgendermaßen: Vom Urbild ausgehend nimmt man zunächst das Spiegelbild, ersetzt dann aber noch alle Materie durch Antimaterie und umgekehrt. Das heißt, dass auf der rechten Seite von Abb. 8 jetzt der Zerfall eines Antikobaltkerns in einen Antinickelkern unter Emission eines Positrons (so heißt das Antiteilchen zum Elektron) und eines Neutrinos erscheint.

Würde man das Experiment durchführen, ergäbe sich tatsächlich die selbe Zählrate, wie im Urbild (Abb. 8 links). Leider ist dies technisch heute noch nicht möglich. Zwar können wir Antimaterie herstellen und damit experimentieren, zum Beispiel können wir Positronen nachweisen und von Elektronen unterscheiden. Wir können Antineutronen und Antiprotonen herstellen, selbst ganze Antiwasserstoffatome wurden schon erzeugt, aber so komplexe Objekte aus Antimaterie wie ein Antikobaltkern kann man heute noch nicht erzeugen.[7]

Man nennt diese neue Transformation die CP-Transformation. Dabei steht das C für den Übergang von Materie nach Antimaterie (englisch: charge conjugation) und das P für die Raumspiegelung (Parität). Die zugehörige Symmetrie heißt entsprechend CP-Symmetrie.

---

[7] Auch der Probenhalter müsste geändert werden, da die Antimaterieprobe ja nicht mit Materie in direkten Kontakt kommen darf.

So schien die Welt der Symmetrien gerettet, bis 1964 Christenson und seine Mitarbeiter beim Studium des Zerfalls von K^0-Mesonen[8] eine erneute Überraschung erlebten.

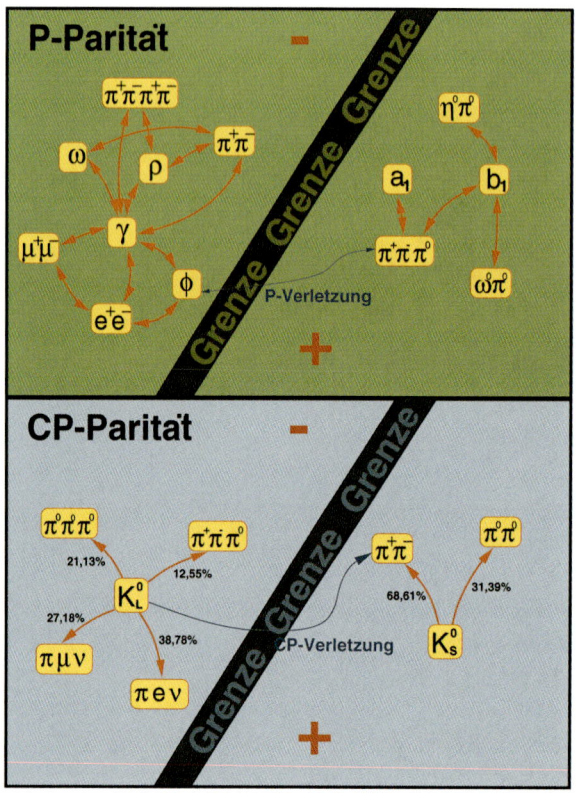

Abb. 9: Die Abbildung zeigt Zustände sortiert nach Ihrer P-Parität (oben) bzw. nach ihrer CP-Parität (unten). Die roten Linien zeigen die Hauptübergänge an, die blauen Linien zeigen schwächere Übergänge, welche die jeweilige Symmetrie brechen.

7   Verletzung der CP-Symmetrie

Doch betrachten wir diese Symmetrien noch einmal unter einem anderen Blickwinkel. Nach dem Noether-Theorem muss es zu jeder dieser Symmetrien einen Erhaltungssatz geben. Die entsprechenden Erhaltungsgrößen tragen den selben Namen wie die Symmetrien. Man nennt sie die P-Parität für die Spiegelsymmetrie, die C-Parität für die Materie – Antimateriekonjugation und die CP-Parität für die oben besprochene, kombinierte Transformation. Da es bei diesen Transformationen nur zwei Zustände gibt, nämlich Bild und Spiegelbild (im Gegensatz zu Drehungen oder Verschiebungen, wo man beliebig viele Bilder erzeugen kann) nimmt auch die Erhaltungsgröße nur zwei Werte an. Wir bezeichnen sie einfach mit „plus" und „minus".

---

[8] Mesonen sind Teilchen, die aus einem Quark und einem Antiquark aufgebaut sind.

Für jeden Zustand in der Teilchenphysik, also zum Beispiel für jedes Teilchen oder für jede Gruppe von Teilchen, kann man angeben, ob ihre P-, C- und CP-Paritäten „plus" oder „minus" sind. Wenn die Symmetrie in der Natur erhalten ist, dann darf sich in Teilchenreaktionen die entsprechende Parität nicht verändern. Wäre beispielsweise die P-Parität erhalten, würde die Welt in zwei Gruppen von Zuständen zerfallen, solche mit positiver und solche mit negativer P-Parität. Zwischen ihnen würde es keine Übergänge geben. Dies ist in Abb. 9 skizziert. Lediglich die schwache Wechselwirkung, welche die Paritätssymmetrie verletzt bewirkt Übergänge von Zuständen einer Parität zur anderen.

Im unteren Teil von Abb. 9 ist ein solches Beispiel für die CP-Symmetrie dargestellt. Es zeigt den Zerfall jener K^0-Mesonen, die Christenson studiert hat. Es gibt ein K^0-Teilchen mit positiver CP-Parität – wir nennen es K_S^0 – und eines mit negativer, das K_L^0. Die dicken roten Linien zeigen die hauptsächlichen Zerfälle dieser Teilchen an und die angegebene Prozentzahl sagt Ihnen, wie oft das Teilchen auf diesem Wege zerfällt. Wie Sie sehen, tritt hier noch keine Verletzung der CP-Symmetrie auf. Was Christenson und seine Mitarbeiter aber überraschenderweise feststellten, ist, dass ein winziger Bruchteil (nämlich 0,3 %) der K_L^0-Mesonen in einen Endzustand mit der umgekehrten CP-Parität zerfielen und damit die CP-Symmetrie verletzen.

Auch die CP-Symmetrie ist also in der Natur verletzt. Wiederum tritt die Verletzung nur in Reaktionen auf, an denen die schwache Wechselwirkung beteiligt ist, die Kraft, die auch für die P-Verletzung verantwortlich ist. Im Gegensatz zur Paritätsverletzung ist die Verletzung der CP-Symmetrie allerdings gering. Kaum mehr als eines aus 1000 K_L^0-Mesonen zerfällt in einen Endzustand mit umgekehrter CP-Parität und bei den K_S^0-Mesonen sind es noch weniger.

8   Woher kommt die Materie?

In den letzten Kapiteln war von der Verletzung von Symmetrien im Mikrokosmos, also in Reaktionen elementarer Teilchen, die Rede. Ich möchte Ihnen nun darlegen, dass diese Symmetrieverletzungen weitreichende Konsequenzen bis hinein in die Entwicklung unseres Universums haben. Ja, man kann sagen, wäre die CP-Symmetrie im Mikrokosmos nicht verletzt, wären im Universum weder Sterne noch Menschen entstanden.
Betrachten Sie bitte Abb. 10 und Abb. 11. Sie zeigen in schematischer Form die wesentlichen Aspekte der Entstehung von Materie im Universum. Zunächst ist in Abb. 10 die Entwicklung eines hypothetischen Universums gezeigt, in dem es keine Verletzung der CP-Symmetrie gibt. Die Entwicklung des Universums beginnt oben mit dem Urknall. Eine unvorstellbare Menge Energie ist konzentriert in einem Raum, der mit dem Urknall aus einem Punkt heraus zu expandieren beginnt. Bei dieser unvorstellbaren Energiedichte verwandelt sich spontan Energie in Materie.[9]

Die CP-Symmetrie sagt uns nun, dass dabei gleiche Mengen an Materie und Antimaterie entstehen müssen.[10] Das Universum dehnt sich währenddessen aus und dabei sinkt die Ener-

---

[9] Nach Einsteins berühmter Formel $E = mc^2$ ist ja Energie äquivalent zu Masse und solche Umwandlungen sind folglich möglich.
[10] Stellen Sie Sich eine Reaktion vor, bei der, sagen wir, mehr Materie entsteht, und betrachten Sie die dazu CP-transformierte Reaktion. Bei dieser würde der selbe Überschuss an Antimaterie entstehen. Da bei erhaltener CP-

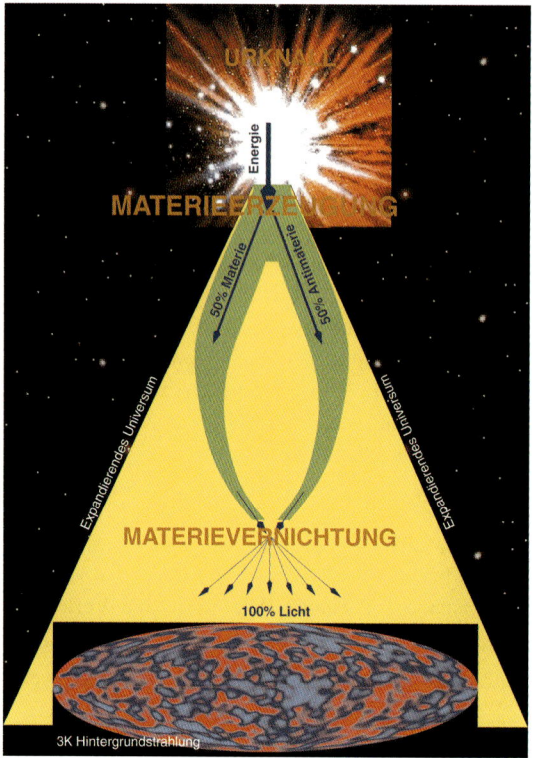

Abb. 10: Materie- und Antimaterieerzeugung in einem hypothetischen Universum ohne CP-Verletzung.

giedichte ständig ab. Wenn diese einen bestimmten Wert unterschreitet, kommt die Produktion von Materie und Antimaterie zum Stillstand. Im Universum gibt es nun große Mengen an Materie und Antimaterie, die sich bei zufälligen Begegnungen allmählich wieder vernichten. Übrig bleibt Energie in Form von Licht. Dieses Licht erfüllt den ganzen, immer größer werdenden Raum. Es ist die Quelle der berühmten 3-Kelvin-Hintergrundstrahlung. Dieses Licht ist heute noch von der Erde aus in beliebiger Raumrichtung beobachtbar.

Es ist ein eintöniges Universum, das hier (hypothetisch) entstanden ist. Alle Materie und Antimaterie, die unmittelbar nach dem Urknall entstanden ist, ist wieder zerstrahlt. In diesem Universum gibt es nichts als ein aus allen Richtungen kommendes Licht, welches immer kälter wird, keine Sterne und keine Menschen, nichts als Licht. CP-Verletzung ist nötig, um das Universum, so wie wir es heute kennen, zu erklären. Nur mit CP-Verletzung kann nach der rasanten Entwicklung in der Frühphase des Universums Materie übrig bleiben, aus der sich dann die Galaxien, Sterne, Planeten und schließlich das Leben auf der Erde entwickeln kann.

Eine winzige Verletzung der CP-Symmetrie in den Reaktionen, durch die unmittelbar nach dem Urknall Materie und Antimaterie entstehen, kann dazu führen, dass ein geringer Überschuss an Materie gegenüber Antimaterie ensteht (Abb. 11). In der weiteren Entwicklung des

---

Symmetrie beide Reaktionen mit gleicher Rate ablaufen müssen, heben sich die beiden Überschüsse unter dem Strich auf. Es enstehen gleiche Mengen an Materie und Antimaterie.

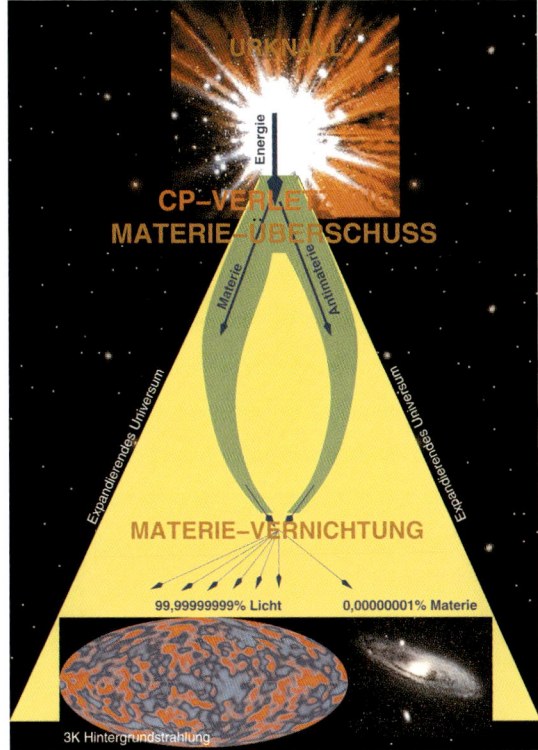

Abb. 11: Modell der Materie- und Antimaterieerzeugung in unserem Universum.

Universums kommt auch hier, als Folge der Expansion, die Produktion von Materie und Antimaterie zum Stillstand. Das Universum expandiert weiter und Materie und Antimaterie vernichten sich allmählich wieder. Doch da nun ein Überschuss an Materie vorhanden ist, kann die Vernichtung nicht vollständig ablaufen. Ist alle Antimaterie verbraucht, bleibt der Überschuss an Materie zurück und aus diesem winzigen Überschuss sind wir alle letztlich entstanden. Wie gering dieser Überschuss wirklich war, können wir heute noch feststellen. Aus jedem Pärchen von Materie und Antimaterie ist ein Photon (ein Lichtteilchen) entstanden und jedes Materieteilchen Überschuss muss heute noch vorhanden sein. Wir brauchen also „nur" Licht und Materie zu zählen. Das Ergebnis ist, dass beim Urknall auf 10 Milliarden Antimaterieteilchen 10 Milliarden und ein Materieteilchen kamen. Davon sind heute 10 Milliarden Photonen und 1 Materieteilchen übrig.

9   Der aktuelle Stand der Forschung

Wir wissen heute, dass im Mikrokosmos die CP-Symmetrie geringfügig verletzt ist. Christenson und seine Mitarbeiter hatten dies 1964 erstmals beobachtet, und der Effekt wurde seither mehrfach bestätigt. Wir haben ein Modell entwickelt, mit der man die beobachtete Verletzung der CP-Symmetrie konsistent beschreiben kann. Allerdings ist trotz intensiver Suche der Zerfall der K^0-Mesonen bis heute die einzige Reaktionen geblieben, in der CP-Verletzung beobachtet werden konnte. Insofern konnte das Modell nicht wirklich getestet werden.

Wir wissen ferner, dass CP-Verletzung eine notwendige Bedingung für die Entstehung eines Materie enthaltenden Universums ist. Ein Modell, wie es im Laufe der Entwicklung des Universums zu einem Überschuss an Materie über Antimaterie kommen konnte, wurde entwickelt. Ich habe es oben skizziert.

Es taucht allerdings ein Problem auf, wenn man versucht, beides quantitativ in Einklang zu bringen. Das Maß an CP-Verletzung, das wir im Mikrokosmos im Labor beobachten, reicht nicht aus, um die Materie, die wir heute noch im Universum haben, zu erklären. Entweder ist unser kosmologisches Modell noch nicht richtig, oder es gibt mehr CP-Verletzung im Mikrokosmos, als wir bisher kennen.

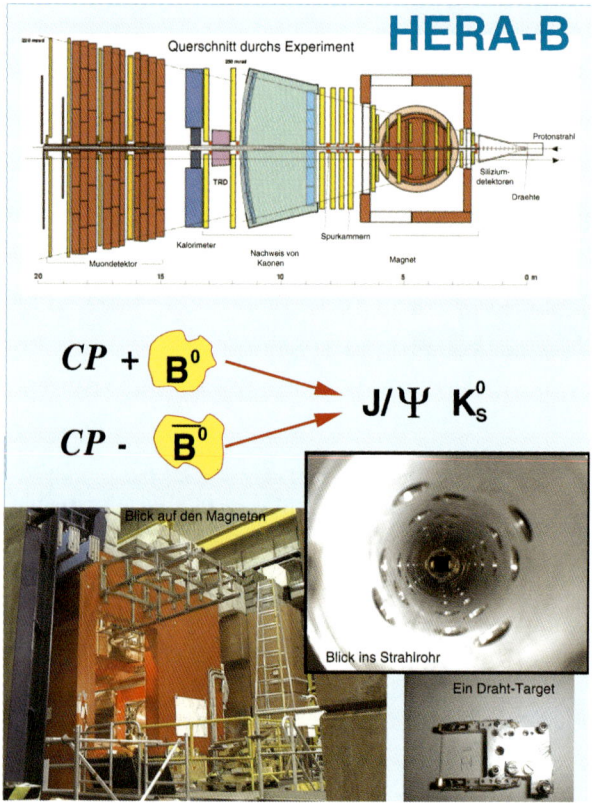

Abb. 12: Ein neues Experiment zur CP-Verletzung.

Wir Teilchenphysiker beschäftigen uns mit der zweiten Alternative. Drei Experimente wurden aufgebaut, um unser heutiges Verständnis von CP-Verletzung zu testen und nach neuen Effekten zu suchen. Diese sind das Experiment BaBar am Stanford Linear Accelerator Center in Stanford/Kalifornien, das Experiment Belle am japanischen Forschungszentrum KEK in der Nähe von Tokyo und HERA-B am Deutschen Elektronen SYnchrotron (DESY) in Hamburg. Das HERA-B Experiment wird derzeit in Betrieb genommen. In einem unterirdischen Tunnel unter dem Volkspark werden Protonen auf 820 GeV[11] Energie beschleunigt. Sie schießen durch ein evakuiertes Strahlrohr, in dem dünne Drähte gespannt sind. Bei den heftigen Kollisionen mit den Drähten entstehen B^0-Mesonen und deren Antiteilchen $\overline{B}^0$, bei deren Zerfall ebenfalls eine messbare Verletzung der CP-Symmetrie erwartet wird. Sie ähneln den bereits besprochenen K^0-Teilchen stark. Beide Teilchen, Materie (B^0) wie Antimaterie ($\overline{B}^0$), können in ein J/Ψ- und ein K^0_S-Meson zerfallen. Sie tun dies mit unterschiedlicher Geschwindigkeit, falls die CP-Symmetrie verletzt ist. Dies ist eine der Reaktionen, die man testen möchte. In Abb. 12 ist neben dem Strahlrohr mit den Drähten der Detektor dargestellt. Er dient dem Nachweis und der Identifizierung der $B^0/\overline{B}^0$-Teilchen und ihrer Zerfälle und mit ihm kann man die Zerfallszeiten vermessen.

Seien wir gespannt auf die neuen Erkenntnisse, die uns die Zukunft bringen wird.

Der Autor

Achim Stahl
Physikalisches Institut der Universität Bonn und CERN, Genf

Achim Stahl ist 37 Jahre alt und Privatdozent am Physikalischen Institut der Universität Bonn. Sein Forschungsgebiet ist das tau-Lepton, ein ultraschweres Elektron. Seine Studien führt er am europäischen Zentrum für Teilchenphysik, CERN in Genf durch. Unter anderem beschäftigte er sich mit dem Verhalten der tau-Leptonen unter bestimmten Symmetrietransformationen (CP-Verletzung). Während eines zweijährigen Forschungsaufenthaltes am Stanford Linear Accelerator Center in Stanford/Kalifornien beteiligte er sich am Aufbau eines neuen Detektors für ein Experiment zum Studium der Materie-Antimaterie- / Links-Rechts-Symmetrien mit B-Mesonen.

---

[11] Die Energieeinheit Elektronvolt oder eV ist die kinetische Energie, die ein einfach geladenes Teilchen gewinnt, wenn es eine Potentialdifferenz von einem Volt durchquert. Ein GeV ist ein Giga-Elektronvolt, das sind eine Milliarde Elektronenvolt.

Symmetrie – Das Urprinzip der Schöpfung

Bernhard Spaan

1   Einleitung

Jeder glaubt zu wissen, was Symmetrie ist und meint damit in der Regel das Ebenmaß von Körpern. Das ist auch richtig, denn das Wort Symmetrie stammt aus dem Griechischen und heißt „Ebenmaß". In Mathematik und den Naturwissenschaften bedeutet Symmetrie aber noch mehr. Symmetrie ist dann gegeben, wenn bestimmte Manipulationen[1] an einem System dieses unverändert lassen. Beispiele für solche Symmetrien gibt es viele. Betrachten wir einen Gegenstand, dessen Spiegelbild nicht vom Original zu unterscheiden ist. Einen solchen Gegenstand nennen wir „spiegelsymmetrisch", denn die Spiegelung ist die Manipulation, welche ihn offensichtlich nicht ändert. Die im „Alltag" als symmetrisch bekannten Körper sind spiegelsymmetrisch – Kugel, Würfel, Tetraeder, Oktaeder, Ikosaeder und viele mehr (Abb. 1).

Abb. 1: Beispiele für Körper, die allgemein als symmetrisch bekannt sind.

Weitere mögliche Änderungen sind Drehungen, welche auch Rotationen genannt werden. Nach einer Rotation um einen bestimmten Winkel sollte ein Objekt vom Original nicht zu unterscheiden sein, um eine Rotationssymmetrie aufzuweisen. Die Kugel ist das beste Beispiel für einen rotationssymmetrischen Körper. Oder betrachten wir ein ganz normales Quadrat. Wir erachten es als symmetrisches Objekt, da es spiegelsymmetrisch ist. Es ist jedoch nur spiegelsymmetrisch bezüglich bestimmter Achsen, wie die Beispiele in Abb. 2 zeigen.

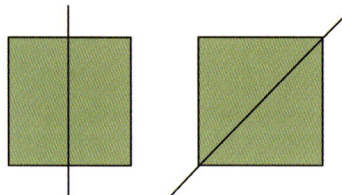

Abb. 2: Das Quadrat ist nur spiegelsymmetrisch in Bezug auf bestimmte Achsen.

---

[1] In der Physik spricht man exakter von „Transformationen".

Man kann leicht noch mehr dieser Symmetrieachsen finden. Wir können das Quadrat aber auch drehen. Drehen wir das Quadrat um Winkel von 0°, 90°, 180° oder 270° um einen gedachten Mittelpunkt herum, so sieht es wieder genauso aus wie zuvor. Bei Drehungen um Winkel, die nicht ein Vielfache von 90° sind, ist der Effekt der Drehung sofort sichtbar. Das zeigt die Drehung um 60° in Abb. 3.

Abb. 3: Drehungen um Winkel, die nicht ein Vielfache von 90° sind, sind beim Quadrat sofort sichtbar.

Symmetrie ist also deutlich mehr als nur die Spiegelsymmetrie. Werfen wir einen Blick in die Natur, so beobachten wir überall Symmetrie. Schneeflocken, Schmetterlinge, Blüten, Kristalle sowie viele andere Tiere, Pflanzen und unbelebte Objekte weisen Symmetrien auf. Symmetrie bezieht sich nicht nur auf Dinge, sondern auch auf Kräfte. Kräfte werden in der Physik auch „Wechselwirkungen" genannt. So haben Erde und Mond, andere Planeten und Monde sowie die Sonne eine Kugelgestalt, weil sie durch die Schwerkraft geformt werden (Abb. 4). Die Schwerkraft oder Graviation weist eine Rotationssymmetrie auf.

Abb. 4: Planeten, Monde und Sterne werden durch die rotationssymmetrische Schwerkraft zu Kugeln geformt.

Und die Natur geht in Sachen Symmetrie noch viel weiter. Die Mathematikerin Emmy Noether[2] hat bereits 1917 herausgefunden, dass hinter einem Erhaltungssatz immer eine Symmetrie steckt. So können wir die Erhaltung von Energie und Impuls – ganz fundamentale Prinzipien – auf Symmetrien zurückführen. Die Teilchenphysik beschäftigt sich mit den fundamentalen Bausteinen der Materie und wie diese untereinander wechselwirken. Alle uns bekannten Reaktionen in der Natur bauen auf diesen Bausteinen und Wechselwirkungen auf. Wir erwarten daher, dass in der Teilchenphysik auch die fundamentalen Symmetrien sichtbar werden. Tatsächlich beobachten wir, dass die Teilchenphysik regelrecht auf Symmetrien basiert. Das geht soweit, dass selbst Symmetriebrechungen ganz entscheidende Auswirkungen haben.

---

[2] Siehe auch Kapitel „Spiegelein, Spiegelein an der Wand... Symmetrien in der Natur" von Achim Stahl, Abb. 4.

2   Eine kurze Einführung in die Teilchenphysik

Die Teilchenphysik befasst sich mit den kleinsten Bausteinen der Materie und deren Wechselwirkungen untereinander. Im Laufe dieses Jahrhunderts haben wir ungeheuer viel über den Aufbau der Materie bzw. der Atome gelernt, der sich nach heutiger Kenntnis wie in Abb. 5 darstellen lässt.

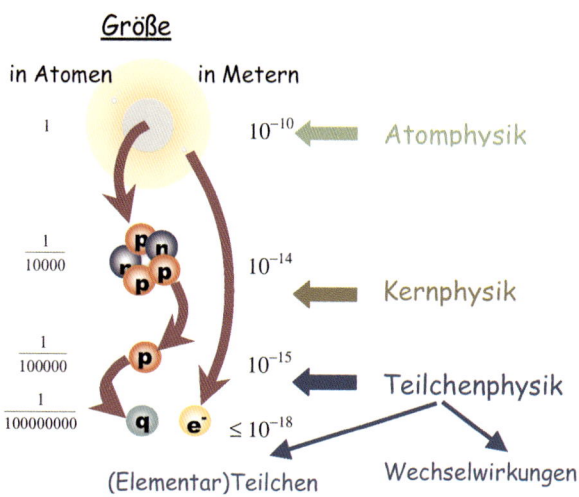

Abb. 5: Aufbau der Materie.

Das Atom besteht aus einem positiv geladenen Atomkern und einer Hülle aus negativ geladenen Elektronen (e⁻). Der Kern selbst ist aus Protonen (p) und Neutronen (n) aufgebaut. Wie man sieht, ist der Kern winzig im Vergleich zur Größe des Atoms. Noch viel winziger sind die so genannten Quarks, aus denen sich Protonen und Neutronen zusammensetzen. In unseren Messungen sehen wir keinerlei Anzeichen, dass sowohl Quarks als auch Elektronen aus noch kleineren Teilchen aufgebaut sind. Elektronen gehören zur Gattung der Leptonen. Leptonen und Quarks sind nach aus heutiger Sicht daher die elementaren Bausteine der Materie. Insgesamt gibt es sechs verschiedene Quarks und sechs verschiedene Leptonen (Abb. 6).

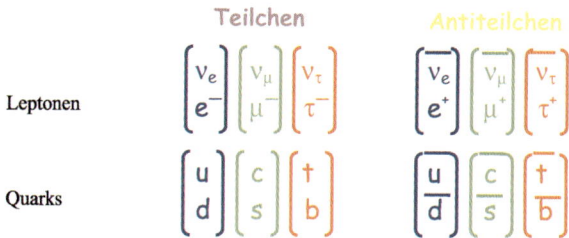

Abb. 6: Leptonen und Quarks, die elementaren Bausteine der Materie.

Ein Blick auf Leptonen und Quarks zeigt interessante Symmetrieeigenschaften. So existiert zu jedem Teilchen auch ein Antiteilchen mit genau der gleichen Masse. Ein Elektron unterscheidet sich von seinem Antiteilchen, dem Positron, eigentlich nur durch die entgegengesetzte Ladung – gleiches gilt auch für Quarks.

Bis auf die Neutrinos (ν_e, ν_μ, ν_τ), die zu den Leptonen gehören, haben alle Teilchen eine Ladung. Darüber hinaus sind Neutrinos nahezu masselos im Vergleich zu den anderen Teilchen.

Es gibt noch weitere interessante Eigenschaften wie die Tatsache, dass Leptonen und Quarks jeweils in drei Familien mit je zwei Teilchen vorkommen.

Wechselwirkungen sind verantwortlich für Kräfte zwischen Leptonen und Quarks oder aber auch für Zerfälle von Teilchen und für Vernichtung und Erzeugung von Teilchen und Antiteilchen. Im täglichen Leben erleben wir viele Arten von Kräften. Grundsätzlich lassen sie sich alle auf vier fundamentale Wechselwirkungen zurückführen:

1. Gravitation (Schwerkraft): Alle Teilchen, die eine Masse haben, nehmen teil.
2. Elektromagnetische Wechselwirkung: Verantwortlich für Kräfte zwischen Ladungen, für Ströme, Magnetfelder, etc. Alle geladenen Teilchen nehmen teil – Neutrinos demnach nicht.
3. Schwache Wechselwirkung: Verantwortlich für eine Vielzahl von Atomkern-Zerfällen, *Symmetrieverletzungen*, etc. Alle Teilchen nehmen teil.
4. Starke Wechselwirkung: Nur Quarks nehmen teil.

Die Kräfte, die wir im Alltag erleben, beruhen in der Regel auf den ersten beiden Wechselwirkungen, der Gravitation und dem Elektromagnetismus. Die Frage, warum wir mehr als die diese beiden Wechselwirkungen brauchen, lässt sich leicht beantworten. Betrachten wir den Atomkern: Er besteht auf positiv geladenen Protonen und elektrisch neutralen Neutronen. Gleich geladene Teilchen stoßen sich ab, die Schwerkraft ist zu schwach, um die elektrische Abstoßung zu überwinden. Ohne eine weitere Kraft, die stärker als die elektrische Abstoßung ist, würden Atomkerne mit mehr als einem Proton „explodieren", unsere Welt könnte dann nicht existieren (Abb. 7). Diese neue Kraft ist die starke Wechselwirkung.

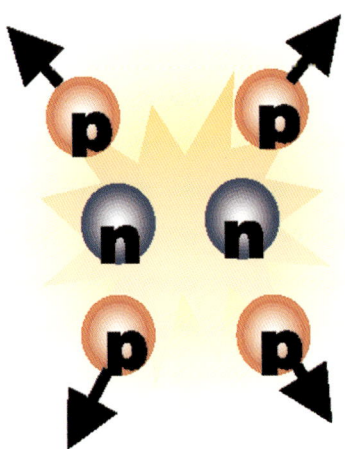

Abb. 7: Ohne starke Wechselwirkung würde ein Atomkern „explodieren".

Aufgrund der geringen Masse der elementaren Bausteine der Materie kann die Schwerkraft gegenüber den anderen Wechselwirkungen vernachlässigt werden, sie soll daher auch nicht weiter betrachtet werden. Nun stellt sich die Frage: Was haben Wechselwirkungen mit Symmeterie zu tun?

3   Wechselwirkungen und Symmetrie

Elementarteilchen haben noch einige weitere Eigenschaften außer Masse und Ladung. Leptonen und Quarks verfügen über einen Drehsinn – auch Spin genannt. Sie können als links- oder rechtsdrehend auftreten, wie Abb. 8 zeigt.

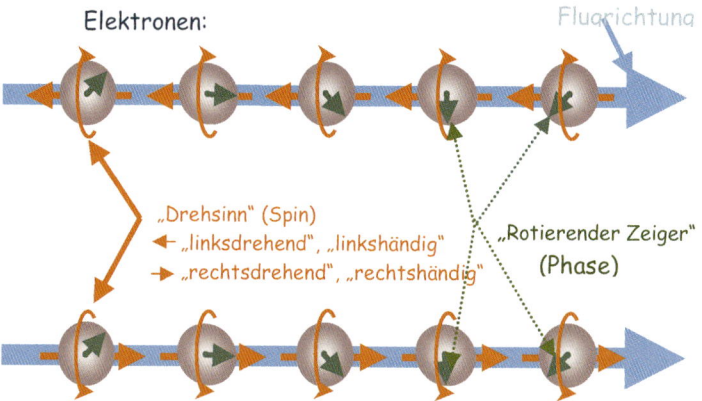

Abb. 8: Der Spin eines Elementarteilchens kann links- oder rechtshändig bezogen auf die Flugrichtung sein.

Ein Pfeil nach links weist auf ein linksdrehendes Teilchen hin, einer nach rechts auf ein rechtsdrehendes. Wir nennen es linkshändig, wenn dieser Pfeil entgegensetzt (parallel) zur Flugrichtung zeigt beziehungsweise rechtshändig. Geladene Teilchen wie Elektronen verfügen darüber hinaus noch über eine so genannte Phase, die wir uns als rotierenden Zeiger vorstellen können.

Verknüpfen wir diese Phase mit seiner Symmetrie, führt dies zur elektromagnetischen Wechselwirkung! Die hierfür nötige Symmetrie ist die so genannte lokale Eichsymmetrie. Mathematisch ausgerückt bedeutet lokale Eichsymmetrie, dass die Formeln, welche die Bewegung eines Teilchens beschreiben, invariant – das heißt symmetrisch – gegenüber lokalen Änderungen dieser Phase sein sollen. Was heißt das?

Ich möchte das Eichprinzip an einem Beispiel erklären, das natürlich etwas „hinken" muss. Jede Analogie hat nun einmal ihre Grenzen. Betrachten wir ein System von zwei Elektronen, die wir mit einer „gedachten" Feder verbinden (Abb. 9). Die rotierenden Zeiger stehen senkrecht auf der gedachten Verbindungsachse. Der rote Pfeil gibt die Richtung der Rotation der Zeiger an.

Lokale Eichsymmetrie bedeutet in diesem Beispiel, dass das System aus Elektronen, Zeigern und Federn symmetrisch gegenüber lokalen Änderungen der Phase bleiben soll. Drehen wir gleichzeitig an allen Phasen, ist das System auf jeden Fall symmetrisch, wie Abb. 10 zeigen soll.

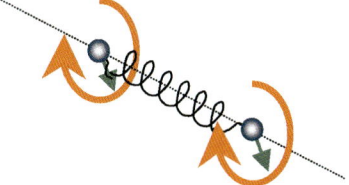

Abb. 9: Ein Beispiel für die „lokale Eichsymmetrie".

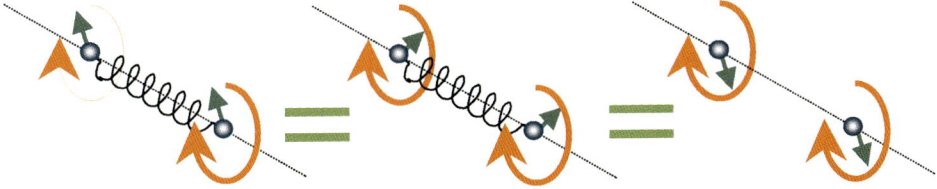

Abb. 10: Dreht man gleichzeitig an allen Phasen, ist das Beispiel-System auf jeden Fall symmetrisch.

Nach Drehung beider Phasen (globale Umeichung) ist eine Unterscheidung unmöglich – eine Änderung des Beobachtungsstandpunktes (z.B. durch Neigung des Kopfes) lässt das System wieder gleich erscheinen. Die Symmetrie ist also erhalten und zwar mit und ohne Feder! Wenn aber nun nur einer der Zeiger gedreht wird (lokale Umeichung), stimmt die relative Zeigerstellung nicht mehr, und durch eine einfache Drehung des Beobachstungsstandpunktes lässt sich das System nicht mehr in den ursprünglichen Zustand überführen.

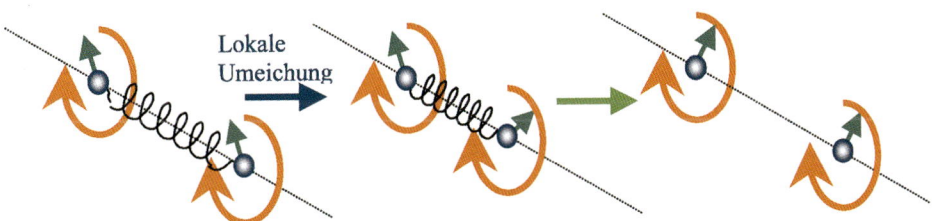

Lokale
Umeichung

Abb. 11: Die „lokale Umeichung" anhand des Beispiel-Systems.

Zur Erhaltung oder Wiederherstellung der Symmetrie ist jetzt die Feder unbedingt notwendig! Durch Drehung an einem Zeiger wird die Feder verdrillt. Je nach Drehrichtung zieht sich die Feder zusammen oder wird auseinander gezogen, wodurch Kräfte wirken, die die Symmetrie wieder herstellen. Die Forderung der Erhaltung einer Symmetrie bewirkt demnach eine Kraftwirkung, d.h. eine Wechselwirkung. An diesem Beispiel wurde Symmetrie bezüglich der Phase verlangt, woraus die elektromagnetische Wechselwirkung folgte. Wir können jeder der drei Wechselwirkungen eine bestimmte Symmetrieeigenschaft zuordnen. Auch hier gilt, dass die Wechselwirkungen ihren Ursprung in der lokalen Eichsymmetrie haben.

In der Teilchenphysik nehmen die so genannten Austauschteilchen die Rolle der Feder ein. Die elektromagnetische Wechselwirkung kennt nur ein Austauschteilchen, das Lichtquant oder „Photon". Elektromagnetische Kräfte zwischen zwei Teilchen werden demnach durch den Austausch von Photonen vermittelt. Sehen können wir die Austauschteilchen allerdings nicht, während sie Wechselwirkung vermitteln.[3]

Beruhen aber alle bekannten Wechselwirkungen und damit auch Kräfte auf dem Eichprinzip, d.h. auf der lokalen Eichsymmetrie, kann man mit Fug und Recht behaupten, dass Symmetrie das Urprinzip der Schöpfung ist. Ohne Symmetrie gäbe es keine Wechselwirkung und unser Universum würde in der heutigen Form nicht existieren können.

Alle Wechselwirkungen haben noch etwas gemein. Sie wirken auf Teilchen und Antiteilchen mit gleicher Stärke – und zwar symmetrisch für Materie und Antimaterie. Zwei Elektronen stoßen sich mit genau der gleichen Kraft ab, wie dies zwei „Anti-Elektronen", die Positronen, tun.

4   Materie – Antimaterie – Asymmetrie

Wenn aber die Symmetrie zwischen Materie und Antimaterie perfekt ist, warum besteht unser Universum dann aus Materie? Es müsste doch eigentlich gleich viel Materie wie Antimaterie geben! Dies wäre aber fatal, denn Materie und Antimaterie würden einander vernichten und dabei ungeheure Energiemengen freisetzen. Da wir keine derartigen Vernichtungsreaktionen beobachtet haben, wissen wir, dass es keine Antimaterie als Überbleibsel des Urknalls in unserem Universum gibt. Der russische Physiker Andrei Sacharow nannte bereits 1967 drei Bedingungen, die erfüllt sein müssen, um eine Materie-Antimaterie-Asymmetrie zu bewirken. Eine dieser Bedingungen bedeutet, dass Symmetrien verletzt werden müssen. Genauergenommen müssen die sogenannte C-Symmetrie und die sogenannte CP-Symmetrie verletzt werden. Diese beiden Symmetrien sind letztendlich Symmetrien zwischen Materie und Antimaterie. Es handelt sich hierbei um so genannte diskrete Symmetrien, auf die ich zunächst näher eingehen werde.

P-, C- und CP-Symmetrie

Symmetrien sind immer mit bestimmten Änderungen verknüpft. Die Spiegelung als bestimmte Änderung und die Spiegelsymmetrie sind bereits bekannt. Sind Bild und Spiegelbild identisch, so sprechen wir von Spiegelsymmetrie. Man kann jetzt noch darüber hinaus gehen und den Begriff Spiegelsymmetrie noch etwas weiter fassen. Wir betrachten nicht mehr nur ein Objekt, sondern die Gesamtheit der Objekte. Das heißt, dass wir jetzt alle Objekte spiegeln, zum Beispiel Automobile: Im Spiegel wird ein „linkslenkendes" Auto zu einem „rechtslenkenden". Wir sprechen von Erhaltung der Spiegelsymmetrie, wenn im Bild und Spiegelbild gleich viele rechts- wie linkslenkende Automobile zu sehen sind. Nicht alle Objekte oder Reaktionen sind spiegelsymmetrisch, was gut ist, denn ohne Verletzung der Spiegelsymmetrie ist eine Unterscheidung von links und rechts unmöglich. Dieses kann man sich leicht durch ein Gedankenexperiment klarmachen. Versuchen Sie, einem Gesprächspartner am Telefon zu erläutern, was links oder rechts ist.

---

[3] Die Austauschteilchen sind tatsächlich „virtuell", d.h., dass sie sozusagen aus dem „Nichts" entstehen. Damit sie die physikalischen Erhaltungssätze, z.B. die Energieerhaltung, nicht verletzen, können nur innerhalb einer – meist sehr kurzen – Zeitspanne existieren, deren Maximum durch die Heisenberg'sche Unschärferelation vorgegeben ist. Trotzdem sind diese virtuellen Teilchen sehr „real", wie die Existenz physikalischer Kräfte zeigt.

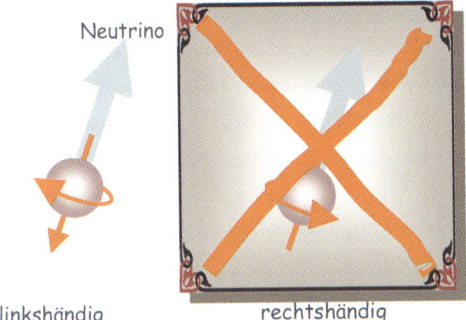

Neutrino

linkshändig   rechtshändig

Abb. 12: In der gespiegelten Welt können keine Neutrinos existieren.

In der Teilchenphysik können wir auch einen Spiegel aufstellen, wir bezeichnen ihn als Parität oder P-Symmetrie. Parität ist erhalten, wenn in der gespiegelten Welt – unter der Maßgabe, dass die gleichen Naturgesetze gelten – Teilchenzahlen und Reaktionshäufigkeiten identisch sind. Dies gilt für alle Reaktionen, die durch die starke oder elektromagnetische Wechselwirkung hervorgerufen werden. Für die schwache Wechselwirkung gilt dies nicht, da an ihr nur linkshändige Teilchen und rechtshändige Antiteilchen teilnehmen. Da Neutrinos ausschließlich an der schwachen Wechselwirkung teilnehmen, können sie auch nur durch diese erzeugt werden. Das hat zur Folge, dass es im Universum nur linkshändige Neutrinos gibt. Betrachten wir jetzt die Welt im Spiegel, so wird aus einem linkshändigen ein rechtshändiges Neutrino. In der gespiegelten Welt können jedoch keine Neutrinos existieren, da die schwache Wechselwirkung dies nicht zulässt: die Spiegelsymmetrie ist verletzt (Abb. 12).

Mit dieser Spiegelsymmetrieverletzung haben wir jedoch nun eine Möglichkeit, die es uns erlaubt, jederzeit links und rechts durch Angabe des Neutrino-Drehsinns zu definieren. Mit einem außerirdischen Raumschiff auf Kollisionskurs ließe sich so sicher ein Ausweichmanöver aushandeln, es hieße „Abbiegen im Neutrino-Drehsinn". Sollte es sich aber um ein Raumschiff aus Antimaterie handeln, käme es unweigerlich zur Kollision. Für den Außerirdischen aus Antimaterie sind Neutrinos nämlich rechtshändig! Ebenso wie wir glaubt er zu wissen, dass er aus Materie besteht. „Sein Neutrino" ist unser „Antineutrino" und das ist rechtshändig! Da wir keine Antimaterie im Universum sehen, wird es hoffentlich auch keine Raumschiffe aus Antimaterie geben. Dennoch wäre es nützlich, nicht nur links und rechts, sondern auch Materie und Antimaterie allgemein gültig unterscheiden zu können. Hierzu verwenden wir ebenfalls wieder die Verletzung einer Symmetrie. Wir benötigen dafür zunächst einen Spiegel, der die Welt der Teilchen auf die Welt der Antiteilchen abbildet und müssen dann nach einer Verletzung dieser Symmetrie suchen.

Ein Spiegel, der aus einem Teilchen ein Antiteilchen werden lässt, ist der „Ladungskonjugationsspiegel", wir bezeichnen ihn als C-Parität. Für die elektromagnetische und die starke Wechselwirkung gilt, dass Reaktionen in der „gespiegelten" Welt genauso häufig ablaufen wie in der ungespiegelten Welt. Beide Wechselwirkungen erhalten die C-Parität. Da die C-Parität nicht den Drehsinn der Teilchen ändert, muss die schwache Wechselwirkung die C-Parität verletzen. Aus einem linkshändigen Neutrino wird ein linkshändiges Antineutrino, was nicht existiert darf. Demnach kann dies auch nicht der Spiegel sein, der die Welt der Teilchen auf die der Antiteilchen abbildet. Wir müssen noch zusätzlich die „Händigkeit" der Teilchen ändern!

Wir betrachten nun einen weiteren Spiegel, der aus der Kombination von C-Parität und Parität besteht – die CP-Symmetrie! Wird durch die C-Parität aus einem linkshändigen Teilchen ein linkshändiges Antiteilchen, so wird durch die Parität aus diesem ein rechtshändiges Antiteilchen. Für unser Neutrino gilt also, dass es im CP-Spiegel existieren kann!

Linkshändiges Neutrino   Rechtshändiges Antineutrino

Abb. 13: CP-Spiegel: Ladungskonjugation und normaler Spiegel.

In der Tat treten im CP-Spiegel auch die Reaktionen der schwachen Wechselwirkung nahezu immer mit gleicher Häufigkeit auf. Eine äußerst geringe Verletzung der CP-Symmetrie ist erstmals 1964 beobachtet worden.[4] In der Welt der Antiteilchen laufen einige Reaktionen mit anderer Häufigkeit als in der Welt der Teilchen ab. Dieser Unterschied erlaubt es uns, Materie und Antimaterie voneinander zu unterscheiden – die Raumfahrer sind jetzt in der Lage, in jedem Fall einen Ausweichkurs zu bestimmen!

Verletzung der CP-Symmetrie (CP-Verletzung) ist bislang nur in einem bestimmten System von Teilchen entdeckt worden, dem System der „neutralen Kaonen". Über die Herkunft der CP-Verletzung wissen wir aber immer noch nicht viel. Im Rahmen des Standardmodells der Elementarteilchenphysik gibt es zwar Vorstellungen über die Herkunft der CP-Verletzung, eine experimentelle Überprüfung steht jedoch noch aus. Weiterhin glauben wir, dass die im Standardmodell verankerte CP-Verletzung nicht ausreicht, um die beobachtete Materie-Antimaterie-Asymmetrie im Universum zu klären. Neue Experimente zur CP-Verletzung außerhalb des Systems der neutralen Kaonen sind daher notwendig. Nach unserer heutigen Vorstellung sollte CP-Verletzung auch in einem weiteren System, dem System der neutralen B-Mesonen[5], auftreten. Durch eine Vielzahl von Präzisionsmessungen hoffen wir die Frage zu klären, ob CP-Verletzung durch den im Standardmodell verankerten Mechanismus hervorgerufen wird, oder ob es vielleicht Hinweise auf eine „Neue Physik" gibt.

Suche nach CP-Verletzung im B-Mesonen-System

Diese Frage ist von so großer Bedeutung, dass zu ihrer Beantwortung weltweit Experimente aufgebaut wurden. Man erwartet, dass CP-Verletzung auch im System der B-Mesonen nur selten auftritt. Deshalb werden Teilchenbeschleuniger benötigt, die eine ausreichend große Zahl dieser Teilchen erzeugen können. Um dies zu erreichen, wurden seit 1993 zwei so genannte B-Fabriken aufgebaut. Die eine steht in Japan am KEK-Labor, die andere in den USA am SLAC (Stanford Linear Accelerator Center) in der Nähe von San Franzisko. Beide B-Fabriken sollen über 30 Millionen neutrale B-Mesonen im Jahr erzeugen können! Sie bestehen aus neuartigen Speicherringen, in denen Elektronen und Positronen bei hoher Energie zur

---

[4] Dafür erhielten James W. Cronin und Val J. Fitch 1980 den Nobelpreis.
[5] Mesonen sind Teilchen, die aus einem Quark und einem Antiquark aufgebaut sind.

Kollision gebracht werden. Dabei entstehen neue Teilchen, darunter auch die neutralen B-Mesonen. Am Kollisionsort sind speziell für die Untersuchung der CP-Verletzung entwickelte Detektoren aufgebaut. Im Jahr 1999 sind die B-Fabriken samt Detektoren in Betrieb gegangen und haben schon erste Ergebnisse produziert. Trotz der hohen Datenrate müssen die Daten über eine lange Zeitspanne hinweg aufgenommen werden, um aussagefähige Ergebnisse zu erzielen. Die ersten Ergebnisse werden zum Frühjahr des Jahres 2001 erwartet. Mit Förderung des BMBF[6] haben deutsche Physiker am SLAC das BABAR-Experiment mit aufgebaut und werten auch die Daten aus. Weitere Experimente am Tevatron des Fermilabs in der Nähe von Chicago oder am CERN in Genf werden in den nächsten Jahren mit der Datennahme beginnen.

5   Zusammenfassung

Symmetrien sind aus der Physik nicht mehr wegzudenken. Im Bereich der Elementarteilchenphysik treten sie in besonders eindrucksvoller Form auf. Symmetrien sind für die Wechselwirkungen und damit für die Entwicklung des Universums nach dem Urknall verantwortlich. Wie das Beispiel der CP-Symmetrie zeigt, können auch kleinste Verletzungen einer Symmetrie ungemein große Konsequenzen mit sich bringen. Sogar so genannte spontane Symmetriebrechungen haben weitreichenden Konsequenzen – so auch in dem Prozess, durch den die uns bekannten Teilchen ihre Masse bekommen. Symmetrie ist *das* Urprinzip der Schöpfung.

Der Autor

Bernhard Spaan
Institut für Kern- und Teilchenphysik, Technische Universität Dresden

Bernhard Spaan wurde 1960 in Bottrop geboren. 1979–1985 Physikstudium an der Universität Dortmund, 1985 dort Diplom. 1988 Promotion an der Universität Dortmund. 1989–1983 Wissenschaftlicher Mitarbeiter an der Universität Dortmund und Tätigkeit am DESY, Ham-

---

[6] Bundesministerium für Bildung und Forschung.

burg, im Rahmen des ARGUS-Experiments. Ab 1993 Senior Research Associate an der Mc-
Gill University in Montreal, Tätigkeit im Rahmen des CLEO-Experiments, Cornell University und des BABAR-Experiments, SLAC. Seit 1996 Professor an der Technischen Universität Dresden, Mitwirkung am BABAR-Experiment, Experimente am SLAC, LHCb-
Experiment am CERN. 1997–2000 Studiendekan, seit 1999 Mitglied im DESY-PRC. Bernhard Spaan erhielt 1989 den Benno-Orenstein-Preis.

Interessante Links

Anstelle von Buchempfehlungen hier eine Liste von Informationsquellen zur Teilchenphysik
auf dem World-Wide-Web:

http://www.desy.de/pr-info/Kworkquark/Welcome.html
http://www.physik.uni-erlangen.de/Didaktik/Grundl_d_TPh/titelseite.html
http://particleadventure.org/
http://iphlehramt.physik.uni-mainz.de/lehrsystem/

Schwere Ionen gegen Krebs

Jürgen Peter Debus

1   Einführung

Die Heilungserfolge nach einer Strahlentherapie konnten in den letzten Jahrzehnten durch gewaltige technische Fortschritte deutlich vergrößert werden. Der Einsatz von Strahlungen mit immer höheren Energien – von 200-kV-Röntgenstrahlung über ^{137}Cs (660 keV) und ^{60}Co (1,1 MeV) bis zur Nutzung von Linearbeschleunigern mit 4 bis 40 MeV – ermöglichte zunehmend höhere Strahlendosen. Moderne Bestrahlungstechniken wie die Hoch-Präzisions-Strahlentherapie gewährleisten eine sehr präzise Bestrahlung des Tumors bei gleichzeitig bestmöglicher Aussparung des gesunden Nachbargewebes (sog. tumorkonforme Bestrahlung). Durch Fortschritte auf dem Gebiet der bildgebenden Diagnostik wie Computertomographie (CT), Magnetresonanztomographie (MRT) und Positronen-Emissionstomographie (PET) sowie durch breit angelegte Screening-Verfahren konnten die Tumorfrüherkennung und damit die Heilungschancen erheblich verbessert werden[1]. CT und MRT gewährleisten zudem eine präzise Lokalisation des Tumors im Körper sowie genaue Kenntnisse über seine Größe, Lage und dreidimensionale Ausdehnung, sodass eine auf wenige Millimeter genaue Positionierung des Tumors unter der Strahlenquelle erreicht werden kann. Begleitende therapeutische Verfahren wie beispielsweise die Hyperthermie[2] können die Heilungschancen durch eine Strahlentherapie weiter verbessern. Auch bestimmte physiologische und histologische Parameter (z.B. Vaskularisierung, Reoxygenierung)[3] sind mit Ultraschall, MR und PET messbar und werden heute bei der Wahl der geeigneten Strahlentherapie berücksichtigt, sodass für jeden Patienten ein individuelles Behandlungsschema erarbeitet werden kann.

Die Strahlentherapie ist heute somit nach der Chirurgie die erfolgreichste und am häufigsten eingesetzte Therapie bei Krebserkrankungen. Sie kommt bei mindestens der Hälfte aller Krebspatienten zum Einsatz. Als lokale Therapie hat sie das Ziel, primär Patienten zu heilen, bei denen die Krankheit zum Zeitpunkt der Diagnose noch nicht metastasiert[4] hat. Dies ist –

---

[1] Die Verfahren der bildgebenden Diagnostik nutzen auf spezifische Weise verschiedene Strahlung und erzeugen aus der im Körper geschwächten Strahlung ein Bild; die Wahl des Verfahrens hängt von der betrachteten Körperregion und den zu untersuchenden Effekten ab. Das älteste bildgebende Verfahren ist die Röntgenuntersuchung. Auch bei der Computertomographie wird Röntgenstrahlung eingesetzt, der Körper wird hier Schicht für Schicht durchleuchtet. Mithilfe eines Computers lässt sich aus den Messwerten dann ein quasi dreidimensionales Bild erzeugen. Bei der Magnetresonanztomographie (bekannt auch als Kernspintomographie) wird der Körper in ein starkes Magnetfeld gebracht und mit Radiowellen bestrahlt. Dabei ändert sich die Vorzugsrichtung einiger Atome, die bei Abschalten der Radiowellen wieder in ihren Ausgangszustand zurückkehren. Dabei kann man ein Signal messen und ähnlich wie bei der CT ein Bild berechnen. Bei der Positronen-Emissionstomographie wird eine schwach strahlende Flüssigkeit injiziert, die sich in aktiven Regionen (z.B. in einem Tumor) anreichert. Die austretenden Positronen senden Gammaquanten aus, sobald sie mit Elektronen des Gewebes wechselwirken. Diese Quanten werden von der PET-Kamera sichtbar gemacht und mit einer computertomographischen Anordnung zu einem Bild verarbeitet. Screening-Verfahren sind Reihen-Vorsorgeuntersuchungen.
[2] Überhitzung bestimmter Körperregionen.
[3] Die Physiologie ist die Wissenschaft von den normalen Lebensvorgängen, die Histologie beschäftigt sich mit dem Feinbau und der Funktion der Körpergewebe. Vaskularisierung ist die Neubildung von Blutgefäßen z.B. in Geschwulst- oder Narbengewebe, die Reoxygenierung die Anreicherung sauerstoffarmen Bluts mit Sauerstoff.
[4] Streuung von Krebszellen vom Ursprungstumor in andere Körperregionen.

bezogen auf Deutschland – bei ca. 58 % der jährlich etwa 333 000 neuen Patienten der Fall. Zwei Drittel dieser Menschen können geheilt werden. Etwa ein Drittel davon aber wird am lokalen Tumor versterben, weil keine lokale Kontrolle erreicht werden, d.h. das Tumorwachstum trotz Therapie nicht aufgehalten werden kann. Erstes Ziel der strahlentherapeutischen Forschung ist es daher, die Heilungschancen dieser Patienten durch eine Verbesserung der lokalen Therapie zu erhöhen. Nach wie vor sind hier neben der Chirurgie von der Strahlentherapie die größten Fortschritte zu erwarten. Es ist davon auszugehen, dass höhere lokale Tumorkontrollraten zu einer Erhöhung der Heilungsraten, zu einer Verlängerung der Überlebenszeit und zu einer Verbesserung der Lebensqualität der Patienten führen. Schätzungen zufolge stiege die Heilungsrate um 10–15 %, falls die lokale Kontrollrate von Tumoren um 50 % erhöht werden könnte [1, 2]. Falls diese Hypothese stimmt, könnten in Deutschland jährlich mindestens 15 000 Krebspatienten mehr geheilt werden. Diese Zahlen machen deutlich, welch enorme Bedeutung der lokalen Tumorkontrolle innerhalb der Krebstherapie zukommt.

Erfolge wurden durch den Einsatz von Schwerionen (z. B. Neon-Ionen, Kohlenstoff-Ionen) erzielt, die eine größere biologische Wirksamkeit haben als konventionelle Photonenbestrahlung und mit denen sich zudem eine bessere Dosisverteilung im Tumor erzielen lässt. In klinischen Studien konnte gezeigt werden, dass sich bei einigen Tumoren dadurch die Heilungschancen deutlich erhöhen. Die Strahlentherapie mit schweren Teilchen ist nicht neu. Bereits 1957 entstand am Lawrence Berkeley Laboratory in Kalifornien das erste Schwerionensynchroton für die Elementarteilchenphysik, das zeitweise auch medizinisch genutzt wurde. 1975 kam eine weitere Anlage hinzu. An beiden Beschleunigern wurde mit ^{4}He-Ionen bzw. schweren Ionen (^{20}Ne bis ^{40}Ar) bestrahlt. 1992, nach insgesamt fast 2500 Patientenbestrahlungen, wurden beide Anlagen stillgelegt, weil das physikalische Grundlagenprogramm nicht weiter gefördert wurde. In Chiba (Japan) wird seit 1994 an der ersten ausschließlich klinisch genutzten Schwerionen-Anlage HIMAC (Heavy Ion Medical Accelerator) bestrahlt. Bisher wurden hier rund 400 Patienten behandelt.

In Deutschland hat die Bestrahlung von Krebspatienten mit schweren Ionen nach vielen Jahren intensiver Vorarbeiten im Dezember 1997 begonnen. Am europaweit einzigen und technisch richtungsweisenden Teilchenbeschleuniger der Gesellschaft für Schwerionenforschung (GSI) in Darmstadt wurden seither 54 Patienten erfolgreich bestrahlt, die an sehr strahlenresistenten und kompliziert lokalisierten Tumoren der Schädelbasis litten. Im Rahmen eines Gemeinschaftsprojekts mit der Radiologischen Universitätsklinik Heidelberg, dem Deutschen Krebsforschungszentrum (DKFZ) in Heidelberg und dem Forschungszentrum Rossendorf bei Dresden (FZR) läuft derzeit eine klinische Phase-II-Studie.

2   Grundlagen der Strahlentherapie mit schweren Teilchen

Ziel jeder Strahlentherapie ist es, die Dosisverteilung so zu gestalten, dass die Strahlung auf den Tumor konzentriert wird und hier ihre maximale Wirkung entfaltet. Im angrenzenden gesunden Gewebe dagegen soll sie möglichst steil unter die Toleranzdosis abfallen, um hier Strahlenschäden zu verhindern. Dies ist umso schwieriger, je strahlensensibler die dem Tumor benachbarten Strukturen sind und je strahlenunempfindlicher der Tumor selbst ist. Als Beispiel seien die sehr strahlenresistenten Schädelbasistumoren genannt, die dicht neben so strahlensensiblen Organen wie Auge, Sehnerv und Hirnstamm liegen [3, 4] (Abb. 1). Hier kann dem Tumor aus Rücksicht auf das empfindliche Normalgewebe oftmals keine therapeutisch wirksame, ausreichend hohe Strahlendosis verabreicht werden. Folglich sinken die Heilungschancen des Patienten. Primäre Herausforderung der Strahlentherapie ist es daher, eine präzisere Bestrahlung zu erreichen, die es gleichzeitig erlaubt, höhere Strahlendosen einzusetzen.

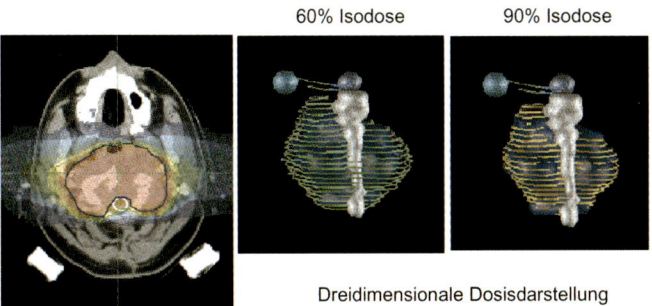

Abb. 1: 3D-Darstellung einer komplizierten Bestrahlungssituation am Beispiel eines Schädelbasistumors. Der Tumor liegt sehr dicht neben strahlensensiblen Strukturen wie Hirnstamm und Sehnerv. Der Tumor ist blau umrandet, rot eingezeichnet ist der Bereich der intensivsten Strahlung.

Mit dem Einsatz der Schwerionenstrahlung ist man diesem Ziel sehr nahe gekommen. Ionenstrahlung zeichnet sich durch physikalische Eigenschaften aus, durch die sie der konventionell eingesetzten Photonenbestrahlung[5] überlegen ist. Bedingt durch ihre größere Masse durchqueren Schwerionen das Gewebe als geradlinig verlaufendes, scharf begrenztes Strahlenbündel. Eine Belastung des Nachbargewebes durch Seitenstreuung ist gering. Zudem haben Schwerionen eine definierte Reichweite im Gewebe. Im Gegensatz zur Photonenstrahlung, bei der die Dosisabgabe in einer Tiefe von ca. drei Zentimetern am größten ist und dann kontinuierlich abfällt, entfalten Schwerionen erst am Ende ihrer Reichweite ihr Dosismaximum, den so genannten Bragg-Peak. Danach kommt es zu einem steilen Dosisabfall auf nahezu null, sodass hinter dem Tumor liegendes Normalgewebe kaum belastet wird. Durch Überlagerung von Strahlen verschiedener Energien und Reichweiten kann der ursprünglich auf wenige Millimeter begrenzte Bragg-Peak verbreitert werden, sodass Tumoren jeder Größe exakt überdeckt werden können (Abb. 2). Diese günstige Dosisverteilung erlaubt es, bei Schwerionenbestrahlung die Dosis im Tumor im Vergleich zur Photonenbestrahlung um 15–35 % zu erhöhen. Damit steigt die Wahrscheinlichkeit der Tumorzerstörung, während Häufigkeit und Schwere der Nebenwirkungen am gesunden Gewebe abnehmen [4].

Schwerionen sind aufgrund ihres wesentlich höheren Energieübertrags im Bragg-Peak den Photonen auch in ihrer biologischen Wirksamkeit überlegen. Die Wahrscheinlichkeit, dass das Erbgut der (erkrankten) Zelle durch Doppelstrangbrüche in der DNS (Desoxyribonukleinsäure) irreparabel geschädigt wird, ist erheblich größer. Und genau dies ist die zentrale Voraussetzung für eine Strahlenschädigung, die zum Zelltod führt. Im Gegensatz zu Photonen, die zur Fixierung eines von ihnen verursachten Strahlenschadens molekularen Sauerstoff brauchen, können Schwerionen auch sauerstoffunterversorgte, so genannte hypoxische Zellen

---

[5] Photonenstrahlung ist z.B. Röntgen- oder Gammastrahlung, im Unterschied zur Schwerionenstrahlung, die eine Teilchenstrahlung ist.

zerstören. Ein wesentlicher Vorteil, denn in jedem Tumor gibt es bedingt durch mangelhafte Blutgefäßversorgung hypoxische Areale, die Photonenstrahlung gegenüber resistent sind. Außerdem entfalten Schwerionen ihre schädigende Wirkung auch auf nicht teilungsaktive Zellen, die ebenfalls gegenüber Photonen extrem unempfindlich sind. Daher kann eine Schwerionenbestrahlung auch langsam wachsende Tumoren mit geringer Zellteilungsrate schädigen. Die Schwerionen, die diese physikalischen und biologischen Vorteile am besten auf sich vereinen, sind die Kohlenstoff-Ionen. Sie kommen bei der GSI zum Einsatz [5, 6].

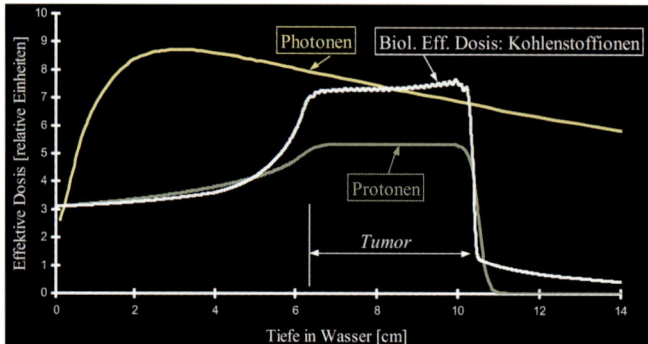

Abb. 2: Schaubild zur Dosisabgabe verschiedener Strahlenarten im Körper (hier an einem Wassermodell dargestellt). Photonenstrahlung hat die maximale Dosisabgabe in einer Tiefe von ca. drei Zentimetern, schwere Ionen erreichen im Gegensatz dazu erst am Ende ihrer Reichweite das Dosismaximum (Bragg-Peak). Danach kommt es zu einem steilen Dosisabfall. Hinter dem Tumor liegendes Normalgewebe wird daher kaum belastet. Durch Überlagerung von Schwerionenstrahlen verschiedener Energien und Reichweiten kann der ursprünglich auf wenige Millimeter begrenzte Bragg-Peak verbreitert werden, um den Tumor zu überdecken.

3   Medizinphysikalische Weltneuheiten der Anlage der GSI

Es gelang den Wissenschaftlern, an der Bestrahlungseinheit des Teilchenbeschleunigers der GSI in Darmstadt zwei medizinphysikalischen Innovationen zu etablieren. Weltweit erstmals wird hier das intensitätsmodulierte Rasterscan-Verfahren eingesetzt, mit dem sich die physikalischen Vorzüge der geladenen Teilchen optimal ausnutzen lassen. Bei der Vorbereitung der Strahlenbehandlung wird das Tumorvolumen zunächst am Computer in einzelne Schichten gleicher Tiefe zerlegt, die dann vom Strahl nacheinander rasterförmig abgetastet werden. Dabei verweilt der Strahl so lange auf einem Punkt, bis die vorher berechnete Solldosis an Strahlung erreicht ist. Aufgrund der elektrischen Ladung von Schwerionen kann das Strahlenbündel im Magnetfeld seitlich abgelenkt werden, die Reichweite der Bestrahlung wird indes durch die Strahlenergie am Beschleuniger reguliert. So kann jedes beliebige Tumorvolumen präzise mit jeder vorgegebenen Dosisverteilung bestrahlt werden. Damit lässt sich an der Therapieanlage der GSI die Dosisverteilung in weltweit niemals zuvor erreichter räumlicher Präzision an den Tumor anpassen [7, 8] (Abb. 3).

Weiterhin ist es möglich, die Lage des Strahls im Körper des Patienten während der gesamten Bestrahlungszeit zu überwachen. Diese so genannte Online-Therapiekontrolle stellt ebenfalls eine weltweite Neuerung in der Teilchentherapie dar. Am Forschungszentrum Rossendorf bei Dresden wurde hierfür die Positronen-Emissionstomographie (PET) weiterentwi-

ckelt. Auf seinem Weg durch das Gewebe hinterlässt der Ionenstrahl eine Spur von Positronen, die Gammaquanten aussenden, sobald sie mit Elektronen des Gewebes wechselwirken.
Diese können von der PET-Kamera sichtbar gemacht werden (Abb. 4). Die Intensität und die
Position des Strahls wird damit pro Sekunde 10 000-mal geprüft, was die Sicherheit des Patienten zusätzlich erhöht. Bei der kleinsten Abweichung wird die Bestrahlung innerhalb von
einer halben Millisekunde gestoppt – 1000-mal schneller als ein Mensch selbst im Reflex reagieren kann [9].

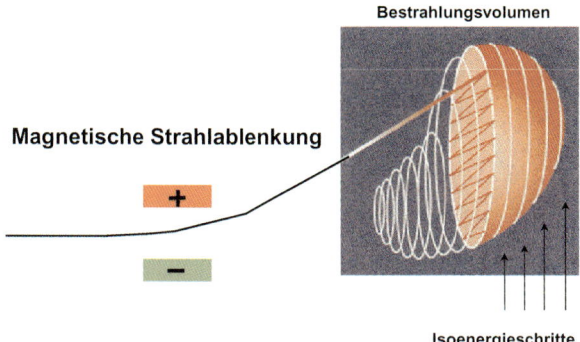

Abb. 3: Mit dem Rasterscan-Verfahren ist es möglich, auch sehr unregelmäßig geformte Tumoren mit größter
Präzision zu bestrahlen und gesundes Gewebe optimal zu schonen. Das Tumorvolumen wird am Computer in
einzelne Schichten gleicher Tiefe zerlegt, die vom Strahl rasterförmig abgetastet werden. Der Strahl verweilt so
lange auf einem Punkt, bis die vorher berechnete Solldosis erreicht ist.

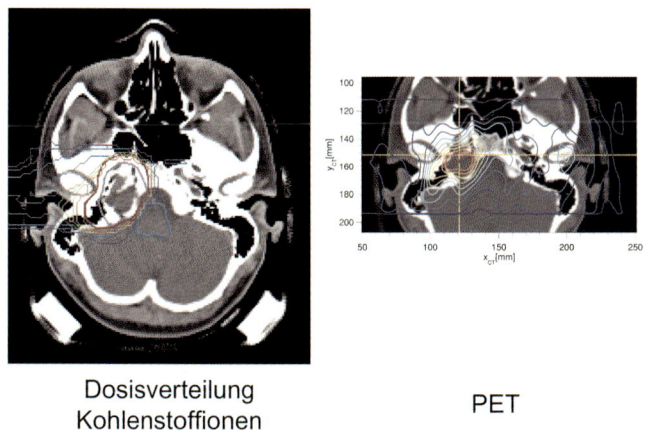

Abb. 4: Mithilfe der Positronen-Emissionstomographie lässt sich der Schwerionenstrahl im Körper des Patienten
sichtbar machen und seine Lage somit überprüfen. Bei etwaigen Abweichungen vom Bestrahlungsplan kann die
Bestrahlung innerhalb von einer halben Millisekunde gestoppt werden. Die roten, gelben, blauen und violetten
Linien zeigen die allmählich abnehmende Strahlendosis an (Rot = Tumor = Maximum der Strahlendosis).

Wissenschaftler vom Forschungsschwerpunkt „Radiologische Diagnostik und Therapie"
des Deutschen Krebsforschungszentrums (DKFZ) konnten ihre Erkenntnisse aus nahezu 20-
jähriger medizinphysikalischer Forschung in das Projekt einfließen lassen. Das hier entwi-

ckelte Bestrahlungsplanungsprogramm „Voxelplan" gilt als eines der modernsten und schnellsten der Welt. Mit ihm lassen sich Bestrahlungsvorgänge simulieren und die Dosisverteilung im menschlichen Gewebe hochpräzise vorausberechnen. Auf diese Weise kann im Vorfeld der Therapie der individuelle Bestrahlungsplan für jeden Patienten optimal erarbeitet werden. Die ebenfalls am DKFZ entwickelten stereotaktischen Methoden der Patientenpositionierung garantieren die Reproduzierbarkeit der Patientenlagerung bei den etwa 20 aufeinander folgenden Einzelbestrahlungen. Der Strahl trifft somit bei jeder Therapiesitzung millimetergenau [10, 11, 12].

4   Vorläufige Ergebnisse der klinischen Studie an der GSI

Während der auf fünf Jahre angelegten klinischen Phase-II-Studie, die seit Dezember 1997 läuft, sollen 250 bis 350 Patienten am Teilchenbeschleuniger in Darmstadt bestrahlt werden. 23 Frauen und 22 Männer haben sich bisher (Mitte 2000) einer Schwerionenbestrahlung unterzogen. Das Alter der Patienten lag im Mittel bei 48 Jahren, die Spannweite reichte von 18 bis 80 Jahren. Die bisher behandelten Patienten litten überwiegend an fortgeschrittenen Tumoren der Schädelbasis, die entweder nicht oder nicht ausreichend operiert werden konnten. Bei den histologischen Tumortypen überwogen die Chordome[6] (17 Patienten) und die Chondrosarkome[7] (zehn Patienten). Acht Patienten hatten adenoidzystische Karzinome[8], sechs anaplastische/maligne Meningeome[9], zwei maligne Schwannome[10] und je einer ein Transitionalzellkarzinom und einen Abrikossow-Tumor[11]. Aufgrund ihres langsamen Wachstums und ihrer engen Nachbarschaft zu Auge, Hirnnerven und Hirnstamm sind sie für eine Schwerionentherapie prädestiniert. Bei den Patienten war der Tumor zuvor, so weit möglich, operativ entfernt worden, oder es war eine Biopsie erfolgt, um den Tumor feingeweblich zu charakterisieren. Fernmetastasen waren zum Zeitpunkt der Bestrahlung bei keinem Patienten nachweisbar. Kein Patient erhielt eine zusätzliche Chemotherapie. Patienten mit Chordomen und Chondrosarkomen erhielten eine Gesamtdosis von 60 Gy[12], aufgeteilt auf 20 Therapiesitzungen (Fraktionen) an aufeinander folgenden Tagen. Bei den anderen Tumorhistologien wurde nach fraktionierter (in mehreren Sitzungen durchgeführter) Strahlentherapie zusätzlich eine Kohlenstoffbestrahlung von 15 bis 18 GyE auf den makroskopischen Tumor gegeben (sog. Boost-Bestrahlung). Die Behandlung wurde von allen Patienten gut vertragen, es traten keine klinisch signifikanten Nebenwirkungen auf. Zur Nachbeobachtung wurden in dreimo-

---

[6] Chordom: weicher, läppchenförmiger Tumor, v.a. an der Schädelbasis.

[7] Chondrosarkom: bösartiger Tumor des Knorpelgewebes, meist innerhalb eines Knochens.

[8] drüsenähnliche Geschwulst in Form einer Zyste (abgeschlossener Gewebehohlraum mit flüssigem Inhalt).

[9] „anaplastisch" bezeichnet einen bestimmten Grad in der funktionellen und strukturellen Angleichung des Tumorgewebes an das Muttergewebe („Reifung"), malignus ist bösartig. Ein Meningeom ist ein (meist gutartiger), langsam wachsender Tumor im Schädel.

[10] Schwannom oder Neurinom, eine nach dem Anatomen F.T. Schwann benannte, meist gutartige Geschwulst um einen Hirnnerv.

[11] Abrikossow-Tumor (Myoblastenmyom), eine i.d.R. gutartige und nur selten bösartig werdende Geschwulst der quergestreiften Muskulatur, v.a. der Zunge und der Haut.

[12] Die Energiedosis bei einer Bestrahlung wird in Gray (Gy) gemessen, die alte Einheit rad ist nicht mehr zulässig. Hierzu setzt man die durch die Bestrahlung zugeführte Energie ins Verhältnis zu der Masse, welche die Energie absorbiert: 1 Gy = 1 J/kg (entsprechend 100 rad). Bei der Energiedosis wird die unterschiedliche biologische Wirksamkeit der verschiedenen Strahlungsarten nicht berücksichtigt.

natigen Intervallen magnetresonanztomographische Aufnahmen (Kernspin-Aufnahmen) des Schädels gemacht.

Die bisher erzielten klinischen Ergebnisse sind ermutigend und schon jetzt besser als im Vergleich zur herkömmlichen Therapie. Die lokale Kontrollrate lag nach einer mittleren Nachbeobachtungszeit von neun Monaten über alle Histologien hinweg bei 94 %. Zur partiellen Tumorremission[13] kam es bei sieben Patienten (15,5 %). Ein Patient (2,2 %) ist verstorben. Es wurden bei keinem Patienten schwere radiogene (durch Strahlung bedingte) Nebenwirkungen beobachtet.

Bei keinem Patienten kam es bisher innerhalb des Bestrahlungsfelds zu einem erneuten Tumorwachstum. Besonders beeindruckend war, dass sich das Tumorwachstum bei einigen Patienten sehr schnell verkleinerte. Fünf bis zehn Jahre sind jedoch in der Onkologie[14] abzuwarten, bis man von entgültigen Ergebnissen sprechen kann. Schon jetzt lässt sich aber festhalten, dass sowohl klinische Wirksamkeit als auch Praktikabilität des Behandlungsverfahrens eindeutig belegt werden konnten. Damit wurden bereits zwei wesentliche Ziele der klinischen Phase des Schwerionenprojekts erreicht [13].

5   Ausblick

Die Kapazität, die die GSI der Strahlentherapie zur Verfügung stellen kann, ist auf jährlich etwa 70 Patientenbestrahlungen begrenzt, da sie vorrangig ein weltweit kooperierendes Institut der physikalischen Grundlagenforschung ist. Daher bemühen sich die Kooperationspartner um den Bau einer ausschließlich klinisch genutzten Schwerionentherapieanlage. Aufgrund mangelnder Anlagen zur Therapie mit Schwerionen in Deutschland und Europa zieht es heute viele Patienten in die USA. Es besteht somit höchste Dringlichkeit, ausreichende Kapazitäten zu schaffen, um alle Patienten nach dem strahlentherapeutischen „state of the art" behandeln zu können. Darüber hinaus ist es ebenso notwendig, die klinische Forschung mit Teilchenstrahlung intensiv voranzutreiben und in Deutschland zu etablieren. Erforderlich ist die Durchführung klinischer Studien mit ausreichend großen Patientenzahlen, die statistisch aussagefähige Ergebnisse liefern. Denn prinzipiell sind all jene Tumoren eine potentielle Indikation für die Ionentherapie, bei denen mit der konventionellen Strahlentherapie keine befriedigenden Ergebnisse erzielt werden. Zu nennen wären hier insbesondere die Tumoren im Kopf-Hals-Bereich, darunter Nasenhöhlen- und Hauptspeicheldrüsenkarzinome, Tumoren der Rachenregion, bestimmte Weichteilsarkome und Prostata-Adenokarzinome[15], ca. 30 % der Hirn- und Rückenmarkstumoren sowie ausgewählte Bauchraumtumoren des Kindesalters.

Ein Projektvorschlag für den Bau einer Klinikanlage, die eng mit der Radiologischen Universitätsklinik Heidelberg kooperiert und in ihrer direkten Nachbarschaft nahe dem DKFZ gebaut werden soll, wurde bereits ausgearbeitet. An ihr soll neben der Bestrahlung mit Kohlenstoff-Ionen auch die Therapie mit anderer Teilchenstrahlung (Protonen, Helium-Ionen) möglich sein. Somit könnten innerhalb der Teilchentherapie vergleichende klinische Studien durchgeführt und die für einen Tumor optimale Strahlenqualität ermittelt werden. Die Anlage soll drei Bestrahlungsplätze umfassen, sodass ca. 1000 Patienten pro Jahr bestrahlt werden

---

[13] Eine Remission ist das vorübergehende Nachlassen chronischer Krankheitszeichen, jedoch ohne Erreichen der Genesung. Kriterien und Maß für Tumoren oder Leukämie sind festgelegt.

[14] Lehre von den echten Tumoren.

[15] Adenokarzinom: Bösartiges Geschwulst einer Drüse

können. Das Projekt soll durch Kooperation mit Partnern aus der Industrie umgesetzt werden. Die Investitionskosten in Höhe von 110 Millionen DM müssten durch spätere Einnahmen aus den Patientenbestrahlungen refinanziert werden. Sie liegen bei ca. 40 000 DM pro Patient und sind mit den Kosten operativer und medikamentöser Krebstherapien vergleichbar. Von der Planung bis zur ersten Patientenbestrahlung werden ca. fünf Jahre vergehen. Dann könnte Deutschland über eine Ionentherapieanlage verfügen, die nicht nur eine medizinische Versorgungslücke schließen, sondern darüber hinaus international neue Maßstäbe setzen würde.

Der Autor

Jürgen Peter Debus
Radiologische Universitätsklinik Heidelberg

Jürgen Peter Debus, Jahrgang 1964, studierte in Heidelberg Medizin und Physik. Er promovierte 1991 zum Dr. rer. nat und 1992 zum Dr. med. und habilitierte anschließend im Fach Klinische Radiologie. Von 1993 bis 1996 arbeitete er, zuletzt als Oberarzt, an der Radiologischen Klinik und Poliklinik der Universität Heidelberg, nach Erlangung der Venia legendi wurde er zum Privatdozenten für Klinische Radiologie/Strahlentherapie ernannt und ist Leiter der Klinischen Kooperationseinheit „Strahlentherapeutische Onkologie" am Deutschen Krebsforschungszentrum Heidelberg. Jürgen Peter Debus wurde mit verschiedenen Preisen ausgezeichnet, zuletzt (1999) mit dem Erwin-Schrödinger-Preis der Hermann von Helmholtz-Gemeinschaft Deutscher Forschungszentren.

Literatur

[1] H. D. Suit: *Potential for improving survival rates for the cancer patient by increasing the efficacy of treatment of the primary lesion,* Cancer **50**, 1227–1234 (1982)

[2] H. D. Suit: *Assessment of the impact of local control on clinical outcome*, in: J. L. Meyer, J. A. Purdy (Hrsg.): 3-*D Conformal Radiotherapy.* Front Radiat Ther Oncol. Basel: Karger, 17–23 (1996)

[3] J. R. Castro, D. E. Linstadt, J.-P. Bahary et al.: *Experience in charged particle irradiation of tumors of the skull base:* 1977-1992. Int. J. Radiat. Oncol. Biol. Phys. **29**, 647–655 (1994)

[4] E. B. Hug, J. E. Munzenrider: *Charged particle therapy for base skull tumors: past accomplishments and future challenges.* Int. J. Radiat. Oncol. Biol. Phys. **29**, 911–912 (1994)

[5] G. Kraft: *Radiotherapy with heavy ions: radiobiology, clinical indications and experiences at GSI, Darmstadt.* Tumori **84**, 200–204 (1998)

[6] G. Kraft: *RBE and its interpretation.* Strahlenther. Onkol. **175**, Suppl II, 44–47 (1999)

[7] H. Eickhoff, T. Haberer, G. Kraft et al.: *The GSI cancer therapy project.* Strahlenther. Onkol. **175**, Suppl. II, 21–24 (1999)

[8] Haberer T, Becher W, Schardt D, et al.: *Magnetic scanning system for heavy ion therapy.* Nucl. Inst. Phys Res. **330**, 296-305 (1993)

[9] W. Enghardt, J. Debus, T. Haberer et al.: *The application of PET to quality assurance of heavy-ion tumor therapy.* Strahlenther. Onkol. **175**, Suppl. II, 33–36 (1999)

[10] G. Gademann, W. Schlegel, J. Bürkelbach et al.: *Dreidimensionale Bestrahlungsplanung – Untersuchungen zur klinischen Integration.* Strahlenther. Onkol. **169**, 159–167 (1993)

[11] G. H. Hartmann, B. Bauer Kirpes, C. F. Serago et al.: *Precision and accuracy of stereotactic convergent beam irradiations from a linear accelerator.* Int. J. Radiat. Oncol. Biol. Phys. **28**, 481–492 (1994)

[12] O. Jäkel, M. Krämer, G. H. Hartmann et al.: *Treatment planning for the heavy-ion facility at GSI.* Strahlenther. Onkol. 175, Suppl. II, 15–17 (1999)

[13] J. Debus, T. Haberer, D. Schulz-Ertner: *Bestrahlung von Schädelbasistumoren mit Kohlenstoffionen bei der GSI.* Strahlenther. Onkol. **176**, 211–216 (2000)

Gebändigtes Licht

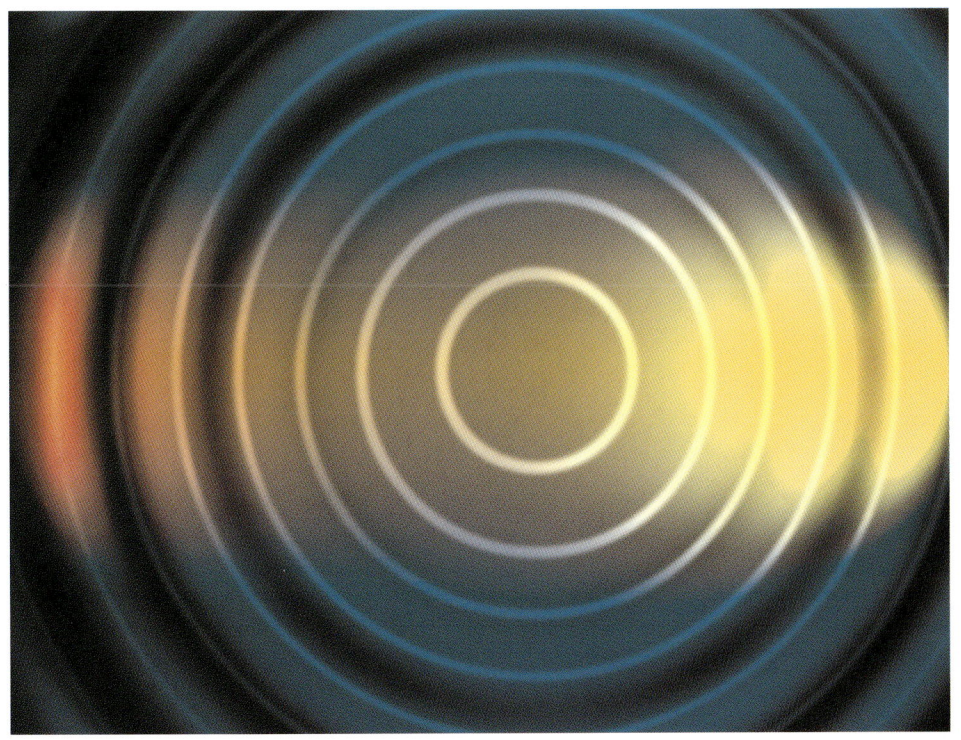

Was ist Licht?

Herbert Walther

1 Anfänge der Optik

Licht galt immer als Symbol des Lebens, während die Finsternis als unheilvoll angesehen wurde. Diese Vorstellungen sind in viele Religionen eingeflossen. Die Mythologie kennt Lichtgötter, die im Kampf mit den Mächten der Finsternis stehen. Als uraltes Kultsymbol wird das Licht in der Form des Feuers als Mittel der Vertreibung der Dämonen angesehen und bei sakralen Handlungen verwendet. Es ist daher nicht verwunderlich, dass die Menschen schon früh versucht haben, das Licht und seine Eigenschaften zu verstehen und sich nutzbar zu machen.

Nach der Überlieferung waren viele Prinzipien des Lichts bzw. der Optik als der Lehre des Lichts bereits im Altertum bekannt. Es war insbesondere der griechische Mathematiker Euklid, der im dritten Jahrhundert vor Christus an der platonischen Akademie in Alexandria wirkte und in seinem Werk über Optik wichtige Grundsätze der so genannten geometrischen Optik beschrieben hat, die sich aus der geradlinigen Ausbreitung des Lichtes ergeben.

Ein Zeugnis des Optik-Wissens der Antike stellt das Buch des griechischen Naturforschers Ptolemäus dar, der in Alexandria im zweiten Jahrhundert nach Christus lehrte. Dort wird unter anderem auch die Brechung des Lichtes zwischen Medien unterschiedlicher Dichte, wie z. B. beim Übergang Luft-Wasser oder Luft-Glas beschrieben.

Das wichtigste Werk über Optik aus dem Mittelalter stammt von Ibn al-Haitham oder Alhazen, wie er mit lateinischem Namen heißt. Er stammte aus Basra und lebte um 1000 n. Chr. in Kairo. Er beschreibt den Vorgang des Sehens wesentlich besser als alle seine Vorgänger, kannte die vergrößernde Wirkung von Linsen, die sphärische Aberration, behandelte parabolische Spiegel, konnte beweisen, dass das Licht des Mondes von der Sonne herrührt, beschrieb den Regenbogen, die atmosphärische Brechung und die scheinbare Vergrößerung von Himmelskörpern am Rande des Erdhorizonts. Seine Schriften waren zusammen mit denjenigen von Ptolemäus die Grundlagen der Optik bis ins 17. Jahrhundert. Danach setzte eine stürmische Entwicklung der Erkenntnisse der Optik ein, die teilweise mit einer besseren quantitativen Beschreibung der Phänomene zusammenhing, aber auch mit der Tatsache, dass die Herstellung der Linsen und der optischen Hilfsmittel wesentlich verfeinert werden konnten.

2 Licht – Welle oder Teilchen?

Ein wesentlicher Schritt zum Verständnis des Lichts war die Beobachtung der Interferenzerscheinungen. Ähnlich wie Wasserwellen folgt Licht dem Superpositionsprinzip, d.h., treffen zwei Wellen gleichzeitig an einem Ort ein, müssen die Amplituden addiert werden. Wenn Lichtstrahlen ausgehend von einem Ort zu einem Auffänger gelangen, dabei aber jeweils geringfügig unterschiedliche Wege und damit Weglängen durchlaufen, stellt man fest, dass die

Fläche des Auffängers nicht gleichmäßig beleuchtet wird. Es treten helle und dunkle Stellen auf, die je nach der experimentellen Anordnung Ringe mit variablem Abstand oder parallele Streifen bilden. Die ersten Experimente dazu sind Anfang des 17. Jahrhunderts von dem Franzosen Robert Boyle und dem Engländer Robert Hooke durchgeführt worden. Eine Erklärung dieser Erscheinung legte nahe, dass, wie oben schon bemerkt, das Licht sich ähnlich einer Wasserwelle verhält. Als eigentlicher Begründer der Wellentheorie für das Licht ist der Holländer Christiaan Huygens anzusehen. In Analogie zu Wasserwellen und Schallwellen, die sich in einem Medium – Wasser bzw. Luft – fortpflanzen, dachte er sich als Träger der Lichtwellen einen alle Körper durchdringenden „Lichtäther" und sprach das später nach ihm benannte Prinzip aus, wonach jeder von der Lichterregung getroffene Punkt des Äthers als Zentrum einer neuen kugelförmigen Lichtwelle aufgefasst werden muss. Die Sekundärwellen wirken dann so zusammen, dass ihre Überlagerung eine neue resultierende Wellenfront ergibt.

Eine alternative Theorie hat der Engländer Isaak Newton aufgestellt, die vielfach auch als Emissionstheorie bezeichnet wurde. Wegen der geradlinigen Ausbreitung sah er das Licht als einen Strom unwägbarer schnell dahinfliegender Teilchen. Er konnte auf dieser Basis die Zerlegung des weißen Sonnenlichtes in einzelne Spektralfarben erklären. Dies waren Experimente, die er um 1672 durchgeführt hatte. Es war jedoch äußerst schwierig, mit seiner Teilchenhypothese die so genannten Newtonschen Ringe, die aufgrund von Interferenzen an dünnen Schichten entstehen, zu erklären. Diese hatte ironischer Weise Newton selbst 1675 beobachtet. Mit seinen Vorstellungen lag er in Konkurrenz mit den Versuchen seines Landsmannes Robert Hooke, der ein Anhänger der Huygens'schen Wellenhypothese des Lichtes war. Dies war dann auch der Grund, dass das Buch „Opticks" von Newton, das natürlich die Teilchentheorie favorisierte, erst nach dem Tode von Hooke im Jahre 1704 veröffentlicht wurde.

Es folgten jedoch viele durchschlagende Erfolge der Wellentheorie. Zu Beginn des 18. Jahrhunderts publizierte Thomas Young seine Ergebnisse zur Interferenz des Lichtes und zur Beugung (1802). Die Polarisation des Lichtes wurde durch Louis Malus entdeckt. Er beobachtete im Jahre 1808 eines Abends durch einen doppelbrechenden Kalkspat das Spiegelbild der Sonne in einem Fenster und fand, dass sich die beiden durch Doppelbrechung entstandenen Bilder bei Drehung des Kristalls um die Blickrichtung unterschiedlich veränderten; als Ursache hierfür erkannte er die Polarisation des Lichtes.

Detaillierte Erklärungen der Interferenzerscheinungen gelangen Fresnel und Fraunhofer, die unterschiedliche und für entgegengesetzte Grenzfälle gültige Betrachtungsweisen der Erscheinung angestellt hatten. Beide hatten die Wellentheorie auf so sichere Grundlagen gestellt, dass es fast überflüssig erschien, als Leon Foucault und Louis Fizeau das entscheidende Experiment gegen die Teilchentheorie Newtons durchführten. Dieses ursprünglich von Dominique François Arago vorgeschlagene Experiment basiert auf der Tatsache, dass bei der Teilchentheorie Newtons die Brechung an einer Grenzfläche über die Anziehung der Lichtteilchen an der Übergangsfläche erklärt wird; dies führt zu einer Brechung zum optisch dichteren Medium hin mit der Konsequenz, dass die Lichtteilchen dann eine höhere Geschwindigkeit haben. Im Gegensatz dazu fordert die Wellentheorie nach dem Huygens'schen Prinzip im optisch dichteren Medium eine kleinere Geschwindigkeit. Es gelang Foucault und Fizeau, die Lichtgeschwindigkeit in Luft und Wasser direkt zu messen und zu zeigen, dass in der Tat die Geschwindigkeit im Wasser kleiner ist – ein überzeugender Beweis zugunsten der Wellentheorie.

Die Wellentheorie des Lichtes sollte noch von einer anderen Seite große Unterstützung erhalten. Im 19. Jahrhundert wurden detaillierte Experimente zum elektrischen Strom und den damit verbundenen Magnetfeldern durchgeführt. Michael Faraday an der Royal Institution in

London untersuchte diese Phänomene ebenfalls und fand 1831, dass ein in einer Spule erzeugtes zeitlich variables Magnetfeld in einer zweiten Spule einen Strom hervorrufen konnte. Er fand damit das Induktionsgesetz. Ein elektrischer Strom erzeugte also ein Magnetfeld, aber ebenso konnte ein zeitlich variables Magnetfeld auch zu einem Strom führen. Zeitlich veränderlicher Magnetismus konnte also in elektrischen Strom umgewandelt werden. Eine wichtige Voraussetzung, um das Wechselspiel zwischen elektrischen und magnetischen Feldern zu vervollständigen, das bei der Ausbreitung einer elektromagnetischen Welle eine Rolle spielt. Faraday hat sehr schlüssige Experimente durchgeführt, konnte jedoch seine Ergebnisse nicht in mathematische Formeln übertragen. Dies blieb dann James Clerk Maxwell vorbehalten, der die vollständige mathematische Formulierung der Gesetze 1873 publizierte. Diese Maxwell'schen Gleichungen ergaben die Ausbreitungsgeschwindigkeit einer elektromagnetischen Welle auf der Basis von Konstanten, die unabhängig aus anderen Experimenten bestimmt werden konnten. Die daraus errechnete Geschwindigkeit einer elektromagnetischen Welle stimmte mit der Lichtgeschwindigkeit überein, woraus gefolgert werden konnte, dass Licht ebenfalls eine elektromagnetische Welle ist.

3   Die Quantenhypothese

Der direkte Nachweis der elektromagnetischen Wellen gelang dann 1888 durch Heinrich Hertz. Damit hatte die Wellentheorie einen scheinbaren Abschluss gefunden und sich gegen das Teilchenbild durchgesetzt. Man konnte alle Erscheinungen erklären, die mit der Ausbreitung der Wellen zusammenhängen. Das Wellenbild versagt allerdings, wenn man Absorptions- und Emissionsvorgänge von Atomen betrachtet. Die Methoden der klassischen Physik reichten dazu nicht mehr aus, sodass eine Erweiterung notwendig war, die durch Max Planck 1900 mit der Einführung der Quantenhypothese vorgenommen wurde. Diese besagt, dass ein elektrisch schwingendes System seine Energie nicht kontinuierlich an ein elektromagnetisches Feld abgibt oder von ihm aufnimmt, sondern diskontinuierlich, in endlichen Beträgen oder Quanten, deren Größe proportional der Frequenz v der Strahlung, d.h. $E = hv$ ist. Die dabei eingeführte Planck'sche Konstante h ist eine grundlegende Größe der neuen Physik. Durch diesen Ansatz ist die Emissionstheorie des Lichtes von Newton in einer neuen Form wieder erweckt worden. Es war Albert Einstein, der 1905 durch die Erklärung des Photoeffektes die Bedeutung der Planck'schen Energiequanten als Lichtteilchen, später Photonen genannt, weiter unterstrich. Damit war das Licht als elektromagnetische Welle einerseits und als Photonen andererseits zu beschreiben, und es hängt von der jeweiligen experimentellen Anordnung ab, ob Welle oder Teilchen in Erscheinung tritt. Mit dieser Erweiterung der klassischen Physik sind gleichzeitig auch viele neue Fragen aufgeworfen worden, einige davon wollen wir im Folgenden diskutieren.

4   Wie entsteht Licht?

Wenn von Licht die Rede ist, so wird im Allgemeinen nur auf den sichtbaren Teil des elektromagnetischen Spektrums Bezug genommen. Das sichtbare Licht macht nur einen geringen Anteil des Gesamtspektrums der elektromagnetischen Wellen aus. Er umfasst den Bereich von 400 bis etwa 800 Nanometer oder kurz nm. Nanometer ist die physikalische Einheit, in der üblicherweise die Wellenlänge von Licht gemessen wird. Ein Nanometer ist ein Millionstel eines Millimeters oder 10^{-9} m. Den Wellenlängen können Farben, die Spektralfarben, zugeordnet werden. Um 450 nm sehen wir Licht als blau, um 530 nm als grün und um 630 nm schließlich als rot. Noch weiter im „Roten" nehmen wir die Wellen nur mehr als Wärme wahr. In diesem Wellenlängenbereich „leuchtet" jeder Körper mit einer Temperatur bei Zimmertemperatur oder darüber. Aufgrund dieser Abstrahlung kann mit entsprechenden infrarotempfindlichen Geräten ein Nachweis erfolgen. Nachtsichtgeräte, die vorwiegend für militärische Zwecke eingesetzt werden, nutzen diese Abstrahlung des menschlichen Körpers und aller Körper im infraroten Bereich aus. Spezialkameras machen Licht in diesem Spektralbereich sichtbar. Noch weiter im „Roten" befinden sich schließlich Mikrowellen und Radiowellen.

Radiowellen im cm-Bereich entstehen durch elektrische Schwingungen z. B. eines so genannten Dipols, ein leitender Stab, der etwa die Länge der Wellenlänge hat. In seinen oben erwähnten Experimenten hat Heinrich Hertz diese Schwingungen erstmals nachgewiesen. Sichtbares Licht entsteht durch Abstrahlung der Atome, wenn diese aus einem Zustand diskreter hoher Energie in ein tieferliegendes Energieniveau übergehen. Die dabei ausgesandte Strahlung ist charakteristisch für das Atom und besteht aus diskreten Spektrallinien. Das Bild des klassischen Dipols wird dabei auch auf das Atom übertragen: Nach der Quantenphysik hat das Atom ein Dipolmoment, wenn es von einem Energiezustand in einen anderen übergeht.

Körper bei hoher Temperatur können auch sichtbares Licht ausstrahlen. Das Spektrum ist über einen großen Spektralbereich verteilt, da nicht die Atome selbst sondern die Eigenschaften des Festkörpers an dieser Emission beteiligt sind. Bei der Erklärung des kontinuierlichen Spektrums dieser Strahlung hat Max Planck seine Quantenhypothese aufgestellt. Wir wollen nun im Folgenden auf einige Eigenschaften des Lichtes eingehen, die auf der Quantennatur beruhen.

5   Quantenphänomene des Lichts – Quantenoptik

Interferenzen einzelner Photonen

Wir haben bereits diskutiert, dass das Licht ein duales Verhalten zeigt, es kann entweder als Energiequant, Photon oder Lichtquant, d. h. als „Teilchen" in Erscheinung treten oder als Welle. Es hängt von der experimentellen Anordnung ab, ob die eine oder die andere Eigenschaft beobachtet wird. Dieses Prinzip wurde im Jahr 1927 durch Bohr im Konzept der Komplementarität zusammengefasst. Mit der Beobachtung, dass auch massive Teilchen, d.h. mit einer von null verschiedenen Ruhemasse, sich wie Wellen verhalten können, wurde das Komplementaritätsprinzip als eine allgemein gültige Tatsache angesehen.

Es lag nach der Einführung der Lichtquanten durch Planck, deren Existenz später auch im Zusammenhang mit der Erklärung des Photoeffekts durch Einstein unter Beweis gestellt wurde, nahe, Quantenvorstellung und Wellenbild möglichst weitgehend miteinander in Verbindung zu bringen. Eines der Experimente, das gleich nach der Einführung der Lichtquanten die Physiker bewegt hat, war ein Interferenzexperiment bei sehr geringer Intensität, sodass sich gleichzeitig nur ein Photon in der Apparatur befinden kann. Um diese Problematik zu erläutern, gehen wir von einem Young'schen Interferenzexperiment (Abb. 1) aus. Wir nehmen an, dass die Intensität der Lichtquelle so weit gesenkt wurde, dass sie nur noch der Intensität eines Photons pro Durchlaufzeit durch die Apparatur entspricht. Kann man in diesem Falle noch

Interferenzen sehen? Ist es möglich, dass ein Photon „mit sich selbst interferiert", oder geht die Interferenz unter diesen Bedingungen verloren, indem das Teilchen nur durch einen Schlitz der Anordnung läuft, es also so stark lokalisiert ist, dass es den anderen Spalt nicht wahrnimmt?

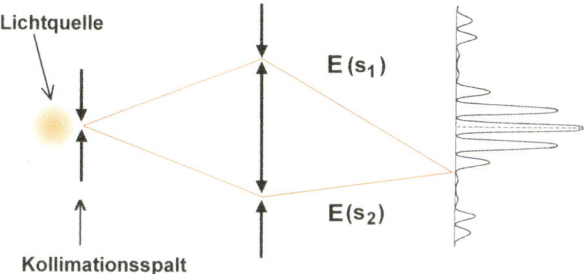

Abb. 1: Young'sches Interferenzexperiment.

Die Realisierung eines solchen Experiments war zu Beginn des 20. Jahrhunderts sehr schwierig. Man musste damals versuchen, die Interferenzstreifen durch Photoplatten zu registrieren. Es ergaben sich dann Belichtungszeiten von mehreren Wochen. Die Parameter der Apparatur mussten über lange Zeit äußerst konstant gehalten werden, damit sich durch kleinste Variationen der Abstände kein Auswaschen der Interferenzstreifen ergab. Dies führte dazu, dass einige dieser Experimente zu widersprechenden Ergebnissen führten. Das erste Experiment dieser Art wurde von dem Engländer G. I. Taylor bereits 1909 durchgeführt. Er hat Interferenzen bei sehr geringen Intensitäten gesehen. Das erste Experiment mit empfindlichen Photodetektoren, so genannte Photomultiplier, wurde von dem Ungarn Lajos Janossy 1957 durchgeführt. Er verwendete ein Michelson-Interferometer, das eine Armlänge von etwa 15 m hatte. Um die nötige Temperaturkonstanz und auch die mechanische Stabilität zu gewährleisten, war das Experiment in einem Raum untergebracht, der in Fels gehauen wurde und sich in 30 m Tiefe auf dem Gelände des Instituts für Festkörperforschung der Ungarischen Akademie der Wissenschaften bei Budapest befand. Das Experiment wurde total ferngesteuert, sodass die Experimentatoren für den Zeitraum, in dem die Messungen durchgeführt wurden, den Experimentierraum nicht betreten mussten. Es konnte eindeutig nachgewiesen werden, dass die Interferenzen auch bei Intensitäten auftraten, die dem Fluss einzelner Photonen entsprachen.

Mit dem technischen Fortschritt, den die Nachweisinstrumente für Licht in den letzten Jahren erfahren haben, ist es heute kein Problem mehr, Einzelphotonenexperimente mit relativ kurzer Messzeit durchzuführen, da die Empfindlichkeit der Detektoren sehr hoch ist und man deshalb die Photonen mit hoher Wahrscheinlichkeit nachweist. Das Ergebnis eines solchen Experimentes ist in Abb. 2 gezeigt. Es handelt sich dabei um ein Young'sches Interferenzexperiment. Bei der gewählten Anordnung erwarten wir Interferenzstreifen, die vertikal angeordnet sind und den gezeigten Bildausschnitt vollständig ausfüllen. Der verwendete Photodetektor zeigt den Ort an, an dem ein Photon registriert wird. Von oben nach unten ist der zeitliche Ablauf des Experimentes gezeigt. Beim oberen Bild sind drei Photonen nachgewiesen worden, sichtbar gemacht durch drei Punkte. Die Wahrscheinlichkeit, Photonen nachzuweisen, ist bei entsprechenden Bereichen der Interferenzstreifen gleich groß. Wir können jedoch keine Aussage machen, wo das nächste Photon nachgewiesen werden wird, ebenso wenig wie die darauf folgenden Ereignisse. Es gibt lediglich eine Aussage darüber, wo die Photonen mit größerer Wahrscheinlichkeit auftreffen werden als anderswo.

Beim nächsten Bild sind insgesamt 24 Photonen registriert; es kann immer noch keine Interferenzstruktur erkannt werden, ebenso bei dem nächsten Bild der Serie, bei dem rund dreimal so viel Photonen nachgewiesen werden. Bild 2b zeigt dann, dass nach längerer Mittelungszeit vertikale Streifen gesehen werden können. Bei der Dichte der Punkte auf Bild 2b kann es durchaus der Fall sein, dass an bestimmten Punkten mehrere Photonen gleichzeitig nachgewiesen worden sind. Dies lässt sich mit bloßem Auge nicht erkennen, da ein einmal und ein mehrmals getroffener Punkt gleich aussieht. Ein Computer registriert jedoch diese Unterschiede und gibt dies nach einer vorgesetzten Zahl von Treffern durch einen Farbumschlag in der Darstellung kund. Punkte, an denen zehn und mehr Photonen nachgewiesen worden sind, werden deshalb mit anderer Farbe dargestellt. Der erste Farbumschlag erfolgt im obersten Bild von Bild 2b. Die folgenden Bilder zeigen dann weitere Stellen mit Farbänderung. Es sollte noch erwähnt werden, dass es mit kleiner Wahrscheinlichkeit passieren kann, dass ein Signal angezeigt wird, obwohl an der betreffenden Stelle kein Photon aufgetroffen ist. Diese Untergrundphotonen können entweder durch energetische Teilchenstrahlung aus dem Weltraum ausgelöst werden, aber auch durch Zufallsprozesse (thermisches Rauschen) im Detektor.

Abb. 2 zeigt eindrucksvoll die granulare bzw. diskrete Struktur des Photonenbildes. Durch die Mittelung vieler Ereignisse über längere Zeit kommt das Interferenzbild zustande. Das gemittelte Bild unterscheidet sich nicht von einer entsprechenden Messung bei hohen Intensitäten. Bei der in Abb. 2 gezeigten Messung kann davon ausgegangen werden, dass bei praktisch allen Ereignissen nur ein Photon gleichzeitig in der Apparatur war, d.h. ein Photon ist in der Lage, mit sich selbst zu interferieren, und das Ergebnis stimmt mit dem des Wellenbildes überein.

Eine viel diskutierte Frage im Zusammenhang mit dem Einphotonen-Interferenzexperiment betrifft die Bestimmung des Weges eines Photons. Es sind viele experimentelle Anordnungen in diesem Zusammenhang ersonnen worden und viele Überlegungen angestellt worden. Es zeigt sich, dass die Festlegung des Weges eines Photons gleichzeitig zur Zerstörung der Interferenzstreifen führt. Die Existenz der Interferenzstreifen beruht einzig auf der Unvorhersagbarkeit des genauen Weges eines Photons von der Quelle zum Detektor. Von Einstein stammt z.B. das Gedankenexperiment, dass der Durchgang eines Photons durch einen der Schlitze über die Impulsübertragung des Photons auf diesen Schlitz gemessen werden kann. Durch die Beugung am Spalt erfolgt eine Richtungsänderung des Photons, was einer Änderung des linearen Impulses entspricht. Misst man diese Impulsänderung über die Rückwirkung auf den Spalt, so führt dies gleichzeitig zu einem Auswaschen der Interferenzstreifen, da diese Messung nicht ohne Einfluss auf das Photon durchgeführt werden kann. Das heißt, bestimmen wir den Weg des Photons oder mit anderen Worten, wenn wir versuchen, die Teilcheneigenschaften zu betonen, so verschwinden die Interferenzen.

Im Licht dieses Ergebnisses erhält der erste Spalt im Young'schen Interferenzexperiment (Abb. 1) eine besondere Bedeutung. Die Beugung am Kollimationsspalt sorgt dafür, dass beide Spalte durch die gleiche Beugungsordnung beleuchtet werden. Es entsteht dadurch eine gleich große Wahrscheinlichkeit, dass beide Spalte von einem Photon getroffen werden können – in der Sprache der Quantenmechanik würde man sagen, dass die Wahrscheinlichkeitsamplituden der Photonen an beiden Spalten gleich groß sind. Es ist also keine von vornherein festgelegte Wegselektion durch die experimentelle Anordnung vorhanden; beide Wege sind gleichberechtigt, was dann zur Interferenz führt. Wird ein Weg bevorzugt oder gar eine der

Wegalternativen des Photons ausgeschlossen, so führt dies zur Verminderung der Interferenzen bzw. es kommt zum Verschwinden der Interferenz.

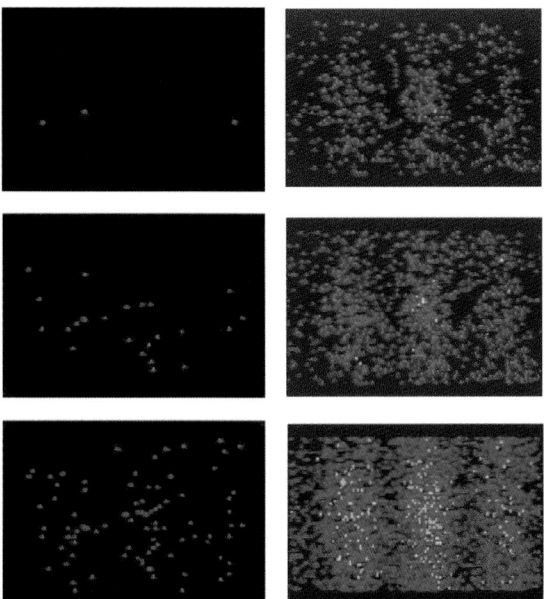

Abb. 2: Interferenz mit Einzelphotonennachweis bei einem Young'schen Interferenzexperiment. Die Bildersequenz wurde mit einem Detektor aufgenommen, der es erlaubte, die Verteilung der Photonen über die Fläche des Interferenzbildes nachzuweisen. Bei hinreichender Dichte der Punkte kann man die Interferenzstreifen erkennen; allerdings wird die Darstellung etwas dadurch verfälscht, dass Stellen, wo mehrere Photonen nachgewiesen worden sind, sich nicht von den übrigen unterscheiden. Sobald an einer Stelle jedoch mehr als 10 Photonen aufgetroffen sind, gibt es einen Farbumschlag von dunkel-blau in hell-blau. Dies ist bei den beiden unteren Bildern in der rechten Spalte der Fall. Die Interferenzstreifen treten im Verlauf der Messung (von links oben bis rechts unten) immer deutlicher hervor.

Der oben erwähnte Vorschlag Einsteins für einen „Welcher-Weg-Detektor" – d. h. einem Detektor, der Auskunft darüber gibt, welchen der alternativen Wege das Photon genommen hat, hat Bohr angeregt, die Heisenberg'sche Unschärferelation für die Ort- und Impulsunschärfe mit dem Youngschen Interferenzexperiment in Verbindung zu bringen: Eine Festlegung des Weges des Photons (Spalt 1 oder 2) bedeutet, dass der Impuls des Photons eine zusätzliche Unschärfe erhält. Diese kann auch als Rückwirkung der Messung auf das Photon interpretiert werden, die zu einer Verschmierung der Interferenz führt. Wegen dieses Zusammenhangs wurde auch die Unschärferelation in Verbindung mit dem Prinzip der Komplementarität gebracht. Die Argumente waren dabei folgende: Wenn der Weg des Photons bestimmt wird, dann verschwindet die Interferenz – in diesem Falle führt man eine Teilchenbeobachtung durch. Für den Fall, dass der Weg nicht bestimmt wird oder nicht bestimmbar ist, entspricht dies der Beobachtung einer Welle – in diesem Falle führt man eine Beobachtung der komplementären Eigenschaft durch und man erhält Interferenz.

Man weiß heute, dass die Verbindung zwischen Unschärferelation und Komplementarität nicht zwingend ist. Die Komplementarität ist ein viel allgemeineres Prinzip. Man hat nämlich „Welcher-Weg-Detektoren" gefunden, die nicht mit der Heisenberg'schen Unschärferelation in Verbindung stehen und die trotzdem die Interferenz verschwinden lassen. Die Diskussion dieser Details würde jedoch zu weit führen, deshalb wollen wir es bei diesen wenigen Bemerkungen belassen. Wir wollen jedoch nochmals festhalten, dass die Interferenz im Einphotonen-Experiment dadurch zustande kommt, dass hinsichtlich des Weges ununterscheidbare Alternativen für das Photon existieren.

Die Korrelation von Photonen und nichtklassisches Licht

Beim Nachweis der Photonen durch den Photoeffekt oder allgemein bei der photoelektrischen Registrierung der Photonen äußert sich der korpuskulare Charakter des Lichtes direkt. Das im vorangegangenen Abschnitt beschriebene Experiment zeigt, dass es Detektoren gibt, die in der Lage sind, Photonen in einem Lichtstrahl zu zählen. Mit dieser experimentellen Möglichkeit wird die Frage nach der zeitlichen Folge der Photonen in einem Lichtstrahl, d.h. nach der Statistik der Photonen, interessant. Wir werden sehen, dass dies zu einer wichtigen Charakterisierung der Lichtquellen führt, die grundsätzlich neu ist. Die zu erwartenden Aussagen gehen über diejenigen der klassischen Physik hinaus, da nach Photonen und damit direkt nach Quanteneigenschaften gefragt wird.

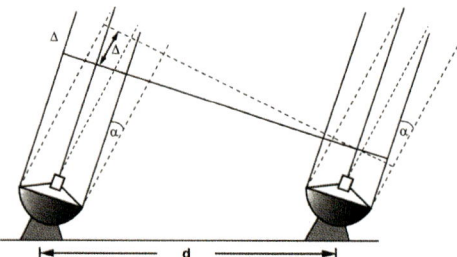

Abb. 3: Schema des Sterninterferometers nach Hanbury-Brown und Twiss. Das Licht eines Sterns wird gleichzeitig durch verschiedene Teleskope registriert, und die Intensitätsschwankungen werden dann elektronisch verarbeitet.

Diese Untersuchungen begannen 1955, als zwei englische Astronomen, R. Hanbury-Brown und R. Q. Twiss, sich für die Intensitätsfluktuationen von Lichtquellen zu interessieren begannen. Der Ausgangspunkt ihrer Experimente war die Bestimmung des Durchmessers von Fixsternen. Diese Messung ist in Teleskopen nicht möglich und muss interferometrisch durchgeführt werden. Zu diesem Zweck hatte Michelson ein Sterninterferometer verwirklicht. Die Grenze dieser Methode liegt bei Sterndurchmessern von 0,02 Bogensekunden. Man wollte jedoch noch kleinere Sterne vermessen, deshalb haben Hanbury-Brown und Twiss im Jahre 1955 eine andere Methode realisiert, die im Folgenden beschrieben werden soll.

Man misst bei dieser Anordnung keine Interferenzen wie im Michelson-Sterninterferometer; sondern es werden die Intensitätsschwankungen des Sterns mit zwei unabhängigen Detektoren registriert. Dieses „Intensitätsinterferometer" verlässt sich auf die Intensitätsschwankungen, die jede Lichtquelle hat. In Abb. 4 sind solche Schwankungen als Funktion der Zeit als Beispiel aufgezeichnet. Bevor Hanbury-Brown und Twiss ihr Sterninterferometer ausprobiert haben, wurde zunächst die Methode im Labor erprobt. Die Anordnung dazu ist in Abb. 5 gezeigt. Das Licht eines , „Probesterns", der bei diesem ersten Experiment aus einer Quecksilber-Bogenlampe mit einer kleinen Lochblende davor bestand, fällt auf einen Strahlteiler. Dieser lässt etwa die Hälfte der Intensität hindurch, die andere Hälfte wird auf den Detektor 2 reflektiert. Beide Detektoren sind empfindliche Photodetektoren, die die Intensitätsschwankungen der Bogenlampe registrieren. Diese Schwankungen entsprachen etwa dem Verlauf, der in Abb. 4 gezeigt ist.

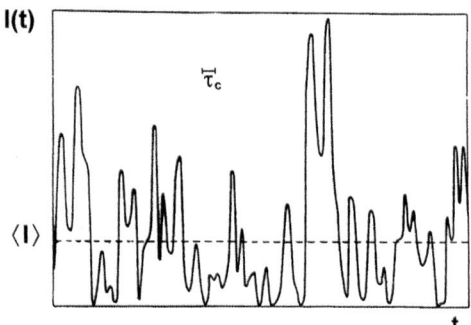

Abb. 4: Intensitätsschwankungen einer thermischen Lichtquelle aufgetragen über die Zeit t. Die gestrichelte horizontale Linie gibt den Mittelwert der Intensität an, wenn über ein längeres Zeitintervall gemittelt wird. Das Bild entspricht einer Messung mit einem schnellen Detektor. Die im oberen Teil angegebene Zeit τ_c entspricht der Kohärenzzeit. Dies ist die Zeit, in der eine Emission ohne Phasenstörung des emittierenden Atoms erfolgt. Diese Zeit liegt in der Größenordnung von Nanosekunden (ns) bei Glühlampen oder bei Sternenlicht. Wir müssen uns dieses Licht als eine Überlagerung von Elementarwellen mit einer Dauer von einigen ns für die einzelnen Wellenzüge vorstellen. Die Überlagerung solcher Elementarwellen gibt dann den gezeigten Intensitätsverlauf.

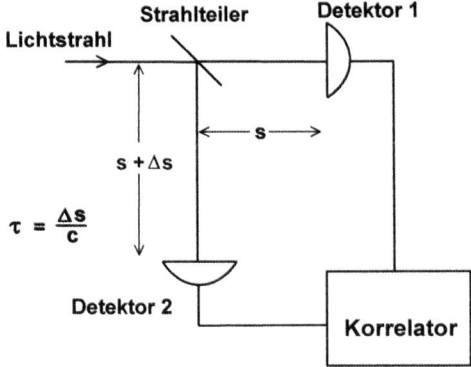

Abb. 5: Intensitätsinterferometer von Hanbury-Brown und Twiss. Die Photodetektoren messen die Intensitätsschwankungen mit hoher Zeitauflösung, sodass die Schwankungen aufgrund der Kohärenzlänge der Lichtquelle sichtbar werden. Der Korrelator multipliziert die beiden Signale. Die Entfernung des zweiten Detektors vom Strahlteiler kann kontinuierlich verstellt werden.

Die Besonderheit des Experiments bestand nun darin, dass die Entfernung s des Detektors 2 verändert werden konnte. Detektor 2 misst deshalb den Intensitätsverlauf zu einem Zeitpunkt, der um den Betrag $\tau = \Delta s/c$ gegenüber dem Signal bei Detektor 1 verzögert ist, da das Licht zu Detektor 2 einen etwas längeren Weg zurücklegt als zu Detektor 1. Die von Detektor 2 gemessene Kurve ist deshalb um τ zeitversetzt. Ist $\tau = 0$, so stimmen beide Kurven überein und entsprechend auch die registrierten Signale. Der in Abb. 5 eingezeichnete Korrelator multipliziert die beiden Signale. Ist $\tau = 0$, so wird diese Multiplikation zu einem Wert führen, der größer ist als bei anderen τ-Werten, da die beiden Signale optimal übereinstimmen. Mit größer werdendem τ fällt deshalb das Produkt stetig ab und erreicht schließlich bei ganz großen Werten von τ einen konstanten Betrag. Wird das Produkt der beiden Intensitäten noch durch die Intensitätsmittelwerte der beiden Detektoren dividiert, so erhält man für $\tau = 0$ den Wert 2, wie in Abb. 6 gezeigt. Bei großen Werten von τ fällt der normierte Wert auf 1 ab. In diesem Fall ist keine Korrelation mehr zwischen den Messungen mit den beiden Detektoren vorhanden, das Ergebnis wird deshalb gleich 1 und ist unabhängig von τ. Mit ihrer Methode haben Hanbury-Brown und Twiss einen neuen Weg eröffnet, um die Kohärenzlänge thermischer Lichtquellen zu messen. Die Bedeutung dieses Experimentes ist jedoch noch viel größer, wie wir weiter unten sehen werden, da es noch weitergehende Aussagen über das Licht erlaubt.

Die direkte Beobachtung der Photonen eröffnet nämlich auch die Möglichkeit, die Photonenstatistik, d. h. die zeitliche Folge der Photonen einer Lichtquelle zu untersuchen. Für diese Messung benötigt man im Prinzip nur einen Photonendetektor, der fortlaufend die auftreffenden Photonen registriert. Bei diesem Verfahren ergibt sich jedoch der Nachteil, dass die Photodetektoren, nachdem sie ein Photon nachgewiesen haben, zunächst für eine kurze Zeit im Bereich von rund zehn Nanosekunden kein weiteres Photon mehr nachweisen können, da eine gewisse Erholzeit notwendig ist. Eine Sequenz von schnell aufeinander folgenden Photonen kann deshalb nicht gemessen werden. Man greift daher auch bei dieser Messung auf die Anordnung von Hanbury-Brown und Twiss zurück (Abb. 5). Der Messvorgang läuft nun folgendermaßen ab: Hat Detektor 1 ein Photon nachgewiesen, so wird eine schnelle Uhr gestartet, die wieder gestoppt wird, wenn der zweite Detektor ein Photon registriert. Der erste Detektor liefert also den Start- und der zweite den Stopimpuls. Wird dies oft genug wiederholt, so erhält man eine Aussage über die Wahrscheinlichkeit, dass auf ein erstes Photon ein Zweites folgt. Diese Wahrscheinlichkeit zeigt den gleichen Verlauf wie die Photonenkorrelation, die in Abb. 6 aufgetragen ist; man muss dann ebenso wie bei der Intensitätsmessung eine Normierung vornehmen, die entsprechend mit der Zahl der insgesamt gemessenen Photonen erfolgt.

Intensitätskorrelation (normiert)

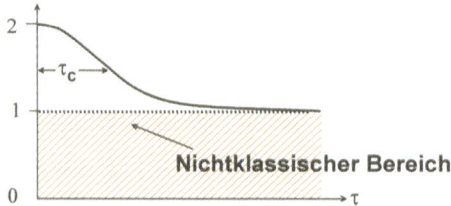

Abb. 6: Normierte Intensitätskorrelation, die in einem Hanbury-Brown-und-Twiss-Interferometer gemessen wird. Der genaue Verlauf der Korrelation hängt vom Spektrum der untersuchten Lichtquelle ab. Diese Details können hier nicht diskutiert werden. Die Größe τ_c steht für die Kohärenzzeit der Lichtquelle. Für klassisches Licht (elektromagnetische Welle ohne Quantisierung) ist nur der Wertebereich von 1 und darüber erlaubt. In einer Quantenbetrachtung können auch Werte aus dem schraffierten Bereich erhalten werden. Bei Licht, das eine Korrelation in diesem Bereich ergibt, spricht man von nichtklassischem Licht.

Beim Zählen der Photonen kann man natürlich nicht davon ausgehen, dass jedes ankommende Photon auch tatsächlich nachgewiesen wird. In der Tat ist es so, dass im Mittel nur jedes dritte Photon gemessen wird. Deshalb ist die Frage berechtigt, ob die Aussage über die Photonenstatistik, die wir aus dem Hanbury-Brown-und-Twiss-Experiment erhalten, richtig ist. Diese Frage kann aus folgendem Grunde bejaht werden. Der Fehler, der beim Nachweis gemacht wird, verteilt sich gleichmäßig auf alle Zeitintervalle zwischen Start- und Stopimpulsen. Er fällt deshalb bei der Normierung der Zählrate heraus und beeinflusst keinesfalls die Zeitsequenz, wenn die Messung hinreichend lange durchgeführt wird.

Das in Abb. 6 gezeigte Ergebnis für die Intensitätskorrelation, das sich in ähnlicher Weise auch bei der direkten Photonenmessung ergibt, lässt folgende Deutung zur Statistik zu. Die Wahrscheinlichkeit, dass ein zweites Photon auf ein Erstes folgt, ist maximal, wenn die Zeiten τ klein sind. Die Konsequenz davon ist, dass auf jedes Photon mit großer Wahrscheinlichkeit ein Zweites folgt. Man spricht hier vom „Bunching" oder Klumpen der Photonen. Für Zeiten größer als τ_c verschwindet der Effekt dann sehr schnell.

Nachdem der Laser erfunden war, lag es natürlich nahe, auch die Photonenstatistik von Laserlicht zu untersuchen. Diese Experimente sind Mitte der sechziger Jahre durchgeführt worden. Es hat sich dabei ergeben, dass Laserlicht eine von τ unabhängige Photonenstatistik ergibt. Das Ergebnis ist durch die punktierte Linie in Abb. 6 gegeben. Beim Laserlicht ist also jede Zeit zwischen zwei aufeinander folgenden Photonen gleich wahrscheinlich.

Die Quantenbehandlung des Hanbury-Brown-und-Twiss-Experimentes, die Anfang der sechziger Jahre vom amerikanischen Physiker R. Glauber ausgeführt wurde, bringt neben den Ergebnissen, die wir bereits diskutiert haben, noch zusätzliche Aussagen, die wir im Folgenden ansprechen wollen. In der klassischen Physik wird das Feld der ankommenden Welle am Strahlteiler gleichmäßig auf die beiden Detektoren aufgeteilt. Jeder Detektor misst somit das gleiche Signal. Dies ist jedoch nicht so bei einem Quantenfeld, da ein Photon nur einmal nachgewiesen werden kann; das Photon kann nicht am Strahlteiler wie ein klassisches Feld aufgeteilt werden, und nur ein Detektor kann es nachweisen.

Dies führt dazu, dass die Photonenkorrelation bei einer Quantenbetrachtung auch Werte annehmen kann, die klassisch nicht möglich sind. Hierbei handelt es sich um Werte für die normierte Intensitätskorrelation im Wertebereich kleiner als eins. Dieser nichtklassische Bereich ist in Abb. 6 durch eine Schraffur angedeutet.

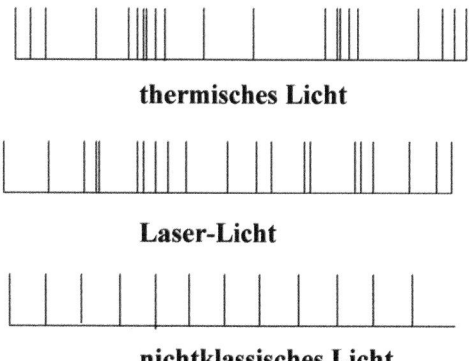

thermisches Licht

Laser-Licht

nichtklassisches Licht

Abb. 7: Folge von Photonen für thermisches Licht, einen kohärenten Laserstrahl und für nichtklassisches Licht. Die Schwankungen der Intensität beim thermischen Licht sind am größten, da die Photonenfolge sehr unregelmäßig ist. Der nichtklassische Lichtstrahl schwankt fast nicht, da es sich um eine regelmäßige Photonenfolge handelt.

Wir wollen nun diskutieren, wie die Photonenstatistik für einen Lichtstrahl aussieht, der eine Photonenkorrelation in diesem Bereich besitzt. Wird im Detektor 1 ein Photon nachgewiesen, so ist die Wahrscheinlichkeit null, dass in Detektor 2 ein Photon ankommt. Erst nach einer gewissen Zeit baut sich eine Wahrscheinlichkeit für einen Nachweis auf. Man nennt dieses Phänomen „Anti-Bunching". Es ist genau die gegensätzliche Situation wie beim „Bunching". Zwischen aufeinander folgenden Photonen ist eine Pause eingeschaltet. Es kann bei diesem nichtklassischen Licht nicht vorkommen, dass zwei Photonen sehr dicht aufeinander folgen. In Abb. 7 haben wir die Photonenfolgen für die unterschiedlichen Fälle zusammengestellt, wie sie sich in einer Computersimulation ergeben. Durch die sehr große Unregelmäßigkeit der Photonenfolge zeigt der Strahl von thermischem Licht sehr große Intensitätsschwankungen mit der höchsten Wahrscheinlichkeit sind keine Photonen vorhanden, es können aber auch hohe Intensitätswerte auftreten, was der Fall ist, wenn mehrere Photonen mit geringer Zeitverzögerung ankommen, d.h., wenn „Bunching" vorliegt.

Das Vorhandensein des Anti-Bunching ist ein weiterer Beweis für die Quantennatur des Lichtes. Nichtklassisches Licht hat geringere Intensitätsschwankungen als Laserlicht. Es wäre wegen seiner geringen Intensitätsschwankungen im Prinzip für eine Nachrichtenübertragung sehr geeignet, allerdings ergibt sich bei einer Anwendung das Problem, dass nichtklassisches Licht sehr leicht zerstört werden kann. Wir lassen dazu einen nichtklassischen Strahl auf einen Strahlteiler auftreffen, der einen Teil der Photonen reflektiert und einen anderen transmittiert. Da die Photonen nicht aufgeteilt werden, wird die Photonenfolge geändert. Die beiden Teilstrahler haben deshalb wieder größere Intensitätsschwankungen, die wieder einer Poisson-Verteilung entsprechen, die charakteristisch für kohärentes Licht ist. Dieses Phänomen wird in Abb. 8 erläutert.

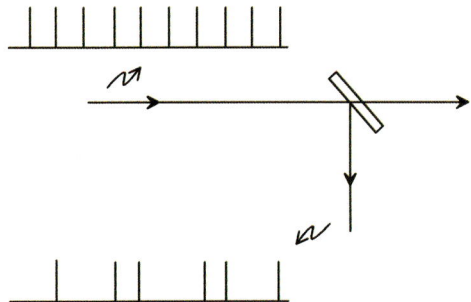

Abb. 8: Nichtklassische Photonenfolge an einem Strahlteiler. Der Strahlteiler teilt die Photonen zwischen Reflexion und Durchlass auf, sodass jeder Anteil etwa 50 % der Photonen pro Zeiteinheit beträgt. Hierdurch wird die Photonenfolge geändert, und es entsteht eine Verteilung, die wiederum einer Poisson-Verteilung entspricht. Nur die Photonenfolge im reflektierten Strahl ist in der Abbildung gezeigt.

Entsprechendes passiert, wenn in der Übertragungsleitung Verluste vorliegen und Photonen verloren gehen. Jeder Verlust bedeutet, dass die gleichmäßige Photonenverteilung in eine ungleichmäßige geändert wird. Wir werden im nächsten Abschnitt ein Beispiel kennen lernen, wie nichtklassische Strahlung erzeugt werden kann.

Nichtklassisches Licht eines einzelnen Ions

Der grundlegende Prozess der Strahlungs-Atom-Wechselwirkung ist die Resonanzfluoreszenz von Atomen, bei dem die Atome durch Strahlung angeregt werden und die aufgenommene Energie nach einer kurzen Verweilzeit im angeregten Zustand wieder abgeben. Mit Hilfe einzelner eingefangener Ionen lassen sich zu dieser Thematik neue Erkenntnisse gewinnen, die im Folgenden kurz diskutiert werden.

Wir haben gesehen, dass in der Quantenphysik Photonenfolgen möglich sind, für die es in der klassischen Physik kein Analogon gibt wie z. B. die gleichmäßige Folge von Photonen (Abb. 7). Die Quantenoptik hat Strahlungsquellen entwickelt, die solche Strahlung aussenden. Wir wollen hier auf eine dieser Quellen eingehen, die zwar wenig für Anwendungen geeignet ist, jedoch für das Grundlagenverständnis sehr hilfreich ist. Es handelt sich um die Resonanzfluoreszenz eines einzelnen in einer Elektrodenanordnung gespeicherten Ions. In diesem Falle können wir das Zustandekommen einer gleichmäßigen Photonenfolge leicht verstehen.

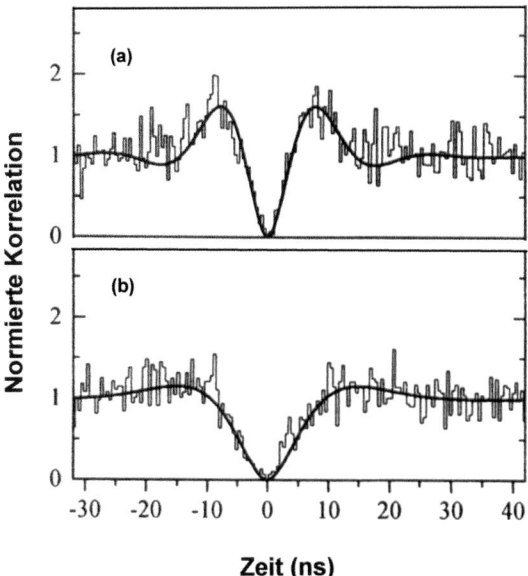

Abb. 9: Ergebnis eines Hanbury-Brown-und-Twiss-Experimentes mit dem Licht eines einzelnen Ions. Aufgetragen ist die normierte Intensitätskorrelation. Die Bilder a und b wurden mit verschiedenen Laserintensitäten aufgenommen. Mit der höheren Intensität (Teil a) steigt deshalb die Wahrscheinlichkeit, dass ein zweites Photon auf ein Erstes folgt, schneller als bei geringer Intensität (Teil b). Negative Zeiten bedeuten hier dass der Messvorgang vom Signal des Detektors 2 ausgelöst wird und nicht von Detektor 1 wie normalerweise. Durch dieses Umtauschen kann überprüft werden, ob die Messkurve symmetrisch zum Zeitnullpunkt ist.

Wird das Ion durch Laserlicht angeregt und in einen angeregte Zustand gebracht, so erfolgt nach der Lebensdauer des Zustands die Emission eines Photons. Ein weiteres Photon kann erst dann ausgestrahlt werden, nachdem das eingefangene Ion wieder angeregt wurde. Durch die Anregungs- und Zerfallsprozesse wird ein Zeitintervall zwischen zwei aufeinander folgenden Photonenemissionen geschaltet – die Photonen werden in annähernd gleichen Zeitintervallen emittiert. In Abb. 9 ist das Ergebnis eines Hanbury-Brown-und-Twiss-Experimentes für ein einzelnes Ion gezeigt. Die Photonenstatistik zeigt Anti-Bunching, d.h. eine nichtklassische Verteilung.

Ein weiterer wichtiger Aspekt neben der Photonenstatistik ist die spektrale Verteilung der Resonanzfluoreszenz. Ein eingefangenes und gekühltes Ion hat keine Dopplerbreite mehr, die Linienbreite ist deshalb nur durch den Wechselwirkungsprozess mit der Strahlung gegeben. Hier ergibt sich die Aussage der Theorie, dass die spektrale Breite der Fluoreszenz nur durch die Linienbreite des Lasers bestimmt wird, der zur Anregung der Resonanzfluoreszenz verwendet wird. Im Wesentlichen kann dies bei schwacher Anregung aus Argumenten, die mit der Energieerhaltung im Zusammenhang stehen, geschlossen werden. Die Linienbreite, die hierbei erwartet wird, ist natürlich kleiner als die Auflösung, die durch die besten Spektralapparate bereitgestellt wird – eine besondere Herausforderung für die Messtechnik.

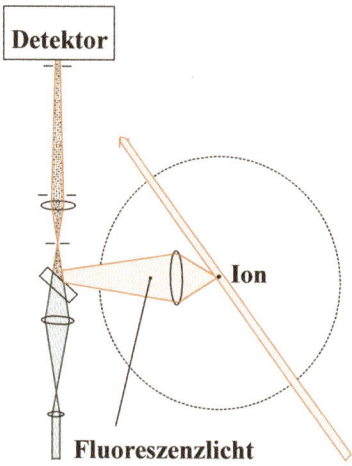

Abb. 10: Messung des Spektrums des Fluoreszenzlichtes eines einzelnen Ions. Das Licht wird mit einem Referenz-Laserstrahl überlagert und das Schwebungssignal zwischen Fluoreszenzlicht und Laserlicht mit einem schmalbandigen Signalverstärker nachgewiesen. Dieses Prinzip entspricht dem Verfahren, das auch in Radioempfängern eingesetzt wird. Hierdurch kann eine Auflösung erreicht werden, die mit der Laserlinienbreite vergleichbar ist. Im vorliegenden Experiment betrug sie weniger als 0,5 Hz.

Eine Möglichkeit der Messung ergibt sich durch ein Verfahren, das in der Radiotechnik eingesetzt wird: das Heterodyn-Verfahren. Das Schema der Messung ist in Abb. 10 gezeigt. Hierbei wird das zu messende Licht mit einem frequenzverschobenen Anteil überlagert und gemessen. Die spektrale Breite ist dabei durch die spektrale Breite des frequenzverschobenen Anteils, den lokalen Oszillator, gegeben. In der Radiotechnik funktioniert dieses Verfahren ausgezeichnet, und alle unsere hochwertigen Radio-Empfänger beruhen auf diesem Prinzip. Es ist gelungen, mit dem schwachen Lichtstrom, der in der Resonanzfluoreszenz eines einzelnen Ions erhalten wird, ein solches Heterodyn-Experiment durchzuführen. Als Lokaloszillator wurde hierbei ein frequenzverschobenes Seitenband des anregenden Laserlichts verwendet. Diese Messungen haben ergeben, dass die Linienbreite der Resonanzfluoreszenz mit der Linienbreite des anregenden Lasers übereinstimmt.

Es ergibt sich somit folgende Situation: Einerseits beobachtet man einen Photonenstrom mit Photonen in gleichmäßigen Zeitabständen und andererseits eine monochromatische Welle, wenn unter hoher spektraler Auflösung gemessen wird. Beide Ergebnisse spiegeln das grundlegende Phänomen der Quantenphysik wieder, das man Komplementarität nennt und das wir bereits angesprochen haben. Beobachtet man die der klassischen Physik entsprechenden Wellenerscheinung (Heterodyn-Experiment), dann verhält sich das Atom wie ein klassischer Oszillator; bei der Beobachtung der „Teilchen" oder Photonen (die einem quantenmechanischen Objekt entsprechen) erhält man das Verhalten eines Quanten-Atoms, und die quantenmechanischen Aspekte des Atoms kommen in der Sub-Poisson-Statistik zum Vorschein. Mit der Art der Beobachtung offenbart sich somit entweder ein klassisches oder ein quantenmechanisches Atom. An einem einfachen Beispiel wird somit ein wichtiger Aspekt des physikalischen Messprozesses offensichtlich, gleichzeitig erhält man grundlegende Einblicke in die Phänomene der Strahlungs-Atom-Wechselwirkung.

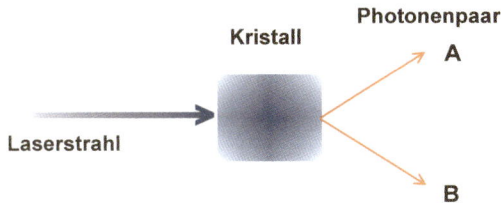

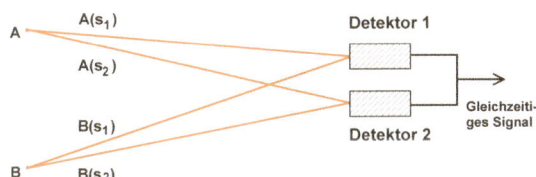

Abb. 11: Experimente mit Photonenpaaren. Der obere Teil des Bildes zeigt die Erzeugung der Photonenpaare durch einen optisch nichtlinearen Kristall. Der einfallende Strahl liegt im ultravioletten Bereich. Die Photonenpaare (Strahl A und B) sind dann im sichtbaren Bereich. Der untere Teil des Bildes zeigt die Interferenzanordnung. Beide Detektoren können sowohl durch ein Photon vom Typ A bzw. B getroffen werden, dies führt zur Interferenz als Funktion des Abstandes zwischen beiden Detektoren (Verschiebung in vertikaler Richtung). Anordnung nach L. Mandel, University of Rochester.

Interferenz mit Photonenpaaren

Wir haben bei der Diskussion der klassischen Interferenz gesehen, dass diese Erscheinungen dann beobachtet werden können, wenn zwei Wellen auf zwei verschiedenen Wegen zu einem Auffänger gelangen und sich dort überlagern. Man erhält Intensitätsmaxima oder -minima je nachdem, ob sich Wellenberge oder Wellental und Wellenberg überlagern. Es hängt also entscheidend davon ab, wie die Phasenlage der überlagernden Wellen zueinander ist. In der Quantenphysik muss die Interferenz etwas allgemeiner gesehen werden. Hat ein Vorgang die Möglichkeit, über zwei verschiedene Wege abzulaufen, so überlagern sich die Wahrscheinlichkeiten für diese Wege, und man beobachtet eine Schwebungserscheinung, die durch Parameter beeinflusst werden kann, die auf die Wahrscheinlichkeiten entlang einer dieser Wege einwirken.

Dieses allgemeinere Prinzip macht es möglich, dass neuartige Interferenzexperimente mit Photonenpaaren möglich werden. Das Experiment wird so ausgeführt, wie es in Abb. 11 unten erläutert ist. Jedes Photon des Paares kann beide Detektoren erreichen. Werden deshalb zwei Photonen in den beiden Detektoren gleichzeitig nachgewiesen, so kann dies von zwei Prozessen herrühren:

- Photon A→ Detektor 1
- und Photon B→ Detektor 2
- oder Photon B→ Detektor 1
- und Photon A→ Detektor 2

Die Überlagerung beider Möglichkeiten führt zur Interferenz. Bei diesem Experiment ergibt nur die Quantenbehandlung das richtige Ergebnis. Die klassische Rechnung ergibt ein falsches Ergebnis, da diese Rechnung davon ausgeht, dass an beiden Detektoren ein Feld vorhanden ist; nach der Quantenphysik kann ein Photon jedoch nur an einer Stelle nachgewiesen werden.

Experimente mit verschränkten Photonen

Die Photonenpaare, die wir im letzten Abschnitt diskutiert haben, sind durch ihre Energie (Frequenz) und durch ihre Emissionsrichtung miteinander gekoppelt. Diese Kopplung resultiert aus dem Erzeugungsprozess und ist eine Folge der Erhaltungssätze für Energie und Impuls. Wird deshalb ein Photon mit bestimmter Energie auf der linken Seite des Kristalls nachgewiesen, so wissen wir; dass ein gleichartiges zur gleichen Zeit auf der gegenüberliegenden Seite ebenfalls entstanden ist. Wir wissen dies, ohne dass eine Messung durchgeführt wird; es ist eine Konsequenz des Erzeugungsprozesses. Erwin Schrödinger hat für diese Situation die Sprechweise eingeführt, dass die beiden Photonen verschränkt sind oder sich in einem verschränkten Zustand befinden. Sie „gehen" sozusagen Arm in Arm, obwohl sie räumlich getrennt voneinander sind. Diese Situation ist außerordentlich interessant, da es sich um einen nichtlokalen Zustand der beiden Photonen handelt, da die Eigenschaften eines Photons gemessen an einer Stelle diejenigen eines anderen an einem entfernten Ort vorhersagen. Ein solcher nichtlokaler Zustand existiert nicht in der klassischen Physik, deshalb sollen hier noch einige Besonderheiten und Anwendungen diskutiert werden.

Wir wollen zunächst das Experiment in der Weise erweitern, dass wir auch den Polarisationszustand der beiden Photonen verschränken. Dies geschieht so, dass die beiden Photonen eine entgegengesetzte Polarisation (Richtung horizontal oder vertikal) besitzen. Im Experiment geht man dabei folgendermaßen vor: Man wählt eine Kristallorientierung, sodass der parametrische Prozess nunmehr auf zwei Kegeln erfolgt. Einer davon entspricht einer Polarisation in vertikaler Richtung und der andere in horizontaler Richtung. Schnitte durch diese Kegel sind in Abb. 12 gezeigt. Wir blicken für diese Aufnahme dem Licht entgegen. Es handelt sich dabei um Licht der gleichen Frequenz. Man sieht in der Aufnahme, dass es zwei Zonen gibt, wo sich beide Ringe für unterschiedliche Polarisation überschneiden. In diesen beiden Punkten können deshalb die Photonen sowohl vertikal als auch horizontal polarisiert sein.

Es ergibt sich nunmehr die folgende interessante Situation: Wird am linken Überschneidungspunkt ein Photon mit vertikaler Polarisation gemessen, so muss auf der rechten Seite eine horizontale Polarisation vorliegen und umgekehrt. Mit der Messung an der linken Seite wird deshalb das Ergebnis an der rechten Seite vorherbestimmt. Dies hat zu vielen philosophischen Diskussionen in der Vergangenheit geführt, da diese Situation der klassischen Physik widerspricht. Dies liegt an der Tatsache, dass im Prinzip beide Messungen an Orten durchgeführt werden können, die beliebig weit voneinander entfernt sind, und doch bestimmt die eine Messung die andere unmittelbar. Dies ist eine scheinbare Verletzung der Kausalität, die in der klassischen Physik streng gilt. Die Diskussion dieser Problematik war Gegenstand vieler Debatten zwischen Einstein und Bohr. Um die klassischen Erwartungen zu retten, wurde von einigen Physikern dann in der Folgezeit angenommen, dass der Ausgang der Messungen durch hypothetische „verborgene" Parameter vorherbestimmt wird, die jedoch nicht zugänglich sind. Es ist in vielen Experimenten, unter anderem auch mit Photonenpaaren, die durch den beschriebenen parametrischen Prozess erzeugt worden sind, bewiesen worden, dass solche verborgenen Parameter nicht existieren und die Gesetze der Quantenmechanik voll gültig sind. Das erste Experiment dieser Art wurde 1935 von Einstein, Podolsky und Rosen vorgeschlagen. Deshalb werden diese Experimente nach den Anfangsbuchstaben der Autoren vielfach als EPR-Experimente bezeichnet.

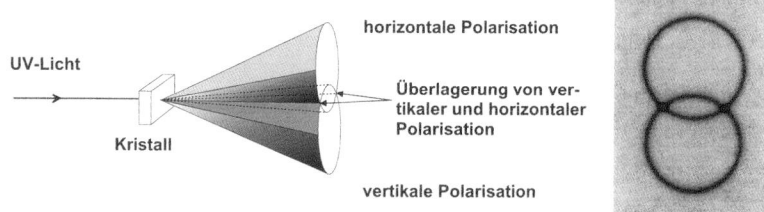

Abb. 12: Erzeugung eines verschränkten Photonenpaares. Bei dieser Kristallanordnung werden für eine bestimmte Wellenlänge zwei Ringe erzeugt, die entgegengesetzt polarisiert sind. Das Licht des oberen Ringes ist horizontal und das des unteren vertikal polarisiert. Im Überschneidungsbereich kann deshalb sowohl eine horizontale also auch eine vertikale Polarisation auftreten. Das eingesetzte Bild zeigt Kegelschnitte in der Aufsicht.

Allerdings sollte hier der Vollständigkeit halber angemerkt werden, dass diese Experimente z.Zt. noch nicht ganz hundertprozentig gesichert sind, da die Nachweisempfindlichkeit der Detektoren für Photonen noch von 100% abweicht. Es wird deshalb versucht, ähnliche Experimente mit verschränkten Atomen durchzuführen, die mit hundertprozentiger Sicherheit nachgewiesen werden können.

Es ist reizvoll, die von verschränkten Photonen repräsentierten nichtlokalen Zustände über größere Distanzen zu beobachten. Experimente dieser Art sind von dem Schweizer N. Gisin durchgeführt worden. Er hat zu diesem Zweck die Lichtleiterfasern der Schweizerischen Telekom verwendet. Die Detektoren, mit denen die verschränkten Photonenpaare nachgewiesen worden sind, waren dabei etwa 10 km voneinander entfernt. Die gefundenen Ergebnisse entsprachen den Erwartungen der Quantenphysik.

Eine interessante Frage ist, ob verschränkte Photonen auch zur Nachrichtenübertragung eingesetzt werden können. Diese Frage hat in den letzten Jahren sehr viele Diskussionen ausgelöst. Begonnen hat diese Überlegungen der Amerikaner C. Bennett. Vor etwas mehr als zwei Jahren sind zu dieser Problematik die ersten vielbeachteten Experimente durchgeführt worden. Es waren drei Gruppen an den Universitäten Rom und Innsbruck und eine Gruppe am California Institute of Technology beteiligt. Das Prinzip dieser Anordnungen ist in Abb. 13 gezeigt.

Traditionell wird in der Literatur zur Quanteninformation eine Nachricht stets von Alice zu Bob übermittelt. Ein verschränktes Photonenpaar (Photonen 2 und 3) kommt dabei von einer gesonderten Quelle. Ein zusätzliches Photon (1) wird von Alice mit Hilfe des anderen Photons des verschränkten Paares (2) analysiert und das Ergebnis an Bob in klassischer Form weiter-gegeben. Da es sich um ein verschränktes Photonenpaar handelt, wird durch die Messung von Alice schon festgelegt, was Bob messen wird. Es besteht somit sogar die Möglichkeit, dass Bob das ankommende Photon (3) so verändert (Änderung der Polarisation), dass es dem Photon (1) entspricht. Das erhaltene Ergebnis ist so, als wäre das Photon von Alice zu Bob durch Teleportation weitergegeben worden. Es wird also die vollständige Information, die in einem Photon enthalten ist (der Quantenzustand), weitergegeben, und zwar durch das Über-tragen einer klassischen Information zwischen Alice und Bob. Dieses Experiment deutet neue Möglichkeiten einer Quanteninformationsübertragung an, deren Tragweite heute schwer vor-hergesagt werden kann. Interessant ist, dass offensichtlich die Quanteneigenschaften das Po-tential haben, auch in die Domäne der Kommunikation vorzudringen.

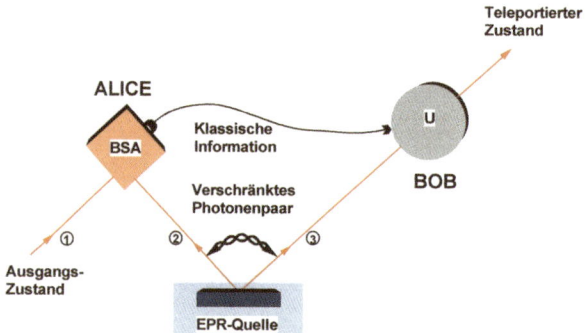

Abb. 13: Nachrichtenübertragung mit Hilfe von verschränkten Photonenpaaren. Die EPR-Quelle erzeugt ver-schränkte Photonenpaare, die auf Alice und Bob verteilt werden. Die Analyse des Photons (1) mit Hilfe von (2) wird dann als klassische Information an Bob, den Empfänger des Photons (3), geschickt. Dieser kann dann der Nachricht entsprechend das ankommende Photon (3) so verändern, dass es den gleichen Zustand besitzt wie das Photon (1). Das Bild zeigt den Aufbau der Gruppe von A. Zeilinger an der Universität Innsbruck.

6   Schlussbemerkungen

In diesem Beitrag konnten nur einige Aspekte des Lichts, die auf der Quantennatur beruhen, angesprochen werden. Die modernen Experimentiermethoden haben noch zu einer Reihe von weiteren interessanten Phänomenen geführt. Es ist offensichtlich, dass auch viele Anwendun-gen z. B. in der Computertechnik und in der Kommunikation in Zukunft eine große Rolle spielen werden. Wegen weiterer Details muss auf die Literatur verwiesen werden.

Der Autor

Herbert Walther
Sektion Physik der Universität München und Max-Planck-Institut für Quantenoptik, Garching

Herbert Walther, geboren 1935 in Ludwigshafen am Rhein. Studium der Physik an der Universität Heidelberg; Promotion 1962. Habilitation 1968 an der Universität Hannover.
Gastaufenthalte Laboratoire Aimé Cotton, Orsay 1969 und Joint Institute for Laboratory Astrophysics in Boulder 1970. Professor Universität Bonn 1971; ordentlicher Professor Universität Köln 1971. Ab 1975 ordentlicher Professor an der Universität München und ab 1981 auch Direktor am Max-Planck-Institut für Quantenoptik in Garching. Unter anderem Mitglied der Bayerischen Akademie der Wissenschaften, der Leopoldina und der Academia Europaea. Korrespondierendes Mitglied der Heidelberger Akademie der Wissenschaften und der Nordrhein-Westfälischen Akademie der Wissenschaften. Ehrenmitglied der American Academy of Arts and Sciences und der Russischen Akademie der Wissenschaften und der Rumänischen Akademie der Wissenschaften. Zahlreiche internationale und deutsche Preise und Ehrungen. Arbeitsgebiete: Laser-Spektroskopie, Laser-Physik und Quantenoptik, dabei insbesondere die Untersuchung von Quantenphänomenen in der Strahlungs-Atom-Wechselwirkung. Autor bzw. Mitautor von etwa 500 Originalarbeiten, Herausgeber und Mitherausgeber von zehn Büchern.

Literatur

H. Walther, Phys. Bl. **12** (2000)
T. Walther, H. Walther, *Was ist Licht?* Beck Wissen, C. H. Beck Verlag (1999)
R. Loudon, *Quantum Theory of Light*, 3. Auflage, Oxford University Press (2000)
H. Paul, *Photonen*, Teubner Taschenbuch (1995)

Moleküldesign mit lernfähigen Femtosekunden-Lasern

Gustav Gerber

1   Gezähmte Chemie

Schon seit ihren Anfängen versucht die Wissenschaft der Chemie, eine unermessliche Vielfalt von Stoffen gezielt zu erzeugen. In neuerer Zeit hat die Physik viel zum Verständnis der elementaren Vorgänge beigetragen, die sich bei chemischen Reaktionen abspielen. Speziell die Entwicklung der Femtosekunden-zeitaufgelösten Laserspektroskopie hat an dieser Aufklärung großen Anteil, was durch die Verleihung des Chemie-Nobelpreises 1999 an Ahmed Zewail für seine bahnbrechenden Arbeiten auf diesem Gebiet der so genannten Femtochemie dokumentiert wird. Mithilfe unvorstellbar kurzer Lichtblitze der Dauer weniger Femtosekunden (millionstel von milliardstel Sekunden) kann man heutzutage die schnelle Bewegung von Atomen bei chemischen Reaktionen in Echtzeit verfolgen. Die Laserblitze werden ähnlich einem Stroboskop dazu benutzt, Momentanbilder der Molekülkonfiguration aufzunehmen. Durch entsprechende Aneinanderreihung dieser „Bilder" ergibt sich dann der zeitliche Ablauf wie in einem Trickfilm.

Da die ultrakurzen Laserpulse also die Atombewegungen zeitlich auflösen können, stellt sich die Frage, ob man nicht sogar über die Beobachtung hinausgehen kann, um steuernd in den Ablauf einzugreifen. Wäre es möglich, direkt am Molekül „mikroskopisch" Einfluss zu nehmen, um gezielt chemische Bindungen zu brechen oder zu erzeugen, käme dies einer Revolution in der synthetischen Chemie gleich. Denn die Methoden der konventionellen Chemie setzen bislang lediglich „makroskopische" Steuerparameter wie Temperatur, Druck, Konzentration usw. ein, um Reaktionen zu beschleunigen. Dabei ist es aber nicht möglich, den eigentlichen Reaktionsvorgang auf mikroskopischer Ebene zu verändern.

Im Folgenden wird eine Methode beschrieben, wie mithilfe speziell geformter Femtosekunden-Laserpulse der „chirurgische Schnitt" ins Molekül machbar wird, um den alten Traum der gezielten und effizienten Synthese chemischer Verbindungen unter gleichzeitiger Reduzierung unerwünschter und eventuell schädlicher Nebenprodukte zu verwirklichen.

2   Kohärente Kontrolle

Die Idee, chemische Reaktionen durch Laserlicht gezielt zu initiieren, tauchte bereits kurz nach Erfindung dieser neuen Lichtquelle vor 40 Jahren auf. Zum Verständnis kann man sich vorstellen, dass die einzelnen Atome in einem Molekül nicht starr, sondern elastisch miteinander verbunden sind, etwa wie durch Federn verknüpfte Kugeln. Jede dieser Federn hat nun eine bestimmte „Eigenfrequenz", mit der sie schwingt. Würde man nun das Laserlicht auf diese Frequenz abstimmen, so glaubte man, dann sollte durch die auftretende Resonanz gezielt diese Bindung zu brechen sein. Jedoch hat man bald festgestellt, dass durch die elastischen Kopplungen zu den anderen Atomen noch sehr viele weitere Bindungen zur Schwingung angeregt werden. Insgesamt verteilt sich die Energie sehr rasch auf alle Teile des Moleküls, und die Selektivität ist verloren.

Bei dieser Betrachtung wurde jedoch nicht beachtet, dass Moleküle Quantenobjekte sind. In einem Quantenobjekt ist es möglich, dass unterschiedliche Anregungsvorgänge, etwa durch zwei unterschiedliche Lichtwellenlängen verursacht, miteinander interferieren. Durch gezielte Wahl zweier Wellenlängen und deren zeitlichem Verhältnis (Phase) sollte es möglich sein, bestimmte Molekülschwingungen zu verstärken (konstruktive Interferenz) oder auszulöschen (destruktive Interferenz). Diese Methode der so genannten „kohärenten Kontrolle" wurde 1986 vorgeschlagen [1] und auch an kleinen Molekülen realisiert.

Allerdings ist die Methode für größere Moleküle so nicht einsetzbar. Da in einem großen Molekül viele Bindungen mit unterschiedlichen Resonanzfrequenzen auftreten, genügt es nicht, mit lediglich zwei verschiedenen Wellenlängen zu arbeiten. Die Lösung liegt in der geschickten Verwendung von Femtosekunden-Lasern. Aufgrund der Heisenberg'schen Unschärferelation ist mit einem kurzen Lichtblitz ein entsprechend breites Spektrum verknüpft. Es stehen also sehr viele Wellenlängen zur Verfügung, um das Molekül gezielt zu steuern. Allerdings steigt mit der Zahl der Wellenlängen auch die Zahl der Möglichkeiten, diese in Intensität und Zeitablauf anzuordnen. Es ergeben sich so viele Möglichkeiten, dass das Alter des Universums nicht ausreichen würde, alle durchzutesten. Eine Berechnung der optimalen Lichtblitz-Form ist aber bei großen Molekülen heutzutage noch nicht genau genug durchführbar. Den Ausweg schlug Herschel Rabitz im Jahre 1992 theoretisch vor [2]. Ein lernfähiges Verfahren sollte selbst ergründen, welche Lichtfelder geeignet sind, eine chemische Reaktion in die richtige Richtung zu lenken.

3   Revolution durch Evolution

Der von uns entwickelte experimentelle Aufbau zur steuerbaren Chemie ist in Abb. 1 gezeigt. Ausgangspunkt ist ein ungeformter Laserpuls von einigen Femtosekunden Dauer, wie er heute mit kommerziellen Lasersystemen erzeugt werden kann. Wie schon erwähnt besitzt ein kurzer Lichtblitz ein entsprechend breites Farbspektrum. Ein so genannter Pulsformer [3] (rechte Bildseite) trennt nun das Laserspektrum in seine einzelnen Farben und setzt es anschließend wieder zusammen. Dazwischen können jedoch durch Einsatz eines Flüssigkristalldisplays (Liquid Crystal Display, LCD) die relativen Farbanteile (Intensität) und deren zeitliche Anordnung (Phase) verändert werden. Dies überführt dann die ungeformten Laserpulse, bei denen alle spektralen Anteile zur selben Zeit auftreten, in entsprechend „geformte" Laserpulse, die zu unterschiedlichen Zeiten variabel einstellbare Anteile der verschiedenen Spektralfarben aufweisen.

Die so geformten Lichtblitze werden nun dazu benutzt, eine chemische Reaktion in einem Molekülstrahl der zu steuernden Ausgangssubstanz zu starten. Mithilfe eines Massenspektrometers wird gemessen, welche Produkte dabei mit welcher Ausbeute erzeugt wurden. Ein Computer verarbeitet diese Informationen und versucht verbesserte Lichtblitze zu errechnen, die dann wiederum vom Pulsformer erzeugt und im Experiment am Molekülstrahl getestet werden. Der Trick dieser Optimierung ist, dass sie auf einem selbstlernenden Verfahren beruht, das der biologischen Evolution nachempfunden ist [4]. Nach Darwins Prinzip „Survival of the Fittest" („Der Beste überlebt") werden Laserpulse, die das Optimierungsziel besonders gut erfüllen, ausgewählt und durch Kombination mit ähnlich erfolgreichen Mustern „fortgepflanzt". Einige der hierdurch erzeugten „Nachkommen" sind wiederum besser geeignet als ihre „Vorfahren", es wird ihnen aufgrund der direkten Rückkopplung aus dem Experiment eine höhere „Fitness" zugeordnet, und sie werden erneut zur Reproduktion ausgewählt. Wenn dieser Vorgang der Evolution für genügend viele Generationen durchschritten wird, steigt die durchschnittliche Fitness an, und es findet sich schließlich ein Laserpuls, der optimal dazu in der Lage ist, das Molekül genau nach den Wünschen des Anwenders umzuformen.

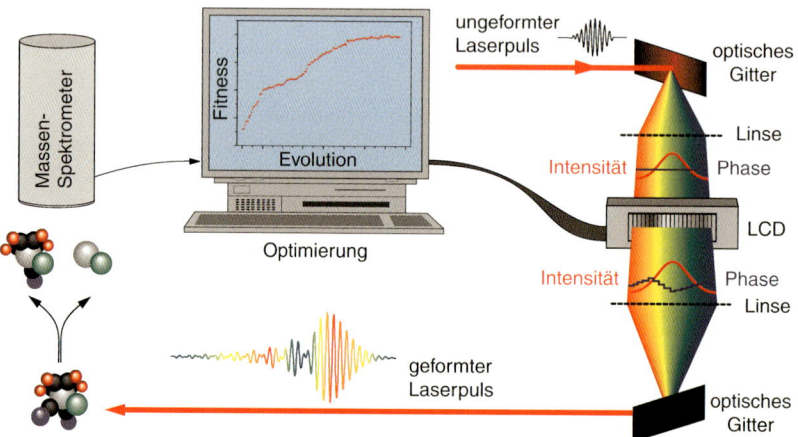

Abb. 1: Mithilfe eines sogenannten Pulsformers (rechte Bildseite) werden speziell geformte Laserpulse erzeugt (gezeigt ist ein Beispiel für eine komplexe Pulsstruktur), die in einem Molekülstrahl chemische Reaktionen auslösen. Ein Optimierungsverfahren nach dem Evolutionsprinzip verbessert diese Pulsformen so lange sukzessive, bis die chemische Reaktion genau nach Wunsch abläuft.

4   Ein lasergesteuertes Molekül

Als Beispiel beschreiben wir nun das erste Experiment [5], bei dem es gelungen ist, das Auseinanderbrechen eines komplexen Moleküls auf die beschriebene Art und Weise gezielt zu steuern (Abb. 2). Von den verschiedenen Bruchstücken, die aus dem dargestellten Molekül bei Bestrahlung mit ultrakurzen Laserpulsen entstehen können, haben wir zwei herausgegriffen. Eine der beiden Reaktionsmöglichkeiten sollte zur Abtrennung einer CO-Gruppe führen (oberer Pfeil), die andere Möglichkeit zu einem fast vollständigen Auseinanderbrechen, wobei lediglich die FeCl-Bindung überleben sollte (unterer Pfeil). Dem evolutionären Optimierungsverfahren wurde dann die Aufgabe gestellt, das Verhältnis dieser beiden Fragmente einmal zu maximieren und einmal zu minimieren.

Die Ergebnisse sind in dem Balkendiagramm auf der rechten Bildseite illustriert. Es gelang tatsächlich, das Verhältnis der relativen Ausbeuten zwischen etwa 5:1 und gleich viel (1:1) zu verändern. Der zeitliche Verlauf der optimalen Laserpulse, genauer gesagt, der Verlauf der elektrischen Felder, ist im unteren Teil gezeigt. Diese relativ kompliziert aussehenden Lichtschwingungen mit dem hier nicht direkt ersichtlichen Farbverlauf sind tatsächlich in der Lage, die chemische Reaktion in der gewünschten Art und Weise zu steuern, also das Produktverhältnis zu maximieren (grüne Kurve) oder zu minimieren (violette Kurve).

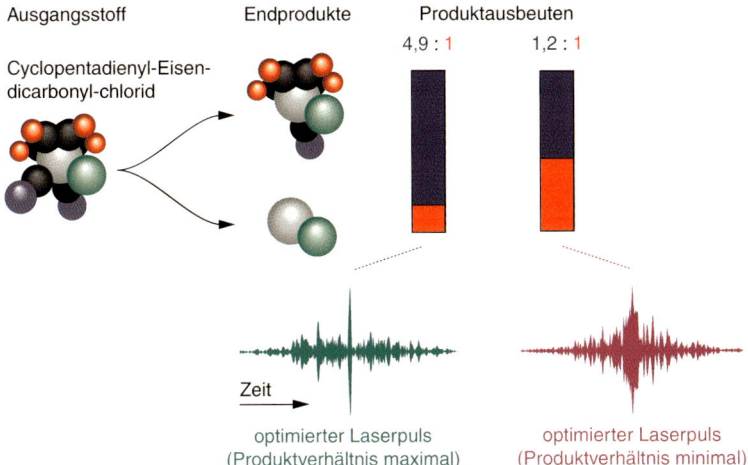

Abb. 2: Durch geeignet geformte Laserpulse (grün und violett gezeichnet) wird das Auseinanderbrechen eines komplexen Moleküls gezielt gesteuert, d.h. das Verhältnis der Produktausbeuten lässt sich über den mikroskopischen Eingriff in die chemische Reaktion sowohl maximieren als auch minimieren.

5   Interdisziplinäre Vielseitigkeit

Das Erstaunliche an der demonstrierten Methode ist, dass für eine erfolgreiche Durchführung keinerlei Vorwissen über die untersuchten Moleküle oder den Ablauf der chemischen Reaktion benötigt wird. Das Optimierungsverfahren nach dem Evolutionsprinzip ist selbstlernend und findet die optimalen Laserpulsformen völlig automatisch. Diese Technik ist daher auch für andere Problemstellungen einsetzbar. Überall dort, wo Femtosekunden-laserinduzierte Prozesse eine Rolle spielen, können Vorgänge in Chemie, Physik, Biologie, Medizin oder Mikro-Materialbearbeitung effizienter durchgeführt und flexibel gesteuert werden. Konkrete Beispiele sind die Mehrphotonen-Mikroskopie, bei der auf diese Weise erhebliche Kontraststeigerungen erzielt werden können [6], und die Anwendung speziell geformter ultrakurzer Laserpulse in der Telekommunikation [3] zur substantiellen Erhöhung von Datenübertragungsraten in Glasfasern.

Was den realen Einsatz in der synthetischen Chemie anbelangt, muss das Verfahren noch vom Molekülstrahl auf Flüssigkeiten übertragen werden, um größere Substanzmengen verarbeiten zu können. Hierzu ist es notwendig, anstatt des dort nicht mehr einsetzbaren Massenspektrometers ein anderes geeignetes Rückkopplungssignal, beispielsweise die optische Spektroskopie [7] oder moderne, nichtlineare Lasermethoden [8], zu verwenden. Es ist durchaus denkbar, dass auf diesem Weg die Herstellung pharmazeutischer Produkte in völlig neue Bahnen geleitet wird, da es dann möglich ist, „Designer-Moleküle" direkt und optimal mithilfe von selbstlernenden Femtosekundenlasern zu erzeugen.

Die technologischen Möglichkeiten zur Verwirklichung dieser Ziele sind gegeben, und die ersten Schritte auf einem sich rasant entwickelnden, neuen Forschungsgebiet sind getan. Deutschland nimmt hierbei eine weltweit führende Position ein; außerhalb unserer eigenen Gruppe wird auch noch an der Universität Jena, am Max-Planck-Institut für Quantenoptik in Garching und an der Freien Universität Berlin an diesem Themenkreis geforscht. Es hängt jetzt vom Maß personeller und finanzieller Investitionen ab, wie schnell der alte Traum einer auf molekularer Ebene gezielt steuerbaren Synthese chemischer Substanzen unter gleichzeitiger Verringerung unerwünschter Nebenprodukte tatsächlich Realität wird.

Der Autor

Gustav G. Gerber
Fakultät für Physik und Astronomie, Physikalisches Institut, Universität Würzburg

Gustav G. Gerber, geb. 1942, studierte 1964–70 an der FU Berlin und der Universität Freiburg Physik. 1974 Promotion an er Universität Freiburg. 1974–76 Forschungsaufenthalt am Dept. of Physics, University of California Santa Barbara , USA. 1976–82 Wissenschaftlicher Assistent an der Universität Freiburg. 1982 Habilitation im Fach Physik, Universität Freiburg. 1984–86 Vertretung einer Professur für Atom- und Molekülphysik an der Universität Freiburg. 1986–88 Vertretung einer Professur für Laserphysik / Technische Physik an der Universität Kaiserslautern. 1988 Ernennung zum Professor (apl.). 1990–91 Visiting Fellow am JILA und Dept. of Chemistry der University of Colorado in Boulder, USA. 1994 Berufung auf den Lehrstuhl für Experimentalphysik I der Universität Würzburg. 1994 R.W. Pohl-Preis der Deutschen Physikalischen Gesellschaft für „Femtosekunden-Spektroskopie der Dynamik von Molekülen und Clustern“. 1998 Visiting Miller Professor am Dept. of Chemistry der University of California at Berkeley. 2000 Philip-Morris-Forschungspreis für „Steuerung chemischer Reaktionen durch Femtosekunden Laserpulse“.

Literatur

[1] P. Brumer, M. Shapiro: *Control of unimolecular reactions using coherent light*, Chemical Physics Letters **126**, 541 (1986)
[2] R. S. Judson, H. Rabitz: *Teaching lasers to control molecules*, Physical Review Letters **68**, 1500 (1992)
[3] A. M. Weiner: *Femtosecond pulse shaping using spatial light modulators*, Review of Scientific Instruments **71**, 1929 (2000)

[4] T. Baumert, T. Brixner, V. Seyfried, M. Strehle, G. Gerber: *Femtosecond pulse shaping by an evolutionary algorithm with feedback*, Applied Physics B **68**, 281 (1997)

[5] A. Assion, T. Baumert, M. Bergt, T. Brixner, B. Kiefer, V. Seyfried, M. Strehle, G. Gerber: *Control of chemical reactions by feedback-optimized phase-shaped femtosecond laser pulses*, Science **282**, 919 (1998)

[6] D. Meshulach, Y. Silberberg: *Coherent quantum control of two-photon transitions by a femtosecond laser pulse*, Nature **396**, 239 (1999)

[7] C. J. Bardeen, V. V. Yakovlev, K. R. Wilson, S. D. Carpenter, P. M. Weber, W. S. Warren: *Feedback quantum control of molecular electronic population transfer*, Chemical Physics Letters **280**, 151 (1997)

[8] T. C. Weinacht, J. L. White, P. H. Bucksbaum: *Toward strong field mode-selective chemistry*, Journal of Physical Chemistry A **103**, 10166 (1999)

Stein der Weisen

Der Schatz im Quantensee: Metalle und Kristalle

Stefan Blügel

1 Prolog

Gold, Silber, Bronze lauten die Auszeichnungen für außergewöhnliche Leistungen bei den Olympischen Spielen. Die Kulturgeschichte des Menschen und die Kulturgeschichte des Goldes sind viele tausend Jahre alt und eng miteinander verwoben. Etwa 3000 vor Christus begannen die Ägypter, Gold aus der Erde zu gewinnen. Seitdem hat sich der Reiz des edlen Metalles mit seiner goldenen Farbe, seiner Schwere und Korrosionsbeständigkeit – begleitet von vielen Mythen – durch die Jahrtausende bewahrt. Noch im Mittelalter verschmolzen die Alchemisten mittels des „Steins der Weisen" die Wünsche nach Wohlstand und Weisheit: Die Verwandlung unedler Metalle in Gold und die Suche nach der Unsterblichkeit der Seele gingen Hand in Hand. Darüber lässt uns die heutige wissenschaftliche Erkenntnis eher schmunzeln. Aber trotz der vielen tausend Jahre des Umgangs mit Gold verstehen wir erst seit etwa 60 Jahren, warum eigentlich Gold seine schönen Eigenschaften und seine charakteristische Farbe hat. Die Ursache liegt in der Quantennatur der Elektronen begründet. Dazu spielt sogar noch die Relativitätstheorie von Albert Einstein bei den Materialeigenschaften dieses Edelmetalls eine wichtige Rolle. Ohne diese Relativitätstheorie würde Gold wie Silber aussehen, und hätte auch weitestgehend dessen Eigenschaften.

„Klack!" sagt der Einkaufszettel, wenn er mit einem Magneten an der Kühlschranktür befestigt wird. Nach Süden beziehungsweise Norden weist die Magnetnadel eines Kompasses, die sich im Erdmagnetfeld ausrichtet. Magnetismus, das ist heute ein physikalisches Alltagsphänomen. Er fasziniert uns dennoch immer wieder aufgrund der Fernwirkung, die wir als anziehende oder abstoßende Kraft erfahren, dem Material selbst aber nicht ansehen. Tatsächlich ist in China der Kompass als Südweiser (Tchi-Nan) seit dreitausend Jahren bekannt. Die Ursache des Magnetismus eröffnete sich uns aber erst im 20. Jahrhundert und liegt auch hier in der Quantennatur der Elektronen begründet. Allerdings müssen sehr viele Elektronen zusammenwirken, damit man den Magnetismus in der Alltagswelt als Kraft erfährt. Deshalb spricht man im Falle vom Magnetismus von einem makroskopischen Quantenphänomen.

In beiden Beispielen erklärt die Quantenphysik die physikalischen Phänomene. Weitere Beispiele lassen sich leicht anführen. Dazu gehören die Einteilung der Materialien in Metalle, Halbleiter und Isolatoren, oder die Vielfalt und Komplexität der festen Stoffe, die von einfachen Metallen über Nanofußbälle bis zu komplexen supraleitenden Verbindungen wie $YBa_2Cu_3O_{7-\delta}$ reicht. Unerwartete, vollkommen neue und bedeutende, aber in der Öffentlichkeit etwas weniger bekannte Beobachtungen sind hinzugekommen: der photoelektrische Effekt, der Tunneleffekt, der Transistoreffekt, der Josephsoneffekt, der gigantische und der kolossale Magnetowiderstandseffekt, der Festkörperlaser, der Metall–Isolator-Übergang, die Anderson-Lokalisierung, die Supraleitung, die Suprafluidität, Quasiteilchen wie Phononen oder Exzitonen, schwere Fermionen, der ganzzahlige und fraktionale Quanten-Hall-Effekt, um einige zu nennen. Viele dieser Entdeckungen haben direkt oder indirekt Anwendungen gefunden und unser Leben verändert. Am offensichtlichsten ist dies in der Informations- und

Kommunikationstechnologie, die uns den PC und das Handy beschert hat, und deren Herz ein Mikroprozessor auf einem Silizium-Chip ist. Dort verrichten auf der Fläche eines Daumennagels etwa 20 Millionen Halbleiterschalter (Transistoren) ihre Arbeit.

Neue Fragen stellen sich: Wie verändern sich die Eigenschaften eines Festkörpers, wenn dieser in einer Dimension zu einem Film mit einer Dicke von wenigen Atomlagen, in zwei Dimensionen zu einem atomaren Draht oder gar in drei Dimensionen zu einem Häufchen von wenigen Atomen, Atomcluster oder „Quantenpunkt" genannt, schrumpft? Was erhalten wir, wenn wir Filme atomarer Dicke unterschiedlicher Substanzen zu einem neuen, einem künstlichen Material zusammenfügen? Mit welchen Quanten-Effekten überrascht uns eine Lage von Atomen, aufgerollt zu einem Röhrchen von einem Durchmesser von wenigen 10^{-9} m?[1]

2   Die Quantenphysik

Die Quantenphysik ist Ursprung und Motor einer Revolution im physikalischen Denken, das die gesamte Naturwissenschaft erfasst hat. Sie hat unser Weltbild in den letzten hundert Jahren in vorher unvorstellbarer Weise erweitert, indem sie uns die Welt der ganz kleinen Dinge in einem Licht gezeigt hat, die mit unseren alltäglichen Vorstellungen überhaupt nicht in Übereinstimmung zu bringen ist [1, 2]. Ausgangspunkt dieser erkenntnistheoretischen Revolution war ein Akt der Verzweiflung, wie es Max Planck später selbst formulierte.

Max Planck versuchte zu erklären, wie die Farbe der Strahlung eines glühenden Gegenstandes, etwa einer Glühlampe, von der Temperatur dieses Objektes abhängt. Dabei machte er eine erstaunliche Feststellung, die von Albert Einstein weitergeführt wurde. Die Strahlung wird nicht als gleichmäßiger „Licht"-Strom abgegeben, sondern als einzelne EnergiePäckchen, den „Quanten". Die Energiemenge E eines Päckchens hängt dabei nur von der Farbe des Lichtes ab, also von seiner Frequenz ν (gesprochen: „Nü"), und zwar einfach proportional wie $E = h\nu$. So hat zum Beispiel ultraviolettes Licht (UV) eine höhere Frequenz als sichtbares oder infrarotes Licht. UV-Strahlung kann mit seiner hohen Energie chemische Reaktionen auslösen. Dies erklärt beispielsweise, warum der UV-Anteil der Strahlung im Sonnenlicht für unsere Haut gefährlich sein kann. Die von Planck erstmals empirisch eingeführte Hilfsgröße „h", nennt man das Planck'sche Wirkungsquantum. Sie ist eine Naturkonstante, die in unseren gewohnten, der alltäglichen Erfahrung entspringenden physikalischen Einheiten ausgedrückt extrem klein ist:

$$h = 6{,}625 \times 10^{-34} \text{ Js}$$

Vor der Entdeckung der Quanten-Eigenschaften beschrieb man Licht, wie Radiowellen, erfolgreich als (elektromagnetische) Wellen im Raum. Die Quantentheorie sagt nun, dass es sich beim Licht gleichzeitig auch um Teilchen handelt, um Lichtquanten, auch „Photonen" genannt. Aber umgekehrt zeigte sich in Experimenten, dass sich atomare Teilchen, zum Beispiel Elektronen, auch wie Wellen verhalten! Sie zeigen Eigenschaften der Brechung und Überlagerung, wie wir sie an Wasserwellen beobachten können. Die Wellenlänge λ (gesprochen: „Lambda"[2]) hängt wieder mit dem Planck'schen Wirkungsquantum h zusammen, und

---

[1] 10^{-9} m ist 0,000000001 oder ein milliardstel Meter.
[2] Lambda ist ein Buchstabe aus dem (alt-) griechischen Alphabet.

zwar wie $\lambda = h/p$. Hier ist p der Impuls, der für ein Teilchen auch als Produkt aus Masse m und Geschwindigkeit v definiert ist:

$p = mv$

Der Impuls kann wie die Energie nicht erzeugt oder vernichtet, sondern nur zwischen verschiedenen Objekten übertragen werden, stellt also eine sogenannte „Erhaltungsgröße" dar, und ist deshalb wie die Energie eine wichtige Größe zur Beschreibung der Bewegung.

Leider ist die Quantentheorie mit der Doppel-Natur von Teilchen und Wellen, dem Teilchen-Wellen-Dualismus, außerordentlich unanschaulich! Ihre drastischen Konsequenzen können wir daher hier nur skizzieren. Versuchen wir beispielsweise gleichzeitig den Aufenthaltsort x und die Geschwindigkeit v beziehungsweise den Impuls $p = mv$ eines Elektrons zu messen, so sagt uns die Heisenberg'sche Unschärferelation, dass eine gleichzeitige genaue Messung beider Größen unmöglich ist! Schreiben wir für die Ungenauigkeit der Ortsmessung Δx und für die Ungenauigkeit der Impulsmessung Δp, so liest sich die Unschärferelation wie

$\Delta x \, \Delta p \geq h/4\pi$

Das Produkt aus den beiden Unschärfen ist also nicht kleiner zu bekommen als der Wert des Planck'schen Wirkungsquantums geteilt durch 4π.[3] Je genauer man den Ort x eines Teilchens bestimmt, umso ungenauer wird die Messung seiner Geschwindigkeit ausfallen müssen, und umgekehrt. Ort und Geschwindigkeit eines Teilchens sind nicht gleichzeitig scharf definiert! Dies widerspricht ganz offensichtlich unserer durch die klassische Physik beschriebenen Alltagserfahrung.

Beim Übergang von der klassischen Physik zur Quantenmechanik sind nicht mehr alle systembeschreibenden Variablen beliebig genau bestimmbar, und als Konsequenz geht damit der strenge Determinismus der klassischen Physik und die Unterscheidbarkeit von identischen Teilchen verloren. Ganz allgemein macht die Quantenphysik nur statistische Aussagen über den möglichen Ausgang von Messungen. Die messbare Größe bleibt so lange unbestimmt, bis sie gemessen wird. Erst bei der Messung kommt ihr ein objektiver Wert zu. Hier taucht also auf atomarer Ebene ein Zufallselement auf. Über Jahrzehnte haben sich die Physiker den Kopf darüber zerbrochen, wie dies anschaulich zu interpretieren wäre. Nach gegenwärtiger Überzeugung müssen wir einfach akzeptieren, dass der Zufall untrennbar mit der Quantenwelt verbunden ist. Die Physik ist also keine philosophisch neutrale Wissenschaft, sie macht eigene, leider ziemlich unanschauliche Aussagen zu der Frage: „Was ist Realität?" Trotz dieser Merkwürdigkeiten ist die Quantentheorie, gerade auch wegen der vielen Zweifel und Zweifler, zu denen auch so berühmte Leute wie Einstein selbst gehörten, die am genauesten überprüfte naturwissenschaftliche Theorie.

3   Der Festkörper

Feste Stoffe – Festkörper [3] – bestehen meist aus einer regelmäßigen Anordnung von Atomen oder Molekülen, man spricht von einem Kristallgitter. Der Abstand zwischen den Atomkernen beträgt etwa 3×10^{-10} m, er ist durch die Elektronen-Hüllen der Atome bestimmt. Der Durchmesser der einzelnen Atomkerne beträgt dabei nur etwa 10^{-14} m. Feste wie flüssige

---

[3] π = 3,14159265...

Stoffe bestehen hauptsächlich aus leerem Raum. Typischerweise besteht der makroskopische Festkörper aus etwa 10^{23} Teilchen pro Kubikzentimeter. Sowohl die elektrisch negativ geladenen Elektronen als auch die positiv geladenen Atomkerne verspüren jeweils untereinander eine abstoßende Coulomb-Wechselwirkung[4]. Dagegen herrscht zwischen den Elektronen und Atomkernen eine anziehende Coulomb-Wechselwirkung.

Trotz dieser prinzipiellen Einfachheit gibt es 14 Kristallgitter, und die Atome und Moleküle können sich insgesamt auf 230 verschiedene Arten in diesen Gittern zu Kristallstrukturen zusammenfinden. Auf der anderen Seite gibt es auch Festkörper, deren Atome nur auf kurzen Längenskalen auf regelmäßige Weise angeordnet, auf großen Skalen aber ungeordnet sind. Dazu gehören zum Beispiel Gläser und amorphe Festkörper. Es gibt sogar hochgeordnete, nichtperiodische Kristalle, die Quasikristalle, deren Ordnung sich aus der Projektion hochdimensionaler[5], periodisch geordneter Strukturen ableiten lassen. Bei Mineralien wird gelegentlich die innere Symmetrie der Kristallstruktur auch auf die makroskopische Form übertragen: Den Bergkristall beziehungsweise Quarzkristall (SiO_2) findet man typischerweise als hexagonalen Kristall vor, den Fluorit (CaF_2-Kristall) dagegen in kubischer Form. Kristallstrukturen und Eigenschaften sind eng verknüpft.

Einige Elemente kristallisieren in sehr verschiedenen Kristallstrukturen. Diese führen dann zu sehr unterschiedlichen Eigenschaften, die sich in Farbe, Härte, oder chemischer Resistenz ausdrücken. Ein Beispiel ist Kohlenstoff. In der Bleistiftmine liegt er als Graphit vor. Er ist schwarz-grau, metallisch und weich. Kohlenstoff kristallisiert im Graphit als hexagonaler Schichtkristall. In der Schicht binden die Elektronen die Kohlenstoffatome sehr fest, zwischen den Schichten dagegen sehr locker. Diese lockeren Bindungen sorgen dafür, dass Graphit so weich ist. Im Diamanten bilden die Kohlenstoffatome dagegen kleine regelmäßige Tetraeder, die sich über sehr feste Elektronenbindungen zu einem Würfel zusammenfügen. Diamant ist das härteste Material, das wir kennen. Er ist durchsichtig, transparent, brillant und ein elektrischer Isolator. Sind Graphit und Diamant schon seit Tausenden von Jahren bekannt, kennen wir seit 1985 Kohlenstoff in einer weiteren Modifikation. Er kann auch als Nanofußball auftreten, beziehungsweise als C_{60}-Molekül, das auch Bucky-Ball oder Fulleren genannt wird. 60 Kohlenstoffatome bilden 12 Fünfecke und 20 Sechsecke. Diese Fußbälle wiederum lassen sich zu einem Würfel arrangieren, der beliebig oft als Ganzes zu einem Gitter fortgesetzt werden kann, wobei sich die Fußbälle an den acht Ecken des Würfels und im Zentrum der sechs Seitenflächen befinden (kubisch flächenzentrierter Kristall). Seine Farbe ist gelb und er ist ein Halbleiter.

Natürlich hat jeder Festkörper Oberflächen, deren Eigenschaften sehr maßgeblich die Wechselwirkung eines Festkörpers mit der externen Welt bestimmen. Jeder Festkörper hat aber auch strukturelle Defekte: Ein Atom fehlt oder ein Atomtyp der falschen Sorte wurde eingebaut. Defekte und Oberflächen brechen die Symmetrie des Kristallgitters und führen in vielen Fällen zu neuen Eigenschaften. Manche Defekte wissen wir zu schätzen, wird doch aus transparenter Tonerde (Al_2O_3)[6] durch Chromoxiddefekte ein Rubin von schöner tiefroter Farbe. Einige Oberflächen haben ganz andere atomare Strukturen als das zugrunde liegende Kristallgitter, sind chemisch sehr aktiv und erlauben den Einsatz als Katalysatoren oder chemische Sensoren im Bereich des Umweltschutzes. Andere Oberflächen dagegen sind sehr

---

[4] Zwischen physikalischen Objekten herrscht eine „Wechselwirkung", wenn sie aufeinander eine Kraft ausüben. Die „Coulomb-Wechselwirkung" ist eine Kraft, die elektrisch geladene Körper auf einander ausüben.
[5] Damit sind vier und mehr Dimensionen gemeint.
[6] Al: Aluminium, O: Sauerstoff. Al_2O_3 ist Aluminiumtrioxid.

passiv und zeigen keine Korrosion. Insgesamt ist die Oberflächenphysik heute ein sehr aktives Gebiet der Festkörperforschung.

4   Das Vielelektronenproblem

Trotz der einfachen Struktur eines kristallinen Festkörpers gibt es eine große Vielfalt an Eigenschaften der verschiedenen Substanzen. Ursache ist die Quantenphysik, verknüpft mit der Physik der großen Zahl von etwa 10^{23} Teilchen in einem Kubikzentimeter. Die Elektronen sind dabei der Kitt zwischen den Atomen des Kristallgitters, ihre Bindungs- und Bewegungseigenschaften sind für die meisten physikalisch-chemischen Eigenschaften fester Stoffe verantwortlich.

Schon seit dem Beginn der Quantenphysik haben Physiker und Chemiker versucht, Berechnungsmethoden für elektronische Eigenschaften zu entwickeln. Am Anfang standen einfachste Näherungslösungen wie das Modell nichtwechselwirkender Elektronen[7] im periodischen Kristallgitter. Dies führte zum Bändermodell [3]. Betrachten wir nun die Elektronen nach den Gesetzen der Quantenmechanik. Wir denken uns eine Anzahl N von Elektronen, die im Inneren eines endlichen Volumens, das ein Metall einnimmt, eingeschlossen sind. Der Einfachheit halber nehmen wir zunächst einen dünnen Draht der Länge L an. Außerdem ignorieren wir erst einmal jede Wechselwirkung der Elektronen mit den Atomkernen.

In der Welt des Kleinen verhalten sich die Elektronen zunächst nicht wie Teilchen sondern wie Wellen, analog einer schwingenden Gitarren-Saite, die an den Enden festgehalten ist. Schwingt die Saite als Ganzes so, dass sie in der Mitte die heftigste Bewegung ausführt, also einen Schwingungsbauch hat, so entspricht dies dem tiefsten möglichen Ton. Höhere Töne ergeben sich, wenn mehrere Schwingungsbäuche mit dazwischen liegenden unbewegten Knotenpunkten auftreten. Jeder Ton ist also durch die Anzahl n der Schwingungsknoten auf der Saite charakterisiert. Ein hoher Ton entspricht dabei einer kurzen Wellenlänge. Das Bild lässt sich sofort auf unsere Elektronenwellen übertragen, wir haben weiter oben schon den Zusammenhang der Quanten-Wellenlänge λ mit dem Impuls p erwähnt: $\lambda = h/p$. Eine große Anzahl von Wellenbäuchen oder Knoten entspricht also einem großen Impuls des Elektrons.

Als Folge der Ununterscheidbarkeit identischer Teilchen in der Quantenphysik teilt man die Teilchen in zwei Klassen ein. Elektronen gehören zur Klasse der Fermi-Teilchen, oder Fermionen, während die Photonen zur zweiten Gruppe der Bose-Teilchen, oder Bosonen gehören.[8] Die Fermionen unterliegen dem so genannten Pauli-Prinzip: Keine zwei Fermionen können sich im gleichen Quantenzustand befinden! Für die Elektronen-Quantenwelle heißt dies, dass keine zwei Elektronenwellen die gleiche Knotenzahl aufweisen. Damit müssen sich N Elektronen auf Wellen mit bis zu $n = N - 1$ Knoten verteilen, entsprechend einer kürzesten Wellenlänge von $\lambda_{min} = 2L/N$. Das Ergebnis hängt also nur vom Verhältnis L/N ab. Nehmen wir an, dass jedes Atom entlang unseres Drahts gerade ein Elektron für die metallische Leitung freigesetzt hätte, dann ist λ_{min} gerade der doppelte Atomabstand im Festkörper, also etwa 6×10^{-10} m! Über $\lambda = h/p$ lässt sich sofort der maximale Impuls ausrechnen, und über den klassischen Zusammenhang $E = (1/2m)\,p^2$ zwischen kinetischer Energie und Impuls kann man

---

[7] Damit ist gemeint, dass in diesem vereinfachten Modell die Coulomb-Abstoßung zwischen den negativ geladenen Elektronen nicht berücksichtigt ist.

[8] Die Fermi-Teilchen sind nach dem italienischen Physiker Enrico Fermi benannt, die Bose-Teilchen nach dem indischen Physiker Satyendra Nath Bose.

die höchste hierbei auftretende Energie, die sogenannte Fermi-Energie ausrechnen: $E_F = 4\,\text{eV}$. Wegen des Zusammenhangs von Wärme und Bewegung entspricht diese Fermi-Energie des Elektronensees einer Temperatur von etwa 50 000 Grad, und dies, obwohl der ganze Festkörper sich auf Raumtemperatur befindet! Die Elektronen in einem Festkörper füllen somit den ganzen Quantensee von möglichen Energien auf bis hin zu E_F, der Fermi-Energie.

Das Pauli-Prinzip hat eine weitere merkwürdige Konsequenz. Die N Elektronen, die eigentlich als im Metall frei beweglich sein müssten, sind von außen fast nicht zu beeinflussen. Wollten wir nämlich ein Elektron, welches sich in einem Quantenzustand tief unterhalb der Fermi-Energie E_F befindet, geringfügig beschleunigen, so würde es in einen Zustand kommen, der ja nach unserer obigen Argumentation schon durch ein anderes Elektron besetzt ist. Dies ist nach dem Pauli-Prinzip aber unmöglich! Folglich sind die einzigen Elektronen, die auf äußere Einflüsse reagieren können, diejenigen, welche sich ganz an der oberen Energiekante, an der „Oberfläche" dieses Fermi-Sees, befinden. Nur weil allein eine ganz dünne Schicht von Elektronen nahe der Fermi-Energie zu Eigenschaften wie der elektrischen oder thermischen Leitfähigkeit beiträgt, war es überhaupt möglich, die elektronischen Eigenschaften von Festkörpern mit einfachen Modellen zu beschreiben.

Der Unterschied zwischen einem Metall und einem Isolator erklärt sich demnach einfach wie folgt. Die periodische Anordnung der Atome im Kristallgitter führt mit den Quantenwellen der Elektronen zu Resonanzen, wenn die Wellenlänge ganzzahlige Vielfache der Atomabstände sind. Es bilden sich dort „Bandlücken" aus, das sind Bereiche verbotener Energien. Liegt die Fermi-Energie in so einer Bandlücke, dann haben wir einen Isolator, sonst ein Metall vor uns. Halbleiter sind Isolatoren, die fast metallisch sind. Die Einzelheiten sind dabei stark vom Material und der Gitterstruktur abhängig. Wir haben hier noch unterschlagen, dass Elektronen neben der elektrischen Ladung noch einen ebenfalls quantisierten Drehimpuls haben, den Spin. An diesen Spin gekoppelt ist auch noch ein magnetisches Moment. Der Festkörpermagnetismus zum Beispiel von Eisen erklärt sich erst aus dem Zusammenwirken all dieser Quanten-Mechanismen.

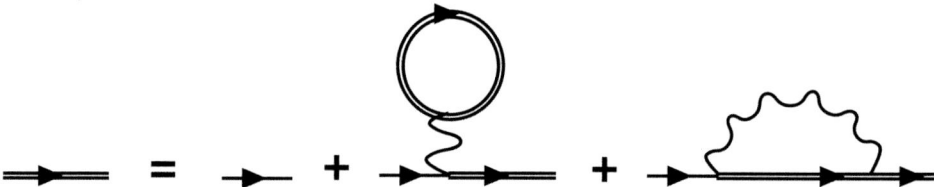

Abb. 1: Graphische Kunst als Mathematik: Feynman-Diagramme. Jede Linie entspricht einer mathematischen Variablen wie q, k, etc., jeder Knotenpunkt einer Funktion mehrerer solcher Variablen. Linien, die je zwei Knotenpunkte verbinden, sind als Integrale zu betrachten. Dargestellt ist hier eine Näherung nach Hartree und Fock: Links die Greensfunktion mit Wechselwirkung, rechts die Greensfunktion ohne Wechselwirkung plus zwei Wechselwirkungen.

In unserer obigen Betrachtung haben wir zunächst Wechselwirkungen zwischen den Elektronen nicht berücksichtigt. In den 1950er und 1960er-Jahren wurden aufwendige störungstheoretische Methoden [4] zur Behandlung der Wechselwirkung zwischen den Elektronen entwickelt, die zum Beispiel im Rahmen der von Bardeen, Cooper und Schriefer entwickelten und

nach ihnen benannten BCS-Theorie zum erfolgreichen Verständnis der Supraleitung führte. [9]
Da in einem wechselwirkenden System die Anzahl der möglichen Wechselwirkungsprozesse
rapide ansteigt, bedient man sich einer sehr effizienten, diagrammatischen Darstellung der
Störungsentwicklungen, den Feynman-Diagrammen (Abb. 1).

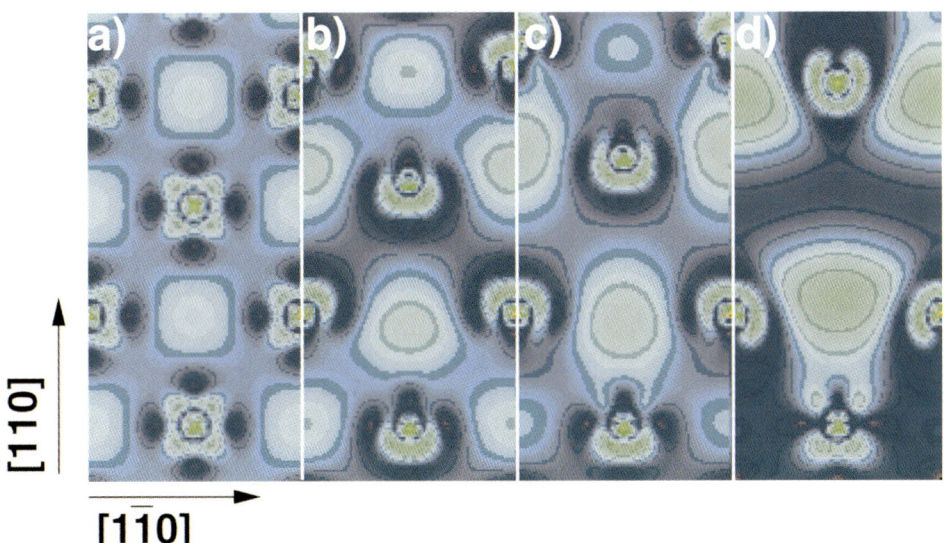

Abb. 2: Ein Wolframkristall wird gespalten. Dabei verändert sich die Elektronendichte, hier ist das für Elektronen in einem bestimmten Energieintervall dargestellt. Die Bilder zeigen die Entwicklung der Ladungsdichteverteilung vom Volumenzustand a) des ursprünglichen Kristalls zum bis Oberflächenzustand d) des gespaltenen Kristalls [8].

Seit Mitte der 1960er-Jahre zeichnen sich weitere interessante, erfolgversprechende Entwicklungen ab. Hohenberg und Kohn sowie Kohn und Sham präsentierten die Dichtefunktionaltheorie [5], nach der die Grundzustandseigenschaften[10] eines inhomogenen Elektronensystems bereits durch Kenntnis der räumlichen Elektronenverteilung (siehe Abb. 2), d.h. durch die elektronische Grundzustandsdichte $n(\mathbf{r})$ vollständig bestimmt sind. Kohn und Mitarbeiter zeigten, dass es nicht nötig ist, die Bewegung von $N = 10^{23}$ Teilchen zu betrachten. Stattdessen genügt die Kenntnis der mittleren Anzahl der Elektronen an jedem beliebigen Ort im Festkörper. Statt einer Wellenfunktion mit $3N$ Variablen ist nur eine Dichte mit 3 Variablen zu bestimmen. In den Kohn-Sham-Gleichungen wird die Grundzustandsdichte als zentrale Größe des Vielelektronenproblems durch die Wellenfunktion nichtwechselwirkender Teilchen bestimmt, welche sich in einem effektiven Potenzial bewegen. Die exakte Form des Potenzials ist nicht bekannt. Es existieren jedoch leistungsfähige Näherungen, die der Dichtefunktionaltheorie eine Vorhersagekraft mit enormer Genauigkeit verleihen (siehe Abb. 3).

---

[9] Bardeen, Cooper und Schrieffer erhielten dafür 1972 den Nobelpreis für Physik.
[10] Dazu zählen: Gitterkonstanten, Kristallstrukturen, Phononen, Kohäsionsenergien, Atomisierungsenergien, elastische Module, Leerstellenbildungsenergien, magnetische Momente, magnetische Strukturen, magnetische Anisotropien, Hyperfeinfelder, Oberflächenenergien, Austrittsarbeiten, Elektronendichten, Diffusionsbarrieren, Phononen, Molekulardynamik, Spindynamik usw.

Die Eigenschaften der Festkörper werden also aus den Prinzipien der Quantenmechanik berechnet, ohne zusätzliche Annahmen. Parallel entwickelte man leistungsfähige und effiziente numerische Verfahren zur Lösung der Dichtefunktionalgleichungen auf modernen Computern. Hand in Hand mit der rapide steigenden Leistungsfähigkeit moderner Workstations, Vektor- und massiv-paralleler Computer und der effizienten Formulierung des Vielelektronenproblems findet diese Methode ein Spektrum breiter Anwendungen. Diese Anwendungen liegen im Bereich der qualitativen und quantitativen Untersuchung statischer und dynamischer Größen realer, teilweise äußerst komplexer Moleküle, Oberflächen, Festkörper, und Materialien der festen und weichen Materie in Physik, Chemie, Materialwissenschaften und zunehmend auch den Lebenswissenschaften[11]. Gekrönt wurde diese Entwicklung 1998 mit der Verleihung des Nobelpreises für Chemie an W. Kohn und J. A. Pople.

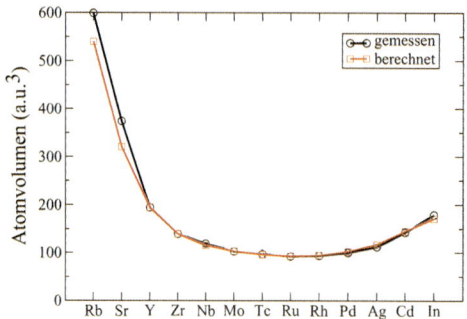

Abb. 3: Berechnete Volumina, die eine Reihe ausgewählter Metallatome im Festkörper einnehmen, in Einheiten der Bohr'schen Radien (atomare Einheiten, 1 a.u. = $0,529 \times 10^{-10}$ m) nach Moruzzi, Janak und Williams [9]. Die schwarze Kurve zeigt experimentelle Werte, die rote die berechneten.

5   Anwendung

Ein Gegenstand aktueller Forschung ist der Nanomagnetismus: die Untersuchung des Magnetismus von Festkörpern auf kleinsten Abmessungen. Eine technische Nutzanwendung liegt dabei in der weiteren Verbesserung der Speichermedien wie beispielsweise der Computer-Festplatten. Vielleicht gelingt es uns einmal, deren Speicherdichte so weit zu erhöhen, dass Informations-„Bits" zuverlässig auf einzelnen Atomen der Plattenoberfläche gespeichert werden. In Abb. 4 a) ist als Beispiel ein Film von Mangan-Atomen einer Schichtdicke von genau einer Atomlage gezeigt. Die magnetische Struktur solcher Filme wurde 1988 auf der Basis von Dichtefunktionalrechnungen als antiferromagnetisch[12] (Abb. 4a) vorhergesagt [6]. In der Summe ist das gesamte magnetische Moment null. Deshalb war es über mehr als 10 Jahre eine Herausforderung, die magnetische Struktur experimentell zu verifizieren. Dies ist vor kurzem durch Ausnutzung des auf dem quantenmechanischen Tunneleffekt basierenden Rastertunnelmikroskops gelungen [7]. Fährt man eine Metallspitze sehr nahe an die Probe, so kön-

---

[11] Nach dem englischen „Life Sciences" für Biowissenschaften.
[12] Das heißt, dass die magnetischen Momente benachbarter Atome in entgegengesetzten Richtungen zeigen.

nen Elektronen von der Spitze zur Probe und von der Probe zur Spitze durch die Vakuumbar-
riere tunneln. Legt man eine Spannung an, fließt ein gerichteter Strom, der exponentiell vom
Abstand zwischen Spitze und Probe abhängt. Führt (rastert) man die Spitze über die Probe
und regelt den Abstand der Spitze auf konstanten Tunnelstrom, so entsteht durch die Bewegung der Spitze ein topographisches Abbild der Probe. Dass man damit Atome sehen kann,
wird in Abb. 4 b) oben gezeigt. Dort wo die Bildpunkte hell sind, befindet sich ein Atom, in
Übereinstimmung mit den Ergebnissen der Dichtefunktionaltheorie. Benutzt man aber eine
magnetische Spitze so kann man auch die magnetische Struktur auf atomarer Skala bestimmen, denn der Tunnelstrom ist für die Atome mit unterschiedlicher Magnetisierung verschieden, siehe Abb. 4 b) unten. Die Interpretation dieses Streifenmusters verlangt die theoretische
Berechnung der elektronischen Struktur dieses recht komplizierten magnetischen Filmes.

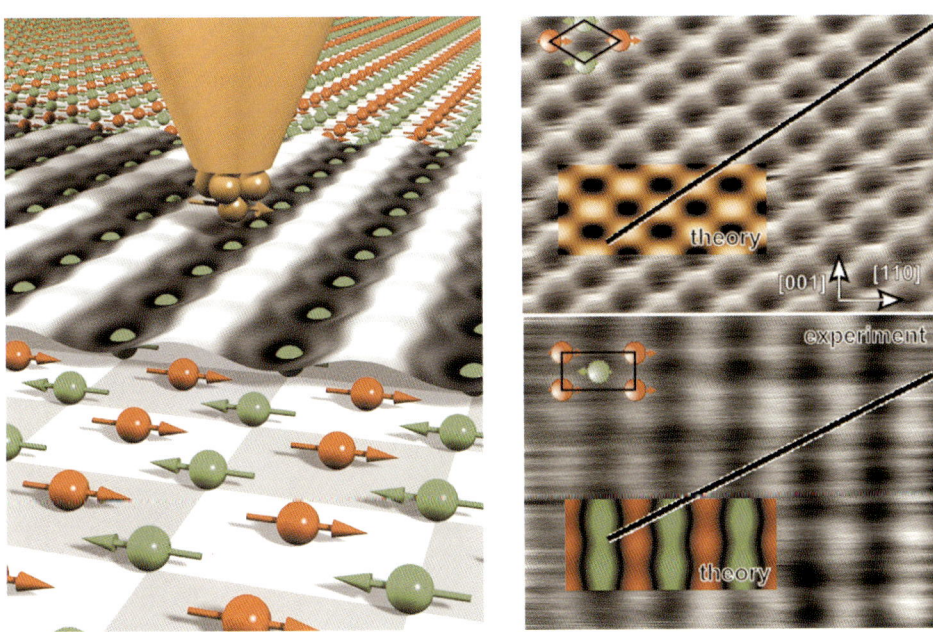

Abb. 4: a) Eine Atomlage von Mn-Atomen (rote und grüne Kugeln), die auf einer W(110)-Oberfläche[13] liegen.
Die Pfeile indizieren die magnetischen Momente an den Atomen. Zu sehen ist ebenso eine idealisierte, goldfar-
bene Metallspitze, deren atomare Struktur durch Kugeln angedeutet wird. Das „Wolkenmuster" zeigt die Bewe-
gung der Spitze über die Probe. b) Vergleich zwischen dem experimentellen und dem theoretisch berechneten
Messsignal (farblich unterlegt). Das obere (untere) Bild zeigt das Ergebnis mit unmagnetischer (magnetischer)
Spitze.

---

[13] W(110) heißt Wolfram(110). Durch ein regelmäßiges Kristallgitter, wie es z.B. Wolfram bildet, können unterschiedlich orientierte Ebenen gelegt werden. In einer solchen Ebene sind die Atome in einem für die Orientierung der Ebene typischen, regelmäßigen Muster angeordnet. Mit den Zahlen in Klammern beschreiben die Physiker die exakte Orientierung einer bestimmten Ebene im Kristallgitter.

6   Epilog

Die Lebensdauer eines wissenschaftlichen Gebietes ist oftmals kürzer als die Lebensspanne eines Wissenschaftlers. Die „Physik der vielen Elektronen" wird aber auch weiterhin ein sehr aktives Gebiet der Forschung bleiben. Sie wird eher noch an Bedeutung gewinnen, ist sie doch die Grundlage vieler bis dato unverstandener Phänomene, wie zum Beispiel der Hochtemperatursupraleitung. Die Physik vieler Elektronen verknüpft die Physik mit der Mathematik, der Chemie, der Biologie, sowie den Material-, Computer-, Informations- und Ingenieurwissenschaften. Sie bildet die Grundlage für das Verständnis komplexer Materialien, in denen viele Atome miteinander wechselwirken, und der Aufklärung von Effekten auf der Nanometerskala. Das Design neuer Quantenmaterialien Atom für Atom, oder durch selbstorganisiertes Wachstum, gesteuert durch wohlverstandene Mechanismen auf atomarer Skala, mit maßgeschneiderten neuartigen biologischen, chemischen, katalytischen, optischen, magnetischen oder Leitfähigkeitseigenschaften ist in greifbare Nähe gerückt. Es deutet vieles darauf hin, dass das detaillierte Verständnis der Quantenphysik vieler Elektronen im Zuge der Entwicklung elektronischer Bauelemente und Sensoren auf der Nanometerskala (10^{-9} m) eine Schlüsselrolle für die zukünftige Kommunikationstechnologie einnehmen wird.

Die Grenzen zwischen den verschiedenen Natur- und Ingenieurwissenschaften werden mit Sicherheit immer durchlässiger. Insbesondere im biologischen Bereich ist eine enge Verflechtung von Methoden und Konzepten aus unterschiedlichen Wissenschaftsbereichen im Gange. Die daraus folgenden soziologischen, kulturellen und wirtschaftlichen Implikationen im vor uns liegenden 21. Jahrhundert kann heute niemand überblicken. Vielleicht schafft die Quantenphysik der Elektronen letztlich auch Mittel für die Bewältigung der überall anfallenden gigantischen Datenmengen. Ich möchte die Leserin und den Leser herzlich ermuntern, auf der Suche nach weiteren Schätzen selbst in diesen Quantensee einzutauchen, und dieses spannende Wissenschaftsgebiet mit zu erschließen.

Der Autor

Stefan Blügel

Institut für Festkörperforschung, Forschungszentrum Jülich

Stefan Blügel, geboren 1957 in Neunkirchen (Saar), studierte Physik in Saarbrücken, Aachen, Jülich und Williamsburg. Promotion 1988. Danach Postdoktorand als Feodor-Lynen-Stipendiat der Alexander-von-Humboldt-Stiftung am Institute for Solid State Physics (ISSP) der Universität Tokyo. Seit 1990 Mitarbeiter am Forschungszentrum Jülich, mehrere Gastaufenthalte in den USA, Japan, Österreich, Schweden. Im Jahr 2000 Ruf auf eine Universitätsprofessur für Theoretische Physik an der Universität Osnabrück. Auf seinem Hauptarbeitsgebiet – Elektronentheorie realer Festkörper – veröffentlichte er mehr als 85 Artikel und Beiträge in wissenschaftlichen Zeitschriften und Sammelbänden und wurde mehr als dreißigmal zu internationalen Tagungen eingeladen. Für seine Arbeiten wurde er mehrmals ausgezeichnet.

Literatur

[1] F. Selleri, *Die Debatte um die Quantentheorie.* Vieweg, Braunschweig/Wiesbaden (1983)

[2] E. H. Wichmann, *Quantenphysik.* Vieweg, Braunschweig (1975)

[3] H. Ibach und H. Lüth, *Festkörperphysik.* Spinger, Berlin/ Heidelberg (1990)

[4] D. Pines, *The Many-Body Problem,* W.A. Benjamin, Reading (1962)

[5] W. Kohn, Rev. Mod. Phys. **71**, 59 (1999)

[6] S. Heinze, S. Blügel, R. Pascal, M. Bode, und R. Wiesendanger, Phys. Rev. **B 58**, 16432 (1998)

[7] V. L. Moruzzi, J. F. Janak und R. Williams, *Calculated Electronic Properties of Metals.* Pergamon Press, New York (1978)

[8] S. Blügel, M. Weinert, und P. H. Dederichs, Phys. Rev. Lett. **60**, 1077 (1988)

[9] S. Heinze, M. Bode, A. Kubetzka, O. Pietzsch, X. Nie, S. Blügel, und R. Wiesendanger, Science **288**, 1805 (2000)

Katalyse: Von der Alchimie zum atomaren Verständnis

Gerhard Ertl

Der „Stein der Weisen" ist bekanntlich ein Begriff aus der Alchimie des Mittelalters – eine Epoche, in welcher als Quelle naturwissenschaftlicher Theorienbildung philosophische und metaphysische Lehren vor dem Experiment den Vorrang genossen. Gemäß dem Prinzip „Forma educitur de potentia materiae" ging man davon aus, dass eine materielle Umwandlung (wie z.B. von Blei in Gold) durch Hinzufügen eines zusätzlichen Stoffes bewirkt werden könne, wobei bereits kleine Mengen dieses Zusatzes (der dabei nicht verbraucht wird) diesen Effekt bewerkstelligen. Nach unserem heutigen Verständnis handelt es sich dabei um einen Katalysator.[1]

Die wissenschaftliche Erfassung dieses Phänomens setzte allerdings erst im 19. Jahrhundert ein. Am 28. Juli 1823 berichtete der Chemie-Professor der Universität Jena Johann Wolfgang Döbereiner an seinen zuständigen Minister (der niemand geringerer als Goethe war) über eine Beobachtung, wonach „.... *das metallische Platin die höchst merkwürdige Eigenschaft hat, das Wasserstoffgas durch bloße Berührung zu bestimmen, daß es sich mit Sauerstoffgas zu Wasser bindet, wobei eine bis zum Erglühen des Platins gesteigerte Wärme erregt wird.* "

   In einer einfachen Abwandlung lässt sich dieser Effekt auch leicht als Demonstrationsversuch realisieren: Anstelle von Wasserstoff füllt man etwas Methanol in einen Erlenmeyerkolben, der kurz auf etwa 50 °C erwärmt wird, um einen genügend hohen Dampfdruck zu erzeugen. Hängt man nun an einem Bügel einen zu einer zylindrischen Spirale geformten dünnen Platindraht, so setzt dieser die Oxidation des Methanols in Gang und beginnt alsbald zu glühen.[2]

1   Erniedrigung der Reaktionsbarriere

Die Döbereiner´sche Entdeckung fand alsbald auch breite praktische Anwendung in Form des Döbereiner-Feuerzeugs und löste andererseits großes wissenschaftliches Interesse aus. Zur Klassifizierung dieser und zahlreicher ähnlicher Beobachtungen, die in der Folgezeit gemacht wurde, führte der schwedische Chemiker Berzelius 1835 den Begriff „Katalyse" ein, der während des restlichen 19. Jahrhunderts heftig umstritten blieb, bis vor etwa hundert Jahren Wilhelm Ostwald die auch heute noch gültige Definition vornahm: „*Ein Katalysator ist ein Stoff, der ohne im Endprodukt einer chemischen Reaktion zu erscheinen, die Geschwindigkeit die-*

---

[1] Ein anderes Kapitel dieses Buchs heißt „Ist der Stein der Weisen aus Silizium?". Silizium ist im Allgemeinen ein schlechter Katalysator, unter dem Aspekt der Katalyse ist also das Prädikat „Stein der Weisen" für dieses Element nicht angebracht.

[2] Bei richtiger Wahl der Geometrie erfolgen Erglühen und Verlöschen sogar in periodischem Abstand, sodass sich hieran auch das Phänomen der raum-zeitlichen Selbstorganisation aufzeigen lässt, wie es im Rahmen der nichtlinearen Dynamik theoretisch beschrieben wird.

ser Reaktion erhöht. " Diese beschleunigende Wirkung beruht auf der Fähigkeit des Katalysators, mit den an der Reaktion beteiligten Stoffen Zwischenverbindungen einzugehen, wodurch ein alternativer Ablauf der Bruttoreaktion mit insgesamt erhöhter Geschwindigkeit ermöglicht wird. Schematisch wird dieser Sachverhalt durch das Energiediagramm von Abb. 1 veranschaulicht: Selbst wenn bei einer Reaktion insgesamt der Energiebetrag ΔE freigesetzt wird, muss zunächst die Aktivierungsenergie E^* für die Spaltung bestehender Bindungen aufgebracht werden, und je größer E^* desto kleiner die Reaktionsgeschwindigkeit. In Anwesenheit eines Katalysators kann nun das Energiegebirge durch die Ausbildung von Zwischenverbindungen in durch eine gestrichelte Linie angedeuteter Weise deformiert und damit eine erhebliche Steigerung der Reaktionsrate bewirkt werden. Dieses Prinzip ist lebenswichtig: In biologischen Systemen erfüllen Enzyme diese Funktion. Die Prozesse der chemischen und erdölverarbeitenden Industrie beruhen auf Katalyse, und in der Umweltchemie entfernen Katalysatoren Schadstoffe.

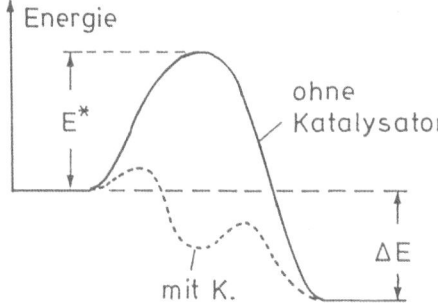

Abb. 1: Energiediagramm zur prinzipiellen Wirkungsweise eines Katalysators.

Befinden sich Katalysator und reagierende Teilchen im gleichen Aggregatzustand (zum Beispiel flüssig), dann spricht man von homogener Katalyse. Technisch bedeutsamer ist allerdings die heterogene Katalyse, deren Prinzip anhand von Abb. 2 erläutert wird: Der Katalysator ist ein Festkörper, der an seiner Oberfläche mit den aus der angrenzenden flüssigen oder gasförmigen Phase auftreffenden reagierenden Molekülen in Wechselwirkung tritt.

Die Reaktion läuft häufig in einem mit dem Katalysator gefüllten Rohr ab, durch das die an der Reaktion beteiligten Stoffe (die Reaktanden) strömen, welche dabei teilweise in die gewünschten Produktmoleküle umgesetzt werden. Die Atome in der Oberfläche des Katalysators sind zur Ausbildung chemischer Bindungen (Chemisorption) mit auftreffenden Molekülen befähigt, wobei in letzteren auch bestehende Bindungen aufgebrochen werden können (dissoziative Chemisorption). Die an die Oberfläche gebundenen Teilchen sind dort beweglich und können nun ihrerseits Bindungen zu anderen Teilchen ausbilden und damit neue Moleküle erzeugen, die dann als Reaktionsprodukte die Oberfläche verlassen (desorbieren). Die detaillierte Erfassung dieser Einzelschritte stößt zunächst auf grundsätzliche Schwierigkeiten: Die Untersuchungsobjekte liegen lediglich in zweidimensionaler Phase vor, sodass die meisten der sonst üblichen experimentellen Methoden versagen und erst durch dafür geeignete leistungsfähige Techniken ersetzt werden mussten. Zum anderen sind die Oberflächen „realer" Katalysatoren sehr inhomogene Systeme: Da deren Effizienz proportional zur Gesamt-Oberfläche ansteigt (falls keine Begrenzung durch Diffusion oder andere Transportvorgänge vorliegt), verwendet man üblicherweise feinverteiltes Material, häufig auf einem inerten Träger, dessen Aktivität in vielen Fällen durch den Zusatz weiterer Stoffe (so genannter Promotoren) noch erhöht wird.

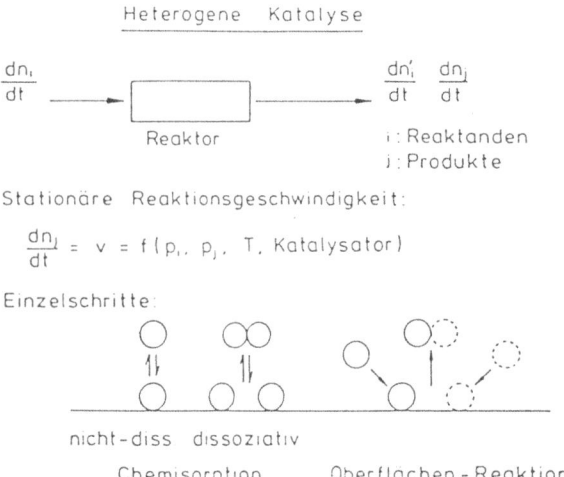

Abb. 2: Prinzip der heterogenen Katalyse an Festkörper-Oberflächen.

Einen der frühesten und auch heute noch wichtigsten großtechnischen katalytischen Prozesse stellt die Synthese von Ammoniak[3] aus den Elementen dar: $N_2 + 3H_2 \rightarrow 2NH_3$. Diese Reaktion wurde von Fritz Haber 1909 im Labor realisiert, und bereits 5 Jahre später, im Wesentlichen aufgrund der Entwicklungsarbeiten von Carl Bosch und Alwin Mittasch, begann bei der BASF in Ludwigshafen die industrielle Produktion. Derzeit werden jährlich weltweit etwa 150 Millionen Tonnen Ammoniak nach diesem Verfahren erzeugt, das dann größtenteils zu Düngemitteln weiterverarbeitet wird. Mittasch hatte den dafür geeigneten Katalysator in vielen tausend Einzelversuchen gefunden. Dieser besteht im Wesentlichen aus Eisen mit geringen Zusätzen von Aluminium, Kalium und Calcium als Promotoren. Trotz der großen Komplexität dieses Systems versteht man heutzutage im Wesentlichen dessen Einzelschritte im Detail, wozu die Anwendung moderner oberflächenphysikalischer Methoden einen nicht unerheblichen Beitrag geleistet hat [1].

2   Abgas im Auspuff

Die mit dieser Strategie zu erhaltende Information soll im Folgenden an einem einfachen Beispiel, der im Autoabgas-Katalysator ablaufenden Oxidation von Kohlenmonoxid zu Kohlendioxid $2CO + O_2 \rightarrow 2CO_2$, illustriert werden.[4] Wie in Abb. 3 schematisch dargestellt, durchströmen die Abgase einen Konverter, der mit einer keramischen Wabenstruktur gefüllt ist, die mit kleinen Partikeln des Katalysatormaterials aus Platinmetallen bedeckt ist. Die Oberflächen dieser Partikel werden aus einzelnen Kristallebenen gebildet, und daher bietet sich ein Studi-

---

[3] N steht für Stickstoff, H für Wasserstoff.
[4] C ist Kohlenstoff, O Sauerstoff. CO ist Kohlenmonoxid und CO_2 Kohlendioxid.

um der Elementarschritte mit entsprechend präparierten ausgedehnten Einkristall-Oberflächen an. Im vorliegenden Fall wird CO über das C-Atom an die Oberfläche gebunden, während O_2 aufspaltet (dissoziiert) und zu chemisorbierten O-Atomen führt. Diese adsorbierten Teilchen können sich auf der Oberfläche bewegen. Auf diese Weise kann aus der Kollision von adsorbiertem CO mit O ein CO_2-Molekül entstehen, das sofort desorbiert, wodurch die Plätze auf der Oberfläche erneut für die Adsorption von Reaktanden verfügbar werden.

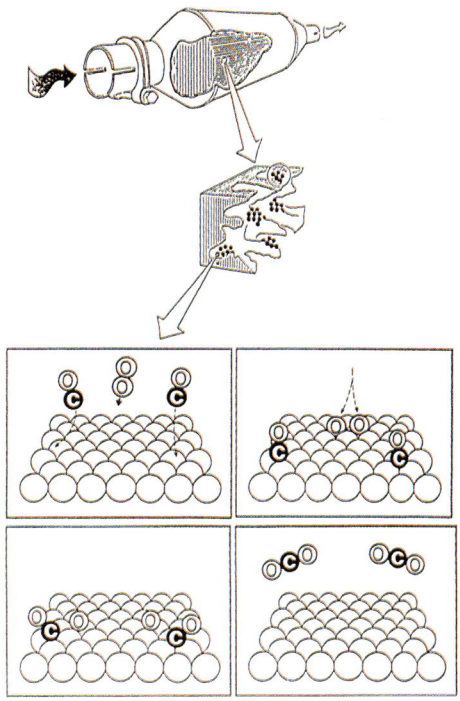

Abb. 3: Zur Wirkungsweise des Autoabgas-Katalysators bei der Oxidation von CO zu CO_2.

Bei tieferen Temperaturen sind die Bewegungen der adsorbierten Teilchen eingeschränkt, sodass diese mithilfe des Rastertunnel-Mikroskops (Scanning Tunneling Microscope, STM) direkt abgebildet werden können. So zeigt Abb. 4 die Aufnahme einer Pt(111)-Oberfläche[5] bei 165 Kelvin (K) mit atomarer Auflösung, auf der 4 O_2-Moleküle dissoziativ chemisorbiert wurden und nun als unbewegliche Paare von O_{ad}-Atomen vorliegen [2]. Bei Erhöhung der Temperatur beginnen diese Teilchen auf benachbarte Plätze zu hüpfen, und bei Raumtemperatur beträgt die mittlere Aufenthaltsdauer auf einem Adsorptionsplatz nur noch etwa 0,1 Sekunden (s).

Zwar stellt das STM üblicherweise eine relativ langsame Technik dar. Die Aufnahmerate konnte aber mittlerweile bis auf 20 Bilder pro Sekunde gesteigert werden, sodass in einem Echtzeit-Videofilm die Brown`sche Bewegung der chemisorbierten O-Atome direkt sichtbar gemacht und bezüglich der atomaren Dynamik analysiert werden kann.

---

[5] Die Zahlen in runden Klammern bezeichnen die Orientierung einer bestimmten Ebene oder Oberfläche gegen die Hauptachsen eines Kristalls, der hier aus Platin (Pt) besteht.

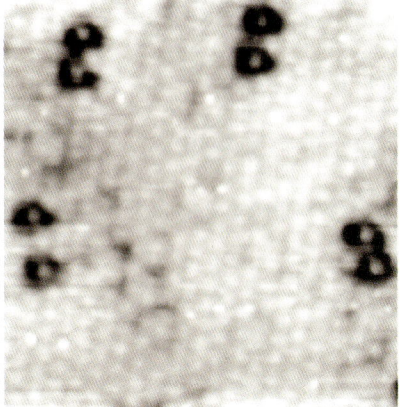

Abb. 4: Rastertunnelmikroskopische Aufnahme einer Pt(111)-Oberfläche bei 165 K nach dissoziativer Adsorption von 4 O_2-Molekülen. Bildgröße 5 × 5 nm^2.

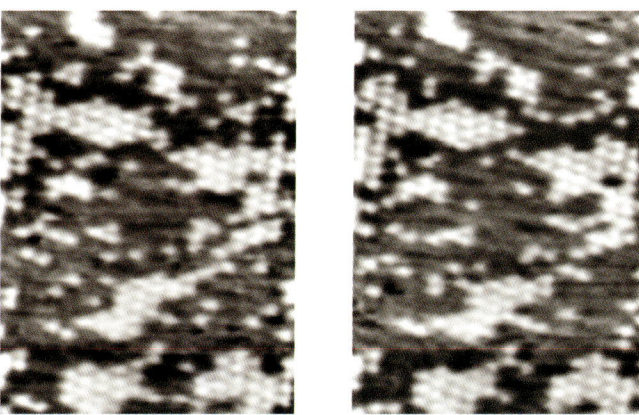

Abb. 5: Zwei im Abstand von 0,17 Sekunden aufgenommene STM-Bilder einer teilweise mit adsorbierten O-Atomen bedeckten Ru(0001)-Oberfläche.

Der dunkle Hof um die einzelnen O_{ad}-Atome in Abb. 4 reflektiert die Tatsache, dass durch die Chemisorptionsbindung die unmittelbare Nachbarschaft des Adsorptionsplatzes elektronisch verändert wird. Dieser Effekt führt hinwiederum dazu, dass zwischen adsorbierten Teilchen häufig Wechselwirkungen bestehen, die bei höheren Konzentrationen (=„Bedeckungsgraden") Anlass zur Ausbildung geordneter Phasen geben. Dies wird aus dem in Abb. 5 gezeigten Beispiel deutlich, wo zwei in einem zeitlichen Abstand von 0,17 Sekunden von einer O-bedeckten Ru(0001)-Oberfläche[6] aufgenommene STM-„Schnappschüsse" bei Raumtemperatur reproduziert sind [3]. Die Ausbildung derartiger geordneter Phasen erfolgt sehr häufig und ermöglicht durch Anwendung geeigneter Beugungsmethoden eine detaillierte Strukturanalyse, ähnlich wie dies für dreidimensionale Kristalle mittels Interferenz von Röntgenstrahlen geschieht.

---

[6] Ru ist Ruthenium.

3   Strukturbildung

Das Ergebnis derartiger Strukturbestimmungen mittels Beugung langsamer Elektronen (Low Energy Electron Diffraction, LEED) an einer Rh(111)-Oberfläche[7] in verschiedenen für unsere Reaktion relevanten Zuständen ist in Abb. 6 wiedergegeben [4]:

a) CO wird jeweils über *einem* Metallatom adsorbiert und bildet eine ziemlich dichte Packung, die bei dieser Bedeckung die zusätzliche dissoziative Chemisorption von Sauerstoff verhindert. In einem CO + O_2-Gemisch muss daher die Temperatur hoch genug sein, damit ständig wieder ein Teil des CO desorbiert, um auch Chemisorption von O_2 zu ermöglichen. Als Folge davon ist der Autoabgas-Katalysator beim Kaltstart unwirksam.

b) Die adsorbierten O-Atome bevorzugen dreifach koordinierte Plätze und bilden eine relativ offene Konfiguration. Die Ausbildung der Chemisorptionsbindung bewirkt dabei auch kleine Verrückungen der Oberflächenatome – ein Effekt, der bei anderen Systemen sogar zur völligen Umstrukturierung der Oberfläche („Rekonstruktion") führen kann und häufig auch bei der „realen" Katalyse auftritt.

c) Die offene O-Phase ermöglicht durchaus die zusätzliche Aufnahme von CO-Molekülen. Dadurch entsteht eine Mischphase, in der sich adsorbierte O-Atome und CO-Moleküle in unmittelbarer Nachbarschaft befinden. Aus einer derartigen Konfiguration heraus kann dann nach Überwinden einer mäßigen Aktivierungsbarriere durch Rekombination CO_2 gebildet werden, welches nur sehr schwach mit der Oberfläche wechselwirkt und somit praktisch sofort in die Gasphase übertritt. Bei 200 °C (einer typischen Betriebstemperatur des Autoabgaskatalysators) spielt sich dieser Elementarschritt auf einer Zeitskala von etwa einer Zehntausendstel Sekunde ab.

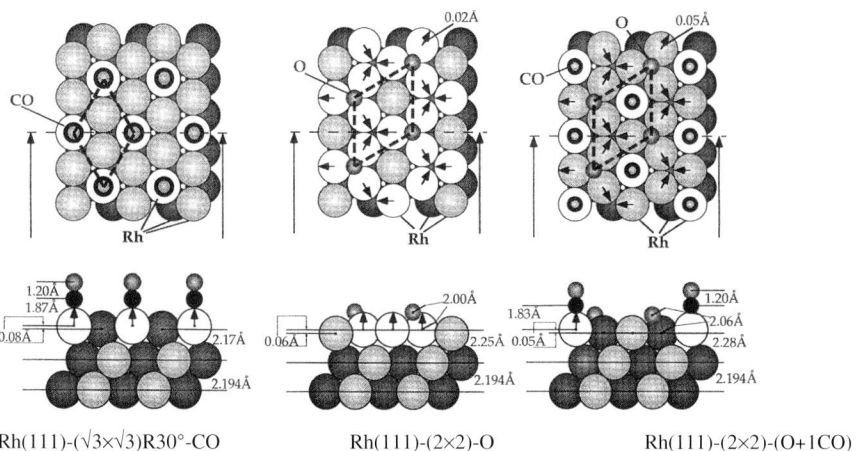

Rh(111)-($\sqrt{3} \times \sqrt{3}$)R30°-CO   Rh(111)-(2×2)-O   Rh(111)-(2×2)-(O+1CO)

Abb. 6: Strukturmodelle geordneter Adsorptionsphasen auf einer Rh(111)-Oberfläche.

Bei kontinuierlichem Fluss von O_2 und CO über den Katalysator werden sich stationäre Bedeckungsgrade der beiden Oberflächenspezies einstellen, deren Wechselwirkung zu einer bestimmten Reaktionsgeschwindigkeit führen wird. Sie werden im Einzelnen von den Partialdrücken, der Temperatur und der Art des Katalysators bestimmt. Diese Parameter lassen sich

[7] Rh ist Rhodium.

im Detail ermitteln und bilden dann die Basis für die Modellierung der Kinetik, wie dies zuvor bei der Ammoniaksynthese aufgezeigt worden war.

4   Chaotische Zustände

Bei Konstanthalten der äußeren Parameter erwartet man auch eine zeitlich unveränderte Reaktionsgeschwindigkeit (sofern sich der Zustand des Katalysators nicht ändert). Das ist auch in der Regel der Fall und Voraussetzung für die verfahrenstechnische Konzeption einer Anlage. Allerdings gibt es Fälle (und dazu zählt auch unsere CO-Oxidation), wo für bestimmte Bedingungen die Reaktionsgeschwindigkeit zeitlich periodisch oszilliert oder sogar chaotisch werden kann. Auch verteilen sich dann die chemisorbierten Teilchen nicht gleichmäßig auf der Oberfläche, sondern können Konzentrationsmuster auf mesoskopischer Längenskala (d.h. im μm-Bereich) bilden, die sich wellenartig ausbreiten [5]. Diese Phänomene sind auf die nichtlineare mathematische Struktur der zur theoretischen Beschreibung dienenden Gleichungen zurückzuführen und bilden einen Teil der nichtlinearen Dynamik, eines der derzeit aktuellsten und interessantesten Forschungsgebiete mit weitgefächerten Anwendungen von der Biologie über Chemie und Physik bis zur Verfahrenstechnik und Soziologie.

Abb. 7: Mit dem Photoemissions-Elektronenmikroskop (Photo-Emission Electron Microscope, PEEM) während der CO-Oxidation an einer Pt(110)-Oberfläche aufgenommenes, rasch veränderliches Konzentrationsmuster, das den Zustand von „chemischer Turbulenz" charakterisiert. Bildgröße etwa $0,3 \times 0,1$ mm^2.

Katalytische Reaktionen auf Einkristall-Oberflächen bieten sich für das Studium der dabei auftretenden vielfältigen Effekte als besonders übersichtliche zweidimensionale Modellsysteme an. Als Beispiel zeigt Abb. 7 ein während der CO-Oxidation auf einer Pt(110)-Oberfläche unter bestimmten Bedingungen auftretendes, rasch sich veränderndes Konzentrationsmuster, welches eine Situation charakterisiert, die als „chemische Turbulenz" bezeichnet wird [6]. Hierzu wurde eine speziell entwickelte Methode (die Photoemissions-Elektronenmikroskopie) eingesetzt, die vorwiegend mit absorbierten O-Atomen bedeckte Bereiche dunkel und solche mit CO-Bedeckung hell erscheinen lässt.

In unserer Diskussion waren zahlreiche weitere Aspekte außer Acht geblieben, wie z.B. der Einfluss der Oberflächenstruktur, wo Defekte die Rolle „aktiver" Zentren übernehmen können, sowie Veränderung der Aktivität eines Katalysators durch die Anwesenheit kleiner Konzentrationen von „Giften" oder „Promotoren", oder seine Umstrukturierung durch die Reaktion selbst – ganz zu schweigen davon, dass „reale" Katalysatoren in der Regel aus mehreren Elementen bestehen. All diese Faktoren sorgen dafür, dass die praktische Katalyseforschung häufig noch etwas den Anstrich einer „schwarzen Kunst" aufweist, bei der nach dem Stein der Weisen gesucht wird. Die stürmische Entwicklung der Oberflächenphysik trägt aber andererseits dazu bei, dass wir mehr und mehr von den zugrunde liegenden Mechanismen verstehen.

Der Autor

Gerhard Ertl
Fritz-Haber-Institut der Max-Planck-Gesellschaft, Berlin

Gerhard Ertl wurde 1936 in Stuttgart geboren. Physikstudium an der TH Stuttgart, der Universität Paris und Universität München, 1961 Diplom an der Universität München. 1965 Dissertation in München, 1967 dort Habilitation. 1968–73 ordentlicher Professor und Direktor am Institut für Physikalische Chemie an der TU Hannover. 1973–86 ordentlicher Professor und Direktor am Institut für Physikalische Chemie der Universität München. 1976/77 Gastprofessor am Dept. of Chemical Engineering, California Institute of Technology, Pasadena, CA, USA. 1979 Gastprofessor am Dept. of Physics, University of Wisconsin, Milwaukee, Wisconsin, USA. 1981–82 Gastprofessor am Dept. of Chemistry, University of California, Berkeley, California, USA. Seit 1986 Direktor am Fritz-Haber-Institut der Max-Planck-Gesellschaft, Berlin, außerdem Honorarprofessor an der TU Berlin und FU Berlin. Seit 1996 Honorarprofessor an der Humboldt-Universität zu Berlin. Seit 1995 Vizepräsident der Deutschen Forschungsgemeinschaft (DFG). Mitherausgeber bzw. Mitglied des Editorial Boards mehrerer internationaler Fachzeitschriften, Mitglied mehrerer wissenschaftlicher Akademien und Gesellschaften. Zahlreiche deutsche und internationale Preise und Ehrungen, darunter 1991 der Leibniz-Preis der DFG und 1992 das Große Bundesverdienstkreuz.

Literatur

[1] R. Schlögl, in *Handbook of Heterogeneous Catalysis*, Kap. B 2.1 (Hrsg. G. Ertl, H. Knö-
     zinger, J. Weitkamp), Wiley-VCH Weinheim (1997)

[2] J. Wintterlin, R. Schuster, G. Ertl: Phys. Rev. Lett. **77**, 123 (1996)

[3] J. Wintterlin, J. Trost, S. Renisch, R. Schuster, T. Zambelli u. G. Ertl: Surface Sci. **394**,
     159 (1997)

[4] S. Schwegmann, H. Over, V. De Renzi u. G. Ertl: Surface Sci. **375**, 91 (1997)

[5] G. Ertl: Science **254**, 1750 (1991)

[6] S. Jakubith, H. H. Rotermund, W. Engel, A. von Oertzen, G. Ertl: Phys. Rev. Lett. **65**,
     3013 (1990)

Ist der Stein der Weisen aus Silizium?

Helmut Föll

1 Einleitung

Im Jahr der Physik wurde gefragt: „Was ist nun der Stein der Weisen? Die Alchemisten suchten nach ihm als einem Element, das unedles Metall in Gold verwandeln könnte. Schließlich sollte der Stein der Weisen Probleme aller Art lösen, zum Beispiel Schönheit und Gesundheit schenken."

Ist es eigentlich weise, so etwas haben zu wollen? Gold (also Geld) ist ja gut zu haben, aber im Grunde für sich genommen ziemlich nutzlos. Für Jahrtausende war Stahl das wichtigste Material, nicht Gold. „Magische" Schwerter (aus Stahl) waren beispielsweise sehr viel wichtiger und prestigeträchtiger als Gold. Wenn man schon einen Wunsch frei hat, ist Gold zu wünschen eher töricht als weise.

Aber wir können relativ sicher sein, dass der Wunsch nach Gold auch nur die vorgeschobene Sichtweise war. Schon damals mussten die Alchemisten die Nützlichkeit ihrer Forschung betonen und in Geld (also Gold) ausdrücken. Die richtigen Alchemisten waren zwar keine Physiker, aber immerhin eine Art Chemiker und nicht so naiv wie die Betriebswirte und Politiker; sie haben sicherlich Gold nicht als das Maß aller Dinge betrachtet. Gold und Silber waren Symbole für Vollkommenheit, für die vollständig gereiften Produkte eines Universalstoffs, Azoth genannt; die anderen Metalle galten als unreife Form des gleichen Stoffs.

Den Alchemisten war bekannt, dass man Materialien ineinander umwandeln konnte – aus Steinen und Kohle konnte man Eisen oder Kupfer machen. Und selbst die Eigenschaften eines Stücks Eisen ließen sich stark ändern: Weiches Schmiedeeisen, harter und elastischer Stahl, sprödes Gusseisen – alles war vom gleichen Samen, aber doch mit sehr unterschiedlichem Vollkommenheitsgrad. Die eigentlich Frage war: Wie kann man die Materialien selbst oder zumindest ihre Eigenschaften ändern? Wie weit kann man gehen? Aus Kohle und Steinen kann man Eisen machen, daraus Stahl, daraus ein Schwert oder eine Pflugschar. Warum sollte man nicht auch Gold aus etwas Anderem machen können?

Umwandlungen waren nicht nur möglich, sie führten zu neuen, *technischen* Materialien, Dinge, die es in der Natur nicht gibt – „unnatürliche" Dinge – aber erstaunlicherweise nie zu Gold, das es in der Natur direkt gibt. Vielleicht gibt es noch mehr solche Dinge, eine legitime Frage – aber Suchen und Probieren blieb relativ erfolglos: Es braucht einen Stein der Weisen, d.h. etwas Magisches – falls man die Physik nicht kennt. Magie aber funktioniert nicht; Physik schon.

Letztlich ging es also um die Geheimnisse der Natur und der Materie. Wenn man sie ergründet wird man nicht nur reich, sondern darüber hinaus sollten auch noch Dinge möglich sein – Innovationen nennt man das heute – die mit noch so viel Geld nicht käuflich waren – insbesondere Gesundheit. Dies erklärt den zweiten Mythos um den Stein der Weisen: die Heilwirkung gegenüber allen Krankheiten; ein Mythos, der direkt zu erkennen gibt, dass man sich des begrenzten Werts von Gold durchaus bewusst war.

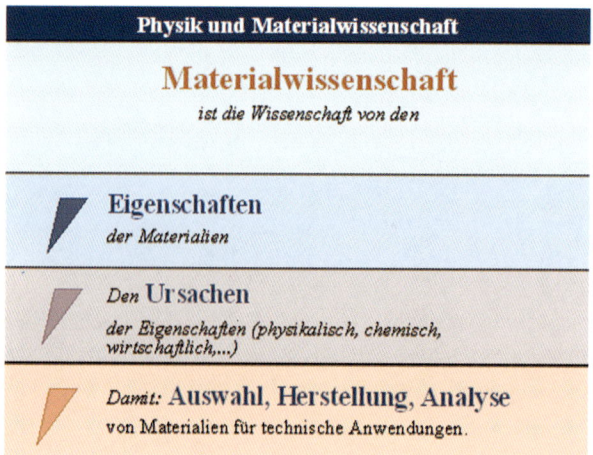

Abb. 1: Was ist Materialwissenschaft?

Die eigentlichen Fragen, den Alchemisten in dieser Prägnanz natürlich nicht bewusst, waren also: Was bestimmt die Eigenschaften der Materialien? Wie kann man sie ändern? Was kann man damit neues machen? Eigentlich wären sie gerne Materialwissenschaftler gewesen, denn das ist genau die Definition der Materialwissenschaft, der vielleicht jüngsten Tochter der Urmutter Physik, die im letzten Drittel des vergangenen Jahrhunderts ins mannbare Alter gekommen ist und sich anschickt, das Nest zu verlassen.

Was bedingt nun die Eigenschaften eines Materials wie z.B. von Silizium. Was sind wichtige und weniger wichtige Eigenschaften aus Sicht möglicher Anwendungen?

Am Material Silizium (Si) kann man das besonders schön illustrieren. Man kann damit Gold im Sinne von Geld machen; ein Blick in die Zeitung oder der Name Bill Gates demonstrieren das zur Genüge. Und Kranke werden, wenn sie mit Si in geeigneter Form in Berührung kommen, auch wieder gesund – die meisten modernen Diagnoseverfahren, die komplette Gentechnik – heute oder zukünftig – sowie Produkte wie Herzschrittmacher sind ohne Si nicht möglich. Ist der Stein der Weisen in dieser Interpretation also aus Silizium? Schaun mer mal!

2   Material Silizium

Wie lange gibt es schon Si in technischen Anwendungen? Computer vergessen (fast) nichts, sagt man. Menschen aber schon. Dies zeigt sich sehr schön in einer Anzeige, die die Firma Sony in vielen amerikanischen Zeitschriften geschaltet hatte (Abb 2). Wir sehen als Bräute verkleidete Mädchen mit folgendem Text: „Their great-grandmother's first kiss was in front of a transistor radio. Their grandmother's first kiss was in front of a black & white television. Their mother's first kiss was in front of a car stereo. What will their first kiss be in front of?"

Gibt es Transistoren aus Si oder auch Germanium seit Urgroßmutters Zeiten, also seit ca. 1920? Nein, der erste Transistor erblickte erst 1944 das Licht der Welt; die ersten Transistorradios kamen Ende der 1950-er auf!

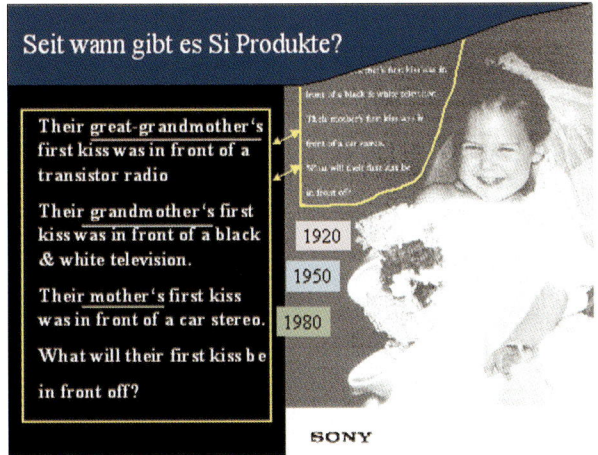

Abb. 2: Wie lange gibt es schon Transistoren?

Aber ein Körnchen Wahrheit hat der oder die Kreative versehentlich doch eingebracht: Zu Urgroßmutter-Kusszeiten (um 1900) war ungefähr die Geburtsstunde der Quantentheorie, etwas vorher entstand die statistische Thermodynamik. Daraus entstand die Festkörperphysik, und um 1930 wurde erstmals verstanden, was die Welt im Innersten zusammenhält und was in Materialien wirklich passiert, wenn man z.B. mit dem Hammer draufhaut (mechanische Spannung anlegt) oder aber auch eine elektrische Spannung anlegt.

Der Transistor entstand 1946 als Resultat von Theorien; wir können ihn als Paradigma für Produkte betrachten, die nicht empirisch erfunden und verfeinert wurden wie zum Beispiel die Metallurgie, sondern die durch moderne physikalische Theorien vorher berechnet wurden!

Das Schlüsselmaterial dazu ist Silizium (nach einer kurzen einleitenden Germanium-Phase). Was ist nun Silizium?

Wenn man den Zeitung folgt, weiß man nicht so genau, was Silizium eigentlich ist. Denn dort fliegt das Spaceshuttle mal mit Kacheln aus Silizium, um vor der Hitze geschützt zu sein, oder Transistoren sind aus Silikon. Das kommt daher, dass im Amerikanischen drei völlig verschieden Materialien ähnlich lautende Namen haben (Silicon = Silizium, Silica = Quarz, Silicone = Silikon) und die Chancen der richtigen Übersetzung ungefähr bei 1/3 liegen.

Auch mit Silikonen kann man was Unnatürliches machen (im Internet findet man mit dem Suchbegriff „Silicone" schnell Beispiele dafür), aber richtiges Silizium ist wesentlich vielseitiger als Silikon, Quarz oder auch Silizide und was es sonst an Verbindungen mit Si noch gibt.

Si ist ein chemisches Element und gehört zur Klasse der Halbleiter. Es repräsentiert hier immer die Klasse der Halbleiter oder der modernen Materialein, so wie auch der Terminus „Physik" die Nachbarwissenschaften wie z.B. die Materialwissenschaft oder Elektrotechnik mit einschließen soll. Si wird immer künstlich hergestellt, es kommt in der Natur nicht elementar vor (auch wenn diverse Politiker gelegentlich glaubten, dass man es im Silicon Valley aus der Erde buddelt). Man braucht einen ziemlich großen Stein der Weisen – im Wissenssinn – , um dem Naturmaterial Siliziumoxid, vulgo Sand, die riesigen, bis zu 250 kg schweren und extrem perfekten großen Siliziumkristalle abzuringen, die heute Stand der Technik sind. Würden diese Kristalle nicht aus Si-Atomen, sondern aus Kohlenstoffatomen bestehen, wäre es gigantische, absolut lupenreine Diamanten – und das wäre schade, schade, schade, denn mit Diamanten kann man, ähnlich wie mit Gold, nicht so furchtbar viel anfangen. Wir alle würden unsere Diamanten und unser Gold für eine Computertomographie eintauschen, ermöglicht durch Silizium, wenn der Arzt damit unser Leben retten könnte!

Abb. 3: Bei der Herstellung von Chips werden Siliziumeinkristalle in gewaltigen Abmessungen benötigt.

Dass man mit Si nicht nur gesund werden, sondern auch mächtig Geld machen kann, soll noch kurz gezeigt werden:

Si-Kristalle, noch 1960 fast unbekannt und klitzeklein, machen heute einen Weltumsatz in der Größenordnung von ca. 10 Milliarden DM. Der Weltumsatz mit Chips, die es 1960 noch gar nicht gab, liegt jetzt bei ca. 300 Milliarden DM, und der Umsatz aller industriellen Produkte, die es ohne „Silicon inside" nicht geben würde (oder die nicht mehr verkäuflich wären), liegt bei ca. 5000 Milliarden DM – ein Viertel der industriellen Weltproduktion!

Vor allem aber hat Si die Lebensqualität erhöht und Arbeitsplätze geschaffen.

Was macht man mit Silizium? Und wie macht man diese Dinge? Wo kommt die Physik bzw. Materialwissenschaft ins Spiel? Das wird im Folgenden an einigen Beispielen erläutert.

3   Mikroelektronik

Das Leitprodukt der Mikroelektronik ist der Chip. Was ist ein Chip? Nicht alles, was klein ist, kompliziert aussieht und elektrische Anschlüsse hat ist auch ein Chip – obwohl man das öfter so beschrieben oder abgebildet findet.

Ein Si-Chip ist eine elektronische Schaltung, die zurzeit bis zu 10 Milliarden elektronische Bauteile – insbesondere Schalter, auch Transistoren genannt, aber auch Kondensatoren und andere elektronische Komponenten – in und auf einem Si-Kristall auf einer Fläche von ca. 1 bis 3 cm^2 integriert.

Wie ein Chip aufgebaut ist, soll hier nicht wiedergegeben werden; wohl aber was Physik und Chips miteinander zu tun haben.

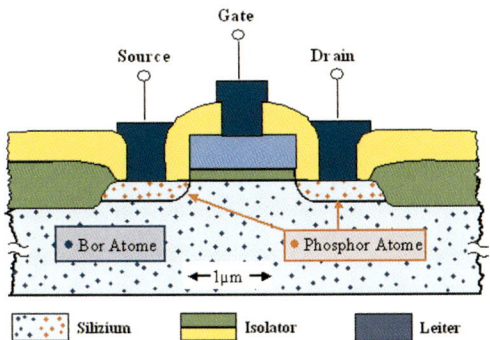

Abb. 4: Schema eines Transistors, der in einen Halbleiter-Chip integrierten ist, am Beispiel eines „Feldeffekt-Transistors" (FET). An der Source-(engl. Quelle-)-Elektrode tritt der Strom in den FET ein. Er fließt von dort durch die Gate-(Tor-)-Elektrode, welche seinen Durchlass zur Drain-(Senke-)-Elektrode hin steuert. An der Drain-Elektrode tritt der gesteuerte Strom wieder aus.

Was ist und wie funktioniert der (integrierte) Transistor? Er ist im Wesentlichen ein Schalter, der aber nicht mechanisch, sondern elektronisch betätigt wird – und zwar ein sehr kleiner! Ein Relais ist zwar auch ein Schalter, der elektrisch betätigt wird, aber letztlich erfolgt nur die mechanische Bewegung durch einen elektrischen Antrieb. Bei einem Transistor aber wird nur durch elektrische Spannung an einer der drei Elektroden der Strom durch die zwei anderen Elektroden ein- und ausgeschaltet – nichts muss sich bewegen (Abb. 4). Dazu muss offenbar die elektrische Leitfähigkeit zwischen den Stromanschlüssen stark verändert werden können. Das geht grundsätzlich nicht mit guten Leitern wie Metallen oder Isolatoren wie Glas – ihre Leitfähigkeit ist von außen praktisch nicht zu beeinflussen. Metalle leiten elektrischen Strom immer, Isolatoren nie. Man braucht deshalb „Halbleiter", die nicht nur „dazwischen" liegen müssen, sondern in ihren elektrischen Eigenschaften steuerbar sind. Der wesentliche Punkt dazu ist: Mit klassischer Physik geht das grundsätzlich nicht – man braucht die Quantentheorie (und die statistische Thermodynamik)! Transistoren – und damit die ganze Mikroelektronik, aber auch Dinge wie Laser, Lichtleitfasern, Schwingquarze, Magnetresonanz usw., die gesamte Hardware der Informationstechnologie und noch einiges darüber hinaus – sind reinrassige Produkte der Quantentheorie, die ja gerne als etwas völlig Esoterisches und Weltfremdes dargestellt wird. Wer die Quantentheorie nicht kennt, wird keinen Transistor bauen können.

Wie funktioniert der Transistor? Das soll hier nicht angesprochen werden, nur so viel: Es ist notwendig, in definierten Bereichen des Si-Kristalls einige wenige Si-Atome – typischerweise 0,0001 % – durch z.B. Phosphoratome zu ersetzen; in allen anderen Bereichen aber durch Boratome. Wie macht man das?

In der veröffentlichten Meinung ganz eindeutig durch Tüfteln. Die Worte „tüfteln" oder „Tüftler" tauchen nahezu mit Sicherheit in jedem Zeitungsartikel zum Thema auf – spätestens wenn noch das Wort „Patent" dazukommt. Damit assoziiert wird Daniel Düsentrieb, der zwar leicht geniale, aber auch leicht vertrottelte Bastler, der herumprobiert, bis etwas funktioniert und dabei eher versehentlich auf die „Innovationen" stößt. Das Wort „Denker", zum Vergleich, ist den „Philosophen" zugeordnet. Und „Kreative" sind bekanntlich die Werbetreibenden mit ihren Urgroßmüttern.

Durch Tüfteln aber entsteht kein Chip. Zur Konzeption und Herstellung von Chips braucht man nicht nur fundierte Kenntnisse der modernen Physik (und der Chemie, der Elektrotechnik, der Informatik, …), sondern man arbeitet an den Grenzen des physikalisch Möglichen! *Danach,* auf dieser Basis, kommt dann noch die Erfahrung, die Empirie, die Experimentierkunst – das „Tüfteln", wenn's denn sein muss. Man kann das stark simplifiziert illustrieren:

Wir fragen uns: Wie kommen Phosphor oder Bor ins Silizium? Es muss ja irgendwie von außen ins Kristallinnere kommen, wenn wir das systematisch machen wollen. Der Si-Kristall besteht aber aus Si-Atomen, die so dicht wie möglich zusammensitzen und nur mit großem Energieaufwand zu trennen sind (dann schmilzt der Kristall). Wie kommt ein Phosphoratom da rein – und das Si-Atom, dessen Platz es einnimmt, raus?

Man kann das auf zweierlei Weisen angehen: Empirisch-systematisch – das ist nicht Tüfteln! – und grundsätzlich. Schauen wir uns zunächst die empirische Methodik an.

Man setzt Si einem phosphorhaltigen Stoff aus, macht die Anordnung für einige Zeit heiß, und analysiert dann, was geschehen ist (Abb. 5). War die Temperatur hoch genug (ca. 1000 °C) und verfügt man über entsprechende Analysemethoden, wird man finden, dass kleine Mengen Phosphor in den Si-Kristall eingedrungen sind. Der Konzentrationsverlauf als Funktion der Tiefe, der Temperatur, der Zeit usw. wird Regeln folgen (der Physiker kennt schon viele davon in Form mathematischer Gleichungen), der gesammelte Erfahrungsschatz, mathematisch aufbereitet, reicht aus, um Vorhersagen machen zu können, wie man den Prozess gestalten muss, um neue Parameter – z.B. eine andere Phosphorkonzentration – zu erhalten.

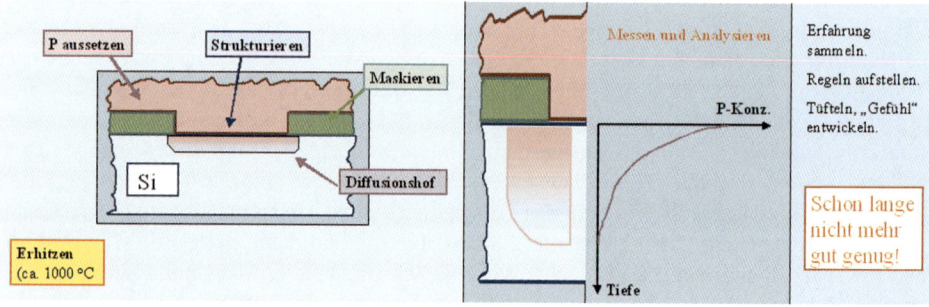

Abb. 5: Das empirische Verfahren der Dotierung reicht schon lange nicht mehr aus.

Damit kann man eine ganze Menge erreichen, und ganz ohne Empirie geht's nie! Aber früher oder später stößt man an die Grenzen – bei Silizium war das vor über 20 Jahren. Man kam nicht mehr weiter. Die bewährten Rezepte funktionierten nicht mehr, wenn man Alles noch ein bisschen kleiner machen wollte. Es wurde notwendig, im Detail zu wissen, wie der Phosphor ins Silizium eindringt.

Schauen wir uns nun die Sache vom Grundsätzlichen her an. Hier ist notwendig zu wissen, wie ein fremdes Atom – Phosphor im Beispiel – sich im Kristall um einen atomaren Schritt weiterbewegt. Entscheidend werden Defekte des Kristalls – fehlende Atome oder falsche Atome – und ihr Verhalten bezüglich äußerer Parameter. Schlüsselbegriffe sind Entropie (aus

der statistischen Thermodynamik) und atomare Bindungsverhältnisse (aus der Quantenmechanik). Wie viel Phosphor in den Kristall „diffundiert", wird eine komplizierte, aber vollständig erfassbare Funktion der elementaren Eigenschaften des Si-Kristalls und der gewünschten Atome. Die mathematischen Formeln, die jetzt das Verhalten beschreiben, schließen die alten empirisch ermittelten Formeln mit ein – als einfache Spezialfälle – aber sie führen weiter. Vorhersagen sind wieder möglich; Chips mit zigtausendfacher Leistungsfähigkeit
können hergestellt werden.

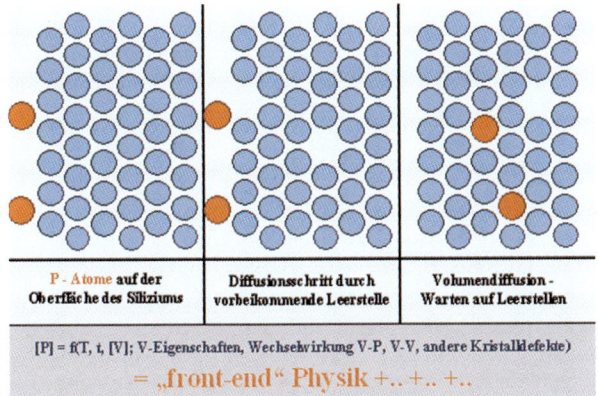

<table>
<tr><td>P - Atome auf der Oberfläche des Siliziums</td><td>Diffusionsschritt durch vorbeikommende Leerstelle</td><td>Volumendiffusion - Warten auf Leerstellen</td></tr>
</table>

[P] = f(T, t, [V]; V-Eigenschaften, Wechselwirkung V-P, V-V, andere Kristalldefekte)

= „front-end" Physik +.. +.. +..

Abb. 6: Wie kommt Phosphor in den Siliziumkristall? Um das zu verstehen, muss man die verschiedenen Diffu-
sionsmechanismen untersuchen.

Ein weiteres Beispiel: Fragen wir einen „Tüftler": Wie lange lebt ein Chip? Nach wie viel
Jahren Betriebsdauer wird er (statistisch) ausfallen? Warum? Von welchen Einflüssen mag es
abhängen? Der Tüftler wird die Antwort schuldig bleiben müssen (der Denker und der Kreative auch). Wiederum bewegen wir uns in Grenzbereichen moderner Physik (dies ist nicht auf
Chips beschränkt; die Frage nach der Lebensdauer eines (hoch)technischen Produkts gehört
zu den schwierigsten Fragen, die man stellen kann). Auch wenn man als Verbraucher gelegentlich den Eindruck hat, dass diese Frage bei Produktherstellern vielleicht nie gestellt wurde: Zumindest bei Chips trügt dieser Eindruck! Produktqualität und -lebensdauer beschäftigen
Heerscharen von hoch qualifizierten Physikern, die nur eines nicht tun: Tüfteln!
Nehmen wir zur Kenntnis: Mikroelektronik, basierend auf dem (quantenmechanischem)
Verständnis des Materials Si, hat die Welt in einer Weise revolutioniert, die noch vor 20 Jahren unvorstellbar war – und Si wird das weiterhin tun. Heute sind Dinge möglich, die sich die
alten Weisen nicht mal im Traum vorstellen konnten.

4   Was Silizium sonst noch kann

Außer dem Stein der Weisen gab es in der Antike auch noch den *Prüfstein*, mit dem man feststellen konnte, ob ein gegebenes Material auch wirklich lauteres Gold war. Den Prüfstein gab
es wirklich; er ist eigentlich genauso wichtig wie der Stein der Weisen, denn es ist bekanntlich nicht alles Gold, was glänzt.

Silizium kann in recht konkretem Sinn auch als eine Art Prüfstein dienen. Dazu ein Witz: Treffen sich zwei Planeten. Sagt der eine „Wie geht's?" „Schlecht," sagt der andere, „ich habe Homo sapiens." „Oh," sagt der erste, „das kenne ich, hatte ich auch mal. Ist richtig eklig, geht in der Regel aber schnell vorbei."

Wenn wir wollen, dass es auf unserem Planeten nicht ganz so schnell vorbei geht, dann haben wir keine große Wahl bei der Energieversorgung: Schon innerhalb weniger Generationen wird nur noch Sonnenenergie – in Form von Wasserkraft, Wind, Solarthermik und Photovoltaik – zur Verfügung stehen. Und Photovoltaik, das heißt Silizium, oder genauer gesagt, Halbleiter.

Wie halten wir es mit dem Prüfstein Silizium in dieser Hinsicht? Reiben Sie mal sich selbst oder den Politiker ihre Wahl mit diesem Prüfstein – er wird den Grad der Weisheit im Umgang mit den Ressourcen unseres Planeten anzeigen. Aber Solarzellen bekommt man nicht geschenkt – im doppelten Wortsinne! Sie sind nicht nur teuer in der Anschaffung, sondern bessere (und billigere) Solarzellen fallen einem auch nicht durch ein bisschen Tüfteln in den Schoß – wiederum ist harte (und mühsame) Physik bzw. Materialwissenschaft gefragt.

Ein drittes Gebiet für Silizium ist die Mikrosystemtechnik, oder „MEMS" (Micro Electronic and Mechanical Systems). Jeder kennt die Bilder der Ameise, die ein winziges Si-Zahnrad herumschleppt, oder ähnliche Aufnahmen kleinster Mechanikwunderwerke. Produkte dieser Mikromechanik, -optik, oder -hydraulik werden zunehmend verkauft und führen ein für die meisten Menschen unsichtbares „Leben" tief im Inneren von vermeintlich einfachen, aber in Wahrheit hochkomplexen Produkten – z.B. in dem Sensor, der den Airbag dann, und *nur* dann auslöst, wenn das auch sinnvoll ist.

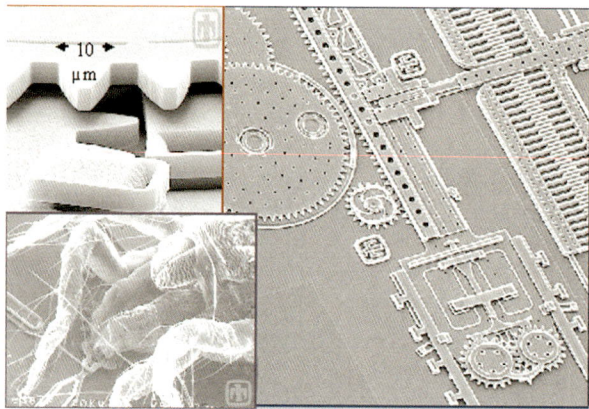

Abb. 7: Rasterelektronenmikroskopische Aufnahmen von einem Mikrozahnrad und einem „MEMS" (Micro Electronical Mechanical System). Alle Bilder sind in der selben Vergrößerung gezeigt. Das Tier links unten ist eine Spinnmilbe, der Hauptauslöser der Hausstauballergien.

Wie macht man MEMS? Und wieso aus Silizium und nicht aus Edelstahl oder Fensterglas? Die erste Frage ist leicht zu beantworten: Mit Mühe und auf der Basis eines Physikstudiums. Aber was hat Silizium, was Glas nicht hat? Vier Punkte wären zu nennen:
- Hervorragende mechanische (und thermische und chemische) Eigenschaften (Si ist, bevor es bricht, ungefähr gleich belastbar wie Stahl).
- Die Verfügbarkeit von leicht strukturierbarem polykristallinem Silizium (Poly-Si) als Schicht, die leicht auf das Grundmaterial aufgebracht werden kann,

- die Integrierbarkeit der MEMS-Funktion mit der Elektronik auf demselben Chip, und vor allem:
- die Vielfalt der Strukturierungsmöglichkeiten durch (elektro)chemische Ätzung.

Es lassen sich beispielsweise Chemikalien finden, die Si das 0,00001 % Bor enthält schnell und restlos auflösen, aber Si mit dem gleich Prozentsatz an P überhaupt nicht angreifen. Mit diesen (auch für Chemiker) unerwarteten Eigenschaften kommen wir direkt zu einem Gebiet der modernen Forschung.

5   Moderne Forschung

1968 war ein denkwürdiges Jahr. Die Zahl der wissenschaftlichen Veröffentlichungen zum Material Silizium überstieg erstmalig die zum Thema Eisen und Stahl. Silizium ist somit das am besten untersuchte Material auf dieser Seite des Pluto – und das Jahr 1968 markiert in dieser Hinsicht einen tatsächlichen gesellschaftlichen Wandel, der weit über das hinausgeht, was sich die „68-er" erträumten.

Gibt es dann noch grundsätzliche Forschungsfragen zum Material Si? Oder sind nur noch Verzierungen möglich, die Nachbesserung der Kommastellen?

Ein Gedankenexperiment, das man sehr leicht auch zu Hause machen könnte, bringt Klarheit (Abb. 8). Wir nehmen ein Stück (leicht erhältliches) Silizium, hängen es (kontaktiert) in ein Glas mit konzentriertem Blumendünger oder Zahnspülmittel (der Profi nimmt verdünnte Flusssäure), geben eine Edelmetallelektrode dazu (der Profi nimmt Platin, der Schüler Mutters Goldkette) und schließen das Ganze an eine nicht zu schwache Batterie an (ein regelbares Netzgerät oder gar ein Potentiostat ist besser). Mit dem Pluspol am Si – und vielleicht noch ein bisschen Beleuchtung – wird ein Strom fließen, der gemessen wird.

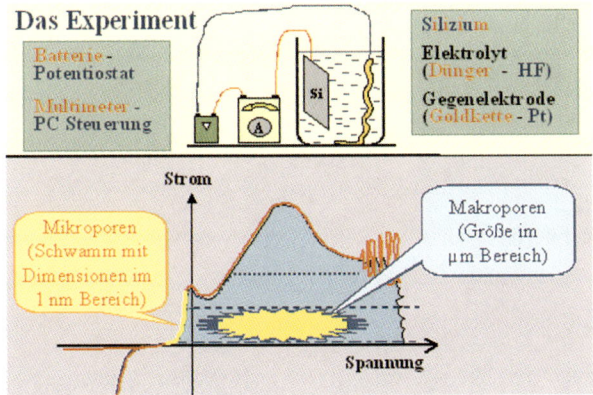

Abb. 8: Ein „Küchenexperiment" zur Herstellung von nanoporösem Silizium.

Gute Küchenexperimentatoren nehmen sogar eine Strom-Spannungskennlinie auf und können dann die Phänomene, die auftreten werden, nach Strom- und Spannungsbereichen sortieren. Zunächst stoßen wir auf eine Merkwürdigkeit: Bei größeren Spannungen oszilliert der Strom stundenlang, d.h. er wechselt dauernd zwischen kleiner und größer.

Nach einiger Zeit nehmen wir die Si-Elektrode aus Glas und schauen sie genau an – am besten mit einem guten Mikroskop, noch besser einem Rasterelektronenmikroskop. Für viele Strom-Spannungskombinationen finden wir, dass sich eine poröse Schicht entwickelt hat, mit Porengrößen die von wenigen Nanometern – gerade mal einige Atomdurchmesser – bis zu fast mit dem bloßen Auge sichtbaren Poren – den „Makroporen" – reichen. Aber auch ohne Mikroskop kann man einiges sehen:

Unter Beleuchtung mit einer Ultraviolettlampe („Schwarzlicht") wird unser Si gelblich aufleuchten (lumineszieren), falls es nanoporös geworden ist. Kristallines Si wird das nie tun und nach gesicherten Erkenntnissen auch gar nicht können. Sollten wir Makroporen gemacht haben, finden wir bei genauer Betrachtung einen kompletten Zoo: Perfekte gerade Löcher, wie mit einem Präzisionsbohrer von 1 µm Durchmesser gebohrt, ziemlich krumme Hunde, Poren, die wie Weihnachtsbäume aussehen, und noch viele andere Morphologien.

Der Pfiff an der Sache ist, dass die meisten dieser Phänomene vor etwa zehn Jahren noch nicht einmal bekannt waren. „Leuchtendes Silizium" hat eine fieberhafte Forschungsaktivität ausgelöst– und das Ganze ist bis zum heutigen Tage nicht so recht verstanden. (Nicht verstanden heißt in der Physik, dass es ungefähr genau so viele (verschiedene) Erklärungen wie Forscher gibt.)

Aber das macht ja nichts. Die Industrie forderte schon immer: Problem lösen statt erklären; und heute heißt es aus allen Richtungen „Mehr Praxisorientierung in Forschung und Lehre". Die Si-Elektrochemie-Forscher haben diese Forderung befolgt – viele große deutsche Tageszeitungen haben Bilder von erstaunlichen, elektrochemisch geformten Porenstrukturen unter dem Stichwort „Photonische Kristalle" gezeigt. Diese Strukturen wurden hergestellt, ohne die Porenätzung wirklich zu verstehen – es ging. Die Eingeweihten, die hier tätig sind, wissen aber, dass es so nicht weiter gehen wird. Wie schon beim Beispiel der Diffusion gezeigt – die Grenzen der Empirie sind erreicht. Praxisnähe ist gut und richtig, aber die Physiker besitzen auch noch eine besondere Kernwahrheit; einen Merksatz mit dem sie und die Gesellschaft bisher sehr gut gefahren sind: Es gibt nichts Praktischeres als eine gute Theorie!

Die Zeit ist gekommen, die Vorgänge bei der elektrochemischen Auflösung von Si grundsätzlich zu verstehen. Es zeichnet sich ab, dass dazu eine interdisziplinäre Mischung aus Halbleiterphysik, Chemie und stochastischer Physik notwendig sein wird – Begriffe wie Chaos, Synergie und spontane Musterbildung, bisher fest in der theoretischen Physik verankert, werden benötigt. Der Forschungsbedarf auf dieser Ebene wird die Physiker und ihre Kollegen noch für viele Jahre beschäftigen. Neue, darauf basierende Produkte wird es mit Sicherheit geben, nur welche – das weiß noch niemand.

6   Schluss

Ist der Stein der Weisen aus Silizium? Eine schwierige Frage – nicht umsonst heißt es: Ein Narr kann mehr fragen als sieben Weise beantworten können!

Eine Antwort könnte sein: *Silizium* – stellvertretend oder paradigmatisch stehend für Halbleiter, moderne Materialien, Forschung, Erkenntnis – *ist* der Stein der Weisen; es ist sogar viel mehr, als die alten Alchemisten jemals erträumten. Es ist gleichzeitig *der Prüfstein für Weisheit*. Damit stellt sich eine neue Aufgabe: Gesucht wird nicht mehr der Stein der Weisen – gesucht werden jetzt die Weisen, die mit ihm umgehen können!

Der Autor

Helmut Föll
Technische Fakultät der Christian-Albrechts-Universität Kiel

Helmut Föll, geboren 1949 in Backnang (Württemberg), studierte von 1967 bis 1973 Physik an der Universität Stuttgart und promovierte 1976 am Max-Planck-Institut für Metallphysik in Stuttgart. Nach drei Jahren an der Cornell University und eineinhalb Jahren im IBM-Forschungszentrum Yorktown Heights hatte er von 1980 bis 1991 verschiedene Positionen bei Siemens in München inne. 1991 erhielt er den Lehrstuhl für Allgemeine Materialwissenschaften an der neu gegründeten Technischen Fakultät der Universität Kiel; der Fakultät stand er bis 2000 als Dekan und Vizedekan vor.

Interessante Links

http://www.tf.uni-kiel.de/matwis/amat/ (über das Menü zugänglich ist dort auch eine Internet-Version dieses Beitrags mit zusätzlichen erläuternden Links)

Dribbeln mit Atomen

Karl-Heinz Rieder und Gerhard Meyer

Gerd Binnig und Heinrich Rohrer erhielten am 15. Oktober 1986 die Nachricht, dass ihnen der Nobelpreis für Physik für das von ihnen entwickelte Rastertunnelmikroskop (RTM) verliehen würde, mit dem man faszinierende Abbildungen von Oberflächen bis hin zu atomarer Auflösung erzielen kann. Auf die Frage anwesender Journalisten nach der zukünftigen Entwicklung des RTM antworteten sie: „Wir werden mit den Atomen Fußball spielen!" Damit sahen sie voraus, dass es mit dem RTM auch möglich sein würde, gezielt künstliche Strukturen durch kontrollierte Manipulation einzelner Atome und Moleküle aufzubauen. Damit würde der uralte Ingenieurtraum Realität, von Menschen entworfene funktionale Strukturen auf der Basis „Atom für Atom" herzustellen. Tatsächlich wurde die gezielte Manipulation einzelner Atome bereits wenige Jahre später nachgewiesen, ist aber derzeit weltweit immer noch auf nur wenige Labors beschränkt geblieben [1–4]. Ein Beispiel einer mit atomarer Präzision aufgebauten künstlichen Struktur ist in Abb. 1 dargestellt.

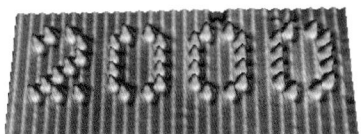

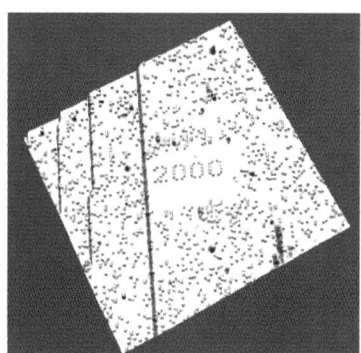

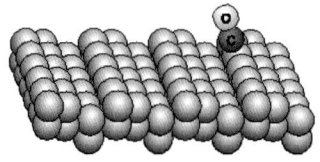

Abb. 1: (a) Milleniumszahl „2000" aufgebaut durch kontrollierte laterale Manipulation von CO-Molekülen auf einem Cu(211)-Substrat (Bildgröße 3,5 × 16,5 nm). (b) Die Nanostruktur „2000" in der Umgebung der regellos adsorbierten CO-Moleküle, aus der die benötigten molekularen Bausteine entnommen wurden (STM-Bild-Größe 55 × 55 nm). (c) Kugelmodell des Cu(211)-Substrats: Die 0. 625 nm langen (111)-Nanoterrassen sind durch 0. 14 nm hohe (100)-Stufen voneinander getrennt. Die Terrassen-Stufen-Anordnung ist in Abb. (a) gut zu erkennen.

Es handelt sich um die Milleniums-Jahreszahl „2000". Als Bausteine wurden einzelne auf einer Cu(211)-Oberfläche[1] adsorbierte[2] CO-Moleküle[3] verwendet, die mit Hilfe einer RTM-Spitze bei Temperaturen von 15 Kelvin (K) mit atomarer Präzision angeordnet wurden. Die Cu(211)-Oberfläche besteht aus (111)-Terrassen, die durch monoatomare (100)-Stufen voneinander getrennt sind. Die Regelmäßigkeit dieser Stufenstruktur ist im RTM-Bild deutlich zu erkennen. Die Bindungsplätze der schwach chemisorbierten[4] CO-Moleküle liegen oberhalb der Cu-Atome auf den Stufenkanten des Substrats.

1   Abbildung mit dem RTM

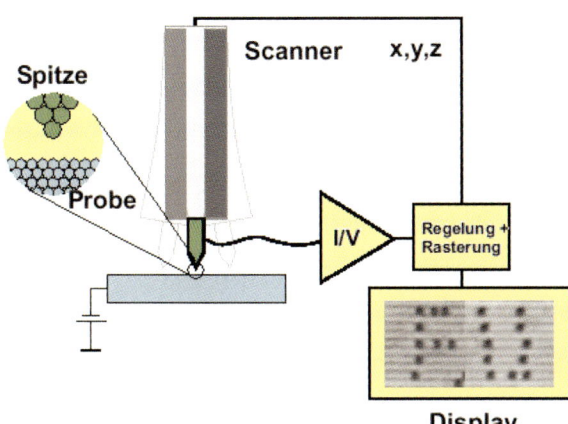

Abb. 2: Funktionsprinzip des RTM im Abbildungsmodus. Mit Hilfe eines Piezoröhrchen-Scanners wird die RTM-Spitze über die Oberfläche gerastert. Gleichzeitig wird der Tunnelstrom mit einer elektronischen Regelung konstant gehalten und die Höhe der Spitze über der Probe gemessen. Dieses Regelsignal beinhaltet die Oberflächentopographie und wird auf dem Monitor dargestellt.

Die Abbildungsweise des RTM sei anhand von Abb. 2 erläutert. Eine Metallnadel, deren äußerste Spitze im Idealfall aus einem einzelnen Atom besteht, wird mittels eines Piezoröhrchens in den Abstand weniger Atomdurchmesser (ca. 0,8 bis 1 Nanometer[5]) über die Probe gebracht und entlang der Oberfläche gerastert.

Eine elektrische Spannung zwischen Spitze und Probe (einige Millivolt bis Volt) bewirkt das Fließen eines Tunnelstroms (der Größenordnung Nanoampere), der von der Steuerelektronik mittels eines Rückkopplungssystems konstant gehalten wird. Da der Strom mit exponentieller Empfindlichkeit von der Distanz Spitze-Probe abhängt, hat dies zur Folge, dass sich der Abstand Spitze-Probe ändert, je nachdem ob sich die Spitze gerade oberhalb eines Substratatoms oder zwischen Substratatomen befindet.

---

[1] Cu(211) heißt Kupfer(211). Durch ein regelmäßiges Kristallgitter, wie es z.B. das Kupfer bildet, können verschieden orientierte Ebenen gelegt werden. In einer solchen Ebene sind die Atome in einem für die Orientierung der Ebene typischen, regelmäßigen Muster angeordnet. Mit den Zahlen in Klammern beschreiben die Physiker die exakte Orientierung einer bestimmten Ebene im Kristallgitter. Die Oberfläche des Kristalls kann – wie in diesem Beitrag – aus einer dieser Flächen gebildet werden. Sie ist dann sehr regelmäßig und bietet so ein ideales Spielfeld für das „Dribbeln mit Atomen".

[2] Adsorbieren heißt Anlagern an die Oberfläche.

[3] CO: Kohlenmonoxid (C: Kohlenstoff, O: Sauerstoff).

[4] Spezialfall der Adsorption.

[5] Ein Nanometer (nm) ist ein Milliardstel Meter.

Das so entstehende Bild stellt die Elektronendichte der Substratoberfläche dar, die ihrerseits die geometrische Anordnung der Atome widerspiegelt. Infolge des geringen Abstands zwischen Spitze und Probe müssen erhebliche technische Probleme bezüglich der Schwingungsdämpfung sowie der genauen Bewegung der Spitze im Sub-Nanometer-Bereich zuverlässig gelöst werden.

2   Manipulation mit dem RTM – Dribbelarten

Die drei wesentlichen Parameter, die für RTM-Manipulation genutzt werden können, sind (1) das elektrische Feld zwischen Spitze und Substrat, (2) der Tunnelstrom der Elektronen und (3) die zwischen Spitze und Substrat auftretenden van-der-Waals- bzw. chemischen Kräfte, die durch Variation des Spitzen-Proben-Abstands gezielt eingestellt werden können [1]. Beim Arbeiten mit einzelnen Atomen und Molekülen unterscheidet man zwischen lateraler und vertikaler Manipulation. Im ersten Fall wird das Partikel an der Oberfläche mit der Spitze zum gewünschten Platz bewegt, ohne dass der Kontakt zur Oberfläche verloren geht. Im zweiten Fall wird das Partikel von der Spitze aufgenommen und am gewünschten Ort auf die Oberfläche zurückgelegt. Es ist offensichtlich, dass im ersten Fall eine Analogie zum Dribbeln beim Fußball, im zweiten zum Dribbeln beim Basket- oder Handball besteht. Die zuverlässigste laterale Manipulation auf atomarer Skala wird mittels Kraftwechselwirkung allein erreicht. Feld- und Stromeffekte spielen jedoch entscheidende Rollen bei der vertikalen Manipulation. Beide Manipulationsarten wurden zuerst von der Gruppe um Don Eigler bei IBM-Almaden [2] und von der Gruppe der Autoren in Berlin mit an der Oberfläche adsorbierten Atomen und Molekülen dazu benutzt [3], um mit adsorbierten Atomen und Molekülen Nanostrukturen aufzubauen. Die Überwindung der oben angesprochenen technischen Probleme beim Aufbau eines RTM-Systems wird bei der kontrollierten Manipulation einzelner Atome und kleiner Moleküle noch gravierender. Man muss in der Lage sein, die Position der zu manipulierenden Partikel mit einer Präzision anzupeilen, die nur Bruchteile eines Atomdurchmessers beträgt! Die Stabilität des Systems muss so groß sein, dass das Arbeiten mit einmal hergestellten artifiziellen Strukturen über Tage hinweg möglich ist. Die in Berlin aufgebauten Systeme erfüllen trotz ihrer Kostengünstigkeit diese Anforderungen voll [4]. Sie haben ferner den Vorteil, dass Arbeiten in einem weiten Temperaturbereich zwischen 10 und 300 K möglich sind. Wegen der hohen thermisch induzierten Mobilität der meisten Adsorbate ist die Erreichung tiefer Temperaturen unumgänglich, um Strukturen auf atomarer Skala aufzubauen, die stabil bleiben. Auch das kontrollierte Aufbringen geringer Dosen von Adpartikeln[6] muss gewährleistet sein.

3   Strukturaufbau durch laterale Manipulation

Die Vorgehensweise bei der lateralen Manipulation ist in Abb. 3 schematisch dargestellt. Zuerst wird die Spitze über dem Adsorbat positioniert und anschließend so weit zur Oberfläche hin abgesenkt (auf ca. 0,2 – 0,4 nm), bis sich eine für die entsprechende Manipulation hinrei-

---

[6] Kurzform für die Partikel, die auf die Oberfläche gezielt aufgebracht werden.

chend starke Bindung zwischen Spitze und Partikel ausgebildet hat. Diese Bindung sorgt dafür, dass bei lateraler Verschiebung der Spitze parallel zur Oberfläche das adsorbierte Partikel zum Zielort mitgenommen wird. Dort wird die Spitze auf die Distanz des Abbildungsmodus zurückgezogen.

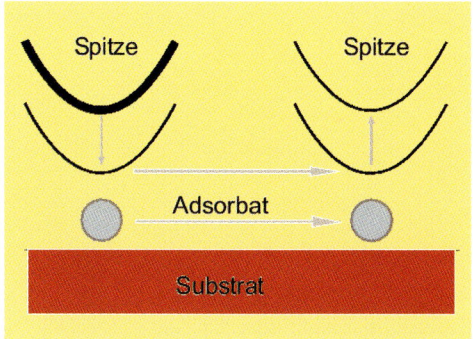

Abb. 3: Prinzip des lateralen Manipulationsvorgangs einzelner adsorbierter Atome oder Moleküle mit dem RTM. Die Nadelspitze wird über dem zu manipulierenden Partikel so weit abgesenkt, bis sich eine hinreichend starke Bindung ausbildet. Dann wird die Spitze parallel zur Oberfläche zum gewünschten Platz bewegt, wobei das Partikel mitgezogen oder geschoben wird.

Für den Aufbau der Zahl „2000" mit insgesamt 47 CO-Molekülen auf Cu(211) bei 15 K (Abb. 1) musste zuerst ein entsprechend großer Bereich der Oberfläche vollständig leergefegt werden. Aus dem benachbarten Reservoir wurden dann die benötigten Moleküle einzeln in die vorgesehenen Positionen gebracht [5]. Im Gegensatz zu dieser auf atomarem Niveau perfekten Struktur waren die ersten Berliner Nanostrukturen, nämlich die Buchstaben „F" und „U", welche die Abkürzung für die Freie Universität bilden, etwas pennälerhaft, wie aus dem Bild auf dem Monitor der Abb. 2 zu ersehen ist [3]. Der Grund für die Krakeligkeit lag darin, dass das RTM bei diesen Experimenten bei einer Temperatur von 40 K betrieben wurde. Bei dieser Temperatur sind die schwach chemisorbierten CO-Moleküle bereits so beweglich, dass der Experimentator gegen die thermisch angeregten irregulären Sprünge der Moleküle gerade noch erfolgreich ankämpfen kann.

Manipulationsexperimente mit C_2H_4-Molekülen und Pb-Atomen ergaben, dass für diese Spezies größere Manipulationskräfte (d.h. kleinere Spitze-Adsorbat-Distanzen) erforderlich sind als für die CO-Manipulation [6]. Da die Kräfte nicht direkt experimentell zugänglich sind, dient der Tunnelwiderstand als qualitatives Maß. Typische, aber wegen verschiedener Spitzenformen sehr stark variierende Werte für eine zuverlässige laterale Manipulation sind z.B. 1 MΩ für CO bzw. einige 100 kΩ für C_2H_4 und Pb. [7,8] Diese Werte sind mit Tunnelwiderständen von >100 MΩ im Abbildungsmodus zu vergleichen.

Wesentlich schwieriger als der Griff nach Atomen auf Oberflächen ist der Eingriff ins Substrat selbst, einerseits weil die im Substrat befindlichen Atome infolge ihrer dichten Einbettung nicht mehr so exponiert sind und andererseits weil sie infolge der höheren Zahl ihrer Nachbarn fester gebunden sind. Trotzdem konnten wir aus der Cu(211) Oberfläche „eingebo-

---

[7] 1 kΩ (Kiloohm) sind tausend Ohm; 1 MΩ (Megaohm) sind eine Milliarde Ohm. Ohm ist die Einheit für den elektrischen Widerstand.

[8] C_2H_4 ist Ethen (C: Kohlenstoff, H: Wasserstoff), Pb ist das Element Blei.

rene" Atome aus verschiedenen Positionen (sechsfach koordinierte Stufenkanten bzw. sieben-
fach koordinierte regulären (211) Stufenkanten) herauslösen. Mit geeignet präparierten Spitzen, die einerseits sehr robust, also breit, andererseits aber doch scharf genug sein müssen, um
einzelne Atome gezielt zu erfassen, lassen sich solche Prozesse oft wiederholen. Der Tunnelwiderstand kommt für diese Manipulationen schon recht nahe an den Widerstandswert von
12,8 kΩ bei Erreichen des Punktkontakts [8]. Damit ergeben sich Möglichkeiten für eine
Strukturierung des Substrats selbst.

Eine wichtige Anwendung der Substratatom-Manipulation in der Oberflächenphysik liegt in
der Möglichkeit, Bindungsplätze von Adsorbaten zu bestimmen: Wird ein Cu-Atom wird von
einem Platz an einer Defektstufenkante gelöst und in die Nähe eines CO-Moleküls gebracht,
so lässt sich aus der relativen Lage des Cu- Atoms zum Adpartikel der Adsorptionsplatz
bestimmen. Im Fall von CO auf Cu(211) ist es der Platz über einem Cu-Atom auf der regulären Stufenkante (s. Abb1c).

4   Laterale Manipulationsarten: Ziehen, Schleifen, Schieben

Lässt sich nun feststellen, in welcher Weise die Partikel mit der Spitze mitbewegt werden?
Tatsächlich ist es durch Aufnahme von Höhenkurven der Spitze über dem Substrat während
der Manipulation gelungen, drei verschiedene Manipulationsarten experimentell zu unterscheiden, nämlich Ziehen, Mitschleifen und Schieben [9]. Das attraktive, sprunghafte Zieh-
verhalten ist anhand der Manipulation von Pb-Atomen in Abb. 5a deutlich zu erkennen. Dem
ursprünglich an der eingezeichneten Stelle liegenden Pb-Atom nähert sich die Spitze von links
und fährt zunächst an der Flanke des Atoms hoch. Bevor jedoch das Maximum der Pb-
Korrugation erreicht wird, zieht sich die Spitze abrupt zurück, weil das Atom infolge einer
anziehenden Wechselwirkung unter die Spitze gesprungen ist. Anschließend folgt die Spitze
der Pb-Kontur abwärts, bis das Atom der Spitze zum nächsten Adsorptionsplatz nachspringt,
was diese wieder zum abrupten Entfernen von der Oberfläche zwingt. Dieser diskontinuierli-
che Vorgang wiederholt sich anschließend mit der Periode des Abstands der Substratatome a_1.

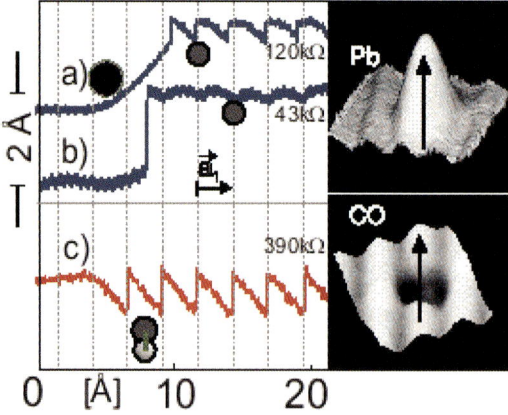

Abb. 4: Abstand der Spitze während der Mani-
pulationsprozesse (a) und (b) für ein Pb-Atom
und (c) für ein CO-Molekül entlang der Stufenkanten auf Cu(211) (Å: Ångström, eine Einheit
für die Länge[9]). Die Spitze wird von links nach
rechts bewegt und die entsprechenden Tunnel-
widerstände sind angegeben. Die vertikalen
gestrichelten Linien entsprechen Gitterplätzen
an der Unterseite der Stufenkanten; die
ursprünglichen Adsorptionsplätze der manipu-
lierten Partikel sind eingezeichnet. Bei den
attraktiven Manipulations-Moden Ziehen (a)
und Mitschleifen (b) springen die Partikel zuerst unter die Spitze und folgen ihr dann, während bei der repulsiven Manipulation Schieben
(c) das Partikel vor der Spitze her springt.

---

[9] 1 Å sind 10^{-10} m oder 0,0000000001 Meter.

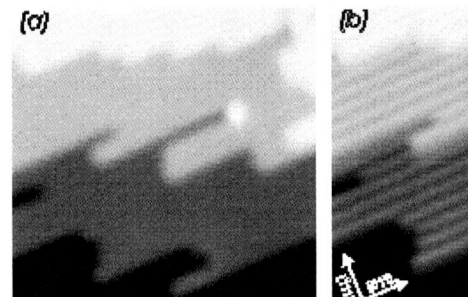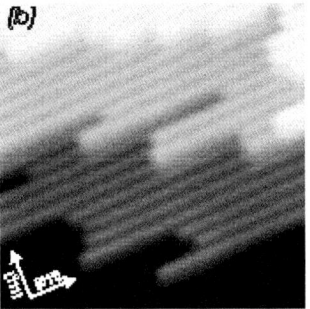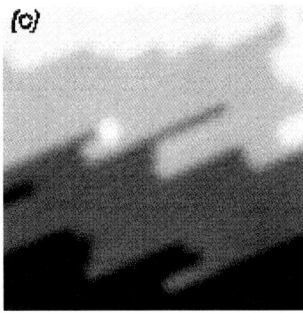

Abb. 5: Experimenteller Nachweis der vertikalen Manipulation eines Xe-Atoms. Im oberen Bild ist ein einzelnes Xe-Atom als heller Hügel zu erkennen. Im mittleren Bild ist das Xe-Atom nicht sichtbar, da es auf die Tunnelspitze übertragen wurde. Mit der durch das Xe-Atom geschärften Spitze ist die Auflösung erheblich verbessert: Die Stufenstruktur der Cu(211)-Oberfläche ist innerhalb jeder Terrasse deutlich zu erkennen. Im unteren Bild wurde das Xe-Atom an einer anderen Stelle des Substrats wieder abgelegt und das Bild weist wieder die ursprüngliche schlechtere Auflösung auf.

Bei Verwendung eines geringeren Tunnelwiderstands, also bei Einschalten einer größeren Kraft ergibt sich das in Abb. 5b zu erkennende Verhalten des Mitschleifens: Das Pb-Atom springt zunächst über eine größere Distanz unter den Spitzenapex, dann folgt die Abstandskurve der Substratkorrugation. Das Atom wird also in engem Kontakt mit der Spitze kontinuierlich über die Oberfläche mitgeschleift. Wird die Spitze zurückgezogen, so verbleibt das Atom jedoch auf dem Substrat.

Abb. 5c beweist, dass im Fall von CO die Manipulation repulsiv erfolgt, die Moleküle also geschoben werden: Da die CO-Moleküle als Vertiefungen abgebildet werden, geht die Spitze bei lateraler Annäherung an ein Molekül zunächst näher an die Oberfläche heran, springt aber – bevor sie das Molekül erreicht hat – wieder zurück, weil das Molekül zum nächsten Adsorptionsplatz weggesprungen ist. Dieser Vorgang wiederholt sich anschließend regelmäßig mit der Periode a_1. Der Schiebevorgang lässt sich übrigens auch leicht dadurch nachweisen, als bei lateraler Zurückbewegung der Spitze das Partikel am Depositionsort zurückbleibt. Der repulsive Manipulationsmodus von CO auf Cu(211) entlang der regulären Strufenkanten bietet den Vorteil, dass ganze Ketten von Molekülen auf einmal verschoben werden können [10].

5 Vertikale Manipulation

Die vertikale Manipulation eines einzelnen Xe-Atoms[10] ist in Abb. 6 in eindrücklicher Weise demonstriert [3]. Im oberen RTM-Bild sind durch monoatomar hohe Defektstufen getrennte (211)-Terrassen des Cu-Substrats deutlich zu erkennen. Der helle Fleck auf der Terrasse mittlerer Höhe entspricht einem adsorbierten Xe-Atom. Im mittleren Bild ist das Xe-Atom nicht zu sehen, aber neben der Defektterrassen-Struktur ist nunmehr auch die Linien-Struktur der regulären Stufen innerhalb jeder Terrasse deutlich zu erkennen.

Im unteren Bild schließlich ist die ursprüngliche, etwas unschärfere Auflösung wieder vorhanden und das Xe-Atom liegt wieder auf der Oberfläche, jedoch an einem anderen Ort als zuvor. Das mittlere Bild wurde aufgenommen, nachdem das Xe-Atom bewusst auf die Spitze

---

[10] Xe ist das Element Xenon.

transferiert worden war und die verbesserte Auflösung hängt mit dem „Schärfen" der Spitze durch das einzelne Xe-Atom am Spitzen-Apex zusammen. Für den zuverlässigen vertikalen Transfer der Xe-Atome spielt die Richtung des Feldes und damit des Tunnelstroms eine wichtige Rolle. Die Elektronen müssen in die Richtung fließen, in die sich das Partikel bewegen soll.

Neben der vertikalen Manipulation von Xe ist auch der vertikale Transfer von C_3H_6 [4] und CO gelungen [12]. Der letztere Prozess gestaltet sich insofern kompliziert, als CO-Moleküle auf Cu-Oberflächen wie auf den meisten Metallen aufrecht stehen, wobei das Kohlenstoff-Atom zum Substrat bindet; beim Transfer zur Spitze muss sich das Molekül also umdrehen (Abb. 6). Eine zuverlässige experimentelle Prozedur für den Transfer ist entsprechend schwierig und verlangt das gleichzeitige Hochfahren der Tunnelspannung und die Verringerung der Spitzen-Partikel-Distanz [12].

Ein sehr willkommener Nebeneffekt des gezielten Transfers eines chemisch aktiven Moleküls wie des CO ist in den Tunnelbildern der Abb. 6 zu erkennen: Im oberen Bild, das mit einer Metallspitze aufgenommen wurde, sind alle adsorbierten Partikel auf dem Cu(111)-Substrat als Vertiefungen abgebildet. Das untere Bild ist mit derselben Spitze aufgenommen, allerdings nachdem das im oberen Bild gekennzeichnete CO-Molekül an den Spitzenapex transferiert worden war. Interessanterweise erscheinen nunmehr alle CO-Moleküle als Hügel mit einem sie umgebenden Graben, während das im linken oberen Teil der Abb. 6 sichtbare Sauerstoffatom weiterhin als Kuhle erscheint. Diese Möglichkeit zur gezielten Kontraständerung wurde in Abb. 1a ausgenutzt, um die CO-Moleküle als Hügel abzubilden. Die Erzielung chemischen Kontrasts ist für die analytischen Eigenschaften des RTMs von großer Wichtigkeit [13].

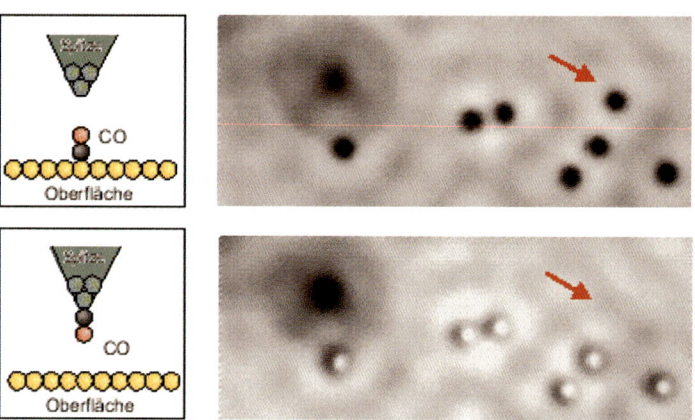

Abb. 6: Mittels vertikaler Manipulation wurde das mit einem Pfeil bezeichnete CO-Molekül auf die RTM-Spitze transferiert und mit der derart funktionalisierten Spitze das darunter liegende Bild aufgenommen: Das Ergebnis ist das Erzielen chemischen Kontrasts für alle CO-Moleküle, während das Sauerstoff-Atom unbetroffen bleibt. Im Modell ist das Umdrehen des Moleküls beim Transfer dargestellt.

Eine detaillierte Untersuchung des vertikalen Transfer-Mechanismus von CO ergab, dass dem Tunnelstrom wieder eine entscheidende Rolle zukommt [14]. RTM-Daten zeigten, dass eine minimale Tunnelspannung von 2,4 Volt (V) für den Sprung des CO von der Oberfläche benötigt wird und dass diese Ablösung bei ca. 3 V zuverlässig funktioniert. Aus Zwei-

Photonen-Photoelektronen-Spektroskopie (2PPE) konnte geschlossen werden, dass dabei der transienten Besetzung des antibindenden $2\pi^*$-CO-Zustands[11] eine entscheidende Rolle zukommt. Dass die Sprungrate linear mit dem Tunnelstrom anwächst, weist auf einen Ein-Elektronen-Prozess als Anregungsmechanismus hin. Die Wahrscheinlichkeit pro Tunnelelektron, einen CO-Sprung zu induzieren, ist spannungsabhängig und liegt unterhalb 10^{-10}, wenn die Spannung 3V nicht übersteigt. Umfangreiche RTM-Untersuchungen mit $C_{12}O_{16}$ und $C_{13}O_{18}$ ergaben einen deutlichen Isotopeneffekt für die Quantenausbeute von $2,7^{+0,7}_{-0,5}$. Innerhalb des Menzel-Gomer-Redhead-Modells für Desorption kann der Isotopeneffekt benutzt werden, um eine Anregungswahrscheinlichkeit für einen Sprung von $5 \cdot 10^{-9}$ abzuschätzen. Das heißt, dass etwa 0,5% des gesamten Tunnelstroms durch das $2\pi^*$-Orbital gehen und die Lebensdauer der Elektronen in diesem Zustand nur 0,8 bis 5 Femtosekunden[12] beträgt. Der CO-Transfer zur Spitze hängt also wesentlich vom Elektronenstrom ab und die Annäherung der Spitze dient vorwiegend dazu, die Wahrscheinlichkeit zu erhöhen, dass das Molekül vom Spitzenapex aufgefangen wird [12,14].

Die vertikale Manipulation erhöht auch die Einsatzmöglichkeiten des RTM in Hinblick auf Oberflächenstrukturierung. So ist es zum Beispiel nicht möglich, CO-Moleküle mittels lateraler Manipulation über reguläre oder Defektstufen hinweg zu schieben, weil sie an den Stufenkanten zur Seite hin ausweichen. Durch gezieltes Aufnehmen auf die Spitze und Absetzen am gewünschten Ort können solche Hindernisse jedoch überwunden werden [12].

6   Ausblick

Dieser kurze Überblick konzentrierte sich auf die kontrollierte laterale und vertikale Manipulation auf atomarer Skala, wobei wegen der Verwendung des RTM Arbeiten auf metallischen Substraten im Vordergrund standen. Da jedoch bei wichtigen Manipulationsarten die Kraft-Wechselwirkung zwischen Spitze und Substrat die dominante Rolle spielt, erscheint eine Übertragung dieser Techniken auf das Rasterkraftmikroskop [15] möglich. Damit würden dann auch Strukturierungen auf den technologisch wichtigen Halbleiter- und Isolatoroberflächen möglich. Ein wichtiger Zwischenschritt, an dem gegenwärtig gearbeitet wird, betrifft Manipulationen auf dünnen Isolatorschichten, bei denen das RTM noch eingesetzt werden kann. Das Arbeiten mit einzelnen Atomen und Molekülen birgt aber noch andere spannende Aspekte [16]. So konnten kürzlich Molekülrotationen mit dem RTM induziert und nachgewiesen werden, ebenso ist die gezielte Dissoziation[13] einzelner Molekülen möglich [17].

Die Dissoziationsprodukte können mit der ebenfalls erst kürzlich gelungenen Vibrationsspektroskopie [18] oder mit Spektroskopie der elektronischen Zustände [13] charakterisiert werden. So bietet sich die Möglichkeit, mit dem STM alle Reaktionspartner für eine chemische Assoziation aufzubereiten, die Reaktanden[14] zusammenzuführen und zur chemischen Verschmelzung zu zwingen, wie kürzlich zum ersten Mal am Beispiel der Ullman-Reaktion gezeigt werden konnte [19].

---

[11] Das ist die wissenschaftliche Beschreibung eines bestimmten Quantenzustands des CO-Moleküls, auch $2\pi^*$-Orbital genannt.
[12] Eine Femtosekunde ist 10^{-12} s oder 0,000000000001 s. In den extrem kurzen Zeitspannen von wenigen Femtosekunden laufen beispielsweise chemische Reaktionen ab.
[13] Teilung eines Moleküls.
[14] Reaktionspartner.

Dabei wurden alle Einzelschritte der Reaktion, nämlich Herstellung der Reaktanden (Phenyl, C_6H_5) aus Elternmolekülen (Iodbenzol, C_6H_5I), Zusammenbringen zweier C_6H_5 und deren chemische Vereinigung zu Biphenyl ($C_{12}H_{10}$) mit der Spitze des RTMs induziert. Die schließlich erfolgte chemische Verschmelzung zweier Phenyle zu Biphenyl wurde durch Ziehen des Endprodukts an einem Ende bewiesen. Nur bei erfolgreicher Assoziation folgt das gesamte Molekül der Spitze, ansonsten bleibt das hintere Phenyl liegen. Der Nachweis einer vollständigen chemischen Reaktion – induziert mit der Tunnelspitze – ergibt faszinierende Möglichkeiten, neue Moleküle aus eigens präparierten Einzelbausteinen zusammenzubauen. Zu einem vollen Verständnis aller Einzelschritte ist jedoch noch ein intensives Studium des Zusammenspiels der von Seiten des RTM zur Verfügung stehenden Parameter Feld, Strom und Kraft bei den verschiedenen Schritten notwendig.

Danksagung

Die Autoren danken ihren Mitarbeitern L. Bartels, E. Henze, S. W. Hla, B. Neu, J. Repp, K. Schaeffer und S. Zöphel für wichtige Beiträge. Der DFG, der EU sowie der VW-Stiftung sei für wichtige finanzielle Unterstützung gedankt.

Die Autoren

Karl-Heinz Rieder
Fachbereich Physik der Freien Universität Berlin

Gerhard Meyer
Fachbereich Physik der Freien Universität Berlin

Karl-Heinz Rieder, geb.1942. Studium der Physik in Wien, Promotion 1968. Wiss. Mitarbeiter im Reaktorzentrum Seibersdorf/Österreich (1968–71), am MPI f. Festkörperforschung Stuttgart (1971–75) und bei IBM-Rüschlikon/Schweiz (1975–86). Seit 1986 Professor an der FU Berlin.

Gerhard Meyer, geb.1956. Studium der Physik in Hannover, Promotion 1987. Postdoc bei IBM-Yorktown Heights/USA (1987-91) und am MPI für Strömungsforschung Göttingen. Seit 1991 Wissenschaftlicher Assistent an der FU-Berlin.

Literatur

[1] J. K. Stroscio und D. M. Eigler, Science **254**, 319 (1991)

[2] Ph. Avouris, Acc. Chem. Res. **28**, 95 (1995)

[3] B. Neu, G. Meyer und K. H. Rieder, Mod. Phys. Lett. **B9**, 963 (1995)

[4] G. Meyer, Rev. Sci. Instr. **67**, 2960 (1996)

[5] J. Repp, Diplomarbeit FU-Berlin (1999)

[6] G. Meyer, S. Zöphel und K. H. Rieder, Appl. Phys. Lett. **69**, 3185 (1996)

[7] G. Meyer, S. Zöphel und K. H. Rieder, Phys. Rev. Lett. **77**, 2133 (1996)

[8] G. Meyer, L. Bartels, S. Zöphel, E. Henze und K. H. Rieder, Phys. Rev. Lett. **78**, 1512 (1997)

[9] L. Bartels, G. Meyer und K. H. Rieder, Phys. Rev. Lett. **79**, 697 (1997)

[10] L. Bartels, G. Meyer und K. H. Rieder, Chem. Phys. Lett. **273**, 371 (1997)

[11] L. Bartels, G. Meyer und K. H. Rieder, Chem. Phys. Lett. **285**, 284 (1998)

[12] L. Bartels, G. Meyer und K. H. Rieder, Appl. Phys. Lett. **71**, 213 (1997)

[13] R. Wiesendanger (Ed.), Scanning Probe Microscopy: Analytical Methods, *Springer Series in Nanoscience and Technology* (1998)

[14] L. Bartels, G. Meyer, K. H. Rieder, D. Velic, E. Knösel, M. Wolf und G. Ertl, Phys. Rev. Lett. **80**, 2004 (1998)

[15] R. Wiesendanger, *Scanning Probe Microscopy and Spectroscopy*, Cambridge Univ. Press (1994)

[16] J. K. Gimzewski und C. Joachim, Science **283**, 1683 (1999))

[17] B. C. Stipe, M. A. Rezäi und W. Ho, Science **279**, 1907 (1998); Phys. Rev. Lett. **78**, 4410 (1997)

[18] B. C. Stipe, M. A. Rezäi und W. Ho, Science **280**, 1732 (1998)

[19] Saw Wai Hla, L. Bartels, G. Meyer und K. H. Rieder, Phys. Rev. Lett. **85**, 2777 (2000)

Weiche Materie:
Ordnung und Unordnung als Bauprinzip in Natur und Technik

Hans Wolfgang Spiess

1   Prolog

Weiche Materie, was ist das überhaupt? Tatsächlich hat sich dieser Begriff in der Physik erst seit etwa 10 Jahren etabliert, nachdem Pierre-Gilles de Gennes, der die Theorie dieses Gebietes wesentlich geprägt hat, dafür 1991 den Nobelpreis für Physik erhalten hatte [1]. Weiche Materialien sind, wie ihr Name sagt, in der Regel flexibel und leicht zu verformen. Sie erfüllen eine faszinierende Vielfalt von Aufgaben in Natur und Technik. Während aber Silizium – der „Stein der Weisen" – seine Funktion am besten erfüllt, wenn es möglichst perfekt geordnet in einem Einkristall vorliegt, entfaltet weiche Materie ihre komplexen Eigenschafts-*kombinationen* durch genau aufeinander abgestimmte Bereiche von Ordnung und Unordnung der Bausteine.

2   Weiche Materie als Werkstoff: Polymere, Kolloide, Flüssigkristalle

Mit weicher Materie als Werkstoff haben wir täglich zu tun, um unsere Ansprüche bei der Kleidung, beim Transport, der Kommunikation usw. zu befriedigen. Tatsächlich ist unsere kulturelle Entwicklung untrennbar mit der Entwicklung neuer, hochwertiger Werkstoffe verbunden. Nicht umsonst spricht man von der Steinzeit, der Bronzezeit oder der Eisenzeit. Neben solch eher harten Materialien haben die Menschen aber schon früh flexible, weiche Stoffe, wie Wolle, Seide oder Baumwolle entwickelt und genutzt. Erst im letzten Jahrhundert jedoch haben wir es gelernt, eine Fülle neuartiger flexibler Kunststoffe, auch *Polymere* genannt, aus einfachen Grundbausteinen herzustellen. Solche Polymere haben inzwischen eine erhebliche wirtschaftliche Bedeutung. In der chemischen Industrie haben sie Produktionswerte, die weit über denen sonstiger Werk- und Wirkstoffe liegen und allein in Deutschland jährlich etwa 50 Milliarden DM betragen. Auch bei den Forschungsaufwendungen der Industrie stechen die Polymere hervor. Weiche Materie ist also keineswegs ein Kuriosum sondern ein wesentlicher wirtschaftlicher Faktor.

Die vom Verbraucher letztlich genutzten Gegenstände enthalten im Allgemeinen Verbunde verschiedener Werkstoffe. Klassische Beispiele sind etwa der Einsatz weicher Materialien zur elektrischen Isolierung von Kabeln, zum Schutz von Metallen gegen Korrosion durch Lacke und Hebung des Fahrkomforts durch weiche und sichere Reifen im Auto oder zum Schutz des Menschen in hochelastischer Sportkleidung. Der Weg vom Rohstoff zum Produkt ist lang: Aus dem Rohstoff Erdöl wird in der chemischen Industrie zunächst das polymere Rohmaterial als Granulat erzeugt. Anschließend wird das Material zum Beispiel zu hochzugfesten Fasern versponnen und schließlich zu Produkten wie Sicherheitsgurten verwoben.

Das weiche Material kann aber auch in wesentlich feinerer Form hergestellt werden und zum Einsatz kommen, zum Beispiel für Wandfarben in Form *kolloidaler* Lösungen. Während die Granulatstückchen Dimensionen von Zentimetern haben, liegen die Durchmesser kolloidaler Kugeln im Mikrometer-Bereich. Sie sind also etwa 10 000-mal kleiner. Zum Vergleich: Ein menschliches Haar hat einen Durchmesser von etwa 10 Mikrometer. Die unregelmäßige Bewegung solcher kolloidaler Partikel kann man in einem Lichtmikroskop direkt verfolgen und stimulierte Einstein zu seiner berühmten Arbeit über die „Brownsche Bewegung" [2]. Dies mag als ein Beispiel dafür dienen, dass die Untersuchung von Struktur und Dynamik weicher Materie einen wichtigen Zugang zu grundlegenden Erkenntnissen über komplexe Systeme eröffnet.

Zurück zu den Werkstoffen: Wie trocknet eine Farbe an der Wand? Beim Trocknen einer kolloidalen Dispersion sollen sich die Kugeln zunächst dicht packen, anschließend deformieren und schließlich zu einem homogenen Film verschmelzen. Diese ideale Ordnung der Teilchen wird i. a. jedoch nicht erreicht. Die daraus resultierenden Fehlstellen führen zu unvollständigem Schutz des Anstrichs. Dass die Filmbildung tatsächlich ein sehr komplexer und schwer kontrollierbarer Vorgang sein muss, ist wohl jedem klar, der sich schon einmal mit tropfenden Lacken oder eingetrockneten Spritzpistolen herumgeschlagen hat. Neben dem Korrosionsschutz werden Polymerdispersionen aber auch in vielen anderen Bereichen eingesetzt, zum Beispiel in der Kosmetik oder zum Beschichten und damit Veredeln von Papier.

Kolloidale Teilchen spielen auch in der Natur eine herausragende Rolle. So organisieren sich seifenähnliche Moleküle aus wasserverträglichen Kopfgruppen und Wasser abweisenden flexiblen Schwänzen spontan zu kugelförmigen Mizellen oder Doppelschichten, die auch die Abgrenzung biologischer Zellen bilden. Diese Zellmembranen können Eiweißmoleküle (Proteine) einlagern und so kontrollierte Funktionen, zum Beispiel gezielten Transport durch die Membran, oder enzymatisch katalysierte chemische Reaktionen ermöglichen. Hier erkennen wir, dass die Natur Ordnung in den Doppelschichten und Unordnung der Proteine geschickt miteinander verbindet, um gewünschte Funktionen zu erreichen.

Die charakteristische Längenskala ist hier noch einmal kleiner, etwa ein Tausendstel eines Mikrometers, oder ein Milliardstel eines Millimeters. Diese Längeneinheit bezeichnet man nach dem griechischen Wort für Zwerg, „Nanos", als Nanometer. Auf ein Nanometer passen etwa 5 bis 10 Atome. Entsprechend spricht man bei solchen Dimensionen häufig von Nanostrukturen, Nanoobjekten etc. sowie von Nanotechnologie. Die kontrollierte Herstellung solche winziger Objekte und ihre Verknüpfung zu Bauelementen, wie man sie auch aus der Festkörperphysik her kennt, ist ein hochaktuelles Forschungsgebiet.

Eine weitere wichtige Klasse weicher Materie sind die *Flüssigkristalle*, wie wir sie aus der Displaytechnik kennen. Während im Allgemeinen beim Schmelzen eines Festkörpers unmittelbar eine völlig ungeordnete Flüssigkeit entsteht (beispielsweise beim Schmelzen von Eis zu Wasser), bilden zahlreiche organische Kristalle aus stäbchenförmigen Bausteinen Zwischenphasen, in denen diese Bausteine bereits hochbeweglich, aber noch teilweise geordnet vorliegen. Diese Phasen verbinden Eigenschaften geordneter Kristalle und ungeordneter Flüssigkeiten und werden deshalb flüssigkristallin genannt. Bei einer Flüssigkristallanzeige macht man sich diese Kombination von Ordnung und Unordnung zu Nutze, indem man die Ausrichtung der Stäbchen durch Anlegen eines elektrischen Feldes ändert, damit zuvor mögliche Lichtwege blockiert und so Kontrast erzeugt. Die dazu erforderlichen elektrischen Spannungen sind nur gering. Deshalb finden Flüssigkristalldisplays in Handys und Notebook-Computern weite Verbreitung.

Von den genannten Beispielen möchte ich die *Polymere* etwas detaillierter vorstellen [3]. Polymere sind lange Kettenmoleküle, wie sie auch in der Natur vorkommen, zum Beispiel in Proteinen oder der Zellulose. Synthetische Polymere werden nach dem gleichen Bauprinzip hergestellt, allerdings mit anderen Bausteinen. Ähnlich wie die lebende Natur die Vielfalt ihrer Erscheinungsformen aus nur wenigen Bausteinen erzeugt, so kann man auch bei synthetischen Polymeren aus denselben Bausteinen eine enorme Eigenschaftsvielfalt erzielen. So lässt sich das gleiche Grundmaterial, Polyethylenterephthalat (PET), zu Fasern für Kleidungsstücke, zu Folien für Diafilme oder zu energiesparenden Getränkeflaschen verarbeiten. Polymere werden auch in der Medizin als Implantate, Hilfsmittel oder Dialysemembranen vielfach eingesetzt. Das als eher profanes Rohrmaterial bekannte Polyethylen dient dabei in hoch veredelter Form als Gleitschicht zwischen Pfanne und Kugelkopf in künstlichen Hüftgelenken.

Polymere sind aber nicht nur Ersatzstoffe für konventionelle Materialien, sie sind in zunehmendem Maße auch Träger neuer Technologien, etwa in der Elektronik. Das bekannteste Beispiel dürfte die optische Speicherplatte, die CD aus Polycarbonat sein. Dieses Polymer verbindet hervorragende optische mit günstigen mechanischen Eigenschaften. Darüber hinaus erfüllen jedoch Polymere unverzichtbare Funktionen bei der Herstellung von Bauelementen der Mikroelektronik. Als lichtempfindliche Deckschicht schützen sie Teile des Siliziums bzw. der bereits teilweise generierten Schaltung bei den einzelnen Oxidationsschnitten. Die so generierten Strukturen liegen heute deutlich unter einem Mikrometer und ermöglichen so immer schnellere Verarbeitung von Information.

Die hervorragenden mechanischen Eigenschaften polymerer Stoffe wie ihre Flexibilität lassen sich auch mit hochwertigen optischen Funktionen verbinden. So ist es kürzlich gelungen, aus einer biegsamen Polymerfolie einen flexiblen Laser zu realisieren [4]. Diese Beispiele machen deutlich, dass weiche Materie in ihren verschiedenen Formen letztlich jede heute technologisch genutzte elektronische, magnetische und optische Funktion erfüllen kann oder können wird wie klassische Festkörper, verbunden mit flexibleren mechanischen Eigenschaften, geringem Gewicht und Einfachheit der Herstellung.

3   Überstrukturen: Ordnung und Unordnung

Gemeinsamkeiten und Unterschiede zwischen weicher und harter Materie lassen sich verdeutlichen, wenn wir die Organisation der Bausteine zu Überstrukturen betrachten. In Kristallen sind die Bausteine hoch geordnet. Je nach Anordnung, symmetrisch in alle Richtungen oder in Schichten liefern dieselben Bausteine völlig unterschiedliche mechanische, optische und elektrische Eigenschaften wie der Vergleich des harten, funkelnden sowie elektrisch isolierenden Diamants und des weichen, schwarzen sowie elektrisch leitenden Graphits zeigt. Beide sind aus reinem Kohlenstoff aufgebaut. Weiche Materie ist im Vergleich dazu wesentlich weniger geordnet. Die Eigenschaftsvielfalt entsteht hier durch die Organisation zu Überstrukturen. In Polymerschmelzen oder glasig erstarrten Materialien liegen die Kettenmoleküle völlig ungeordnet als Knäuel vor. Dies ist zum Beispiel eine Voraussetzung für hohe optische Transparenz. Die in solchen ungeordneten Strukturen gut möglichen dynamische Prozesse geben dem Material Flexibilität. Die mechanische Festigkeit lässt sich erheblich steigern, wenn in eine solche amorphe Matrix kristalline Bereiche eingebettet sind, ein Verstärkungsprinzip, das uns von unserem Knochenskelett ebenso vertraut ist wie vom Stahlbeton her. In den kristallinen Bereichen liegen die Ketten parallel zueinander. Durch Verstrecken des Materials zu einer Faser lassen sie sich makroskopisch ausrichten. Hierdurch wird die Zugfestigkeit noch einmal erheblich gesteigert und ist dann für Polyethylen tatsächlich höher als für Stahl, bezogen auf das Gewicht.

4   Rolle der Fachgebiete: Physik, Chemie, Werkstoff- und Ingenieurwissenschaften

Der Weg von der molekularen Welt über die gerade diskutierten Überstrukturen zur Konstruktion makroskopischer Bauteile ist lang. Während Letzteres die Domäne der Ingenieure ist, sind die Grunddisziplinen Physik und Chemie am anderen Ende dieser Kette angesiedelt. Auf die Bedeutung der theoretischen Physik, die allgemeine Gesetzmäßigkeiten für verschiedene Materialklassen aufzeigt, hatte ich bei der Brownschen Bewegung kolloidaler Teilchen bereits hingewiesen. Der experimentell arbeitende Physiker muss zunächst einmal Messmethoden entwickeln, um Eigenschaften und Funktionen der Materialien nach physikalischen Gesetzen klassifizieren und quantifizieren zu können. So erkennt man zum Beispiel die verschiedenen mechanischen Eigenschaften harter und weicher Materie in Zugversuchen durch vollkommen unterschiedliche Spannungs–Dehnungsdiagramme. Angesichts der immer weiter fortschreitenden Miniaturisierung, zum Beispiel in der Informations- oder der Medizintechnik müssen Messmethoden, die in unserer makroskopischen Welt einfach zu realisieren sind, auf immer kleinere Dimensionen übertragen werden, eine Herausforderung an die nächste Generation von Physikern.

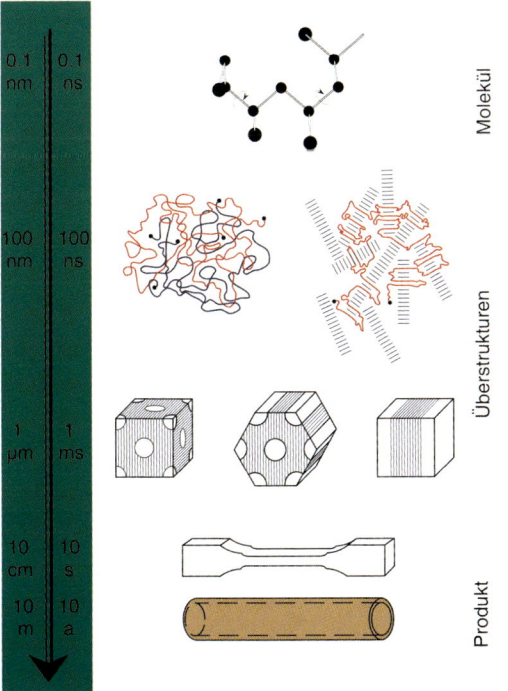

Abb. 1: Längen- und Zeitskalen für Polymere: vom Molekül über Überstruktur zum makroskopischen Produkt.

Optimale Materialentwicklung ist nur bei genauer Kenntnis der Zusammenhänge zwischen den inneren Strukturen und den makroskopischen Eigenschaften möglich. Abbildung 1 fasst die für die Polymerforschung wichtigen Längen- und Zeitskalen zusammen. Stellen wir uns zum Vergleich die Moleküle einmal auf menschliche Dimensionen vergrößert vor, so entsprechen die zuvor diskutierten Überstrukturen bereits Bergmassiven in den Alpen. Ein Teststab, an dem man die Zugfestigkeit misst, würde den Durchmesser unserer Sonne durchspannen und das aus dem Polymeren erzeugte Rohr, das von einer Trommel aus in das Erdreich verlegt wird, könnte leicht die Bahn eines Planeten nachzeichnen. Analoges gilt für die Zeitskalen der Prozesse, die für das Verhalten polymerer Werkstoffe wichtig sind. Alterungsphänomene, die zum Versagen der Produkte nach Jahren oder Jahrzehnten führen, müssen letztlich auf Umlagerungen der Moleküle zurückzuführen sein. Stellen wir uns diese Primärprozesse einmal auf einer Zeitskala von Sekunden verlangsamt vor, so sprechen wir bei Altersphänomenen von der Lebensdauer des Weltalls.

Damit ist eine weitere Herausforderung an die Physiker verbunden, Messmethoden zu entwickeln, die das Verhalten von Materie über diese enormen Längen- und Zeitskalen genau erfassen können. Vorgehensweise, Größe der Geräte und Aufwand können sich dabei ebenfalls enorm unterscheiden. Zur Untersuchung von Struktur und Dynamik weicher Materie haben sich die Methoden der Röntgen- und Neutronenstreuung, der Elektronen und Kraftmikroskopie sowie die Kernresonanzspektroskopie, die wir selbst als Schwerpunkt einsetzen [5], als besonders leistungsfähig erwiesen. Diese Methode ist in der Öffentlichkeit inzwischen als Magnetresonanztomographie in der medizinischen Diagnostik vertraut.

5   Vorbild Natur: Leichtbauweise, Evolutionsstrategie

Synthetische und natürliche Polymere weisen zahlreiche Gemeinsamkeiten auf. Diese sollten wir in Zukunft noch stärker nutzen als bisher. Auch Architekten und Ingenieure lernen aus der Natur. Das Titelbild eines entsprechenden Buches von Werner Nachtigall [6] bringt dies durch den Vergleich von Spinnen-Netz und Konstruktion des Olympia-Dachs in München auf den Punkt. Die Natur verwendet das Prinzip „Leichtbauweise" auf allen Längenskalen. Die Sandwich-Konstruktion eines Elefantenschädels ist bei geringem Gewicht hochfunktionell. Die vielfach durchlöcherte, extrem leichte und dabei druckfeste Siliziumdioxidschale einer kleinen Meeresradiolarie garantiert geringe Sinkgeschwindigkeit.

Beim Fliegen ist der Vergleich von Natur und Technik für die Werkstoffentwicklung allerdings noch ernüchternd. Küstenseeschwalben fliegen einmal im Jahr um die Erde. Sie sind aus billigen leicht verfügbaren Materialien mittlerer Stärke aufgebaut, mögliche Defekte werden selbst repariert. Das Leichtbauflugzeug „Voyager", das 1987 erstmals non-stop um die Erde flog, wurde dagegen aus extrem teuren mechanisch höchstwertigen Materialien nach einer komplizierten Konstruktion gefertigt, wurde im Flug stark beschädigt und benötigte anschließend erhebliche Reparaturen. Hier gibt es offensichtlich noch viel zu tun.

Aber nicht nur Ingenieure und Werkstoffwissenschaftler können aus der Natur lernen. Dank vielfältiger Erkenntnisse in Biophysik und Biochemie verstehen wir heute auch die Strategien der Natur auf der Ebene der Eiweißmoleküle (Proteine) selbst immer besser. Dort sind häufig einfache Struktureinheiten wie geordnete blattförmige bzw. schraubenartige (helikale) Bereiche zu identifizieren, die über ungeordnete aber flexible Ketten miteinander verbunden sind. Solche Strukturelemente lassen sich heute gut mit mehrdimensionaler Kernresonanz-

Spektroskopie bestimmen. Im leistungsfähigen Enzym werden entsprechende Einheiten so angeordnet, dass eine hochselektive Reaktionsfolge gesteuert werden kann.

Reflektiert diese Sicht des Enzyms nun unser analytisches physikalisches Denken, oder ist die Natur beim Aufbau dieser Proteine tatsächlich so vorgegangen? Die Antwort lautet in der Tat: *Ja*. Durch systematische Strukturuntersuchungen lässt sich heute der Evolutions-Stammbaum von Enzymen fast vollständig nachvollziehen [7]. Die oben diskutierten einfachen Formen kommen in Archaebakterien vor, die man in heißen Quellen am Meeresgrund bei Temperaturen bis 100 °C findet. Sie sind sehr stabil, da sie aus hochgeordneten Struktur-elementen bestehen, ihre Funktion ist dagegen limitiert. Durch Verknüpfen der Strukturele-mente mit ungeordneten Verbindungsstücken entstehen leistungsfähigere Systeme, die aber wesentlich weniger stabil sind.

Solche Stammbäume verdeutlichen darüber hinaus eine weitere wichtige Strategie, die die Natur beim Aufbau immer leistungsfähigerer supramolekularer Systeme verwendet. Ich hatte bisher nur die Entwicklung *einer* Komponente eines solchen Enzyms skizziert. Sie führt zur Optimierung einer Struktur. Um weiter zu gelangen, verbindet die Natur anschließend opti-mierte Systeme vergleichbarer Komplexität und Einzelfunktionalität, in einer synergetischen Kombination zu noch leistungsfähigeren Gesamtsystemen. Wir werden am Schluss des Vor-trags sehen, wie man dieselbe Strategie heute zur Weiterentwicklung des Gebietes „Weiche Materie" nutzt.

6   Aktuelle Beispiele aus der Forschung an Weicher Materie

Fließen: Grundlagenforschung

Weiche und harte Materie unterscheiden sich neben ihrem unterschiedlichen Gewicht vor allem durch ihr unterschiedliches mechanisches Verhalten. Deshalb sollen die Zusammenhän-ge zwischen molekularer Dynamik und den mechanischen Eigenschaften zuerst betrachtet werden. Abbildung 2 zeigt links Polymerketten in einer Schmelze, deren Fließverhalten für die Verarbeitung des Materials von entscheidender Bedeutung ist. Beim Fließen müssen diese ungeordneten Polymerketten aneinander vorbeigleiten. Wer jemals ein verheddertes Woll-knäuel zu entwirren versucht hat, weiß wie schwierig dies ist. Solch ein Vergleich macht deutlich, dass die Fließfähigkeit, die Viskosität, stark von der Kettenlänge abhängt: halb so lange Ketten fließen etwa 10-mal so leicht. Das entspricht etwa dem Unterschied im Fliess-verhalten zwischen Wasser und Kaffeesahne. Abkühlung um ca. 30 °C erhöht dagegen die Viskosität wieder um diesen Faktor. Solche Befunde gilt es zu erklären.

Wie gehen *Physiker* eine solch komplexe Fragestellung an? Besonders aktuell ist die Com-putersimulation [8]. Durch die immer leistungsfähigeren Computer wachsen die Möglich-keiten dieser Technik in geradezu atemberaubendem Tempo. Verfolgt man die Entwicklung einzelner Ketten für verschiedene Zeiten, so findet man die in Abb. 2 rechts dargestellten Spu-ren, die der theoretische Physiker de Gennes durch geniale Vereinfachung vorhergesagt hatte [1].

Im sogenannten Reptationsmodell betrachtet er lediglich eine herausgegriffene Kette, die sich wie eine Schlange durch eine Röhre schlängelt, die durch die anderen Ketten gebildet wird und kann so die Kettenbewegung auf unterschiedlichen Längen- und Zeitskalen quanti-tativ berechnen. Damit kommen wir zum dritten Ansatz: Der Experimentalphysiker überprüft die Aussagen der Modelle. Für solch komplexe Fragestellungen benötigt man dazu auch besonders leistungsfähige Messmethoden. Abbildung 3 zeigt links Ergebnisse der Neutronen-streuung [9] im Vergleich zu den Vorhersagen verschiedener Modelle. Das Reptationsmodell beschreibt die Experimente tatsächlich am besten. Rechts sehen wir Daten, die wir selbst mit neu entwickelten NMR-Verfahren gewonnen haben [10]. Hier lässt sich die Kettendynamik über wesentlich weitere Zeitbereiche abfragen, sodass Skalengesetze überprüft werden kön-nen. Diese manifestieren sich in den Steigungen der hier eingezeichneten Geraden, die sich für kurze und lange Ketten deutlich unterscheiden. Auch hier finden wir gute Übereinstim-mung mit dem Reptationsmodell.

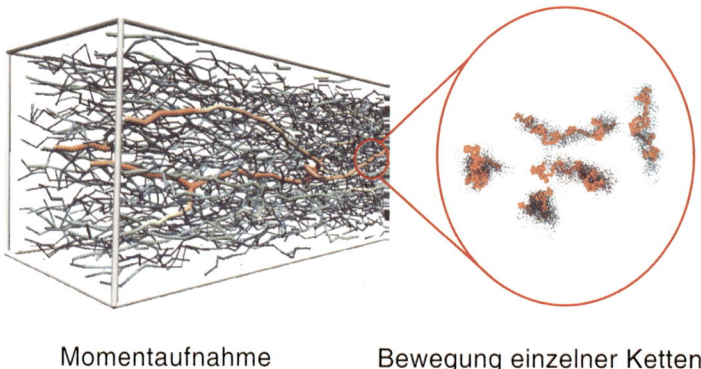

Momentaufnahme   Bewegung einzelner Ketten

Abb. 2: Computersimulation von Polymerketten [8].

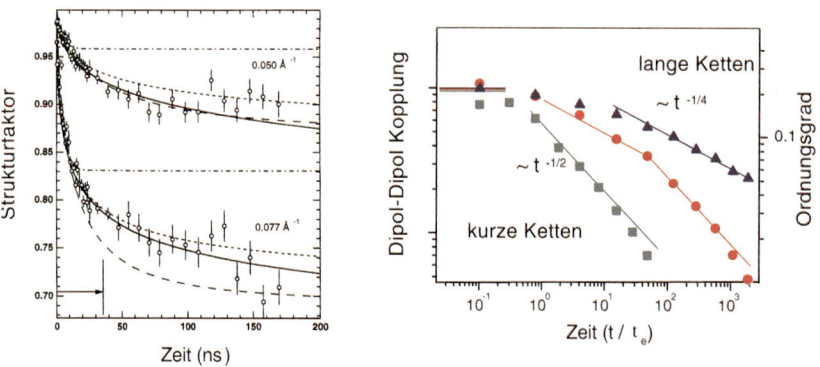

Abb. 3: Überprüfung des Reptationsmodells der Kettendynamik mit Neutronenstreuung (links) [9] und NMR-Spektroskopie (rechts) [10].

Soweit könnte man denken, dass das Problem damit verstanden sei. Tatsächlich aber haben wir in unserem NMR-Experiment die Ausrichtung von Ketten gemessen, also eine Ordnung, wie wir sie in Flüssigkristallen oder Membranlipiden kennen gelernt haben. Diese Ordnung sollte es nach den gängigen Vorstellungen der Polymerphysik und des Reptationsmodells aber gar nicht geben. Aus unseren Ergebnissen schließen wir, dass Polymerschmelzen keineswegs so ungeordnet sind, wie bisher vermutet. Vielmehr sind sie auf einer Nanometerskala offenbar hochstrukturiert. Dies zeigt wie wenig wir auch heute noch Struktur und Dynamik amorpher weicher Materie verstehen. Mit jeder neuen Methode finden wir neue überraschende Befunde, die neue Möglichkeiten in anderen Gebieten eröffnen. Hier zum Beispiel zur Organisation dünner Polymerfilme auf Oberflächen

Mechanische Langzeitstabilität: Transfer in die Praxis

Die Klärung der Kettendynamik ist aber nicht nur von akademischen Interesse, sie hat unmittelbaren praktischen Bezug. Dies möchte ich an einem Beispiel erläutern, bei dem eine physikalische Messung unserer Gruppe bereits in eine erfolgreiche Produktentwicklung eingeflossen ist. Gas- und Wasserrohre aus Kunststoff müssen heute erstaunliche Eigenschafts*kombinationen* aufweisen. Beim Sanieren alter Rohrleitungen zieht man das neue Material in einer U-förmig gefalteten Form ein. Damit es dabei nicht Schaden nimmt, muss es abriebfest sein. Andererseits muss es flexibel sein, denn unter Druck soll sich das Material aufblasen wie ein Ballon. Schließlich soll das Rohrmaterial generell, mit oder ohne Ummantelung auch unter Druck nach Jahrzehnten noch dicht sein. Diese zunächst kaum vorstellbare Eigenschaftskombination lässt sich bei Polyethylen (PE), von dem zu Anfang schon die Rede war, tatsächlich realisieren.

Was passiert auf molekularer Ebene, wenn ein solches Rohr reißt? Die mechanischen Eigenschaften von PE werden durch das Wechselspiel zwischen ungeordneten flexiblen und geordneten festen Bereichen bestimmt. Die einzelnen Kristallite, die dem Material die Festigkeit geben, werden dabei durch lange Kettenmoleküle miteinander verwoben. Haben die Ketten jedoch auch in den kristallinen Bereichen die Möglichkeit, sich wie eine Schraube durch diese Lamellen hindurchzuwinden, so kann es unter Druck im Laufe der Zeit zu einer Entschlaufung kommen und das Rohr wird reißen. Um hier optimieren zu können, werden genaue Aussagen über die Natur von *dynamischen Prozessen* in Festkörpern auf molekularer Ebene benötigt. Mit Hilfe von mehrdimensionaler NMR-Spektroskopie[1] konnten wir zeigen dass sich die PE-Ketten tatsächlich durch die Kristalle hindurchwinden können. Dieser Prozess dauert für die einzelne Kette bei Zimmertemperatur etwa ein halbe Stunde, er bestimmt aber letztlich die Langzeitstabilität. Solch langsame Prozesse auf molekularer Ebene zu erfassen ist experimentell außerordentlich schwierig. Tatsächlich gelang dies auch hier erst, nachdem wir neue NMR-Methoden für diese Fragestellungen entwickelt hatten [5].

Durch chemische Modifikation kann die Entschlaufung gezielt unterdrückt werden. Damit konnte die deutsche Industrie die Langzeitstabilität von PE-Rohren unter Erhalt ihrer Flexibilität um etwa den Faktor 20 bis 50 erhöhen und damit Standzeiten von mehr als 50 Jahren garantieren. Der wirtschaftliche Nutzen dieser Entwicklung wird deutlich, wenn man sich an eine Meldung erinnert, wonach amerikanische Firmen an Hausbesitzer wegen schadhafter Kunststoffrohre Schadenersatz von 1 Milliarde US-Dollar gezahlt haben. Dies entspricht dem Jahresetat der Max-Planck-Gesellschaft. Dieses Beispiel zeigt, dass Forschung sich durchaus wirtschaftlich rechnen kann.

Färben: Vorteile von Kolloiden

Gebrauchsgegenstände aus Kunststoffen sollen nicht nur leicht, flexibel und billig sein, sie sollen auch schlichtweg schön aussehen. Nicht umsonst ist die chemische Industrie aus Farbenfabriken entstanden. Durch Verwendung kolloidaler Partikel bringt die Nanotechnologie

---

[1] NMR: Nuclear Magnetic Resonance (Spectroscopy), deutsch kernmagnetische Resonanzspektroskopie. Sie nutzt – wie die NMR-basierte Computertomografie – die magnetischen Eigenschaften von Atomkernen.

auch beim Färber Vorteile. Dazu werden Farbstoffe durch sogenannte Miniemulsionspolymerisation definiert in kolloidale Partikel eingeschlossen. Die von Klaus Müllen in unserem Institut hergestellten NanoColorants sind wesentlich einheitlicher als konventionelle Farbpigmente und habe deshalb bessere Farb-Eigenschaften. So ist das Nanocolorant ist wesentlich fester in den Kunststoff eingebaut und färbt deshalb nicht ab wie konventionelle Pigmente. Durch die gleichmäßige Verteilung ist darüber hinaus die Färbung auch erheblich brillanter.

Photonik: Flüssigkristalline Strukturen und molekulare Drähte

Die bisher gezeigten Beispiele betrafen Massenkunststoffe wie Polyethylen oder Nylon, die es zwar erst seit etwa 70 Jahren gibt, die wir aber alle aus unserem täglichen Leben kennen. Wir hatten gesehen, dass Forschung mit neuen Messmethoden oder neuen Materialkonzepten auch hier noch entscheidende Verbesserungen möglich macht, die sich unmittelbar vermarkten lassen. Noch spannender aber ist es, Materialien für zukünftige Technologien zu entwickeln, zum Beispiel molekulare Drähte. Generell ist es eine faszinierende Herausforderung, Bauelemente, die uns aus unserer makroskopischen Welt vertraut sind, auf der Nanoskala zu erzeugen. Die Natur hat uns dies schließlich vorgemacht. Sie wandelt Licht in chemische Energie um, übermittelt elektrische Impulse, transportiert Ionen durch Membranen, führt komplizierte chemische Reaktionen auf engstem Raum aus, verfügt über molekulare Motoren usw. Diese Vielfalt sollte uns auch mit synthetischen Bausteinen gelingen. Dazu müssen wir in der Nanowelt teilweise ähnlich, teilweise aber auch völlig anders vorgehen, als wir es aus unserer Makrowelt kennen.

Die Umsetzung von Lichtenergie in elektrische nutzbare Energie ist in Solarzellen bereits verwirklicht. Damit weiche Materie hier mit den bewährten anorganischen Festkörpern mithalten kann, müssen die durch Licht erzeugten Ladungsträger hochbeweglich sein. Dies ist zum Beispiel im Graphit der Fall, in dem die Kohlenstoffatome in Schichten angeordnet sind und Ladungsträger zwischen den Schichten springen können. Um zu definierten photonischen Materialien zu gelangen, synthetisiert Klaus Müllen immer größere Graphitausschnitte, und macht sie durch Anbindung flexibler Seitenketten handhabbar. Solch scheibenförmige Objekte organisieren sich spontan zu Stapeln oder Säulen, sogenannte kolumnaren Phasen. Entlang der Stapel können ähnlich wie ein einem Metall Ladungen transportiert werden. Die so erzeugten molekularen Drähte sind durch ihre Seitenketten voneinander elektrisch isoliert, ähnlich den kunststoffummantelten Metalldrähten in einem Kabel.

Wie aber sind die Scheiben in einem Stapel zueinander angeordnet (Abb. 4): direkt übereinander oder gegeneinander verschoben? Die bei geordneten Kristallen so leistungsfähigen Röntgenmethoden zur Strukturbestimmung sind für solche vergleichsweise nur wenig geordneten Strukturen nur bedingt einsetzbar. Deshalb galt es, alternative Messmethoden zu entwickeln. Auch hier erweist sich die Festkörper-NMR-Spektroskopie als besonders geeignet. Für eine hochgeordnete Kolumne, erwarten wir im 2D-NMR-Spektrum[2] nur ein Signal, für Scheiben, die gegeneinander verschoben sind, dagegen drei Signale. Beide Fälle wurden experimentell beobachtet [11, 12]. Sind diese Strukturunterschiede aber für die gewünschte Eigenschaft überhaupt von Bedeutung? Um dies zu klären, vergleichen wir im unteren Teil der Abbildung die Ladungsträgerbeweglichkeiten der beiden Strukturen [13]. Tatsächlich ist die Ladungsträgerbeweglichkeit im weniger geordneten Stapel höher und erreicht fast diejenige des Graphits. Das hätte man vorab wohl kaum erwartet. An diesem Beispiel wird deutlich, dass

---

[2] 2D steht für zweidimensional. Es gibt auch dreidimensionale (3D-)-NMR-Spektren.

erst die genaue Kenntnis der Organisation von Molekülen eine gezielte Materialoptimierung möglich macht.

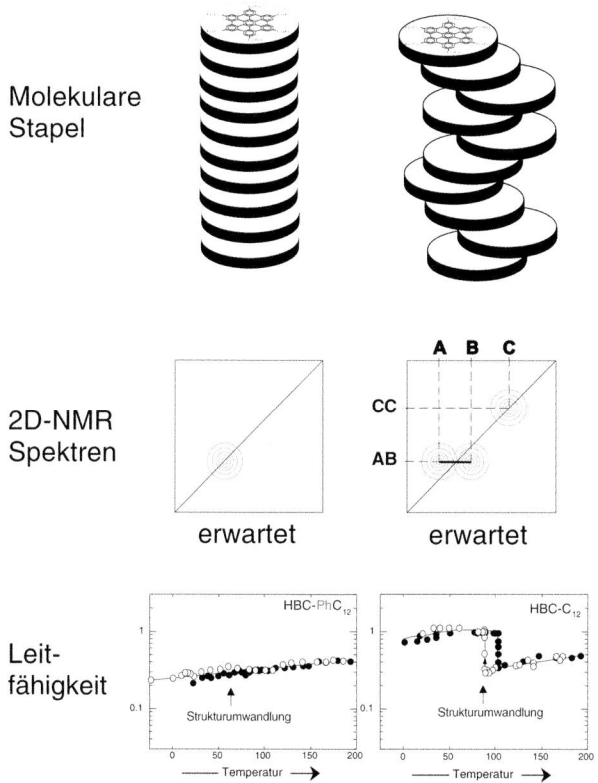

Abb. 4: Ordnung von Scheiben in Stapeln als Grundlage photonischer Materialien [11 – 13].

Damit die Ergebnisse der physikalischen Messungen bei der Optimierung genutzt werden können, müssen diese Messungen an leicht zugänglichen Apparaturen mit geringen Substanzmengen und vor allem *schnell* durchgeführt werden. In unserem Labor geschieht das tatsächlich innerhalb eines Tages. So kann der Chemiker auf unsere Ergebnisse warten, bevor er die nächste Synthese beginnt. Noch vor drei Jahren hätten wir nicht im Traum daran gedacht, solche Messungen überhaupt durchführen zu können.

Ionenbatterien: Transport und Festigkeit

Das wachsende Bewusstsein, mit Energie sparsam umzugehen, ist eine der treibenden Kräfte zur Entwicklung von Hochleistungsbatterien, zum Beispiel für das Elektroauto. Aber auch bei Notebook-Computern oder Handys geben die Batterien noch immer Grund zum Ärger zum Beispiel durch ihr vergleichsweise hohes Gewicht. Deshalb wird weltweit an der Verbesserung von Ionenbatterien geforscht. Die Batterien sollen leicht, mechanisch stabil und bezüglich der Kapazität und Ladezeit effizient sein. In einer Ionenbatterie müssen Metallionen, hier das besonders leichte Lithium von einer Elektrode zur anderen transportiert werden.

Am Beispiel des Ionentransports lassen sich die Zusammenhänge zwischen Ordnung und Eigenschaft sowie die Vorteile flexibler, weicher Materie ein weiteres Mal erläutern. In einem idealen Kristall ist kein Ionentransport möglich. Erst in einem Kristall mit Fehlstellen können Defekte durch den Festkörper laufen, Ladungstransport wird möglich. In einem ungeordneten Glas sind zahlreiche Einbaulagen möglich, die Leitfähigkeit steigt an. Ist die Umgebung ein ungeordnetes flexibles Polymer, so können die Ketten durch ihre Eigendynamik immer neue günstige Taschen für die Ionen bilden, die die Leitfähigkeit weiter erhöhen. Einfache Polymere verfügen aber im Allgemeinen nicht über die mechanische Festigkeit, die in einer Ionenbatterie verlangt wird. Deshalb hat Wolfgang Meyer aus dem Arbeitskreis von Gerhard Wegner an unserem Institut das Prinzip der molekularen Verstärkung durch steife Bauelemente realisiert und so neue attraktive Eigenschaftskombinationen erzielt [14].

Hybridmaterialien: Keramik und Biologie

Solange man bei der Entwicklung von neuen Werkstoffen bei einer Klasse, zum Beispiel hier der synthetischen Polymere bleibt, wird das erreichbare Optimum beschränkt bleiben. Um noch weiter zu kommen, kombinieren wir wie die Natur verschiedene hochentwickelte Systeme. Hier bieten sich Hochleistungskeramiken an, die ihrerseits wegen ihrer einstellbaren thermischen, mechanischen, optischen, chemischen und elektrischen Eigenschaften eine enorme Anwendungsvielfalt aufweisen.

Tatsächlich lassen sich organische Polymere mit Keramiken gut zu organisch-anorganischen Hybridmaterialien verbinden. Besonders viel versprechende Eigenschaften sind zu erwarten, wenn man solche Hybride gezielt strukturieren kann. Durch einfaches Quellen in organischen Lösemitteln kann Ulrich Wiesner solche Strukturen anschließend in einzelne Nanoobjekte trennen, bei denen die ionenleitenden Stäbchen oder Scheiben auch hier durch ihre organischen Komponenten ihre eigene Isolierung mit sich führen [15]. Diese Entwicklung, organisch-anorganische Nano-Objekte in einfacher Weise zu generieren, steht erst am Anfang und hat enormes Potenzial.

Synthetische Phasen mit Überstruktur lassen sich aber nicht nur mit anorganischen Komponenten paaren. Joachim Rädler hat vor kurzem gezeigt, dass man auch biologische Systeme, wie Nukleinsäuren in wohl definierten Komplexen mit synthetischen Lipiden organisieren kann[16]. In den Schichten sind die Nukleinsäuren durch die Lipide gut verpackt. Nach diesem Konzept lassen sich nun ebenfalls nach wohldefinierten Gesetzen der Physik eine Vielzahl von Organisationsformen realisieren, die denen der organisch-anorganischen Hybride analog sind. Hier ergeben sich für die Polymerphysik faszinierende Entwicklungsmöglichkeiten. Anwendungsmöglichkeiten solcher Lipid-DANN-Komplexe bieten sich zum Beispiel in der Gen-Therapie an, da die verpackten Nukleinsäuren die Zellmembran relativ leicht durchdringen können.

7   Epilog

Polymere, Kolloide und Flüssigkristalle sind typische Vertreter weicher Materie. Die Eigenschaftsvielfalt solcher Werkstoffe erwachsen aus *Überstrukturen*, die Ordnung und Unordnung kontrolliert miteinander verbinden. Herstellung, Weiterentwicklung und Einsatz von Hochleistungswerkstoffen erfordert interdisziplinäres Vorgehen verschiedener *Fachgebiete* von Physik und Chemie bis zur Konstruktion. Hier kann die *Natur* auf allen Ebenen wertvolle

Anregungen geben. Die konkreten Beispiele aktueller Forschung an weicher Materie aus unserem Institut verdeutlichen, dass es neben grundsätzlichen Fragen, zum Beispiel zum Fließverhalten von Polymeren faszinierende Perspektiven für neue Materialien gibt, bei denen wir unsere Kenntnis über das Selbstorganisationsverhalten der Bausteine zur Erzielung neuer Eigenschaftskombinationen nutzen können. Insbesondere gelingt es, Funktionen und Bauelemente, die wir aus dem täglichen Leben kennen, auch auf einer milliardenfach kleineren Längenskala, in der sogenannten Nanowelt zu realisieren, zum Beispiel elektrisch isolierte molekulare Drähte. Durch Adaption einer Strategie, die in der Evolution der Natur wohl etabliert ist, können wir schließlich ihrerseits hoch entwickelte Materialklassen, wie etwa Keramiken und Polymere bzw. synthetische und Biopolymere miteinander kombinieren, um in Zukunft zu völlig neuartigen Funktionen zu gelangen.

Damit eröffnen sich auf dem Gebiet Weiche Materie für Naturwissenschaftler in den Fächern Physik, Chemie und Biologie faszinierende Forschungsperspektiven. Jean-Marie Lehn, einer der Väter der sogenannten supramolekularen Chemie [17] weist darauf hin, dass die Natur eine enorme Komplexität mit nur wenigen Bausteinen erreicht. Demgegenüber verwendet die synthetische Welt eine insgesamt gewaltige Vielfalt von Bausteinen, erreicht damit zurzeit aber nur eine vergleichsweise geringe Funktionalität. Offensichtlich können sich beide Gebiete entlang ihrer etablierten Strategien weiterentwickeln. Wesentlich viel versprechender ist es jedoch, wenn jede Seite die jeweils andere Expansionsmöglichkeit aufgreift. Dies wird in der Biotechnologie beziehungsweise der Nanotechnologie getan. Der größte Nutzen ist dort zu erwarten, wo die beiden Strategien miteinander kombiniert werden. Dies bietet aber für junge Physiker mit interdisziplinären Interessen geradezu phantastische Möglichkeiten sich zu entfalten, denn Fortschritte in solchen Schlüsseltechnologien sind ohne solide Kenntnisse grundlegender physikalischer und chemischer Zusammenhänge nicht denkbar.

Der Autor

Hans Wolfgang Spiess
Max-Planck-Institut für Polymerforschung, Mainz

Hans Wolfgang Spiess, geboren 1942 in Frankfurt am Main, studierte 1962–1966 Chemie an der Universität Frankfurt. 1968 Promotion am Institut für Physikalische Chemie (*Komplexchemie*); 1968–1970 Research Associate Florida State University, Tallahassee, USA (*Metallcarbonyle*); 1970–1975 Wissenschaftlicher Assistent am MPI für medizinische Forschung, Heidelberg (*NMR-Relaxation in Flüssigkeiten*); 1975–1978 Wissenschaftlicher Assistent,

1978–1983 Professor am Institut für Physikalische Chemie Universität Mainz (*Dynamik von Polymeren*); 1981–1982 Vertretung C4-Professur für Physikalische Chemie Universität Münster; 1983–1984 C4-Professur für Makromolekulare Chemie Universität Bayreuth. Seit 1984 Direktor am MPI für Polymerforschung, Mainz (Struktur und Dynamik von Polymeren, NMR-Methodenentwicklung). Mitglied zahlreicher nationaler und internationaler Ausschüsse, Mitherausgeber zahlreicher internationaler Zeitschriften. Zahlreiche deutsche und internationale Preise und Ehrungen, darunter 1987 Leibniz-Preis der Deutschen Forschungsgemeinschaft. Autor von vier wissenschaftlichen Büchern und mehr als 350 wissenschaftlichen Publikationen.

Literatur

[1] P.G. de Gennes: Angew. Chem. **104**, 856 (1992)
[2] A. Einstein: Annalen der Physik **17**, 132 (1905)
[3] H.G. Elias: *Makromoleküle*, Wiley-VCH (1999)
[4] U. Lemmer et al.: Adv. Mater. **10**, 920 (1998)
[5] K. Schmidt-Rohr, H.W. Spiess: *Multidimensional Solid-State NMR and Polymers*, Academic Press (1994)
[6] W. Nachtigall: *Vorbild Natur*, Springer-Verlag (1997)
[7] M. Coles et al.: Curr. Biol. **9**, 1158 (1999)
[8] W. Tschop et al.: Acta Polym. **49**, 61, 75 (1998)
[9] D. Richter: Physica **B 276-278**, 22 (2000)
[10] R. Graf, A. Heuer, H.W.Spiess: Phys. Rev. Letters **80**, 5738 (1998)
[11] S.P. Brown et al.: J. Am. Chem. Soc. **121**, 6712 (1999)
[12] Fechtenkötter el al.: Angew. Chem. **111**, 3224 (1999)
[13] A.M van de Craats et al.: Adv. Mater. **11**, 1469 (1999)
[14] W. Meyer, Adv. Mater. **10**, 439 (1998)
[15] R. Ulrich et al.: Adv. Mater. **11**, 141 (1999)
[16] J. O. Rädler et al.: Science **275**, 810 (1997)
[17] J.M. Lehn: *Supramolecular Chemistry*, VCH (1995)

Wenn der Teil dem Ganzen ähnelt

Lothar Schäfer

1   Das Irrflugmodell der Polymerlösungen

Überall umgeben uns Polymere. Vom Radiergummi bis zum Plastikgehäuse des Computers, von Socken aus 48 Prozent Polyacryl bis zum Photorahmen aus Plexiglas, vom PVC-Belag des Fußbodens bis zum Kunstharzlack des Regals – Polymere sind fast allgegenwärtig. Und nicht nur Kunststoffe, auch die Zellulose des Holzes oder die DNA des Zellkerns besteht aus Polymeren. Eine unüberschaubare Vielfalt verschiedenster Stoffe mit höchst unterschiedlichen Eigenschaften wird unter diesem Namen zusammengefasst, denn das grundlegende Bauprinzip ist stets das Gleiche: Das einzelne Polymermolekül besteht aus kleinen Molekülen, den „Monomeren", die in Form einer Kette aneinander hängen. Abb. 1 zeigt die chemische Strukturformel des einfachsten Beispiels, Polyäthylen, bestehend aus Kohlenstoff-(C-) und Wasserstoff-(H-)Atomen. Die Striche repräsentieren Elektronenpaare, die die Atomrümpfe aneinander binden. Das Monomer ist die CH_2-Einheit.

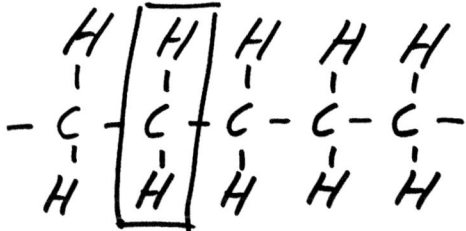

Abb 1: Chemische Strukturformel des Polyäthylens. Ein Monomer ist eingerahmt.

Ein wichtiger Parameter ist die Anzahl der Monomere, die eine Kette bilden. Diese „Kettenlänge" n wird – bei synthetischen Polymeren – durch die Herstellungsbedingungen kontrolliert. Für manche dieser Polymere können Werte $n \cong 300\,000$ erreicht werden. Natürliche Polymere, etwa die DNA, der Träger der Erbinformation, können noch viel länger werden.

Die Vielfalt der Polymere mit ihren so unterschiedlichen Eigenschaften ergibt sich aus der praktisch unbegrenzten Zahl möglicher monomerer Bausteine, und die speziellen Eigenschaften eines Kunststoffs mit seinem speziellen mikroskopischen Aufbau in Beziehung zu setzen, ist die Domäne der Chemiker oder der Materialwissenschaftler. Der theoretische Physiker wird zu diesen wichtigen anwendungsbezogenen Problemen nur wenig beitragen können. Er muss andere Fragen stellen. Er sucht nach der Einheit in der Vielfalt, nach Eigenschaften, die universell, also vielen chemisch verschiedenen Polymeren gemeinsam sind und die deshalb an die grundlegende Natur langer Kettenmoleküle rühren. Es gibt solche Eigenschaften, sogar höchst interessante, aber das war eine lange Zeit keineswegs offensichtlich.

Universelle Eigenschaften von Polymeren sind erst spät – in den 1970er-Jahren, nach 50 Jahren Polymerforschung – klar erkannt worden. Man findet sie, wenn man Polymere nicht als kompaktes Material, sondern gelöst in Lösungsmitteln wie Benzol oder Toluol untersucht. Dann entdeckt man, dass viele experimentelle Befunde, unabhängig von der Chemie der Lösung, nur durch zwei im Grunde triviale Eigenschaften bestimmt sind: Die Ketten sind lang, und in vielen Lösungen stoßen sich Monomere ab. Zusammengenommen erzwingen diese beiden einfachen Eigenschaften eine faszinierende fraktale räumliche Struktur des gelösten Polymermoleküls, die die Physik der Lösung beherrscht. Diese Struktur ist zwar äußerst kompliziert, aber statistisch selbstähnlich, was ungefähr heißt, dass sie unter jeder Vergrößerung gleich aussieht. Die fraktale Struktur beschreibt große Schwankungen der momentanen Gestalt der gelösten Polymere. „Unordnung und große Fluktuationen" verwischen die chemische Mikrostruktur und führen zu universellem Verhalten.

In der Physik komplexer Systeme, bei denen viele Freiheitsgrade zusammenwirken, um eine neue Struktur zu schaffen, sind geometrische Konzepte wie die Selbstähnlichkeit immer wichtiger geworden. In vielen Bereichen, von der Physik kleinster Teilchen bis zur Verteilung der Materie im Weltall sind fraktale, selbstähnliche Strukturen entdeckt oder vermutet worden.

Das „Polymer in Lösung" ist ein schönes Beispiel, in dem das in der Mathematik schon vor hundert Jahren diskutierte Strukturprinzip zu mehr als nur qualitativer Beschreibung verwendet werden kann. Die quantitative Formulierung während der letzten etwa zwanzig Jahre hat inzwischen zu einem vollständigen Verständnis vieler Eigenschaften verdünnter Polymerlösungen geführt. Dieser Beitrag ist der Erläuterung des qualitativen Bilds gewidmet. Er soll ein wenig in die Gedankenwelt eines theoretischen Physikers einführen, der eben nicht die speziellen Eigenschaften eines Materials im Auge hat, sondern untersucht, welche Phänomene aus allgemeinen Prinzipien folgen. Ich werde zunächst zwei für Fraktale typische Phänomene schildern, das Auftreten von Potenzgesetzen und Skalengesetzen, und hierbei zeigen, wie eine neue Theorie überraschende Eigenschaften älterer, wohl bekannter experimenteller Ergebnisse aufzeigen kann. Danach werde ich versuchen, anhand des so genannten „Irrflugmodells" der Polymerkette die Schlagworte „selbstähnlich" und „fraktal" mit Leben zu erfüllen.

2   Phänomene und Geschichte

Polymerlösungen werden keineswegs erst seit zwanzig Jahren untersucht! Im Gegenteil, die Physik der Polymerlösungen beginnt unmittelbar nach der Entdeckung der Polymere. Das ist nur natürlich: Wer ein neues Material in Händen hält, möchte die Bausteine verstehen, und wie könnte man dies besser angehen als dadurch, dass man das Material auflöst, also die Bausteine so gut wie möglich isoliert? Deshalb beschäftigen sich schon seit den 20er-Jahren viele experimentelle und theoretische Arbeiten mit verdünnten Polymerlösungen. Ein Berg von Information wurde angehäuft, und auch einige universelle Züge wurden bereits früh entdeckt. Die Universalität vieler anderer Phänomene wurde aber übersehen.

Dies ist durchaus verständlich: Ohne theoretische Vorhersage hat man häufig gar nicht die Veranlassung, Messdaten in einer bestimmten Weise zu analysieren, und die „Ordnung in der Vielfalt" bleibt unbemerkt.

Was passiert, wenn wir ein Polymermolekül in ein Lösungsmittel bringen? Nun, wir müssen bedenken, dass die Strukturformeln (Abb. 1) nur die chemische Verknüpfung, nicht aber die räumliche Gestalt der Moleküle wiedergeben. Tatsächlich haben typische Ketten eine Sägezahnform: Benachbarte Bindungen entlang der Kette schließen einen recht scharf vorgegebenen Winkel ein, für Ketten aus Kohlenstoffatomen ungefähr 110°. Die Kette kann um ihre

Bindungen rotieren und daher sehr viele verschiedene räumliche Konfigurationen annehmen. Ist die Kette Teil einer Schmelze oder in Lösung, so wird sie ständig von ihren Nachbarmolekülen angestoßen und ändert daher ständig ihre Gestalt: Sie wird zu einem statistisch fluktuierenden Knäuel. Abb 2 zeigt ein computererzeugtes Momentanbild einer solchen typischen Polymerkonfiguration.

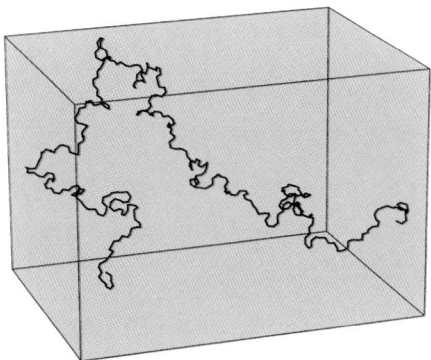

Abb. 2: Computererzeugtes Momentanbild einer räumlichen Konfiguration einer Polymerkette. Zugrunde liegt das Modell des selbstvermeidenden Irrflugs, es wurden 400 Schritte gerechnet.

Da sich die momentane Konfiguration des Polymerknäuels durch ständige Stöße rasch ändert, ist sie weder (außerhalb des Computers) beobachtbar, noch wirklich interessant. Jede physikalische Messung mittelt über die vielen Konfigurationen, die während der Dauer der Messung angenommen werden. So ist zum Beispiel nicht die momentane Ausdehnung des Knäuels, sondern der über viele Konfigurationen gemittelte Knäuelradius eine wichtige Messgröße. Ergebnisse solcher Messungen sind in Abb. 3 gezeigt. Die Auftragung ist „doppelt logarithmisch": Der Maßstab an den Achsen schreitet in Zehnerpotenzen fort.

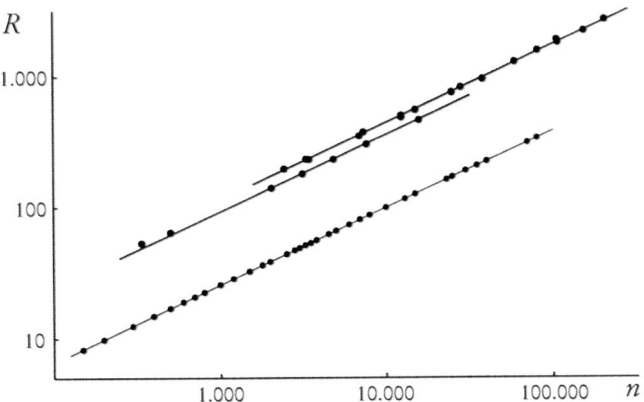

Abb. 3: Doppelt-logarithmische Auftragung des Knäuelradius R (in Einheiten von 10^{-8} cm) gegen die Kettenlänge n. Die Daten sind gemessen an Polystyrol in Toluol (oben) bzw. Polymethylmethacrylat in Azeton (Mitte). Die unteren Punkte sind mithilfe des Modells vom selbstvermeidenden Irrflug berechnet. Die Geraden entsprechen dem Potenzgesetz $R = Bn^{0.59}$ (3).

Um diese Art der Auftragung zu verstehen, sollten wir uns kurz überlegen, welche Form des experimentellen Ergebnisses wir erwarten dürfen. Wäre die Kette in Lösung so gut wie möglich gestreckt, so wäre

$$R \approx \ell_M n \tag{1}$$

wobei ℓ_M ungefähr gleich der Länge eines Monomers wäre: Verdoppeln wir n, so verdoppelt sich R. Das andere Extrem wäre gegeben, wenn die Kette als kompakte Kugel vorläge. Das Volumen dieser Kugel wäre $n \cdot V_M$, wobei V_M das Monomervolumen ist. Dann erhalten wir $4\pi R^3/3 \approx n V_M$, oder

$$R \approx \left(\frac{V_M}{4\pi/3} \right)^{1/3} n^{1/3}. \tag{2}$$

Um R zu verdoppeln, müssten wir die Kette einen Faktor $2^3 = 8$-mal länger machen. Für den wirklichen mittleren Knäuelradius erwarten wir ein Gesetz zwischen den Extremen (1) und (2). Ein plausibler Ansatz ist

$$R = Bn^v. \tag{3}$$

Der Exponent v sollte irgendwo zwischen 1/3 und 1 liegen. In einer doppelt-logarithmischen Auftragung ergibt ein solches Gesetz aber eine Gerade, deren Steigung gleich v ist, während B den Ordinatenabschnitt bei $n = 1$ festlegt. Genau das zeigt Abbildung (3). Der für v gefundene Wert ist ungefähr 0,59, was bedeutet, dass sich der Knäuelradius R verdoppelt, wenn wir die Kettenlänge n mit $2^{1/v} \approx 2^{1,695} \approx 3,24$ malnehmen.

Das Ergebnis ist also nicht unerwartet. Die Kette bildet weder ein gestrecktes Stäbchen noch eine kompakte Kugel, folgt aber einem Potenzgesetz, das zwischen den Abschätzungen (1) und (2) liegt. Eine große Überraschung ist aber, dass die Geraden in Abbildung (3), die ja verschiedene chemische Systeme – oder hier sogar ein computererzeugtes System – repräsentieren, alle parallel sind. Also ist der Wert des Exponenten v von der chemischen Zusammensetzung unabhängig! Dafür gibt es zunächst keinen ersichtlichen Grund, insbesondere, da der gefundene Wert $v \approx 0,59$ keine so einfache Zahl ist wie 1/3 oder 1 – Zahlen, die durch simple Modellvorstellungen leicht erklärlich wären. Dennoch ist durch viele Messungen gesichert, dass das Gesetz (3) für viele Lösungen in einem weiten Temperaturbereich für hinreichend lange Ketten gilt, mit einem im Rahmen der Messgenauigkeit universellen Exponenten $v \approx 0,59$, aber einem nicht universellen, chemieabhängigen Vorfaktor B.

Dies ist lange bekannt. Der Befund erschien zunächst nicht besonders aufregend zu sein und nur eine von vielen interessanten Eigenschaften dieser Systeme widerzuspiegeln. Das lag wohl auch daran, dass er als wohl verstanden galt. P. J. Flory hatte schon 1952 ein einfaches Argument erfunden, das für v den Wert 3/5 = 0,6 ergab, der mit allen Messungen bis in neuere Zeit verträglich ist. Auch heute ist es noch schwer und nur in präzisesten Messungen möglich, sicher zwischen $v = 0,6$ und $v = 0,59$ zu unterscheiden. Das Rätsel des Exponenten v schien also gelöst, und das berühmte „Flory-Argument" war ein Schrittchen auf dem Weg seines Erfinders zum Nobelpreis. Es hat allerdings einen Schönheitsfehler: Es ist so falsch, dass es bis heute jedem Versuch, seine inneren Widersprüche auszuräumen, widerstanden hat.

Tatsächlich ist die Universalität des nichttrivialen Werts $v = 0,59$ äußerst aufregend. Sie ist der Schlüssel zu unserem heutigen Verständnis der Physik verdünnter Polymerlösungen. $1/v$ hat sich nämlich als rein geometrische Größe, als die „fraktale Dimension" des Polymerknäuels herausgestellt, und wir werden sehen, dass viele Eigenschaften der Polymerlösungen nicht durch die Chemie, sondern durch die Geometrie bestimmt sind. Ganz allgemein wissen wir heute, dass nicht triviale Potenzgesetze ein erstes Anzeichen für eine zugrunde liegende selbstähnliche geometrische Struktur sind.

„Skalengesetze" sind ein weiteres Indiz. Ich möchte diesen Begriff am Beispiel des osmotischen Drucks P_{os} illustrieren. Gegenüber dem Druck im reinen Lösungsmittel ist der Druck in einer Lösung erhöht, die Druckdifferenz ist der osmotische Druck. Auf molekularem Niveau entsteht er durch die Stöße der gelösten Moleküle mit Lösungsmittelmolekülen und Wänden des Behälters. Die Messung des osmotischen Drucks sehr verdünnter Polymerlösungen ist eine gute Methode zur Bestimmung der Kettenlänge und hat historisch eine wichtige Rolle gespielt. Zunächst ist P_{os} abhängig von Temperatur T, Kettenlänge n, Kettenkonzentration c_p (d.h. der Zahl der Ketten pro Kubikzentimeter) und Chemie der Lösung. Die traditionelle Auftragung von P_{os} gegen $c_p \cdot n$ ergibt für jede Kettenlänge eine andere Kurve. Trägt man aber $P_{os}/(Tc_p)$ gegen $c_p R^3(n)$ auf, wobei $R(n)$ der mittlere Knäuelradius für die betrachtete Kettenlänge ist, so fallen alle Daten in einem weiten Temperatur- und Kettenlängenbereich auf eine gemeinsame Kurve! Abb. 4 illustriert dieses Gesetz:

$$\frac{P_{os}}{Tc_p} = P\left(c_p R^3(n)\right) . \tag{4}$$

Damit nicht genug: Die Funktion $P(c_p R^3)$ ist für viele chemisch unterschiedliche Systeme dieselbe! Auch dies ist in Abb. 4 illustriert. Wir nennen (4) ein universelles Skalengesetz, P die Skalenfunktion und $c_p R^3$ die Skalenvariable. Offensichtlich hat $c_p R^3$ eine rein geometrische Bedeutung. Es ist (bis auf einen Faktor $4\pi/3$) das Volumen eines Polymerknäuels, multipliziert mit der Zahl der Polymermoleküle und geteilt durch das Volumen der Lösung. In anderen Worten: Es ist das Gesamtvolumen, das die Polymerknäuel gerne einnehmen wollen, geteilt durch das vorhandene Volumen. Des Weiteren ist die einzige materialabhängige Konstante im Gesetz (4) die in R gemäß (3) verborgene Konstante B.

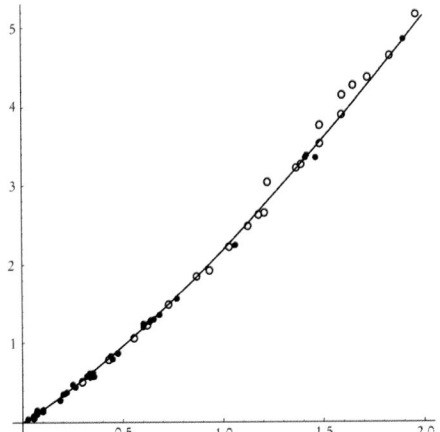

Abb. 4: Die universelle Skalenfunktion $P_{os}/k_B Tc_p = P(c_p R^3)$. Die Messdaten wurden gewonnen an Polydimethylsiloxan in Cyclohexan (Kreise) bzw. an Polymethylmethacrylat in Azeton (Punkte). Die Kurve ist das Ergebnis der Theorie.

Auch viele andere Messgrößen gehorchen universellen Skalengesetzen, die allerdings, e-
benso wie das Gesetz für den osmotischen Druck, erst aufgrund der neuen theoretischen Erkenntnisse gefunden wurden. Den entscheidenden Schritt zu diesen neuen Erkenntnissen verdanken wir P. G. de Gennes, der damit seine Sammlung grundlegender Arbeiten weiter aus-
baute, die vor zehn Jahren ebenfalls mit dem Nobelpreis belohnt wurde. 1972 entdeckte de
Gennes einen engen formalmathematischen Zusammenhang zwischen einem Polymerknäuel
und einem Magneten bei seiner „kritischen Temperatur", oberhalb derer der uns allen geläufi-
ge permanente Magnetismus verschwindet. Damit war die Physik der Polymerlösungen in das
sich stürmisch entwickelnde Gebiet der „kritischen Phänomene" eingeordnet. De Gennes
verwendete diesen Zusammenhang zur Erklärung des Potenzgesetzes (3) für R und zur Berechnung des Exponenten ν.

Wichtige Erweiterungen folgten. Heute haben wir heute folgendes Bild: Viele Eigenschaften verdünnter Lösungen mit hinreichend langen Polymermolekülen werden in einem großen
Temperaturbereich durch universelle Potenz- und Skalengesetze beschrieben. Temperatur und
chemische Zusammensetzung beeinflussen nur zwei Parameter, die aber von Konzentration
und Kettenlänge unabhängig sind. Die universellen Gesetzmäßigkeiten können quantitativ
berechnet werden, in guter Übereinstimmung mit dem Experiment: Die Kurve in Abb. 4 wurde berechnet!

3   Selbstähnlichkeit und fraktale Struktur

Wie schon erwähnt, beruhen diese Fortschritte auf Entdeckung und Ausnutzung einer sehr
allgemeinen und faszinierenden räumlichen Symmetrie des Systems, der *Selbstähnlichkeit*
oder *Skaleninvarianz* und der damit einhergehenden *fraktalen Struktur*. Ich möchte dies nun
näher erläutern. Dabei kann ich natürlich nicht auf die theoretischen Methoden eingehen – es
sind mächtige, aber nicht ganz einfache Methoden, die aus der Theorie der Elementarteilchen,
der „Quantenfeldtheorie" entnommen sind. Die entscheidenden geometrischen Konzepte der
Selbstähnlichkeit und Skaleninvarianz sind allerdings nicht so unanschaulich: Sie beschreiben
im Kern, was wir sehen, wenn wir ein Polymerknäuel unter verschiedenen Vergrößerungen
betrachten, und sie lassen sich an einem sehr einfachen Modell verstehen.

Betrachten wir ein Monomer als ein Stäbchen mit einer Länge ℓ_0. Um ein Polymer zu erhalten, hängen wir n_0 solcher Stäbchen in beliebigen Richtungen hintereinander (Abb. 5).
Dies ist die einfachste Form des so genannten Irrflugmodells. Wir können nämlich Abb. 5
auch als Bahn eines Teilchens auffassen, das mit konstanter Geschwindigkeit fliegt, aber in
regelmäßigen Abständen seine Bewegungsrichtung in unvorhersehbarer Weise ändert. Solche
Irrflüge modellieren zum Beispiel auch die Brown'sche Bewegung schwerer Teilchen in Lösung, wie sie um die Jahrhundertwende unter anderem von A. Einstein untersucht worden
sind. Noch in den 30er-Jahren, bald nachdem sich die Erkenntnis von der Kettenstruktur der
Polymere durchgesetzt hatte, ist auch das Irrflugmodell der Polymerkonfiguration aufgestellt
worden. Es berücksichtigt offensichtlich von der gesamten chemischen Mikrostruktur nur den
Kettenzusammenhang.

Irrflüge sind mathematisch eingehend untersucht worden; ein wichtiges Ergebnis ist der
zentrale Grenzwertsatz, auch als *Gesetz der großen Zahl* bekannt. Wir können uns fragen, wie
weit wir uns bei einem Irrflug aus n_0 Schritten vom Anfangspunkt entfernen. Da die Schritte
jeweils in willkürlich ausgewählte Richtungen gehen, ist dieser End-End-Abstand natürlich

für jeden konkreten Irrflug ein anderer, und wir können nur die Wahrscheinlichkeit vorhersagen, einen bestimmten Wert r zu finden.

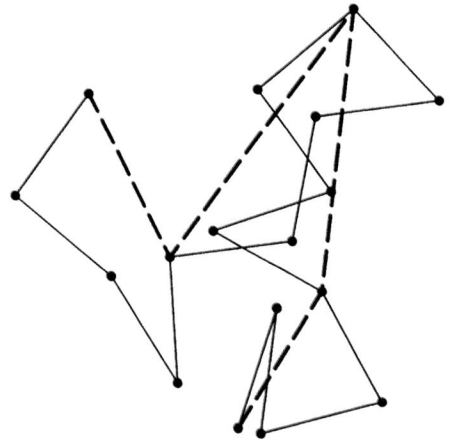

Abb. 5: Ein Irrflug oder Zufallsflug (englisch „Random walk") aus $n_0 = 16$ Schritten fester Länge in der Ebene (durchgezogene Linien). Die gestrichelte Linie zeigt den „renormierten" Irrflug, bei dem stets vier Schritte zusammengefasst sind.

Der zentrale Grenzwertsatz besagt, dass für lange Irrflüge diese Wahrscheinlichkeit nicht von der genauen Konstruktionsvorschrift des einzelnen Schritts abhängt. Wir könnten zum Beispiel – festen Bindungswinkeln entsprechend – verlangen, dass zwei aufeinander folgende Schritte stets den gleichen Winkel einschließen. Oder wir könnten erlauben, dass die Schrittlänge selbst schwankt. Stets finden wir im Grenzfall großer Schrittzahl n_0 dieselbe Wahrscheinlichkeitsverteilung der End-End-Abstände, welche die Form

$$P(r, n_0, \ell_0) = \tilde{P}(r / R_E(n_0)) \tag{5}$$

annimmt. Die Funktion $\tilde{P}(x)$ ist universell und leicht berechenbar. $R_E(n_0)$ ist der mittlere End-End-Abstand, gemittelt über alle Irrflüge aus n_0 Schritten. Nach dem zentralen Grenzwertsatz hat er die Form

$$R_E(n_0) = \ell_0 n_0^{1/2} \tag{6}$$

wobei ℓ_0 für eine allgemeine Konstruktionsvorschrift des Irrflugs die mittlere Schrittlänge bedeutet. Wir brauchen in unserem primitiven Modell also nur ℓ_0 an die mittlere Schrittlänge anzupassen und können im Rahmen des Irrflugmodells dann von der ganzen komplizierten Mikrostruktur der Monomere absehen: Die Universalität der Eigenschaften langer Ketten kündigt sich an! Sie ist gemäß dem zentralen Grenzwertsatz hervorgerufen durch die Vielzahl der Schritte, die die Charakteristik des einzelnen Schritts verwischt. Es lohnt sich also, das Irrflugmodell genauer zu betrachten.

Im Folgenden bedeutet ℓ_0 die mittlere Schrittlänge. Da in unserem primitiven Modell dann ein Stäbchen nicht mehr notwendig mit einem physikalischen Monomer gleichzusetzen ist, werde ich die elementaren Bausteine im Folgenden als „Segmente" bezeichnen.

Das Irrflugmodell hat die Eigenschaft der Selbstähnlichkeit. Betrachten wir Gleichung (6). Offensichtlich ändert sich $R_E(n_0)$ nicht, wenn wir statt eines Irrflugs aus n_0 Schritten der Länge ℓ_0 einen solchen aus $n_0/4$ Schritten der Länge $2\ell_0$ betrachten:

$$(1/4)^{1/2} = \sqrt{1/4} = 1/2$$

Allgemeiner: Wir können ℓ_0 um einen Faktor λ strecken

$$\ell_0 \to \ell_1 = \lambda \ell_0 \tag{7a}$$

und gleichzeitig n_0 um einen Faktor λ^2 verkleinern

$$n_0 \to n_1 = n_0 / \lambda^2 \tag{7b}$$

und erhalten denselben mittleren End-End-Abstand R_E. (Wenn n_0/λ^2 keine ganze Zahl ist, nehmen wir für n_1 die nächstliegende ganze Zahl. Die Korrekturen verschwinden wie $1/n_1$, sind also für lange Ketten vernachlässigbar.) Auch die Verteilung $P(r)$ ändert sich nicht, da sie ja gemäß (5) nur von r/R_E abhängt. Man sagt, das Irrflugmodell ist invariant unter einer Streckung der mittleren Segmentgröße.

Diese Eigenschaft nennt man die *Skaleninvarianz* oder die *Selbstähnlichkeit* des Irrflugs. Die erste Bezeichnung ist leicht zu verstehen. ℓ_0 legt den Längenmaßstab – die „Skala" unseres Modells – fest, und (7) ist nichts weiter als eine Änderung dieser Skala, kompensiert durch eine passende Änderung der Schrittzahl. Der Begriff „Selbstähnlichkeit" bezieht sich auf eine andere Interpretation unseres Ergebnisses. Betrachten wir ein Stück mit der Schrittzahl $n_1 = n_0/\lambda^2$ aus einem Irrflug der Gesamtschrittzahl n_0. Auch dieses Stück ist ein Irrflug, und der zentrale Grenzwertsatz ergibt die Verteilung des End-End-Abstands zu

$$P(r, n_1, \ell_0) = \tilde{P}\left(\frac{r}{\ell_0 n_1^{1/2}}\right) = \tilde{P}\left(\frac{r}{(\ell_0/\lambda) n_0^{1/2}}\right) \tag{8}$$

Die letzte Gleichung besagt aber, dass wir die End-End-Verteilung eines Teilstücks $n_1 = n_0/\lambda^2$ des Irrflugs bekommen, indem wir den ganzen Irrflug (Länge n_0) betrachten und einfach die Schrittlänge ℓ_0 um einen Faktor λ verkleinern. Dies ist mathematisch eine „Ähnlichkeitstransformation". Ein Stück des Irrflugs ist also ähnlich zum Ganzen, *der Irrflug ist selbstähnlich*. Dies bedeutet, dass ein Irrflug unter jeder Vergrößerung gleich aussieht, so lange wir nicht so stark vergrößern, dass wir die Mikrostruktur der Elementarschritte (der Monomere) sehen.

Natürlich bedeutet Skaleninvarianz oder Selbstähnlichkeit nicht, dass der einzelne Irrflug unter der Transformation (7) strikt in sich übergeht. Die Invarianz gilt für Mittelwerte über alle Irrflüge. Selbstähnliche Objekte nennt man Fraktale, und der Irrflug ist ein „statistisches" Fraktal, im Unterschied zu „deterministischen" Fraktalen, die als individuelles Objekt unter einem diskreten Satz von Ähnlichkeitsabbildungen in sich übergehen (vgl. das Beispiel der Koch'schen Kurve im Beitrag von Fritz Haake).

An dieser Stelle lässt sich sehr schön der Unterschied in der Denkweise eines Polymerwissenschaftlers und eines theoretischen Physikers aufzeigen. Wie erwähnt, ist das Irrflugmodell der Polymerkette schon in den 30er-Jahren aufgestellt worden, und natürlich wurde bemerkt, dass die Messgröße $R_E(n_0)$ die Segmentgröße ℓ_0 und die Kettenlänge n_0 nicht einzeln bestimmt. Diese Indeterminiertheit wurde als störend empfunden und durch eine weitere Forderung beseitigt: Man verlangt, dass die (nicht makroskopisch messbare) Länge L der gestreck-ten Kette sich als

$$L = \ell_0 n_0 \tag{9}$$

ergibt. Die Gleichungen (6) und (9) zusammen bestimmen ℓ_0 und n_0 eindeutig. Im Gegensatz zu solchen Vorgehen nimmt der theoretische Physiker die Unbestimmtheit von ℓ_0 und n_0 ernst: Messgrößen dürfen sich nicht ändern, wenn wir ℓ_0 und n_0 passend variieren. Aus dieser Invarianz folgen – wie unten gezeigt – letztlich die Potenz- und Skalengesetze.

Selbstähnlichkeit ist offensichtlich ein rein geometrisches Konzept. So nimmt es nicht Wunder, dass auch der Exponent 2 in Gleichung (7b) eine geometrische Bedeutung hat. Er ist die fraktale Dimension des Irrflugs. Die fraktale oder „Überdeckungsdimension" bestimmt, wie viele Kugeln eines gegebenen Durchmessers wir mindestens benötigen, um ein Objekt vollständig zu überdecken. Nehmen wir an, wir benötigten entweder M_0 Kugeln von Durch-messer D_0 oder M_1 Kugeln vom Durchmesser D_1. Wenn für beliebige Verhältnisse D_0/D_1 gilt

$$M_1 = \left(\frac{D_0}{D_1} \right)^{d_f} M_0 \tag{10}$$

so nennen wir d_f die fraktale Dimension. Die fraktale Dimension ist eine Verallgemeinerung des gewöhnlichen Dimensionsbegriffs, wie er in dem Kasten „Dimensionen" erläutert wird. Nach Konstruktion charakterisiert d_f so etwas wie den Raumbedarf unseres Objekts.

Wir wollen nun dieses Konzept auf unseren Irrflug aus n_0 Schritten der Länge ℓ_0 anwen-den. Wir können ihn offensichtlich durch n_0 Kugeln des Durchmessers ℓ_0 überdecken, indem wir einfach jedes Segment als Durchmesser einer Kugel wählen. Die Skaleninvarianzrelation (7) bedeutet dann, dass wir auch $n_1 = n_0/\lambda^2$ Kugeln des Durchmessers $\ell_1 = \lambda \ell_0 /$ wählen könnten. Offensichtlich gilt

$$n_1 = \left(\frac{\ell_0}{\ell_1} \right)^2 n_0 \tag{11}$$

Vergleichen wir dies mit der Gleichung (9), so sehen wir, dass die fraktale Dimension des Irrflugs $d_f = 2$ ist.

Selbstähnlichkeit mit fraktaler Dimension $d_f = 2$ führt notwendig zum Potenzgesetz (6). Um dies zu sehen, drehen wir das obige Argument um. Grundlegend ist nun die Ähnlichkeits-transformation (7), geschrieben als

$$\ell_0 \rightarrow \ell_1 = \lambda \ell_0 \tag{12}$$

$$n_0 \rightarrow n_1 = n_0 / \lambda^{d_f} \tag{13}$$

Wir wählen λ so groß, dass $n_1 = 1$ ist, d.h. die Kette nur aus einem effektiven Segment be-steht. Dies ergibt

$$\lambda = n_0^{1/d_f} \tag{14}$$

Dimensionen

Für ein „gewöhnliches" Objekt stimmen die fraktale Dimension d_f und die übliche Dimension d überein. Betrachten wir als zweidimensionales Objekt ein Quadrat der Kantenlänge a. Wir wollen es mit kleinen Quadraten der Kantenlänge ℓ überdecken (es ist zur Bestimmung von d_f unwesentlich, ob wir Quadrate oder Kreisscheiben verwenden). Von Randeffekten abgesehen, benötigen wir offensichtlich

$$M(\ell) = \left(\frac{a}{\ell}\right)^2$$

kleine Quadrate. Überdecken wir nun einmal mit Quadraten der Kantenlänge ℓ_0 und dann mit solchen der Kantenlänge ℓ_1, so folgt

$$a^2 = \ell_0^2 \, M(\ell_0) = \ell_1^2 \, M(\ell_1)$$

oder

$$M(\ell_1) = \left(\frac{\ell_0}{\ell_1}\right) M(\ell_0)$$

Also gilt

$$d_f = 2 = d$$

wie erwartet.

Offensichtlich gilt die Gleichheit von d und d_f auch für gewöhnliche ein- oder dreidimensionale Objekte und auch für glatte Kurven oder Flächen, die in einen höherdimensionalen Raum eingebettet sind. d und d_f fallen erst auseinander, wenn wir stark „zerknüllte" Objekte betrachten, wie etwa den Irrflug, und zwar auf einer Skala, auf der man die geknäulte Struktur sieht.

Ich möchte die Interpretation von d_f als Maß für den Raumbedarf des Objekts noch etwas vertiefen. Betrachten wir zunächst eine gewöhnliche Kurve der Länge L in der Ebene. Sie wird sicher durch L/ℓ Quadrate der Seitenlänge ℓ überdeckt, was gemäß dem Obigen zu und $d_f = d = 1$ führt. Die hierbei überdeckte Fläche ist

$$\ell^2 \frac{L}{\ell} = \ell L$$

und wird beliebig klein, wenn wir ℓ beliebig klein wählen. Das ist klar: Eine gewöhnliche Kurve hat zwar eine bestimmte Länge, ihr Flächeninhalt ist aber null.

Betrachten wir jetzt einen Irrflug in der Ebene, und zwar im mathematischen Sinne, bei dem die Schrittlänge ℓ_0 bei vorgegebenem End-End-Abstand R_E beliebig klein gemacht wird. Solange ℓ_0 noch endlich gewählt ist, gilt für die Länge $L = n_0 \ell_0$ gemäß (6):

$$L = \frac{R_E^2}{\ell_0^2} \ell_0 = \frac{R_E^2}{\ell_0}$$

Betrachten wir den Grenzfall $\ell_0 \to 0$, so wird die Länge L unendlich! Auch wenn er nur ein endliches Stück vorankommt, hat ein „mathematischer" Irrflug keine endliche Länge mehr; das Überdeckungsargument zeigt, dass er statt dessen eine endliche Fläche hat.

Informationskasten 1: Dimensionen.

Für eine Kette aus einem Segment muss aber der End-End-Abstand mit der Segmentlänge ℓ_1 übereinstimmen. Wir haben also

$$R_E(n_0) = \ell_1 = \ell_0 n_0^{1/d_f} \tag{15}$$

was wegen $d_f = 2$ mit (6) übereinstimmt. Das Potenzgesetz des End-End-Abstands spiegelt also die selbstähnliche fraktale Natur des Irrflugs wider!

Wie äußert sich die fraktale Natur in der Konfiguration eines konkreten Irrflugs? $d_f = 2$ bedeutet, dass der Irrflug einen zweidimensionalen Raum erfüllt. Er findet aber keineswegs in einer Fläche, sondern im dreidimensionalen Raum statt! Diesen kann er nicht gleichmäßig ausfüllen. Im Knäuelvolumen gibt es vielmehr große leere Bereiche. Andere Bereiche hingegen sind von vielen Segmenten erfüllt. Diese räumlich stark schwankende Segmentdichte ist ein Charakteristikum eines Fraktals.

Zurück zu unserem Polymerknäuel! Das Irrflugmodell liefert nach (6):

$$R \sim R_E(n_0) = \ell_0 n_0^{1/2}$$

unabhängig von der Mikrostruktur. Verglichen mit dem gewünschten Ergebnis (3): $R = Bn_0^{0,59}$ ist das nicht schlecht, viel besser als $n_0^{1/3}$ oder n_0^1, aber auch nicht richtig. Was haben wir vergessen? Nun – ein Unterschied zwischen einem Irrflug und einem Polymer fällt sofort auf: Ein Irrflug, als immaterielle Bahn eines Teilchens, kann sich überschneiden, ein Polymermolekül aber nicht. Anders gesagt: Wo schon ein Monomer ist, kann kein zweites hin. Monomere stoßen sich ab. Sollten wir also nur „selbstvermeidende Irrflüge" betrachten, die sich nicht schneiden dürfen? Dies ist tatsächlich das Modell, das den meisten Computersimulationen von Polymeren zugrunde liegt. Auch Abb. 2 zeigt tatsächlich einen selbstvermeidenden Irrflug.

Berücksichtigen wir die Selbstvermeidung, so bricht der zentrale Grenzwertsatz zusammen. Dies ist erwünscht, denn das Ergebnis (15): $R_E = \ell_0 n_0^{1/2}$ wollen wir nicht. Noch erfreulicher ist, dass die Skaleninvarianz durch die Selbstvermeidung nicht zerstört wird. Nur die fraktale Dimension ändert sich. Die selbstabstoßende Polymerkette ist ein selbstähnliches Fraktal. Die höchst komplizierte, aber äußerst genaue Berechnung ergibt für die fraktale Dimension $d_f^* = 1,701 \pm 0,003$. Der selbstabstoßende Irrflug füllt also den Raum schlechter als der gewöhnliche Irrflug ($d_f = 2$). Wir können nun das Argument von den Gleichungen (12) bis (14) übernehmen und müssen nur das korrekte d_f^* einsetzen. Wir finden (3)

$$R_E(n_0) = \ell_0 n_0^{v}$$

$$\text{mit } v = \frac{1}{d_f^*} = 0,586 \tag{16}$$

in exzellenter Übereinstimmung mit dem Experiment. Skalengesetze wie etwa das Ergebnis (4) für den osmotischen Druck können ebenfalls einfach bewiesen werden.

Fassen wir zusammen. Die in verdünnten Lösungen langer Kettenmoleküle beobachteten universellen Skalen- und Potenzgesetze lassen sich erklären als Konsequenz der Skaleninvarianz des Systems, die besagt, dass alle Messgrößen invariant sind unter einer Transformation, die im Wesentlichen die Segmentgröße ändert. Diese Invarianz bedingt eine fraktale, selbstähnliche Struktur. Die universellen makroskopischen Messgrößen spiegeln diese Selbstähnlichkeit wider. Es sind „kollektive" Größen, bestimmt durch das Zusammenspiel der vielen

Kettensegmente und weitgehend unabhängig von genauer Struktur und Wechselwirkung des einzelnen Monomers.

Natürlich habe ich hier nur ein „Szenario" skizziert, das die Grundgedanken einer Erklärung der Phänomene enthält. Die genaue Ausarbeitung der Theorie mit Mitteln der Quantenfeldtheorie hat zu einer vollen Bestätigung, zu Erweiterungen und zu einer quantitativen Auswertung geführt.

Für einen theoretischen Physiker ist dies ein schönes, voll befriedigendes Ergebnis. Freilich, einen Materialwissenschaftler mag es traurig stimmen, lernt er doch aus vielen Messungen an verdünnten Polymerlösungen viel weniger von dem, was ihn interessiert, als erwartet.

Danksagung

Dr. Ch. von Ferber bin ich für die Abb. 2 zu Dank verpflichtet.

Der Autor

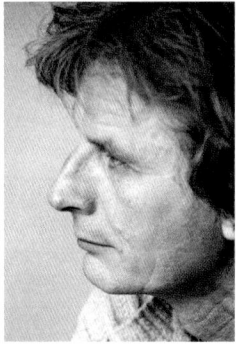

Lothar Schäfer
Universität Essen

Lothar Schäfer studierte von 1963 bis 1968 Physik in Münster und Bonn und promovierte 1970 in Heidelberg auf dem Gebiet der theoretischen Kernphysik. Bis 1974 folgten weitere Arbeiten zur Kernphysik. 1974/75 ging er mit einem Stipendium der Deutschen Forschungsgemeinschaft an das Centre d'Études Nucléaires de Saclay, wo er sich in die sich stürmisch entwickelnde Feldtheorie kritischer Phänomene einarbeitete. 1976 habilitierte er sich an der Fakultät für Physik und Astronomie der Universität Heidelberg und erhielt 1978 ein Heisenberg-Stipendium der Deutschen Forschungsgemeinschaft. In diese Zeit fällt eine einsemestrige Lehrstuhlvertretung an der Universität Wuppertal. 1980 erfolgte ein Ruf als Professor für theoretische Physik an die Universität Hannover. Seit 1983 ist Lothar Schäfer ord. Professor für theoretische Physik an der Universität Essen. Seit seiner Gründung gehört er dem Sonderforschungsbereich „Unordnung und große Fluktuationen" an. Seine Arbeitsgruppe beschäftigt sich mit statistischer Physik, insbesondere von Polymersystemen.

Literatur

[1] P. G. de Gennes, *Scaling Concepts in Polymer Physics*. Cornell University Press, Ithaca (1979)

[2] L. Schäfer, *Field theory of critical phenomena: quantitative analysis beyond power-laws*. Physics Reports **301**, 205 (1998)

Interfacing von Nervenzellen und Halbleiterchips

Peter Fromherz

1   Auf dem Weg zu Hirnchips und Neurocomputern?

Computer funktionieren elektrisch, Hirne funktionieren elektrisch. Warum soll man nicht versuchen, die beiden Systeme direkt auf der Ebene ihrer mikroskopischen Bauelemente zu verbinden (Abb. 1)? Wenn wir heute dieses Problem betrachten, so geht es nicht darum, dass wir es als lösbar ansehen in dem Sinne, dass in absehbarer Zukunft Hirngewebe in Computer oder Halbleiterchips in Hirne integriert werden. Es geht zunächst nur um die physikalisch-technische Frage, inwieweit die dramatischen Entwicklungen der letzten fünfzig Jahre in der Festkörperphysik und in der Neurophysiologie Experimente zur Kopplung von elektronischen und ionisch-erregbaren Systemen erlauben, die über das Zucken eines Froschmuskels hinausgehen und die uns elementare mechanistische Antworten liefern [1]. Dass sich aus solchen Experimenten langfristig ein Nutzen für das Verständnis des Hirns oder für medizinische und technische Anwendungen ergibt, lässt sich weder versprechen noch ausschließen.

Abb. 1: Hirn-Computer-Verbindung über den opto-mechanischen Weg Bildschirm-Auge bzw. Hand-Tastatur und über eine hypothetische direkte Verknüpfung des Computers mit der visuellen und motorischen Hirnrinde (Gezeichnet für das 20. Winterseminar „Molecules, Memory and Information", Klosters 1985).

Die erste elektrische Kopplung eines individuellen Neurons und einer Halbleiter-Mikrostruktur ist uns in beide Richtungen mit Blutegelzellen auf Silizium gelungen [2, 3]. Danach eröffneten sich drei Wege:
1. Die Struktur und die elektrische Natur des Zell-Chip-Kontakts war zu bestimmen [4–11].
2. Die Kopplung musste auf Säugetierneurone (Abb. 2) und andere Zelltypen erweitert werden [12–14].
3. Schließlich konnten wir daran gehen, aus neuronalen Netzen und mikroelektronischen Chips hybride Systeme aufzubauen [15–17]. Dieses Kapitel zeichnet die Entwicklung der vergangenen Jahre entlang dieser Wege nach.

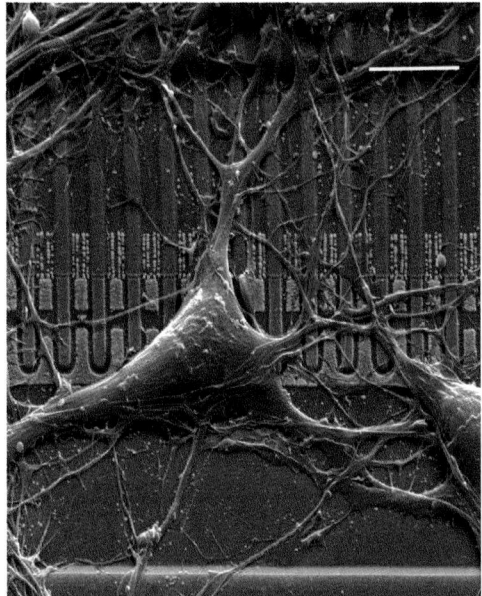

Abb. 2: Nervenzelle aus dem Rattenhirn auf Siliziumchip. Die Oberfläche des Chips besteht aus Siliziumdioxid. Das Neuron ist mehrere Tage in einem Elektrolyten kultiviert. In der Mitte sind die metallfreien Gate-Strukturen einer Kette offener Feldeffekt-Transistoren als dunkle Quadrate erkennbar. Skalierungsbalken 10 µm. Eingefärbtes, rasterelektronenmikroskopisches Bild [13].

2   Der Zelle-Festkörper-Kontakt ist ein Kernmantel-Leiter

Nervenzellen haben einen Durchmesser von 10–100 Millimeter (mm) und werden von einer elektrisch isolierenden Membran, einer Lipidschicht, begrenzt. Die dünne Schicht (etwa 5 Nanometer[1], nm) trennt den wässrigen Elektrolyten des Außenraums mit etwa 100 mM (100 Millimol pro Liter) Natriumchlorid vom Zellinneren mit etwa 100 mM Kaliumchlorid. Die Stromleitung durch die Membran wird durch molekulare Ionenleiter mit einer Leitfähigkeit von 10–100 Pikosiemens[2] (pS) getragen – spezifische Ionenkanäle etwa für Natrium und Kalium. Als elektronisch leitendes Festkörpersubstrat für die Nervenzellen hat sich Silizium bewährt:

- Mit etablierten Methoden lassen sich im Halbleiter mikroskopische, elektronische Elemente herstellen.
- Geschützt durch eine dünne, thermisch gewachsene Siliziumdioxidschicht (etwa 15 nm), ist Silizium in der eher feindlichen Elektrolytumgebung stabil, wenn es auf positiver Vorspannung gehalten wird.
- Mit einer Siliziumdioxidschicht bedeckt, ist Silizium ein ideales, inertes Substrat für die Kultur von Nervenzellen.

---

[1] Ein Nanometer (nm) ist ein milliardstel Meter.
[2] Ein Pikosiemens ist ein tausendmilliardstel Siemens. Siemens ist die Einheit für die elektrische Leitfähigkeit (1/ Ohm).

Ein elektrochemischer Ladungstransport über die Grenzfläche Halbleiter/Elektrolyt ist unerwünscht, da die Gefahr der Korrosion des Halbleiters und der Zellenschädigung besteht. Er wird durch die Siliziumdioxidschicht unterbunden. Die Kopplung des elektronischen und des ionischen Systems ist somit nur kapazitiv möglich. Jedoch, wenn eine Nervenzelle auf dem Chip wächst (vgl. Abb. 2), können wir nicht erwarten, dass sich eine einzige dielektrische Isolationsschicht aus Lipidmembran und Siliziumdioxid bildet. Proteinmoleküle, die aus der Zellmembran herausragen und die auf dem Oxid das Zellwachstum optimieren, führen dazu, dass ein dünner Elektrolytfilm bleibt. Dieser wird durch die Siliziumdioxidschicht und die Lipidmembran von den leitenden Umgebungen des Siliziums bzw. des Zellinneren abgetrennt. Der Zelle-Halbleiter-Kontakt hat also die physikalische Natur eines flächigen, elektrischen Kernmantel-Leiters mit dem Elektrolyten als Kern und der Membran bzw. dem Oxid als Mantel (Abb. 3a) [5].

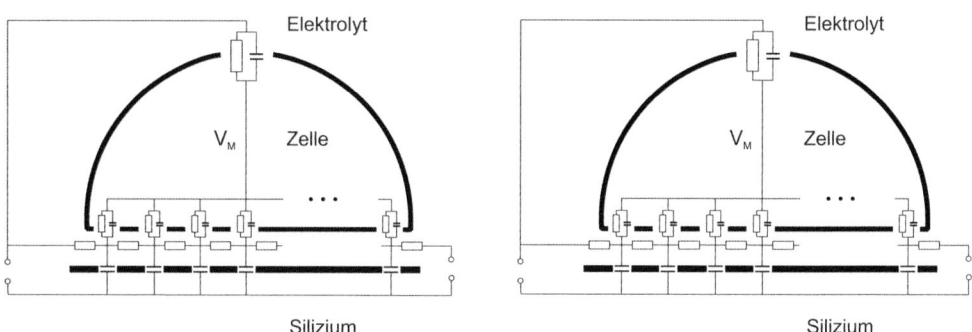

a)   b)

Abb. 3: Modelle des Membran-Halbleiter-Kontakts. Die Querschnitte sind nicht maßstabsgerecht: Zellendurchmesser 10–100 μm, Abstand zwischen Membran und Chip 10–100 nm. a) Wechselspannungsschaltbild eines flächigen Kernmantel-Leiters. Die Flächenelemente des Oxids, der Membran und der Elektrolytschicht dazwischen werden durch infinitesimale Kondensatoren und Ohm'sche Widerstände dargestellt [6]. b) Gleichspannungsersatzschaltbild. Oxid, Membran und Elektrolytschicht werden durch globale Kondensatoren und Widerstände beschrieben. Berücksichtigt werden spannungsgesteuerte Ionenleitfähigkeiten im Kontaktbereich und in der freien Membran [10]. V_M ist die Spannung in der Zelle, V_J die Spannung in der Kontaktregion.

3   Neuron-Silizium-Kopplung – Mechanismus und Parameter

Für eine Betrachtung der Signalübertragung zwischen Neuron und Chip beschreiben wir den ausgedehnten Kernmantel-Leiter durch ein Ersatzschaltbild (Abb. 3b) [4, 10, 11]. Der flächige Kernleiter wird durch einen Ohm'schen Widerstand ersetzt, die Mäntel aus Oxid und Membran durch globale Kondensatoren und Ohm'sche Widerstände. Dazu werden die Leitfähigkeiten unterschiedlicher Ionenkanäle berücksichtigt, die im Allgemeinen von der Membranspannung abhängen. Die Erregung einer Nervenzelle – ein Aktionspotenzial – besteht in einem schnellen Öffnen von Natriumkanälen, durch welche Strom in die Zelle hineinfließt, und in einem verzögerten Öffnen von Kaliumkanälen, durch welche Strom herausfließt. Über die Membrankapazität sind diese Ströme mit einer Änderung der Membranspannung verbunden. Spannung und Leitfähigkeiten zusammen bilden ein nichtlineares, dynamisches System.

Wie funktioniert nun die Signalübertragung in beide Richtungen?

- Vom Neuron zum Silizium: Während eines Aktionspotenzials fließt ionischer und kapazitiver Strom durch die Membran der Kontaktregion. Der Gesamtstrom muss sich durch den Widerstand der Elektrolytschicht zwischen Zelle und Chip quälen und erzeugt dort eine Spannung. Diese beeinflusst die elektronische Bandstruktur des Halbleiters im Kontaktbereich. Liegt dort ein Feldeffekt-Transistor mit Source und Drain und metallfreiem Gate-Oxid, spielt diese Spannung die Rolle einer Gate-Spannung und verändert den Source-Drain-Strom [2].
- Vom Silizium zum Neuron: Wenn ein Spannungssprung an eine hoch dotierte Halbleiterregion unter der Zelle angelegt wird, fließt ein kapazitiver Stromstoß durch das Oxid und die Membran. Es entsteht über die Zellmembran eine Spannung, die wegen der leitenden Elektrolytschicht des Kontakts schnell relaxiert. Dieser Spannungspuls wirkt auf die Membran, etwa auf spannungsgesteuerte Ionenkanäle, und löst ein Aktionspotenzial aus [3].

Die Effizienz der Neuron-Silizium-Kopplung in beide Richtungen hängt offensichtlich von der elektrischen Qualität der „Lötstelle" ab – vom Kontaktwiderstand, vom Stromfluss durch die Zellmembran und von der Anwesenheit spannungsgesteuerter Ionenkanäle. Damit drängen sich drei einfache Fragen auf:

- Wie weit ist der Spalt zwischen Chip und Zelle?
- Welches ist die elektrische Leitfähigkeit in dieser Schicht?
- Gibt es in der Kontaktregion spannungsgesteuerte Ionenkanäle?

4   Kontaktabstand – Fluoreszenz in stehenden Lichtmoden

Die Grenzfläche Silizium/Siliziumdioxid spiegelt sichtbares Licht, sodass sich vor ihr stehende Moden des elektromagnetischen Feldes ausbilden. Wir nutzen diesen Effekt aus, um mit Farbstoffmolekülen als Sonden den Abstand zwischen Zellmembran und Siliziumchip zu messen [8, 9]. Dazu wird die Oberfläche von Silizium mit mikroskopischen Oxidterrassen (Größe 2,5 μm × 2,5 μm, Stufenhöhe etwa 20 nm) versehen. Darauf werden neuronale Zellen kultiviert, deren Membran mit einem Fluoreszenzfarbstoff markiert ist. Mit zunehmender Oxiddicke wird die Membran durch die Knoten und Bäuche des Wellenfeldes geschoben und so die Anregung und Abstrahlung des Farbstoffs verändert. Tatsächlich hängt die Fluoreszenzintensität von der Höhe der Terrassen ab (Abb. 4a).

Sie ist auf dem dünnsten Oxid am höchsten, fällt dann ab und steigt wieder an (Abb. 4b). Zum Vergleich wird eine reine Lipidemembran auf den Chip geklebt [12]. Hier beginnt die Fluoreszenz mit einem Minimum (Abb. 4b). Der Vergleich mit der Theorie der Dipolstrahlung für den molekularen elektronischen Übergang der Absorption und Emission zeigt, dass die nackte Lipidmembran praktisch direkt auf dem Siliziumdioxid aufsitzt (Abstand etwa 1 nm). Die Verschiebung des Interferenzmusters für die Zellmembran ist auf eine etwa 100 nm dicke Wasserschicht zwischen Chip und Membran zurückzuführen (Abb. 4b). Es ist uns bisher nicht gelungen, den Abstand zwischen der Zellmembran und dem Chip unter 50 nm zu drücken. Die Ursache dafür ist vermutlich in der entropischen Kraft von Proteinmolekülen zu suchen, die zum einen in der Zellmembran verankert sind und mit denen zum anderen der Chip beschichtet wird, um ein gutes Wachstum der Zellen zu garantieren.

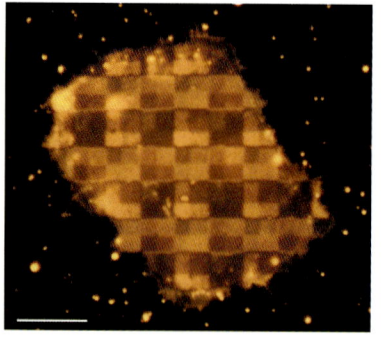

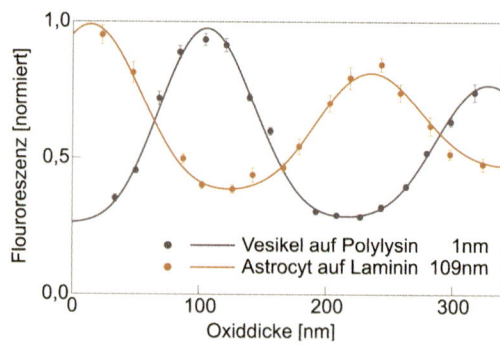

a)   b)

Abb. 4: Fluoreszenzinterferometrie. a) Fluoreszenzbild des Kontakts einer neuronalen Gliazelle, deren Membran mit einem Cyaninfarbstoff angefärbt ist, auf einem Siliziumchip mit quadratischen Terrassen aus Siliziumdioxid, die mit Laminin (trocken 3 nm dick) beschichtet sind [9]. b) Fluoreszenzintensität als Funktion der Terrassenhöhe für die Gliazelle auf Laminin (rote Punkte) und für eine reine Lipidmembran, die mit Polylysin auf den Chip geklebt ist (blaue Punkte) [12]. Die Kurven sind mit der elektromagnetischen Theorie der Dipolstrahlung berechnet (vgl. [8]) mit einer Wasserschichtdicke zwischen Oxid und Membran von 109 ± 1 nm bei der Gliazelle und von 1 ± 0,5 nm bei der Lipidmembran.

5   Kontaktleitfähigkeit –
festkörperelektronische und molekülelektronische Sonden

Man kann zwar vermuten, dass der Spalt zwischen Zelle und Halbleiter mit einem wässrigen Elektrolyten ausgefüllt ist, aber es ist ungewiss, ob dort die spezifische Leitfähigkeit mit derjenigen des Badelektrolyten übereinstimmt. Um den Schichtwiderstand zwischen Membran und Oxid zu messen, legen wir Wechselspannungen zwischen Bad und Silizium an (vgl. Abb. 3a) und beobachten das Wechselspannungsprofil, das sich in der Kontaktregion über dem Siliziumdioxid bzw. über der Membran ausbildet. Wir setzen dazu mikroskopische Sonden ein:

- Das Spannungsprofil über das Oxid wird mit einer Reihe offener Feldeffekt-Transistoren im Silizium beobachtet [5].
- Das Spannungsprofil über die Membran bilden wir im Fluoreszenzmikroskop mit einem membrangebundenen Hemicyaninfarbstoff ab, der optisch auf elektrische Felder reagiert.

Wir betrachten hier eine Transistormessung an einer reinen Lipidmembran. Ein Lipidvesikel wird auf ein Siliziumchip mit einer Transistorreihe geklebt (Abb. 5a) [11]. Bei niedrigen Frequenzen folgt der Spalt der Bad anregung (Abb. 5b), es dominiert die Ohm'sche Kopplung entlang des Spalts (vgl. Abb. 3a). Aber schon ab 1 Hz bricht in der Mitte des Kontakts die Übertragung wegen des kapazitiven Stromflusses durch Membran und Oxid ein (Abb. 5b). Aus dem Vergleich mit der Theorie des flächigen Kernmantel-Leiters ergibt sich ein Schichtwiderstand von etwa 100 GV. Dieser Wert liegt um zwei Größenordnungen über dem Widerstand, der für einen mit Badelektrolyten gefüllten Spalt von 1 nm Weite erwartet wird. Ladungsträgerdichte und -beweglichkeit sind im Spalt von molekularer Dimension offensichtlich deutlich vermindert. Der hohe Schichtwiderstand zwischen Lipidmembran und Siliziumdioxid steht allerdings in krassem Kontrast zu Beobachtungen an Nervenzellen. Aus dem durch Wechselspannung modulierten Fluoreszenzbild eines spannungssensitiven Farbstoffs ergibt sich für Rattenneurone auf Polylysin ein Schichtwiderstand im Megaohmbereich, deutlich unter dem Widerstand einer Badelektrolytschicht von 50 nm Dicke, wie wir sie hier zwischen Membran und Chip messen. Die Ursache für diese Veränderung in einem so weiten Spalt ist unklar.

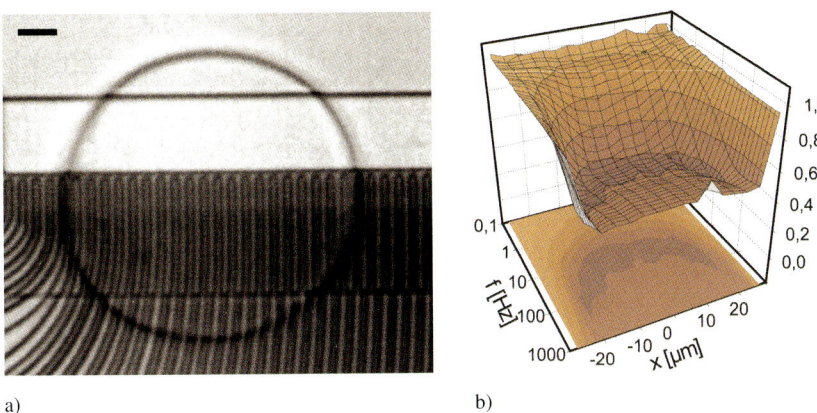

a)   b)

Abb. 5: Wechselspannungsübertragung. a) Lipidvesikel auf Siliziumchip mit Transistorreihe. Die offenen Gate-Strukturen liegen zwischen den Enden der dunklen Feldoxidbahnen, die von unten her die Drain-Zuleitungen trennen. b) Amplitude der Wechselspannungsübertragung vom Bad in den Spalt zwischen Chip und Membran als Funktion von Ort und Frequenz. In der Kontaktmitte bricht die Ohm'sche Kopplung schon ab einer Frequenz von 1 Hz wegen der kapazitiven Ströme ein [12].

6   Ionenkanal auf Elektronenkanal – Molekularbiologie und Mikroelektronik

Die Membran einer Nervenzelle enthält spannungsgesteuerte Ionenkanäle für Natrium und Kalium, die sich während eines Aktionspotenzials öffnen. Für die Kopplung eines Neurons an den Halbleiter ist es wesentlich, ob diese Ionenkanäle im Zell-Chip-Kontakt präsent sind [11, 13].

Dieser Frage sind wir an einem einfachen System nachgegangen: Ein Kaliumkanal (hSlo Maxi-K) mit großer Leitfähigkeit (200 pS) wird in Zellen (HEK293) eingeschleust, deren Membran eine geringe Eigenleitfähigkeit besitzt. Sie werden dazu mit der rekombinanten DNA des Kanalproteins infiziert und auf einem Chip mit offenen Transistoren kultiviert (Abb. 6a) [14]. Wir erhöhen schrittweise die Spannung im Zellinneren (vgl. Abb. 3b) über eine elektrolytgefüllte Glaskapillare und bestimmen den Gesamtstrom durch die Zellmembran. Gleichzeitig wird die Veränderung des Source-Drain-Stroms unter der Zelle beobachtet, wie sie durch einen Ionenstrom im Kontaktbereich und den Spannungsabfall zu erwarten ist (vgl. Abb. 3b). Wir finden, dass die intrazelluläre Spannung den Membranstrom erhöht – nichtlinear wie es für einen Kaliumkanal zu erwarten ist – und dass proportional dazu die Spannung im Spalt ansteigt (Abb. 6b). Dieses Resultat offenbart, dass sich aktive Ionenkanäle in der Kontaktregion befinden. Die genaue Analyse der Daten zeigt, dass die Kalium-Kanäle sogar bevorzugt in die Kontaktregion eingebaut werden mit einer Dichte, die um eine Größenordnung höher ist als in der freien Membran.

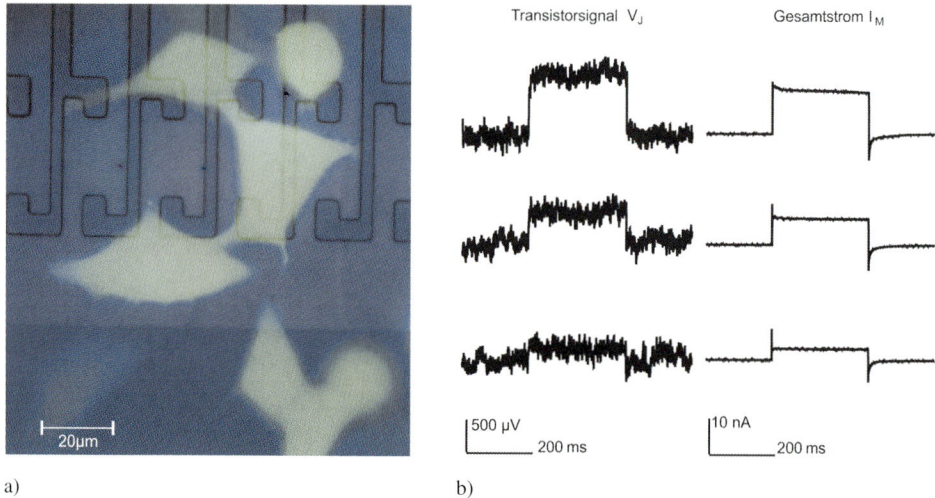

a)   b)

Abb. 6: Ionenkanäle auf Transistor. a) HEK293-Zellen mit rekombinantem Kalium-Kanal auf Siliziumchip mit Transistorreihe. Im blauen Licht erscheinen die Zellen in der grünen Fluoreszenz des GFP (Green Fluorescent Protein), das als Marker verwendet wurde. b) Iono-elektronische Kopplung bei drei intrazellulären Spannungen V_M = 30, 45, 58 mV. Links: Transistorantwort als extrazelluläre Spannung V_J auf dem Gate-Oxid. Rechts: Gesamtstrom durch die Zellmembran [14].

Es ist faszinierend, in einem einzigen Experiment die beiden Basistechnologien der Gegenwart – Gentechnik und Halbleitertechnik – zu verbinden und dabei die direkte Wechselwirkung der beiden fundamentalen elektrischen Strukturen in Hirn und Computer – Ionenkanäle der Zellmembran und Elektronenkanal eines Transistors – zu beobachten.

7   Nervenerregung und Siliziumchip – Detektion und Stimulation

Durch ein Aktionspotenzial wird Strom durch die Schicht zwischen Zelle und Chip getrieben. Das Spannungssignal $V_J(t)$, das die Bandstruktur des Halbleiters moduliert, kommt durch Überlagerung aller kapazitiver und ionischer Ströme in der Kontaktregion zustande (vgl. Abb. 3b). Es unterscheidet sich von der intrazellulären Spannung $V_M(t)$. Seine Amplitude wird durch den Kontaktwiderstand skaliert. Seine Form hängt von der Anreicherung oder Verarmung der Membranleitfähigkeiten im Kontakt ab – für Natrium, Kalium und Lecks – verglichen mit der freien Membran [11]. So ergibt sich bei der Kopplung von Feldeffekt-Transistoren an Neurone aus Blutegeln (Abb. 7a), Schnecken und Ratten ein weites Spektrum von Signalen. Die Amplitude im Bereich von 0,1–10 Millivolt (mV) ist bestimmt durch die unterschiedlichen Widerstände und Kapazitäten der Kontakte (vgl. Abb. 3b). Drei Signalformen sind typisch (Abb. 7b):

- Proportional zur ersten Ableitung des Aktionspotenzials, wenn alle Ionenleitfähigkeiten im Kontakt verarmt waren.
- Proportional zum Aktionspotenzial, wenn im Kontakt eine Ohm'sche Leitfähigkeit dominiert.
- Proportional zur invertierten ersten Ableitung bei Anreicherung der Natrium- und Kaliumkanäle [10].

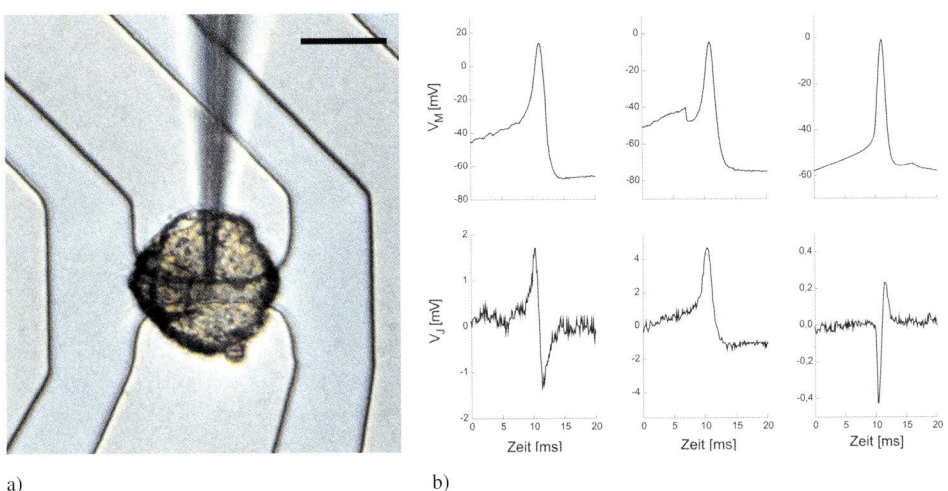

a)   b)

Abb. 7: Transistormessung neuronaler Erregung. a) Nervenzelle aus dem Blutegel auf dem offenen Gate-Oxid eines Feldeffekt-Transistors. Dunkel erscheinen die Bereiche des n-Siliziums, hell die p-dotierten Zuleitungen von Source und Drain. Die Zelle ist mit einer Glaskapillare kontaktiert [7]. b) Drei Kopplungstypen. Die obere Zeile zeigt die intrazelluläre Spannung $V_M(t)$, die untere die extrazelluläre Spannung $V_J(t)$ auf dem Gate-Oxid. (Näheres s. Text) [7, 10, 11].

Die Stimulation eines Neurons erfordert eine hohe Chipkapazität unter der Zelle (vgl. Abb. 3b). Solche Reizstrukturen lassen sich durch hohe Dotierung des Siliziums und Bedeckung mit einer dünnen Silizium dioxidschicht herstellen (Abb. 8a) [3]. Eine Spannungsstufe im Chip erzeugt im Spalt zwischen Chip und Membran eine Spannungstransiente $V_J(t)$, die wegen des geringen Schichtwiderstands nur 1–10 Mikrosekunden (ms) dauert. Die Transiente lässt sich mit einem spannungssensitiven Fluoreszenzfarbstoff in der Membran direkt beobachten. Dieser Sekundärstimulus wirkt auf die Zelle durch unterschiedliche Mechanismen. Hat die Membran der Kontaktregion eine hohe Ohm'sche Leitfähigkeit, so wird direkt ein Stromstoß in die Zelle injiziert. Das Auslösen eines Aktionspotenzials in Blutegelneuronen durch eine einzige positive Spannungsstufe (Abb. 8b) kann so erklärt werden. Weil dabei die Schwelle nur knapp erreicht wird, ergibt sich eine lange Verzögerung. Bei geringer Ohm'scher Leitfähigkeit der Kontaktmembran wird die Erregung durch eine Folge schneller Spannungspulse ausgelöst. Dabei werden vermutlich spannungssensitive Ionenkanäle geöffnet.

Auch wenn sich ein mechanistischer Rahmen für die Detektion und Stimulation der Nervenerregung durch ein Siliziumchip abzeichnet, so fangen wir doch erst gerade an, diese Kopplungen zu optimieren. Der genetisch kontrollierte Einbau von Ionenkanälen in den Kontakt von Neuron und Chip ist ein mächtiges Werkzeug auf diesem Weg.

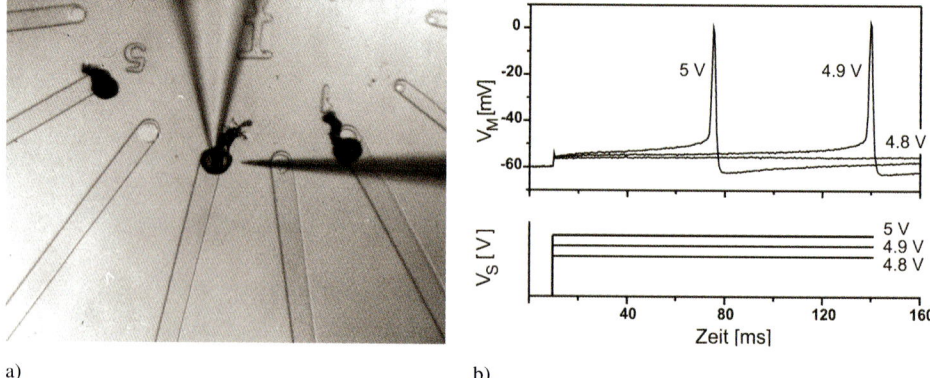

a)   b)

Abb. 8: Kapazitive Chip-Stimulation neuronaler Erregung. a) Blutegelneuron auf der Reizstruktur eines Silizi-umchips. Die radial angeordneten 60 μm breiten p-dotierten Bahnen in n-Silizium sind in Bereichen von 20–50 μm Durchmesser mit dünnem Siliziumdioxid bedeckt. Dort sind Neurone platziert. Sonst ist der Chip mit einem 1 μm dicken Feldoxid isoliert. Die Zelle wird mit einer Glaskapillare kontaktiert. Eine zusätzliche Elektrode (rechts) misst das lokale Badpotenzial. b) Erregung eines Blutegelneurons. Unten: Spannungsstufen im Chip (nicht skaliert). Oben: Spannungsverläufe in der Zelle [3].

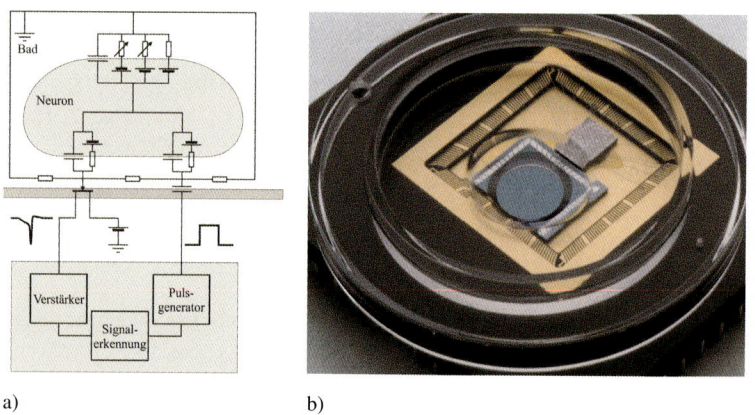

a)   b)

Abb. 9: Iono-Elektronik, neuronale Selbsterregung über Siliziumchip. a) Schaltbild. Der obere Teil zeigt das Interfacing als Ersatzschaltbild, der untere Teil die Interneuron-Einheit des Chips als Blockschaltbild für die mikroelektronische Schaltung, mit den drei Stufen des Verstärkers, der Signalerkennung und des Pulsgenerators. b) Hybrider Chip mit Messkammer. Interface-Einheit und Interneuron-Einheit sind als getrennte Chips prozes-siert und auf einem Standardsockel aneinander gebondet. Unter der runden Messkammer erkennt man den Inter-face-Chip, rechts davon den Analog-Array-Chip [15].

8 Iono-Elektronik – neuronale Selbsterregung über Siliziumchip

Indem man eine Reizstruktur und einen Transistor nebeneinander auf einem Chip kombiniert, erhält man eine Zweiweg-Interface-Struktur. Durch Anschluss einer integrierten mikroelekt-ronischen Schaltung auf dem Chip gelingt es, ein einfaches iono-elektronisches System zu realisieren – die Selbsterregung eines Blutegelneurons über ein Chip (Abb. 9a) [15]: Das Aktionspotenzial moduliert den Source-Drain-Strom des Transistors. Dieses Signal bildet den Eingang für eine Interneuron-Einheit, die in konventioneller mikroelektronischer Schaltungstechnik auf dem Chip implementiert ist. In einer ersten Stufe wird dort eine Spannung erzeugt und verstärkt. In einer Erkennungsstufe wird signifikanten Signalen ein Standard-Spannungspuls zugeordnet. Die dritte Stufe generiert einen verzögerten Reizpuls, der als Ausgangssignal an der Reizstruktur anliegt (Abb. 9a), sodass ein neues Aktionspotenzial ausgelöst wird. Interface-Teil und Interneuron-Teil sind in ersten Experimenten in Hybridtechnik auf zwei Chips verteilt, die unter der Messkammer aneinander gebondet werden (Abb. 9b). Aus diesem Experiment ergeben sich natürlich keine neuen physikalischen oder biologischen Erkenntnisse. Doch die erste iono-elektronische Schaltung deutet an, wie sich neuronale Dynamik und mikroelektronische Schaltungstechnik unmittelbar integrieren lassen.

9   Interfacing neuronaler Netze – erste Schritte

Gelänge es, auf einem mikroelektronischen Halbleiterchip Neurone mit definierten Verbindungen zu züchten, dann stände ein optimales, physikalisches System zur Verfügung, um die Dynamik neuronaler Netze experimentell zu untersuchen. Fernziel ist etwa die Implementierung eines symmetrisch verschalteten Netzes, bei dem die Synapsenstärken durch korrelierte Stimulation vom Chip aus eingestellt werden und dann die Dynamik der assoziativen Gedächtnisleistungen vom Chip aus beobachtet wird (Abb. 10a). Bis dahin gilt es allerdings eine Reihe von Problemen zu lösen:

- Wachstum und Verzweigung neuronaler Fortsätze müssen kontrolliert werden.
- Die Synapsenbildung zwischen Neuronen muss an definierten Stellen induziert werden.
- Es müssen Methoden zur Stabilisierung der Netzgeometrie entwickelt werden.
- Einfache Netze müssen vom Chip aus stimuliert und beobachtet werden.

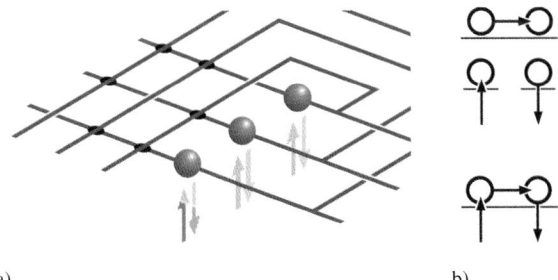

a)   b)

Abb. 10: Neuroelektronische Netze. a) Rückgekoppeltes neuronales Netz mit assoziativer Gedächtnisleistung (Hopfield-Netz), das von der Chipunterlage stimuliert und beobachtet wird. b) Die drei Elemente Silizium-Neuron-Kopplung, Neuron-Neuron-Synapse und Neuron-Silizium-Kopplung und ihre serielle Kombination zu einem Signalbogen vom Chip zum neuronalen Verband und zurück zum Chip [17].

Als Nahziel haben wir uns eine Integration der drei elementaren Kopplungen vorgenommen – der Silizium-Neuron-Reizung, der Neuron-Neuron-Synapse und des Neuron-Transistor-Kontakts – mit einem Signalbogen vom Chip zum neuronalen Verband und zurück zum Chip (Abb. 10b).

Für solche Experimente mit kleinen Netzwerken verwenden wir Neurone aus der Schlammschnecke. Die Zellen sind groß und leicht platzierbar, und sie bilden in Kultur effiziente elekt-

rische Synapsen aus. Außerdem ist es nicht unwesentlich, dass bei wirbellosen Tieren auch
schon kleine Netze eine biologische Funktion haben. Um die synaptische Kopplung nachzuweisen, lassen wir zwei Neurone auf linearen Proteinbahnen aufeinander zuwachsen (Abb.
11a) [16]. Nach der Begegnung prüfen wir die Signalübertragung in beide Richtungen. Negative Signale werden abgeschwächt in beide Richtungen übertragen, was typisch für elektrische Synapsen ist (Abb. 11b). Eine Serie von Aktionspotenzialen in der einen Zelle führt
durch Summation der übertragenen Ströme zu einer Erregung der anderen Zelle (Abb. 11b).

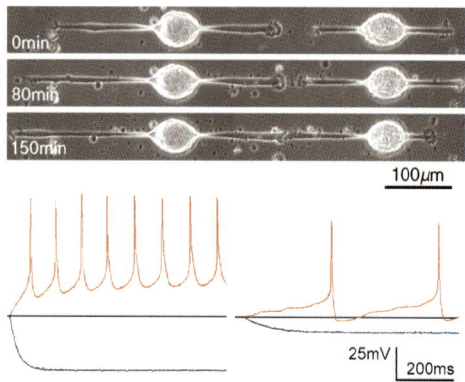

Abb. 11: Elektrische Synapsen. Oben: Zwei Neurone aus der Schlammschnecke treffen sich frontal auf einer 20
μm breiten Bahn, die durch UV-Photolithographie eines neuronalen Wachstumsfaktors erzeugt ist. Unten: Ein
negatives Signal in der einen Zelle (blaue Kurve links) wird abgeschwächt auf das andere Neuron (blaue Kurve
rechts) übertragen. Eine positive Strominjektion in die erste Zelle führt zu einer Serie von Aktionspotenzialen
(rote Kurve links), die eine Erregung der anderen Zelle bewirken (rote Kurve rechts) [16].

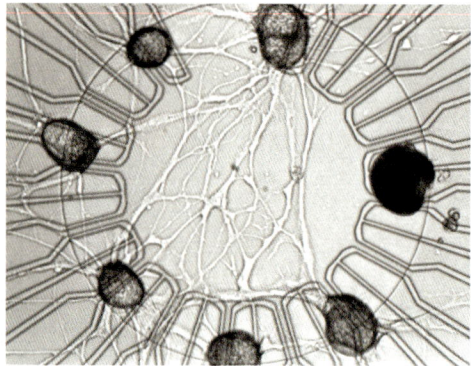

Abb. 12: Neuronales Netz auf Siliziumchip. Neurone aus der Schlammschnecke werden auf Zweiweg-Interface-
Strukturen gesetzt, die im Kreis angeordnet sind. Sie wachsen unter Ausbildung elektrischer Synapsen zusammen. In einzelnen Fällen werden Signalbögen von Chip zum neuronalen Verband und über Synapsen zurück
zum Chip beobachtet [17].

Für die Implementierung des Signalbogens vom Chip zum neuronalen Netz und zurück
zum Chip setzen wir die Schneckenneurone auf Zweiweg-Interface-Strukturen auf und kulti-

vieren sie für einige Tage. Dabei wachsen ungeordnete Verbindungen aus (Abb. 12) [17]. Durch Anstechen mit Glaskapillaren wird ein Neuronpaar gesucht, das synaptisch verbunden ist. Dieses Paar wird dann auf die gewünschte Funktion getestet. Tatsächlich kann man auf diese Weise Signalbögen Silizium-Neuron-Neuron-Silizium beobachten – jedoch mit sehr geringer Ausbeute. Zum einen sind nur wenige Neuronpaare synaptisch verbunden, zum anderen werden die Neurone durch die Kräfte der wachsenden Fortsätze von den Interface-Strukturen weggezogen. So ist die Wahrscheinlichkeit gering, dass ein Neuronpaar mit zwei Kapillaren kontaktiert ist und dass alle drei Kopplungen existieren. Erst in den letzten Monaten ist es uns gelungen, das Problem des Signalbogens zufrieden stellend zu lösen: Wir verhindern das Wegziehen der Neurone mechanisch durch mikroskopische Pferche aus Polymerstangen auf dem Chip. Eine weitere Perfektionierung des Designs hybrider Netze ist zu erwarten, wenn wir das kontrollierte Wachstum der Neurone (vgl. Abb. 11) mit dem Interfacing kombinieren.

Trotz der hoffnungsvollen Ansätze sind Zweifel angebracht, ob größere neuronale Netze aus Hunderten von Zellen mit definierter Geometrie auf einem Chip gezüchtet werden können. Eine alternative Strategie darf deswegen nicht aus den Augen verloren werden: Das ungeordnete Wachsen eines neuronalen Netzes auf einem Chip mit Tausenden dichtgepackter Interface-Strukturen, derart dass sich bewegende Neurone immer im Einzugsbereich einer Kontaktstelle befinden und dass die sich ändernde Netzwerkstruktur vom Chip aus in ihrer Dynamik verfolgt wird.

10   Ausblick

Es bleibt offen, ob der extreme Bottom-up-Ansatz des Neuron-Halbleiter-Interfacing zu etwas Anwendbarem in Neurobiologie, Medizintechnik oder Informationstechnik führt. Als Grundlagenforschung aber ist der Weg stimulierend und fruchtbar. Das Niederreißen der Schranken zwischen den verschiedensten Technologien und Forschungsbereichen erzeugt immer wieder überraschende Probleme und Einsichten. Das Arbeitsgebiet ist transdisziplinär in höchstem Maße.

Was ist konkret zu tun? Nach dem ersten Verständnis der neuroelektronischen Kopplung stehen wir jetzt vor wichtigen Schritten der Optimierung. Auf der Seite der Halbleiter müssen die mikroelektronischen Strukturen für die Detektion bezüglich des Rauschens, diejenigen für die Stimulation bezüglich der Kapazität verbessert werden. Ein weites Spektrum von Materialien und Strukturen kann hier in Betracht gezogen werden. Eine Umsetzung in den Industriestandard der CMOS-Technologie ist wesentlich, damit Chips mit Tausenden von Interface-Strukturen und mit integrierter Elektronik einsetzbar werden. Auf der Seite der Nervenzellen steht der Einsatz der Molekularbiologie erst am Anfang: Nur damit werden wir die mechanische und elektrische Natur des Neuron-Chip-Kontakts, aber auch die Signalprozessierung in den Neuronen und Synapsen kontrollieren können. Unabhängig von diesen Entwicklungen wird das Projekt, ein einfaches, chipkontrolliertes neuronales Netz aufzubauen, mit den gegebenen Kenntnissen und Methoden vorangetrieben.

Langfristig dürfen wir davon ausgehen, dass mit den sich abzeichnenden Möglichkeiten eines neuroelektronischen Systemaufbaus ganz neue und faszinierende physikalisch-biologische Fragestellungen entstehen. Natürlich sind visionäre Träume von bioelektronischen Neuro-

computern und mikroelektronischen Neuroprothesen unvermeidlich und aufregend, nur sollten sie nicht die tatsächlichen Probleme vernebeln.

Der Autor

Peter Fromherz

Abteilung für Membran- und Neurophysik, Max-Planck-Institut für Biochemie in Martinsried

Peter Fromherz, geb. 1942 in Ludwigshafen/Rhein, studierte Chemie und Physik in Karlsruhe
und Marburg. Von 1981–1994 war er Professor für Experimentalphysik (Biophysik) in Ulm.
Seit 1994 leitet er die Abteilung Membran- und Neurophysik am Max-Planck-Institut für Biochemie in Martinsried und ist Honorarprofessor in der Fakultät für Physik der Technischen
Universität München. Er widmet sich der Verknüpfung von Halbleitern mit organischem und
biologischem Material, insbesondere dem Aufbau von hybriden Systemen aus Mikroelektronik und Hirnstrukturen: „Inmitten von polierten Siliziumwafern, fluoreszierenden Farbstofflö-
sungen und Aquarien mit Blutegeln erscheint die Einheit der Naturwissenschaft nicht als bloße Chimäre, sondern ist tägliche Arbeit."

Literatur

[1] P. Fromherz, Ber. Bunsenges. Phys. Chem. **100**, 1093 (1996)
[2] P. Fromherz, A. Offenhäusser, T. Vetter, J. Weis, Science **252**, 1290 (1991)
[3] P. Fromherz, A. Stett, Phys. Rev. Lett. **75**, 1670 (1995)
[4] P. Fromherz, C.O. Müller, R. Weis, Phys. Rev. Lett. **71**, 4079 (1993)
[5] R. Weis, B. Müller, P. Fromherz, Phys. Rev. Lett. **76**, 327 (1996)
[6] R. Weis, P. Fromherz, Phys. Rev. E **55**, 877 (1997)
[7] M. Jenkner, P. Fromherz, Phys. Rev. Lett. **79**, 4705 (1997)
[8] A. Lambacher, P. Fromherz, Appl. Phys. A **63**, 207 (1996)
[9] D. Braun, P. Fromherz, Phys. Rev. Lett. **81**, 5241 (1998)
[10] R. Schätzthauer, P. Fromherz, Eur. J. Neurosci. **10**, 1956 (1998)
[11] P. Fromherz, Eur. Biophys. J. **28**, 254 (1999)
[12] P. Fromherz, V. Kiessling, K. Kottig, G. Zeck, Appl. Phys. A **69**, 571 (1999)
[13] S. Vassanelli, P. Fromherz, J. Neurosci. **19**, 6767 (1999)
[14] B. Straub, E. Meyer, P. Fromherz, Nature Biotechnology (2001) im Druck

[15] M. Ulbrich, P. Fromherz, Advanced Materials (2001) im Druck

[16] A. Prinz, P. Fromherz, Biol. Cybernetics **82**, L1 (2000)

[17] M. Jenkner, B. Müller, P. Fromherz, Biol. Cybernetics (2001) im Druck

Das Extrem der körperlichen Veränderung

Stahl Stenslie

In der Welt der elektronischen Netze können wir sein, wer oder was wir wollen. Wir können in die flüssigen Körpergestalten unserer elektronischen Phantasien schlüpfen und dadurch jede beliebige Identität annehmen. Ist dies tatsächlich so? Wo bleibt unser wirklich fühlender Körper im Digi-All? Der folgende Text ist eine Expedition ins Land der Extrem-Körper. Über Einblicke in den modifizierten Körper von heute entfalten sich Visionen über den transformierten Körper von morgen. Mittels exemplarischer Arbeiten werden wir auch Konturen der Kunst der Zukunft erkennen.

Der Text handelt vor allem von Kunst, und die folgende Geschichte illustriert, wie wichtig die Kunst der Veränderung sein kann. Als Beuys Professor an der Kunstakademie in Düsseldorf war, sorgte nicht nur seine politische Lehrtätigkeit für Aufregung, sondern er unternahm auch konkrete physische Eingriffe in die Akademie. Eine Ecke seines Büros unter dem Dach schmierte er komplett mit Margarine ein. Seine „Fettecke" wurde rasch bekannt und erzeugte grossen Aufruhr. Konnte etwas so „Ekliges" noch Kunst sein? Die wenigsten fanden es besonders künstlerisch oder kunstähnlich. Aber die Installation blieb. Und nach vielen Jahren und insbesondere nach Beuys Tod wurde sie zu einem sehr bekannten Kunstwerk. Eines Morgens jedoch war die Fettecke verschwunden. Als hätte es niemals eine Fettecke gegeben, fehlte jede Spur von ihr. Zum zweiten Mal gab es einen großen Aufruhr. Einige sprachen von Diebstahl, andere von Kunstterrorismus. Eine sofort eingeleitet Untersuchung konnte den Täter rasch entlarven: Die Putzfrau war's. Sie fand die Ecke schmutzig und wischte sie einfach wieder sauber. Und so wurde die Fettecke nochmals zur Kunst gemacht. Wieso? Weil ihre Handlung unsere Auffassung von Welt irritierte. Denn Kunst handelt von Veränderung, und es gibt keine Veränderung ohne Irritation. Nur durch Irritation entsteht eine neue Art, die Welt wahrzunehmen. Beuys und die Putzfrau waren – so gesehen – beide große Künstler.

Was geschieht nun mit uns, die wir jetzt mit voller Kraft in die Zukunft rollen? Bleiben wir die Gleichen? Oder werden wir das Wort „Menschheit" neu erfinden? Ich glaube, Letzteres wird eintreffen, weil Technologie uns verändert. Technologie (Maschinen) dient als Denkmuster, elementar für das Verstehen der Welt und des Körpers, weil sie klare Trennungen zwischen dem betrachtenden, kognitiven Subjekt und dem betrachteten Objekt, der Wirklichkeit, ermöglicht. Mit der Entwicklung der Technologie verändert sich auch unser Körper. Wir spiegeln unser Selbstbild in unserem Umgang mit Technologie. Das Extrem der Entwicklung zeigt uns die Richtung. Ein Porträt dieses Extrems wird vielleicht einige Fragen beantworten, beispielsweise danach, wie unser Körper künftig ausschauen wird. Schreitet unsere körperliche Entwicklung weiter voran, oder werden wir uns zurückentwickeln? Während manche annehmen, wir würden zu Göttern, entfalten andere dystopische Visionen, in denen wir zu immobilen „Couch-Potatoes" werden. Aber eines ist bereits jetzt klar: Unsere Körper haben sich schon verändert. Und in Zukunft werden sie sich weiter verändern. Erinnert sei nur an den heute bereits existierenden natürlichen extremen Körper.

Der so genannte moderne Primitive, ein Junge oder Mädchen mit Piercing in Nabel, Nase oder Geschlecht, sieht nicht nur anders aus. Seine Körpermodifikation ist Ausdruck der Lust nach authentischer Sinnlichkeit. Ob schön oder schmerzhaft spielt dabei keine Rolle. Wichtig ist die Andersartigkeit.

Der moderne Primitive spiegelt sich in der High-Fashion seiner Low-Tech-Piercings. Bekannte Ideale dieses zeitgenössischen Körperkultes ist der Schamane Fakir Mustafar, der australische Körperkünstler Stelarc und die Französin Orlan (Abb. 1).

Abb. 1: Drei der bekanntesten Körperkünstler: Fakir Mustafa, Stelarc und Orlan.

Sie stehen beispielhaft für die Kollision von alter und neuer Körperkultur im postmodernen Zeitalter. Hier sehen wir eine Juxtaposition von „High"-Technologie und „Low"-Tribalism, Animismus und Körpermodifikation; ein Techno-Schamanismus durch Körperstörung. Durch technologische Formen der Modifikation (Verlängerung, Einfärbung, Implantate, das Feilen von Zähnen, Piercing etc.) provozieren wir den Körper. Er sieht anders aus als der natürlich Gegebene und fühlt sich auch anders an. Er ist die Vorstufe zum echten Cyborg, der Kombination von Mensch und Maschine.

1 Post-Human

Längst schon haben wir uns vom affenähnlichen Menschen entfernt, weg vom natürlichen Menschen in Richtung eines posthumanen Wunschkörpers. Der moderne Primitive ist nur eine von mehreren möglichen Vorschauen auf das Posthumane. Der menschliche Körper war bis heute eine stabile, singuläre Konstruktion mit einer Lebenserwartung von ungefähr 70 Jahren. Momentan erfahren wir einen wachsenden Glauben daran, dass wir uns nicht mehr mit unserem genetischen und kulturellen Erbe begnügen müssen. Die Veränderung unserer Person und Persönlichkeit mittels neuer technischer Möglichkeiten ist nicht mehr eine Frage danach, wer ich bin, sondern danach, wer ich sein kann (Abb. 2).

Insbesondere digitale Technologien und Netzwerke ermöglichen es uns, neue Konstruktionen des Selbst zu schaffen und damit auch neue Bedeutungen dessen, was es heißt, menschlich zu sein. Die Cyberwelt wird zum Spiegel: all das, was ich sehe (und simuliere), kann ich auch werden. Wir gehen somit vom physischen Body-Building zur Body-*Bildung.* Der extreme Körper der Zukunft ist ein Tatort, an dem Wirklichkeit, Phantasie und Fiktion miteinander verschmelzen. Vielleicht sind wir nur einen Mausclick entfernt vom Download „Vom Weichei zum Supermann in zehn Sitzungen"?

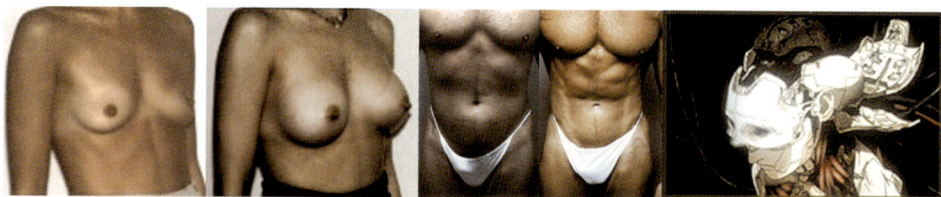

Abb. 2: Extreme Veränderungen wirklicher Körper (plastische Chirurgie).

Wem das zu verwegen erscheint, sei an die plastische Chirurgie verwiesen. Ein berühmtes Beispiel ist Michael Jackson, der sich vom farbigen Jungen in ein weißes Designerprodukt verwandelt hat (Abb. 3).

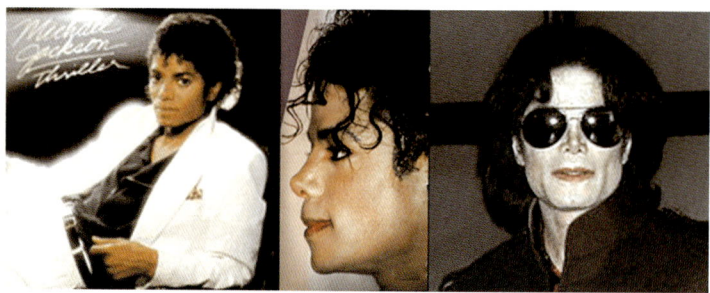

Abb. 3: Michael Jacksons Metamorphose – erreicht durch plastische Chirurgie.

Betrachten wir Phänomene wie den modernen Primitiven, plastische Chirurgie und Body-Bildung**,** so sehen wir die Entstehung sozialer und wissenschaftlicher Trends, die neue Selbstverständnisse schaffen. Wir erleben neue Konstruktionen des Menschlichen. In 30 Jahren wird es vielleicht keinen Unterschied zwischen Menschen und Replikanten geben.[1]

Dein Selbst als formbare Masse

Auch im kommerziellen Spielesektor begegnen wir zahlreichen Beispielen dafür, wie unser Selbst und Selbstbild zur formbaren Masse geworden ist. In Segas „Virtual Makeover" kann der Spieler seinen neuen Look auf dem Bildschirm anschauen. Mittels eines gescannten Fotos können die verschiedensten Haarschnitte, Haarfarben, Brillen, Make-up und andere Assessoires ausprobiert werden, bevor sie dann in Geschäften gekauft werden – oder zugeschnitten werden, wenn erst die chirurgische Version auf den Markt kommt.

Geister am Strand

Die Body-Bildung ist vor allem ein Phänomen des Zeitgeists. Populärkultur in Form von Lifestyle-Magazinen, MTV und, nicht zu vergessen, Comics wie japanische Mangas erziehen

---

[1] Zitat aus dem Katalog zur Ausstellung „Post Human", Deichtorhalle Hamburg.

unsere Körperphantasien. Sie erzählen uns, wie wir uns unsere Körper vorstellen können. Körperbilder aus Computerspielen wie Quake und Tomb Raider mit Lara Croft, Filme wie „Terminator" und „Ghost in the Shell" dienen dabei als Vorlagen. Die Helden und Heldinnen werden zu unseren virtuellen Agenten und Idealen. Body-Bildung heißt zu lernen, wie wir aussehen sollten, werden oder könnten. Es lohnt sich, den nächsten Strandbesuch, sei er nun real oder virtuell, zur Beobachtung der verschiedenen extremen Darstellungskulte zu nutzen.

2   Der virtuell extreme Körper: der Cyberkörper

Wenn wir in und über die weltweit verteilten Datennetze kommunizieren, bedienen wir uns immer eines medialen Körpers. Auch unser Videobild bei einer Live-Videokonferenz gibt unsere mediatisierten Körperbilder wieder, transformiert und beeinflusst durch das Medium. Solche medialen Körper nenne ich Cyberkörper. Der im Computer gestaltete und erlebte Körper ist ein zweiter, transpositionierter Körper. Er wird zu einem „uploadable" Körper. Mit den Designmöglichkeiten des PC heißt es jetzt definitiv nicht mehr: „Wer bin ich eigentlich?", sondern: „Was kann ich alles sein?". Unser Cyberkörper ist das Zuhause der virtuellen Persönlichkeit, oftmals als *Avatar*[2] bezeichnet. Wir werden uns in zunehmendem Masse an unsere Avatare, unsere virtuell fühlenden Körper gewöhnen müssen.

Abb. 4: „Wer bin ich?": Wer willst du heute sein?

Die heutigen Erscheinungen der Cyberkörper haben mehrere Formen und mediale Kategorien:

1. *Der aurale Avatar:* Dieser Avatar ist die hörbare Persönlichkeit. Jeder, der telefoniert, zieht sich einen solchen *auralen* Charakter an. Beim Telefonsex wird es deutlich. Die blonde, vollbusige Frau könnte genauso gut eine ältere, dicke Frau sein. Hauptsache, ihre Stimme und Geschichte ist stimmig und anregend.
2. *Der textuelle Avatar:* Die Chaträume im Internet sind die zurzeit meist benutzten Spielplätze für Persönlichkeitsveränderungen. Mit einigen Mausklicks kann das jeweilige „Aussehen" verändert werden (Abb.4). In einer Sekunde noch „ein blonder, großer Norweger, 35 Jahre alt" und im nächsten Augenblick „eine atemberaubend schöne Frau mit grüner Haut, die nackt herumläuft". Textuell lässt sich die Verwandlung sehr leicht umsetzen. So leicht und schnell, wie sich eine Geschichte am Keyboard erzählen lässt.
3. *2D- und 3D-Avatare:* Meistens werden Avatare mit sichtbaren, durch Computer vermittelte Gestalten assoziiert. Den 2D-Avataren begegnen wir in etwas älteren visuellen Chatrooms wie „The Palace" [1]. Sie sind aus Zeichnungen oder Fotografien aufgebaut und mit der Maus bewegbar. Oft sind sie auch durch eine Aneinanderreihung mehrerer Einzel-

---

[2] Aus dem Hindi: „In die Tiefe (zur Erde) herabgestiegene Götter".

bilder animiert. 3D-Avataren begegnen wir vor allem in 3D-PC-Spielen. Spiele wie „Quake" und „Unreal" beginnen immer mit einer Auswahl eines virtuellen Repräsentanten durch den Spieler. Danach nimmt dieser nur durch seinen 3D-Körper am Spiel teil.

Abb. 5: Beispiele virtueller 3D-„Frauen"-Körper.

Wirkliche Körper im wirklichen Leben

In unserer alltäglichen, unserer wirklichen Welt sind unsere Körper Unikate und „Distinkte". Nicht einmal Zwillinge sind vollkommen gleich. Sie haben zwar die gleichen Gene, aber nicht vollkommen dasselbe Aussehen. Unsere wirklichen Körper sind Unikate (unique) in Raum und Zeit. Im Digi-All benutzen wir für unsere virtuellen Körper oft die gleichen Metaphern wie für unsere wirklichen Körper; so haben die meisten Avatare zum Beispiel Köpfe, Beine und Hände, dazu Augen, Mimik usw. Wir übersetzen also unsere wirklichen Körper ins Virtuelle. Aber funktioniert eine solche Eins-zu-Eins-Übersetzung des Realen ins Virtuelle tatsächlich? Wir vergessen dabei nämlich, dass der reale Körper im Cyberspace verschwunden ist. Naturgesetze oder physische Begrenzungen existieren im digitalen Weltall nicht. Der reale Körper ist verschwunden – ersetzt durch eine visuelle Phantasie.

Virtueller Rasen

Was passiert mit dem extremen Körper im Cyberspace? Die digitalen Traumkörper versprechen viel. Durch das sensorische „Jack-In" (Einstecken) in den Daten-Highway treten wir in Kontakt mit unserem halbgöttlichen digitalen Duplikat. Der Film „Rasenmäher-Mann" aus dem Jahr 1993 zeigte uns die digitalen Möglichkeiten. Ein Zitat aus dem Film beschreibt dies sehr gut: „God made him simple. Technology made him God."

reduction of sensory bandwidth in human, human-2-computer to computer-2-human interaction

Abb. 6: Illustration der sinnlichen Reduktion im Umgang mit Computer.

Die Leitthese des Films handelt von den unbegrenzten Möglichkeiten unserer digitalen Körper im Cyberspace. Und tatsächlich existiert kein Unterschied mehr zwischen Orginal und Kopie im Computer. Mittels digitaler Techniken lassen sich Original und Kopie nicht mehr unterscheiden. Das gilt aber nur für digitale Daten. Unsere fleischliche Hülle (Körper) ist eher analog und unberechenbar. Die Versprechung, Gott zu werden, ist zurzeit tatsächlich extrem. Kopiere ich mich in den Raum des Cyberspace hinein, amputiere ich mich selbst (Abb. 6).

Bei Computern handelt es sich um sehr primitive Geräte, und die Technologie ist noch immer sehr simpel. In zehn Jahren werden wir einen Pentium-PC mit 2000 MHz belächeln wie heute einen alten 286er. Führen wir uns nur die Art und Weise vor Augen, in der wir heute mit dem PC interagieren. Wir starren den Bildschirm an und rezipieren nur mit Augen und Ohren. Und wie sieht der Mensch aus der Sicht des PC aus? Der PC nimmt den Menschen nur als tastendrückende Finger wahr.

3 Emotionales Computing

Dies wird sich aber ändern. In der Zukunft wird die Maus ihrem Nutzer vielleicht durch einen Klick antworten. Unsere heutige eher eingleisige Benutzung der interaktiven Medien ist – das müssen wir uns wohl eingestehen – oft beschränkt und langweilig. Trotz begeisterter Berichte über den Triumph der digitalen Technik berühren die Medien uns im besten Falle kaum. So bestehen Interaktionen im World-Wide-Web in den meisten Fällen aus der reaktiven „Klicken Sie bitte hier"-Form des elektronischen Surfens und Publizierens. Warum aber sind unsere Erlebnisse, verglichen mit unseren digitalen Träumen, im digitalen Alltag so beschränkt? Wieso wird die Technik nicht auch eingesetzt, neue sinnliche Erfahrungen – und zwar nicht nur für den Gesichtssinn – zu ermöglichen? Ich denke zunächst einmal, weil uns die Erfahrung mit Technologien dieser Art fehlen, aber auch weil die Technologie zur gestalterischen Zwangsjacke gerät. Gemacht wird, was die bestehenden Maschinen (PCs) zulassen, anstatt die Maschinen selbst neu zu überdenken. Aus dem Grund halte ich es für wichtiger denn je, an der Schnittstelle zwischen Mensch und Maschine zu arbeiten. Der Traum von der Erweiterung unseres Körpers existiert schon lange in unseren Köpfen. Seitdem wir begonnen haben, mit Rauchzeichen Signale zu senden hat sich unser technologischer Körper weiterentwickelt. Vom Telegraphen zum Telefon, vom Radio zum Fernsehen, vom Fax zum Internet, vom PC zum... – ja, zum was? Visionen technologischer Utopien haben uns immer inspiriert und unsere technologischen Entwicklungen beinflusst. Erinnert sei an die „Nerds" der letzten Jahrzehnte des neunzehnten Jahrhunderts, die 50 Jahre, bevor sie tatsächlich konstruiert wurde, von Videotelefonie geträumt haben. Diese Visionen haben zur Entwicklung der visuellen „Tele-Intimität"[3] geführt. Und solche Visionen brauchen wir auch weiterhin. Unsere virtuellen Scheinkörper liefern dazu einige mögliche Variationen.

Cyborg

Der Weg zum wirklich spürbaren Digitalkörper erfolgt über die Verbindung verschiedener, technologisch vermittelter Erfahrungen. Solch eine Zusammenführung von Telegespräch, Televisualität und Teletaktilität, also ein multimodales, sinnliches Interface nenne ich Synästhesie. Der biomechanische Körper des Cyborg (Mensch–Maschine) liefert eine besondere

---

[3] Nach dem englischen Begriff „Tele-intimacy", welcher der Vorläufer des „Cybersex" ist.

Vision auf unserem Weg zur synästhetischen Erfahrung. Unsere Angst, als Terminator zu enden[4], scheint Zukunftsmusik zu sein. Oder? Wie weit sind wir von einer Entmenschlichung des natürlichen Menschen tatsächlich entfernt? Vielleicht sind wir, wie Sandy Stone sagt, schon längst zum Cyborg geworden:

> *„We are already `transhuman´. The boundaries between `us´ and our prostheses – contact lenses, implants, artificial organs, genetic engineering, communications networks – have become vague, and they shift continually."*

Es ist bereits Zeit, „Goodbye human" zu sagen. Ein Beispiel für die technologische Instrumentalisierung unseres Körpers ist der australische Künstler Stelarc. Mit seinem biomechanischen dritten Arm ist er ein lebendiger Cyborg. Aber auch die Entwicklung tragbarer Alltagstechnologien wie Mobiltelefone, PDAs (Persönliche Digitale Assistenten), GPS (Global Positioning System) legen eindrucksvolles Zeugnis unserer Maschinisierung ab. Die Technologie wird künftig noch kleiner und unsichtbarer werden. Ähnlich wie wir heute Computerchips in „Silicon" (Silizium) drucken, können wir sie in naher Zukunft auch auf unsere Kleidung drucken. Der Pentium V von morgen kommt auf einem T-shirt (von Intel). Sogar Displays lassen sich mittels Spezialtinte mit einem Tintenstrahldrucker ausdrucken. Morgen können wir uns die Fußballweltmeisterschaft auf einer Aldi-Tüte anschauen. Oder auf unseren Jeans. Der Realkörper wird so zur Fläche der visuellen Veränderung – und Tarnung.

Der Computer wird nicht nur kleiner und Teil unseres Körpers. Er wird zum integralen Bestandteil unserer Umgebung. „Smart Homes" mit intelligenten Kühlschränken sind nur ein Vorgeschmack auf künftige menschenbewusste Umgebungen. Gegenwärtig ist unsere Abhängigkeit vom Computer eher mental als physisch. Der menschliche Bedarf an Wirklichkeit, die faktisch und körperlich erlebbar ist, unabhängig ob „natürlich" oder konstruiert, wird die nächste Stufe der Entwicklung von Mensch-Computer-Schnittstellen erzwingen.

Unser Bedarf an Ereignissen (action and excitement) dient als Grundlage für die sensorische Revolution. Angelehnt an McLuhans Idee vom globalen Dorf, werden uns neue Interfacetechnologien Kommunikation als sinnliche Erfahrung erlauben. Durch teletaktile[5] Kommunikationssysteme wird das Internet als physische Verlängerung des Körpers dienen.

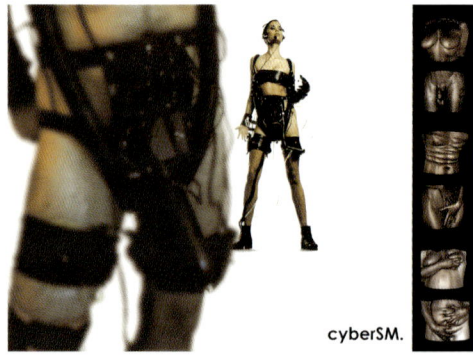

Abb. 7: Das *cyberSM*-Projekt.

---

[4] Wie in den Filmen „Terminator" und „Terminator 2" mit Arnold Schwarzenegger.
[5] „Teletaktil" kann auch mit der Wortschöpfung „Tele-Berührungen" beschrieben werden.

Das weltweit erste System dieser Art war mein Projekt *CyberSM* [6] (Abb. 7). 1993 zwischen Köln und Paris zum ersten Mal implemetiert, ermöglichte es zwei Personen, körperlich miteinander zu kommunizieren.

Das teletaktile Kommunikationssystem bestand aus zwei Körperanzügen, die mit einer Reihe körperstimulierender Vibratoren bestückt waren, und aus zwei mit dem Internet verbundenen Computern. Zusammen mit einer telefonischen Verbindung konnten die Teilnehmer so virtuell-visuell, physisch und hörbar miteinander kommunizieren. Vor Beginn des Spiels bauten die Teilnehmer ihre virtuellen Körper aus einer 3D-Körperdatenbank auf.

Diese Datenbank bestand aus verschiedenen Unter- und Oberkörpern, die mittels eines 3D-Scanners in die Datenbank eingespeist wurden. Mit Hilfe eines Mausklicks auf das betreffende Körperteil konnte der virtuelle Körper des Partners real berührt werden. Dazu konnte der Körper hin- und hergedreht und heran- und weggezoomt werden. CyberSM wurde zwar als das weltweit erste Cybersex-System gefeiert, aber in erster Linie war es ein neuartiges Kommunikationssystem, das die Erfahrung ermöglichte, den virtuellen Extremkörper wirklich zu fühlen und zu spüren.

Inter_Skin

Mein Experiment *Inter_Skin* aus dem Jahr 1994 steht ebenfalls für ein erneutes Umdenken des heutigen Kommunikationsprozesses. Ähnlich wie *cyberSM* bestand es aus zwei Körperanzügen und Computern, die ebenfalls über das Internet verbunden waren. Im Gegensatz zu *cyberSM* konzentrierte sich die Arbeit aber nicht auf den 2-dimensionalen Monitor und setzte ihn als Kontroll- und Interaktionsoberfläche ein, sondern *Inter_Skin* machte den ganzen Körper zum lebendigen In- und Output.

Es übertrug intime Körpererfahrungen, indem es auto-erotische Körperberührungen an einen anderen Menschen übermittelte. Die Übermittlung fand wahlweise eins-zu-eins statt oder entsprechend einer vorher ausgewählten Übersetzung auf andere Körperzonen.

Durch den Einsatz eines intelligenten Berührungs-Datenanzuges wird der Körper hier selbst zur Schnittstelle innerhalb der Kommunikation zwischen den Benutzern. Die Anzüge werden zu einer zweiten Haut, über die Reize, Informationen und Stimuli in Echtzeit ausgetauscht werden. Damit wird der Aspekt des „Eigenen" oder „Authentischen" auf seine Konditioniertheit hin untersucht und in seiner Bedeutung relativiert. Der Körper ist zugleich Ziel und Objekt der Kommunikation. Indem er nur spürbar zu erfahren ist, ist der virtuelle Körper extrem. Das Konzept dieser Installation lenkt den Blick und die Gedanken von der objektorientierten (über den Monitor) auf eine subjektorientierte Kommunikation (über den Körper). Der Körper und nicht der Bildschirm wird zu eine Kommunikationsfläche. Inter-Skin statt Inter-face.

Körperethik

Und nun taucht sicherlich die Frage auf: Bietet die digitale Sinnlichkeit Ersatz für menschliche Präsenz oder ist sie nur zusätzliche Rafinesse auf der Skala ästhetischer Reize? Fungieren telematische Körper als Ersatz für Fürsorge, Nähe und Liebe? Wohl kaum. Unser telematischen Extremkörper ist wie einen Spielplatz für neue Erlebnisse. Der Körper wird in *Inter-Skin* zum Labor für neue Erlebnisse. Die Frage heißt nun, wann die fehlende Sinnlichkeit zum Erfahrungsmangel wird? Wie können wir die Welt ohne physische, körperliche, sinnliche

---

[6] Gebaut in Zusammenarbeit mit Kirk Woolford.

Begegnung begreifen? Wie Kinder, die alles in den Mund stecken müssen, müssen auch wir die Welt be-*greifen*, um sie verstehen zu können.

Solve et Coagula

In dem Projekt *Solve et Coagula (SeC)* geht es um körperliche Symbiosen von Mensch und Maschine (Abb. 8). *SeC* beschreibt das Prinzip eines transhumanen Cyberorganismus, der auf den Erfahrungen in einem Maschinenkörper beruht und Emotionen einer neuen Transspezies simuliert.

Der Benutzer ist durch seinen Datenanzug mit einem intelligenten, „einfühlsamen" Computer verbunden. Der Datenanzug mit aufwendigen taktilen Reizfaktoren, 120 sensorischen Effektoren und Datensensoren fühlt sich wie ein realer Körper an; er interpretiert Berührungen und reagiert auf sie.

Abb. 8: Das Projekt *Solve et Coagula*.

Hier materialisiert sich der Extremkörper in der neuen Maschinenkörpererfahrung des Cyberorganismus (Mensch & Maschine). Der alchemistische Begriff „solve et coagula"[7] ist eine Metapher für die Frage, wie Computerintelligenz zu definieren ist.

Nachdem es sich dabei nicht um menschliche Intelligenz handelt, müsste sie auch unabhängig von menschlichen Maßstäben definiert werden. Durch den symbiotischen Kontext des Datennetzwerks nimmt diese Arbeit eine Position zur unabhängigen, nicht menschlichen Intelligenzentwicklung ein. Ohne Intelligenz ist die Lebensdefinition der Netzwerke selbst begrenzt. Was passiert nun, wenn tatsächlich intelligente Lebensformen entstehen? Was pas-

---

[7] vgl. Koagulation, der Übergang von flüssigem in geronnenes Blut.

siert, wenn Maschinen mehr und mehr menschenähnlich werden und wenn umgekehrt Menschen maschinenähnlich werden? In *SeC* wird der Extremkörper der Zukunft spürbar.

4   Eine Zukunft?

Was wird mit uns in der Zukunft passieren? Müssen wir uns vor ihr fürchten? Werden wir alle gar als Zombies mit viereckigen Augen enden? Vielleicht, aber eine so gestaltete Zukunft muss nicht unbedingt unangenehm sein. Wäre nicht die „cyberaktive" Stimulation älterer Leute im Sinne eines cyber-sinnlichen Sexsystems das perfekte Altersheim?

5   Die Zukunft

In neuen Interfacetechnologien wie z.B. tragbaren Computern und Mobiltelefonen sehen wir einen Trend in Richtung einer verschiedenste Elemente integrierenden Funktionalität. Die Funktionalität wird an körperliche Funktionen gebunden sein, wie Sprache (voice-recognition), Berührungen (vibrierende Handys) und das Auge (eye-tracking). Zukunftsvisionen wie der Mensch-Maschine (wie *Solve et Coagula*) sind einfache Extrapolationen der heutigen Entwicklung. Natürlich sind die kulturellen Verschiebungen schwerer vorauszusehen. Verwiesen sei auf Freisprechanlagen. Ein kleines Mikrophon und ein Lautsprecher im Ohr ermöglichen die telefonische Kommunikation, während wir uns auf der Straße oder im Auto bewegen. Hätte vor ein paar Jahren jemand vor sich hin gesprochen, wäre er als schizophren angesehen worden. Heute ist dies völlig alltäglich und gilt als normal.

Die aus unserem Sichtfeld verschwundenen Computer zeigen die multifunktionale Technisierung unser Körper. Die Technologie wird zur zweiten Haut. Dies hat den Vorteil, dass wir uns nicht mehr plastischer Chirurgie unterziehen müssen, um mit virtuellen Selbstbildern experimentieren zu können. Mit digitalen Technologien wird der extreme Körper spürbar und visuell rückgängig veränderbar.

In den so genannten neuen Lebenswissenschaften (Bio- und Gentechnologie) verschmilzt nicht nur der Körper mit dem Computer, sondern auch Kunst und Wissenschaft. Lebenswissenschaften sind der neue Trend, der neue Möglichkeiten und Visionen ermöglicht. Der virtuelle Körper kann mit dem Herausziehen des Steckers beendet werden, aber die biocybernetische Kreatur der Zukunft lässt sich nicht abschalten. Vielleicht werden wir Kunst wie Haustiere halten. Möglicherweise begegnen wir in 30 Jahren unserem Klon auf der Straße. Oder jemand vermutet gar in uns seinen eigenen Klon. Die vorstellbaren Horrorszenarien sind unendlich. Aber vielleicht werden wir mit Genoshop, der zukünftigen Version der Software Photoshop, auch einfach nur mehr Spaß haben

Der Virtual-Reality-(VR)-Pionier Jaron Lanier setzte VR-Simulationen ein, um unmögliche Phantasien zu verwirklichen. Zu seinen Lieblingsszenarios gehörte es, als kristallinischer Quallenfisch auf dem Ring des Jupiters zu tanzen. Das wäre ein faszinierender Extremkörper.

Der Autor

Stahl Stenslie
Telenor R & D, Oslo, Norwegen [2]

Stahl Stenslie wurde 1965 in Norwegen geboren. Er studierte 1988–1992 an der norwegischen Kunstakademie in Oslo und machte dort sein Diplom. 1992–1994 dann Studium an der Kunstakademie in Düsseldorf und an der Kunsthochschule für Medien in Köln, Diplom im Fach Audiovisuelle Medien. Zurzeit ist er Promotionsstudent an der Schule für Architektur in Oslo.

Stahl Stenslie arbeitet an der Entwicklung neuer Schnittstellen-Technologien und Werkzeugen für die digitale Kultur in den Bereichen Kunst, Medien und Netzwerkforschung. Er lebt und arbeitet als Medienkünstler, Kurator, Wissenschaftler und Medienforscher in Oslo. Zurzeit arbeitet er in erkenntnis- und wahrnehmungsbeeinflussenden Projekten und außerdem an seiner Doktorarbeit zu Neuen Medien. Er wurde einer der Väter des „Cybersex", nachdem er 1993 das weltweit erste teletaktile Ganzkörper-Kommunikationssystem *cyberSM* baute.

Auf wichtigen internationalen Ausstellungen wie ISEA, DEAF, Ars Electronica, SIGGRAPH stellte er seine Arbeiten aus und hielt Vorträge. Er vertrat Norwegen auf der fünften Biennale in Istanbul, organisierte 6cyberconf (Oslo '97) mit, gewann den Großen Preis des norwegischen Rats für kulturelle Angelegenheiten und war eines der Gründungsmitglieder des mem_brane-Netzwerk-Forschungslaboratorium im Mediapark in Köln. Er moderierte das Symposium der Ars Electronica 2000 (Next Sex).

Interessante Links

[1]   http://www.thepalace.com
[2]   http://sirene.nta.no/stahl

Mit Supercomputern ins Innerste der Materie blicken: Crash-Simulationen von Festkörpern auf atomarer Skala

Hans-Rainer Trebin

1   Fragestellung

Wer auf Sicherheit achtet und heutzutage ein Fahrzeuge kaufen will, informiert sich auch im Internet über Ergebnisse von Crash-Tests. Dort wird eine Alltagserfahrung deutlich sichtbar: Wenn kleine Kräfte wirken, etwa nur die Motorhaube angetippt wird, so verformt sich das Blech elastisch, d.h. es kehrt wieder in seine Ausgangsform zurück. Bei starken Kräften, wenn man den Wagen voll an die Wand fährt, bleibt die Verformung dauerhaft oder führt gar zum Bruch. Grundlagenforscher hegen hierbei folgende Gedanken: Die Materie ist aus Atomen zusammengesetzt. Wie sind die Atome im Stahl und in anderen Materialien angeordnet? Wie bewegen sie sich und verändern sie die Struktur bei dauerhafter („plastischer") Verformung und Bruch?

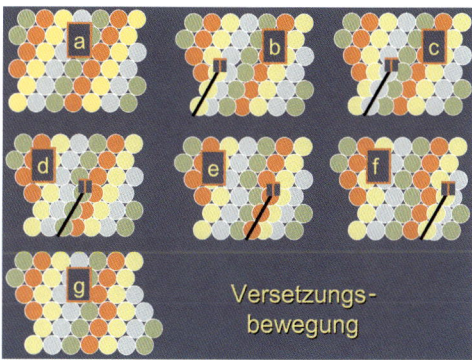

Abb. 1: Ein einfacher zweidimensionaler Kristall von hexagonaler Gitterstruktur wird entlang einer Gleitebene abgeschert. Die Abscherung ist als Ganzes vorstellbar (Sprung von Bild a zu g), kann aber auch schrittweise über eine Versetzungsbewegung (b bis f) erfolgen. Hierbei quetscht sich eine Ebene zwischen zwei andere. Ihr Endpunkt heißt Versetzung. Sie gleicht sich der nächsten Ebene im oberen Kristallteil an und schiebt hierbei ihre Nachbarin in die Zwischenposition. Somit erfolgt die Abscherung schrittweise. Die Einfärbung der Ebenen dient nur der Veranschaulichung und ist physikalisch ohne Bedeutung. Nach der Abscherung ist wegen der Kristallperiodizität keine Störung im Gitteraufbau sichtbar.

Wissenschaftliches Vorgehen zeichnet sich nun dadurch aus, dass man die komplexe Fragestellung reduziert und abstrahiert. Reduziert lautet das Problem: Wir kennen sehr gut den atomaren Aufbau der Materie aus Experimenten mit Wellenbeugung und Elektronenmikroskopie. Metalle sind in der überwiegenden Zahl kristallin aufgebaut, in regelmäßig-periodischer Anordnung der Atome, wie das vereinfachte Beispiel in Abb. 1a. Einen solchen Einkristall setzt man einer Scherverformung aus. Ein nahe liegendes theoretisches Konzept der plastischen Verformung ist die Annahme, dass Atomreihen um ein Vielfaches der Gitterkonstanten übereinander gleiten und in äquivalenter Position wieder einrasten (Abb. 1g). Der Theorie muss die experimentelle Prüfung folgen. Es stellt sich aber heraus, dass trotz aller Fortschritte der Mikroskopie die Bewegungen der Atome nicht verfolgt werden können, weil man sie nur ungenau in Raum und Zeit auflösen kann.

Als Abhilfe und Zwischenstufe der Erkenntnis dient das *numerische Experiment* oder die *Simulation* mithilfe eines Computers. Hierbei wird die Struktur im Computer in Form von Atomkoordinaten abgespeichert. Dann stellt man Gesetze für die Kräfte zwischen den Atomen auf. Man zieht und zerrt nun an dem Gebilde, indem man die Koordinaten der Randatome verschiebt. Die Wirkung der Kraft auf die Atome im Kristallinneren wird berechnet, und der Weg wird verfolgt, den jedes einzelne Atom unter der Einwirkung seiner Umgebung zurücklegt. Schließlich müssen die Ergebnisse ausgewertet werden. Die einfachste Form ist die Bilddarstellung, in Form von Momentanaufnahmen der Atomanordnung und als Videoclips.

So können wir ins Innerste der Materie blicken, Vorgänge und Mechanismen begreifen. Danach kann man immer noch Realexperimente durchführen, aber mit größerer Einsicht und genauer wissend, wonach zu suchen ist. Ein solches Vorgehen möchte ich etwas ausführlicher anhand des plastischen Verhaltens und des Bruchs schildern.

2   Atomarer Aufbau, plastische Verformung, Risse

Periodische Kristalle bestehen aus einem Grundmotiv, das sich regelmäßig im Raum wiederholt, wie auf einer Tapete. Ein Standardbeispiel ist der zweidimensionale Kristall aus Abb. 1a. Er besteht aus nur einer Sorte von Atomen, die hexagonal, also bienenwabenförmig angeordnet sind. Aus der Periodizität folgt der geometrische Satz (wie schon von Kepler erkannt), dass fünf- und mehr als sechszählige Symmetrien bei Kristallen nicht erlaubt sind. Solche Symmetrien treten häufig in der belebten Natur auf, wie man an der Zahl seiner Finger oder am Kerngehäuse bei Äpfeln leicht erkennt, aber man findet sie nicht in kristalliner Materie. Wenn eine Hälfte des Kristalls entlang einer Ebene voll gegenüber der anderen abgleitet, wie beim Sprung von Abb. 1a zu 1g, so hat sich nur die äußere Form verändert. Die Struktur im Inneren bleibt wegen der Periodizität unverändert. Statt der Abscherung im Ganzen gibt es aber als Alternative die schrittweise Abscherung, genannt Versetzungsbewegung. Hierbei wird zunächst nur der linke Teil der unteren Kristallhälfte eingedellt, so dass sich eine Ebene zwischen zwei Atomreihen quetscht. Das Ende der Ebene heißt *Versetzung*. Durch die äußere Kraft schiebt diese Ebene die nächste in eine Zwischenposition und gleicht sich der oberen Fortsetzung an. Damit ist die Abscherung im linken Teil des Kristalls erfolgt, aber noch nicht im rechten, solange bis die Versetzung den ganzen Kristall durchwandert hat.

Die Abscherung erfolgt also sukzessive, wie beim Fuß einer Schnecke. Nach dem Versetzungsdurchlauf liegt die Gleitebene wieder ungestört vor. In unserem zweidimensionalen Beispiel ist die Versetzung ein Punkt, in dreidimensionalen Kristallen eine Linie, nämlich diejenige, welche bei der Fortsetzung des Kristalls aus der Papierebene entsteht. Im allgemeinen muss sie aber nicht gerade sein und kann sogar Schleifen bilden. Eine einfache Abschätzung mit Methoden der Elastizitätstheorie zeigt, dass zum Abgleiten mit Versetzungsbewegung nur 1/30 bis 1/100 der Spannung nötig ist, die man beim Gesamtabgleiten bräuchte.

Man kann die Durchstoßpunkte von Versetzungslinien durch eine Oberfläche im Elektronenmikroskop sichtbar machen und zählen. Wenn eine Büroklammer verbogen wird, bewegen sich Millionen von Versetzungen. Diese Erscheinung spielt also eine große Rolle in unserem Alltagsleben. Die Idee der Versetzungsbewegung wurde in den 30er-Jahren des 20. Jahrhunderts geboren und in den Folgejahren intensiv erforscht. Doch die Details der Atombewegungen konnten erst in den letzten Jahren dank der numerischen Simulation mit Supercomputern untersucht werden.

Es gibt neuartige metallische Legierungen, Quasikristalle genannt, z.B. mit der Zusammensetzung Al-Pd-Mn, bei denen die Atompositionen hochgeordnet sind, aber nicht periodisch. Die Struktur ist sehr komplex, aber soviel soll hier ausgesagt werden: Bei Quasikristallen findet man auch fünfzählige, also *nichtkristallografische* Symmetrien. Die Atome sind wie in den gewöhnlichen Kristallen in Ebenenscharen angeordnet. Es gibt aber nicht nur einen Abstand zwischen den Ebenen, sondern mindestens zwei, die eine quasiperiodische Folge (etwa die Fibonacci-Folge)[1] bilden. Quasikristalle zeigen Sprödigkeit, also hohes Bruchvermögen bei Raumtemperatur, bei 700 °C aber große Verformbarkeit. Daher untersucht meine Gruppe die mechanischen Eigenschaften von Quasikristallen mit numerischer Simulation. Auch in Quasikristallen gibt es Versetzungen. Während die Struktur von periodischen Kristallen nach dem Abgleiten entlang der Gleitebene intakt ist, passen bei Quasikristallen wegen der unregelmäßigen Ebenenabstände einige Ebenen nicht mehr aufeinander (Abb. 2). Es bildet sich also hinter der Versetzung ein „Stapelfehler" aus. Dieser ist in zwei Dimensionen eine Linie, in drei Dimensionen eine Fläche, die von der linienförmigen Versetzung berandet wird.

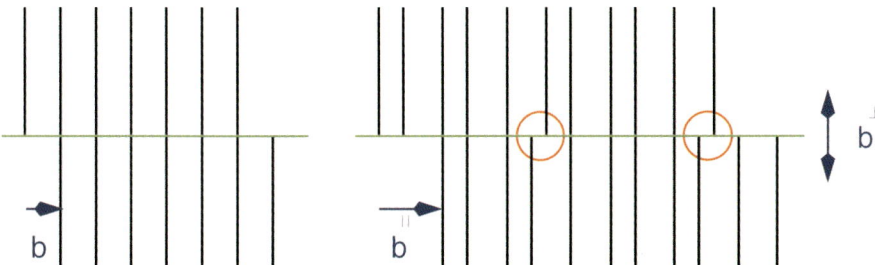

Abb. 2: Ergebnis der Abgleitung (schematisch). Links erkennt man die periodisch angeordneten Ebenen eines Kristalls nach der Abgleitung. Sie passen wieder aufeinander, die Gleitebene ist ungestört. Rechts sind die Ebenen in einem Quasikristall gezeichnet. Sie bilden keine periodische, sondern eine quasiperiodische Folge. Nach der Abgleitung passen einige der Ebenen nicht aufeinander. Der Versetzung ist also ein Stapelfehler gefolgt.

Wenn man einen periodischen Kristall nicht *schert*, sondern stark *auseinander zieht*, so öffnet er sich an der Grenzfläche zwischen zwei Ebenen schrittweise dadurch, dass er einen Riss hindurchsendet. Der Glattbruch wird instabil bei hohen Zugkräften. Stufen machen ihn rau. Risse können durch Versetzungsemission gestoppt werden, wobei die Versetzungen die Spannungen an der Rissspitze abbauen und die Zugenergie in plastische Energie umwandeln. Im Gegensatz dazu besteht bei Quasikristallen die Vorstellung, dass sich der Riss durch Versetzungsemission *fortpflanzt*. Denn der Versetzung folgt ja ein Stapelfehler, an dem die Bindungen zwischen den Atomen geschwächt sind und sich der Riss leichter öffnen kann.

Somit liegen Hypothesen und theoretische Ansätze zur Plastizität und Sprödigkeit von Kristallen und Quasikristallen vor, die im numerischen Experiment genauer studiert werden sollen.

---

[1] Die nach dem mittelalterlichen Mathematiker Fibonacci benannte Zahlenfolge ergibt sich, wenn man jedes Glied der Folge als Summe der beiden voraus gegangenen Glieder berechnet. Mit den Startgliedern 1 und 1 ergibt sich dann die Folge 1, 1, 2, 3, 5, 8, 13, … Das Verhältnis zweier aufeinander folgender Glieder nähert sich einer festen Zahl (daher heißt die Folge auch quasiperiodisch), nämlich dem goldenen Schnitt. Die Fibonacci-Folge spielt in Wachstumsprozessen eine große Rolle.

3   Zur Technik der numerischen Simulation

Molekulardynamik

Es gibt viele Methoden, Anordnungen von Atomen im Raum experimentell zu bestimmen, allen voran die Beugung von Röntgen- oder Synchrotronstrahlung. Wir entnehmen die Atomkoordinaten aus diesen Experimenten und speichern sie im Rechner ab. Um aus der Struktur ein physikalisches System zu erstellen, müssen wir Gesetze für die Kräfte zwischen den Atomen einführen. Die Aufstellung solcher Kräfte ist ein wichtiger Zweig der Elektronentheorie des Festkörpers. Wenn man einfache Mechanismen studieren will und nicht eine quantitative Reproduktion von experimentellen Daten anstrebt, genügen oft Zweikörperkräfte, beschrieben durch abstandsabhängige Potenziale. Sie zeigen bei großen Abständen der Atome eine anziehende, bei kleinen abstoßende Kraft. Bei zwei Atomsorten A und B benötigt man drei Kraftgesetze, je eines für die Wechselwirkungen A–A, A–B und B–B. Ein jedes ist grob charakterisiert durch einen Gleichgewichtsabstand und eine Potenzialtiefe. Für die Bewegung jedes der N Teilchen braucht man als Information die Masse, den Orts- und Impulsvektor. Aus den Ortsvektoren berechnet man über die Kraftgesetze die Kraft, welche von den umgebenden Atomen auf jedes einzelne Teilchen ausgeübt wird. Aus der Kraft berechnet man über das Newton'sche Bewegungsgesetz $d\vec{p}/dt = \vec{F}$ den Impuls $\vec{p}$ und aus dem Zusammenhang von Geschwindigkeit und Impuls $d\vec{r}/dt = \vec{p}/m$ den Ortsvektor $\vec{r}$ eines jeden Teilchens. Dazu hat man ein System von $3N$ gekoppelten einfachen Differenzialgleichungen zu lösen. Für den Rechner müssen diese in Differenzengleichungen umgewandelt werden. Impulse und Orte werden also nicht zu jeder beliebigen Zeit berechnet, sondern in Zeitschritten mit dem Abstand Δt. Hierfür gibt es gut getestete Algorithmen, z.B. den „Leap-Frog"- oder „Bocksprung"-Algorithmus. Die Bahn eines Teilchens wird also durch einen Polygonzug ersetzt, der sie für $\Delta t \to 0$ immer besser annähert.

Zwei Zahlen, welche einerseits die Qualität des Ergebnisses bestimmen, andererseits aber auch Speicher- und Rechenzeitbedarf des Computers, sind die Zahl N der Teilchen und die Länge Δt des Zeitschritts.

Skalen

Wie viele Teilchen N sind nötig? Ein Gramm Eisen enthält 10^{22} Atome. Wollte man also absolut realistisch rechnen, müsste man ein System von ebenso vielen Partikeln simulieren. Pro Atom sind ca. zehn Zahlenangaben erforderlich (Ort, Impuls, Nachbarschaften, Energie etc.), d.h. 40 Byte (vier Byte pro Gleitkommazahl). Gebraucht würden also 400 Millionen Petabyte oder 400 Milliarden Terabyte. 1 Petabyte = 10^{15} Byte ist die Kapazität von Roboter-Bandspeichern, 1 Terabyte = 10^{12} Byte der Arbeitsspeicher der größten gegenwärtigen Computer[2]. Die Zahl 10^{22} ist also auch mit Supercomputern nicht erfüllbar, man muss sich bescheiden. Der Teilchenweltrekord liegt bisher bei fünf Milliarden ($5 \cdot 10^{9}$) [1]. Damit beschreibt man einen Aluminium-Würfel von 0,42 µm. Die kleinsten Strukturen auf Mikrochips sind etwa 0,1 µm. Mit technischen Tricks, die vor allem die Einflüsse von Oberflächen unterdrücken, kann man aber schon mit 10 000 Teilchen bis zu einer Million schon realistische Ergebnisse erzielen.

---

[2] Ein Byte ist die kleinste adressierbare Einheit im Speicher eines Computers. Gängige Speichergrößen bei Mikrocomputern (PCs) sind 128 MByte (128·10^6 Byte)für den Arbeitsspeicher und 20 GByte (20·10^9 Byte).

Schwieriger zu behandeln ist das Problem des Zeitschritts Δt. Eine charakteristische Zeit ist

$$\tau = \sqrt{m\sigma^2/\varepsilon} \approx \sqrt{m\sigma^2/mv^2} = \sigma/v,$$

wobei m die Teilchenmasse, σ den Gleichgewichtsabstand der Teilchen und ε die Bindungsenergie beschreibt, die von der Größenordnung der kinetischen Energie mv^2 ist. Es ist die mittlere Zeit, in der die Teilchen die Strecke σ durchqueren. Für die Erde im Gravitationsfeld der Sonne erhält man $\tau = 60$ Tage (1 Jahr/2π), für Eisen ¼ Pikosekunde (ps, 10^{-12} s), wenn man für ε die Sublimationswärme einsetzt. Δt muss ein Bruchteil davon sein, also etwa 1 Femtosekunde (fs, 10^{-15} s). Mit 1 Million Zeitschritten erreicht man also 1 Nanosekunde (1 ns, 10^{-9} s). Für schnelle Prozesse wie Versetzungsbewegung und Rissausbreitung reicht sie aus. Für langsame Äquilibrierungsvorgänge kann man die Molekulardynamik nicht verwenden. Dafür hat man eine erstaunliche Zeitauflösung. Wenn man 1000 Zeitschritte in einer Videosequenz von 1 s unterbringt, so hat man eine Zeitlupe vorliegen mit Dehnung um einen Faktor 10^{12}. Wollte man mit dieser Zeitlupe den Torschuss eines Fußballers filmen, dauerte die Betrachtung 100 000 Jahre. Keine Hochgeschwindigkeitskamera kann die atomaren Bewegungsvorgänge in menschliche Zeitskalen übersetzen. Dies ist nur der Computersimulation vorbehalten. Um zu solchen Speicher- und Zeitgrenzen zu gehen, muss man Supercomputer mit einer großen Zahl parallel rechnender Prozessoren (512 oder 1024) und extrem großem Arbeitsspeicher verwenden. Wir benutzen die Cray T3E900 in Stuttgart oder die Cray T3E1200 in Jülich.

Datenausgabe

Nehmen wir eine Rechnung mit 10 Millionen Teilchen, 1 Million Zeitschritte und 10 Zahlen pro Teilchen an. Dies ergibt 10^{14} Zahlen. Wenn man pro Blatt Papier 10 000 Zahlen unterbringt und dünnes Papier benutzt (Stapelhöhe 1000 Blätter auf 5 cm), so erhält man einen Stapel von 500 km. Zahlenausdruck ist also weit entfernt von jeder Auswertemöglichkeit. Stattdessen verwendet man die ungeheure Informationsdichte des Bildes und visualisiert die Ergebnisse, entweder in Form von Standbildern oder Videos. Man kehrt also von der Diagramm- zur anschaulichen Physik zurück. Es gibt viele Möglichkeiten der Visualisierung: Man kann die Atome direkt abbilden, sie nach kinetischer oder potenzieller Energie farbkodieren, unbeteiligte Atome weglassen, um in das Innere eines Festkörpers blicken zu können. Wenn die Atomzahl größer als die Zahl der Bildschirmpixel ist, so muss man Mittelwerte von Observablen über größere Atombereiche formen.

4 Beispiele

Wir haben Versetzungsausbreitung in zwei- und dreidimensionalen Quasikristallen simuliert ([2], [3]). In Abb. 3 ist eine Probe gezeigt mit 125 000 Atomen. Nach Anlegen einer konstanten Scherrate wandern von links unten mehrere Versetzungen nacheinander ein. Das linke Bild zeigt farbkodiert die kinetische Energie, das rechte die potenzielle Energie. Links sind die Kerne von zwei Versetzungen zu erkennen. Sie sind leicht erwärmt und senden Schallwellen aus. Rechts ist zu sehen, dass den Versetzungen ein Stapelfehler folgt. Dieser schwächt die Struktur, bedingt, dass sich leicht weitere Versetzungen bilden können und trägt dazu bei, dass mit fortschreitender Verformung der Quasikristall weicher wird.

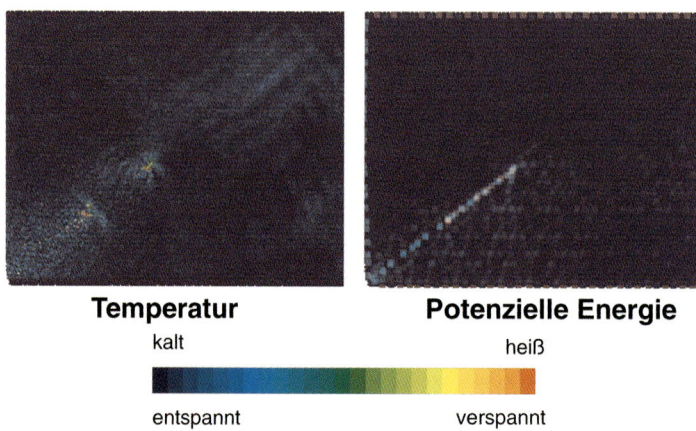

Temperatur

kalt

Potenzielle Energie

heiß

entspannt   verspannt

Abb. 3: Numerische Simulation der Deformation eines Quasikristalls. Er besteht aus 125 000 Atomen. Der Rand links ist offen. Am oberen und unteren Rand werden die Atome in einem Streifen von ca. vier Gitterkonstanten fixiert, können aber auf die Atome im Inneren einwirken. Durch horizontale Verschiebung des oberen Streifens nach links und des unteren nach rechts wird der Quasikristall numerisch geschert. Farbkodiert ist links die kinetische, rechts die potenzielle Energie. Von links unten sind Versetzungen eingewandert, erkennbar an einem heißen Kern, der beständig Schallwellen emittiert. Der Versetzung folgt eine Stapelfehlerwand, erkennbar rechts an der erhöhten potenziellen Energie.

Beispiele von Versetzungen in dreidimensionalen Quasikristallen findet man bei auf der Website unseres Instituts, die Rissausbreitung in dreidimensionalen periodischen Kristallen wurde an der Cornell University untersucht. Dort wurde mit 100 Millionen Teilchen animiert gezeigt, wie sich ein Riss in einem dünnen Blech ausbreitet und kurz vor dem Durchgang durch Versetzungsemission anhält. Die Versetzungen entspringen der Rissspitze in Form von großen Schleifen, wie Wasser aus einem Brunnen. Derartige Bilder wird man wohl nie im direkten Experiment erstellen können, sie sind der Simulation vorbehalten.

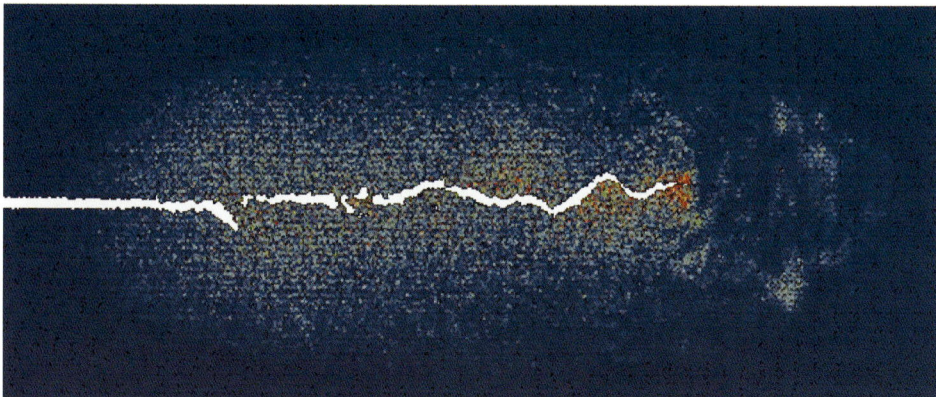

Abb. 4: Rissausbreitung in einem ebenen Modellquasikristall aus 250 000 Atomen. Wie in Abb. 3 sind die Ränder links und rechts offen, oben und unten gedeckelt. Die Farbe deutet die lokale kinetische Energie oder Temperatur an. Der Festkörper wird nun nicht geschert, sondern nach oben und unten auseinander gezogen. Ein Riss hat sich ausgebreitet. Von der Rissspitze werden Versetzungen emittiert, denen eine Stapelfehlerwand und letztendlich der Riss folgt. Die Rissspitze ist heiß und entlässt Schallwellen, die an den Risslippen reflektiert werden und interferieren.

Abb. 4 zeigt die Rissausbreitung in einem zweidimensionalen Quasikristall von 250 000 Atomen. Die Farbe kodiert die kinetische Energie. Die einzelnen Atome sind kleiner als ein Pixel und deshalb nicht direkt sichtbar. Das System wird nach oben und unten auseinander gezogen. Die Bruchfläche ist rau mit Zacken, die 36° nach oben und unten weisen. Ursache ist einerseits die zehnzählige Symmetrie, welche bedingt, dass schwach gebundene Ebenenscharen um jeweils $2\pi/10$ (entsprechend 36°) zueinander geneigt sind. Andererseits weist die größte Scherspannung in eine Richtung von 45° und liegt somit nahe an der 36°-Richtung. Von der Rissspitze werden in diese Richtungen Versetzungen emittiert. Ihnen folgen die Stapelfehler, entlang derer sich der Riss weiter öffnet. An der Rissspitze werden laufend atomare Bindungen gebrochen und Energie freigesetzt. Daher ist die Spitze heiß, mit einer Temperatur von ca. 50 % der Schmelztemperatur. Es werden kreisförmige Schallwellen ausgesandt und an den Risslippen reflektiert. Die Geschwindigkeit der Wellen gibt uns ein Zeitmaß. Sie ist fünfmal schneller als die mittlere Rissgeschwindigkeit. Es sind diese Wellen, die man hört, wenn ein Glas zu Bruch geht. Die Simulationen bestätigen die Theorie von der Rissausbreitung in Quasikristallen durch Versetzungsemission.

5   Ausblick

Numerische Simulationen erlauben tiefe Einblicke in das muntere Leben der Atome. Man kann Vorgänge darstellen, die man im Experiment nicht sieht. Man kann aber auch extreme Zustände der Materie betrachten, die im Labor nicht herstellbar sind, z.B. Materie unter Temperaturen und Drücken, wie sie nur im Erd- oder Sonneninneren existieren. So sind vor kurzem zwei Arten von flüssigem Kohlenstoff in der Simulation festgestellt worden, die eine von der atomaren Bindung graphit-, die andere diamantähnlich [4]. Aber nicht nur in die mikroskopische Welt kann man mit der Simulation vordringen, auch in die makroskopische. So kann man z.B. alle Daten von Galaxienkernen oder Neutronensternen in eine Simulation einbringen, die lokalen Verhältnisse berechnen und visualisieren und somit eine virtuelle Welt schaffen, die mit wachsenden Beobachtungsdaten immer reeller wird. Simulationen lassen uns ins Innere der Materie tauchen und ersparen uns kosmische Reisen.

Trotz aller Möglichkeiten der Simulation müssen wir uns aber immer gewahr sein, dass sie ein numerisches Experiment ist, das einerseits die analytische Theorie braucht, um – nach erforderlichen Begriffsentwicklungen – verstanden zu werden, das andererseits aber immer wieder anhand des Realexperiments verifiziert werden muss.

Danksagung

Die Arbeiten zur Versetzungsbewegung und Rissausbreitung entstanden in Zusammenarbeit mit Ralf Mikulla, Johannes Roth, Jörg Stadler, Franz Gähler, Felix Krul, Gunther Schaaf, Marco Brunelli, Christoph Rudhart und Peter Gumbsch. Die Molekulardynamik-Simulationen wurden mit dem am Institut für Theoretische und Angewandte Physik der Universität Stuttgart entwickelten Programm *IMD* durchgeführt.

Der Autor

Hans-Rainer Trebin
Institut für Theoretische und Angewandte Physik der Universität Stuttgart

Hans-Rainer Trebin, geboren 1946 in Neustadt an der Waldnaab, studierte von 1969 bis 1973 Physik an der Ludwig-Maximilian-Universität in München. 1976 promovierte er an der Universität Regensburg. 1978–1980 Postdoc-Aufenthalt am City College der City University New York, 1982 Habilitation an der Universität Regensburg; 1984–1985 Heisenberg-Stipendiat. Seither ist er Ordinarius für Theoretische und Angewandte Physik der Universität Stuttgart. Er war Sprecher des Fachverbands Dynamik und Statistische Physik der Deutschen Physikalischen Gesellschaft (1994–1997) und ist seit 1997 Koordinator des DFG-Schwerpunktprogramms „Quasikristalle: Struktur und physikalische Eigenschaften". Sein wissenschaftliches Interesse gilt den Flüssigkristallen, den Quasikristallen, der Topologie der Defekte in geordneten Medien und der Computational Physics.

Literatur

[1] J. Roth, H.-R Trebin: Int. J. Mod. Phys. **C 11**, 317–322 (2000)
[2] R. Mikulla, P. Gumbsch, H.-R. Trebin: Phil. Mag. Lett. **81**, 369–376 (1998)
[3] R. Mikulla, J. Stadler, F. Krul, H.-R. Trebin, P. Gumbsch: Phys.Rev.Lett. **81**, 3162–3166 (1998)
[4] J. N. Glosli, F. H. Ree: Phys. Rev. Lett. **82**, 4659–4662 (1999)

Interessante Links

http://www.itap.physik.uni-stuttgart.de (Website des Instituts, mit Beispielen von Versetzungen in dreidimensionalen Quasikristallen)
http://www.itap.physik.uni-stuttgart.de/personen/trebin.html (Homepage des Autors)
http://www.tc.cornell.edu/er96/ff04fall/ffgallery.html (Beispiele zur Rissausbreitung in dreidimensionalen periodischen Kristallen nach Rechnungen der Cornell University)

Das Ohr liebt Chaos

Fritz Haake

1   Unordnung bei Wellen und Quanten

Dass kleine Störungen nur kleine Auswirkungen haben, ist ein Charakteristikum vieler, wenngleich nicht aller natürlichen Vorgänge. Im vorwissenschaftlichen Erfahrungsbereich des Menschen zeigen sich allerdings in erster Linie diese gegen Störungen robusten Phänomene – in entsprechender Weise haben sie für die Entfaltung der Wissenschaften eine wichtige Rolle gespielt. Insbesondere die weitgehende Störunanfälligkeit der Planetenbahnen ist wohl ein Grund dafür, dass die Arbeiten von Galilei, Kepler und Newton zur Himmelsmechanik eine Vorreiterrolle für die gesamte Naturwissenschaft spielen konnten.

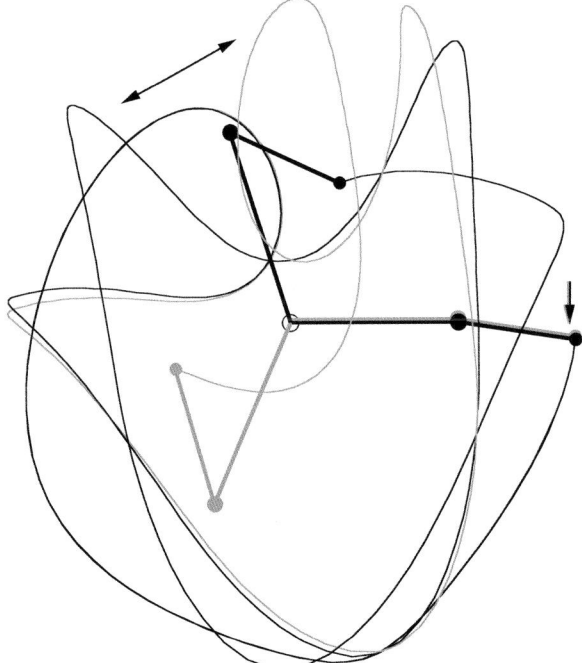

Abb. 1: Zwei chaotische Bahnen. Die Versuchsanordnung besteht aus zwei Doppelpendeln (Pendeln mit zwei Gelenken, schwarz und grau dargestellt), völlig identischer Fertigung, die mit fast identischen Stößen (Pfeile grau/ schwarz) in Bewegung gesetzt werden. Die Aufzeichnung der Bahnen der Pendelgewichte (Endpunkte) und die Pendel-Endstellungen zeigen, dass die Bahnkurven zunächst sehr eng beieinander liegen, sich dann noch weitgehend in Nachbarschaft befinden, aber schließlich an einem Punkt (Doppelpfeil links oben) völlig auseinanderlaufen: Jeder noch so winzige Unterschied in den Anfangsbedingungen führt immer wieder zu völlig unterschiedlichen Abläufen.

In der Tat weicht die Bahn der Erde um die Sonne von der Idealform einer Ellipse nur um Winzigkeiten ab, die auf kleine Störungen des Zweikörpersystems Sonne und Erde durch den Mond und die anderen Planeten zurückgehen. Auch ist es nicht schwer, solche Störungen zu berücksichtigen und so zu langfristigen Vorhersagen für die Konstellation der Planeten in unserem Sonnensystem zu gelangen. Ähnliches gilt für alle störungsunempfindlichen Vorgänge in Physik, Chemie und anderen Disziplinen: Zwei „Bahnkurven" bleiben einander lange Zeit nahe, wenn sie es anfänglich waren.

Heute, mehr als drei Jahrhunderte nach der Begründung der Mechanik, ist die Zeit jedoch reif für die Erkenntnis geworden, dass robuste, auch „regulär" genannte Bewegungen in der Natur eine Ausnahme darstellen. Irregularität, das heißt extreme Störanfälligkeit oder „Chaos" ist bei weitem häufiger anzutreffen. Dies gilt nicht nur für die Läufe der 49 Lottokugeln im gerüttelten Behälter oder für die Bewegung der unvorstellbar viel zahlreicheren, in einem Liter Luft enthaltenen Moleküle oder gar für die turbulente Strömung der Atmosphäre in einer Klimazone. Wer Chaos sucht, wird vielmehr schon bei so einfachen Systemen wie dem in der Abb. 1 gezeigten Doppelpendel fündig.

Baut man zu Demonstrationszwecken zwei Pendel völlig identischer Fertigung auf und startet ihre Bewegung mit identischen Stößen – soweit hier Identität überhaupt erreichbar ist – wird man langfristig doch nie einander gleiche oder auch nur ähnliche Bewegung beobachten können: Jeder noch so winzige Unterschied in den Anfangsbedingungen wird schnell zu völlig unterschiedlichen Abläufen führen. Sogar mit einer starren Schaukel lässt sich Chaos erzeugen, wenn man eine zeitlich periodische Kraft anlegt, etwa durch zeitlich periodisches Anstoßen.

2   Die Beschreibung des Chaos

Eine exakte Beschreibung der Bahnkurven durch eine einfache Funktion ist für keine einzige chaotische Bewegung bekannt. Wenn man aus Anfangsdaten die künftige Bewegung vorausberechnen will, ist man auf numerische Lösungen der so genannten Bewegungsgleichungen angewiesen. Dabei treten notwendigerweise Rundungsfehler auf, denn alle Anfangs-, Zwischen- und Enddaten sind auf der Rechenmaschine nur mit endlicher Stellenzahl darstellbar. Rundungsfehler aber wirken wie kleine Störungen der exakten Bewegungsgesetze und führen bei der extrem störanfälligen chaotischen Dynamik früher oder später zu völliger Unzuverlässigkeit der Vorhersage. Seriöses Arbeiten mit maschineller Numerik verlangt daher stets umfängliche Tests zur Bestimmung des Zeitintervalls, innerhalb dessen die gefundene Bahnkurve bestimmte Genauigkeitsanforderungen befriedigt.

Einer der üblichen Zuverlässigkeitstests verdient wegen seiner praktischen Bedeutung sowie aus grundsätzlicher Sicht Erwähnung: Die Bewegungsgleichungen ungedämpfter Systeme sind – im Jargon der Zunft ausgedrückt – oft zeitumkehrinvariant. Im Klartext: Beim Anschauen eines solchen, etwa mittels Film oder Video aufgenommenen Vorgangs kann keine auch noch so gelehrte Gesellschaft entscheiden, ob der Film vorwärts oder rückwärts läuft; beide Varianten der Vorführung entsprechen möglichen, das heißt durch die Bewegungsgesetze erlaubten Vorgängen. Der in Rede stehende Zuverlässigkeitstest für eine numerisch gewonnene Lösung liegt nun auf der Hand: Das Ergebnis ist nur solange akzeptabel, wie der Rechner – rückwärts rechnend – von den Enddaten aus wie im rückwärts laufenden Film wieder zu den Anfangsdaten zurückfindet, wenigstens im Rahmen einer tolerablen Fehlerquote (vgl. Abb. 2).

Bereits vor rund einhundert Jahren stellte Henri Poincaré erste Konzepte zur Unterscheidung regulärer und chaotischer Bewegungen vor; die Mathematiker und Physiker jener Tage verpassten jedoch die Gelegenheit, sich an dem Thema zu reiben. Die Zeit war offensichtlich noch nicht reif dafür. Es gab noch keine Rechenmaschinen, außerdem hatte man andere Paradigmen im Kopf: Relativitätstheorie und Quantenmechanik lagen in der Luft. Das damals Versäumte ist inzwischen nachgeholt.

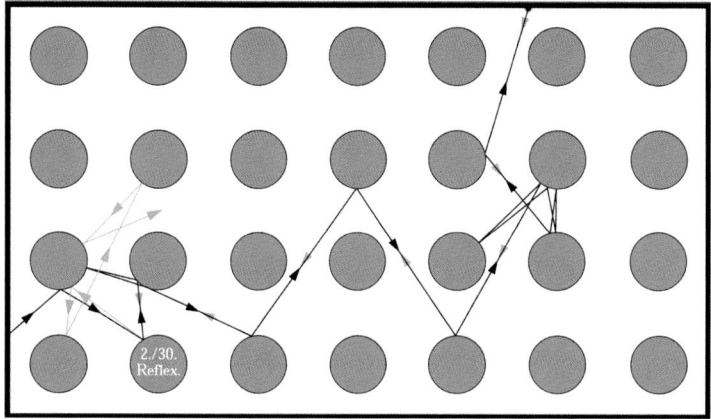

Abb. 2: Rücklauf-„Experiment" für ein Testteilchen im Billard mit Hindernissen: Nach der 30. Reflexion verliert die hier schematisch skizzierte Rückberechnung der Bahn (ab dem Auftreffen auf die obere Bande, graue Pfeile) alle Zuverlässigkeit. Die zugrundeliegende Rechnung verletzt das Reflexionsgesetz beim einzelnen Stoß allerdings nicht so grob, wie es die Grafik suggeriert. (Grafik: J. Weber/N. Weigend)

Wir haben uns das Vorurteil abgewöhnt, die Kepler-Ellipse und die regelmäßige Schwingung seien die Prototypen aller Bahnkurven mechanischer Systeme. In der Naturwissenschaft lässt sich schon lange nicht mehr süffisant behaupten, „das Komplizierte weniger Sonderfälle" sei „Spezialistenkram". Die Zahl der „Chaoten" in der Wissenschaft ist heute Legion, und man drängt sich gar, der staunenden Öffentlichkeit von Nichtlinearität, Störanfälligkeit, Unvorhersagbarkeit, Selbstähnlichkeit und Fraktalen (vgl. die Erläuterungen zur Koch'schen Kurve in Abb. 7 und 8) zu berichten – in fetten Lettern und bunten Bildern. Mit den neu geschärften Sinnen wird nun gefragt, ob auch in der Mikrowelt der Moleküle, der Atome und Atomkerne Chaos und reguläre Dynamik unterschieden werden können.

Ein „Nein!" lag zunächst nahe. Für das Verhalten jener kleinen Gebilde ist nämlich nicht Newtons klassische Mechanik zuständig, sondern die von Heisenberg, Schrödinger und anderen in den Zwanzigerjahren des vergangenen Jahrhunderts entwickelte Quantenmechanik.

Quantenverhalten ist bekanntlich wellen- und teilchenartig zugleich. Bahnkurven, die aufgrund kleinster Störungen sehr schnell auseinander laufen und sich in Hierarchien immer feinerer selbstähnlicher Strukturen verästeln, gibt es in der Welt der Quanten nicht – sowenig wie man einer Wasserwelle oder einer Schallwelle eine linienförmige Bahn zusprechen kann. Zur nicht geringen Freude der beteiligten Wissenschaftler, die die Quantenmechanik und ihr Verhältnis zur klassischen Mechanik Newtons allmählich viel besser verstehen konnten, hat sich jedoch im Laufe des letzten Jahrzehnts herausgestellt, dass die Unterscheidung zwischen

„regulär" und „chaotisch" auch in der Mikrowelt ihren Platz hat. Dabei ist allerdings die Bedeutung der beiden Begriffe ganz anders zu fassen als bei klassischen Vorgängen, nämlich ohne Verwendung des bei den Miniaturen illegitimen Begriffs der „Bahnkurve".

Der notorischen Unanschaulichkeit der Quantenmechanik zum Trotz sind einige der rein quantenmechanischen Kriterien zur Unterscheidung der beiden Bewegungstypen für eine nichttechnische Darstellung geeignet. Es sind dies durchweg Kriterien, bei denen der Wellencharakter von Quanten zum Tragen kommt, während die Teilchenaspekte und der sich aller Anschauung entziehende Welle-Teilchen-Dualismus – ein Quant ist eben weder Teilchen noch Welle, sondern sowohl das eine wie das andere – im Hintergrund bleiben. Wichtig für das Folgende ist, dass Quanten sich ähnlich benehmen können wie Schallwellen in einem Konzertsaal oder wie Schwingungen einer Membran, wie Wasserwellen, schließlich auch wie elektromagnetische Wellen in Mikrowellenresonatoren.

Ein Unterschied zwischen Quantenverhalten und dem Verhalten „normaler" Wellen besteht in der Größe der Wellenlänge; diese beträgt bei den unserer Betrachtung zugänglichen Wellen einige Zentimeter oder Meter, bei der quantenmechanischen Elektronenwelle in einem Atom hingegen nur den zehn hoch zehnten (10^{10}) Teil eines Meters (das Zehntel eines Milliardstel Meters). So aberwitzig groß dieser Unterschied in der Ausdehnung auch sein mag, er spielt für das Folgende keine Rolle. Ebenso unerheblich ist die Verschiedenartigkeit der schwingenden Medien. Der Schall im Konzertsaal „besteht aus" raum-zeitlichen Schwankungen von Druck und Dichte der Luft. Eine Membran, etwa die einer Trommel, schwingt, indem sie sich verbeult; bei der Wasserwelle bewegen sich Moleküle nahe der Wasseroberfläche auf und ab; im Mikrowellenofen schwingt das elektromagnetische Feld; in jedem Atom schließlich formen die Elektronen eine schwingende Hülle mit räumlich und unter Umständen auch zeitlich schwankender Dichte. Hinsichtlich der hier zu besprechenden Phänomene ähneln sich alle diese Wellen – ungeachtet der unterschiedlichen Wellenlängen und der unterschiedlichen Medien. Alle diese Wellen lassen sich auch sichtbar machen.

3   Wer nicht hören will, muss sehen: Eigenfrequenzen sichtbar gemacht

Eine berühmte Visualisierung von sonst nur Hörbarem gelang Anfang des 19. Jahrhunderts Ernst F. F. Chladni. Er streute Sand auf schwingende Platten aus Glas oder Metall und sah, dass sich die Körner zu ruhenden linienförmigen Figuren häuften. Abbildung 3 zeigt derartige Chladni'sche Klangfiguren.

Die Erklärung des Vorgangs ist einfach: Eine Platte schwingt wie eine Membran, sie verbeult sich. Dabei werden die Körner immer wieder hochgeschleudert – sie tanzen auf der Platte umher. Nur dort, wo die Platte sich nicht bewegt, bleibt der Sand – gut sichtbar – liegen. Lokale Ruhe von Platte und Sand findet aber auf der zweidimensionalen (!) Platte nicht nur an isolierten Punkten statt, sondern längs gewisser Kurven, die man Knotenlinien nennt und die eben die Chladni'schen Klangfiguren zeichnen. Je nach Anregung kann die Platte verschiedene – tatsächlich unbegrenzt viele – Muster von Knotenlinien zeigen, deren jedes einer charakteristischen Eigenschwingung entspricht.

Der Begriff der Eigenschwingung verdient eine Erläuterung: Außer durch das charakteristische Muster von Knotenlinien ist eine Eigenschwingung durch eine bestimmte Frequenz charakterisiert. Außerhalb der Knotenlinien, überall dort, wo Platte und Sand sich bewegen, herrscht zeitliche Periodizität mit von Ort zu Ort konstanter Frequenz. Das lässt sich bei der

Platte hören, denn verschiedene Eigenfrequenzen entsprechen verschiedenen Tonhöhen. Auch herrscht eine gewisse räumliche Periodizität.

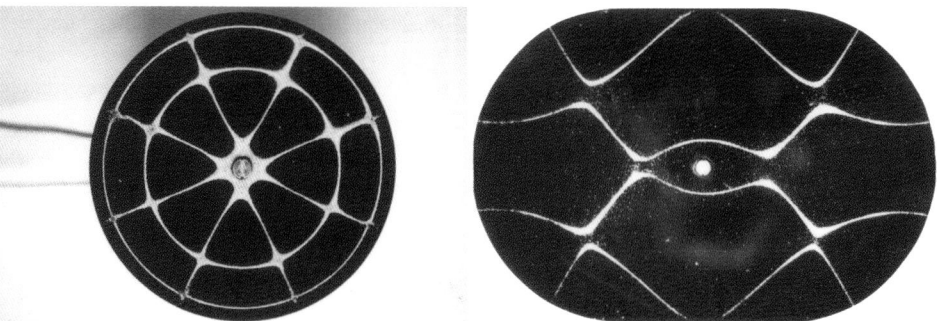

Abb. 3: Chladni'sche Klangfiguren auf einer schwingenden Platte. Wenn die Platte und die darauf befindlichen Teilchen in Schwingung versetzt werden, bilden sich Linienstrukturen aus, die von der Form der Platte abhängen. Nur bei einfachster Geometrie – rechteckigen oder kreisförmigen Formen – bilden sich Linien aus, die sich überschneiden (Knotenlinien, oben links) und „reguläre Wellen" anzeigen. Schon bei „stadionförmigen" oder komplizierteren Plattenformen bleiben Knotenlinien aus (unten rechts), diese Strukturen signalisieren „Wellenchaos". (Fotos: V. Nordmeier)

Besonders sinnfällig wird die räumliche Periode, die so genannte Wellenlänge, im noch einfacheren Beispiel der Saitenschwingung, das in Abb. 4 schematisch dargestellt ist. Die zwischen zwei festen Punkten eingespannte Saite, etwa die einer Gitarre, hat im Ruhezustand die Form einer geraden Linie. Nach seitlicher Auslenkung beginnt die Saite zu schwingen. Wieder sind Eigenschwingungen mit charakteristischen Frequenzen möglich. Die einfachste davon hat, wie Abb. 4 zeigt, einen Bauch zwischen den festgeklemmten Enden. Die nächst einfache Eigenschwingung hat auch in der Mitte einen Knoten, das heißt einen Punkt stets verschwindender Auslenkung.

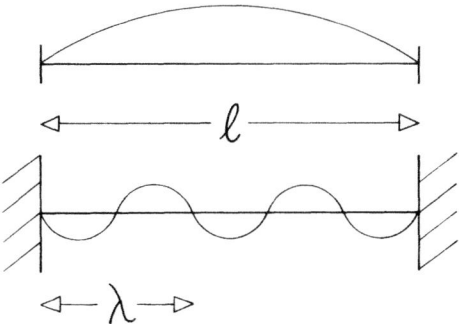

Abb. 4: Momentaufnahme einer schwingenden Saite: erste und fünfte Eigenschwingung

Höher angeregte Eigenschwingungen haben mehrere Bäuche und Knoten, die räumlich periodisch aufeinander folgen. Auf Saiteninstrumenten geschulte Musiker kennen dieses Phänomen unter der Bezeichnung „Flageoletttöne": Wird die Saite beim Anschlagen am bekannten Knotenpunkt leicht gedämpft, schwingt sie in dieser Form und erzeugt dabei einen höheren Ton. Die Länge der kleinsten sich wiederholenden Form – Bauch nach oben, Knoten, Bauch nach unten – ist die schon mehrfach erwähnte Wellenlänge.

Noch eine wichtige Einsicht vermittelt Abb. 4: Alle Eigenschwingungen sind dadurch gekennzeichnet, dass die halbe Wellenlänge ohne Rest ganzzahlig mehrfach in die Länge der Saite passt.

Wie alle Eigenschwingungen schwingungsfähiger Systeme endlicher Ausdehnung bilden auch die Elektronenwellen in Atomen eine diskrete Folge mit einem Spektrum von Eigenfrequenzen. Tatsächlich ist es bei quantenmechanischen Materiewellen üblich, von Eigenenergien oder Energieniveaus zu sprechen. Bei Atomen können Differenzen zwischen solchen Energieniveaus beobachtet werden: Wenn nämlich ein Atom von einer Eigenschwingung mit der Energie E_1 zu einer anderen mit der niedrigeren Energie E_2 übergeht, so wird der Energieüberschuss $E_2 - E_1$ als ein Lichtblitz – als Lichtquant oder Photon – abgestrahlt. Nach einem berühmten, auf Max Planck, Albert Einstein und Niels Bohr zurückgehenden Gesetz legt die fragliche Energiedifferenz die Frequenz v des beim Niveauwechsel des Atoms abgestrahlten Lichts fest als $E_2 - E_1 = hv$. Dabei ist h das bekannte Planck'sche Wirkungsquantum, eine der fundamentalen Naturkonstanten, deren Auftreten quantenmechanische Gesetze vor denen der klassischen Physik auszeichnet.

4   Reguläre und chaotische Schwingungen: Das „Mikrowellenbillard"

Am Ende dieses Ausflugs in die Wellenlehre ist der Leser nun bestens darauf vorbereitet, Schwingungen als regulär oder chaotisch erkennen zu lernen. Ein schöner Unterschied lässt sich für zweidimensionale Medien wie Platte und Membran oder einen flachen Mikrowellenresonator aufzeigen, und zwar am schon mehrfach erwähnten Muster von Knotenlinien. Auf kreisförmigen, quadratischen oder rechteckigen Platten bilden die Knotenlinien ein einfaches Netz. Die Bezeichnung Netz soll insbesondere ausdrücken, dass die Knotenlinien sich offenbar ohne Hemmung schneiden. Wellenprobleme dieses Typs sind regulär. Abbildung 3 zeigt ein Beispiel hierfür (oberes Teilbild) und ein anderes für chaotische Wellen (unteres Teilbild). Diese entstehen, wenn die Platte die Form eines Stadions hat oder die Form eines Rechtecks mit ausgesägtem Loch bzw. mit einer unregelmäßig abgesägten Ecke oder schließlich, wenn es sich um eine irgendwie unregelmäßige Form handelt. Wie der untere Teil der Abb. 3 deutlich macht, überkreuzen sich Knotenlinien dann nicht.

Zwei Fragen drängen sich auf: Warum nennt man Wellen mit Netzen sich kreuzender Knotenlinien regulär, warum solche mit kreuzungsfreien Knotenlinien chaotisch? Und warum kommt es in einem Fall zu Kreuzungen, im anderen Fall nicht?

Zwischen der schwingenden Platte und einem Billardtisch mit gleichem Umriss und starrer Bande besteht eine gewisse Analogie. Ein massives punktförmiges Teilchen, das sich, abgesehen von den elastischen Stößen gegen die Bande, mit konstanter Geschwindigkeit reibungsfrei auf dem Tisch bewegt, durchläuft eine Bahn, deren Charakter von der Form des Tischs bzw. der Platte abhängig ist. Robustheit gegen Störungen liegt bei einem Kreis und einem Rechteck als Berandung vor, extreme Empfindlichkeit gegen Störungen hingegen bei weniger einfacher oder gar unregelmäßiger Berandung. Netze von sich kreuzenden Knotenlinien der Plattenschwingung und reguläre Bahnen im zugehörigen Billardtisch gehen also zusammen, ebenso wie kreuzungsfreie Knotenlinien mit chaotischen Bahnen. Deshalb werden auch die beiden Typen von Wellen „regulär" und „chaotisch" genannt.

Tatsächlich geht die Analogie zwischen Wellenchaos und klassisch chaotischen Teilchen-bahnen noch weiter, und zwar aufgrund eines engen Zusammenhangs zwischen Wellenaus-breitung und Teilchenbahnen. Er erklärt übrigens auch den bekannten Welle-Teilchen-Dualismus der Quantenmechanik. Zur Erläuterung bleiben wir zunächst bei den Bildern der schwingenden Membran und des gleichberandeten Billardtischs.

Wir denken uns eine isolierte beulenförmige Auslenkung der Membran, die zu einem An-fangszeitpunkt mit einer bestimmten Geschwindigkeit über die Membran läuft. Eine derartige lokale Anregung entspricht natürlich nicht einer Eigenschwingung; vielmehr ist sie aus vielen Eigenschwingungen zusammensetzbar. Wie bewegt sich die Beule im Lauf der Zeit?

Sie behält die anfängliche Geschwindigkeit bei und läuft auf einer geraden Linie zum Rand. Dort wird sie elastisch reflektiert und läuft sodann mit unveränderter Geschwindigkeit wieder geradeaus weiter bis zum nächsten Stoß mit dem Rand und so fort. Mit anderen Worten: Die beulenförmige Wellenanregung bewegt sich über die Membran genau wie ein klassisches Teilchen auf einem Billardtisch gleicher Form. Wenn die Teilchenbahn chaotisch ist, so ist auch die Welle chaotisch. Der beschriebene Zusammenhang zwischen Teilchen- und Wellen-bahnen besteht auch für Mikrowellen in einem Resonator (weshalb sich bei manchen Kolle-gen die Rede vom „Mikrowellenbillard" festgesetzt hat). Ähnliches gilt für quantenmechani-sche Materiewellen in einem „Billard". Auch eine anfänglich lokalisierte Materiewelle entwi-ckelt sich mit der Zeit so, dass ihr Schwerpunkt der klassischen Teilchenbahn folgt.

Halten wir einen Augenblick inne und schauen zurück auf die beiden vorstehenden Absät-ze. Ich habe erläutert, warum wir zweidimensionale Wellenfelder mit kreuzungsfreien Kno-tenlinien chaotisch nennen, während Wellen mit Netzen einander kreuzender Knotenlinien regulär heißen. Ich wollte aber auch erklären, warum die Knotenlinien in zweidimensionalen Wellenfeldern einander manchmal kreuzen, während in anderen Fällen solche Kreuzungen vermieden werden.

Diese Frage ist mit Hilfe von Analogien zwischen Teilchenbahnen und Wellendynamik nicht zu beantworten; sie fordert vielmehr rein wellentheoretische Überlegungen bzw. rein quantenmechanische, wenn die fraglichen Wellen quantenmechanische Materiewellen sind. Die im folgenden Absatz skizzierte Antwort ist zum Glück so elementar, dass sie nur ängstli-chen und der Mathematik völlig entwöhnten Lesern zum Überspringen empfohlen wird.

Bezeichnen wir die Punkte der flachen Membran – bzw. des Billards oder allgemeiner des zweidimensionalen, die Welle tragende Kontinuums – mit den zwei Koordinaten x und y sowie die Wellenamplitude mit $\psi(x, y)$, so ist eine Knotenlinie bestimmt durch die Bedingung verschwindender Auslenkung: $\psi(x, y) = 0$. Diese Gleichung muss auch an einem Kreuzungs-punkt zweier Knotenlinien erfüllt sein. Dort muss aber noch mehr zutreffen: Beim Fort-schreiten vom Kreuzungspunkt längs beider Knotenlinien darf ψ sich nicht vom Wert Null entfernen. Wenn aber eine glatte Funktion $\psi(x, y)$ sich von einem Punkt aus in zwei verschie-denen Richtungen lokal nicht ändern darf, so kann sie das von jenem Punkt aus in keiner Richtung, also unter anderem weder in x-Richtung bei konstantem y noch in y-Richtung bei konstantem x. Mathematisch ausgedrückt heißt das, dass die beiden Ableitungen[1] der Funkti-on $\psi(x, y)$ nach x und y, $\partial\psi(x, y)/\partial x$ und $\partial\psi(x, y)/\partial y$ auch verschwinden müssen (die Ablei-tung $\partial\psi(x, y)/\partial x$ erhält man übrigens aus der Änderung $\Delta\psi = \psi(x+\Delta x, y) - \psi(x, y)$ der Funkti-on $\psi(x, y)$ beim Voranschreiten von x zu $x + \Delta x$, als die Änderungsrate $\Delta\psi/\Delta x$; man hat den Schritt Δx klein zu wählen). Insgesamt ist der Kreuzungspunkt somit durch die drei Bedin-gungen

---

[1] Die Ableitung einer Funktion gibt in jedem Punkt ihre Steigung an.

$$\psi(x, y) = 0$$

$$\frac{\partial \psi(x, y)}{\partial x} = 0 \qquad\qquad\qquad (1)$$

$$\frac{\partial \psi(x, y)}{\partial y} = 0$$

bestimmt. Das ist eigentlich zu viel verlangt: Zur Festlegung der beiden Koordinaten x und y eines Punkts bedarf es *zweier* unabhängiger Gleichungen. Fordert man die gleichzeitige Erfüllung einer dritten Gleichung, entsteht im Allgemeinen ein Widerspruch. Daher gibt es für zweidimensionale Wellenfelder normalerweise keine Kreuzungen von Knotenlinien.

Ein bisschen ist Geduld noch nötig, und der Leser versteht, welchen Typs die Ausnahmefälle von Wellenfeldern sind, bei denen die drei Gleichungen (1) nicht im Widerspruch zueinander stehen, sodass Kreuzungen möglich werden: Wenn die Wellenfunktion $\psi(x, y)$ einer Eigenschwingung die Form eines Produkts hat, also

$$\psi(x, y) = f(x)g(y) \qquad\qquad\qquad (2)$$

dann liefern die drei Forderungen aus (1) nur die beiden unabhängigen Gleichungen $f(x) = 0$, $g(y) = 0$. Die gesuchte Wellenfunktion lässt sich also in ein Produkt aus zwei anderen Funktionen trennen (separieren). Eine solche Separierbarkeit der Wellenfunktion – in geeigneten Koordinaten – ist aber gerade charakteristisch für die so genannten regulären Wellenprobleme. Auch bei Wellen ist eben Chaos der Normalfall und Regularität die Ausnahme, insofern Separierbarkeit nur bei hinreichend hoher Symmetrie gegeben ist.

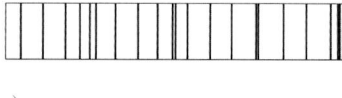

a)

Abb 5: a) Folge von Eigenfrequenzen in regulären Wellenfeldern; b) Häufigkeitsverteilung des Abstands benachbarter Eigenfrequenzen in regulären Wellenfeldern.

b)

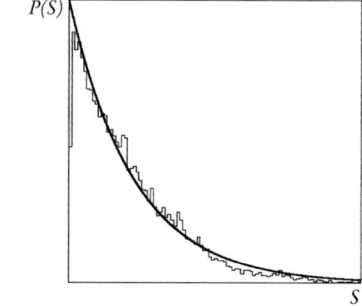

Wenden wir uns nun einem zweiten Unterscheidungsmerkmal von regulären und chaotischen Wellen zu. Statt der räumlichen Eigenarten von Eigenschwingungen steht jetzt die Folge von Eigenfrequenzen – bzw. bei quantenmechanischen Materiewellen die Folge von Energieniveaus – zur Debatte. Trägt man solche Folgen als Striche längs einer Achse ab, erhält man Schemata ähnlich dem in der Abb. 5a. Das Schema ist typisch für Wellenprobleme entsprechend regulären „Billards", während die Abb. 6a voll ausgeprägtes (Wellen-)Chaos charakterisiert. Nach kürzerer Betrachtung wird auch der ungeübte Leser einen Unterschied in den beiden Strichfolgen erkennen. Der reguläre Fall sieht eigentlich unregelmäßiger aus als der chaotische: Im ersten Fall treten die Eigenfrequenzen bevorzugt in lokalen Häufchen auf, die in anscheinend regelloser Folge mit verdünnten Bereichen abwechseln. In der Tat kann man Strichfolgen dieses Typs auch von einem Zufallsgenerator erzeugen lassen, der jeden

Strich ohne Erinnerung an alles Frühere malt. Demgegenüber scheinen die Eigenfrequenzen im chaotischen Fall auf Abstand zueinander zu achten. Kaum ein Abstand benachbarter Striche ist wesentlich kleiner oder wesentlich größer als der mittlere Abstand. Man könnte sagen, die Frequenzen chaotischer Eigenschwingungen stoßen einander ab. Wir sprechen auch tatsächlich von der „Abstoßung von Eigenwerten" als Merkmal von Chaos und von „Eigenwerthäufung" bei regulären Wellen.

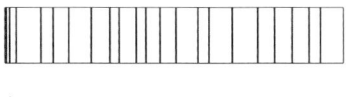

a)

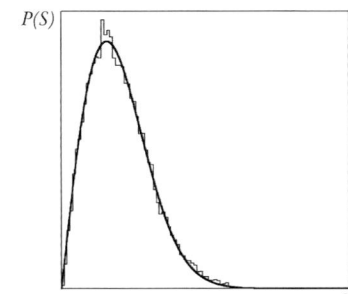

b)

Abb. 6: a) Folge von Eigenfrequenzen in chaotischen Wellenfeldern; b) Häufigkeitsverteilung (Histogramm) des Abstands benachbarter Eigenfrequenzen in chaotischen Wellenfeldern.

5   Konsequenzen in Akustik und Quantenmechanik

Vor weiteren theoretischen Ausführungen zum angedeuteten Unterschied zwischen Häufung und Abstoßung eine Bemerkung zur praktischen Bedeutung dieses Unterschieds aus dem Bereich der Akustik am Beispiel von dreidimensionalen Schallfeldern: Der Leser weiß aus Erfahrung, dass die Resonanzkörper von Orgelpfeifen, Gitarren, Violinen und anderen Musikinstrumenten genauso wie Konzertsäle nie die Form von Kugeln, Quadern oder Parallelepipeden haben, also nicht einfache geometrische Formen, die reguläre Wellen erwarten lassen. Vielmehr sind die Berandungen immer kompliziert genug, um Wellenchaos zu garantieren. Das ist keineswegs zufällig so, obwohl Instrumentenbauer und Konzertsaalarchitekten früherer Generationen von Chaos und Wellenchaos noch nichts wussten. Resonanzkörper und Konzertsäle mit regulären Wellen, also der Tendenz zu Eigenfrequenzhäufung, würden das Publikum mit fürchterlichen Hörerlebnissen verschrecken. Frequenzen in Bereichen verdünnter Eigenfrequenzfolgen würden nur schlecht angenommen und somit effektiv unterdrückt, während Frequenzen in Bereichen von Eigenfrequenzhäufungen unmäßig stark angenommen würden. Auch Architekten, die heutzutage Konzertsäle entwerfen, können sich also an den erstrebenswerten Eigenschaften des Wellenchaos orientieren, um spätere, aus Klangverzerrungen resultierende Prestigeeinbußen und Regressansprüche zu vermeiden (der Fairness halber sei hier angemerkt, dass den Schallingenieuren die Erzeugung von erwünschtem Wellenchaos leichterfällt als die Vermeidung unerwünschter Nachhalleffekte).

Nun muss aber der in der Abb. 5a und Abb. 6a erkennbare Unterschied zwischen der Häufung und der Abstoßung von Eigenfrequenzen doch präziser ermittelt werden. Eine beliebte Präzisierung sortiert die Abstände benachbarter Eigenfrequenzen oder Niveaus nach ihrer Größe. Man nimmt den mittleren Abstand als Einheit und fragt nach der Zahl der Abstände zwischen Null und einem Zehntel, zwischen ein und zwei Zehnteln, zwischen zwei und drei Zehnteln und so fort. Die Gesamtzahl der Abstände benachbarter Niveaus ergibt sich dann als

Summe der Zahlen der Niveaus in den einzelnen Intervallen. Malt man diese Zahl als Funkti-on des Abstands, so erhält man ein so genanntes Histogramm, wie es die Abb. 5b und 6b zei-gen. Die Teile (a) und (b) entsprechen jeweils einander.

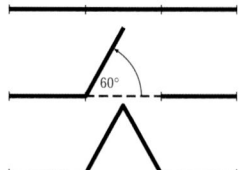

Abb. 7: Selbstähnlichkeit am Beispiel der „Koch'schen Kurve": Die Seitenlänge eines gleichseitigen Dreiecks wird gedrittelt (oben), das mittlere Dreieck um 60° hochgeklappt (Mitte) und die Lücke mit einem Stück gleicher Größe geschlossen (unten). Als Giebel ist ein kleineres, gleichseitiges Dreieck entstanden (siehe auch Abb. 8). (Grafik: F. Haake, N. Weigand)

Der Unterschied zwischen Niveauhäufung und Niveauabstoßung ist in der Teilabbildungen (b) wohl viel deutlicher sichtbar als in den Niveaufolgen der Teilabbildungen (a). Im regulä-ren Fall sieht man, dass sehr kleine Abstände viel häufiger vorkommen als große; die Häufig-keit $P(A)$ von Abständen der Größe A nimmt mit wachsendem A monoton ab. Der genaue Verlauf der Kurve $P(A)$ gegen A ist exponentiell. Wie bereits erwähnt, entspricht diese Ab-standsverteilung gerade völlig zufällig verteilten Eigenfrequenzen bzw. Niveaus. Demgegen-über sind im chaotischen Fall sehr kleine Abstände extrem unwahrscheinlich; die Kurve $P(A)$ gegen A wächst vom Nullpunkt aus zu einem Maximum beim häufigsten Abstand, um erst danach abzufallen; das Verschwinden von $P(A)$ für kleine Abstände bringt die für Wellencha-os charakteristische Niveauabstoßung zum Ausdruck. Der Leser mag nicht vergessen, dass die wechselseitige Abstoßung der Niveaus eine – wenngleich nicht die einzige – Voraussetzung für eine gute Konzertsaalakustik ist. Unser Ohr liebt das Chaos.

Am Anfang meiner Ausführungen zu Quanten- und Wellenverhalten habe ich erwähnt, ei-nes der erfreulichen Resultate des hier skizzierten Forschungsgebiets sei ein vertieftes Ver-ständnis des Verhältnisses zwischen Quantenmechanik und klassischer Mechanik. Seit Be-gründung der Quantentheorie in den Zwanzigerjahren des letzten Jahrhunderts ist klar, dass die alte Mechanik als ein Grenzfall in der neuen Quantenmechanik enthalten sein muss. In der Tat war dieses Einbettungsverhältnis für klassisch „integrable", das heißt vollständig regulä-re Systeme, von Anfang an offenbar: Hinreichend starke Anregung eines Quantensystems ver-leiht demselben effektiv klassisches Verhalten; das Übergangsverhalten ist leicht beschreibbar durch Näherungslösungen der Schrödinger'schen Wellengleichung. Solche Näherungslösun-gen des semiklassischen Typs für klassisch integrable Systeme – wie etwa das Wasserstoff-atom – waren sogar schon bekannt, bevor Schrödinger seine Wellengleichung aufgestellt hat-te. Diese Vorläufertheorie zur Quantenmechanik von Heisenberg und Schrödinger geht auf Niels Bohr und Arnold Sommerfeld zurück und wird heute oft als „semiklassische Quantisie-rung" bezeichnet. Die Grundidee dieser Vorläufertheorie bzw. Näherungsmethode ist erwäh-nenswert und einfach zu erklären, so lange man das am Beispiel des Wasserstoffatoms ver-sucht.

Im Wasserstoffatom ist durch die anziehende elektrische Kraft zwischen zwei entgegenge-setzt geladenen Teilchen ein Elektron an ein Proton, den Kern, gebunden. Nach klassischer Vorstellung umkreist das Elektron den Kern auf einer ellipsenförmigen Bahn – wie die Erde die Sonne umkreist. Die klassisch möglichen Ellipsenbahnen bilden ein Kontinuum. Die Bohr-Sommerfeld-Theorie schränkt das Kontinuum auf eine diskrete Menge möglicher Bah-nen ein. Eine gewisse Größe, die sich jeder Bahn eindeutig zuordnen lässt, die so genannte „Wirkung", soll nach Bohr und Sommerfeld nur das ganzzahlige Vielfache eines kleinstmög-lichen Werts annehmen, eben des Planck'schen Wirkungsquantums. Da die Energie integrabler Systeme als eindeutige Funktion der Wirkung darstellbar ist, werden mit der genannten Forderung die Energien der erlaubten Bahnen auch auf eine diskrete Folge von Eigenwerten eingeschränkt. Im Fall des Wasserstoffatoms ergibt sich durch diese semiklassische Quantisierung sogar das exakte Energiespektrum. Auch die Vorstellung von Umlaufbahnnen hat sich für die Interpretation vieler Experimente mit hochangeregten Atomen gut bewährt.

Abb. 8: Chaotische Bewegung unterscheidet sich nicht nur durch extreme Störanfälligkeit von regulärer Bewegung: Chaos zeichnet sich auch durch „selbstähnliche Strukturen" (Fraktale) aus. Aus einem gleichseitigen Dreick entsteht ein solches Fraktal, wenn man es entsprechend der „Koch'schen Kurve" (vergl. Abb. 7) stufenweise verändert. Auf jeder Seite des Dreiecks wird ein „Giebel" errichtet, so entsteht auf diese Weise aus dem Dreieck (links oben) ein sechszackiger Stern (rechts oben). Durch schrittweise Wiederholung der Prozedur bilden sich die weiteren Formen. Mit jedem Schritt wächst die Zahl der Seitenstücke um den Faktor 4, die Länge des Rands um den Faktor 4/3. Beginnend mit dem sechszackigen Stern ist in jedem Stern – bis hin zu seiner unendlich häufigen Wiederholung – in verschiedenen Größen das Strukturelement des „Giebels" wiederzuerkennen. Das Gebilde ist also „selbstähnlich". (Grafik: J. Weber, N. Weigand)

Albert Einstein war wohl der Erste – auch hier! –, der bemerkte, dass die Quantisierung nach Bohr und Sommerfeld bei nicht integrablen Systemen – die Bezeichnung chaotisch war damals noch nicht modern – versagt. Mehr noch, auch nach der Aufstellung der neuen, richtigen Quantenmechanik gab es jahrzehntelang keine systematischen Näherungsverfahren zur Lösung der Schrödinger-Gleichung für klassisch chaotische Dynamiken. Daher klaffte hinsichtlich der Einbettung der klassischen Mechanik in die Quantentheorie eine Verständnislücke. Sie ist erst während der letzten Jahre weitgehend geschlossen worden.

Grob charakterisiert kann man heute sagen, dass die klassische Physik für atomare Prozesse nicht nur unzuständig ist, sondern auch unnötig kompliziert: Die oben erwähnten hierarchischen Strukturen chaotischer klassischer Bahnen, die sich unaufhörlich ins immer Feinere verschlingen, werden von den – viel einfacheren – Welleneigenschaften auf der durch Heisenbergs Unschärferelation gegebenen Skala für Orts- und Geschwindigkeitsauflösung verwischt. Semiklassische Approximationen des Quantenverhaltens sind daher im chaotischen Fall oft rechentechnisch komplizierter als im regulären Fall, sogar komplizierter als die numerische Behandlung der Quantenmechanik selbst und somit auch von geringerem praktischem Nutzen.

6 Zusammenfassung

Nicht nur bei Bewegungen großer, den Gesetzen der klassischen Mechanik gehorchenden Körpern, sondern auch bei Wellen und sogar bei den für mikroskopische Vorgänge charakteristischen quantenmechanischen Materiewellen lassen sich Chaos und Regularität unterscheiden. Die jeweiligen Kriterien sind sehr verschieden. Bei klassischen Teilchenbewegungen hält man sich an den Begriff der Bahnkurve und konstatiert deren Robustheit oder extreme Empfindlichkeit gegen Störungen im regulären bzw. chaotischen Fall. Bei Wellen und insbesondere Quantensystemen steht der Begriff der Bahnkurve nicht zur Verfügung; hier untersucht man Eigenschwingungen und Eigenfrequenzen und differenziert die beiden Typen von Dynamiken nach zum Beispiel Niveauhäufung (regulär) und Niveauabstoßung (chaotisch). Die letzten Begriffe stehen wiederum für klassische Teilchen nicht zur Verfügung. In der begrifflichen Verschiedenheit der Unterscheidungskriterien zeigt sich der seit den Anfängen der Quantenmechanik immer wieder diskutierte Welle-Teilchen-Dualismus.

Danksagung

Für die Bereitstellung der Fotos der Chladni'schen Klangfiguren (Abb. 3) geht ein herzlicher Dank an Dr. Volkhard Nordmeier.

Der Autor

Fritz Haake
Fachbereich 7 (Physik), Universität Essen

Fritz Haake studierte Physik in Stuttgart, Berlin und Paris. Der Promotion bei Professor Wolfgang Weidlich in Stuttgart folgte eine Tätigkeit als Postdoc bei Roy Glauber an der Harvard University. Zurück in Stuttgart, habilitierte er sich 1971 und wurde 1974 als ordentlicher Professor nach Essen berufen. Zu längeren Forschungsaufenthalten ging er zwischenzeitlich an die Harvard University, die Cornell University, die Ecole Normale Supérieure in Paris sowie die Universitäten Hamilton und Auckland in Neuseeland. Seit 1994 ist er Sprecher des DFG-Sonderforschungsbereichs 237 „Unordnung und große Fluktuationen". Einen Ruf an die Philipps-Universität Marburg lehnte er 1995 zugunsten der Essener Hochschule ab.

Kunst und Naturwissenschaft – ein spannendes Verhältnis

Siegfried Zielinski

„Die Sehnsucht nach der Kenntnis der Dinge
ist bloß das Ringen nach der Kunst zu lieben."

(Johann W. Ritter, Fragmente aus dem Nachlasse eines jungen Physikers, 626.)

Im Jahre 1615 veröffentlichte Robert Fludd, mit dem Johannes Kepler über mehrere Jahre hinweg einen regen Briefwechsel über das Verhältnis von exakter Wissenschaft und Einbildungskraft führte, seinen großartigen Entwurf zur Geschichte des Makrokosmos und des Mikrokosmos. Auf der Seite 26 des ersten Buches finden wir ein nahezu quadratisch gezeichnetes tiefschwarzes Rechteck (Abb. 1). An den vier Seiten der geometrischen Grundfigur findet sich die Aufschrift: „Et sic in infinitum". Dieses Bild symbolisierte für den schillernden *Polymath* des 17. Jahrhunderts die Unendlichkeit der Materie und zugleich ihre letztendliche Undurchdringlichkeit. Es sollte eine ungeheure Bedeutung bekommen für die gesamte Kunstgeschichte der Moderne. Vielfach adaptiert, visuell aufgegriffen und verändert wird es schließlich exakt 300 Jahre später in dem berühmten Gemälde Kasimir Malewitschs zum Ikon für den Aufbruch in eine neue Weltanschauung. Sie ist von Seiten der Naturwissenschaften geprägt durch die Arbeit an nicht-euklidischen dynamischen Geometrien, die Entdeckungen zur vierten Dimension der Zeit und der Elektronik, die praktischen und theoretischen Folgen der Relativitätstheorie Albert Einsteins und frühen Experimenten zur Quantenmechanik. In der Kunst entfalten sich in dieser Zeit die Bewegungen des Kubismus, des Futurismus, des Konstruktivismus und deren diverser Spielarten. Durch abstrakte Formen und kinetische Studien hindurch versuchen bildende Künstler und auch Musiker der zunehmenden Komplexität von Welt mit ihren Mitteln strukturell gerecht zu werden. Die Welt als möglicher Apparat bzw. Automat, u. a. von René Descartes vorgedacht, wird zu einem herausragenden Thema. Auf den Bühnen und Leinwänden tanzen mechanische Ballette, in die Tiefe des Bildraumes hinein animierte Spiralen irritieren die träge gewordene Wahrnehmung der Menschen, Akte werden Stufenformationen hinauf- und hinuntergeschickt, Surrealisten versuchen zumindest im bewegten Bild die Figuren von den physikalischen Gesetzen der Gravitation und der linearen Zeitbewegung zu befreien. Komponisten experimentieren mit Tonfolgen, welche die vertraut gewordenen Vorstellungen einer einfachen und klaren Harmonie aller Weltelemente durcheinander bringen...

Dass es ein enges Wechselverhältnis zwischen den Naturwissenschaften, insbesondere der Physik und der Biologie, und den Medien ihrer Darstellung gibt, ist unbestritten und als Auffassung längst etabliert. Spätestens seitdem sich technische Artefakte merklich zwischen den wissenschaftlichen Beobachter und die beobachteten Erscheinungen der Natur schoben, entfaltete sich eine reichhaltige Kultur der Popularisierung, Illustration und Inszenierung der wissenschaftlichen Erkenntnisse, Modelle und Anschauungen.

Abb. 1: Schwarzes Rechteck aus Robert Fludds Entwurf zur Geschichte des Makrokosmos und des Mikrokosmos, 17. Jahrhundert.

Der Neapolitaner Giovanni Battista della Porta, der selbst im 16. Jahrhundert in seiner Heimatstadt am Vesuv mit der *Academia de Secreti* die erste Akademie gründete, die sich ganz den Naturwissenschaften widmete und der später Mitglied der berühmten Akademie der Luchsäugigen wurde, an der auch Galileo Galilei mitwirkte, der jesuitische Universalgelehrte Athanasius Kircher, dessen 400. Geburtstag sich 2001 jährt und dem die Römer aus diesem Anlass eine große Ausstellung widmen, aber auch der erwähnte Robert Fludd waren in der Zeit zwischen Renaissance und Barock Prototypen großartiger Multiplikatoren: einerseits der Naturlehren der Vorsokratiker Demokrit, Anaxagoras, Empedokles und vor allem des Aristoteles und andererseits der vor-modernen Mathematiker, Astronomen und Physiker wie Tycho Brahe, Kepler, Christoph Scheiner, Galilei oder René Descartes und Isaac Newton. Die Erfindungen der Mikroskopie und der Teleskopie führten nicht nur zur Herausbildung einer *Physik des Sichtbaren* als einer Wissenschaft, die sich mit den für das gemeine Auge nicht-sichtbaren Informationen beschäftigte. Sie bewirkten auch die Entfaltung wahrer Darstellungsorgien in Form von katoptrischen Theatern, opulenten Spiegelkabinetten, mit Linsen bestückter dunkler Kammern (Camera Obscura), magischer Projektionen (Laterna Magica) oder gar Fiktionen optischer Telegraphensysteme. In der großen Kunst von Licht und Schatten (*Ars magna lucis et umbrae,* Rom 1650 und Amsterdam 1671) des Athanasius Kircher finden wir zum Beispiel die ikonografische Darstellung einer allegorischen Spiegel-Apparatur, die bereits beide mögliche Beobachterpositionen enthält, die dann für die Physik des 20. Jahrhunderts so wichtig wurden: der innere Beobachter als Teilnehmer im experimentellen Raum und der äußere Beobachter, der die Szenerie inklusive der Aktionen des inneren Teilnehmers distanziert oder voyeuristisch betrachtet (Abb. 2).
Im weitesten Sinne waren solche Darstellungen der großen Mediatoren und Kommunikatoren der Vor-Moderne Illustrationen, Veranschaulichungen, Poetisierungen der Wissenschaftler,

die sie oftmals mit eigenen Untersuchungen und Experimenten bereicherten.[1] Wenn die Naturwissenschaften die Aufgabe haben, die Rätsel der organischen und anorganischen Natur aufzulösen und uns ihre möglichen Ordnungen und Gesetze begreiflich und nutzbar zu machen, dann sehe ich eine große Verantwortung der Medien, ihrer Programmierer und ihrer Gestalter darin, ihre Fähigkeiten und Talente für die Herstellung von Klarheit und Schönheit dieser großen Aufgabe zu widmen und uns bei der Erkenntnis der Welt mit ihren Bildern und Tönen zu helfen.

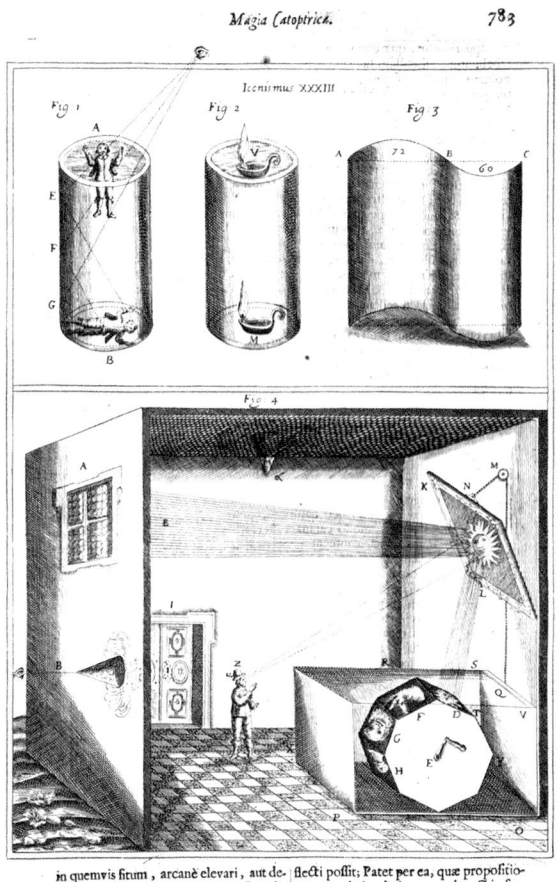

Abb. 2: Aus *Ars magna lucis et umbrae* von Athanasius Kirchner. Amsterdam, 1671.

Kunst kann sich allerdings nicht darin erschöpfen. Sie muss über die Darstellung des sicher Bekannten hinausgehen. Die vornehmste Aufgabe der Kunst besteht darin, für das Andere,

---

[1] Mittlerweile werden etwa die Vorschläge, die della Porta in seinem Buch über *Pneumatica* zu mit Dampf betriebenen Maschinen gemacht hat, auch von den Historikern des Maschinenbaus für ernst genommen.

das uns Fremde, das nicht mit uns Identische feinfühlig zu halten und zu machen, mit ihren ureigensten Mitteln, der Malerei, der Skulptur, der Musik, des bewegten foto-mechanischen oder elektronischen Bildes, der Fotografie oder der szenischen Aufführung. Diese Identität, die sehr viel mit einer bestimmten Haltung zur Welt und der Auffassung von Subjektivität als Erfahrung an der Grenze zu tun hat, ist gewissermaßen der andere Pol zur Identität und zur Haltung des Naturwissenschaftlers. Zwischen diesen Polen gibt es unendlich viele Nuancie-rungen an Identitäten und Haltungen. Aber eine wirkliche und fruchtbare Kooperation zwi-schen den Naturwissenschaften und den Künsten kann sich nur entfalten, wenn von beiden Seiten die verschiedenen Kompetenzen und Talente, die damit einhergehen, respektiert und produktiv gemacht werden.

Das war die Grundlage der Zusammenarbeit zwischen dem Forschungszentrum Jülich und der Kunsthochschule für Medien Köln in der Vorbereitung und Realisierung der Ausstellung „Der Stein der Weisen" zum 2000er-Jahr der Physik. Sie brauchte glücklicherweise nicht programmatisch ausgesprochen zu werden. Sie war wie selbstverständlich Ausgangspunkt des gemeinsamen Unternehmens, die verschiedenen Energien von Kunst und Wissenschaft in einem Raum sich entfalten und berühren, sich durchdringen und wechselseitig kommentieren zu lassen. Zusammengehalten wurden die Spannungen durch eine die gesamte Ausstellung umfassende Gestaltung des Medien-Designers Andreas Henrich, der uns vorübergehend eine schöne gemeinsame Wohnung schaffte.

Künstler und Naturwissenschaftler mögen auf verschiedenen Planeten des Universums zu Hause sein oder ihre Sehnsüchte mögen auf unterschiedliche Sterne gerichtet sein. Aber in der terra incognita ihrer Hardware und der verschiedenen Ozeane ihres Bewusstseins sind starke Verwandtschaften wirksam, rumoren Energien, die sie immer wieder verbinden, besonders, wenn sie gut sind, außergewöhnlich und kraftvoll. Dann treffen sie sich gelegentlich an Schnittpunkten, in denen Wunderbares passiert.

Dass die Künste sich über Jahrtausende entfalten, sich in unendlich vielfältigen Phänome-nen ausdrücken konnten und dies auch weiterhin tun werden, hat einen wesentlichen Grund darin, dass sie sich am Unmöglichen zu schaffen machen. Es gibt Bereiche unserer Existenz, die sich niemals durch Sprache, durch Bilder oder Musik vollständig entschlüsseln lassen werden, da sie sich der Formalisierbarkeit hartnäckig entziehen. Gleichwohl arbeiten sich viele Generationen von Künstlern und Künstlerinnen immer wieder an dem Versuch ab, das Unsagbare poetisch zu formulieren, dem Nicht-Zeigbaren in Farben, Strukturen oder Figuren auf die Spur zu kommen. Die großen Geschichten der Geschwister *Eros* und *Thanatos*, von Liebe und Tod, lassen sich immer wieder aufs Neue bewegend und für den Einzelnen Gewinn bringend erzählen und inszenieren, aber ohne dass wir jemals eine befriedigende Antwort auf die fundamentalen existenziellen Fragen bekommen würden, die im Mythos durch sie verkör-pert werden. Im Gegenteil: Jede starke künstlerische Äußerung dazu regt eine Fülle von wei-teren Werken und Prozessen an, sich mit neuer Energie und neuen Fähigkeiten am Unmögli-chen zu versuchen. Ähnlich verstehe ich das großartige Projekt der Physik, die materielle Welt durchschaubar und letztendlich erklärbar zu machen. Jede neue kraftvolle Erkenntnis führt zu einer Fülle von weiteren Erforschungen und Experimenten, verschiebt die Grenzen zwischen dem Wissen und dem Nichtwissen ein wenig, bei den besten Wissenschaftlern im philosophischen Sinne zu Gunsten des Nicht-Wissens oder Noch-nicht-Wissens, da alles Er-kannte die Kontinente und Pluriversen dessen anwachsen lässt, was noch nicht entdeckt ist. Aus dieser Paradoxie kann Verzweiflung entstehen, und zahlreiche Wissenschaftler wie Künstler sind bei dem Versuch, das Feuer zu stehlen, verbrannt. Aber zugleich setzen das Gefühl und das Wissen um die Unmöglichkeit, zu definitiven Resultaten gelangen zu können, ungeheure Energien des Geistes und der Körper frei. „Unser Plan ist groß genug; er ist nicht zu verwirklichen", schrieb der Dichter Bertolt Brecht einst, in etwa zur selben Zeit als Alan Turing seinen berühmten Aufsatz zu den intelligenten Maschinen verfasste.

In der Kunst, die mit und durch mediale Apparaturen verwirklicht wird, treten Systeme und Artefakte zwischen die Phantasie, die künstlerische Idee und ihre Realisierung, die ein erweitertes Verhältnis der Künstler zu ihren Instrumenten einfordern. Für den souveränen Umgang mit komplexer Film- oder Videotechnik, der Holografie und computerzentrierten Medientechnologien reicht der ausschließlich intuitive Zugang nicht mehr aus. Um zu eindrucksvollen künstlerischen Äusserungen gelangen zu können, ist die Ausbildung von Fähigkeiten und Fertigkeiten nötig, die wir in der Vergangenheit eher mit den Naturwissenschaften und ihren verschiedenen Anwendungen verbunden haben, von der Kompetenz für mechanische Maschinen und Prozesse bis hin zum Programmieren von digitalen Apparaturen. Letzteres ist in der aktuellen Debatte um die zeitgenössische Kunst besonders umstritten und wird auch an der Kunsthochschule für Medien in Köln immer wieder heftig diskutiert. Das hat damit zu tun, dass hier wirklich zwei Welten aufeinander treffen: die Welt der Berechenbarkeit und die der Maßlosigkeit, die Welt des Bauches und des Kopfes, wie die Spannung häufig lapidar ausgedrückt wird. – Künstlerische Projekte, die mit komplexen Technologien arbeiten, benötigen darüber hinaus Haltungen und soziale Fähigkeiten, die uns auch wiederum eher aus der Praxis der Naturwissenschaften bekannt sind; sehr stark zum Beispiel die Bereitschaft zur Zusammenarbeit zwischen verschiedenen Spezialisten, zur respektvollen Arbeitsteilung, zur kollaborierenden Operation. Selbst in die Sprache, die wir benutzen, um die Orte zu bezeichnen, an denen die erweiterten Kunstformen entstehen, hat sich die neue Qualität der Produktion, des Ausprobierens und der Ausbildung eingeschrieben. Anstatt von Ateliers sprechen wir mit Hinblick auf die durch Maschinen erweiterten künstlerischen Entwicklungsstätten von *Laboren* und bezeichnen die darin stattfindenden Prozesse als *Experimente*.

Nur eine der Folgen ist, dass bei den jungen Künstlerinnen und Künstlern – ähnlich wie zu Beginn des 20. Jahrhunderts – eine starke Neugierde gegenüber der Physik, aber auch den Lebenswissenschaften entstanden ist. Sie beschäftigen sich mit genetischen Algorithmen, mit Systemtransformationen, mit solarbetriebenen Frequenzmodulatoren, mit Bio-Feedbacks, mit dem Granulieren von Metallen oder der Zersetzung von Flüssigkeiten, mit dynamischen Geometrien, mit der Analyse von Augenbewegungen, mit Morphogenesen, mit Robotik und Gehirnforschung, mit Teilchenbeschleunigern oder mit der Erfindung von Schnittstellen zwischen Maschinen und ihren Nutzern. Sie tun das auf ihre Art, in engem Bündnis und in Reibungen mit ihrer überbordenden Phantasie, ihrer Ungeduld, ihrem heftigen Drang zur Verwirklichung ihrer künstlerischen Subjektivität. Und sie tun nicht nur das. Nach einem intensiven lernenden und experimentellen Durchgang durch die Welt der Maschinen und Programme kann es auch passieren, dass sie mit einer Serie von Ölbildern oder Skulpturen aus diversen anfassbaren Materialien ihr Studium abschließen. Nur sehen diese dann sehr viel anders aus als diejenigen, die sie vor Beginn ihres Studiums gemacht haben.

Die Grundlagen und die reichhaltigen Möglichkeiten der temporären Zusammenarbeit zwischen den Naturwissenschaften und den Künsten zu ihrem beiderseitigen Nutzen und Vergnügen sind ohne Zweifel gegeben. In der neuen Vor-Zeit am Beginn des 21. Milleniums kommt es darauf an, Gelegenheiten zu schaffen, zu denen sich die Spannungen wie das Gemeinsame mit Kraft entfalten können. Wenn diese Gelegenheiten dazu führen – wie das bei der Bonner Ausstellung reichlich der Fall war –, dass Teilnehmer wie Beobachter Freude und Genuss erleben beim Erkunden einer Welt voller *Manchfaltigkeiten* (ein schöner Begriff des

Naturphilosophen und Gründungsrektors der Universität Zürich, Lorenz Oken), dann lohnt sich die gemeinsame Verausgabung darin, das Unmögliche möglicher zu machen.

Der Autor

Siegfried Zielinski
Kunsthochschule für Medien Köln

Siegfried Zielinski studierte Philosophie, Theaterwissenschaft, Deutsche Philologie, Medienwissenschaft, Politologie und Linguistik in Marburg und Berlin; in den achtziger Jahren arbeitete er als Medienwissenschaftler an der Technischen Universität Berlin und promovierte dort mit einer philosophischen Dissertation zur Geschichte des Videorecorders; 1989 habilitierte er ebenfalls an der geisteswissenschaftlichen Fakultät der TU Berlin; sein Habil.-Vortrag hielt er zum hochauflösenden Fernsehen. Noch vor der Habilitation wurde er zum Professor für Audiovision an die Universität Salzburg berufen; 1993 übernahm er den Lehrstuhl für Kommunikations- und Medienwissenschaften an der Kunsthochschule für Medien Köln, zu deren Gründungsrektor er 1994 ernannt wurde. 1994 bis 2000 füllte er dieses Amt aus und baute die KHM Köln zur führenden Kunsthochschule eines neuen Typs aus. Zielinski lehrt, forscht und veröffentlicht mit dem Schwerpunkt Integrierte Geschichte, Theorie und Praxis der Audiovision/Archäologie der Medien. Er hielt Vorträge in mehr als 20 Ländern der Erde, Texte von ihm wurden in ca. ein Dutzend Sprachen übersetzt. U.a. ist er Mitglied der European Film Academy (EFA), der Akademie der Künste Berlin, der Magic Lantern Society of Great Britain und der London Library.

Chips, Quanten-Hall-Effekt und mehr

Dieter Weiss

Halbleiter haben praktisch alle Bereiche der Elektronik und der modernen Optik revolutioniert. Die Methoden, die im Zusammenhang mit der Halbleitertechnologie perfektioniert wurden, erlauben die Herstellung neuer Materialsysteme mit bisher nicht bekannten Eigenschaften. In diesem Artikel soll ein Streifzug durch einen Teilbereich der Halbleiterphysik unternommen werden. Dabei soll gezeigt werden, wie der technologische Fortschritt auf dem Gebiet der Materialwissenschaften und der Strukturierung zu grundlegend neuen physikalischen Phänomenen führt und das Tor zu neuen Anwendungen aufstößt.

Die Entwicklung der modernen Informations- und Kommunikationstechnologie ist geprägt durch die immer kleiner und immer schneller werdenden Halbleiterbauelemente. Die Revolution, die mit den Fortschritten in der Mikroelektronik ausgelöst wurde, ist vergleichbar mit der des Buchdrucks. Während Gutenbergs Erfindung Umwälzungen auf einer Zeitskala von mehreren hundert Jahren hervorrief, haben die Auswirkungen der Mikroelektronik unser Leben in nur wenigen Jahrzehnten grundlegend verändert. Viele geniale Erfindungen und fundamentale Entdeckungen auf dem Gebiet der Physik und der Materialwissenschaften waren notwendig, um die naturwissenschaftliche und technische Basis für diese Entwicklung zu schaffen. Der Weg zwischen der Entdeckung von Anomalien im Widerstand von Bleisalzkristallen durch Ferdinand Braun im Jahre 1874 (erste Beobachtung des Gleichrichtereffektes) bis hin zu modernen Speicher- und Logik-Chips oder Halbleiterlasern war lang und immer geprägt durch das Zusammenspiel von Grundlagenforschung und angewandter Forschung. Auf der einen Seite bildet die Quantenmechanik, die mit Plancks Entdeckung im Jahre 1900 eingeleitet wurde, das theoretische Fundament der Halbleiterphysik, auf der anderen Seite mussten die Materialien zunächst erst so weit perfektioniert werden, dass die Gesetze der Quantenmechanik in Festkörpern entdeckt werden konnten. In diesem Spannungsfeld von Anwendung und reiner Grundlagenforschung sind immer wieder faszinierende Phänomene gefunden worden. Auf einige dieser Entdeckungen, die damit zu tun haben, dass die Dimensionalität elektrischer Leiter von drei Dimensionen (3D, zum Beispiel Kupferdraht) über eine Dimension (1D, Quantendraht) bis hin zu 0-Dimensionen (0D, Quantenpunkt) reduziert wurde, werde ich in meinem Beitrag eingehen.

1 Vom Sandkorn zum Chip

Das dominierende Material in mikroelektronischen Schaltungen ist Silizium, wenngleich für optoelektronische Anwendungen und in sehr schnellen Transistoren Halbleiter, die aus Elementen der III. und der V. Spalte des Periodensystems zusammengesetzt sind, zum Beispiel

Galliumarsenid, in den letzten Jahren an Bedeutung gewonnen haben. Silizium ist im Überfluss vorhanden, kommt es doch in der Erdkruste mit etwa 20 % Gewichtsanteil vor, zumeist in der Form von SiO_2 als Quarzsand. Der Sauerstoff des SiO_2 wird bei hohen Temperaturen entfernt, der Chemiker spricht von einer Reduktion, und das entstehende Rohsilizium wird in Salzsäure „aufgelöst"; dabei entsteht eine siliziumhaltige Flüssigkeit, das Trichlorsilan. Diese Flüssigkeit kann in großtechnischen Destillierkolonnen gereinigt werden und anschließend wieder in polykristallines Silizium übergeführt werden. Mannshohe einkristalline Kristalle mit Durchmessern bis zu 30 cm erhält man beispielsweise, wenn man das Polysilizium einschmilzt und mit einem Keimkristall den Kristall langsam aus der Schmelze ziehend wachsen lässt. Diese Siliziumstangen werden in Scheiben gesägt und poliert. Die polierten Scheiben, genannt Wafer, sind das Ausgangsmaterial für die Herstellung von Silizium-Chips.

Die Wafer sind einkristallin, d.h. die Siliziumatome der Scheibe sind perfekt periodisch in einem dreidimensionalen Gitter angeordnet. Die Anforderungen an das Ausgangsmaterial sind extrem hoch. Auf eine Milliarde Siliziumatome kommt nur etwa ein Fremdatom. Diese Reinheit der Ausgangsmaterialien ist unverzichtbar, da Verunreinigungen die elektrischen Eigenschaften in entscheidender Weise verändern können. Silizium hat vier Valenzelektronen. In einem einkristallinen Gitter werden alle diese Elektronen gebraucht, um die Bindungen zu den benachbarten Siliziumatomen aufzubauen. Jedes Siliziumatom hat vier Nachbarn, die in den Ecken eines Tetraeders angeordnet sind. Diamant hat übrigens die gleiche Kristallstruktur, nur sitzen auf den Gitterplätzen Kohlenstoff- anstelle der Siliziumatome. Bei tiefen Temperaturen sind alle diese Bindungen intakt, und es sind keine Elektronen übrig, die, wie in einem Metall, einen Strom leiten könnten. Silizium verhält sich also wie ein Isolator. Bei höheren Temperaturen aber brechen diese Bindungen auf (allerdings sehr, sehr wenige: nur ungefähr jedes 10^{12}-te, also jedes Millionste Millionste Siliziumatom steuert bei Raumtemperatur ein Elektron zur Leitung bei). Nun verhält sich Silizium wie ein Metall und leitet den elektrischen Strom.

Quantenmechanisch betrachtet können die Elektronen in einem Kristall nur bestimmte Energiewerte annehmen: Man spricht von Energiebändern, die von den Elektronen besetzt werden können. Diese Bänder sind durch Bereiche nicht erlaubter Energien getrennt. Dies ist die Energielücke E_g, eine charakteristische Größe für Halbleiter. Für genügend tiefe Temperaturen ist eines dieser Bänder, das Valenzband E_V, voll gefüllt, während das energetisch darüber liegende Band, das Leitungsband E_C, nicht mit Elektronen besetzt ist. Eine bei höheren Temperaturen aufgebrochene Bindung entspricht in diesem Bild einem Elektron, das über die Energielücke in das Leitungsband gehoben wird und im Valenzband ein fehlendes Elektron zurücklässt, das sog. Loch. Dieses Loch verhält sich wie eine positive Ladung und trägt ebenfalls zum Stromfluss bei.

Technologisch interessant werden Halbleiter eigentlich erst dadurch, dass die Zahl der Elektronen im Leitungsband bzw. die der Löcher im Valenzband durch „Verunreinigungen" mit Fremdatomen gezielt eingestellt werden kann. Baut man Atome mit fünf Valenzelektronen, wie beispielsweise Phosphor, in das Siliziumgitter ein, so haben diese Fremdatome ein Elektron mehr, als zur Ausbildung der Bindung mit den vier Siliziumnachbarn notwendig ist. Das „überzählige" Elektron wird an das Leitungsband abgegeben und erniedrigt den Widerstand des Halbleiters. Da Phosphor ein Elektron abgegeben hat, wird es als Donator (lat. donare „schenken") bezeichnet. Man spricht in diesem Zusammenhang von n-dotiertem Silizium, d.h., dass der elektrische Strom überwiegend von den zusätzlichen Elektronen im Leitungsband getragen wird (der Buchstabe n deutet an, dass die Elektronen negativ geladen sind). Baut man Atome ein, die, wie Bor, nur drei Valenzelektronen besitzen, so können diese Elektronen des Valenzbands einfangen und auf diese Weise Löcher generieren. Solche Fremdatome nennt man, da sie Elektronen des Leitungsbandes aufnehmen, Akzeptoren (lat. accipere „empfangen"), und die entsprechenden Bereiche, die Akzeptoren enthalten, nennt man p-dotiert. In p-dotierten Halbleitern wird der Strom von den positiv geladenen Löchern des Valenzbands getragen.

Mithilfe von phototechnischen Verfahren, der Photolithographie, können auf der Wafer-oberfläche bestimmte Bereiche abgedeckt und freigelegt werden und die entsprechenden Dotierstoffe lokal eingebracht werden. Dieses Dotieren geschieht beispielsweise durch Diffusion oder durch Ionenimplantation. Bei letzterer Methode werden die Dotierstoffe im wahrsten Sinne des Wortes in den Halbleiter geschossen. Dotiert man auf diese Weise unmittelbar an-einander grenzende Bereiche mit Donatoren und Akzeptoren, so entsteht ein pn-Übergang, der gleichrichtende elektrische Eigenschaften hat. Der Zusammenhang zwischen Strom und Spannung an einer solchen pn-Diode ist nicht linear und hängt insbesondere vom Vorzeichen der angelegten Spannung ab. Dioden sind ein wichtiges Bauelement in elektrischen Schaltungen. Ein anderes wichtiges Bauelement sind Transistoren. Ein prominenter Vertreter ist beispielsweise der MOS-Feldeffekttransistor, der in den sechziger Jahren entwickelt wurde. MOS steht für Metal-Oxide-Semiconductor (Metall-Oxid-Halbleiter) und gibt den prinzipiellen Aufbau eines solchen Transistors an, der in Abb. 1 skizziert ist. Durch Anlegen einer beispielsweise positiven Spannung an eine dünne Metallschicht (das „M" von MOS), die auf eine dünne isolierende Oxidschicht (das „O") aufgebracht ist, werden im Halbleiter (das „S" vom englischen „semiconductor") Elektronen an die Grenzfläche zwischen Oxid und Halbleiter angezogen und bilden unter bestimmten Voraussetzungen eine dünne elektrisch leitende Schicht.

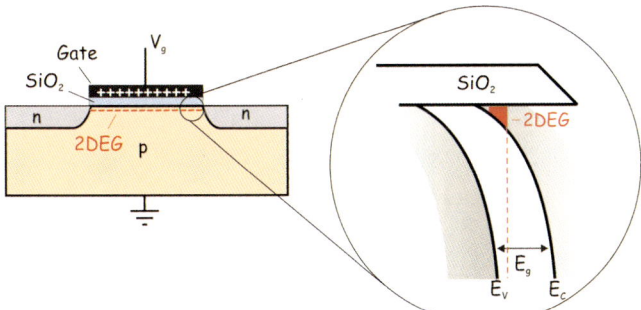

Abb. 1: Schema eines MOS-Feldeffekttransistors. Über die Gatespannung V_g kann der Widerstand zwischen den blauen Kontakten („Source" und „Drain") gesteuert werden. Bei genügend großer positiver Spannung entsteht an der Grenzfläche zwischen Silizium und SiO$_2$ ein zweidimensionales Elektronengas (2DEG). In der Vergrößerung ist nach rechts die Energie der Elektronen aufgetragen.[1] Die weißen Bereiche sind energetisch verboten; die höchstmögliche Energie, welche die Elektronen im 2DEG haben können, ist durch die rote gestrichelte Linie markiert („Fermi-Energie").

---

[1] SiO$_2$ ist Siliziumdioxid, das ist auch der Hauptbestandteil des alltäglichen Glases. In der Halbleiter-Technologie wie hier werden Schichten aus SiO$_2$ erzeugt, welche bestimmte elektrisch (halb)-leitende Teile des Chips von einander isolieren, damit er funktionieren kann.

MOS-Bauelemente sind heute in jedem Computer zu finden und ermöglichen die enormen Rechenleistungen. Bevor es dazu kam, war die Erfindung eines weiteren genialen Konzepts, das der integrierten Schaltung, notwendig. Die Idee, die unabhängig von Bob Noyce (dem Gründer der Firma Intel) und Jack Kilby (der dafür, neben Z. Alferov und H. Kroemer, den Physik-Nobelpreis des Jahres 2000 erhielt) entwickelt wurde, bestand darin, die für eine elektrische Schaltung notwendigen Bauelemente direkt auf einem einzigen Silizium-Plättchen zusammenzuschalten. Dieses Konzept, entwickelt zu einer Zeit, als die individuellen Komponenten noch keineswegs zuverlässig funktionierten und das Halbleitermaterial so teuer war, dass es nur für die eigentlichen aktiven Bereiche einer Schaltung vorgesehen war, revolutionierte die Herstellung elektronischer Schaltungen. Es erlaubte, Millionen von Transistoren, Widerständen, Dioden, Kondensatoren und Leiterbahnen auf einer vergleichsweise winzigen Fläche Silizium zu verbinden. Die immer kleiner werdenden Abmessungen der Bauelemente und die damit immer größer werdende Anzahl von Transistoren auf einem Chip begründeten den Siegeszug der Halbleiter und damit die technische Grundlage der modernen Kommunikationsgesellschaft.

2   Zweidimensionale Elektronengase

Der oben erwähnte MOS-Transistor ist ein Schlüsselbaustein bei der Realisierung elektronischer Schaltungen. Aus physikalischer Sicht bemerkenswert ist die dünne leitfähige Schicht (Abb. 1), welche Source- und Drain-Kontakt verknüpft. Unter bestimmten Bedingungen ist diese Schicht „zweidimensional".

Üblicherweise sind elektrische Leiter dreidimensional, und man kann sich den elektrischen Strom, beispielsweise in einem Stück Kupferkabel, vorstellen als den Fluss eines „Gases" aus Elektronen. Man spricht in diesem Zusammenhang von einem dreidimensionalen Elektronengas. Dreidimensional bedeutet dabei, dass die Abmessungen des Kabels in jeder Richtung deutlich größer sind als der Durchmesser eines Elektrons, und ein Elektron innerhalb des Leiters nach oben, nach unten, nach links, nach rechts, nach vorn oder nach hinten fliegen kann. In den vergangenen Jahrzehnten gelang es, Elektronen in extrem dünne leitende Schichten zu „quetschen". Diese Schichten sind nur noch etwa so dick wie der „Durchmesser" (für Experten: die Fermi-Wellenlänge) eines Elektrons. Folglich können sich die Elektronen nur noch in einer Ebene bewegen und nicht mehr im dreidimensionalen Raum. Durch diesen – im wahrsten Sinne des Wortes – Quantensprung von einem drei- zu einem zweidimensionalen Elektronengas wurde eine Reihe von revolutionären Entwicklungen in der Grundlagenforschung und der Anwendung angestoßen. Die Dimensionsreduzierung wurde zunächst vorangetrieben durch die Realisierung des oben erwähnten MOS-Feldeffekttransistors (MOS-FET). Der Quanten-Hall-Effekt, von dem noch die Rede sein wird, wurde auch zuerst an MOS-FETs gefunden.

In den letzten Jahren gewann eine andere Methode zur Herstellung niederdimensionaler Elektronensysteme – die Molekularstrahlepitaxie (MBE, Molecular Beam Epitaxy) – immer mehr an Bedeutung. Mit dieser Technik, deren Prinzip in Abb. 2a skizziert ist, ist es möglich, Halbleiterkristalle mit atomarer Präzision „maßzuschneidern". Bei der Molekularstrahlepitaxie wird durch Verdampfen der Ausgangsmaterialien wie zum Beispiel Gallium und Arsen, in einer Art Miniaturofen (Effusionszelle) das Halbleitermaterial GaAs (Galliumarsenid) Atom für Atom auf einem der Effusionszelle gegenüberliegendem GaAs-Substrat abgeschieden.

Wird zusätzlich Aluminium verdampft, so entsteht AlGaAs (Aluminiumgalliumarsenid), ein Halbleiter, der im Vergleich zu GaAs eine größere Energielücke besitzt, dessen Atome aber die gleiche Kristallstruktur mit den gleichen Abständen der einzelnen Atome aufweist. Die mit einem höchstauflösenden Transmissionselektronenmikroskop aufgenommene Aufnahme in Abb. 2b zeigt, wie perfekt unterschiedliche Halbleitermaterialien mit der MBE-Technik aufeinander abgeschieden werden können und einen einzigen Einkristall bilden. Die Technik der Molekularstrahlepitaxie ermöglicht die Herstellung exotischer, in der Natur nicht vorkommender Materialien; deren elektrische und optische Eigenschaften werden durch die Folge der aufgebrachten Halbleiterschichten bestimmt. Laser aus solchen Halbleiterschichtsystemen, die beispielsweise in CD-Spielern zum Einsatz kommen, oder Höchstfrequenzverstärker für Satellitenkommunikation und Mobiltelefone mit besonders niedrigem Rauschen sind Beispiele für das Potenzial dieser Methode. Der Einsatz solcher Halbleiter-Heterostrukturen, die aus unterschiedlichen Halbleitermaterialien zusammengesetzt sind, wurde übrigens unabhängig von Z. Alferov und H. Kroemer zu einer Zeit vorgeschlagen, als noch keine Möglichkeit bestand, dies experimentell zu realisieren. Beiden wurde, neben dem bereits erwähnten Jack Kilby, für ihre zum damaligen Zeitpunkt visionären Konzepte der Nobelpreis des Jahres 2000 verliehen.

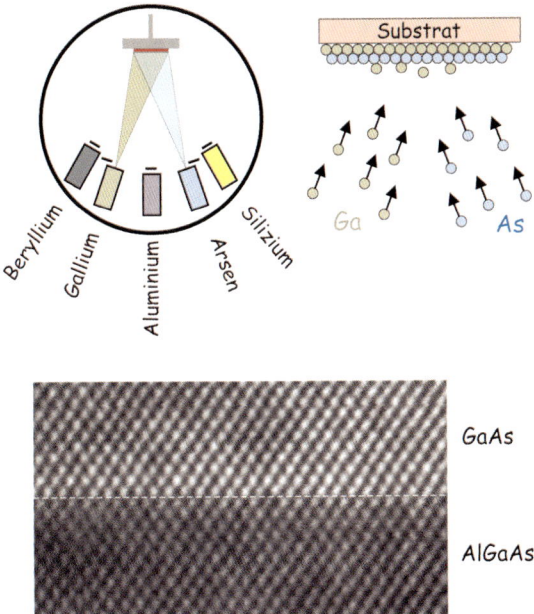

Abb. 2: Im oberen Teilbild ist das Prinzip der Molekularstrahlepitaxie skizziert. Links ist schematisch die Wachstumskammer gezeigt, in der gerade die Gallium- und Arsen-Effusionszellen geöffnet sind. Die rechte Seite illustriert das atomlagenweise Wachstum der kristallinen Schichten. Das untere Teilbild zeigt eine GaAs-AlGaAs-Grenzfläche (Galliumarsenid-Aluminiumgalliumarsenid) mit atomarer Auflösung. Die Punkte entsprechen den individuellen Atomen im GaAs und AlGaAs. Die Aufnahme wurde mit einem höchstauflösenden Transmissionselektronenmikroskop (TEM) gemacht und zeigt klar, dass die periodische Anordnung der Atome beim Übergang vom einen zum anderen Material nicht gestört ist (TEM-Aufnahme: J. Raabe, Universität Regensburg; GaAs-AlGaAs-Heterostruktur hergestellt von W. Wegscheider, Universität Regensburg).

Durch eine geeignete Folge von unterschiedlichen Halbleiterschichten kann auch erreicht werden, dass ein Elektronengas in einer Ebene eingesperrt wird. Für die Elektronen an der Grenzfläche zwischen GaAs und AlGaAs entsteht dann die gleiche Situation wie für die E-lektronen an der Si-SiO$_2$-Grenzfläche. Der prinzipielle Aufbau einer Halbleiter-Heterostruktur, die ein zweidimensionales Elektronengas enthält, ist in Abb. 3a gezeigt. Durch die unterschiedlichen Energielücken E_g der Halbleiter GaAs und AlGaAs entsteht an der Grenzfläche zwischen den beiden Materialien ein Versatz in Leitungs- und Valenzband. Das n-dotierte AlGaAs gibt aus seinem energetisch höher gelegenen Leitungsband Elektronen ins GaAs ab. Dadurch entsteht ein elektrisches Feld an der Grenzfläche und führt zu der Ver-biegung von Leitungs- und Valenzband im Bereich der Grenzfläche. Die Elektronen werden in dem dreiecksförmigen Potenzialtopf an der Grenzfläche eingefangen und formen das zwei-dimensionale Elektronengas. In diesem können sich die Elektronen auf Grund der (Potenzial)-Wände nicht mehr nach oben oder unten (bezogen auf eine Ebene in der GaAs-AlGaAs-Grenzfläche), sondern nur noch nach links und rechts, nach hinten und nach vorne bewegen.

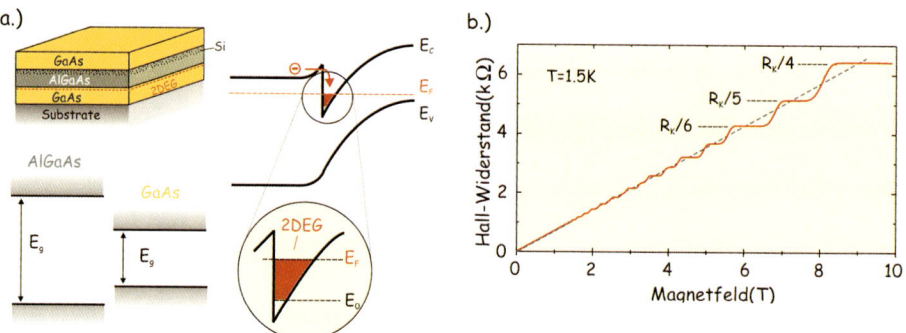

Abb. 3: Das Teilbild a) zeigt den Aufbau einer GaAs-AlGaAs-Heterostruktur. Die Silizium-Atome in der Al-GaAs-Schicht wirken als Donatoren und liefern die Elektronen für das zweidimensionale Elektronengas. Die Abbildung illustriert, wie die beiden Halbleiter GaAs und AlGaAs ein zweidimensionales Elektronengas (2DEG) bilden, wenn sie zusammengesetzt werden. Das Teilbild b) zeigt die Messung des Quanten-Hall-Effekts an einer Indiumarsenid-Heterostruktur: Klar sind die quantisierten Stufen im Hall-Widerstand zu sehen (Messung: J. Eroms, Universität Regensburg)

Bei extrem tiefen Temperaturen hat ein solches zweidimensionales Elektronengas einen sehr kleinen elektrischen Widerstand. Dies liegt daran, dass die Schwingungen der Atome des Kristallverbands, an denen die Elektronen gestreut werden, bei tiefen Temperaturen „einfrie-ren". Zudem ist die Grenzfläche zwischen der GaAs- und AlGaAs-Schicht, an der sich das Elektronengas befindet, im Gegensatz zur Si-SiO$_2$-Grenzfläche, so perfekt, dass die Elektro-nen im freien Flug über eine Strecke von bis zu einem zehntel Millimeter fliegen können, ohne auf ein Hindernis zu stoßen und gestreut zu werden. Zweidimensionale Elektronensys-teme mit so ungewöhnlichen Eigenschaften waren die Grundlage für viele neue Entdeckun-gen. Messungen des Widerstands eines zweidimensionalen Elektronengases bei Temperaturen nahe am absoluten Nullpunkt und in Magnetfeldern, die typischerweise 200 000-mal stärker waren als das Erdmagnetfeld, haben in der Vergangenheit zur Beobachtung von grundlegen-den Effekten wie dem Quanten-Hall-Effekt durch Klaus von Klitzing (Nobelpreis 1985) oder dem gebrochenzahligen Quanten-Hall-Effekt durch Horst Störmer (Nobelpreis 1998) geführt.

Der klassische Hall-Effekt besagt, dass ein Magnetfeld, das senkrecht zu einem elektrischen Leiter angelegt wird, eine Spannung verursacht, die man senkrecht zur Richtung des Stroms messen kann. Ursache für diese Spannung ist die Ablenkung von bewegten elektrischen Ladungen in einem Magnetfeld – die Elektronen bewegen sich, wenn sie nicht gestreut werden, auf Kreisbahnen um die Richtung des angelegten Magnetfelds. Diese Hall-Spannung wächst üblicherweise proportional zur Stärke des angelegten Magnetfelds an. Bei tiefen Temperaturen, bei denen „Zusammenstöße" der Elektronen mit Schwingungen des Gitters (Phononen) unterdrückt werden, und in starken Magnetfeldern beobachtete Klaus von Klitzing 1980 im Hochfeld Magnetlabor in Grenoble ausgeprägte Stufen im Hall-Widerstand (Verhältnis aus Hall-Spannung und Strom), die sehr genau bei ganzzahligen Bruchteilen einer Konstante $R_K = 25812{,}80700\ \Omega$, auftraten. Die Konstante R_K heißt heute Klitzing-Konstante. Abb. 3b zeigt den Quanten-Hall-Effekt, gemessen in einer InAs-Heterostruktur: Die Stufen bei $R_K/4$, $R_K/5$ und $R_K/6$ sind deutlich ausgeprägt. Die Genauigkeit, mit der die Widerstandswerte, bei denen die Plateaus auftreten, reproduziert werden können, haben dazu geführt, dass die Klitzing-Konstante inzwischen als Standard für den elektrischen Widerstand festgelegt worden ist und von den Eichämtern weltweit benutzt wird. Das Auftreten der Stufen hat zum einen damit zu tun, dass die Kreisbewegung der Elektronen im Magnetfeld quantisiert ist, die Kreisradien also nur diskrete Werte annehmen können, zum anderen mit der Existenz von Unordnung im zweidimensionalen Elektronensystem. An einer detaillierten Erklärung, was zu den Stufen im Widerstand führt und deren extrem genauen, quantisierten Wert beschreibt, wird noch immer weltweit gearbeitet.

Während der gebrochenzahlige (oder fraktionale) Quanten-Hall-Effekt phänomenologisch dem Quanten-Hall-Effekt sehr ähnlich ist – die Stufen treten nicht bei ganzzahligen, sondern bei gebrochenzahligen Bruchteilen der Klitzing-Konstante auf – ist die Ursache eine gänzlich andere und auf die kollektiven Eigenschaften der Elektronen zurückzuführen. Die negative Elementarladung der Elektronen bewirkt deren gegenseitige Abstoßung. Alle 10^{11} bis 10^{12} Elektronen, die sich beispielsweise auf einem Quadratzentimeter eines zweidimensionalen Elektronensystems befinden, stehen über diese Wechselwirkung miteinander in Verbindung. Die Ursache für den gebrochenzahligen Quanten-Hall-Effekt, der von Störmer und Mitarbeitern 1982 entdeckt wurde, sind auf Korrelationen zwischen den Elektronen zurückzuführen, die allerdings erst bei hohen Magnetfeldern sichtbar werden.

3 Von 2D zu 0D und zwischen 2D und 1D

Möglich wurde die Beobachtung der Quanten-Hall-Effekte letztlich dadurch, dass ein Elektronengas in eine Ebene „gequetscht" werden konnte. Für die Experimente im Bereich des gebrochenzahligen Quanten-Hall-Effekts werden heute sehr reine zweidimensionale Elektronengase hergestellt, in denen sich die Elektronen bei tiefen Temperaturen über fast einen Millimeter frei bewegen können, ohne an Fremdatomen oder anderen Störungen des Kristallgitters zu streuen.

Ausgehend von zweidimensionalen Elektronensystemen, wurde in den vergangenen Jahren die Dimension weiter reduziert. Mithilfe von metallischen Gates – ähnlich denen, die beim MOS-FET verwendet werden – kann das darunter liegende Elektronengas durch Anlegen einer negativen Spannung verarmt werden. Dadurch werden Bereiche definiert, in denen sich keine freien Elektronen mehr befinden. Mithilfe von hoch auflösenden Lithographietechniken (zum Beispiel Elektronenstrahllithographie, siehe unten) kann ein enger Kanal so definiert werden, dass der Durchmesser der Elektronen (Fermi-Wellenlänge) vergleichbar mit der Kanalbreite wird. Die Elektronenbewegung ist nun in zwei Richtungen eingeschränkt und nur noch in einer Richtung frei möglich. Mit modernsten Methoden der Lithographie können heute Strukturen mit Abmessungen von etwa zehn Nanometern (10 Nanometer = 10 nm = 1 Millionstel Zentimeter) hergestellt werden.

In einem eindimensionalen Elektronengas ist der Widerstand auch ohne externes Magnetfeld quantisiert – auch hier treten die Stufen bei ganzzahligen Bruchteilen der Klitzing-Konstanten auf. Eindimensionale Elektronensysteme können auch mittels Molekularstrahlepitaxie hergestellt werden. Dazu ist es nötig, ein Plättchen einer Heterostruktur, die zum Beispiel eine dünne GaAs-Schicht enthält, in der Wachstumskammer zu spalten und an der entstehenden Spaltkante wieder mit MBE Atomlage für Atomlage aufzuwachsen. Bei geeignetem Design entsteht an der Schnittlinie der GaAs-Schicht und der atomar glatten Bruchkante ein eindimensionaler Quantendraht von atomarer Präzision.

Der Schritt von eindimensionalen Elektronensystemen zu Quantenpunkten, in denen Elektronen in allen drei Raumrichtungen auf der Längenskala der Fermi-Wellenlänge eingeschlossen sind, führt ebenfalls zu neuen Effekten. Ein Beispiel hierfür sind die sog. Coulomb-Blockade-Oszillationen. Legt man über den Quantenpunkt, der über teilweise durchlässige Potenzialbarrieren an die Zuleitungen angekoppelt ist, eine kleine Spannung an, so fließt nur dann ein Strom, wenn über eine Gateelektrode das elektrische Potenzial im Quantenpunkt verändert und die Ladungsenergie so weit abgesenkt wird, dass ein weiteres Elektron auf die winzige Insel hüpfen kann. Nur bei bestimmten Gatespannungswerten kann deshalb ein Strom fließen, und der Strom weist als Funktion der angelegten Gatespannung Spitzen auf. Zwischen den Spitzen verschwindet die Leitfähigkeit (Coulomb-Blockade). Vor und nach dieser Spitze unterscheidet sich die Zahl der Elektronen auf dem Quantenpunkt gerade um eins. Ein Schaltvorgang kann also mit nur einem Elektron bewirkt werden, und man spricht in diesem Zusammenhang auch von Einzelelektronentransistoren.

In meiner Arbeitsgruppe stehen Untersuchungen an modulierten zweidimensionalen Elektronensystemen im Vordergrund. Moduliert bedeutet, dass die Elektronendichte in der Ebene des zweidimensionalen Elektronengases periodisch variiert. Die Periode dieser Modulation ist sehr klein und bewegt sich zwischen zwei und zwanzig Fermi-Wellenlängen in GaAs (100 bis 1000 nm). Man kann von Systemen sprechen, deren Dimension zwischen 1D und 2D angesiedelt ist. Geht man insbesondere zu sehr kleinen Perioden im Bereich einer Fermi-Wellenlänge, so sollte die Dichtemodulation wieder zur Ausbildung einer künstlichen Bandstruktur führen. Damit wäre eine Möglichkeit geschaffen, künstliche Materialien mit maßgeschneiderten elektronischen Eigenschaften herzustellen.

Um dies in die experimentelle Realität umzusetzen, spielten die in den letzten Jahren immer raffinierter gewordenen Techniken zur Strukturierung eine zentrale Rolle. Ein periodisches Potenzial kann einem zweidimensionalen Elektronengas beispielsweise dadurch aufgeprägt werden, dass die Halbleiter-Heterostruktur (und damit die leitende Elektronenschicht) periodisch durchlöchert wird oder mit einem nanostrukturierten Metallgate, einem Nagelbrett gleich, versehen wird. Bei der Elektronenstrahllithographie wird mit einem sehr stark fokussierten Elektronenstrahl (Strahldurchmesser kleiner als zehn Nanometer) die gewünschte Struktur (in unserem Fall eine periodische Anordnung von Löchern) in eine dünne Plastikschicht geschrieben, die auf die Halbleiteroberfläche aufgebracht wird. Nach einem Bad in einer geeigneten Entwicklerlösung werden die beschriebenen Bereiche entfernt und die Halbleiteroberflächen an den entsprechenden Stellen freigelegt. Mithilfe eines Ionenstrahlätzers – beschleunigte Ionen eines reaktiven Gases werden hierbei auf die Oberfläche geschossen – können die Löcher durch die Halbleiterschichten gebohrt werden. Man bezeichnet eine solche Anordnung von periodisch angeordneten Löchern, die das zweidimensionale Elektronensystem perforieren, als Antidotgitter (zu engl. dot „Punkt"). Alternativ kann ein Metallfilm auf die durchlöcherte Lackschicht aufgedampft werden. Legt man eine Gatespannung an ein solches Gate an, so wird die Ladungsträgerdichte besonders stark in den Bereichen beeinflusst, an denen die Metallpfosten den Halbleiter berühren. Systeme mit einer periodischen Dichtemodulation des zweidimensionalen Elektronengases werden auch als laterale Übergitter bezeichnet.

Experimente an dichtemodulierten zweidimensionalen Elektronensystemen führten zur Entdeckung von sog. Kommensurabilitätseffekten (lat. kommensurabel „von gemeinsamem Maß"); erst in jüngster Zeit gelang der Nachweis einer künstlichen Bandstruktur in Experimenten an lateralen Übergittern mit Gitterperioden im 100-nm-Bereich. Von Kommensurabilitätseffekten spricht man, wenn beispielsweise zwei miteinander konkurrierende Längen für die beobachteten Phänomene verantwortlich sind. Im Falle von lateralen Übergittern, an denen der Widerstand als Funktion eines angelegten senkrechten Magnetfelds gemessen wird, sind diese konkurrierenden Längen der Radius R_C der Zyklotronbahn der Elektronen im Magnetfeld und die Periode a der Dichtemodulation. Dies führt zu charakteristischen Oszillationen im Widerstand, die erstmals 1988 von mir und meinen Mitarbeitern beobachtet wurden.

In Antidotgittern gilt es zudem zu berücksichtigen, dass die klassische Elektronenbewegung zwischen den Löchern chaotisch erfolgt. Die Elektronen verhalten sich ähnlich wie die Kugeln in einem Flipperautomaten. Antidotgitter stellen somit eines der wenigen Systeme dar, in denen klassische chaotische Dynamik und deren Konsequenzen für das quantenmechanische Energiespektrum („Quantenchaos") im Festkörper untersucht werden können.

4   Ferromagnet-Halbleiter-Nanostrukturen

Der Weg vom „Elektronenflipper", in dem die klassische Bewegung der Elektronen den Widerstand festlegt, bis hin zu künstlichen Kristallen, in denen die elektronischen Eigenschaften von der quantenmechanischen Bandstruktur bestimmt werden, machte einen Großteil unserer Untersuchungen in den letzten Jahren aus.

In all diesen Experimenten wurde dem zweidimensionalen Elektronengas ein periodisches Potenzial aufgeprägt. Alternativ sollte aber auch ein in der Ebene des Elektronengases periodisches Magnetfeld die Bewegung der Elektronen in charakteristischer Weise prägen. Das periodische Magnetfeld kann durch winzige „Stabmagnete" erzeugt werden, die ebenfalls mittels Elektronenstrahllithographie auf die Halbleiteroberfläche aufgebracht werden. Ein Bild einer periodischen Anordnung von „Stabmagneten", aufgenommen mit einem Rasterelektronenmikroskop, auf einer GaAs-AlGaAs-Heterostruktur ist in Abb. 4a zu sehen. In diesem Falle wurden die winzigen Säulen mit der Elektronenstrahllithographie und anschließender elektrolytischer Abscheidung („Galvanisieren") hergestellt. Im magnetisierten Zustand ist jeder Stabmagnet von einem Magnetfeld umgeben, das vom Nordpol an einem „Stabende" zum Südpol am anderen Ende verläuft. Die von verschiedenen Magneten stammenden Felder addieren sich in der Ebene des zweidimensionalen Elektronengases zu einem lateralen periodischen Magnetfeld, unter dessen Einfluss sich die Elektronen bewegen.

Auch in diesem System beobachteten wir einen deutlichen Effekt des periodischen Streufelds. So oszilliert in Abb. 4b der Widerstand, gemessen bei tiefen Temperaturen, als Funktion eines zusätzlich angelegten Magnetfelds, und Minima tauchen im Widerstand immer dann auf, wenn der Zyklotronradius R_C der Elektronen (der durch das äußere, wesentlich stärkere Magnetfeld bestimmt wird) einem bestimmten Vielfachen der Periode a der Magnetfeldmodulation entspricht: $2R_C = a\,(\lambda + 1/4)$, wobei $\lambda = 1, 2, 3 \ldots$ ist. Diese Oszillationen spiegeln wiederum das Wechselspiel der charakteristischen Längen des Systems – Zyklotronradius und Periode der Modulation – wider.

a.)

b.)

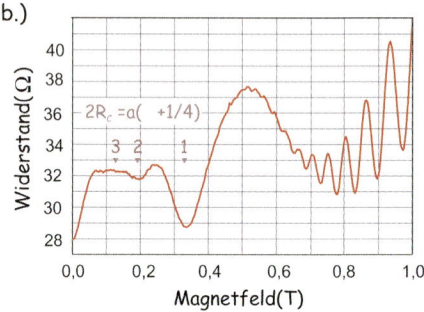

Abb. 4: Das Teilbild a) zeigt periodisch angeordnete „Nanomagnete" auf einer GaAs-Heterostruktur. Die Magnete aus Nickel erzeugen in der Ebene des zweidimensionales Elektronengases ein periodisches Magnetfeld. Der oszillierende Widerstand, der bei tiefen Temperaturen an einem solchermaßen magnetisch modulierten 2D-Elektronengas gemessen wird, ist im Teilbild b) gezeigt. Die Oszillationen, die bei höheren Magnetfeldern erscheinen, heißen Shubnikov-de-Haas-Oszillationen und stehen in engen Zusammenhang mit dem Quanten-Hall-Effekt. Die Oszillationen bei kleineren Feldern sind die Kommensurabilitätsoszillationen, die aufgrund des periodischen Magnetfelds auftreten (Herstellung, Aufnahme und Messung: W. Breuer, Universität Regensburg).

Das hier beschriebene System ist ein Beispiel für die Kombination unterschiedlicher Materialklassen, in diesem Fall von Halbleitern mit ferromagnetischen Metallen. Während wir im obigen Experiment nur das Streufeld der Nanomagnete nutzten, um die Elektronenbewegung zu beeinflussen, wird gegenwärtig intensiv versucht, die Eigenschaften von Halbleitern und Ferromagneten in weit stärkerem Maße zu verknüpfen. Die ferromagnetischen Eigenschaften beispielsweise des Eisens sind im Wesentlichen auf den Spin der Elektronen im Eisen zurückzuführen. Der Spin kann eigentlich nur im Rahmen der Quantenmechanik verstanden werden, wird aber oft als interne Rotation des Elektrons um seine eigene Achse betrachtet. Dieser Eigendrehimpuls ist mit einem winzigen magnetischen Moment verbunden. In einem Magnetfeld hat der Spin nur zwei Einstellmöglichkeiten: parallel oder antiparallel zum angelegten Magnetfeld. In einem ferromagnetischen Material sind die Spins auch ohne äußeres Feld – zumindest über kleine Bereiche – parallel ausgerichtet und erzeugen ein Magnetfeld. Magnetische Materialien werden bevorzugt als Informationsspeicher verwendet, da über die Richtung der Magnetisierung Information gespeichert werden kann. Ein Beispiel hierfür sind Festplatten in Computern, auf denen die Information über die Magnetisierungsrichtung winziger ferromagnetischer Bereiche auf der Platte codiert ist. Integrierte Schaltungen können auf der anderen Seite schnelle Rechenoperation durchführen, sind aber zumindest im ausgeschalteten Zustand für die Datenspeicherung nur bedingt geeignet. Darüber hinaus wird der Spin der Elektronen, der in Halbleitern trotz Streuung der Elektronen über lange Strecken erhalten bleibt, gegenwärtig noch nicht genutzt. In bisherigen elektronischen Bauelementen wird ausschließlich die elektrische Ladung funktionell eingesetzt. Durch die Verschmelzung beider Welten, die unter dem Begriff „Spintronik" derzeit betrieben wird, erhofft man sich, ein neues Kapitel technologischer Innovation aufschlagen zu können.

Gegenwärtig wird beispielsweise versucht, Halbleiter bei Raumtemperatur ferromagnetisch „werden zu lassen". Es wird versucht Materialien mit einer hohen Spinpolarisation (beispielsweise ferromagnetische Metalle) epitaktisch auf Halbleiter abzuscheiden, um spinpolarisierte Elektronen (Elektronen, deren magnetisches Moment in die gleiche Richtung zeigt) in den Halbleiter zu injizieren, oder es werden Grenzflächen gesucht, an denen ein spinabhängiger Widerstand auftritt. Es ist derzeit noch offen, wohin die Reise in Sachen Anwendung gehen wird – ein visionäres Ziel ist beispielsweise die Realisierung von Quanten-Computern unter Ausnutzung des Spins. Allerdings ist absehbar, dass mit der Verbesserung der Materialbasis und mit einem besseren Verständnis der Eigenschaften von Hybridstrukturen, welche die Eigenschaften zweier oder mehrere Materialklassen in sich vereinen, grundlegend neue physikalische Phänomene in Erscheinung treten werden.

Der Autor

Dieter Weiss
Institut für Angewandte und Experimentelle Physik, Universität Regensburg

Dieter Weiss, geb. 1955 in Günzburg, studierte Physik in Ulm und München. Als wissenschaftlicher Mitarbeiter arbeitete er am Max-Planck-Institut für Festkörperforschung in Stuttgart und bei Bell Communication Research in Redbank, NJ. Seit 1995 ist er Professor für Experimentelle Physik an der Universität Regensburg. Auf seinen Hauptarbeitsgebieten, dem elektrischen Transport in niederdimensionalen Elektronensystemen und Nanostrukturen und den Eigenschaften von Ferromagnet-Halbleiter-Nanostrukturen, veröffentlichte er über 100 Artikel und Beiträge in wissenschaftlichen Zeitschriften und Sammelbänden.

Literatur

[1] P. Y. Yu, M. Cardona: *Fundamentals of Semiconductors.* Springer, Berlin (1996)
[2] H. Beneking: *Halbleitertechnologie.* Teubner, Stuttgart (1991)
[3] H. Queisser: *Kristallene Krisen.* Piper, München (1987)
[4] T. Chakraborty, P. Pietiläinen: *The Quantum Hall Effects.* Springer, Berlin (1995)
[5] K. von Klitzing: *Physics and Application of the Quantum Hall Effect*, Physica B **204**, 111 (1995)
[6] J. H. Davies: *The Physics of Low-Dimensional Semiconductors.* Cambridge University Press, Cambridge (1998)
[7] D. Weiss: *Elektronen in künstlichen Kristallen* (Reihe Physik, Bd. 24). Verlag Harri Deutsch, Thun und Frankfurt a. M. (1994)
[8] *Take a spin…,* New Scientist **157**, 24 (1998)

Interessante Links

http://www.kva.se
http://www.physik.uni-regensburg.de/forschung/weiss

Vom Kompass zum Datenspeicher: Magnetoelektronik

Peter Grünberg und Daniel E. Bürgler

1 Einleitung

Seit seiner Entdeckung vor mehr als 4000 Jahren hat der Magnetismus die Menschen fasziniert. Trotzdem blieb bis in die Neuzeit der Kompass die einzige wirklich wichtige Anwendung. Magnete in elektrischen Motoren und Generatoren erwiesen sich dann aber als entscheidend für die technische Revolution am Ende des neunzehnten Jahrhunderts. Heute verfügen wir über eine Vielzahl magnetischer Materialien, die aus der Technik nicht mehr wegzudenken sind.

Unverzichtbar sind magnetische Datenspeicher für Computer geworden. Bei den ersten elektronischen Rechenanlagen wurden Systeme mit magnetisierbaren Ringkernen zur Speicherung von Daten benutzt. In den 1950er-Jahren kam die Idee auf, diese durch scheibenförmige Elemente aus dünnen magnetischen Filmen zu ersetzen. Wenngleich diese Bemühungen – unter anderem durch das Aufkommen der Halbleiterspeicher (Dynamic Random Access Memories, DRAMs) – zunächst scheiterten, hatten sie dennoch einen äußerst stimulierenden Effekt auf die Erforschung der speziellen Eigenschaften dünner magnetischer Filme und Schichtsysteme. Bei der Datenspeicherung mit hoher Aufzeichnungsdichte, wie zum Beispiel in Festplattenlaufwerken, haben sie inzwischen andere Materialien, wie etwa „partikuläre Medien" (CrO_2), völlig verdrängt und werden auch für verschiedenste Anwendungen in der Magnetfeldsensorik verwendet. Wie wir am Schluss dieses Artikels sehen werden, gibt es sogar Ansätze, einen Teil des an die DRAMs verloren gegangenen Gebietes zurückzugewinnen. Aus der Erforschung der Eigenschaften magnetischer Schichtsysteme hat sich darüber hinaus als neues Gebiet die „Magnetoelektronik" entwickelt.

Verstehen wir im Rahmen der Festkörperphysik unter Elektronik alle Einflüsse, die sich auf die Bewegung von Elektronen auswirken, so beschreibt die Magnetoelektronik den speziellen Einfluss des Magnetismus oder eines angelegten Magnetfeldes. So ist bereits seit Sir William Thompson (1824–1907), dem späteren Lord Kelvin, bekannt, dass im massivem magnetischem Material die elektrischen Widerstände für Ströme, die parallel und senkrecht zur Magnetisierung fließen, leicht unterschiedlich sind. Obwohl dieser Unterschied bei Zimmertemperatur maximal nur etwa 3 % ausmacht, ist er, wie in Abschnitt 5 noch eingehender erläutert wird, groß genug für Anwendungen. In magnetischen Schichtsystemen kommen hierzu noch alle Einflüsse, die auf die Existenz von Grenzflächen und Oberflächen zurückzuführen sind. Sie verursachen neuartige magnetische Kopplungen und Effekte auf das elektrische Widerstandsverhalten. Hierzu gehört die Zwischenschichtaustauschkopplung, der Riesenmagnetowiderstandseffekt (engl. „Giant Magneto-Resistance", GMR) und der Tunnelmagnetowiderstandseffekt (engl. „Tunnel Magneto-Resistance", TMR). Alle diese Effekte basieren darauf, dass sich Elektronen auf Grund ihres magnetischen Moments, dem sog. Spin, unter dem Einfluss von Magnetismus verschieden verhalten, je nachdem, ob der Spin parallel oder antiparallel zur Magnetisierung steht.

Es hat sich herausgestellt, dass diese Spinabhängigkeit des elektronischen Verhaltens an O-berflächen und Grenzflächen besonders ausgeprägt ist. Insbesondere tritt hier neben der auch im Volumen vorhandenen Spinabhängigkeit der Streuung auch noch eine Spinabhängigkeit der Reflexion bzw. Transmission auf. Gerade Schichtsysteme sind also für die Magnetoelektronik besonders interessant, und dies hat dann auch dazu geführt, dass sich mit der Entwicklung der begleitenden, präparativen Aspekte ein neues Gebiet der Materialforschung entwickelt hat. Magnetische Eigenschaften und die hier zur Diskussion stehenden magnetoelektronischen Effekte kann man nämlich auch als Kriterien für die Schichtqualität heranziehen, und auf diese Weise sehr viel über geeignete Präparationsmethoden lernen. Insbesondere die Zwischenschichtkopplung zeigt eine sehr starke Abhängigkeit von der Qualität des Wachstums und kann zu seiner Charakterisierung eingesetzt werden.

Magnetoelektronik in magnetischen Schichtsystemen ist also durch eine sehr reizvolle Symbiose von Magnetismus, Festkörperphysik und Materialwissenschaften gekennzeichnet [1]. In diesem Artikel sollen die wichtigsten Effekte und ihre physikalischen Ursachen beschrieben werden. Dies soll qualitativ und in möglichst anschaulicher Weise geschehen. Wo dies nicht möglichst ist, wird auf Analogien zurückgegriffen. Wie im Titel bereits angedeutet, besteht das Hauptanwendungsgebiet der Magnetoelektronik in Sensoren, die man für moderne Kompasse aber auch für Festplattenlaufwerke verwenden kann. Weitere Anwendungen werden am Schluss dieses Beitrages beschrieben.

2   Oberflächen- und Grenzflächenanisotropien

Unter Anisotropie versteht man allgemein Richtungsabhängigkeit. Im Magnetismus bezieht sie sich auf die Richtung der Magnetisierung, speziell darauf, dass sich die Magnetisierung in Abhängigkeit etwa von der Geometrie oder der Kristallstruktur einer Probe vorzugsweise in gewisse Richtungen einstellt. Bei einem Draht liegt die Magnetisierung zum Beispiel vorzugsweise in Richtung der Drahtachse, bei einer dünnen Platte oder einem Film in der Platten- bzw. Filmebene. Man nennt dies Formanisotropie. Sie kann damit begründet werden, dass in diesen Konfigurationen am wenigsten Streufeld im Außenraum der Probe erzeugt wird, was energetisch am günstigsten ist. Die Ausbildung von magnetischen Domänen hat die gleiche Ursache, da hierdurch der magnetische Fluß in der Probe geschlossen wird und weniger Fluss in den Außenraum dringt.

Überraschend ist daher, dass sich in dünnsten ferromagnetischen Filmen von nur wenigen Atomlagen Dicke die Magnetisierung in vielen Fällen spontan senkrecht zur Filmebene ausrichtet [2]. Allerdings auch nicht immer, es besteht eine Materialabhängigkeit. Besonders stark ist diese Anisotropie beispielsweise in einer Schichtung aus Kobalt (Co) und Palladium (Pd). Hier führt sie dazu, dass Co-Schichten zwischen Pd bis zu Dicken von etwa 0,8 Nanometern (nm) spontan senkrecht zur Filmebene magnetisiert bleiben. Bei noch größeren Co-Dicken ist der relative Einfluss der Grenzfläche genügend stark reduziert, sodass die Schichten – der Formanisotropie gehorchend – wieder in der Filmebene magnetisiert sind. Wir können hier aus Platzgründen auf diesen Effekt, der noch nicht in allen Details aufgeklärt ist, nicht weiter eingehen.

Ganz anderer Art ist dagegen die Austauschanisotropie, die an der Grenzfläche zwischen einem ferromagnetischen und einem antiferromagnetischen Material entstehen kann. Ebenso gebräuchlich sind die Begriffe „exchange bias" oder „magnetic bias". Sie beschreiben den

Effekt als „magnetische Vorspannung", die eine Magnetisierungsrichtung des ferromagneti-schen Materials gegenüber der Gegenrichtung bevorzugt [3]. Exchange-Bias hat die gleiche Wirkung wie ein Feld H_{eb}, das immer in der gleichen Richtung zeigend von der Grenzfläche her auf das ferromagnetische Material einwirkt und einem etwaigen äußeren Feld überlagert ist. Die Hysteresekurve des ferromagnetischen Films ist dann um einen Betrag H_{eb} auf der Feldachse verschoben, wie in Abb. 1 unten dargestellt.

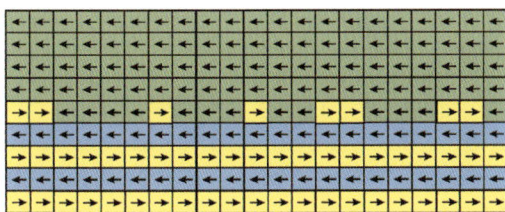

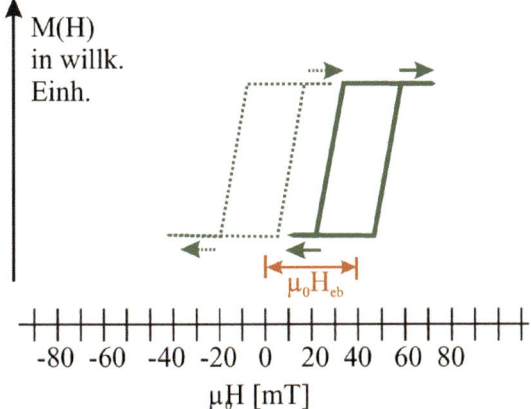

Abb. 1: Ursache und Wirkung des „Exchange-Bias-Effektes". An der Grenzfläche zwischen einem Antiferro-magneten und einem Ferromagneten kann der Antiferromagnet durch Grenzflächenrauigkeit unkompensierte Momente aufweisen, die stark an den Antiferromagneten gekoppelt sind und damit nicht auf ein äußeres Feld reagieren. Ihre Wirkung auf den Ferromagneten kann durch ein „Feld" H_{eb} beschrieben werden, das die Hystere-sekurve des Ferromagneten verschiebt.

Zum Verständnis des Exchange-Bias-Effekts betrachten wir die Verhältnisse an der ferro-/antiferromagnetischen Grenzfläche (Abb. 1 oben) etwas genauer. Antiferromagnetische Mate-rialien sind dadurch gekennzeichnet, dass die atomaren magnetischen Momente – ebenso wie im Ferromagneten – statisch ausgerichtet sind, aber dass im Volumen ebenso viele Momente in eine Richtung wie in die Gegenrichtung zeigen, sodass das Gesamtmoment verschwindet. In Abb. 1 oben sind die beiden Richtungen farblich gekennzeichnet (blau und lila). Antifer-romag-nete reagieren daher nicht auf äußere Felder, bzw. erst falls diese so stark sind, dass sie die antiferromagnetische Struktur aufbrechen.

An Oberflächen und Grenzflächen kann es nun vorkommen, dass zum Beispiel als Folge von Rauigkeit eine Ausrichtung überwiegt. Zählt beispielsweise in Abb. 1 ab, wie viele Mo-mente an der ferro-/antiferromagnetischen Grenzfläche in die eine Richtung (8 blaue nach rechts) und in die andere (13 lila nach links) zeigen, so ergibt sich ein Übergewicht von $13 - 8 = 5$ der nach links Zeigenden. Auch diese unkompensierten Momente sind Teil des

Antiferromagneten und reagieren – wenn überhaupt – nur schwach auf ein äußeres Feld. Befindet sich jenseits der Grenzfläche ein Ferromagnet, so können die unkompensierten Momente an diejenigen im Ferromagneten koppeln und wirken dann auf ihn wie ein Feld H_{eb}, das in Abb. 1 nach links gerichtet ist. H_{eb} muss vom äußeren Feld H überwunden werden, bevor die Probe ummagnetisiert. Daher ist die Hysterese in diesem Beispiel nach rechts verschoben wenn man die Magnetisierung gegen das äußere Feld aufträgt (Abb. 1 unten).

Die magnetische Kopplung, die dem Effekt zugrunde liegt, kommt durch die „Austauschwechselwirkung" (engl. „Exchange Interaction") zustande, daher der Begriff „Exchange-Bias". Die gängigen magnetischen Ordnungen – Ferromagnetismus in Fe, Co, Ni und Antiferromagnetismus in MnFe, NiO – kommen auch durch diese Austauschwechselwirkung zustande.[1] Sie beruht auf einem quantenmechanischen Effekt, der durch das Zusammenspiel von Pauli-Prinzip und der elektrischen Abstoßung zwischen den Elektronen erklärt werden kann. Das Pauli-Prinzip besagt dabei, dass nie zwei Elektronen in all ihren Eigenschaften, wie Spinausrichtung, Geschwindigkeit, Ort übereinstimmen dürfen. Man kann zeigen, dass unter diesen Umständen für gewisse Materialien bei genügend tiefen Temperaturen eine statische Ausrichtung der Magnetisierung energetisch günstig ist. Bei den Elementen Fe, Co und Ni führt dies zu Ferromagnetismus und bei Cr (Chrom) und Mn zu Antiferromagnetismus. Exchange Bias kommt durch die Austauschwechselwirkung an der Grenzfläche zwischen Ferro- und Antiferromagnet zustande.

Wie man sich leicht vorstellen kann sind die Verhältnisse an einer ferro-/antiferromagnetischen Grenzfläche wesentlich komplizierter als in der vereinfachten Darstellung von Abb. 1. Die Momente sind nicht so starr wie hier suggeriert wird, und der Ferromagnet möchte alle Momente des Antiferromagneten an der Grenzfläche ausrichten (in Abb. 1 nach links). Daher und wegen seiner Anwendungsrelevanz (Abschnitt 5) ist der Exchange-Bias Effekt auch heute noch Gegenstand intensiver Forschung, obwohl seine Entdeckung mittlerweile 50 Jahre zurückliegt.

3   Zwischenschichtaustauschkopplung

Durch das Studium verdünnter magnetischer Legierungen ist schon seit langem bekannt, dass einzelne magnetische Atome (z.B. Fe-Atome), die sich in einem nicht magnetischen aber metallischen Wirtskristall (z.B. Gold, Au) befinden miteinander wechselwirken können. Die Wechselwirkung ist langreichweitig, wirkt also über viele Atomabstände, und wird durch die Metallelektronen des Wirtsgitters vermittelt. Sie ist außerdem oszillierend. Für ein Paar von zwei herausgegriffenen magnetischen Atomen bedeutet dies, dass sich ihre magnetischen Momente als Funktion des Abstandes alternierend parallel oder antiparallel zueinander ausrichten. Dieser oszillatorische Charakter der Kopplung kommt durch die Wellennatur der Elektronen, die die Wechselwirkung vermitteln, zustande. Nach ihren Entdeckern Ruderman, Kittel, Kasuya und Yosida wird sie RKKY-Wechselwirkung genannt.

Wir betrachten nun ein System aus zwei ferromagnetischen Schichten, getrennt durch eine nichtmagnetische Zwischenschicht. Die Zwischenschicht ist zunächst genügend dick, sodass die beiden ferromagnetischen Schichten völlig entkoppelt sind und sich ihre Magnetisierungen unabhängig voneinander drehen und einstellen können. Wir machen die Zwischenschicht

---

[1] Fe: Eisen, Ni: Nickel, MnFe: Mangan-Eisen-Legierung, NiO: Nickeloxid.

nun immer dünner und fragen uns, wann eine Kopplung ähnlich der beschriebenen RKKY-Wechselwirkung einsetzt. Schon seit längerer Zeit wurde nach ihr gesucht, als sich 1986 dank der ständig verbesserten Präparationsbedingungen endlich der gewünschte Erfolg einstellte. Sie wurde fast gleichzeitig in drei verschiedenen Labors an drei verschiedenen Schichtungen, nämlich Schichtungen aus den Seltenerden Dysprosium (Dy) und Gadolinium (Gd), getrennt durch Yttrium-(Y)-Zwischenschichten, und Fe-Schichten, getrennt durch Cr-Zwischenschichten, nachgewiesen. Wir konzentrieren uns im Folgenden auf die Fe/Cr und ähnliche Schichtungen, bei denen die magnetischen Übergangsmetalle Fe, Co, Ni und deren Legierungen mit Zwischenschichten aus anderen Materialien kombiniert sind [4].

Magnetische Kopplungen können sich auf verschiedene Arten manifestieren und entsprechend nachgewiesen werden. Eine sehr einfache Methode nutzt die Veränderung von Hysteresekurven aus, wie wir sie schon an dem Beispiel der Abb. 1 kennen gelernt haben. Speziell antiferromagnetische Kopplungen, die die Magnetisierungen antiparallel ausrichten möchten, können auf diese Weise leicht nachgewiesen und in ihrer Stärke vermessen werden. Als Maß für die Stärke gilt dabei das äußere Feld, das die Kopplung überwindet und die Schichten parallel zum Feld und damit auch parallel zueinander ausrichtet.

Abbildung 2 zeigt die Stärke der antiferromagnetischen Kopplung von Fe-Schichten über Au-Zwischenschichten in Abhängigkeit von der Au-Dicke. Sie zeigt gedämpfte Oszillationen wie man dies von der RKKY-Wechselwirkung her erwarten würde. Durch die Beiträge von vielen Labors konnte gezeigt werden, dass Zwischenschichtkopplung ein generelles Phänomen bei diesen Schichtungen ist und dass die Materialabhängigkeit der Oszillationen und ihrer Abnahme im Wesentlichen den theoretischen Erwartungen entsprechen. Es können dabei mehrere Oszillationsperioden überlagert sein, wie die in Abb. 2 mit λ_1 und λ_2 gekennzeichneten Perioden.

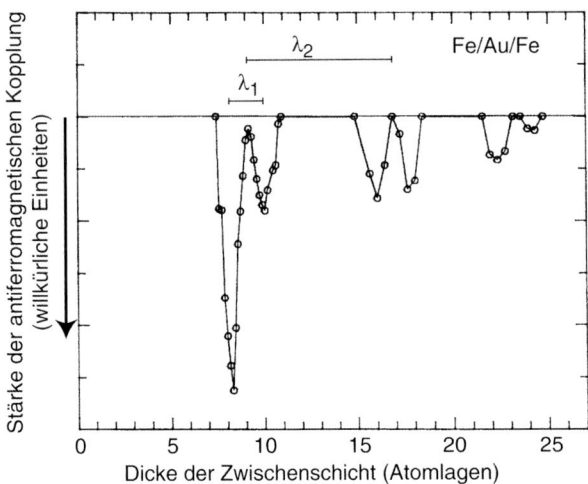

Abb. 2: Gedämpfte oszillierende Kopplung von Fe-Schichten über eine Au-Zwischenschicht. Aufgetragen ist die Kopplungsstärke als Funktion der Au Zwischenschichtdicke d_{Au}. Es werden zwei überlagerte Oszillationsperioden λ_1 und λ_2 beobachtet.

Eine genaue Erklärung der oszillierenden Zwischenschichtkopplung ist kompliziert und benötigt eine zu lange Argumentationskette für eine anschauliche und übersichtliche Begrün-

dung. Wir möchten daher auf etwas besser überschaubare Analogien ausweichen. In der Tat
hat eine solche Analogie auch schon für den Namen eines Modells hergehalten, innerhalb
dessen man die Zwischenschichtkopplung erklärt: das Fabry-Perot-Modell der oszillierenden
Zwischenschichtkopplung.

Ein Fabry-Perot-Interferometer ist ein optisches Instrument, das man als durchstimmbares
Filter für einen monochromatischen Lichtstrahl benutzen kann. Es besteht im Wesentlichen
aus zwei planaren Spiegeln mit hoher, aber nicht vollständiger Reflektivität, die genau parallel zueinander montiert sind. Die Anordnung ist in Abb. 3 oben schematisch dargestellt. Verändert man den Abstand zwischen den Spiegeln, so ist die Anordnung abwechselnd transparent und nicht transparent für Licht einer vorgegebenen Wellenlänge. Dies hängt damit zusammen, dass durch Interferenzeffekte abwechselnd die nach vor- und die rücklaufende Welle
abgeschwächt bzw. verstärkt wird. Die Analogie besteht darin, dass es hier ein Phänomen
gibt, das auf Interferenz beruht und – dadurch bedingt – eine physikalische Größe in Abhängigkeit von einem Abstand oszilliert.

Entscheidend für den Fabry-Perot-Effekt ist die hohe Reflektivität der Spiegel und die Interferenzeffekte der dadurch bedingten hin- und herlaufenden Lichtwellen. Beim magnetischen Schichtsystem (Abb. 3 unten) betrachten wir die Elektronen in der Zwischenschicht, die
man vermöge der Quantentheorie auch als Wellen auffassen kann. Auch diese Wellen werden
an den Grenzflächen zu den ferromagnetischen Schichten reflektiert. Jetzt hängt die Reflektivität aber noch davon ab, ob der Elektronenspin parallel oder antiparallel zur Magnetisierung
in den ferromagnetischen Schichten ausgerichtet ist. Es zeigt sich, dass die spinabhängige
Reflektivität und die daraus folgenden spinabhängigen elektronischen Interferenzeffekte
letztlich für die oszillierende Zwischenschichtkopplung verantwortlich sind.

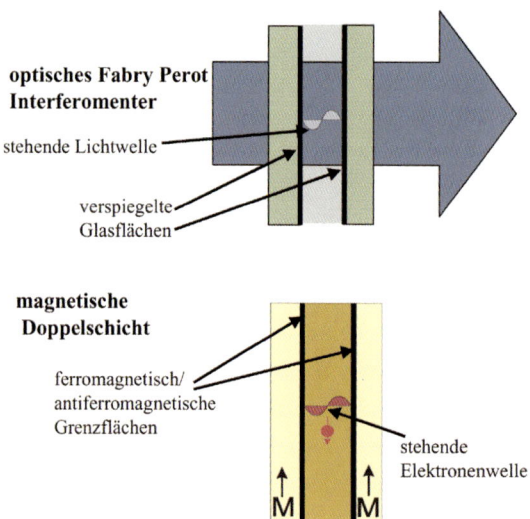

Abb. 3: Oben: Fabry-Perot-Interferometer als durchstimmbares optisches Filter. Unten: Fabry-Perot-Modell der
oszillierenden Zwischenschichtkopplung.

Wie schon erwähnt, sind in Abb. 2 Oszillationen mit zwei Perioden λ_1 und λ_2 überlagert.
Sie entsprechen zwei dominanten Wellenlängen der Elektronen, die für die Kopplung verantwortlich sind. Beim optischen Analogon würde man eine ähnliche Überlagerung von zwei

Oszillationen erhalten, wenn man das Experiment statt mit einer, mit zwei Lichtwellenlängen, zum Beispiel mit einem roten und einem grünen Laserstrahl, durchführen würde.

4 Magnetowiderstandseffekte

Ein Aspekt des am Ende des vorigen Abschnitts durchgeführten Gedankengangs führt in seiner Verallgemeinerung auch zur Erklärung des Riesenmagnetowiderstandseffekts (engl. „Giant Magneto-Resistance", GMR). Reflexion ist verwandt mit Streuung. Genauer gesagt, ist Reflexion nur ein Spezialfall von Streuung. Sie entsteht an einer glatten Oberfläche durch Überlagerung der von den einzelnen Punkten der Oberfläche gestreuten Teilwellen. Je rauer die Ober- bzw. Grenzfläche, umso diffuser wird die Streuung. Allgemein ist elektrischer Widerstand auf die Streuung von Elektronen zurückzuführen. Der GMR-Effekt schließlich findet seine Erklärung in einer Spinabhängigkeit der Streuung.

Bevor wir hierauf zurückkommen, wollen wir uns noch etwas allgemeiner mit dem Begriff „Magnetowiderstandseffekt" beschäftigen. Er beschreibt die Beeinflussung des elektrischen Widerstandes durch die Magnetisierung, insbesondere deren Richtung. Der erste Effekt dieser Art wurde 1858 von Sir William Thomson gefunden, dem späteren Lord Kelvin, nach dem auch die Kelvin-Temperaturskala benannt ist. Er fand, dass der elektrische Widerstand ferromagnetischer Metalle leicht unterschiedlich ist, je nachdem, ob der Strom parallel oder senkrecht zur Magnetisierung fließt, mit Zwischenwerten für die Richtungen dazwischen. Typischerweise beträgt der Unterschied bei Raumtemperatur etwa 3 %. Dies erscheint nicht gerade als sehr viel. Es ist jedoch, wie wir noch sehen werden durchaus ausreichend, um für Anwendungen in Frage zu kommen. Entsprechend der Richtungsabhängigkeit nennt man diesen Effekt „anisotropen Magnetowiderstandseffekt" (engl. „Anisotropic Magnetoresistance", AMR). Wir wollen auf seine mikroskopische Ursache hier nicht näher eingehen.

Der GMR-Effekt [5] ist in Abb. 4 dargestellt. Bringen wir an eine Schichtung, wie wir sie bereits in Abb. 3 unten kennen gelernt haben, Kontakte an, sodass ein Strom (blauer Pfeil) fließen kann, so beobachtet man, dass der gemessene Widerstand R von der relativen Ausrichtung der Magnetisierungen abhängt und in der Regel für die antiparallele Ausrichtung erhöht ist. Dies ist in Abb. 4 rechts dargestellt. Der größte Unterschied ergibt sich zwischen einer parallelen und antiparallelen Ausrichtung. Man kann die antiparallele Ausrichtung durch antiferromagnetische Zwischenschichtkopplung erreichen, und dann durch Einwirkung eines äußeren Feldes zu einer parallelen Ausrichtung übergehen. Die Kopplung ist dabei nur ein Hilfsmittel, um die antiparallele Ausrichtung zu erreichen.

Alternativ können sich die verschiedenen Ausrichtungen auch als Folge von Hystereseeffekten einstellen. Wenn man zum Beispiel eine hartmagnetische mit einer weichmagnetischen Schicht kombiniert und durch eine genügend dicke Zwischenschicht dafür sorgt, dass diese magnetisch entkoppelt sind, so folgt die weichmagnetische Schicht dem äußeren Feld, während die Magnetisierung der hartmagnetischen Schicht fix bleiben. Unter diesen Umständen verändert sich in Abhängigkeit vom äußerem Feld der Winkel zwischen den Magnetisierungen und der GMR-Effekt kann beobachtet werden.

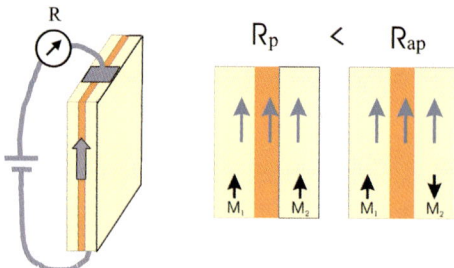

Abb. 4: Links: Anordnung zum Nachweis des GMR-Effektes. Rechts: Der GMR-Effekt besteht in einer Erhö-hung des elektrischen Widerstand bei antiparalleler Magnetisierungsausrichtung (R_{ap}) gegenüber dem Wider-stand bei paralleler Ausrichtung (R_p).

Man gibt die Stärke des Effektes mit den in Abb. 4 definierten Größen als relative Wider-standsänderung $\Delta R/R_p = (R_{ap} - R_p)/R_p$ zwischen der parallelen und antiparallelen Ausrichtung an. Die einfachste mögliche Struktur ist eine magnetische Doppelschicht. Sie besteht aus zwei ferromagnetischen Schichten, die durch eine nichtferromagnetische, metallische Zwischen-schicht getrennt sind. In Schichtungen aus Kobalt getrennt durch Kupfer wurden bei Raum-temperatur relative Widerstandsänderungen bis 19 % gemessen. Von der einfachsten Einheit gelangt man durch Wiederholung zu einer Vielfachschicht. Für diese konnten bei Raumtem-peratur bis zu 80 % Widerstandsänderung nachgewiesen werden.

Zur Erklärung des GMR-Effektes müssen wir auf das „Zweistrommodell" von Sir Neville Mott zurückgreifen. Es ist in Abb. 5 illustriert. Elektrische Leitfähigkeit in Metallen beruht darauf, dass frei bewegliche Elektronen vorhanden sind. Sie bewegen sich in allen Richtungen völlig regellos durch die Materie, wenn keine Spannung von außen angelegt wird. Erstaunli-cherweise sind die dabei auftretenden Geschwindigkeiten und kinetischen Energien viel grö-ßer als man das von der Wärmebewegung erwarten würde. Hierfür ist ein Quanteneffekt ver-antwortlich, nämlich das bereits erwähnte Pauli-Prinzip. Es verbietet zwei willkürlich heraus-gegriffenen Elektronen in allen charakteristischen Eigenschaften übereinzustimmen. Die frei beweglichen Elektronen sind durch ihre Spinausrichtung und ihre kinetische Energie charak-terisiert. Damit sie sich bei gleichem Spin unterscheiden können, müssen sie zu immer höhe-ren kinetischen Energien ausweichen. Man nennt die höchste, dabei vorkommende Energie nach einem italienischen Physiker die Fermi-Energie, die entsprechende Geschwindigkeit Fermi-Geschwindigkeit. Fermi-Geschwindigkeiten liegen bei etwa einer Millionen Metern pro Sekunde. Kämen solche Geschwindigkeiten durch eine thermische Bewegung zustande, so entspräche dies Temperaturen von einigen 10 000 Grad Celsius.

Bei Anlegen einer Spannung beschleunigt dieses „Gewusel" an Elektronen mit seinen ho-hen Einzelgeschwindigkeiten in Richtung dieser Spannung. Die Beschleunigung wird immer wieder unterbrochen und abgestoppt durch Streuung der Elektronen an Unregelmäßigkeiten wie Verunreinigungen und Gitterbaufehler. Die Streuung ist somit die mikroskopische Ursa-che für elektrischen Widerstand, und der Strom kommt durch die im Vergleich zur Fermi-Geschwindigkeit langsamen Driftbewegung der Elektronen in der Richtung der angelegten Spannung zustande. In magnetischen Materialien kann es vorkommen, dass bei der Streuung auch der ausgerichtete Spin umklappt.

Das Mott'sche Zweistrommodell

Der Gesamtstrom läßt sich aufteilen in Ströme von
Elektronen mit Spin rauf und mit Spin runter

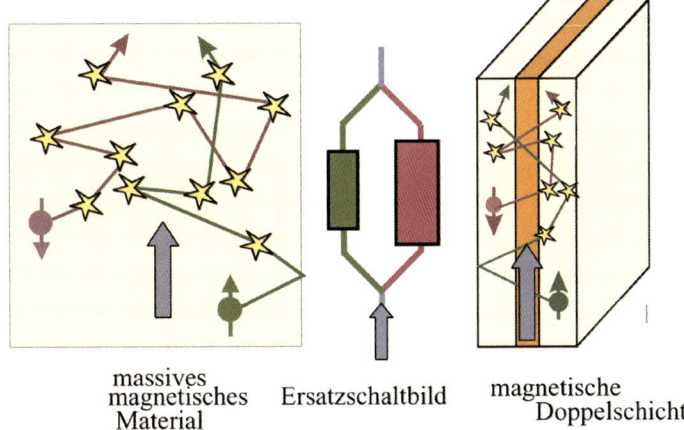

massives
magnetisches   Ersatzschaltbild   magnetische
Material   Doppelschicht

Abb. 5: Mott'sches Zweistrommodell zur Erklärung des GMR-Effektes.

Mott erkannte nun, dass Streuprozesse mit Spinumkehr sehr viel seltener sind als solche
ohne Spinumkehr und dass man sie daher für eine Erklärung des elektrischen Widerstands
vernachlässigen darf. Man kann dann den Gesamtstrom in zwei Teilströme zerlegen, die unabhängig voneinander durch das magnetische Material fließen. Jeder Teilstrom ist durch seinen elektrischen Widerstand charakterisiert, der durch die jeweilige, spinabhängige Streurate
gegebenen ist. Es ist zwar auf den ersten Blick plausibel, dass die Streuraten für Elektronen
mit ihren Spins parallel und antiparallel zur Magnetisierung verschieden sind. Bei genauerem
Hinsehen hängt das jedoch damit zusammen, dass die Spinausrichtung – wiederum wegen
Quanteneffekten – die Ladungsverteilung der Elektronen beeinflusst. In diesem Modell fließen beide Ströme unabhängig und parallel zueinander. Deshalb kann man die Situation auch,
wie in der Mitte von Abb. 5 gezeigt, durch ein Ersatzschaltbild beschreiben, bei dem die Ein-
zelwiderstände den Streuraten von Elektronen mit Spin rauf und Spin runter entsprechen.
Um das Wesentliche des GMR-Effektes besonders deutlich zu zeigen, wurden in Abb. 6
stark vereinfachende Annahmen gemacht. Gezeigt ist hier nur ein kleiner Ausschnitt aus der
gesamten Driftbewegung der Elektronen, nämlich die Bahn zweier Elektronen mit entgegen-
gesetztem Spin zwischen ihren Reflexionen an den äußeren Grenzflächen. Es ist angenommen, dass Streuprozesse nur an den inneren Grenzflächen mit den gezeigten Richtungsände-
rungen stattfinden. Die radikalste Vereinfachung bezieht sich auf die Spinabhängigkeit der
Streuung und besteht in der Annahme, dass nur Elektronen gestreut werden, deren Spins am
Ort des Streuzentrums antiparallel zur Magnetisierung stehen. Dies hat zur Folge, dass bei
paralleler Ausrichtung der Magnetisierungen Elektronen mit parallelem Spin überhaupt nicht
gestreut werden, wie im linken Teilbild von Abb. 6 gezeigt. Unter diesen Bedingungen hätte
der entsprechende Strom keinen Widerstand ($R_p = 0$), es würde ein Kurzschluss entstehen.
Bei antiparalleler Magnetisierungsausrichtung (rechtes Teilbild) treffen beide Spinrichtungen
auf ihrer Bahn durch das Schichtpaket auf antiparallel zu ihnen ausgerichtete Magnetisierungen und werden folglich beide gestreut. Der Kurzschluss ist beseitigt. In der Realität werden

auch bei paralleler Ausrichtung beide Elektronensorten gestreut, nur eine wesentlich stärker
als die andere. Entsprechend tritt ein wirklicher Kurzschluss nicht auf. Das Wesentliche der
Betrachtung, nämlich dass durch die spinabhängige Elektronenstreuung der Widerstand bei
antiparalleler Magnetisierungsausrichtung erhöht wird, bleibt aber erhalten. Dies erklärt den
GMR-Effekt. Auf dem Internet kann man eine anschauliche Animation zur Verdeutlichung
dieser Vorgänge ansehen (siehe Abschnitt „Interessante Links" am Ende des Kapitels).

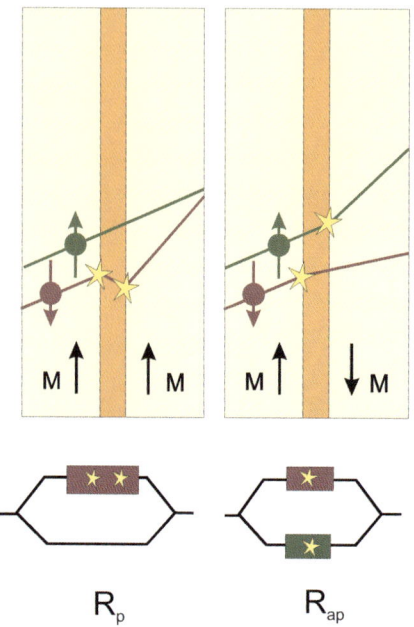

Abb. 6: Für den GMR-Effekt relevante Streuprozesse im Zweistrommodell bei paralleler und antiparalleler
Magnetisierungsausrichtung mit entsprechenden Ersatzschaltbildern.

Es gibt grundsätzlich zwei verschiedene Geometrien für die Messung des GMR-Effektes,
nämlich mit Stromrichtung parallel und senkrecht zur Schichtebene. In Abb. 4 sind die Kontakte so angebracht, dass der Strom in der Schichtebene fließt. Man nennt dies die CIP-
Geometrie (CIP nach engl. „Current In Plane"). Führt man das Experiment so durch, dass der
Strom senkrecht zur Schichtebene fließt, so spricht man von der CPP-Geometrie (CPP nach
engl. „Current Perpendicular Plane"). Man muss dazu in Abb. 4 die Kontakte nicht oben und
unten, sondern links und rechts anbringen, so dass der Strom horizontal fließt. Bei rein metallischen Strukturen ist eine CPP-Messung schwierig durchzuführen, weil ohne weitere Vor-
kehrungen der Abstand zwischen den Kontakten, die Schichtdicke, winzig klein ist gegenüber
dem Querschnitt. Entsprechend klein und schwierig zu messen ist dann auch der Spannungsabfall oder Widerstand. Dies ändert sich entscheidend, wenn man als Zwischenschicht einen
Isolator wie Aluminiumoxid verwendet. Die Schichtung besteht dann aus zwei ferromagnetischen metallischen Schichten getrennt durch eine isolierende Zwischenschicht, wobei die
Kontakte direkt auf den ferromagnetischen Schichten angebracht werden können.

Durch die Verwendung einer isolierenden Barriere gelangt man vom GMR-Effekt in der
CPP-Geometrie zum sogenannten Tunnelmagnetowiderstands-Effekt (TMR-Effekt) [6]. Wie-

derum sorgt die Quantentheorie dafür, dass über eine eigentlich isolierende Zwischenschicht, die sogenannte Barriere, ein Strom fließen und somit ein endlicher Widerstand gemessen werden kann. Setzen wir nämlich voraus, dass die isolierende Zwischenschicht geschlossen ist, also nirgends ein direkter metallischer Kontakt besteht, so könnte nach den Gesetzen der klassischen Physik unterhalb der Durchbruchspannung kein Strom fließen. Dass trotzdem einer fließt, liegt an der Quantenmechanik. Sie sorgt dafür, dass ein Elektron auch jenseits einer Barriere, die es nach der klassischen Physik nicht überwinden kann, eine gewisse Aufenthaltswahrscheinlichkeit hat. Das Elektron verhält sich also, als gäbe es einen Tunnel in der Barriere, durch den es unter Vermeidung des mühseligen Weges über den Berg von der einen auf die andere Seite gelangen kann. Nach diesem Bild wurde das Phänomen Tunneleffekt genannt. Damit kann ein Strom fließen und der dem Strom entgegengesetzte Widerstand heißt entsprechend Tunnelwiderstand. Auch er hängt von der relativen Ausrichtung der Magnetisierungen links und rechts von der Barriere ab und ist bei der antiparallelen Ausrichtung in der Regel größer. Die bisher gemessenen Rekordwerte sind mit 50 % Widerstandsänderung bei Raumtemperatur überraschend groß. Sie wurden an Schichtungen aus einer $Co_{0,8}Fe_{0,2}$-Legierung für die magnetischen Schichten und Al_2O_3 für die Zwischenschicht gemessen.[2] Viele Details dieses Effekts und auch der optimalen Präparation der Schichtungen sind allerdings noch unklar und Gegenstand intensiver Forschung.

5   Anwendungen

Um Magnetfelder nachzuweisen, kann man Effekte nutzen, bei denen sich der elektrische Widerstand eines Materials durch die Einwirkung eines Magnetfeldes ändert. Das unmittelbar elektrische Signal erscheint dabei als besonders attraktiv. So werden die im vorhergehenden Abschnitt beschriebenen magnetoresistiven Effekte AMR und GMR heute in vielfacher Weise in Magnetfeldsensoren angewendet, und für den TMR-Effekt erwartet man dies in naher Zukunft [7]. Interessanterweise werden auf diesem Gebiet auch der weiter oben beschriebene Exchange-Bias-Effekt und die Zwischenschichtaustauschkopplung angewendet. Wir wollen uns hier auf Sensoren beschränken, die den GMR-Effekt ausnutzen. Als Beispiel betrachten wir eine Anordnung, wie sie für die Überwachung von Drehbewegungen benutzt werden kann. Sie ist in Abb. 7 dargestellt.

Der Gegenstand dessen Drehung nachgewiesen werden soll, muss dabei zunächst starr mit einem Permanentmagneten verbunden werden, welcher im Sensor ein sich mitdrehendes Magnetfeld erzeugt (Abb. 7 links oben). Der Sensor besteht aus einer weichmagnetischen Schichtung, deren Magnetisierung sich mitdreht, und einer hartmagnetischen, deren Magnetisierung fixiert bleibt. Durch den GMR-Effekt zwischen der hart- und weichmagnetischen Schichtung entsteht ein Signal, das dem Kosinus des relativen Winkels zwischen den Magnetisierungen proportional ist (Abb. 7 wie rechts unten). Eine Realisierung dieses Sensors mit geeigneten Materialien, wie sie von der Firma Philips vorgeschlagen wurde [8], ist in Abb. 7 rechts oben zu sehen. Wir wollen darauf jetzt etwas genauer eingehen. Es gibt verschiedene Tricks, um besonders gute weich- und hartmagnetische Eigenschaften und gleichzeitig einen großen GMR-Effekt zu erreichen. Man nutzt dabei aus, dass der GMR-Effekt in erster Linie an den Grenzflächen zwischen den ferromagnetischen und den Zwischenschicht entsteht. Es

---

[2] Al: Aluminium.

genügt daher, die Grenzflächen mit geeigneten Materialien zu versehen. In Abb. 7 ist dies eine $Co_{90}Fe_{10}$-Legierung in Kombination mit Kupfer als Zwischenschichtmaterial.

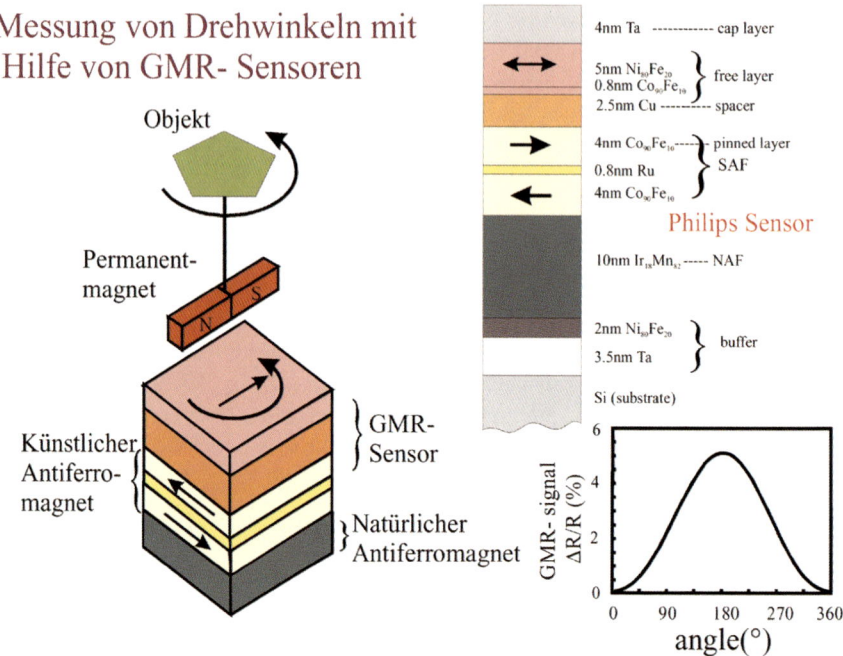

Abb. 7: Schematischer Aufbau, Realisation und Signal eines Drehsensors nach dem GMR-Prinzip. Angle (°): Winkel in Grad.

Nun ist die $Co_{90}Fe_{10}$-Legierung relativ hartmagnetisch, also verwendet man davon nur 0,8 nm und kombiniert sie mit 5 nm $Ni_{0.8}Fe_{0.2}$ (Permalloy), um insgesamt eine weichmagnetische Schichtung zu erhalten. Die sehr weichmagnetische Permalloyschicht wirkt dabei als „Mitnehmer". Hartmagnetische Eigenschaften erhält man andererseits durch Verwendung eines „künstlichen" oder „synthetischen" Antiferromagneten (engl. „Synthetic Antiferromagnet", SAF). Dies ist eine Schichtung aus zwei Ferromagneten, die durch starke antiferromagnetische Zwischenschichtkopplung gekoppelt sind. Auf diese Weise verschwindet das Gesamtmoment. Das bewirkt, dass eine solche Schichtung nur schwach auf ein äußeres Feld reagiert. Die starke antiferromagnetische Kopplung erreicht man durch Verwendung von Ruthenium (Ru) als Zwischenschicht. Der hartmagnetische Teil der GMR-Schichtung ist also gleichzeitig Teil eines SAF. Der SAF wird zusätzlich noch durch einen angrenzenden natürlichen Antiferromagneten (NAF), hier bestehend aus $Ir_{18}Mn_{82}$ und den entsprechenden Exchange-Bias Effekt magnetisch „vorgespannt" (s. Abschnitt 2).[3] Man nutzt hierbei vor allem das „Gedächtnis" des Exchange-Bias-Effektes. Angenommen nämlich, es würden durch einen genügend starken Magnetfeldpuls, wie er zum Beispiel durch einen Kurzschluss in einem elektronischen Bauteil entstehen kann, alle Magnetisierungsrichtungen „zerstört". Nach dem Puls würden sich die Magnetisierungsrichtungen im SAF wieder antiparallel einstellen, aber ab-

---

[3] Ir: Iridium.

solut gesehen möglicherweise in anderen Richtungen. Dies verhindert der NAF, dessen unkompensierte Oberflächenmomente durch den Puls nicht verändert werden, sodass das „Gedächtnis" des Exchange-Bias Effektes nicht zerstört wird. Die durch den NAF vorgegebene Richtung überträgt sich auch auf die anderen Schichtungen, sodass ein solcher Sensor nach dem Puls insgesamt wieder in die Ausgangssituation zurückkehrt.

Die Anwendungsmöglichkeiten von Magnetfeldsensoren sind so vielfältig, dass sie hier nur kurz angedeutet werden können. Ähnlich wie bei Drehbewegungen kann man auch bei linearen Bewegungen verfahren, so dass die Sensoren in Verbindung mit Permanentmagneten ganz allgemein für die Kontrolle von bewegten Teilen eingesetzt werden können. Dies reicht von Fensterhebern und ABS-Systemen bei Autos, und Werkzeugmaschinen bis hin zu feinsten Verstellungen in der Mikrotechnik. Magnetoresistive Sensoren kann man ohne Verluste an Empfindlichkeit in sehr kleiner Form und sehr billig herstellen. Damit eignen sie sich für Sensorfelder, in denen sehr viele Sensoren auf kleineren oder größeren Flächen angeordnet werden. Solche Felder kann man sowohl zum Austesten der Ströme in integrierten Schaltkreisen als auch von Strömen im Boden des Freilands, die man dort zum Nachweis von Schadstoffen anwendet, benutzen.

Intensiv gearbeitet wird auch an der Möglichkeit, die heute in der Signalübertragung verwendeten Optokoppler in Zukunft durch Magnetokoppler zu ersetzen. Das Signal erzeugt dabei als Strom ein Magnetfeld, das ohne direkten elektrischen Kontakt – also galvanisch getrennt – auf den Sensor übertragen werden kann. Ganz überraschend ist eine Anwendung des GMR-Effektes bei Drucksensoren. Hierbei verwendet man für die GMR-Schichtung Materialien mit einem genügend großen magnetostriktiven Effekt. Bei einem magnetostriktiven Material dreht sich die Magnetisierungsrichtung als Folge einer mechanischen Spannung. Stapelt man Materialien mit verschiedenem magnetostriktiven Verhalten übereinander, so verändert sich unter Einwirkung von mechanischer Spannung der relative Winkel zwischen den Magnetisierungen. Nun braucht man nur noch elektrische Kontakte anbringen und kann die mechanische Spannung über den GMR-Effekt nachweisen.

Seine derzeitige Popularität verdankt der GMR-Effekt allerdings einer anderen Anwendung, wo er zu einem entscheidenden Durchbruch geführt hat: Sensoren zum Auslesen von Daten aus Festplatten in Computern. Bereits 1992 führte die Firma IBM Leseköpfe nach dem AMR-Prinzip ein. Die damals auf den Festplatten realisierte Speicherdichte betrug etwa 0,3 Gbit/(inch)^2. Mittlerweile hat sich herausgestellt, dass Sensoren nach dem GMR-Prinzip noch wesentlich vorteilhafter sind. Sie sind nicht nur empfindlicher, die Empfindlichkeit bleibt auch in noch kleinerer Bauform erhalten. Daher ist die Firma IBM, gefolgt von anderen Festplattenlaufwerkherstellern, seit etwa 1998 auf GMR-Sensoren umgestiegen. Das neueste Produkt dieser Technologie dokumentiert am besten diesen Erfolg. Es ist der Microdrive mit einer Festplatte von der Größe etwa eines Markstücks, einer Kapazität von 1 Gbyte und einer Bitdichte von 15,2 Gbit/(inch)^2.

Sowohl GMR- als auch TMR-Schichtungen werden außerdem derzeit für Anwendungen als Magnetic-Random-Access-Memories (MRAMs) diskutiert. Die einzelnen Zellen eines solchen Speichers sollen aus entsprechenden Schichtungen bestehen mit lateralen Abmessungen im Mikrometer-Bereich oder noch wesentlich kleiner. Die binären Codes 0 und 1 werden durch die parallele bzw. antiparallele Magnetisierungsausrichtung realisiert. Das Auslesen der Daten geschieht mit einer Widerstandsmessung über ein geeignetes Netz aus Leiterbahnen unter Ausnutzung des GMR- bzw. TMR-Effekts.

Die Magnetoelektronik in Schichtsystemen ist daher nicht nur ein reizvolles Forschungsgebiet an der Schnittstelle zwischen Magnetismus, Festkörperphysik und Materialwissenschaften, sondern ist zudem gekennzeichnet durch eine Vielzahl von Anwendungen in der Sensorik und bei der Datenspeicherung.

Die Autoren

Peter A. Grünberg
Forschungszentrum Jülich, IFF

Daniel E. Bürgler
Forschungszentrum Jülich, IFF

Peter A. Grünberg, geboren 1939 in Pilsen (jetzt Tschechien), studierte 1960 bis 1966 an der Technischen Hochschule von Darmstadt Physik und promovierte dort 1969. 1969 bis 1972 „post doctoral fellow" an der Carleton Universität in Ottawa Kanada; seit 1972 wissenschaftlicher Mitarbeiter im Institut für Festkörperforschung, Forschungszentrum Jülich; bis 1998 im Institut für Magnetismus, ab 1998 im Institut für Elektronische Eigenschaften. 1984 folgte die Habilitation an der Universität zu Köln; 1992 Ernennung zum „außerplanmäßigen Professor" an der Universität zu Köln. 1984 bis 1985 Gastwissenschaftler am Argonne National Laboratory, Illinois, USA; 1998 Gastwissenschaftler im Institut for Materials Research an der Tohoku Universität in Sendai, Japan und am Tsukuba Forschungszentrum, Japan. Forschungsgebiete: Magnetismus, Materialwissenschaften spezieller Metalle, dünne Filme, magnetische Schichtstrukturen. Zahlreichen deutsche und internationale Preise und Ehrungen.

Daniel E. Bürgler wurde 1963 in Basel (Schweiz) geboren. 1982 bis 1988 Studium der Physik an der Universität Basel bei Prof. Güntherodt, 1993 promovierte und 1999 habilitierte er dort. Seit 1999 wissenschaftlicher Mitarbeiter im Institut für Festkörperforschung, FZ-Jülich im Institut für Elektronische Eigenschaften (Prof. Eberhardt). Forschungsgebiete: Rastersondenmethoden, Magnetismus, Struktur und Wachstum, dünne Filme, magnetische Schichtstrukturen, amorphe Oberflächen.

Literatur[4]

[1] *IFF Ferienschule 1999 Skripteband*, FZ-Jülich 1999, Organisation: P.H. Dederichs und P. Grünberg

[2] U. Gradmann, in *Handbook of Magnetic Materials*, Vol. 7, Ed. K.H. Buschow, Elsevier (1993); und H.J. Elmers, Int. J. of Mod. Phys. **9**, 3115 (1995); sowie Artikel von G. H. O. Daalderop et al. und W.J.M. de Jonge et al., in *Ultrathin Magnetic Structures*, Vol. I, Ed. J.A.C. Bland und B. Heinrich, Springer (1994)

[3] J. Nogues and I. Schuller, J. Magn. Magn. Mater. **192**, 203 (1999); und A.E. Berkowitz and K. Takano, J. Magn. Magn. Mater. **200**, 552 (1999)

[4] D.E. Bürgler, S.O. Demokritov, P. Grünberg and M.T. Johnson, erscheint in *Handbook of Magnetic Materials*, Vol. 13 Ed. K.H.J. Buschow, Elsevier (2000); und P. Grünberg, D. Pierce, erscheint in *Encyclopedia of Materials: Science and Technology*, Elsevier (2001)

[5] P.M. Levy, Sol. St. Phys. **47**, 367 (1994); und A. Fert, P. Grünberg, A. Barthélémy, F. Petroff, W. Zinn, J. Magn. Magn. Mater. **140-144**, 1 (1995); und A. Barthélémy, A. Fert, F. Petroff, in *Handbook of Magnetic Materials*, Vol. 12, Ed. K.H.J. Buschow, Elsevier (1999); und A. Fert, erscheint in *Encyclopedia of Materials: Science and Technology*, Elsevier (2001); und M.A.M. Gijs, G.E.W. Bauer, Adv. Phys. **46**, 285 (1997)

[6] Artikel von J. Moodera, T. Miyazaki, and S.S.P. Parkin, in *Proceedings ICM2000 in Brazil*, erscheint in *J. Magn. Magn. Mater.*

[7] P. Grünberg, in *Proceedings EMSA 2000 Proceedings*, erscheint in *Sensors and Actuators A.*

[8] K.M.H. Lenssen et al., J. Appl. Phys. **85**, 5531 (1999); und ibid **87**, 6665 (2000)

Interessante Links

http://www.fz-juelich.de/iff/personen/ D.Buergler/gmr.shtml

---

[4] Außer [8] sind es Übersichtsartikel.

Wie fließt der Strom durch ein Atom?

Elke Scheer

1   Zukunftsmusik

Computer werden immer leistungsfähiger, d.h., immer größere Datenmengen werden immer schneller verarbeitet. Als Konsequenz werden die aktiven Bauelemente, sowie deren Verbindungen immer kleiner. Abb. 1 zeigt einen Auszug aus der oft zitierten „SIA-Roadmap 1999" (SIA: Semiconductor Industry Association), also den voraussichtlichen Fahrplan der Verkleinerung von 1999 bis ins Jahr 2014. Neben vielen anderen wichtigen Parametern wird dort eine charakteristische Strukturgröße („design rule") angegeben. Sie folgt dem so genannten „Moore'schen Gesetz". Der Ingenieur Gordon Moore hatte beobachtet, dass in den Jahren 1957–1965 die Anzahl auf Silizium hergestellter integrierter Schaltkreise pro Chip sich etwa alle 18 Monate verdoppelte, wobei sich die Größe der Chips bei jedem Wechsel der Anzahldichte zunächst erhöhte. Als Resultat verdoppelte sich die Anzahl der Schaltkreise pro Quadratzentimeter etwa alle drei Jahre. Dieser Trend konnte über die vergangenen vierzig Jahre gehalten werden. Dies bedeutet umgerechnet auf die charakteristische Strukturgröße eine Verkleinerung um den Faktor 0.7 in drei Jahren, oder entsprechend eine Halbierung in etwa sechs Jahren. Um diese Verdichtungsrate in Zukunft fortsetzen zu können, müssen in den nächsten Jahren wichtige Schlüsseltechnologien entwickelt oder überarbeitet werden. Zum Teil bestehen Lösungsansätze, zum Teil aber auch noch nicht. Über das Jahr 2014 hinaus wagt deshalb niemand eine konkrete Prognose. Aber nehmen wir einmal an, die Entwicklung geht mit der gleichen rasenden Geschwindigkeit weiter…

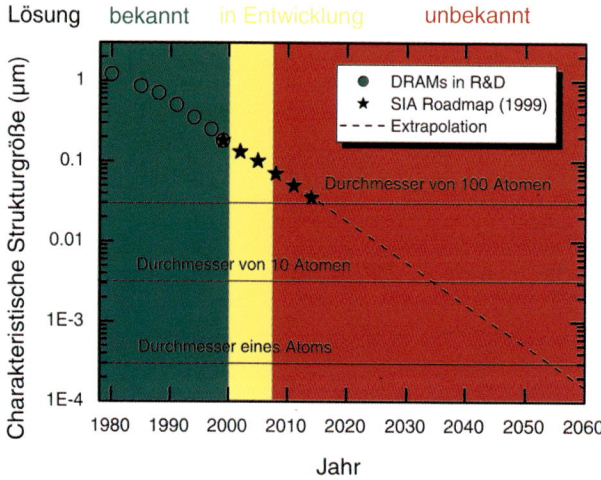

Abb 1: Auszug aus der SIA Roadmap (Semiconductor Industry Association, 1999). Dargestellt ist die charakteristische Strukturgröße einer Technologie, die gerade vom Stadium der Entwicklung in die Produktion übergeht.

Infolge der genannten Gesetzmäßigkeit sind die Leiterbahnen auf heutigen massenproduzierten Speicherchips etwa zweihundert Nanometer (Nanometer, Abkürzung nm: Milliardstel Millimeter) schmal. Für das Jahr 2014 erwartet man 35 Nanometer. Zum Vergleich: Der Durchmesser eines menschlichen Haars ist ungefähr tausend mal dicker. Die ultimative Grenze der Verkleinerung liegt bei der Größe einzelner Atome, also einen weiteren Faktor 100 kleiner. Ob diese Strukturgröße jemals erreicht wird, bleibt abzuwarten, denn neben der Machbarkeit zählt vor allen Dingen die Rentabilität. Bereits heute klafft eine Schere zwischen den „High-profit"-Produkten, also billig massenproduzierten Chips für Haushalts- oder Telekommunikationsanwendungen, die heute mit den „Design rules" von 1985–1990 arbeiten, und den „Cutting-edge"-Entwicklungen: schnelle Speicherchips (DRAMs) und Prozessoren, die die allerjüngste Technologie verwenden.

Spätestens bei Erreichen der „atomaren" Grenze, also etwa in den 40er-Jahren des 21. Jahrhunderts – oder sogar früher – wird man grundlegend neue Konzepte verwenden müssen, sowohl in der Herstellung als auch in der Beschreibung der elektronischen Eigenschaften. Im Bereich der Herstellung lauten die Stichworte: molekulare Elektronik, Selbstorganisation, „Bottom up" statt „Top down". Von letzterem soll dieser Artikel handeln. Die Grundidee ist die Folgende: Wenn aktive Bauelemente tatsächlich aus einzelnen Atomen oder Molekülen zusammengesetzt sind, dann kann es ökonomischer sein, diese Stück für Stück mit gewünschten elektronischen Eigenschaften gezielt zusammenzusetzen, anstatt wie bisher von großen Strukturen auszugehen und sie durch makroskopische Verfahren zu verkleinern.

Eine wesentliche Einschränkung bildet der Zusatz „gewünschte elektronische Eigenschaften", da man in den Bereich vorstößt, in dem Quanteneffekte wichtig werden können. Grundlegende Fragen dabei lauten: Gelten die physikalischen Gesetze, die wir von Festkörpern kennen, noch auf atomarer Skala? Welche Abweichungen bewirken die Quanteneffekte? Kann man aus der Not eine Tugend machen und sich die quantenphysikalischen Eigenschaften zu Nutze machen? Wie hängen die resultierenden elektronischen Eigenschaften von den atomaren bzw. molekularen, chemischen und physikalischen Eigenschaften der verwendeten Bauelemente ab? Und schließlich: Welche Atome oder Moleküle muss man wie zusammenfügen, um die gewünschten Eigenschaften zu erzielen?

Der einfachste vorstellbare Schaltkreis besteht aus einem einzelnen Atom zwischen zwei Zuleitungen, ein so genannter Ein-Atom-Kontakt. Die erste Hausaufgabe besteht also darin, den Stromtransport durch diese Strukturen zu verstehen.

2 Herstellung von Ein-Atom-Kontakten

Bereits 1990 erschien die Pionierarbeit von D. Eigler und Mitarbeitern vom IBM Forschungszentrum in San Jose (Kalifornien) auf dem Gebiet der Atommanipulationen mithilfe eines so genannten Rastertunnelmikroskops (RTM). Es besteht aus einer feinen Spitze, die hochpräzise gesteuert über eine Oberfläche gefahren wird. Zuvor hat man auf diese Oberfläche einzelne Atome eines anderen Elements aufgebracht, die man nun durch geeignete Spannungsstöße mit der Spitze verschieben kann. So entstand z.B. das in Abb. 2 gezeigte „Quantengehege" aus 48 Eisenatomen auf einer Kupfer-Oberfläche. Wenn man danach die Oberfläche mit der Spitze abrastert, kann man ein „Bild" der Probe aufnehmen, indem man den Stromfluss zwischen der Probe und der Spitze misst. Aufgrund des so genannten Tunneleffekts fließt auch auch ein kleiner Strom, wenn sich Probe und Spitze nicht direkt berühren, sondern einen kleinen Zwischenraum halten. Grob gesprochen ist der Strom dabei umso größer, je kleiner der Abstand ist; man erhält so in etwa ein Bild von der Topographie der Fläche. Dadurch kommen die sahnetupfer-artigen Spitzen an den Positionen der aufgebrachten Atome zustande.

Abb. 2: Rastertunnelmikroskopische Aufnahme einer Anordnung von 48 Eisenatomen auf einer Unterlage aus Kupfer (D. Eigler, IBM-Almaden).

Das gleiche Instrument kann man auch dazu benutzen, „echte" Kontakte zwischen Oberfläche und Spitze herzustellen. Statt die Spitze vorsichtig über die Fläche zu führen, drückt man sie in die Oberfläche hinein und zieht sie dann vorsichtig zurück, wie in Abb. 3 illustriert. Dabei entstehen kurz vor dem Bruch extrem feine Strukturen, genannt Nanodrähte, die im Extremfall nur ein Atom dünn sind.

Ultra-stable Scanning Tunnelling Microscope

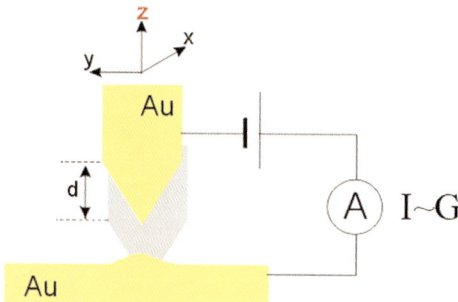

Abb. 3: Schema zur Herstellung von Ein-Atom-Kontakten und Nanodrähten mithilfe eines Rastertunnelmikroskops (RTM, J.M. van Ruitenbeek, Universität Leiden). Ultra Stable Scanning Tunnelling Microscope: ultrastabiles Rastertunnelmikroskop.

Noch einfacher geht es mit einem Experiment, das 1995 von N. Garcia vorgeschlagen wurde und unter dem Namen „Quantenmechanik auf dem Küchentisch" Furore gemacht hat: Man bringt zwei dünne Drähte eines Metalls (am besten funktioniert es mit Gold) in losen Kontakt miteinander. Zum Nachweis der Nanodrähte misst man wieder den Strom: Man legt über einen Serienwiderstand eine kleine Spannung an. Die über dem Widerstand abfallende Spannung beobachtet man mit einem schnellen Oszilloskop. Wenn die Drähte in Vibration gebracht werden, öffnet und schließt sich der elektrische Kontakt zwischen den Drähten gelegentlich. Man beobachtet, dass der Spannungsabfall nicht kontinuierlich erfolgt, sondern in Stufen, bis schließlich bei vollständiger Öffnung der Stromkreis unterbrochen ist. Die Stufen erreichen eine Lebensdauer von einigen Millisekunden. Man kann sie so verstehen, dass wiederum für kurze Zeit Nanodrähte entstehen. Kurz vor dem Öffnen findet der Stromtransport durch ein einziges Atom statt.

Eine aufwändigere Methode, mit der man dafür aber langlebige Ein-Atom-Kontakte erzeugen kann, die sich auch in kompliziertere Schaltkreise integrieren lassen, bildet die Technik der so genannten mechanisch kontrollierten Bruchkontakte (MKB). Dies sind freitragende Metall-Nanobrücken, die durch „Langziehen" so weit ausgedünnt werden, dass sie nur noch ein Atom im Querschnitt enthalten.

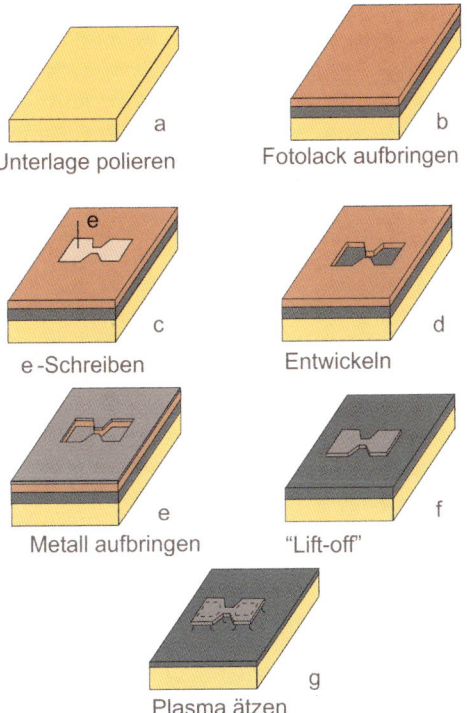

Abb. 4: Herstellung mechanischer kontrollierter Bruchkontakte (MKB) mittels Elektronenstrahllithographie: gelb: Bronze-Substrat, grün: Polyimid-Opferschicht, rot: elektronenempfindlicher Lack, blau: Metallschicht.

Mit lithographischen Methoden wird hierzu ein dünner Draht des zu untersuchenden Metalls hergestellt: Auf eine polierte biegsame Unterlage (Abb. 4a), die Substrat genannt wird, wird zunächst eine dünne Plastikschicht und dann ein elektronenempfindlicher Lack zu einer Dicke von etwa einem Mikrometer (Mikrometer = tausendstel Millimeter) aufgebracht (Abb. 4b). Dieser Lack wird dann mit Elektronen in einem bestimmten Muster beschossen, sozusagen „belichtet" (Abb. 4c). Der Vorteil der Elektronen liegt darin, dass man auch Strukturen schreiben kann, die kleiner sind als die Wellenlänge des Lichts. Mit der Elektronenstrahllithographie werden inzwischen standardmäßig Strukturen bis herab zu etwa vierzig Nanometer hergestellt (das ist ein Zehntel der Wellenlänge von blauem Licht). Die Elektronen ändern die chemischen Bindungen im Lack; dadurch wird er an den Stellen, an denen der Elektronenbeschuss stattgefunden hat, löslich für einen bestimmten Entwickler. Nach dem Entwickeln befinden sich an den belichteten Stellen „Löcher" im Lack (Abb. 4d). Auf diese Lackstruktur wird dann eine etwa einhundert Nanometer dicke Schicht des zu untersuchenden Metalls aufgedampft (Abb. 4e). Gibt man danach das Substrat in ein aggressiveres Lösungsmittel, das auch den unbelichteten Lack weglöst („lift off"), erhält man eine metallische Schicht in der Form des mit dem Elektronenstrahl geschriebenen Musters (Abb. 4f).

Für Bruchkontakte nimmt man eine etwa zehn Mikrometer breite Leiterbahn, die an ihrer engsten Stelle eine sich auf etwa einhundert Nanometer verjüngende und zwei Mikrometer lange Einschnürung besitzt. Zum Schluss wird mit dem Verfahren des Plasmaätzens die Plastik-Opferschicht abgedünnt (Abb. 4g) und dabei der Metallfilm unterhöhlt, sodass eine etwa zwei Mikrometer lange freitragende „Nanobrücke" entsteht.

Abb. 5 zeigt eine elektronenmikroskopische Aufnahme einer solchen Nanobrücke aus Aluminium. In dieser Vergrößerung ist der Ein-Atom-Kontakt in der Mitte der Einschnürung nicht zu erkennen. Das Langziehen geschieht auf eine spezielle Art und Weise: Die Nanobrücke ist auf eine biegsame Unterlage strukturiert worden, welche in einen Dreipunkt-Biegemechanismus eingebaut wird (Abb. 5b, nicht maßstäblich). Durch Verschieben des Stempels wird die Unterlage gebogen. Aufgrund der tatsächlichen Längenverhältnisse bedeutet dies für die Nanobrücke eine Längung, d.h. der Abstand zwischen den Brückenenden wird erhöht. Die Geometrie ist dabei so gewählt, dass die Bewegung des Stempels mit einem Faktor Zwanzigtausend untersetzt wird.

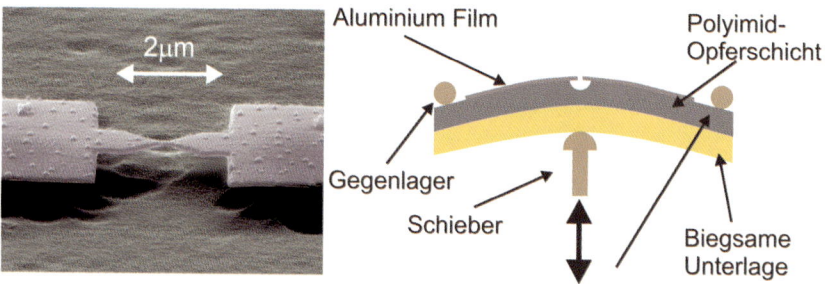

Abb. 5: Links: Freitragende Nanobrücke aus Aluminium (blau) auf Polyimid-Schicht (grün). Die freitragende Länge beträgt etwa 2 Mikrometer, die Dicke der Aluminium-Schicht und ihre Breite an der Einschnürung jeweils etwa 100 Nanometer (Graphikbearbeitung: Dr. Ch. Sürgers, Karlsruhe). Rechts: Dreipunktbiegemechanismus zur Erzeugung von Ein-Atom-Kontakten aus mechanisch kontrollierten Bruchkontakten.

Ein Beispiel: Der Schieber werde um zwei Mikrometer vorgeschoben, eine Anforderung, die man mit mechanischen Methoden leicht erfüllen kann. Durch das Untersetzungsverhältnis wird die Nanobrücke dabei nur um ein zehntel Nanometer gedehnt – also weniger als den Durchmesser eines Atoms. So sind Manipulationen mit atomarer Genauigkeit durch rein mechanische Methoden möglich. Ein angenehmer Nebeneffekt dabei ist der Folgende: Auch alle unbeabsichtigten Bewegungen der Mechanik durch Schwingungen oder Erschütterungen werden mit dem gleichen Faktor gedämpft, was die bereits erwähnte hohe Stabilität zur Folge hat.

Was bewirkt nun die von außen aufgebrachte kontinuierliche Längung für die Atome in der Einschnürung? Die Ausgangsstruktur ohne Verbiegung ist etwa 100 nm × 100 nm (nm: Abkürzung für Nanometer) dick. Das bedeutet, dass etwa 300 × 300, also rund 100000 Atome nebeneinander in der Engstelle liegen. Die mechanische Verspannung konzentriert sich schließlich an der Einschnürung, sodass diese ähnlich wie ein Kaugummifaden weiter verjüngt wird, bis sie durchreißt. Dazu müssen sich die Atome umordnen. Es ist leicht vorstellbar, dass die Einschnürung kurz vor dem Abreißen nur noch aus einem oder wenigen Atomen im Querschnitt gebildet wird. Wie genau die Atomanordnung und -umordnung stattfindet, ließ sich vor kurzem sogar direkt beobachten: H. Ohnishi und Mitarbeiter von der Japan Science and Technology Corporation haben in einem ausgeklügelten Experiment Nanodrähte gezogen; dabei haben sie gleichzeitig mit einem senkrecht zur Drahtachse angeordneten Elektronenstrahl die Atompositionen abgebildet sowie elektrische Widerstandsmessungen durchgeführt. Sie beobachteten, dass sich wie erwartet kurz vor der Trennung der beiden Brückenteile Ein-Atom-Kontakte ausbilden. Bei bestimmten Metallen, z.B. Gold, lassen sich sogar atomar dünne Ketten herstellen, bei denen die Atome wie auf einer Perlenschnur aufgereiht sind.

Im vorliegenden Artikel wird beschrieben, wie der elektrische Widerstand der Ein-Atom-Kontakte sich verhält und erklären lässt. Der Reiz des Ein-Atom-Kontakts liegt darin, das Wechselspiel von Quanteneigenschaften der Elektronen mit atomaren, chemischen und geometrischen Eigenschaften des Atomverbands studieren zu können – und das in einem System, das einfach genug ist, es wirklich im Detail zu verstehen.

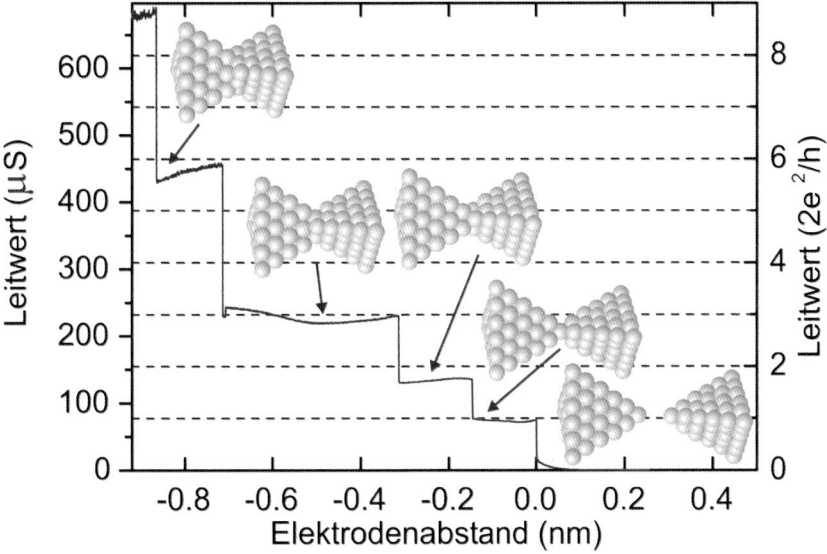

Abb. 6: Entwicklung des Leitwerts eines Bruchkontakts aus Aluminium beim Auseinanderziehen bis zum Bruch. Die blauen Kugeln stellen mögliche Atomkonfigurationen in den jeweiligen Bereichen in einer idealisierten Struktur (Zugrichtung parallel zu einer bevorzugten Kristallrichtung, ohne Unordnung) dar.

Abb. 6 zeigt eine „Idealvorstellung" eines sich verjüngenden Kontakts zusammen mit dem Widerstandsverlauf. Genauer gesagt ist nicht der elektrische Widerstand aufgetragen, sondern dessen Kehrwert, der elektrische Leitwert, da dieser direkt die auftretenden Veränderungen der Querschnittsfläche misst. Zur Erinnerung: Der Widerstand R eines Drahtes der Länge L und der Querschnittsfläche A aus einem Material mit dem spezifischen Widerstand ρ lässt sich nach dem Ohm'schen Gesetz schreiben als $R = \rho \cdot L/A$. Man nimmt dabei an, dass ρ nicht von den Abmessungen des Drahts abhängt. Wenn A sich in gleichmäßigen Schritten verändert, macht der Widerstand keine gleichmäßigen Sprünge, wohl aber der Leitwert $G = 1/R = 1/\rho \cdot A/L = \sigma \cdot A/L$ mit der spezifischen Leitfähigkeit σ. Er ist somit für makroskopische Drähte eine geeignete Messgröße zur Bestimmung der Querschnittsfläche. Wie weiter unten ausführlicher erläutert wird, ist er auch für die quantenmechanische Beschreibung des Stromtransports die fundamentale Größe. Die internationale Einheit des Leitwerts ist das Siemens (abgekürzt S), das dem Kehrwert eines Ohms (abgekürzt Ω) entspricht: $1\ S = 1/\Omega$.

Immer wenn die Anzahl der Atome in der Engstelle sich ändert – und damit die Querschnittsfläche sich sprunghaft ändert –, springt der Leitwert auf einen anderen Wert.

In unserem Experiment der Bruchkontakte haben wir keine genaue Kenntnis der exakten Atompositionen. Durch Vergleich mit quantenmechanischen Berechnungen des Leitwerts, molekulardynamischen Berechnungen der Atomanordnungen bei plastischer Verformung und dem im Experiment beobachteten Verhalten kommt man zu dem Schluss, dass der letzte Kontakt vor dem Bruch, der also Leitwerte auf dem „letzten Plateau" besitzt, tatsächlich einen Ein-Atom-Kontakt darstellt, also eine Einschnürung der Dicke eines Atoms. Ob aber das „vorletzte Plateau" einer Atomkonfiguration wie der dargestellten entspricht, ist unbekannt.

Dehnt man den Kontakt über das letzte Plateau hinaus, bricht der Kontakt, und man erhält eine ähnliche Situation wie im Rastertunnelmikroskop: Zwei metallische Spitzen, die sich in wenigen zehntel Millimeter Abstand gegenüber stehen. Der Leitwert ist dann viel kleiner, aber – wie bereits bei der Beschreibung des „Quantengeheges" erwähnt – noch messbar. Die recht gut verstandene Situation des Tunneleffekts erlaubt zum Beispiel die angegebene Kalibrierung der Abstandsskala. Danach lässt die Brücke sich durch Zurückziehen des Schiebers wieder schließen, wobei die Atome erneut umgeordnet werden.

Alle genannten experimentellen Methoden zur Erzeugung von Ein-Atom-Kontakten haben gemeinsam, dass sich im gesamten Probenvolumen sehr viele Atome befinden, deren exakte Positionen nicht kontrolliert werden. Nur in den seltensten Fällen sind die Atome im Festkörper auch bei mechanischer Verformung so ideal angeordnet wie in Abb. 6 gezeigt. Eine Konsequenz daraus ist, dass die Atome sich bei jeder Wiederholung des Experiments – also bei erneuter Öffnung derselben Nanobrücke – anders anordnen und man deshalb auch jedes Mal andere Verläufe des Leitwerts erhält. Die Lösung des Problems besteht darin, sehr viele Öffnungs- oder Schließkurven aufzunehmen und deren charakteristische Gemeinsamkeiten heraus zu finden. Zum Beispiel kann man eine Statistik der Plateau*längen* erstellen. Man stellt dabei fest, dass – wie erwartet – besonders häufig Plateaus der Länge etwa eines Atomdurchmessers auftreten. Interessanter ist die Analyse der Plateau*höhen*. Zählt man, mit welcher relativen Häufigkeit bestimmte Leitwerte angenommen werden, erhält man ein so genanntes Leitwerthistogramm, das z.B. für Aluminium in Abb. 7a aufgetragen ist. Man erkennt, dass, obwohl in den Öffnungskurven alle möglichen Leitwerte angenommen werden, einige bestimmte besonders häufig auftreten. Es gibt eine ausgeprägte Maximum-Minimum-Struktur, die weitestgehend unabhängig von der Führung des Experiments und äußeren Parametern wie Temperatur, Öffnungsgeschwindigkeit, Art der Ausgangsstruktur (RTM oder MKB) ist. Insbesondere erscheinen die Maxima immer bei denselben Widerständen, wenn auch die relative Höhe schwankt. Die Positionen der Maxima sind somit für das jeweilige Element charakteristisch.

Im Falle von Aluminium lassen sich vier oder fünf Maxima in etwa gleichem Abstand voneinander beobachten. Das „erste" Maximum – also das mit dem kleinsten Leitwert – entspricht dabei dem Ein-Atom-Kontakt. Die Tatsache, dass auch das erste Maximum nicht beliebig schmal ist, bedeutet, dass die Nachbaratome in verschiedenen Positionen um das Zentralatom angeordnet sind. Bei bestimmten Metallen, z.B. Gold (chemisches Zeichen: Au), sind die Maxima deutlich „schärfer", vgl. Abb. 7b. Der Grund dafür ist nicht abschließend geklärt. Eine mögliche Ursache besteht darin, dass die Atome „Lieblingspositionen" annehmen. Nicht alle Elemente zeigen wohlausgeprägte Histogrammstrukturen. Abb. 7c zeigt ein Histogramm von Blei (Pb), Abb. 7d das entsprechende von Niob (Nb). In beiden Fällen ist je nur ein breites Maximum erkennbar.

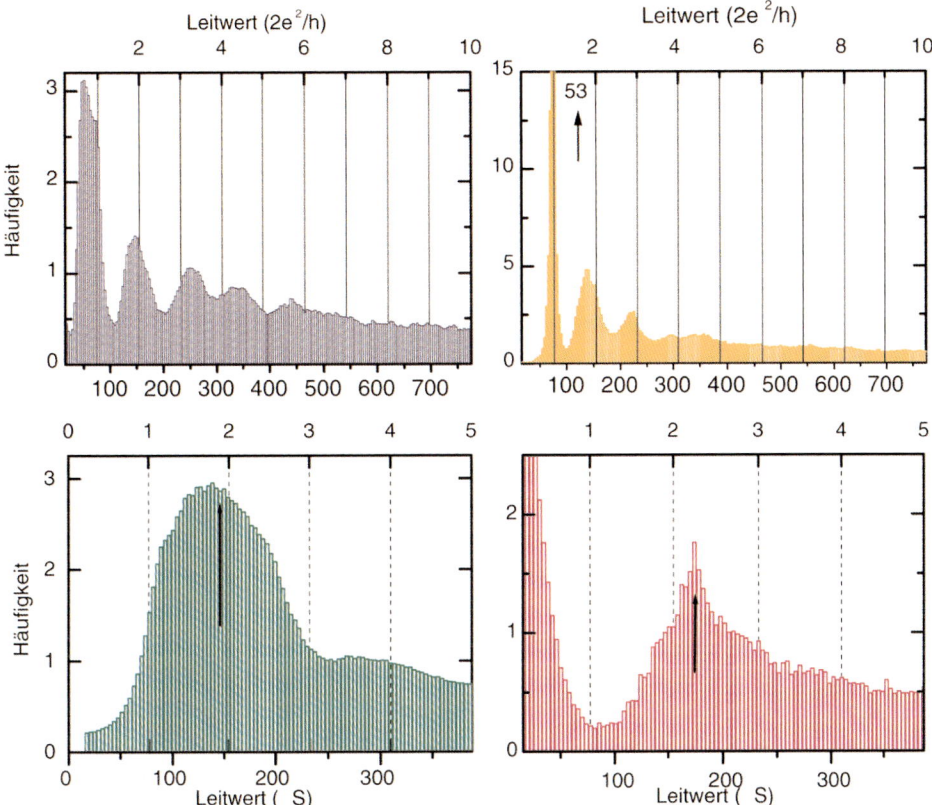

Abb. 7: Leitwerthistogramme für die Elemente Aluminium (links oben), Gold (rechts oben), Blei (links unten) und Niob (rechts unten) berechnet aus jeweils mindestens 3500 Öffnungskurven bei tiefen Temperaturen. Die Daten für Aluminium, Gold und Niob wurden mithilfe der MKB-Technik gewonnen (J.M. van Ruitenbeek und Mitarbeiter, Leiden). Die Messungen an Blei wurden mit einem RTM durchgeführt (N. Agraït und Mitarbeiter, Madrid).

Der Vergleich verschiedener Elemente zeigt, dass der Leitwert des Ein-Atom-Kontakts für unterschiedliche Metalle verschieden ist. Er reicht von etwa 180 μS (μS = Mikrosiemens), entsprechend einem Widerstand von 5400 Ω bei Niob, 140 μS (7200 Ω) bei Blei, 77 μS (13000 Ω) bei Gold bis etwa 65 μS (15000 Ω) bei Aluminium.

Dieses Ergebnis ist aus zweierlei Hinsicht erstaunlich: Erstens ist der Widerstand etwa zehn- bis hundertmal größer als erwartet, wenn man den Widerstand, den man bei dicken Drähten misst, auf die Ein-Atom-Kontakte umrechnet. Bei gleichem spezifischen Widerstand

ρ wie in makroskopischen Drähten und der vereinfachenden Geometrie Querschnittsfläche A = $\pi(D/2)^2$ und Länge $L = D$ (wobei der Atomdurchmesser $D \approx 0,3$ nm in guter Näherung für alle Elemente gleich angenommen wird) erhielte man für den Widerstand des Ein-Atom-Kontaktes aus Gold $R_{Au} \approx 86\ \Omega$, für Aluminium $R_{Al} \approx 103\ \Omega$, Niob $R_{Nb} \approx 640\ \Omega$ und Blei R_{Pb} $\approx 800\ \Omega$.

Zweitens ist damit auch die Materialabhängigkeit anders als erwartet: Dicke Gold*drähte* haben einen etwa zehnmal kleineren Widerstand als Blei*drähte*, aber Gold*atomkontakte* haben einen höheren Widerstand als Blei*atomkontakte*. Auch die übrigen untersuchten Metallatome zeigen dieses ungewöhnliche Verhalten.

Damit nicht genug, sind die Stromstärken, die man ohne Schaden anzurichten – also ohne den Kontakt zu verglühen – transportieren kann, viel größer als nach den Erfahrungen der makroskopischen Drähte zu erwarten. Ein-Atom-Kontakte können Stromstärken von 10–100 Mikroampere übertragen. Umgerechnet auf ihre kleine Querschnittsfläche entspricht dies einer etwa einhundertmillionenfach größeren Stromdichte als in haushaltsüblichen Kupferkabeln.

Natürlich taugen die Ein-Atom-Kontakte nicht für Hochstrom-Anwendungen, aber bezogen auf ihre kleine Querschnittsfläche sind die etwa zehn Mikroampere, die sie transportieren können, enorm hoch. Darüber hinaus kommt dieser Wert den typischen Stromstärke in heutigen Halbleiterchips gleich.

Auch dieser Vergleich zeigt deutlich, dass der Stromfluss auf atomarer Skala anderen Gesetzen gehorcht als der durch einen makroskopischen Festkörper. Deswegen wird im folgenden Abschnitt die quantenmechanische Beschreibung des Stromtransports, soweit sie für das Verständnis der hier diskutierten Experimente notwendig ist, vorgestellt.

3   Quanteneffekte im elektronischen Transport

Beim Stromtransport in kleinen metallischen Strukturen treten vielfältige neue Phänomene auf, die im Wesentlichen zwei Ursachen besitzen. Die erste ist die Quantelung der Ladung mit der Elementarladung eines Elektrons als kleinste Einheit. Die hierauf beruhenden Phänomene werden unter dem Begriff „Ladungseffekte" zusammengefasst.

Der Reiz der Einzelladungselektronik besteht darin, Informationsspeicherung durch nur ein einziges Elektron durchführen zu können, d.h. mit sehr geringen Strömen und damit verbundenen Verlusten arbeiten zu können. So genannte Einzelelektronentransistoren (EET) werden seit etwa zehn Jahren untersucht und erste technische Anwendungen, z.B. als hoch empfindliches Elektrometer wurden entwickelt. Eine Erweiterung des EET, die so genannte Einzelelektronenpumpe, hat vor allen Dingen metrologische Anwendungen. Sie wird diskutiert als möglicher neuer Strom-Standard für die Festlegung der Einheit Ampere. Damit würde dann das so genannte metrologische Dreieck – die elektrischen Einheiten des internationalen Einheitensystems (SI), bestehend aus Ohm, das über den Quanten-Hall-Effekt festgelegt ist, das Volt (festgelegt durch den Josephson-Effekt, der in Kontakten zwischen supraleitenden Metallen auftritt) und Ampere – vollständig durch Naturkonstanten beschrieben werden.

Die zweite Ursache für neue Phänomene im elektronischen Transport ist die Wellennatur der Elektronen. Diese hat einerseits zur Folge, dass sich unter bestimmten Bedingungen Interferenzerscheinungen beobachten lassen, ähnlich der Überlagerung von Wellen an der Oberfläche: Wenn die Elektronen in Phase sind, tritt konstruktive Interferenz auf, sind sie gegenphasig, destruktive Interferenz. Dies ist die Ursache der in Abb. 2 sichtbaren Wellenberge und -täler im Innern des Kreises.

Die Welleneigenschaften der Elektronen äußern sich auch darin, dass Elektronen nicht durch beliebig kleine Strukturen widerstandslos übertragen werden können. Analog zum Hohlwellenleiter (z.B. Glasfaser), der nur bestimmte „Moden" des Lichtwellenfelds transmittiert, kann eine enge Einschnürung in einem Metall nur eine kleine Anzahl Moden des Elektronenwellenfelds durchlassen.

Die unerwartet groß erscheinenden Widerstände der Ein-Atom-Kontakte kommen durch diese geringe Anzahl der übertragenen Moden zustande. Man kann zeigen, dass eine Mode maximal mit $G_0 = 2e^2/h = 77$ Mikrosiemens zum Gesamtleitwert beitragen kann. Hierbei bedeuten $e = 1{,}602 \cdot 10^{-19}$ As die Elementarladung, also die Ladung eines Elektrons (A: Abkürzung für Ampere, s: Abkürzung für Sekunde), und $h = 6{,}63 \cdot 10^{-34}$ Js (J: Joule) das Planck'sche Wirkungsquantum. Die Größe G_0 wird Leitwertquantum genannt und stellt die „natürliche" Einheit des Leitwerts dar, da sie rein durch Naturkonstanten gegeben ist. Die rechte Achse in Abb. 6 und die oberen Achsen in Abb. 7 sind in dieser Einheit gemessen. Die Einschränkung „*maximal* zum Gesamtleitwert beitragen" ist dabei wichtig, denn die Moden der makroskopischen Zuleitungen werden durch Ein-Atom-Kontakte i.a. nicht perfekt weitergeleitet.

Wie viele Moden übertragen werden und welche Eigenschaften diese haben, hängt – wie sich herausgestellt hat – von der Chemie des jeweiligen Elements sowie von der exakten Anordnung der Nachbaratome um den Ein-Atom-Kontakt ab. Diese Tatsache liefert einen Teil der Erklärung für die beobachtete Materialabhängigkeit des Verhaltens der Ein-Atom-Kontakte. Vereinfacht gesprochen: Die chemische Wertigkeit eines Elements, also die Anzahl der Elektronen, die für chemische Bindungen und damit auch für den Stromtransport zur Verfügung steht, entscheidet über die Anzahl der Moden. Der Ein-Atom-Kontakt des einwertigen Elements Gold überträgt eine Mode nahezu perfekt, was das erste Maximum im Histogramm bei etwa 77 µS entsprechend einem Leitwertquantum $G_{Au} = 1\,G_0$ erklärt. Beim mehrwertigen Element Niob findet man fünf unvollständig übertragene Moden, die einen Gesamtleitwert von etwa $2{,}5\,G_0$ ergeben.

Für den Transmissionskoeffizienten, der die „Stärke" der übertragenen Moden beschreibt, ist die exakte Anordnung der Atome wichtig. Letzteres wäre eine sehr schlechte Nachricht für den möglichen Einsatz von Ein-Atom-Kontakten für integrierte Schaltkreise, denn man müsste die Position der einzelnen Atome genau kontrollieren. Hier kommt einem die Festkörperphysik zu Hilfe: Unter bestimmten äußeren Bedingungen haben die Atome „Lieblingspositionen" und vermutlich aus weiteren quantenmechanischen Gründen heraus Lieblingswiderstände, die in den Maxima der Histogramme sichtbar sind und das Verhalten vorhersagbarer machen.

Die klassisch unerwartet großen Widerstände der Ein-Atom-Kontakte sind nur schwer anschaulich zu erklären. Die quantenmechanische Betrachtung zeigt, dass das bloße Vorhandensein einer Engstelle einen Widerstand erzeugt, da nicht alle einfallenden Moden übertragen werden, selbst wenn diese perfekt, also streuungsfrei leiten.

Diese Tatsache löst auch den scheinbaren Widerspruch zwischen hohem Widerstand und hoher Stromtragefähigkeit auf: Makroskopische Drähte heizen sich auf und brennen schließlich durch, weil die Elektronen bei ihrem Weg durch den Draht an Defekten und durch thermische Schwingungen des den Draht bildenden Gitters stoßen und dabei Energie in Form von Wärme an das Gitter übertragen. Der Widerstand der Ein-Atom-Kontakte dagegen ist ein Wellenanpassungswiderstand. Im Bereich des Kontakts wird keine oder kaum Energie in Wärme umgewandelt, der Kontakt heizt sich also nicht auf.

Die beschriebenen Untersuchungen stellen einen ersten Schritt dar im Hinblick auf den möglichen Einsatz wenigatomiger Bauelemente in einer Elektronik der Zukunft.

Ein interessanter Aspekt dabei ist, dass man durch ein einziges Atom die Eigenschaften eines makroskopischen Stromkreises bestimmen kann. Mit dem derzeitigen Erkenntnisstand kann man sich nur schwer vorstellen, mit einzelnen Atomen hochspezialisierte Bauelemente wie Leistungstransistoren, Dioden o.Ä. zu realisieren. Denkt man jedoch an eine digitale Elektronik, die im wesentlichen mit vier verschiedenen Elementen auskommt –nämlich Kondensatoren, Schaltern, Widerständen und verbindenden Leiterbahnen –, sind die Aussichten gar nicht so schlecht. Auch die Anforderungen an diese Bauelemente lassen sich schnell formulieren: Da der Kondensator als Ladungsspeicher dient, fordert man von ihm eine geringe Leckrate. Der Schalter öffnet oder schließt den Zugang zum Kondensator. Er muss also im geschlossenen Zustand möglichst kleinen Widerstand, im geöffneten Zustand einen hohen Isolationswiderstand besitzen und zuverlässig dazwischen hin- und herschalten. Der Widerstand soll exakt einstellbar und stabil sein. Die Leiterbahn schließlich soll möglichst „unauffällig" sein, also geringen Widerstand und eine hohe Stromtragfähigkeit besitzen. Bevor man über konkrete Einsatzmöglichkeiten spekulieren kann, müssen jedoch einige grundlegende Probleme durchdacht werden, wie z.B. die chemische Stabilität und effiziente Herstellungsverfahren. Wichtig ist es auch, die Positionen der einzelnen Atome bei einem Aufbau von größeren Einheiten „von unten" genau kontrollieren zu können.

Danksagung

Die hier angesprochenen Experimente zu Ein-Atom-Kontakten wurden in Zusammenarbeit mit den Arbeitsgruppen von C. Urbina (Saclay, Frankreich), J.M. van Ruitenbeek (Leiden, Niederlande), N. Agraït (Madrid, Spanien) und A. Martín-Rodero (Madrid, Spanien) durchgeführt und ausgewertet. Mein herzlicher Dank für hilfreiche Diskussionen gilt H. v. Löhneysen, J. Kroha und W. Belzig.

Die Autorin

Elke Scheer
Universität Konstanz

Elke Scheer, geb. 1965 in Mayen bei Koblenz, studierte Physik in Karlsruhe. Nach einem Forschungsaufenthalt in Saclay (Frankreich) war sie wissenschaftliche Assistentin in Karlsruhe und ist seit 2000 Professorin für Experimentalphysik an der Universität Konstanz. Hauptarbeitsgebiet ist die Physik mesoskopischer Systeme. Von Kindheit an ist sie begeisterte Seglerin und verbringt ihre Freizeit überwiegend auf dem Wasser oder beim Restaurieren von Holzbooten.

Interessante Links

http://www.almaden.ibm.com/vis/stm/
http://lions1.LeidenUniv.nl/wwwhome/ruitenbe/goldchains/index.html

Neutronen bringen Licht ins Dunkel

Winfried Petry

Moderne Materialwissenschaften versuchen, die funktionalen Eigenschaften von Werkstoffen auf ihre mikroskopischen Ursachen zurückzuführen. Längst genügt hierzu nicht mehr die Auflösung von sichtbarem Licht, zu weit ist seine Wellenlänge von ca. 0,5 µm entfernt von den atomaren Abständen im Bereich einiger Angström (Å)[1]. Benötigt wird Licht entsprechend kurzer Wellenlänge, um hiermit möglichst universell die atomaren und molekularen Strukturen moderner Werkstoffe sichtbar zu machen. Röntgenstrahlen besitzen beispielsweise diese Eigenschaft. In der speziellen Form von Synchrotronstrahlung stehen Röntgenstrahlen in vor kurzem noch nicht voraussehbarer Intensität den Naturwissenschaftlern und Ingenieuren zur Verfügung. Auch Materiestrahlen haben Wellencharakter, und im Elektronenmikroskop können heute einzelne Atome sichtbar gemacht werden.

Hier wollen wir uns mit einer anderen Materiestrahlung beschäftigen, den *thermischen Neutronen*. Diese Kernbausteine, die ungefähr die Hälfte der uns umgebenden Masse ausmachen, haben als freie Teilchen bei thermischen Energien Wellenlängen in der Nähe von einigen Angström. Soweit ähneln ihre Eigenschaften denen von Röntgenstrahlen oder Elektronen. Anders als diese Strahlen durchdringen sie jedoch mühelos massive Materie. Zehn Zentimeter Aluminium schwächen einen thermischen Neutronenstrahl beispielsweise lediglich um 60 %. Der Grund liegt in der relativ schwachen Wechselwirkung der Atome mit dem elektrisch neutralen und vergleichsweise sehr kleinen Neutron. Dies gilt jedoch nicht für alle Materie, ein Blech Gadolinium von lediglich 4,6 mm Dicke schwächt den selben Neutronenstrahl dagegen um 99,9 %! Etwas präziser ausgedrückt, wechselwirkt das Neutron dominant mit seinesgleichen, das heißt, mit den Kernen der Atome. Und diese können für ein und dasselbe chemische Element eine verschiedene Anzahl von Neutronen haben, man spricht dann von verschiedenen „Isotopen"[2] des Elements. Der Wirkungsquerschnitt variiert deswegen für verschiedene Isotope des selben Elements; so hat zum Beispiel das Wasserstoffisotop „Deuterium" (D) einen um mehr als einen Faktor 10 kleineren Wirkungsquerschnitt für die Streuung von Neutronen, die das Material durchdringen, als das normale Wasserstoffisotop. Ferner ist das Neutron trotz seiner elektrischen Neutralität Träger eines magnetischen Moments, sozusagen ein winzig kleiner Permanentmagnet. Dieses kleine magnetische Moment kann mit dem Träger des Magnetismus in magnetischen Werkstoffen, nämlich den magnetischen Momenten der Atome wechselwirken und somit als Sonde für die mikroskopische Ursache von Magnetismus dienen.

Trifft nun ein Neutron auf ein Atom oder Molekül kann es neben der Reaktion mit den Kernen – dies bedeutet dann Absorption des Neutrons – auch einen rein elastischen oder unelastischen Stoßprozess durchführen. Im Fall eines unelastischen Stoßprozesses nimmt das

---

[1] Ein Angström (1 Å) ist 0,1 Nanometer (nm) oder 0,0000000001 Meter.
[2] Isotop: Aus dem Altgriechischen „ísos" für „gleich" und „topos" für „Platz, Stelle". Damit ist gemeint, dass die Isotope eines Elements die gleiche Stelle im Periodensystem der Elemente einnehmen.

Neutron Bewegungsenergie auf oder gibt sie ab. Die Quantenmechanik lehrt uns, dass dieser Geschwindigkeits- oder Energieübertrag nur in Einheiten der Schwingungsfrequenz des gebundenen Atoms im Festkörper stattfinden kann. Naturgemäß haben thermische Neutronen ungefähr die gleiche mittlere Geschwindigkeit oder Bewegungsenergie wie die inneren Bewegungen in fester Materie. Diese lapidare Feststellung ist leicht einsehbar: Die Masse eines Neutrons ist von der gleichen Größenordnung wie die eines einzelnen Atoms. Die Energie oder Geschwindigkeit eines Neutrons ändert sich also drastisch beim unelastischen Streuprozess in der Probe. Sie ist deshalb eine einmalige Sonde, um Amplitude und Richtung der inneren Bewegungen in einer Probe zu messen.

1   Beispiele

Abbildung 1 zeigt eine einfache, aber extrem aussagekräftige Anwendung von Neutronenstrahlen im Ingenieurwesen. Hier wurden Radiographien, also Durchleuchtungen, von ca. 200 verschiedenen Positionen einer Turbinenendschaufel eines Jet-Triebwerkes aufgenommen. Anschließend wurden sie in einem leistungsfähigen Rechner zu einem dreidimensionalen Pixelbild zusammengesetzt, das die unterschiedliche Schwächung des Neutronenstrahls beim Durchgang durch das Material der Turbinenschaufel wiedergibt. So kann auf dem Bildschirm in Fehlfarben das dreidimensionale Innenleben komplizierter technischer Objekte mit einer Ortsauflösung von ca. 100 μm sichtbar gemacht werden [1]. Diese Methode wird als „Tomographie" bezeichnet und ist aus ihrer medizinischen Anwendung bekannt. Im Gegensatz zu Röntgenstrahlen können die Neutroncn jedoch sehr massive metallische Werkstücke durchleuchten und dabei auch sehr verschiedene Materialien kontrastreich darstellen. So kann mit intensiven Neutronenstrahlen der Ölfilm auf der Kurbelwelle eines laufenden Ottomotors sichtbar gemacht werden. Für Ingenieure ist bei dieser Methode besonders wichtig, dass sie die gewünschte Information aus dem Inneren eines Werkstücks erhalten, ohne es zerstören zu müssen. Das eben beschriebene Verfahren ist im eigentlichen Sinne keine Mikroskopie. Zwar macht es das verborgene Innere eines Werkstückes sichtbar, die Ortsauflösung der Strukturen hängt jedoch allein von der Ortsauflösung verfügbarer Detektoren beziehungsweise verfügbarer Strahldivergenzen ab. Diese Anwendung ist also – im Gegensatz zur Mikroskopie[3] – unabhängig von der Welleneigenschaft des Neutronenstrahls.

Das geschieht durch positive Interferenz seines Wellenfeldes mit den hochgeordneten Bausteinen dieses Mikrokristalls, wie das die sogenannte „Bragg-Gleichung" mathematisch beschreibt. Hier handelt es sich also nicht um Transmission, sondern um Ablenkung eines Neutronenstrahls um den Beugungswinkel 2θ, ähnlich der Ablenkung des Lichtes in einem Prisma in Abhängigkeit von der Farbe oder Wellenlänge des Lichtes. Die Bragg-Gleichung

$n \lambda = 2\, d \sin\theta$

enthält eine wichtige Abhängigkeit vom Abstand d der Gitterebenen der Atome im einkristallinen Mikrokristall. Die natürliche Zahl n beschreibt hier die Möglichkeit, dass ein ganzes Vielfaches der Wellenlänge unter dem gleichen Winkel gebrochen wird. Das Ausmessen der Winkelposition der gebeugten Strahlen an den verschiedenen möglichen Gitterebenen eines

---

[3] Bei der echten Mikroskopie ist der Ortsauflösung durch die Wellenlänge der Neutronen (oder z.B. bei Lichtmikroskopen die Wellenlänge der Lichtquanten) eine prinzipielle Grenze gesetzt.

Mikrokristalls erlaubt es dann, mithilfe der Bragg-Gleichung die Anordnung der Atome im Kristallgitter zu bestimmen.

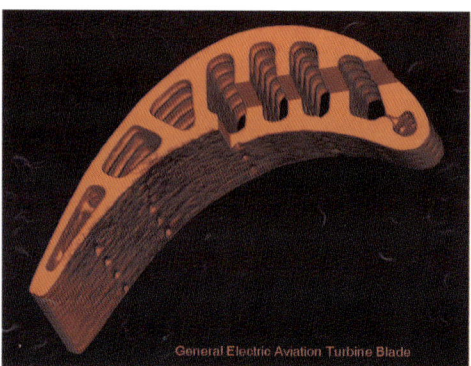

Abb. 1: Neutronen-Tomographie einer Turbinenendschaufel. Die Kühlkanäle mit Luftauslass sind deutlich zu erkennen [1].

Anders verhält es sich bei der elastischen Bragg-Streuung von Neutronen an einem Werkstück. An den Mikrokristallen einer Probe wird ein vorher monochromatisch präparierter Neutronenstrahl in eine bestimmte Richtung gebeugt[4].

Abbildung 2 zeigt die so bestimmte kristalline Anordnung der einzelnen Atome in $YBa_2Cu_3O_7$, einem Oxid, welches bei der Temperatur von Flüssigstickstoff[5] bereits Supraleitung zeigt [2]. Wegen der angepassten Wellenlänge ist die Ortsbestimmung mit einigen 0,01 Å hier besonders genau. Diese Präzision ist notwendig, um konkurrierende Erklärungsmodelle für das Phänomen der Supraleitung zu testen. Hier erkennen wir, wie das Wort Mikroskopie im Sinne eines Streuexperiments gemeint ist. Die Winkelpositionen der Intensitätsmaxima und -minima lassen sich in eine dreidimensionale Anordnung von Atomen mit Sub-Angström-Auflösung umrechnen. Physiker sprechen von einer Aufnahme im sogenannten „reziproken Raum": Gemäß der Bragg-Gleichung ergibt ein umso größerer Abstand d eine umso kleinere Winkelposition θ.

Abbildung 3 zeigt dieses Prinzip der „Mikroskopie in einem reziproken Raum" besonders eindrucksvoll. Die vielleicht einige hundert hellen Spots auf dem Neutronen-empfindlichen Film sind die Bragg-Positionen eines thermischen Strahls von Neutronen, elastisch gestreut an einem winzigen Einkristall des Proteins Lysozym. Zwar werden zunächst fast alle Proteinstrukturen mit der Streuung von Röntgen- beziehungsweise Synchrotronstrahlung aufgeklärt.

---

[4] Unter Beugung verstehen Physiker folgenden Effekt. Wenn eine Welle auf Objekte trifft, deren Abmessungen in etwa der Wellenlänge der Welle entsprechen, dann wird die Welle von ihnen beeinflusst. Sie weicht nach der Beugung von der ursprünglichen Ausbreitungsrichtung ab bricht u. U. in ein komplexes Muster von Wellenbergen und -tälern auf. Dadurch können Wellen sogar „um die Ecke" laufen, z.B. kann man deshalb Schall um Häuserecken herum hören. Auch Teilchen können gebeugt werden, weil sie nach der Quantenmechanik grundsätzlich auch Welleneigenschaften haben. Strahlt man z.B. Neutronen auf einen Kristall, deren Wellenlänge in etwa dem Abstand der Atome im Kristallgitter entspricht, dann werden sie gebeugt. Das Muster der gebeugten Neutronen enthält Informationen über die Geometrie des Kristallgitters und seine Fehler. Das wird bei den hier vorgestellten Verfahren genutzt.

[5] Der Siedepunkt von flüssigem Stickstoff liegt bei –195,8 °C. Herkömmliche Supraleiter zeigen das Phänomen der Supraleitung (u.a. widerstandsfreier Fluss elektrischen Stroms) erst bei deutlich tieferen Temperaturen im Bereich von –250 bis –270 °C.

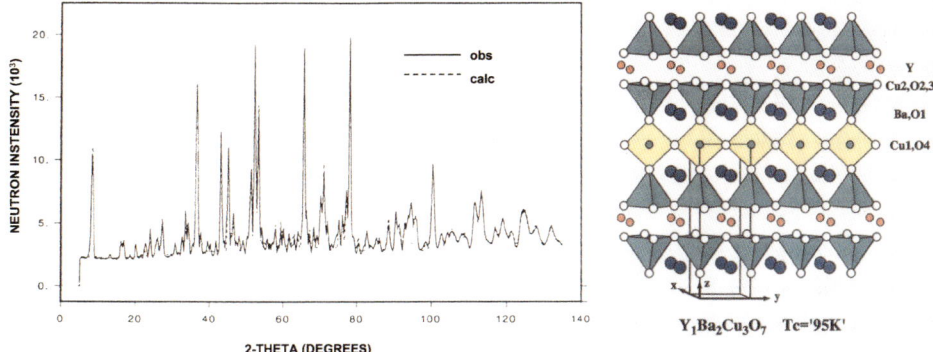

Abb. 2: Links: Ein „Pulverdiffraktogramm", das die Zählrate in Abhängigkeit von der Winkelposition des Detektors für eine $YBa_2Cu_3O_7$-Probe bei 10 Kelvin (K) im supraleitenden Zustand darstellt. Rechts: Durch Einsetzen der gemessenen Winkelpositionen bei bekannter Wellenlänge λ in die Bragg-Gleichung lassen sich aus diesem Pulverdiffraktogramm die Positionen der Atome im supraleitenden $YBa_2Cu_3O_7$-Kristall bestimmen [2].

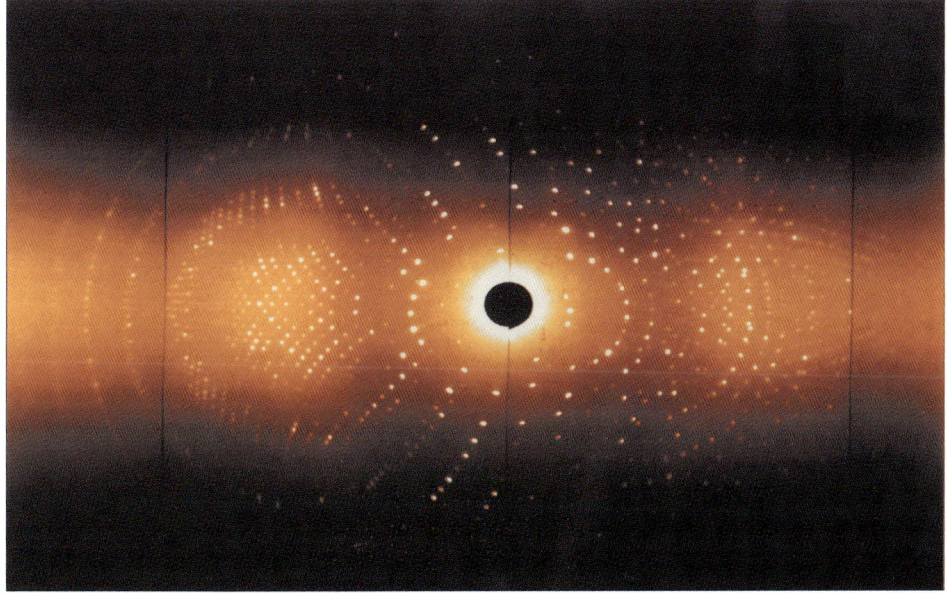

Abb. 3: Laue-Aufnahme eines perdeuterierten Lysozym-Einkristalls [3].

Wegen der sehr schwachen Streuung der Röntgenstrahlen an den Wasserstoffatomen spiegeln die so gefundenen Ergebnisse im Wesentlichen die Struktur des Kohlenstoffrückgrades des Biopolymers wider. Die Wasserstoffprotonen können in günstigen Fällen jedoch gezielt durch das chemisch äquivalente Deuterium ersetzt werden. Neutronenstreuung erfasst dann selektiv die für die Funktion von Proteinen so wichtige Hydrathülle. Im genannten Beispiel

des Lysozyms wurden so 157 Positionen von gebundenen D$_2$O-Molekülen[6] in der Hydrathülle
bestimmt [3].

Durch Blenden wird ein feiner Neutronenstrahl präpariert und auf eine Probe, ein massives
metallisches Werkstück, gerichtet und gemäß der Bragg-Gleichung darin gebeugt. Dieser
Strahl definiert zunächst ein kleines Volumenelement innerhalb des metallischen Werkstücks.
Bei intensiven Neutronenstrahlen kann dieses Volumen deutlich kleiner als 1 mm^3 sein.
Kleinste Änderungen des Bragg-Winkels ($\Delta\theta \propto \Delta d$) an verschiedenen Orten spiegeln ent-
sprechend der Beziehung

$$\sigma = E\,\Delta d/d$$

die verschiedenen inneren Spannungen σ des Werkstücks wider (E ist das „Elastizitätsmo-
dul"). Abbildung 4 zeigt den Aufbau einer solchen Messung an einer Kurbelwelle. Mit Hilfe
dieser Messungen konnte die durch Tiefwalzen eingestellte Druckspannung im Bereich der
Lagerung der Kurbelwelle optimiert werden. Insgesamt führte dies zu einer Erhöhung der
Biegesteifigkeit um einen Faktor zwei [4, 5].

Abb. 4: Montage der Kurbelwelle auf dem Neutronendiffraktometer zum Ausmessen der inneren Spannungen,
die durch Festwalzen bei der Produktion entstanden sind [4, 5].

Um die mikroskopische Ursache der Eigenschaften eines untersuchten Materials zu erklären, wird in einem ersten Schritt die Position der Atome bestimmt. Von ähnlicher Bedeutung ist das Wissen über innere Dynamik des Materials. Beispielsweise teilt zwar die Protein-
struktur des Sauerstoffspeichers Myoglobin mit, wo der Sauerstoff in der sogenannten
„Hämtasche" dieses Moleküls gebunden ist. Sie löst aber nicht das Rätsel, wie der Sauerstoff
in das Innere des dichtest gepackten Proteins gerät. Spektroskopie mit Neutronen, d. h. das
Ausmessen der Energieänderung der gestreuten Neutronen, kann solche Fragen beantworten.
Abbildung 5 zeigt die Interpretation einer solchen Messung. Fluktuationen im Bereich von
Nanosekunden[7] der Substrukturen des Polypeptids sorgen für einen füssigkeitsähnlichen Be-
wegungsmechanismus. Nur weil Teile des eigentlich hoch geordneten Proteins auf kurzer

---

[6] D$_2$O ist schweres Wasser. Bei „normalem" leichtem Wasser sitzt Wasserstoff (H) anstelle des Wasserstoffiso-
tops Deuterium, deshalb ist seine chemsche Formel H$_2$O.
[7] Eine Nanosekunde ist eine milliardstel Sekunde.

Zeitskala zwischen verschiedenen Strukturvarianten hin und her fluktuieren, gelingt es dem Sauerstoff, in die Hämtasche zu gelangen [6,7].

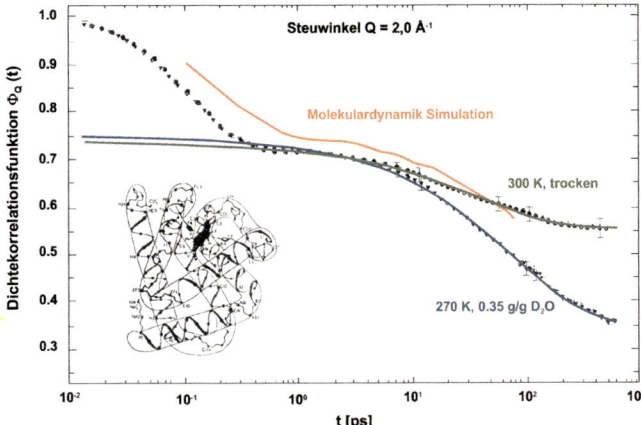

Abb. 5: Dichtefluktuationen in trockenem und hydratisiertem Myoglobin. Lediglich in der hydratisierten Probe relaxieren Dichtefluktuation auf einer Zeitskala von einigen Nanosekunden. Ein ähnliches Verhalten der zeitlichen Fluktuation beobachtet man in zähen Flüssigkeiten [6, 7].

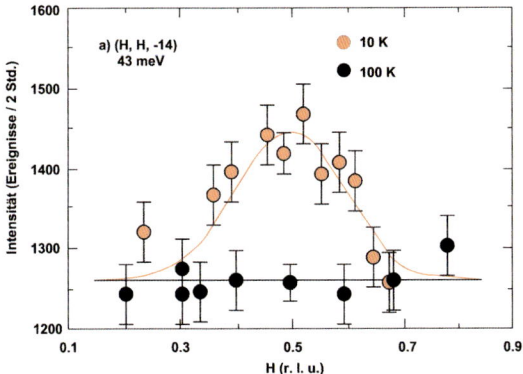

Abb. 6: Mit einem Energieübertrag von 43 meV[8] unelastisch gestreute Intensität von Neutronen an $Bi_2Sr_2CaCu_2O_{8+\delta}$ am Rand der reziproken Einheitszelle. Im supraleitenden Zustand (T zwischen 0 und 91 K) gibt es zusätzliche Intensität, welche im normalleitenden Zustand ($T > 91$ K) verschwindet. Die Ausrichtung des magnetischen Moments der gestreuten Neutronen bestätigt, dass es sich hier um eine magnetische Anregung handelt [8].

Es ist erkennbar, dass beim Beispiel der Hochtemperatursupraleiter der Zusammenhang zwischen Struktur und Bewegung eine ähnliche Bedeutung für das Verständnis einer Materialklasse hat wie bei den eben gestrefen Biomolekülen. Bei den Hochtemperatursupraleitern tragen Sauerstoffatome im Kristallgitter entscheidend zum Effekt der Supraleitung bei. Neutronenbeugung hat sicherlich die genauesten Positionen des Sauerstoffs in diesen supraleiten-

---

[8] meV: Milli-Elektronenvolt. Ein Elektronenvolt oder 1 eV ist die kinetische Energie, die ein einfach geladenes Teilchen gewinnt, wenn es eine Potenzialdifferenz von einem Volt durchquert.

den Keramiken ergeben (siehe Abb. 2). Was aber ist der dominierende Grund für den verlust-
freien Transport der Elektronen in diesen Materialien? Die wohl überraschendes Beobachtung
ist, dass Schwingungen der magnetischen Momente – sogenannte Magnonen – eine wichtige
Rolle spielen. Abbildung 6 zeigt den Befund unelastischer Neutronenstreuung am Supraleiter
$Bi_2Sr_2CaCu_2O_{8+\delta}$ [8].

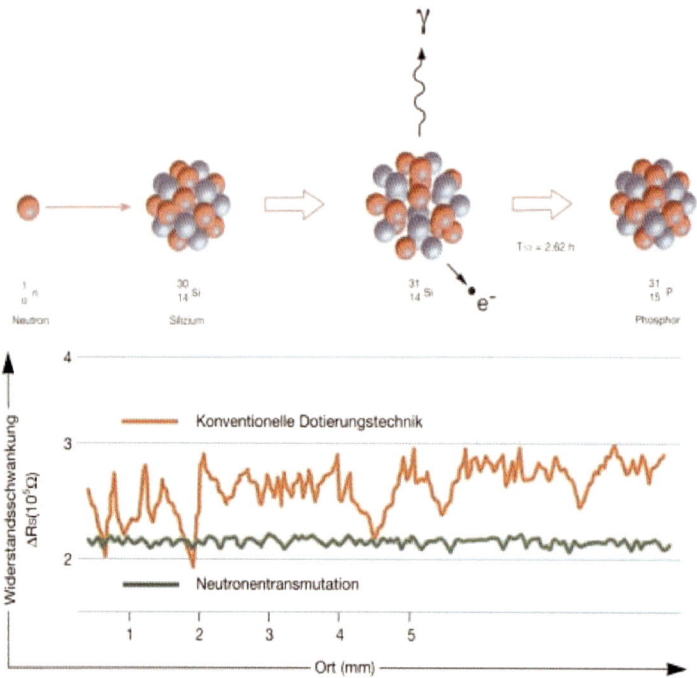

Abb. 7: Unterschiedlich homogene Widerstandsverteilung von konventionell dotierten Silizium-Wafern und
solchen, die mittels der Neutronentransmutation dotiert sind [9].

Die Neutronenstreuung kann durch Analyse der Ausrichtung des magnetischen Moments
des Neutrons vor und nach dem Streuprozess genau separieren zwischen Schwingungen des
atomaren Gitters („Phononen") und den magnetischen Momenten. Der Befund ist eindeutig:
Die Existenz von Magnonen ist gekoppelt an den Zustand der Supraleitung. Das ist überraschend, war man doch lange Zeit der Meinung, dass die Existenz von Magnetismus und die
Kopplung von Elektronenpaaren, welche bei Supraleitung die Träger des widerstandsfreien
Stromtransports sind, sich ausschließen.[9] Die vollständige Klärung des Mechanismus der
Hochtemperatursupraleitung bedarf sicherlich noch vieler weiterer Experimente.
    Ein letztes Beispiel illustriert die Bedeutung von Neutronen im industriellen Produktions-
prozess. Die homogenste n-Dotierung[10] von hochreinem Silizium wird durch die Neutro-

---

[9] In der herkömmlichen Theorie zur Supraleitung zerstören Magnetfelder ab einer bestimmten Stärke den Effekt
der Supraleitung.
[10] Bei der Dotierung werden in das reine Silizium-Kristallgitter gezielt andere Atome als „Fehlstellen" eingebracht. Bei der n-Dotierung (n für negativ) stellen diese Fremdatome („Elektronendonatoren") ein freies Elektron für die Leitung des elektrischen Stroms bereit, typischerweise wird dazu Phosphor (P) genommen. Bei der p-

nentransmutation erreicht. Massive Einkristalle aus dem Halbleiterrohstoff Silizium – zum Beispiel mit einer Höhe von 50 cm und einem Durchmesser von 20 cm – werden in ein homogenes Feld von thermischen Neutronen eingebracht. Die Neutronen werden dann durch eine Kernreaktion von dem mit 2 % Häufigkeit vorkommenden Silizium-30-Isotop eingefangen und transmutieren dieses zu stabilem, also nicht radioaktivem Phosphor-31, welches ein guter Elektronendonator ist (siehe Abb. 7). Diese Art von Dotierung ist homogener als die nachträgliche Dotierung von Silizium-Wafern mit klassischen Methoden des Ionenbeschusses oder Diffusionstechniken. Insbesondere für großvolumige Leistungshalbleiter wird so dotiertes Silizium benötigt. Der heutige Weltmarkt beträgt ca. 140 Tonnen jährlich [9].

2   Die neue deutsche Neutronenquelle FRM II

Im Oktober 1957 ging nach nur 11 Monaten Bauzeit der Forschungsreaktor München (FRM) in Betrieb. Er wurde durch die Technische Universität München errichtet und war Deutschlands erste kerntechnische Einrichtung. Ihm folgten weitere Neutronenquellen in Deutschland. Mehr als 40 Jahre später und in unmittelbarer Nachbarschaft zum FRM auf dem Campus in Garching erbaut die Technische Universität München heute eine neue leistungsstarke deutsche Neutronenquelle, den FRM II [10]. Der Bau ist weitgehend abgeschlossen und für 2001 ist die nukleare Inbetriebnahme vorgesehen. Als moderne Hochflussquelle, welche im Herzen eines Universitätscampus steht, wird Sie der Forschung, Ausbildung und industriellen Nutzung auf Gebieten wie Physik, Chemie, Biologie, Geologie, Materialwissenschaften, Ingenieurwesen und Medizin dienen.

Um höchste Intensität thermischer Neutronen unter geringstem Einsatz von nuklearem Inventar zu liefern, hat der FRM II lediglich ein Kompaktbrennelement mit ca. 8 kg hochangereichertem Uran-235 und einer maximalen Brennstoffdichte von 3 g/cm^3. Bei einer thermischen Leistung von 20 Megawatt (MW) kann der Reaktor 52 Tage mit einem Brennelement betrieben werden. Der geringe Durchmesser des Brennelements von nur 24 cm gewährleistet eine hohe Leckrate von schnellen Neutronen in den D$_2$O-Moderator hinein. Dort baut sich in einem Abstand von ca. 12 cm um den Brennelementrand ein maximaler Fluss von thermischen Neutronen von 8×10^{14} n/(cm^{2}s) auf [11].[11]

Die optimale Nutzung der Neutronen für ein breites Einsatzgebiet erfordert eine dem jeweiligen Zweck angepasste Moderierung ihres Energiespektrums. So erlaubt es die geringe thermische Leistung von 20 MW, einen 20 Kelvin kalten Moderator von ca. 30 Liter flüssigem D$_2$ im Maximum des thermischen Flusses zu positionieren. Es wird ein Fluss kalter, langwelliger Neutronen von ähnlicher Intensität wie an der weltweit leistungsfähigsten Quelle, dem Forschungsreaktor am Institut Laue Langevin erreicht. Die Kalte Quelle ist leicht untermoderiert und generiert deshalb eine besonders breite Wellenlängenverteilung. An anderer Stelle im Flussmaximum ist ein Graphitblock installiert, welcher sich durch Gammaaufheizung und Neutroneneinfang zu 2400 °C erwärmt und so besonders kurzwellige Neutronen erzeugt.

Dotierung (p für positiv) erzeugt das Fremdatom ein „Loch" in den Elektronenbindungen des Kristallgitters. Dieses Loch verhält sich im Gitter wie ein positiv geladener Ladungsträger. Elektronische Grundbausteine wie Dioden, Transistoren etc. bestehen aus mehreren Schichten, die abwechselnd n- und p-dotiert sind. Die Anforderungen an die Homogenität der Dotierung wachsen mit der Miniaturisierung der elektronischen Chips.

[11] Es fließen also 80 000 000 000 000 Neutronen (n) pro Sekunde durch einen Quadratzentimeter Fläche.

Mittels Neutroneneinfang und anschließenden Kernreaktionen lassen sich auch andere Strahlenquellen mit bisher nicht erreichter Intensität erzeugen. Unmoderierte Spaltneutronen mit einer Energie von MeV oder einer Temperatur von einigen 10^{10} °C werden durch Neutroneneinfang am äußeren Rande des Moderators in einer Uran-235-(Konverter-)Platte generiert. Unmoderiert werden sie zur Tumorbestrahlung und Neutronenradiographie benutzt. In einem weiteren Strahlrohr werden die von einem Cadmiumblech erzeugten hochenergetischen Gammastrahlen durch Paarerzeugung in Elektronen und ihre Antiteilchen, den Positronen verwandelt. Letztere werden durch ein elektromagnetisches Führungsfeld zu Experimentierplätzen mit der weltweit höchsten Intensität an thermischen Positronen geführt werden. Ein weiteres, beidseitig durch die Reaktorabschirmung hindurch führendes Strahlrohr dient zur Erzeugung intensiver Spaltfragmentstrahlen, welche dann für die Erzeugung ultraschwerer Kerne oder trägerfreier Radioisotope verwendet werden können.

Insgesamt ragen 12 Strahlrohre in den D_2O-Moderator, drei von ihnen schauen auf die Kalte Quelle. Das größte dieser Rohre bedient sechs Neutronenleiter, welche in eine große Experimentierhalle führen. Auf die Heiße Quelle und den Neutronenkonverter schauen jeweils ein Strahlrohr. Alle anderen Strahlrohre sind direkt auf den thermischen Moderator ausgerichtet. Sie sind zum Kompaktkern tangential angeordnet, um möglichst wenig schnelle Untergrund-Neutronen aus dem Reaktorkern zu den Experimentierplätzen durchkommen zu lassen. Neben der geringen thermischen Leistung selbst ist dies eine der Hauptmaßnahmen, um nicht nur intensive, sondern auch möglichst Untergrund-freie Strahlen von Neutronen zu erhalten.

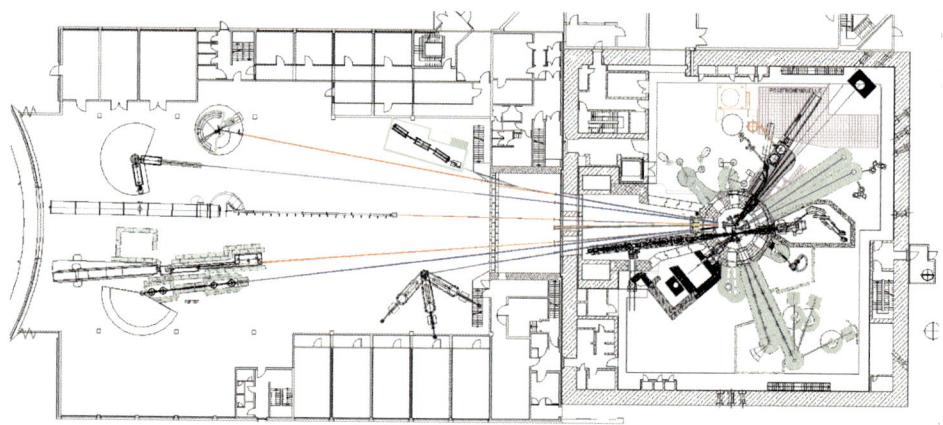

Abb. 8: Belegungsplan der Experimentierhalle und der Neutronenleiterhalle des FRM II. Zu den entfernteren Instrumenten werden die Neutronen durch Neutronenleiter hingeführt [13].

Als neutrale Teilchen lassen sich Neutronen in erster Ordnung nicht elektromagnetisch leiten. Der Neutronenfluss nimmt deshalb quadratisch mit dem Abstand von der Punktquelle ab. Deshalb sind alle Instrumente, welche thermische und heiße Neutronen benutzen möglichst unmittelbar hinter dem biologischen Schild mit einem Radius von ca. 4 m um das Brennelement angeordnet. Auf Grund ihres Wellencharakters gehorchen Strahlen thermischer Neutronen auch der Optik, d. h. sie erleiden Totalreflexion an ebenen Flächen. Wegen des relativ kleinen Brechungsunterschiedes für Neutronenwellen zwischen Vakuum und Materie ist der maximale Winkel für Totalreflexion jedoch sehr klein, zum Beispiel für eine ebene Nickeloberfläche und Neutronen der Wellenlänge $\lambda = 6$ Å ca. $0,7°$. Kalte Neutronen lassen sich also in sogenannten Neutronenleitern unter Totalreflexion an den Leiterinnenflächen zu weiter entfernten Experimentierplätzen leiten. Dieses Prinzip wurde zu Beginn der sechziger Jahre am „Atomei" der Technischen Universität München entdeckt und anschließend an anderen Zentren weiterentwickelt. Heute können Neutronenleiter mit wesentlich größerer Winkeldivergenz hergestellt werden. Anstatt nur einer Beschichtung werden mehrere hundert Schichten von metallischen Legierungen verschiedener optischer Dichte und Dicke auf Glas aufgedampft, so dass an den Winkel der Totalreflexion sich ein weiter Bereich von Bragg'scher Beugung (Diffraktion) von Neutronen anschließt. Am FRM II werden Neutronenleiter mit einem bis zu einem Faktor 4 erweiterten Winkel der Totalreflexion eingesetzt. Abbildung 8 zeigt wie die Neutronenleiter die Instrumente in der Neutronenleiterhalle versorgen.

Bereits zu Beginn des Routinebetriebs wird der FRM II eine breite Palette von Experimentiereinrichtungen deutschen und internationalen Nutzern zur Verfügung stellen [12,13]:

- Mehrere Bestrahlungspositionen mit einem Fluss von 5×10^{12} n/(cm²s) bis 4×10^{14} n/(cm²s), möglichen Aktivierungszeiten von 300 Millisekunden bis mehrere Wochen, und kleinsten Volumen bis zu Silizium-Rohlingen von 50 cm Länge und 20 cm Durchmesser.
- Bestrahlungsanlage zur klinischen Tumorbehandlung.
- Radiographie und Tomographie mit thermischen und schnellen Neutronen.
- Instrumente zur Strukturbestimmung: Materialdiffraktometer für innere Spannungen und Texturen, Einkristalldiffraktometrie mit heißen und thermischen Neutronen, Pulverdiffraktometer, Reflektometrie für weiche, harte und magnetische Materialien.
- Instrumente zur unelastischen Neutronenstreuung: Neutronenresonanz-Spinecho-Spektrometer, Rückstreuspektrometer, Flugzeitspektrometer, jeweils ein Dreiachsenspektrometer für kalte und thermische Neutronen und ein weiteres an einem Leiter für polarisierte thermische Neutronen.
- Kalter Neutronenleiter für Experimente zur Optik mit Neutronen.
- Positronenquelle mit einem Fluss langsamer Positronen (p) von ca. 5×10^9 p/(cm²s).

Zwei ehrgeizige Projekte sind in der Planungsphase:
- Intensive Quelle ultrakalter Neutronen zum Studium der fundamentalen Kräfte.
- Intensiver Strahl von Spaltprodukten zur Bereitstellung trägerfreier Radioisotope mittlerer Masse und zur Erzeugung langlebiger superschwerer Elemente.

3   Ausblick

Neutronen – elementare Bausteine der uns umgebenden Materie – durchdringen mühelos massive Objekte. So ist heute mit der Neutronen-Tomographie die dreidimensionale Darstellung des Inneren eines Automotors möglich. Obwohl Neutronen massive Teilchen sind, haben sie Wellencharakter. Ihre Wellenlängen haben die Dimension von Atomabständen und sie bewegen sich in Materie mit ähnlichen Geschwindigkeiten wie die der Wärmebewegung. Deshalb kann man mit ihrer Hilfe die atomaren Ursachen von Mikrorissen zum Beispiel in massiven Eisenbahnrädern oder etwa den Weg des Sauerstoffs in dem Protein Hämoglobin verfolgen. Das magnetische Moment der Neutronen ist auch eine ideale Sonde, um zu einem mikroskopischen Verständnis moderner magnetischer Speichermaterialien zu gelangen.

Mit der bevorstehenden Inbetriebnahme des FRM II steht deutschen Wissenschaftlern eine im internationalen Vergleich brillante und vielseitig einsetzbare Quelle zur Verfügung. Ihre intensive Nutzung dürfte die Grundlage bilden für ein noch ehrgeizigeres Ziel im nächsten Jahrzehnt, dem Bau einer europäischen Spallationsneutronenquelle [14]mit deutlich höheren zeitlich gepulsten Spitzenflüssen.

Der Autor

Winfried Petry
Fakultät für Physik an der Technischen Universität München

Winfried Petry wurde 1951 in Trier geboren. 1970–1976 Studium der Physik am Physik-Department der Technischen Universität München. 1982 Promotion an der Freien Universität Berlin. 1983–1992 Wissenschaftlicher Mitarbeiter am Institut Laue Langevin, Grenoble. 1992 Habilitation an der Sektion Physik der LMU München, seit 1992 ordentlicher Professor für Experimentalphysik am Physik-Department der Technischen Universität München. Forschungsschwerpunkte: unelastische Streuung von Licht, Neutronen und Synchrotronstrahlung, Gitterdynamik von Hochtemperaturphasen, Dynamik des Flüssig-Glasübergangs, metallische Gläser, Dynamik von Proteinen. Weitere Tätigkeiten: 1996–1998 Dekan der Fakultät für Physik an der Technischen Universität München; seit 1999 Sprecher des Direktoriums FRM II, verantwortlich für den Experimentierbetrieb am FRM II.

Literatur

[1] B. Schillinger, R. Gebhard, B. Haas, W. Ludwig, C. Rausch, U. Wagner: *3-D Neutron Tomography in Material Testing and Archeology.* Proc. Vth World Conf. on Neutron Radiogrphy, Berlin, 1996, DGZfP, 688-693 (1997)

[2] R.J. Cava, A.W. Hewat, E.A. Hewat, B. Batlogg, M. Marezio, K.M. Rabe, J.J. Krajewski, W.F. Peck, L.W. Rupp: *Structural anomalies, oxygen ordering and superconductivity in oxygen deficient $Ba_2YCu_3O_{7-x}$.* Physica C **165**, 419 (1990)

[3] N. Niimura, Y. Minezaki, T. Nonaka, J.C. Castagna, F. Cipriani, P. Hoghoj, M.S. Lehmann, C. Wilkinson: *Neutron Laue diffractometry with an imaging plate provides an ef-*

fective data collection regime for neutron protein crystallography. Nature strucural biology **4**, 909-914 (1997)

[4]   H.M. Mayer, C. Achmus, A. Pyzalla, W. Reimers: *Neutron and X-Ray Diffraction Analysis of the Influence of Induction Hardening and Deep-Rolling on the Residual Stresses in Crankshafts.* Materials Science Forum **347-349**, 340-345 (2000)

[5]   Ch. Achmus, W. Reimers, H. Wohlfahrt: *Eigenspannungen in festgewalzten Bauteilen.* Materialprüfung **40**, 88-91 (1998)

[6]   W. Doster, St. Cusack, W. Petry: *Dynamical instability of liquidlike motions in globular protein observed by inelastic neutron scattering.* Phys.Rev.Lett. **65**, 1080-1084 (1990)

[7]   Settles, M.: *Die Zeitabhängigkeit und die Geometrie der intramolekularen Dynamik globulärer Proteine bis 100 ps aus Neuztronenstreudaten.* Doktorarbeit. Technische Universität München (1996)

[8]   H.F. Fong, P. Bourges, Y. Sidis, L.P. Regnault, A. Ivanov, G.P. Gu, N. Koshizuka, B. Keimer: *Neutron scattering from magnetic excitations in $Bi_2Sr_2CaCu_2O_{8+\delta}$.* Nature **398**, 588-591 (1999)

[9]   *Neutrons for Industry and Medicine.* Schriftenreihe der Technischen Universität München (2000), erhältlich über Pressereferat FRM II

[10] mehrere Beiträge zum Konzept des FRM II in Jahrestagung Kerntechnik 1999. Fachsitzung: *Die neue Forschungsneutronenquelle* FRM II.

[11] *FRM II.* Schriftenreihe der Technischen Universität München (2000), erhältlich über Pressereferat FRM II

[12] W. Petry: *The New German Neutron Source FRM II.* In: Proc. IAEA Symp. On Research Reactor Utilization, Safety and Management, Lisbon, Sept. 1999, IAEA-SM-360/39 (1999)

[13] *Instrumentier- und Forschungseinrichtungen am FRM II.* Schriftenreihe der Technischen Universität München (2000), erhältlich über Pressereferat FRM II

[14] *Forschung mit Neutronen in Deutschland – eine Strategie für die nächsten 15 Jahre* (1999). Erhältlich über Komitee für die Forschung mit Neutronen, Vorsitzender Prof. Werner Press, Universität Kiel

Ich sehe was, was du nicht siehst – Von Röntgens Röhre zum Röntgenlaser

Jochen R. Schneider und Rolf Treusch

1   Wie alles begann: Das klassische „Röntgen"

Seit ihrer Entdeckung im Jahre 1895 ist die Faszination von Röntgenstrahlung in Wissenschaft und Technik, insbesondere aber auf Grund der zahlreichen Anwendungen in der Medizin, ungebrochen. Als Wilhelm Conrad Röntgen den Knochenbau seiner eigenen Hand der wissenschaftlichen Öffentlichkeit vorführte, war das – wie wir heute sagen würden – eine Sensation. Die Möglichkeit Dinge sichtbar machen zu können, die dem Auge verborgen sind, das Innere von Gliedmassen lebender Menschen schmerzfrei abbilden zu können, das bewegte die Zeitgenossen. Das war etwas ganz Neues, und jeder konnte es verstehen.

Offenbar konnten Röntgenstrahlen zerstörungsfrei Materie durchdringen, und die Ursache dafür lag in der vergleichsweise hohen Energie dieser Photonen (Lichtquanten). Hohe Energie bedeutet aber auch kurze Wellenlänge der Strahlung, und damit eröffnete sich neben dem reinen „Durchleuchten" das zweite große Anwendungsgebiet der Röntgenstrahlen. Ihre Wellenlänge ist mehr als tausendfach kürzer als die des sichtbaren Lichts und damit etwa so groß wie der Abstand zwischen Atomen in Materie. Man hat also das Licht für eine Art „Supermikroskop" zur Verfügung, um Stoffe auf atomarer Längenskala zu charakterisieren. In solchen Experimenten beleuchtet man beispielsweise eine Probe mit einem möglichst parallelen Röntgenstrahl einer festen Wellenlänge, misst dann die gestreute Strahlung und rekonstruiert daraus die atomare oder molekulare Struktur des untersuchten Stoffs. Dafür sollte die Strahlungsquelle bezogen auf Quellgröße und Öffnungswinkel der Abstrahlung eine möglichst hohe Intensität liefern, mit anderen Worten: Man suchte eine Quelle mit möglichst hoher „Leuchtstärke". Hier haben klassische Röntgenquellen – z.B. Röntgenröhren, wie man sie auch beim Arzt findet – ihre Grenzen, da ihre Strahlung ungebündelt in einen weiten Raumwinkelbereich abgestrahlt wird.

2   „Mehr Licht": Die Synchrotronstrahlung

Der Fortschritt kam, als man in den 60er-Jahren die Vorzüge der Synchrotronstrahlung entdeckte. Sie wird abgestrahlt von Elektronen, die sich mit nahezu Lichtgeschwindigkeit auf Kreisbahnen in so genannten Synchrotrons (daher der Name) oder Speicherringen bewegen. Die Synchrotronstrahlung war anfangs eher ein „Abfallprodukt" dieser Kreisbeschleuniger, die ursprünglich ausschließlich für Experimente der Elementarteilchenphysik gebaut wurden. Relativ bald erkannte man aber ihr großes Potential: Synchrotronstrahlung ist sehr stark nach vorne gebündelt und hochintensiv (mehr als eine millionmal „heller" als die klassische Röntgenröhre). Das Energiespektrum der Strahlung reicht im Wellenlängenbereich vom sichtbaren Licht über die ultraviolette (UV) Strahlung bis zu den hochenergetischen, kurzwelligen Röntgenstrahlen. Die Strahlung ist in der Speicherring-Ebene linear, oberhalb und unterhalb zirkular polarisiert1 und besitzt eigentlich alle Eigenschaften, die man sich für Strahlung zur Untersuchung von Materie auf atomaren Größenskalen wünscht. Hinzu kommt, dass die Elektronen in Form kurzer Pakete im Speicherring „kreisen" und die erzeugte Strahlung somit gepulst ist. Man hat gewissermaßen eine „Stroboskop-Lampe" , deren Lichtblitze beispielsweise Momentaufnahmen von Molekülbewegungen, d.h. zeitaufgelöste Studien, erlauben.

Abb. 1 zeigt die Zunahme der Leuchtstärke von Röntgenquellen seit Röntgens Entdeckung. Durch den Fortschritt bei den Synchrotronstrahlungs-Quellen wurde in den letzten 40 Jahren die Leuchtstärke alle zehn Jahre um etwa einen Faktor 1000 erhöht.

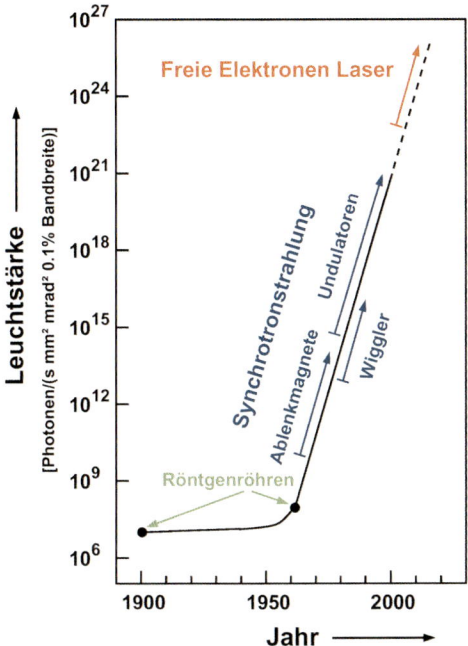

Abb. 1: Zunahme der Strahlungsintensität von Röntgenquellen seit Röntgens Entdeckung 1895. Mit dem Einsatz der Synchrotronstrahlung erhöhte sich die Leuchtstärke alle zehn Jahre um einen Faktor 1000. Diese Entwicklung findet ihre Fortsetzung im Freie-Elektronen-Laser.

Die technischen Voraussetzungen für diese einmalige Entwicklung sind in Abb. 2 illustriert. Sie zeigt die wesentlichen Komponenten eines Speicherrings zur Erzeugung von Synchrotronstrahlung. Anfangs benutzte man nur die Strahlung, die in den so genannten Ablenk- oder Krümmungsmagneten erzeugt wird. Diese Magnete halten die Elektronen auf ihrer Kreisbahn, andernfalls würden sie geradeaus fliegen. Später wurden dann spezielle periodische Magnetstrukturen entwickelt, so genannte Wiggler und Undulatoren. Diese baute man in den geraden Strecken der Speicherringe ein, wo sie die Elektronen durch ihre regelmäßig wechselnde magnetische Feldrichtung auf einen sinusförmigen „Slalomkurs" zwangen. Bei einem Wiggler werden die Elektronen dabei vergleichsweise stark ausgelenkt, wie bei einer Aneinanderreihung von kleinen, abwechselnd nach rechts und links ablenkenden Krümmungsmagneten. Dabei erhöht sich die Intensität der verfügbaren Strahlung proportional zur Zahl der Magnetpole, d.h. der Bögen der Elektronenbahn. Wenige Jahre später wurden dann

---

1 Die Polarisation gibt die Schwingungsrichtung des Lichts (genauer: des elektromagnetischen Feldvektors) an. Bei unpolarsisiertem Licht ist keine Richtung ausgezeichnet, bei linear polarisiertem Licht schwingt der Feldvektor in einer Ebene. Bei zirkular polarisiertem Licht dreht sich die Schwingungsebene.

auch Magnetstrukturen gebaut, in denen die Auslenkungen sehr viel geringer sind, sodass die maximale Ablenkung des Elektronenstrahls kleiner ist als der natürliche Abstrahlungskegel der Synchrotronstrahlung. Die Strahlung, die entlang des regelmäßigen Slalomkurses entsteht, kann sich somit überlagern. Aufgrund der dabei entstehenden Interferenz-Effekte erhält man mit diesen so genannten Undulatoren nicht mehr ein breites „weißes" Spektrum wie beim Wiggler, sondern nur Photonen einer ganz bestimmten Wellenlänge. Diese Wellenlänge kann man durch Variation der Stärke des Magnetfelds kontinuierlich einstellen. Im Vergleich zum Wiggler ist die Leuchtstärke dieser Undulatoren noch einmal sehr viel höher, da sie in etwa proportional zum Quadrat der Anzahl der Magnetpole ansteigt.

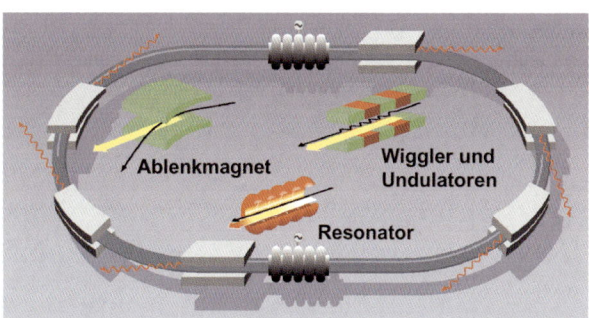

Abb. 2: Schema des Synchrotronstrahlungs-Speicherrings DORIS III bei DESY in Hamburg. In evakuierten Metallrohren kreisen Elektronen (bzw. deren Antiteilchen, die Positronen) mit nahezu Lichtgeschwindigkeit und senden in jeder Biegung kurze Lichtblitze als scharf gebündelten Strahl in Flugrichtung aus (hier angedeutet durch die roten „Schlängellinien"). Diese so genannte Synchrotronstrahlung enthält alle „Farben" des Lichts vom sichtbaren Anteil über die ultraviolette (UV-) Strahlung bis in den Röntgenbereich. Die Strahlung entsteht immer dann, wenn sich die Richtung der Elektronen ändert, z.B. beim Durchgang durch die Ablenkmagnete, die die Elektronen auf ihrer geschlossenen Bahn halten. Auf den geraden Strecken stehen spezielle periodische Magnetstrukturen, so genannte Wiggler oder Undulatoren. In diesen werden die Elektronen durch das alternierende Magnetfeld auf einen Slalomkurs gezwungen. Dabei entstehen noch um Größenordnungen „hellere" Lichtblitze. Da die Elektronen durch die Lichtabstrahlung Energie verlieren, werden sie nach jedem Umlauf in so genannten Resonatoren über intensive Radiowellen wieder in Schwung gebracht. (Grafik: D. Günther.)

Durch stärkere Komprimierung der Elektronenpakete im Speicherring, d.h. durch eine Verringerung der Größe und des Öffnungswinkels der Strahlungsquelle, konnte die Leuchtstärke weiter verbessert werden. Undulatoren und besonders kleine Elektronenpakete sind die Charakteristika der neuesten, der „dritten" Generation von Synchrotronstrahlungsquellen, die speziell und ausschließlich der Erzeugung von Synchrotronstrahlung dienen. Sie haben wesentlich zu der in Abb. 1 gezeigten Steigerung der Leuchtdichte beigetragen.

Wofür mehr Licht?

Was hat uns dieser Fortschritt in den Strahlungsquellen gebracht? Welche neuartigen Experimente können wir heute durchführen, die früher nicht möglich waren?

Die ersten und bekanntesten Anwendungen der Röntgenstrahlen waren Abbildungen des Knochenbaus. Zu Beginn dieses Jahrhunderts waren nur recht große Strukturen zweidimensional sichtbar zu machen. Heute kann man zum Beispiel mit Methoden der Röntgen-Mikrotomographie den Aufbau der Knochen und seine Veränderungen infolge von Knochenkrankheiten sehr detailliert, hoch aufgelöst und dreidimensional darstellen. Ein Beispiel dafür ist in Abb. 3 gezeigt.

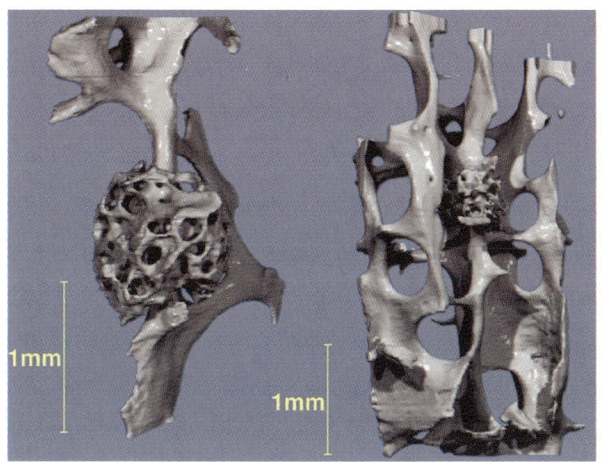

Abb. 3: Hochaufgelöstes, dreidimensionales Röntgen, d.h. Mikrotomographie, mit Synchrotronstrahlung: Zu sehen ist ein Mikrokallus (Neubildung von Knochen an Bruchstellen von Mikrofrakturen) aus einer postmortalen Wirbelsäulen-Biopsie. Der Mikrokallus ist das knäuelartige Gewebe etwa in der Mitte des jeweiligen Bilds. Die Aufnahmen entstanden in einer Zusammenarbeit von Physikern der Universität Dortmund mit Medizinern des Universitätsklinikums Eppendorf (UKE), Hamburg. (Dissertation Felix Beckmann, Universität Dortmund 1998.)

1912 gelangen W. Friedrich, P. Knipping und M. von Laue die ersten Röntgenbeugungsbilder an Einkristallen. Dieses Verfahren wird auch heute noch angewandt. Der seitdem erreichte technische Fortschritt ist in Abb. 4 dokumentiert. Wir können heute solche so genannten Laue-Bilder in nur 150 ps (ps: Pikosekunde, eine billionstel Sekunde) aufnehmen. Man erhält dadurch eine Momentaufnahme der Atomanordnung in Kristallen oder Molekülen und kann Veränderungen in der Molekülstruktur, z.B. als Folge von chemischen Reaktionen, durch eine Aneinanderreihung solcher Bilder verfolgen.

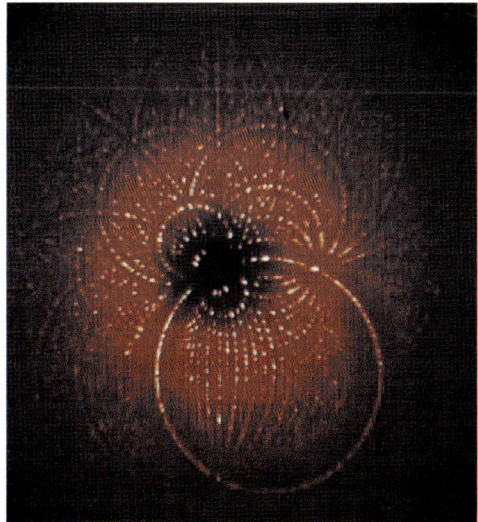

Abb. 4: Laue-Diagramm eines Myoglobin-Kristalls mit Kohlenmonoxid-Liganden (MbCO), aufgenommen mit einem einzigen Synchrotronstrahlungs-Lichtpuls von 150 Pikosekunden (150 billionstel Sekunden) Länge. Beim Laue-Verfahren bestrahlt man einen Einkristall mit einem gebündelten Röntgenstrahl mit breitem Wellenlängenspektrum. Das in diesem Fall entstandene Muster enthält ca. 2000 Röntgenlicht-Reflektionen (die hellen Punkte), aus denen die Kristallstruktur mit einer Auflösung von 0,18 nm (ca. Größe des CO-Moleküls) bestimmt wurde. Myoglobin, ein dem Hämoglobin ähnliches Protein (Eiweißmolekül), speichert Sauerstoff im Muskelgewebe und und gibt diesen bei Bedarf wieder ab. Mit Momentaufnahmen wie der obigen, die man zu einem „Film" aneinander reihen kann, studieren die Forscher das Protein in Aktion. (Abb. aus: ESRF Highlights 1996/1997, S.70; weitere Ergebnisse: V. Srajer, T. Teng, T. Ursby, C. Pradervand, Z. Ren, S. Adachi, W. Schildkamp, D. Bourgeois, M. Wulff und K. Moffat, Science 274, 1726–1729 (1996))

Heute liegt das Hauptinteresse in der Strukturbiologie noch bei der Lösung der Struktur von Biomolekülen in ihrem Grundzustand. Ein besonders schönes Beispiel zeigt Abb. 5 mit der modellhaften, aus Beugungsbildern rekonstruierten Struktur eines Proteasoms. Dieses Molekül nimmt die Aufgabe des „Mülleimers" in einer Zelle wahr, d.h. hier werden die alten oder fehlerhaft reproduzierten Komponenten der Zelle abgebaut. Bei einer solchen Strukturbestimmung geht es darum, die Ortskoordinaten von etwa 50 000 (!) Atomen im Molekül zu bestimmen, und dies kann man nur unter Einsatz von Synchrotronstrahlung. Strukturbiologen machen daher heute fast ein Drittel der Nutzerschaft von Synchrotronstrahlungs-Anlagen aus.

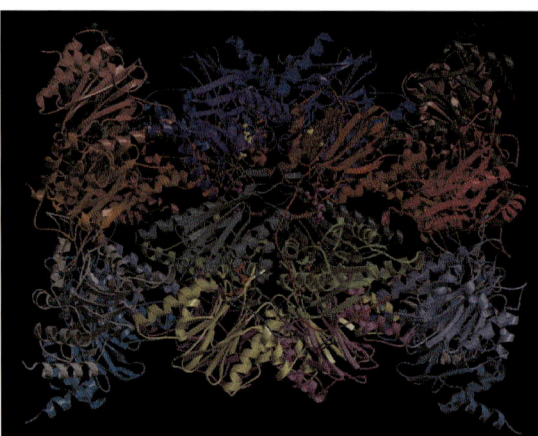

Abb. 5: Mit Hilfe der Synchrotronstrahlung und der Methode der Röntgenbeugung gelang es Forschern der Max-Planck-Arbeitsgruppen für strukturelle Molekularbiologie bei DESY und des Max-Planck-Instituts für Biochemie in Martinsried, den atomaren Aufbau des 20S-Proteasoms von Hefe zu entschlüsseln. Dieser riesige Molekülkomplex fungiert in lebenden Zellen als eine Art „Müllschlucker". Das Bild zeigt eine schematische Repräsentation des dreidimensionalen Aufbaus des Proteasoms. Nachdruck mit freundlicher Genehmigung von Nature (M. Groll, L. Ditzel, J. Löwe, D. Stock, M. Bochtler, H.D. Bartunik und R. Huber, Nature **386**, April 1997, 463–471), Copyright 1997 Macmillan Magazines Ltd.

3   Und wie geht es weiter? Der Freie-Elektronen-Laser

Moderne Speicherringe dritter Generation, die ausschließlich zur Erzeugung von Synchrotronstrahlung betrieben werden – wie z.B. die Europäische Synchrotronstrahlungsquelle ESRF in Grenoble (Abb. 6) – bieten bis zu 3000 wissenschaftlichen Nutzern im Jahr Gelegenheit zur Durchführung von Experimenten an der vordersten Front der wissenschaftlichen Entwicklung. In vielen verschiedenen Gebieten wie Physik, Chemie, Biologie, Material- und Geowissenschaften und auch in der Medizin ist die Forschung mit Synchrotronstrahlung heute sehr erfolgreich. Dank des enormen Fortschritts in der Entwicklung der Leuchtstärke dieser Strahlungsquellen (s. Abb. 1) hat man sich heute bis auf einen Faktor 100 der theoretischen Grenze der Speicherringtechnologie zur Erzeugung von Röntgenstrahlung genähert. Deshalb suchen die Wissenschaftler nach neuen Möglichkeiten zur Verbesserung der Qualität der Röntgenstrahlung – und die liegen beim so genannten Freie-Elektronen-Laser (FEL).

Ein FEL verbindet die uns von konventionellen Lasern bekannten Eigenschaften wie starke Lichtbündelung, Kohärenz[2], kurze Pulsdauer und hohe Intensitäten mit der Möglichkeit, über einen großen Wellenlängen-Bereich durchstimmbare Strahlung zu erzeugen. In Zukunft will man mit dem FEL bis in den Röntgenbereich vordringen, um erstmals Strukturen auf atomarer Skala mit intensiver Laserstrahlung untersuchen zu können (siehe auch J. Feldhaus, J. Roßbach und H. Weise, Spektrum der Wissenschaft (Febr. 1998) 106).

---

[2] Zwei Wellenzüge heißen kohärent, wenn zwischen ihnen in jedem Raumpunkt eine feste Phasenbeziehung besteht, die beiden Wellenzüge sich sozusagen „im Gleichschritt" bewegen. Nur dann kann sie so überlagern, dass Interferenz auftritt, die gegenseitige Auslöschung oder Verstärkung der Lichtwellen.

Abb. 6: Luftbild der Europäischen Synchrotronstrahlungsquelle ESRF in Grenoble, Frankreich. Im Vordergrund erkennt man den Synchrotronstrahlungs-Speicherring mit einem Umfang von 850 m. Dieser steht jährlich etwa 3000 Wissenschaftlern aus der ganzen Welt für Experimente zur Verfügung. (Foto: ESRF)

Gleichtakt bringt Verstärkung

Der Freie-Elektronen-Laser ist gewissermaßen die konsequente Weiterentwicklung der Synchrotronstrahlungsquellen. Während normalerweise die Elektronen eines Elektronenpakets im Undulator unabhängig voneinander Strahlung erzeugen, bringt man sie beim FEL – ähnlich wie beim konventionellen Laser – dazu, dies im Gleichtakt zu tun. Um dies zu erreichen, muss man den durch den Undulator fliegenden Elektronenpaketen eine in Flugrichtung periodische Mikrostrukturierung aufprägen. Die an sich homogene Elektronenverteilung in einem Paket ist dabei durch eine Reihe von scheibchenartigen Ladungswolken zu ersetzen, wobei der Abstand der einzelnen „Scheibchen" wegen des geforderten „Gleichtakts" genau einer Wellenlänge der zu erzeugenden Laserstrahlung entsprechen muss. Die Periode der Mikrostrukturierung liegt damit im Bereich zwischen 500 nm (nm: Nanometer, milliardstel Meter; 500 nm ist die Wellenlänge von sichtbarem Licht) und 0,1 nm (Röntgenstrahlung).

Auf zu kurzen Wellenlängen

Die ersten Freie-Elektronen-Laser wurden in einem Elektronen-Speicherring realisiert. Die Elektronenpakete durchlaufen einen langen Undulator, und die erzeugte Synchrotronstrahlung wird – wie beim konventionellen Laser – in einem optischen Resonator verstärkt, d.h. der Undulator befindet sich zwischen zwei Spiegeln, in denen sich ein starkes Strahlungsfeld aufbaut. Dieses starke elektromagnetische Feld sorgt für die nötige Mikrostrukturierung der Elektronen. Spiegel mit der zur Verstärkung notwendigen hohen Reflektivität sind allerdings nur für Wellenlängen oberhalb von etwa 100 nm (das entspricht ca. 500 Atomdurchmessern) verfügbar. Kürzere Wellenlängen, die Untersuchungen mit atomarer Auflösung ermöglichen, sind mit dieser Resonator-Anordnung nicht zu erreichen. Diese Begrenzung wurde in den letzten Jahren durch große Fortschritte in der Linearbeschleuniger-Technologie und bei der Erzeugung von sehr kompakten Elektronenpaketen hoher Ladungsdichte überwunden.

Abb. 7 zeigt die wesentlichen Komponenten eines Freie-Elektronen-Lasers der neuen Art. Kernstück der Anlage ist ein Linearbeschleuniger, der die sehr kompakten Elektronenpakete auf Energien von etwa 1 GeV (GeV: Gigaelektronenvolt; dies entspricht einer Beschleunigung der Elektronen mit einer Milliarde Volt) beschleunigt, bevor sie dann durch einen langen Undulator geführt werden. Die für das Lasern benötigte Mikrostrukturierung erfolgt wiederum im Undulator; das Prinzip ist in Abb. 8 dargestellt.

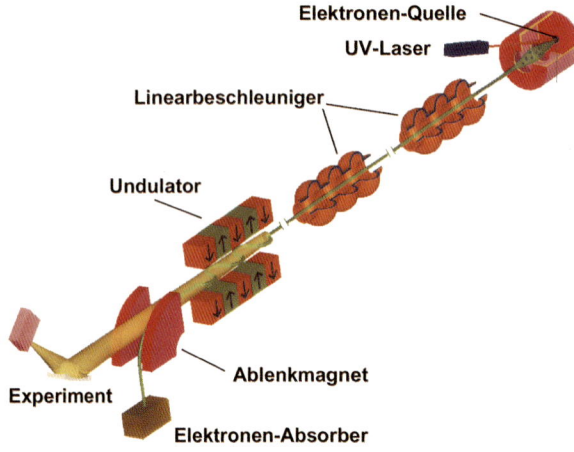

Elektronen-Quelle

UV-Laser

Linearbeschleuniger

Undulator

Experiment

Ablenkmagnet

Elektronen-Absorber

Abb. 7: Schematischer Aufbau des Freie-Elektronen-Lasers bei DESY in Hamburg: Mit Hilfe eines gepulsten UV-Lasers werden aus einer so genannten Kathode Elektronen in kleinen Paketen herausgelöst (Elektronen-Quelle). Diese Elektronen werden im folgenden supraleitenden Linearbeschleuniger auf nahezu Lichtgeschwindigkeit gebracht und im Undulator auf einen Slalomkurs gezwungen. Am Ende werden die Elektronen durch einen Magnet in einen Absorber gelenkt, während in Vorwärtsrichtung das Licht für wissenschaftliche Experimente zur Verfügung steht. Im Vergleich zur Synchrotronstrahlung sind die Elektronenpakete hier noch viel kompakter, und die beim Durchgang der Elektronen durch den Undulator erzeugten Lichtpulse etwa tausendmal kürzer und zehntausendmal intensiver. (Grafik: DESY.)

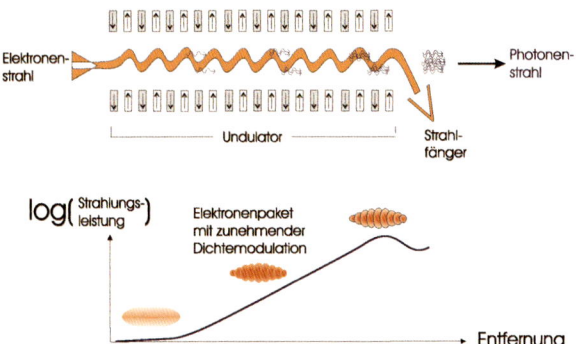

Elektronenstrahl

Photonenstrahl

Undulator

Strahlfänger

$\log($ Strahlungsleistung $)$

Elektronenpaket mit zunehmender Dichtemodulation

Entfernung

Abb. 8: Prinzip des Freie-Elektronen-Lasers: Beim Slalomkurs durch die periodische Magnetstruktur des Undulators strahlen die Elektronenpakete Photonen (Synchrotronstrahlung) einer festen Wellenlänge ab. Der Photonenstrahl breitet sich geradlinig aus und überlappt mit dem Elektronenpaket (s. oberer Teil d. Grafik). Er „prägt" den Elektronen seine regelmäßige „Struktur" auf, d.h. nach einiger Zeit ist aus der anfangs gleichmäßigen Ladungsdichteverteilung im Elektronenpaket eine Aneinanderreihung von einzelnen Ladungs-"Scheibchen" geworden, die jeweils eine Lichtwellenlänge voneinander getrennt sind (siehe unterer Teil der Grafik). Nun strahlen alle Elektronen-„Scheibchen" im Gleichtakt, und es kommt zu einer enormen Verstärkung der Strahlung: Das sind die charakteristischen Eigenschaften eines Lasers. Die Kurve im unteren Teil der Abbildung zeigt auf einer logarithmischen Skala, wie sich die Lichtintensität auf dem Weg durch den Undulator exponentiell erhöht, bis am Ende mit voll ausgeprägter Mikrostrukturierung des Elektronenpaketes eine Sättigung erreicht ist. (Grafik: J. Roßbach, DESY.)

Das Elektronenpaket mit seiner homogenen Ladungsverteilung tritt in den Undulator ein, wird wie üblich auf eine sinusförmige Bahn gezwungen und strahlt Licht einer ganz bestimmten Wellenlänge ab. Das Licht ist nur geringfügig schneller als das Elektronenpaket, von dem es erzeugt wurde, sodass Licht und Elektronen einander überlagern. Nach etwa einem Viertel der Gesamtlänge des Undulators ist das erzeugte Licht so stark, dass es die Struktur des Elektronenpakets merklich beeinflusst. In Abhängigkeit von ihrer relativen Position zueinander tauschen Elektronen und Lichtwelle Energie aus. So wird ein Teil der Elektronen im elektromagnetischen Feld des Lichts beschleunigt, der andere (im Abstand einer halben Wellenlänge des Lichts) wird abgebremst. Nach einiger Zeit haben sich die Elektronen lokal in den bereits erwähnten „Scheibchen" zusammengefunden. Dadurch wird sehr viel mehr Licht abgestrahlt, was wiederum zu einer ausgeprägteren Mikrostrukturierung führt und umgekehrt, bis schließlich gegen Ende des Undulators die Mikrostrukturierung ihre physikalischen Grenzen – und die Strahlungsleistung ihre Sättigung – erreicht hat. Man erhält dann extrem intensive, kurzwellige Laserstrahlung.

„Noch mehr Licht": Die technischen Herausforderungen und Möglichkeiten …

Bei der Planung und dem Bau eines Röntgen-FELs müssen eine Reihe extremer technischer Anforderungen erfüllt werden, eine von Physikern und Ingenieuren gerne angenommene Herausforderung. Will man z.B. Strahlung von 0,1 nm Wellenlänge erzeugen, so sagen Simulationsrechnungen eine benötigte Länge des Undulators von über 100 m voraus, über die der Elektronenstrahl und der Lichtstrahl mit einer Genauigkeit von 1/100 mm (!) aufeinander liegen müssen.

Nimmt man die Eigenschaften der ESRF in Grenoble als Bezugspunkt, dann ist die mittlere Leuchtstärke eines solchen Freie-Elektronen-Lasers etwa einhunderttausendmal höher. Die maximale Leuchtstärke in einem einzelnen Blitz ist sogar eine Milliarde mal größer, und die Dauer des Blitzes ist jetzt nicht mehr 100 ps wie im Speicherring, sondern von der Größenordnung 100 fs, d.h. um einen Faktor 1000 kleiner (die Zeit von 1 fs, sprich „Femtosekunde" ist 10–15 s, also 1 Milliardstel Millionstel Sekunde. Das ist so kurz, dass selbst das Licht in dieser Zeit nur eine Strecke von 1/3000 mm zurücklegt). Mit diesen Lichtpulsen erreicht man nicht nur die räumliche Auflösung auf atomarer Längenskala, sondern man kann auch Veränderungen in den elektronischen Eigenschaften zeitlich auflösen, wie sie z.B. beim Aufbrechen von chemischen Bindungen in einem Molekül vorkommen. Dieser enorme Gewinn im Vergleich zu heute verwendeten Synchrotronstrahlungsquellen wird schematisch in Abb. 9 gezeigt.

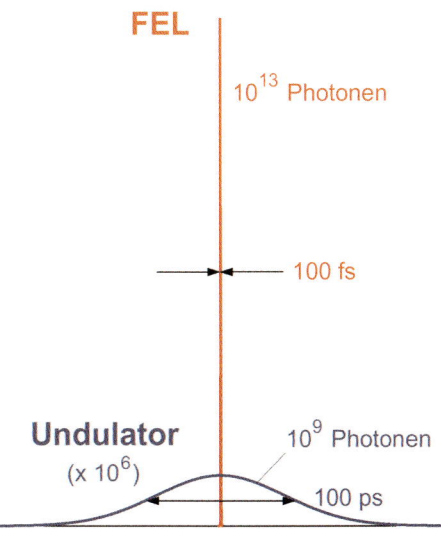

Abb. 9. Vergleich der Eigenschaften des Lichtpulses eines Undulators an einer modernen Synchrotronstrahlungsquelle dritter Generation mit einem Freie-Elektronen-Laser (FEL). Beim FEL sind die Pulse etwa tausendmal kürzer und zehntausendmal intensiver. (Grafik: J. Feldhaus, DESY)

Wenn man heute in einem Streuexperiment als Messsignal etwa 100 Photonen/s erhält, dann sollte man mit einem solchen Freie-Elektronen-Laser diese 100 Photonen bereits mit einem einzigen Röntgen-Lichtpuls in 100 fs erhalten. Darüber hinaus ist der Laserstrahl lateral vollständig kohärent; damit wird es möglich, Konzepte, wie man sie heute in der optischen Laserspektroskopie benutzt, in den Bereich sehr kurzer Wellenlängen zu übertragen, d.h. auf das Studium der Struktur und Dynamik fester Stoffe mit atomarer Auflösung.

... und die Zukunftsvisionen der Wissenschaftler

Konfrontiert mit einem solchen enormen Qualitätssprung in den Eigenschaften der verfügbaren Strahlung ist es nicht ganz einfach, die wissenschaftlichen Möglichkeiten, die dadurch eröffnet werden, zu beschreiben. Man kann dabei von den bisherigen Erfahrungen mit Synchrotronstrahlungsquellen der dritten Generation ausgehen oder von dem, was man heute mit schlüsselfertigen Lasern macht. Es gibt aber auch ganz „wilde Träume". Ein solcher Traum soll im Folgenden skizziert werden:

Voraussetzung für die Bestimmung der Struktur des in Abb. 5 wiedergegebenen Proteasoms ist es, die Substanz zu kristallisieren. Dabei interessiert sich eigentlich niemand für den Kristall als solchen, man muss nur, um genügend Signal zu bekommen, viele dieser Moleküle streng periodisch, dreidimensional anordnen. Diese Anordnung der Moleküle im Kristall führt zu einer kohärenten Überlagerung der Signale der einzelnen Moleküle, was zu den in Abb. 5 gezeigten, so genannten Bragg-Reflexen führt. Viele, wahrscheinlich 50 % der biologisch relevanten Substanzen, lassen sich allerdings nicht kristallisieren. Deshalb ist es ein alter Traum – und zwar nicht nur der Strukturbiologen – die Struktur einzelner Moleküle mit atomarer Auflösung zu bestimmen. Zusätzlich würde man solche Strukturbestimmungen gerne zeitaufgelöst durchführen. Abb. 10 zeigt das Streubild, das man Berechnungen zufolge erwartet, wenn ein einzelnes Lysozym-Molekül mit kohärenter Röntgenstrahlung bestrahlt wird (links), im Vergleich mit dem bekannten Streubild eines mit Synchrotronstrahlung bestrahlten Lysozym-Einkristalls (rechts).

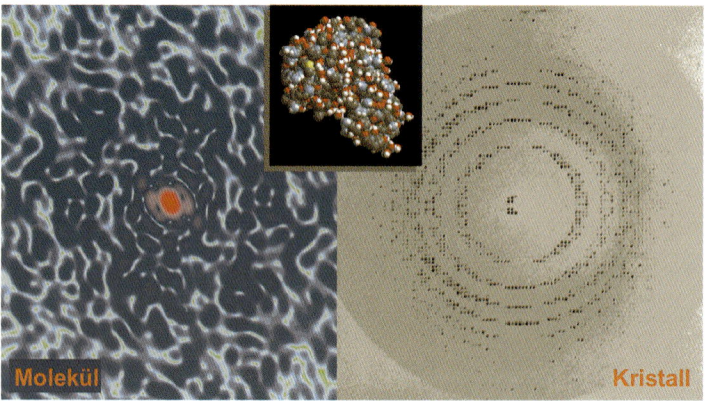

Abb. 10: Vergleich des berechneten Streubilds eines einzelnen Lysozym-Moleküls (links) mit dem gemessenen Streubild eines mit Synchrotronstrahlung bestrahlten Lysozym-Einkristalls (rechts). Der mittlere Ausschnitt zeigt den atomaren Aufbau des Moleküls. Während Strukturbestimmungen bei kristallisierbaren Substanzen wegen des hohen Streusignals von vielen gleichen Molekülen heute schon experimentell möglich sind, hofft man für zukünftige Streuexperimente an einzelnen Molekülen noch auf die hohe Intensität eines Röntgen-FELs. (Bild: J. Hajdu, Universität Uppsala, Schweden)

Um ein signifikantes Streubild von einen einzelnen Molekül zu erhalten, benötigt man extrem intensive Röntgenstrahlung. Andererseits weiß man, dass diese Röntgenstrahlung Strahlenschäden im Molekül induziert und das Molekül zerstört wird. Wenn man also Streubilder von einzelnen Molekülen aufnehmen will, muss man das Streubild extrem schnell aufnehmen, d.h. bevor das Molekül Schaden genommen hat. Abb. 11 zeigt das Ergebnis erster Modellrechnungen solcher Prozesse und die dabei relevanten Zeitskalen. Aus diesen Simulationen muss man schließen, dass es darauf ankommen wird, hochintensive Laserpulse von Dauern im Bereich von 10 fs zu erzeugen. Dies ist eine weitere Herausforderung für die Entwicklung solcher Freie-Elektronen-Laser. Es gibt allerdings bereits Vorschläge dafür, wie auch dieses Ziel erreicht werden kann.

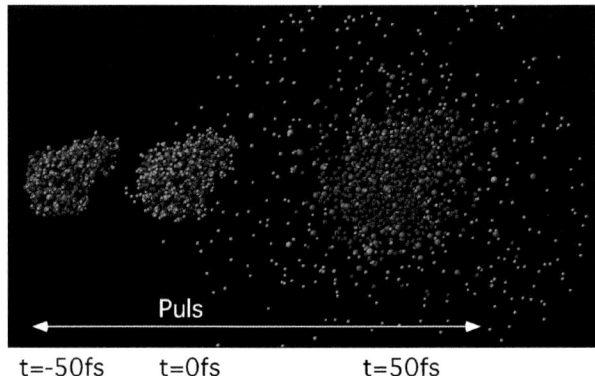

Abb. 11: Eine theoretische Grenze bei Messungen mit dem extrem intensiven, kurzpulsigen Röntgenlicht eines FEL stellt die Zerstörungsschwelle der Probe dar. Die Abbildung illustriert das anhand der simulierten „Coulomb-Explosion" eines Lysozym-Moleküls (weiß: Wasserstoff, H; grau: Kohlenstoff, C; blau: Stickstoff, N; rot: Sauerstoff, O; gelb: Schwefel, S). Durch den Röntgenpuls des FEL werden alle Atome „auf einen Schlag" ionisiert, d.h. sie verlieren ein oder mehrere Elektronen. Die verbleibenden, positiv geladenen Ionen stoßen sich aufgrund der Coulomb-Wechselwirkung ab, was zu einer Art Explosion führt, die innerhalb von Bruchteilen einer billionstel Sekunde das Molekül zerstört. Jede Probe überlebte in diesem Fall nur einen einzelnen Röntgenpuls des FEL. Der Lichtpuls sollte also noch kürzer und ggf. etwas schwächer sein, da sich bei einem 100 Femtosekunden langen, extrem intensiven Puls die Struktur des Moleküls schon während der Messung gravierend verändert. Aus derartigen Simulationsrechnungen schätzen Forscher die Grenzen des Messbaren ab. Nachdruck mit freundlicher Genehmigung von Nature (R. Neutze, R. Wouts, D. van der Spoel, E. Weckert und J. Hajdu, Nature 406, August 2000, 752–757), Copyright 2000 Macmillan Magazines Ltd.

4   Der Freie-Elektronen-Laser bei DESY

In die Modellrechnung zur Ermittlung der Randbedingungen für die Strukturbestimmung an einzelnen Molekülen gehen eine Reihe von Annahmen über die Wechselwirkung von intensivster Röntgenstrahlung mit Materie auf extrem kurzen Zeitskalen ein. Diese Prozesse müssen möglichst bald im Detail studiert werden, und das wird am FEL möglich sein, der gegenwärtig bei DESY im Bau ist. Dort soll hochintensive Strahlung im Wellenlängenbereich zwischen 6 und 100 nm erzeugt werden, die Vorbereitungen für Experimente an freien Clustern haben begonnen. Eine schematische Darstellung des Experimentaufbaus, in dem die FEL

Strahlung zusätzlich noch mit Strahlung eines klassischen Lasers kombiniert wird, ist in Abb. 12 skizziert.

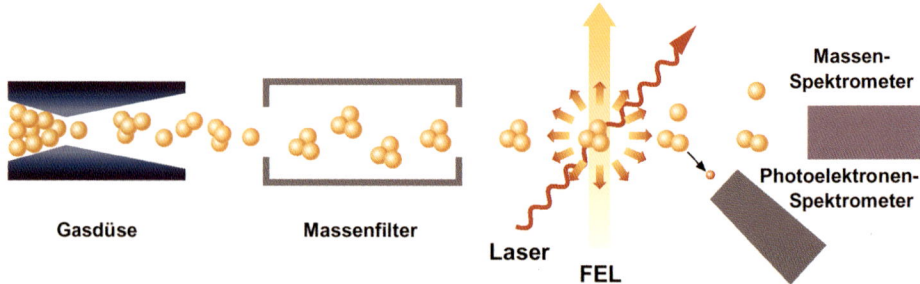

Abb. 12: Geplanter Aufbau eines Cluster-Experiments am Freie-Elektronen-Laser (FEL). Cluster sind „Klumpen" von wenigen Atomen oder Molekülen, die hier beim Austritt aus einer speziellen Düse entstehen. Sie werden in einem Massenfilter nach Größe sortiert, sodass nur noch sehr wenige Cluster übrig bleiben, die dann mit dem FEL-Strahl beschossen werden. Dies führt zu einer Anregung der Cluster, die mit einem konventionellen Laser studiert wird. Zur Aufnahme der Messdaten dienen Massenspektrometer (Studium der Cluster-Bruchstücke) und Elektronen-Spektrometer (Studium der entstehenden Elektronen). Ohne die hohe Intensität des FEL sind derartige Messungen bei extrem niedrigen Cluster-Zahlen nicht durchführbar. (Grafik: D. Günther und T. Möller, DESY)

Bau und Betrieb von Freie-Elektronen-Lasern an Linearbeschleunigern sind eine Herausforderung sowohl für die Beschleunigerphysiker als auch für die Nutzer der Laserstrahlung. Es ist deshalb besonders wichtig, dass möglichst schnell Voraussetzungen für Prototyp-Experimente mit dieser Strahlung geschaffen werden, und es ist vonnöten, eine kleinere Anlage derselben Art auf Herz und Nieren zu testen, bevor man mit dem Bau einer kilometerlangen Großanlage wie einem Röntgenlaser für Röntgenstrahlung von 0,1 nm Wellenlänge beginnt. Deshalb wird gegenwärtig bei DESY, Hamburg, im Rahmen einer internationalen Kollaboration eine 300 Meter lange Testanlage mit einem Freie-Elektronen-Laser für Wellenlängen bis hinunter zu 6 nm aufgebaut, die „TESLA Test Facility". An diesen Arbeiten sind Wissenschaftler und Ingenieure aus 39 Instituten aus neun Ländern beteiligt. Die dabei gesammelten Erfahrungen sind entscheidend für DESYs Zukunftsprojekt TESLA (B.H. Wiik, Nucl. Instr. and Meth. A 398 (1997) 1).

Diese in der Welt einmalige Anlage bestünde aus zwei einander entgegen gerichteten, je 16 km langen Linearbeschleunigern für Positron-Elektron(e+e–)-Kollisionsexperimente für die Teilchenphysik und einem integrierten Röntgenlaser-Labor (Abb. 13). Mit dem e+e–-Collider wird man die Eigenschaften des heute viel diskutierten Higgs-Teilchens studieren können, aber auch Fragen zur so genannten Supersymmetrie nachgehen können. Das von dem Freie-Elektronen-Laser erzeugte Röntgenlicht ist kohärent, hat die richtige Wellenlänge, die richtige Zeitstruktur und ist deshalb ideal zur Untersuchung der elektronischen und geometrischen Struktur von Atomen, Molekülen und kondensierter Materie geeignet.

Abb. 14 zeigt ein den Einbau eines „Kryomoduls", d.h. einer Einheit supraleitender Hohlraum-Resonatoren zur Beschleunigung der Teilchen, an der „TESLA Test Facility". Bei dieser Anlage betritt man fast auf allen Gebieten technologisches Neuland. Ein entscheidender Qualitätstest für den auf diese Weise erzeugten Elektronenstrahl ist der Freie-Elektronen-Laser selbst, der nur funktioniert, wenn man die extremen Spezifikationen für die Eigenschaften des Elektronenstrahls erreicht.

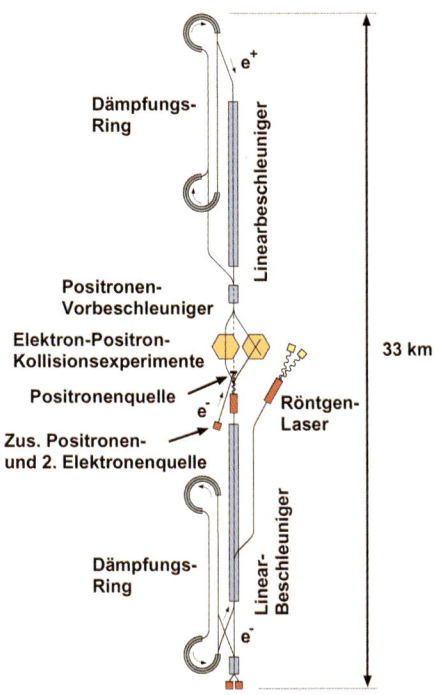

Dämpfungs-Ring

Linearbeschleuniger

e^+

Positronen-Vorbeschleuniger

Elektron-Positron-Kollisionsexperimente

Positronenquelle

e^-

Zus. Positronen-und 2. Elektronenquelle

Röntgen-Laser

Linear-Beschleuniger

Dämpfungs-Ring

e^-

33 km

Elektronenquellen

Abb. 13: Schema des TESLA-Projekts. In einer großen, internationalen Kollaboration soll ein unterirdischer, 33 km langer Elektron-Positron-Linear-Collider mit integriertem Röntgenlaser gebaut werden. (Grafik: H. Weise, DESY)

Abb. 14: Montage einer großen Beschleuniger-Einheit für den Freie-Elektronen-Laser an der TESLA Test Facility bei DESY in Hamburg. An der Konzeption und der Realisierung dieses wissenschaftlichen Großprojekts arbeiten Wissenschaftler, Ingenieure und Techniker aus 38 Instituten aus neun Ländern Hand in Hand. (Foto: DESY)

Der Durchbruch: Erstes Laserlicht

Am 22. Februar 2000 war es dann so weit: Vom FEL an der TESLA Test Facility wurde zum ersten Mal Laserlicht mit etwa 109 nm Wellenlänge abgestrahlt (Abb. 15). In der Zwischenzeit hat man demonstriert, dass der Laser in der Tat durchstimmbar ist, indem man ultraviolettes Laserlicht im Bereich zwischen 80 und 180 nm erzeugte. Das sind die kürzesten Wellenlängen, die man mit einem FEL jemals erzeugt hat. Bisher wurde allerdings die in Abb. 8 gezeigte Sättigung des Laserprozesses noch nicht erreicht, sodass man gegenwärtig die Anlage auf dieses Ziel hin optimiert. Bis zum Sommer 2002 wird man mit der jetzigen Anlage arbeiten, um z.B. die Eigenschaften des Linearbeschleunigers und der Elektronenkanone im Detail zu verstehen. Es sollen auch erste Experimente mit FEL-Strahlung im 100-nm-Bereich durchgeführt werden. Parallel dazu wird in einer bereits gebauten Experimentierhalle und der Verlängerung des Linearbeschleuniger-Tunnels die Ausrüstung für die zweite Ausbaustufe installiert, sodass voraussichtlich im Dezember 2003 Laserlicht im Wellenlängenbereich um 25 nm in der Experimentierhalle zur Verfügung stehen wird.

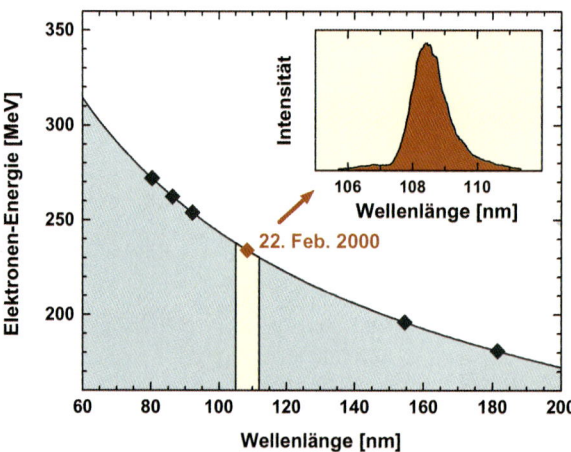

Abb. 15: Am 22. Februar 2000 gelang es einem internationalen Wissenschaftlerteam an der TESLA Test Facility bei DESY erstmalig auf der Welt, mit einem Freie-Elektronen-Laser (FEL) ultraviolette Strahlung mit einer Wellenlänge von etwa 109 Nanometer zu erzeugen (s. Spektrum oben rechts). Mittlerweile wurde gezeigt, dass man durch Verändern der Elektronenenergie im Linearbeschleuniger die Wellenlänge auch zwischen 80 nm und 180 nm variieren kann (Punkte auf der Kurve unten links). Mit konventionellen Lasern lässt sich in diesem Wellenlängenbereich Licht vergleichbarer Intensität nicht erzeugen. (Grafik: Ch. Gerth, DESY)

5   Resümee

Freie-Elektronen-Laser als Quellen kohärenter Röntgenstrahlung nie da gewesener Leuchtstärke mit Lichtblitzen von Dauern im Bereich von Femtosekunden eröffnen neue, heute nur schwer zu beschreibende Forschungsmöglichkeiten. Der Bau von Röntgenlasern an Linearbeschleunigern und die Entwicklung der entsprechenden Instrumente sind eine große wissenschaftliche und technische Herausforderung für die Beschleunigerphysiker und die Nutzer der FEL-Strahlung. Röntgenphysik und klassische Laserphysik werden zusammenkommen, und große Synergieeffekte sind zu erwarten.

Die Autoren

Jochen Schneider   Rolf Treusch

Hamburger Synchrotronstrahlungslabor HASYLAB am Deutschen Elektronen-Synchrotron DESY, Hamburg

Jochen R. Schneider, geb. 1941 in Burgstädt, Sachsen, kam über den zweiten Bildungsweg zur Universität. Er studierte Physik in Hamburg und Grenoble, Frankreich. Nach Tätigkeiten am Institut Laue-Langevin in Grenoble und am Hahn-Meitner-Institut in Berlin kam er 1989 zu DESY nach Hamburg. Dort ist er seit 1993 Leiter des Hamburger Synchrotronstrahlungs-labors HASYLAB und seit einem Jahr Mitglied des DESY-Direktoriums und zuständig für Forschung mit Synchrotronstrahlung und Freie-Elektronen-Laser. Die Anwendung sehr harter Röntgenstrahlung zur Untersuchung der geometrischen und elektronischen Struktur konden-sierter Materie ist der rote Faden, der sich durch seine wissenschaftlichen Arbeiten zieht. Da-zu sind über 150 Veröffentlichungen in wissenschaftlichen Zeitschriften erschienen.

Rolf Treusch, geb. 1965 in Marburg, studierte Physik in Dortmund und Hamburg. Er promo-vierte 1995 am HASYLAB und erhielt für seine Dissertation den Promotionspreis des Vereins der Freunde und Förderer des DESY. Nach einem Postdoc-Aufenthalt am Lawrence-Berkeley-Laboratorium in Berkeley, Kalifornien, arbeitet er seit 1998 am Freie-Elektronen-Laser bei DESY. Mit zahlreichen Vorträgen und Führungen stellte er das FEL-Projekt bei DESY der Öffentlichkeit vor. Er ist begeisterter Kanufahrer und singt zusammen mit seiner Frau in einem Gospel-Chor. Auch seine neun Monate alte Tochter teilt bereits die Musikbe-geisterung ihrer Eltern.

Computersimulationen und die simulierte Schnittstelle: Physikalische Systeme als Computer-Interfaces

Jochen Viehoff

1   Einleitung

Ohne Zweifel ist der Computer in den vergangenen Jahrzehnten zu einem der wichtigsten Werkzeuge nicht nur in der Physik, sondern auch in nahezu allen anderen Wissenschaftsfeldern avanciert. Computersimulationen komplexer Vorgänge in der Natur, die Visualisierung von Messergebnissen und die Animation dynamischer Prozesse sind unverzichtbare Hilfsmittel geworden, durch die in vielen Wissensbereichen neue Einsichten und besseres Verständnis gewonnen werden konnte. Leistungsfähige Supercomputer sind heute die Herzstücke jeder Wettervorhersage, berechnen in aufwendigen Simulationen die Kräfte zwischen den Elementarteilchen oder sagen Strömungsverhalten und Turbulenzen an noch nicht gebauten Flugzeugen voraus [1]. Die Strategie der meisten Computersimulationen ist in der Regel gleich: Die physikalischen Grundgleichungen werden näherungsweise mit numerischen Algorithmen für spezielle Rand- und Anfangsbedingungen gelöst, da zu den meisten realistischen Problemen keine exakte analytische Lösung verfügbar ist. Hierfür bedient sich der Wissenschaftler oder die Wissenschaftlerin aus einem Pool mehr oder weniger effizienter Algorithmen – zu den wichtigsten gehören beispielsweise die numerische Integration, Matrixinversionen oder stochastische Monte-Carlo-Algorithmen [2][1].

Simulationen von physikalischen, biologischen oder chemischen Systemen sind ferner fester Bestandteil einer Computerkunst oder Kunst mit Maschinen. Genetische Algorithmen, in Anlehnung an die natürliche Evolutionstheorie und Genetik, neuronale Netzwerke, dynamische Systeme mit chaotischem oder selbstorganisierendem Verhalten oder Wachstumsstrategien lassen sich in Computersimulationen modellieren und auch in künstlerischem Kontext einsetzen. Außerdem ermöglichen numerische Algorithmen in Kombination mit physikalischen Gesetzmäßigkeiten schnelle 3D-Animationen in Film und Fernsehen oder aufwändige Computerspiele, die in Echtzeit detailreiche realistische Räume aufbauen und modellieren – heute oftmals die rechenintensivsten Anwendungen eines PCs.

Allerdings ist die Bedeutung des Computers bei weitem nicht auf den Einsatz als Rechenwerkzeug in den Naturwissenschaften oder einer „künstlerischen" Informatik beschränkt. Als die zentrale Maschine in einem multimedialen, global vernetzten Informationszeitalter steht insbesondere die Schnittstelle zwischen Mensch und Maschine (HCI, *human computing interaction*), kurz: das Interface, im Vordergrund bestehender und zukünftiger Anwendungen

---

[1] Integration ist vereinfacht gesagt die Berechnung der Fläche, die von einer Kurve (Funktion) eingeschlossen wird. Die numerische Integration ergibt dafür keinen „analytischen Ausdruck" (Rechenvorschrift), sondern nur einen Wert. Eine Matrix ist ein Schema von Zahlen, die in Rechteckform angeordnet sind; sie treten beispielsweise beim Lösen von Gleichungssystemen auf. Unter bestimmten Voraussetzungen kann man mit Matrizen rechnen; besonders rechenintensiv ist die Inversion, d.h. die Berechnung einer Matrix, die mit der Ausgangsmatrix multipliziert 1 ergibt. Die Monte-Carlo-Methode ist ein Verfahren, komplizierte Zusammenhänge mithilfe eines Zufallsgenerators zu simulieren.

[3]. In diesem Zusammenhang möchte ich im vorliegenden Beitrag eine Zusammenführung der Simulation physikalischer Systeme einerseits und dem Design neuer Mensch-Maschine-Schnittstellen andererseits diskutieren: die simulierte Schnittstelle. Das Ziel der simulierten Schnittstelle ist ein komplexes, variables und erweiterbares Interaktionspotenzial zwischen Benutzer und einem Anwendungsprogramm, basierend auf den „klassischen" Schnittstellen, etwa Maus, Tastatur, Mikrophon oder Videokamera. An einem konkreten Beispiel, der interaktiven Videoinstallation *TheLine*, die ich an der Kunsthochschule für Medien in Köln realisiert habe, wird das Prinzip einer simulierten Schnittstelle erläutert. Vorab sollen zwei Beispiele an die Welt der Computersimulationen heranführen.

2   Elementarteilchenphysik: Simulierte Quarks

Es gibt – grob gesprochen – zwei Kategorien für Computersimulationen: „harte" und „weiche" Probleme. Zuerst möchte ich ein Beispiel für wissenschaftliche Computersimulationen aus dem Bereich der Elementarteilchenphysik geben – ein sehr hartes Problem.

Sämtliche Materie dieser Welt ist aus Atomen zusammengesetzt, die im Kern aus Neutronen und Protonen bestehen und von Elektronen auf vorgegebenen Bahnen umkreist werden. So oder so ähnlich ist der Aufbau der Materie im Schulunterricht vermittelt worden. Indes sind weder Neutronen noch Protonen elementare Teilchen, sondern weisen ihrerseits eine Substruktur auf: Neutron und Proton bestehen aus jeweils drei elementaren Quarks, und die wirkenden Kräfte zwischen den punktförmigen Quarks werden von der Quantenchromodynamik (QCD), einer Quantenfeldtheorie innerhalb des Standardmodells[2], beschrieben [4, 5].

Experimente im Bereich der Hochenergiephysik, in der mikroskopischen Welt, bei Abständen, die weit unterhalb eines Atomdurchmessers liegen[3], benötigen riesige Teilchenbeschleuniger, in denen z.B. Elektronen oder Protonen auf nahezu Lichtgeschwindigkeit beschleunigt werden [6]. An nur wenigen Stellen weltweit stehen derartige Maschinen zur Verfügung. Durch kilometerlange Tunnel rasen die Partikel, um an vorbestimmten Stellen entweder auf ein festes Ziel zu treffen; um die Energie des Aufpralls zu verdoppeln, kann man sie auch auf Teilchen treffen lassen, die in dem Ring aufgrund ihrer entgegengesetzten Ladung genau andersherum beschleunigt werden. Aus den Trümmern der gewaltigen Kollisionen können die Wissenschaftler nach neuen Teilchen forschen oder die bekannten Theorien prüfen, gegebenenfalls erweitern oder verwerfen.

Alternativ und in Ergänzung zu Experimenten an Teilchenbeschleunigern haben Computersimulationen in der Elementarteilchenphysik einen hohen Stellenwert eingenommen [6]. Beispielsweise beobachtet man in keinem Experiment einzelne, isolierte Quarks – alle hadronischen Elementarteilchen sind aus zwei (Mesonen) oder drei Quarks (Baryonen) aufgebaut; sie bilden gebundene Zustände innerhalb der starken Wechselwirkung, die von der Quantenchromodynamik, einer nicht-abelschen Eichtheorie, beschrieben wird [5]. Dieses Phänomen der stets gebundenen Quarks wird Eingeschlossenheit (Confinement) genannt. Allein Computersimulationen der QCD [7] geben eine Erklärung für die ständig eingeschlossenen Quarks:

---

[2] Zum Standardmodell der Elementarteilchenphysik gehören die Quantenfeldtheorien der elektro-schwachen und der starken Wechselwirkung. Mit Ausnahme der Gravitation umfaßt das Standardmodell alle elementaren Kräfte in der Natur (vgl. hierzu auch den Beitrag von H. Nicolai).
[3] Der Atomdurchmesser (Bohr-Radius) liegt bei 10^{-10} m (10 Milliardstel Meter), Atomkerne haben einen Durchmesser von 10^{-14} bis 10^{-15} m.

Zwischen den getrennten Quarks bildet sich ein Flussschlauch aus (Abb. 1), ähnlich einem Gummiband oder einer Feder. Daraus resultiert eine rückstellende, attraktive (anziehende) Kraft zwischen den Quarks [8]. Je größer der Abstand wird, desto dicker wird der Fluss-schlauch und umso stärker die rückstellende Kraft. In Computersimulationen wird dieser Mechanismus sichtbar – eine Erklärungsgrundlage für die experimentellen Beobachtungen in der Hochenergiephysik war gefunden.

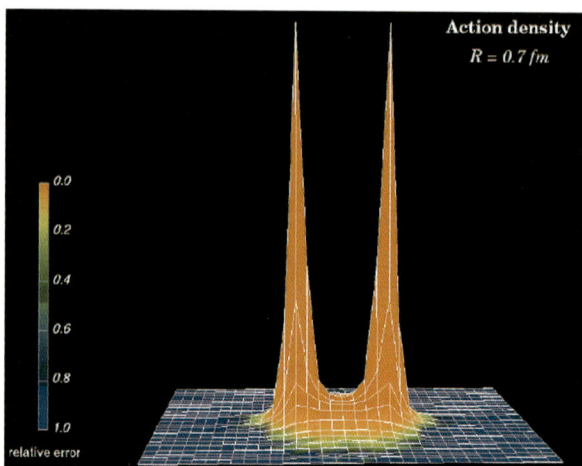

Abb. 1: Die Energiedichte in der Umgebung eines Quark-Antiquark-Paars im Computerexperiment (Gitter-Simulation): Die Spitzen in der Energieverteilung entsprechen den Positionen der Quarks. Zwischen den Partikeln bildet sich ein Flussschlauch (String) aus, der bei großen Abständen eine lineare Rückstellkraft zwischen den Partikeln impliziert. Je weiter die Quarks auseinander gezogen werden, desto dicker wird der Flussschlauch. Dieses Phänomen wird als Eingeschlossenheit (Confinement) der Quarks bezeichnet und erklärt, warum im Experiment keine einzelnen Quarks beobachtet werden. Die Farben der Abbildung kennzeichnen den relativen Fehler der Messgröße. Computersimulationen der starken Wechselwirkung sind extrem rechenzeitaufwendig und erfordern nach wie vor leistungsfähige Supercomputer [8].

Harte Probleme wie etwa realistische Computersimulationen in der Elementarteilchenphysik sind derzeit noch parallelen Supercomputern oder so genannten PC-Farms[4] vorbehalten. Obgleich in den Quantenfeldtheorien des Standardmodells sehr komplexe Interaktionsmöglichkeiten zwischen den einzelnen Konstituenten verborgen sind, eignen sie sich wegen des Recheinzeitaufwands kaum als Grundlage für eine simulierte Schnittstelle, insbesondere dann nicht, wenn nur ein handelsüblicher PC zur Verfügung steht. Deshalb wird im folgenden Abschnitt ein einfacheres Modell aus der statistischen Physik vorgestellt – als Computersimulation ein weiches Problem.

3   Das Ising-Modell

Im zweiten Beispiel möchte ich kurz ein physikalisches System aus dem Bereich der statistischen Physik vorstellen, das als Grundlage für eine simulierte Schnittstelle besser geeignet ist. Das Ising-Modell wurde ursprünglich von E. Ising zur Beschreibung der ferromagnetischen Eigenschaften von Metallen vorgeschlagen [9]. In seiner einfachsten Formulierung als Spin-

---

[4] Unter einer PC-Farm versteht man den Zusammenschluss vieler (z.B. 64, 128, 256…) handelsüblicher PCs mit einem schnellen lokalen Netzwerk zu einem leistungsfähigen, parallelen Supercomputer.

1/2-Modell[5] in zwei Dimensionen kann das Ising-Modell bis ins Detail mit analytischen, mathematischen Methoden ausgewertet werden [10]. An diesen exakten Ergebnissen müssen sich approximative Computersimulationen des Modells messen.

Anschaulich kann das zweidimensionale Ising-Modell als eine Art Schachbrett interpretiert werden, wobei jedes Feld entweder schwarz oder weiß ist (Spin *up* oder *down*); benachbarte Felder können dieselbe Farbe haben. Die Farbe eines jeden Feldes ist nicht konstant – im Gegensatz zu einem realen Schachbrett –, sondern kann von schwarz nach weiß und wieder zurück wechseln. Allein benachbarte Felder wissen etwas voneinander: Die nächsten Nachbarn sind miteinander über eine Kopplungskraft verbunden. Sind alle vier nächsten Nachbarn beispielsweise weiß, ist die Wahrscheinlichkeit groß, dass auch das in der Mitte liegende Feld zur weißen Farbe wechselt. Sind zwei Nachbarn weiß und die restlichen zwei schwarz, hebt sich die summierte Kraft gegenseitig auf – das Feld bleibt wie es gerade ist. In der physikalischen Interpretation des Systems entsprechen die Felder den Spins der äußersten Elektronen eines Metallatoms. Ihre vollständige oder partielle Ausrichtung in eine Richtung ist die Ursache für ferromagnetische Eigenschaften von Metallen, z.B. Eisen.

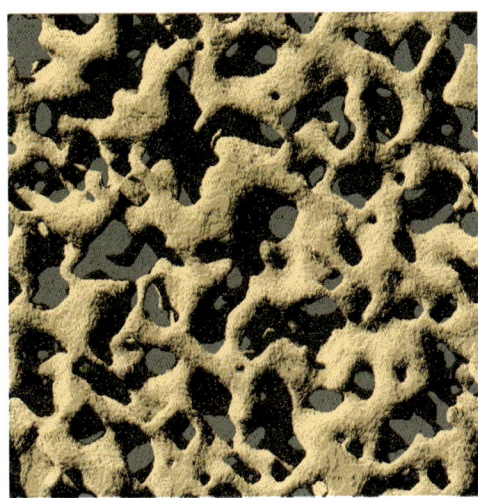

Abb. 2: Computersimulationen in der statistischen Physik: Bereits das einfache Ising-Modell generiert komplexe Strukturen in der Nähe des Phasenübergangs bei T_C. Das Spin-Modell beschreibt ferromagnetische Metalle bei unterschiedlichen Temperaturen. Die Simulationen sind leicht zu programmieren und benötigen für kleinere Systeme nur einen geringen Teil der Rechenleistung eines modernen PCs.

Das Ising-Modell kann problemlos mit Monte-Carlo-Algorithmen auf einem PC simuliert werden [11]. Dabei beobachtet man folgendes Verhalten in den Extremen: Bei hohen Temperaturen überdeckt das thermische Rauschen in dem System die schwache Kopplung zwischen benachbarten Feldern. Die Magnetisierung des Metalls verschwindet. Bei sehr kleinen Temperaturen ist das System aufgrund der dann dominanten Kopplung zwischen den Feldern „eingefroren". Entweder *alle* Felder sind schwarz oder *alle* Felder sind weiß. Ein Metall wäre dann maximal magnetisiert. Zwischen den Extremsituationen findet im Ising-Modell bei der kritischen Temperatur T_C ein so genannter Phasenübergang statt. Oberhalb von T_C ist die Magnetisierung Null, unterhalb von T_C bilden sich bereits zusammenhängende Bereiche

---

[5] Der Spin eines Teilchens charakterisiert einen zusätzlichen Freiheitsgrad, der in der klassischen Physik als Eigendrehung des Partikels eingeführt wird. In der Quantenphysik ist der Spin beispielsweise des Elektrons eine diskrete Größe: Er kann nur in zwei entgegengesetzte Richtungen zeigen (+1/2 bzw. –1/2 oder up bzw. down).

(Cluster) aus, die nur aus schwarzen oder weißen Feldern bestehen – das Metall wäre dann teilweise magnetisiert, und es können sich komplexe Strukturen ausbilden (Abb. 2).

Mithilfe einer dynamischen Computersimulation des Ising-Modells kann der Benutzer nun am Rechner mit einem klassischen eindimensionalen Interface (z.B. unter Verwendung einer Richtungsdimension der Maus) über die Temperatur ein komplexes physikalisches System mit sehr vielen Freiheitsgraden und äußerst komplexen Verhalten steuern, und zwar in Echtzeit! (Probieren Sie unbedingt die in Java programmierte Simulation des Ising-Modells aus, die im Internet zu finden ist; s. Abschnitt „Interessante Links".) Die einzelnen Felder (Spins) des Modells selbst stellen die Eingaben für ein nachgeschaltetes Programm dar, das im einfachsten Falle ein Grafikwerkzeug zur Visualisierung sein kann. Diese indirekte Interaktion zwischen einer konventionellen Schnittstelle und einem Anwendungsprogramm via Echtzeitsimulation eines physikalischen Systems ist ein Beispiel für eine simulierte Schnittstelle.

4   Eine simulierte Schnittstelle: *TheLine*

Für eine klassische Mensch-Maschine-Schnittstelle werden Daten, gewonnen mit den unterschiedlichsten Techniken, an die entsprechende Computeranwendung – das Programm – übergeben oder empfangen. Grundsätzlich werden in vielen Schnittstellen ausschließlich Daten mit eindeutig definierter Richtung ausgetauscht, entsprechend einer Datenein- oder Datenausgabe. Erst neuere Schnittstellen ermöglichen die Ein- und Ausgabe mit einem Gerät, beispielsweise ein Touch-Screen oder ein Steuerknüppel, auf dessen mechanische Komponenten sowohl der Benutzer als auch das Computerprogramm Kräfte ausüben kann (so genannte Force-back-Systeme). Wenn auch die meisten PCs heute immer noch mit einfachen Interfaces ausgerüstet werden – zum Lieferumfang gehören Tastatur, Maus, Bildschirm und optional Drucker bzw. Scanner – sind in den vergangenen Jahren neue, technisch versiertere Mensch-Maschine-Schnittstellen entwickelt worden. Dazu gehören die Körper-Sensoren aus dem Bereich der virtuellen Realität (VR), Cursor-Steuerung mit den Augen (eye tracking), rückgekoppelte Steuereinheiten, haptische Interfaces, um nur einige neue Techniken aufzuführen.

Die simulierte Schnittstelle dagegen greift auf konventionelle Interface-Techniken zurück. Der Unterschied besteht allerdings darin, dass ein Benutzer primär nicht mit dem Anwendungsprogramm in Interaktion steht, sondern stattdessen in die Simulation eines physikalischen Systems eingreift, das zwischen Interface und Anwendungsprogramm situiert ist. Die aktive Steuerung einer Computeranwendung weicht einer vermittelten Interaktion über die Freiheitsgrade eines physikalischen Systems. Ein Ziel der simulierten Schnittstelle ist also, mit einer konventionellen Schnittstelle zuerst ein System in Echtzeit zu steuern, welches unter Umständen viel mehr Freiheitsgrade besitzt als das Interface selbst, mit dem die physikalische Simulation gesteuert wird. Mit anderen Worten: Die klassische Mensch-Maschine-Schnittstelle wird zusätzlich um das Interaktionspotential physikalischer Wechselwirkungen erweitert. Dazu können lokale Wechselwirkungen der klassischen Mechanik gehören, aber auch statistische oder quantisierte Interaktionen. Anhand eines Beispiels möchte ich eine simulierte Schnittstelle vorstellen.

TheLine ist eine von mir entwickelte interaktive Videoinstallation[6], basierend auf den La-Linea-Cartoons und Animationen von Oswaldo Cavandoli. Cavandoli zeichnet seine Cartoon-Figuren stets als eine durchgehende Linie (Abb. 3). Ebenso werden Gegenstände in diese Linie integriert. Die Figuren von La Linea beziehen in vielen Animationen ihre formbestimmende Linie und deren materielle Beschaffenheit mit in die Handlung ein: Rütteln sie an dem Linienende, bewegt sich eine Welle durch ihren Körper und unterstreicht die physikalische Konsistenz der Linie.

Abb. 3: La Linea, Cartoon von Oswaldo Cavandoli. Die Zeichnungen und Animationen bestehen aus einer stets durchgehenden Linie und dienen als grundlegende Idee für die interaktive Videoinstallation *TheLine*.

TheLine nimmt die Zeichnung einer Figur mit einer Linie auf. Es wird aber die Animation interaktiv von einem Beobachter generiert. Dazu wird mit einer Videokamera die Person aufgezeichnet und in Echtzeit die Kontur – die Silhouette des Körpers vor der Projektionsfläche – abgeleitet. Als klassisches Video-Interface interpretiert könnten die errechneten Daten direkt an ein Visualisierungsprogramm weitergegeben werden. Die Linie wird kontinuierlich auf eine Leinwand projiziert, entsprechend dem jeweiligen Körperumriss. Im Gegensatz zu der simplen Nachzeichnung der Kontur besteht bei der hier diskutierten simulierten Schnittstelle die Linie aus 6000 bis 8000 einzelnen Kugeln, die wie auf einer Perlenschnur aufgezurrt sind und sich als physikalische Massen gemäß den Newton'schen Bewegungsgleichungen bewegen. Zwischen benachbarten Kugeln wirkt eine attraktive (anziehende) Federkraft. Der Körperumriss des Betrachters definiert in dem zweidimensionalen Bewegungsraum der Perlenkette ein Gravitationsfeld für die Massen. Die resultierenden Differenzialgleichungen werden numerisch – ebenfalls in Echtzeit – integriert (symplektisch, 3. Ordnung) und die neuen Koordinaten der Kugeln visualisiert. Durch die Überlagerung der Kugelradien entsteht der Eindruck einer zusammenhängenden Linie. In dieser Umsetzung von La Linea geht der Betrachter in die Computersimulation des physikalischen Systems ein, indem er oder sie stets neu das die Dynamik bestimmende Gravitationsfeld einbringt. Abhängig von den gewählten Parametern der Simulation konvergiert die Linie schnell oder langsam gegen die Kontur, klebt förmlich an dem Umriss oder schleicht träge den Bewegungen hinterher. Zuerst, bei Zuschalten der Gravitationskraft, erwächst die Silhouette aus der horizontalen Linie, bei Abschalten der Kraft zerfließt die Gestalt wieder (Abb. 4). Ferner kann der Betrachter, nachgezeichnet aus der durchgehenden Linie, mit Schaltflächen in der Projektionsebene die Simulationsparameter selbst verändern, das Kraftfeld kurzzeitig ausschalten oder sich bei kleinen Kopplungen von dem eigenen Schatten befreien. Bei Anwahl der kritischen Parameter, wenn also z.B. die Gesamtenergie bei der numerischen Integration nicht erhalten ist (zu großer Zeitschritt),

---

[6] Die Idee für TheLine wurde gemeinsam mit Mone Kante entworfen, die zur Zeit der Realisation von TheLine postgraduierte Studentin an der Kunsthochschule für Medien Köln war.

zersprengt sich die Perlenschnur, und die einzelnen Kugeln, also die Bestandteile der Linie, fliegen in alle Richtungen davon.

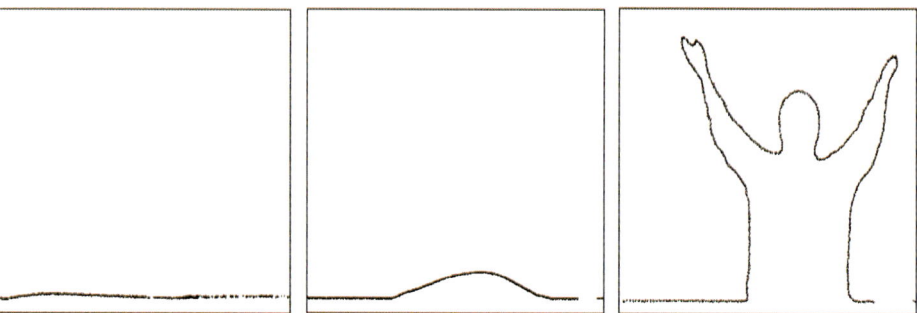

Abb. 4: TheLine, eine interaktive Videoinstallation. Die Linie besteht aus 6000–8000 einzelnen Kugeln. Für die Echtzeitanimation werden die physikalischen Bewegungsgleichungen numerisch in einer Computersimulation gelöst. Benachbarte Kugeln sind über eine Federkraft miteinander verbunden. Aus einem Videobild wird die Kontur einer oder mehrerer Personen abgeleitet und als Gravitationskraft in die Simulation eingefügt. Die entstehende Dynamik in der Animation der Kette wird über physikalische Parameter gesteuert (Zeitschritt der Molekulardynamik, Masse der Kugeln, Kopplungskonstanten): Die Linie kann hartnäckig an den Konturen „kleben" oder gemächlich auf die Silhouetten der Körper zusteuern.

Weil die Interaktion des Betrachters mit der Linie im simulierten Raum mittels physikalischer Kräfte stattfindet, verläuft die Steuerung der Linie in den unzähligen Freiheitsgraden, die eine in zwei Dimensionen schwingende, mit Federkräften intern gekoppelte Perlenkette hat, die aus bis zu 10 000 Kugeln besteht.

TheLine wurde präsentiert im Juli 2000 beim Tag der offenen Tür an der Kunsthochschule für Medien (Projektlabor der Kunst- und Medienwissenschaften). Auf einem Apple Macintosh G4-Rechner wurden die Bilderfassung und die vollständige Bildanalyse, ferner die Computersimulation einer physikalischen Perlenkette sowie die Visualisierung in Echtzeit als Java-Programm (Applet) realisiert.

5   Zusammenfassung und Ausblick

Numerische Algorithmen für die Lösung von physikalischen Grundgleichungen sind in vielen Computeranwendungen, verstärkt auch im künstlerischen Kontext, im Einsatz. Computersimulationen einfacher physikalischer Modelle nehmen dabei nur einen geringen Teil der Rechenleistung in Anspruch, die auf modernen Computern, beispielsweise einem PC oder einem Apple Macintosh G4, zur Verfügung stehen. Dadurch wird es möglich, zwischen die bestehenden Hardware-Schnittstellen des Computers und dem Anwendungsprogramm ein simuliertes physikalisches System zu positionieren: die simulierte Schnittstelle. Diese Systeme können beispielsweise der statistischen Physik entnommen werden (Ising-Modell) oder der klassischen Mechanik. Am Beispiel der interaktiven Videoinstallation *TheLine* diente die Simulation einer Perlenkette mit Techniken aus der Molekulardynamik als simulierte Schnittstelle zwischen einer Video-Kamera und einem Visualisierungsprogramm.

Die Mensch-Maschine-Interaktion findet innerhalb der dynamischen Simulation statt, indem ein zusätzliches Kraftfeld eingeschaltet wird und zusätzlich auf die Perlenkette einwirkt. Die Parameter des numerischen Algorithmus können über Schaltelemente in der Interaktion variiert werden. Die Ausgabe des simulierten Interfaces sind – in diesem Falle – die Koordinaten der einzelnen Kugeln und dienen als Eingabe für ein Grafikprogramm. Weitere Ausgabewerte, wie z.B. die Geschwindigkeiten der einzelnen Massenpunkte, wurden nicht verwertet.

Bei *TheLine* wird der Benutzer oder die Benutzerin selbst zum Bestandteil der dynamischen Simulation und kann direkt mit der Perlenschnur, bzw. ihrer Visualisierung in Wechselwirkung treten. Das resultierende Interaktionspotential ist um die Freiheitsgrade einer physikalischen Perlenkette erweitert, die sich gemäß den Newton'schen Bewegungsgleichungen in einem äußeren Gravitationsfeld bewegt.

Als Ausblick möchte ich eine weitere simulierte Schnittstelle kurz vorstellen, die derzeit an der Kunsthochschule für Medien entwickelt wird. In der Computersimulation werden eine Gitarrensaite und eine darunter liegende Tonabnehmerspule simuliert. Durch die Schwingung der Saite wird ein Induktionsstrom in der Spule generiert, der in überlagerte Töne umgerechnet wird. Für die Interaktion mit dem System werden alle Handbewegungen vor der projizierten Gitarrensaite mit einer Videokamera aufgenommen und in Echtzeit analysiert. In die Simulation der Gitarrensaite werden diese Daten als realistische, physikalische Kräfte auf das schwingende Objekt interpretiert. Somit findet die Interaktion mit der virtuellen Saite auf Ebene der physikalischen Tonerzeugung statt, die Klänge entstehen dynamisch während der Interaktion, gemäß den mechanischen bzw. elektromagnetischen Grundgleichungen. Im Prinzip ist das resultierende Interaktionspotential zwischen Hand und schwingender Saite beliebig groß.

In Zukunft könnten simulierte Schnittstellen das Spektrum bestehender Interface-Techniken wesentlich erweitern. Komplexes Interaktionsverhalten wird auch ohne technisch aufwendige Apparate möglich, indem die Vielfalt an natürlichen Wechselwirkungen in untergeordnet ablaufenden Computersimulationen zugänglich gemacht wird. Insbesondere in Anbetracht der Tatsache, dass die Rechenleistung moderner Computer in den letzten Jahren enorm angewachsen ist, erscheinen in Echtzeit simulierte physikalische Systeme als interessante Alternative zu einem aufwendigen und kostspieligen hoch technologisierten Interface-Design.

Der Autor

Jochen Viehoff

Kunsthochschule für Medien Köln, Homepage: http://www.khm.de/~viehoff

Jochen Viehoff, geb. 1968 in Wuppertal, studierte Physik in Wuppertal, Pisa (Italien) und Edinburgh (Schottland). Er promovierte auf dem Gebiet der theoretischen Elementarteilchenphysik und ist seit 1999 künstlerischer/wissenschaftlicher Mitarbeiter an der Kunsthochschule für Medien Köln. Seine Forschungsschwerpunkte sind die Entwicklung von Mensch-Maschine-Schnittstellen, Individualsoftware, mobile computing und Quantencomputer. Seine interaktive Videoinstallation „TheLine" wurde während der Präsentationswoche im Juli 2000 an der Kunsthochschule für Medien ausgestellt. Ferner arbeitet der Autor seit vielen Jahren als Fotograf für das Tanztheater Wuppertal unter der Leitung von Pina Bausch. Aus dieser Arbeit sind zahlreiche internationale Veröffentlichungen hervorgegangen, insbesondere ein Fotobildband und eine Kalenderproduktion.

Literatur

[1] W. J. Kaufmann, L. L. Smarr: *Simulierte Welten.* Spektrum Akademischer Verlag, Heidelberg (1994)

[2] W. H. Pree, S. A. Teukolsky, W. T. Vetterling, B. P. Flannery: *Numeric Recipes in C.* Cambridge University Press, Cambridge (1992)

[3] B. A. Myers: *A Brief History of Human Computer Interaction Technology.* ACM interactions, Vol. 5 (1994) no. 2, pp. 44–54

[4] J. D. Bjorken, S. D. Drell: *Relativistische Quantenmechanik.* BI Wissenschaftsverlag, Mannheim (1966). C. Itzykson, J. B. Zuber: *Quantum Field Theory.* McGraw Hill Inc., Singapore (1980)

[5] O. Nachtmann: *Particle Physics. Concepts and Phenomena.* Springer, Berlin (1998)

[6] P. J. Bryant, K. Johnsen: The Principles of Circular *Accelerators and Storage Rings.* Cambridge University Press, Cambridge (1993)

[7] M. Creutz: *Quarks, Gluons and Lattices.* Cambridge University Press, Cambridge (1983). H. J. Rothe: *Lattice Gauge Theory – An Introduction.* World Scientific Publishing, Singapore (1992)

[8] G. S. Bali, K. Schilling, C. Schlichter: *Observing long color flux tubes in SU(2) lattice gauge theory*, Phys. Rev. **D51**, 5165–5198 (1995); e-Print Archive: hep-lat/9409005)

[9] E. Ising: *Beitrag zur Theorie des Ferromagnetismus*, Zeitschrift für Physik **31** (1925), 253–258

[10] L. Onsager: *Crystal Statistics. I. A Two-Dimensional Model with a Order-Disorder Transition*, Phys. Rev. **65,** 117–149 (1944)

[11] K. Binder, D.W. Heermann: *Monte Carlo Simulation in Statistical Physics. An Introduction*. Springer, Berlin (1997)

Interessante Links

http://bartok.ucsc.edu/peter/java/ising/keep/ising.html) (in Java programmierte Echtzeit-Simulation des Ising-Modells)

Entdeckung des Zufalls

Faszinierende Einblicke in den Nanokosmos

Klaus Schoepe und Roland Wiesendanger

1   Was ist „nano"?

Die Nanowissenschaft bzw. die Nanotechnologie befasst sich mit der Erforschung und der Kontrolle kleinster Strukturen in der Welt der Atome und Moleküle. Ein einzelnes Atom ist etwa ein zehntel Nanometer (0,1 nm) groß. Um eine Vorstellung von dieser Größe zu bekommen: Ein Meter verhält sich zu einem Nanometer wie der Durchmesser unseres Erdballs zu dem einer Haselnuss oder wie der Durchmesser eines Apfels zu dem eines einzelnen Atoms. 100 nm ist ein Richtwert für das Eindringen in die Nanowelt, eine fließende Grenze. In diesem Nanokosmos gelten andere Gesetze als in unserer makroskopischen Welt. Während zur Beschreibung sichtbarer Objekte – vom Planeten bis zum Staubkorn – die „klassische Physik" genügt, die im 17. Jahrhundert von dem englischen Physiker Sir Isaac Newton begründet wurde, gelten für Atome und Moleküle die Gesetze der Quantenphysik.

In der Nanowelt ist es dunkel, denn sie ist so klein, dass die elektromagnetischen Wellen des Lichts nicht „hineinpassen". Das sichtbare Licht hat Wellenlängen von 380 bis 750 nm – viel zu groß für die Nanowelt. Ist ein Gegenstand kleiner als die Wellenlänge des Lichts, kann er kein Licht reflektieren, gleich einer kleinen Muschel, über die eine Ozeanwelle ignorant hinweg rauscht. Und weil aus der Nanowelt kein Licht reflektiert wird, ist sie für das Auge unsichtbar.

2   Der lange Weg in den Nanokosmos

Die Entwicklung neuer Mikroskope mit immer höherem Auflösungsvermögen öffnete jedes Mal ein Fenster in eine unbekannte, faszinierende Welt. Das erste Mikroskop mit zwei Linsen wurde 1590 vermutlich von zwei holländischen Brillenmachern, Hans und Zacharias Jansen, gebaut. Es diente allerdings weniger der Wissenschaft als zur Belustigung bei der Beobachtung von so wohlvertrauten Haustieren wie Läusen und Flöhen. Die ersten wissenschaftlich bedeutenden mikroskopischen Entdeckungen machte der holländische Tuchhändler Antony van Leeuwenhoek. Er benutzte dafür aber kein zweilinsiges Mikroskop, sondern kleine Glaskugeln mit einem Durchmesser von wenigen Millimetern und erreichte damit eine fast 300fache Vergrößerung. Nachdem er seinen Zahnbelag unter die Lupe genommen hatte, verblüffte er 1683 die Royal Society of London mit der Nachricht, dass es in seinem Munde mehr Lebewesen gäbe als Menschen in den Niederlanden – er hatte die Bakterien entdeckt.

Eine Theorie für das Lichtmikroskop wurde 1872 von dem deutschen Physiker Ernst Abbe entwickelt. Gemeinsam mit dem Hofmechanikus und Inhaber der optischen Werkstätten, Carl Zeiss, baute er Mikroskope von einer damals einzigartigen Qualität. Abbes theoretische Berechnungen ergaben auch, dass Lichtmikroskope höchstens eine 1500fache Vergrößerung erreichen können. Das reicht gerade noch, um auch kleinere Bakterien, einer Größe von etwa

500 nm, sichtbar zu machen. Strukturen kleiner als 200 nm sind mit diesen Geräten nicht mehr zu erkennen.

Ein erster Schritt in den Nanokosmos gelang 1931 dem deutschen Elektrotechniker Max Knoll und seinem Studenten Ernst Ruska mit der Entwicklung des Elektronenmikroskops. Nach den Gesetzen der Quantenphysik kann sich ein Elektron wie Licht verhalten, also wie eine Welle. Elektronen lassen sich von magnetischen Feldern auf ähnliche Weise lenken wie Licht durch eine Glaslinse. Die Vergrößerung von Lichtmikroskopen wird von Elektronenmikroskopen um das hundert- bis tausendfache übertroffen. Mit diesen Geräten war es nun auch erstmals möglich, Viren sichtbar zu machen. Die Existenz von Viren war zwar schon bekannt, aber sie sind so klein, dass sie mit einem Lichtmikroskop nicht zu entdecken sind. Moderne Elektronenmikroskope können sogar schon einzelne Atome erkennen. Sie haben allerdings auch einen Nachteil: Die Probe muss sich in einem Vakuum befinden, weil der Elektronenstrahl sonst von Luftmolekülen abgelenkt wird. Biologische Materialien werden daher vor der Messung aufwändig präpariert, denn sie bestehen oft zu einem großen Anteil aus Wasser, das im Vakuum verdampfen würde. Auch der Elektronenstrahl kann die Proben schädigen.

3   „Spitzel" im Reich der Atome

Das Tor in den Nanokosmos wurde endgültig 1981 mit der Erfindung des Rastertunnelmikroskops aufgestoßen, wofür Gerd Binnig und Heinrich Rohrer 1986 den Nobelpreis bekamen. Ihre Idee war eigentlich nahe liegend: Wer nicht sehen kann, muss fühlen. Weil es im Nanokosmos kein Licht gibt, entwickelten sie eine Art Blindenstock. Sie näherten eine Sonde, eine sehr spitze Nadel, bis auf wenige Atomdurchmesser einer Probenoberfläche an. Obwohl beide sich nicht berühren, fließt ein so genannter Tunnelstrom zwischen Sonde und Oberfläche. Nur mit Hilfe der Quantenmechanik lässt es sich erklären, dass hier ein Strom fließt, obwohl kein Kabel oder eine andersartige stromleitende Verbindung zwischen Sonde und Probe vorhanden ist. Wird der Abstand von Sonde und Oberfläche nur um den Bruchteil eines Atomdurchmessers variiert, folgt daraus eine starke Änderung des Tunnelstroms, und genau diese Eigenschaft kann dazu genutzt werden, ein Bild zu erzeugen. Zeile für Zeile, Punkt für Punkt, rastert die Sonde des Mikroskops die Probe ab und misst den Tunnelstrom. Aus den Messwerten berechnet ein Computer die dreidimensionale Gebirgslandschaft der Probenoberfläche – aufs einzelne Atom genau (Abb. 1). Das entspricht einem Vergrößerungsfaktor von mehreren Millionen, 1000- bis 10 000fach besser als ein Lichtmikroskop.

Die Positionierung der Sonde erfolgt auf ein Hundertstel bis ein Tausendstel eines Atomdurchmessers genau mit so genannten Piezostellelementen. Das sind Kristalle, die mit Hilfe von elektrischer Spannung verformt werden können. Die Sonde eines Rastertunnelmikroskops kann aus unterschiedlichen Materialien bestehen. Es ist eine Nadel, deren Spitze so fein geätzt wird, dass sich am Ende im Idealfall nur noch ein einzelnes Atom befindet.
Weil zum Betrieb des Rastertunnelmikroskops ein Tunnelstrom gebraucht wird, können mit diesem Gerät nur elektrisch leitende Proben untersucht werden. Doch auch für nicht leitende Materialien gibt es inzwischen ein ähnlich leistungsfähiges Mikroskop. Auch an dieser Entwicklung war der deutsche Physiker Gerd Binnig beteiligt. 1986 präsentierte er der Weltöffentlichkeit, zusammen mit seinen Kollegen Calvin F. Quate und Christoph Gerber, das Rasterkraftmikroskop.

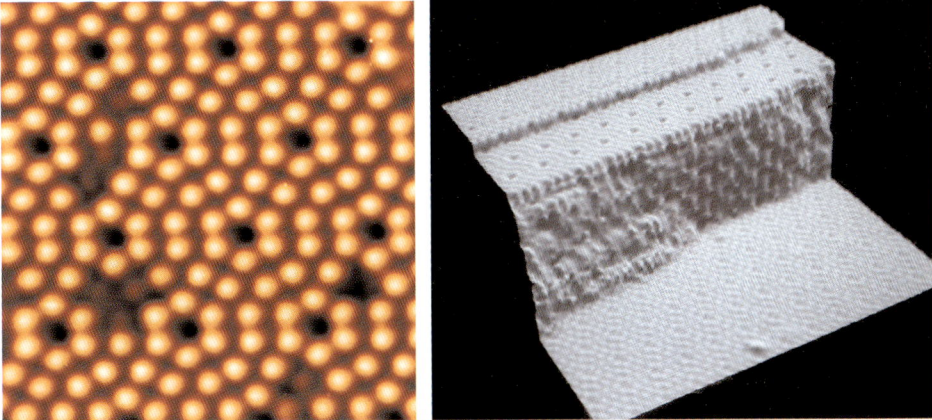

Abb. 1: Einzelne Atome auf der Oberfläche eines Siliziumkristalls, aufgenommen mit einem Rastertunnelmikroskop. Links ist eine Nahaufnahme zu sehen, das rechte Teilbild zeigt eine Bruchkante.

Das Prinzip dieses Gerätes ist noch einfacher und noch unglaublicher als das des Rastertunnelmikroskops. Auch beim Rasterkraftmikroskop ist das Herzstück eine sehr spitze Nadel. Diese ist am Ende eines Federbalkens befestigt. Wenn diese Sonde, wie die Nadel eines Schallplattenspielers, auf einer Oberfläche entlang fährt und dabei über kleinste atomare Unebenheiten hinweg „hoppelt", dann wird der Federbalken jeweils ein kleines bisschen gebogen. Diese winzigen Auslenkungen können mit Hilfe eines Laserstrahls erkannt werden, und aus diesen Messgrößen lässt sich wieder das dreidimensionale Bild der Oberfläche rekonstruieren.

Selbst Kollegen von Binnig, Gerber und Quate konnten erst nicht glauben, dass dieses Verfahren funktioniert. Mit einer feinen Nadel Strukturen von atomarer Größenordnung zu erkunden, das entspricht etwa dem Vorhaben, mit der Spitze des Matterhorns einen Tennisball abzutasten. Aber es zeigte sich bald, dass es sogar möglich war, mit der hauchdünnen Nadel eines Rasterkraftmikroskops einzelne Atome und Moleküle auf einer glatten Oberfläche hin- und herzuschieben. Ein unerwünschter Effekt, ging es doch eigentlich darum, die dreidimensionale Struktur einer Oberfläche abzubilden, ohne sie dabei zu verändern. Aber das Problem konnte durch eine Modifikation der Messmethode gelöst werden:

Bei der so genannten „berührungslosen" Rasterkraftmikroskopie wird die feine Sonde mit dem Federbalken in gleichmäßige Schwingungen versetzt. Wird diese schwingende Sonde einer Oberfläche angenähert, dann ändert sich ihre Schwingungsfrequenz, sobald die Sonde die Oberfläche „spürt". Die Probe wird dabei nur ganz leicht und sehr kurz berührt. Mit dieser Mikroskopietechnik ist es wie bei der Rastertunnelmikroskopie möglich, einzelne Atome einer Oberfläche zu erkennen. Franz J. Gießibl, der erstmals mit diesem Verfahren die Atome auf der Oberfläche eines Siliziumkristalls sichtbar machte, wurde wegen seiner Verdienste um die Rasterkraftmikroskopie mit dem „Nanowissenschaftspreis 2000" ausgezeichnet; dieser Preis wird jährlich vom Kompetenzzentrum Nanoanalytik verliehen.

4   Die sieben Sinne der Rastersondenmikroskope

Heutzutage gibt es Rastertunnelmikroskope und Rasterkraftmikroskope in vielen Variationen. Es ist fast irreführend, so ein Gerät als „Mikroskop" zu bezeichnen, weil man damit im Allgemeinen das Auge und das Sehvermögen assoziiert. Die Rastersondenmikroskope arbeiten dagegen mit diversen Variationen des Tastsinns und sind damit dem reinen Augenlicht in vieler Hinsicht sogar überlegen. Sie können nicht nur die Struktur, das „Aussehen", einer Oberfläche ergründen, sondern gleichzeitig diverse Materialeigenschaften fühlen: Ist das Material glatt, rau, magnetisch, klebrig, weich oder hart, leitet es Strom – diese Fragen sind für Wissenschaftler oft mindestens so wichtig wie das äußere Erscheinungsbild ihrer Forschungsobjekte. Dazu können Rastersondenmikroskope im Vakuum, an der Luft und sogar in Flüssigkeiten betrieben werden, in warmer und kalter Umgebung oder in starken Magnetfeldern. Sie sind die vielseitigsten Werkzeuge der Nanotechnologie.

5   Wegbereiter für den Computer von morgen

Das Raster*tunnel*mikroskop bietet ganz neue Möglichkeiten in der Elektronik. Es gibt zwei Gründe, warum elektronische Bauteile immer kleiner werden müssen: Zum einen werden Computerchips umso leistungsfähiger, je mehr Transistoren sie haben, zum anderen können sie umso schneller rechnen, je kürzer die Signalwege sind.

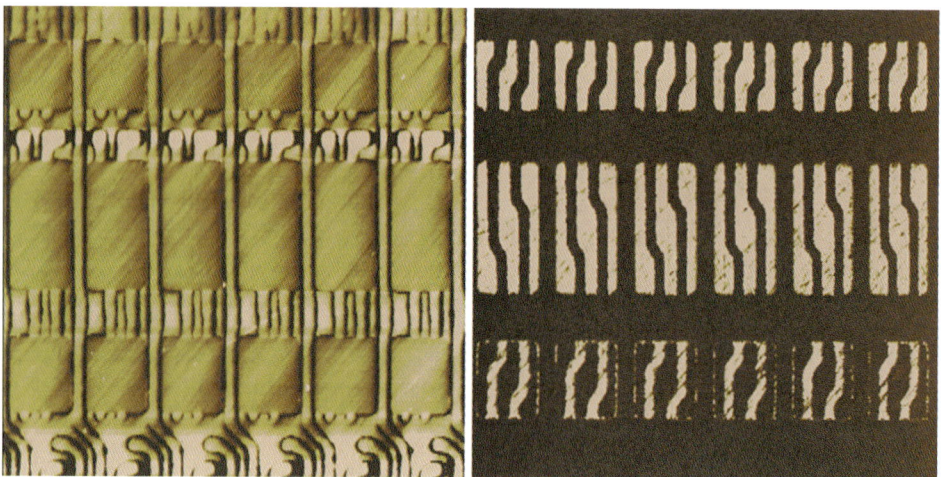

Abb. 2: Ausschnitt aus einem Computer-Speicherchip. Links ist die Oberflächenstruktur zu sehen, rechts wurden mit einem Rasterkapazitätsmikroskop elektronische Eigenschaften (hier die Kapazität) des Computerchips dargestellt. Die abgebildeten Flächen ist etwas kleiner als der Querschnitt eines Haars (30 × 30 Mikrometer).

Schon heute sind typische Strukturen auf Computerchips, etwa die Breite der elektrischen Leitungen, kleiner als 200 nm. Ein Lichtmikroskop reicht also schon heute nicht mehr aus, um die Leiterbahnen und Transistoren moderner Prozessoren zu erkennen, die immerhin etwa 200-mal dünner sind als der Durchmesser eines Menschenhaars. Mit Rastertunnelmikroskopen ist es nicht nur mühelos möglich, diese winzigen Strukturen sichtbar zu machen, es können auch gleich deren elektronischen Eigenschaften „ertastet" werden. Transistoren bestehen aus verschiedenen so genannten Halbleitermaterialien, die auf unterschiedliche Weise den Strom leiten. Mit einer speziellen Variante des Rastertunnelmikroskops, dem Rasterkapazitätsmikroskop, sind diese verborgenen elektronischen Eigenschaften der Materie deutlich voneinander zu unterscheiden (Abb. 2). Diese Mikroskope werden daher auch bei der Fehlersuche und in der Qualitätskontrolle moderner Computerchips eingesetzt.

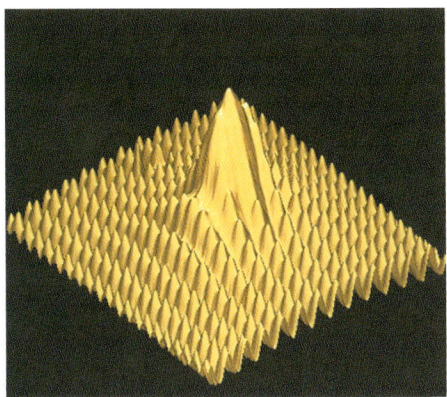

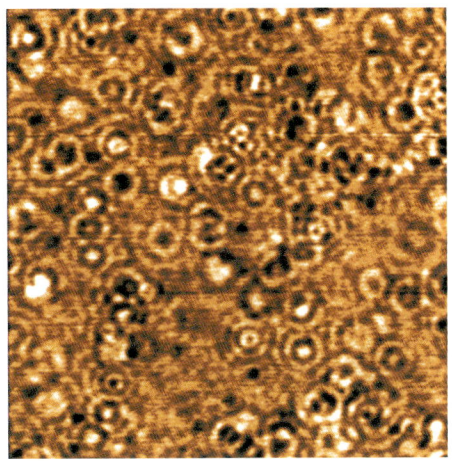

Abb. 3: Wie ein Berggipfel erhebt sich das elektronische Signal eines Dotieratoms über das der einzelnen Atome einer Halbleiteroberfläche. Aufnahme mit einem Rastertunnelmikroskop.

Abb. 4: Elektronenwellen um Dotieratome in einem Halbleiterkristall. Es sind noch Elektronenwellen von Dotieratomen sichtbar, die bis zu 50 Atomlagen unter der Kristalloberfläche liegen. Der Bildausschnitt zeigt eine Fläche von etwa 500 × 500 Nanometern.

Elektronische Eigenschafen von Halbleitermaterialien werden von einigen wenigen Atomen bestimmt, die als „absichtliche Verschmutzung", z.B. in Transistoren, eingefügt werden. Diese Atome werden Dotieratome genannt. Mit dem Rastertunnelmikroskop können einzelne Dotieratome eines Halbleitermaterials sichtbar gemacht werden (Abb. 3). Mit speziellen Messmethoden ist es sogar möglich, Elektronenwellen zu sehen, die sich ringförmig um diese Dotieratome ausbreiten, wie kleine runde Wasserwellen auf einem See um herabgefallene Regentropfen (Abb. 4).

Selbst chemische Eigenschaften von Oberflächen lassen sich ertasten. Chemische Bindungen werden von den äußeren Elektronenwolken erzeugt, die Atome und Moleküle umgeben. Diese Atom- oder Molekülorbitale können mit Rastertunnelmikroskopen sichtbar gemacht werden. Das ermöglicht zum Beispiel die Erforschung der chemischen Eigenschaften so genannter katalytischer Oberflächen, auf denen giftiges Kohlenmonoxid in die harmlosen Gase Sauerstoff und Kohlendioxid umgewandelt werden kann – eine hoffnungsvolle Methode zur einfachen Reinigung von Abgasen.

6   Tastfinger im Nanokosmos

Auch für Raster*kraft*mikroskope gibt es viele Spezialanwendungen. Materialeigenschaften wie Elastizität oder Adhäsion (die Klebrigkeit) können nanometer-genau ertastet werden. Wenn die Sonde des Mikroskops mit kleinstem Druck über eine Oberfläche geführt wird, kann das Phänomen der Reibung bis in atomare Dimensionen erforscht werden.

Abb. 5: Die Datenspuren eines magnetischen Massenspeichers. Grüne und rote Flächen entsprechen magnetischem Nord- bzw. Südpol. Die abgebildete Fläche entspricht etwa dem Querschnitt eines Haars (50 × 50 Mikrometer).

Auch bei der Untersuchung biologischen Gewebes können Rasterkraftmikroskope ein wichtiges Werkzeug sein. Die Messungen sind allerdings nicht so genau wie die an Kristallen oder Metallen, weil biologisches Gewebe meist wasserhaltig und weich ist und bei Kontakt mit der Sonde des Rasterkraftmikroskops nachgibt. Doch ist der große Vorteil gegenüber der Elektronenmikroskopie, dass das zu untersuchende Material auch an der Luft und sogar in Flüssigkeiten untersucht werden kann. Auf diese Weise können einzelne Proteine und DNA unter lebensnahen Bedingungen abgetastet und zeitabhängige biologische Prozesse untersucht werden. Große Moleküle können sogar zwischen der Probenoberfläche und der Spitze des Rasterkraftmikroskops eingespannt und auseinander gezogen werden, um die Kräfte zu bestimmen, die das Molekül zusammenhalten.

Mit einer magnetischen Sonde können auch magnetische Eigenschaften des Probenmaterials auf wenige Nanometer genau bestimmt werden. Das wird zum Beispiel bei der Entwicklung von magnetischen Datenspeichern immer wichtiger. Ein Magnetkraftmikroskop kann sogar noch die nur wenige Nanometer breiten Datenspuren moderner Festplatten erkennen (Abb. 5).

7   Lesen und schreiben mit spitzer Feder

Die Fähigkeiten von Rastersondenmethoden beschränken sich nicht nur auf das passive Beobachten, Fühlen, Tasten oder Messen. Es ist möglich, winzige Buchstaben in eine Oberfläche zu gravieren (Abb. 6).

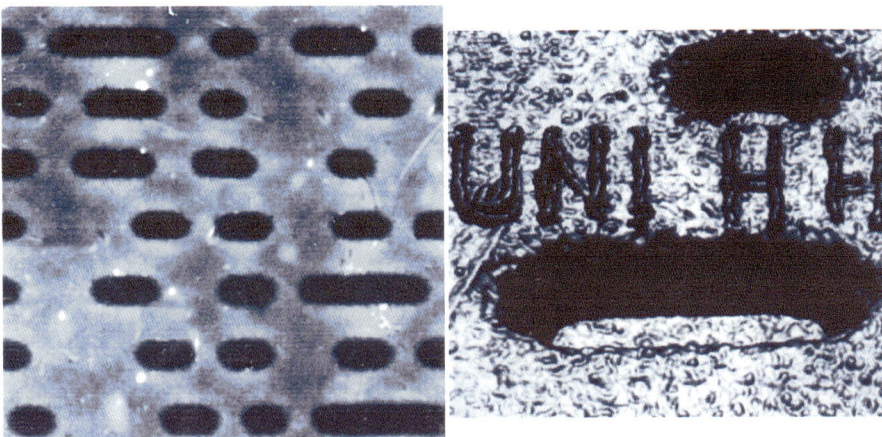

Abb. 6: Die Oberfläche einer handelsüblichen CD (links), aufgenommen mit einem Rasterkraftmikroskop. Die unterschiedlichen Löcher sind etwa 800 nm breit. Mit der Nadel eines Rasterkraftmikroskops lassen sich Buchstaben auf eine CD gravieren, deren Linienbreite zehnmal kleiner ist als die Breite der Vertiefungen (rechts).

Insbesondere bei der Entwicklung zukünftiger Datenspeicher könnte den feinen Sonden eine Doppelrolle zufallen. Magnetische Sonden könnten dazu verwendet werden, die Informationen auf magnetischen Massenspeichern sowohl zu lesen, als auch zu schreiben. Zum Schreiben könnte es reichen, die magnetische Sondenspitze näher an das zu magnetisierende Material heranzubringen und auf diese Weise das Magnetfeld an diesem Ort lokal zu erhöhen. Denkbar ist ein ganzer Kamm aus vielen Nadeln, der zum Lesen und Schreiben über einem rotierenden Speichermedium schwebt. Die Speicherkapazität von Festplatten könnte mit dieser Technik um ein Vielfaches erhöht werden.

Ein anderes Verfahren wird zurzeit in Zürich von einer Arbeitsgruppe bei IBM um Gerd Binnig entwickelt. Es heißt Millipede (Tausendfüßler), weil auch hier nicht mit einer, sondern mit über tausend Nadeln gleichzeitig gelesen und geschrieben werden soll. Dies soll nicht auf magnetischem Wege geschehen, sondern mechanisch: Zum Schreiben werden die vielen feinen Nadeln erhitzt und schmelzen die Information als kleinen Vertiefungen in eine dünne Plastikfolie. Beim Leseprozess fühlen die selben Nadeln, wo sich die Löcher befinden – eine Art Blindenschrift in der Nanowelt mit tausenden Fingern gleichzeitig. Der Tausendfüßler soll 100-mal mehr Daten speichern können als heutige Massenspeicher.

Eine noch höhere Datendichte könnte mit einer Variante des Rastertunnelmikroskops erzielt werden. Unserer Arbeitsgruppe für Rastersondenmethoden an der Universität Hamburg ist es gelungen, mit einer magnetischen Sondenspitze den Elektronenspin, d.h. die magnetischen Eigenschaften einzelner Atome, auszulesen (Abb. 7). Sollte es eines Tages gelingen, Informationen in einzelne benachbarte Atome zu schreiben, dann könnte die gesamte Weltliteratur auf der Fläche einer Briefmarke abgespeichert werden. Heute ist allerdings noch kein Material bekannt, das sich Atom für Atom magnetisch beschreiben ließe.

Abb. 7: Die magnetische Sonde eines Rastertunnelmikroskops ertastet die magnetischen Eigenschaften einzelner Atome. (Grafik: Stefan Heinze, Universität Hamburg.)

8   Atome als Bauklötzchen

1959 äußerte der amerikanische Physiker und Nobelpreisträger Richard Feynman in seiner visionären Rede zur Nanotechnologie, dass keine physikalischen Gesetze dagegen sprächen, Maschinen Atom für Atom zusammenzubauen. 1990 gelang Don M. Eigler und Erhard K. Schweizer der erste Schritt in diese Richtung, als sie den Schriftzug „IBM" aus 35 einzelnen Xenonatomen auf der Oberfläche eines Nickelkristalls formten (Abb. 8). Damit wurde ein neues Kapitel der Nanotechnologie eröffnet, die Welt der Atome schien plötzlich ein riesiger Baukasten zu sein. Wissenschaftler machten sich an die Arbeit, und entwarfen am Computer Zahnräder und Getriebe aus einzelnen Atomen, mit denen eines Tages winzigste Motoren gebaut werden sollen.

   1993 war es wieder Eigler mit zwei Kollegen, der einen kreisrunden Zaun aus Eisenatomen auf einer Kupferoberfläche aufbaute. Deutlich ist auf dem Bild zu sehen, wie sich im Inneren dieses Zauns kreisrunde Elektronenwellen bilden. Vor kurzem konnte Eigler die Fachwelt erneut überraschen: Er baute dieses Mal eine Ellipse aus Kobaltatomen auf einer Kupferoberfläche und platzierte in einen Brennpunkt ein weiteres Atom. Daraufhin bildete sich im anderen Brennpunkt der Ellipse eine Art Fata Morgana des ersten Brennpunkts, also ein virtuelles Bild eines Atoms dort, wo gar kein Atom vorhanden war (Abb. 9). Eine Möglichkeit, in einem zukünftigen Computer Informationen zu übertragen? Auch eine neue Art von Chemie scheint sich anzukündigen: Saw-Wai Hla und Kollegen von der Freien Universität Berlin beschrieben kürzlich, wie es mit kleinen Stromstößen aus der feinen Sonde eines Rastertunnelmikroskops möglich ist, einzelne Moleküle zu zerteilen und wieder zu neuen Molekülen zusammenzusetzen – ein erster experimenteller Hinweis darauf, dass es in Zukunft möglich sein wird, chemische Reaktionen Atom für Atom ablaufen zu lassen.

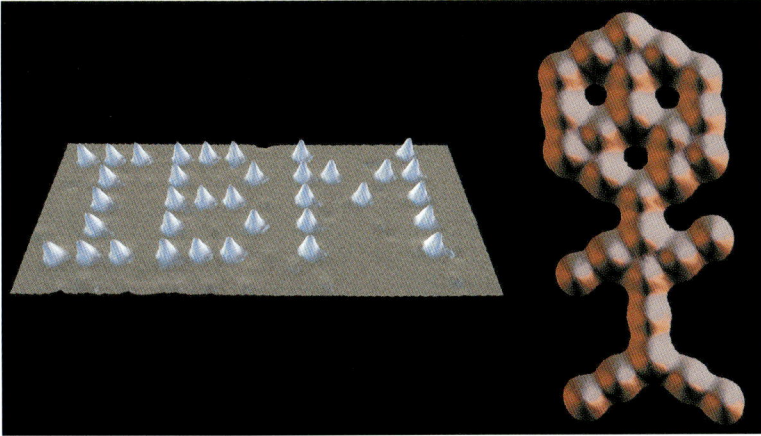

Abb. 8: Don M. Eigler und Erhard K. Schweizer vom IBM Almaden Research Center erzeugten den ersten „atomaren Schriftzug": das Firmenlogo von IBM (links). Peter Zeppenfeld und Don M. Eigler konstruierten den „CO-Man" (rechts), den kleinsten Zwerg der Welt, aus Kohlenmonoxidatomen auf einer Platinoberfläche.

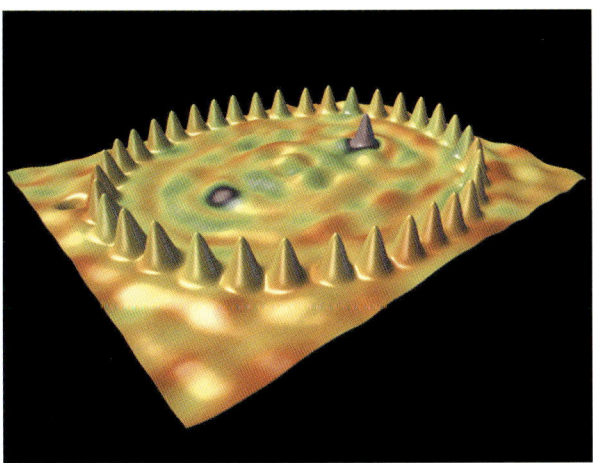

Abb. 9: Die Fata Morgana eines Kobaltatoms in einem atomaren Käfig. Hari C. Manoharan, Christopher P. Lutz und Don M. Eigler vom IBM Almaden Research Center konstruierten den elliptischen Käfig aus Kobaltatomen auf einer Kupferoberfläche.

9   Visionen im Nanokosmos

Da es zu mühsam ist, einzelne Moleküle mit Rastersondenmikroskopen zusammenzubauen, denken insbesondere amerikanische Visionäre schon darüber nach, eines Tages kleine Nanomaschinchen für diese Aufgabe zu konstruieren.

Auch in der Medizin träumt man von Nanomaschinen, die sich in den Blutgefäßen umher bewegen können, im Körper des Menschen gezielt Medikamente freisetzen, Blutgefäße säubern und Krankheitsherde von innen bekämpfen. Tatsächlich ist es dem amerikanischen Biologen Carlo D. Montemagno gelungen, einen kleinen Motor aus Biomolekülen zu bauen, der 200 nm hoch und 80 nm breit ist. Er kann einen kleinen Propeller drehen, der 750 nm lang ist, zehnmal kleiner als ein rotes Blutkörperchen. Dieser Motor kann nichts anderes als sich ziellos durch eine Flüssigkeit bewegen, aber er ist ein erster Schritt in die Richtung der Visionen von einer Nanomaschine.

10   Der Natur auf die Finger geschaut

Die Strategie, aus einem großen Materiestück winzige Strukturen herzustellen, wird als „Top-Down-Strategie" bezeichnet. Der Name soll andeuten, dass die Herstellung im Prinzip wie im Großen verläuft, nur mit feineren Werkzeugen. Demgegenüber steht in der Nanotechnologie die „Bottom-Up-Strategie". Hier versucht man es der Biologie nachzutun: Die gewünschten Strukturen sollen Atom für Atom, Molekül für Molekül wachsen, und zwar am besten von selbst, ohne äußere Einwirkungen. Dazu gibt es bereits diverse Ideen und Techniken. So sollen etwa ganze elektrische Schaltkreise zukünftig von selbst zusammenwachsen. Nur wenige Nanometer große Transistoren und einige Atome dicke Drähte könnten mit Biomolekülen versehen werden. Auf diese Weise markiert, sollen die elektrischen Bausteine von alleine zueinander finden.

11   Verschmelzen der Disziplinen

In der Nanotechnologie gibt es nur ein Fortkommen, wenn alle Disziplinen zusammenarbeiten. Physikalische Analysemethoden, biologische und chemische Verfahren der Selbstorganisation von Molekülen, Methoden aus der Informatik zur Steuerung von Apparaturen und Verarbeitung von Messergebnissen und nicht zuletzt die Ingenieurskunst bei der Herstellung von hochpräzisen Werkzeugen müssen in der Nanotechnologie Hand in Hand gehen. Die traditionellen Grenzen zwischen den Einzeldisziplinen Physik, Chemie und Biologie scheinen mit der Nanotechnologie immer mehr zu verschwimmen.

Die Erforschung des Nanokosmos, von Strukturen mit bisher unbekannt winzigen Dimensionen, eröffnet mit neuen maßgeschneiderten Materialien und Werkstoffen technische Möglichkeiten, die bisher nicht vorstellbar waren. Letzten Endes ist die Nanotechnologie – die den stetigen Wunsch nach fortschreitender Miniaturisierung, nach höherer Präzision und nach atomar maßgeschneiderten Strukturen erfüllt – nur eine konsequente Fortsetzung der bisher erfolgten Forschung in den unterschiedlichen Disziplinen. Und wir stehen erst am Anfang. Ähnlich den Weiten des Weltraums, sind uns die meisten Details, Zusammenhänge und Möglichkeiten des Nanokosmos heute noch verborgen.

Die Autoren

Klaus Schoepe   Roland Wiesendanger

Universität Hamburg, Zentrum für Mikrostrukturforschung und Kompetenzzentrum Nanoanalytik

Klaus Schoepe, geboren 1964 in Osnabrück, studierte Physik an der Heinrich-Heine-Universität in Düsseldorf und Journalismus an der Hochschule für Musik und Theater in Hannover. Seit 1997 arbeitete er als freier Wissenschaftsjournalist mit Redaktionsbüro in Hamburg. Er ist u.a. Autor zahlreicher Radiobeiträge zu Themen der Naturwissenschaften, Informatik und Medizin, die in den Wissenschaftsmagazinen von NDR und WDR gesendet wurden. Außerdem schreibt er Beiträge für populärwissenschaftliche Zeitschriften und für die Wissenschaftsseiten von Tageszeitungen. Seit September 2000 ist er Pressesprecher des Kompetenzzentrums Nanoanalytik. In seiner Freizeit spielt der passionierte Musiker Flamenco- und Jazzgitarre und genießt die Natur in ausgedehnten Bergwanderungen.

Roland Wiesendanger, geb. 1961 in Basel, studierte Physik, Mathematik und Astronomie an der Universität Basel, wo er 1986 sein Diplom, 1987 seine Promotion und 1990 seine Habilitation jeweils mit Auszeichnung abschloss. Seit 1993 ist er Professor für Experimentelle Festkörperphysik am Institut für Angewandte Physik und Zentrum für Mikrostrukturforschung der Universität Hamburg sowie seit Oktober 2000 Sprecher des bundesweiten Kompetenzzentrums Nanoanalytik. Auf seinem Hauptarbeitsgebiet, der Nanostrukturphysik, veröffentlichte er über 250 Artikel in referierten Fachzeitschriften. Darüber hinaus ist er Autor, Herausgeber und Mitherausgeber von zahlreichen Büchern über Rastersondenmikroskopie. Für seine wegweisenden Arbeiten auf dem Gebiet der Rastertunnelmikroskopie und der daraus hervorgegangenen Rastersondenverfahren erhielt er 1992 den Gaede-Preis der Deutschen Arbeitsgemeinschaft Vakuum sowie den Max-Auwärter-Preis. 1999 wurde er mit dem Karl-Heinz-Beckurts-Preis der gleichnamigen Stiftung ausgezeichnet. In über 180 Vorträgen und zahlreichen Beiträgen in der Presse, im Rundfunk und im Fernsehen hat er in den vergangenen fünfzehn Jahren zur Popularisierung der Nanowissenschaft und der Nanotechnologie beigetragen.

Jenseits des Bell´schen Theorems: Mehrteilchenverschränkungen und die Grundlagen der Quantenmechanik

Anton Zeilinger

1   Zweiteilchenverschränkungen und das Bellsche Theorem

Einstein, Podolsky und Rosen (EPR) [1] veröffentlichten 1935 ihre berühmte Arbeit „Kann die quantenmechanische Beschreibung der physikalischen Realität als vollständig betrachtet werden?". Die dort eingeführten starken Korrelationen zwischen zwei Teilchen fand Erwin Schrödinger so entscheidend für die Grundlagen der Quantenmechanik, dass er sie als *die* Essenz der Quantenmechanik bezeichnete und für sie den Begriff „Verschränkung" prägte. Die EPR-Argumentation geht von einer perfekten Korrelation zwischen bestimmten Systemen aus. Das beste Beispiel dafür ist der Zerfall eines Teilchens mit Spin 0 in zwei Spin-½-Teilchen. Die Spins dieser beiden Teilchen sind immer genau entgegensetzt, unabhängig von der Richtung in der eine Messung durchgeführt wird. Allein diese Tatsache zeigt schon, dass das Ensemble von Paaren eben nicht als klassisches Ensemble von Paaren mit definierten, gleichmäßig verteilten Spins verstanden werden kann, sondern statt dessen eine Superposition vorliegt:

$$|\psi\rangle = (|+\rangle|-\rangle \ - \ |-\rangle|+\rangle)/\sqrt{2}$$

Dabei bezeichnet $|+\rangle$ ($|-\rangle$) ein Teilchen mit nach oben (unten) gerichteten Spin, der erste Ket bezieht sich jeweils auf Teilchen 1, der Zweite auf Teilchen 2 usw. Wichtig ist, dass es sich hierbei tatsächlich um eine quantenmechanische Überlagerung handelt. Der Spin jedes einzelnen Teilchens ist vollkommen unbestimmt. So wie sich im Doppelspaltexperiment die Teilchen überlagern, falls wir nicht wissen – und auch prinzipiell nicht wissen können – durch welchen Spalt die einzelnen Teilchen geflogen sind, so erhalten wir hier Superposition, falls wir prinzipiell nicht wissen, ob der Spin des ersten Teilchen nach oben zeigt und der des zweiten nach unten oder umgekehrt. Sobald wir aber den Spin eines der beiden Teilchens messen, wissen wir, dass der des anderen Teilchen antiparallel ist, wenn wir ihn entlang der gleichen Richtung messen. Die beiden Spins sind perfekt korreliert.

2   Vom Bell´schen zum GHZ-Theorem

Die Frage, wie diese Korrelationen verstanden werden können, führte EPR zu dem Schluss, dass die Quantenmechanik eine unvollständige Theorie sei. John Bell [4] bewies später, dass Quantenmechanik mit versteckten lokalen Variablen die perfekten Korrelationen erklären kann, dass sich aber Widersprüche in den statistischen Vorhersagen beider Theorien ergeben, d.h. wenn die beiden Messungen nicht entlang der gleichen Richtung erfolgen. Viele Experimente haben mittlerweile die quantenmechanischen Vorhersagen bestätigt, am beeindruckendsten in einem Experiment, in dem zwei vollständig unabhängige Beobachter eingesetzt wurden.[5]

Beruhigend blieb für viele, dass perfekte Korrelationen mit klassischen Annahmen erklärt werden können und erst statistische Korrelationen zum Widerspruch führen. Immerhin ließe sich dann die Quantenmechanik als eine statistische Theorie betrachten. Diese Interpretation erwies sich als unhaltbar, als Greenberger, Horne und Zeilinger (GHZ) die Verschränkung von mehr als zwei Teilchen untersuchten. Greenberger hielt sich zu dieser Zeit als Fulbright Professor in Wien auf. Die Idee war einfach, die Verschränkung von mehreren Teilchen zu betrachten, weil dies bis dahin noch niemand getan hatte. Wie befassten uns explizit mit einem Teilchen mit Spin 1 und $m = 0$, dass über zwei Spin-1-Teilchen in vier Spin-½-Teilchen zerfällt. Der maximal verschränkte Endzustand der Teilchen ist

$$|\psi\rangle = (|+\rangle|-\rangle|-\rangle|+\rangle \ - \ |-\rangle|+\rangle|+\rangle|-\rangle)/\sqrt{2}$$

Für eine beliebige Einstellung der Richtung der vier Stern-Gerlachs ergaben sich Korrelationen mit einer komplizierten Struktur, und wir entschieden uns deshalb dafür, die perfekte Korrelation genauer zu untersuchen. Wir wussten ja, dass die perfekten Korrelationen der Ausgangspunkt sowohl für EPRs Betrachtungen als auch für die Bellsche Ungleichung waren. Zu unserer großen Überraschung stellten wir fest, dass lokale versteckte Variablen schon bei perfekten Korrelationen zu einem internen Widerspruch führten. Es war nicht mehr nötig, wie beim Bell´schen Theorem mit den statischen Vorhersagen der Quantenmechanik zu arbeiten. Am einfachsten zeigt dies der Fall von drei Teilchen, der von Mermin vorgeschlagen wurde [7]:

$$|\psi\rangle = (|+\rangle|+\rangle|+\rangle \ - \ |-\rangle|-\rangle|-\rangle)/\sqrt{2}$$

Der Grundgedanke seiner Argumentation ist, dass mit Hilfe von zwei Messungen des Spins in y-Richtung ein lokaler Realist das Ergebnis für das dritte Teilchen in x-Richtung vorhersagen kann. So wäre zum Beispiel nach zwei Messungen der Spin für das dritte Teilchen des Tripels als parallel zur positiven x-Richtung vorhergesagt worden. Eine Quantenmechanikerin hingegen zöge aus den ersten beiden Messungen genau den entgegensetzten Schluss; sie würde den Spin des dritten Teilchens als antiparallel vorhersagen.

3   Die experimentelle Umsetzung

Wir haben schon sehr früh [6,8] konkrete Experimente vorgeschlagen, um die beschriebene Idee zu überprüfen. Die Vorschläge zielten alle drauf ab, drei verschränkte Teilchen durch Zerfall herzustellen. Auch der Vorschlag von Wheeler [9] machte sich den drei Photonenzerfall von Orthopositronium zu Nutze. Aber meine Arbeitsgruppe und ich brauchten schließlich mehr als ein Jahrzehnt, um den GHZ-Widerspruch experimentell zu zeigen. Das größte Problem war, dass es keine Quellen für mehr als zwei verschränkte Teilchen gab. Während es mittlerweile Berichte über die Verschränkung von drei und mehr Teilchen gibt, ist deren Qualität noch lange nicht hinreichend für einen Test des GHZ-Theorems.

Wir beschlossen statt dessen, auf Photonen zurück zu greifen, bei denen sich verschränkte Paare hoher Reinheit herstellen lassen. Zwei solche Paare können dann wiederum verschränkt werden, so dass sich drei oder vier miteinander verschränkte Photonen ergeben. Dazu müssen die Zeitpunkte abgestimmt werden, zu denen die einzelnen Photonen detektiert werden. Zuerst konnten wir die Verschränkung von drei Photonen mit unserem Verfahren erreichen.[13] Nach und nach gelang es uns schließlich auch, den Widerspruch zwischen der Quantenmechanik und der Theorie der versteckten Variablen nachzuweisen.[14] Wir maßen alle $4 \times 8 = 32$ Kombinationen der Polarisationen der drei Photonen, die die GHZ-Argumentation verlangt.

Der Dreiphotonenzustand, den wir untersuchten, hatte die Form:

$$|\psi\rangle = (|H\rangle|H\rangle|H\rangle + |V\rangle|V\rangle|V\rangle)/\sqrt{2}$$

Hier steht H für ein waagerecht und V für ein senkrecht polarisiertes Photon. Formal gesehen lässt sich der Spin in x-Richtung mit der linearen Polarisation in einer um 45° geneigten Basis (der konjugierten Basis) und der Spin in y-Richtung mit der zirkularen Polarisation identifizieren. Die große Herausforderung ist bei diesen Experimenten die sehr kleine Intensität. Typischerweise können wir lediglich fünf bis vierzig Ereignisse pro Stunde messen!

Der Nachweis des GHZ-Theorems besteht darin, zu zeigen, dass Quantenmechanik und lokaler Realismus gegenteilige Voraussagen über die Polarisation der dritten Photons machen, wenn alle drei in der linear konjugierten Basis gemessen werden. Diese Aussage ergibt sich aus der Annahme, dass sich die Polarisation eines Photons auch vorhersagen lässt, wenn es weiterhin in der linear konjugierten Basis gemessen werden soll, die beiden anderen aber in zirkularer Polarisation.

In unserem z.Z. letzten Experiment [15] konnten wir sogar die Vierphotonenverschränkung des folgenden Zustands nachweisen:

$$|\psi\rangle = (|H\rangle|V\rangle|V\rangle|H\rangle + |V\rangle|H\rangle|H\rangle|V\rangle)/\sqrt{2}$$

Interessanterweise ist dies genau der Zustand, den GHZ bei ihren Überlegungen benutzten (siehe oben), wenn die Spinzustände mit den entsprechenden Polarisationszuständen identifiziert werden. Die in diesem Experiment erreichten Verschränkungen waren verglichen mit den bisher realisierten Mehrteilchenverschränkungen von nie erzielter Qualität. Die Zahl der beiden erwünschten Vierphotonenzustände verhielt sich zu der Zahl der vierzehn unerwünschten wie 200:1.

Die beschriebenen Mehrteilchenverschränkungen sind nicht nur von Bedeutung für die Konzepte der Quanteninformation oder der Quantencomputer, ihre hohe Qualität wird es uns in naher Zukunft auch erlauben, die Bellsche Ungleichung für Photonen zu untersuchen, die unabhängig voneinander erzeugt wurden. Darüber hinaus erlauben sie auch Quantenteleportation mit hoher Genauigkeit, weil bei der Messung von Photon 2 und 3 in der konjugierten Basis eine Quantenteleportation zwischen Photon 1 und 4 stattfindet.

Danksagung

Ich möchte mich bei allen meinen Kolleginnen und Kollegen sowie den Mitarbeiterinnen und Mitarbeitern meiner Arbeitsgruppe für die langjährige fruchtbare und inspirierende Zusammenarbeit bedanken Diese Arbeit wurde vom Fond zur Förderung der wissenschaftlichen Forschung im Rahmen des Sonderforschungsbereiches (SFB) S-65 und vom TMR-Programm der Europäischen Union unterstützt.

Der Autor

Anton Zeilinger[1]
Institut für Experimentalphysik, Universität Wien

Anton Zeilinger wurde 1945 geboren, studierte an der Uni Wien, promovierte dort 1971. 1978 Habilitation TU Wien 1978. 1981–83 Associate Professor M.I.T. 1983–90 außerord. Univ.-Prof. TU Wien. 1990–99 ordentl. Univ.-Prof. Uni Innsbruck, seit 1999 ordentl. Univ.-Prof für Experimentalphysik Uni Wien. Zahlreiche Auszeichnungen, darunter Österr. Wissenschaftler des Jahres 1996, Orden pour le Merite 2000, Humboldt Forschungspreis 2000.

Literatur

[1] A. Einstein, B. Podolsky, and N. Rosen, Phys. Rev. **47**, 777 (1935)

[2] E. Schrödinger, Naturwissenschaften **23**, 807 (1935)

[3] E. Schrödinger, Proc. Camb. Phil. Soc. **31**, 555 (1935)

[4] J. S. Bell, Physics (NY) **1**, 195 (1964); Nachdruck in J.S. Bell *Speakable and Unspeakable in Quantum Mechanics* (Cambridge University Press, Cambridge, England 1987)

[5] G. Weihs, T. Jennewein, C. Simon, H. Weinfurter, and A. Zeilinger, Phys. Rev. Lett. **81**, 5039 (1998)

[6] D. M. Greenberger, M. A. Horne, and A. Zeilinger, in *Bell's Theorem, Quantum Theory, and Conceptions of the Universe*, Herausgeber M. Kafatos (Kluwer Academics, Dordrecht, The Netherlands 1989), 73

[7] N. D. Mermin, Physics Today **43**, No. 6, 9 (1990)

[8] D. M. Greenberger, M. A. Horne, A. Shimony, and A. Zeilinger, Am. J. Phys. **58**, 1131 (1990)

[9] J. A. Wheeler, private Mitteilung

[10] R. Laflamme, E. Knill, W. H. Zurek, P. Catasti, and S. V. S. Mariappan, Philos. Trans. R. Soc. London A **356**, 1941 (1998)

[11] A. Rauschenbeutel et al., Science **288**, 2024 (2000)

[12] C. A. Sackett et al., Nature **404**, 256 (2000)

---

[1] Quelle des Fotos: ORF/ Thomas Ramsdorfer.

[13] D. Bouwmeester, J.-W. Pan, M. Daniell, H. Weinfurter, and Anton Zeilinger, Phys. Rev. Lett. **82**, 1345 (1999)

[14] J.-W. Pan, D. Bouwmeester, M. Daniell, H. Weinfurter, and A. Zeilinger, Nature **403**, 515 (2000)

[15] J.-W. Pan, M. Daniell, S. Gasparoni, G. Weihs, and A. Zeilinger (in Vorbereitung)

Der Comptoneffekt und die Entwicklung der Quantenmechanik

Roger H. Stuewer

1   Einleitung

Im Juni 1929 beschrieb Werner Heisenberg die Entwicklung der Quantentheorie von 1918 bis 1928. Nach einer kurzen Einführung in die Erfolge und Probleme der älteren Form der Quantentheorie bis 1923 wandte er sich dem „eigentlich interessanten Stadium" zu, der Krise der Quantentheorie zwischen 1923 und 1927.

> Zu dieser Zeit [1923] kam das Experiment der Theorie zu Hilfe mit einer Entdeckung, die später von großer Bedeutung für die Entwicklung der [Quanten]theorie werden sollte. [Arthur Holly] Compton fand, dass bei der Streuung von Röntgenlicht an freien Elektronen das Streulicht um einen messbaren Betrag langwelliger war als das einfallende Licht. Dieser Effekt konnte ... auf Grund der einsteinschen Lichtquantenhypothese zwanglos gedeutet werden; die Wellentheorie des Lichtes versagte diesem Experiment gegenüber. Damit wurden die Probleme der Strahlungstheorie aufgerollt, die seit den einsteinschen Arbeiten aus den Jahren 1906 [sic], 1909 und 1917 [sic] kaum gefördert worden waren. Da die Physik inzwischen auch in der Atomtheorie auf grundsätzliche Schwierigkeiten gestoßen war, wandte man sich mit erneutem Interesse den ungelösten Fragen der Strahlungstheorie zu, um vielleicht durch den Vergleich der Schwierigkeiten in den verschiedenen Gebieten etwas zu lernen. [1]

Heisenberg betrachtete den Comptoneffekt als ausschlaggebendes Moment für die neue Quantentheorie, die 1925–1926 von ihm, Max Born, Pascal Jordan, Erwin Schrödinger und Paul Dirac erschaffen wurde. Mit dem Comptoneffekt wird sich deshalb der vorliegende Aufsatz befassen [2].

2   Einsteins Quantenhypothese des Lichts

Albert Einstein postulierte seine Quantenhypothese des Lichts im Jahre 1905. Er zeigte, dass sich Schwarzkörperstrahlung hoher Frequenz in der Wienschen Näherung so verhält, als wenn sie aus unabhängigen, unterscheidbaren Teilchen bestünde wie etwa Gas aus Molekülen. Die Energie dieser Teilchen ist proportional zur Frequenz ν der Strahlung. Um seine These zu untermauern, diskutierte Einstein als eines von drei Beispielen den Photo- oder lichtelektrischen Effekt und fand mit Hilfe der Quantenhypothese eine zwanglose Erklärung für Philipp Lenards frühe Experimente [3]. Vier Jahre später, im Jahre 1909, führte Einstein den Welle-Teilchen-Dualismus in die Physik ein. Er untersuchte die Energie- und Impulsfluktuationen der Schwarzkörperstrahlung und fand, dass diese in einen wellen- und einen teilchenartigen Term zerfallen, wenn Plancks Strahlungsgesetz zutrifft. 1916, noch einmal sieben Jahre später, leitete Einstein das Planck'sche Gesetz mit seinen berühmten A- und B-Koeffizienten für die spontane Emission und die induzierte Emission sowie Absorption her. Dabei wies er ausdrücklich darauf hin, dass das emittierte Lichtquant den Impuls hv/c und die Energie hv besitzt, wobei h das Planck'sche Wirkungsquantum und c die Lichtgeschwindigkeit ist. Diese drei Arbeiten waren die herausragenden Beiträge Albert Einsteins zur Quantentheorie, auf die sich Heisenberg bezog.

Ein genauerer Blick in die Dokumente dieser Jahre offenbart allerdings, dass Einstein buchstäblich der Einzige war, den die revolutionäre Quantenhypothese überzeugte. Praktisch alle anderen Physiker betrachteten sie mit Misstrauen, wozu sie gute Gründe hatten:[4] Einsteins Schlussfolgerungen beruhten auf dem zweiten Hauptsatz der Thermodynamik und insbesondere seiner statistischen Interpretation. Die Argumentation war abstrakt, für viele auch ungewohnt und konnte nicht recht überzeugen. Auch hatten sich 1909 so berühmte Physiker wie H. A. Lorentz und Max Planck kritisch über die Quantenhypothese geäußert, da sie – im Gegensatz zu Maxwells Wellentheorie – Phänomene wie die Brechung oder Interferenz von Licht nicht erklären konnte. Im Unterschied zu Einstein glaubten sie, dass sie die Maxwell'sche Theorie aufgegeben müssten, falls sie die Quantenhypothese akzeptierten; dazu waren sie nicht bereit. Einsteins Erklärung war auch nicht die einzige Theorie zum Photoeffekt. Zwischen 1910 und 1913 entwickelte Lorentz zusammen mit J. J. Thomson, Arnold Sommerfeld und O. W. Richardson eine Theorie, die den Effekt auf die innere Struktur der Atome zurückführte. Schließlich wurde 1912 die Beugung von Röntgenlicht an Kupferoberflächen nachgewiesen. Mit ihren Beugungsexperimenten bewiesen Max von Laue, Walther Friedrich und Paul Knipping die Welleneigenschaften der Röntgenstrahlung und widerlegten scheinbar die Quantenhypothese Einsteins.

Es gab also überzeugende Gründe für das Misstrauen gegenüber Einsteins Ideen. Wie reserviert ihnen die meisten Physiker gegenüber standen, lässt sich an der Begründung Max Plancks ablesen, als dieser zusammen mit Walther Nernst, Heinrich Rubens und Emil Warburg am 12. Juli 1913 Albert Einstein als Ordentliches Mitglied der Preußischen Akademie der Wissenschaften vorschlug. Planck schrieb:

> Dass er in seinen Spekulationen auch einmal über das Ziel hinaus geschossen haben mag, wie z.B. in seiner Hypothese der Lichtquanten, wird man ihm nicht allzu schwer anrechnen dürfen; denn ohne einmal ein Risiko zu wagen, lässt sich auch in der exakten Naturwissenschaft keine wirkliche Neuerung einführen.[5]

In Amerika war die Skepsis gegenüber der Quantenhypothese vielleicht noch ausgeprägter. Robert Andrew Millikan von der Universität Chicago arbeitete ein Jahrzehnt an der experimentellen Überprüfung der neuen Gleichung für den Photoeffekt. Am Ende hatte er eine „Fabrik für Vakuumtechnik" wie er es nannte und Einsteins Gleichung zweifelsfrei bewiesen [6]. Die kinetische Energie der ausgelösten Elektronen hing linear von der Frequenz des eingestrahlten Lichts ab – die gemessenen Punkte lagen perfekt auf einer Geraden. Und trotzdem glaubte Millikan nicht an Einsteins Quantenhypothese. In seinem berühmten Buch The Electron schrieb Millikan 1917:

> Despite...the apparently complete success of the Einstein equation, the physical theory of which it was designed to be the symbolic expression is found so untenable that Einstein himself, I believe, no longer holds to it, and we are in the position of having built a very perfect structure and then knocked out entirely the underpinning without causing the building to fall. It [Einstein's equation] stands complete and apparently well tested, but without any visible means of support. These supports must obviously exist, and the most fascinating problem of modern physics is to find them. Experiment has outrun theory, or better, *guided by erroneous theory [Stuewer's italics]*, it has discovered relationships which seem to be of

the greatest interest and importance, but the reasons for them are as yet not at all understood.[1] [7]

Abb. 1: Links: J. J. Thomson 1899 in einem Stuhl, der einmal James Clerk Maxwell gehörte, in seinem Haus in Cambridge. Quelle: G. P. Thomson [10]. Rechts: Das gleiche Bild, wie Robert A. Millikan es in seinem Buch zeigt. Quelle: R. A. Millikan and H. G. Gale [11].

Wie wir gesehen haben, irrte sich Millikan in Einstein, aber damit ist die Geschichte noch nicht zu Ende. In Millikans Autobiographie aus dem Jahr 1950 findet sich auch ein Kapitel „The Experimental Proof of the Existence of the Photon – Einstein's Photoelectric Equation". Er behauptet dort, dass er auf dem Treffen der Amerikanischen Physikalischen Gesellschaft im April 1905 den Beweis für die Gültigkeit der Einstein'schen Gleichung präsentierte und fügt hinzu:

> This seemed to me, as it did to many others, a matter of very great importance, for it...proved simply and irrefutably I thought, *that the emitted electron that escapes with the energy hv gets that energy by the direct transfer of hv units of energy from the light to the electron [Millikan's italics]* and hence scarcely permits of any other interpretation than that which Einstein had originally suggested, namely that of the semi-corpuscular or photon theory of light itself.[2] [8]

---

[1] Trotz des offensichtlichen Erfolgs von Einsteins Gleichung ist die physikalische Theorie, die ihre Grundlage bildet, so unhaltbar, dass meiner Meinung nach nicht einmal Einstein selbst noch an sie glaubt. Wir sind damit in der Situation, dass wir ein perfekte Struktur errichtet und ihr dann das Fundament entzogen haben, ohne dass das Gebäude zusammen gebrochen ist. Sie [Einsteins Gleichung] bleibt bestehen und wurde sorgfältig überprüft, aber sie ist ohne physikalische Basis. Diese Basis muss natürlich existieren, und eine der faszinierndsten Fragen der modernen Physik ist es, sie zu finden. Das Experiment hat die Theorie überholt, oder besser gesagt *geleitet von einer falschen Theorie [Stuewers Hervorhebung]* wurde eine wichtige und interessante Beziehung entdeckt, aber ihr physikalischer Hintergrund ist nicht verstanden.

[2] Dies war für mich – wie für viele andere – ein wichtiger Punkt, weil es meiner Meinung nach ... einfach und unwiderlegbar bewies, *dass das emittierte Elektron ... seine Energie aus dem direkten Austausch von hv-Energieeinheiten zwischen Licht und Elektron bezieht [Millikans Hervorhebung]* und damit keine andere Erklärung mehr zulässt als die von Einstein ursprünglich vorgeschlagene, nämlich die Korpuskel oder Photonentheorie des Lichts.

Blickt man stattdessen in Millikans Originalarbeiten in „Physical Review"[3], 1916 [9], dann stellt man fest, dass Millikan in Wirklichkeit sogar eine andere Interpretation der Gleichung vorschlug. Millikan hatte 1950 allerdings schon Erfahrung darin, die Geschichte zu schönen. Ein weiteres, kleineres Beispiel betrifft das Foto von J. J. Thomson. Das Originalphoto in Abb. 1(a) entstand 1899 in Thomson Haus in Cambridge, es zeigt den Physiker in einem Sessel, der einmal James Clerk Maxwell hörte [10]. Sieben Jahre später veröffentlichten Millikan und Henry G. Gale ihr Lehrbuch „A First Course in Physics" in das Millikan das Foto wie in Abb. 1(b) gezeigt aufnahm [11]. Offensichtlich wollte Millikan den Studenten in Thomson ein Vorbild liefern – für sie als Physiker, nicht für ihr übriges Verhalten. Dieses Bild wie auch Millikans Darstellung seiner Arbeit an Einsteins Gleichung des Photoeffektes in seiner Autobiographie zeigt Millikans Sicht auf Geschichte: Passen die Fakten nicht zur Theorie, ändere die Fakten.

3   Comptons Arbeiten

Trotz Millikans Versuch, die Geschichte nachträglich umzuschreiben, wurde die Quantenhypothese des Lichtes 1916 von niemandem außer Einstein selbst akzeptiert. In dieser Zeit und einer Atmosphäre extremer Skepsis bezüglich dieser Idee begann Arthur Holly Compton mit seinen Untersuchungen, die ihn schließlich zur Entdeckung des Comptoneffekts führten. Compton promovierte im Juni 1916 in Princeton und verbrachte 1916-1917 ein Jahr als Dozent an der Universität Minnesota. Nach zwei Jahren, 1917-1919, in der Forschung der Westinghouse Lamp Company in East Pittsburgh wurde ihm eines der ersten Stipendien des National Research Council für das Cavendish Laboratory in Cambridge zugesprochen. Im Herbst 1920 wurde er als Wymann Crow Professor und Leiter des Physikdepartments und die Universität St. Louis, Missouri, berufen, wo er drei Jahre bis 1923 blieb. In der sechs Jahren zwischen 1916 und 1922 entwickelte sich seine Forschung fort, nahm teilweise recht überraschenden Wendungen, bis sie schließlich in der Entdeckung des Comptoneffekts gipfelte. In der folgenden Darstellung werden wir sehen, wie schwierig es für Compton und seine Zeitgenossen war, diesen Effekt zu verstehen und damit – letztendlich – auch Einsteins Quantenhypothese des Lichts zu akzeptieren.

Als Compton seine Arbeiten an der Universität Minnesota begann, glaubte er an die allgemeine Gültigkeit der klassischen Elektrodynamik. Diese Annahme war Ausgangspunkt aller seiner Experimente. Er erinnert sich: „Ein kleiner Zwischenfall ... entpuppte sich als eine der wichtigsten Erfahrungen in meiner wissenschaftlichen Laufbahn"[12]. Compton wollte eine alte Theorie von Wilhelm Weber überprüfen, wonach das Atom das „letztlich magnetische Teilchen" sei. Dafür reflektierte er Röntgenstrahlen an einem magnetischen Kristall, schaltete ein zusätzliches Magnetfeld an und ab und wartete, dass sich die Position des Lauereflexes durch die Verschiebung der magnetischen Atome veränderte. So sehr er sich auch bemühte, der Reflex blieb, wo er war und verschob sich nicht. „Mein Herz sank", beschreibt Compton, doch in diesem Moment kam der Leiter des Departments vorbei, „ein großer schlanker Mann mit dem schönen Namen Henry Erikson". Compton zeigte ihm seine frustrierenden Ergebnisse. „Wissen Sie, Compton", entgegnete Erikson, „wie die Dinge sind ist alle Mal interessanter als wie wir dachten, dass die Dinge wären." Das war, sagt Compton

---

[3] Fachzeitschrift der American Physical Society, der Amerikanischen Physikalischen Gesellschaft.

one of the best lessons in the understanding of science that I have ever had. The mistaken notion is to get some idea and then try to prove it ... The real thing that a scientist tries to do when he is faced with a phenomenon is to attempt to understand it. To do that he tries all the possible answers that he can think of to see which one of them works best.[4] [13]

Und das tat Compton in den nächsten fünf Jahren als er wieder und wieder zu verstehen versuchte, wie Röntgenstrahlung durch Materie gestreut wird.

Als Compton im Sommer 1917 von Minnesota zu Westinghouse ging – man hatte ihm 3000 US-Dollar pro Jahr angeboten, das Doppelte seines Gehalts in Minnesota – war er überzeugt, dass das Elektron und nicht das Atom das „letztlich magnetische Teilchen" sei. Bei Westinghouse las er eine Arbeit von C. G. Barkla [14], in der Barkla von einer Messung berichtete, die wie Compton später sagte, für ihn so wichtig war wie das Michelson-Morley-Experiment für Einstein – womit ihm übrigens ein typischer historischer Fehler unterlief. Barkla hatte für Röntgenlicht einer Wellenlänge von 0,145 Ångström[5] den Massenabsorptionskoeffizienten eines dünnen Aluminiumplättchens gemessen und fand 0,153 cm²/gm. Dieses zunächst wenig aufregende Ergebnis barg tatsächlich ein tiefgründiges Problem. Röntgenstrahlung wird beim Durchgang durch Materie auf zwei Arten geschwächt: durch Streuung und durch Anregung von Fluoreszenz. Der Massenabsorptionskoeffizient besteht aus zwei Anteilen, dem Massenfluoreszenzkoeffizienten τ/ρ und dem Massenstreukoeffizienten σ/ρ. Mit J. J. Thomsons klassischer Streutheorie ergibt sich der Streukoeffizient für Aluminium als $\sigma_0/\rho = 0,188$ cm²/gm. Und das war das Problem: Wie konnte Barklas gemessener Wert 0,153 cm²/gm kleiner sein als der nur einer der beiden Anteile $\sigma_0/\rho = 0,188$ cm²/gm?

Compton versuchte sich lange an diesem Widerspruch und fand schließlich eine Lösung. Innerhalb der Thomsonschen Streutheorie sind die Wellenlängen des einfallenden und des gestreuten Lichts notwendigerweise identisch. Da Compton davon überzeugt war, dass diese Theorie richtig sein musste, beschäftigte er sich nicht mit der Natur der Strahlung, sondern konzentrierte sich auf die Elektronen, die von ihr getroffen werden. Er schlussfolgerte, dass die Röntgenstrahlung durch Elektronen gestreut wird. Bei einer Streuung muss aber die Wellenlänge des gestreuten Lichts, also 0,1 Ångström, immer etwa genauso groß sein wie der Durchmesser der streuenden Teilchen, in diesem Falle der Elektronen. Das war ein riesiges Elektron, fast so groß wie das ganze Bohr'sche Atom. Dafür verhielt es sich genau so, wie Compton es wollte [15]. In einer Rechnung nach der anderen nahm Compton zunächst an, dass das Elektron mit einer Ladung e eine feste geladenen Kugelschale sei, ein Ring und schließlich ein Ring mit einem Durchmesser $a \approx 0,02$ Ångström, wie er in Abb. 2 gezeigt ist. Compton bewies, dass der Massenstreukoeffizient für Röntgenstrahlung σ/ρ eines solchen Ringes tatsächlich kleiner wird als Thomsons Wert σ_0/ρ, wenn die Frequenz ν der Strahlung genügend groß ist. Die Intensität des gestreuten Lichts in Vorwärtsrichtung war größer als in Rückwärtsrichtung, die Masse des Elektrons m entsprach der bekannten Ruhemasse m_0. All galt aber nur unter der Annahme, dass das Verhältnis zwischen der Dicke t und dem Durchmesser a des Ringes gleich $e^{-2560} = 1,6 \cdot 0^{-1112}$ ist! Das war ein unglaublich dünner Ladungsring, aber er musste so dünn sein, damit die Relation $m_0c^2 = e^2/a$ galt, wie D. L. Webster gezeigt hatte [16].

---

[4] Eine der besten Lehren für das Verständnis der Wissenschaft, die mir je widerfuhr. Es ist falsch, zuerst die Idee zu entwickeln und sie dann experimentell beweisen zu wollen ... Was ein Wissenschaftler tatsächlich versuchen muss, wenn er mit einem Phänomen konfrontiert wird, ist, es zu verstehen. Dabei prüft er alle möglichen Antworten, die er finden kann, und sieht, welche die beste ist.
[5] 10^{-10} m oder 0,000 000 000 1 Meter.

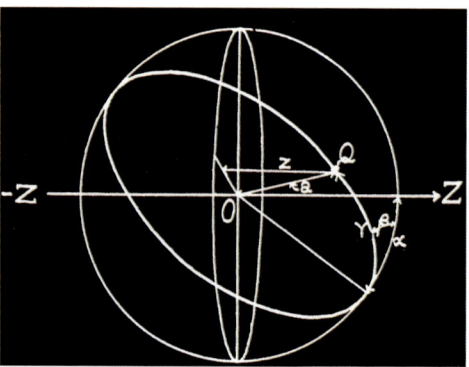

Abb. 2: Comptons Geometrie für die Streuung von Röntgenstrahlen, die aus der – z-Richtung einfallend einen Elektronenring mit einem Durchmesser a treffen [15, Seite 251].

So weit war Compton gekommen, als er seine Position bei Westinghouse aufgab und als National Research Fellow zum Cavendish Laboratory nach Cambridge ging. Ernest Rutherford war gerade der Nachfolger von J. J. Thomson geworden. Compton musste bald feststellen, dass Rutherford in seiner Nähe keinen Unsinn duldete. Als Compton einen Vortrag über seine Arbeit halten sollte, stellte Rutherford ihn mit den Worten vor: „Dies ist Dr. Compton aus den Vereinigten Staaten. Er wird mit uns seine Arbeit ‚Die Größe des Elektrons' diskutieren. Ich hoffe, Sie hören ihm aufmerksam zu, aber Sie müssen ihm nicht glauben!" [17]. A. S. Eve erzählt in ihrer Biographie von Rutherford, dass jener während eines Vortrags von Compton ausrief: „In meinem Labor dulde ich keine Elektronen so groß wie Luftballons!" [18].

Rutherfords derbe Kritik brachte Compton sicherlich dazu, seine Ideen zu überdenken, aber noch wichtiger waren dafür seine eigenen Experimente im Cavendish Laboratory. Die wichtigsten Messungen ähnelten denjenigen von J. G. Gray am Cavendish aus der Zeit vor dem ersten Weltkrieg [19]. Compton schickte γ-Strahlen[6] durch dünne Plättchen aus verschiedenen Materialien wie Eisen, Aluminium und Paraffin und maß den einfallenden und den gestreuten Strahl, um zu sehen, ob die beiden sich unterschieden [20]. Und tatsächlich fand er, dass die gestreute γ-Strahlung in Vorwärtsrichtung intensiver war als in Rückwärtsstreuung, dass sie „weicher" also von größerer Wellenlänge war als die einfallenden Strahlen, dass die „Härte" oder Wellenlänge der gestreuten Strahlung nicht vom streuenden Plättchen abhing und dass die Strahlen mit größerem Streuwinkel Θ „weicher" wurden. Das war eine beeindruckende Sammlung von Eigenschaften, und wieder kämpfte Compton mit ihrer Erklärung. Wieder nahm er an, dass sich die Wellenlänge der γ-Strahlen nicht ändere – wie es Thomsons Theorie verlangte – und suchte an anderen Stellen nach einer Erklärung. Er schloss, dass die γ-Strahlen eine neue Form der Fluoreszenz in den Materialien anregten. Neu deshalb, weil von den genannten Eigenschaften der gestreuten Strahlung nur eine mit den bekannten Eigenschaften der Lumineszenz übereinstimmte, nämlich dass die Wellenlänge der gestreuten Strahlung größer war als die der einfallenden. Wie sollte diese neue Fluoreszenz in dem Körper angeregt werden? Compton schlug folgenden Mechanismus vor: Die γ-Strahlen stoßen die Elektronen im Streukörper, die er mittlerweile als winzige Oszillatoren betrachtete, und beschleunigen sie auf relativistische Geschwindigkeiten. Die emittierte Strahlung eines solchen relativistischen Elektronenschwingers wäre am intensivsten in Vorwärtsrichtung und wäre

---

[6] γ-Strahlen: Gamma-Strahlen, also hochenergetische elektromagnetische Strahlen.

Doppler-verschoben und damit von größerer Wellenlänge, wenn man den Oszillator von der Seite betrachtet. Damit konnte Compton alle Eigenschaften der gestreuten γ-Strahlen erklären.

Als Compton das Cavendish Laboratory am Ende des Sommers 1920 verließ, um seine Professur an der Washington Universität in St. Louis anzutreten, nahm er ein Braggspektrometer mit. Er wollte untersuchen, ob auch Röntgenstrahlen seine neue Form der Fluoreszenz anregen können und ob sie gleichen ungewöhnlichen Eigenschaften besaß wie bei γ-Strahlen. Das Braggspektrometer wollte er dabei benutzen, um monochromatisches Röntgenlicht zu erzeugen. Im April 1921 hatte er die Antwort; monochromatische Röntgenstrahlen regten tatsächlich die gleiche Fluoreszenz an wie γ-Strahlen [21]. Darüber hinaus aber fanden er und Charles F. Hagenow heraus, dass die fluoreszierende Röntgenstrahlung polarisiert war – eine weitere ungewöhnliche Eigenschaft verglichen mit normaler Fluoreszenz [22].

Im Herbst 1921 gab es eine weitere Überraschung für Compton. J. A. Gray, mittlerweile an der McGill Universität in Montreal, aber zu dem Zeitpunkt zu einen Forschungsaufenthalt bei William H. Brigg am University College in London, beschäftigte sich seit 1920 ebenfalls mit Röntgenstrahlung [23]. Er untersuchte die Streuung der charakteristischen, d.h. in etwa monochromatischen, Röntgenstrahlung von Zinn an Aluminium und fand ähnlich wie Compton, dass die gestreute Strahlung sehr viel „weicher" war als die einfallende. Allerdings hatte er eine andere Erklärung für seine Beobachtung: Er nahm an, dass die einfallende Strahlung aus kurzen elektromagnetischen Pulsen bestünde, die nach der Streuung miteinander interferierten und dabei breitere und mithin weichere Pulse bildeten. Für wirklich monochromatische Strahlung, argumentierte Gray, müsse die gestreute Strahlung die gleiche Frequenz wie die einfallende haben, so wie es die Thomson'sche Streutheorie verlangte. Im September 1921 bestätigte S. J. Plimpton, ebenfalls in Braggs Gruppe in London, Grays Interpretation. Plimpton berichtete, dass homogene Röntgenstrahlung, die er durch Reflexion an einem Glimmerkristall erzeugt hatte, bei Streuung an Paraffin und Wasser nicht weicher wurde [24].

Grays Erklärung und Plimptons Nachweis waren für Compton ein großes Problem. Er hatte geschlussfolgert, dass monochromatische Röntgenstrahlung beim Durchgang durch Materie ebenfalls weicher werden müsse, da sie seine neue Fluoreszenz anregte. Sofort, schon im Oktober 1921, begann Compton mit neuen Experimenten und überzeugte sich, dass er recht und Plimpton sich geirrt hatte [25]. Die Überzeugung von Plimpton und Gray, dass nur ein inhomogener Röntgenpuls durch Streuung weicher würde, war falsch. Oder anders gesagt, Grays Pulstheorie traf nicht zu, während Comptons Fluoreszenztheorie richtig war. Compton betrachtete seine Messung als *das* Experiment – das *experimentum crucis* in Newtons ehrwürdiger Terminologie – für die Entscheidung zwischen seiner und Grays Theorie. Dass eine weitere ganz und gar andere Theorie möglich war, davon hatte er zu dieser Zeit nicht die leiseste Idee. Das ist ein häufiger Trugschluss der „entscheidenden" Experimente – das Denken in gegensätzlichen Thermen verhindert eine Dritte, vielleicht richtige Interpretation.

Nach der Veröffentlichung seiner Ergebnisse begann Compton mit Experimenten, die verglichen mit allem zuvor die wichtigste Neuerung enthielten: Er nutzte sein Braggspektrometer tatsächlich als Spektrometer und nicht nur, um monochromatisches Licht herzustellen; d.h. er verglich das Spektrum des einfallenden mit dem des gestreuten Röntgenlichts. Zur Anregung nutzte er die MoK$_\alpha$-Linie mit einer Wellenlänge von $\lambda = 0{,}708$ Å, streute sie an Pyrex- und Graphitpräparaten und beobachtete das gestreute Röntgenlicht unter einem Winkel von 90°. Er veröffentlichte seine Ergebnisse Anfang Dezember 1921 in „Physical Review" [26]. In der Arbeit zeigte er kein Spektrum, aber in Abb. 3 sind die Messungen am Pyrexpräparat dargestellt, wie sie sich in seinem Laborbuch fanden. Die Verschiebung der Hauptlinie nach rechts ist deutlich zu sehen. Aber man muss sich vergegenwärtigen, dass wir wissen, wonach wir

suchen müssen – Compton nicht. Er bemerkte die kleine Verschiebung der Hauptlinie gar
nicht. In seiner Arbeit gibt er die Wellenlänge des gestreuten Spektrums mit 0,95 Å an bzw.
35% größer als die der einfallenden Röntgenstrahlen mit λ = 0,708 Å. Compton nahm also als
einfallendes Spektrum die Hauptlinie bei 0,708 Å und als gestreutes Spektrum die kleine Linie im rechten Teil des Spektrums bei 0,95 Ångström. Das Verhältnis zwischen den Wellenlängen des einfallenden und des gestreuten Lichts war demzufolge λ/λ' = 0,708/0,95 = 0,75.

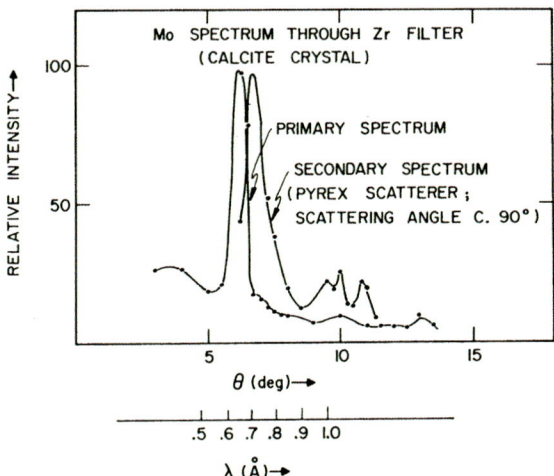

Abb. 3: Auftragung der experimentellen Daten von Compton durch Stuewer.
Die MoK$_\alpha$-Linie wird an dem Pyrexpräparat gestreut und unter einem
Winkel von etwa 90° beobachtet. Die
Werte an den beiden Abszissen sind
durch die Bragg'sche Bedingung λ = 2
d sinΦ miteinander verbunden,
d = 3,028 Å. Quelle: Stuewer [2, Seite
187].

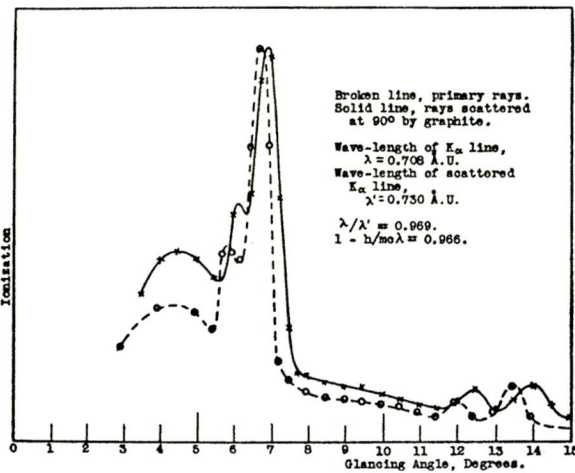

Abb. 4: Comptons erste Darstellung des
einfallenden und gestreuten Spektrums
der MoK$_\alpha$-Linie. Quelle: Compton [27,
Seite 16].

Wie erklärte Compton die große Verschiebung zwischen den beiden Werten? Er bemühte
seine Fluoreszenztheorie und interpretierte die Verschiebung als Dopplereffekt. Für einen
Winkel von 90° ergibt sich das Verhältnis der beiden Wellenlängen aus λ/λ' = 1 – v/c , wobei
v die Geschwindigkeit der oszillierenden Elektronen ist, die die gestreute Strahlung emittie-
ren. Und wie berechnete Compton die Geschwindigkeit v? Er setzte „Energieerhaltung" an,

d.h. $1/2\,mv^2 = hv$, und fand $\lambda/\lambda' = 1 - v/c = 1 - (2\,hv/mc^2)^{\frac{1}{2}} = 1 - (2 \cdot 0{,}017\text{MeV} / 0{,}511\text{MeV})^{\frac{1}{2}}$ $= 1 - 0{,}26 = 0{,}74$. Kann man sich eine bessere Übereinstimmung zwischen Experiment und Theorie wünschen? Dies ist ein wunderbares Beispiel dafür, wie eine falsche Theorie durch ein falsches Experiment bestätigt wird.

Im Oktober 1922 als Compton seinen Bericht für das National Research Council veröffentlichte, hatte er gemerkt, dass er seine Daten falsch interpretiert hatte. Er hatte bemerkt, dass die Verschiebung nicht 35%, sondern nur einige Prozent betrug. Als Verhältnis der Wellenlängen des einfallenden und des gestreuten Lichts gab er $\lambda/\lambda' = 0{,}708 / 0{,}703 = 0{,}969$ an. Aber wie erklärte er sein neues Ergebnis? Wieder ging er von seiner Fluoreszenztheorie und dem Dopplereffekt aus. Damit blieb theoretisch $\lambda/\lambda' = 1 - v/c$, aber diesmal berechnete Compton die Geschwindigkeit v aus der „Impulserhaltung". Aus $hv = mv$ ergab sich $\lambda/\lambda' = 1 - v/c = 1 - h/mc\lambda = 1 - 0{,}034 = 0{,}966$. Dies war exakt Comptons Vorgehen wie in Abb. 4 zu sehen ist. Und wieder, kann man sich eine bessere Übereinstimmung wünschen? Dies ist ein wunderbares Beispiel dafür, wie eine falsche Theorie durch ein richtiges Experiment bestätigt wird.

Innerhalb eines Monats fand Compton die richtige Lösung [28]. Er zeichnete die Vektordiagramme für die Impulserhaltung in dem Streuprozess (Abb. 5), betrachtete sowohl die Erhaltung des Impulses als auch die der Energie, nutzte den korrekten Ausdruck für die relativistische Elektronenmasse und leitete seine berühmte Formel für die Differenz der Wellenlängen des einfallenden und gestreuten Röntgenlichts ab $\Delta\lambda = \lambda' - \lambda = h/m_0c\,(1 - \cos\Theta)$. Für einen Winkel von 90° reduziert sich die Formel auf $\Delta\lambda = \lambda' - \lambda = h/m_0c = 0{,}024$ Å. Er verglich sein Ergebnis mit dem experimentellen Wert von 0,022 Ångström wie in Abb. 6 gezeigt. Man beachte, dass die experimentellen Daten identisch mit denen sind, die er einen Monat früher im Oktober 1921 gezeigt hatte. Compton hat lediglich die Formeln auf der rechten Seite durch jene seiner neuen Theorie ersetzt. Wie Physiker wissen – gute Daten bleiben bestehen, während Theorien kommen und gehen.

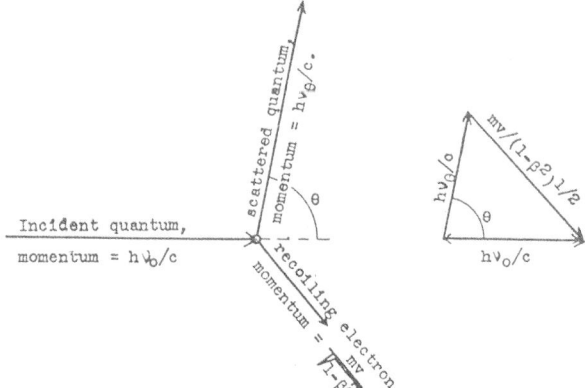

Abb. 5: Comptons Vektordiagramm für die Streuung eines Lichtquants an einem freien Elektron beim Comptoneffekt. Quelle: Compton [28, Seite 486].

Die richtige Lösung kam, wie Compton sich erinnerte, als ihm klar wurde, dass im Gegensatz zur Röntgenstrahlung mit eine Wellenlängenverschiebung von einigen Prozent, sich die Wellenlänge der γ-Strahlen um fast 100% ändert. Um diese Differenz mit Hilfe des Dopplereffekts zu erklären, müssten sich die Elektronen mit etwa halber Lichtgeschwindigkeit bewegen ($\lambda/\lambda' = 1 - v/c = 1 - 1/2 = 1/2$ bzw. $\lambda' = 2\lambda$). Für einen ruhenden Streukörper war das „eine Annahme in offenem Widerspruch zu den Fakten"[29]. Es war aber gar nicht mehr nötig, die Fluoreszenzhypothese oder den Dopplereffekt zu bemühen, auch nicht die Hypothese der großen Ringelektronen, des Ausgangspunkts von Comptons Überlegungen. Um die Änderung der Wellenlänge zu erklären, genügte die Annahme, dass ein Lichtquant mit einer Energie hv und einem Impuls hv/c auf ein ruhendes Elektron stößt und es wie bei zwei Billardkugeln auf relativistische Geschwindigkeiten beschleunigt. Compton berichtete über seine neuen Rechnungen zunächst in seinem Physikkurs an der Washington Universität und später am ersten oder zweiten Dezember 1922 in einem Vortrag auf dem Treffen der Amerikanischen Physikalischen Gesellschaft in Chicago [30]. Am 10. Dezember 1922 reichte er seine Quantentheorie der Streuung bei der „Physical Review" ein, wo sie im Mai 1923 veröffentlicht wurde. Arthur Holly Compton hatte den Comptoneffekt entdeckt.

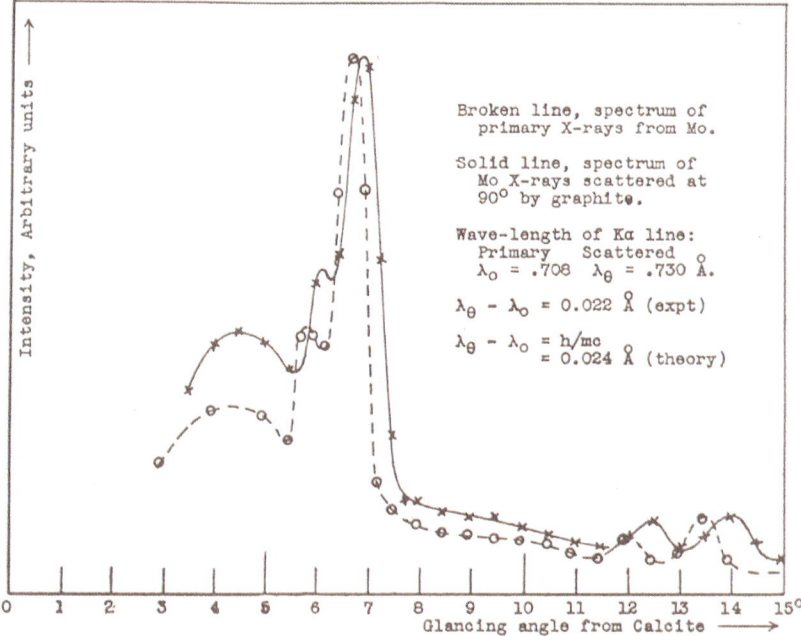

Abb. 6: Comptons zweite Darstellung des einfallenden und gestreuten Spektrums MoK$_\alpha$-Linie. Die Notation im Text ist leicht abweichend von der Abbildung. Quelle: Compton [28, Seite 495].

4   Der größere Rahmen

Überraschend ist, dass Compton seinen Weg zur Entdeckung des Effekt meist allein verfolgte. Seine Gedanken entwickelten sich langsam, über einen Zeitraum von sechs Jahren, während seine experimentelle und theoretische Forschung fortschritt. Er hatte nie die Motivation Einsteins Hypothese der Lichtquanten zu überprüfen, wie in vielen Lehrbüchern behauptet wird. Tatsächlich zitiert Compton Einsteins Arbeit von 1905 nur einmal in den sechs Jahren, in seinem Bericht für das National Research Council im Oktober 1922, und dann auch nur, um auf O. W. Richardson hinzuweisen, der eine alternative Ableitung von Einsteins Gleichung des

Photoeffekts geliefert hatte [31]. In Comptons Arbeit über die Quantentheorie der Streuung vom Mai 1923 taucht Einsteins Name nicht einmal auf, geschweige denn eine Referenz auf seine Arbeiten. Wahrscheinlich hörte Compton von der Energie und dem Impuls der Lichtquanten erstmalig am Cavendish Laboratory zwischen 1919 und 1920 in Gesprächen mit Kollegen und nicht durch die Lektüre der Originalarbeit Einsteins. Wirklich angenommen hat er dieses Konzept vermutlich erst als seine eigene Forschung ihn im November 1922 dazu zwang. In der Einleitung seiner Veröffentlichung diskutiert Compton die Grenzen der klassischen Streutheorie von J. J. Thomson und beschäftigt sich nicht mit dem Wert der Quantenhypothese des Lichts von Albert Einstein.

Einsteins Hypothese der Lichtquanten beeinflusste allerdings andere Physiker. Peter Debye, damals an der Eidgenössischen Technischen Hochschule in Zürich, entdeckte unter dem Einfluss von Einsteins These unabhängig von Compton die Quantentheorie der Lichtstreuung. Er reichte seine Veröffentlichung am 15. März 1923 bei der Physikalischen Zeitschrift[32]. ein, wo sie nur einen Monat später am 15. April erschien – einen Monat vor Comptons Arbeit. Offensichtlich hat Debye die Theorie bereits Ende 1920 oder Anfang 1921 entwickelt aber nie veröffentlich, weil er zusammen mit seinem Kollegen Paul Scherrer die entsprechenden Experimente durchführen wollte, was sie nie taten. Debye entschloss sich, seine Ergebnisse zu veröffentlichen als Oktober 1922 Comptons Bericht für das National Research Council erschien, wo jener zum ersten Mal seine Röntgenspektren zeigte. Dies waren die Daten auf die Debye gewartet hatte. Da Debyes Arbeit einen Monat vor Comptons erschienen war, begannen einige europäische Physiker über den „Compton-Debye-Effekt“ zu sprechen. Arnold Sommerfeld allerdings sprach sich gegen diesen Namen aus und unterdrückte ihn durch seine Intervention. Sommerfeld war in dieser Zeit Gastprofessor an der Universität Wisconsin und betonte bei seiner Rückkehr nach München, dass Compton sowohl im experimentellen als auch im theoretischen Teil der Vortritt gebühre. Viele Jahre später wies auch Debye selbst in einem Interview den doppelten Namen zurück und betonte, dass der Effekt einfach „Comptoneffekt“ genannt werden solle [33].

Doch Debye war nicht der einzige, den Einsteins Arbeiten beeinflussten und der Comptons Entdeckung hätte machen können. Max Dresden hat überzeugende Argumente geliefert, dass H. A. Kramers Anfang 1921 ebenfalls die Quantentheorie der Streuung entwickelt hatte, während er als Assistent bei Niels Bohr in Kopenhagen arbeitete. Aber Bohr überredete Kramers, seine Ideen nicht zu veröffentlichen, und bekehrte Kramers zu seiner eigenen Anti-Lichtquanten-Sicht [34]. Dieser Punkt ist wichtig, da er zeigt, wie sehr die Einstein'sche Hypothese vor der Entdeckung des Comptoneffekts angegriffen wurde. Heutzutage erscheint es natürlich, dass Bohr als er 1913 seine Quantentheorie des Atoms vorstellte, in der die Elektronen zwischen den diskreten Energieniveaus springen, sich die emittierte Strahlung als Einsteins Lichtquanten vorstellte. Das Gegenteil war der Fall, er bestand darauf, dass anstelle der Lichtquanten elektromagnetische Wellen mit einer festen Frequenz emittiert werden und sich im Raum ausbreiten. Dieser Meinung blieb Bohr für mehr als ein Jahrzehnt. In seinem Vortrag zur Verleihung des Nobelpreises am 11. Dezember 1922 sagte Bohr: „Trotz ihres heuristischen Werts ..., kann [Einsteins] Hypothese der Lichtquanten, die recht unvereinbar mit den so genannten Interferenzphänomenen ist, die Natur der Strahlung nicht erhellen" [35]. Bohr war neben Einstein der einflussreichste Physiker dieser Zeit. Bohrs lange Opposition gegen Einsteins Quantenhypothese muss berücksichtigt werden, wenn wir die negative Haltung der meisten Physiker vor der Entdeckung des Comptoneffekts beurteilen wollen. Bohr wusste nicht, dass Compton seine Entdeckung bereits auf dem Treffen der Amerikanischen

Physikalischen Gesellschaft präsentiert hatte – zehn Tage vor der Verleihung des Nobelpreises.

5   Der Übergang zur Quantenmechanik

Am 6. Dezember 1922, fünf Tage nach seinem Vortrag über den Comptoneffekt, reichte Compton eine andere Veröffentlichung beim Philosophical Magazine ein [36]. Compton beschrieb darin Experimente mit denen er nachwies, dass Röntgenstrahlung an einer Glasplatte totalreflektiert wird. Gibt es ein Phänomen, das wellenartiger ist als Totalreflexion? Gibt es etwas, das teilchenartiger ist als ein Billardstoß? Innerhalb einer Woche hatte Compton den experimentellen Nachweis für den Teilchen- und den Wellencharakter der Röntgenstrahlung geliefert. Nichts symbolisiert überzeugender das Welle-Teilchen-Dilemma, mit dem sich die Physik nach Compton konfrontiert sah.

Niels Bohr – immer noch unwillig, sich Einsteins Quantenhypothese zu unterwerfen – dachte das Dilemma zu lösen, indem er die Energie- und Impulserhaltung auf mikroskopischer Ebene aufgab. John Clarke Slater, der im Juni 1923 an der Harvard Universität promoviert hatte, kam Ende des Jahres nach Kopenhagen, wo er seine Idee des „virtuellen Strahlungsfeldes" entwickeln wollte. Slater nahm an, dass die Erhaltungssätze auch auf mikroskopischer Ebene gültig bleiben [37]. Aber in Kopenhagen arbeiteten Bohr und Kramer, der jetzt Bohrs Ansichten vollständig teilte, Slaters Ideen radikal um. Sie bestanden darauf, dass die Wechselwirkung zwischen dem virtuellen Strahlungsfeld und dem emittierten oder absorbierten Licht statistischer Natur sei und deshalb die Erhaltungssätze auf mikroskopischer Ebene verletzt werden können. Insbesondere ergab sich für die Wechselwirkung zwischen Röntgenstrahlung und Elektron beim Comptoneffekt, dass Energie und Impuls nicht erhalten blieben wie Compton angenommen hatte.

Die Bohr-Kramers-Slater-Theorie wurde im Mai 1924 im „Philosophical Magazine"[7] publiziert [38]. Sie löste große Diskussionen aus, positive wie negative. C. D. Ellis traf den Nagel auf den Kopf als er anmerkte, „es muss dieser Theorie hoch angerechnet werden, dass sie präzise genug war, um durch Experimente definitiv widerlegt zu werden" [39]. Die ersten Experimentatoren, die ihr widersprachen waren Walter Bothe und Hans Geiger von der Physikalisch-Technischen Reichsanstalt in Berlin [40]. Bothe hatte die Koinzidenzmethode erfunden und Geiger teilte Bohr am 17. April 1925 brieflich mit [41], dass die ausgelösten Elektronen und das gestreute Lichtquant gleichzeitig emittiert wurden. Die Erhaltungssätze blieben gültig, ganz wie Compton angenommen hatte. Bohr fügte einem Brief an Ralph H. Fowler in Cambridge ein Postskriptum hinzu: „Es scheint, wir können nichts tun, als unseren relvolutionären Ideen ein so ehrenvolles Begräbnis zu geben wie möglich" [42]. Zwei Monate später, wiederholten Compton, mittlerweile an der Universität Chicago, und sein Student Alfred W. Simon die Koinzidenzexperimente und bestätigten Bothes und Geigers Ergebnisse [43]. Slater blieb bis Ende seines Lebens verbittert, dass Bohr seine Idee des virtuellen Strahlungsfeldes verdreht hatte, damit sie Bohrs und Kramers Haltung gegen die Quantenhypothese entsprach [44].

Die Bohr-Kramers-Slater-Theorie war tot, aber das Konzept der virtuellen Strahlung blieb bestehen. Schon im März 1924 nutzte Kramers virtuelle Oszillatoren, um Rudolf Ladenburgs

---

[7] Eine der ältesten naturwissenschaftlichen Fachzeitschriften.

Dispersionsformel aus dem Jahr 1921 zu verallgemeinern. Damit war der erste Schritt auf dem Weg zu Heisenbergs Matrizenmechanik getan [45]. Es gibt auch Hinweise für einen ähnlichen Einfluss auf Erwin Schrödinger. Schrödinger war von seinem Wiener Lehrer Franz S. Exner tief beeinflusst worden, der in seinen Grundvorlesungen während des Krieges die Gültigkeit der Erhaltungssätze angezweifelt hatte. Schrödinger reagierte begeistert auf die Bohr-Kramers-Slater-Theorie. Nachdem er von den Ergebnissen von Bothe und Geiger sowie Compton und Simon gehört hatte, schrieb er am 21. Juli 1925 an Sommerfeld, dass er immer noch nicht glauben könne, dass jene Experimente „alles begraben haben, was nach klassischen Wellen riecht" [46]. Ähnliche Gedanken führten Schrödinger schließlich zur Entwicklung seiner Wellenmechanik sechs Monate später.

Nachdem 1925–1926 die Matrizen- und die Wellenmechanik entwickelt worden waren, schlug sich Bohr weiterhin mit den Widersprüchen herum, die Wellen und Teilchen auf der mikroskopischer Ebene erzeugten. Ein wichtiger Punkt war die Entdeckung des Comptoneffekts, der nach Bothes und Geigers sowie Comptons und Simons Experimenten allgemein als Nachweis für Existenz der Lichtquanten akzeptiert wurde. Strahlung zeigte den Welle-Teilchen-Dualismus, genauso wie er sich in dieser Zeit auch für Materie zeigte. Diese Eigenschaft mikroskopischer Teilchen fand sich in Heisenbergs Unschärferelation wieder und später auch in Bohrs Komplementaritätsprinzip, das Bohr erstmals auf der Como Konferenz im September 1927 und noch einmal auf der fünften Solvay Konferenz im folgenden Monat vorgeschlagen hatte. Heisenberg hat Recht: Es gab eine Krise der Quantentheorie zwischen 1923 und 1927, und die Entdeckung des Comptoneffekts war ein wichtiger Schritt zu ihre Überwindung.

Der Autor

Roger H. Stuewer

Program History of Science and Technology, Tate Laboratory Physics, University of Minnesota, Minneapolis, Minnesota, USA

Roger H. Stuewer (Ph.D. in Geschichte der Naturwissenschaften und Physik, University of Wisconsin, 1968) ist Professor Emeritus am Lehrstuhl Technik- und Wissenschaftsgeschichte an der University of Minnesota. Er war Gastprofessor an den Universitäten in München, Wien, Graz und Amsterdam. Sein Forschungsgebiet ist die Geschichte der Quanten- und Kernphysik. Er hat viele Aufsätze und neun Bücher veröffentlicht, darunter „The Compton

Effect: Turning Point in Physics" (1975) und „Nuclear Physics in Retrospect" (1979). Er ist Mitherausgeber der Zeitschrift „Physics in Perspective" und Herausgeber der „Resource Letters" der Zeitschrift „American Journal of Physics". Roger H. Stuewer ist stellvertretender Vorsitzender der Kommission Geschichte der modernen Physik der IUHPS und war Sekretär der History of Science Society, Leiter der Abteilung und des Forums für die Geschichte der Physik der American Physical Society, und Leiter der wissenschaftsgeschichtlichen und – philosophischen Sektion der American Association for the Advancements of Science. Er wurde als Sigma Xi Distinguished Lecturer und APS Centennial Speaker ausgezeichnet. Roger H. Stuewer ist Mitglied der AAAS und der APS.

Literatur

[1]   W. Heisenberg, Naturw. **17**, 491 (1929)
[2]   Eine vollständige Diskussion ist zu finden in: R.H. Stuewer, *The Compton Effect: Turning Point in Physics*, Science History Publications, New York (1975)
[3]   Einsteins Arbeiten, siehe M.J. Klein, The Natural Philosopher **2**, 57 (1963); **3**, 1 (1964)
[4]   Stuewer, *Compton Effect*, Chapter 2, 47ff
[5]   M. Planck, in Physiker über Physiker: *Wahlvorschläge zur Aufnahme von Physikern in die Berliner Akademie 1870 bis 1929 von Hermann v. Helmholtz bis Erwin Schrödinger*, Herausgeber C. Kirsten and H.-G. Körber, Akademie-Verlag, Berlin, 202 (1975)
[6]   Stuewer, *Compton Effect*, 72-75
[7]   R.A. Millikan, The Electron: *Its Isolation and Measurement and the Determination of Some of its Properties*, University of Chicago Press, Chicago, 230 (1917)
[8]   R.A. Millikan, *The Autobiography of Robert A. Millikan*, Prentice-Hall, New York, 101-102 (1950)
[9]   R.A. Millikan, Phy Rev. **7** 355-388, insb. 385 (1916)
[10] G.P. Thomson, *J.J. Thomson and the Cavendish Laboratory in his Day*, Nelson, London, gegenüber 53 (1967)
[11] R.A. Millikan and H.G. Gale, A First Course in Physics, Ginn, Boston, gegenüber 482 (1906)
[10] A.H. Compton, „*Personal Reminiscences*", in The Cosmos of Arthur Holly Compton, Herausgeber by M. Johnston, Knopf, New York, 22 (1967)
[13] Ibid., 23
[14] C.G. Barkla and M.P. White, Phil. Mag. **34**, 270 (1917)
[15] A.H. Compton, Phy Rev. 14, 20; 247 (1919); Nachdruck *in Scientific Papers of Arthur Holly Compton: X-Ray and Other Studies*, Herausgeber R. Shankland, University of Chicago Press, Chicago, 139, 247 (1973); hiernach zitiert als Scientific Papers
[16] D.L. Webster, Phy Rev. 9, 484 (1917)
[17] Compton, „*Personal Reminiscences*," 29
[18] Zitiert in A. Eve, *Rutherford: Being the Life and Letters of the Rt Hon. Lord Rutherford*, O.M., Cambridge University Press, Cambridge, 285 (1939)
[19] J.A. Gray, Phil. Mag. **26**, 611 (1913)
[20] A.H. Compton, Phil. Mag. **41**, 749 (1921); Nachdruck in Scientific Papers, 265
[21] A.H. Compton, Phy Rev. **18**, 96 (1921); Nachdruck in Scientific Papers, 305

[22] A.H. Compton and C.F. Hagenow, Phy Rev. **18**, 97 (1921); Nachdruck in Scientific Papers, 306

[23] J.A. Gray, J. Franklin Inst. 190, 633 (1920)

[24] J. Plimpton, Phil. Mag. **42**, 302 (1921)

[25] A.H. Compton, Nature **108**, 366 (1921); Nachdruck in Scientific Papers, 311

[26] A.H. Compton, Phy Rev. **19**, 267 (1922); Nachdruck in Scientific Papers, 318

[27] A.H. Compton, Bull. Nat. Re Coun. **4**, 1 (1922); Nachdruck in Scientific Papers, 321

[28] A.H. Compton, Phy Rev. **24**, 483 (1923); Nachdruck in Scientific Papers, 382

[29] A.H. Compton, J. Franklin Inst. **198**, 61 (1924); Nachdruck in Scientific Papers, 464

[30] A.H. Compton, Phy Rev. **21** 207 [Abstract] (1923)

[31] A.H. Compton, Bull. Nat. Re Coun. **4**, 25 (1922); Nachdruck in Scientific Papers, 346

[32] P. Debye, Phy Zeit. **24**, 161 (1923); Übersetzung in Collected Papers, Interscience, New York, 80 (1954)

[33] Interview with Debye by T. Kuhn and G.E. Uhlenbeck, 3 May 1962, Archive for History of Quantum Physics (hereafter AHQP), University of Minnesota and other repositorie

[34] M. Dresden, H.A. Kramers: *Between Tradition and Revolution*, Springer-Verlag, New York, 289ff (1987)

[35] N. Bohr, in Nobel Lectures: Physics 1922-1941, Elsevier, Amsterdam, 14 (1965)

[36] A.H. Compton, Phil. Mag. **45**, 1121 (1923); Nachdruck in Scientific Papers, 402

[37] J.C. Slater, Nature **113**, 307 (1924)

[38] N. Bohr, H.A. Kramers, and J.C. Slater, Phil. Mag. **47**, 785 (1924)

[39] C.D. Ellis, Nature **117**, 896 (1926)

[40] W. Bothe and H. Geiger, Zeit. f. Phy **25**, 44 (1924); Naturw. 13, 440 (1925)

[41] Geiger to Bohr, 17 April 1925, AHQP

[42] Bohr to Fowler, 21 April 1925, AHQP

[43] A.H. Compton and A.W. Simon, Phy Rev. **26**, 289 (1925); Nachdruck in Scientific Papers, 508

[44] J.C. Slater, *Solid-State and Molecular Theory: A Scientific Biography*, Wiley, New York, 11 (1975)

[45] M. Jammer, *The Conceptual Development of Quantum Mechanics*, Zweite Ausgabe, AIP, New York, Kapitel 4, 166ff (1989)

[46] Schrödinger an Sommerfeld, 21 Juli 1925, AHQP

Register